中国国家标准汇编

458

GB 25105

（2010 年制定）

中国标准出版社　编

中国质检出版社
中国标准出版社
北　京

图书在版编目（CIP）数据

中国国家标准汇编：2010年制定. 458：GB 25105/
中国标准出版社编. —北京：中国标准出版社，2011
ISBN 978-7-5066-6471-4

Ⅰ. ①中… Ⅱ. ①中… Ⅲ. ①国家标准-汇编-中国-2010
Ⅳ. ①T-652.1

中国版本图书馆CIP数据核字(2011)第187943号

中国质检出版社
中国标准出版社 出版发行
北京市朝阳区和平里西街甲2号(100013)
北京市西城区三里河北街16号(100045)

网址：www.spc.net.cn
总编室：(010)64275323 发行中心：(010)51780235
读者服务部：(010)68523946
中国标准出版社秦皇岛印刷厂印刷
各地新华书店经销

*

开本 880×1230 1/16 印张 70.5 字数 1 994 千字
2011年12月第一版 2011年12月第一次印刷

*

定价 320.00 元

出 版 说 明

1.《中国国家标准汇编》是一部大型综合性国家标准全集。自1983年起，按国家标准顺序号以精装本、平装本两种装帧形式陆续分册汇编出版。它在一定程度上反映了我国建国以来标准化事业发展的基本情况和主要成就，是各级标准化管理机构，工矿企事业单位，农林牧副渔系统，科研、设计、教学等部门必不可少的工具书。

2.《中国国家标准汇编》收入我国每年正式发布的全部国家标准，分为“制定”卷和“修订”卷两种编辑版本。

“制定”卷收入上一年度我国发布的、新制定的国家标准，顺延前年度标准编号分成若干分册，封面和书脊上注明“20××年制定”字样及分册号，分册号一直连续。各分册中的标准是按照标准编号顺序连续排列的，如有标准顺序号缺号的，除特殊情况注明外，暂为空号。

“修订”卷收入上一年度我国发布的、修订的国家标准，视篇幅分设若干分册，但与“制定”卷分册号无关联，仅在封面和书脊上注明“20××年修订-1,-2,-3,……”字样。“修订”卷各分册中的标准，仍按标准编号顺序排列(但不连续)；如有遗漏的，均在当年最后一分册中补齐。需提请读者注意的是，个别非顺延前年度标准编号的新制定的国家标准没有收入在“制定”卷中，而是收入在“修订”卷中。

读者配套购买《中国国家标准汇编》“制定”卷和“修订”卷则可收齐上一年度我国制定和修订的全部国家标准。

3.由于读者需求的变化，自1996年起，《中国国家标准汇编》仅出版精装本。

4.2010年我国制修订国家标准共2846项。本分册为“2010年制定”卷第458分册，收入国家标准GB 25105的最新版本。

中国标准出版社

2011年8月

目　　录

ICS 25.040
N 10

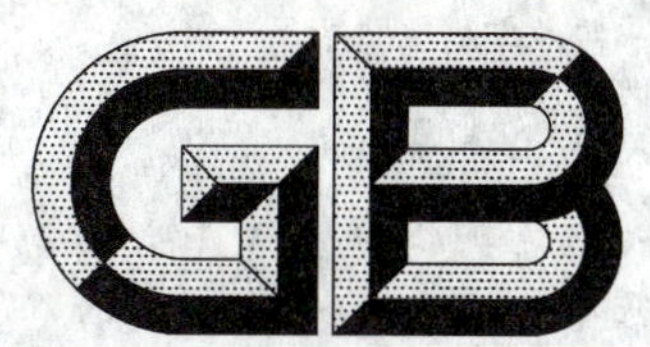

中华人民共和国国家标准化指导性技术文件

GB/Z 25105.1—2010

工业通信网络　现场总线规范 类型 10:PROFINET IO 规范 第 1 部分:应用层服务定义

**Industrial communication networks—Fieldbus specifications—
Type 10:PROFINET IO specifications—
Part 1:Application layer service definition**

(IEC 61158-5-10:2007,Industrial communication networks—
Fieldbus specifications—Part 5-10:Application layer service definition—
Type 10 elements,MOD)

2010-09-02 发布　　　　2010-12-01 实施

中华人民共和国国家质量监督检验检疫总局
中国国家标准化管理委员会　发布

前　言

GB/Z 25105—2010《工业通信网络　现场总线规范　类型 10:PROFINET IO 规范》分为以下 3 个部分:

——第 1 部分:应用层服务定义;

——第 2 部分:应用层协议规范;

——第 3 部分:PROFINET IO 通信行规。

本部分为 GB/Z 25105—2010 的第 1 部分。

本部分修改采用 IEC 61158-5-10:2007(英文版),在技术内容上与原国际标准没有差异,为方便我国用户使用,在文本结构编排上进行了适当调整,并按 GB/T 1.1—2000 的要求进行编辑。

本部分的附录 A、附录 B、附录 C、附录 D、附录 E 为资料性附录。

本部分由中国机械工业联合会提出。

本部分由全国工业过程测量和控制标准化技术委员会(SAC/TC 124)归口。

本部分起草单位:中国机电一体化技术应用协会、机械工业仪器仪表综合技术经济研究所、中国科学院沈阳自动化研究所、上海自动化仪表股份有限公司、西南大学、清华大学、郑州轻工业学院电气信息工程学院、北京和利时系统工程股份有限公司、北京华控技术有限责任公司、北京机械工业自动化研究所、中国仪器仪表行业协会、西门子(中国)有限公司、菲尼克斯电气(南京)研发工程技术中心有限公司。

本部分主要起草人:李百煌、王春喜、刘丹、王麟琨、刘云男、杨志家、包伟华、刘枫、王锦标、唐济扬、王永华、罗安、陈小枫、董景辰、欧阳劲松、惠敦炎、张丹丹、郭剑锋、窦连旺、张龙。

引　言

AL 服务用于自动化系统组件的互连。它与由下列“三层”现场总线参考模型定义的系列标准中的其他标准有关：

——物理层；

——数据链路层；

——应用层。

应用层协议通过使用数据链路层或其他毗邻更低层可供利用的服务来提供应用服务。本部分定义现场总线应用和/或系统管理可以使用的应用服务特性。

术语“服务”指由 OSI 基本参考模型的一个层向相邻上层提供的抽象能力。因此，本部分中定义的应用层服务是概念上的结构式服务，独立于管理和实现部分。

工业通信网络　现场总线规范
类型 10:PROFINET IO 规范
第 1 部分:应用层服务定义

1　范围

1.1　概述

现场总线应用层(FAL)为用户程序提供访问现场总线通信环境的手段。在这方面,可将 FAL 视为“相应的应用程序之间的窗口”。

GB/Z 25105 的本部分为在自动化环境中的应用程序间进行基本严格时间要求和非严格时间要求的报文通信提供通用元素和 PROFINET IO 现场总线的专用资料。术语“严格时间要求”用以表示存在一个时窗,在此时窗内,要求以某个明确的确定性等级完成一个或多个规定的动作。在此时窗内没有完成所规定的动作,会导致请求这些动作的应用失效的风险,甚至伴随造成仪器、设备和可能的人身危险。

本部分从以下几个方面以抽象方法定义由现场总线应用层提供的外部可视的服务:

a)　用于定义应用资源(对象)的抽象模型,用户能够通过使用 FAL 服务来利用这些资源;

b)　服务的原语动作和事件;

c)　与每个原语动作和事件相关联的参数,以及它们采取的形式;

d)　这些动作和事件之间的相互关系及其有效的顺序。

本部分的目的是定义若干服务,提供给:

a)　现场总线参考模型的用户与应用层之间交界处的 FAL 用户;

b)　现场总线参考模型的应用层与系统管理之间交界处的系统管理。

本部分依据 OSI 基本参考模型(见 GB/T 9387)和 OSI 应用层结构(GB/T 17176)规定现场总线应用层的结构和服务。

FAL 服务和协议由包含在应用过程中的 FAL 应用实体(AE)来提供。FAL AE 由一组面向对象的应用服务元素(ASE)和管理 AE 的层管理实体(LME)所组成。ASE 提供对一组相关应用过程对象(APO)类进行操作的通信服务。FAL ASE 中有一个元素是管理 ASE,它提供一个通用服务集用于 FAL 类实例的管理。

尽管这些服务从应用的角度规定了如何发出和传送请求和响应,但这些服务并未规定请求和响应的应用使用它们的目的。即并未对应用的行为方面作出规定,而只是规定了它们能够发送/接收什么样的请求和响应的定义。这样,在对这种对象行为进行标准化时,给予了 FAL 用户更大的灵活性。除了这些服务外,本部分还定义了一些对 FAL 访问的支持服务,以控制其操作的某些方面。

1.2　服务规范

本部分的首要目标是规定在概念上适合于严格时间要求的通信的应用层服务特性,从而补充 OSI 基本参考模型以指导开发用于严格时间要求的通信的应用层协议。

第二个目标是提供现有工业通信协议的升级途径。正是该目标造成了 IEC 61158 中标准化服务的多样性。

本规范可以用作形式化的应用编程接口的基础。然而,它不是一种形式化的编程接口,任何一种形式化接口必须解决本规范未包含的实现方面的内容:

a)　各种多八位位组服务参数的大小和八位位组排序;

b)　成对的请求原语与证实原语、指示原语与响应原语的相互关系。

2 规范性引用文件

下列文件中的条款通过GB/Z 25105的本部分的引用而成为本部分的条款。凡是注日期的引用文件,其随后所有的修改单(不包括勘误的内容)或修订版均不适用于本部分,然而,鼓励根据本部分达成协议的各方研究是否可使用这些文件的最新版本。凡是不注日期的引用文件,其最新版本适用于本部分。

GB/T 1988 信息技术 信息交换用七位编码字符集(GB/T 1988—1998,eqv ISO/IEC 646:1991)

GB/T 9387.1 信息技术 开放系统互连 基本参考模型 第1部分:基本模型(GB/T 9387.1—1998,idt ISO/IEC 7498-1:1994)

GB/T 9387.3 信息技术 开放系统互连 基本参考模型 第3部分:命名和编址(GB/T 9387.3—2008,ISO/IEC 7498-3:1997,IDT)

GB 13000.1 信息技术 通用多八位编码字符集(UCS) 第一部分:体系结构与基本多文种平面(GB 13000.1—1993,idt ISO/IEC 10646-1:1993)

GB/T 15629.1 信息技术 系统间远程通信和信息交换 局域网和城域网 特定要求 第1部分:局域网标准综述(GB/T 15629.1—2000,idt ISO/IEC 8802-1:1997)

GB/T 15629.3 信息处理系统 局域网 第3部分:带碰撞检测的载波侦听多址访问(CSMA/CD)的访问方法和物理层规范(GB/T 15629.3—1995,idt ISO/IEC 8802-3:1990)

GB/T 15695 信息技术 开放系统互连 表示服务定义(GB/T 15695—2008,ISO/IEC 8822:1994,IDT)

GB/T 15969.1 可编程序控制器 第1部分:通用信息(GB/T 15969.1—2007,IEC 61131-1:2003,IDT)

GB/T 16262.1 信息技术 抽象语法记法一(ASN.1) 第1部分:基本记法规范(GB/T 16262.1—2006,ISO/IEC 8824-1:2002,IDT)

GB/T 17176 信息技术 开放系统互连 应用层结构(GB/T 17176—1997,idt ISO/IEC 9545:1994)

GB/T 17966 微处理器系统的二进制浮点运算(GB/T 17966—2000,idt IEC 60559:1989)

GB/T 17967 信息技术 开放系统互连 基本参考模型 OSI服务定义约定(GB/T 17967—2000,idt ISO/IEC 10731:1994)

GB/T 18236.1 信息技术 系统间远程通信和信息交换 局域网和城域网 公共规范 第1部分:媒体访问控制(MAC)服务定义(GB/T 18236.1—2000,idt ISO/IEC 15802-1:1995)

GB/Z 25105.2 工业通信网络 现场总线规范 类型10:PROFINET IO规范 第2部分:应用层协议规范(GB/Z 25105.2—2010,IEC 61158-6-10:2007,MOD)

IEC 61158(所有部分) 工业通信网络 现场总线规范

IEC 61784-1 测量和控制数字数据通信 第1部分:工业控制系统中现场总线应用于连续和断续制造的行规集

IEEE 802 局域网和城域网 概述和体系结构

IEEE 802.1AB 局域网和城域网 站和媒体访问控制连通性发现

IEEE 802.1D 信息技术 系统间通信和信息交换 局域网和城域网 通用规范 媒体访问控制(MAC)桥

IEEE 802.1Q 信息技术 系统间通信和信息交换 局域网和城域网 虚拟桥接局域网

IEEE 802.3 信息技术 系统间通信和信息交换 局域网和城域网 特殊要求 第3部分:带有冲突检测的载波侦听多路访问(CSMA/CD)方法和物理层规范

RFC 768 用户数据报协议
RFC 791 因特网协议
RFC 792 因特网控制报文协议
RFC 826 以太网地址解析协议
RFC 1034 域名 概念和工具
RFC 1112 用于IP多播的主机扩展
RFC 1305 网络时间协议(版本3)
RFC 2131 动态主机配置协议
RFC 2132 DHCP选项和BOOTP买方扩展
RFC 2674 带有业务类、多播滤波器和虚拟局域网扩展的网桥管理对象的定义
RFC 2737 实体MIB(版本2)
RFC 2863 接口组MIB
RFC 3330 专用IPv4地址
RFC 3418 用于简单网络管理协议(SNMP)的管理信息库(MIB)
RFC 3490 在应用中的国际化域名(IDNA)
RFC 3621 供电以太网MIB(Power Ethernet MIB)
RFC 3636 IEEE 802.3媒体附属单元(MAU)管理对象的定义
OSF C706 CAE规范DCE1.1 远程过程调用

3 术语、定义、缩略语、符号和约定

3.1 引用的术语和定义

GB/T 9387.1、GB/T 15695、GB/T 17176和GB/T 16262.1界定的下列术语适用于本文件。

3.1.1 GB/T 9387.1术语

a) 应用实体 application entity
b) 应用过程 application process
c) 应用协议数据单元 application protocol data unit
d) 应用服务元素 application service element
e) 应用实体调用 application entity invocation
f) 应用过程调用 application process invocation
g) 应用事务处理 application transaction
h) 实际开放系统 real open system
i) 传输语法 transfer syntax

3.1.2 GB/T 15695术语

a) 抽象语法 abstract syntax
b) 表达上下关系 presentation context

3.1.3 GB/T 17176术语

a) 应用关联 application-association
b) 应用上下关系 application-context
c) 应用上下关系名称 application context name
d) 应用实体调用 application-entity-invocation
e) 应用实体类型 application-entity-type
f) 应用过程调用 application-process-invocation
g) 应用过程类型 application-process-type

h) 应用服务元素 application-service-element

i) 应用控制服务元素 application control service element

3.1.4 GB/T 16262.1 术语

a) 对象标识符 object identifier

b) 类型 type

3.2 用于 AL 服务的附加术语和定义

下列术语和定义适用于本文件。

3.2.1

活动连接控制对象 active connection control object;ACCO

某个 FAL 类的实例,它是一个自动化设备的互连工具(如消费者和提供者)的抽象。

3.2.2

组态数据库 configuration data base

由 ACCO ASE 维护的互连信息。

3.2.3

连接 connection

在 Custom RT-Auto 对象的不同定制(custom)接口上的属性和服务的宿(sink)与源(source)之间的逻辑链路。

3.2.4

连接通道 connection channel

数据项的宿与源之间的连接的描述。

3.2.5

消费者 consumer

正在从生产者接收数据的节点或宿。

3.2.6

消费者 ID consumerID

在消费者指定的 ACCO 范围内的唯一的标识符,用于识别已组态的互连宿的内部数据。

3.2.7

数据编组 data marshaling

依据 FAL 服务原语的接口定义,对其参数进行编码。

注:这是抽象 ORPC 模型的部分。

3.2.8

工程 engineering

用来描绘客户机应用或者负责通过互连数据项配置自动化系统的设备的抽象术语。

3.2.9

事件 event

条件变更的实例。

3.2.10

接口 interface

表现 FAL 类上某特定视图(view)的 FAL 类属性和服务的集合。

3.2.11

接口定义语言 interface definition language

以一种形式化的方式描述服务参数的语法和语义。

注:此描述是 ORPC 模型的输入,特别用于 ORPC 有线协议(wire protocol)。

3.2.12

接口指针 interface pointer

无歧义地寻址一个对象接口实例的关键属性。

3.2.13

逻辑设备 logical device

某种 FAL 类,它将软件组件或固件组件抽象化为自动化设备的一个自包含的设施。

3.2.14

方法 method

〈object〉操作服务的同义词,它由服务器 ASE 提供并由客户机调用。

3.2.15

对象远程过程调用 object remote procedure call

用于面向对象的或基于组件的远程方法调用的模型。

3.2.16

物理设备 physical device

某种 FAL 类,它是一个自动化设备硬件设施的抽象。

3.2.17

特性 property

ASE 属性的同义词,通过 ASE 服务操作可读取或写入这些属性。

注:这些服务通常被命名"get_〈Attribute Name〉"或"set_〈Attribute Name〉",并符合 IDL 关键字"propget"和"propput"。

3.2.18

提供者 provider

数据连接的源。

3.2.19

提供者 ID providerID

在提供者指定的 ACCO 范围内唯一的标识符,用于识别已组态的连接源的内部数据。

3.2.20

质量代码 quality code

一个数据项的附加状况信息。

3.2.21

含质量代码 quality code aware

RT-Auto 类的属性,它指出 RT-Auto 对象使用其数据项的状况代码。

3.2.22

不含质量代码 quality code unaware

RT-Auto 类的属性,它指出 RT-Auto 对象不使用其数据项的状况代码。

3.2.23

运行期自动化对象 RT-Auto

一种 FAL 类,它将自动化功能抽象为自动化设备的与进程有关的组件。

3.2.24

运行期对象模型 runtime object model

一组对象,这些对象连同它们的接口和可访问的方法一起存在于设备中。

3.3 用于媒体冗余的附加术语和定义

下列术语和定义适用于本文件。

3.3.1

失效 failure

某项目(item)执行其必要功能能力的停止。

注1：失效的项目有某个故障(fault)。

注2："失效"是一个事件，它有别于"故障"，故障是一个状态。

注3：这样定义的概念不适用于仅是软件的项目。

3.3.2

故障 fault

一个项目不能执行其必要功能的状态，不包括在预防性维护或其他计划活动期间的无能力或者由于缺乏外部资源的无能力。

注：故障常常是项目自身失效的结果，但故障可能在失效之前就存在。

3.3.3

恢复 recovery

该项目在故障后重新获得执行其必要功能的能力的事件。

3.3.4

恢复时间 recovery time

恢复所需要的时间。

3.3.5

冗余 redundancy

在一个项目中存在两个或多个执行必要功能的方法。

注：本文中，在端节点之间存在多条路径(由一些链路和交换机组成的)。

3.3.6

环 ring

每个节点与两个其他节点串行连接起来的网络。

注1：这些节点以逻辑环状彼此连接。

注2：在活动的节点之间顺序地传递帧，每个节点在转发帧前能够检查或修改该帧。

3.3.7

环端口 ring port

连接环链路的交换机端口。

3.3.8

环链路 ring link

连接一个环的两个交换机的链路。

3.3.9

交换机节点 switch node

如在IEEE 802.1D中定义的MAC桥。

注：在本文中被称为"交换机"。

3.4 缩略语和符号

下列缩略语和符号适用于本文件。

AE	Application Entity	应用实体
AL	Application Layer	应用层
ALME	Application Layer Management Entity	应用层管理实体
ALP	Application Layer Protocol	应用层协议

APO	Application Object	应用对象
AP	Application Process	应用过程
APDU	Application Protocol Data Unit	应用协议数据单元
API	Application Process Identifier	应用过程标识符
AR	Application Relationship	应用关系
AREP	Application Relationship End Point	应用关系端点
ARL	Application Relationship List	应用关系表
ASCII	American Standard Code for Information Interchange	美国信息交换标准代码
ASE	Application Service Element	应用服务元素
CID	Connection ID	连接 ID
CIM	Computer Integrated Manufacturing	计算机集成制造
CIP	Control and Information Protocol	控制和信息协议
CM_API	Actual Packet Interval	实际信息包间隔
CM_RPI	Requested Packet Interval	被请求的信息包间隔
Cnf	Confirmation	证实
COR	Connection Originator	连接创建者
CR	Communication Relationship	通信关系
CREP	Communication Relationship End Point	通信关系端点
CRL	Communication Relationship List	通信关系表
DL-	Data Link-	(用作前缀)数据链路
DLC	Data Link Connection	数据链路连接
DLL	Data Link Layer	数据链路层
DLM	Data Link-Management	数据链路管理
DLSAP	Data Link Service Access Point	数据链路服务访问点
DLSDU	DL-Service-Data-Unit	数据链路服务数据单元
DNS	Domain Name Service	域名服务
DP	Decentralised Peripherals	分散的外围设备
FAL	Fieldbus Application Layer	现场总线应用层
FIFO	First In First Out	先进先出
HMI	Human-Machine Interface	人机接口
ID	Identifier	标识符
IDL	Interface Definition Language	接口定义语言
IEC	International Electrotechnical Commission	国际电工技术委员会
Ind	Indication	指示
IP	Internet Protocol	因特网协议
ISO	International Organization for Standardization	国际标准化组织
LDev	Logical Device	逻辑设备
LME	Layer Management Entity	层管理实体
MRC	Media Redundancy Client	媒体冗余客户机
MRM	Media Redundancy Manager	媒体冗余管理器
MRP	Media Redundancy Protocol	媒体冗余协议
O2T	Originator to Target(connection characteristics)	创建者对目标(连接特征)
ORPC	Object Remote Procedure Call	对象远程规程调用

OSF Open Software Foundation 开放式软件基金会

OSI Open Systems Interconnect 开放系统互连

PDev Physical Device 物理设备

PDU Protocol Data Unit 协议数据单元

PL Physical Layer 物理层

QoS Quality of Service 服务质量

QC Quality Code 质量代码

REP Route Endpoint 路由端点

Req Request 请求

Rsp Response 响应

RT Runtime 运行期

SAP Service Access Point 服务访问点

SCL Security Level 信息安全等级

SDU Service Data Unit 服务数据单元

SEM State Event Matrix 状态事件矩阵

SMIB System Management Information Base 系统管理信息库

SMK System Management Kernel 系统管理核

STD State Transition Diagram 状态转换图(用于描述对象行为)

S-VFD Simple Virtual Field Device 简单虚拟现场设备

TLV Type Length Value(coding rule) 类型长度值(编码规则)

T2O Target to Originator(connection characteristics) 目标对创建者(连接特征)

VAO Variable Object 可变对象

3.5 约定

3.5.1 各层通用的约定

3.5.1.1 (子)条选择表

使用表来定义所有层的(子)条选择,如表1和表2所示。在选择表的前半部分只指出选择的基本规范。选择应该尽可能地在最高(子)条级进行,以便明确地定义行规选择。

表 1 行规(子)条选择表的设计

条	标 题	存 在	约 束

表 2 (子)条选择表的内容

列	正 文	含 义
条	〈#〉	基本规范的(子)条号
标题	〈text〉	基本规范的(子)条标题
存在	NO	此(子)条不包含在该行规中
	YES	在该行规中包含此(子)条的全部(100%)内容 在此情况下没有给出其他细节
	—	在后面的子条中定义
	Partial	在该行规中包含此(子)条的部分内容
	Optional	在该行规中可附加包含此(子)条

表 2（续）

列	正　文	含　义
约束	See〈#〉	在该行规文本的指定子条、表或图中规定约束/备注
	—	除引用文本(子)条规定的约束外无其他约束，或不适用
	〈text〉	该正文直接定义约束；对于较长的正文，可以使用表脚注或表注

如果一些(子)条序列与该行规不匹配，则将这些条号串接起来。

例如，串接的子条。

3.4～3.7	—	NO	—

3.5.1.2　服务选择表

如果使用表来定义服务的选择，则使用表 3 的格式。该表标识所选择的服务，并包含如表 4 中解释的服务约束。

表 3　服务选择表的设计

服务引用	服务名称	用法	约束

表 4　服务选择表的内容

列	正　文	含　义
服务引用	〈#〉	定义服务的基本规范的(子)条号
	—	不适用
服务名称	〈text〉	服务的名称
用法	M	必备
	O	可选
	—	服务从不使用
约束	See〈#〉	在该行规文本的指定子条、表或图中规定约束/备注
	—	除引用文本(子)条规定的约束外无其他约束，或不适用
	〈text〉	该正文直接定义约束；对于较长的正文，可以使用表脚注或表注

如果使用表来定义服务参数的选择，则使用表 5 的格式。每个表标识所选择的参数，并包含如表 6 中解释的参数约束。

表 5　参数选择表的设计

参数引用	参数名称	用　法	约　束

表 6　参数选择表的内容

列	正　文	含　义
参数引用	〈#〉	定义服务的基本规范的(子)条号
	—	不适用
参数名称	〈text〉	服务参数的名称
语法	M	必备
	O	可选

表 6(续)

列	正文	含义
语法	—	属性从不使用
约束	See〈#〉	在该行规文本的指定子条、表或图中规定约束/备注
	—	除引用文本(子)条规定的约束外无其他约束,或不适用
	〈text〉	该正文直接定义约束;对于较长的正文,可以使用表脚注或表注

3.5.2 物理层

未定义另外的约定。

3.5.3 数据链路层

3.5.3.1 服务行规约定

未定义另外的约定。

3.5.3.2 服务和参数选择

使用通用的约定来描述这些选择,见 3.5.1.2。

3.5.4 应用层

3.5.4.1 服务行规约定

使用(子)条选择表来描述 ASE 和类选择,见 3.5.1.1。如果对所选择的 ASE 和类的使用有进一步约束,则在行规中进行规定(例如,在该行规中基本标准的可选项是必备的)。

如果使用表来定义类属性的选择,则使用表 7 的格式。该表标识所选择的类属性,并包含其如表 8 中解释的约束。

表 7 类属性选择表的设计

属性	属性名称	用法	约束

表 8 类属性选择表的内容

列	正文	含义
属性	〈#〉	基本规范类的属性号
	—	不适用
属性名称	〈text〉	属性的名称
用法	M	必备
	O	可选
	—	属性从不使用
约束	See〈#〉	在该行规文本的指定子条、表或图中规定约束/备注
	—	除引用文本(子)条规定的约束外无其他约束,或不适用
	〈text〉	该正文直接定义约束;对于较长的正文,可以使用表脚注或表注

3.5.4.2 服务和参数选择

使用通用的约定来描述这些选择,见 3.5.1.2。

3.5.5 AL 服务约定概述

FAL 被定义为一组面向对象的 ASE。每个 ASE 在一个单独的子条中规定。每个 ASE 规范由其类规范和服务规范两个部分组成。

类规范定义类的属性。使用本部分第 5 章中规定的对象管理 ASE(Object Management ASE)服务可从类实例访问这些属性。服务规范定义由 ASE 提供的服务。

3.5.6 概要

本部分使用 GB/T 17967 中规定的描述约定。

3.5.7 AL 服务的类定义约定

使用模板来描述类定义。每个模板由该类的属性列表组成。模板的通用形式如下：

FAL ASE：　　ASE Name
CLASS：　　Class Name
CLASS ID：　　#
PARENT CLASS：　　Parent Class Name
ATTRIBUTES：

1	(o)	Key Attribute：	numeric identifier
2	(o)	Key Attribute：	name
3	(m)	Attribute：	attribute name(values)
4	(m)	Attribute：	attribute name(values)
4.1	(s)	Attribute：	attribute name(values)
4.2	(s)	Attribute：	attribute name(values)
4.3	(s)	Attribute：	attribute name(values)
5	(c)	Constraint：	constraint expression
5.1	(m)	Attribute：	attribute name(values)
5.2	(o)	Attribute：	attribute name(values)
6	(m)	Attribute：	attribute name(values)
6.1	(s)	Attribute：	attribute name(values)
6.2	(s)	Attribute：	attribute name(values)

SERVICES：

1	(o)	OpsService：	service name
2	(c)	Constraint：	constraint expression
2.1	(o)	OpsService：	service name
3	(m)	MgtService：	service name

(1) "FAL ASE:"登录项是 FAL ASE 的名称，它为所指定的类提供服务。

(2) "CLASS:"登录项是所指定的类的名称。使用此模板定义的所有对象应是此类的一个实例。此类可由本部分规定，或者由本部分的用户规定。

(3) "CLASS ID:"登录项是标识所指定的类的编号。在为该类提供服务的 FAL ASE 内，此编号是唯一的。当它的 FAL ASE 的身份合格后，在 FAL 范围内它无歧义地标识此类。值"NULL"指出该类不能被实例化。本部分保留 1～255 之间的 CLASS ID，用于标识标准化类。它们已被指定用于保持与现有国家标准的兼容性。指定 256～2 048 之间的 CLASS ID 用于标识用户定义的类。

(4) "PARENT CLASS:"登录项是所指定类的"父"类的名称，"父"类定义的和它继承的所有属性都被所定义的类继承，因此在此类的模板中不必再定义。

注：父类"TOP"指出所定义的类是初始类定义。父类 TOP 用作所有其他类定义的起始点。本部分定义的类保留使用 TOP。

(5) "ATTRIBUTES"标签指出下列项是为该类定义的属性。

a) 每个属性项包含：第 1 列，行号；第 2 列，必备的(m)/可选的(o)/有条件的(c)/选择器(s)的指示器；第 3 列，属性类型标签；第 4 列，名称或条件表达式；第 5 列：可选的枚举值的列表。在值的列表之后的那一列，可以规定该属性的缺省值。

b) 对象通常由一个数字标识符,或者由一个对象名称,或者由这二者来标识。在类模板中,在"key attribute"下来定义这些关键属性。

c) 行号定义此行的顺序和嵌套的层次。每个嵌套层次以圆点标识。嵌套用来规定:

i) 结构化的属性字段(4.1、4.2 和 4.3)。

ii) 约束语句(5)的属性条件。如果此"约束"为 true,则属性可以是必备的(5.1)或者是可选的(5.2)。并非所有的可选属性都像(5.2)中定义的属性那样需要约束语句。

iii) 选择类型属性的选择字段(6.1 和 6.2)。

(6)"SERVICES"标签指出下列登录项是为该类所定义的服务。

a) 第 2 列中的(m)指出对于该类此项服务是必备的,而(o)则指出此项服务是可选的。此列中的(c)指出此项服务是有条件的。当为某类定义的所有服务都被定义为可选(o)时,则在定义此类的实例时至少必须选择其中一项服务。

b) 标签"OpsService"指定一项操作服务(1)。

c) 标签"MgtService"指定一项管理服务(2)。

d) 行号定义此行的顺序和嵌套层次。每个嵌套层次以圆点标识。服务列表内的嵌套用于规定有约束语句的服务条件。

3.5.8 AL 服务的服务定义约定

3.5.8.1 概述

服务模型、服务原语和所使用的时序图完全是抽象描述,它们不代表用于实现的规范。

3.5.8.2 服务参数

服务原语用于表示服务用户/服务提供者的交互作用(GB/T 17967)。它们传递参数,这些参数指示在用户/提供者交互作用中可用的信息。在任何特定的接口上,并非所有参数都需要显式说明。

本部分的服务规范使用列表的形式来描述 ASE 服务原语的组件参数。适用于每组服务原语的参数都列于表中。每个表最多由 5 列构成,分别为:

1) 参数名称(Parameter name);

2) 请求原语(request primitive);

3) 指示原语(indication primitive);

4) 响应原语(response primitive);

5) 证实原语(confirm primitive)。

在每个表的每一行中列有一个参数(或其组件)。在相关服务原语列的下面,使用一个代码来规定在该列中所指定原语的参数的使用类型:

M 对于此原语,参数是必备的。

U 参数是一个用户选项,是否提供此参数取决于服务用户的动态使用。当不提供时,采用此参数的缺省值。

C 参数是有条件的,依赖于其他参数或服务用户的环境。

— (空白)参数从不出现。

S 参数是一个选择项。

有些项还需由括号内的项进一步加以限定。这些限定可能是:

a) 参数特定的约束:

"(=)"指出此参数语义上等同于该表中紧邻其左侧的那个服务原语的参数。

b) 指出说明某些注适用于此项:

"(n)"指出:下列的第"n"条注包含适合于此参数及其使用的附加信息。

3.5.8.3 服务规程

依据以下方面来定义服务规程:

——应用实体之间的交互作用通过交换现场总线应用协议数据单元来进行；

——在相同系统中应用层服务提供者与应用层服务用户之间的交互作用通过调用应用层服务原语来进行。

在现场总线应用层内，这些服务规程可适用于支持受时间限制的通信服务系统之间的通信实例。

3.6 应用层服务描述概念

3.6.1 概述

现场总线主要是在工厂及过程车间，用于基础自动化设备与位于控制室内的控制和监控设备的互连。基础自动化设备例如：传感器、执行机构、本地显示设备、报警器、可编程序逻辑控制器、小型单回路控制器以及独立的现场控制设备。

基础自动化设备与工业自动化层的最底层相关联，并在确定的时段内完成一组限定的功能，其中一些功能包括诊断、数据确认(validation)，以及多输入和多输出的处理。

这些基础自动化设备(亦称为现场设备)紧邻工艺流程、成品零件、机器、操作员以及生产环境。这种应用使现场总线位于计算机集成制造(CIM)体系结构的最底层。

使用现场总线所期望的益处在于：减少布线、增加数据交换总量、拓宽基础自动化设备与控制室设备之间的控制分布，以及满足严格时间要求的约束。

本子条描述 FAL 的基本原理。有关每个 FAL ASE 的详细说明信息见各个通信模型规范中的“概述”子条。

3.6.2 体系结构关系

3.6.2.1 与 OSI 基本参考模型应用层的关系

按照 OSI 分层原理已经对 FAL 的功能进行了描述，但与较低层的体系结构关系不同，如图 1 所示。

——FAL 包含 OSI 功能及扩展，涵盖严格时间要求的要求。OSI 应用层结构标准(GB/T 17176)被用作规定 FAL 的基础。

——FAL 直接使用下层服务。下层可以是数据链路层或其间的任何层。当使用下层时，FAL 可以提供通常与 OSI 中间层相关联的各种功能，以正确的映射到下层。

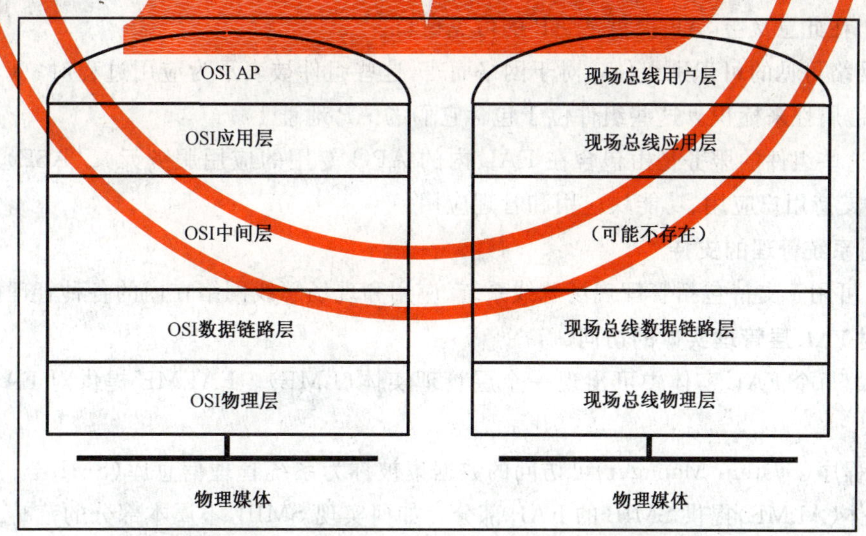

图 1 与 OSI 基本参考模型的关系

3.6.2.2 与其他现场总线实体的关系

3.6.2.2.1 概述

现场总线应用层(FAL)体系结构关系已经被设计成能够支持严格时间要求的系统的可互操作性需要，这些系统分布在现场总线环境内，其体系结构关系如图 2 所示。

在此环境中,FAL 给位于现场总线设备中的严格时间要求和非严格时间要求的应用提供通信服务。

此外,FAL 直接使用数据链路层传送其应用层协议数据单元。它使用一组数据传送服务和一组支持服务来完成上述任务,该支持服务用以控制数据链路层操作。

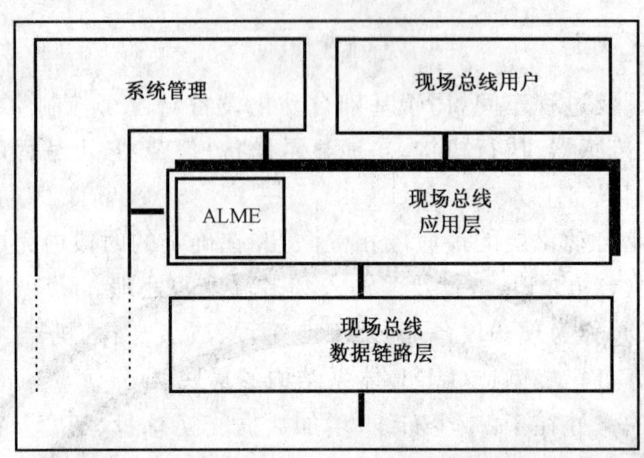

图 2 现场总线应用层的体系结构位置

3.6.2.2.2 现场总线数据链路层的使用

现场总线应用层(FAL)提供对现场总线 AP 的网络访问。它直接与现场总线数据链路层接口,用于传送其 APDU。

数据链路层向 FAL 提供各种类型的服务,用以传送数据链路端点(例如,DLSAP,DLCEP)之间的数据。

3.6.2.2.3 对现场总线应用的支持

对于网络而言,现场总线应用表示为应用过程(AP)。AP 是可以被单独标识和寻址的分布式系统的组件。

每个 AP 包含一个 FAL 应用实体(AE),AE 为 AP 提供网络访问。即每个 AP 通过其 AE 与其他 AP 进行通信。在此意义上,AE 提供了 AP 的可见窗口。

AP 包含网络可见的可识别组件。对于网络而言,这些组件被表示为应用过程对象(APO),可以由一个或多个关键属性来标识。这些组件位于包含它们的 AP 地址上。

用于访问这些组件的服务是由包含在 FAL 内的 APO 专用的应用服务元素(ASE)来提供。这些 ASE 被设计成支持用户应用、功能块应用和管理应用。

3.6.2.2.4 对系统管理的支持

FAL 服务可用于支持包括管理现场总线系统、应用和现场总线网络在内的各种管理操作。

3.6.2.2.5 对 FAL 层管理实体的访问

在网络上的每个 FAL 实体中可出现一个层管理实体(LME)。FALME 提供对 FAL 的访问以实现系统管理。

系统管理程序(System Manager)可访问的数据集被称为系统管理信息库(SMIB)。每个现场总线应用层管理实体(ALME)提供 SMIB 的 FAL 部分。如何实现 SMIB,不属本部分的范畴。

3.6.3 现场总线应用层结构

3.6.3.1 概述

FAL 的结构是 OSI 应用层结构(GB/T 17176)的细化。因此,本子条的组织结构类似于 GB/T 17176 的组织结构。此处出现的某些概念源于 GB/T 17176,并对它们进行了细化以用于现场总线环境。

FAL 与其他的 OSI 基本参考模型应用层的区别在于以下两个主要方面:

a) OSI基本参考模型定义单一类型的应用层通信通道(关联),用于AP的彼此连接。而FAL定义了多种类型的应用关系(AR),以允许应用过程(AP)之间彼此通信。

b) FAL使用DLL来传送它的APDU,而不使用OSI表示层。因此,没有显式的表示上下关系可供FAL使用。在同一对(或组)数据链路服务访问点之间,目前FAL协议尚不能与其他应用层协议并存使用。

3.6.3.2 基本概念

严格时间要求的实际开放系统的操作依据严格时间要求的AP之间的交互作用来建模。FAL允许这些AP在它们之间传递命令和数据。

AP之间的协同操作要求它们共享足够的信息,以便以协调的方式进行交互作用和执行进程处理活动。它们的活动可以被限定在单个现场总线段,或者它们可以跨越多个现场总线段。现已使用模块化体系结构设计了FAL,以支持这些应用的发报文要求。

AP之间的协同操作有时还要求它们共享一个通用的时标。FAL或数据链路层可以向所有的设备提供时间发布。它们还可以定义可由AP使用的本地设备服务,用于访问所发布的时间。

本子条的其余部分描述了体系结构中的每个模块化组件以及它们彼此间的关系。FAL的组件被模型化为对象,每个对象提供一组供应用使用的FAL通信服务。下面描述FAL对象以及它们的关系。在本部分的以下子条中,将提供FAL对象及其服务的详细规范。PROFINET IO协议文件规定了在应用之间传递这些对象服务所必需的协议。

3.6.3.3 现场总线应用过程

3.6.3.3.1 现场总线AP的定义

在现场总线环境下,一个应用可以被划分为一组组件,并可分布在网络上的若干设备中。每一个组件都称为现场总线应用过程(AP)。现场总线AP是ISO OSI参考模型(GB/T 9387)中所定义的应用过程(AP)的一种变型。可以通过至少一个单独的数据链路层服务访问点地址来无歧义地编址现场总线AP。在此上下关系中,无歧义地编址表示没有其他的AP可以同时使用同一个地址来定位。但此定义并不禁止使用多个数据链路服务访问点的单独地址或组地址来定位某个AP。

3.6.3.3.2 通信服务

现场总线AP使用证实服务和非证实服务来进行彼此间的通信(GB/T 17967)。本部分为FAL定义的服务规定了请求的AP和响应的AP所用服务的语义。在PROFINET IO协议文件中定义了用于传送服务请求和服务响应的报文语法。与这些服务相关联的AP行为由AP来规定。

证实服务用来定义AP之间的请求/响应交换。

相反,非证实服务用来定义从一个AP到一个或多个远程AP的单向报文传送。从通信的角度看,在非证实服务的各个调用之间不存在任何关系,而证实服务的请求和响应之间是有关系的。

3.6.3.3.3 AP交互作用

3.6.3.3.3.1 概述

在现场总线环境内,AP可以与其他AP进行所必要的交互作用,以完成它们的功能目标。对于这些交互作用的组织或它们之间可能存在的关系,本部分没有作限制。

例如,在现场总线环境下,交互作用可能基于在AP之间直接发送的请求/响应报文,或者基于一个AP应其他AP的使用要求而发送的数据/事件。AP之间交互作用的这两种模式被称为客户机/服务器交互作用和发布者/预订者交互作用。

交互作用模型所支持的服务通过与正在通信的AP相关联的应用关系端点(AREP)来传送。在交互作用中AREP所扮演的角色(例如,客户机,服务器,对等,发布者,预订者)被定义为该AREP的一种属性。

3.6.3.3.3.2 客户机/服务器交互作用

客户机/服务器的交互作用是通过一个客户机 AP 与一个或多个服务器 AP 之间的双向数据流来表示的。图 3 阐明了单个客户机和单个服务器之间的交互作用。在这种类型的交互作用中,客户机为执行某项任务可给服务器发送一个证实或非证实请求。若该服务是证实服务,则服务器总应返回一个响应。若该服务是非证实服务,则服务器可以使用一个为此目的所定义的非证实服务返回一个响应。

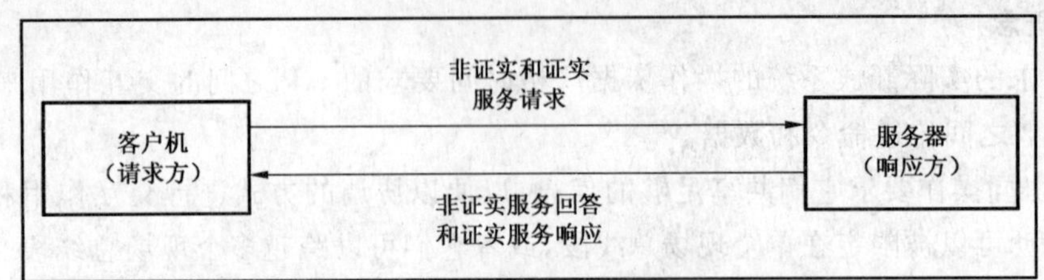

图 3 客户机/服务器交互作用

3.6.3.3.3.3 发布者/预订者交互作用

3.6.3.3.3.3.1 概述

另一方面,发布者/预订者交互作用包括一个发布者 AP 和包含一个或多个预订者的一组 AP。对于此类型的交互作用,现已定义了支持 AP 之间两种变形的交互作用模式:拉(pull)模式和推(push)模式。在这两种模式中,发布 AP 的建立由管理来实现,这方面的内容不属本部分的范畴。

3.6.3.3.3.3.2 拉模式交互作用

在"拉"模式中,发布者从远程发布管理器接收一个发布请求,并通过网络广播(或多播)它的响应。发布管理器只负责通过向发布者发送一个请求来启动发布。

希望接收此发布数据的预订者收听发布者发送的响应。在此方式中,通过来自发布管理器的请求从发布者"拉"出数据。

使用证实 FAL 服务来支持这种类型的交互作用。这种类型的交互作用与其他类型的交互作用相比有两个不同特点:

第一,在发布管理器和发布者之间执行典型的证实请求/响应交换。但是,由 FAL 提供的下层传输机制不仅给发布管理器返回此响应,而且还向希望接收此发布信息的所有预订者返回此响应。此项任务是通过数据链路层向一个组地址而不是向发布管理器的单独地址发送响应来完成的。因此,发布者所发送的响应包含发布的数据,并且以多播方式向发布管理器和所有预订者发送此响应。

第二个区别出现于预订者的行为中。拉模式预订者(亦称为拉预订者)能在证实服务响应中接收发布的数据,而无需发送相应的请求。图 4 阐明这些概念。

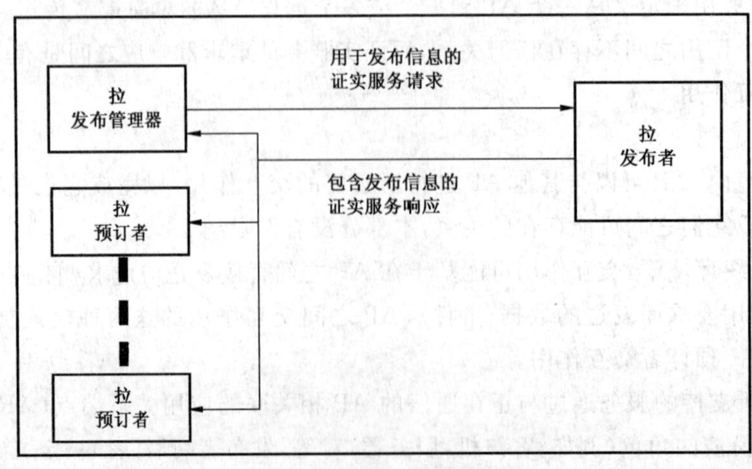

图 4 拉模式交互作用

3.6.3.3.3.3 **推模式交互作用**

在“推”模式中，可使用两种服务：一种是证实服务，另一种是非证实服务。预订者使用证实服务请求加入发布。按照客户机/服务器模式交互作用，将对此请求的响应返回给预订者。只有在发布者和预订者位于不同的AP时，才需要这种类型的交换。

发布者使用在推模式中使用的非证实服务，将它的信息分发给预订者。在此情况下，发布者负责在合适的时间调用正确的非证实服务，并负责提供合适的信息。在此方式中，对它进行组态，从而将它的数据“推”(push)出到网络。

推模式的预订者接收由发布者发布的非证实服务。图5阐明推模式的概念。

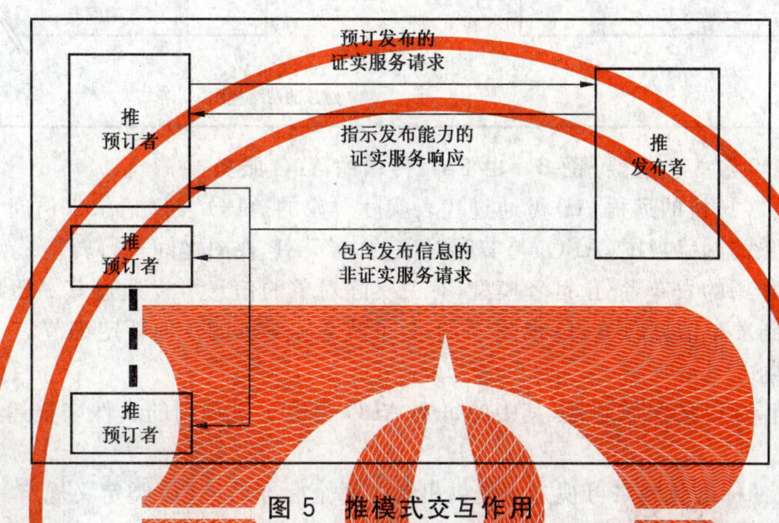

图5 推模式交互作用

3.6.3.3.4 **AP结构**

AP的内部可以由一个或多个应用过程对象(APO)来表示，并可以通过一个或多个应用实体(AE)来访问。AE提供AP的通信能力。对于每个现场总线AP，有且只有一个FAL AE。APO是一个AP的应用特定能力在网络上的表示(用户应用过程对象)，APO可以通过其FAL AE来访问。

3.6.3.3.5 **AP类**

AP类是AP的属性和服务的定义。也可以规定用户定义的类。从为此目的所保留的一组类标识符中指定类标识符。

3.6.3.3.6 **AP类型**

如以前的子条所述，通过实例化一个AP类来定义AP。每个AP定义由属性和服务组成，它们是从其AP类所定义的属性和服务中选择用于此AP的属性和服务。此外，AP定义包含为其所选择的一个或多个属性的值。当两个AP共享同一定义时，则此定义被称为AP类型。因此，AP类型是可以用来定义一个或多个AP的AP类属规范。

3.6.3.4 **应用过程对象(APO)**

3.6.3.4.1 **APO的定义**

应用过程对象(APO)是AP的特定方面的网络表示。每个APO代表AP的一组特定的信息和处理能力，它们可以通过FAL的服务来访问。在现场总线系统中，APO用来表示对其他AP的这些能力。

从FAL的角度看，APO被模型化为包含在AP内或在另一个APO(APO可包含其他APO)内的网络可访问对象。APO为包含在远程可访问的AP内的对象提供网络定义。APO的定义包括可被远程AP用于远程访问的FAL服务的标识。由AP的FAL通信实体(称为FAL应用实体，即FAL AE)提供FAL服务(如图6所示)。

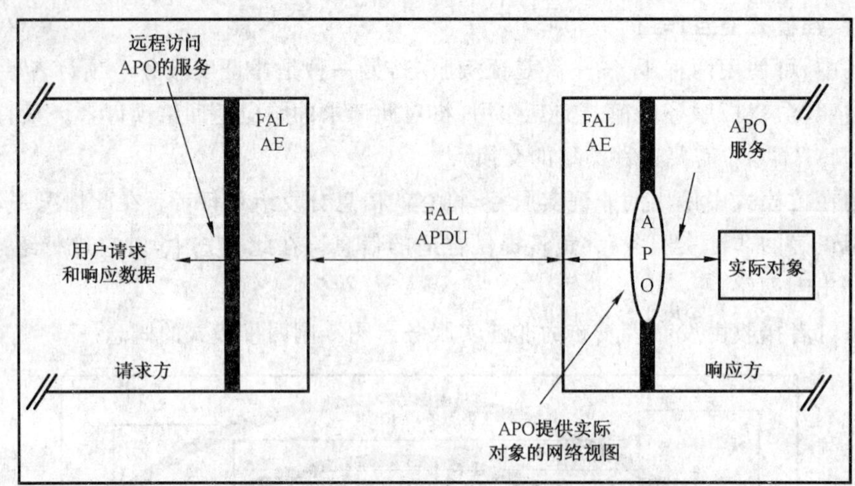

图6　由FAL传输的APO服务

在图6中,作为客户机的远程AP可通过代表实际对象的APO发送请求来访问实际对象。AP的本地方面在实际对象的网络视图(APO)与实际对象的内部AP视图之间进行转换。

为了支持交互作用的发布者/预订者模型,有关实际对象的信息可以通过其APO来发布。作为预订者的远程AP看到发布信息的APO视图,而不必了解实际对象的任何特定细节。

3.6.3.4.2　APO类

APO类是一组APO的类属规范,其中的每个APO类由一组相同的属性来描述,并使用一组相同的服务来访问。

APO类为AP的标准化网络可视方面提供机制。每个标准的APO类定义规定一组网络可访问的特定的AP属性和服务。为了提供对APO类的属性和服务的远程访问,PROFINET IO协议规范规定了FAL协议使用的语法和规程。

为了标准化对AP的远程访问,本部分规定了标准的APO类。也可以规定用户定义的类。

用户定义的类被定义为标准化的APO类或者其他用户定义的类的子类。它们可以通过标识新的属性来定义,或者通过指定对父类是可选的而对子类是必备的属性来定义。因此,使用约定来定义类。注册或其他使这些新的类定义可供通用使用的方法不属本部分的范畴。

3.6.3.4.3　APO作为APO类的实例

本部分使用模板来定义APO类。这些模板不仅用来定义APO类,而且还用来规定类的实例。

为AP定义的每个APO都是APO类的实例。每个APO提供AP所包含的实际对象的网络视图。通过以下方法来定义APO:

a)　从其APO类模板中选择从实际对象可访问的属性;

b)　对模板中指示为"关键"(key)的一个或多个属性赋值。关键属性用于标识此APO;

c)　对APO的零个、一个或多个"非关键"(non-key)属性赋值。非关键属性用于描绘APO的特性;

d)　从模板中选择可被远程AP用来访问实际对象的服务。

本条规定类模板的约定。这些约定提供必备的(M)、可选的(O)、有条件的(C)属性和服务的定义。

必备的属性和服务都要求出现在该类的所有APO中。可选的属性和服务可以根据每个APO的具体情况来选择是否包含在该APO中。有条件的属性和服务用一个伴随的约束语句来定义。约束语句规定了此属性在APO中出现的条件。

3.6.3.4.4　APO类型

APO类型提供定义标准APO的机制。

如以前的子条所述,通过实例化一个APO类来定义APO。每个APO定义由属性和服务组成,它们是从其APO类所定义的属性和服务中选择用于此APO的属性和服务。此外,APO定义还包含选择用于此 APO 的一个或多个属性的值。当两个 APO 共享同一定义时(关键属性设置除外),这种定义称为 APO 类型。因此,APO 类型是可用于定义一个或多个 APO 的 APO 类属规范。

3.6.3.5 应用实体(AE)

3.6.3.5.1 FAL AE 的定义

应用实体为单个 AP 提供通信能力。FAL AE 提供一组服务和支持协议,从而使现场总线环境中的 AP 之间可进行通信。由 FAL AE 提供的这些服务被编组为应用服务元素(ASE)。这样,提供给 AP 的 FAL 服务由其 FAL AE 所包含的 ASE 来定义。图 7 阐明此概念。

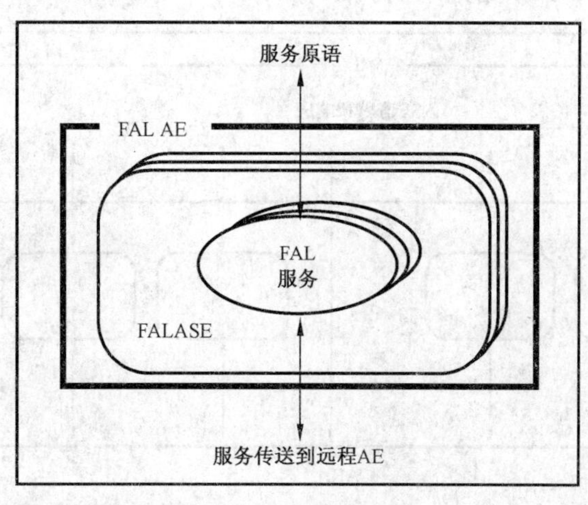

图 7 应用实体结构

3.6.3.5.2 AE 类型

提供相同 ASE 组的应用实体都属于相同的 AE 类型。共享同一 ASE 组的两个 AE 能够彼此通信。

3.6.3.6 现场总线应用服务元素

3.6.3.6.1 概述

如同 GB/T 17176 中的定义,应用服务元素(ASE)是一组应用功能,它为用于特定目的的应用实体调用的相互作用提供能力。为了向 AP 及其对象和从 AP 及其对象传送请求和响应,ASE 提供了一组服务。上述定义的 AE 通过 AE 内 ASE 调用的集合来表示。

3.6.3.6.2 FAL 服务

FAL 服务传输 AP 之间的功能请求/响应。定义每个 FAL 服务来传送用于访问一个实际对象的请求和响应,而该实际对象被模型化为 FAL 可访问的对象。

FAL 定义证实服务和非证实服务两种。证实服务请求被发送给包含一个实际对象的 AP。

对于 AL 用户,一个证实服务请求的调用可以通过 AL 用户提供的 InvokeID 来标识。当 InvokeID 存在时,此 InvokeID 由包含实际对象的 AP 在响应中返回。由于 FAL AE 不能依赖此 AL 用户提供的 InvokeID 的存在或暂时的唯一性,因此它必须使用其他的协议特定方法和实现特定方法,使发送的 APDU 与接收的 APDU 相关联。同样地,接收需要响应的请求 APDU 的 FAL AE 必须使用其他实现特定方法,使其本地 AL 用户传送的指示原语与返回的响应原语相关联。

可以从包含实际对象的 AP 发送非证实服务,以发送该对象的信息。为访问实际对象也可以将非证实服务发送给包含实际对象的 AP。这两种类型的非证实服务均可被规定用于 FAL。

3.6.3.6.3 FAL ASE 的定义

3.6.3.6.3.1 概述

在 FAL ASE 的定义中已经采用了模块化方法。为 FAL 定义的 ASE 也是面向对象的。通常,ASE 提供一组服务用于一个特定对象类或用于有关的类组。通用的对象管理 ASE(若存在的话)提供一组适合于所有对象类的通用的管理服务。

为了支持对 AP 的远程访问,定义了应用关系 ASE(AR ASE)。它给 AP 提供服务用于定义和建立与其他 AP 的通信关系，它还给其他的 ASE 提供服务用于传输它们的服务请求和响应。

每个 FAL ASE 定义一组服务、APDU 以及在它所表示的类上进行操作的规程。仅可能提供 ASE 服务的一个子集来满足应用的需要。可使用行规来定义这些子集。行规的定义不属本部分的范畴。

在支持相同服务的 FAL ASE 之间发送和接收 APDU。每个 FAL AE(最小的)包含 AR ASE 和至少一个其他的 ASE。图 8 举例说明一组 FAL ASE(例如：Mgt ASE(管理 ASE)、Variable ASE(变量 ASE)、Event ASE(事件 ASE)、Fnc Inv ASE(功能调用 ASE)、Load Reg ASE(加载范围 ASE))及其体系结构关系。所有 APO ASE 都依据此示例。

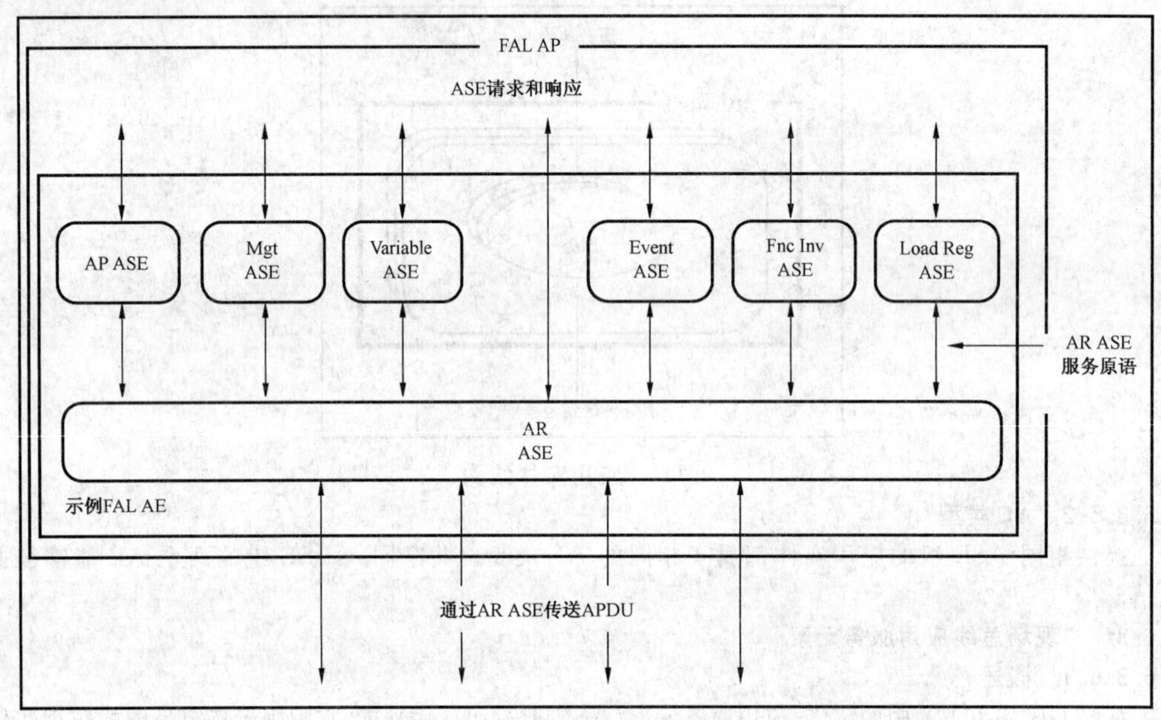

图 8　FAL ASE 示例

3.6.3.6.3.2　对象管理 ASE

可为 FAL 规定一种特殊的对象管理 ASE，提供用于对象管理的服务。它的服务可用来访问对象属性，创建和删除对象实例。使用这些服务来管理通过 FAL 访问的网络可见的 AP 对象。在对象类型的 ASE 定义中规定了适用于每种对象类型的特定操作服务。图 9 阐明了在 AP 内用于对象的管理服务和操作服务的集成。

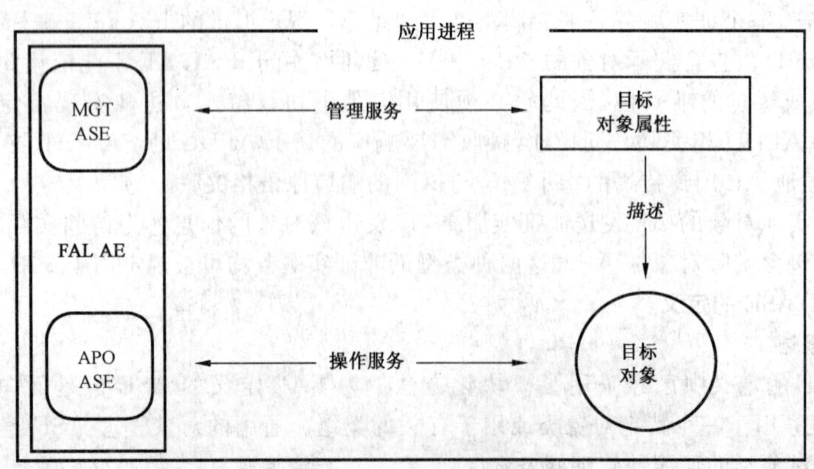

图 9　FAL 对象管理

3.6.3.6.3.3 **AP ASE**

可规定 AP ASE 用于 FAL AP 的标识和控制。通过该 AP ASE 定义的属性规定关于其制造商 AP 的特征，并列出其内容和能力。

3.6.3.6.3.4 **APO ASE**

FAL 规定一组 ASE，它们具有为访问 AP 的 APO 所定义的服务。为 FAL 所定义的 APO ASE 由每个通信模型来定义。

3.6.3.6.3.5 **AR ASE**

规定了 AR ASE，以建立和维护用于在 AP 之间/之中传输 FAL APDU 的应用关系(AR)。AR 表示在 AP 之间的应用层通信通道。AR ASE 负责在 AR 的端点上提供服务。为了建立、终止和异常中止 AR、给 AE 传输 APDU 以及给用户指出 AR 的本地状况，应定义 AR ASE 服务。此外，还可定义用于访问 AR 端点的某些方面的本地服务。

3.6.3.6.4 **FAL 服务传送**

FAL APO ASE 提供了若干服务以在服务用户与实际对象之间传送请求和响应。

为完成服务请求和响应的传送任务，定义了 3 种类型发送用户的活动和与之相对应的 3 种类型接收用户的活动。在发送用户方，它们接收要被传送的服务请求和响应。其次，它们选择将被用于传送请求或响应的 FAL APDU 的类型，并将服务参数编码进 FAL APDU 主体部分。然后，它们将已编码的 APDU 主体提交给 AR ASE 用于传送。

在接收用户方，FAL APO ASE 从 AR ASE 接收已编码的 APDU 主体，解码 APDU 主体，并提取由它们传送的服务参数。FAL APO ASE 传送服务请求或响应给用户，以结束传送。图 10 阐明了这些概念。

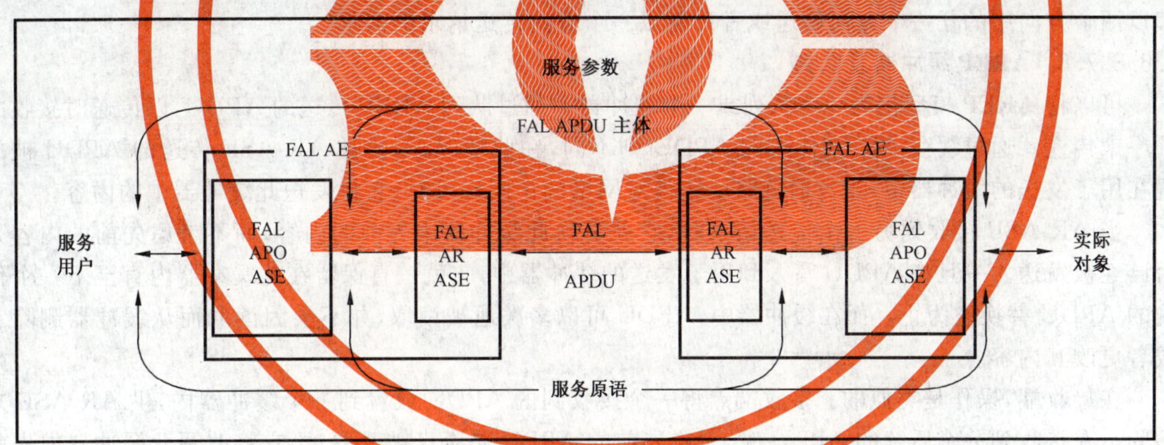

图 10 **ASE 服务传送**

3.6.3.6.5 **FAL 表示上下关系**

OSI 环境中的表示上下关系被用来区别不同 ASE 的 APDU，并被用来标识对每个 APDU 编码所使用的传输语法规则。但是，现场总线通信体系结构不包括表示层。因此，每种特定类型的通信模型为 FAL 提供了另一种替代机制。

3.6.3.7 **应用关系(AR)**

3.6.3.7.1 **AR 的定义**

AR 表示 AP 之间的通信通道。它们定义 AP 之间如何进行信息通信。每个 AR 描述了它如何将 ASE 服务请求和响应从一个 AP 传送给另一个 AP 的特征。在下面描述这些特征。

3.6.3.7.2 **AR 端点**

AR 被定义为一组协同操作的 AP。每个 AP 中的 AR ASE 管理该 AR 的端点，并维护其本地上下关系。AR ASE 使用 AR 端点的本地上下关系来控制 APDU 在 AR 上的传送。

3.6.3.7.3 **AR 端点类**

AR 由兼容类的一组端点组成。AR 端点类用来表示以相同方式传送 APDU 的 AR 端点。通过端点类的标准化,可定义用于不同交互作用模型的 AR。

3.6.3.7.4 **AR 基数**

AR 将 AP 之间的通信特征化。AR 的特征之一是 AR 中的 AR 端点数。在两个 AP 之间传送服务的 AR 具有“1 对 1”的基数。从一个 AP 向多个 AP 传送服务的 AR 具有“1 对多”的基数。从多个 AP 向多个 AP 传送服务的 AR 具有“多对多”的基数。

3.6.3.7.5 **通过 AR 访问对象**

AR 通过一个或多个 ASE 的服务提供对 AP 和在它们内部对象的访问。因此,一个特性是一组 ASE 服务,这些服务可以被 AR 向/从这些对象传送。可以被 AR 传送的服务列表是从为该 AE 定义的服务中选择而来的。

3.6.3.7.6 **AR 传送路径**

AR 被模型化为 AR 端点之间的一条或两条传送路径。每条传送路径在一个或多个 AR 端点之间单向传送 APDU。传送路径上的每个接收 AR 端点接收由发送 AR 端点在 AR 上传输的所有 APDU。

3.6.3.7.7 **AREP 角色**

由于 AP 通过端点进行彼此间交互作用,它们的兼容性的基本决定性因素是它们在 AR 中所扮演的角色。角色定义了 AR 中的一个 AREP 如何与其他 AREP 进行交互作用。

例如,一个 AREP 可以作为客户机、服务器、发布者或预订者。当一个 AREP 与另一个 AREP 在单个 AR 上既作为客户机又作为服务器进行交互作用时,它被定义为具有“对等”(peer)的角色。

某些角色能够启动服务请求,而其他的角色只能响应服务请求。角色的定义部分标识一个 AR 能够以两个方向中的任一个方向传送或者只能以一个方向传送请求的需求。

3.6.3.7.8 **AREP 缓冲器及队列**

可以将 AREP 模型化为一个队列或一个缓冲器。通过队列 AREP 传送的 APDU,以传送时接收的顺序来传递。通过缓存 AREP 传送的 APDU 则不同,在此情况下,要被 AR ASE 传送的 APDU 被放置在用于发送的缓冲器中,当数据链路层获得对网络的访问许可时,它将发送此缓冲器中的内容。

当 AR ASE 接收到另一个传送请求时,它就替换此缓冲器中先前的内容,而不考虑先前的内容是否已经被发送。一旦将 APDU 写入到用于发送的缓冲器中,它就一直保留在此缓冲器内直至下一个传输的 APDU 替换它为止。而在缓冲器中,APDU 可以多次地被读取,并不会因读取而从缓冲器删除它或者更改其内容。

在接收端,操作是类似的。接收端点将一个接收到的 APDU 放置到一个缓冲器内,供 AR ASE 来访问。在接收到一个后续的 APDU 时,无论先前的 APDU 是否已被读取过,它将改写此缓冲器内先前的 APDU。从缓冲器读取 APDU 并不是破坏性的,它不会破坏或更改缓冲器的内容,因而允许一次或多次地从缓冲器读取这些内容。

3.6.3.7.9 **用户触发传送和调度传送**

AREP 的另一个特点是它们传输服务请求和响应的时间。依据用户提出而传送的 AREP 称为用户触发的传送。相对于网络操作,它们的传输是异步的。

在预定义的时间间隔内,不考虑接收到传送请求和响应的时间就传送这些请求和响应的 AREP 则称为调度(scheduled)传送。预定的 AREP 能够指出何时延迟提交了为传输所传送的数据,或者何时虽然按时提交了数据,但传输延迟了。

3.6.3.7.10 **AREP 时效性**

AREP 使用数据链路层服务在应用之间传输 APDU。当定义了 AREP 时效性能力并且被数据链路层支持时,AREP 转送由数据链路层提供的时效性指示器。这些时效性指示器使得预订发布数据的预订者能够判定它们正在接收的数据是最新的还是“过时的”。

为了支持这些类型的时效性，发布的 AREP 建立一个发布者数据链路连接，此连接反映通过管理为它所组态的时间的类型。建立连接后，AREP 接收用户数据并将它提交给 DLL 用于传输，在数据链路层执行时效性程序。当数据链路层有机会发送此数据时，它发送当前的时效性状况和数据。

在预订者 AREP 上，数据链路连接是开放的，以便接收通过管理为它所组态的反映时间类型的发布数据。数据链路层计算所接收的数据的时效性，然后将它传送给 AREP。此后，再将此数据通过合适的 ASE 传送给用户 AP。

3.6.3.7.11 **AREP 的定义和创建**

AREP 的定义规定了 AREP 类的实例。可以预定义 AREP，或者可以使用一个“create”(创建)服务来定义 AREP(如果 AREP 的 AE 支持此能力)。

AREP 可以被预定义和预建立，或者它们可以被预定义和动态地建立。图 11 描述了这两种情况。AREP 还可以要求动态地定义和建立，或者可以动态地定义并且无需任何建立就可以使用(它们被定义处于已建立的状态)。

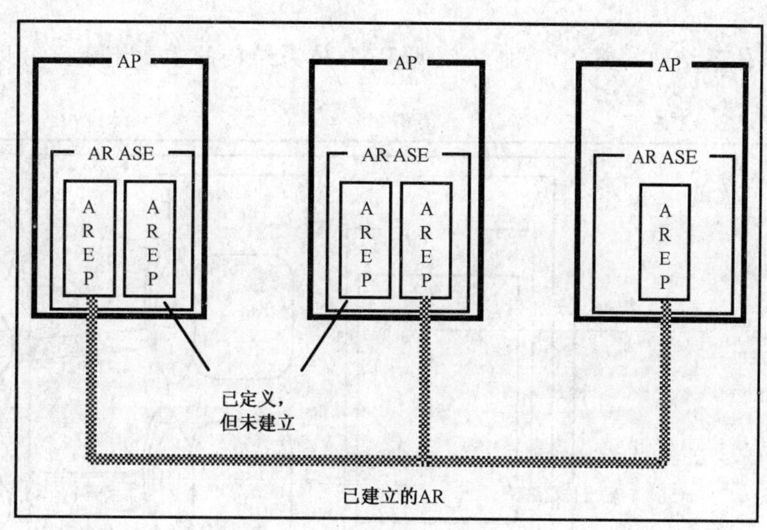

图 11 定义和建立 AREP

3.6.3.7.12 **AR 的建立和终止**

既可以在 AP 的操作阶段之前也可以在其操作阶段期间建立 AR。在 AP 的操作期间建立 AR 时，AR 是通过 AR APDU 的交换来建立的。

一旦建立了 AR，根据 AR 的能力，AR 可以正常终止，或者异常中止。

3.6.4 **现场总线应用层命名和寻址**

3.6.4.1 **概述**

本子条细化了在 GB/T 9387.3 中定义的基本原理，包括现场总线应用层引用的 APO 的标识(命名)和定位(寻址)。

本子条定义如何使用名称和数字标识符来识别通过 FAL 可访问的 APO。本子条还指出如何使用下层的地址来在现场总线环境中定位 AP 地址。

3.6.4.2 **标识通过 FAL 访问的对象**

3.6.4.2.1 **概述**

通过 FAL 访问的 APO 的标识与它们的位置无关。也就是说，如果包含此 APO 的那个 AP 的位置发生改变，仍然可以使用相同的一组标识符来引用此 APO。

在 APO 的类定义中，FAL 中的 AP 和 APO 的标识符被定义为关键属性。在这些 APO 定义内，通常采用两种类型的关键属性：名称和数字标识符。

3.6.4.2.2 名称

名称是面向字符串的标识符。定义它们的目的是允许在使用 AP 和 APO 的系统内对它们命名。因此，尽管 APO 的名称范围对于它所在的 AP 是特定的，但是此名称的分配则在组态它的系统内进行管理。

名称可以是描述性的，也可以不是描述性的。描述性的名称能够提供有关它们命名对象的有意义的信息，例如，它的用途。

还可以对名称进行编码。编码的名称能够使用一个短的、缩写格式的名称来识别一个对象。这样的名称典型地更易于传输和处理，但不及描述性名称容易理解。

3.6.4.2.3 数字标识符

数字标识符是一些其值为数字的标识符。这样设计的目的在于提高在现场总线系统中的使用效率，而且它们的 AP 还可以指派它们用于高效地访问 APO。

3.6.4.3 寻址通过 FAL 访问的 AP

现场总线地址代表 AP 的网络位置。与 FAL 有关的地址是用于定位 AP 的 AREP 的下层地址。

3.6.5 体系结构概述

本条表示 FAL 体系结构的概述。图 12 阐明 FAL 体系结构的主要组成部分以及它们彼此间的关系。

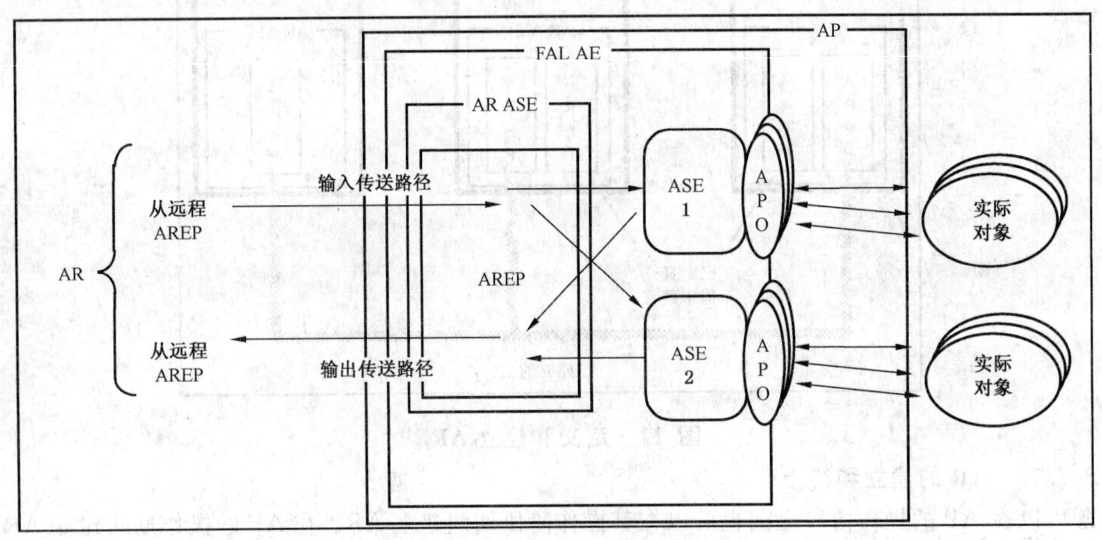

图 12 FAL 体系结构组成部分

图 12 描述了通过 FAL AE 进行通信的 AP。AP 将其内部实际对象表示为 APO，用于对其进行远程访问。图中表示的两个 ASE 为其有关的 APO 提供远程访问服务。AR ASE 包含单个 AREP，它为 ASE 向位于远程 AP 上的一个或多个远程 AREP 传输服务请求和响应。

3.6.6 概念上的 FAL 服务规程

3.6.6.1 概念上的 FAL 证实服务规程

请求的 AL 服务用户调用其 FAL AE 的一个证实服务请求原语。适当的 FAL ASE 创建一个事务处理状态机以控制服务的调用，将 InstanceID 和超时时间分配给该状态机，构造相关的证实服务请求 APDU 主体(包括 Instance ID)，并在指定的 AR 上进行传送。

在接收到证实服务请求 APDU 主体时，接收的 ASE 将它解码。如果不发生协议错误，则接收的 ASE 创建一个事务处理状态机以管理期望的响应，分配一个独立的(第 2 个)InstanceID 给该状态机，然后传送证实服务指示原语给其 AL 服务用户，以及(第 2 个)InstanceID 作为额外的执行参数。

如果响应的 AL 服务用户能够成功地处理该请求，则用户就返回一个证实服务响应(+)原语，通过作为指示原语一部分的 InstanceID 来标识该事务处理。

如果响应的用户不能成功地处理此请求，则服务失败，该用户发出一个证实服务响应(—)原语指出失败原因，通过作为指示原语一部分的 InstanceID 来标识该事务处理。

无论 AL 服务用户选择哪一种响应，当接收 ASE 形成一个返回给发起 ASE 的 APDU 时，它具有两种可用的信息，一个来自响应原语，另一个来自所关联的指示原语。

响应的 ASE 为一个证实服务响应(+)原语构造一个证实服务响应 APDU 主体，或者，为证实服务的响应(—)原语构造一个证实服务错误 APDU 主体，它们中的任何一个都包含最初请求的 APDU 的(第 1 个)InstanceID，并在指定的 AR 上传送它。

在响应或错误 APDU 主体的接收时，发起的 ASE 使用包含在响应或错误 APDU 中的(第 1 个)InstanceID 来使该 APDU 与正确的状态机和请求关联。一旦这种关联已经建立，发起的 ASE 就具有两种可用的信息，一个来自所接收的 APDU，另一个来自相关联的请求原语。它传送证实服务的证实原语给请求的 FAL ASE，该原语规定成功或失败，如果出现失败，报告失败原因，并取消相关联的事务处理状态机。

在发起的 ASE 接收返回的响应或错误 APDU 之前，如果与该状态机相关的定时时间到，则 AR ASE 传送证实服务的证实(—)原语给请求的 FAL ASE，并取消相关联的事务处理状态机。

3.6.6.2 概念上的 FAL 非证实服务规程

请求的用户调用其 FAL AE 的一个非证实服务请求原语。正确的 FAL ASE 构造相关的非证实服务请求 APDU 主体，并在指定的 AR 上传送它。

在接收非证实请求 APDU 主体时，在 AR 内参与接收的 ASE 给它的用户传送正确的非证实服务指示原语。如果传送 APDU 主体的 AR 支持时效性，则在指示原语内包含时效性参数。

3.6.7 通用的 FAL 属性

在后面的 FAL 类规范中，许多类使用下列属性。因此，在此处定义了这些属性，而未对每个类的其他属性进行定义，Data Type 类除外。

属性：

1 (o) Key attribute: Numeric identifier
2 (o) Key attribute: Name
3 (o) Attribute: User description
4 (o) Attribute: Object revision

Numeric identifier

此可选关键属性规定对象的数字标识符。它被 FAL 协议用作标识对象的一种简化的引用。有 3 种可能的标识方法：数字标识符，或名称，或二者兼有。此属性对于数据类型模型是必需的。

Name

此可选关键属性规定对象的名称，有 3 种可能的标识方法：数字标识符，或名称，或二者兼有。

User description

此可选属性规定用户定义的关于该对象的描述性信息。

Object revision

此可选属性规定对象的版本等级。它是一个由 Major Revision Number(主要版本号)和 Minor Revision Number(次要版本号)组成的结构化属性。如果支持 Object Revision，则它包含一个 Major Revision 和一个 Minor Revision，其值都在范围 0～15 内。使用 Major/Minor 字段的目的是为了提供下列特性：

Major revision

Major Revision 字段包含对象的主要版本号值。主要版本号的变更指出可互操作性受此变更的影响。

Minor revision

Minor Revision 字段包含对象的次要版本号值。次要版本号的变更指出可互操作性不受此变更的影响。也就是说，当次要版本号改变时，只要主要版本号保持不变，则该对象的用户仍然能与此对象进行互操作。

3.6.8 通用的 FAL 服务参数

在后面的 FAL 服务规范中，许多服务使用下列参数。因此，在此处定义了这些参数，而未对每个服务的其他参数进行定义。

AREP

此参数规定足够的信息在本地识别被用来传输该服务的 AREP。此参数可使用 AREP 的关键属性来识别应用关系。当 AREP 同时支持多个上下关系(使用 Initiate 服务建立的)时，可扩展 AREP 参数来识别上下关系及 AREP。

注：在请求和相应的指示中的 AREP 是本地化的，因此是不相同的。但是，它们通过相同 AR 的不同端点发生关系。作为由响应原语和证实原语传送的结果的 AREP 分别是相应指示原语和请求原语的 AREP。实现这些抽象服务的方式在抽象服务定义中未规定相互关系，但可以在相关的具体协议规范中进行规定。

FAL ASE/FAL class

此参数规定 FAL ASE(例如：AP、AR、变量、数据类型、事件、功能调用和加载范围)和 ASE 内的 FAL Class(例如：AREP、变量表、通知方和动作)。

Numeric ID

此参数是对象的数字标识符。

Error info

此参数提供服务错误的错误信息。它在证实服务响应(—)原语中返回。它由下列元素组成：

Error class

此参数指错误的一般类型。在以下参数 Error Code 的定义中规定了有效值。

Error code

此参数标识特定的服务错误。

Additional code

此可选的参数对在处理正被访问对象的请求时所遇到的错误进行标识。使用时，在响应原语中提交的值不加改变地在证实原语中传送。

Additional detail

此可选参数规定伴随否定响应的用户数据。使用时，在响应原语中提交的值不加改变地在证实原语中传送。

3.6.9 APDU 大小

APDU 的大小与通信模型有关。

4 概念

注：3.6 规定了应用层服务描述的概念和在本部分中使用的模板。

5 数据类型 ASE

5.1 总论

5.1.1 概述

现场总线数据类型为 FAL 服务传送的应用数据规定了独立于机器的语法。现场总线应用层支持基本数据类型和结构数据类型的定义及传送。在 PROFINET IO 协议文件中提供本条规定的数据类型的编码规则。

基本类型是不能再分解成多个元素类型的原子类型。结构类型是由基本类型和其他结构类型组合而成的类型。其复杂程度和嵌套深度,本部分未予限制。

数据类型采用数据类型类的实例进行定义,如图 13 所示。此图中只列出了本章定义的数据类型的一个子集。一个新类型的定义是通过提供数字标识符(id),并为此数据类型类定义的属性提供值来完成的。

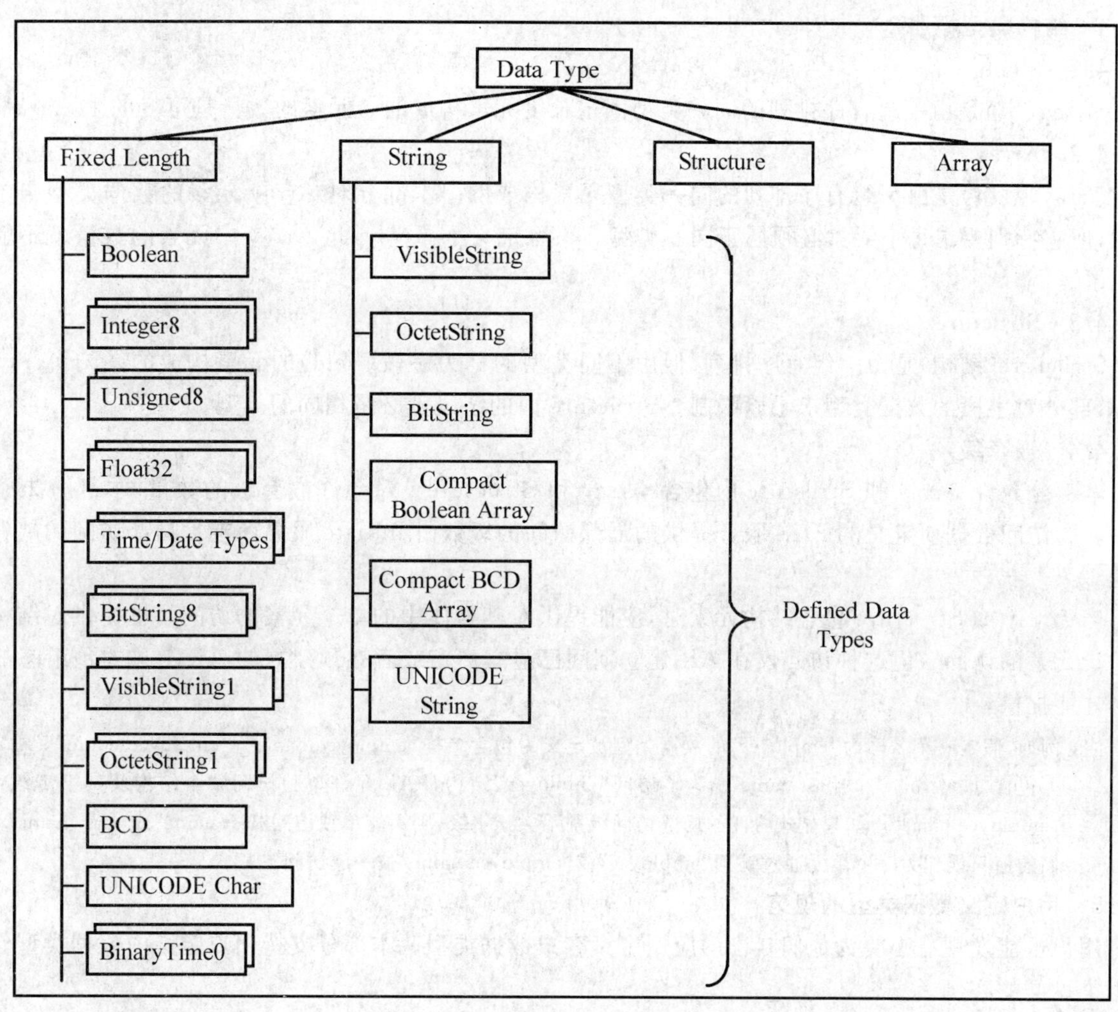

图 13　数据类型类的层次示例

图 13 中的数据类型定义表述为类/格式/实例结构,并以名称为"Data type"的数据类型类开始。数据类型的格式由数据类型类定义,如图 13 所示。

基本数据类用于定义固定长度和比特串数据类型。GB/T 16262.1 中的标准类型称为简单数据类型。其他标准基本数据类型是针对现场总线应用特别定义的,被称为特殊类型。

本部分中规定的结构类型有:String(串)、Array(数组)和 Structure(结构)。没有为数组和结构定义标准类型。

5.1.2　基本类型概述

大多数基本类型是依据一组 GB/T 16262.1 的类型(简单类型)来定义的。有一些 GB/T 16262.1 类型已经被扩展到现场总线的特殊使用(特殊类型)。

简单类型是 GB/T 16262.1 的通用类型。在本部分中对它们定义时,为它们提供了现场总线类标识符。

特殊类型是为在现场总线环境中使用而特别定义的基本类型。它们被定义为简单类的子类型。

基本类型具有固定的长度。同时定义了两种变型。一种类型用于定义其长度为八位位组的整数个数的数据类型;另一种类型用于定义其长度为多比特的数据类型。

注:本部分还对 Boolean、Integer、OctetString、VisibleString 和 UniversalTime 作了定义,其目的是将现场总线类标识符分配给这些类型。本部分并不改变它们在 GB/T 16262.1 中规定的定义。

5.1.3 固定长度类型概述

固定长度类型的长度是八位位组的整数个数。

5.1.4 结构类型概述

5.1.4.1 String

String(串)是由一组有序排列的同一类型固定长度元素构成的。元素的数量是可变的。

5.1.4.2 Array

Array(数组)是由一组有序排列的同一类型元素构成的。本部分对 Array 元素的数据类型未予以限制,但它特别要求每个元素必须属于同一类型。一旦定义了 Array,此 Array 中元素的数量就不能再改变了。

5.1.4.3 Structure

Structure(结构)是由一组有序排列、但由不同类型的称为字段(field)的元素构成的。与 Array 一样,本部分对字段的数据类型未予以限制。Structure 内的字段不必是相同的类型。

5.1.4.4 嵌套级

本部分允许 Array 和 Structure 内包含 Array 和 Structure。对允许嵌套级的数量,本部分未予以限制。为访问数据而定义的 FAL 服务提供的局部访问的级数由 Initiate 服务商定。局部访问的缺省级数是 1。

当 Array 或 Structure 包含结构元素时,应能提供对其整体中的单个元素的访问。也提供对结构元素的子元素的访问。但这种访问仅在 AR 建立期间已显式商定或者在预建立的 AR 上显式预组态的情况下才能提供。

注:例如,假定一个名称为“employee”的数据类型被定义为包含结构“employee name”,“employee name”又被定义为包含“last name”和“first name”。为了访问“employee”结构,FAL 允许单独访问整个结构及其第 1 级字段“employee name”。如果显式协商的局部访问级别不大于 1 级,则不能单独访问“last name”或“first name”。它们的值只能作为一个单元通过访问“employee”或“employee name”被一起访问。

5.1.5 用户定义数据类型的规范

用户可能发现有必要为他们自己的应用定义客户数据类型。本部分支持用户定义的数据类型作为数据类型类的实例。

对用户定义类型的规定与对所有 FAL 对象的规定是相同的,它们都是通过为该类所规定的属性提供值进行定义的。

5.1.6 用户数据的传输

用户数据是依据 FAL 协议在应用之间传送的。全部的编码和解码都由 FAL 用户完成。

FAL 协议数据单元中的用户数据的编码规则与数据类型有关。在 PROFINET IO 协议文件中定义了这些规则。没有编码规则的用户定义的数据类型作为可变长度的八位位组序列来传送,八位位组串内的数据格式由用户定义。

5.2 数据类型对象的形式定义

5.2.1 数据类型类

5.2.1.1 模板

数据类型类规定数据类型类树的根。它的“父”类“top”指示 FAL 类树的顶层。

FAL ASE: DATA TYPE ASE
CLASS: DATA TYPE
CLASS ID: 5(FIXED LENGTH & STRING),6(STRUCTURE),12(ARRAY)

PARENT CLASS：TOP

ATTRIBUTES：

1	(m)	Key Attribute：	Data type Numeric Identifier
2	(o)	Key Attribute：	Data type Name
3	(m)	Attribute：	Format(FIXED LENGTH,STRING,STRUCTURE,ARRAY)
4	(c)	Constraint：	Format＝FIXED LENGTH | STRING
4.1	(m)	Attribute：	Octet Length
5	(c)	Constraint：	Format＝STRUCTURE
5.1	(m)	Attribute：	Number of Fields
5.2	(m)	Attribute：	List of Fields
5.2.1	(o)	Attribute：	Field Name
5.2.2	(m)	Attribute：	Field Data type
6	(c)	Constraint：	Format＝ARRAY
6.1	(m)	Attribute：	Number of Array Elements
6.2	(m)	Attribute：	Array Element Data type

5.2.1.2 属性

Data type Numeric Identifier

此属性对相关数据类型的数字标识符进行标识。此数据类型数字标识符的数据类型应为Unsigned 32。

Data type Name

此可选属性对相关数据类型的名称进行标识。

Format

此属性对fixed-length、string、array或structure的数据类型进行标识。

Octet Length

此有条件的属性定义了相关类型对象的大小的表示方式。仅当Format属性的值是“FIXED LENGTH”或“STRING”时它才出现。对于FIXED LENGTH数据类型而言，它采用八位位组表示长度。对于STRING数据类型而言，它采用串的单个元素的八位位组表示长度。

Number of Fields

此有条件的属性定义了结构中字段的个数。仅当Format属性的值是“STRUCTURE”时，此属性才出现。

List of Fields

此有条件的属性是包含在结构中的字段的顺序表。每个字段被它的号码和它的类型所规定。字段从0开始按照它们出现的先后顺序进行编号。通过使用号码标识字段的方法，可支持对结构中字段的局部访问。仅当Format属性值是“STRUCTURE”时，此属性才出现。

Field Name

此有条件的、可选的属性规定了该字段的名称。当Format属性的值是“STRUCTURE”时，此属性才出现。

Field Data type

此有条件的属性规定了该字段的数据类型。当Format属性的值是“STRUCTURE”时，此属性才出现。此属性可以自行规定结构数据类型，既可以通过其数字id索引的结构数据类型定义，也可以嵌入本节的结构数据类型定义。当嵌入一个描述时，使用如下所示的嵌入数据类型(Embedded Data Type)描述。

Number of Array Elements

此有条件的属性定义了 Array 类型的元素个数。当 Array 的大小是“n”个元素时，Array 元素从“0”开始至“n－1”进行编排。当 Format 属性的值是“ARRAY”时，此属性才出现。

Array Element Data type

此有条件的属性规定了 ARRAY 中的元素的数据类型。ARRAY 的所有元素应具有相同的数据类型。当 Format 属性的值是“ARRAY”时，此属性才出现。此属性可以自行规定结构数据类型，既可以通过其数字 id 索引的结构数据类型定义，也可以嵌入本节的结构数据类型定义。当嵌入一个描述时，使用如下所示的嵌入数据类型(Embedded Data Type)描述。

Embedded Data type Description

此属性用于递归地定义 Structure 或 Array 内的 Embedded Data type。下面的模板定义了其内容。在模板中所示的属性已在上述 Data type 类中定义，但对此属性递归引用的 Embedded Data type 属性除外。它被用来定义嵌套的元素。

ATTRIBUTES：

1	(m)	Attribute：	Format(FIXED LENGTH，STRING，STRUCTURE，ARRAY)
2	(c)	Constraint：	Format＝FIXED LENGTH | STRING
2.1	(m)	Attribute：	Data type Numeric ID value
2.2	(m)	Attribute：	Octet Length
3	(c)	Constraint：	Format＝STRUCTURE
3.1	(m)	Attribute：	Number of Fields
3.2	(m)	Attribute：	List of Fields
3.2.1	(m)	Attribute：	Embedded Data type Description
4	(c)	Constraint：	Format＝ARRAY
4.1	(m)	Attribute：	Number of Array Elements
4.2	(m)	Attribute：	Embedded Data type Description

5.3 FAL 定义的数据类型

5.3.1 固定长度类型

5.3.1.1 Boolean 类型

5.3.1.1.1 Boolean

CLASS：Data type

ATTRIBUTES：

1	Data type Numeric Identifier	＝	1
2	Data type Name	＝	Boolean
3	Format	＝	FIXED LENGTH
4.1	Octet Length	＝	1

此数据类型表示值为 TRUE 和 FALSE 的 Boolean 数据类型。

5.3.1.1.2 VARIANT_BOOL

CLASS：Data type

ATTRIBUTES：

1	Data type Numeric Identifier	＝	2049
2	Data type Name	＝	VARIANT_BOOL
3	Format	＝	FIXED LENGTH
4.1	Octet Length	＝	2

此数据类型表示值为 TRUE(－1)和 FALSE(0)的 Boolean 数据类型(见 Integer16)。

5.3.1.2 **Bitstring 类型**

此子条是空白的。

5.3.1.3 **Currency 类型**

此子条是空白的。

5.3.1.4 **Date 类型**

5.3.1.4.1 **date**

此数据类型与 Float64 相同。

数据类型 date 具有 1 ns 范围的分辨率。在 January 1st,100 至 December 31st,9999 之间的日期内它都是有效的。值 0.0 已经被定义为 December 30,1899,0:00。该值的整数部分表示 December 30th,1899 以后的天数(这一天以前的日期所对应的值为负数);小数部分定义为那一天的时间。

注:设备可能仅支持与"January 1,1900,0:00"和大于该数的数据类型范围的连接,而与日期的数据类型范围无关。

5.3.1.4.2 **Date**

CLASS:Data type

ATTRIBUTES:

1	Data type Numeric Identifier	=	50
2	Data type Name	=	Date
3	Format	=	FIXED LENGTH
4.1	Octet Length	=	7

此数据类型由 6 个无符号类型值的元素组成,表示公历的日期和时间。第 1 个元素是 Unsigned 16 数据类型,它以毫秒为单位表示了分的小数部分。第 2 个元素是 Unsigned 8 数据类型,它以分为单位表示了小时的小数部分。第 3 个元素是 Unsigned 8 数据类型,它以小时为单位表示了天的小数部分,并用最高有效位说明它是标准时间还是夏时制时间。第 4 个元素是 Unsigned 8 数据类型,它的前 3 个比特指出星期几,后 5 个比特指出月份中的日期。第 5 个元素是一个无符号类型 8 数据类型,指出月份。最后一个元素是 Unsigned 8 数据类型,指出年份。值 0~50 对应于 2000 年至 2050 年,值 51~99 对应于 1951 年至 1999 年。

5.3.1.4.3 **TimeOfDay**

CLASS:Data type

ATTRIBUTES:

1	Data type Numeric Identifier	=	12
2	Data type Name	=	TimeOfDay
3	Format	=	FIXED LENGTH
4.1	Octet Length	=	6

此数据类型由两个无符号类型值的元素组成,表示全天的时间和日期。第 1 个元素是 Unsigned 32 数据类型,以毫秒为单位表示午夜以后的时间。第 2 个元素是 Unsigned 16 数据类型,表示自 1984 年 1 月 1 日起计算的天数。

5.3.1.4.4 **TimeOfDay with date indication**

此数据类型与以上定义的 TimeOfDay 数据类型相同。

5.3.1.4.5 **TimeOfDay without date indication**

CLASS:Data type

ATTRIBUTES:

1	Data type Numeric Identifier	=	52

2 Data type Name = TimeOfDay without date indication
3 Format = FIXED LENGTH
4.1 Octet Length = 4

此数据类型由一个无符号类型值的元素组成，表示全天的时间，但不表示日期。此元素是 Unsigned 32 数据类型，以毫秒为单位表示午夜之后的时间。

5.3.1.4.6 **TimeDifference**

CLASS：Data type

ATTRIBUTES：

1 Data type Numeric Identifier = 13
2 Data type Name = TimeDifference
3 Format = FIXED LENGTH
4.1 Octet Length = 4 或 6

此数据类型由两个无符号类型值的元素组成，表示时差。第 1 个元素是 Unsigned 32 数据类型，它以毫秒为单位提供一天的小数部分。可选的第 2 个元素是 Unsigned 16 数据类型，提供以天为单位的时间差。

5.3.1.4.7 **TimeDifference with date indication**

CLASS：Data type

ATTRIBUTES：

1 Data type Numeric Identifier = 53
2 Data type Name = TimeDifference with date indication
3 Format = FIXED LENGTH
4.1 Octet Length = 6

此数据类型由两个无符号类型值的元素组成，表示时差。第 1 个元素是 Unsigned 32 数据类型，以毫秒为单位提供一天的小数部分。第 2 个元素是 Unsigned 16 数据类型，提供以天为单位的时间差。

5.3.1.4.8 **TimeDifference without date indication**

CLASS：Data type

ATTRIBUTES：

1 Data type Numeric Identifier = 54
2 Data type Name = TimeDifference without date indication
3 Format = FIXED LENGTH
4.1 Octet Length = 4

此数据类型由一个无符号类型值的元素组成，表示时差。此元素是 Unsigned 32 数据类型，以毫秒为单位提供一天的小数部分。

5.3.1.5 **Enumerated 类型**

5.3.1.5.1 **PERSISTDEF**

CLASS：Data type

ATTRIBUTES：

1 Data type Numeric Identifier = 2050
2 Data type Name = PERSISTDEF
3 Format = FIXED LENGTH
4.1 Octet Length = 2

允许值列于表 9 中。

表 9 **PERSISTDEF**

值
CBAVolatile
CBAPendingPersistent
CBAPersistent

5.3.1.5.2 **VARTYPE**

CLASS:Data type

ATTRIBUTES:

1 Data type Numeric Identifier = 2051

2 Data type Name = VARTYPE

3 Format = FIXED LENGTH

4.1 Octet Length = 2

VARTYPE 规定了数据类型,它说明数据的解释。允许值列于表 10 中。

表 10 **VARTYPE**

值	数据类型
VT_EMPTY	no value
VT_NULL	null value(no valid data)
VT_BOOL	VARIANT_BOOL
VT_I1	char
VT_I2	short
VT_I4	long
VT_UI1	unsigned char
VT_UI2	unsigned short
VT_UI4	unsigned long
VT_R4	float
VT_R8	double
VT_DATE	date
VT_BSTR	BSTR
VT_ERROR	HRESULT
VT_SAFEARRAY_BOOL	SAFEARRAY(VARIANT_BOOL)
VT_SAFEARRAY_I1	SAFEARRAY(char)
VT_SAFEARRAY_I2	SAFEARRAY(short)
VT_SAFEARRAY_I4	SAFEARRAY(long)
VT_SAFEARRAY_UI1	SAFEARRAY(unsigned char)
VT_SAFEARRAY_UI2	SAFEARRAY(unsigned short)
VT_SAFEARRAY_UI4	SAFEARRAY(unsigned long)
VT_SAFEARRAY_R4	SAFEARRAY(float)
VT_SAFEARRAY_R8	SAFEARRAY(double)
VT_SAFEARRAY_DATE	SAFEARRAY(date)
VT_SAFEARRAY_BSTR	SAFEARRAY(BSTR)
VT_SAFEARRAY_ERROR	SAFEARRAY(HRESULT)
VT_USERDEFINED	userdefined struct
VT_DISPATCH	Interface Pointer to an Dispatch interface
VT_UNKNOWN	Interface Pointer to an Unknown interface
注:所有定义的结构数据类型应使用值 VT_USERDEFINED。	

5.3.1.5.3 **ITEMQUALITYDEF**

CLASS:Data type

ATTRIBUTES:

1	Data type Numeric Identifier	=	2052
2	Data type Name	=	ITEMQUALITYDEF
3	Format	=	FIXED LENGTH
4.1	Octet Length	=	1

此数据类型包含相关数据的状况信息。它由3部分组成:Quality(质量)、Substatus(子状况)和Limits(限定)。对每一个质量信息存在4种质量状态(Bad——此值没有用;Uncertain——虽然此值的质量比正常状态差,但仍可用;Good(Non Cascade)——此值的质量好,它的子状况(substatus)可以用来指示可能的报警条件;Good(Cascade)——此值可用于控制)、一组子状况值和4种限值的状态(OK——此值可自由变化;low limited(LL)(低限)——此值已被钳位在其下限;high limited(HL)(高限)——此值已被钳位在其上限;constant(C)(常量)——不论流程如何,此值都不能变化)。允许值列于表11中。

表 11 **ITEMQUALITYDEF**

质量	值	描 述
Bad	BadNonSpecific	没有特殊原因使该值成为 bad。用于传播
	BadNonSpecificLL	钳位于低限
	BadNonSpecificHL	钳位于高限
	BadNonSpecificC	处于常量
	BadConfigurationError	如果因为块存在一些其他问题,该值不可用,则根据指定生产者能够发现的问题进行设置
	BadConfigurationErrorLL	钳位于低限
	BadConfigurationErrorHL	钳位于高限
	BadConfigurationErrorC	处于常量
	BadNotConnected	如果要求此输入被连接,但并未连接,则设置
	BadNotConnectedLL	钳位于低限
	BadNotConnectedHL	钳位于高限
	BadNotConnectedC	处于常量
	BadDeviceFailure	如果该值的源受到设备失效的影响,则设置
	BadDeviceFailureLL	钳位于低限
	BadDeviceFailureHL	钳位于高限
	BadDeviceFailureC	处于常量
	BadSensorFailure	如果该设备可决定此条件,则设置。这些限制说明了超出范围的方向
	BadSensorFailureLL	钳位于低限
	BadSensorFailureHL	钳位于高限
	BadSensorFailureC	处于常量
	BadLastKnownValue	如果该值已经由通信设置,但现在已经失效,则设置

表 11(续)

质量	值	描　　述
Bad	BadLastKnownValueLL	钳位于低限
	BadLastKnownValueHL	钳位于高限
	BadLastKnownValueC	处于常量
	BadORPCmFailure	如果从上一次 Out of Service 以来,再未与此值发生任何通信,则设置
	BadORPCmFailureLL	钳位于低限
	BadORPCmFailureHL	钳位于高限
	BadORPCmFailureC	处于常量
	BadOutOfService	因为此块(block)现在未被求值,而且可能处于由组态工具进行的构建中,该值不可靠。如果该块的模式是 O/S,则设置
	BadOutOfServiceLL	钳位于低限
	BadOutOfServiceHL	钳位于高限
	BadOutOfServiceC	处于常量
Uncertain	UncertainNonSpecific	没有特殊原因使该值成为不确定。用于传播
	UncertainNonSpecificLL	钳位于低限
	UncertainNonSpecificHL	钳位于高限
	UncertainNonSpecificC	处于常量
	UncertainLastUsableValue	无论写入什么,此值现已不起作用了。这用于故障安全处理
	UncertainLastUsableValueLL	钳位于低限
	UncertainLastUsableValueHL	钳位于高限
	UncertainLastUsableValueC	处于常量
	UncertainSubstituteSet	用预定义的值代替计算值。这用于故障安全处理
	UncertainSubstituteSetLL	钳位于低限
	UncertainSubstituteSetHL	钳位于高限
	UncertainSubstituteSetC	处于常量
	UncertainInitialValue	在设备复位或重新设置参数期间和以后的易失性参数的值
	UncertainInitialValueLL	钳位于低限
	UncertainInitialValueHL	钳位于高限
	UncertainInitialValueC	处于常量
	UncertainSensorNotAccurate	如果该值处于传感器的限值之一,则设置。该限定说明了哪个方向已被超出。如果设备可以确定传感器已经降低了精度(例如:降级的分析器),也设置,在此情况下不设置限定
	UncertainSensorNotAccurateLL	钳位于低限

表 11（续）

质量	值	描　述
Uncertain	UncertainSensorNotAccurateHL	钳位于高限
	UncertainSensorNotAccurateC	处于常量
	UncertainEngineeringUnitsExceeded	如果该值已超出此参数所定义的值范围，则设置。该限定说明哪个方向已被超出
	UncertainEngineeringUnitsExceededLL	钳位于低限
	UncertainEngineeringUnitsExceededHL	钳位于高限
	UncertainEngineeringUnitsExceededC	处于常量
	UncertainSubNormal	如果从多个值导出的一个值小于所要求的 Good sources 的数量，则设置
	UncertainSubNormalLL	钳位于低限
	UncertainSubNormalHL	钳位于高限
	UncertainSubNormalC	处于常量
	UncertainConfigurationError	如果在参数化或组态方面存在某些不一致性，则根据特定生产者可发现的问题来设置
	UncertainConfigurationErrorLL	钳位于低限
	UncertainConfigurationErrorHL	钳位于高限
	UncertainConfigurationErrorC	处于常量
	UncertainSimulatedValue	当该块处于手动模式，流程值是由操作员写入的，则设置
	UncertainSimulatedValueLL	钳位于低限
	UncertainSimulatedValueHL	钳位于高限
	UncertainSimulatedValueC	处于常量
	UncertainSensorCalibration	在对流程值和当前测量值同时进行有效检验期间，进行设置
	UncertainSensorCalibrationLL	钳位于低限
	UncertainSensorCalibrationHL	钳位于高限
	UncertainSensorCalibrationC	处于常量
Good Non Cascade	GoodNonCascOk	没有与此值有关的错误或特殊条件
	GoodNonCascOkC	处于常量
	GoodNonCascActiveUpdateEvent	如果此值是 good，且块具有有效的 Update Event，则设置
	GoodNonCascActiveUpdateEventLL	钳位于低限
	GoodNonCascActiveUpdateEventHL	钳位于高限
	GoodNonCascActiveUpdateEventC	处于常量
	GoodNonCascActiveAdvisoryAlarm	如果此值是 good，且块具有优先级小于 8 的有效 Alarm，则设置
	GoodNonCascActiveAdvisoryAlarmLL	钳位于低限

表 11（续）

质量	值	描　述
Good Non Cascade	GoodNonCascActiveAdvisoryAlarmHL	钳位于高限
	GoodNonCascActiveAdvisoryAlarmC	处于常量
	GoodNonCascActiveCriticalAlarm	如果此值是 good，且块具有优先级大于或等于 8 的有效 Alarm，则设置
	GoodNonCascActiveCriticalAlarmLL	钳位于低限
	GoodNonCascActiveCriticalAlarmHL	钳位于高限
	GoodNonCascActiveCriticalAlarmC	处于常量
	GoodNonCascUnackUpdateEvent	如果此值是 good 而且此数据块有一个未应答的 Update Event，则设置
	GoodNonCascUnackUpdateEventLL	处于下限
	GoodNonCascUnackUpdateEventHL	处于上限
	GoodNonCascUnackUpdateEventC	处于常量
	GoodNonCascUnackAdvisoryAlarm	如果此值是 good 而且此块有优先级小于 8 的未应答的报警(Alarm)，则设置
	GoodNonCascUnackAdvisoryAlarmLL	钳位于低限
	GoodNonCascUnackAdvisoryAlarmHL	钳位于高限
	GoodNonCascUnackAdvisoryAlarmC	处于常量
	GoodNonCascUnackCriticalAlarm	如果此值是 good 而且此块有优先级大于或等于 8 的未应答的报警(Alarm)，则设置
	GoodNonCascUnackCriticalAlarmLL	钳位于低限
	GoodNonCascUnackCriticalAlarmHL	钳位于高限
	GoodNonCascUnackCriticalAlarmC	处于常量
	GoodNonCascInitialFailSafe	此值所来自的块希望其后续的输出块（例如：AO）进入故障安全(Fail Safe)
	GoodNonCascInitialFailSafeLL	钳位于低限
	GoodNonCascInitialFailSafeHL	钳位于高限
	GoodNonCascInitialFailSafeC	处于常量
	GoodNonCascMaintenanceRequired	设备仍未失效，但必须尽快给予维护。这种状态可以被检测，例如通过 pH 仪表的 Transducer Block
	GoodNonCascMaintenanceRequiredLL	钳位于低限
	GoodNonCascMaintenanceRequiredHL	钳位于高限
	GoodNonCascMaintenanceRequiredC	处于常量
Good Cascade	GoodCascOk	没有与此值有关的错误或特殊条件
	GoodCascOkC	处于常量
	GoodCascInitializationAcknowledge	该值是某个源的初始化值（参数的级联输入、远程级联输入和远程级联输出）

表 11(续)

质量	值	描　述
Good Cascade	GoodCascInitializationAcknowledgeLL	钳位于低限
	GoodCascInitializationAcknowledgeHL	钳位于高限
	GoodCascInitializationAcknowledgeC	处于常量
	GoodCascInitializationRequest	该值是某个源的初始化值(反算输入参数),因为较低层回路已断开,或者模式错误
	GoodCascInitializationRequestLL	钳位于低限
	GoodCascInitializationRequestHL	钳位于高限
	GoodCascInitializationRequestC	处于常量
	GoodCascNotInvited	该值来自目标模式不使用此输入的块。它覆盖了除 Fail Safe Active、Local Override、Not Selected 以外的所有情况。在脱离管理计算机的情况下,目标模式可以是下一个具有更高优先级的允许模式
	GoodCascNotInvitedLL	钳位于低限
	GoodCascNotInvitedHL	钳位于高限
	GoodCascNotInvitedC	处于常量
	GoodCascDoNotSelect	该值来自一个不应该被选择的块,因为条件处于或高于此块
	GoodCascDoNotSelectLL	钳位于低限
	GoodCascDoNotSelectHL	钳位于高限
	GoodCascDoNotSelectC	处于常量
	GoodCascLocalOverride	该值来自一个块,该块已经被本地钥匙开关锁定,或者该块是一个具有逻辑互锁活动的 Complex AO/DO。正常控制的故障将被传播给 PID 块,以用于报警和显示。这也表示 Not Invited
	GoodCascLocalOverrideLL	钳位于低限
	GoodCascLocalOverrideHL	钳位于高限
	GoodCascLocalOverrideC	处于常量
	GoodCascInitiateFailSafe	该值来自一个希望其下游输出块(例如:AO)进入故障安全(Fail Safe)的块。如果主(primary)输入和/或级联(cascade)输入的状况变成 Bad,则这由一个块选项来决定启动 Fail Safe(故障安全)
	GoodCascInitiateFailSafeLL	钳位于低限
	GoodCascInitiateFailSafeHL	钳位于高限
	GoodCascInitiateFailSafeC	处于常量

5.3.1.5.4 **STATEDEF**

CLASS:Data type

ATTRIBUTES:

1　Data type Numeric Identifier　=　2053

2　　Data type Name　　　　　　　　　=　STATEDEF
3　　Format　　　　　　　　　　　　　=　FIXED LENGTH
4.1　Octet Length　　　　　　　　　　=　2

允许值见表12。

表12　STATEDEF

值
CBANonExistent
CBAInitializing
CBAReady
CBAOperating
CBADefect

5.3.1.5.5　**GROUPERRORDEF**

CLASS:Data type

ATTRIBUTES:

1　　Data type Numeric Identifier　　　=　2054
2　　Data type Name　　　　　　　　　=　GROUPERRORDEF
3　　Format　　　　　　　　　　　　　=　FIXED LENGTH
4.1　Octet Length　　　　　　　　　　=　2

允许值见表13。

表13　GROUPERRORDEF

值
CBANonAccessible
CBAOkay
CBAProblem
CBAUnknown

5.3.1.5.6　**ACCESSRIGHTSDEF**

CLASS:Data type

ATTRIBUTES:

1　　Data type Numeric Identifier　　　=　2055
2　　Data type Name　　　　　　　　　=　ACCESSRIGHTSDEF
3　　Format　　　　　　　　　　　　　=　FIXED LENGTH
4.1　Octet Length　　　　　　　　　　=　2

允许值见表14。

表14　ACCESSRIGHTSDEF

值
CBANoAccess
CBAReadAccess
CBAWriteAccess
CBAFullAccess

5.3.1.6 **Handle 类型**

5.3.1.6.1 **HRESULT**

CLASS：Data type

ATTRIBUTES：

1 Data type Numeric Identifier = 2056

2 Data type Name = HRESULT

3 Format = FIXED LENGTH

4.1 Octet Length = 4

允许值见表 15。所定义的 HRESULT 值可用用户特定的值来扩展。必要时也可采用 PROFINET IO 协议中定义的编码方案。特别是指出成功或错误时应使用严重性代码(severity code)。

表 15 HRESULT

值	描　述
CBA_E_ACCESSBLOCKED	对此数据项的访问被封锁,因为当前已有一个常数分配给它
CBA_E_CAPACITYEXCEEDED	该请求超出了机器能力资源
CBA_E_COUNTEXCEEDED	该请求超出了它们的计算资源
CBA_E_CRDATALENGTH	对本 CR 请求,其数据长度对 RT 是无效的
CBA_E_DEFECT	硬件缺陷被发现,必须替换
CBA_E_DISCONNECTRUNNING	该请求超出资源,但存在一个正在运行的 Disconnect,稍后它将释放一些资源
CBA_E_FLAGUNSUPPORTED	所使用标志之一不被本实现支持
CBA_E_FRAMECOUNTUNSUPPORTED	在相同 QoS 上两个 ACCO 之间传输的 RT 帧的数量受实现的限制
CBA_E_INUSE	该数据项标识符中指定的目的地已经被连接到某些其他的提供者
CBA_E_INVALIDCONNECTION	指定一个从标识符到它自己的连接是不允许的
CBA_E_INVALIDCOOKIE	该 Cookie 值无效
CBA_E_INVALIDENUMVALUE	该枚举值无效
CBA_E_INVALIDEPSILON	该 Epsilon 类型或值无效
CBA_E_INVALIDID	该 ConsumerID 或 ProviderID 无效
CBA_E_INVALIDSUBSTITUTE	该 Substitute 类型或值无效
CBA_E_ITEMTOOLARGE	该数据项的大小超出 RT 的上限
CBA_E_LIMITVIOLATION	该数据超出相应数据类型的限制
CBA_E_LINKFAILURE	该网卡当前链接状况对本协议不适用
CBA_E_LOCATIONCHANGED	该恢复的连接位置与保存的位置不一致
CBA_E_MALFORMED	该标识符畸形(太长,不允许的字符,无分隔字符,语法无效)
CBA_E_MODECHANGE	消费者企图把数据传输模式从 push(OnData-Changed)变为 pull(GetData-Changed),或相反之
CBA_E_NONACCESSIBLE	该数据项不能访问
CBA_E_NOTAPPLICABLE	此操作当前不能应用
CBA_E_NOTROUTABLE	对于此协议路由被禁止,且通过本地子网之一不能达到远程站
CBA_E_OUTOFACCOPAIRS	该请求超出 AccoPairs 的资源

表 15（续）

值	描　述
CBA_E_OUTOFPARTNERACCOS	该请求超出合作方 ACCO 的资源
CBA_E_PERSISTRUNNING	在 Save 服务运行时，不允许对组态数据库做任何更改（几秒钟后重试）
CBA_E_QCNOTAPPLICABLE	对此操作质量代码不适用
CBA_E_QOSTYPENOTAPPLICABLE	对此操作 QoS 类型不适用
CBA_E_QOSTYPEUNSUPPORTED	不支持该 QoS 类型
CBA_E_QOSVALUEUNSUPPORTED	不支持该 QoS 值
CBA_E_SIZEEXCEEDED	请求超出其大小的资源
CBA_E_STATIONFAILURE	该远程站在数据传送方面有故障
CBA_E_SUBELEMENTMISMATCH	该子元素访问表与数据项类型不匹配
CBA_E_TIMEVALUEUNSUPPORTED	不支持该时间值
CBA_E_TYPEMISMATCH	规定的类型与期望的类型不匹配
CBA_E_UNKNOWNMEMBER	不知道在该数据项标识符中规定的成员
CBA_E_UNKNOWNOBJECT	不知道在该对象标识符中规定的对象
CBA_S_ESTABLISHING	该连接尚未建立
CBA_S_FRAMEEMPTY	RT 帧是空的，即传送无连接
CBA_S_NOCONNECTION	从提供者到指定的消费者之间不存在连接
CBA_S_NOCONNECTIONDATA	当前未收到连接数据
CBA_S_PERSISTPENDING	所请求的值当前不稳定
CBA_S_VALUEBUFFERED	该值仅被缓存，但对流程没有立即产生影响。例如，设备处于 CBAReady 状态
CBA_S_VALUEUNCERTAIN	因为该设备处于 CBAReady 状态，不能确定该值是否有效
DISP_E_BADINDEX	无效索引
DISP_E_BADPARAMCOUNT	提供给 DISPPARAMS 的元素个数与被方法或特性所接收的变元（arguments）个数不同
DISP_E_BADVARTYPE	变元之一不是有效的变量类型
DISP_E_EXCEPTION	应用需要发起一个异常，在这种情况下，在 Exception 中通过的结构应被填写
DISP_E_MEMBERNOTFOUND	请求的成员不存在，或者呼叫调用企图对只读性质的值进行设定
DISP_E_NONAMEDARGS	Dispatch 接口的执行不支持命名的变元
DISP_E_OVERFLOW	变元之一未被强制为指定类型
DISP_E_PARAMNOTFOUND	参数 DISPID 之一与该方法上的参数不相符。在此情况下，应将 puArgErr 设置到变元，该变元中的错误可被检测
DISP_E_PARAMNOTOPTIONAL	所需要的参数被省略
DISP_E_TYPEMISMATCH	一个或多个变元不能被施加。带有错误类型的第 1 个参数的 rgvarg 内的索引被返回到参数 puArgErr 中
DISP_E_UNKNOWNINTERFACE	在 riid 中传递的接口标识符不是 IID_NULL

表 15（续）

值	描　述
DISP_E_UNKNOWNLCID	未知语言
DISP_E_UNKNOWNNAME	未知名称
E_FAIL	未规定的错误
E_INVALIDARG	一个或多个变元无效
E_NOINTERFACE	不支持这类接口
E_NOTIMPL	服务未实现
E_OUTOFMEMORY	完成该调用的内存不足
RPC_E_INVALID_OBJECT	所请求的对象不存在
RPC_E_INVALID_OID	所规定的对象未被发现或未被辨认
RPC_E_INVALID_OXID	未发现对象输出者(exporter)
RPC_E_INVALID_SET	未发现对象输出者集(exporter set)
RPC_E_VERSION_MISMATCH	在客户机和服务器上的 ORPC 版本不匹配
RPC_S_PROCNUM_OUT_OF_RANGE	程序号超出范围
S_FALSE	成功，但有附加结果，"function worked and the result is false"
S_OK	成功，"everything worked"
TYPE_E_ELEMENTNOTFOUND	未发现元素(Element)

5.3.1.7　**Numeric 类型**

5.3.1.7.1　**Floating Point 类型**

5.3.1.7.1.1　**float**

此数据类型与 Float32 相同。

5.3.1.7.1.2　**Float32**

CLASS：Data type

ATTRIBUTES：

1　Data type Numeric Identifier　=　8

2　Data type Name　=　Float32

3　Format　=　FIXED LENGTH

4.1　Octet Length　=　4

此类型的长度为 4 个八位位组。Float32 的格式即为 GB/T 17966 中对单精度定义的格式。

5.3.1.7.1.3　**double**

此数据类型与 Float64 相同。

5.3.1.7.1.4　**Float64**

CLASS：Data type

ATTRIBUTES：

1　Data type Numeric Identifier　=　15

2　Data type Name　=　Float64

3　Format　=　FIXED LENGTH

4.1　Octet Length　=　8

此类型的长度为 8 个八位位组。Float64 的格式即为 GB/T 17966 中为双精度定义的格式。

5.3.1.7.2 **Integer 类型**

5.3.1.7.2.1 **char**

此数据类型与 Integer8 相同。

5.3.1.7.2.2 **Integer8**

CLASS:Data type

ATTRIBUTES:

1	Data type Numeric Identifier	=	2
2	Data type Name	=	Integer8
3	Format	=	FIXED LENGTH
4.1	Octet Length	=	1

此整数类型是二进制补码,其长度为 1 个八位位组。

5.3.1.7.2.3 **short**

此数据类型与 Integer16 相同。

5.3.1.7.2.4 **Integer16**

CLASS:Data type

ATTRIBUTES:

1	Data type Numeric Identifier	=	3
2	Data type Name	=	Integer16
3	Format	=	FIXED LENGTH
4.1	Octet Length	=	2

此整数类型是二进制补码,其长度为 2 个八位位组。

5.3.1.7.2.5 **long**

此数据类型与 Integer32 相同。

5.3.1.7.2.6 **Integer32**

CLASS:Data type

ATTRIBUTES:

1	Data type Numeric Identifier	=	4
2	Data type Name	=	Integer32
3	Format	=	FIXED LENGTH
4.1	Octet Length	=	4

此整数类型是二进制补码,其长度为 4 个八位位组。

5.3.1.7.2.7 **Integer64**

CLASS:Data type

ATTRIBUTES:

1	Data type Numeric Identifier	=	55
2	Data type Name	=	Integer64
3	Format	=	FIXED LENGTH
4.1	Octet Length	=	8

此整数类型是二进制补码,其长度为 8 个八位位组。

5.3.1.7.3 **Unsigned 类型**

5.3.1.7.3.1 **unsigned char**

此数据类型与 Unsigned 8 相同。

5.3.1.7.3.2 **Unsigned 8**

CLASS:Data type

ATTRIBUTES:

1 Data type Numeric Identifier = 5

2 Data type Name = Unsigned 8

3 Format = FIXED LENGTH

4.1 Octet Length = 1

此类型是一个二进制数。最高有效字节的最高有效位总是用作该二进制数的最高有效位;不包含符号位。此类型的长度是1个八位位组。

5.3.1.7.3.3 **unsigned short**

此数据类型与Unsigned 16相同。

5.3.1.7.3.4 **Unsigned 16**

CLASS:Data type

ATTRIBUTES:

1 Data type Numeric Identifier = 6

2 Data type Name = Unsigned 16

3 Format = FIXED LENGTH

4.1 Octet Length = 2

此类型是一个二进制数。最高有效字节的最高有效位总是用作为该二进制数的最高有效位;不包含符号位。此无符号类型类型的长度是2个八位位组。

5.3.1.7.3.5 **unsigned long**

此数据类型与Unsigned 32相同。

5.3.1.7.3.6 **Unsigned 32**

CLASS:Data type

ATTRIBUTES:

1 Data type Numeric Identifier = 7

2 Data type Name = Unsigned 32

3 Format = FIXED LENGTH

4.1 Octet Length = 4

此类型是一个二进制数。最高有效字节的最高有效位总是用作为该二进制数的最高有效位;不包含符号位。此无符号类型类型的长度是4个八位位组。

5.3.1.7.3.7 **Unsigned 64**

CLASS:Data type

ATTRIBUTES:

1 Data type Numeric Identifier = 56

2 Data type Name = Unsigned 64

3 Format = FIXED LENGTH

4.1 Octet Length = 8

此类型是一个二进制数。最高有效字节的最高有效位总是用作为该二进制数的最高有效位;不包含符号位。此无符号类型类型的长度是8个八位位组。

5.3.1.7.3.8 **Normalised value N2**

CLASS:Data type

ATTRIBUTES:

1 Data type Numeric Identifier = 113

2　Data type Name　=　N2
3　Format　=　FIXED LENGTH
4.1　Octet Length　=　2

线性归一化值。0%对应于0(0x0),100%对应于2^{14}(0x4000)。

用二进制补码表示,MSB(最高有效位)是第1个八位位组符号位(SN)后面的位。

SN=0:包括0的正数;

SN=1:负数。

N2值见表16和表17。

表16　N2值范围

数据类型	值的范围	分辨率	长　度
N2	$-200\% \leqslant i \leqslant (200-2^{-14})\%$	$2^{-14}=0.0061\%$	2个八位位组

表17　N2八位位组

比　特	8	7	6	5	4	3	2	1
八位位组1	SN	2^0	2^{-1}	2^{-2}	2^{-3}	2^{-4}	2^{-5}	2^{-6}
八位位组2	2^{-7}	2^{-8}	2^{-9}	2^{-10}	2^{-11}	2^{-12}	2^{-13}	2^{-14}

5.3.1.7.3.9　Normalised value N4

CLASS:Data type

ATTRIBUTES:

1　Data type Numeric Identifier　=　114
2　Data type Name　=　N4
3　Format　=　FIXED LENGTH
4.1　Octet Length　=　4

线性归一化值。0%对应于0(0x0),100%对应于2^{30}(0x4000 0000)。

用二进制补码表示,MSB(最高有效位)是第1个八位位组符号位(SN)后面的位。

SN=0:包括0的正数;

SN=1:负数。

N4值见表18和表19。

表18　N4值范围

数据类型	值的范围	分辨率	长　度
N4	$-200\% \leqslant i \leqslant (200-2^{-30})\%$	$2^{-30}=9.3\times10^{-8}\%$	4个八位位组

表19　N4八位位组

比　特	8	7	6	5	4	3	2	1
八位位组1	SN	2^0	2^{-1}	2^{-2}	2^{-3}	2^{-4}	2^{-5}	2^{-6}
				:				
				:				
八位位组4	2^{-23}	2^{-24}	2^{-25}	2^{-26}	2^{-27}	2^{-28}	2^{-29}	2^{-30}

5.3.1.7.3.10　Variable normalised X2

CLASS:Data type

ATTRIBUTES:

1　Data type Numeric Identifier　=　123

2　Data type Name　=　X2

3　Format　=　FIXED LENGTH

4.1　Octet Length　=　2

线性归一化值。0%对应于0(0x0)、100%对应于2^{X}。该结构与数据类型N2和N4的结构相同，但归一化(100%)不能自动地分别对应到2^{14}或2^{30}，而是可变的。在一个附加的参数中对归一化位进行编码。

用二进制补码表示，MSB(最高有效位)是第1个八位位组符号位(SN)后面的位。

SN=0：包括0的正数；

SN=1：负数。

X2值见表20和表21。

表20　X2值范围

数据类型	值的范围	分辨率	长　度
X2(例如x=12)	$-800\% \leqslant i \leqslant (800-2^{-12})\%$	2^{-12}	2个八位位组

表21　X2八位位组

比　特	8	7	6	5	4	3	2	1
八位位组1	SN	2^{2}	2^{1}	2^{0}	2^{-1}	2^{-2}	2^{-3}	2^{-4}
八位位组2	2^{-5}	2^{-6}	2^{-7}	2^{-8}	2^{-9}	2^{-10}	2^{-11}	2^{-12}

5.3.1.7.3.11　Variable normalised X4

CLASS：Data type

ATTRIBUTES：

1　Data type Numeric Identifier　=　124

2　Data type Name　=　X4

3　Format　=　FIXED LENGTH

4.1　Octet Length　=　4

线性归一化值。0%对应于0(0x0)、100%对应于2^{X}。该结构与数据类型N2和N4的结构相同，但归一化(100%)不能自动地分别对应到2^{14}或2^{30}，而是可变的。在一个附加的参数中对归一化位进行编码。

用二进制补码表示，MSB(最高有效位)是第1个八位位组符号位(SN)后面的位。

SN=0：包括0的正数；

SN=1：负数。

X4值见表22和表23。

表22　X4值范围

数据类型	值的范围	分辨率	长　度
X4(例如x=28)	$-800\% \leqslant i \leqslant (800-2^{-28})\%$	2^{-28}	2个八位位组

表23　X4八位位组

比　特	8	7	6	5	4	3	2	1
八位位组1	SN	2^{2}	2^{1}	2^{0}	2^{-1}	2^{-2}	2^{-3}	2^{-4}
				⋮				
				⋮				
八位位组4	2^{-21}	2^{-22}	2^{-23}	2^{-24}	2^{-25}	2^{-26}	2^{-27}	2^{-28}

5.3.1.7.3.12 **Unipolar2.16**

CLASS:Data type

ATTRIBUTES:

1　Data type Numeric Identifier　=　125

2　Data type Name　=　Unipolar2.16

3　Format　=　FIXED LENGTH

4.1　Octet Length　=　2

带有非负分辨值(distinguished values)的基本类型,整个数用 2 的固定幂来除,用以表示量程的百分数值。

注 1:在 ASN.1 中不存在这些类型,在 IEC 870 中它们被表示为"unsigned fixed point number"(无符号定点数)。

注 2:IEC 61375 中定义了这些类型。

Unipolar2.16 类型的变量应作为 Unsigned 16 来传输。

Unipolar2.16 值见表 24 和表 25。

表 24　Unipolar2.16 值范围

数据类型	值的范围	分辨率	长　度
Unipolar2.16	$0\% \leqslant i \leqslant (400-2^{-14})\%$	$2^{-14}=0.0061\%$	2 个八位位组

表 25　Unipolar2.16 八位位组

比　特	8	7	6	5	4	3	2	1
八位位组 1	2^{1}	2^{0}	2^{-1}	2^{-2}	2^{-3}	2^{-4}	2^{-5}	2^{-6}
	整数部分		小数部分					
八位位组 2	2^{-7}	2^{-8}	2^{-9}	2^{-10}	2^{-11}	2^{-12}	2^{-13}	2^{-14}
	小数部分							

5.3.1.7.3.13 **Fixed point value E2**

CLASS:Data type

ATTRIBUTES:

1　Data type Numeric Identifier　=　121

2　Data type Name　=　E2

3　Format　=　FIXED LENGTH

4.1　Octet Length　=　2

此类型是在小数点后有 7 个二进制位置的线性定点值。0 对应于 0(0×0)、128 对应于 2^{14}(0x4000)。

用二进制补码表示,MSB(最高有效位)是第 1 个八位位组符号位(SN)后面的位。

SN=0:包括 0 的正数;

SN=1:负数。

E2 值见表 26 和表 27。

表 26　E2 值范围

数据类型	值的范围	分辨率	长　度
E2	$-256+2^{-7} \leqslant i \leqslant 256-2^{-7}$	$2^{-7}=0.0078125$	2 个八位位组

表 27 E2 八位位组

比　特	8	7	6	5	4	3	2	1
八位位组 1	SN	2^7	2^6	2^5	2^4	2^3	2^2	2^1
八位位组 2	2^0	2^{-1}	2^{-2}	2^{-3}	2^{-4}	2^{-5}	2^{-6}	2^{-7}

5.3.1.7.3.14 **Fixed point value C4**

CLASS: Data type

ATTRIBUTES:

1　Data type Numeric Identifier　=　122

2　Data type Name　=　C4

3　Format　=　FIXED LENGTH

4.1　Octet Length　=　4

此类型是有 4 个十进制位置的线性定点值。0 对应于 0(0x0)、0.0001 对应于 2^0(0x0000 0001)。

此类型是位的加权被缩小 10000 倍的 Integer32。

C4 值见表 28。

表 28 C4 值范围

数据类型	值的范围	分辨率	长　度
C4	$-214\ 748.364\ 8 \leqslant i \leqslant 214\ 748.364\ 7$	$10^{-4}=0.000\ 1$	4 个八位位组

5.3.1.7.3.15 **Bit sequence V2**

CLASS: Data type

ATTRIBUTES:

1　Data type Numeric Identifier　=　115

2　Data type Name　=　V2

3　Format　=　FIXED LENGTH

4.1　Octet Length　=　2

控制和表现应用功能的位(Bit)序列。16 个 Boolean 变量被组合在 2 个八位位组中。

V2 值见表 29。

表 29 V2 八位位组

比　特	8	7	6	5	4	3	2	1
八位位组 1	15	14	13	12	11	10	9	8
八位位组 2	7	6	5	4	3	2	1	0

5.3.1.7.3.16 **Nibble L2**

CLASS: Data type

ATTRIBUTES:

1　Data type Numeric Identifier　=　116

2　Data type Name　=　L2

3　Format　=　FIXED LENGTH

4.1　Octet Length　=　4

4 个相连的比特形成一个 nibble。4 个 nibble 表示 2 个八位位组。

Nibble 的定义未作规定。

L2 值见表 30。

表 30 L2 八位位组

比特	8 7 6 5	4 3 2 1
八位位组 1	Nibble 3	Nibble 2
八位位组 2	Nibble 1	Nibble 0

5.3.1.8 OctetString character 类型

5.3.1.8.1 UUID

CLASS:Data type

ATTRIBUTES:

1	Data type Numeric Identifier	=	1025
2	Data type Name	=	UUID
3	Format	=	STRUCTURE
5.1	Number of Fields	=	4
5.2.1	Field Name	=	Data1
5.2.2	Field Data type	=	unsigned long
5.2.3	Field Name	=	Data2
5.2.4	Field Data type	=	unsigned short
5.2.5	Field Name	=	Data3
5.2.6	Field Data type	=	unsigned short
5.2.7	Field Name	=	Data4
5.2.8.1	Format	=	ARRAY
5.2.8.4.1	Number of Array Elements	=	8
5.2.8.4.2	Array Element Data type	=	unsigned char

此数据类型定义了 16 个八位位组固定长度(fixed length)的数据类型。该语义由所使用的 ORPC 模型规定,这不属本文件的范畴。

此数据类型构成如下:

Data1

此字段包含 UUID 的前 8 个 16 进制数字。

Data2

此字段包含 UUID 的 4 个 16 进制数字的第 1 组。

Data3

此字段包含 UUID 的 4 个 16 进制数字的第 2 组。

Data4

此字段包含 8 个元素的一个数组。前 2 个元素包含 UUID 的 4 个 16 进制数字的第 3 组。其余 6 个元素包含 UUID 的最后 12 个 16 进制数字。

用于分散式外围设备数据项的规定值列于表 31 中。

表 31 用于分散式外围设备的 UUID

值	描 述
UUID_NIL 00000000-0000-0000-0000-000000000000	设备中缺省 AR
UUID_IO_ObjectInstance_XYZ DEA00000-6C97-11D1-8271-{xxxxyyyyzzzz}	物理设备内包含多个对象实例时,标识其中的一个特定的对象实例。 xxxx 表示该实例号或节点号。 yyyy 标识 Device ID,制造商为该设备规定的号。 zzzz 表示 Vendor ID,集中管理号

表 31(续)

值	描　　述
UUID_IO_DeviceInterface DEA00001-6C97-11D1-8271-00A02442DF7D	唯一标识 IO 设备接口
UUID_IO_ControllerInterface DEA00002-6C97-11D1-8271-00A02442DF7D	唯一标识 IO 控制器接口
UUID_IO_SupervisorInterface DEA00003-6C97-11D1-8271-00A02442DF7D	唯一标识 IO 监视器接口
UUID_IO_ParameterServerInterface DEA00004-6C97-11D1-8271-00A02442DF7D	唯一标识 IO 参数服务器接口

用于分布式自动化各项的预定义的值列于表 32 中。

表 32　用于分布式自动化的 UUID

值	描　　述
UUID_NULL	
UUID_IUnknown	唯一标识 IUnknown 接口
UUID_IDispatch	唯一标识 IDispatch 接口
UUID_ICBAPhysicalDevice	唯一标识 ICBAPhysicalDevice 接口
UUID_ICBAPhysicalDevice2	唯一标识 ICBAPhysicalDevice2 接口
UUID_ICBABrowse	唯一标识 ICBABrowse 接口
UUID_ICBABrowse2	唯一标识 ICBABrowse2 接口
UUID_ICBAPersist	唯一标识 ICBAPersist 接口
UUID_ICBAPersist2	唯一标识 ICBAPersist2 接口
UUID_ICBALogicalDevice	唯一标识 ICBALogicalDevice 接口
UUID_ICBALogicalDevice2	唯一标识 ICBALogicalDevice2 接口
UUID_ICBAState	唯一标识 ICBAState 接口
UUID_ICBATime	唯一标识 ICBATime 接口
UUID_ICBAGroupError	唯一标识 ICBAGroupError 接口
UUID_ICBAAccoMgt	唯一标识 ICBAAccoMgt 接口
UUID_ICBAAccoMgt2	唯一标识 ICBAAccoMgt2 接口
UUID_ICBAAccoServer	唯一标识 ICBAAccoServer 接口
UUID_ICBAAccoServer2	唯一标识 ICBAAccoServer2 接口
UUID_ICBAAccoServerSRT	唯一标识 ICBAAccoServerSRT 接口
UUID_ICBAAccoCallback	唯一标识 ICBAAccoCallback 接口
UUID_ICBAAccoCallback2	唯一标识 ICBAAccoCallback2 接口
UUID_ICBAAccoSync	唯一标识 ICBAAccoSync 接口
UUID_ICBARTAuto	唯一标识 ICBARTAuto 接口
UUID_ICBARTAuto2	唯一标识 ICBARTAuto2 接口

表 32（续）

值	描　述
UUID_ICBASystemProperties	唯一标识 ICBASystemProperties 接口
UUID_PhysicalDevice	唯一标识 Physical device 类
UUID_LogicalDevice	唯一标识 Logical Device 类
UUID_ACCO	唯一标识 ACCO 类
UUID_RTAuto	唯一标识 RT-Auto 类
UUID_SystemRTAuto	唯一标识 System RT-Auto 类

5.3.1.9 Pointer 类型

5.3.1.9.1 Interface Pointer

CLASS：Data type

ATTRIBUTES：

1	Data type Numeric Identifier	=	2057
2	Data type Name	=	Interface Pointer
3	Format	=	FIXED LENGTH
4.1	Octet Length	=	4

此数据类型定义了 4 个八位位组固定长度(fixed length)的数据类型。

5.3.1.9.2 LPWSTR

CLASS：Data type

ATTRIBUTES：

1	Data type Numeric Identifier	=	2058
2	Data type Name	=	LPWSTR
3	Format	=	FIXED LENGTH
4.1	Octet Length	=	4

此数据类型定义了对 UnicodeString 的引用。

5.3.1.10 Time 类型

5.3.1.10.1 NetworkTime

CLASS：Data type

ATTRIBUTES：

1	Data type Numeric Identifier	=	58
2	Data type Name	=	NetworkTime
3	Format	=	FIXED LENGTH
4.1	Octet Length	=	8

此数据类型基于标准 RFC1305，由两个无符号值组成，用来表示与特定日期有关的网络时间(图 14)。

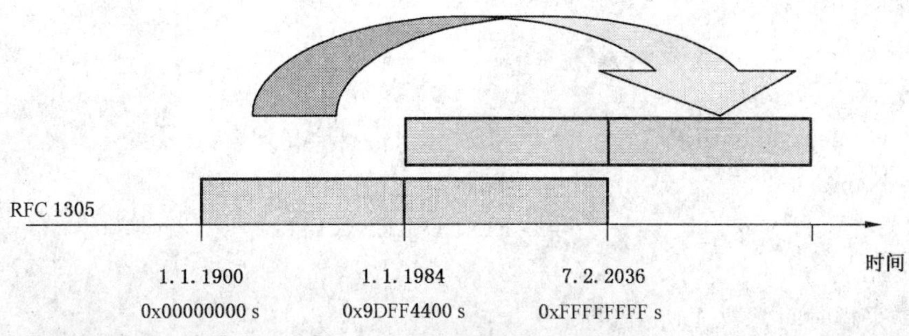

图 14　NetworkTime 日期关系

第 1 个元素是 Unsigned 32 数据类型，以秒为单位提供网络时间。网络时间从 1.1.1900 0:00:00(UTC)开始，或者对于时间值小于 0x9DFF4400 的情况，从 7.2.2036 6:28:16(UTC)开始，即表示 1.1.1984 0:00:00(UTC)。第 2 个元素是 Unsigned 32 数据类型，以 $1/2^{32}$ s 为单位提供秒的小数部分。136 年后的翻转(Rollover)是不能自动检测的，应由应用来维护。

NetworkTime 值见表 33 和表 34。

表 33 NetworkTime 值

数字标识符	数据类型名称	值范围	分辨率	长　度
58	NetworkTime	字节 1～4： $0\leqslant i\leqslant(2^{32}-1)$ 字节 5～8： $0\leqslant i\leqslant(2^{32}-1)$	s $(1/2^{32})$s	8 个八位位组 (Unsigned 32＋Unsigned 32)

表 34 NetworkTime 八位位组

比特	7	6	5	4	3	2	1	0	
八位位组 1	2^{31}	2^{30}	2^{29}	2^{28}	2^{27}	2^{26}	2^{25}	2^{24}	从 1.1.1900 开始的秒数。136 年后翻转。因此，下一次将是 7.2.2036。
八位位组 2	2^{23}	2^{22}	2^{21}	2^{20}	2^{19}	2^{18}	2^{17}	2^{16}	
八位位组 3	2^{15}	2^{14}	2^{13}	2^{12}	2^{11}	2^{10}	2^{9}	2^{8}	
八位位组 4	2^{7}	2^{6}	2^{5}	2^{4}	2^{3}	2^{2}	2^{1}	2^{0}	
八位位组 5	2^{31}	2^{30}	2^{29}	2^{28}	2^{27}	2^{26}	2^{25}	2^{24}	秒的小数部分：$1/2^{32}$ s。
八位位组 6	2^{23}	2^{22}	2^{21}	2^{20}	2^{19}	2^{18}	2^{17}	2^{16}	
八位位组 7	2^{15}	2^{14}	2^{13}	2^{12}	2^{11}	2^{10}	2^{9}	2^{8}	
八位位组 8	2^{7}	2^{6}	2^{5}	2^{4}	2^{3}	2^{2}	2^{1}	2^{0}	

小数部分的最低有效位(2^0)是设备内部使用的，用来指示与时钟时间的同步或不同步状态。

5.3.1.10.2 NetworkTimeDifference

CLASS:Data type

ATTRIBUTES:

1　Data type Numeric Identifier　=　59

2　Data type Name　=　NetworkTimeDifference

3　Format　=　FIXED LENGTH

4.1　Octet Length　=　8

此数据类型由一个整数值和一个无符号类型值组成，表示网络时差。第 1 个元素是 integer 32 数据类型，以秒为单位提供网络时差。第 2 个元素是 unsigned 32 数据类型，以 $1/2^{32}$ s 为单位提供小数部分。

5.3.1.10.3 时间常数 T2

CLASS:Data type

ATTRIBUTES:

1　Data type Numeric Identifier　=　118

2　Data type Name　=　T2

3　Format　=　FIXED LENGTH

4.1　Octet Length　=　2

时间数据是采样时间常数 Ta 的倍数。

与 Unsigned 16 类似，但其值范围严格限制为 $0\leqslant x\leqslant 32767$。

在解释时，超出此范围的内部值应被设置为0。

T2值见表35。

表35 T2值

数据类型	值范围	分辨率	长 度
T2	0≤i≤32767×Ta	Ta	2个八位位组

注：此时间参数的值参照了附加规定的常数采样时间Ta。为了解释内部值，需要该关联的采样时间。

5.3.1.10.4 时间常数T4

CLASS:Data type

ATTRIBUTES:

1 Data type Numeric Identifier = 119

2 Data type Name = T4

3 Format = FIXED LENGTH

4.1 Octet Length = 4

时间数据是采样时间常数Ta的倍数。

与Unsigned 32类似，但其值的范围严格限制为0≤x≤4294967295。

在解释时，超出此范围的内部值应被设置为0。

T4值见表36。

表36 T4值

数据类型	值范围	分辨率	长 度
T2	0≤i≤4294967295×Ta	Ta	4个八位位组

注：此时间参数的值参照了附加的规定常数采样时间Ta。为了解释内部值，需要该关联的采样时间。

5.3.1.10.5 时间常数D2

CLASS:Data type

ATTRIBUTES:

1 Data type Numeric Identifier = 120

2 Data type Name = D2

3 Format = FIXED LENGTH

4.1 Octet Length = 2

时间数据是采样时间常数Ta的分数。

与Unsigned 16类似，但其值的范围严格限制为0≤x≤32767。

在解释时，超出此范围的内部值应被设置为0。

解释值=内部值×Ta/16384

D2值见表37。

表37 D2值

数据类型	值范围	分辨率	长 度
D2	$0 \leq i \leq (2-2^{-14}) \times Ta$	$2^{-14} \times Ta$	2个八位位组

注：此时间参数的值参照了附加的规定常数采样时间Ta。为了解释内部值，需要该关联的采样时间。

5.3.1.10.6 时间常数R2

CLASS:Data type

ATTRIBUTES:

1 Data type Numeric Identifier = 117

2　Data type Name　=　R2

3　Format　=　FIXED LENGTH

4.1　Octet Length　=　2

时间数据是采样时间常数 Ta 的倒数的倍数。

与 Unsigned 16 类似，但其值的范围限制为 1≤x≤16384。

在解释时，超出此范围的内部值被设置为 16384。

解释值＝16384×Ta/内部值

R2 值见表 38。

表 38　R2 值

数据类型	值范围	分辨率	长　度
R2	1×Ta≤i≤16384×Ta	Ta	2 个八位位组

注：此时间参数的值参照了附加的规定常数采样时间 Ta。为了解释内部值，需要该关联的采样时间。

5.3.1.11　VisibleString character 类型

此子条是空白的。

5.3.2　串类型

5.3.2.1　OctetString

CLASS：Data type

ATTRIBUTES：

1　Data type Numeric Identifier　=　10

2　Data type Name　=　OctetString

3　Format　=　STRING

4.1　Octet Length　=　1～n

OctetString 是八位位组的有序序列，编号从 1 至 n。为便于讨论，将此序列中的 octet 1 称为第 1 个八位位组。PROFINET IO 协议文件定义了传输顺序。

5.3.2.2　VisibleString

CLASS：Data type

ATTRIBUTES：

1　Data type Numeric Identifier　=　9

2　Data type Name　=　VisibleString

3　Format　=　STRING

4.1　Octet Length　=　1～n

此类型被定义为 GB/T 1988 国际引用版本中不带"del"(编码 0x7F)字符的串类型。

5.3.2.3　UNICODEString

CLASS：Data type

ATTRIBUTES：

1　Data type Numeric Identifier　=　39

2　Data type Name　=　UNICODEString

3　Format　=　STRING

4.1　Octet Length　=　1～n

此类型被定义为 GB/ 13000.1 的 string 类型。

统一编码标准(Unicode Standard)是用于表示计算机处理文本的通用字符编码标准。统一编码标准的版本与对应的国际标准 GB/ 13000.1 的版本完全兼容和同步。UTF-8 在 HTML 和类似协议中使用十分普遍。UTF-8 是将所有统一编码字符转换成为可变长度八位位组编码的一种方法(见表 39)。

表 39 UNICODEString 值

数字标识符	数据类型名称	值范围	分辨率	长 度
39	UNICODEString	0 to 0x0010FFFF	—	可变;使用 UTF-8 编码方案将一个字符编码成 1 到 4 个八位位组(见表 40)

注 1:UTF-8 的优点是它与流行的 ASCII 字符集的兼容性。相应的转换成 UTF-8 的统一编码字符可以很容易地用许多现有软件包进行处理,不需要对这些软件作太多的修改(见表 40)。

注 2:Unicode® Consortium 是注册商标,Unicode™是 Unicode,Inc. 的商标。Unicode 厂标也是 Unicode,Inc. 的商标,并对某些权限作了注册。

表 40 UTF-8 字符编码方案

<table>
<tr><th>统一编码平面</th><th>UTF-8 编码</th><th>注 释</th><th colspan="2">可能性</th></tr>
<tr><td>0000 0000~
0000 007F</td><td>0xxxxxxx</td><td>在此平面(128 个字符)中 UTF-8 对应于 ASCII 代码:最高有效位“0”,其余的 7 位表示 ASCII 字符</td><td>2^7</td><td>128</td></tr>
<tr><td>0000 0080~
0000 07FF</td><td>110xxxxx
10xxxxxx</td><td rowspan="3">第 1 个八位位组包含 11xxxxxx,随后的若干八位位组为 10xxxxxx;x 代表某个特定统一编码字符的位组合。在第 1 个字节的第 1 个“0”前面的“1”指出该特定字符的八位位组的总数。在括号内的数表示理论上可能的字符数</td><td>$2^{11}—2^7$
(2^{11})</td><td>1.920
(2.048)</td></tr>
<tr><td>0000 0800~
0000 FFFF</td><td>1110xxxx
10xxxxxx
10xxxxxx</td><td>$2^{16}—2^{11}$
[2^{16}]</td><td>63.488
[65.536]</td></tr>
<tr><td>0001 0000~
0010 FFFF
[0001 0000~
001F FFFF]</td><td>11110xxx
10xxxxxx
10xxxxxx
10xxxxxx</td><td>2^{20}
[2^{21}]</td><td>1.048.576
[2.097.152]</td></tr>
</table>

5.3.3 结构类型

5.3.3.1 ADDCONNECTIONIN

CLASS:Data type

ATTRIBUTES:

1	Data type Numeric Identifier	=	2059
2	Data type Name	=	ADDCONNECTIONIN
3	Format	=	STRUCTURE
5.1	Number of Fields	=	5
5.2.1	Field Name	=	ProviderItem
5.2.2	Field Data type	=	LPWSTR
5.2.3	Field Name	=	ConsumerItem
5.2.4	Field Data type	=	LPWSTR
5.2.5	Field Name	=	Persistence
5.2.6	Field Data type	=	PERSISTDEF
5.2.7	Field Name	=	SubstituteValue
5.2.8	Field Data type	=	VARIANT
5.2.9	Field Name	=	Epsilon
5.2.10	Field Data type	=	VARIANT

此数据类型定义了 ADDCONNECTIONIN 数据类型。

此数据类型构成如下：

ProviderItem

此字段包含了源数据项的名称。

ConsumerItem

此字段包含宿数据项的名称。

Persistence

此字段描述了连接信息所必需的持久性。允许值为 CBAVolatile 和 CBAPersistent。

SubstituteValue

此字段包含符合该连接项的数据类型的替代值。

Epsilon

此字段将滞后量规定为该值的绝对变化。

5.3.3.2 **ADDCONNECTIONOUT**

CLASS:Data type

ATTRIBUTES:

1	Data type Numeric Identifier	=	2060
2	Data type Name	=	ADDCONNECTIONOUT
3	Format	=	STRUCTURE
5.1	Number of Fields	=	3
5.2.1	Field Name	=	ConsumerID
5.2.2	Field Data type	=	unsigned long
5.2.3	Field Name	=	Version
5.2.4	Field Data type	=	unsigned short
5.2.5	Field Name	=	ErrorState
5.2.6	Field Data type	=	HRESULT

此数据类型定义了 ADDCONNECTIONOUT 数据类型。

此数据类型构成如下：

ConsumerID

此字段包含该消费者的标识符。

Version

此字段包含该连接的版本号。

ErrorState

此字段包含该连接的错误条件。

5.3.3.3 **BSTR**

CLASS:Data type

ATTRIBUTES:

1	Data type Numeric Identifier	=	2061
2	Data type Name	=	BSTR
3	Format	=	STRUCTURE
5.1	Number of Fields	=	2
5.2.1	Field Name	=	ByteCount
5.2.2	Field Data type	=	unsigned long
5.2.3	Field Name	=	UnicodeString

5.2.4　Field Data type　　=　UnicodeString

此数据类型定义带有前面字节计数值的 UnicodeString。此计数包含字符串中八位位组的个数，而不是 UNICODE 字符的个数。此计数不包含终止的 0 字符(2 个八位位组)。

5.3.3.4　CONNECTIN

CLASS:Data type

ATTRIBUTES:

1　Data type Numeric Identifier　=　2062

2　Data type Name　=　CONNECTIN

3　Format　=　STRUCTURE

5.1　Number of Fields　=　4

5.2.1　Field Name　=　ProviderItem

5.2.2　Field Data type　=　LPWSTR

5.2.3　Field Name　=　DataType

5.2.4　Field Data type　=　VARTYPE

5.2.5　Field Name　=　Epsilon

5.2.6　Field Data type　=　VARIANT

5.2.7　Field Name　=　ConsumerID

5.2.8　Field Data type　=　unsigned long

此数据类型定义了 CONNECTIN 数据类型。

此数据类型构成如下：

ProviderItem

此字段包含了源数据项的名称。

DataType

此字段包含了该数据项的类型代码。

Epsilon

此字段将滞后量规定为该值的绝对变化。

ConsumerID

此字段包含了消费者的标识符。

5.3.3.5　CONNECTIN2

CLASS:Data type

ATTRIBUTES:

1　Data type Numeric Identifier　=　2063

2　Data type Name　=　CONNECTIN2

3　Format　=　STRUCTURE

5.1　Number of Fields　=　5

5.2.1　Field Name　=　ProviderItem

5.2.2　Field Data type　=　LPWSTR

5.2.3　Field Name　=　TypeDescLen

5.2.4　Field Data type　=　unsigned char

5.2.5　Field Name　=　pTypeDesc

5.2.6　Field Data type　=　unsigned long

5.2.7　Field Name　=　Epsilon

5.2.8　Field Data type　=　VARIANT

5.2.9 Field Name = ConsumerID

5.2.10 Field Data type = unsigned long

此数据类型定义了 CONNECTIN2 数据类型。

此数据类型构成如下：

ProviderItem

此字段包含了源数据项的名称。

TypeDescLen

此字段包含了该数据项的扩展类型描述的长度。

pTypeDesc

此字段包含了对该数据项的扩展类型描述的引用。其构造符合 5.3.3.33 中描述的规则。

Epsilon

此字段将滞后量规定为该值的绝对变化。

ConsumerID

此字段包含了消费者的标识符。

5.3.3.6 **CONNECTINCR**

CLASS:Data type

ATTRIBUTES:

1 Data type Numeric Identifier = 2064

2 Data type Name = CONNECTINCR

3 Format = STRUCTURE

5.1 Number of Fields = 2

5.2.1 Field Name = ConsumerCRID

5.2.2 Field Data type = unsigned short

5.2.3 Field Name = ConsumerCRLength

5.2.4 Field Data type = unsigned short

此数据类型定义了 CONNECTINCR 数据类型。

此数据类型构成如下：

ConsumerCRID

此字段包含了该 CR 的帧 ID。

ConsumerCRLength

此字段包含了该 CR 的最大长度。

5.3.3.7 **CONNECTINSRT**

CLASS:Data type

ATTRIBUTES:

1 Data type Numeric Identifier = 2065

2 Data type Name = CONNECTINSRT

3 Format = STRUCTURE

5.1 Number of Fields = 5

5.2.1 Field Name = ProviderItem

5.2.2 Field Data type = LPWSTR

5.2.3 Field Name = TypeDescLen

5.2.4 Field Data type = unsigned char

5.2.5 Field Name = pTypeDesc

5.2.6 Field Data type = unsigned long
5.2.7 Field Name = ConsumerID
5.2.8 Field Data type = unsigned long
5.2.9 Field Name = Length
5.2.10 Field Data type = unsigned short

此数据类型定义了 CONNECTINSRT 数据类型。

此数据类型构成如下：

ProviderItem

此字段包含了源数据项的名称。

TypeDescLen

此字段包含了该数据项的扩展类型描述的长度

pTypeDesc

此字段包含了对该数据项的扩展类型描述的引用。其构造符合 5.3.3.33 中描述的规则。

ConsumerID

此字段规定了消费者 ID。

Length

此字段包含了被传送数据的编组长度。

5.3.3.8 CONNECTOUT

CLASS:Data type

ATTRIBUTES:

1 Data type Numeric Identifier = 2066
2 Data type Name = CONNECTOUT
3 Format = STRUCTURE
5.1 Number of Fields = 2
5.2.1 Field Name = ProviderID
5.2.2 Field Data type = unsigned long
5.2.3 Field Name = ErrorState
5.2.4 Field Data type = HRESULT

此数据类型定义了 CONNECTOUT 数据类型。

此数据类型构成如下：

ProviderID

此字段包含了提供者的标识符。

ErrorState

此字段包含了该连接的错误条件。

5.3.3.9 CONNECTOUTCR

CLASS:Data type

ATTRIBUTES:

1 Data type Numeric Identifier = 2067
2 Data type Name = CONNECTOUTCR
3 Format = STRUCTURE
5.1 Number of Fields = 2
5.2.1 Field Name = ProviderCRID
5.2.2 Field Data type = unsigned short

5.2.3 Field Name = PartialResult

5.2.4 Field Data type = unsigned short

此数据类型定义了 CONNECTOUTCR 数据类型。

此数据类型构成如下：

ProviderCRID

此字段包含了提供者 CR ID。

PartialResult

此字段包含了部分结果。

5.3.3.10 DIAGCONSCONNOUT

CLASS:Data type

ATTRIBUTES:

1 Data type Numeric Identifier = 2068

2 Data type Name = DIAGCONSCONNOUT

3 Format = STRUCTURE

5.1 Number of Fields = 5

5.2.1 Field Name = State

5.2.2 Field Data type = VARIANT_BOOL

5.2.3 Field Name = Persistence

5.2.4 Field Data type = PERSISTDEF

5.2.5 Field Name = Version

5.2.6 Field Data type = unsigned short

5.2.7 Field Name = ErrorState

5.2.8 Field Data type = HRESULT

5.2.9 Field Name = PartialResult

5.2.10 Field Data type = HRESULT

此数据类型定义了 DIAGCONSCONNOUT 数据类型。

此数据类型构成如下：

State

此字段包含了连接的状态。值 TRUE 指出是活动的连接，而值 FALSE 指出是不活动的连接。

Persistence

此字段描述了连接信息所必需的持久性。

Version

此字段包含了该连接的版本号。

ErrorState

此字段包含了该连接的错误条件。

PartialResult

此字段包含了部分结果。

5.3.3.11 DISPPARAMS

CLASS:Data type

ATTRIBUTES:

1 Data type Numeric Identifier = 2069

2 Data type Name = DISPPARAMS

3 Format = STRUCTURE

5.1　　Number of Fields　　=　4
5.2.1　　Field Name　　=　rgvarg
5.2.2.1　　Format　　=　ARRAY
5.2.2.4.1　　Number of Array Elements　　=　cArgs
5.2.2.4.2　　Array Element Data type　　=　VARIANT
5.2.3　　Field Name　　=　rgdispidNamedArgs
5.2.4.1　　Format　　=　ARRAY
5.2.4.4.1　　Number of Array Elements　　=　cNamedArgs
5.2.4.4.2　　Array Element Data type　　=　long
5.2.5　　Field Name　　=　cArgs
5.2.6　　Field Data type　　=　unsigned short
5.2.7　　Field Name　　=　cNamedArgs
5.2.8　　Field Data type　　=　unsigned short

此数据类型定义了 DISPPARAMS 数据类型，用于包含传递给服务的参数。

此数据类型构成如下：

rgvarg

此字段包含了变元的列表。

rgdispidNamedArgs

此字段包含了已命名变元的 Dispatch ID。

cArgs

此字段包含了变元的数量。

cNamedArgs

此字段包含了已命名变元的数量。

5.3.3.12　**EXCEPINFO**

CLASS：Data type

ATTRIBUTES：

1　　Data type Numeric Identifier　　=　2070
2　　Data type Name　　=　EXCEPINFO
3　　Format　　=　STRUCTURE
5.1　　Number of Fields　　=　9
5.2.1　　Field Name　　=　wCode
5.2.2　　Field Data type　　=　unsigned short
5.2.3　　Field Name　　=　wReserved
5.2.4　　Field Data type　　=　unsigned short
5.2.5　　Field Name　　=　bstrSource
5.2.6　　Field Data type　　=　BSTR
5.2.7　　Field Name　　=　bstrDescription
5.2.8　　Field Data type　　=　BSTR
5.2.9　　Field Name　　=　bstrHelpFile
5.2.10　　Field Data type　　=　BSTR
5.2.11　　Field Name　　=　dwHelpContext
5.2.12　　Field Data type　　=　unsigned long
5.2.13　　Field Name　　=　pvReserved

5.2.14　Field Data type　=　unsigned long
5.2.15　Field Name　=　pfnDeferredFillIn
5.2.16　Field Data type　=　unsigned long
5.2.17　Field Name　=　scode
5.2.18　Field Data type　=　long

此数据类型定义了 EXCEPINFO 数据类型，以描述在 Invoke 服务期间出现的例外。

此数据类型构成如下：

wCode

此字段包含标识错误的错误代码。错误代码应大于 1000。无论是本字段还是 code 字段，其中的一个必需填写；而其他的应设置为 0。

wReserved

此字段被保留，并应设置为 0。

bstrSource

此字段包含了文本格式的、人可读的例外的源名称。典型的例子是一个应用名称。此字段应由 Dispatch 接口的实现者来填写。

bstrDescription

此字段包含文本格式的、人可读的错误描述，供消费者使用。如果没有可使用的描述，则使用 Null。

bstrHelpFile

此字段包含了附有较多错误信息的 Help 文件的、质量完好的驱动、路径和文件名称。如果没有 Help 可使用，则使用 Null。

dwHelpContext

此字段包含了 Help 文件标题的 Help context ID。仅当字段 bstrHelpFile 不是 Null 时，此字段才应被填写。

pvReserved

此字段被保留，并应设置为 Null。

pfnDeferredFillIn

此字段包含了功能地址，该功能将 EXCEPINFO 结构作为一个变元，并返回一个 HRESULT 值。如果出现延迟，则不需要填写，而应设置此字段为 Null。

scode

此字段包含了描述错误的返回值。无论本字段还是字段 wCode，其中的一个必须填写；而其他的应设置为 0。

5.3.3.13　**FILETIME**

CLASS：Data type

ATTRIBUTES：

1　Data type Numeric Identifier　=　2071
2　Data type Name　=　FILETIME
3　Format　=　STRUCTURE
5.1　Number of Fields　=　2
5.2.1　Field Name　=　LowDataTime
5.2.2　Field Data type　=　unsigned long
5.2.3　Field Name　=　HighDataTime
5.2.4　Field Data type　=　unsigned long

此数据类型是 64 位的时间值,表示自 January 1,1601 以来 100ns 时间间隔的个数。

5.3.3.14 **GETIDOUT**

CLASS:Data type

ATTRIBUTES:

1	Data type Numeric Identifier	=	2072
2	Data type Name	=	GETIDOUT
3	Format	=	STRUCTURE
5.1	Number of Fields	=	4
5.2.1	Field Name	=	ConsumerID
5.2.2	Field Data type	=	unsigned long
5.2.3	Field Name	=	State
5.2.4	Field Data type	=	VARIANT_BOOL
5.2.5	Field Name	=	Version
5.2.6	Field Data type	=	unsigned short
5.2.7	Field Name	=	ErrorState
5.2.8	Field Data type	=	HRESULT

此数据类型定义了 GETIDOUT 数据类型。

此数据类型构成如下:

ConsumerID

此字段包含了消费者的标识符。

State

此字段包含了连接的状态。值 TRUE 指出活动的连接,值 FALSE 指出不活动的连接。

Version

此字段包含了连接的版本号。

ErrorState

此字段包含了连接的错误条件。

5.3.3.15 **GETCONNECTIONOUT**

CLASS:Data type

ATTRIBUTES:

1	Data type Numeric Identifier	=	2073
2	Data type Name	=	GETCONNECTIONOUT
3	Format	=	STRUCTURE
5.1	Number of Fields	=	11
5.2.1	Field Name	=	Provider
5.2.2	Field Data type	=	LPWSTR
5.2.3	Field Name	=	ProviderItem
5.2.4	Field Data type	=	LPWSTR
5.2.5	Field Name	=	ConsumerItem
5.2.6	Field Data type	=	LPWSTR
5.2.7	Field Name	=	SubstituteValue
5.2.8	Field Data type	=	VARIANT
5.2.9	Field Name	=	Epsilon
5.2.10	Field Data type	=	VARIANT

5.2.11 Field Name = QoSType
5.2.12 Field Data type = unsigned short
5.2.13 Field Name = QoSValue
5.2.14 Field Data type = unsigned short
5.2.15 Field Name = State
5.2.16 Field Data type = VARIANT_BOOL
5.2.17 Field Name = Persistence
5.2.18 Field Data type = PERSISTDEF
5.2.19 Field Name = Version
5.2.20 Field Data type = unsigned short
5.2.21 Field Name = ErrorState
5.2.22 Field Data type = HRESULT

此数据类型定义 GETCONNECTIONOUT 数据类型。

此数据类型构成如下：

Provider

此字段包含了提供者 LDev 的名称(格式:PDev! LDev)。

ProviderItem

此字段包含源数据项的名称。

ConsumerItem

此字段包含宿数据项的名称。

SubstituteValue

此字段规定符合连接数据项数据类型的替代值。

Epsilon

此字段将滞后指定为值的绝对改变。

QoSType

此字段包含了服务质量的类型。

QoSValue

此字段包含了服务质量的限定符(qualifier)。

State

此字段包含了连接的状态。值 TRUE 指出活动的连接,值 FALSE 指出不活动的连接。

Persistence

此字段描述了连接信息所必需的持久性。允许值是 CBAVolatile 和 CBAPersistent。

Version

此字段包含了连接的版本号。

ErrorState

此字段包含了连接的错误条件。

5.3.3.16 GETCONSCONNOUT

CLASS:Data type

ATTRIBUTES:

1 Data type Numeric Identifier = 2074
2 Data type Name = GETCONSCONNOUT
3 Format = STRUCTURE
5.1 Number of Fields = 10

5.2.1 Field Name = Provider
5.2.2 Field Data type = LPWSTR
5.2.3 Field Name = ProviderItem
5.2.4 Field Data type = LPWSTR
5.2.5 Field Name = ConsumerItem
5.2.6 Field Data type = LPWSTR
5.2.7 Field Name = SubstituteValue
5.2.8 Field Data type = VARIANT
5.2.9 Field Name = Epsilon
5.2.10 Field Data type = VARIANT
5.2.11 Field Name = QoSType
5.2.12 Field Data type = unsigned short
5.2.13 Field Name = QoSValue
5.2.14 Field Data type = unsigned short
5.2.15 Field Name = State
5.2.16 Field Data type = VARIANT_BOOL
5.2.17 Field Name = Persistence
5.2.18 Field Data type = PERSISTDEF
5.2.19 Field Name = PartialResult
5.2.20 Field Data type = HRESULT

此数据类型定义了 GETCONSCONNOUT 数据类型。

此数据类型构成如下：

Provider

此字段包含了提供者 LDev 的名称(格式：PDev! LDev)。

ProviderItem

此字段包含源数据项的名称。

ConsumerItem

此字段包含了宿数据项的名称。

SubstituteValue

此字段规定了符合连接数据项数据类型的替代值。

Epsilon

此字段将滞后值指定为值的绝对改变。

QoSType

此字段包含了服务质量的类型。

QoSValue

此字段包含了服务质量的限定符。

State

此字段包含了连接的状态。值 TRUE 指出活动的连接，值 FALSE 指出不活动的连接。

Persistence

此字段描述了连接信息所必需的持久性。允许值是 CBAVolatile 和 CBAPersistent。

PartialResult

此字段包含了部分结果。

5.3.3.17 **GETPROVCONNOUT**

CLASS:Data type

ATTRIBUTES:

1	Data type Numeric Identifier	=	2075
2	Data type Name	=	GETPROVCONNOUT
3	Format	=	STRUCTURE
5.1	Number of Fields	=	8
5.2.1	Field Name	=	Consumer
5.2.2	Field Data type	=	LPWSTR
5.2.3	Field Name	=	ProviderItem
5.2.4	Field Data type	=	LPWSTR
5.2.5	Field Name	=	ConsumerID
5.2.6	Field Data type	=	unsigned long
5.2.7	Field Name	=	Epsilon
5.2.8	Field Data type	=	VARIANT
5.2.9	Field Name	=	QoSType
5.2.10	Field Data type	=	unsigned short
5.2.11	Field Name	=	QoSValue
5.2.12	Field Data type	=	unsigned short
5.2.13	Field Name	=	State
5.2.14	Field Data type	=	VARIANT_BOOL
5.2.15	Field Name	=	PartialResult
5.2.16	Field Data type	=	HRESULT

此数据类型定义了 GETPROVCONNOUT 数据类型。

此数据类型构成如下:

Consumer

此字段包含了消费者 LDev 的名称(格式:PDev! LDev)。

ProviderItem

此字段包含了源数据项的名称。

ConsumerID

此字段包含了消费者 ID。

Epsilon

此字段将滞后值指定为值的绝对改变。

QoSType

此字段包含了服务质量的类型。

QoSValue

此字段包含了服务质量的限定符。

State

此字段包含了连接的状态。值 TRUE 指出活动的连接,值 FALSE 指出不活动的连接。

PartialResult

此字段包含了部分结果。

5.3.3.18 **MACAddr**

CLASS:Data type

ATTRIBUTES:

1	Data type Numeric Identifier	=	2076
2	Data type Name	=	MACAddr
3	Format	=	STRUCTURE
5.1	Number of Fields	=	6
5.2.1	Field Name	=	B0
5.2.2	Field Data type	=	unsigned char
5.2.3	Field Name	=	B1
5.2.4	Field Data type	=	unsigned char
5.2.5	Field Name	=	B2
5.2.6	Field Data type	=	unsigned char
5.2.7	Field Name	=	B3
5.2.8	Field Data type	=	unsigned char
5.2.9	Field Name	=	B4
5.2.10	Field Data type	=	unsigned char
5.2.11	Field Name	=	B5
5.2.12	Field Data type	=	unsigned char

此数据类型定义了一个 6 字节 Ethernet MAC 地址(第一个字节为最高字节)。

5.3.3.19 OctetString2＋Unsigned 8

CLASS:Data type

ATTRIBUTES:

1	Data type Numeric Identifier	=	103
2	Data type Name	=	OctetString2＋Unsigned 8
5	Format	=	STRUCTURE
5.1	Number of Fields	=	2
5.2	List of Fields		
5.2.1	Field Name	=	Value
5.2.2	Field Data type	=	Octet String(2)
5.2.3	Field Name	=	Status
5.2.4	Field Data type	=	Unsigned 8

此数据类型定义了 OctetString2＋Unsigned 8,见表 41。

表 41 OctetString2＋Unsigned 8 八位位组

比特	7	6	5	4	3	2	1	0
八位位组 1	1. 八位位组							
八位位组 2	2. 八位位组							
八位位组 3	2^7	2^6	2^5	2^4	2^3	2^2	2^1	2^0

此数据类型构成如下:

Value

此字段包含的值是长度为 2 的 Octet String。

Status

此字段描述值的状况为限定符。

5.3.3.20 Float32+Unsigned 8

CLASS:Data type

ATTRIBUTES:

1	Data type Numeric Identifier	=	101
2	Data type Name	=	Float32+Unsigned 8
5	Format	=	STRUCTURE
5.1	Number of Fields	=	2
5.2	List of Fields		
5.2.1	Field Name	=	Value
5.2.2	Field Data type	=	Float32
5.2.3	Field Name	=	Status
5.2.4	Field Data type	=	Unsigned 8

此数据类型定义了 Float32+Unsigned 8,见表 42。

SN:sign 0=正,1=负。

表 42 Float32+Unsigned 8 八位位组

比特	7	6	5	4	3	2	1	0
八位位组 1	指数(E)							
	SN	2^7	2^6	2^5	2^4	2^3	2^2	2^1
八位位组 2	(E)	小数部分(F)						
	20	2^{-1}	2^{-2}	2^{-3}	2^{-4}	2^{-5}	2^{-6}	2^{-7}
八位位组 3	小数部分(F)							
	2^{-8}	2^{-9}	2^{-10}	2^{-11}	2^{-12}	2^{-13}	2^{-14}	2^{-15}
八位位组 4	小数部分(F)							
	2^{-16}	2^{-17}	2^{-18}	2^{-19}	2^{-20}	2^{-21}	2^{-22}	2^{-23}
八位位组 5	2^7	2^6	2^5	2^4	2^3	2^2	2^1	2^0

此数据类型构成如下:

Value

此字段包含的值是 Float32。

Status

此字段描述值的状况为限定符。

5.3.3.21 Unsigned 8+Unsigned 8

CLASS:Data type

ATTRIBUTES:

2	Data type Numeric Identifier	=	102
2	Data type Name	=	Unsigned 8+Unsigned 8
5	Format	=	STRUCTURE
5.1	Number of Fields	=	2
5.2	List of Fields		
5.2.1	Field Name	=	Value
5.2.2	Field Data type	=	Unsigned 8
5.2.3	Field Name	=	Status

5.2.4　Field Data type　=　Unsigned 8

此数据类型定义了 Unsigned 8+Unsigned 8,见表 43。

表 43　**Unsigned 8+Unsigned 8 八位位组**

比特	7	6	5	4	3	2	1	0
八位位组 1	2^7	2^6	2^5	2^4	2^3	2^2	2^1	2^0
八位位组 2	2^7	2^6	2^5	2^4	2^3	2^2	2^1	2^0

此数据类型构成如下:

Value

此字段包含的值是 Unsigned 8。

Status

此字段描述值的状况为限定符。

5.3.3.22　**READITEMOUT**

CLASS:Data type

ATTRIBUTES:

1　Data type Numeric Identifier　=　2077

2　Data type Name　=　READITEMOUT

3　Format　=　STRUCTURE

5.1　Number of Fields　=　4

5.2.1　Field Name　=　Value

5.2.2　Field Data type　=　VARIANT

5.2.3　Field Name　=　QualityCode

5.2.4　Field Data type　=　ITEMQUALITYDEF

5.2.5　Field Name　=　TimeStamp

5.2.6　Field Data type　=　FILETIME

5.2.7　Field Name　=　ErrorState

5.2.8　Field Data type　=　HRESULT

此数据类型定义了 READITEMOUT 数据类型。

此数据类型构成如下:

Value

此字段包含了具有符合适当数据类型格式的自身值。

QualityCode

此字段包含了该数据值的质量代码(Quality Code)。

TimeStamp

此字段包含了该值的时间戳。

ErrorState

此字段包含了连接的错误条件。

5.3.3.23　**SAFEARRAY**

CLASS:Data type

ATTRIBUTES:

1　Data type Numeric Identifier　=　2078

2　Data type Name　=　RGSABOUND

3　Format　=　STRUCTURE

5.1	Number of Fields	=	2
5.2.1	Field Name	=	Elements
5.2.2	Field Data type	=	unsigned long
5.2.3	Field Name	=	Left Bound
5.2.4	Field Data type	=	long

此数据类型用于一个数组元素的辅助描述，该数组元素带有下面定义 SAFEARRAY 所必需的边界信息。

CLASS：Data type

ATTRIBUTES：

1	Data type Numeric Identifier	=	2079
2	Data type Name	=	SAFEARRAY
3	Format	=	STRUCTURE
5.1	Number of Fields	=	6
5.2.1	Field Name	=	Dims
5.2.2	Field Data type	=	unsigned short
5.2.3	Field Name	=	Features
5.2.4	Field Data type	=	unsigned short
5.2.5	Field Name	=	Elements
5.2.6	Field Data type	=	unsigned long
5.2.7	Field Name	=	Locks
5.2.8	Field Data type	=	unsigned long
5.2.9	Field Name	=	Data Address
5.2.10	Field Data type	=	unsigned long
5.2.11	Field Name	=	Rgsabound
5.2.12.1	Format	=	ARRAY
5.2.12.4.1	Number of Array Elements	=	Dims
5.2.12.4.2	Array Element Data type	=	RGSABOUND

此数据类型表示了单一数据类型的一维或多维数组(但是，此单一数据类型有可以是 VARIANT，允许有混合类型的数组)。这些数组被称为安全数组的原因是因为它们包含有上下边界信息，在访问该数组中的数据之前允许依据这些上下边界检查索引。该数组的下边界不一定是 0，所以安全数组必须在存储其大小的同时存储其下边界。最后，安全数组允许锁定(和解锁)，所以它能确保指向你所要的数据的指针是有效的。

此数据类型构成如下：

Dims

此字段包含了 SAFEARRAY 的维数。

Features

此字段包含了 SAFEARRAY 的分配类型和数据类型的标记。

Elements

此字段包含了 SAFEARRAY 的单个元素的大小。

Locks

此字段包含 SAFEARRAY 的锁定计数器。

Data Address

此字段包含了 SAFEARRAY 的实际数据的地址。

Rgsabound

此字段包含具有 SAFEARRAY 每一维的上下边界信息的数组。因此,数组元素的个数符合安全数组的维数。

5.3.3.24 VARIANT

CLASS:Data type

ATTRIBUTES:

1	Data type Numeric Identifier	=	2080
2	Data type Name	=	VARIANT
3	Format	=	STRUCTURE
5.1	Number of Fields	=	5
5.2.1	Field Name	=	Tag
5.2.2	Field Data type	=	VARTYPE
5.2.3	Field Name	=	Padding1
5.2.4	Field Data type	=	unsigned short
5.2.5	Field Name	=	Padding2
5.2.6	Field Data type	=	unsigned short
5.2.7	Field Name	=	Padding3
5.2.8	Field Data type	=	unsigned short
5.2.9	Field Name	=	Value
5.2.10	Field Data type	=	见表 44

此数据类型表示了 VARINANT,它包含了符合表 44 中数据类型的可能的值。字段 Tag 包含了该数据类型的数字标识符,以标识该值的数据类型。VARIANT 的总大小是 16 个八位位组。

表 44 在 VARIANT 中值的数据类型

数据类型
VARIANT_BOOL
char
short
long
unsigned char
unsigned short
unsigned long
float
double
date
Address of a BSTR
Address of a SAFEARRAY
Address of a userdefined struct
Interface Pointer
HRESULT

5.3.3.25 **WRITEITEMIN**

CLASS:Data type

ATTRIBUTES:

1	Data type Numeric Identifier	=	2081
2	Data type Name	=	WRITEITEMIN
3	Format	=	STRUCTURE
5.1	Number of Fields	=	2
5.2.1	Field Name	=	Item
5.2.2	Field Data type	=	LPWSTR
5.2.3	Field Name	=	Value
5.2.4	Field Data type	=	VARIANT

此数据类型定义了 WRITEITEMIN 数据类型。

此数据类型构成如下：

Item

此字段包含了数据项的名称。

Value

此字段包含了具有符合适当数据类型格式的自身值。

5.3.3.26 **WRITEITEMQCDIN**

CLASS:Data type

ATTRIBUTES:

1	Data type Numeric Identifier	=	2082
2	Data type Name	=	WRITEITEMQCDIN
3	Format	=	STRUCTURE
5.1	Number of Fields	=	3
5.2.1	Field Name	=	WriteItem
5.2.2	Field Data type	=	WRITEITEMIN
5.2.3	Field Name	=	QualityCode
5.2.4	Field Data type	=	ITEMQUALITYDEF
5.2.5	Field Name	=	TimeStamp
5.2.6	Field Data type	=	FILETIME

此数据类型定义了 WRITEITEMQCDIN 数据类型。

此数据类型构成如下：

WriteItem

此字段包含了数据项的名称和值。

QualityCode

此字段包含了该数据值的质量代码(Quality Code)。

TimeStamp

此字段包含了该值的时间戳。

5.3.3.27 **Unsigned 16_S**

CLASS:Data type

ATTRIBUTES:

1	Data type Numeric Identifier	=	104
2	Data type Name	=	Unsigned 16_S
3	Format	=	FIXED LENGTH

4.1　Octet Length　　=　2

此数据类型构成见表45和表46。

表45　**Unsigned 16_S八位位组**

比特	7	6	5	4	3	2	1	0
八位位组1	2^{13}	2^{12}	2^{11}	2^{10}	2^{9}	2^{8}	2^{7}	2^{6}
八位位组2	2^{5}	2^{4}	2^{3}	2^{2}	2^{1}	2^{0}	St1	St0

表46　**Unsigned 16_S含义**

St1(比特1)	St0(比特0)	含　义
0	0	输入通道:坏(其值为故障安全值) 输出通道:保留
0	1	输入通道:仿真 输出通道:保留
1	0	输入通道:不确定 输出通道:保留
1	1	输入通道:好 输出通道:保留

5.3.3.28　**Integer16_S**

CLASS:Data type

ATTRIBUTES:

1　Data type Numeric Identifier　=　105

2　Data type Name　=　Integer16_S

3　Format　=　FIXED LENGTH

4.1　Octet Length　=　2

此数据类型构成见表47和表48。

SN:0=正,

SN:1=负。

表47　**Integer16_S八位位组**

比特	7	6	5	4	3	2	1	0
八位位组1	SN	2^{12}	2^{11}	2^{10}	2^{9}	2^{8}	2^{7}	2^{6}
八位位组2	2^{5}	2^{4}	2^{3}	2^{2}	2^{1}	2^{0}	St1	St0

表48　**Integer16_S含义**

St1(比特1)	St0(比特0)	含　义
0	0	输入通道:坏(其值为故障安全值) 输出通道:保留
0	1	输入通道:仿真 输出通道:保留
1	0	输入通道:不确定 输出通道:保留
1	1	输入通道:好 输出通道:保留

5.3.3.29 **Unsigned 8_S**

CLASS:Data type

ATTRIBUTES:

1	Data type Numeric Identifier	=	106
2	Data type Name	=	Unsigned 8_Status
3	Format	=	FIXED LENGTH
4.1	Octet Length	=	1

此数据类型构成见表 49 和表 50。

表 49 Unsigned 8_S 八位位组

比特	7	6	5	4	3	2	1	0
八位位组 1	2^5	2^4	2^3	2^2	2^1	2^0	St1	St0

表 50 Unsigned 8_S 含义

St1(比特 1)	St0(比特 0)	含　义
0	0	输入通道:坏(其值为故障安全值) 输出通道:保留
0	1	输入通道:仿真 输出通道:保留
1	0	输入通道:不确定 输出通道:保留
1	1	输入通道:好 输出通道:保留

5.3.3.30 **OctetString_S**

CLASS:Data type

ATTRIBUTES:

1	Data type Numeric Identifier	=	107
2	Data type Name	=	OctetString_S
3	Format	=	STRING
4.1	Octet Length	=	N

此数据类型构成见表 51 和表 52。

表 51 OctetString_S 八位位组

比特	比特 7	比特 6	比特 5	比特 4	比特 3	比特 2	比特 1	比特 0
八位位组 1	ch(8)	ch(7)	ch(6)	ch(5)	ch(4)	ch(3)	ch(2)	ch(1)
* * *	* * *	* * *	* * *	* * *	* * *	* * *	* * *	* * *
八位位组 m	ch(n)	ch(n−1)	ch(n−2)	ch(n−3)	ch(n−4)	ch(n−5)	ch(n−6)	ch(n−7)
八位位组 m+1	st1(4)	st0(4)	st1(3)	st0(3)	st1(2)	st0(2)	st1(1)	st0(1)
* * *	* * *	* * *	* * *	* * *	* * *	* * *	* * *	* * *
八位位组 3*m	st1(n)	st0(n)	st1(n−1)	st0(n−1)	st1(n−2)	st0(n−2)	st1(n−3)	st0(n−3)

ch(x)　通道 x 的值;st(x)　通道 x 的状况信息;1<x≤n

表 52　OctetString_S 状况比特

st1(比特 1)	st0(比特 0)	含　义
0	0	输入通道:坏(其值为故障安全值) 输出通道:保留
0	1	输入通道:仿真 输出通道:保留
1	0	输入通道:不确定 输出通道:保留
1	1	输入通道:好 输出通道:保留

5.3.3.31　F message trailer with 4 octets

CLASS:Data type

ATTRIBUTES:

1　Data type Numeric Identifier　=　110

2　Data type Name　=　F message trailer with 4 octets

3　Format　=　FIXED LENGTH

4.1　Octet Length　=　4

此数据结构由状况/控制字节和 3 个八位位组的 CRC 参数组成。此数据类型可以与多达 12 个字节的输入数据或输出数据相关联。

此数据类型构成见表 53。

表 53　F message trailer with 4 octets

比特	7	6	5	4	3	2	1	0
八位位组 1	状况/控制八位位组							
八位位组 2	高八位位组 CRC(最高有效八位位组)							
八位位组 3	CRC							
八位位组 4	低八位位组 CRC(最低有效八位位组)							

5.3.3.32　F message trailer with 5 octets

CLASS:Data type

ATTRIBUTES:

1　Data type Numeric Identifier　=　111

2　Data type Name　=　F message trailer with 5 octets

3　Format　=　FIXED LENGTH

4.1　Octet Length　=　5

此数据结构由状况/控制字节和 4 字节的 CRC 参数组成。此数据类型可以与多达 122 个字节的输入或输出数据相关联。

此数据类型构成见表 54。

表 54 F message trailer with 5 octets

比特	7	6	5	4	3	2	1	0
八位位组 1	状况/控制八位位组							
八位位组 2	1. 八位位组 CRC(最高有效八位位组)							
八位位组 3	2. 八位位组 CRC							
八位位组 4	3. 八位位组 CRC							
八位位组 5	4. 八位位组 CRC(最低有效八位位组)							

5.3.3.33 扩展类型描述

扩展类型描述用以描述无歧义类型,包括简单类型(scalar)或复杂类型(string、structure 或 array),并被用来与数据一起传输类型描述。它通过 WORD 的 ARRAY 来表示。

依据以下规则来构造扩展类型描述:

——Scalar 类型(VT_BOOL、VT_I1、VT_UI1、VT_I2、VT_UI2、VT_I4、VT_UI4、VT_R4、VT_R8 和 VT_DATE)是通过一个单字描述的,并符合 VARTYPE。

——VT_BSTR 是通过 2 个字描述的:该类型(VT_BSTR)之后所跟随的字保持不包括结束符"/0"的最大字节长度,并符合 BSTR length 的定义。

——VT_USERDEFINED 是通过多个字描述的:该类型(VT_USERDEFINED)之后所跟随的字持有元素的计数,然后再跟随每一个结构元素的类型描述。

——结构元素的类型描述按深度优先构造,即如果一个元素自身又是一个结构,则在整个类型描述中子结构的元素应放在最前面,然后再跟随结构的元素。

——VT_ARRAY 通过多个字来描述:该类型(VT_ARRAY)之后,跟有一个持有维数的字,再跟随持有每维元素个数的字,再跟随该数组基本类型的类型描述。

——类型描述本身总是完整的,例如,即使频繁地使用子类型,也不存在对子类型的引用。在运行期不保持类型和子类型的名称(如结构元素的名称)。

下面是扩展类型描述的示例:

伪码声明	类型描述	注释
ARRAY[2,3] of {	VT_ARRAY	Array
	2	Dimension 2
	2	Length 2
	3	Length 3
	VT_USERDEFINED	of struct
	4	with 4 elements
i4;	VT_I4	Element 0:long
BSTR[120];	VT_BSTR	Element 1:BSTR
	120	maxlen 120
{	VT_USERDEFINED	Element 2:struct
	2	with 2 elements
date;	VT_DATE	Element 0:DATE
ARRAY[10] von i4;	VT_ARRAY	Element 1:Array
	1	Dimension 1
	10	Length 10
	VT_I4	of long
}		
ui4;	VT_UI4	Element 3:unsigned long
}		

5.4 数据类型 ASE 服务规范

对于类型对象没有定义操作服务。

6 通用服务的通信模型

6.1 概念

采用通用服务元素的概念。本部分定义供分布式自动化和分散外围设备使用的通用服务。此外，本部分还定义了引用标准的用法、明确表达或扩展。

6.2 ASE 数据类型

由通用服务所支持的数据类型是在第5章中所定义的数据类型的子集。他们是：

——Boolean；

——BinaryDate；

——TimeOfDay；

——TimeOfDay with date indication；

——TimeOfDay without date indication；

——TimeDifference；

——TimeDifference with date indication；

——Float32；

——Float64；

——Integer8；

——Integer16；

——Integer32；

——Integer64；

——Unsigned 8；

——Unsigned 16；

——Unsigned 32；

——Unsigned 64；

——UUID；

——NetworkTime；

——NetworkTimeDifference；

——OctetString；

——VisibleString。

6.3 ASE

6.3.1 发现和基本配置 ASE

6.3.1.1 概述

发现和基本配置是一种借助不同过滤判据读和写基本设备网络配置参数和发现设备的概念。它使用 IEEE 802.3 服务。

6.3.1.2 DCP 类规范

6.3.1.2.1 概要

DCP ASE 定义一个 DCP 对象类型。

6.3.1.2.2 模板

DCP 对象通过下列模板来描述：

ASE：　　　　　　DCP ASE

CLASS：　　　　　DCP

CLASS ID: not used
PARENT CLASS: IEEE 802.1AB
ATTRIBUTES:

1	(m)	Key Attribute:	Implicit
2	(m)	Attribute:	IP
2.1	(m)	Attribute:	MAC Address
2.2	(m)	Attribute:	IP Parameter
2.2.1	(m)	Attribute:	IP Address
2.2.2	(m)	Attribute:	Subnet Mask
2.2.3	(m)	Attribute:	Standard Gateway
3	(m)	Attribute:	Device Properties
3.1	(m)	Attribute:	Device ID
3.2	(m)	Attribute:	Device Role Details
3.3	(m)	Attribute:	Device Vendor
3.4	(m)	Attribute:	List of Device Options
3.4.1	(m)	Attribute:	Device Option
3.4.2	(m)	Attribute:	Device Suboption
3.5	(m)	Attribute:	Name of Station
3.6	(m)	Attribute:	Alias Name of Station
3.7	(m)	Attribute:	Device Initiative
4	(o)	Attribute:	DHCP
4.1	(m)	Attribute:	Host Name
4.2	(m)	Attribute:	Vendor Specific Information
4.3	(m)	Attribute:	Server Identifier
4.4	(m)	Attribute:	Parameter Request List
4.5	(m)	Attribute:	Class Identifier
4.6	(m)	Attribute:	DHCP Client Identifier
4.7	(m)	Attribute:	Fully Qualified Domian Name
4.8	(m)	Attribute:	UUID/GUID-based Client Identifier
4.9	(m)	Attribute:	Control DHCP for Address Resolution
5	(o)	Attribute:	Manufacturer Specific
5.1	(m)	Attribute:	List of Manufacturer Specific Suboptions
5.1.1	(m)	Attribute:	Manufacturer Specific Suboption
5.1.2	(m)	Attribute:	Manufacturer OUI
5.1.3	(m)	Attribute:	Manufacturer Specific String
6	(m)	Attribute:	Protocol machine Parameter
6.1	(m)	Attribute:	Max Retry Limit
6.2	(m)	Attribute:	UC Client Timeout
6.3	(m)	Attribute:	MC Client Timeout
6.4	(m)	Attribute:	TagControlInformation
6.4.1	(m)	Attribute:	VLAN ID
6.4.2	(m)	Attribute:	Priority
6.5	(m)	Attribute:	Client Hold Time

SERVICES：

1	(m)	OpsService：	Get
2	(m)	OpsService：	Set
3	(m)	OpsService：	Identify
4	(o)	OpsService：	Hello

6.3.1.2.3 属性

Implicit

属性 Implicit 指出 DCP 对象被服务隐式地寻址。

IP

此属性包含以下子选项属性：

MAC Address

此属性包含符合 IEEE 802.3 MAC 地址的设备物理地址。

MAC 地址应是非易失的。它可以通过 Get 服务来读，或者它可以在 Identify 服务内用作过滤器。它不应用作 Set 服务内的子选项。

属性类型：OctetString[6]。

IP Parameter

IP Parameter 应与在 6.3.11 中定义的 IP 协议族 ASE 内的相应属性有相同的含义。应使用服务参数 Data Qualifier(数据限定符)来寻址 DCP 服务的当前使用或永久存储的属性值。此属性表包含下列属性：

IP Address

此属性包含符合 RFC791 和 RFC3330 的非易失的 IP 地址。

属性类型：Unsigned 32。

缺省值：0.0.0.0。

Subnet Mask

此属性包含符合 RFC791 和 RFC3330 的非易失的子网掩码。

属性类型：Unsigned 32。

缺省值：0.0.0.0。

Standard Gateway

此属性包含符合 RFC791 和 RFC3330 的标准网关的非易失的 IP 地址。

属性类型：Unsigned 32。

缺省值：0.0.0.0。

Device Properties

此属性包含以下子选项属性：

Device ID

此属性包含在 8.6.1 中描述的设备标识号(Device Ident Number)。

属性类型：Unsigned 32。

Device Role Details

此属性包含设备的角色(role)。

属性类型：Unsigned 8。

允许值：IO_DEVICE、IO_CONTROLLER、IO_MULTIDEVICE 和 IO_SUPERVISOR。

Device Vendor

此属性包含供应商规定的字符串。它可以是设备类型或订货号。

属性类型：OctetString。

List of Device Options

此属性表应包含该设备支持的所有选项：

Device Option

此属性包含该设备所支持的选项。

属性类型：Unsigned 8。

允许值：IP、DEVICE_PROPERTIES、DHCP、CONTROL、MANUFACTURER_SPECIFIC_128……MANUFACTURER_SPECIFIC_254。

Device Suboption

此属性包含该设备所支持的与规定选项有关的子选项。

属性类型：Unsigned 8。

允许值：SIGNAL、FACTORY_RESET、MAC_ADDRESS、IP_PARAMETER、MANUFACTURER_SPECIFIC_0……MANUFACTURER_SPECIFIC_255、NAME_OF_STATION、DEVICE_ID、DEVICE_ROLE、DEVICE_VENDOR、DEVICE_OPTIONS、ALIAS_NAME、DHCP_PARAMETER。

Name of Station

此属性包含由工程所提供的站名称。此属性的值应与 IEEE 802.1AB ASE 的属性 Chassis ID 的值相同。不应使用这些“port-xyz”或“port-xyz-rstuv”值，其中 xyz 的取值范围：001～255，x、y、z 的取值范围：“0”～“9”；rstuv 的取值范围：00000～65535，r、s、t、u、v 的取值范围：“0”～“9”。

Station Name Alias

此属性包含从 LLDP 选项导出的站的别名。

该站名称的别名应连接 Peer Port ID、“.”和 Peer Chassis ID。

注：站名称别名举例＝“port-001.mill-1.factory3.org”。

Device Initiative

此属性包含启用或停用发出 Hello 服务的值。

属性类型：Unsigned 16。

允许值：ON、OFF。

DHCP

此可选属性包含以下子选项属性：

Host Name

此属性包含符合 RFC 2132 的值。

属性类型：见 RFC 2132。

Vendor Specific Information

此属性包含符合 RFC 2132 的值。

属性类型：见 RFC 2132。

Server Identifier

此属性包含符合 RFC 2132 的值。

属性类型：见 RFC 2132。

Parameter Request List

此属性包含符合 RFC 2132 的值。

属性类型：见 RFC 2132。

Class Identifier

此属性包含符合 RFC 2132 的值。

属性类型：见 RFC 2132。

Fully Qualified Domain Name

此属性包含符合 RFC 2132 的值。

属性类型:见 RFC 2132。

UUID/GUID-based Clienet

此属性包含符合 RFC 2132 的值。

属性类型:见 RFC 2132。

Control DHCP for Address Resolution

此属性包含 DHCP 用法的控制信息。

属性类型:Unsigned 8。

允许值:DONT_USE_DHCP、DONT_USE_AND_RESET_DHCP_OPTIONS、USE_DHCP。

Manufacturer Specific

此可选属性包含以下子选项属性:

List of Manufacturer Specific Suboptions

此属性表包含下列属性:

Manufacturer Specific Suboption

此属性包含制造商规定的值。

属性类型:Unsigned 8。

Manufacturer OUI

此属性包含识别供应商的组织唯一的标识符。

属性类型:OctetString,长度 3。

Manufacturer Specific String

此属性包含独有的信息。

属性类型:OctetString。

Protocol machine Parameter

此属性包含下列属性以描述协议机的行为:

Max Retry Limit

此属性包含在客户机没有接收到回答的情况下重复客户机服务的最大限值。

属性类型:Unsigned 8。

缺省值:4。

允许值:0～15。

UC Client Timeout

此属性包含客户机等待单播响应的最大值(以秒计)。

属性类型:Unsigned 16。

缺省值:1。

允许值:1～30。

MC Client Timeout

此属性包含客户机等待所有可能的标识响应的最大值(以 ms 计)。它应大于用请求中的 Response Delay Factor(响应延迟因子)计算出的 Response Delay Time(响应延迟时间)。如果 Response Delay Factor 等于 1,它应是 400 ms,否则应舍去小数后将整秒数加 1 s。

属性类型:Unsigned 16。

允许值:400～65000。

Tag Control Information

此属性包含下列属性:

VLAN ID

此属性包含符合 IEEE 802.1Q 的 VLAN ID。

属性类型:Unsigned 16。

允许值:0。

Priority

此属性包含符合 IEEE 802.1Q 的帧的优先级标签。

属性类型:Unsigned 8。

允许值:0。

Client Hold Time

此属性包含一个最大值(以 s 计),该值是服务器只应允许来自最新活动的客户机的 Get 服务或 Set 服务的时间。应该忽略此前来自其他服务器的服务请求。

属性类型:Unsigned 16。

缺省值:3。

6.3.1.3 DCP 服务规范

6.3.1.3.1 Get

通过客户机服务器通信模型使用 Get 服务来读一个或多个 ASE 属性。应通过选项来寻址属性组。应通过子选项来寻址子组。

如果可选的选项或子选项不可用,则服务器应用特定的状况"not supported"来响应。通常,只要它们适合 DCP-Get-ResPDU,则所请求的数据应被响应。否则,对于第 1 个不适合的子选项应以状况"resource error"来响应。如果所请求的带有子选项的选项包含多于一个元素的列表,只要所有可使用的列表元素符合该 PDU,则它们应被响应。元素的次序是任意的。

表 55 列出该服务的参数。

表 55 Get

参数名称	Req	Ind	Rsp	Cnf
Argument	M	M(=)		
DA	M	M(=)		
List of Options	M	M(=)		
Option	M	M(=)		
Suboption	M	M(=)		
Result(+)			S	S(=)
List of Data			M	M(=)
Option			M	M(=)
Suboption			M	M(=)
Length			M	M(=)
Status			M	M(=)
IP Info			U	U(=)
Data			U	U(=)
AddUserData			U	U(=)
Result(-)			S	S(=)
ERRCLS			M	M(=)
ERRCODE			M	M(=)

Argument

该变元应传送该服务请求的服务特定参数。

DA

此参数应包含该服务器独有的 IEEE 802.3MAC 地址。

List of Options

此参数包含所请求的带有选项及其相关子选项的列表。

这些参数应与 ASE 属性相符合。

Option

此参数包含应从设备读出的选项。它可以包含下列 ASE 属性:IP,Device Properties,DHCP 和 Manufacturer Specific。在此服务内不应使用选项 Control。此外,选项 All Selector 可以被请求作为代理服务器(proxy)选项,以从服务器获得所有可使用的信息。在此情况下,响应至少应包含:具有子选项 IP Parameter 的选项 IP 和具有子选项 Device ID、Device Role、Device Options 及 Name of Station 的选项 Device Parameter。该响应可以包含更多的选项/子选项。

Suboption

此参数包含与将从设备读出的选项相对应的子选项。依据所使用的选项,仅应使用与分组 ASE 属性有关的指定子选项。

Result(+)

此参数指出该服务请求已成功。它应包含所请求的值,或者,如果某个选项/子选项是不可用的,则它包含错误代码。

List of Data

此参数应包含被请求的具有子选项的选项的所有值。

Option

此参数包含来自于设备请求的选项。

Suboption

此参数包含来自于设备请求的子选项。

Length

此参数包含参数 Data 和可选 AddUserData 的八位位组个数,它取决于服务响应参数 Status。

Status

此参数包含参数 Data 的状况。

允许值: NO_ERROR:所请求的数据完全地被传送;
OPTION_NOT_SUPPORTED:不支持所请求的可选选项;
SUBOPTION_NOT_SUPPORTED:不支持所请求的可选子选项;
RESSOURCE_ERROR:所请求的可用数据不完全适合 DCP-Get-ResPDU。

注:状况 RESSOURCE_ERROR 表示选项的值不能被完全传送,因为它超出了 PDU 的有效大小。然而,只要对应用有意义,就应呈现该数据。例如,如果参数 List of Alias Names 的元素(作为一个整体)超出了 PDU 的大小,则那些没有超出的元素被应呈现,以便至少部分地传送所请求的信息。

IP Info

此可选参数包含在子选项 IP Parameter 和参数 Status 包含值 NO_ERROR 情况下的附加信息。

允许值: IP_VIA_SET:通过 Set 服务接收到的 IP Parameter;
IP_VIA_DHCP:通过 DHCP 服务接收到的 IP Parameter;
IP_NOT_ACTIVE:IP Parameter 不活动,检查出地址冲突。

Data

只要它在 DCP-Get-ResPDU 中完全适合，此参数包含所请求的 ASE 属性的值。此参数仅当 Status 包含值 NO_ERROR 时才被呈现。

AddUserData

此可选参数可以包含用制造商特定格式表示的制造商特定数据。此可选的响应参数仅当 Status 包含非 NO_ERROR 的值时才可被呈现。

Result(－)

此参数指出通常因本地(local)原因造成的该服务请求失败。

ERRCLS

参数 ERRCLS 包含特定错误的错误类。

类型：Unsigned 16。

允许值： CTXT：本地上下关系无效；

PROTOCOL：传输错误。

ERRCODE

参数 ERRCODE 包含特定错误的错误代码。

类型：Unsigned 16。

允许值： INVALID_STATE，如果 ERRCLS＝CTX；

LMPM，如果 ERRCLS＝PROTOCOL(在传输期间本地错误)；

TIMEOUT，如果 ERRCLS＝PROTOCOL(远程站未响应)。

6.3.1.3.2 **Set**

通过客户机-服务器通信模型使用 Set 服务来写一个或多个 ASE 属性。应通过选项来寻址属性组。应通过子选项来寻址子组。此外，特定的控制命令控制服务器的行为。命令 Start Transaction 和 Stop Transaction 应被用来分组 Set(设置)服务序列，在此情况下，该服务器应对客户机锁定。

如果可选的选项或子选项不可用，则服务器应使用特定的状况“not supported”来响应。元素的次序是任意的。

表 56 列出该服务的参数。

表 56 Set

参数名称	Req	Ind	Rsp	Cnf
Argument	M	M(＝)		
DA	M	M(＝)		
List of Data	U	U(＝)		
Option	M	M(＝)		
Suboption	M	M(＝)		
Length	M	M(＝)		
Data Qualifier	M	M(＝)		
Manufacturer OUI	U	U(＝)		
Data	M	M(＝)		
List of Control Commands	U	U(＝)		
Control	M	M(＝)		
Start Transaction	S	S(＝)		
Stop Transaction	S	S(＝)		
Factory Reset	U	U(＝)		
Signal	U	U(＝)		
FlashOnce	M	M(＝)		
Result(＋)			S	S(＝)

表 56（续）

参数名称	Req	Ind	Rsp	Cnf
List of Response			M	M(=)
Option			M	M(=)
Suboption			M	M(=)
Length			M	M(=)
Status			M	M(=)
Add User Data			U	U(=)
Result(－)				S
ERRCLS				M
ERRCODE				M

Argument

该变元应传送该服务请求的服务特定参数。

DA

此参数应包含该服务器独有的 IEEE 802.3 MAC 地址。

List of Data

此参数包含要被写的带有选项及其相关子选项的数据。

这些参数应符合 ASE 属性。

Option

此参数包含将被写给服务器的选项。它可以包含下列 ASE 属性：IP、Device Properties、DHCP 和 Manufacturer Specific。应不使用带有子选项 MAC Address 的选项 IP。

Suboption

此参数包含对应于将被写给服务器的选项的子选项。依据所使用的选项，仅应使用与分组 ASE 属性有关的指定子选项。

Length

此参数包含参数的八位位组的个数。

Data Qualifier

此参数包含必须被写给服务器的数据的附加信息。依据所请求的选项/子选项，状况(status)有不同的含义。

Option IP 的允许值：USE_TEMPORARY_AND_CLEAR_STORED_ADDRESS、SAVE_PERMANENT。

其他选项的允许值：USE_TEMPORARY、SAVE_PERMANENT。

Manufacturer OUI

此可选参数包含制造商特定选项的 OUI。

Data

此参数包含必须写给服务器的数据。

List of Control Commands

此参数包含下列参数：

Control

此参数包含下列子选项参数：

Start Transaction

此参数应标记不同 Set 服务序列的开始。服务器应对请求客户机锁定 ASE 属性，直到指出 Stop Transaction 或出现某个超时为止。

属性类型:Unsigned 8。

允许值:START。

Stop Transaction

此参数标记不同 Set 服务序列的结束。服务器应解除对 ASE 属性的锁定。

属性类型:Unsigned 8。

允许值:STOP。

Signal

此参数包含下列参数:

Flash Once

此参数应包含信号值。Flash Once 指在 3 s 内以 1 Hz 频率(500 ms 通,500 ms 断)闪烁 Ethernet LINK LED(或一个交替指示信号)。

属性类型:Unsigned 16。

允许值:FLASH_ONCE。

Reset To Factory Settings

此参数应被用于通过 Set 服务复位所有 DCP 属性。

属性类型:Unsigned 8。

允许值:RESET_TO_FACTORY_SETTINGS。

Result(+)

此参数指出该服务请求已成功。它应包含所请求的值。

List of Response

此参数包含所请求的选项/子选项的写操作的返回值。

Option

此参数包含从设备请求的选项。

Suboption

此参数包含从设备请求的子选项。

Length

此参数包含参数 Data 和可选 AddUserData 的八位位组个数,它取决于服务响应参数 Status。

Status

此参数包含参数 Data transport 的状况。值 NO_ERROR 通知传送,并且如果请求,则永久存储该数据。在该参数起作用之前,这可能要花费一些时间。

允许值:NO_ERROR:所请求的数据完全被传送;

OPTION_NOT_SUPPORTED:不支持所请求的可选选项;

SUBOPTION_NOT_SUPPORTED:不支持所请求的可选子选项;

SET_NOT_POSSIBLE:因本地原因而不能设置;

IN_OPERATION:因操作应用而不能设置。

AddUserData

此可选参数可以包含用制造商特定格式表示的制造商特定数据。

此可选的响应参数仅当 Status 包含非 NO_ERROR 的值时才被呈现。

Result(-)

此参数指出通常因本地原因造成的该服务请求失败。

ERRCLS

参数 ERRCLS 包含特定错误的错误类。

类型:Unsigned 16。

允许值:CTXT:本地上下关系无效;

PROTOCOL:传输错误。

ERRCODE

参数 ERRCODE 包含特定错误的错误代码。

类型:Unsigned 16。

允许值: INVALID_STATE,如果 ERRCLS=CTX;

LMPM,如果 ERRCLS=PROTOCOL(在传输期间本地错误);

TIMEOUT,如果 ERRCLS=PROTOCOL(远程站未响应)。

6.3.1.3.3 **Identify**

Identify 服务可以用来发现在网络上的设备。应将该服务发送给由 DCP 协议定义的多播 IEEE 802.3 MAC 地址。只有满足所有请求过滤判据的设备才应回答此请求。Identify 证实应包含在一定时间间隔内所接收到的所有响应。通过 IEEE 802.3 源 MAC 地址来识别响应的设备。否则,该证实应包含一个空表。

在满足过滤判据的情况下,服务器应使用选项和子选项(它们是该过滤器的一部分)的数据来响应。此外,选项的数据

——具有其子选项 IP Parameter 及其元素 IP Address、Subnet Mask 和 Standard Gateway 的 IP,

——具有其子选项 List of Station Names、Device ID、Device Role 和 Device Option 的 Device Properties

总是应被包含在该响应中。数据块的次序可以是任意的。

表 57 列出该服务的参数。

表 57 Identify

参数名称	Req	Ind	Rsp	Cnf
Argument	M	M(=)		
List of Filter	S	S(=)		
Option	M	M(=)		
Suboption	M	M(=)		
Length	M	M(=)		
Data	M	M(=)		
All Selector	S	S(=)		
Response Delay Factor	M			
Result(+)			S	S(=)
List of Devices			U	U(=)
SA				M
List of Data			M	M(=)
Option			M	M(=)
Suboption			M	M(=)
Length			M	M(=)
Data			U	U(=)
Result(-)			S	S(=)
ERRCLS			M	M(=)
ERRCODE			M	M(=)

Argument

该变元应传送该服务请求的服务特定参数。

List of Filter

此条件参数包含应被用来在服务器方过滤请求的选项/子选项。在服务器方,多于一个过滤器时,应该用 AND 操作来处理它们。

注:AND 操作意指,服务器在响应延迟时间内仅对所有过滤判据满足当前使用的属性值的识别请求作出响应。

Option

此参数包含应被用来在服务器方过滤请求的选项的值。它可以包含下列 ASE 属性:IP、Device Properties、DHCP 和 Manufacturer Specific。

Suboption

此参数包含应被用来在服务器方过滤请求的子选项的值。依据所使用的选项,仅应使用与分组 ASE 属性有关的指定子选项。

Length

此参数包含应被用来在服务器方过滤请求的选项和子选项的数据长度。

Data

此参数包含应被用来在服务器方过滤请求的选项和子选项的数据。

All Selector

此条件参数指出所有设备至少应用其必备选项来响应。

Response Delay Factor

在满足 List of Filter 判据时,此参数包含服务器用于计算延迟响应传播值的因子。时间基为 10 ms。计算的服务器延迟应在 10 ms 和 64 000 ms 之间。

参数类型:Unsigned 16。

允许值:1～6400。

缺省值:1 (IO 控制器)。

Result(+)

此参数指出该服务请求已成功。它应包含所请求的值。

Result(−)

此参数指出通常因本地原因造成的该服务请求失败。

ERRCLS

参数 ERRCLS 包含特定错误的错误类。

类型:Unsigned 16。

允许值:　　CTXT:本地上下关系无效;
　　　　　　PROTOCOL:传输错误。

ERRCODE

参数 ERRCODE 包含特定错误的错误代码。

类型:Unsigned 16。

允许值:　　INVALID_STATE,如果 ERRCLS=CTX;
　　　　　　LMPM,如果 ERRCLS=PROTOCOL(在传输期间本地错误);
　　　　　　TIMEOUT,如果 ERRCLS=PROTOCOL(远程站未响应)。

6.3.1.3.4 Hello

可以使用该可选的 Hello 服务来通告网络中设备的存在。应将该服务发送到由 DCP 协议所定义的多播 IEEE 802.3 MAC 地址。

该服务应在确定的限制时间段内传输所请求的 DCP-Hello-ReqPDU 个数。在每次重传之前,应等待所请求的 hello 间隔。

注：Hello 服务期望用来加速启动阶段，因此传输不应持续大于 100 ms。

表 58 列出该服务的参数。

表 58 Hello

参数名称	Req	Ind	Cnf
Argument	M	M(=)	
List of Data	M	M(=)	
Name of Station	M	M(=)	
IP Parameter	M	M(=)	
IP Address	M	M(=)	
Subnet Mask	M	M(=)	
Standard Gateway	M	M(=)	
Device ID	M	M(=)	
List of Device Options	M	M(=)	
Device Option	M	M(=)	
Device Suboption	M	M(=)	
Length	M	M(=)	
Data	M	M(=)	
Device Role	M	M(=)	
Number of DCP-Hello-ReqPDUs	M		
Initial Delay	M		
Hello Interval	M		
Result(+)			S(=)
Result(−)			S(=)

Argument

该变元应传送该服务请求的服务特定参数。

List of Data

此参数表包含下列参数：

Name of Station

此参数包含相应的 ASE 属性的值。

IP Parameter

此参数由下列参数组成：

IP Address

此参数包含相应的 ASE 属性的值。

Subnet Mask

此参数包含相应的 ASE 属性的值。

Standard Gateway

此参数包含相应的 ASE 属性的值。

Device ID

此参数包含相应的 ASE 属性的值。

List of Device Options

此参数表由下列参数组成：

Device Option

此参数包含相应的 ASE 属性的值。

Device Suboption

此参数包含相应的 ASE 属性的值。

Length

此参数包含该数据的长度。

Data

此参数包含选项和子选项的数据。

Device Role

此参数包含相应的 ASE 属性的值。

Device Initiative

此参数包含相应的 ASE 属性的值。

Number of DCP-Hello-ReqPDUs

此参数包含在该服务请求内应发出的 DCP-Hello-ReqPDU 个数。

参数类型：Unsigned 32。

允许值：1～15。

缺省值：3。

Hello Interval

此参数包含在传输连续两个 DCP-Hello-ReqPDU 之间的时间间隔。

参数类型：Unsigned 16。

允许值：30_MILLISECONDS、50_MILLISECONDS、100_MILLISECONDS、300_MILLISECONDS、500_MILLISECONDS、1_SECONDS。

缺省值：30_MILLISECONDS。

Result(＋)

此参数指出该服务请求已成功。它应包含所请求的值。

Result(－)

此参数指出通常因本地原因造成的该服务请求失败。

6.3.2 精确时间控制 ASE

6.3.2.1 概念

“精确透明时钟协议”(PTCP)描述在若干个站上发布时钟的一种统一方法。特别的，这意指一个 PTCP 主站同步一定数量的从站。它也支持 PTCP 最佳主站模型和最多 32 个不同的时钟。传输协议 PTCP 是基于数据链路层的。

下列的应用示例说明了怎样使用 PTCP 在亚微秒范围内实现时间和循环通信的同步。为了达到所要求的同步，还需要特别的支持(见图 15)：

——在两个相应端口之间的线延迟测量；

——在 PTCP 主站与 PTCP 从站之间的时钟同步。

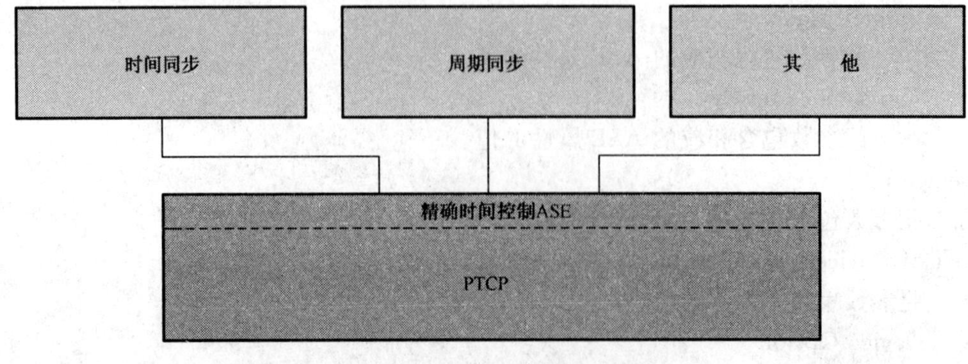

图 15　PTCP 应用

6.3.2.2 PTCP 类规范

6.3.2.2.1 模板

ASE: PTCP ASE
CLASS: PTCP
CLASS ID: not used
PARENT CLASS: TOP
ATTRIBUTES:

1	(m)	Key Attribute:	Sync ID
2	(m)	Attribute:	Domain
2.1	(m)	Attribute:	Domain UUID
2.2	(m)	Attribute:	Sequence ID
2.3	(m)	Attribute:	Sync Send Factor
2.4	(m)	Attribute:	PTCP Takeover Timeout
2.5	(m)	Attribute:	PTCP Timeout
2.6	(m)	Attribute:	Role(MASTER,SLAVE)
2.7	(c)	Constraint:	Role=MASTER
2.7.1	(m)	Attribute:	Priority
2.7.2	(m)	Attribute:	Accuracy
2.7.3	(m)	Attribute:	Variance
2.7.4	(m)	Attribute:	PTCP Master Startup Time
2.8	(c)	Constraint:	Sync ID=TIME
2.8.1	(m)	Attribute:	PTCP Time
2.8.1.1	(m)	Attribute:	Epoch Number
2.8.1.2	(m)	Attribute:	Seconds
2.8.1.3	(m)	Attribute:	Nano Seconds
2.8.1.4	(m)	Attribute:	Current UTC Offset
2.9	(c)	Constraint:	Sync ID=CLOCK
2.9.1	(m)	Attribute:	Local Time
2.10	(m)	Attribute:	PLL Window
2.11	(m)	Attribute:	Sync State Info
2.11.1	(m)	Attribute:	Jitter out of Boundary
2.11.2	(m)	Attribute:	No Sync Message Received
2.12	(m)	Attribute:	Rate Compensation Factor
2.13	(m)	Attribute:	List of Ports
2.13.1	(m)	Attribute:	PortID
2.13.2	(m)	Attribute:	Borderline
2.13.2.1	(m)	Attribute:	Ingress
2.13.2.2	(m)	Attribute:	Egress
2.13.3	(m)	Attribute:	Line Delay
2.13.4	(m)	Attribute:	Rate Compensation Factor Peer
2.14	(o)	Attribute:	List of OUIs
2.14.1	(m)	Attribute:	OUI
2.14.2	(s)	Attribute:	Subtype

2.14.3 (s) Attribute: Data Block

SERVICES:

1 (m) OpsService: Start Bridge

2 (m) OpsService: Start Slave

3 (o) OpsService: Start Master

4 (m) OpsService: Stop Bridge

5 (m) OpsService: Stop Slave

6 (o) OpsService: Stop Master

7 (m) OpsService: Sync State Change

6.3.2.2.2 属性

Sync ID

此关键属性标识该数据所属协议机的实例。对于周期同步应使用值CLOCK。对于时间同步应使用值TIME。

注:如果一个设备有两种模式被激活,则同时使用周期同步和时间同步。

属性类型:Unsigned 8。

允许值:CLOCK、TIME。

Domain

此属性由下列元素组成:

Domain UUID

此属性应包含同步域的UUID,它由项目计划提供并由主站发出。UUID用于对使用PTCP协议彼此同步的PTCP时钟进行逻辑分组。在其他PTCP域中的时钟不应被同步。

属性类型:UUID。

Sequence ID

此属性包含同步报文的序列号。对于每一个新的同步报文,将使它增加1。接收方利用Sequence ID检查重复。

属性类型:Unsigned 16。

Sync Send Factor

此属性包含同步报文的发送时间间隔。

属性类型:Unsigned 16。

允许值:0~64000。

PTCP Takeover Timeout

此属性包含用于检测来自当前同步主站的同步报文丢失的超时值。同步从站应试图找到新的同步主站。PTCP接管超时值的范围应是:对于Sync ID=CLOCK在32 ms~16 352 ms内,对于Sync ID=TIME在32 ms~2 759 400 000 ms内。

属性类型:Unsigned 32。

缺省值:对于Sync ID=CLOCK是96 ms,对于Sync ID=TIME是9 600 ms。

PTCP Timeout

此属性包含用于检测任何同步报文丢失的超时值。PTCP超时值的范围应是:对于Sync ID=CLOCK在32 ms~16352 ms内,对于Sync ID=TIME在32 ms~2 759 400 000 ms内。

属性类型:Unsigned 32。

缺省值:Sync ID=CLOCK时,为192 ms;Sync ID=TIME时,为19 200 ms。

Role

此属性应包含时间同步的角色(role)。

属性类型:Unsigned 16。

允许值:MASTER、SLAVE。

Priority

此属性应是发出同步报文的主站的优先级。

属性类型:Unsigned 8。

允许值:PRIMARY、SECONDARY。

Accuracy

对于 Sync ID=TIME,此属性应是相对于 UTC 时间主站时间的精度;对于 Sync ID=CLOCK,此属性应是本地时钟的精度。

属性类型:Unsigned 8。

允许值:25_ns、100_ns、250_ns、1_μs、2.5_μs、10_μs、25_μs、100_μs、250_μs、1_ms、UNKNOWN。

缺省值:Sync ID=CLOCK 且 Sync ID=TIME 时,为 100_ns

Variance

此属性是时钟质量的值。每个主站时钟应保持其继承(inherit)精度估算。PTCP 方差(variance)基于 Allan 背离理论。Allan 背离 $\sigma_y(\tau)$ 按式(1)来估算:

$$\sigma_y(\tau)=\left[\frac{1}{2(N-2)\tau^2}\times\sum_{k=1}^{N-2}(x_{k+2}-2x_{k+1}+x_k)^2\right]^{\frac{1}{2}} \quad\cdots\cdots(1)$$

PTCP 方差定义见式(2):

$$\sigma_{\text{PTCP}}^2=\tau^2\times\frac{1}{3}\sigma_y^2 \quad\cdots\cdots(2)$$

PTCP 方差的无偏差的估算应按式(3)来计算:

$$\sigma_{\text{PTCP}}^2=\frac{1}{3}\left[\frac{1}{2(N-2)}\times\sum_{k=1}^{N-2}(x_{k+2}-2x_{k+1}+x_k)^2\right] \quad\cdots\cdots(3)$$

其中:x_k、x_{k+1} 和 x_{k+2} 是时间差测量值,它是在 t_k、t_{k+T} 和 t_{k+2T} 时刻测量的被测时钟与本地参考时钟的差值。N 是数据采样个数。对于 PTCP 方差,采样周期 T 应被定义为同步间隔。

PTCP 方差(variance)应以下述方式表示:

方差的估算 σ_{PTCP}^2 是以秒平方为单位来计算。

计算此估算以 2 为底数的对数。该对数的计算不必比该方差估算的精度更精确。

该对数乘以 28 产生一个标定(scaled)值。

该值被表示为二进制补码形式的 Integer16。将值 0x8000 加到以此形式表示的报告值,并忽略任何溢出。其结果(即该偏移标定的报告值)为 Unsigned 16。

此偏移标定的值(表示为 Unsigned 16)应是方差的对数。

对于偏移标定的方差的对数属性,最大可能的正数(0xFFFF)应表示方差太大或方差未被计算。该方差值用于最佳主站时钟的选择。

属性类型:Unsigned 16。

注 1:例如,假设 PTCP 方差值是 $1.414\times2^{-73}=1.497\times10^{-22}$ s^2,则 $\log2(1.414\times2^{-73})=-73+0.5=-72.5$。如果将它表示为 Integer16,则它应截短成 -72。为保留一定的精度,通过该值乘以 2^8 来标定以产生标定的方差的对数 -18560(0x3780),它保留 8 比特更高的精度。对此值加上 0x8000 以产生偏移标定报告值 0x3780。

注 2:可以表示的最小方差是 2^{-128} 或 $\sim3\times10^{-39}$ s^2,它产生偏移标定方差的对数 0x0000。可以表示的最大方差是 $\sim2^{+127.996\,09}$,它产生偏移标定方差的对数 0xFFFF。

PTCP Master Startup Time

此属性应是同步主站启动阶段的持续时间。在此时间期间,同步主站应检查在该同步域中有没有具有更高时钟质量的同步主站。

属性类型：Unsigned 16。

允许值：0～300 s。

缺省值：10 s。

Time

此属性包括用于时间表示的以下元素：

PTCP Time

此属性由 PTCP 时间表示法(自 PTCP 纪元 1 January 1970-00：00：00 开始以来)的以下元素组成：

Epoch Number

此属性应是当前该 32-比特的 Seconds 时钟自 PTCP 纪元开始以来已经翻转的当前次数。

属性类型：Unsigned 16。

Seconds

此属性包含当前自 1 January 1970-00：00：00 开始以来的秒数。

属性类型：Unsigned 32。

Nano Seconds

此属性包含距离下一秒的当前 ns 数。

属性类型：Unsigned 32。

允许值：0～999999999。

Current UTC Offset

此属性包含当前的闰秒，作为从 PTCP 时间到世界时间(UTC)的偏移量。

属性类型：Interger16。

Local Time

此属性由本地时间值(以 ns 计)组成。此值应被用于 PTCP 时钟同步化，并应是周期计数器基。

属性类型：Unsigned 64。

PLL Window

此属性描绘同步精度。本地时间与由主站时钟发出的参考时间之间的误差应不超过 PLL Window 的值。

属性类型：Unsigned 32。

Sync State Info

此元素由以下错误属性组成。如果没有错误，则同步化达到了状态同步。

Jitter out of Boundary

此属性识别是否达到了必要的同步化精度。

属性类型：Boolean。

No Sync Message Received

此属性识别是否接收到了同步化报文。

属性类型：Boolean。

Wrong PTCP Domain UUID

如果接收到了具有错误的 Domain UUID 的同步化报文，则此属性被设置。

属性类型：Boolean。

Rate Compensation Factor

此属性应用于调整来自同步和延迟报文的桥接(bridging)时间。

属性类型:Unsigned 32。

List of Ports

此属性由下列元素组成:

PortID

此属性标识桥的一个端口。

属性类型:Unsigned 8。

Borderline

对于 PTCP 域的末端端口,下列两个属性应包含值 ON。对于耦合两个层次更高网段的 PTCP 段的端口,属性 Ingress 的值应是 ON,而属性 Egress 的值应是 OFF。对于耦合两个层次更低网段的 PTCP 段的端口,属性 Ingress 的值应是 OFF,而属性 Egress 的值应是 ON。

注:其目的是避免在一个 PTCP 域内来自 PTCP 同步和 PTCP 通告报文从分级更低的段到分级更高的段的传输。

此属性由下列元素组成:

Ingress

此属性标识 PTCP 域的末端端口。

属性类型:Unsigned 8。

允许值:ON、OFF。

Egress

此属性标识 PTCP 域的末端端口。

属性类型:Unsigned 8。

允许值:ON、OFF。

Line Delay

此属性包含从本端口到所连接的端口的发送等待时间(latency)。

属性类型:Unsigned 32。

Rate Compensation Factor Peer

此属性包含在连接端口上该设备的本地石英频率与远程石英频率之间的比率。

属性类型:Float64。

List of OUIs

此属性由下列元素组成:

OUI

此属性是组织唯一标识符,由 IANA 定义。

属性类型:Octet[3]。

Subtype

此属性是在属性 OUI 的上下文中有效的组织特定参数。

属性类型:Unsigned 8。

Data Block

此属性是在属性 OUI 和 Subtype 的上下文中有效的组织特定参数。

属性类型:UUID。

6.3.2.3 PTCP 服务规范

6.3.2.3.1 Start bridge

Start bridge 服务建立 PTCP 协议机的一个实例。表 59 列出了该服务的参数:

表 59 Start bridge

参数名称	Req	Cnf
Argument	M	
Sync ID	M	
List of Port Parameter	U	
Port ID	M	
Borderline	M	
Result(+)		S
Sync ID		M
Result(—)		S
Sync ID		M
Error code		M

Argument

该变元应传送该服务请求的服务特定参数。

Sync ID

此关键属性标识该协议机的实例。

List of Port Parameter

此可选参数表由下列参数组成：

Port ID

此参数包含发出延迟请求报文的端口的 ID。

Borderline

此参数包含时钟域(clock-domain)的末端端口。

Result(+)

此参数指出该服务请求已成功。

Sync ID

此关键属性标识该协议机的实例。

Result(—)

此参数指出该服务请求失败。

Sync ID

此关键属性标识该协议机的实例。

Error code

参数 Error Code 包含特定错误的错误代码。

类型:Unsigned 16。

允许值:ENTRY_NOT_POSSIBLE、SYNC_ID_EXISTS。

6.3.2.3.2 Start slave

Start slave 服务对该 PTCP 协议机增加同步化特性。

表 60 列出了该服务的参数。

表 60 Start slave

参数名称	Req	Cnf
Argument	M	
SyncID	M	
Subdomain UUID	M	

表 60（续）

参数名称	Req	Cnf
Sync Send Factor	M	
PTCP Timeout Factor	M	
PLL Window	M	
Result(+)		S
Sync ID		M
Result(−)		S
Sync ID		M
Error code		M

Argument

该变元应传送该服务请求的服务特定参数。

Sync ID

此关键属性标识该协议机的实例。

Subdomain UUID

此参数包含同步子域的 UUID。UUID 用于对使用 PTCP 协议彼此同步的 PTCP 时钟进行逻辑分组。

Sync Send Factor

此参数包含同步报文的接收间隔。

PTCP Timeout Factor

此参数包含用于检查同步报文丢失的超时值。

PLL Window

此参数包含所要求的同步化精度。本地时间与由最高级主站时钟发出的参考时间之间的误差应不超过 PLL Window 的值。

Result(+)

此参数指出该服务请求已成功。

Sync ID

此关键属性标识该协议机的实例。

Result(−)

此参数指出该服务请求失败。

Sync ID

此关键属性标识该协议机的实例。

Error code

参数 Error Code 包含特定错误的错误代码。

类型：Unsigned 16。

允许值：SLAVE_NOT_POSSIBLE、SLAVE_EXISTS。

6.3.2.3.3 Start master

Start master 服务对 PTCP 协议机增加了具有成为同步主站资格的同步特性。

表 61 列出了该服务的参数。

表 61 **Start master**

参数名称	Req	Cnf
Argument	M	
Sync ID	M	
Subdomain UUID	M	
Sync Send Factor	M	
Sync Class	M	
Clock Stratum	M	
Current UTC Offset	M	
Epoch Number	M	
Result(+)		S
Sync ID		M
Result(−)		S
Sync ID		M
Error code		M

Argument

该变元应传送该服务请求的服务特定参数。

Sync ID

此关键属性标识该协议机的实例。

Subdomain UUID

此参数包含同步子域的 UUID。UUID 用于对使用 PTCP 协议彼此同步的 PTCP 时钟进行逻辑分组。

Sync Send Factor

此参数包含同步报文的发送间隔。

Sync Class

此参数包含作为主站的推荐角色(主要、次要)。

Clock Stratum

此参数包含持有时间(own time)的质量。

Current UTC Offset

此参数包含对世界时间(UTC)的当前偏移量。

Epoch Number

此参数包含 32 位 Seconds 时钟自 PTCP 纪元开始以来已翻转(roll over)的当前次数。PTCP 纪元开始于 1970 年 1 月 1 日 0 时。

Result(+)

此参数指出该服务请求已成功。

Sync ID

此关键属性标识该协议机的实例。

Result(−)

此参数指出该服务请求失败。

Sync ID

此关键属性标识该协议机的实例。

Error code

参数 Error Code 包含特定错误的错误代码。

类型:Unsigned 16。

允许值:MASTER_NOT_POSSIBLE、MASTER_EXISTS、MASTER_NOT_EXISTS。

6.3.2.3.4 **Stop bridge**

此服务应被用来停止 PTCP 协议机。表 62 列出了该服务的参数。

表 62 Stop bridge

参数名称	Req	Cnf
Argument	M	
Sync ID	M	
Result(+)		S
Sync ID		M
Result(−)		S
Sync ID		M
Error code		M

Argument

该变元应传送该服务请求的服务特定参数。

Sync ID

此关键属性标识该协议机的实例。

Result(+)

此参数指出该服务请求已成功。

Sync ID

此关键属性标识该协议机的实例。

Result(−)

此参数指出该服务请求失败。

Sync ID

此关键属性标识该协议机的实例。

Error code

参数 Error Code 包含特定错误的错误代码。

类型:Unsigned 16。

允许值:SYNC_ID_NOT_EXISTS。

6.3.2.3.5 **Stop slave**

此服务应被用来去掉 PTCP 协议机的特性。同步化应停止,而桥接功能保留。表 63 列出该服务的参数。

表 63 Stop slave

参数名称	Req	Cnf
Argument	M	
Sync ID	M	
Result(+)		S
Sync ID		M
Result(−)		S
Sync ID		M
Error code		M

Argument

该变元应传送该服务请求的服务特定参数。

Sync ID

此关键属性标识该协议机的实例。

Result(+)

此参数指出该服务请求已成功。

Sync ID

此关键属性标识该协议机的实例。

Result(−)

此参数指出该服务请求失败。

SyncID

此关键属性标识该协议机的实例。

Error code

参数 Error Code 包含特定错误的错误代码。

类型:Unsigned 16。

允许值:SLAVE_NOT_EXISTS。

6.3.2.3.6 Stop master

此服务应被用来去掉 PTCP 协议机的特性。主站功能应被去掉,并强迫协议机接任从站角色。表 64 列出了该服务的参数。

表 64 Stop master

参数名称	Req	Cnf
Argument	M	
Sync ID	M	
Result(+)		S
Sync ID		M
Result(−)		S
Sync ID		M
Error code		M

Argument

该变元应传送该服务请求的服务特定参数。

Sync ID

此关键属性标识该协议机的实例。

Result(+)

此参数指出该服务请求已成功。

Sync ID

此关键属性标识该协议机的实例。

Result(−)

此参数指出该服务请求失败。

Sync ID

此关键属性标识该协议机的实例。

Error code

参数 Error Code 包含特定错误的错误代码。

类型:Unsigned 16。

允许值:MASTER_NOT_EXISTS。

6.3.2.3.7 Sync state change

此服务应被用来指出同步状态的改变。改变仅针对同步化从站。表 65 列出了该服务的参数。

表 65 Sync state change

参数名称	Ind
Argument	M
Sync ID	M
Sync State	M
Error TypeList	C

Argument

该变元应传送该服务请求的服务特定参数。

Sync ID

此关键参数标识该协议机的实例。

Sync State

此关键属性应包含值 SYNCHRONIZED 或 NOT_SYNCHRONIZED。

Error TypeList

此参数由下列元素组成:

ErrorType

此条件属性标识在 Sync State=NOT_SYNCHRONIZED 情况下的同步化错误。

类型:Unsigned 16。

允许值:JITTER_OUT_OF_BOUNDARY、NO_SYNC_MESSAGE_RECEIVED、WRONG_PTCP_DOMAIN。

Appear

此属性标识错误是出现还是消失。

类型:Boolean。

允许值:TRUE、FALSE。

6.3.2.3.8 PTCP 行为

6.3.2.3.8.1 同步化

同步化使用同步帧(sync-frame)和可选的后继帧(follow up-frame)来实现。如果硬件没有能力加入正在传送(on the fly)的桥接延迟和线延迟,则后继帧是必需的。

在一个 PTCP 子域中发出同步帧的时钟叫做 PTCP 主站。

接收同步帧并将其时间调整到 PTCP 主站的时钟叫做 PTCP 从站。它们的同步精度取决于每个测量线延迟和桥接延迟的每个桥的时间戳单位的精度。

具有下列增强作用的桥叫做 PTCP 透明时钟:

——线延迟(Line-Delay)测量;

——桥接延迟(Bridge Delay)测量;

——对于线延迟和桥接延迟的速率补偿;

——对于 PTCP 支持媒体冗余机制。

6.3.2.3.8.2 速率控制补偿

速率控制补偿使 PTCP 透明时钟的时钟速率与 PTCP 主站的时钟速率相等。由此,为了达到更高同步精度,用 PTCP 主站时钟速率来度量由 PTCP 从站接收的累积桥接延迟和线延迟。

PTCP 透明时钟使用同步帧来测量与 PTCP 主站有关联的时钟速率,见图 16。

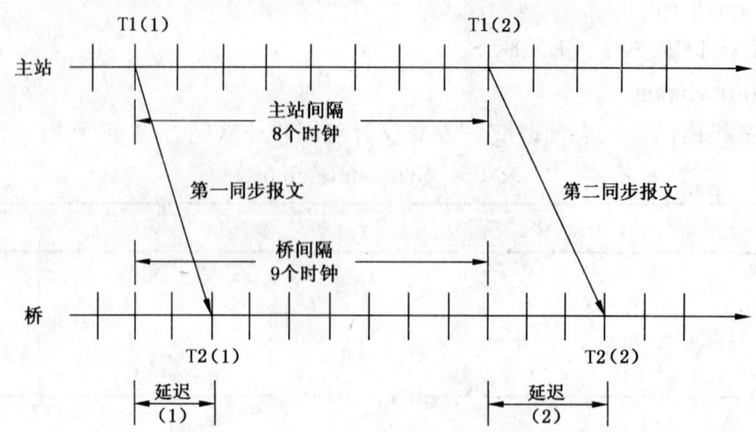

图 16 时钟漂移测量

RateCompFactor=[T1 (2)−T1 (1)]/[(T2 (2)−Delay (2))−(T2 (1)−Delay (1))]

PTCP 透明时钟使用速率补偿因子来校正被测量的驻留(residential)时间。

CompBridgeDelay=RateCompFactor×BridgeDelay

6.3.2.3.8.3 多种同步

PTCP 应被用于时钟同步、时间同步和其他类型的同步,见图 17。PTCP 可以有 32 种同步类型。所有其他时钟同步可以有各种不同的源。在 PTCP 上,子域不被同步。每个 PTCP 从站必须自同步。应对每个通信路径进行延迟测量。支持时钟同步和时间同步是必备的。

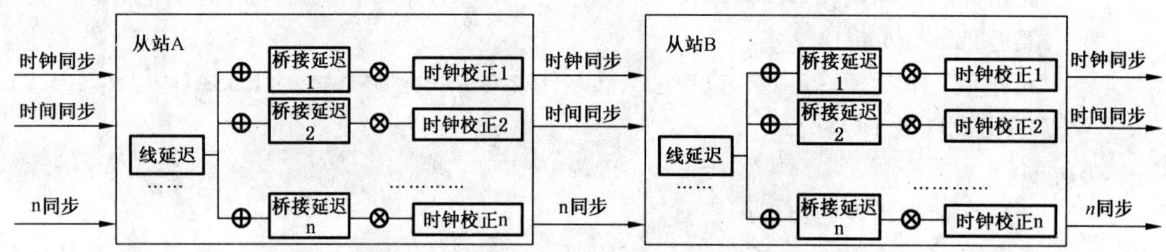

图 17 多种同步

时钟校正(Clock Correction)由振荡器的频率偏移量和漂移误差组成。每个透明时钟应用相应的时钟校正值来校正同步报文和延迟报文的驻留时间。

6.3.2.3.8.4 最佳主站算法(BMA)

最佳主站算法(Best Master Algorithm)规定一种算法,该算法使一个时钟决定发出同步报文的首选时钟。该算法在 PTCP 系统中的每个时钟(主站/从站)上独立运行。每个时钟自己决定其最佳主站。

在计算最佳主站时,时钟应:

——考虑所接收到的大多数最近同步报文的质量;

——包括先前最佳主站计算的结果。如果存在多个最近合格的同步报文,则这些报文的值应被考虑。

为了分析同步报文的质量,时钟应考虑:

——发出同步报文的主站属于自己的子域;

——周期性地接收同步报文;

——主站时钟的阶层(stratum);

——描述主站时钟特性的方差(variance)。

如果不同主站的阶层和方差是相等的,则 BMA 使用 Source-MAC-Address 来决定首选时钟(最小的一个获胜)。

6.3.2.4 用于有 PTCP 同步化的媒体冗余支持

为了改善对等(peer-to-peer)网络的可靠性,冗余通信路径是必需的。冗余通信路径可能导致循环(circulating)帧。为了避免循环帧,数据报文不使用冗余通信路径。

为了不受冗余网络重构的约束,且用于短通信路径,PTCP 同步报文使用冗余通信路径。

应使用以下的前向转发算法来避免在具有冗余通信路径的网络中出现循环同步报文。PTCP 的前向转发算法应保证在每个通信路径上只发送一个同步报文。

第 1 个接收的同步报文叫做主同步报文。为了同步化应使用主同步报文。

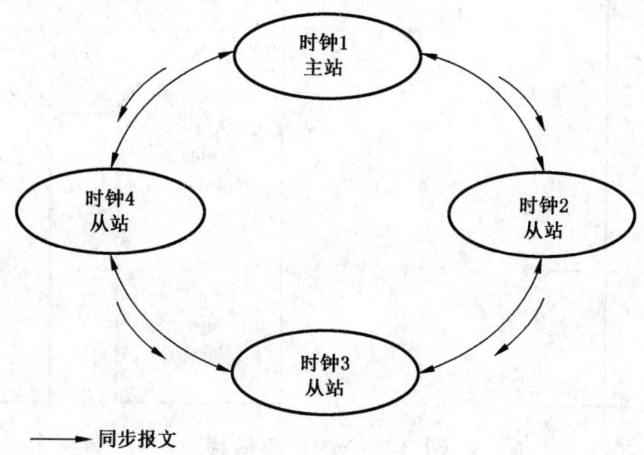

6.3.2.5 PTCP 对象的调用

对于 PTCP 对象的调用采用以下规则:

——对于每个 Sync ID 应都存在 PTCP 对象。

6.3.3 媒体冗余 ASE

6.3.3.1 概述

媒体冗余 ASE 规定在单个网络失效(链路失效,交换机节点失效导致链路失效)的情况下实现具有确定恢复时间的媒体冗余的统一方法。

注 1:媒体冗余对于应用是透明的。对应用不需要改变。

所设计的媒体冗余协议(MRP)对网络中干线链路或节点的单个失效起决定性作用。

MRP 基于 GB/T 15629.3 和 IEEE 802.1D 的功能,并位于数据链路层与应用层之间(见图 18)。

符合的网络应具有多节点的环形拓扑。

这些节点之一承担媒体冗余管理器(MRM)的角色。MRM 的功能是监视和控制环型拓扑,当网络失效时起作用。为此,MRM 通过一个环端口发送一些帧到环上并通过它的另一个环端口从环上接收这些帧,反之,按另一个方向也一样。

在环中的其他节点具有媒体冗余客户机(MRC)的角色。MRC 对来自 MRM 的重构帧起作用,并能对其环端口发信号告知链路变化。

符合的节点应具有成为媒体冗余管理器(MRM)或媒体冗余客户机(MRC)或二者的能力。每个节点需要一个集成交换机,该交换机至少有 2 个与环连接的端口(环端口)。

环中的每个节点应能够检测主干链路的失效或恢复,或能够检测相邻节点的失效或恢复。

MRP 由服务和协议实体组成。

服务实体依据以下方面用抽象的方法规定由数据链路层提供的外部可视的服务:

——服务的原语动作和事件;

——与每个原语动作和事件相关联的参数以及它们采用的形式;

——这些动作和事件之间的相互关系,以及它们的有效顺序。

MRP 定义为以下各方提供的服务:

——在应用与数据链路层之间分界处的应用层；

——在数据链路层与系统管理之间分界处的系统管理。

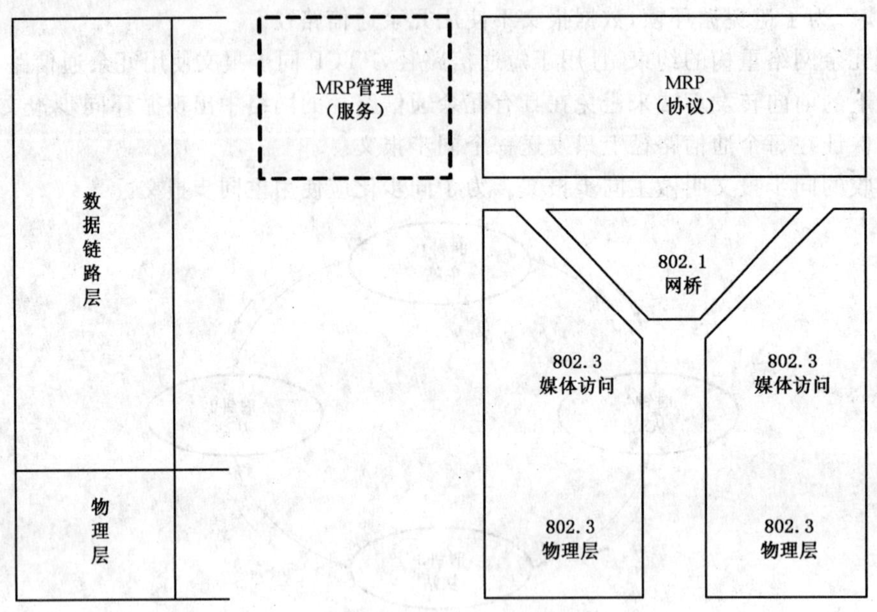

图 18 **MRP 通信栈**

6.3.3.2 媒体冗余类规范

6.3.3.2.1 概要

媒体冗余 ASE 定义一个对象类型。

6.3.3.2.2 模板

通过下列模板来描述媒体冗余对象：

ASE：		Media redundancy ASE	
CLASS：		Media redundancy	
CLASS ID：		not used	
PARENT CLASS：		IEEE 802.3 IEEE 802.1D IEEE 802.1AB	
ATTRIBUTES：			
1	(m)	Key Attribute：	Domain UUID
2.	(m)	Attribute：	Domain Name
3.	(m)	Attribute：	Ring Port 1 ID
4.	(m)	Attribute：	Ring Port 2 ID
5.	(o)	Attribute：	VLAN ID
6.	(o)	Attribute：	RT Redundancy(TRUE,FALSE)
7.	(m)	Attribute：	Expected Role(MANAGER,CLIENT)
8.	(c)	Constraint：	Expected Role=MANAGER
8.1	(m)	Attribute：	Manager Priority
8.2	(m)	Attribute：	Topology Change Interval
8.3	(m)	Attribute：	Topology Change Repeat Count
8.4	(m)	Attribute：	Short Test Interval
8.5	(m)	Attribute：	Default Test Interval
8.6	(m)	Attribute：	Test Monitoring Count
8.7	(c)	Constraint：	RT Redundancy=TRUE
8.7.1	(m)	Attribute：	RT Test Interval

8.7.2	(m)	Attribute:	RT Test Monitoring Count
8.8	(m)	Attribute:	Check Media Redundancy(TRUE,FALSE)
8.8.1	(c)	Constraint:	Check Media Redundancy＝TRUE
8.8.1.1	(m)	Attribute:	Real Role State
8.8.1.2	(m)	Attribute:	Real Ring State
8.8.1.3	(c)	Constraint:	RT Redundancy＝TRUE
8.8.1.3.1	(m)	Attribute:	Real RT Ring State
9.	(c)	Constraint:	Role＝Client
9.1	(m)	Attribute:	Link Down Interval
9.2	(m)	Attribute:	Link Up Interval
9.3	(m)	Attribute:	Link Change Count
10.	(m)	Attribute:	Check Ring Port Neighborhood(TRUE,FALSE)
10.1	(c)	Constraint:	Check Ring Port Neighborhood＝TRUE
10.1.1	(m)	Attribute:	Ring Port 1 Domain State
10.1.2	(m)	Attribute:	Ring Port 2 Domain State
10.1.3	(m)	Attribute:	Ring Port 1 RT State
10.1.4	(m)	Attribute:	Ring Port 2 RT State
SERVICES:			
1	(m)	OpsService:	Start MRM
2	(m)	OpsService:	Stop MRM
3	(o)	OpsService:	Redundancy State Change
4	(m)	OpsService:	Start MRC
5	(m)	OpsService:	Stop MRC
6	(o)	OpsService:	Neighborhood Change

6.3.3.2.3 属性

Domain UUID

此关键属性定义描述媒体冗余对象所属的环的冗余域。它被设置为缺省域 ID 或被工程提供作为唯一的 ID。

属性类型:UUID。

Domain Name

此属性定义描述媒体冗余对象所属的环的冗余域。它被设置为缺省域名称或被工程提供作为唯一的 ID。

属性类型:见 Chassis ID。

Ring Port 1 ID

此属性规定某个桥的一个端口,该端口被指派为通过属性 Domain ID 值引用的冗余域中的环端口1。一个端口应只属于单个的冗余域。

属性类型:Unsigned 16。

Ring Port 2 ID

此属性规定某个桥的不同于 Ring Port 1 ID 的另一个端口,该端口被指派为通过属性 Domain ID 值引用的冗余域中的环端口 2。

属性类型:Unsigned 16。

VLAN ID

此可选属性可以由媒体冗余对象来使用,并规定其在该冗余域中的 VLAN 标识符。

属性类型:Unsigned 16。

RT Redundancy

此可选属性规定在该冗余域中用于 RT_CLASS_1 和 RT_CLASS_2 帧的媒体冗余是启用(TRUE)还是停用(FALSE)。

属性类型:Boolean。

Expected Role

此属性规定通过属性 Domain ID 值引用的冗余域中的媒体冗余对象的角色。

属性类型:Unsigned 16。

允许值:MANAGER、CLIENT。

Manager Priority

此属性包含 MRM 的优先级。较低的值表示较高的优先级,0x0000(最高优先级)到 0xF000(最低优先级),增量为 0x1000。

属性类型:Unsigned 16。

Topology Change Interval

此属性包含用于发送拓扑改变帧的间隔。

属性类型:Unsigned 16。

Topology Change Repeat Count

此属性包含用于控制拓扑改变帧重复传输的间隔计数。

属性类型:Unsigned 16。

Short Test Interval

此属性包含用于在该环中链路改变后在环端口上发送测试帧的短间隔。

属性类型:Unsigned 16。

Default Test Interval

此属性包含用于在环端口上发送测试帧的缺省间隔。

属性类型:Unsigned 16。

Test Monitoring Count

此属性包含用于监视测试帧接收的间隔计数。

属性类型:Unsigned 16。

RT Test Interval

此属性包含用于在环端口上发送 RT 测试帧的缺省间隔。

属性类型:Unsigned 16。

RT Test Monitoring Count

此属性包含用于监视 RT 测试帧接收的间隔计数。

属性类型:Unsigned 16。

Check Media Redundancy

此属性包含该冗余域中的 MRM 状态监视是启用(TRUE)还是停用(FALSE)。

属性类型:Boolean。

Real Role State

此属性包含该冗余域中的媒体冗余对象的实际角色。

属性类型:Unsigned 16。

允许值:MANAGER、CLIENT。

Real Ring State

此属性包含该冗余域中的媒体冗余对象的实际环状态(Ring State)。Ring State 应有下列值之一:

——OPEN:环是开路的,由于环中链路或设备失效;

——CLOSED:环是闭合的(正常运行,无错误);

——UNDEFINED:应被设置,如果属性 Real Role State 包含值 CLIENT(即媒体冗余对象被重新配置为客户机角色)

属性类型:Unsigned 16。

允许值:OPEN、CLOSED、UNDEFINED。

Real RT Ring State

此属性包含在该冗余域中媒体冗余对象的实际 RT 环状态。RT Ring State 应有下列值之一:

——OPEN:由于环开路状态或由于媒体冗余域中的媒体冗余对象的 RT Redundancy 模式被停用,RT 冗余丧失;

——CLOSED:在该环中的 RT 冗余是可用的(正常运行,无错误);

——UNDEFINED:应被设置,如果属性 Real Role State 是 CLIENT(即媒体冗余对象被重新配置为客户机角色)。

属性类型:Unsigned 16。

允许值:OPEN、CLOSED、UNDEFINED。

Link Down Interval

此属性包含用于在环端口上发送链路断(link down)Link Change 帧的间隔。

属性类型:Unsigned 16。

Link Up Interval

此属性包含用于在环端口上发送链路通(link up)Link Change 帧的间隔。

属性类型:Unsigned 16。

Link Change Count

此属性包含用于控制 Link up 或 Link down 帧重复传输的 Link Change 帧计数的值。

属性类型:Unsigned 16。

Check Ring Port Neighborhood

此属性包含相邻环端口是(TRUE)否(FALSE)应被检查。

属性类型:Boolean。

Ring Port 1 Domain State

此属性包含第一个环端口的媒体冗余域相邻端口状态。它应有下列值之一:

——GOOD:满足下列条件之一:

- 环端口 1 被连接到属于相同冗余域的相邻端口,该域不等于 NIL 域;
- 环端口 1 和相邻端口都不属于 NIL 域。它们属于不同的域,但这两域之一是缺省域。

——BAD:满足下列条件之一:

- 环端口 1 被连接到一个不属于冗余域的端口;
- 这些端口之一属于 NIL 域;
- 环端口 1 属于不同的冗余域。这些端口中没有一个端口属于缺省域。

——UNDEFINED:相邻端口信息不可用。

属性类型:Unsigned 16。

允许值:GOOD、BAD、UNDEFINED。

Ring Port 2 Domain State

此属性包含第二个环端口的媒体冗余域相邻端口状态。它应有下列值之一:

——GOOD:满足下列条件之一:

- 环端口 2 被连接到属于相同冗余域的相邻端口。该域不等于 NIL 域;

● 环端口 2 和相邻端口都不属于 NIL 域。它们属于不同的域,但这两域之一是缺省域。

——BAD:满足下列条件之一:

● 环端口 2 被连接到一个不属于冗余域的端口;

● 这些端口之一属于 NIL 域;

● 环端口 2 属于不同的冗余域。这些端口中没有一个端口属于缺省域。

——UNDEFINED:相邻端口信息不可用。

属性类型:Unsigned 16。

允许值:GOOD、BAD、UNDEFINED。

Ring Port 1 RT State

此属性包含第一个环端口的媒体冗余 RT 相邻端口状态。它应有下列值之一:

——GOOD:环端口 1 被连接到一个相邻端口,任何一方的 MRRT 端口状况是 CONFIGURED 或 UP;

——BAD:环端口 1 被连接到一个相邻端口,一个端口或两个端口的 MRRT 端口状况是 OFF;

——UNDEFINED:对等(Peer)信息不可用。

属性类型:Unsigned 16。

允许值:GOOD、BAD、UNDEFINED。

Ring Port 2 RT State

此属性包含第二个环端口的媒体冗余 RT 相邻端口状态。它应有下列值之一:

——GOOD:环端口 2 被连接到一个相邻端口,任何一方的 MRRT 端口状况是 CONFIGURED 或 UP;

——BAD:环端口 2 被连接到一个相邻端口,一个端口或两个端口的 MRRT 端口状况是 OFF;

——UNDEFINED:对等(Peer)信息不可用。

属性类型:Unsigned 16。

允许值:GOOD、BAD、UNDEFINED。

6.3.3.3 媒体冗余服务规范

6.3.3.3.1 Start MRM

Start MRM 服务创建 MRM 协议机的一个本地实例。如果启用了 RT Redundancy Mode,则还创建 MRRT 协议机的一个关联的本地实例。

表 66 列出了该服务的参数。

表 66 Start MRM

参数名称	Req	Cnf
Argument	M	
Domain UUID	M	
Ring Port 1 ID	M	
Ring Port 2 ID	M	
VLAN ID	U	
RT Redundancy Mode	M	
RT Test Interval	C	
RT Test Monitoring Count	C	
Manager Priority	U	
Topology Change Interval	U	
Topology Change Repeat Count	U	

表 66（续）

参数名称	Req	Cnf
Short Test Interval	U	
Default Test Interval	U	
Test Monitoring Count	U	
Check Media Redundancy	U	
Check Ring Port Neighborhood	U	
Result(+)		S
Domain ID		M
Result(−)		S
Domain ID		M
Error code		M

Argument

该变元应传送该服务请求的服务特定参数。

Domain UUID

此参数标识该协议机的实例。

Ring Port 1 ID

此参数包含作为第 1 环端口的端口 ID。

Ring Port 2 ID

此参数包含作为第 2 环端口的端口 ID。

VLAN ID

此可选参数包含 VLAN 标识符的值。

RT Redundancy Mode

此参数选择是否启用 RT 冗余模式。

RT Test Interval

此参数包含在启用了 RT Redundancy Mode 情况下用于 RT 测试间隔的值。

RT Test Monitoring Count

此参数包含在启用了 RT Redundancy Mode 情况下用于 RT 测试监视计数的值。

Manager Priority

此参数包含用于管理器优先级的值。

Topology Change Interval

此参数包含用于发送拓扑改变帧的间隔的值。

Topology Change Repeat Count

此参数包含用于控制拓扑改变帧重复传输的间隔计数的值。

Short Test Interval

此参数包含用于在该环中链路改变后在环端口上发送测试帧的短间隔的值。

Default Test Interval

此参数包含用于在环端口上发送测试帧的缺省间隔的值。

Test Monitoring Count

此参数包含用于监视测试帧接收的间隔计数的值。

Check Media Redundancy

此参数选择是否启用 MRM 状态的监视。

Check Ring Port Neighborhood

此参数选择是否启用环相邻端口的监视。

Result(＋)

此参数指出该服务请求已成功。

Domain ID

此关键属性标识该协议机的实例。

Result(－)

此参数指出该服务请求失败。

Domain UUID

此关键属性标识该协议机的实例。

Error code

此参数包含特定错误的错误代码。

类型:Unsigned 16。

允许值:DOMAIN_ID_MISMATCH、ROLE_NOT_SUPPORTED、INVALID_RINGPORT。

6.3.3.3.2 **Stop MRM**

此服务应被用来停止 MRM 协议机的一个本地实例。如果启用了 RT Redundancy Mode,则还停止关联的 MRRT 协议机的一个本地实例。保持环端口状态和桥功能。

表 67 列出了该服务的参数。

表 67 Stop MRM

参数名称	Req	Cnf
Argument	M	
Domain UUID	M	
Result(＋)		S
Domain UUID		M
Result(－)		S
Domain UUID		M
Error code		M

Argument

该变元应传送该服务请求的服务特定参数。

Domain UUID

此参数标识该协议机的实例。

Result(＋)

此参数指出该服务请求已成功。

Domain UUID

此参数标识该协议机的实例。

Result(－)

此参数指出该服务请求失败。

Domain UUID

此参数标识该协议机的实例。

Error code

此参数包含特定错误的错误代码。

类型:Unsigned 16。

允许值:DOMAIN_ID_MISMATCH。

6.3.3.3.3 **Redundancy State Change**

此服务应被用来指出媒体冗余域状态的改变。

表68列出了该服务的参数。

表68 Redundancy state change

参数名称	Ind
Argument	M
Domain UUID	M
Error type List	M

Argument

该变元应传送该服务请求的服务特定参数。

Domain UUID

此关键属性标识该协议机的实例。

Error type List

此属性由下列元素组成:

Error type

此属性指出媒体冗余错误。

属性类型:Unsigned 16。

允许值:MANAGER_ROLE_FAIL、CLIENT_ROLE_FAIL、RING_OPEN、RT_REDUNDANCY_LOST、MULTIPLE_MANAGERS。

Appear

此属性标识错误是出现还是消失。

属性类型:Boolean。

允许值:TRUE、FALSE。

6.3.3.3.4 **Start MRC**

Start MRC服务创建MRC协议机的一个实例。

表69列出了该服务的参数。

表69 Start MRC

参数名称	Req	Cnf
Argument	M	
Domain UUID	M	
Ring Port 1 ID	M	
Ring Port 2 ID	M	
VLAN ID	U	
Link Down Interval	U	
Link Up Interval	U	
Link Change Count	U	
Check Ring Port Neighborhood	U	
Result(+)		S
Domain UUID		M
Result(−)		S
Domain UUID		M
Error code		M

Argument

该变元应传送该服务请求的服务特定参数。

Domain UUID

此关键属性标识该协议机的实例。

Ring Port 1 ID

此参数包含作为第1环端口的端口ID。

Ring Port 2 ID

此参数包含作为第2环端口的端口ID。

VLAN ID

此可选参数包含VLAN标识符的值。

Link Down Interval

此参数包含用于在环端口上发送链路断Link Change帧的间隔的值。

Link Up Interval

此参数包含用于在环端口上发送链路通Link Change帧的间隔的值。

Link Change Count

此参数包含用于控制Link up或Link down帧重复传输的Link Change帧计数的值。

Check Ring Port Neighborhood

此参数选择是否启用环端口相邻端口的监视。

Result(＋)

此参数指出该服务请求已成功。

Domain UUID

此关键属性标识该协议机的实例。

Result(－)

此参数指出该服务请求失败。

Domain UUID

此关键属性标识该协议机的实例。

Error code

此参数包含特定错误的错误代码。

类型:Unsigned 16。

允许值:DOMAIN_ID_MISMATCH、ROLE_NOT_SUPPORTED、INVALID_RINGPORT。

6.3.3.3.5 Stop MRC

此服务应被用来停止MRC协议机的一个实例。保持环端口状态和桥功能。

表70列出了该服务的参数。

表70 Stop MRC

参数名称	Req	Cnf
Argument	M	
Domain UUID	M	
Result(＋)		S
Domain UUID		M
Result(－)		S
Domain UUID		M
Error code		M

Argument

该变元应传送该服务请求的服务特定参数。

Domain UUID

此参数标识该协议机的实例。

Result(+)

此参数指出该服务请求已成功。

Domain UUID

此参数标识该协议机的实例。

Result(−)

此参数指出该服务请求失败。

Domain UUID

此参数标识该协议机的实例。

Error code

此参数包含特定错误的错误代码。

类型:Unsigned 16。

允许值:DOMAIN_ID_MISMATCH。

6.3.3.3.6 Neighborhood changed

此服务应被用来指出相邻环端口的改变。表 71 列出了该服务的参数。

表 71 Neighborhood changed

参数名称	Ind
Argument	M
Domain UUID	M
Error type List	M

Argument

该变元应传送该服务请求的服务特定参数。

Domain UUID

此关键属性标识该协议机的实例。

Error type List

此属性由下列元素组成:

Error type

此元素标识与相邻端口有关的媒体冗余错误。

属性类型:Unsigned 16。

允许值:PEER_DOMAIN_ID_MISMATCH。

Port ID

此元素标识引起错误条件的媒体冗余域的本地环端口。

属性类型:Unsigned 16。

Appear

此元素标识错误是出现还是消失。

属性类型:Boolean。

允许值:TRUE、FALSE。

6.3.3.4 媒体冗余行为

6.3.3.4.1 环端口

媒体冗余管理器 MRM 和媒体冗余客户机 MRC 应具有两个环端口。

MRM 和 MRC 应能够在基于 IEEE 802.3 机制的环端口上检测链路的失效或恢复链路。

MRM 和 MRC 不应向非环端口转发 MRP 测试帧、MRP 拓扑改变帧和 MRP 链路改变帧。

环端口应取下列端口状态之一：

——DISABLED：应放弃所有帧；

——BLOCKED：应放弃所有帧，以下帧除外：

- 来自 MRM 的 MRP 拓扑改变帧和 MRP 测试帧；
- 来自 MRC 的 MRP 链路改变帧；
- 来自其他协议的也规定要通过 BLOCKED 端口的帧(例如：LLDP、PTP)；

——FORWARDING：依据 IEEE 802.1D 的转发行为应通过所有帧。

6.3.3.4.2 媒体冗余管理器(MRM)

MRM 的第一个环端口应与 MRC 的环端口相连接。MRC 的环端口应与另一个 MRC 的环端口或 MRM 的第二个环端口连接，因此形成了一个环，如图 19 所示。

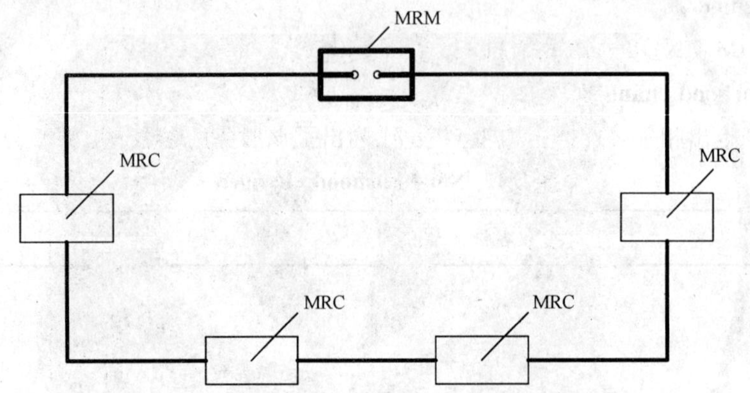

图 19 具有一个管理器和多个客户机的环形拓扑

MRM 应控制环的状态：

——MRM 应周期性地在确定的时间间隔内在环的两个方向发送 MRP 测试帧；

——如果 MRM 接收到其自身的 MRP 测试帧(环是闭合的，见图 19)，则它应该设置一个环端口为 FORWARDING 状态，设置另一个环端口为 BLOCKED 状态；

——如果 MRM 在符合表 73 的确定的时间内未接收到其自身的测试帧(环是开路的，见图 20)，则它应设置两个环端口为 FORWARDING 状态，见图 20。

注：为了支持具有缺省设置的报警传输(重发时间间隔为 100 ms，重发计数为 2)，要求重配置时间<200 ms。

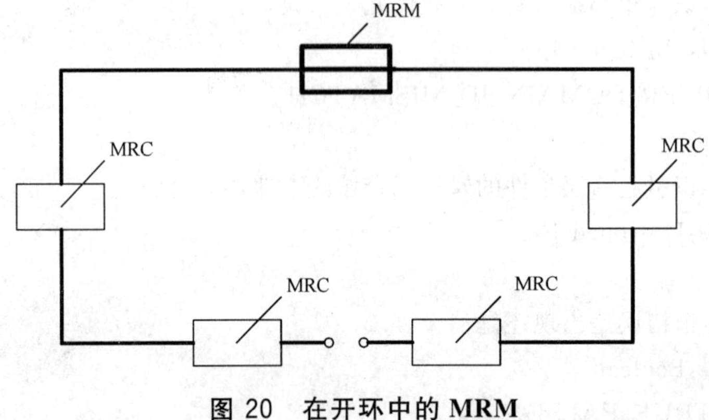

图 20 在开环中的 MRM

MRM应通过MRP拓扑改变帧向MRC指出环状态的改变。

MRM不应在环端口之间转发MRP专用帧(MRP测试帧,MRP拓扑改变帧,MRP链路改变帧)。

6.3.3.4.3 媒体冗余客户机(MRC)

每个MRC应向其他环端口转发在一个环端口上接收到的MRP测试帧,反之亦然。

如果MRC检测到某个环端口链路失效或恢复,MRC可以可选地通过其两个环端口发送MRM链路改变帧通报该改变。

每个MRC应向其他环端口转发在一个环端口上接收到的MRP链路改变帧,反之亦然。

每个MRC应向其他环端口转发在一个环端口上接收到的MRP拓扑改变帧,反之亦然。

每个MRC应处理这些帧。如果在给定的时间间隔(见表73,MRP_TOPchgT)内被一个MRP拓扑改变帧所请求,它应清除其过滤数据库(FDB)。该时间间隔被用来对环中的切换(switchover)进行同步。

6.3.3.4.4 冗余域

冗余域作为表明一个环的关键属性。按缺省方式,所有MRM和MRC都属于缺省域。工程可以提供唯一的域ID,特别是如果MRM或MRC是多环中的成员时。一个节点应精确地指定两个唯一的环端口给每个冗余域。一个环端口不应属于多个冗余域。

6.3.3.4.5 多MRM在单环中(选项)

在该环中,应只存在一个活动的MRM,即使有若干个节点具有此能力。否则,应将该环分成若干个分段。

作为一个选项,在该环中有多个节点具有成为MRM能力的情况下,未在本文件中规定的增强协议可以用来决定其中的哪个节点应成为MRM,而其他节点担任MRC角色,如图21所示。为此,这些具有MRM能力的节点有不同的优先级,这些优先级应在MRP测试帧的MRP_Prio字段中进行传送。

如果使用了用于单环中多个MRM的可选协议,则在该环中的所有MRM应支持相同的协议。供应商应规定所支持的协议。

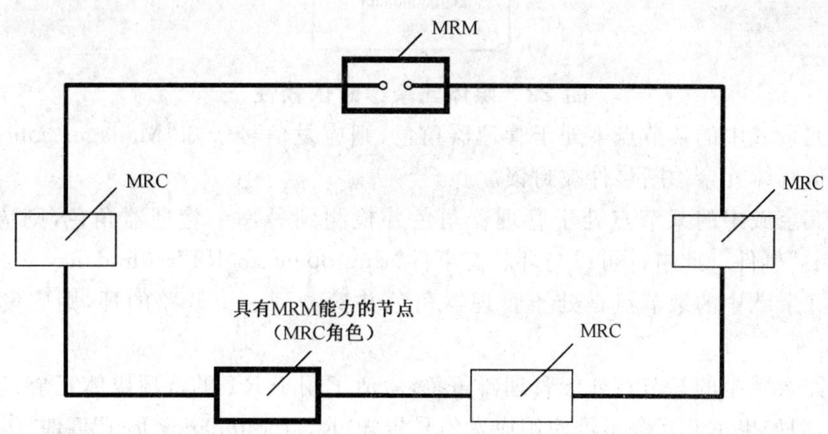

图21 在环中的MRM多于1个

6.3.3.4.6 RT媒体冗余(选项)

此选项支持用于RT Class 1和RT Class 2帧的无碰撞(bumpless)媒体冗余。在6.3.8.2.3中对于IEEE 802.1D类的属性Redundancy描述了该方法。端口的属性Redundancy允许通过环拓扑中两个关联的端口发送RT Class 1和RT Class 2帧。这样,发送了两个相同的帧(同样的周期信息)。

MRM应控制RT媒体冗余的RT Ring State:

——当媒体冗余Ring State进入CLOSED状态时,MRM应以确定的时间间隔周期性地在环端口上向两个方向发送RT测试帧;

——只要MRM未接收到其自身的RT测试帧(在该环中的一个或多个MRC没有进入RT Redundancy Mode)，则 MRM 设置 RT Ring State 为 open 状态，并不应激活在 MRM 环端口上的属性 Redundancy；

——当 MRM 接收到其自身的 RT 测试帧时，它应激活在其环端口上的属性 Redundancy 并设置 RT Ring State 为 closed 状态（RT 冗余可以使用，该环中的所有 MRC 已经进入 RT Redundancy Mode）。

只要 RT Redundancy Mode 被停用，每个 MRC 不应转发 RT 测试帧。当 RT Redundancy Mode 被启用时，每个 MRC 应在其环端口之间转发 RT 测试帧。

6.3.3.5 诊断和报警的用法

如果一个应用关系已建立，并且属性 Media Redundancy Check 具有值 TRUE，则媒体冗余事件应导致诊断事件和报警通知。

6.3.3.5.1 媒体冗余诊断依赖性

图 22 示出媒体冗余诊断的依赖性。

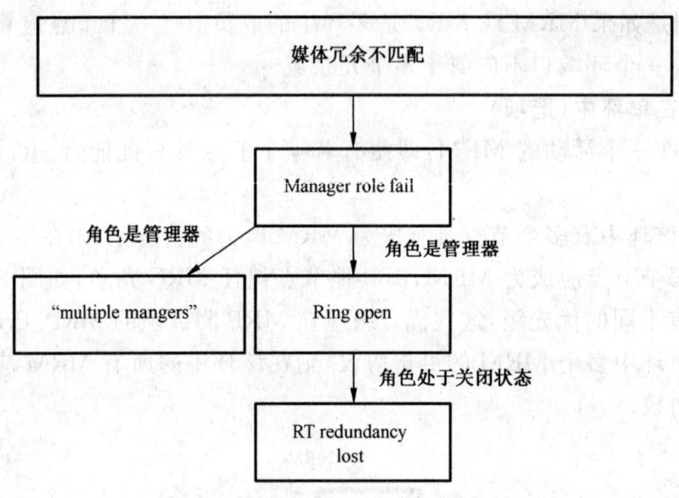

图 22 媒体冗余诊断依赖性

——如果在冗余域中的某节点不处于管理器角色，则应发信号告知“Manager role fail”诊断事件。所有其他媒体冗余诊断事件被封锁。

——如果在冗余域中的某节点处于管理器角色并检测到另一个管理器角色，则应告知“multiple managers”事件。此事件可以与环状态事件“ring open”或“RT redundancy lost”并行发生。

——如果在冗余域中的某节点是处于管理器角色并检测到一个开路的环，则应发信号告知“ring open”事件。

——如果在冗余域中的某节点处于管理器角色，激活了用于 RT 的选项媒体冗余，且没有检测到开路的环，则如果 RT 冗余不可使用应发信号告知“RT redundancy lost”事件。

借助 State Change 服务来指出这些事件。

此外，媒体冗余借助 Neighborhood Change 服务来处理用于冗余域的两个环端口的以下事件：

——如果属性 Check Ringport Neighborhood 是 TRUE 且属性 Ring Port Domain State 是 BAD 或 UNDEFINED，则应发信号告知“Peer Domain ID mismatch”事件；

——如果两个属性 Check Ringport Neighborhood 和 RT Redundancy Mode 都是 TRUE 且 Ring Port RT State 是 BAD 或 UNDEFINED，则应发信号告知“Peer RT mismatch”事件。

6.3.3.6 MRP 参数

6.3.3.6.1 环端口参数

用于环中 MRM 和所有 MRC 的环端口参数应符合表 72 中的设置。

表 72 MRP 网络/连接参数

参数	值
Link speed	链路速度应至少是 100 Mbit/s
Duplex setting	环端口应采用全双工模式,端口的管理方式可以设置为自动协商,但协商的值(参数 oper mode)应是全双工

6.3.3.6.2 环拓扑参数

参与环中的节点数不应超过 50 个节点。

注:环中的节点大于此数时,可能会超过最大恢复时间并且该环可能变成不稳定的。

6.3.3.6.3 MRM 和 MRC 参数

MRM 用其参数集定义环的恢复时间。表 73 规定了用于 200 ms 环恢复时间的参数一致集。

表 73 MRM 参数

参数	最大恢复时间 200 ms	含义
MRP_TOPchgT	10 ms	拓扑改变(Clear Address Table)请求间隔
MRP_TOPNRmax	3	拓扑改变(Clear Address Table)重复计数
MRP_TSTshortT	10 ms	MRP_Test 短间隔
MRP_TSTdefaultT	20 ms	MRP_Test 缺省间隔
MRP_TSTNRmax	3	MRP_Test 监视计数

表 74 规定 MRC 参数集。

表 74 MRC 参数

参数	最大恢复时间 200 ms	含义
MRP_LNKdownT	20 ms	Link Down Timer 间隔
MRP_LNKupT	20 ms	Link Up Timer 间隔
MRP_LNKNRmax	4	Link Change(Up 或 Down)计数

注:环中的通信量负载必须不超过 90%。

6.3.4 实时循环 ASE

6.3.4.1 概述

实时循环(RTC)使用缓冲服务来读和写循环数据。它使用 IEEE 802.3 或 UDP 服务。

6.3.4.2 RTC 类规范

6.3.4.2.1 概要

RTC ASE 对每个 CR 定义一个 RTC 对象类型。

6.3.4.2.2 模板

通过下列模板来描述 RTC 对象:

ASE: RTC ASE
CLASS: RTC
CLASS ID: not used
PARENT CLASS: TOP
ATTRIBUTES:
1 (m) Key Attribute: CREP

SERVICES：

1 (m) OpsService： Set Prov Data
2 (m) OpsService： Set Prov Status
3 (m) OpsService： PPM Activate
4 (m) OpsService： Close
5 (m) OpsService： Start
6 (m) OpsService： Error
7 (m) OpsService： Get Cons Data
8 (m) OpsService： Get Cons Status
9 (m) OpsService： Set RedRole
10 (m) OpsService： CPM Activate
11 (m) OpsService： No Data
12 (m) OpsService： Stop

6.3.4.2.3 属性

CREP

此关键属性标识该数据所属协议机的实例。

属性类型：Unsigned 32。

6.3.4.3 RTC服务规范

6.3.4.3.1 Set Prov Data

此本地服务可以被用来刷新传输缓冲器。表75列出了该服务的参数。

表75 Set Prov Data

参数名称	Req	Cnf
Argument	M	
CREP	M	
Data	M	
Result(＋)		S
CREP		M
Result(－)		S
CREP		M
Error Class		M
Error code		M

Argument

该变元应传送该服务请求的服务特定参数。

CREP

此参数是所期望的CR的本地标识符。

Data

此参数应用于数据。

Result(＋)

此参数指出该服务请求已成功。

Result(－)

此参数指出该服务请求失败。

Error Class

此参数选择错误类。

类型:Unsigned 8。

允许值:CTXT。

Error code

此参数选择错误代码。

类型:Unsigned 16。

允许值:INVALID_STATE。

6.3.4.3.2 **Set Prov Status**

可以使用此本地服务来刷新传输缓冲器的 APDU 状况。表 76 列出了该服务的参数。

表 76 Set Prov Status

参数名称	Req	Cnf
Argument	M	
CREP	M	
Status	M	
Result(+)		S
CREP		M
Result(−)		S
CREP		M
Error Class		M
Error code		M

Argument

该变元应传送该服务请求的服务特定参数。

CREP

此参数是所期望的 CR 的本地标识符。

Status

此参数应用于字段 APDU status。

Result(+)

此参数指出该服务请求已成功。

Result(−)

此参数指出该服务请求失败。

Error Class

此参数选择错误类。

类型:Unsigned 8。

允许值:CTXT。

Error code

此参数选择错误代码。

类型;Unsigned 16。

允许值:INVALID_STATE。

6.3.4.3.3 **PPM Activate**

可以使用此本地服务来激活提供者协议机(PPM)。表 77 列出了该服务的参数。

表 77 PPM Activate

参数名称	Req	Cnf
Argument	M	
CREP	M	
DA	M	
SA	M	
Frame ID	M	
VLAN Prio	M	
VLAN ID	M	
Soft Sync	M	
Reduction Ratio	M	
Phase	M	
Sequence	M	
Default Values	M	
Default Status	M	
Result(＋)		S
CREP		M
Result(－)		S
CREP		M
Error Class		M
Error code		M

Argument

该变元应传送该服务请求的服务特定参数。

CREP

此参数是所期望的 CR 的本地标识符。

DA

此参数应用于目的 MAC 地址。

SA

此参数应用于源 MAC 地址。

Frame ID

此参数应用于 Frame ID。

VLAN Prio

此参数应依据连接服务所请求的参数来设置。

VLAN ID

此参数应依据连接服务所请求的参数来设置。

Soft Sync

如果应使用 soft sync,则应设置此参数为真(true)。

Reduction Ratio

此参数应用于 Reduction Ratio。

Phase

此参数应用于 Phase。

Sequence

此参数应用于 Sequence。

Default Values

此参数应被用来决定缺省值。

Default Status

此参数应被用来决定缺省值。

Result(+)

此参数指出该服务请求已成功。

Result(−)

此参数指出该服务请求失败。

Error Class

此参数选择错误类。

类型:Unsigned 8。

允许值:CTXT。

Error code

此参数选择错误代码。

类型:Unsigned 16。

允许值:INVALID_STATE。

6.3.4.3.4 **Close**

可以使用此本地服务来关闭提供者协议机(PPM)。表 78 列出了该服务的参数。

表 78 **Close**

参数名称	Req	Cnf
Argument	M	
CREP	M	
Result(+)		M
CREP		M

Argument

该变元应传送该服务请求的服务特定参数。

CREP

此参数是所期望的 CR 的本地标识符。

Result(+)

此参数指出该服务请求已成功。

6.3.4.3.5 **Start**

可以使用此本地服务来指出提供者协议机(PPM)的第一个传输。表 79 列出了该服务的参数。

表 79 **Start**

参数名称	Ind
Argument	M
CREP	M

Argument

该变元应传送该服务指示的服务特定参数。

CREP

此参数是所期望的 CR 的本地标识符。

6.3.4.3.6 **Error**

可以使用此本地服务来指出在提供者协议机(PPM)传输期间的错误。表 80 列出了该服务的参数。

表 80 Error

参数名称	Ind
Argument	M
CREP	M
No Data Send	M

Argument

该变元应传送该服务指示的服务特定参数。

CREP

此参数是所期望的 CR 的本地标识符。

No Data Send

此参数指出数据传输失败。

6.3.4.3.7 Get Cons Data

此本地服务可以用来读接收缓冲器中的数据。表 81 列出了该服务的参数。

表 81 Get Cons Data

参数名称	Req	Cnf
Argument	M	
CREP	M	
Result(+)		S
CREP		M
Data		M
Result(−)		S
CREP		M
Error Class		M
Error code		M

Argument

该变元应传送该服务请求的服务特定参数。

CREP

此参数是所期望的 CR 的本地标识符。

Result(+)

此参数指出该服务请求已成功。

Data

此参数应用于数据。

Result(−)

此参数指出该服务请求失败。

Error Class

此参数选择错误类。

类型:Unsigned 8。

允许值:CTXT。

Error code

此参数选择错误代码。

类型:Unsigned 16。

允许值:INVALID_STATE。

6.3.4.3.8 **Get cons status**

此本地服务可以用来读接收缓冲器中的 APDU 状况。表 82 列出了该服务的参数。

表 82 **Get cons status**

参数名称	Req	Cnf
Argument	M	
CREP	M	
Result(+)		S
CREP		M
Status		M
Recv Counter		M
Result(−)		S
CREP		M
Error Class		M
Error code		M

Argument

该变元应传送该服务请求的服务特定参数。

CREP

此参数是所期望的 CR 的本地标识符。

Result(+)

此参数指出该服务请求已成功。

Status

此参数应用于 APDU 状况。

Recv Counter

此参数应用于接收计数器。

Result(−)

此参数指出该服务请求失败。

Error Class

此参数选择错误类。

类型:Unsigned 8。

允许值:CTXT。

Error code

此参数选择错误代码。

类型:Unsigned 16。

允许值:INVALID_STATE。

6.3.4.3.9 **Set RedRole**

此本地服务可以用来设置 CR 的冗余状况。表 83 列出了该服务的参数。

表 83 **Set RedRole**

参数名称	Req	Cnf
Argument	M	
CREP	M	
Red Role	M	

表 83（续）

参数名称	Req	Cnf
Result(＋)		S
CREP		M
Result(－)		S
CREP		M
Error Class		M
Error code		M

Argument

该变元应传送该服务请求的服务特定参数。

CREP

此参数是所期望的 CR 的本地标识符。

Red Role

此参数决定冗余角色(primary、secondary)。

Result(＋)

此参数指出该服务请求已成功。

Result(－)

此参数指出该服务请求失败。

Error Class

此参数选择错误类。

类型:Unsigned 8。

允许值:CTXT。

Error code

此参数选择错误代码。

类型:Unsigned 16。

允许值:INVALID_STATE。

6.3.4.3.10 CPM activate

此本地服务可以用来激活消费者协议机(CPM)。表 84 列出了该服务的参数。

表 84 CPM activate

参数名称	Req	Cnf
Argument	M	
CREP	M	
DA	M	
SA	M	
Frame ID	M	
Prio	M	
VLAN	M	
Expected Length	M	
Start Ton	M	
Timeout Base	M	
Watchdog Factor	M	
Datahold Factor	M	
Default Value	M	
Default Status	M	

表 84（续）

参数名称	Req	Cnf
Result(＋)		S
CREP		M
Result(－)		S
CREP		M
Error Class		M
Error code		M

Argument

该变元应传送该服务请求的服务特定参数。

CREP

此参数是所期望的 CR 的本地标识符。

DA

此参数应用于目的 MAC 地址。

SA

此参数应用于源 MAC 地址。

Frame ID

此参数包含 CR ASE 对象的相应属性值。

Prio

此参数包含 CR ASE 对象的相应属性值。

VLAN

此参数包含 CR ASE 对象的相应属性值。

Expected Length

此参数包含 CR ASE 对象的相应属性值。

Start Ton

如果超时应被立即监视，应设置此参数为真(true)。否则它以第一个帧的接收开始。

Timeout Base

此参数包含 CR ASE 对象的相应属性值。

Watchdog Factor

此参数包含 CR ASE 对象的相应属性值。

Datahold Factor

此参数包含 CR ASE 对象的相应属性值。

Default Value

此参数包含 CR ASE 对象的相应属性值。

Default Status

此参数包含 CR ASE 对象的相应属性值。

Result(＋)

此参数指出该服务请求已成功。

Result(－)

此参数指出该服务请求失败。

Error Class

此参数选择错误类。

类型：Unsigned 8。

允许值：CTXT。

Error code

此参数选择错误代码。

类型：Unsigned 16。

允许值：INVALID_STATE。

6.3.5 实时非循环 ASE

6.3.5.1 概述

实时非循环(RTA)使用确认服务来读和写非循环数据。它使用 IEEE 802.3 或 UDP 服务。

6.3.5.2 RTA 类规范

6.3.5.2.1 概要

RTA ASE 对每个 CR 定义一个 RTA 对象类型。

6.3.5.2.2 模板

通过下列模板来描述 RTA 对象：

ASE: RTA ASE
CLASS: RTA
CLASS ID: not used
PARENT CLASS: TOP
ATTRIBUTES:

1	(m)	Key Attribute:	CREP
2	(m)	Attribute:	Protocol machine Parameter
2.1	(m)	Attribute:	DA
2.2	(m)	Attribute:	SA
2.3	(m)	Attribute:	Frame ID
2.4	(m)	Attribute:	VLAN Prio
2.5	(m)	Attribute:	VLAN ID
2.6	(m)	Attribute:	RTA Timeout Factor
2.7	(m)	Attribute:	M Retry
2.8	(m)	Attribute:	Send Seq Num
2.9	(m)	Attribute:	Ack Seq Num
2.10	(m)	Attribute:	Dst IP
2.11	(m)	Attribute:	Src IP
2.12	(m)	Attribute:	Transport

SERVICES:

1	(m)	OpsService:	APMS Activate
2	(m)	OpsService:	APMR Activate
3	(m)	OpsService:	AMPS A Data
4	(m)	OpsService:	APMR A Data
5	(m)	OpsService:	AMPR Ack
6	(m)	OpsService:	APMS Error
7	(m)	OpsService:	APMR Error
8	(m)	OpsService:	APMS Close
9	(m)	OpsService:	APMR Close

6.3.5.2.3 属性

CREP

此关键属性标识该数据所属协议机的实例。

属性类型:Unsigned 32。

Protocol machine Parameter

此属性包含下列属性以描述该协议机的行为:

DA

此属性包含符合 IEEE 802.3 的目的设备物理地址。

属性类型:OctetString[6]。

SA

此属性包含符合 IEEE 802.3 的源设备物理地址。

属性类型:OctetString[6]。

Frame ID

此属性包含帧内数据的标识符。

属性类型:Unsigned 16。

允许值:ALARM_HIGH、ALARM_LOW。

VLAN Prio

此属性包含符合 IEEE 802.1Q 标准的帧优先级。

属性类型:Unsigned 8。

允许值:LOW、HIGH。

VLAN ID

此属性应包含符合 IEEE 802.1Q 标准的 VLAN ID。

属性类型:Unsigned 16。

允许值:0。

RTA Timeout Factor

此属性包含必须被确认(ACK)的 RTA 数据发送帧中的超时因子。

属性类型:Unsigned 16。

时间基:100 ms。

允许值:1～100 必备,101～$2^{16}-1$ 可选。

M Retry

此属性包含在 RTA Timeout Factor 规定的时间内,如果没有接收到 ACK 时的重试次数。该值的范围是 3～15 次重试。

属性类型:Unsigned 16。

Send Seq Num

此属性包含 Sender Sequence Number。

属性类型:Unsigned 16。

允许值:0...0x7FFF、0xFFFF、0xFFFE。

Ack Seq Num

此属性包含 Acknoledge Sequence Number。

属性类型:Unsigned 16。

允许值:0...0x7FFF、0xFFFF、0xFFFE。

Dst IP

如果使用 UDP 服务,此属性包含目的 IP 地址。

属性类型:OctetString[4]。

Src IP

如果使用 UDP 服务,此属性包含本地 IP 地址。

属性类型:OctetString[4]。

Transport

此属性包含所请求的传输方式。

属性类型:Unsigned 8。

允许值:RTC、UDP。

6.3.5.3 RTA 服务规范

6.3.5.3.1 APMS Activate

此本地服务被用来激活发送者协议机(APMS)。表 85 列出了该服务的参数。

表 85 APMS Activate

参数名称	Req	Cnf
Argument	M	
CREP	M	
DA	M	
SA	M	
Frame ID	M	
VLAN Prio	M	
VLAN ID	M	
RTA Timeout Factor	M	
M Retry	M	
Transport	M	
Dst IP	O	
Src IP	O	
Result(+)		S
CREP		M
Result(-)		S
CREP		M
Error Class		M
Error code		M

Argument

该变元应传送该服务请求的服务特定参数。这些参数应与 ASE 属性一致。

CREP

此参数标识该协议机的实例。

DA

此参数用于符合 IEEE 802.3 标准的目的设备物理地址。

SA

此参数用于符合 IEEE 802.3 标准的源设备物理地址。

Frame ID

此参数用于 Frame ID。

VLAN Prio

此参数包含符合 IEEE 802.1Q 标准的帧优先级。

VLAN ID

此参数包含符合 IEEE 802.1Q 标准的 VLAN ID。

RTA Timeout Factor

此参数应包含超时因子。

M Retry

此参数应包含重试次数。

Dst IP

如果使用 UDP 服务，此参数包含目的 IP 地址。如果使用 IEEE 802.3 服务，则不使用此参数。

Src IP

如果使用 UDP 服务，此参数包含本地 IP 地址。如果使用 IEEE 802.3 服务，则不使用此参数。

Transport

此参数包含所请求的传输方式。

Result(+)

此参数指出该服务请求已成功。

Result(−)

此参数指出该服务请求失败。

Error Class

此参数选择错误类。

类型：Unsigned 16。

允许值：CTXT。

Error code

此参数选择错误代码。

类型：Unsigned 16。

允许值：INVALID_STATE。

6.3.5.3.2 **APMR Activate**

此本地服务被用来激活接收者协议机(APMR)。表 86 列出了该服务的参数。

表 86 APMR Activate

参数名称	Req	Cnf
Argument	M	
CREP	M	
DA	M	
SA	M	
Frame ID	M	
VLAN Prio	M	
VLAN ID	M	
Transport	M	
Dst IP	O	
Src IP	O	
Result(+)		S
CREP		M

表 86（续）

参数名称	Req	Cnf
Result(－)		S
CREP		M
Error Class		M
Error code		M

Argument

该变元应传送该服务请求的服务特定参数。这些参数应与 ASE 属性一致。

CREP

此参数标识该协议机的实例。

DA

此参数用于符合 IEEE 802.3 标准的目的设备物理地址。

SA

此参数用于符合 IEEE 802.3 标准的源设备物理地址。

Frame ID

此参数用于 Frame ID。

VLAN Prio

此参数应包含符合 IEEE 802.1Q 标准的帧优先级。

VLAN ID

此参数应包含符合 IEEE 802.1Q 标准的 VLAN ID。

Transport

此参数应包含所请求的传输方式。

Dst IP

如果使用 UDP 服务，此参数包含目的 IP 地址。如果使用 IEEE 802.3 服务，则不使用此参数。

Src IP

如果使用 UDP 服务，此参数包含本地 IP 地址。如果使用 IEEE 802.3 服务，则不使用此参数。

Result(＋)

此参数指出该服务请求已成功。

Result(－)

此参数指出该服务请求失败。

Error Class

此参数选择错误类。

类型：Unsigned 16。

允许值：CTXT。

Error code

此参数选择错误代码。

类型：Unsigned 16。

允许值：INVALID_STATE。

6.3.5.3.3 **APMS A Data**

此服务被用来发送 RTA Data。在发送了 RTA Data 帧后，它必须在规定的时间(基于 RTA Timeout Factor)内被确认。如果没有确认(ACK)到达，则该数据帧将被重复发送规定的次数(M Retry)。

如果根本就没有 ACK 到达，则将指示 APMS Error(TIMEOUT)。该通信使用序列号来确保正确的数据序列。必须为通信建立两个通信端点，以确保建立正确的序列号。在同一时刻只能处理一个服务。因此，在发出新的服务之前，前面的服务必须已完成(如果未完成，则返回结果 INVALID_STATE)。表 87 列出了该服务的参数。

表 87 APMS A Data

参数名称	Req	Cnf
Argument	M	
CREP	M	
Data	M	
Result(+)		S
CREP		M
Result(-)		S
CREP		M
ERRCLS		M
ERRCODE		M

Argument

该变元应传送该服务请求的服务特定参数。这些参数应与 ASE 属性一致。

CREP

此参数标识该协议机的实例。

Data

此参数用于要发送的 RTA-SDU 数据。长度由 ADPU 的大小来限制。

Result(+)

此参数指出该服务请求已成功。

Result(-)

此参数指出该服务请求失败。

ERRCLS

此参数选择错误代码。

类型：Unsigned 16。

允许值：CTXT。

ERRCODE

此参数选择错误代码。

类型：Unsigned 16。

允许值：INVALID_STATE。

6.3.5.3.4 APMR A Data

可使用此本地服务来接收 RTA 数据。表 88 列出了该服务的参数。

表 88 APMR A Data

参数名称	Ind
Argument	M
CREP	M
Data	M

Argument

该变元应传送该服务请求的服务特定参数。

CREP

此参数标识该协议机的实例。

Data

此参数包含所接收的 RTA-SDU 数据。

Result(+)

此参数指出该服务请求已成功。

6.3.5.3.5 APMR Ack

此服务被用来在接收到 RTA 数据后发送 RTA ACK。在接收到 RTA 数据后必须通过发送 ACK 来确认 RTA 数据。发送 ACK 将通知发送者已成功地接收到数据,并可以发送后续数据。如果没有发送 ACK,则发送者将进行重试,如果 ACK 根本没有到达,则将超时。在同一时刻只能处理一个服务,因此在发出新的服务之前,前面的服务必须已完成(如果未完成,则返回结果 INVALID_STATE)。表 89 列出了该服务的参数。

表 89 APMR Ack

参数名称	Req	Cnf
Argument	M	
CREP	M	
Result(+)		S
CREP		M
Result(−)		S
CREP		M
ERRCLS		M
ERRCODE		M

Argument

该变元应传送该服务请求的服务特定参数。

CREP

此参数标识该协议机的实例。

Result(+)

此参数指出该服务请求已成功。

Result(−)

此参数指出该服务请求失败。

ERRCLS

此参数选择错误类。

类型:Unsigned 16。

允许值:CTXT。

ERRCODE

此参数选择错误代码。

类型:Unsigned 16。

允许值:INVALID_STATE。

6.3.5.3.6 APMS error

此本地服务可以用来指出 APMS 错误。表 90 列出了该服务的参数。

表 90　APMS Error

参数名称	Ind
Argument	M
CREP	M
ERRCLS	M
ERRCODE	M

Argument

该变元应传送该服务请求的服务特定参数。

CREP

此参数标识该协议机的实例。

ERRCLS

此参数选择错误类。

类型:Unsigned 16。

允许值:见表 91。

ERRCODE

此参数选择错误代码。

类型:Unsigned 16。

允许值:见表 91。

表 91　APMS Error ERRCLS/ERRCODE

ERRCLS	ERRCODE	含　义
PROTOCOL	TIMEOUT	出现传输超时
PROTOCOL	SEQNUM	序列号不匹配
PROTOCOL	LMPM	LMPM 错误

6.3.5.3.7　APMR Error

此本地服务可以用来指出 APMR 错误。表 92 列出了该服务的参数。

表 92　APMR Error

参数名称	Ind
Argument	M
CREP	M
ERRCLS	M
ERRCODE	M

Argument

该变元应传送该服务请求的服务特定参数。

CREP

此参数标识该协议机的实例。

ERRCLS

此参数选择错误类。

类型:Unsigned 16。

允许值:见表 93。

ERRCODE

此参数选择错误代码。

类型:Unsigned 16。

允许值:见表 93。

表 93 **APMR Error ERRCLS/ERRCODE**

ERRCLS	ERRCODE	含　义
PROTOCOL	SEQNUM	接收数据的序列号不匹配
PROTOCOL	LMPM	LMPM 错误

6.3.5.3.8 **Close**

此本地服务被用来关闭发送者协议机(APMS)。表 94 列出了该服务的参数。

表 94 **APMS_Close**

参数名称	Req	Cnf
Argument	M	
CREP	M	
ErrCode	U	
Result(+)		S
CREP		M

Argument

该变元应传送该服务请求的服务特定参数。

CREP

此参数标识该协议机的实例。

ErrCode

此参数选择错误代码。

类型:Unsigned 16

允许值:见相应的 ASE 属性。

Result(+)

此参数指出该服务请求已成功。

6.3.5.3.9 **APMR_Close**

此本地服务被用来关闭接收者协议机(APMS)。表 95 列出了该服务的参数。

表 95 **APMR_Close**

参数名称	Req	Cnf
Argument	M	
CREP	M	
Result(+)		S
CREP		M

Argument

该变元应传送该服务请求的服务特定参数。

CREP

此参数标识该协议机的实例。

Result(+)

此参数指出该服务请求已成功。

6.3.6 远程过程调用 ASE

6.3.6.1 概述

采用符合 OSF C706 的远程过程调用(RPC)的一些概念。此 ASE 将 OSF C706 的特定用法定义为传输协议。

6.3.6.2 **RPC 类规范**

6.3.6.2.1 **模板**

通过下列模板来描述 RPC 对象：

ASE：　　RPC ASE
CLASS：　　RPC
CLASS ID：　　not used
PARENT CLASS：　　TOP
ATTRIBUTES：
1　(m)　Key Attribute：　　Implicit
SERVICES：
1　(m)　OpsService：　　Connect
2　(m)　OpsService：　　Release
3　(m)　OpsService：　　Read
4　(m)　OpsService：　　Write
5　(m)　OpsService：　　Control

6.3.6.2.2 **属性**

Implicit

属性 Implicit 指出该对象被服务隐式寻址。

6.3.6.3 **RPC 服务规范**

6.3.6.3.1 **Connect**

此证实服务采用 CL RPC(无连接 RPC)建立连接。表 96 列出了该服务的参数。

表 96 Connect

参数名称	Req	Ind	Rsp	Cnf
Argument	M	M(=)		
Args Max	M	M(=)		
Args Len	M	M(=)		
Args	M	M(=)		
Result(+)			S	S(=)
PNIO Status			M	M(=)
Args Max			M	M(=)
Args			M	M(=)
Result(−)			S	S(=)
PNIO Status			M	M(=)

Argument

该变元应传送该服务请求的服务特定参数。

Args Max

此参数包含响应可使用的最大缓冲器大小。

类型：Unsigned 32。

Args Len

此参数包含参数 Args 的实际八位位组个数。

类型：Unsigned 32。

Args

此参数包含 RPC 用户数据。

类型：Octet String。

Result(+)

此参数指出该服务请求已成功。

PNIO Status

此参数应被设置为 0。

类型：Unsigned 32。

Result(-)

此参数指出该服务请求失败。

PNIO Status

此参数依据当前的错误来设置，并由元素 Error Code＝“IODConnectRes”、Error Decode＝“PNIO”、Error Code 1 和 Error Code 2 组成。

Error Code 1 和 Error Code 2 包含符合协议定义的实际错误代码。

类型：Unsigned 32。

6.3.6.3.2 **Release**

此证实服务被用来采用 CL RPC 释放连接。表 97 列出了该服务的参数。

表 97 Release

参数名称	Req	Ind	Rsp	Cnf
Argument	M	M(=)		
Args Max	M	M(=)		
Args Len	M	M(=)		
Args	M	M(=)		
Result(+)			S	S(=)
PNIO Status			M	M(=)
Args Max			M	M(=)
Args			M	M(=)
Result(-)			S	S(=)
PNIO Status			M	M(=)

Argument

该变元应传送该服务请求的服务特定参数。

Args Max

此参数包含响应可使用的最大缓冲器大小。

类型：Unsigned 32。

Args Len

此参数包含参数 Args 的实际八位位组个数。

类型：Unsigned 32。

Args

此参数包含 RPC 用户数据。

类型：Octet String。

Result(+)

此参数指出该服务请求已成功。

PNIO Status

此参数应被设置为0。

类型:Unsigned 32。

Result(—)

此参数指出该服务请求失败。

PNIO Status

此参数依据当前的错误来设置,并由元素 Error Code=“IODReleaseRes”、Error Decode=“PNIO”、Error Code 1 和 Error Code 2 组成。

Error Code 1 和 Error Code 2 包含符合协议定义的实际错误代码。

类型:Unsigned 32。

6.3.6.3.3 Read

此证实服务被用来采用CL RPC传送高层的读服务。表98列出了该服务的参数。

表98 Read

参数名称	Req	Ind	Rsp	Cnf
Argument	M	M(=)		
Args Max	M	M(=)		
Args Len	M	M(=)		
Args	M	M(=)		
Result(+)			S	S(=)
PNIO Status			M	M(=)
Args Max			M	M(=)
Args			M	M(=)
Result(—)			S	S(=)
PNIO Status			M	M(=)

Argument

该变元应传送该服务请求的服务特定参数。

Args Max

此参数包含响应可使用的最大缓冲器大小。

类型:Unsigned 32。

Args Len

此参数包含参数 Args 的实际八位位组个数。

类型:Unsigned 32。

Args

此参数包含 RPC 用户数据。

类型:Octet String。

Result(+)

此参数指出该服务请求已成功。

PNIO Status

此参数应被设置为0。

类型:Unsigned 32。

Result(—)

此参数指出该服务请求失败。

PNIO Status

此参数依据当前的错误来设置，并由元素 Error Code＝“IODReadRes”、Error Decode＝“PNIORW”、Error Code 1 和 Error Code 2 组成。

Error Code 1 和 Error Code 2 包含符合协议定义的实际错误代码。

类型：Unsigned 32。

6.3.6.3.4 Write

此证实服务被用来采用 CL RPC 传送高层的写服务。表 99 列出了该服务的参数。

表 99 Write

参数名称	Req	Ind	Rsp	Cnf
Argument	M	M(＝)		
Args Max	M	M(＝)		
Args Len	M	M(＝)		
Args	M	M(＝)		
Result(＋)			S	S(＝)
PNIO Status			M	M(＝)
Args Max			M	M(＝)
Args			M	M(＝)
Result(－)			S	S(＝)
PNIO Status			M	M(＝)

Argument

该变元应传送该服务请求的服务特定参数。

Args Max

此参数包含响应可使用的最大缓冲器大小。

类型：Unsigned 32。

Args Len

此参数包含参数 Args 的实际八位位组个数。

类型：Unsigned 32。

Args

此参数包含 RPC 用户数据。

类型：Octet String。

Result(＋)

此参数指出该服务请求已成功。

PNIO Status

此参数应被设置为 0。

类型：Unsigned 32。

Result(－)

此参数指出该服务请求失败。

PNIO Status

此参数依据当前的错误来设置，并由元素 Error Code＝“IODWriteRes”、Error Decode＝“PNIORW”、Error Code 1 和 Error Code 2 组成。

Error Code 1 和 Error Code 2 包含符合协议定义的实际错误代码。

类型：Unsigned 32。

6.3.6.3.5 **Control**

此证实服务被用来采用 CL RPC 传送高层的“End of Parameter”和“Application Ready”服务。表 100 列出了该服务的参数。

表 100 Control

参数名称	Req	Ind	Rsp	Cnf
Argument	M	M(=)		
Args Max	M	M(=)		
Args Len	M	M(=)		
Args	M	M(=)		
Result(+)			S	S(=)
PNIO Status			M	M(=)
Args Max			M	M(=)
Args			M	M(=)
Result(−)			S	S(=)
PNIO Status			M	M(=)

Argument

该变元应传送该服务请求的服务特定参数。

Args Max

此参数包含响应可使用的最大缓冲器大小。

类型:Unsigned 32。

Args Len

此参数包含参数 Args 的实际八位位组个数。

类型:Unsigned 32。

Args

此参数包含 RPC 用户数据。

类型:Octet String。

Result(+)

此参数指出该服务请求已成功。

PNIO Status

此参数应被设置为 0。

类型:Unsigned 32。

Result(−)

此参数指出该服务请求失败。

PNIO Status

此参数依据当前的错误来设置,并由元素 Error Code=“IOXControlRes”、Error Decode=“PNIO”、Error Code 1 和 Error Code 2 组成。

Error Code 1 和 Error Code 2 包含符合协议定义的实际错误代码。

类型:Unsigned 32。

6.3.7 **链路层发现 ASE**

6.3.7.1 **概述**

采用符合 IEEE 802.1AB 标准的一些概念。本部分定义 Chassis ID、Port ID、Chassis ID Subtype、Port ID Subtype 和 Time to live 的专用用法。此外,定义了 OUI 有关帧和 MIB 的扩展。

而且，对于 Chassis ID 和 Port ID 的内容语法采用 RFC 3490(IDNA)。

如果支持 SNMP，则系统应符合 LLDP 管理规范，并且对于被实现的操作模式应实现基本的 LLDP MIB 部分。如果不支持 SNMP，则系统应提供存储和恢复(retrieval)能力，这些能力等同于被实现的操作模式的功能。

6.3.7.2 IEEE 802.1AB 类规范

6.3.7.2.1 模板

通过下列模板来描述 IEEE 802.1AB 对象：

ASE：	Link Layer Discovery ASE		
CLASS：	IEEE 802.1AB		
CLASS ID：	not used		
PARENT CLASS：	TOP		
ATTRIBUTES：			
1	(m)	Key Attribute：	Implicit
2	(m)	Attribute：	Chassis ID
3	(m)	Attribute：	Port ID
3	(m)	Attribute：	LLDP Time To Live
4	(o)	Attribute：	Port Description
5	(o)	Attribute：	System Name
6	(o)	Attribute：	System Description
7	(o)	Attribute：	System Capabilities
8	(m)	Attribute：	Management Address
9	(o)	Attribute：	Object Identifier
10	(o)	Attribute：	List of Organizationally-specific extensions
10.1	(m)	Attribute：	Organizationally Unique Identifier
10.2	(c)	Constraint：	Organizationally Unique Identifier=00-80-C2
10.2.1	(m)	Attribute：	List of GB/T 15629.1 Subtypes
10.2.1.1	(m)	Attribute：	Subtype
10.2.1.2	(c)	Constraint：	Subtype=PORT_VLAN_ID
10.2.1.2.1	(m)	Attribute：	Port VLAN Identifier
10.2.1.3	(c)	Constraint：	Subtype=PORT_AND_PROTOCOL_VLAN_ID
10.2.1.3.1	(m)	Attribute：	Flags
10.2.1.3.2	(m)	Attribute：	PPVID Reference Number
10.2.1.4	(c)	Constraint：	Subtype=VLAN_NAME
10.2.1.4.1	(m)	Attribute：	VLAN ID
10.2.1.4.2	(m)	Attribute：	VLAN Name
10.2.1.5	(c)	Constraint：	Subtype=PROTOCOL_IDENTITY
10.2.1.5.1	(m)	Attribute：	List of Protocol Identities
10.2.1.5.1.1	(m)	Attribute：	Protocol Identity
10.3	(c)	Constraint：	Organizationally Unique Identifier=00-12-0F
10.3.1	(m)	Attribute：	List of GB/T 15629.3 Subtypes
10.3.1.1	(m)	Attribute：	Subtype
10.3.1.2	(c)	Constraint：	Subtype=MAC_PHY_CONFIGURATION_STATUS
10.3.1.2.1	(m)	Attribute：	Auto Negotiation Support And Status

10.3.1.2.2 (m) Attribute: Advertised Capability

10.3.1.2.3 (m) Attribute: Operational MAU type

10.3.1.3 (c) Constraint: Subtype=POWER_VIA_MDI

10.3.1.3.1 (m) Attribute: MDI Power Support

10.3.1.3.2 (m) Attribute: Power Pair

10.3.1.3.3 (m) Attribute: Power Class

10.3.1.4 (c) Constraint: Subtype=LINK_AGGREGATION

10.3.1.4.1 (m) Attribute: Link Aggregation Status

10.3.1.4.2 (m) Attribute: Aggregated Port ID

10.3.1.5 (c) Constraint: Subtype=MAXIMUM_FRAME_SIZE

10.3.1.5.1 (m) Attribute: Maximum Frame Size

10. 4 (c) Constraint: Organizationally Unique Identifier=00-0E-CF

10. 4.1 (m) Attribute: List of PNIO Subtypes

10. 4.1.1 (m) Attribute: Subtype

10. 4.1.2 (c) Constraint: Subtype=LLDP_PNIO_DELAY

10. 4.1.2.1 (m) Attribute: PnioDelay

10. 4.1.2.1.1 (m) Attribute: PortRxDelayLocal

10. 4.1.2.1.2 (m) Attribute: PortRxDelayRemote

10. 4.1.2.1.3 (m) Attribute: PortTxDelayLocal

10. 4.1.2.1.4 (m) Attribute: PortTxDelayRemote

10. 4.1.2.1.5 (m) Attribute: CableDelayLocal

10. 4.1.3 (c) Constraint: Subtype=LLDP_PNIO_PORTSTATUS

10. 4.1.3.1 (m) Attribute: PnioPortStatus

10. 4.1.3.1.1 (m) Attribute: RTClass2PortStatus

10. 4.1.3.1.2 (m) Attribute: RTClass3PortStatus

10.14.4.1.3.1.2.1 (m) Attribute: Status

10.14.4.1.3.1.2.2 (m) Attribute: Mode

10. 4.1.4 (c) Constraint: Subtype=LLDP_PNIO_ALIAS

10. 4.1.4.1 (m) Attribute: PnioAlias

10.14.4.1.5 (c) Constraint: Subtype=LLDP_PNIO_MRP_PORT_STATUS

10.14.4.1.5.1 (m) Attribute: PnioMRPPortStatus

10.14.4.1.5.1.1 (m) Attribute: MRPDomainUUID

10.14.4.1.5.1.2 (m) Attribute: MRRTPortStatus

10.14.4.1.6 (c) Constraint: Subtype=LLDP_PNIO_INTERFACE_MAC_ADDRESS

10.14.4.1.6.1 (m) Attribute: PnioInterfaceMacAddress

10.14.4.1.7 (c) Constraint: Subtype=LLDP_PNIO_PTCP_STATUS

10.14.4.1.7.1 (m) Attribute: PnioPTCPStatus

10.14.4.1.7.1.1 (m) Attribute: PnioPTCPMasterSourceAddress

10.14.4.1.7.1.2 (m) Attribute: PnioPTCPSubdomainUUID

10.14.4.1.7.1.3 (m) Attribute: PnioIRDataUUID

10.14.4.1.7.1.4 (m) Attribute: PnioLengthOfPeriod

10.14.4.1.7.1.4.1 (m) Attribute: Length

10.14.4.1.7.1.4.2 (m) Attribute: Validity

10.14.4.1.7.1.5 (m) Attribute: PnioRedPeriodBegin
10.14.4.1.7.1.6 (m) Attribute: PnioOrangePeriodBegin
10.14.4.1.7.1.7 (m) Attribute: PnioGreenPeriodBegin
11 (m) Attribute: List of Remote Systems Data
11.1 (m) Attribute: Port ID
11.2 (m) Attribute: Chassis ID
11.3 (m) Attribute: MAC Address
11.4 (m) Attribute: LLDP Time To Live
11.5 (o) Attribute: Port Description
11.6 (o) Attribute: System Name
11.7 (o) Attribute: System Description
11.8 (o) Attribute: System Capabilities
11.9 (o) Attribute: Management Address
11.10 (o) Attribute: Object Identifier
11.11 (m) Attribute: Propagation Delay Factor
11.12 (m) Attribute: List of Organizationally-specific extensions
11.12.1 (m) Attribute: Organizationally Unique Identifier
11.12.2 (c) Constraint: Organizationally Unique Identifier=00-80-C2
11.12.2.1 (m) Attribute: List of GB/T 15629.1 Subtypes
11.12.2.1.1 (m) Attribute: Subtype
11.12.2.1.2 (c) Constraint: Subtype=PORT_VLAN_ID
11.12.2.1.2.1 (m) Attribute: Port VLAN Identifier
11.12.2.1.3 (c) Constraint: Subtype=PORT_AND_PROTOCOL_VLAN_ID
11.12.2.1.3.1 (m) Attribute: Flags
11.12.2.1.3.2 (m) Attribute: PPVID Reference Number
11.12.2.1.4 (c) Constraint: Subtype=VLAN_NAME
11.12.2.1.4.1 (m) Attribute: VLAN ID
11.12.2.1.4.2 (m) Attribute: VLAN Name
11.12.2.1.5 (c) Constraint: Subtype=PROTOCOL_IDENTITY
11.12.2.1.5.1 (m) Attribute: List of Protocol Identities
11.12.2.1.5.1.1 (m) Attribute: Protocol Identity
11.12.3 (c) Constraint: Organizationally Unique Identifier=00-12-0F
11.12.3.1 (m) Attribute: List of GB/T 15629.3 Subtypes
11.12.3.1.1 (m) Attribute: Subtype
11.12.3.1.2 (c) Constraint: Subtype=MAC_PHY_CONFIGURATION_STATUS
11.12.3.1.2.1 (m) Attribute: Auto Negotiation Support And Status
11.12.3.1.2.2 (m) Attribute: Advertised Capability
11.12.3.1.2.3 (m) Attribute: Operational MAU type
11.12.3.1.3 (c) Constraint: Subtype=POWER_VIA_MDI
11.12.3.1.3.1 (m) Attribute: MDI Power Support
11.12.3.1.3.2 (m) Attribute: Power Pair
11.12.3.1.3.3 (m) Attribute: Power Class
11.12.3.1.4 (c) Constraint: Subtype=LINK_AGGREGATION

11.12.3.1.4.1	(m)	Attribute:	Link Aggregation Status
11.12.3.1.4.2	(m)	Attribute:	Aggregated Port ID
11.12.3.1.5	(c)	Constraint:	Subtype=MAXIMUM_FRAME_SIZE
11.12.3.1.5.1	(m)	Attribute:	Maximum Frame Size
11.12.4	(c)	Constraint:	Organizationally Unique Identifier=00-0E-CF
11.12.4.1	(m)	Attribute:	List of PNIO Subtypes
11.12.4.1.1	(m)	Attribute:	Subtype
11.12.4.1.2	(c)	Constraint:	Subtype=LLDP_PNIO_DELAY
11.12.4.1.2.1	(m)	Attribute:	PnioDelay
11.12.4.1.2.1.1	(m)	Attribute:	PortRxDelayLocal
11.12.4.1.2.1.2	(m)	Attribute:	PortRxDelayRemote
11.12.4.1.2.1.3	(m)	Attribute:	PortTxDelayLocal
11.12.4.1.2.1.4	(m)	Attribute:	PortTxDelayRemote
11.12.4.1.2.1.5	(m)	Attribute:	CableDelayLocal
11.12.4.1.3	(c)	Constraint:	Subtype=LLDP_PNIO_PORTSTATUS
11.12.4.1.3.1	(m)	Attribute:	PnioPortStatus
11.12.4.1.3.1.1	(m)	Attribute:	RTClass2PortStatus
11.12.4.1.3.1.2	(m)	Attribute:	RTClass3PortStatus
11.12.4.1.3.1.2.1	(m)	Attribute:	Status
11.12.4.1.3.1.2.2	(m)	Attribute:	Mode
11.12.4.1.4	(c)	Constraint:	Subtype=LLDP_PNIO_ALIAS
11.12.4.1.4.1	(m)	Attribute:	PnioAlias
11.12.4.1.5	(c)	Constraint:	Subtype=LLDP_PNIO_MRP_PORT_STATUS
11.12.4.1.5.1	(m)	Attribute:	PnioMRPPortStatus
11.12.4.1.5.1.1	(m)	Attribute:	MRPDomainUUID
11.12.4.1.5.1.2	(m)	Attribute:	MRRTPortStatus
11.12.4.1.6	(c)	Constraint:	Subtype=LLDP_PNIO_INTERFACE_MAC_ADDRESS
11.12.4.1.6.1	(m)	Attribute:	PnioInterfaceMacAddress
11.12.4.1.7	(c)	Constraint:	Subtype=LLDP_PNIO_PTCP_STATUS
11.12.4.1.7.1	(m)	Attribute:	PnioPTCPStatus
11.12.4.1.7.1.1	(m)	Attribute:	PnioPTCPMasterSourceAddress
11.12.4.1.7.1.2	(m)	Attribute:	PnioPTCPSubdomainUUID
11.12.4.1.7.1.3	(m)	Attribute:	PnioIRDataUUID
11.12.4.1.7.1.4	(m)	Attribute:	PnioLengthOfPeriod
11.12.4.1.7.1.4.1	(m)	Attribute:	Length
11.12.4.1.7.1.4.2	(m)	Attribute:	Validity
11.12.4.1.7.1.5	(m)	Attribute:	PnioRedPeriodBegin
11.12.4.1.7.1.6	(m)	Attribute:	PnioOrangePeriodBegin
11.12.4.1.7.1.7	(m)	Attribute:	PnioGreenPeriodBegin

SERVICES:

1	(m)	OpsService:	Remote Systems Data Change

6.3.7.2.2 属性

Implicit

属性 Implicit 指出该对象被服务隐式寻址。

Chassis ID

此非易失属性包含接口的名称,该接口被用作符合 IEEE 802.1AB 的本地分配的 Chassis ID 子类型。此字段包含一个八位位组串,以指出在本系统中的特定机架的专用标识符。因为 Chassis ID 和 Port ID 被串连形成本地 MSAP 标识符,所有对于 Chassis ID 的选择值应是非空的(non-null)。该属性的值与值 Real Station Name 和 Interface Name 相等。

注 1:可以通过 DCP 服务(Name of Station)来写此属性。

属性类型:VisibleString[240]。

Port ID

此属性包含本地端口的名称,该端口被用作依据 IEEE 802.1AB 本地分配的 Port ID 子类型。该值是"port-xyz"或"port-xyz-rstuv"形式,xyz 的取值范围为 001～255,其中 x、y、z 可取值"0"～"9",而 rstuv 的取值范围为 00000～65535,其中 r、s、t、u、v 可取值"0"～"9"。值 x、y、z 被用来标识端口号。值 r、s、t、u、v 被用来标识槽。值"port-001"或"port-001-00000"被用于槽 0 内接口的第 1 端口子模块。

属性类型:OctetString[8]或 OctetString[14]。

注 2:在 LLDP 协议的上下关系中,DTE 被称为端口。它并不代表 UDP 上下关系中的端口。

LLDP Time To Live

此属性指出秒数,该秒数表示接收 LLDP 代理认为与该 Chassis ID 和 Port ID 相关信息有效的时间。它应符合 IEEE 802.1AB。

属性类型:Unsigned 16。

允许值:10。

Port Description

此属性包含一个字母-数字字符串,用来指出端口描述。它应符合 IEEE 802.1AB。

注 3:如果 IETF RFC 2863 被实现,则建议对于此字段使用 ifDescr 对象。

System Name

此属性包含一个字母-数字字符串,用来指出系统管理分配的名称。它应符合 IEEE 802.1AB。

注 4:这应是系统的完全合格的域名。如果实现支持 IETF RFC 3418,则建议对于此子段使用 sysName 对象。

System Description

此属性包含一个字母-数字字符串,用来指出网络实体的文本描述。它应符合 IEEE 802.1AB。

注 5:此值应包含系统硬件类型、软件操作系统和网络软件的全名和版本标识。如果实现支持 IETF RFC 3418,则建议此字段使用 sysDescr 对象。

System Capabilities

此属性包含能力的比特图,用来定义该系统的主要功能。在表 101 中列出了可能被支持的(但不保证支持的)每个功能的比特位置及相关的 MIB 或标准。在相关比特中的二进制 1 表示存在该能力。它应符合 IEEE 802.1AB。

注 6:个别系统可以指出多于 1 种实现的功能能力(例如,桥和路由器能力)。

表 101 系统能力

位　置	含　义
比特 0	其他
比特 1	中继器
比特 2	桥

表 101(续)

位　置	含　义
比特 3	WLAN 访问点
比特 4	路由器
比特 5	电话
比特 6	DOC SIS 电缆设备
比特 7	仅适用站

Management Address

此属性包含指出特殊管理地址的八位位组串。它应符合 IEEE 802.1AB。

注 7:返回的地址应是最适合管理使用的,典型的是第 3 层地址,如 IPv4 地址(见 RFC 3330),192.168.254.10。

Object Identifier

此属性包含一个 OID,它标识与所指出的管理地址有关的硬件部件或协议实体的类型。如果没有 OID 可供使用,则不应提供此字段。它应符合 IEEE 802.1AB。

注 8:包含接口号和 OID,以便通过指出企业专用或用于搜索的其他起点来帮助 NMS 发现,像接口(见 RFC 2863)或 Entity MIB(见 RFC 2737)。

List of Organizationally-specific extensions

此属性表包含下列属性:

Organizationally Unique Identifier

此属性包含一种 OUI,以允许不同的组织,如 GB/T 15629.1、GB/T 15629.3、IETF 以及独立软件和设备制造商来定义对远程实体发布信息的 TLV。

List of GB/T 15629.1 Subtypes

此属性表包含下列属性:

Subtype

此属性应符合 IEEE 802.1AB。

允许值:PORT_VLAN_ID、PORT_AND_PROTOCOL_VLAN-ID、VLAN_NAME、PROTOCOL_IDENTITY。

Port VLAN Identifier

此属性包含在 IEEE 802.1Q 中定义的用于桥端口的 VLAN ID。如果系统不知道 PVID 或不支持基于端口的 VLAN 操作,则使用值 0。

Flags

此属性包含指出端口和协议 VLAN 能力及状况的比特图。

允许值:PPVID_SUPPORTED、PPVID_ENABLED。

PPVID Reference Number

此属性包含此 802 LAN 站的 PPVID 号。

注 9:如果该端口没有支持端口和协议 VLANs 的能力和/或该端口未被任何端口协议 VLAN 激活,则 PPVID 号应为 0。

VLAN ID

此属性包含与该 VLAN 名称相关的 VID 号。

VLAN Name

此属性包含 VLAN 的名称。

属性类型:OctetString[32]。

注 10:如果实现支持 IETF RFC 2674,则对于此字段建议使用 dot1QVLANStaticName 对象。

List of Protocol Identies

此属性表包含下列属性：

Protocol Identity

此属性包含协议中位于第 2 层地址之后(即以 length/type 字段开始)的前面 n 个八位位组,第 2 层地址是由发送者告知的。为消除歧义,值 n 由协议自身的需要来决定。协议信息串应该包括足够的八位位组以允许接收者正确地识别该协议及其版本。

注 11：例如生成树协议就需要包括 5 个八位位组：LLC 地址(2 个八位位组),Protocol ID(2 个八位位组)和协议版本(1 个八位位组)。

List of GB/T 15629.3 Subtypes

此属性表包含下列属性：

Subtype

此属性应符合 IEEE 802.1AB。

允许值：MAC_PHY_CONFIGURATION_STATUS、POWER_VIA_MDI、LINK_AGGREGATION、MAXIMUM_FRAME_SIZE。

Auto Negotiation Support And Status

此属性包含比特图,用来标识本地 GB/T 15629.3 LAN 站的自动协商支持和当前状况,如表 102 中定义。如果自动协商支持位(比特 0)是 1 且自动协商状况位(比特 1)是 0,则 GB/T 15629.3 物理媒体从属子层操作模式将由缺省配置字段值来决定而不由自动协商来决定。

表 102　**Auto negotiation support and status**

位　　置	含　　义
比特 0	自动协商支持(0——不支持,1——支持)
比特 1	自动协商状况(0——停用,1——启用)

注 12：可以通过 Write Adjusted Port Data 来写此属性。

Advertised Capability

此属性包含在 IETF RFC 3636 中由 ifMauAutoNegCapAdvertisedBits 对象定义的整数值。

Operational MAU type

此属性包含指示发送设备的工作 MAU 类型的整数值。此值来源于在 IETF RFC 3636(或后来的修订版本)中列出的相应 dot3MauType 的列表位置,并等于在各自 dot3MauType OID 中最后的数。对于在 RFC 3636(或后来的修订版本)中未列出的 MAU 类型,则此值应设置为 0。

MDI Power Support

此属性包含表 103 中定义的 MDI 供电(power)能力和状况的比特图。

表 103　**MDI Power Support**

位　　置	含　　义
比特 0	Port Class(0——源供电装备,1——被供电设备)
比特 1	MDI 供电支持(0——不支持,1——支持)
比特 2	MDI 供电状态(0——停用,1——启用)
比特 3	双绞线控制能力(0——不能控制双绞线选择,1——能控制双绞线选择)。

Power Pair

此属性包含在 IETF RFC 3621 中 pethPsePortPowerPairs 对象定义的整数值。

Power Class

此属性包含在 IETF RFC 3621 中 pethPsePortPowerClassification 对象定义的整数值。

Link Aggregation Status

此属性包含如表 104 中定义的链路聚合(link aggregation)能力和当前聚合状态的比特图。

表 104　**Link aggregation status**

位　　置	含　　义
比特 0	聚合能力(0——不支持,1——支持)
比特 1	聚合状况(0——停用,1——启用)

Aggregated Port ID

此属性包含 GB/T 18236.1 聚合端口标识符。AggPortID 来源于该接口的 ifIndex 中的 ifNumber。

Maximum Frame Size

此属性包含指出最大支持的帧大小(按八位位组计)整数值,应该设置为 1522。

List of PNIO Subtypes

此属性表包含下列属性:

Subtype

此属性包含下列值。

允许值:LLDP_PNIO_DELAY、LLDP_PNIO_PORTSTATUS、LLDP_PNIO_ALIAS、LLDP_PNIO_MRP_PORT_STATUS、LLDP_PNIO_INTERFACE_MAC_ADDRESS、LLDP_PNIO_PTCP_STATUS。

PnioDelay

此属性包含下列属性:

PortRxDelayLocal

此属性包含以 ns 为单位的端口本地接收延迟。

属性类型:Unsigned 32。

允许值:1～0xFFF。

PortRxDelayRemote

此属性包含以 ns 为单位的对等端口本地接收延迟。

属性类型:Unsigned 32。

允许值:1～0xFFF。

PortTxDelayLocal

此属性包含以 ns 为单位的端口本地传输延迟。

属性类型:Unsigned 32。

允许值:1～0xFFF

PortTxDelayRemote

此属性包含以 ns 为单位的对等端口本地传输延迟。

属性类型:Unsigned 32。

允许值:1～0xFFF。

CableDelayLocal

此属性包含以 ns 为单位的本地电缆延迟。

属性类型：Unsigned 32。

允许值：1～0xFFFFF。

PnioPortStatus

此属性包含下列属性：

RTClass2PortStatus

此属性包含 RT_CLASS_2 的端口状况。

属性类型：Unsigned 16。

允许值：NOT_USED、CONFIGURED、ORANGE_ACTIVE。

RTClass3PortStatus

此属性包含下列属性：

Status

此属性包含 RT_CLASS_3 的端口状况。

允许值：NOT_USED、IRDATA_CONFIGURED、RTACLASS3_NEXT_ACTIVE、RTACLASS3_NEXT_LOADED、RED_ACTIVE。

Mode

此属性包含 RT_CLASS_3 的端口模式。

允许值：STANDARD、OPTIMISED。

PnioAlias

此属性包含下列八位位组串：

"Value of attribute Port ID""．""Value of Chassis ID"。

属性类型：OctetString。

PnioMRPPortStatus

此属性由下列属性组成：

MRPDomainUUID

此属性包含 MRP 域 UUID。

属性类型：UUID。

MRRTPortStatus

此属性包含 MRRT 的端口状况。

允许值：MRRT_NOT_USED、MRRT_CONFIGURED、MRRT_ACTIVE。

PnioInterfaceMacAddress

此属性包含 IEEE 802 MAC 地址。

属性类型：OctetString[6]。

PnioPTCPStatus

此属性应由下列属性组成：

PnioPTCPMasterSourceAddress

此属性包含 PTCP 主站的 IEEE 802 MAC 地址。

属性类型：OctetString[6]。

PnioPTCPSubdomainUUID

此属性包含 PTCP 子域的 UUID。

属性类型：UUID。

PnioIRDataUUID

此属性包含 IR 数据的 UUID。

属性类型:UUID。

PnioLengthOfPeriod

此属性由下列属性组成:

Length

此属性包含以 ns 为单位的周期持续时间值。该值是 31250ns 的倍数。

属性类型:Unsigned 32。

允许值:如果有效,值为 0x00007A12~0x003D0900;如果无效,值为 0。

Validity

此属性包含长度的有效性。

允许值:INVALID、VALID。

PnioRedPeriodBegin

此属性由下列属性组成:

Offset

此属性包含以 ns 为单位的从周期开始时偏移量的值。

属性类型:Unsigned 32。

允许值:如果有效,值为 0x00000000~0x003D08FF;如果无效,值为 0。

Validity

此属性包含偏移量的有效性。

允许值:INVALID、VALID。

PnioOrangePeriodBegin

此属性由下列属性组成:

Offset

此属性包含以 ns 为单位的从周期开始时偏移量的值。

属性类型:Unsigned 32。

允许值:如果有效,值为 0x00000000~0x003D08FF;如果无效,值为 0。

Validity

此属性包含偏移量的有效性。

允许值:INVALID、VALID。

PnioGreenPeriodBegin

此属性应由下列属性组成:

Offset

此属性包含以 ns 为单位的从周期开始时偏移量的值。

属性类型:Unsigned 32。

允许值:如果有效,值为 0x00000000~0x003D08FF;如果无效,值为 0。

Validity

此属性包含偏移量的有效性。

允许值:INVALID、VALID。

List of Remote Systems Data

此属性表包含与 Real List of Ports 规定的同样一些属性,包括直到 Maximum Frame Size 为止的所有后续属性。此外,还包括下列的附加属性:

Port ID

此属性具有与 Own Port ID 相同的定义。

Chassis ID

此属性具有与 Interface Name 相同的定义。

MAC Address

此属性包含符合 IEEE 802.3 MAC 地址的设备物理地址。

属性类型:OctetString[6]。

Propagation Delay Factor

此属性包含测量的线延迟。时间基是 1 ns。

属性类型:Unsigned 32。

6.3.7.2.3 IEEE 802.1AB 对象的调用

下列规则适用于对 IEEE 802.1AB 对象的调用:

——对于每个 RT_CLASS_3 接口都应存在 IEEE 802.1AB 对象。

6.3.7.3 IEEE 802.1AB 服务规范

符合 IEEE 802.1AB 的协议应被用来发送和接收 ASE 的属性值。IEEE 802.1AB 使用 LMPM 的服务来向或从其他的 LLDP 代理发送或接收信息。

6.3.7.3.1 Remote systems data change

此本地服务被用来指出某远程系统数据(Remote Systems Data)的改变。表 105 列出了该服务的参数。

表 105 Remote systems data change

参数名称	Ind
Argument	M
Local Port ID	M
List of Neighbours	U
Remote Chassis ID	U
Remote Port ID	U
Remote Cable Delay	U
Remote RT_CLASS_3 Port Status	U
Remote RT_CLASS_2 Port Status	U
Remote PTCP Status	U
Remote Line Delay	U
Auto Negotiation Support And Status	U
Advertised Capability	U
Operational MAU type	U

Argument

该变元应传送该服务指示的服务特定参数。

Local Port ID

此参数是本地标识符。

List of Neighbours

此参数表由下列参数组成:

Remote Chassis ID

此参数包含该 ASE 中该属性的值。

Remote Port ID

此参数包含该 ASE 中该属性的值。

Remote Cable Delay

此参数包含该 ASE 中该属性的值。

Remote RT_CLASS_3 Port Status

此参数包含该 ASE 中该属性的值。

Remote RT_CLASS_2 Port Status

此参数包含该 ASE 中该属性的值。

Remote PTCP Status

此参数包含该 ASE 中该属性的值。

Remote Line Delay

此参数包含 ASE 中下列属性之和的值：

——CableDelayLocal；

——PortRxDelayLocal；

——PortTxDelayRemote。

Auto Negotiation Support And Status

此参数包含该 ASE 中该属性的值。

Advertised Capability

此参数包含该 ASE 中该属性的值。

Operational MAU type

此参数包含该 ASE 中该属性的值。

6.3.7.3.2 Placeholder

依据 IEC 导则第 2 部分和服务规范的结构，此子条是空白的。

6.3.8 MAC 桥 ASE

6.3.8.1 概述

采用符合 IEEE 802.1D 标准的一些概念。本条定义了 IEEE 802.1D 应用。

在 RT_CLASS_3 阶段内，应该暂时停用 IEEE 802.1D 的桥接机制。在此情况下，RT_CLASS_3 帧的桥接应该依据由该 ASE 定义的属性来完成，该 ASE 的行为应符合 RT_CLASS_3 中继协议机。这些属性的值定义了专用的转发表。

此外，对于用于 RT_CLASS_2 和 RT_CLASS_1 的媒体冗余（见 6.3.8.2.3 中的属性冗余和 6.3.2.4）定义了专用的转发规则。

6.3.8.2 IEEE 802.1D 类规范

6.3.8.2.1 概要

IEEE 802.1D ASE 定义一个 IEEE 802.1D 对象类。

6.3.8.2.2 模板

通过下列模板来描述 IEEE 802.1D 对象：

ASE： IEEE 802.1D ASE

CLASS： IEEE 802.1D

CLASS ID： not used

PARENT CLASS： top

ATTRIBUTES：

1	(m)	Key Attribute：	Implicit
2	(m)	Attribute：	IR Global Data
2.1	(m)	Attribute：	IR Data ID
2.2	(o)	Attribute：	Max Bridge Delay
2.3	(o)	Attribute：	Number of Ports
2.4	(o)	Attribute：	List of Port Delays

2.4.1	(m)	Attribute:	Max Port Tx Delay
2.4.2	(m)	Attribute:	Max Port Rx Delay
3	(m)	Attribute:	List of IR Frame Data Elements
3.1	(m)	Attribute:	Frame Send Offset
3.2	(m)	Attribute:	Data Length
3.3	(m)	Attribute:	Reduction Ratio
3.4	(m)	Attribute:	Phase
3.5	(m)	Attribute:	Frame ID
3.6	(m)	Attribute:	Ethertype
3.7	(m)	Attribute:	Rx Port
3.8	(m)	Attribute:	Frame Details
3.8.1	(m)	Attribute:	Sync Frame
3.8.2	(m)	Attribute:	Meaning Frame Send Offset
3.9	(m)	Attribute:	Tx Port Group
3.9.1	(m)	Attribute:	Number of Tx Port Group Array Elements
3.9.2	(m)	Attribute:	Tx Port Group Array
4	(m)	Attribute:	List of Ports
4.1	(m)	Attribute:	Port
4.1.1	(m)	Attribute:	Transmission Period Sending
4.1.2	(m)	Attribute:	Transmission Period Receiving
4.1.3	(m)	Attribute:	Redundancy
4.1.4	(m)	Attribute:	Local Port State
4.1.5	(m)	Attribute:	Local RTClass 3 Port State
4.1.6	(m)	Attribute:	Local RTClass 2 Port State
5	(o)	Attribute:	Clock Domain Phase Counter

SERVICES:

1	(m)	OpsService:	Port State Change
2	(o)	OpsService:	Set Port State
3	(o)	OpsService:	Flush filtering data base
4	(m)	OpsService:	IFW IRT Schedule Add
5	(m)	OpsService:	IFW IRT Schedule Remove
6	(m)	OpsService:	IFW Schedule

6.3.8.2.3 属性

Implicit

属性 Implicit 指出 IEEE 802.1D 对象被服务隐式寻址。

IR Global Data

此属性包含下列属性：

IR Data ID

此属性包含一个唯一的标识符用以无歧义地标识 IR Data 的产生。

属性类型：UUID。

Max Bridge Delay

此可选属性包含以 ns 为单位的最大桥延迟值。

属性类型：Unsigned 32。

允许值:0～unknown、0x00000001～0x3B9AC9FF——通过工程工具来计算这些值。

Number of Ports

此可选属性包含具有 Max Port Tx Delay 和 Max Port Rx Delay 属性的端口个数的值。

属性类型:Unsigned 32。

允许值:0x00000001～0x000000FF。

List of Port Delays

此属性包含 Port Delay Elements。表中元素包括下列属性:

Max Port Tx Delay

此可选属性包含以 ns 为单位的该端口的最大传输延迟值。

属性类型:Unsigned 32

允许值:0～unknown、0x00000001～0x3B9AC9FF——通过工程工具来计算这些值。

Max Port Rx Delay

此可选属性包含以 ns 为单位的该端口接收器最大传输延迟值。

属性类型:Unsigned 32。

允许值:0～unknown、0x00000001～0x3B9AC9FF——通过工程工具来计算这些值。

List of IR Frame Data Elements

此属性包含 IR Frame Data Elements。表中元素包含下列属性:

Frame Send Offset

此属性包含发送或接收相对于该周期开始的偏移量。时间基依据 RT_CLASS_3 Time Base。

属性类型:Unsigned 32。

Data Length

此属性包含数据长度,它包括 C_SDU 长度加 APDU_Status 长度。

属性类型:Unsigned 16。

对于 RT_CLASS_3 允许值:4～1440。

Reduction Ratio

此属性包含发送时钟的缩减率。

属性类型:Unsigned 16。

在表 106 中列出了允许值。

表 106 ReductionRatio 允许值

值(十进制数)	含　义
1	必备
2	必备
4	必备
8	必备
16	必备
1024～65535	保留
其他	可选

Phase

此属性包含用于该帧的特定周期。

属性类型:Unsigned 16。

允许值:1～属性 Reduction Ratio 的当前值。

Frame ID

此属性包含被工程计划组态的帧标识符。

属性类型:Unsigned 32。

可以使用符合表 107 中允许的值。

表 107 用于 RT_CLASS_3 的 Frame ID

值(十六进制数)	含 义
0x0080	专用于同步
0x0100~0x7FFF	专用于 RT_CLASS_3 单播和多播

Ethertype

此属性包含 DLPDU 的 Type/Length 字段的值。

属性类型:Unsigned 16。

允许值:0x8892。

Rx Port

此属性包含接收端口的编号。

属性类型:Unsigned 8。

允许值:LOCAL_INJECTION、PORT_1~PORT_255。

Frame Details

此属性由下列元素组成:

属性类型:Unsigned 8。

Sync Frame

此字段标识同步帧。

允许值应符合表 108 中的值。

表 108 Sync Frame

含 义
NO_SYNC_FRAME
PRIMARY_SYNC_FRAME
SECONDARY_SYNC_FRAME

FrameSendOffset

此属性的值和含义见表 109。

表 109 FrameSendOffset

值	含 义
TRANSMISSON_TIME	字段 FrameSendOffset 规定接收或传输一个帧的时间点
RT_CLASS_3_BEGIN	字段 FrameSendOffset 规定在一个阶段(phase)内 RT_CLASS_3 间隔的开始
RT_CLASS_3_END	字段 FrameSendOffset 规定在一个阶段(phase)内 RT_CLASS_3 间隔的结束

Tx Port Group

此属性由下列元素组成:

Number of Tx Port Group Array Elements

此字段应对后继 Tx Port Group Array 登录项进行计数。

允许值是 1、3、5、7、9、11、13、15……31、33。

属性类型:Unsigned 8。

Tx Port Group Array

Tx Port Group Array 是一个八位位组的数组,它包含最少 1 个最多 33 个八位位组,称之为 Tx Port Group Array 登录项。一个 Tx Port Group Array Element 由最少 1 个最多 8 个 TxPort 登录项组成,称之为 TxPortGroup 登录项 0 到 TxPortGroup 登录项 7。因此,TxPortGroup 八位位组的编号对应于设备内的端口编号,并应作如下计算:

N=Mhighest DIV 8 +1。

其中:

N 是 TxPortGroup 八位位组的编号或数组元素的编号;

$M_{highest}$是设备内 TxPort 的最高编号(最大 255);

未使用的 TxPort 登录项应设置为 0。

注 1:术语 DIV 代表整除(即舍去余数取整数)。术语 MOD 代表求模(即舍去整数取余数)。

Bit 0:TxPortEntry_0

如果 TxPort 具有的编号(m)满足 m MOD 8=0,则应依据表 110 中的值来设置此位。如果没有 TxPort 出现,则应使用填充位。

表 110 Tx Port Entry

值(十六进制数)	含 义
0x00	传输关
0x01	传输开

本地注入(injection)的 TxPort 总是放在 TxPortGroup 八位位组编号 1 的 TxPortEntry_1 中。

Bit 1:TxPortEntry_1

如果 TxPort 具有的编号(m)满足 m MOD 8=1,则应依据表 110 中的值来设置此位。如果没有 TxPort 出现,则应使用填充位。

Bit 2:TxPortEntry_2

如果 TxPort 具有的编号(m)满足 m MOD 8=2,则应依据表 110 中的值来设置此位。如果没有 TxPort 出现,则应使用填充位。

Bit 3:TxPortEntry_3

如果 TxPort 具有的编号(m)满足 m MOD 8=3,则应依据表 110 中的值来设置此位。如果没有 TxPort 出现,则应使用填充位。

Bit 4:TxPortEntry_4

如果 TxPort 具有的编号(m)满足 m MOD 8=4,则应依据表 110 中的值来设置此位。如果没有 TxPort 出现,则应使用填充位。

Bit 5:TxPortEntry_5

如果 TxPort 具有的编号(m)满足 m MOD 8 =5,则应依据表 110 中的值来设置此位。如果没有 TxPort 出现,则应使用填充位。

Bit 6:TxPortEntry_6

如果 TxPort 具有的编号(m)满足 m MOD 8=6,则应依据表 110 中的值来设置此位。如果没有 TxPort 出现,则应使用填充位。

Bit 7:TxPortEntry_7

如果 TxPort 具有的编号(m)满足 m MOD 8=7,则应依据表 110 中的值来设置此位。如果没有 TxPort 出现,则应使用填充位。

其中,m 是当前 TxPort 的编号,取值范围为 1≤m≤N。

List of Ports

此属性应由下列元素组成：

Port

此属性由下列元素组成：

属性类型：Unsigned 8。

Redundancy

此属性包含当前冗余设定的值。值 NoRedundancy 意味着应采用 IEEE 802.1D 规则。

值 Port1 到 Port255 意味着应通过在环型拓扑中 2 个关联的端口来传输帧 RT_CLASS_1 和 RT_CLASS_2。节点可以作为原发节点、转发节点或接收节点，如图 23 中的描述。

原发节点应该透明复制帧 RT_CLASS_1 和 RT_CLASS_2，并且通过关联的端口传送这些帧，即使此端口是阻塞端口。

转发节点应通过关联的端口转发所接收的帧 RT_CLASS_1 和 RT_CLASS_2，即使此端口是阻塞端口。但是，所接收的地址不应被集成在转发地址表(FDB，过滤数据库)中，以避免影响所有其他帧的传输。

接收节点应通过关联的端口接收帧 RT_CLASS_1 和 RT_CLASS_2，即使此端口是阻塞端口。但是，所接收的地址不应被集成在转发地址表中，以避免影响所有其他帧的传输。

如果 IEEE 802.3 源 MAC 地址是自己的地址，则所有节点都应丢弃 RT_CLASS_1 和 RT_CLASS_2 帧。

注 2：在未来的版本中，实时冗余将还适用于 RTA 帧。

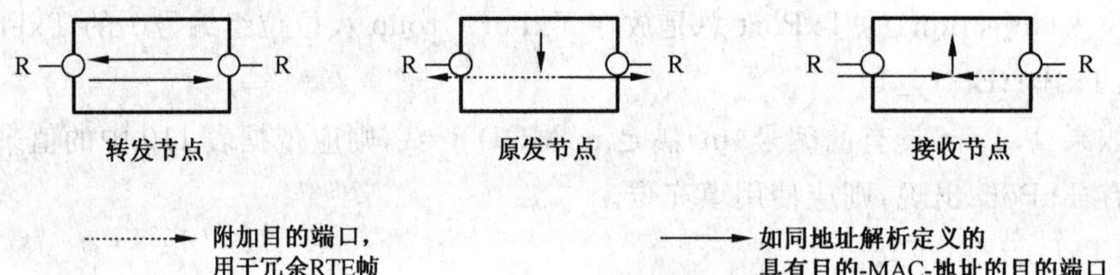

图 23 定位冗余 RT 帧的目的地

注 3：正在接收的 CPM 是不知道本机制的。它只是维护周期计数器和监视时间。接收的重复帧不影响该操作。

属性类型：Unsigned 8。

允许值：NoRedundancy、Port1～Port255。

Transmission Period Sending

此属性包含发送方向端口的当前传输时段的值。采用符合 IEEE 802.1D ASE 的发送进程调度方式。

对于 RT_CLASS_3 应采用下列传输规则：

如果 Phase 和 Reduction Ratio 的计算适合 Phase Number，则本地排队进程应依据 Frame Send Offset 和 Tx Port Group Array 传输该帧。

对于 RT_CLASS_3 应采用下列转发规则：

本地排队的进程应依据 Frame Send Offset、Data Length、Frame ID 和 Rx Port 传输先前接收到的帧。如果 Phase 和 Reduction Ratio 的计算适合 Phase Number，则应在存储于 Tx Port Group Array 中的所有端口上传输该帧。

在 YELLOW 时段内应省略 IEEE 802.1D 的转发规则。

应采用下列传输规则：

如果帧大小比剩余的 YELLOW 间隔短的话，本地排队进程应该传输该帧。

应采用下列转发规则：

如果帧大小比剩余的 YELLOW 间隔短的话，本地排队的进程应该传输先前接收到的帧。

在 ORANGE 和 GREEN 时段内，应采用 IEEE 802.1D 标准。

由本地时钟来控制传输时段。此时钟使用 RED 或 ORANGE 时段在网络上同步，也可以仅使用 GREEN 时段在网络上同步。所有时段的持续时间不应超过由属性 Send Clock Factor 计算的时间值，属性 Send Clock Factor 应由其他的 ASE 来定义。精度由一致性类来决定。

属性类型：Unsigned 8。

允许值：RED(可选)、ORANGE(可选)、GREEN、YELLOW(可选)。

示例：如图 24 所示，在本地端口上，帧的发送被分成不同的时段(period)。每个阶段(phase)通过 $T_{Sendclock}$ 来定义，$T_{Sendclock}$ 的值在 31.25 μs～4 ms 之间。每个时段的帧个数取决于为当前阶段被调度的帧，也可以是 0。

Transmission Period Receiving

此属性包含该接受方向端口中当前传输时段的值。

在 RED 时段内，只有准时的 RT_CLASS_3 DLPDU 和准时的 PTCP Sync DLPDU 应依据 RED Relay 规则来转发。所有其他接收到的 DLPDU 都依据 IEEE 802.1D 的转发规则通过 MAC Relay 来处理。

对于 RT_CLASS_3 应采用下列接收规则：

本地排队进程应依据 Frame Send Offset、Data Length、Frame ID、Rx Port 接收帧，并且 Phase 和 Reduction Ratio 的计算适合 Phase Number。

Phase：=（Clock Domain Phase Counter MOD Reduction ratio)+1

所接收的 IEEE 802.3 源 MAC 地址不应被集成在转发地址表中，以避免影响所有其他帧的传输。

应采用下列接收规则：

在 ORANGE 和 GREEN 时段内，应采用 IEEE 802.1D(MAC Relay)标准。

由本地时钟来控制传输时段。此时钟使用 RED 或 ORANGE 时段在网络上同步，也可以仅使用 GREEN 时段在网络上同步。所有时段的持续时间不应该超过通过属性 Send Clock Factor 计算出的时间值，属性 Send Clock Factor 应该由其他的 ASE 来定义。精度由一致性类来决定。

属性类型：Unsigned 8。

允许值：RED(可选)、ORANGE(可选)、GREEN、YELLOW(可选)。

Local Port State

此属性包含的值用于符合 IEEE 802.1D 桥管理的端口。

属性类型：Unsigned 8。

允许值：DISCARDING、BLOCKED、FORWARDING。

Local RTClass 3 Port State

此属性包含的值用于符合 RED 时段的端口。值 OFF 意味着未被 RED 时段使用或组态，或前提条件至今未能达到。值 RTCLASS3_UP 意味着该传输方向处于 RED 时段。值 RTCLASS3_RUN 意味着两个方向处于 RED 时段。

属性类型：Unsigned 8。

允许值：OFF、RTCLASS3_UP、RTCLASS3_RUN。

Local RTClass 2 Port State

此属性包含的值用于符合 ORANGE 时段的端口。值 OFF 意味着未被 ORANGE 时段使用或组态，或前提条件至今未能达到。值 RTCLASS2_RUN 意味着发送方和接收方处于 ORANGE 时段。

属性类型：Unsigned 8。

允许值：OFF、RTCLASS2_RUN。

Clock Domain Phase Counter

此属性对已完成的阶段进行计数。所有使用 RT_CLASS_3 的节点应使用相同的值。通过 PTCP 时钟同步来增加它。

属性类型:Unsigned 64。

6.3.8.3 **IEEE 802.1D 服务规范**

6.3.8.3.1 **Port state change**

此本地服务被用来指出某个本地系统数据(Local Systems Data)的改变。表 111 列出了该服务的参数。

表 111 **Port state change**

参数名称	Ind
Argument	M
Local Port ID	M
Local Port State	M
Local RTClass 3 Port State	M
Local RTClass 2 Port State	M

Argument

该变元应传送该服务指示的服务特定参数。

Local Port ID

此参数是该 ASE 对象相应属性值。

Local Port State

此参数是该 ASE 对象相应属性值。

Local RTClass 3 Port State

此参数是该 ASE 对象相应属性值。

Local RTClass 2 Port State

此参数是该 ASE 对象相应属性值。

6.3.8.3.2 **Set port state**

此本地服务被用来设置某个本地系统数据(Local Systems Data)。表 112 列出了该服务的参数。

表 112 **Set port state**

参数名称	Req
Argument	M
Local Port ID	M
Local Port State	U
Local RTClass 3 Port State	U
Local RTClass 2 Port State	U

Argument

该变元应传送该服务指示的服务特定参数。

Local Port ID

此参数是该 ASE 对象相应属性值。

Local Port State

此参数是该 ASE 对象相应属性值。

Local RTClass 3 Port State

此参数是该 ASE 对象相应属性值。

Local RTClass 2 Port State

此参数是该 ASE 对象相应属性值。

6.3.8.3.3 **Flush filtering data base**

此本地服务被用来刷新本地过滤数据库。表 113 列出了该服务的参数。

表 113 **Flush filtering data base**

参数名称	Req
Argument	M

Argument

该变元应传送该服务指示的服务特定参数。

6.3.8.3.4 **IFW IRT Schedule Add**

该 Schedule Add 服务用来通过本地服务存储 ASE 属性。表 114 列出了该服务的参数。

表 114 **IFW IRT Schedule Add**

参数名称	Req	Cnf
Argument	M	
CREP	M	
D_Port	M	
Reduction Ratio	M	
Phase	M	
Result(+)		M
CREP		M
D_Port		M
Status		M

Argument

该变元应传送该服务请求的服务特定参数。

CREP

此参数是所期望的 CR 的本地标识符。

D_Port

此参数包含 Port ID。

Reduction Ratio

此参数包含 CRL 类规范中相应属性的值。

Phase

此参数包含 CRL 类规范中相应属性的值。

Result(+)

此参数指出该服务请求已成功。

Status

此参数包含值 OK。

6.3.8.3.5 **IFW IRT Schedule Remove**

该 Schedule Remove 服务用来通过本地服务删除调度。表 115 列出了该服务的参数。

表 115 **IFW IRT Schedule Remove**

参数名称	Req	Cnf
Argument	M	
D_Port	M	

表 115（续）

参数名称	Req	Cnf
Result(+) CREP D_Port Status		M M M M

Argument

该变元应传送该服务请求的服务特定参数。

D_Port

此参数包含 Port ID。

Result(+)

此参数指出该服务请求已成功。

CREP

此参数是所期望的 CR 的本地标识符。

Status

此参数包含值 OK。

6.3.8.3.6 IFW Schedule

该 IFW Schedule 服务用来通过本地服务设置阶段(phase)。表 116 列出了该服务的参数。

表 116 IFW Schedule

参数名称	Req	Cnf
Argument Phase Len	M M M	
Result(+) Status		M M

Argument

该变元应传送该服务请求的服务特定参数。

Phase

此参数包含阶段(phase)。

Len

此参数包含该 phase 的持续时间。

Result(+)

此参数指出该服务请求已成功。

Status

此参数包含值 OK。

6.3.8.4 IEEE 802.1D 对象的调用

IEEE 802.1D 对象的调用采用下列规则：

——对于每个 RT_CLASS_3 接口，IEEE 802.1D 对象应存在。

6.3.9 虚拟桥接的 LAN ASE

6.3.9.1 概述

采用符合 IEEE 802.1 Q 标准的一些概念。本部分定义了 IEEE 802.1Q 标准的应用。它包括 RT_CLASS_3 和 RT_CLASS_2 关于帧优先级定义的扩展。

应用过程包含符合 IEEE 802.1Q 的以不同优先级传输的数据。此外，应根据此规范，对这些优先级在不同的时间间隔内的使用进行扩展。IEEE 802.1Q ASE 定义属性来决定定时行为。

通过 IEEE 802.1Q 类规范，包含其属性的描述来呈现 IEEE 802.1Q ASE 的形式模型。

6.3.9.2 IEEE 802.1Q 类规范

6.3.9.2.1 模板

通过下列模板来描述 IEEE 802.1Q 对象：

ASE： IEEE 802.1Q ASE
CLASS： IEEE 802.1Q
CLASS ID： not used
PARENT CLASS： TOP
ATTRIBUTES：

1	(m)	Key Attribute：	not used
2	(o)	Attribute：	Network Control High Queue
3	(m)	Attribute：	Network Control Low Queue
4	(m)	Attribute：	Prio 7 Send Queue
5	(m)	Attribute：	Prio 6
5.1	(o)	Attribute：	Red Send Queue
5.2	(o)	Attribute：	Orange Send Queue
5.3	(m)	Attribute：	Prio 6 Send Queue
6	(m)	Attribute：	Prio 5 Send Queue
7	(m)	Attribute：	Prio 4 Send Queue
8	(m)	Attribute：	Prio 3 Send Queue
9	(m)	Attribute：	Prio 2 Send Queue
10	(m)	Attribute：	Prio 1 Send Queue
11	(m)	Attribute：	Prio 0 Send Queue
12	(m)	Attribute：	Transmission Period
13	(o)	Attribute：	Clock Domain Phase Counter

6.3.9.2.2 属性

未使用关键属性。

Network Control High Queue

此可选属性包含同步的 DLPDU 列表，这些 DLPDU 是在 IR Data 记录中未被计划的或是在计划时间之外接收的。传输后，DLPDU 应从队列中删除。

属性类型：Octet String.

Network Control Low Queue

此属性包含管理协议的符合 IEEE 802.1Q 组织优先级的 DLPDU 列表，管理协议包括 LLDP、PTCP 线延迟测量、MRP、MRRT 等。传输后，DLPDU 应从队列中删除。

属性类型：Octet String。

Prio 7 Send Queue

此属性包含 IEEE 802.1Q 优先级 7 的 DLPDU 列表。传输完后，DLPDU 应从队列中删除。

属性类型：Octet String。

Prio 6

此属性由下列属性组成：

Red Send Queue

此可选属性包含 RT_CLASS_3 的和同步的 DLPDU 列表，这些 DLPDU 在 IR Data 记录中被计划并被按时接收。帧的顺序和准确发送时间应该通过其他 ASE 属性来确定。传输完后，DLPDU 应该从队列中删除。在一个新阶段的开始，应使用当前阶段的 DLPDU 来填充 Red Send Queue。

属性类型：Octet String

注：用于分散外围设备的应用层定义 IR Frame Data 元素的列表，以决定帧的顺序和精确发送时间。

Orange Send Queue

此可选属性包含 RT_CLASS_2 的和未被按时接收的那些 RT_CLASS_3 的 DLPDU 列表。传输完后，DLPDU 应该从队列中删除。在一个新时段的开始，应使用当前时段的 DLPDU 来填充 Orange Send Queue。

属性类型：Octet String。

Prio 6 Send Queue

此属性包含用于 IEEE 802.1Q 优先级 6 的 DLPDU 列表，包括 RT_CLASS_1 和 RT_CLASS_UDP 的 DLPDU。传输完后，DLPDU 应该从队列中删除。

属性类型：Octet String。

Prio 5 Send Queue

此属性包含用于 IEEE 802.1Q 优先级 5 的 DLPDU 列表。传输完后，DLPDU 应该从队列中删除。

属性类型：Octet String。

Prio 4 Send Queue

此属性包含用于 IEEE 802.1Q 优先级 4 的 DLPDU 列表。传输完后，DLPDU 应该从队列中删除。

属性类型：Octet String。

Prio 3 Send Queue

此属性包含用于 IEEE 802.1Q 优先级 3 的 DLPDU 列表。传输完后，DLPDU 应该从队列中删除。

属性类型：Octet String。

Prio 2 Send Queue

此属性包含用于 IEEE 802.1Q 优先级 2 的 DLPDU 列表。传输完后，DLPDU 应该从队列中删除。

属性类型：Octet String。

Prio 1 Send Queue

此属性包含用于 IEEE 802.1Q 优先级 1 的 DLPDU 列表。传输完后，DLPDU 应该从队列中删除。

属性类型：Octet String。

Prio 0 Send Queue

此属性包含用于 IEEE 802.1Q 优先级 0 的 DLPDU 列表。传输完后，DLPDU 应该从队列中删除。

属性类型：Octet String。

Transmission Period

此属性包含该端口当前传输时段(period)的值。它的目的是控制网络内带宽的使用。

注：在理论上，每个设备总是可以使用线速(wired speed)发送帧，如果这种方式的使用超过一定时间将会引起系统停止运行。因此，提供了一种公平机制来限制每个设备的发送性能。

在 RED 时段内，只有来自 Red Send Queue 的 DLPDU 才被传输。

在 ORANGE 时段内，只有来自 Network Control High Queue、Orange Send Queue 和 Network Control Low Queue 的 DLPDU 才被传输。

在 GREEN 时段内，来自 Red Send Queue 以外的所有队列的 DLPDU 应依据其优先级来传输。在优先级 6 内，采用的发送次序：Orange Send Queue，最近的(last)Prio 6 Send Queue。

在 GREEN 时段内，采用下列本地调度规则：

——如果在一个新 GREEN 时段开始时 Orange/Prio 6 Send Queue 不是空的，则本地排队进程应该丢弃所有下一个阶段 RT_CLASS_2/1 帧。每次丢弃都应通知本地应用；

——通常，使用的带宽应不超过 60%，以避免网络过载。

在 YELLOW 时段内，如果帧的传输在此时段内结束，则应依据其优先级传输来自不包括 Orange Send Queue 的所有队列的 DLPDU。如果所计算的用于帧的传输时间超出该时段，则可选择性地测试具有较低优先级的第一个帧。

时段的次序应是 RED、ORANGE、GREEN 和 YELLOW。RED 和/或 ORANGE 时段可以被省略。如果 RED 和/或 ORANGE 存在，则 YELLOW 时段应存在，否则应被省略。

由本地时钟来控制传输时段。此时钟使用 RED 或 ORANGE 时段在网络上同步，并也可以只使用 GREEN 时段在网络上同步。所有时段的持续时间应不超过通过属性 Send Clock Factor 计算出的时间值，该属性 Send Clock Factor 应由其他的 ASE 来定义。精度由一致性类来决定。

属性类型：Unsigned 8。

允许值：RED（可选）、ORANGE（可选）、GREEN、YELLOW（可选）。

示例：如图 24 所示，在本地端口上，帧的发送被分成不同的时段。每个阶段（phase）通过 $T_{Sendclock}$ 来定义，$T_{Sendclock}$ 的值在 31.25 μs～4 ms 之间。每个时段的帧个数取决于为当前阶段被调度的帧，也可以是 0。

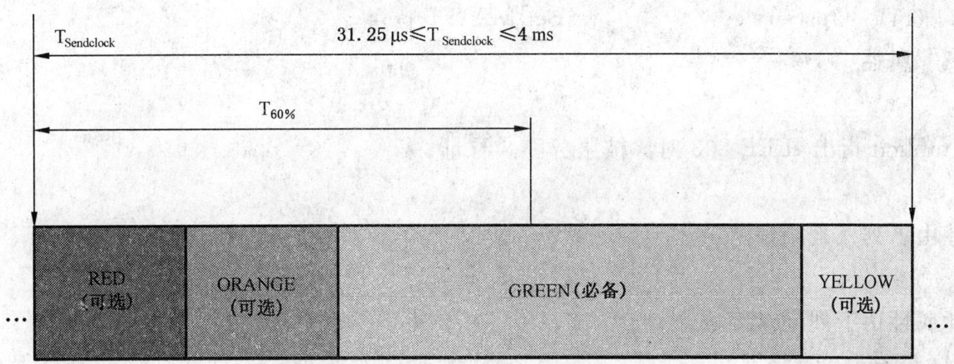

图 24 在本地端口上的时段举例

RED 时段的第一个和最后一个调用应在本地端口与相邻端口之间通过 Remote Systems Data Change(Remote RT_CLASS_3 Port Status)来同步。

Clock Domain Phase Counter

此属性对已完成时段进行计数。所有使用 RT_CLASS_3 的节点应使用相同的值。通过 PTCP 时钟同步来增加它。

属性类型：Unsigned 64。

6.3.9.2.3 IEEE 802.1Q 对象的调用

IEEE 802.1Q 对象的调用采用下列规则：

——对于每个端口，IEEE 802.1Q 对象都应存在。

6.3.9.3 IEEE 802.1Q 服务规范

没有规定服务。

6.3.10 媒体访问 ASE

6.3.10.1 概述

采用符合 IEEE 802.3 的一些概念。本条定义 IEEE 802.3 的应用。

6.3.10.2 IEEE 802.3 类规范

6.3.10.2.1 概要

IEEE 802.3 ASE 定义一个 IEEE 802.3 对象类型。

6.3.10.2.2 模板

通过下列模板来描述 IEEE 802.3 对象。

ASE:	IEEE 802.3 ASE		
CLASS:	IEEE 802.3		
CLASS ID:	not used		
PARENT CLASS:	top		
ATTRIBUTES:			
1	(m)	Key Attribute:	Implicit
2	(m)	Attribute:	List of Ports
2.1	(m)	Attribute:	Port
2.1.1	(m)	Attribute:	MAU type
2.1.2	(m)	Attribute:	Autonegotiation Status
2.1.3	(m)	Attribute:	Status
SERVICES:			
1	(m)	OpsService:	MAU type Change
2	(m)	OpsService:	Set MAU type

6.3.10.2.3 属性

Implicit

属性 Implicit 指出 IEEE 803 对象被服务隐式寻址。

List of Ports

此属性由下列元素组成:

Port

此属性由下列元素组成:

MAU type

此属性包含符合 IETF RFC3636 的当前 MAU Type 值。如果属性 Status 的值是 DOWN 或 OFF,则 MAU Type 应是 0。

属性类型:Unsigned 16。

Autonegotiation status

此属性包含当前自动协商(autonegotiation)设置的值。对于光传输,该值应被设置为 DISABLE。

属性类型:Unsigned 8。

允许值:ENABLE、DISABLE。

Status

此属性包含当前端口状态设置的值。如果媒体附属单元(MAU)被停用,则它应是 OFF。如果媒体附属单元(MAU)被启用,但检测不到链接,则它应是 DOWN。如果媒体附属单元(MAU)被启用,并检测到链接,则它应是 UP。

属性类型:Unsigned 8。

允许值:UP、DOWN、OFF。

6.3.10.3 **IEEE 802.3 服务规范**

6.3.10.3.1 **MAU type Change**

此本地服务被用来指出某本地系统数据(Local Systems Data)的改变。表 117 列出该服务的参数。

表 117 MAU type change

参数名称	Ind
Argument	M
Local Port ID	M
Local MAU type	U
Local Autonegotiation State	U
Local Link Status	U

Argument

该变元应传送该服务指示的服务特定参数。

Local Port ID

此参数是该 ASE 对象相应属性值。

Local MAU type

此参数是该 ASE 对象相应属性值。

Local Autonegotiation Status

此参数是该 ASE 对象相应属性值。

Local Link Status

此参数是 ASE 对象相应属性值。

6.3.10.3.2 **Set MAU type**

此本地服务被用来指出某远程系统数据(Remote Systems Data)的改变。表 118 列出该服务的参数。

表 118 Set MAU type

参数名称	Ind
Argument	M
Local Port ID	M
Local MAU type	U
Local Autonegotiation State	U
Local Link Status	U

Argument

该变元应传送该服务指示的服务特定参数。

Local Port ID

此参数是该 ASE 对象相应属性值。

Local MAU type

此参数是该 ASE 对象相应属性值。

Local Autonegotiation Status

此参数是该 ASE 对象相应属性值。

Local Status

此参数是该 ASE 对象相应属性值。

6.3.10.4 **IEEE 802.3 对象的调用**

IEEE 802.3 对象的调用采用下列规则:

——对于每个接口,IEEE 802.3 对象都应存在。

6.3.11 **IP 协议族 ASE**

6.3.11.1 **概述**

本规范定义了 RFC 768(UDP)、RFC 791(IP)、RFC 792(ICMP)、RFC 826(ARP)和 RFC 1112(IP

Multicasting)标准的应用。它包括 UDP 端口和 IP 多播地址的定义以及在 UDP 上用于 RT 的 IP 首部字段的应用。

此 ASE 包含当前操作的易失值。非易失存储器中保存的永久值与 6.3.1 中定义的 DCP ASE 相关。

6.3.11.2 IP 协议族类规范

6.3.11.2.1 概述

IP 协议族 ASE 定义一个 Physical Device Management 对象类型。

6.3.11.2.2 模板

通过下列模板来描述 IP 协议族对象：

ASE:	IP suite ASE		
CLASS:	IP suite		
CLASS ID:	not used		
PARENT CLASS:	top		
ATTRIBUTES:			
1	(m)	Key Attribute:	Implicit
2	(m)	Attribute:	IP
2.1	(m)	Attribute:	IP Address
2.2	(m)	Attribute:	Subnet Mask
2.3	(m)	Attribute:	Standard Gateway
3	(m)	Attribute:	ARP
3.1	(m)	Attribute:	Cache Size
3.2	(m)	Attribute:	Cache Timeout
3.3	(m)	Attribute:	List of Cache Entries
3.3.1	(m)	Attribute:	IEEE 802.3 MAC Address
3.3.2	(m)	Attribute:	IP Address
4	(m)	Attribute:	List of IP Multicast addresses
4.1	(m)	Attribute:	IP Multicast address
SERVICES:			
1	(o)	OpsService:	Set ARP Cache

6.3.11.2.3 属性

Implicit

属性 Implicit 指出 IP 协议族对象被服务隐式寻址。

IP

此属性包含下列属性：

IP Address

此属性包含符合 RFC791 的当前 IP 地址。

属性类型：Unsigned 32。

Subnet Mask

此属性包含符合 RFC791 的当前子网掩码。

属性类型：Unsigned 32。

Standard Gateway

此属性包含符合 RFC791 的标准网关当前 IP 地址。

属性类型：Unsigned 32。

ARP

此属性包含下列属性：

Cache Size

此属性包含 ARP 高速缓存的大小，并包含高速缓存已连接的所有设备的值。用于 IO 设备的缺省值是 64，用于 IO 控制器的缺省值应是 256。

注：Cache Size(高速缓存大小)影响 IO 操作的性能。

Cache Timeout

此属性应包含用于 ARP 高速缓存登录项刷新的超时值(见 RFC 826)。当替换设备时，此属性将影响识别已改变的 IP 地址和 MAC 地址对的时间。缺省值应是 180 s。

注：如果 UDP/IP 栈支持的话，对于 IO 设备的静态 ARP 高速缓存登录项提供了适当的解决方案。

List of Cache Entries

此属性表包含下列属性：

IP Address

此属性包含符合 RFC791 的 IP 地址。

属性类型：Unsigned 32。

IEEE 802.3 MAC Address

此属性包含对应于 IP 地址的 GB/T 15629.3 MAC 地址值。

属性类型：OctetString[6]。

List of IP Multicast addresses

此属性表包含下列属性：

IP Multicast address

此属性包含用于多播通信关系的 IP Multicast 地址。它依据 RFC 2365 来设置，并遵循表 119中列出的有关 Frame ID 的构造规则。

在表 119 中列出了相关 MAC 地址和 Frame ID 的允许值。

表 119 IP Multicast 地址

IP 多播地址	相关的多播 MAC 地址	相关的 Frame ID	用　法
239.192.248.0	01-00-5E-40-F8-00	0xF800	与 RT_CLASS_UDP 联合用于多播通信关系
239.192.248.1～ 239.192.251.254	01-00-5E-40-F8-01～ 01-00-5E-40-FB-FE	0xF801～0xFBFE	与 RT_CLASS_UDP 联合用于多播通信关系
239.192.251.255	01-00-5E-40-FB-FF	0xFBFF	与 RT_CLASS_UDP 联合用于多播通信关系

6.3.11.3 IP 协议族服务规范

6.3.11.3.1 Set ARP Cache

此本地服务可以用来操作本地 ARP 高速缓存装载登录项。表 120 列出了该服务的参数。

表 120 Set ARP Cache

参数名称	Req	Cnf
Argument	M	
Number of Entries	M	
List of Cache Entries	U	
IEEE 802.3 MAC Address	M	
IP Address	M	
Result(＋)		S(＝)
Result(－)		S(＝)

Argument

该变元应传送该服务请求的服务特定参数。

Number of Entries

此可选参数表包含后续 Cache Entries 的个数。该数量不能超过属性 Cache Size 的值。

List of Cache Entries

此可选参数表由下列参数组成：

IEEE 802.3 MAC Address

此参数包含相应的 ASE 属性的值。

IP Address

此参数包含相应的 ASE 属性的值。

Result(＋)

此参数指出该服务请求已成功。

Result(－)

此参数指出该服务请求失败。

6.3.12 域名系统 ASE

6.3.12.1 概述

本规范定义了 RFC 1034(DNS)标准的应用。它包括域名的用法和内容语法。

6.3.12.2 DNS 类规范

6.3.12.2.1 概述

DNS ASE 定义一个 DNS 对象类型。

6.3.12.2.2 Template

通过下列模板来描述 DNS 对象：

ASE：	DNS ASE		
CLASS：	DNS		
CLASS ID：	not used		
PARENT CLASS：	top		
ATTRIBUTES：			
1	(m)	Key Attribute：	Implicit
2	(m)	Attribute：	DNS
2.1	(m)	Attribute：	Primary DNS Server
2.2	(m)	Attribute：	Secondary DNS Server
SERVICES：			
1	(o)	OpsService：	DNS Get Host By Name

6.3.12.2.3 属性

Implicit

属性 Implicit 指出 DNS 对象被服务隐式寻址。

DNS

此属性包含下列属性：

Primary DNS Server

此属性包含符合 RFC791 的主 DNS 服务器 IP 地址。

属性类型：Unsigned 32。

Secondary DNS Server

此属性应包含符合 RFC791 的次 DNS 服务器 IP 地址。

属性类型：Unsigned 32。

6.3.12.3 **DNS 服务规范**

DNS 服务来源于 RFC 1034(DNS)标准。

6.3.13 **动态主机配置 ASE**

6.3.13.1 **概述**

本规范定义了 RFC 2131(DHCP)标准的应用。它包括 Client ID 的用法和内容语法。

6.3.13.2 **DHCP 类规范**

6.3.13.2.1 **概述**

DHCP ASE 定义一个 DHCP 对象类型。

6.3.13.2.2 **模板**

通过下列模板来描述 DHCP 对象：

ASE:	DHCP ASE		
CLASS:	DHCP		
CLASS ID:	not used		
PARENT CLASS:	top		
ATTRIBUTES:			
1	(m)	Key Attribute:	Implicit
SERVICES:			
1	(o)	OpsService:	DHCP Get IP

6.3.13.2.3 **属性**

Implicit

属性 Implicit 指出 DHCP 对象被服务隐式寻址。

6.3.13.3 **DHCP 服务规范**

DHCP 服务来源于 RFC 2131(DHCP)标准。

6.3.14 **简单网络管理 ASE**

6.3.14.1 **概述**

本部分定义了 RFC 2674(Bridges with traffic classes)、RFC 2737(MIB 2)、RFC 2863(IF MIB)、RFC 3418(SNMP)、RFC 3621(Power over Ethernet MIB)和 RFC 3636(MAU MIB)标准的应用。它包括不同 MIB 的用法。此外，在 GB/Z 25105.2 中规定了 PROFINET IO-LLDP MIB。

6.3.14.2 **SNMP 类规范**

6.3.14.2.1 **概述**

SNMP ASE 定义一个 SNMP 对象类型。

6.3.14.2.2 **模板**

通过下列模板来描述 SNMP 对象：

ASE:	SNMP ASE		
CLASS:	SNMP		
CLASS ID:	not used		
PARENT CLASS:	top		
ATTRIBUTES:			
1	(m)	Key Attribute:	Implicit
2	(m)	Attribute:	Type10 MIB
2.1	(m)	Attribute:	Enterprise number
2.1.1	(o)	Attribute:	List of Vendors

2.1.2　　　　　　(m)　Attribute:　　　　Vendor OUI

SERVICES:

1　　　　　　　　(o)　OpsService:　　　SNMP Get

6.3.14.2.3　**Attributes**

Implicit

属性 Implicit 指出 SNMP 对象被服务隐式寻址。

Type10 MIB

此属性由下列元素组成:

Enterprise number

此属性包含作为 MIB 标识符的组织代码。此值应符合表 121。

表 121　Enterprise number

值	含　义
24686	用于 Type10 MIB 的组织代码。

List of Vendors

此属性表由下列属性组成:

Vendor OUI

此属性定义附加的制造商特定 MIB 扩展。

属性类型:Unsigned 32。

表 122 列出了允许的值。

表 122　Vendor OUI

值	含　义
Type10 OUI	Type10 定义后续的结构数据
Vendor OUI	制造商定义后续的结构数据
others	保留

6.3.14.3　**SNMP 服务规范**

SNMP 服务来源 RFC 3418(SNMP)标准。

6.3.15　**通用的 DL 映射 ASE**

6.3.15.1　**概述**

此 ASE 为 DL 映射提供一个通用接口。

6.3.15.2　**DL 映射类规范**

6.3.15.2.1　**概述**

DL 映射 ASE 定义一个 DL Mapping 对象类型。

6.3.15.2.2　**模板**

通过下列模板来描述 DL Mapping 对象:

ASE:　　　　　　DL Mapping ASE

CLASS:　　　　　DL Mapping

CLASS ID:　　　　not used

PARENT CLASS:　top

ATTRIBUTES:

1　　　　　　　　(m)　Key Attribute:　　Implicit

SERVICES：

1	（m）	OpsService：	IRT Schedule Add
2	（m）	OpsService：	IRT Schedule Remove
3	（m）	OpsService：	Schedule
4	（m）	OpsService：	N Data
5	（m）	OpsService：	A Data
6	（m）	OpsService：	C Data

6.3.15.2.3 属性

Implicit

属性 Implicit 指出 DL Mapping 对象被服务隐式寻址。

6.3.15.3 DL 映射服务规范

6.3.15.3.1 IRT Schedule Add

该 Schedule Add 服务被用来通过本地服务存储 ASE 属性。

表 123 列出了该服务的参数。

表 123 IRT Schedule Add

参数名称	Req	Cnf
Argument	M	
CREP	M	
D_Port	M	
Reduction Ratio	M	
Phase	M	
Result(＋)		M
CREP		M
D_Port		M
Status		M

Argument

该变元应传送该服务请求的服务特定参数。

CREP

此参数是所期望 CR 的本地标识符。

D_Port

此参数包含 Port ID。

Reduction Ratio

此参数包含 CRL 类规范中的相应属性的值。

Phase

此参数包含 CRL 类规范中的相应属性的值。

Result(＋)

此参数指出该服务请求已成功。

Status

此参数包含值 OK。

6.3.15.3.2 IRT Schedule Remove

该 Schedule Remove 服务被用来通过本地服务删除该调度。

表 124 列出了该服务的参数。

表 124　**IRT Schedule Remove**

参数名称	Req	Cnf
Argument	M	
D_Port	M	
Result(+)		M
CREP		M
D_Port		M
Status		M

Argument

该变元应传送该服务请求的服务特定参数。

D_Port

此参数包含 Port ID。

Result(+)

此参数指出该服务请求已成功。

CREP

此参数是所期望 CR 的本地标识符。

Status

此参数应包含值 OK。

6.3.15.3.3　Schedule

该 Schedule 服务被用来通过本地服务设置阶段(phase)。

表 125 列出了该服务的参数。

表 125　**Schedule**

参数名称	Req	Cnf
Argument	M	
Phase	M	
Len	M	
Result(+)		M
Status		M

Argument

该变元应传送该服务请求的服务特定参数。

Phase

此参数包含阶段。

Len

此参数包含该阶段的持续时间。

Result(+)

此参数指出该服务请求已成功。

Status

此参数应包含值 OK。

6.3.15.3.4　N Data

此服务被用来从 IO 设备向 IO 控制器传送非 RTA 和 RTC 数据，反之亦然。表 126 列出了该服务的参数。

表 126 **N Data**

参数名称	Req	Ind	Cnf
Argument	M	M(=)	
CREP	M	M(=)	
D Port	M	M(=)	
T Stamp	M	M(=)	
DA	M	M(=)	
SA	M	M(=)	
Prio	M	M(=)	
VLAN Tag	M	M(=)	
LT	M	M(=)	
N SDU	M	M(=)	
Result(+)			S
AREP			M
Result(−)			S
AREP			M
Status			M

Argument

该变元应传送该服务请求的服务特定参数。

CREP

此参数是所期望 CR 的本地标识符。

D Port

此参数包含所期望的 Port ID。

T Stamp

此参数包含时间戳。

DA

此参数包含符合 IEEE 802.3 的目的地址。

SA

此参数包含符合 IEEE 802.3 的源地址。

Prio

此参数包含符合 IEEE 802.1Q 的优先级。

VLAN Tag

此参数包含符合 IEEE 802.1Q 的 VLAN 字段。

LT

此参数包含符合 IEEE 802.3 的优先级。

N SDU

此参数包含 APDU。

Result(+)

此参数指出该服务请求已成功。

Result(−)

此参数指出该服务请求失败。

Status

此参数包含错误的原因。

6.3.15.3.5 A Data

此服务被用来从 IO 设备向 IO 控制器传送 RTA 数据,反之亦然。表 127 列出了该服务的参数。

表 127 A Data

参数名称	Req	Ind	Cnf
Argument	M	M(=)	
CREP	M	M(=)	
D Port	M	M(=)	
T Stamp	M	M(=)	
DA	M	M(=)	
SA	M	M(=)	
Prio	M	M(=)	
VLAN Tag	M	M(=)	
LT	M	M(=)	
A SDU	M	M(=)	
Result(+)			S
AREP			M
Result(−)			S
AREP			M
Status			M

Argument

该变元应传送该服务请求的服务特定参数。

CREP

此参数是所期望的 CR 本地标识符。

D Port

此参数包含所期望的 Port ID。

T Stamp

此参数包含时间戳。

DA

此参数包含符合 IEEE 802.3 的目的地址。

SA

此参数包含符合 IEEE 802.3 的源地址。

Prio

此参数包含符合 IEEE 802.1Q 的优先级。

VLAN Tag

此参数包含符合 IEEE 802.1Q 的 VLAN 字段。

LT

此参数包含符合 IEEE 802.3 的优先级。

A SDU

此参数包含符合 IEEE 802.3 的优先级。

Result(+)

此参数指出该服务请求已成功。

Result(－)

此参数指出该服务请求失败。

Status

此参数包含错误的原因。

6.3.15.3.6 **C Data**

此服务被用来从IO设备向IO控制器传送RTC数据,反之亦然。表128列出了该服务的参数。

表128 C Data

参数名称	Req	Ind	Cnf
Argument	M	M(＝)	
CREP	M	M(＝)	
D Port	M	M(＝)	
DA	M	M(＝)	
SA	M	M(＝)	
Prio	M	M(＝)	
VLAN Tag	M	M(＝)	
LT	M	M(＝)	
N SDU	M	M(＝)	
APDU Status	M	M(＝)	
Result(＋)			S
AREP			M
Result(－)			S
AREP			M
Status			M

Argument

该变元应传送该服务请求的服务特定参数。

CREP

此参数是所期望CR的本地标识符。

D Port

此参数包含所期望的Port ID。

DA

此参数包含符合IEEE 802.3的目的地址。

SA

此参数包含符合IEEE 802.3的源地址。

Prio

此参数包含符合IEEE 802.1Q的优先级。

VLAN Tag

此参数包含符合IEEE 802.1Q的VLAN字段。

LT

此参数包含符合IEEE 802.3的优先级。

C SDU

此参数包含APDU。

APDU Status

此参数包含字段 APDU Status。

Result(+)

此参数指出该服务请求已成功。

Result(-)

此参数指出该服务请求失败。

Status

此参数包含错误的原因。

7 用于分布式自动化的通信模型

本章为空,以保持与 IEC 61158-5-10 相同的条号。

8 用于分散式外围设备的通信模型

8.1 概念

8.1.1 用户要求

典型的自动化系统由一台或几台通过 I/O 系统与机器/过程相连接的可编程序控制器(PLC)组成。如今,I/O 系统通常是分层的分散式系统,或一组具有明确定义的电气接口(如 24 V 数字信号或 4 mA~20 mA 模拟信号)的单点连接。

本通信模型定义了分散式系统,其连接基于 GB/T 15629.3 的信息和电信技术。

用于分散外围设备的通信系统被称为 PROFINET IO。

8.1.2 特点

结合了 GB/T 15969.1 中定义的结构,具有下列优点:

——设备的变动仅引起布线的少量改动;

——重要的信号可以通过近距离高精度地传送到远程现场设备(传感器/执行机构),也可以通过远距离高精度地向/从可编程序控制器传送;

——无需另外的布线就可以进行参数化和诊断;

——无需另外的安装就可以分段投运。

表 129 中列出了系统的要求和特点概要。

表 129 要求和特点

要 求	特 点
短的反应时间	具有 32 个现场设备、超过 1 000 个输入/输出信息的循环交换时间小于 1 ms
自动化系统由一个或几个可编程序控制器组成	单控制器或多控制器操作,1 个 IO 设备可以与多于 1 个 IO 控制器相关联
简单现场设备	简单协议,低成本通信接口
适应 IEC 61158-5-3/-6-3 的应用模型	具有兼容性方法的类似的应用过程对象模型
统一的协议	对于不同的应用模型使用相同的实时传输协议机制
优秀的诊断功能	用于 IO 设备的诊断和报警对象模型
智能现场设备	非循环通信提供了一种 IO 设备内灵活的、增强的数据寻址方案 可以用一个显性确认将来自 IO 设备的报警传送给 IO 控制器,反之亦然
在 IO 设备之间和 IO 控制器之间的有效率的通信	提供者/消费者机制

表 129（续）

要　　求	特　　点
应用同步	等时同步模式，向应用发信号时的抖动小于 1 μs
时钟同步	高精度的时间同步
冗余	IO 设备和 IO 控制器冗余，支持媒体冗余
可互操作性	包括系统行为定义在内的精确、完整的定义
运行期间的修改	动态重新组态

8.1.3 关联

通信模型支持 3 种类型的关联，这些关联通过包含在该关联中的设备类型来表示。

注 1：其他关联(例如，用于上装或下载)是可能的，但不是本通信模型的部分。

通信模型支持现场设备与一个或多个控制设备(例如，可编程控制器或分布式控制系统)通过关联进行通信(见图 25)。它包括 IO 数据的循环数据交换和报警的传输以及参数数据、组态数据、标识数据、日志(logbook)数据、诊断数据和记录数据的传输。

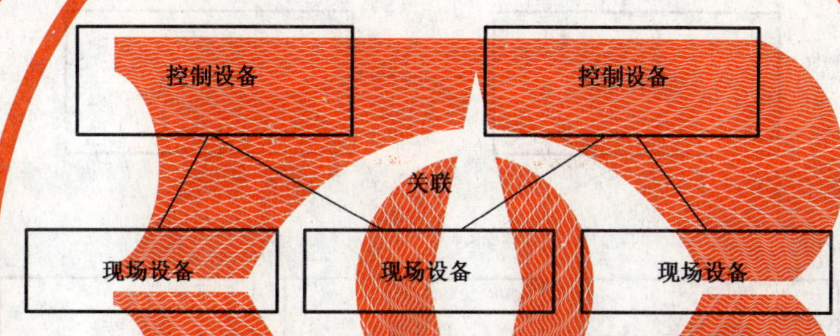

图 25　控制设备与现场设备之间的通信示例

此外，也支持工程设备与若干个控制或现场设备之间的通信(见图 26)。工程设备与现场设备之间的关联包括通过无连接 RPC 协议的参数数据、组态数据、标识数据、日志(logbook)数据、诊断数据和记录数据的传输。

注 2：工程设备与控制设备之间的关联包括通过无连接 RPC 协议的控制器诊断、域和用于设备激活的命令的传输(有待进一步研究)。

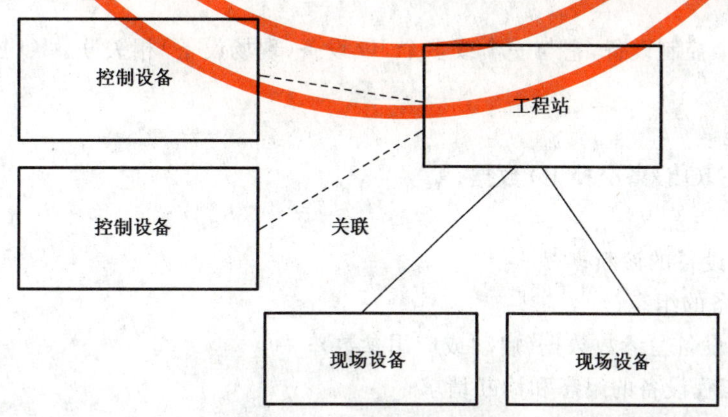

图 26　工程站与若干控制和现场设备之间的通信示例

除了这些通信模型外，还支持服务器站与现场设备之间的通信(见图 27)。服务器站与现场设备之间的关联包括通过无连接 RPC 协议的记录数据的传输。

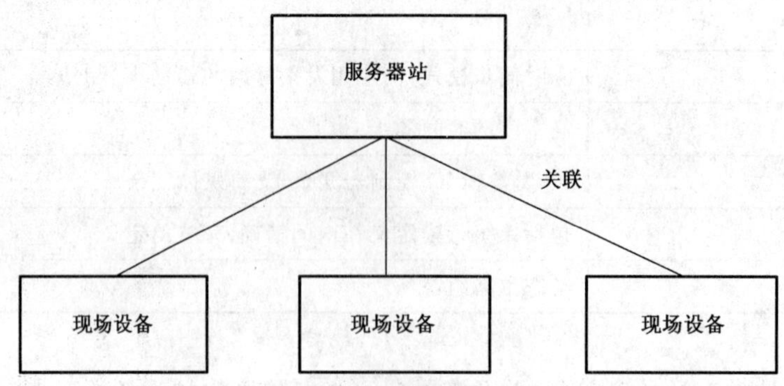

图 27 现场设备与服务器站之间的通信示例

除了这些通信模型外，还支持现场设备之间的通信(见图 28)。此通信模型包括用于建立和控制现场设备之间的关联的控制设备。

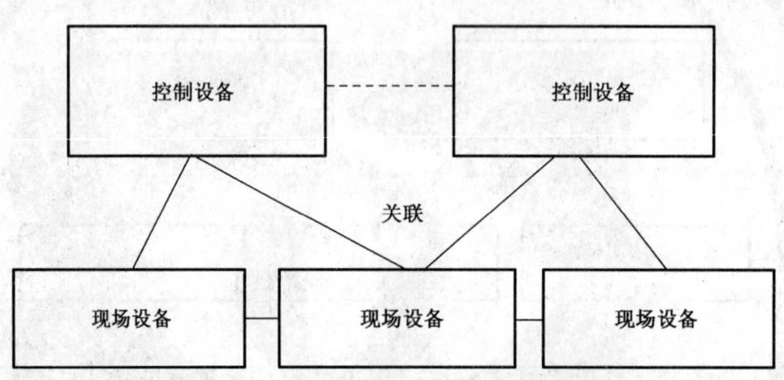

图 28 现场设备之间的通信示例

注 3：控制设备之间的关联可能包括：例如 IO 数据、诊断、报警和参数的传输。

8.1.4 设备类型

8.1.4.1 概要

一个物理上的自动化设备可以具有一个或多个具有适当关联的相同或不同的设备类型。

8.1.4.2 IO 控制器

IO 控制器是一个控制设备，它与一个或多个 IO 设备(现场设备)相关联。IO 控制器执行一个或多个下列的功能：

a) 循环的功能

——与相关 IO 设备交换 IO 数据；

b) 非循环的功能

——读 IO 设备的诊断；

——IO 设备的组态；

——向 IO 设备写参数数据(启动或应用参数)；

——处理工程设备的组态和诊断请求；

——通过上下关系管理对 IO 设备建立上下关系；

——非循环访问 IO 设备的记录数据；

——处理来自 IO 设备的报警；

——向 IO 设备发送报警。

c) 通用功能

——冗余；

——动态重新组态；

——等时同步操作；

——IO 设备与 IO 控制器之间的提供者/消费者通信；

——时钟同步化。

8.1.4.3 IO 监视器

IO 监视器是一个工程设备，它负责组态数据(参数集)的提供以及 IO 控制器和/或 IO 设备的诊断数据的采集。

8.1.4.4 IO 参数服务器

IO 参数服务器是一个服务器站，它用来存储和装载 IO 设备(客户机)的应用组态数据(记录数据对象)。

8.1.4.5 IO 设备

8.1.4.5.1 概要

IO 设备是一个现场设备并依据功能执行下列的活动：

这些功能是：

a) 循环的功能

——与指定的一个或多个 IO 控制器循环交换 I/O 数据；

——与相关的 IO 设备交换 IO 数据。

b) 非循环的功能

——提供诊断数据

——处理 IO 控制器的组态请求；

——为 IO 控制器提供对记录数据的非循环访问；

——对指定的 IO 控制器提供报警；

——处理参数(启动或应用参数)；

——处理工程设备的组态和诊断请求；

——处理来自 IO 控制器的报警；

——向 IO 控制器发送报警。

c) 通用功能

——IO 设备与 IO 控制器之间的提供者/消费者通信；

——冗余；

——动态重新组态；

——等时同步操作；

——时钟同步。

为了支持通用的功能定义 IO 设备一致性类。

通常，IO 设备是由下列元素分层组成的：

——一个或多个 IO 设备实例(见附录 A)；

——每个 IO 设备实例包括一个或多个由其标识符(API)引用的应用过程；

——每个 API 包括一个或多个槽；

——每个槽包括一个或多个子槽；

——每个子槽包括一个或多个通道。

IO设备由不同的结构单元组成，以对应用对象进行分组并提供一定程度的抽象。这些结构单元可以反映该现场设备的硬件部件或虚拟的功能单元。目的是提供适当的地址参数集。这些结构单元称为槽、子槽和通道，它们也可以反映一个IO设备的物理单元、子单元或单个连接点。

图29列出了一个任意API的结构。结构单元实例、应用过程标识符(API)、槽和子槽通过该地址模型中的对象UUID、API号、槽号和子槽号来访问。

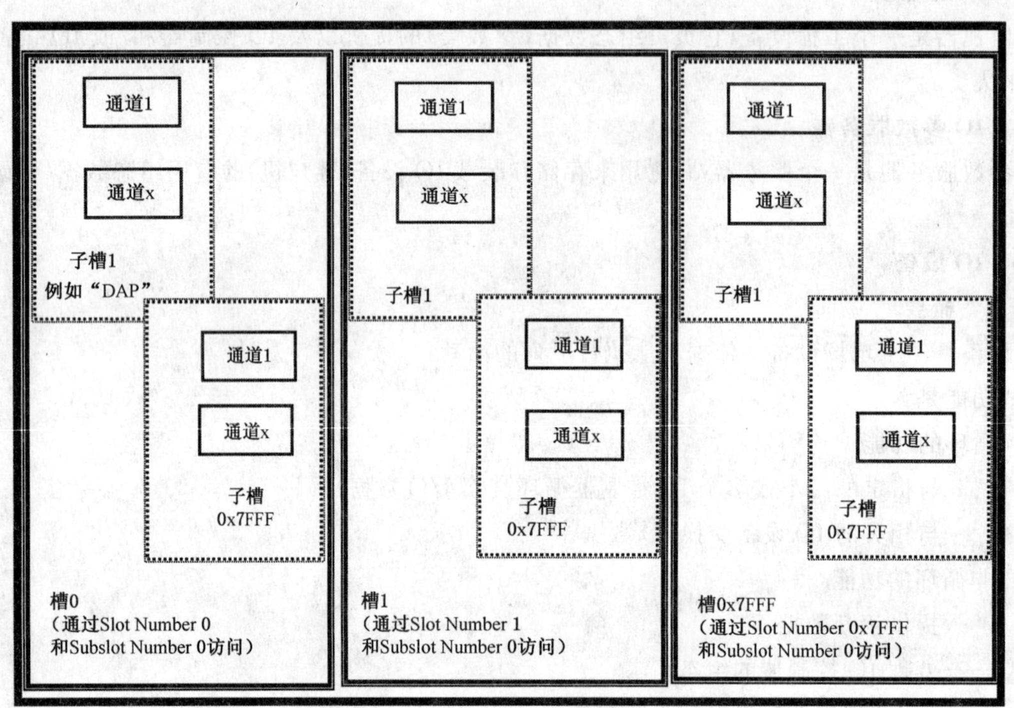

图29　IO设备的一个任意API的结构单元(通用)

此外，子槽1～0x7FFF可以被一个IO设备的所有API并行使用。可以对多个(多于1个)应用过程建立某个特定的应用关系。

具有多个应用过程标识符的IO设备实例称为Multi-API-Instance。

注：支持某个特定行规API的IO设备实例是一个Multi-API-Instance，因为API 0总是必备的。

设备制造商可以定义某个特定的槽/子槽组合来表示该IO设备本身。称之为设备访问点(DAP)。DAP子模块应在GSDML中描述。

此外，子槽号0应用来表示特殊情况“pull module”下的模块。此定义意味着“实际”子槽0不存在，且不应包含IO通道、诊断或记录数据。

在0x8000～0x8FFF范围内的专用子槽被规定用于API 0。一个IO设备应包含至少一个具有端口的接口。因此，至少一个槽(例如，槽号0)，应包含多达16个另外的专用子槽，从0x8000(接口1)、0x8100(接口2)直到0x8F00(接口16)，它们被称为接口子槽。接口子槽定义了对IP地址参数和接口名称(DNS名称)的远程访问。此外，每个接口子槽应至少有一个和最多255个指定的端口。从0x8x01(端口1)到0x8xFF(端口255)的这些子槽被称为端口子槽(端口子槽)。子槽定义了对端口特定参数(例如，Own Port ID)的远程访问。图30描述了同一个槽上属于一个接口的几个端口的示例。所有这些专用子槽应该仅在API 0内使用。如果其他槽不包含另外的端口子模块，值“port-001”应该用于一个接口的第1个端口子模块。

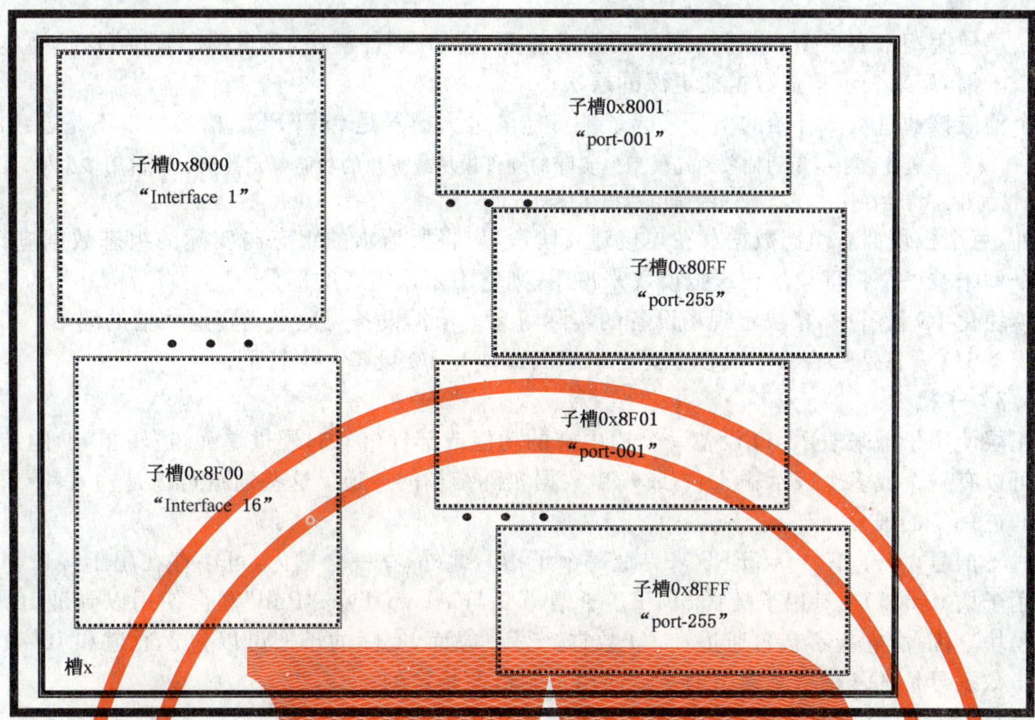

图 30　API 0 内的接口和端口的结构单元示例 1

图 31 描述了在几个槽上属于一个接口的几个端口的示例。如果其他槽不包含另外的端口子模块，值"port-001-00000"应该用于槽 0 内的接口的第 1 个端口子模块。

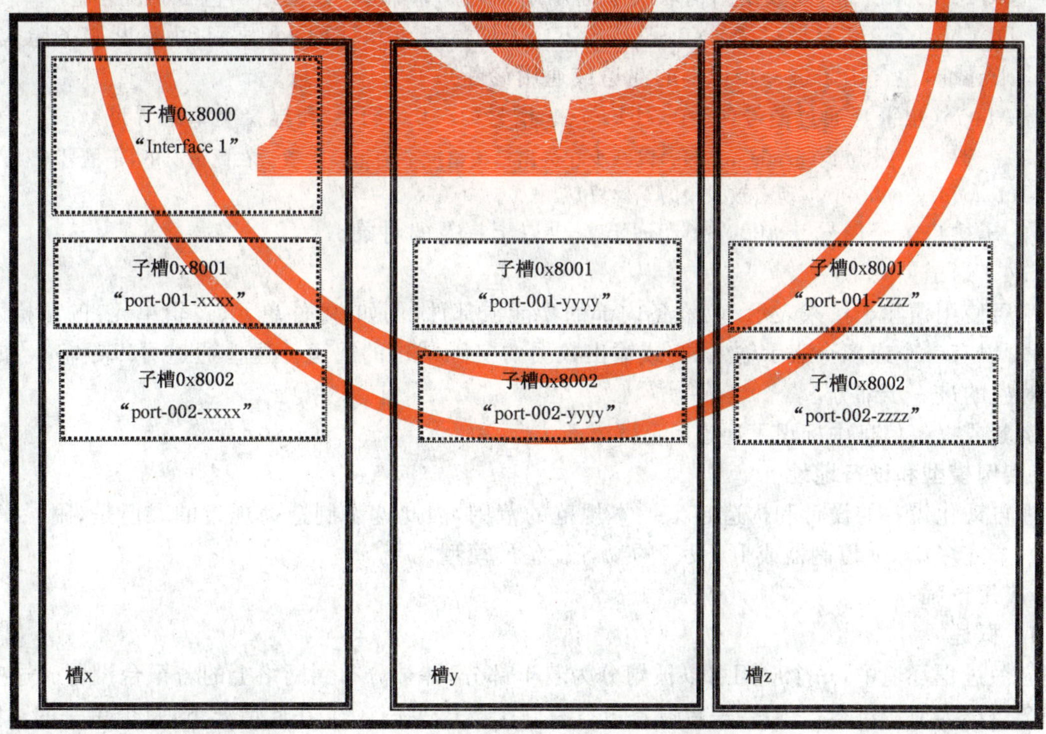

图 31　API 0 内的接口和端口的结构单元示例 2

在设备的 GSDML 文件中应描述该 IO 设备的所有可能的配置。

8.1.4.5.2 槽

应用层使用槽来表示 IO 设备内部的功能或部件(例如,硬件模块,逻辑单元)的结构。槽应该有一个或多个子槽,用来表示构造数据的更深的层次。

每个槽应该通过从 1 开始的槽号来寻址。可能的最大槽号是 0x7FFF。槽号可以不是连续的。

注:槽模型是通过数字引用的抽象地址模型。实际的硬件模块或虚拟的功能单元甚至可以占用多个槽。关于使用槽的设备特性在用于组态目的的通用站描述中规定。

此外,每个模块拥有组态数据。在连接建立阶段,应将所请求的组态与实际的组态数据进行比较。如果某个槽未被一个物理模块或虚拟模块来占用,则它不是该组态的部分。

在模块化 IO 设备中,槽决定现场设备的实际组态。依据设备规范来确定这些槽的编号。

紧凑型 IO 设备是具有一个或多个固定组态的模块化 IO 设备一个特例。

8.1.4.5.3 子槽

应用层使用子槽来表示 IO 设备一个槽内部的功能或部件(例如,硬件单元,逻辑单元)的结构。一个子槽可以有一个或多个表示输入和/或输出数据实际结构的通道。这些通道可以是输入和/或输出数据对象的进一步的细分。

通过子槽号 1~子槽号 0x7FFF 来寻址每个子槽。此外,在一个槽内,可以存在用于接口和相关端口的专用子槽 0x8000~专用子槽 0x8FFF。子槽号 0 与 AlarmType“Pull”联合使用以寻址 IO 设备内的某个模块。因此,它应不包含通道和 IO 数据。另一方面,实际的子槽可以包含通道和 IO 数据。设备内用于数据寻址的子槽号和索引的实际使用是制造商特定的。

在槽号 1~槽号 0x7FFF 内,子槽提供下列对象中的一个或几个:

——Record Data(记录数据)(具有开放语义的数据,例如,参数,通过槽号(0~0x7FFF)、子槽号(1~0x7FFF)和索引(0~0x7FFF)来寻址);

——IO Data(IO 数据)(通过作为一个 IO 组合数据结构的槽号(0~0x7FFF)、子槽号(1~0x7FFF)来寻址,该数据结构取决于通用站描述。每个 IO 数据结构包含状况信息);

——Diagnosis(诊断)(通过槽号(0~0x7FFF)、子槽号(1~0x7FFF)和索引(由诊断服务隐式设置)来寻址,包含用于进一步识别的通道或通用诊断);

——Alarm(报警)(通过槽号(0~0x7FFF)、子槽号(1~0x7FFF)和报警类型来寻址)。

注:子槽号 0 被用作魔数(magic number)以减少在拔出模块情况下的报警次数。在此情况下,子槽号 0 被用作“all submodules pulled out(所有被拔出的子模块)”。

此外,子槽也为子槽号 0x8000~0x8FFF 提供以上提及的对象。

8.1.4.5.4 通道

应用层使用槽和子槽来表示 IO 设备内部的功能或部件(例如:硬件单元、逻辑单元)的结构。一个槽/子槽可以有一个或多个表示输入和/或输出数据的实际结构的通道。这些通道可以是输入和/或输出数据对象的进一步细分。

在诊断或报警信息中标识了通道。

8.1.5 实例模型和设备地址

物理自动化设备的设计和构造超出了本规范的范围,因此这是制造商规定的。但是,附录 A 提供了拥有一个或多个 IO 控制器或 IO 设备的物理设备的模型。

8.1.6 应用过程

8.1.6.1 概述

在应用过程环境中,一个应用可以被划分为若干部分,并被分布到网络上的若干台设备。这些部分的每一个被称为应用过程(AP)。一台设备可以有几个 AP,见图 32。在此情况下,每个单一的 AP 用一个 AP 标识符(API)来唯一地标识。

每个 IO 设备应有一个 API=0 的 Default AP(缺省 AP)。

缺省 AP 应提供与设备有关的信息。其他 AP 被保留以唯一分配给设备行规和其他标准化的使用。

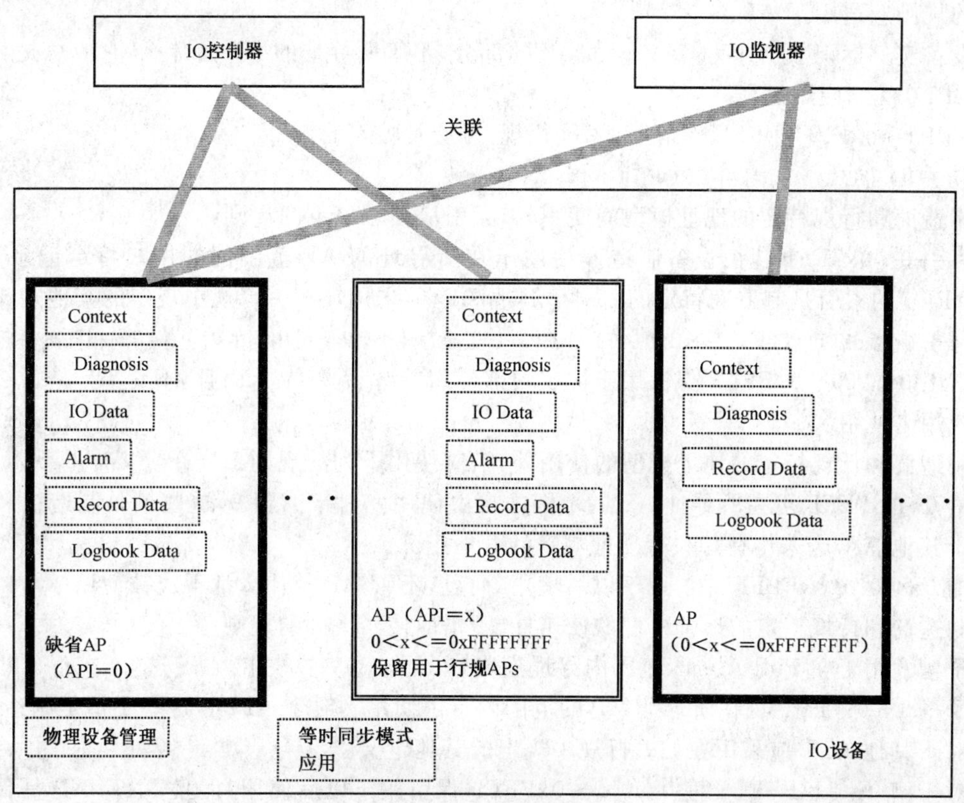

图 32　应用过程概述

一个 AP 可以被分布到几个槽和子槽。图 33 示出了 IO 设备的 AP、数据元素、槽和子槽之间的关系。这些灰色的逻辑框说明不存在“实际的”子槽 0。子槽 0 也不应包含例如 IO 数据，如图 33 所示。

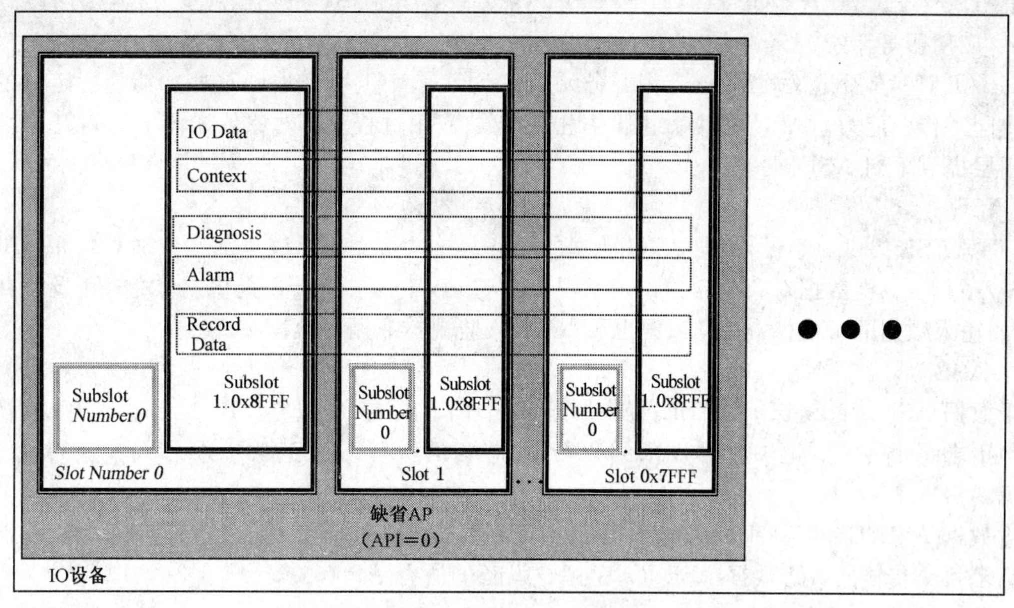

图 33　具有 AP、槽和子槽的 IO 设备

子槽 0x8000～0x8FFF 仅应存在于 API 0 中。

注 1：将实际对象映射到寻址模型是本地事务。这意味着一个实际对象可以被映射或组合在不同的 AP 和子槽中。但是，从网络的观点来看，所有地址信息 API/slot/subslot 都是唯一的。每个 API/slot/subslot 可以提供有关网络可视对象的不同但一致的视图。但是，IO 设备要避免输出数据的多次使用，这被称为重叠输出。监视器的应用关联总是能够控制输出数据，并通过特定的报警通知控制器设备。

下列的规则应适用于 AP：

——设备实例标识数据作为 Context ASE 的部分，不管所寻址的 AP 是什么，它应总是相同的。

——API 0 编制应用过程。

——API 1～0xFFFFFFFF 保留用于 IO 行规，且应是唯一的。

注 2：用于 IO 行规的 API 号由 PROFIBUS 国际(PI)分配。

除了制造商和行规特定的地址模型的使用外，索引应使用以下的规则：

——索引 0～0x7FFF 应由设备制造商使用于在所寻址的 AP 范围内的用户特定记录数据对象。API 0 的索引是制造商特定的。对于其他 AP，应采用在相关行规中规定的其他定义。

注 3：索引 0～0xFF 可以用于符合 IEC 61784-1 CP3/1 设备的升级，以便用相同的索引来访问相同的进程数据对象。

——索引 0x8000～0xFFFF 保留用于协议内部使用或进一步扩展，而且，不管 AP 是什么都不应被应用来使用。

除了制造商和行规特定的地址模型的使用外，槽应使用下列的规则：

——槽 0～0x7FFF 可在所寻址 AP 的范围内自由使用。对于 API 0，这些槽是制造商特定的。对于其他 AP，应采用在相关行规中规定的其他定义。

——槽 0x8000～0xFFFF 保留用于以后使用，而且，不管 AP 是什么都不应被使用。

除了制造商和行规特定的地址模型的使用外，子槽应使用下列的规则：

——子槽 0 用于在 Pull Alarm 范围内寻址模块，以通知模块的拔出。

——子槽 1～0x7FFF 可在所寻址 AP 的范围内自由使用。对于 API 0，这些子槽是制造商特定的。对于其他 API，应采用在相关行规中规定的其他定义。

——对于槽 0～0x7FFF，子槽 0x9000～0xFFFF 保留用于以后使用，而且，不管 AP 是什么都不应被使用。

——子槽 0x8000～0x8FFF 应用来编址接口和端口子模块。它们可以分布在所有槽上，但在所有槽上不应存在一个子槽号的重复使用。它们应只在 API 0 中被使用。

每个 AP 应通过 API(x)(0<x<0xFFFFFFFF)来寻址。其他 AP 的用法应受限于官方行规定义。

8.1.6.2 应用服务元素

如 GB/T 17176 所定义的那样，应用服务元素(ASE)是一组应用功能，这些功能为特定目的提供应用过程协同工作的能力。ASE 提供一组服务用于向/从应用过程及其对象传送请求和响应。

应用层提供下列 ASE：

IO 数据 ASE

IO 数据 ASE 提供一组循环传送 I/O 数据的服务。这些数据总是属于那些依据 Context ASE 已经组态的槽/子槽。I/O 数据对象包含传输的状况。可选地，IO 数据 ASE 提供与其他 IO 设备共享一个 IO 设备的输入数据的可能性。I/O 数据也可以被 IO 监视器非循环地读和写。

记录数据 ASE

记录数据 ASE(Record Data ASE)提供一组非循环传送数据的服务。IO 控制器或 IO 监视器的应用单独地请求每个传输。记录数据 ASE 可以与 IO 设备的所有 AP 有关。

日志数据 ASE

日志数据 ASE(Logbook Data ASE)提供一组读日志数据的服务。IO 控制器或 IO 监视器的应用单独地请求每个传输。日志数据 ASE 可以与 IO 设备的所有 AP 有关。

诊断 ASE

诊断 ASE(Diagnosis ASE)提供一组服务用于 IO 控制器或 IO 监视器从 IO 设备读诊断信息。

报警 ASE

报警 ASE(Alarm ASE)提供一组服务用于传送由 IO 设备或 IO 控制器发出的报警。所指定的 IO 控制器或 IO 设备确认该报警。

上下关系 ASE

上下关系 ASE(Context ASE)提供一组服务，用于

——依据设备描述传送设备参数和组态；

——识别 AR 端点；

——维护 AR 和 CR 参数(timeouts、modes……)；

——建立或释放各个 AP 之间的关联。

时间 ASE

时间 ASE(Time ASE)提供一种服务，用于同步一个网络上几个或所有设备的网络时间。

等时同步模式应用 ASE

等时同步模式应用 ASE(Isochronous Mode Application ASE)提供一组服务，用于参数化和同步化等时同步应用过程。

应用关系 ASE

应用关系 ASE(AR ASE)提供一种用于各个 AR 类型的描述模型。这包括其传输特性及其当前的通信状态。

物理设备管理 ASE

物理设备管理 ASE(Physical Device Management ASE)提供一组服务用于管理物理设备的启动。它包括站名称(Station Name)和其他 IP 地址参数的分配。

注：术语"物理设备"意味着只有一个 ASE 实例的"实际"自动化设备，而不考虑自动化设备内设备类型实例的个数。总之，对于大多数设备而言，它只是一个实例。

8.1.6.3 应用过程对象

应用过程对象(APO)是 AP 的特定方面的网络表示。每个 APO 代表 AP 的一组信息和处理能力，它们可以通过 FAL 的服务来访问。在系统中，APO 用来表示对其他 AP 的这些能力。

为了允许 AP 与另一台设备的 AP 通信，APO 必须是可用的。应用过程对象(虚拟对象)表示现有的应用过程对象(实际对象)，应用过程对通信是可见的和可访问的(见图 34)。

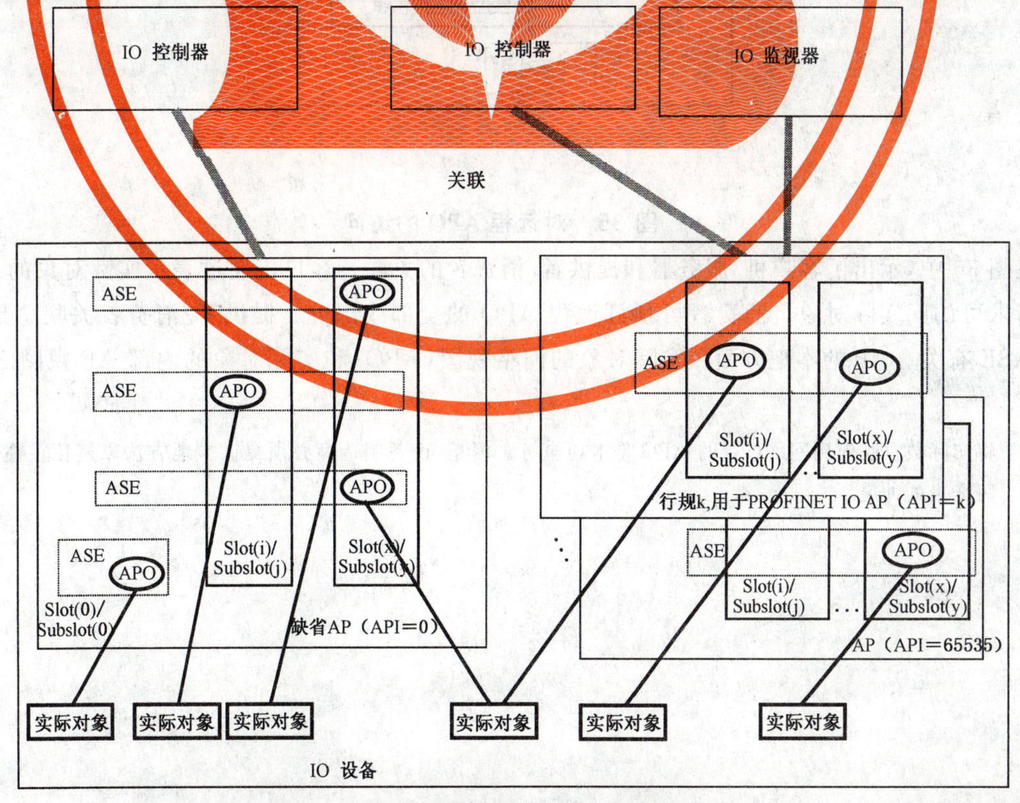

图 34 具有应用对象(APO)的应用过程

在图 35 中，作为客户机的远程 AP，通过表示实际对象的 APO 发送请求，可以访问实际对象。在实际对象的网络视图（APO）和实际对象的内部 AP 视图间的转换是 AP 的本地事务。

在 AP 内，用槽、子槽和索引来标识 APO。用槽、子槽和索引定义的地址空间可被几个 AP 来使用。

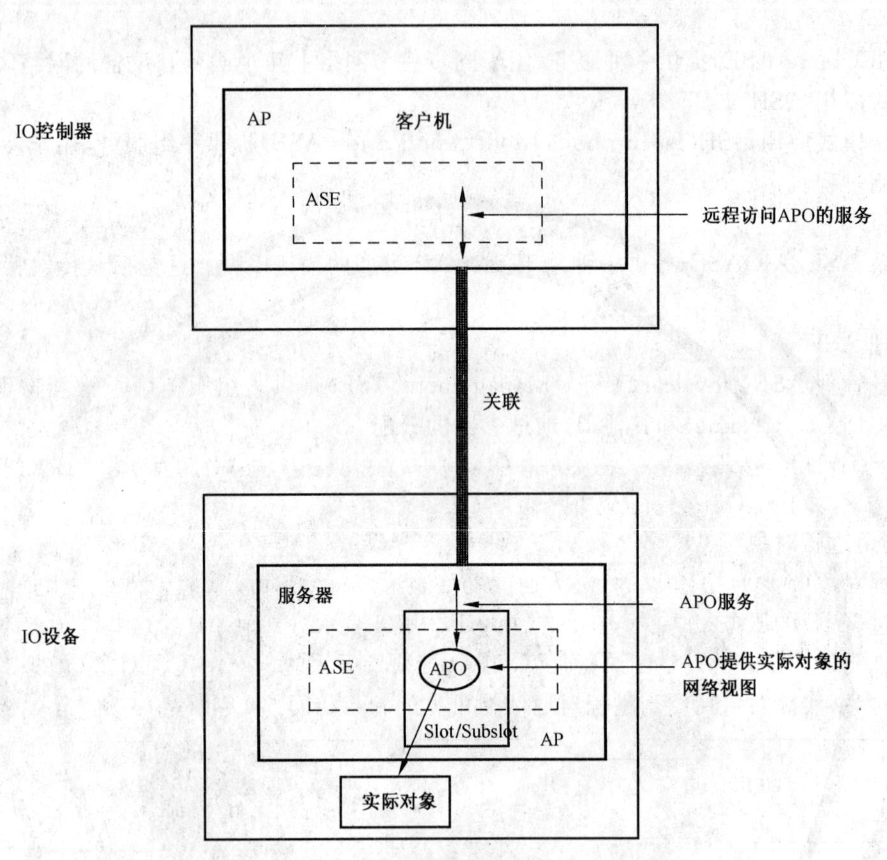

图 35　对远程 **APO** 的访问

在图 36 中，示出了客户机/服务器和提供者/消费者的关联。客户机通过表示实际对象的 APO 来发送请求可访问实际对象。消费者可预订远程 APO 的全部或部分。提供者/消费者关联总是与 I/O 数据 ASE 有关。AP 的本地方面在实际对象的网络视图（APO）和实际对象的内部 AP 视图之间进行转换。

注：将实际数据映射到网络可视的 APO 是本地事务。但是，设备制造商必须提供本地方法以避免重叠输出和可写变量的冲突。

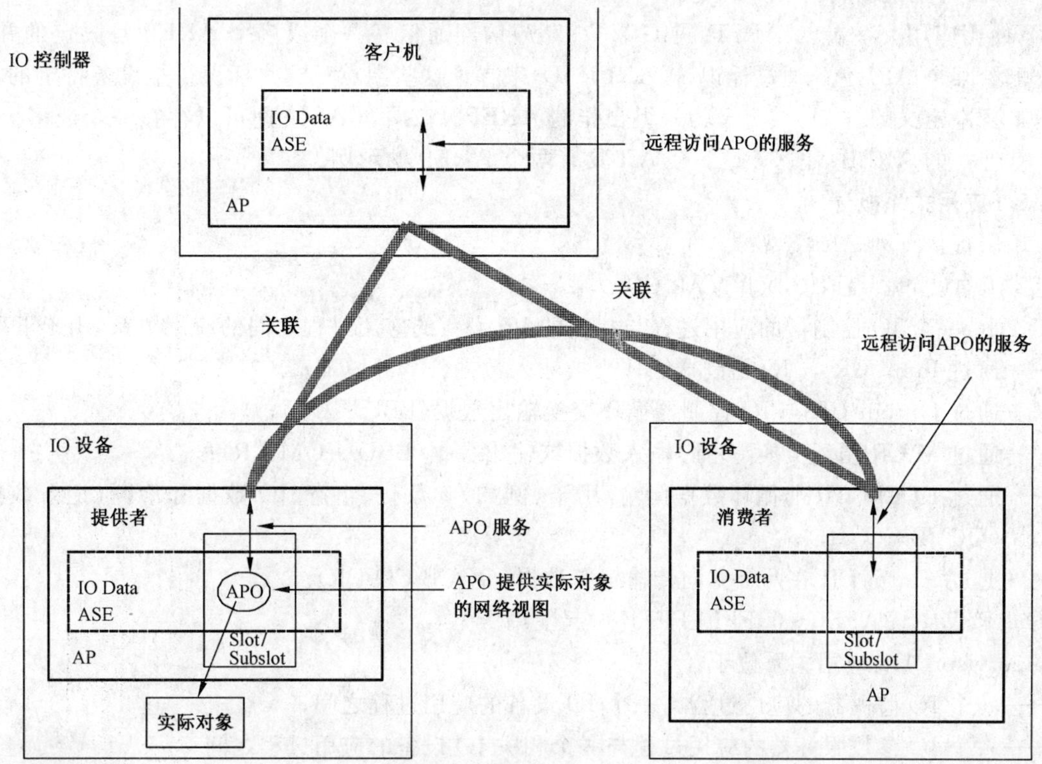

图 36 用于提供者/消费者关联的远程 APO 访问

8.1.7 应用关系

8.1.7.1 概要

应用关系(AR)是两个或多个 AP 之间为了交换信息和协调它们的联合操作而存在的一种合作关系(见图 37)。此关系通过应用协议数据单元(APDU)的交换来激活。应用层使用不同类型的 AR,以区别它们的传输特性。

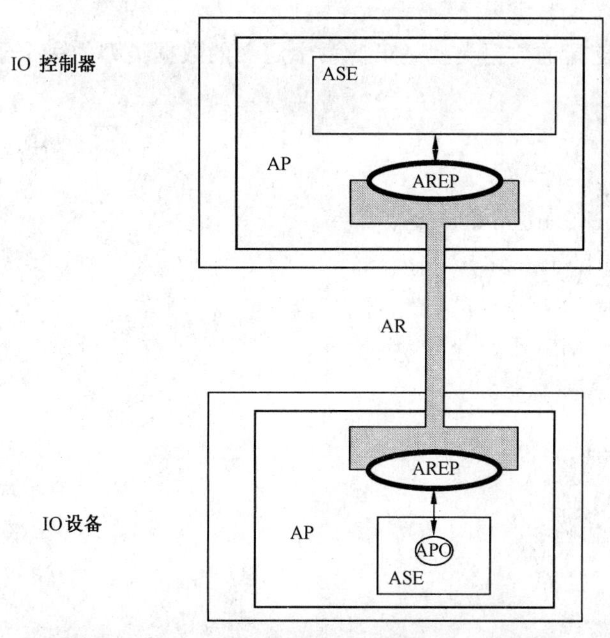

图 37 一个 AR 具有两个 AREP 的示例

8.1.7.2 应用关系端点

AP使用应用关系端点(AREP,见GB/T 9387)访问通信。一个或多个AREP是固定的并且被唯一地分配给某个AP。AP通过标识符(AREP ID)来寻址这些端点。这些标识符是设备特定的,而不是由通信本身来定义的。AR被定义为一组合作的AREP。在两个AP之间可以存在一个或多个AR,每个AR有唯一的AREP。图37是一个AR具有两个AREP的示例。

8.1.7.3 应用关系概述

应用层提供下列AR类型:

注:AR可以用唯一的UUID(称为AR UUID)来标识。

IO AR:一个IO控制器的应用过程与相关的IO设备的应用过程之间的应用关系,用于下列目的:

——通过Input CR与IO控制器循环交换输入数据(BBUU CR);

——通过Output CR与IO控制器循环交换输出数据(BBUU CR);

——通过M CR循环交换(多播)输入数据或输出数据(BBUU-OM CR);

——通过RDCM CR非循环数据传输,用于(例如)参数化、组态、IO数据和诊断(记录数据对象)(QQCB-CO CR);

——通过Alarm CR在两个方向传输报警数据(QQCB-CO CR)。

IO AR仅应与API 0～0xFFFFFFFF一起使用。

Supervisor AR:应用关系位于:

——一个IO监视器的应用过程与一个IO设备的应用过程之间;

——一个IO参数服务器的应用过程与一个相关IO设备的应用过程之间;

——一个IO控制器的应用过程与一个IO设备的应用过程之间。

用于下列目的:

——与具有API 0～0xFFFFFFFF的IO AR所提供的功能相同;

——附加的IO AR的接管(由监视器控制)。

Implicit AR:(AR UUID=UUID_NIL)应用关系位于:

——IO控制器、一些IO设备、IO监视器的应用过程之间,用于读ASE对象值。

Implicit AR可以与所有API一起使用。

8.2 ASE数据类型

分散式外围设备所支持的数据类型是第5章中定义的数据类型的一个子集,包括:

——Boolean;

——Date;

——TimeOfDay;

——TimeOfDay with date indication;

——TimeOfDay without date indication;

——TimeDifference;

——TimeDifference with date indication;

——Float32;

——Float64;

——Integer8;

——Integer16;

——Integer32;

——Integer64;

——Unsigned 8;

——Unsigned 16;

——Unsigned 32;

——Unsigned 64;

——UUID;

——NetworkTime;

——NetworkTimeDifference;

——OctetString;

——VisibleString。

8.3 ASE

8.3.1 记录数据 ASE

8.3.1.1 概述

在应用层环境中，应用过程包含远程应用可以读和写的数据。记录数据 ASE 定义通用目的的记录数据对象(Record Data objects)的属性，并提供一组读和写其值的服务。此外，因为特殊应用条件(如，动态重新组态)，客户机可以取消已请求的未完成的服务。记录数据 ASE 是 AP 特定的，每个 AP 应包含一个记录数据 ASE。在 AP 内的记录数据对象通过槽号、子槽号和索引来寻址。记录数据对象可以部分或整体地被读和写。记录数据对象与真实对象或物理对象之间的本地连接不属于本定义的范围。

注：记录数据对象可以与一个用于读和写的真实对象相连接，或者，它可以分配给一个用于读值的和另一个用于写值的真实对象。

IO 控制器和 IO 监视器能够读和写 IO 设备的 AP 内的记录数据对象的值。此外，IO 设备能够读或写 IO 参数服务器的 AP 内的记录数据对象的值。IO 监视器能够读或写 IO 控制器的 AP 内的记录数据对象的值。使用属性 Device Access，IO 监视器能够读或写所有记录数据对象(如果 IO 设备的应用过程允许的话)。

客户机应用过程必须使用上下关系 ASE 来建立一个关联，以获得对服务器的记录数据对象的访问。通过 Implicit AR 也可以进行无连接的读(Read)访问。

依据客户机/服务器访问模型来执行对记录数据对象的访问。客户机/服务器模型的特点是通过客户机应用向对此进行响应的服务器应用发送读或写请求。

记录数据 ASE 的形式化模型通过记录数据类规范来表示，含有其属性的描述、服务及调用，后随详细服务规范。

特殊的记录数据对象(Special Record Data objects)应该保留用于标识和维护功能。被保留的索引是 0xAFF0～0xAFFF。在索引 0xAFF0 上的对象应该是只读的。

此外，其他的保留用于以后的行规定义。

8.3.1.2 记录数据类规范

8.3.1.2.1 模板

记录数据对象可以和一个实际对象相关，如图 38 所示。

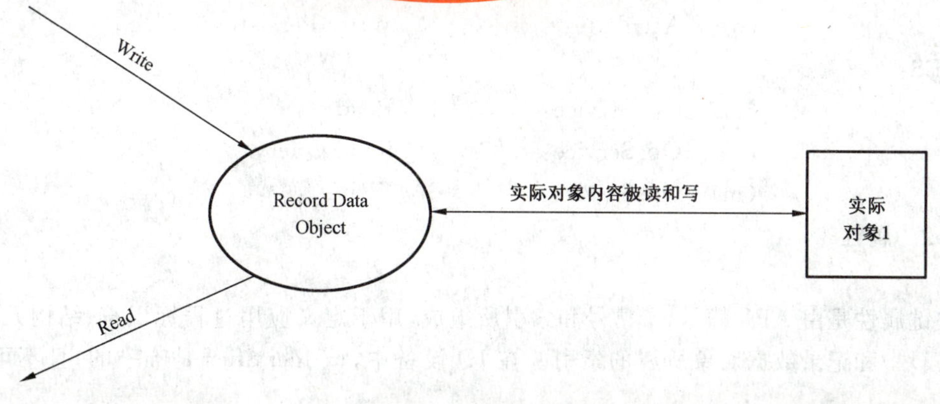

图 38 一个记录数据对象与一个实际对象的关系

一个记录数据对象可以和两个或更多个实际对象相关,如图 39 所示。

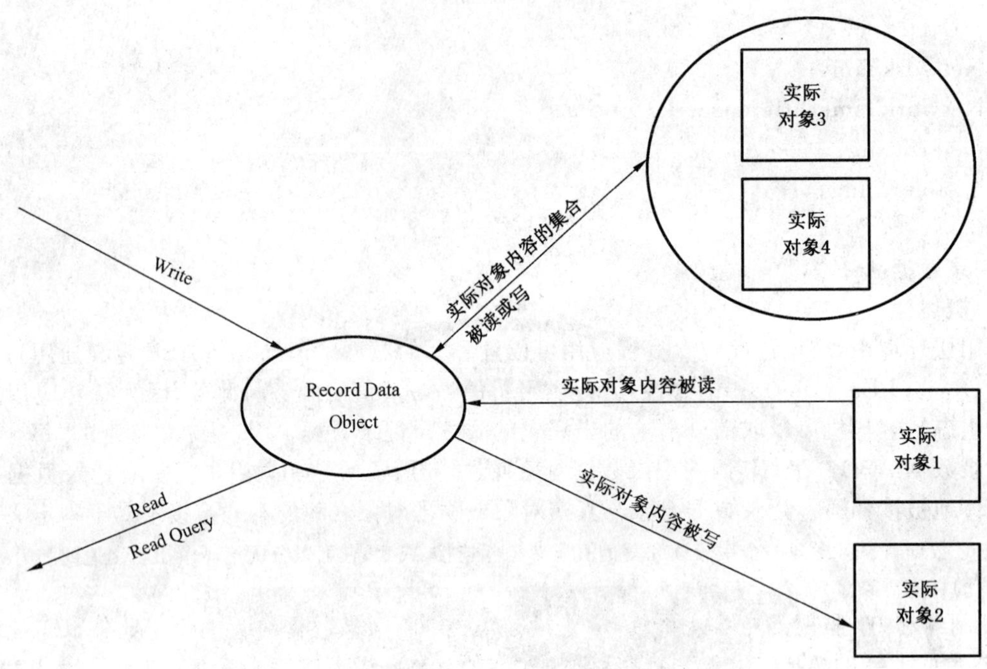

图 39 一个记录数据对象和两个实际对象的关系

记录数据对象通过下列模板来描述:

ASE: Record Data ASE

CLASS: Record Data

CLASS ID: not used

PARENT CLASS: TOP

ATTRIBUTES:

1	(m)	Key Attribute:	Identifier
2	(m)	Attribute:	Read Record Data Description
3	(m)	Attribute:	Read Partial Access
4	(m)	Attribute:	Write Record Data Description
5	(m)	Attribute:	Write Partial Access
6	(m)	Attribute:	Shared Write Access
7	(o)	Attribute:	Write Persistence Flag

SERVICES:

1	(m)	OpsService:	Read
2	(o)	OpsService:	Read Query
3	(m)	OpsService:	Write

8.3.1.2.2 属性

Identifier

该关键属性是由 API、槽号、子槽号和索引所组成,用于定义应用过程标识符、结构元素槽(模块)、子槽(子模块)和记录数据对象所属的索引。在 IO 设备中,该 Identifier 是唯一的,且不可被其他对象使用。

属性类型:Unsigned 32、Unsigned 16、Unsigned 16、Unsigned 16。

API 的允许值:0,所有其他值都保留用于行规定义。

槽号和子槽号的允许值:0～0x7FFF,此外,子槽号 0x8000～0x8FFF 也是允许的。

注 1:子槽号 0 与 AlarmType "Pull"联合使用,用来寻址 IO 设备中的某个模块。

索引的允许值:0～0x7FFF,0xAFF0～0xAFFF 用于 I&M 记录数据对象(0xAFF0 只读),保留用于行规定义的是:0xB000～0xBFFF、0xD000～0xDFFF、0xEC00～0xEFFF、0xF400～0xF7FF、0xFC00～0xFFFF。

其他值保留给以后使用。

Read Record Data Description

此属性可以包含简单数据描述(Simple Data Description)或数组数据描述(Array Data Description)或记录数据描述(Record Data Description)。使用 3.6 中定义的数据描述模板。

Read Partial Access

此属性定义了是否支持对记录数据对象的部分读访问。此属性控制 Read 服务的行为。Read Partial Accesss 等于 TRUE,是指如果服务请求中给出的长度比记录数据对象的长度短,则从第一个八位位组直到该长度所定义的八位位组的记录数据对象的内容可以被读取。在任何情况下,如果该服务中给出的长度大于或等于该记录数据对象的长度,则应读整个对象。Read Partial access 等于 FALSE,意指仅可以整体地读该记录数据对象的内容。这就暗示该服务中给出的长度应等于或大于该记录数据对象的长度。否则,它应返回一个具有错误代码"Invalid type"的否定响应。

属性类型:Boolean。

Write Record Data Description

此属性可以包含或简单数据描述或数组数据描述或记录数据描述。使用 3.6 中定义的数据描述模板。

Write Partial Access

此属性定义是否支持对记录数据对象的部分写访问。此属性控制 Write 服务的行为。Write Partial access 等于 TRUE,是指如果服务请求中给出长度比记录数据对象的长度短,则从第一个八位位组直到该长度所定义的八位位组可以被写入记录数据对象的内容。在任何情况下,如果该服务中给出的长度等于该记录数据对象的长度,则应写整个对象。Write Partial access 等于 FALSE,意指只可以整体地写该记录数据对象的内容。这就暗示该服务中给出的长度应等于该记录数据对象的长度。否则,它应返回一个具有错误代码"Write Length Error"的否定响应。如果在 Write 服务中的长度超过了该记录数据对象的长度,则应返回一个具有错误代码"Write Length Error"的否定响应。

属性类型:Boolean。

Shared Write Access

对于通过共享应用关系连接的客户机,该属性定义是否支持客户机对记录数据对象的写访问。此属性控制 Write 服务的行为。Shared Write Access 等于 TRUE,是指从通过共享应用关系连接的客户机写该记录数据对象的内容。在此情况下,本地应用负责数据一致性。Shared Write Access 等于 FALSE,意指不能从通过共享应用关系连接的客户机来写该记录数据对象的内容。

属性类型:Boolean。

Write Persistence Flag

此可选属性应定义在加电周期记录数据对象值的存储保持行为。如果该值为 TRUE,则应被存储为非易失的。否则,所写的值是易失的,并且在加电周期后丢失。

注 2:此属性代表设备制造商实现的本地设备特性。

应用过程应依据此属性和 Write indication 服务参数 Prm Flag 实现表 130 中存储保持行为。

表 130 记录数据对象的持续行为

Write Persistence Flag	Write. ind(Prm Flag)	存储保持
FALSE	FALSE	应被存储为易失的
FALSE	TRUE	应被存储为易失的
TRUE	FALSE	在 Write. rsp(＋)之前，应被存储为非易失的
TRUE	TRUE	Write. ind：在接收 Prm End indication 之前，应仅被暂存为易失的，并且应立即响应 Write. rsp(＋) Application Ready. req：在发出 Application Ready request 之前，应检查所有暂存数据的一致性，只有一致的数据集才被存储为非易失的，在非易失存储器中再次检查一致性，然后发出 Application Ready request
注：仅在参数化阶段内的一致的数据集被存储为非易失的。在此阶段期间的一个 AR 失效不影响先前已存储的记录数据，但删除了中间缓冲器。		

注 3：通过本地手段(例如，使用校验和)，应用过程可以避免持续保存未变化的值。

属性类型：Boolean。

8.3.1.2.3 记录数据对象的调用

对于记录数据对象的调用采用下列规则：

——记录数据对象应不超过 2^{32}-65 个八位位组的总长度。必须据此来设置属性 Record Data description；

——至少应允许一个服务访问该对象；

——至少一个 AR 访问该对象；

——访问权限必须依据所允许的服务来设置。

8.3.1.3 记录数据服务规范

8.3.1.3.1 Read

该证实服务可以用来读记录数据对象的值。该服务只能与 implicit AR、IO AR 或 Supervisor AR 一起使用。表 131 列出了该服务的参数。

在所请求的长度短于记录数据对象长度的情况下，属性 Read Partial Access 控制响应的行为(见属性描述)。

表 131 Read

参数名称	Req	Ind	Rsp	Cnf
Argument	M	M(＝)		
AREP	M	M(＝)		
API	M	M(＝)		
Target AR UUID	U	U(＝)		
Slot Number	M	M(＝)		
Subslot Number	M	M(＝)		
Index	M	M(＝)		
Seq Number	M	M(＝)		
Length	M	M(＝)		
Result(＋)			S	S(＝)
AREP			M	M(＝)

表 131(续)

参数名称	Req	Ind	Rsp	Cnf
Seq Number			M	M(=)
Add Data 1			M	M(=)
Add Data 2			M	M(=)
Length			M	M(=)
Data			M	M(=)
Result(−)			S	S(=)
AREP			M	M(=)
Seq Number			M	M(=)
Error Decode			M	M(=)
Error code 1			M	M(=)
Error code 2			M	M(=)
Add Data 1			M	M(=)
Add Data 2			M	M(=)

Argument

该变元应传送服务请求的服务特定参数。

AREP

此参数是所期望的 AR 的本地标识符。

API

此参数应用来寻址所期望的 API。

Target AR UUID

此参数应联合 implicit AR 一起用来寻址该 IO 设备内所期望的 AR。

Slot Number

参数 Slot Number 在目的设备中用来对指定槽(典型地是一个模块)上所期望的记录数据对象进行寻址。

Subslot Number

参数 Subslot Number 在目的设备中用来对指定子槽(典型地是一个子模块)上所期望的记录数据对象进行寻址。

Index

参数 Index 在目的设备中用来对所期望的记录数据对象进行寻址。

Seq Number

参数 Seq Number 被服务器用于通过序列号识别重复的服务。此服务参数的范围是:$0\sim2^{16}-1$。请求应用过程为每个未完成的服务请求提供一个唯一的 Seq Number。在一个会话期间,对每一个服务请求,参数 Seq Number 值都递增 1。开始一个新会话时,Seq Number 从前一个会话的最后值开始。已完成的具有 Seq Number 的证实将被忽略。已完成的具有 Seq Number 的指示将被拒绝。应分别对每个已建立的 AR 的 Seq Number 进行维护。

Length

参数 Length 指出必须被读的记录数据对象的八位位组的个数。所允许的长度范围:$0\sim2^{32}-65$。

Result(+)

此参数指出该服务请求已成功。

Add Data 1

参数 Add Data 1 是 API 特定的(行规)。如果没有定义 additional data 1,则应传输值 0。

类型:Unsigned 16。

注 1: Add Data 1 可以被行规规范用来传输特定的报文。

Add Data 2

参数 Add Data 2 是用户特定的。如果没有定义 additional data 2,则应传输值 0。

类型:Unsigned 16。

注 2:Add Data 2 可以被设备制造商用来传输特定的附加报文。

Data

参数 Data 包含已经被读出的那个对象的值,并由响应的 Length 中指出的八位位组个数组成。此参数必须按第 5 章中定义的数据类型来组成。

Result(—)

此参数指出该服务请求失败。

Error Decode

此参数从 Error code 1 和 Error code 2 中选择一种;在 PROFINET IO 协议文本中规定其编码。

类型:Unsigned 8。

允许值:PNIORW。

Error code 1

参数 Error code 1 采用下列值之一:read error、module failure、version conflict、feature not supported、user specific、invalid index、invalid slot/subslot、type conflict、invalid area、state conflict、access denied、invalid range、invalid parameter、invalid type、read constrain conflict、resource busy、resource unavailable、service cancelled、invalid subslot、invalid sequence number、invalid API、invalid AR。

类型:Unsigned 16。

Error code 2

参数 Error code 2 是用户特定的。

类型:Unsigned 8。

Add Data 1

参数 Add Data 1 是 API 特定的(行规)。如果没有定义 additional data 1,则应传输值 0。

类型:Unsigned 16。

注 3: Add Data 1 可以被行规规范用来传输特定的错误报文。

Add Data 2

参数 Add Data 2 是用户特定的。如果没有定义 additional data 2,则应传输值 0。

类型:Unsigned 16。

注 4:Add Data 2 可以被设备制造商用来传输特定的错误报文。

8.3.1.3.2 Read Query

该可选的证实服务可以用来读某个记录数据对象的值。为了优化对许多小数据对象的访问,服务器可以在一个 Index 后面提供此数据的不同组合。在此情况下,由 Selector 来定义该记录数据对象的内容。此服务仅应与 implicit AR、IO AR 或 Supervisor AR 一起来使用。表 132 列出了该服务的参数。

当所请求的长度短于记录数据对象的长度时,属性 Read Partial Access 控制响应的行为(见属性描述)。

表 132 **Read Query**

参数名称	Req	Ind	Rsp	Cnf
Argument	M	M(=)		
AREP	M	M(=)		
API	M	M(=)		
Target AR UUID	U	U(=)		
Slot Number	M	M(=)		
Subslot Number	M	M(=)		
Index	M	M(=)		
Seq Number	M	M(=)		
Length	M	M(=)		
Selector	M	M(=)		
Result(+)			S	S(=)
AREP			M	M(=)
Seq Number			M	M(=)
Add Data 1			M	M(=)
Add Data 2			M	M(=)
Length			M	M(=)
Data			M	M(=)
Result(-)			S	S(=)
AREP			M	M(=)
Seq Number			M	M(=)
Error Decode			M	M(=)
Error code 1			M	M(=)
Error code 2			M	M(=)
Add Data 1			M	M(=)
Add Data 2			M	M(=)

Argument

该变元应传送服务请求的服务特定参数。

AREP

此参数是所期望的 AR 的本地标识符。

API

此参数应用来寻址所期望的 API。

Target AR UUID

此参数应联合 implicit AR 一起用来寻址该 IO 设备内所期望的 AR。

Slot Number

参数 Slot Number 在目的设备中被用于寻址在指定槽(通常是一个模块)中的所期望的记录数据对象。

Subslot Number

参数 Subslot Number 在目的设备中被用于寻址在指定子槽(通常是一个子模块)中的所期望的记录数据对象。

Index

参数 Index 在目的设备中被用于寻址所期望的记录数据对象。

Seq Number

参数 Seq Number 被服务器用于通过序列号识别重复的服务。此服务参数的范围是:$0\sim2^{16}-1$。请求应用过程为每个未完成的服务请求提供一个唯一的 Seq Number。在一个会话期间,对每一个服务请求,参数 Seq Number 值都递增 1。开始一个新会话时,Seq Number 从前一个会话的最后值开始。已完成的具有 Seq Number 的证实将被忽略。已完成的具有 Seq Number 的指示将被拒绝。应分别对每个已建立的 AR 的 Seq Number 进行维护。

Length

参数 Length 指出必须被读的记录数据对象的八位位组的个数。所允许的长度范围:$0\sim2^{32}-65$。

Selector

参数 Selector 被服务器用来识别所请求的数据。为了优化对许多小数据对象的访问,服务器可以在一个 Index 后面提供此数据的不同组合,并用 Selector 选择所请求的集合。

Result(+)

此参数指出该服务请求已成功。

Add Data 1

参数 Add Data 1 是 API 特定的(行规)。如果没有定义 additional data 1,则应传输值 0。

类型:Unsigned 16。

注 1:Add Data 1 可以被行规规范用来传输特定的报文。

Add Data 2

参数 Add Data 2 是用户特定的。如果没有定义 additional data 2,则应传输值 0。

类型:Unsigned 16。

注 2:Add Data 1 可以被设备制造商用来传输特定的附加报文。

Data

参数 Data 包含已经被读出的那个对象的值,并由响应的 Length 中指出的八位位组个数组成。此参数必须按第 5 章中定义的数据类型来组成。

Result(−)

此参数指出该服务请求失败。

Error Decode

此参数从 Error code 1 和 Error code 2 中选择一种;在 PROFINET IO 协议文本中规定了其编码。

类型:Unsigned 8。

允许值:PNIORW。

Error code 1

参数 Error code 1 采用下列值之一:read error、module failure、version conflict、feature not supported、user specific、invalid index、invalid slot/subslot、type conflict、invalid area、state conflict、access denied、invalid range、invalid parameter、invalid type、read constrain conflict、resource busy、resource unavailable、service cancelled、invalid subslot、invalid sequence number、invalid API、invalid AR。

类型:Unsigned 16。

Error code 2

参数 Error code 2 是用户特定的。

类型:Unsigned 8。

Add Data 1

参数 Add Data 1 是 API 特定的(行规)。如果没有定义 additional data 1,则应传输值 0。

类型:Unsigned 16。

注 3：Add Data 1 可以被行规规范用来传输特定的错误报文。

Add Data 2

参数 Add Data 2 是用户特定的。如果没有定义 additional data 2,则应传输值 0。

类型:Unsigned 16。

注 4：Add Data 2 可以被设备制造商用来传输特定的错误报文。

8.3.1.3.3 Write

该证实服务可以用来写记录数据对象的值。此服务仅应联合 IO AR 或 Supervisor AR 一起来使用。表 133 列出了该服务的参数。

在所请求的长度短于记录数据对象长度的情况下,属性 Write Partial Access 控制响应的行为(见属性描述)。

服务参数“Multiple”可以用来传送在一个 APDU 内的多个记录数据对象。服务器应在响应内直接镜射“Multiple”的值。响应的个数应等于请求的个数。次序可以是任意的。

注 1：从一个 APDU 中的其他 ASE(例如,物理设备管理 ASE)传送记录数据对象和属性是可能的。

表 133 Write

参数名称	Req	Ind	Rsp	Cnf
Argument	M	M(=)		
AREP	M	M(=)		
API	M	M(=)		
Slot Number	M	M(=)		
Subslot Number	M	M(=)		
Index	M	M(=)		
Multiple	U	U(=)		
Seq Number	M	M(=)		
Length	M	M(=)		
Data	M	M(=)		
Prm Flag		M		
Result(+)			S	S(=)
AREP			M	M(=)
Multiple			U	U(=)
Seq Number			M	M(=)
Add Data 1			M	M(=)
Add Data 2			M	M(=)
Result(−)			S	S(=)
AREP			M	M(=)
Multiple			U	U(=)
Seq Number			M	M(=)
Error Decode			M	M(=)
Error code 1			M	M(=)
Error code 2			M	M(=)
Add Data 1			M	M(=)
Add Data 2			M	M(=)

Argument

该变元应传送服务请求的服务特定参数。

AREP

此参数是所期望的 AR 的本地标识符。

API

此参数应用来寻址所期望的 API。

Slot Number

参数 Slot Number 在目的设备中被用于寻址在指定槽(通常是一个模块)中的所期望的记录数据对象。

Subslot Number

参数 Subslot Number 在目的设备中被用于寻址在指定子槽(通常是一个子模块)中的所期望的记录数据对象。

Index

参数 Index 在目的设备中被用于寻址所期望的记录数据对象。

Multiple

参数 Multiple 应用来传送在一个 APDU 内的多个记录数据对象。如果应传送单个记录数据对象,则该参数不出现。值 MULTIPLE_START 指出一个序列的第 1 个记录数据对象。值 MULTIPLE_SEGMENT 指出一个任意其他的记录数据对象。值 MULTIPLE_END 指出最后一个记录数据对象,并触发该 APDU 的传输。这同样也适用于响应服务原语。

Seq Number

参数 Seq Number 被服务器用于通过序列号识别重复的服务。此服务参数的范围是:$0 \sim 2^{16}-1$。请求应用过程为每个未完成的服务请求提供一个唯一的 Seq Number。在一个会话期间,对每一个服务请求,参数 Seq Number 值都递增 1。开始一个新会话时,Seq Number 从前一个会话的最后值开始。已完成的具有 Seq Number 的证实将被忽略。已完成的具有 Seq Number 的指示将被拒绝。应分别对每个已建立的 AR 的 Seq Number 进行维护。

Length

参数 Length 指出必须被写的记录数据对象的八位位组的个数。所允许的长度范围:$0 \sim 2^{32}-65$。

Data

参数 Data 包含必须被写入记录数据对象的值,并由请求的 Length 中指示的八位位组个数组成。此参数必须按第 5 章中定义的数据类型来组成。

Prm Flag

在连接建立阶段进行参数化时,该本地指示参数应包含值 TRUE。否则该值应设置为 FALSE。

属性类型:Boolean。

注 2:此参数用来控制数据的存储保持。它被用于快速启动过程。

Result(+)

此参数指出该服务请求已成功。

Add Data 1

参数 Add Data 1 是 API 特定的(行规)。如果没有定义 additional data 1,则应传输值 0。

类型:Unsigned 16。

注 3:Add Data 1 可以被行规规范用来传输特定的响应报文。

Add Data 2

参数 Add Data 2 是用户特定的。如果没有定义 additional data 2,则应传输值 0。

类型:Unsigned 16。

注 4:Add Data 2 可以被设备制造商用来传输特定的响应报文。

Result(—)

此参数指出该服务请求失败。

Error Decode

此参数从 Error code 1 和 Error code 2 中选择一种;在 PRIFONET IO 协议文本中规定了其编码。

类型:Unsigned 8。

允许值:PNIORW。

Error code 1

参数 Error code 1 采取下列值之一:write error、module failure、version conflict、feature not supported、user specific、invalid index、invalid slot/subslot、type conflict、invalid area、state conflict、access denied、invalid range、invalid parameter、invalid type、write constrain conflict、resource busy、resource unavailable、service cancelled、invalid subslot、invalid sequence number、invalid AR。

类型:Unsigned 16。

Error code 2

参数 Error code 2 是用户特定的。

类型:Unsigned 8。

Add Data 1

参数 Add Data 1 是 API 特定的(行规)。如果没有定义 additional data 1,则应传输值 0。

类型:Unsigned 16。

注 5:Add Data 1 可以被行规规范用来传输特定的错误报文。

Add Data 2

参数 Add Data 2 是用户特定的。如果没有定义 additional data 2,则应传输值 0。

类型:Unsigned 16。

注 6:Add Data 2 可以被设备制造商用来传输特定的错误报文。

8.3.2 IO 数据 ASE

8.3.2.1 概述

在应用层环境中,IO 设备的每个应用过程应为每个应用过程实例正好提供一个 IO 数据对象。它通过槽和子槽来构造。子槽表示应在该网络上循环地传送的 IO 数据。因此,IO 数据 ASE 定义 IO 数据对象的属性,并提供一组服务用于获取和设置缓冲器以传输它们的值。IO 数据对象由输入数据对象和输出数据对象组成。

输入数据对象或输出数据对象应被划分为表示槽/子槽的 I/O 数据的输入数据元素(Input Data Element)或输出数据元素(Output Data Element)。

提供另外的服务用于非循环地读 I/O 数据对象的值,并指示输入数据对象和输出数据对象的新值。此外,还提供一些服务用来指示新消费的输入数据的出现,并获取其内容。

通过有关服务对 I/O 数据对象隐性地寻址。在服务器/提供者中的输入或输出数据应符合相应的组态属性。

I/O 数据 ASE 使用客户机/服务器和提供者/消费者访问模型。客户机/服务器模型的特点是,客户机应用给服务器的缓冲器传送输出数据对象的值。服务器应用通过 Get Output 服务获取此值。新值的接收通过 New Output 服务来指示。一旦实际对象值中的一个发生改变,服务器应用就通过 Set Input 服务将其输入数据对象的值传送给服务器的缓冲器。客户机应用通过 Get Input 服务获取此值。

服务器缓冲器向客户机缓冲器的传输,以及客户机缓冲器向服务器缓冲器的传输,与 Get Output 服务和 Set Input 服务是异步进行的。

下面描述 IO 数据 ASE 的形式模型,接着是它的服务描述。此外,IO 数据 ASE 表示 IO 设备的实际输入和输出结构。在 Context ASE 中描述实际 IO 数据结构与通过 AR 传输的 IO 数据之间的关系。

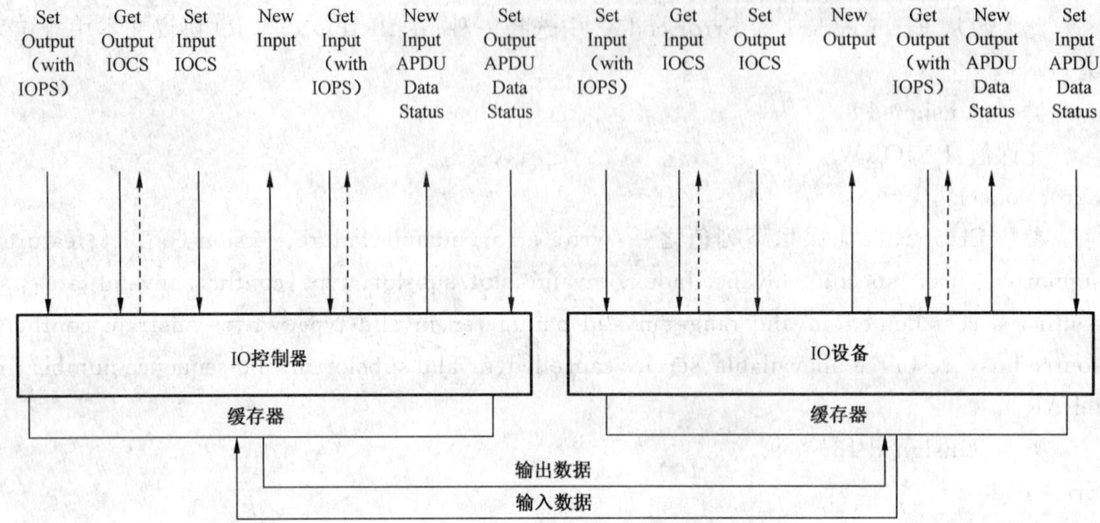

图 40 **IO ASE 服务交互作用概述**

图 40 示出了 IO 控制器和 IO 设备的 IO 服务交互作用。通过应用层协议来维护这些服务与本地缓冲器的交互作用。该协议提供设备之间循环交换缓冲器的机制。本地服务提供获取或设置 IO 数据的值及其状况值的手段。这些状况值称为 IOPS 和 IOCS。IOPS(Input Output Provider Status)描述数据源的状况。它属于 IO 控制器的 Output Data 和 IO 设备的 Input Data。IOCS(Input Output Consumer Status)描述数据宿的反馈。它属于 IO 控制器的 Input Data 和 IO 设备的 Output Data。

此外,提供一些服务来设置和指示应用数据状况的变化(APDU Data Status)。

注:如果一个子模块不包含任何输入或输出数据,则认为它是一个输入数据的长度属性设置为 0 的输入数据项。

IOPS/IOCS 从 GOOD 到 BAD 的转变没有其他通知(如报警)就可以完成。而 IOPS/IOCS 从 BAD 到 GOOD 的转变,应在数据交换状态中 IOXS 从 Bad 变到 Good 之后,通过一个报警来通知 IO 控制器并由 IO 控制器确认。

8.3.2.2 IO 数据类规范

8.3.2.2.1 输入数据类规范

8.3.2.2.1.1 模板

通过下列模板来描述 Input Data 对象:

ASE:	IO Data ASE		
CLASS:	Input Data		
CLASS ID:	not used		
PARENT CLASS:	TOP		
ATTRIBUTES:			
1	(m)	Key Attribute:	Implicit
2	(m)	Attribute:	List of APs
2.1	(m)	Attribute:	API
2.2	(m)	Attribute:	List of Input Data Elements
2.2.1	(m)	Attribute:	Slot Number

2.2.2	(m)	Attribute:	List of Subslots
2.2.2.1	(m)	Attribute:	Subslot Number
2.2.2.2	(m)	Attribute:	Input Data Object Format
2.2.2.2.1	(m)	Attribute:	Length Input Data
2.2.2.2.2	(m)	Attribute:	Input Data Structure
2.2.2.3	(m)	Attribute:	Length IOPS
2.2.2.4	(m)	Attribute:	IOPS
2.2.2.5	(m)	Attribute:	Length IOCS
2.2.2.6	(m)	Attribute:	IOCS
SERVICES:			
1	(m)	OpsService:	Set Input
2	(m)	OpsService:	Set Input IOCS
3	(m)	OpsService:	Get Input
4	(m)	OpsService:	Get Input IOCS
5	(o)	OpsService:	New Input
6	(m)	OpsService:	Set Input APDU Data Status
7	(m)	OpsService:	New Input APDU Data Status
8	(m)	OpsService:	Read Input Data

8.3.2.2.1.2 属性

Implicit

属性 Implicit 指出输入数据对象被服务隐式寻址。

List of APs

一个 AP 由以下列表元素组成:

API

此属性定义 Input Data Elements 属于哪个应用过程。

属性类型:Unsigned 32。

允许值:0——缺省应用过程。值 1~0xFFFFFFFF 被保留用于行规导则中的未来使用。

List of Input Data Elements

一个 Input Data Element 由以下列表元素组成:

Slot Number

此属性定义该 Input Data Element 属于哪个模块。

属性类型:Unsigned 16。

允许值:0~0x7FFF。

List of Subslots

此属性由下列属性组成。

Subslot Number

此属性定义该 Input Data Element 属于哪个子槽。

属性类型:Unsigned 16。

允许值:1~0x8FFF。

注:Subslot Number 0 与 AlarmType “Pull”一起使用来寻址该 IO 设备内的某个模块。它从来不是一个“实际的”子模块,并且它不包含 Input Data Elements。

Input Data Object Format

此属性由下列属性组成:

Length Input Data

属性 Length Input Data 定义无 IOPS 的 Input Data Element 的八位位组个数。

属性类型:Unsigned 16。

允许值:0～1 439

Input Data Structure

此属性可以包含或简单数据描述或数组数据描述或记录数据描述。使用 3.6 中定义的数据描述模板。

应完整地将 Input Data 从发送缓冲器一致的传输到接收缓冲器。但是,应用仅能获得或设置包含 IOPS 的单个数据对象的部分。

此字段是 GSDML 的部分。

此外,如果 Input Data 是 Multicast Provider CR 的源,则相关的 Multicast Consumer CR 的 Output Data 应严格地具有相同的数据结构。

Length IOPS

属性 Length IOPS 定义提供者状况的八位位组个数。

属性类型:Unsigned 8。

允许值:1,(2～255 保留作以后使用)。

IOPS

该属性为 Input Data Object Element 定义提供者的状况。它定义属于 IO 设备子槽的 Input Data Object Element 的状况。它提供一种方法来识别第一个通过本地手段检测出 Input Data Object Element 无效内容的实例。该检测实例应因此并立即设置 IOPS。可能的实例是子模块、模块、IO 设备和 IO 控制器(在本地,例如,watchdog 超时)。应用仅应处理 IOPS==GOOD 的有效数据。在所有其他情况下,应用应依据其组态和参数化使用缺省值(例如:zero、last valid value、substitute value)。

属性类型:Unsigned 8。

允许值:

GOOD:Input Data Object Element 的内容是有效的;

BAD_BY_SUBSLOT:Input Data Object Element 的内容是无效的,它被子模块检测;

BAD_BY_SLOT:Input Data Object Element 的内容是无效的,它被模块检测;

BAD_BY_DEVICE:Input Data Object Element 内容是无效的,它被 IO 设备检测。

特殊情况 BAD_BY_CONTROLLER:Input Data Object Element 的内容是无效的,仅被 IO 控制器自己在本地检测,例如通过通信超时。此值仅应被 IO 控制器上的服务 Get Input 与服务参数 IOPS 一起使用。它决不应被 IO 设备上的 Set Input 服务来使用。

Length IOCS

属性 Length IOCS 定义消费者状况的八位位组个数。

属性类型:Unsigned 8。

允许值:1,(2～255 保留作以后使用)。

IOCS

该属性为 Input Data Object Element 定义消费者的状况,作为 IO 控制器的应用反馈。它不只检测通信问题,而且还通知 IO 设备控制应用或部分控制应用没有处理这些值。因此,如果 Input Data Object Element 不能被处理,例如,如果应用程序停止了,则应用过程应设置 IOCS 为 BAD_BY_CONTROLLER。可能的 IO 设备的动作超出了此服务定义的范围。如果 Input Data Object Element 是所建立的应用关系(AR)的部分,则属性 IOCS 应仅包含有效值。在所有其他情况下,此属性的值都没有意义。

属性类型:Unsigned 8。

允许值:GOOD:Input Data Object Element 能被 IO 控制器的应用过程成功地处理;

BAD_BY_CONTROLLER:Input Data Object Element 不能被 IO 控制器的应用过程成功地处理,例如,在 IO 控制器错误情况下或因 IO 控制器的操作状态("stop")引起的结果;

特殊情况 BAD_BY_DEVICE:IO 设备已被本地检测有传送数据的问题。它决不应被 IO 控制器上的 Set Input IOCS 服务来使用。

8.3.2.2.1.3 输入数据对象的调用

对于输入数据对象的调用采用下列规则:

——Input Data object elements 的数据不应超过 1 439 个八位位组的总长度。因此,必须相应的设置属性 List of Input Data Elements、Input Data Object Format 各自的 Format 和 Length。

——Input Data object element 对 Input CR、Output CR(仅 IOCS)、MCR 的关系应按 Context ASE 来处理。

——与一个 Input CR 或 M CR 有关的所有 Input Data object elements(包含相关的 Output Data object elements 的 IOPS 和 IOCS)之和不应超过 1 440 个八位位组的总长度。

——One Input Data object 应在 IO 设备的应用过程中被调用。

8.3.2.2.2 输出数据类规范

8.3.2.2.2.1 模板

通过下列模板来描述 Output data 对象:

ASE:	IO Data ASE		
CLASS:	Output Data		
CLASS ID:	not used		
PARENT CLASS:	TOP		
ATTRIBUTES:			
1	(m)	Key Attribute:	Implicit
2	(m)	Attribute:	List of APs
2.1	(m)	Attribute:	API
2.2	(m)	Attribute:	List of Output Data Elements
2.2.1	(m)	Attribute:	Slot Number
2.2.2	(m)	Attribute:	List of Subslots
2.2.2.1	(m)	Attribute:	Subslot Number
2.2.2.2	(m)	Attribute:	Output Data Object Format
2.2.2.2.1	(m)	Attribute:	Length Output Data
2.2.2.2.2	(m)	Attribute:	Output Data Structure
2.2.2.3	(m)	Attribute:	Length IOPS
2.2.2.4	(m)	Attribute:	IOPS
2.2.2.5	(m)	Attribute:	Length IOCS
2.2.2.6	(m)	Attribute:	IOCS
2.2.2.7	(m)	Attribute:	Safe State Behavior Changeable
2.2.2.8	(m)	Attribute:	Substitute Mode

2.2.2.9	(m)	Attribute:	Output Substitute Data Valid
2.2.2.10	(m)	Attribute:	Output Substitute Data

SERVICES:

1	(m)	OpsService:	Set Output
2	(m)	OpsService:	Set Output IOCS
3	(m)	OpsService:	Get Output
4	(m)	OpsService:	Get Output IOCS
5	(o)	OpsService:	New Output
6	(m)	OpsService:	Set Output APDU Data Status
7	(m)	OpsService:	New Output APDU Data Status
8	(m)	OpsService:	Read Output Data
9	(m)	OpsService:	Read Output Substitute Data
10	(m)	OpsService:	Write Output Substitute Data

8.3.2.2.2.2 属性

Implicit

属性 Implicit 指出输出数据对象被服务隐式寻址。

List of APs

一个 AP 由以下列表元素组成:

API

此属性定义 Output Data Elements 属于哪个应用过程。

属性类型:Unsigned 32。

允许值:0～缺省 AP,值 1～0xFFFFFFFF 被保留用于行规导则中的未来使用。

List of Output Data Elements

一个 Output Data Element 由以下列表元素组成:

Slot Number

此属性定义该 Output Data Element 属于哪个模块。

属性类型:Unsigned 16。

允许值:0～0x7FFF。

List of Subslots

此属性由下列属性组成:

Subslot Number

此属性定义该 Output Data Element 属于哪个子槽。

属性类型:Unsigned 16。

允许值:1～0x8FFF。

注:Subslot Number 0 与 AlarmType "Pull"一起使用来寻址该 IO 设备内的某个模块。它从来不是一个"实际的"子模块,并且不包含 Output Data Elements。

Output Data Object Format

此属性由下列属性组成:

Length Output Data

属性 Length Input Data 定义无 IOPS 的 Output Data Element 的八位位组个数。

属性类型:Unsigned 16。

允许值:1～1 439。

Output Data Structure

此属性可以包含或单数据描述或数组数据描述或记录数据描述。使用3.6中定义的数据描述模板。

应完整地将Output Data从发送缓冲器一致地传输到接收缓冲器。但是，应用仅能获得或设置包含IOPS的单个数据对象的部分。

此字段是GSDML的部分。

此外，如果Output Data是Multicast Consumer CR的宿，则相关的Multicast Provider CR的Input Data应严格地具有相同的数据结构。

Length IOPS

属性Length IOPS定义提供者状况的八位位组个数。

属性类型：Unsigned 8。

允许值：1，(2～255保留未来使用)。

IOPS

该属性为Output Data Object Element定义提供者的状况。它定义属于IO设备子模块的Output Data Object Element的状况。此外，还是通知IO设备控制应用或部分控制应用不进行处理的一种手段。如果Output Data Object Element不能被设置(例如，如果应用程序已停止)，则应用过程应设置IOPS为BAD_BY_CONTROLLER。在这种情况下IO设备对于进程输出应使用缺省值(zero，last valid value，substitute value)。如果Output Data Object Element是已建立的应用关系(AR)的部分，则属性IOPS应仅包含有效值。在所有其他情况下，此属性是无意义的。

属性类型：Unsigned 8。

允许值：　GOOD：Output Data Object Element被IO控制器的应用过程成功地处理；

BAD_BY_CONTROLLER：Output Data Object Element未被IO控制器的应用过程成功地处理，例如，在IO控制器错误情况下或因IO控制器的操作状态("stop")引起的结果；

特殊情况：BAD_BY_DEVICE-IO设备已被本地检测到传送数据的问题。它决不应被IO控制器上的Set Input服务来使用。

Length IOCS

属性Length IOCS定义消费者状况的八位位组个数。

属性类型：Unsigned 8。

允许值：1，(2～255保留未来使用)。

IOCS

该属性为Output Data Object Element定义消费者的状况，作为IO设备的应用反馈。它不只检测通信问题，而且还通知IO控制器，由于本地原因该设备应用不能对"真实的"进程设置这些值。该检测实例应因此并立即设置IOCS。可能的实例是子模块、模块、IO设备和IO控制器(在本地，例如，watchdog超时)。IO控制器的可能的动作超出了此服务定义的范围。如果Output Data Object Element是已建立的应用关系(AR)的部分，则属性IOCS应仅含有有效值。在所有其他情况下，此属性的值是没有意义的。

属性类型：Unsigned 8。

允许值：　GOOD：Output Data Object Element被成功地处理；

BAD_BY_SUBSLOT：Output Data Object Element未被成功处理，它被子模块检测；

BAD_BY_SLOT：Output Data Object Element未被成功地处理，它被

模块检测；

BAD_BY_DEVICE：Output Data Object Element 未被成功地处理，它被 IO 设备检测；

特殊情况：BAD_BY_CONTROLLER——仅被 IO 控制器自己在本地检测，例如通过通信超时。此值仅应被 IO 控制器上的 Get Output IOCS 服务与服务参数 IOCS 一起使用。它决不应被 IO 设备上的 Set Output IOCS 服务来使用。

Safe State Behavior Changeable

属性 Safe State Behavior Changeable 定义此行为是否是可调整的。

属性类型：Boolean。

Substitute Mode

属性 Substitute Mode 定义在失效情况下对输出数据子槽的处理。如果 IOPS 值会有不是 GOOD 的其他值，则此行为应被采用。

属性类型：Unsigned 16。

允许值：　ZERO：是一个子模块专用功能，用来设置 Output Data element 的所有输出值为 0(IOPS＝＝GOOD)或不活动的(IOPS＝＝BAD)；

LAST_VALUE：Output Data element 的所有输出值应被设置为 Get Output confirmation 服务原语的上次有效(IOPS＝＝GOOD)值；

REPLACEMENT_VALUE：Output Data element 的所有输出值应被设置为属性 Safe State Value 的值；

PROFILE_SPECIFIC1：PROFILE_SPECIFIC255 保留用于行规规范。

Output Substitute Data Valid

属性 Output Substitute Data Valid 定义属性 Output Substitute Data 的有效性。

属性类型：Boolean。

允许值：

TRUE 应与 Substitution Mode ZERO、LAST_VALUE、REPLACEMENT_VALUE 和 PROFILE_SPECIFIC 一起使用以指示有效数据。

FALSE 应与 Substitution Mode ZERO 和 PROFILE_SPECIFIC 一起使用以指示无效数据。在此情况下，该数据内容应被设置为 0。

Output Substitute Data

属性 Output Substitute Data 定义在失效情况下子槽输出数据的替代值。

该属性类型应与在属性 Output Data Structure 中定义的相同。

属性 Output Substitute Data 的值应是在 Substitution Mode LAST_VALUE 情况下 Output Data element 的上次有效值。

8.3.2.2.2.3 输出数据对象的调用

对于输出数据对象的调用采用下列规则：

——Output Data object elements(子槽)的数据不应超过 1 439 个八位位组的总长度。因此，必须据此设置属性 List of Output Data Elements、Output Data Object Format 各自的 Format 和 Length。

——Output Data object element 和 Output CR、Input CR、M CR 的关系应按 Context ASE 来处理。

——与一个 CR 有关的所有 Output Data object elements(包含相关的 Input Data object elements 的 IOPS 和 IOCS)之和不应超过 1 440 个八位位组的总长度。

——One Output Data object 应在 IO 设备的应用过程中被调用。

8.3.2.3 **IO 数据服务规范**

8.3.2.3.1 **Set input**

Set Input 服务设置一个槽/子槽的新输入数据及其 IOPS,用于所有相关应用关系的下一次传输。IOPS 应在任何时刻与传送的输入数据值一致。对于整个子槽的有效输入数据,IOPS 的值只应是"GOOD"。在所有其他情况下,该值应被设置为"BAD_BY_xxx",并包括检测实例,例如,子槽、槽或 IO 设备。此服务由 IO 设备的应用过程用来更新协议内部的循环缓冲器的被寻址部分。该缓冲器的实际传输被定时触发。

Set Input 服务只可以设置 IOPS。这是槽/子槽不包含输入数据时的情况。

注 1:服务接口的本地实现可以支持访问带有不同于子槽间隔(granularity)的变量,例如,多于一个子槽或只是 Output Data object element 的部分(变量)。但是,Output Data object element 总是与 IOPS 一致。

此服务仅与 IO AR 和 Supervisor AR 联合使用。

依据循环的缓冲器到缓冲器的传输特点,可能有以下的行为:

——在网络上发出 Set Input 请求比传送缓冲器的内容更快。在这种情况下,仅在网络上传送最后 Set Input 服务提供的这些值;

——在网络上发出 Set Input 请求比传送缓冲器的内容更慢。在这种情况下,在网络上传送每个 Set Input 服务提供的这些值多于一次;

——如果在网络上发出 Set Input 请求与传送缓冲器的内容同步,则在网络上传送每个 Set Input 服务提供的这些值一次。

表 134 列出该服务的参数。

表 134 Set input

参数名称	Req	Cnf
Argument	M	
AREP	M	
CREP	M	
Slot Number	M	
Subslot Number	M	
IOPS	M	
Input Data	U	
Result(+)		S
AREP		M
Result(-)		S
AREP		M

注 2:Set Input 服务设置输入数据用于属于该子模块的所有已建立的 AR。在这种情况下,用于共享输入的多次调用是不必要的。因此,AR 和 CR 服务参数被省略。

Argument

该变元应传送服务请求的服务特定参数。

AREP

此参数是所期望的 AR 的本地标识符。

CREP

此参数是所期望的 CR 的本地标识符。

Slot Number

此参数包含本地槽号。

Subslot Number

此参数包含本地子槽号。

IOPS

此参数应包含这些值 GOOD(如果数据值是有效的)BAD_BY_DEVICE、BAD_BY_SLOT 或 BAD_BY_SUBSLOT。

Input Data

此参数包含 Input Data 对象元素的值。

Result(+)

此参数指示该服务请求成功。

Result(−)

此参数指示该服务请求失败。

8.3.2.3.2 **Set input IOCS**

输入的消费者(IO 控制器)应使用此服务用来向应用层传递已改变的 IOCS 值。IOCS 被反传回该提供者并提供某种监视应用的手段。此服务仅应与 IO AR 和 Supervisor AR 联合使用。

通过此服务,IO 设备的应用过程更新本地缓冲器。依据所使用的应用关系的缓冲器到缓冲器循环传输的特点,可能有以下的行为:

——在网络上发出 Set Input IOCS 请求比传送缓冲器的内容到生产者更快。在这种情况下,在网络上不是传送每个 IOCS 的值,仅传送最后的值,其他值被本地的覆盖了;

——在网络上发出 Set Input IOCS 请求比传送缓冲器的内容到生产者更慢。在这种情况下,在网络上传送该服务提供的每个 IOCS 值多于一次;

——如果发出 Set Input IOCS 请求与传送缓冲器的内容同步,则在网络上传送该服务提供的每个 IOCS 值;

——如果有若干个 IOCS 存在,则仅应指出非共享 CR 的 IOCS。

表 135 列出该服务的参数。

表 135 Set Input IOCS

参数名称	Req	Cnf
Argument	M	
AREP	M	
CREP	M	
Slot Number	M	
Subslot Number	M	
IOCS	M	
Result(+)		S
AREP		M
Result(−)		S
AREP		M

Argument

该变元应传送该服务请求的服务特定参数。

AREP

此参数是所期望的 AR 的本地标识符。

CREP

此参数是所期望的 CR 的本地标识符。

Slot Number

此参数包含本地槽号。

Subslot Number

此参数包含本地子槽号。

IOCS

此参数应包含值 GOOD 或 BAD_BY_CONTROLLER。

Result(+)

此参数指示该服务请求成功。

Result(−)

此参数指示该服务请求失败。

8.3.2.3.3 **Get Input**

此服务仅应与 IO AR 和 Supervisor AR 联合使用。IO 控制器使用它来读某个输入数据子槽的值和相关的 IOPS。

表 136 列出该服务的参数。

表 136 Get Input

参数名称	Req	Cnf
Argument	M	
AREP	M	
CREP	M	
Slot Number	M	
Subslot Number	M	
Result(+)		S
AREP		M
IOPS		M
Input Data		C
New Flag		M
IOCS		C
Result(−)		S
AREP		M

Argument

该变元应传送该服务请求的服务特定参数。

AREP

此参数是所期望的 AR 的本地标识符。

CREP

此参数是所期望的 CR 的本地标识符。

Slot Number

此参数包含本地槽号。

Subslot Number

此参数包含本地子槽号。

Result(+)

此参数指示该服务请求成功。

IOPS

此参数包含 Input Data 对象的相应属性值。

Input Data

此参数包含 Input Data 对象的值。

New Flag

如果自上次调用该服务以来已经接收了新的输入数据和 IOPS,则此参数包含值 TRUE。如果该服务被频繁调用多次,则由协议机设置 New Flag 为 FALSE。

IOCS

在存在相应 Output Data 对象情况下,此参数包含 IOCS 的值。

Result(－)

此参数指示该服务请求失败。

8.3.2.3.4 Get Input IOCS

此服务仅应与 IO AR 和 Supervisor AR 联合使用。提供者使用它来获得 IO 控制器的 IOPS。

表 137 列出该服务的参数。

表 137 Get Input IOCS

参数名称	Req	Cnf
Argument	M	
AREP	M	
CREP	M	
Slot Number	M	
Subslot Number	M	
Result(＋)		S
AREP		M
IOCS		M
Result(－)		S
AREP		M

Argument

该变元应传送该服务请求的服务特定参数。

AREP

此参数是所期望的 AR 的本地标识符。

CREP

此参数是所期望的 CR 的本地标识符。

Slot Number

此参数包含本地槽号。

Subslot Number

此参数包含本地子槽号。

Result(＋)

此参数指示该服务请求成功。

IOCS

此参数包含 IOCS 的值。

Result(－)

此参数指示该服务请求失败。

8.3.2.3.5 **New Input**

New Input 服务用信号通知IO控制器的应用接收到一个有效的APD U。如果IOPS已经被改变，也应传送此服务。此外，此服务使用参数 Watchdog Flag 来指示 Watchdog 超时。

表138列出该服务的参数。

表 138 New Input

参数名称	Ind
Argument	M
AREP	M
CREP	M
Slot Number	M
Subslot Number	M
Watchdog Flag	C
InData Flag	C

Argument

该变元应传送该服务指示的服务特定参数。

AREP

此参数是随指示原语传递的所期望的AR本地标识符。

CREP

此参数是随指示原语传递的所期望的CR本地标识符。

Slot Number

此参数包含本地槽号。

Subslot Number

此参数包含本地子槽号。

Watchdog Flag

如果在 Watchdog Time Interval 内没有接收到 APDU 或有效的 APDU Data Status，则此参数包含值 WATCHDOG_EXPIRED。如果 Data Hold Time Interval 包含相同的值，则将并行地终止该AR。否则，在IO控制器内的应用行为是本地事务。

InData Flag

此参数指示接收到第1个有效帧。该AR的所有消费者IOCR已经第一次获得数据。

8.3.2.3.6 **Set Input APDU Data Status**

IO设备应使用此服务来设置标志“Data Flag”、“AR State Flag”、“Provider State Flag”和“Problem Indicator Flag”。这些标志修改下次传送的 APDU 的字段 APDU Data Status。标志“Data Valid Flag”、“AR State Flag”和“Problem Indicator Flag”仅影响所选择的AR。标志“Provider State Flag”可以影响该IO设备的所有已建立的AR。

表139列出该服务的参数。

表 139 Set input APDU data status

参数名称	Req	Cnf
Argument	M	
AREP	U	
Data Valid Flag	U	
AR State Flag	U	

表 139（续）

参数名称	Req	Cnf
Provider State Flag	U	
Problem Indicator Flag	U	
Result(+)		S
AREP		M
Result(−)		S
AREP		M

Argument

该变元应传送该服务请求的服务特定参数。

AREP

此参数是随请求原语传递的所期望的 AR 本地标识符。如果使用了服务参数 Provider State Flag(因其影响了所有已建立的传输 IO 数据的 AR)，则此参数被省略。

Data Valid Flag

此参数以值“DataItem invalid”指出该 AR 的所有数据(包括 IOPS/IOCS)是无效的，并不应被消费者来处理。

注 1：如果 IO 设备的应用过程由于某个致命的应用错误而不能设置输入数据和/或 IOPS/IOCS，则可以使用具有“DataItem invalid”的数据标志(Data Flag)。但是，仅在因为消费者上的 Data Hold Time 超时并终止连接的严重情况下，它应被使用。在所有其他情况下，应使用 IOPS/IOCS 来告诉消费者有关输入数据的状况。在未来的版本中此标志也被用于冗余。

值“DataItem valid”应是正常操作的缺省值，以指示包括 IOPS/IOCS 的数据值是有效的。

AR State Flag

此参数指示该 AR 是以值“primary”操作，还是以值“backup”后备。

注：值“backup”保留用于包括系统冗余的未来版本。

Provider State Flag

该参数指示应用过程是以值“run”在运行还是以值“stop”被停止。对于消费者应用过程而言，该值只提供信息，数据的实际有效性应依照 IOPS 。

注：此标志可以用来控制全局指示器，以可视化全局远程应用状况。

Problem Indicator Flag

该参数指示是否至少在 Diagnoses ASE 内设置了一个诊断值。它通过值“Problem detected”来指示。只要没有诊断登录项存在，应该设置它为“Regular operation”。

注 2：该标志可以用来触发读 IO 控制器内应用的诊断数据。该标志并不涉及任何有关输入数据的有效性，有效性仅由 IOPS 来指示。诊断登录项也可以因本地原因通过 Set Input 服务改变 IOPS 为“BAD”。

以上这些标志的缺省值是：　Data Flag：“DataItem valid”；
AR State Flag：“primary”；
Provider State Flag：“run”；
Problem Indicator Flag：“Regular operation”。

Result(+)

此参数指示该服务请求成功。

Result(−)

此参数指示该服务请求失败。

8.3.2.3.7 New Input APDU Data Status

该服务用信号将 APDU Data Status 值的改变通知 IO 控制器的应用。仅当 APDU Data Status 值已经被 IO 设备改变了,才应传送此服务,并只应提供已改变的标志。

表 140 列出该服务的参数。

表 140 New Input APDU Data Status

参数名称	Ind
Argument	M
AREP	M
CREP	M
Data Valid Flag	C
AR State Flag	C
Provider State Flag	C
Problem Indicator Flag	C

Argument

该变元应传送该服务指示的服务特定参数。

AREP

此参数是随指示原语传递的所期望的 AR 本地标识符。

CREP

此参数是随指示原语传递的所期望的 CR 本地标识符。

Data Valid Flag

此参数以值"DataItem invalid"指示该 AR 的所有数据(包括 IOPS)是无效的,并不应被消费者来处理。

注 1:如果 IO 设备的应用过程由于某个致命的应用错误而不能设置输入数据和/或 IOPS,则可以使用具有"DataItem invalid"的数据标志(Data Flag)。但是,仅在因为消费者上的 Data Hold Time 超时并终止连接的严重情况下,它才应被使用。在所有其他情况下,应使用 IOPS 来告诉消费者有关输入数据的状况。

值"DataItem valid"指示包括 IOPS、IOCS 的数据值是有效的。

AR State Flag

该参数指出该 AR 是以值"primary"操作,还是以值"backup"后备。

注 2:值"backup"保留用于包括系统冗余的未来版本。

Provider State Flag

该参数指示应用过程是以值"run"在运行还是以值"stop"被停止。对于消费者应用过程而言,该值只提供消息,数据的实际有效性应依据 IOPS。

注 3:此标志可以用来控制全局指示器,以可视化全局远程应用状况。

Problem Indicator Flag

此参数指出是否在 Diagnoses ASE 内至少设置了一个影响有关 AR 的诊断值。它通过值"Problem detected"来指示。只要没有诊断登录项存在,应设置它为"Regular operation"。

注 4:该标志可以用来触发读 IO 控制器内的诊断数据。该标志并不涉及任何有关输入数据的有效性,有效性仅由 IOPS 来指示。诊断登录项也可以因本地原因通过 Set Input 服务改变 IOPS 为"BAD"。

8.3.2.3.8 Read input data

此证实服务可以用来读 Input Data object element 的值。此服务可以与 IO AR、Supervisor AR 或 implicit AR 联合使用。

注 1:客户机应用可以使用服务 Read AR Data 读取已建立的 AR 的 UUID,该 AR UUID 可以在此上下关系中使用。

使用 Target AR UUID 的 Implicit AR:如果存在具有所请求 Target AR UUID 的已建立的 IO AR 或 Supervisor AR,则该服务仅含有一个输入数据对象。否则,以错误参数进行响应。

使用 API 的 Implicit AR:此服务包含输入数据对象。

表 141 列出该服务的参数。

表 141 Read Input Data

参数名称	Req	Ind	Rsp	Cnf
Argument	M	M(=)		
AREP	M	M(=)		
API	M	M(=)		
Target AR UUID	U	U(=)		
Slot Number	M	M(=)		
Subslot Number	M	M(=)		
Seq Number	M	M(=)		
Length	M	M(=)		
Result(+)			S	S(=)
AREP			M	M(=)
Seq Number			M	M(=)
Length			M	M(=)
Length IOCS			M	M(=)
Length IOPS			M	M(=)
Length Input Data			M	M(=)
IOCS			M	M(=)
IOPS			M	M(=)
Input Data			M	M(=)
Result(−)			S	S(=)
AREP			M	M(=)
Seq Number			M	M(=)
Error Decode			M	M(=)
Error code 1			M	M(=)
Error code 2			M	M(=)
Add Data 1			M	M(=)
Add Data 2			M	M(=)

Argument

该变元应传送该服务请求的服务特定参数。

AREP

此参数是所期望的 AR 的本地标识符。

API

此参数应被用来寻址所期望的 API。

Target AR UUID

此参数应与 implicit AR 联合使用来寻址 IO 设备内的所期望的 AR。

Slot Number

参数 Slot Number 在目的设备中被用于寻址在指定槽(通常是一个模块)中的所期望的输入数据对象。

Subslot Number

参数 Subslot Number 在目的设备中被用于寻址在指定子槽(通常是一个子模块)中的所期望的输入数据对象。

Seq Number

参数 Seq Number 被服务器用于通过序列号识别重复的服务。此服务参数的范围是:0～$2^{16}-1$。请求应用过程为每个未完成的服务请求提供一个唯一的 Seq Number。在一个会话期间,对每一个服务请求,参数 Seq Number 值都递增 1。开始一个新会话时,Seq Number 从前一个会话的最后值开始。已完成的具有 Seq Number 的证实将被忽略。已完成的具有 Seq Number 的指示将被拒绝。应分别对每个已建立的 AR 的 Seq Number 进行维护。

Length

参数 Length 指出必须被读的 Input Data object 的八位位组的个数。所允许的长度范围:2^0～$2^{32}-256$。如果请求的长度超过 Input Data object element 的实际长度,则应响应数据的实际数据长度。如果请求的长度短于 Input Data object element 的实际长度,则结果应是参数错误。

Result(+)

此参数指示该服务请求成功。

Length IOPS

此参数包含输入数据对象的相应属性值。

Length IOCS

此参数包含输入数据对象的相应属性值。

Length Input Data

此参数包含已经被读的对象的数据长度。

IOCS

参数包含输入数据对象的相应属性值。

IOPS

此参数包含输入数据对象的相应属性值。

Input Data

此参数包含已经被读的对象的值,并由在参数 Length Input Data 中指出的八位位组个数组成。此参数必须由第 5 章中定义的数据类型组成。

Result(-)

此参数指示该服务请求失败。

Error Decode

此参数从 Error code 1 和 Error code 2 中选择一种;其编码在 GB/Z 25105.2 中规定。

类型:Unsigned 8。

允许值:PNIORW。

Error code 1

参数 Error code 1 采取下列值之一:read error、module failure、version conflict、feature not supported、user specific、invalid index、invalid slot/subslot、type conflict、invalid area、state conflict、access denied、invalid range、invalid parameter、invalid type、read constrain conflict、resource busy、resource unavailable、service cancelled。

类型:Unsigned 16。

Error code 2

参数 Error code 2 是用户特定的。

类型:Unsigned 8。

Add Data 1

参数 Add Data 1 是 API 特定的(行规)。如果没有定义 additional data 1,则应传输值 0。

类型:Unsigned 16。

注 1:Add Data 1 可以被行规规范用来传输特定错误报文。

Add Data 2

参数 Add Data 2 是用户特定的。如果没有定义 additional data 2,则应传输值 0。

类型:Unsigned 16。

注 2:Add Data 2 可以被设备制造商用来传输特定错误报文。

否定响应应包含值 Error Decode=“PNIORW”、Error code 1=“invalid index”、Error code 2=“user specific”,如果被寻址的子模块不包含任何输入数据的话。

8.3.2.3.9 **Set Output**

Set Output 服务设置一个槽/子槽的新的输出数据及其 IOPS,用于所有相关应用关系的下一次传输。IOPS 应在任何时刻与传送的输出数据值一致。对于整个子槽的有效输出数据,IOPS 的值只应是“GOOD”。在所有其他情况下,该值应被设置为“BAD_BY_CONTROLLER”。此服务由 IO 控制器的应用过程用来更新协议内部的循环缓冲器的被寻址部分。该缓冲器的实际传输被时间触发。

注:服务接口的本地实现可以支持访问带有不同于子槽间隔(granularity)的变量,例如,多于一个子槽或只是 Output Data object element 的部分(变量)。但是,Output Data object element 总是与 IOPS 一致。

此服务仅应与 IO AR 或 Supervisor AR 联合使用。

依据循环缓冲器到缓冲器的传输特点,可能有以下的行为:

——在网络上发出 Set Output 请求比传送缓冲器的内容更快。在这种情况下,仅在网络上传送最后的 Set Output 服务提供的这些值;

——在网络上发出 Set Output 请求比传送缓冲器的内容更慢。在这种情况下,在网络上传送每个 Set Output 服务提供的这些值多于一次;

——如果发出 Set Output 请求与传送缓冲器的内容同步,则在网络上传送每个 Set Output 服务提供的这些值一次。

表 142 列出该服务的参数。

表 142 Set Output

参数名称	Req	Cnf
Argument	M	
AREP	M	
CREP	M	
Slot Number	M	
Subslot Number	M	
IOPS	M	
Output Data	M	
Result(+)		S
AREP		M
Result(−)		S
AREP		M

Argument

该变元应传送该服务请求的服务特定参数。

AREP

此参数是所期望的 AR 的本地标识符。

CREP

此参数是所期望的 CR 的本地标识符。

Slot Number

此参数包含本地槽号。

Subslot Number

此参数包含本地子槽号。

IOPS

此参数应包含值 GOOD(如果数据值是有效的)或 BAD_BY_CONTROLLER(如果数据值是无效的)。

Output Data

此参数包含 Output Data 对象元素的值。

Result(+)

此参数指示该服务请求成功。

Result(-)

此参数指示该服务请求失败。

8.3.2.3.10 Set Output IOCS

输出的消费者(IO 设备)应使用此服务来向应用层传递已改变的 IOCS 值。IOCS 被反传回该提供者并提供某种监视应用的手段。此服务仅应与 IO AR 和 Supervisor AR 联合使用。

通过此服务,IO 设备的应用过程更新本地缓冲器。依据所用应用关系的缓冲器到缓冲器循环传输的特点,可能有以下的行为:

——在网络上对生产者发出 IO Status Change 请求比传送缓冲器的内容更快。在这种情况下,在网络上不是传送每个 IOCS 的值,仅传送最后的值,其他值被覆盖了。

——在网络上对生产者发出 IO Status Change 请求比传送缓冲器的内容更慢。在这种情况下,在网络上传送该服务提供的每个 IOCS 值多于一次。

——如果发出 IO Status Change 请求与传送缓冲器的内容同步,则在网络上传送该服务提供的每个 IOCS 值。

表 143 列出该服务的参数。

表 143 Set Output IOCS

参数名称	Req	Cnf
Argument	M	
AREP	M	
CREP	M	
Slot Number	M	
Subslot Number	M	
IOCS	M	
Result(+)		S
AREP		M
Result(-)		S
AREP		M

Argument

该变元应传送该服务请求的服务特定参数。

AREP

此参数是随指示原语传递的所期望的 AR 本地标识符。

CREP

此参数是随指示原语传递的所期望的 CR 本地标识符。

Slot Number

此参数包含本地槽号。

Subslot Number

此参数包含本地子槽号。

IOCS

此参数可以包含值 GOOD、BAD_BY_DEVICE、BAD_BY_SLOT 或 BAD_BY_SUBSLOT。

Result(+)

此参数指示该服务请求成功。

Result(-)

此参数指示该服务请求失败。

8.3.2.3.11 Get Output

IO 设备应使用此服务来读来自应用层的某个 Output Data object element 的一个槽/子槽的值及其 IOPS。此服务仅应与 IO AR 或 Supervisor AR 联合使用。

如果 IOPS 包含值 GOOD,该 IO 设备应仅处理该 Output Data object element 的值。

表 144 列出该服务的参数。

表 144 Get Output

参数名称	Req	Cnf
Argument	M	
AREP	M	
CREP	M	
Slot Number	M	
Subslot Number	M	
Result(+)		S
AREP		M
IOPS		M
Output Data		M
New Flag		M
IOCS		C
Result(-)		S
AREP		M

Argument

该变元应传送该服务请求的服务特定参数。

AREP

此参数是随指示原语传递的所期望的 AR 本地标识符。

CREP

此参数是随指示原语传递的所期望的 CR 本地标识符。

Slot Number

此参数包含本地槽号。

Subslot Number

此参数包含本地子槽号。

Result(+)

此参数指示该服务请求成功。

IOPS

此参数包含 Output Data 对象元素的相应属性值。

Output Data

此参数包含 Output Data 对象的值。

New Flag

如果自上次调用该服务以后接收了新的输出数据和 IOPS,则此参数包含值 TRUE。如果该服务被频繁调用多次,则由协议机设置 New Flag 为 FALSE。

IOCS

此参数包含在有相应输入数据对象情况下的 IOCS 的值。

Result(-)

此参数指示该服务请求失败。

8.3.2.3.12 **Get Output IOCS**

IO 设备使用此服务来读取来自应用层的 IOPS。此服务仅应与 IO AR 或 Supervisor AR 联合使用。

表 145 列出该服务的参数。

表 145 **Get Output IOCS**

参数名称	Req	Cnf
Argument	M	
AREP	M	
CREP	M	
Slot Number	M	
Subslot Number	M	
Result(+)		S
AREP		M
IOCS		M
Result(-)		S
AREP		M

Argument

该变元应传送该服务请求的服务特定参数。

AREP

此参数是随指示原语传递的所期望的 AR 本地标识符。

CREP

此参数是随指示原语传递的所期望的 CR 本地标识符。

Slot Number

此参数包含本地槽号。

Subslot Number

此参数包含本地子槽号。

Result(+)

此参数指示该服务请求成功。

IOCS

此参数包含 IOCS 的值。

Result(−)

此参数指示该服务请求失败。

8.3.2.3.13 **New Output**

New Output 服务用信号通知 IO 设备的应用接收到一个有效的 APDU。如果 IOPS 已经被改变，也应传送此服务。此外，此服务使用参数 Watchdog Flag 指出 Watchdog 超时。

表 146 列出该服务的参数。

表 146 New Output

参数名称	Ind
Argument	M
AREP	M
CREP	M
Slot Number	M
Subslot Number	M
Watchdog Flag	C
InData Flag	C

Argument

该变元应传送该服务指示的服务特定参数。

AREP

此参数是所期望的传递指示原语的 AR 本地标识符。

CREP

此参数是所期望的传递指示原语的 CR 本地标识符。

Slot Number

此参数包含本地槽号。

Subslot Number

此参数包含本地子槽号。

Watchdog Flag

如果在 Watchdog Time Interval 内没有接收到 APDU 或有效的 APDU Data Status，则此参数包含值 WATCHDOG_EXPIRED。如果 Data Hold Time Interval 包含相同的值，则将并行地终止该 AR。否则，在该 IO 设备内的应用行为是保持上次的有效值，直到通信被继续或该 AR 被 Context Management ASE 终止为止。

InData Flag

此参数指出接收到第 1 个有效帧。该 AR 的所有消费者 IOCR 已经第一次获得数据。

8.3.2.3.14 **Set Output APDU Data Status**

IO 控制器应使用此服务来设置标志“Data Flag”、“AR State Flag”、“Provider State Flag”和“Problem Indicator Flag”。这些标志修改下次传送的 APDU 的字段 APDU Data Status。标志“Data Flag”、“AR State Flag”和“Problem Indicator Flag”仅影响所选择的 AR。标志“Provider State Flag”可以影响该 IO 设备的所有已建立的 AR。

表 147 列出该服务的参数。

表 147 **Set Output APDU Data Status**

参数名称	Req	Cnf
Argument	M	
AREP	U	
Data Flag	U	
AR State Flag	U	
Provider State Flag	U	
Problem Indicator Flag	U	
Result(+)		S
AREP		M
Result(−)		S
AREP		M

Argument

该变元应传送该服务指示的服务特定参数。

AREP

此参数是随请求原语传递的所期望的 AR 本地标识符。如果使用了服务参数 Provider State Flag(因其影响了所有已建立的传输 IO 数据的 AR),则此参数被省略。

Data Flag

此参数以值“DataItem invalid”指出该 AR 的所有数据(包括 IOPS)是无效的,并不应由消费者来处理。

注 1:如果 IO 控制器的应用过程由于某个致命的应用错误而不能设置输入数据和/或 IOPS,则可以使用具有“DataItem invalid”的数据标志(Data Flag)。但是,仅在因为消费者上的 Data Hold Time 超时并终止连接的严重情况下,它才应被使用。在所有其他情况下,应使用 IOPS 来告诉消费者有关输出数据的状况。

值“DataItem valid”应是正常操作的缺省值,以指出包括 IOPS 的数据值是有效的。

AR State Flag

该参数指出 AR 是以值“primary”操作,还是以值“backup”后备。缺省值是“primary”。

注 2:值“backup”保留用于包括系统冗余的未来版本。

Provider State Flag

该参数指示应用过程是以值“run”为运行,还是以值“stop”为停止。对于消费者应用过程而言,该值仅提供消息,数据的实际有效性应该依据 IOPS。在“stop”情况下,还应该通过对所有槽/子槽通过 Set Input 服务请求来设置所有 IOPS 值为“BAD_BY_CONTROLLER”。

注 3:此标志可以用来控制全局指示器,以可视化全局远程应用状况。

Problem Indicator Flag

此参数指出是否在 Diagnoses ASE 内至少设置了一个影响有关 AR 的诊断值。它通过值“Problem detected”来指出。只要没有诊断登录项存在,应设置它为“Regular operation”。它也是缺省值。

注 4:该标志可以用来触发读取 IO 控制器内的诊断数据。该标志并不涉及任何有关输入数据的有效性,有效性仅通过 IOPS 来指示。诊断登录项也可以因本地原因通过 Set Input 服务改变 IOPS 为“BAD”。

以上这些标志的初值或缺省值是:

——Data Flag:“DataItem valid”;

——AR State Flag:“primary”;

——Provider State Flag:“run”;

——Problem Indicator Flag:"Regular operation"。

Result(+)

此参数指示该服务请求成功。

Result(-)

此参数指示该服务请求失败。

8.3.2.3.15 **New Output APDU Data Status**

该服务用信号将APDU Data Status的改变通知IO设备的应用。仅当APDU Data Status值已经被IO控制器改变,该服务才应该被传送,并只提供已改变的标志。

表148列出该服务的参数。

表148 New Output APDU Data Status

参数名称	Ind
Argument	M
AREP	M
CREP	M
Data Flag	C
AR State Flag	C
Provider State Flag	C
Problem Indicator Flag	C

Argument

该变元应传送该服务指示的服务特定参数。

AREP

此参数是随指示原语传递的所期望的AR本地标识符。

CREP

此参数是随指示原语传递的所期望的CR本地标识符。

Data Flag

此参数以值"DATA_INVALID"指出该AR的所有数据(包括IOPS)是无效的,且不应被消费者来处理。

注1:如果IO控制器的应用过程由于某个致命的应用错误而不能设置输入数据和/或IOPS,则可以使用具有"DATA_INVALID"的数据标志。但是,仅在因为消费者的Data Hold Time超时并终止连接的严重情况下,它才应被使用。在所有其他情况下,应使用IOPS来告诉消费者有关输入数据的状况。此标志也用于未来版本中的冗余。

值"DataItem valid"应该是正常操作的缺省值,以指示包括IOPS的数据值是有效的。

AR State Flag

该参数指示该AR是以值"primary"操作还是以"backup"值后备。缺省值是"primary"。

注2:值"backup"保留用于包括系统冗余的未来版本。

Provider State Flag

该参数指示应用过程是以值"run"在运行还是以值"stop"处于停止。对于消费者应用过程来说,该值只是提供消息,数据的实际有效性应该依据IOPS。在"stop"情况下,还应该通过对所有槽/子槽通过Set Input服务请求来设置所有IOPS值为"BAD_BY_CONTROLLER"。

注3:此标志可以用来控制全局指示器,以可视化全局远程应用状况。

Problem Indicator Flag

此参数指示是否在Diagnoses ASE内至少设置了一个诊断值。它通过值"Problem detected"来指示。只要没有诊断登录项存在,应设置它为"Regular operation"。它也是缺省值。

注4:该标志可以用来触发读取IO控制器内的诊断数据。该标志并不涉及任何有关输入数据的有效性,有效性仅

通过 IOPS 来指示。诊断登录项也可以因本地原因通过 Set Input 服务改变 IOPS 为“BAD”。

8.3.2.3.16 Read Output Data

可以使用此证实服务来读具有替代值的 Output Data object element 的值。此服务可以与 IO AR、Supervisor AR 或 implicit AR 联合使用。

注 1：一个客户机应用可以使用服务 Read AR Data 来读已建立的可以在此上下关系中使用的 AR 的可能的 AR UUID。

使用 Target AR UUID 的 Implicit AR：如果存在已建立的具有所请求的 Target AR UUID 的 IO AR 或 Supervisor AR，则该服务仅含有输出数据对象。否则以参数错误来响应。

使用 API 的 Implicit AR：如果应用支持在没有建立 AR 的情况下读取输出数据对象的值，则该服务仅含有输出数据对象。否则以参数错误来响应。

表 149 列出该服务的参数。

表 149 Read Output Data

参数名称	Req	Ind	Rsp	Cnf
Argument	M	M(=)		
AREP	M	M(=)		
API	M	M(=)		
Target AR UUID	U	U(=)		
Slot Number	M	M(=)		
Subslot Number	M	M(=)		
Seq Number	M	M(=)		
Length	M	M(=)		
Result(+)			S	S(=)
AREP			M	M(=)
Seq Number			M	M(=)
Length			M	M(=)
Length IOCS			M	M(=)
Length IOPS			M	M(=)
Length Output Data			M	M(=)
IOCS			M	M(=)
IOPS			M	M(=)
Output Data			M	M(=)
Substitute Mode			M	M(=)
Substitute Active Flag			M	M(=)
Output Substitute Data Valid			M	M(=)
Output Substitute Data			M	M(=)
Result(−)			S	S(=)
AREP			M	M(=)
Seq Number			M	M(=)
Error Decode			M	M(=)
Error code 1			M	M(=)
Error code 2			M	M(=)
Add Data 1			M	M(=)
Add Data 2			M	M(=)

Argument

该变元应传送该服务请求的服务特定参数。

AREP

此参数是所期望的 AR 的本地标识符。

API

此参数应被用来寻址所期望的 API。

Target AR UUID

此参数应与 implicit AR 联合使用来寻址 IO 设备内的所期望的 AR。

Slot Number

参数 Slot Number 在目的设备中被用于寻址在指定槽(通常是一个模块)中的所期望的输出数据对象。

Subslot Number

参数 Subslot Number 在目的设备中被用于寻址在指定子槽(通常是一个子模块)中的所期望的输出数据对象。

Seq Number

参数 Seq Number 被服务器用于通过序列号识别重复的服务。此服务参数的范围是:$0\sim2^{16}-1$。请求应用过程为每个未完成的服务请求提供一个唯一的 Seq Number。在一个会话期间,对每一个服务请求,参数 Seq Number 值都递增 1。开始一个新会话时,Seq Number 从前一个会话的最后值开始。已完成的具有 Seq Number 的证实将被忽略。已完成的具有 Seq Number 的指示将被拒绝。应分别对每个已建立的 AR 的 Seq Number 进行维护。

Length

参数 Length 指出必须被读的 Output Data 对象的八位位组的个数。所允许的长度范围:$2^0\sim2^{32}-256$。如果请求的长度超过 Output Data 对象元素的实际长度,则应响应数据的实际数据长度。如果请求的长度短于 Output Data 对象元素的实际长度,则结果应是参数错误。

Result(+)

此参数指示该服务请求成功。

Length IOPS

此参数包含输出数据对象的相应属性值。

Length IOCS

此参数包含输出数据对象的相应属性值。

Length Output Data

此参数包含已经被读的对象的数据长度。

IOCS

此参数包含输出数据对象的相应属性的值。

IOPS

此参数包含输出数据对象的相应属性的值。

Output Data

此参数包含已被读取的对象的值,并由在响应的 Length Output Data 中指出的八位位组个数组成。此参数必须由第 5 章中定义的数据类型组成。

Substitute Mode

此参数包含输出数据对象的相应属性的值。

Substitute Active Flag

如果在失效的情况下使用替代数据，则此参数包含值 TRUE。

Output Substitute Data Valid

此参数包含输出数据对象的相应属性的值。

Output Substitute Data

此参数包含已经被读的对象的替代值，并由在响应的 Length Output Data 中指出的八位位组个数组成。此参数必须由第 5 章中定义的数据类型组成。

Result(—)

此参数指示该服务请求成功。

Error Decode

此参数从 Error code 1 和 Error code 2 中选择一种；其编码在 GB/Z 25105.2 中规定。

类型：Unsigned 8。

允许值：PNIORW。

Error code 1

参数 Error code 1 采取下列的值：read error、module failure、version conflict、feature not supported、user specific、invalid index、invalid slot/subslot、type conflict、invalid area、state conflict、access denied、invalid range、invalid parameter、invalid type、read constrain conflict、resource busy、resource unavailable、service cancelled。

类型：Unsigned 16。

Error code 2

参数 Error code 2 是用户特定的。

类型：Unsigned 8。

Add Data 1

参数 Add Data 1 是 API 特定的(行规)。如果没有定义 additional data 1，则应传输值 0。

类型：Unsigned 16。

注 2：Add Data 1 可以被行规规范用来传输特定错误报文。

Add Data 2

参数 Add Data 2 是用户特定的。如果没有定义 additional data 2，则应传输值 0。

类型：Unsigned 16。

注 3：Add Data 2 可以被设备制造商用来传输特定错误报文。

否定响应应包含值 Error Decode＝“PNIORW”、Error code 1＝“invalid index”、Error code 2＝“user specifc”，如果被寻址的子模块不包含任何输出数据的话。

8.3.2.3.17 Read Output Substitute Data

此证实服务可以用来读替代值。此服务可以与 IO AR、Supervisor AR 或 implicit AR 联合使用。

注 1：一个客户机应用可以使用服务 Read AR Data 来读已建立的可以在此上下关系中使用的 AR 的可能的 AR UUID。

使用 Target AR UUID 的 Implicit AR：如果已建立具有所请求的 Target AR UUID 的 IO AR 或 Supervisor AR，则该服务仅含有输出数据对象。否则以参数错误来响应。

使用 API 的 Implicit AR：如果应用支持在没有建立的 AR 的情况下读取输出数据对象的值，则服务仅含有输出数据对象。否则以参数错误来响应。

表 150 列出该服务的参数。

表 150 **Read Output Substitute Data**

参数名称	Req	Ind	Rsp	Cnf
Argument	M	M(=)		
AREP	M	M(=)		
API	M	M(=)		
Target AR UUID	U	U(=)		
Slot Number	M	M(=)		
Subslot Number	M	M(=)		
Seq Number	M	M(=)		
Length	M	M(=)		
Result(+)			S	S(=)
AREP			M	M(=)
Seq Number			M	M(=)
Length			M	M(=)
Length Output Data			M	M(=)
Substitute Mode			M	M(=)
Substitute Active Flag			M	M(=)
Output Substitute Data Valid			M	M(=)
Output Substitute Data			M	M(=)
Result(−)			S	S(=)
AREP			M	M(=)
Seq Number			M	M(=)
Error Decode			M	M(=)
Error code 1			M	M(=)
Error code 2			M	M(=)
Add Data 1			M	M(=)
Add Data 2			M	M(=)

Argument

该变元应传送该服务请求的服务特定参数。

AREP

此参数是所期望的 AR 的本地标识符。

API

此参数应被用来寻址所期望的 API。

Target AR UUID

此参数应与 implicit AR 联合使用来寻址 IO 设备内的所期望的 AR。

Slot Number

参数 Slot Number 在目的设备中被用于寻址在指定槽(通常是一个模块)中的所期望的输出数据对象。

Subslot Number

参数 Subslot Number 在目的设备中被用于寻址在指定子槽(通常是一个子模块)中的所期望的输出数据对象。

Seq Number

参数 Seq Number 被服务器用于通过序列号识别重复的服务。此服务参数的范围是:$0 \sim 2^{16}-1$。

请求应用过程为每个未完成的服务请求提供一个唯一的 Seq Number。在一个会话期间，对每一个服务请求，参数 Seq Number 值都递增 1。开始一个新会话时，Seq Number 从前一个会话的最后值开始。已完成的具有 Seq Number 的证实将被忽略。已完成的具有 Seq Number 的指示将被拒绝。应分别对每个已建立的 AR 的 Seq Number 进行维护。

Length

参数 Length 指出必须被读的 Output Data object 的八位位组的个数。所允许的长度范围：2^0～$2^{32}-256$。如果请求的长度超过 Output Data object element 的实际长度，则应响应数据的实际数据长度。如果请求的长度短于 Output Data object element 的实际长度，则结果应是参数错误。

Result(＋)

此参数指示该服务请求成功。

Length Output Data

此参数包含已被读的对象的数据长度。

Substitute Mode

此参数包含输出数据对象的相应属性值。

Substitute Active Flag

如果在失效的情况下使用替代数据，则此参数包含值 TRUE。

Output Substitute Data Valid

此参数包含输出数据对象的相应属性值。

Output Substitute Data

此参数包含已被读的对象的替代值，并由在响应的 Length Output Data 中指出的八位位组个数组成。此参数必须由第 5 章中定义的数据类型组成。

Result(－)

此参数指示该服务请求失败。

Error Decode

此参数从 Error code 1 和 Error code 2 中选择一种；其编码在 GB/Z 25105.2 中规定。

类型：Unsigned 8。

允许值：PNIORW。

Error code 1

参数 Error code 1 采取下列值之一：read error、module failure、version conflict、feature not supported、user specific、invalid index、invalid slot/subslot、type conflict、invalid area、state conflict、access denied、invalid range、invalid parameter、invalid type、read constrain conflict、resource busy、resource unavailable、service cancelled。

类型：Unsigned 16。

Error code 2

此参数 Error code 2 是用户特定的。

类型：Unsigned 8。

Add Data 1

参数 Add Data 1 是 API 特定的(行规)。如果没有定义 additional data 1，则应传输值 0。

类型：Unsigned 16。

注 1：Add Data 1 可以被行规规范用来传输特定错误报文。

Add Data 2

参数 Add Data 2 是用户特定的。如果没有定义 additional data 2，则应传输值 0。

类型：Unsigned 16。

注 2：Add Data 2 可以被设备制造商用来传输特定错误报文。

否定响应应包含值 Error Decode＝"PNIORW"、Error code 1＝"invalid index"、Error code 2＝"user specifc"，如果被寻址的子模块不包含任何输出数据的话。

8.3.2.3.18 **Write Output Substitute Data**

此证实服务可以用来写 Output Data 对象元素的替代值。此服务可以与 IO AR 和 Supervisor AR 联合使用。表 151 列出该服务的参数。

服务参数"Multiple"可以被用来传送在一个 APDU 内的若干替代值。该服务器应在响应中反射"Multiple"的值。响应的个数应等于请求的个数。次序可以是任意的。

表 151 **Write Output Substitute Data**

参数名称	Req	Ind	Rsp	Cnf
Argument	M	M(＝)		
AREP	M	M(＝)		
API	M	M(＝)		
Slot Number	M	M(＝)		
Subslot Number	M	M(＝)		
Multiple	U	U(＝)		
Seq Number	M	M(＝)		
Substitute Mode	M	M(＝)		
Length Output Data	M	M(＝)		
Output Substitute Data	M	M(＝)		
Prm Flag		M		
Result(＋)			S	S(＝)
AREP			M	M(＝)
Multiple			U	U(＝)
Seq Number			M	M(＝)
Result(－)			S	S(＝)
AREP			M	M(＝)
Seq Number			M	M(＝)
Error Decode			M	M(＝)
Error code 1			M	M(＝)
Error code 2			M	M(＝)
Add Data 1			M	M(＝)
Add Data 2			M	M(＝)

Argument

该变元应传送该服务请求的服务特定参数。

AREP

此参数是所期望的 AR 的本地标识符。

API

此参数应被用来寻址所期望的 API。

Slot Number

参数 Slot Number 在目的设备中被用于寻址在指定槽(通常是一个模块)中的所期望的输出数据对象。

Subslot Number

参数 Subslot Number 在目的设备中被用于寻址在指定子槽(通常是一个子模块)中的所期望的输出数据对象。

Multiple

参数 Multiple 应被用来传送在一个 APDU 内的多个记录数据对象。如果传送单个记录数据对象,则该参数不出现。值 MULTIPLE_START 指示序列的第 1 个记录数据对象。值 MULTIPLE_SEGMENT 指示任何一个其他的记录数据对象。值 MULTIPLE_END 指示最后的记录数据对象并触发该 APDU 的传输。这同样适用于响应服务原语。

Seq Number

参数 Seq Number 被服务器用于通过序列号识别重复的服务。此服务参数的范围是:$0 \sim 2^{16}-1$。请求应用过程为每个未完成的服务请求提供一个唯一的 Seq Number。在一个会话期间,对每一个服务请求,参数 Seq Number 值都递增 1。开始一个新会话时,Seq Number 从前一个会话的最后值开始。已完成的具有 Seq Number 的证实将被忽略。已完成的具有 Seq Number 的指示将被拒绝。应分别对每个已建立的 AR 的 Seq Number 进行维护。

Substitute Mode

此参数包含输出数据对象的相应属性值。

Length Output Data

此参数包含输出数据对象的相应属性值。

Output Substitute Data

此参数包含应被写入对象的替代值,并由参数 Length Output Data 指出的八位位组个数组成。此参数必须由第 5 章中定义的数据类型组成。在 Substitute Mode ZERO 和 LAST_VALUE 的情况下,对于每个数据八位位组,此参数值应为 0。在 Substitute Mode PROFILE_SPECIFIC 的情况下,此参数内容应由行规来定义。

Prm Flag

在连接建立阶段期间进行参数化时,该本地指示参数应包含值 TRUE。否则,设置该值为 FALSE。

属性类型:Boolean。

注 1:此参数用来控制数据的存储保持。它被用于快速启动过程。

Result(+)

此参数指示该服务请求成功。

Result(－)

此参数指示该服务请求失败。

Error Decode

此参数从 Error code 1 和 Error code 2 中选择一种;其编码在 GB/Z 25105.2 中规定。

类型:Unsigned 8。

允许值:PNIORW。

Error code 1

参数 Error code 1 采取下列值之一:read error、module failure、version conflict、feature not supported、user specific、invalid index、invalid slot/subslot、type conflict、invalid area、state conflict、access denied、invalid range、invalid parameter、invalid type、read constrain conflict、resource busy、resource unavailable、service cancelled。

类型:Unsigned 16。

Error code 2

参数 Error code 2 是用户特定的。

类型:Unsigned 8。

Add Data 1

参数 Add Data 1 是 API 特定的(行规)。如果没有定义 additional data 1,则应传输值 0。

类型:Unsigned 16。

注 2：Add Data 1 可以被行规规范用来传输特定错误报文。

Add Data 2

参数 Add Data 2 是用户特定的。如果没有定义 additional data 2,则应传输值 0。

类型:Unsigned 16。

注 3：Add Data 2 可以被设备制造商用来传输特定错误报文。

8.3.2.4 IO 数据对象的行为

8.3.2.4.1 输入数据对象的一般行为

出于性能的原因,当输入数据对象的值发生变化时,应尽快地将其传送到 IO AR 缓冲器,以便传输。该动作的速度和抖动是 IO 设备的一个性能参数。

8.3.2.4.2 输出数据对象的一般行为

出于性能的原因,当接收到输出数据对象的值时,应尽快地将其传送到对象。该动作的速度和抖动是 IO 设备的一个性能参数。该参数决定同步精确度。

Read Output 服务应提供已经用 Get Output 服务获得的应用过程的当前值。

注：由于不同的原因(例如,物理输出延迟),此值可能不同于实际输出数据的值或最后传送的值。

8.3.3 日志数据 ASE

8.3.3.1 概述

日志数据(Logbook Data)ASE 提供了一种将本地产生的事件和 AR 特定的事件存储在循环缓冲器中的手段,并提供一种服务用来读该事件缓冲器。登录项的内容是制造商特定的,可以被用来识别通信问题,例如,AR 终止的原因。

日志数据 ASE 定义日志数据对象的一些属性,并提供一组服务用于远程读和本地写它们的值。日志数据 ASE 是 IO 设备特定的。日志数据对象被所定义的服务隐式地寻址。对这些登录项的响应,总是按照从最新登录项到最旧登录项的顺序进行,直到所请求的长度。

对日志数据对象的访问依据用于读的客户机/服务器访问模型来实现。客户机/服务器模型的特点是客户机应用向服务器应用发出一个读请求,服务器应用相应地作出响应。

日志数据 ASE 的形式模型通过日志数据类规范来提供,包括属性、服务、调用的描述及详细的服务规范。

8.3.3.2 日志数据类规范

8.3.3.2.1 模板

通过下列模板来描述日志数据对象:

ASE:	Logbook Data ASE		
CLASS:	Logbook Data		
CLASS ID:	not used		
PARENT CLASS:	TOP		
ATTRIBUTES:			
1	(m)	Key Attribute:	Implicit
2	(m)	Attribute:	Current Local Time Stamp
3	(m)	Attribute:	List of Entries
3.1	(m)	Attribute:	Local Time Stamp

3.2	(m)	Attribute:	AR UUID
3.3	(m)	Attribute:	PNIO Status
3.4	(m)	Attribute:	Entry Detail

SERVICES:

1	(m)	OpsService:	Read Logbook
2	(m)	OpsService:	Logbook Event

8.3.3.2.2 **属性**

Implicit

属性 Implicit 指出日志数据对象被服务隐式寻址。

Current Local Time Stamp

此属性包含周期计数器值的当前本地时间。

属性类型:Unsigned 64。

List of Entries

IO 设备应支持至少 16 个日志登录项,IO 控制器应支持至少 4 K 字节。此属性表由下列属性组成:

Local Time Stamp

此属性包含该登录项完成时当时的周期计数器值的本地时间。

属性类型:Unsigned 64。

AR UUID

此属性定义作为源的 IO AR 登录项的 UUID。

属性类型:UUID。

PNIO Status

此属性包含了协议机定义的登录项的值。

属性类型:Unsigned 32。

允许值:见 GB/Z 25105.2。

Entry Detail

此属性包含了协议机定义的登录项的值。

属性类型:Unsigned 32。

8.3.3.3 **日志数据服务规范**

8.3.3.3.1 **Read logbook**

此证实服务可被用来读日志数据对象的值。此服务可以与 implicit AR,IO AR 或 Supervisor AR 联合使用。表 152 列出该服务的参数。

表 152 Read Logbook

参数名称	Req	Ind	Rsp	Cnf
Argument	M	M(=)		
AREP	M	M(=)		
Seq Number	M	M(=)		
Length	M	M(=)		
Result(+)			S	S(=)
AREP			M	M(=)
Seq Number			M	M(=)
Length			M	M(=)

表 152（续）

参数名称	Req	Ind	Rsp	Cnf
Current Local Time Stamp			M	M(=)
List of Entries			M	M(=)
Local Time Stamp			M	M(=)
AR UUID			M	M(=)
PNIO Status			M	M(=)
Entry Detail			M	M(=)
Result(−)			S	S(=)
AREP			M	M(=)
Seq Number			M	M(=)
Error Decode			M	M(=)
Error code 1			M	M(=)
Error code 2			M	M(=)
Add Data 1			M	M(=)
Add Data 2			M	M(=)

Argument

该变元应传送该服务请求的服务特定参数。

AREP

此参数是所期望的 AR 的本地标识符。

Seq Number

参数 Seq Number 被服务器用于通过序列号识别重复的服务。此服务参数的范围是：$0\sim2^{16}-1$。请求应用过程为每个未完成的服务请求提供一个唯一的 Seq Number。在一个会话期间，对每一个服务请求，参数 Seq Number 值都递增 1。开始一个新会话时，Seq Number 从前一个会话的最后值开始。已完成的具有 Seq Number 的证实将被忽略。已完成的具有 Seq Number 的指示将被拒绝。应分别对每个已建立的 AR 的 Seq Number 进行维护。

Length

参数 Length 指出必须被读取的日志数据对象的八位位组的个数。所允许的长度范围：$0\sim2^{32}-65$。

Result(+)

此参数指示该服务请求成功。

Current Local Time Stamp

此参数包含 ASE 对象的相应属性值。

List of Entries

此参数由以下列表元素组成：

注 1：如果登录项的列表具有的字节数大于所请求的长度，则仅响应最新的登录项。

Local Time Stamp

此参数包含该 ASE 对象的相应属性值。

AR UUID

此参数包含该 ASE 对象的相应属性值。

PNIO Status

此参数包含该 ASE 对象的相应属性值。

Entry Detail

此参数包含该 ASE 对象的相应属性值。

Result(－)

此参数指示服务请求失败。

Error Decode

此参数从 Error code 1 和 Error code 2 中选择一种；其编码在 GB/Z 25105.2 中规定。

类型：Unsigned 8。

允许值：PNIORW。

Error code 1

参数 Error code 1 采取下列值之一：read error、module failure、version conflict、feature not supported、user specific、invalid index、invalid slot/subslot、type conflict、invalid area、state conflict、access denied、invalid range、invalid parameter、invalid type、read constrain conflict、resource busy、resource unavailable、service cancelled、invalid subslot、invalid sequence number、invalid API、invalid AR。

类型：Unsigned 16。

Error code 2

参数 Error code 2 是用户特定的。

类型：Unsigned 8。

Add Data 1

参数 Add Data 1 是 API 特定的(行规)。如果没有定义 additional data 1，则应传输值 0。

类型：Unsigned 16。

注 2：Add Data 1 可以被行规规范用来传输特定错误报文。

Add Data 2

参数 Add Data 2 是用户特定的。如果没有定义 additional data 2，则应传输值 0。

类型：Unsigned 16。

注 3：Add Data 2 可以被设备制造商用来传输特定错误报文。

8.3.3.3.2 Logbook Event

此本地服务指出日志数据对象的值。表 153 列出该服务的参数。

表 153 Logbook Event

参数名称	Ind
Argument	M
AREP	M
Local Time Stamp	M
AR UUID	M
PNIO Status	M
Entry Detail	M

Argument

该变元应传送该服务请求的服务特定参数。

AREP

此参数是所期望的 AR 的本地标识符。

Local Time Stamp

此参数包含该 ASE 对象的相应属性值。

AR UUID

此参数包含该 ASE 对象的相应属性值。

PNIO Status

此参数包含该 ASE 对象的相应属性值。

Entry Detail

此参数包含该 ASE 对象的相应属性值。

8.3.4 诊断 ASE

8.3.4.1 概述

在应用层环境中,IO 设备的诊断 ASE(Diagnosis ASE)包含用来保存 IO 设备诊断信息的各种不同的诊断登录项。来自 IO 设备的诊断信息与被寻址的 AP 有关,并仅包括已被设置诊断的槽、子槽和通道。

注:如果子槽或通道没有设置诊断,则不传输此信息。

诊断 ASE 定义诊断对象的属性,并提供一组服务用于读它们的值。定义下列诊断类型:

——Channel Diagnosis

- 诊断;
- 维护(需要的和必须的)。

——Ext Channel Diagnosis

- 诊断;
- 维护(需要的和必须的)。

——Qualified Ext Channel Diagnosis

- 诊断;
- 维护(需要的和必须的);
- 合格数据(Qualifier_2～Qualifier_31)。

——Manufacturer Specific Diagnosis

- 制造商特定诊断指出一个失效(Channel Properties Specifier 值:Appears);
- 制造商特定诊断指出一个状况(Channel Properties Specifier 值:Disappears);
- 维护(需要的和必须的)。

建议在所有匹配的情况下使用 Channel Diagnosis、Ext Channel Diagnosis 或 Qualified Ext Channel Diagnosis,因为详细的语义全部被标准化。其他的制造商特定的诊断数据可以通过 Manufacturer Specific Diagnosis 来传送。

IO 设备的应用可以向 implicit AR、IO AR 和 Supervisor AR 提供一个或若干个诊断对象的值。

诊断模型使用客户机/服务器访问模型。

此外,在设置第一个诊断登录项的情况下,应通过事件(Diagnosis ASE “First Diagnosis Entry set”)来通知 Input Data ASE。在未设置最后一个诊断登录项的情况下,应通过事件(Diagnosis ASE “Last Diagnosis Entry cleared”)来通知 Input Data ASE。如果仅设置或清除维护信息,则不应通知 Input Data ASE。

如果 Alarm ASE 被应用组态,也可以通知 Alarm ASE 来发送 Diagnosis Alarm、Redundancy Alarm、Diagnosis Disappears Alarm、Multicast Communication Mismatch Alarm、Port Data Change Notification Alarm、Sync Data Change Notification Alarm 和 Isochronous Mode Problem Notification Alarm。

8.3.4.2 诊断类规范

8.3.4.2.1 模板

通过下列模板来描述诊断(Diagnosis)对象:

ASE: Diagnosis ASE

CLASS: Diagnosis

CLASS ID: not used

PARENT CLASS: TOP

ATTRIBUTES:

1	(m)	Key Attribute:	Implicit
2	(m)	Attribute:	Device Status
3	(c)	Constraint:	Device Status 〈〉 DEVICE_OK
3.1	(m)	Attribute:	List of APs
3.1.1	(m)	Attribute:	API
3.1.2	(m)	Attribute:	List of Slots
3.1.2.1	(m)	Attribute:	Slot Number
3.1.2.2	(m)	Attribute:	List of Subslots
3.1.2.2.1	(m)	Attribute:	Subslot Number
3.1.2.2.2	(m)	Attribute:	Submodule Diagnosis State
3.1.2.2.3	(m)	Attribute:	List of Channels
3.1.2.2.3.1	(m)	Attribute:	Channel Number
3.1.2.2.3.2	(o)	Attribute:	List of Channel Diagnosis
3.1.2.2.3.2.1	(m)	Attribute:	Channel Properties
3.1.2.2.3.2.1.1	(m)	Attribute:	Type
3.1.2.2.3.2.1.2	(m)	Attribute:	Accumulative
3.1.2.2.3.2.1.3	(m)	Attribute:	Maintenance Required
3.1.2.2.3.2.1.4	(m)	Attribute:	Maintenance Demanded
3.1.2.2.3.2.1.5	(m)	Attribute:	Specifier
3.1.2.2.3.2.1.6	(m)	Attribute:	Direction
3.1.2.2.3.2.2	(m)	Attribute:	Channel Error type
3.1.2.2.3.3	(o)	Attribute:	List of Ext Channel Diagnosis
3.1.2.2.3.3.1	(m)	Attribute:	Channel Properties
3.1.2.2.3.3.1.1	(m)	Attribute:	Type
3.1.2.2.3.3.1.2	(m)	Attribute:	Accumulative
3.1.2.2.3.3.1.3	(m)	Attribute:	Maintenance Required
3.1.2.2.3.3.1.4	(m)	Attribute:	Maintenance Demanded
3.1.2.2.3.3.1.5	(m)	Attribute:	Specifier
3.1.2.2.3.3.1.6	(m)	Attribute:	Direction
3.1.2.2.3.3.2	(m)	Attribute:	Channel Error type
3.1.2.2.3.3.3	(m)	Attribute:	Ext Channel Error type
3.1.2.2.3.3.4	(m)	Attribute:	Ext Channel Add Value
3.1.2.2.3.4	(o)	Attribute:	List of Qualified Ext Channel Diagnosis
3.1.2.2.3.4.1	(m)	Attribute:	Channel Properties
3.1.2.2.3.4.1.1	(m)	Attribute:	Type
3.1.2.2.3.4.1.2	(m)	Attribute:	Accumulative
3.1.2.2.3.4.1.3	(m)	Attribute:	Maintenance Required
3.1.2.2.3.4.1.4	(m)	Attribute:	Maintenance Demanded
3.1.2.2.3.4.1.5	(m)	Attribute:	Specifier
3.1.2.2.3.4.1.6	(m)	Attribute:	Direction
3.1.2.2.3.4.2	(m)	Attribute:	Channel Error type

3.1.2.2.3.4.3	(m)	Attribute:	Ext Channel Error type
3.1.2.2.3.4.4	(m)	Attribute:	Ext Channel Add Value
3.1.2.2.3.4.5	(m)	Attribute:	Qualified Channel Qualifier
3.1.2.2.3.5	(o)	Attribute:	List of Manufacturer Specific Diagnosis
3.1.2.2.3.5.1	(m)	Attribute:	Channel Properties
3.1.2.2.3.5.1.1	(m)	Attribute:	Type
3.1.2.2.3.5.1.2	(m)	Attribute:	Accumulative
3.1.2.2.3.5.1.3	(m)	Attribute:	Maintenance Required
3.1.2.2.3.5.1.4	(m)	Attribute:	Maintenance Demanded
3.1.2.2.3.5.1.5	(m)	Attribute:	Specifier
3.1.2.2.3.5.1.6	(m)	Attribute:	Direction
3.1.2.2.3.5.2	(m)	Attribute:	User Structure Identifier
3.1.2.2.3.5.3	(m)	Attribute:	List of Data
3.1.2.2.3.5.3.1	(m)	Attribute:	Data
SERVICES:			
1	(m)	OpsService:	Read Device Diagnosis
2	(m)	OpsService:	Diagnosis Event

8.3.4.2.2 属性

Implicit

属性 Implicit 指出诊断(Diagnosis)对象被服务隐式寻址。

Device Status

此属性包含诊断概要。如果该值被设置为 DEVICE_OK,则应槽/子槽不应包含诊断信息。如果该值被设置为 DEVICE_FAILURE、MAINTENANCE 或 MANUFACTURER_SPECIFIC_STATUS,则至少一个槽/子槽应包含诊断信息、维护信息或制造商特定状况信息。

属性类型:Unsigned 8。

允许值:DEVICE_OK、DEVICE_FAILURE、MAINTENANCE 或 MANUFACTURER_SPECIFIC_STATUS。

List of APs

此属性包含诊断信息、维护信息或制造商特定状况信息,用于所支持的每个应用过程。列表元素由下列属性组成。

API

此属性应仅由具有诊断信息、维护信息或制造商特定状况信息的 API 组成。

List of Slots

此属性仅包含具有诊断信息、维护信息或制造商特定状况信息的槽。列表元素由下列属性组成。

Slot Number

此属性定义槽号作为本地标识符。此号在设备内是唯一的。在设备内槽的编号应按升序进行,但为了允许逻辑结构,可以是不连续的。该列表应包含具有诊断功能的所有物理槽或逻辑槽。

属性类型:Unsigned 16。

允许值:0～0x7FFF。

List of Subslots

此属性仅包含具有诊断信息、维护信息或制造商特定状况信息的子槽。列表元素由下列属性组成。

Subslot Number

此属性定义子槽号作为本地标识符。此号在槽内是唯一的。在槽内子槽的编号应按升序进行,但为了允许逻辑结构,可以是不连续的。该列表应包含所有具有诊断功能的物理子槽或逻辑子槽。

属性类型:Unsigned 16。

允许值:1～0x8FFF。

注 1:Subslot Number 0 与 AlarmType “Pull”联合用来寻址 IO 设备内的某个模块;它从来不包含诊断。

Submodule Diagnosis State

此属性包含子模块的诊断概要。只有在至少一个 Channel Diagnosis 具有严重性而不是 INFORMATION 以及至少一个 Manufacturer Specific Diagnosis 具有严重性而不是 INFORMATION 的情况下,该值才被设置为 SUBMODULE_FAILURE,并 channel properties specifier 被设置为 Appears。在所有其他情况下,该值被设置为 SUBMODULE_OK。

属性类型:Unsigned 8。

允许值:SUBMODUL_OK、SUBMODUL_FAILURE。

List of Channels

此属性仅包含具有诊断或维护信息的通道。列表元素由下列属性组成:

Channel Number

此属性定义通道号作为本地标识符。此号在子槽内是唯一的。在子槽内通道的编号应按升序进行,但为了允许逻辑结构,可以是不连续的。该列表应包含具有诊断功能的所有物理通道或逻辑通道。

特定值 0x8000 标识整个子模块而不是某个特定通道。

在这些情况下,属性 Channel Properties Accumulative 应包含值 INDIVIDUAL。

如果属性 Channel Properties Accumulative 包含值 CHANNELGROUP,则此属性包含受影响最小的通道号。

属性类型:Unsigned 16。

允许值:0～0x7FFF 用户特定通道号,0x8000 子模块。

List of Channel Diagnosis

此属性包含通道诊断的列表。列表元素由下列属性组成。

Channel Properties

此属性由下列属性组成。应考虑符合表 154 的依赖性。

表 154 Channel Properties 内的依赖性

需要的维护	必须的维护	指定符	含义
MAINTENANCE_REQUIRED	NO_MAINTENANCE_DEMANDED	APPEARS	维护是需要的
NO_MAINTENANCE_REQUIRED	MAINTENANCE_DEMANDED	APPEARS	维护是必须的
NO_MAINTENANCE_REQUIRED	NO_MAINTENANCE_DEMANDED	APPEARS	通道诊断
MAINTENANCE_REQUIRED	MAINTENANCE_DEMANDED	APPEARS	合格的通道诊断

Type

此属性指出与 Channel Diagnosis 对象有关的通道大小。

允许值:UNSPECIFIC(如果 Channel Number 包含值 0x8000 或不与后面的值相匹配,应使用此值)、1BIT、2BIT、4BIT、BYTE、WORD、2WORDS、

4WORDS。

Accumulative

此属性指出该诊断是与某个通道有关还是与一组通道有关。

允许值:INDIVIDUAL、CHANNELGROUP。

Maintenance Required

此属性指出为了保持应用运行,为通道推荐一个用户活动。

注 2:例如:打印机指出"toner low",作为一个需要的维护(如要定购一个新的调色筒)。

允许值:NO_MAINTENANCE_REQUIRED、MAINTENANCE_REQUIRED。

Maintenance Demanded

此属性指出为了保持应用运行,为通道强烈推荐一个用户活动。

注 3:例如:打印机指出"toner low, print quality affected",作为一个必须的维护(如要更换该调色筒)。

允许值:NO_MAINTENANCE_DEMANDED、MAINTENANCE_DEMANDED。

Specifier

此属性指出 Channel Diagnosis 或 Maintenance 出现。

允许值:APPEARS:含义是通道诊断、需要的维护或必须的维护。

注 4:例如:打印机指出"toner empty, printer stopped"作为一个诊断出现。

Direction

此属性指出与 Channel Diagnosis 对象有关的通道方向。

属性类型:Unsigned 8。

允许值:MANUFACTURER_SPECIFIC、INPUT_CHANNEL、OUTPUT_CHANNEL、BIDIRECTIONAL_CHANNEL。

Channel Error type

此属性指出 Channel Related Diagnosis 的错误类型。

属性类型:Unsigned 16。

允许值:

——SHORT_CIRCUIT;
——UNDERVOLTAGE;
——OVERVOLTAGE;
——OVERLOAD;
——OVERTEMPERATURE;
——LINE_BREAK;
——UPPER_LIMIT_VALUE_EXCEEDED;
——LOWER_LIMIT_VALUE_EXCEEDED;
——ERROR;
——SIMULATION_ACTIVE;
——MANUFACTURER_SPECIFIC_1 建议用于"parametrization fault";
——MANUFACTURER_SPECIFIC_2 建议用于"power supply fault";
——MANUFACTURER_SPECIFIC_3 建议用于 for "fuse blown/open";
——MANUFACTURER_SPECIFIC_4;
——MANUFACTURER_SPECIFIC_5 建议用于"ground fault";
——MANUFACTURER_SPECIFIC_6 建议用于"reference point lost";

——MANUFACTURER_SPECIFIC_7 建议用于“process event lost/sampling error”；
——MANUFACTURER_SPECIFIC_8 建议用于“threshold warning”；
——MANUFACTURER_SPECIFIC_9 建议用于“output disabled”；
——MANUFACTURER_SPECIFIC_10 建议用于“safety event”；
——MANUFACTURER_SPECIFIC_11 建议用于“external fault”；
——MANUFACTURER_SPECIFIC_12 至 MANUFACTURER_SPECIFIC_001F；
——MANUFACTURER_SPECIFIC_0100 至 MANUFACTURER_SPECIFIC_7FFF。

List of Ext Channel Diagnosis

此属性包含扩展通道诊断或维护的表。列表元素由下列属性组成。

Channel Properties

此属性具有与 List of Channel Diagnosis 相同的定义。

Channel Error type

此属性指出 Channel Related Diagnosis 的错误类型。

属性类型：Unsigned 16。

允许值：与为 List of Channel Diagnosis 所规定的值相同。

此外，允许下列其他的值：

——DATA_TRANSMISSION_IMPOSSIBLE；
——REMOTE_MISMATCH；
——MEDIA_REDUNDANCY_MISMATCH；
——SYNC_MISMATCH；
——ISOCHRONOUS_MODE_MISMATCH；
——MULTICAST_CR_MISMATCH；
——FIBER_OPTIC_MISMATCH；
——NETWORK_COMPONENT_FUNCTION_MISMATCH。

Ext Channel Error type

此属性取决于属性 Channel Error type，并指出某个扩展的错误类型。允许值见表 155。

属性类型：Unsigned 16。

表 155 Ext Channel Error type

ChannelErrorType	值
SHORT_CIRCUIT	制造商特定，ACCUMULATIVE_INFO
UNDERVOLTAGE	制造商特定，ACCUMULATIVE_INFO
OVERVOLTAGE	制造商特定，ACCUMULATIVE_INFO
OVERLOAD	制造商特定，ACCUMULATIVE_INFO
OVERTEMPERATURE	制造商特定，ACCUMULATIVE_INFO
LINE_BREAK	制造商特定，ACCUMULATIVE_INFO
UPPER_LIMIT_VALUE_EXCEEDED	制造商特定，ACCUMULATIVE_INFO
LOWER_LIMIT_VALUE_EXCEEDED	制造商特定，ACCUMULATIVE_INFO
ERROR	制造商特定，ACCUMULATIVE_INFO
PROFILE_SPECIFIC_0020～PROFILE_SPECIFIC_00FF	制造商特定，ACCUMULATIVE_INFO

表 155（续）

ChannelErrorType	值
MANUFACTURER_SPECIFIC_1～MANUFACTURER_SPECIFIC_001F	制造商特定,ACCUMULATIVE_INFO
MANUFACTURER _ SPECIFIC _ 0100 ～ MANUFACTURER_SPECIFIC_7FFF	制造商特定,ACCUMULATIVE_INFO
DATA_TRANSMISSION_IMPOSSIBLE	MANUFACTURER _ SPECIFIC _ 0001 ～ MANUFACTURER _ SPECIFIC_7FFF
	PORT_STATE_MISMATCH_LINK_DOWN
	MAU_TYPE_MISMATCH
	LINE_DELAY_MISMATCH
	PROFILE_SPECIFIC_9000～PROFILE_SPECIFIC_9FFF
REMOTE_MISMATCH	MANUFACTURER _ SPECIFIC _ 0001 ～ MANUFACTURER _ SPECIFIC_7FFF
	PEER_CHASSIS_ID_MISMATCH
	PEER_PORT_ID_MISMATCH
	RT_CLASS_3_MISMATCH
	PEER_MAUTYPE_MISMATCH
	PEER_MRP_DOMAIN_MISMATCH
	NO_PEER_DETECTED
	PEER_MRRT_MISMATCH
	PEER_CABLEDELAY_MISMATCH
	PEER_PTCP_MISMATCH
	PROFILE_SPECIFIC_9000～PROFILE_SPECIFIC_9FFF
MEDIA_REDUNDANCY_MISMATCH	MANUFACTURER _ SPECIFIC _ 0001 ～ MANUFACTURER _ SPECIFIC_7FFF
	MANAGER_ROLE_FAIL
	MRP_RING_OPEN
	MRRT_RING_OPEN
	MULTIPLE_MANAGER
	PROFILE_SPECIFIC_9000～PROFILE_SPECIFIC_9FFF
SYNC_MISMATCH	MANUFACTURER _ SPECIFIC _ 0001 ～ MANUFACTURER _ SPECIFIC_7FFF
	NO_SYNC_MESSAGE_RECEIVED
	WRONG_PTCP_SUBDOMAIN_ID
	WRONG_IR_DATA_ID
	JITTER_OUT_OF_BOUNDARY
	PROFILE_SPECIFIC_9000～PROFILE_SPECIFIC_9FFF

表 155（续）

ChannelErrorType	值
ISOCHRONOUS_MODE_MISMATCH	MANUFACTURER_SPECIFIC_0001～MANUFACTURER_SPECIFIC_7FFF
	OUTPUT_TIME_FAILURE
	INPUT_TIME_FAILURE
	PROFILE_SPECIFIC_9000～PROFILE_SPECIFIC_9FFF
MULTICAST_CR_MISMATCH	MANUFACTURER_SPECIFIC_0001～MANUFACTURER_SPECIFIC_7FFF
	MULTICAST_CONSUMER_CR_TIMED_OUT
	ADDRESS_RESOLUTION_FAILED
	PROFILE_SPECIFIC_9000～PROFILE_SPECIFIC_9FFF
FIBRE_OPTIC_MISMATCH	MANUFACTURER_SPECIFIC_0001～MANUFACTURER_SPECIFIC_7FFF
	POWER_BUDGET
	PROFILE_SPECIFIC_9000～PROFILE_SPECIFIC_9FFF
NETWORK_COMPONENT_FUNCTION_MISMATCH	MANUFACTURER_SPECIFIC_0001～MANUFACTURER_SPECIFIC_7FFF
	FRAME_DROPPED_NO_RESOURCES
	PROFILE_SPECIFIC_9000～PROFILE_SPECIFIC_9FFF

Ext Channel Add Value

此属性包含其他的值。在属性 Ext Channel Error type 包含值 ACCUMULATIVE_INFO 的情况下，该属性的值具有符合表 156 的含义。

表 156 用于 **Accumulative Info** 的 **Ext Channel Add Value**

值	含义
Bit0:0x00	ChannelNumber 不受影响
Bit0:0x01	ChannelNumber 受影响
Bit1:0x00	ChannelNumber +1 不受影响
Bit1:0x01	ChannelNumber +1 受影响
Bit1:0x00	ChannelNumber +1 不受影响
Bit1:0x01	ChannelNumber +1 受影响
Bit2:0x00	ChannelNumber +2 不受影响
Bit2:0x01	ChannelNumber +2 受影响
…	…
Bit30:0x00	ChannelNumber +30 不受影响
Bit30:0x01	ChannelNumber +30 受影响
Bit31:0x00	ChannelNumber +31 不受影响
Bit31:0x01	ChannelNumber +31 受影响。

属性类型：Unsigned 32。

List of Manufacturer Specific Diagnosis

此属性包含制造商特定诊断信息、维护信息或制造商特定状况信息的列表。列表元素由下列属性组成。

Channel Properties

此属性具有属性 List of Channel Diagnosis 中的相同定义。但为了指出状况信息，扩展了属性值的组合。应考虑符合表 157 的依赖性。

表 157　制造商特定诊断的 Channel Properties 内的依赖性

需要的维护	必须的维护	指定符	含　义
MAINTENANCE_REQUIRED	NO_MAINTENANCE_DEMANDED	APPEARS	维护是需要的
NO_MAINTENANCE_REQUIRED	MAINTENANCE_DEMANDED	APPEARS	维护是必须的
NO_MAINTENANCE_REQUIRED	NO_MAINTENANCE_DEMANDED	APPEARS	制造商诊断
NO_MAINTENANCE_REQUIRED	NO_MAINTENANCE_DEMANDED	DISAPPEARS	制造商状况

Specifier

此属性指出出现 Manufacturer Specific Diagnosis 或 Maintenance，或出现 Manufacturer Specific Status。

允许值：　APPEARS：意即制造商特定诊断、需要的维护或必须的维护；
DISAPPEARS：意即出现制造商特定状况。

User Structure Identifier

此属性指出 Manufacturer Specific Diagnosis Data 属性的结构。

属性类型：Unsigned 16。

允许值：

——MANUFACTURER_SPECIFIC_1～MANUFACTURER_SPECIFIC_0x7FFF；
——CHANNEL_DIAGNOSIS；
——EXT_CHANNEL_DIAGNOSIS；
——QUALIFIED_CHANNEL_DIAGNOSIS；
——MAINTENANCE；
——PROFILE_SPECIFIC；
——MULTIPLE_DIAGNOSIS。

List of Data

此属性包含制造商特定诊断数据的列表。列表元素由以下属性组成：

Data

此属性包含制造商特定诊断数据。

属性类型：使用下列数据类型之一：Boolean、Binary Date、Integer、Time of Day、Unsigned、Time-Difference、Floating Point、Network Time、VisibleString、Network Time Difference、OctetString。

List of Qualified Ext Channel Diagnosis

此属性包含合格扩展通道诊断或维护的列表。列表元素由下列属性组成：

Channel Properties

此属性具有 List of Ext Channel Diagnosis 中的相同定义。

Channel Error type

此属性具有 List of Ext Channel Diagnosis 中的相同定义。

Ext Channel Error type

此属性具有 List of Ext Channel Diagnosis 中的相同定义。

Ext Channel Add Value

此属性具有 List of Ext Channel Diagnosis 中的相同定义。

Qualified Channel Qualifier

此属性包含诊断数据的其他限定符(qualifier)。这些值应被行规特定。

属性类型:Unsigned 32。

允许值:QUALIFIER_2_NOTSET、QUALIFIER_2_SET……QUALIFIER_31_NOTSET、QUALIFIER_31_SET。

8.3.4.2.3 诊断对象的调用

IO 设备为每个应用过程调用一个诊断对象,它包含 IO 设备(包括槽、子槽和通道)的诊断信息及其故障和维护信息。

8.3.4.3 诊断服务规范

8.3.4.3.1 Read Device Diagnosis

此证实服务可以被用来读一个 AP Device Diagnosis 对象的值。此服务应仅与 implicit AR(Target AR UUID 或 API 应设置)、IO AR 或 Supervisor AR 联合使用。

通过使用服务参数 API、AR UUID、Slot 和 Subslot,诊断内容可以被限定于特定 API、AR、特定 Slot 或特定 Subslot,如同过滤器功能。如果选择用户特定过滤器,则 Read Diagnosis 响应仅包含匹配该过滤器判据的诊断数据项,并包含诊断信息、维护信息或制造商特定的状况信息。否则,应响应诊断信息、维护信息或制造商特定状况信息的所有项。

表 158 列出该服务的参数。

表 158 **Read Device Diagnosis**

参数名称	Req	Ind	Rsp	Cnf
Argument	M	M(=)		
AREP	M	M(=)		
API	U	U(=)		
Target AR UUID	U	U(=)		
Slot Number	U	U(=)		
Subslot Number	U	U(=)		
Diagnosis Item	M	M(=)		
Seq Number	M	M(=)		
Length	M	M(=)		
Result(+)			S	S(=)
AREP			M	M(=)
Seq Number			M	M(=)
Length			M	M(=)
List of Diagnosis Data			M	M(=)
Channel Diagnosis			S	S(=)
Block Version Low=0			S	S(=)
Slot Number			M	M(=)
Subslot Number			M	M(=)
List of Channel Diagnostic Data			M	M(=)
Channel Number			M	M(=)

表 158（续）

参数名称	Req	Ind	Rsp	Cnf
Channel Properties			M	M(=)
Channel Error type			M	M(=)
Block Version High=1			S	S(=)
API			M	M(=)
Slot Number			M	M(=)
Subslot Number			M	M(=)
List of Channel Diagnostic Data			M	M(=)
Channel Number			M	M(=)
Channel Properties			M	M(=)
Channel Error type			M	M(=)
Ext Channel Diagnosis			S	S(=)
Block Version Low=0			S	S(=)
Slot Number			M	M(=)
Subslot Number			M	M(=)
List of Ext Channel Diagnosis Data			M	M(=)
Channel Number			M	M(=)
Channel Properties			M	M(=)
Channel Error type			M	M(=)
Ext Channel Error type			M	M(=)
Ext Channel Add Value			M	M(=)
Block Version Low=1			S	S(=)
API			M	M(=)
Slot Number			M	M(=)
Subslot Number			M	M(=)
List of Ext Channel Diagnosis Data			M	M(=)
Channel Number			M	M(=)
Channel Properties			M	M(=)
Channel Error type			M	M(=)
Ext Channel Error type			M	M(=)
Ext Channel Add Value			M	M(=)
Qualified Ext Channel Diagnosis			S	S(=)
Block Version Low=0			S	S(=)
Slot Number			M	M(=)
Subslot Number			M	M(=)
List of Qualified Ext Channel Diagnosis Data			M	M(=)
Channel Number			M	M(=)
Channel Properties			M	M(=)
Channel Error type			M	M(=)
Ext Channel Error type			M	M(=)
Qualified Channel Qualifier			M	M(=)
Block Version Low=1			S	S(=)
API			M	M(=)
Slot Number			M	M(=)
Subslot Number			M	M(=)

表 158（续）

参数名称	Req	Ind	Rsp	Cnf
List of Qualified Ext Channel Diagnosis Data			M	M(=)
Channel Number			M	M(=)
Channel Properties			M	M(=)
Channel Error type			M	M(=)
Ext Channel Error type			M	M(=)
Ext Channel Add Value			M	M(=)
Qualified Channel Qualifier			M	M(=)
Manufacturer Specific Diagnosis			S	S
Block Version Low=0			S	S(=)
Slot Number			M	M(=)
Subslot Number			M	M(=)
Channel Number			M	M(=)
Channel Properties			M	M(=)
User Structure Identifier			M	M(=)
List of Data			M	M(=)
Data			M	M(=)
Block Version Low=1			S	S(=)
API			M	M(=)
Slot Number			M	M(=)
Subslot Number			M	M(=)
Channel Number			M	M(=)
Channel Properties			M	M(=)
User Structure Identifier			M	M(=)
List of Data			M	M(=)
Data			M	M(=)
Result(－)			S	S(=)
AREP			M	M(=)
Seq Number			M	M(=)
Error Decode			M	M(=)
Error code 1			M	M(=)
Error code 2			M	M(=)
Add Data 1			M	M(=)
Add Data 2			M	M(=)

Argument

该变元应传送该服务请求的服务特定参数。

AREP

此参数是所期望的 AR 的本地标识符。

API

此参数被用来寻址所期望的 API。

Target AR UUID

此参数应仅被用来读 AR 特定诊断信息。如果此参数被使用，则不应使用服务参数 Slot Number 和 Subslot Number。

注：它仅被用来读连接到所请求的 AR 的诊断信息。

Slot Number

参数 Slot Number 仅被用来寻址特定槽的诊断信息，或联合服务参数 Subslot Number 一起用来寻址特定子槽的诊断信息。

Subslot Number

参数 Subslot Number 仅被用来寻址特定槽/子槽的诊断信息。此服务参数应仅与服务参数 Slot Number 一起使用。

8.3.4.3.2 **Diagnosis Item**

此参数被用来选择诊断信息和/或维护信息的类型。允许的值应依据表 159。

表 159 **Diagnosis Item**

诊断数据项(Diagnosis Item)值	询问(Query)
ALL	Channel Diagnosis，ExtChannel Diagnosis，Manufacturer Specific Diagnosis with status，Maintenance
CHANNEL	Channel Diagnosis，ExtChannel Diagnosis
CHANNEL_AND_MANUFACTURER	Channel Diagnosis，ExtChannel Diagnosis，Manufacturer Specific Diagnosis
CHANNEL_MAINTENANCE_REQUIRED	Maintenance Required information associated with Channel Diagnosis，Maintenance Required information associated with ExtChannel Diagnosis
CHANNEL_MAINTENANCE_DEMANDED	Maintenance Demanded information associated with Channel Diagnosis，Maintenance Demanded information associated with ExtChannel Diagnosis
CHANNEL_MANUFACTURER_MAINTENANCE_REQUIRED	Maintenance Required information associated with Channel Diagnosis，Maintenance Required information associated with ExtChannel Diagnosis，Maintenance Required information associated with Manufacturer Specific Diagnosis
CHANNEL_MANUFACTURER_MAINTENANCE_DEMANDED	Maintenance Demanded information associated with Channel Diagnosis，Maintenance Demanded information associated with ExtChannel Diagnosis，Maintenance Demanded information associated with Manufacturer Specific Diagnosis

Seq Number

参数 Seq Number 被服务器用于通过序列号识别重复的服务。此服务参数的范围是：$0 \sim 2^{16}-1$。请求应用过程为每个未完成的服务请求提供一个唯一的 Seq Number。在一个会话期间，对每一个服务请求，参数 Seq Number 值都递增 1。开始一个新会话时，Seq Number 从前一个会话的最后值开始。已完成的具有 Seq Number 的证实将被忽略。已完成的具有 Seq Number 的指示将被拒绝。应分别对每个已建立的 AR 的 Seq Number 进行维护。

Length

参数 Length 指出必须被读的 Diagnosis Data 对象的八位位组的个数。所允许的长度范围：$10 \sim 2^{32}-256$。

Result(+)

此参数指出服务请求成功。

List of Diagnosis Data

此参数包含诊断数据的列表。列表元素由下列参数组成：

Channel Diagnosis

此参数由下列元素组成：

Block Version Low = 0

此参数包含下列 ASE 对象的结构标识。

如果 IO 设备仅支持 API 0，则使用 Block Version Low =0。

Slot Number

此参数包含该 ASE 对象的相应属性值。

Subslot Number

此参数包含该 ASE 对象的相应属性值。

List of Channel Diagnostic Data

此参数包含通道诊断数据的列表。列表元素由下列参数组成。

Channel Number

此参数包含该 ASE 对象的相应属性值。

Channel Properties

此参数包含该 ASE 对象的相应属性值。

Channel Error type

此参数包该 ASE 对象的相应属性值。

Block Version Low = 1

此参数包含下列 ASE 对象的结构标识。

如果 IO 设备支持多于 API 0，则应使用 Block Version Low =1。

API

此参数包含该 ASE 对象的相应属性值。

Slot Number

此参数包含该 ASE 对象的相应属性值。

Subslot Number

此参数包含该 ASE 对象的相应属性值。

List of Channel Diagnostic Data

此参数包含通道诊断数据的列表。列表元素由下列参数组成。

Channel Number

此参数包含该 ASE 对象的相应属性值。

Channel Properties

此参数包含该 ASE 对象的相应属性值。

Channel Error type

此参数包含该该 ASE 对象的相应属性值。

Ext Channel Diagnosis

此参数由下列元素组成。

Block Version Low = 0

此参数包含下列 ASE 对象的结构标识。

如果 IO 设备仅支持 API 0，则应使用 BlockVersion 1.0。

Slot Number

此参数包含该 ASE 对象的相应属性值。

Subslot Number

此参数包含该 ASE 对象的相应属性值。

List of Ext Channel Diagnostic Data

此参数包含通道诊断数据的列表。列表元素由下列参数组成。

Channel Number

此参数包含该 ASE 对象的相应属性值。

Channel Properties

此参数包含该 ASE 对象的相应属性值。

Channel Error type

此参数包含该 ASE 对象的相应属性值。

Ext Channel Error type

此参数包含该 ASE 对象的相应属性值。

Ext Channel Add Value

此参数包含该 ASE 对象的相应属性值。

Block Version Low = 1

此参数包含下列 ASE 对象的结构标识。

如果 IO 设备支持多于 API 0,则应使用 BlockVersion 1.1。

API

此参数包含该 ASE 对象的相应属性值。

Slot Number

此参数包含该 ASE 对象的相应属性值。

Subslot Number

此参数包含该 ASE 对象的相应属性值。

List of Ext Channel Diagnostic Data

此参数包含通道诊断数据的列表。列表元素由下列参数组成。

Channel Number

此参数包含该 ASE 对象的相应属性值。

Channel Properties

此参数包含该 ASE 对象的相应属性值。

Channel Error type

此参数包含该 ASE 对象的相应属性值。

Ext Channel Error type

此参数包含该 ASE 对象的相应属性值。

Ext Channel Add Value

此参数包含该 ASE 对象的相应属性值。

Qualified Ext Channel Diagnosis

此参数由下列元素组成。

Block Version Low = 0

此参数包含下列 ASE 对象的结构标识。

如果 IO 设备仅支持 API 0,则应使用 BlockVersion 1.0。

Slot Number

此参数包含该 ASE 对象的相应属性值。

Subslot Number

此参数包含该 ASE 对象的相应属性值。

List of Qualified Ext Channel Diagnostic Data

此参数包含通道诊断数据的列表。列表元素由下列参数组成。

Channel Number

此参数包含该 ASE 对象的相应属性值。

Channel Properties

此参数包含该 ASE 对象的相应属性值。

Channel Error type

此参数包含该 ASE 对象的相应属性值。

Ext Channel Error type

此参数包含该 ASE 对象的相应属性值。

Ext Channel Add Value

此参数包含该 ASE 对象的相应属性值。

Qualified Channel Qualifier

此参数包含该 ASE 对象的相应属性值。

Block Version Low = 1

此参数包含下列 ASE 对象的结构标识。

如果 IO 设备支持多于 API 0，则应使用 BlockVersion 1.1。

API

此参数包含该 ASE 对象的相应属性值。

Slot Number

此参数包含该 ASE 对象的相应属性值。

Subslot Number

此参数包含该 ASE 对象的相应属性值。

List of Qualified Ext Channel Diagnostic Data

此参数包含通道诊断数据的列表。列表元素由下列参数组成。

Channel Number

此参数包含该 ASE 对象的相应属性值。

Channel Properties

此参数包含该 ASE 对象的相应属性值。

Channel Error type

此参数包含该 ASE 对象的相应属性值。

Ext Channel Error type

此参数包含该 ASE 对象的相应属性值。

Ext Channel Add Value

此参数包含该 ASE 对象的相应属性值。

Qualified Channel Qualifier

此参数包含该 ASE 对象的相应属性值。

Manufacturer Specific Diagnosis

此参数由下列元素组成。

Block Version Low = 0

此参数包含下列 ASE 对象的结构标识。

如果 IO 设备仅支持 API 0，则应使用 BlockVersion 1.0。

Slot Number

此参数包含该 ASE 对象的相应属性值。

Subslot Number

此参数包含该 ASE 对象的相应属性值。

Channel Number

此参数包含该 ASE 对象的相应属性值。

Channel Properties

此参数包含该 ASE 对象的相应属性值。

User Structure Identifier

此参数包含该 ASE 对象的相应属性值。

List of Data

此参数包含制造商特定诊断数据的列表。列表元素由下列参数组成。

Data

此参数包含该 ASE 对象的相应属性值。

Block Version Low = 1

此参数包含下列 ASE 对象的结构标识。

如果 IO 设备支持多于 API 0,则应使用 BlockVersion 1.1。如果 IO 设备仅支持 API 0,也可以使用它。

API

此参数包含该 ASE 对象的相应属性值。

Slot Number

此参数包含该 ASE 对象的相应属性值。

Subslot Number

此参数包含该 ASE 对象的相应属性值。

Channel Number

此参数包含该 ASE 对象的相应属性值。

Channel Properties

此参数包含该 ASE 对象的相应属性值。

User Structure Identifier

此参数包含该 ASE 对象的相应属性值。

List of Data

此参数包含制造商特定诊断数据的列表。列表元素由下列参数组成。

Data

此参数包含该 ASE 对象的相应属性值。

Result(—)

此参数指出服务请求失败。

Error Decode

此参数从 Error code 1 和 Error code 2 中选择一种;其编码在 GB/Z 25105.2 中规定。

类型:Unsigned 8。

允许值:PNIORW。

Error code 1

参数 Error code 1 采取下列值之一:read error、module failure、version conflict、feature not supported、user specific、invalid index、invalid slot/subslot、type conflict、invalid area、state conflict、access denied、invalid range、invalid parameter、invalid type、read constrain conflict、resource busy、resource unavailable、service cancelled。

类型:Unsigned 16。

Error code 2

参数 Error code 2 是用户特定的。

类型:Unsigned 8。

Add Data 1

参数 Add Data 1 是 API 特定的(行规)。如果没有定义 additional data 1,则应传输值 0。

类型:Unsigned 16。

注 1:Add Data 1 可以被行规规范用来传输特定错误报文。

Add Data 2

参数 Add Data 2 是用户特定的。如果没有定义 additional data 2,则应传输值 0。

类型:Unsigned 16。

注 2:Add Data 2 可以被设备制造商用来传输特定错误报文。

8.3.4.3.3 **Diagnosis Event**

此服务被用来指出由协议机发现的诊断事件。表 160 列出了该服务的参数。

此外,依据服务参数来设置 Diagnosis ASE 的属性值。其次,如果需要的话(例如,对于报警类型“Multicast Provider Communication Stopped”),则应发出 Alarm Notification 服务。

表 160 **Diagnosis Event**

参数名称	Req	Ind	Cnf
Argument	M	M(=)	
AREP	M	M(=)	
CREP	M	M(=)	
Alarm Item	M	M(=)	
User Structure Identifier	M	M(=)	
List of Channel Diagnosis Data	S	S(=)	
Channel Number	M	M(=)	
Channel Properties	M	M(=)	
Channel Error type	M	M(=)	
List of Diagnosis Data	S	S(=)	
Channel Diagnosis	S	S(=)	
Slot Number	M	M(=)	
Subslot Number	M	M(=)	
List of Channel Diagnosis Data	M	M(=)	
Channel Number	M	M(=)	
Channel Properties	M	M(=)	
Channel Error type	M	M(=)	
Ext Channel Diagnosis	S	S(=)	
Slot Number	M	M(=)	
Subslot Number	M	M(=)	
List of Ext Channel Diagnosis Data	M	M(=)	
Channel Number	M	M(=)	
Channel Properties	M	M(=)	
Channel Error type	M	M(=)	
Ext Channel Error type	M	M(=)	
Ext Channel Add Value	M	M(=)	
Manufacturer Specific Diagnosis	S	S(=)	

表 160（续）

参数名称	Req	Ind	Cnf
Slot Number	M	M(=)	
Subslot Number	M	M(=)	
Channel Number	M	M(=)	
Channel Properties	M	M(=)	
User Structure Identifier	M	M(=)	
List of Data	M	M(=)	
Data	M	M(=)	
Result(+)			S
AREP			M
Result(−)			S
AREP			M
Status			M

Argument

该变元应传送该服务指示的服务特定参数。

AREP

此参数是所期望的 AR 的本地标识符。

CREP

此参数是所期望的 CR 的本地标识符。

Alarm Item

此参数包含报警特定数据(如果存在),其长度应不超过 1408 个八位位组。

User Structure Identifier

此参数包含该 ASE 对象的相应属性值。

List of Channel Diagnosis Data

此参数包含该 ASE 对象的相应属性值。

Channel Number

此参数包含该 ASE 对象的相应属性值。

Channel Properties

此参数包含该 ASE 对象的相应属性值。

Channel Error type

此参数包含该 ASE 对象的相应属性值。

List of Diagnosis Data

此参数包含诊断数据的列表。列表元素由下列参数组成。

Channel Diagnosis

此参数由下列元素组成。

Slot Number

此参数包含该 ASE 对象的相应属性值。

Subslot Number

此参数包含该 ASE 对象的相应属性值。

List of Channel Diagnostic Data

此参数包含通道诊断数据的列表。列表元素由下列参数组成。

Channel Number

此参数包含该 ASE 对象的相应属性值。

Channel Properties

此参数包含该 ASE 对象的相应属性值。

Channel Error type

此参数包含该 ASE 对象的相应属性值。

Ext Channel Diagnosis

此参数由下列元素组成。

Slot Number

此参数包含该 ASE 对象的相应属性值。

Subslot Number

此参数包含该 ASE 对象的相应属性值。

List of Ext Channel Diagnostic Data

此参数包含通道诊断数据的列表。列表元素由下列参数组成。

Channel Number

此参数包含该 ASE 对象的相应属性值。

Channel Properties

此参数包含该 ASE 对象的相应属性值。

Channel Error type

此参数包含该 ASE 对象的相应属性值。

Ext Channel Error type

此参数包含该 ASE 对象的相应属性值。

Ext Channel Add Value

此参数包含该 ASE 对象的相应属性值。

Manufacturer Specific Diagnosis

此参数由下列元素组成。

Slot Number

此参数包含该 ASE 对象的相应属性值。

Subslot Number

此参数包含该 ASE 对象的相应属性值。

Channel Number

此参数包含该 ASE 对象的相应属性值。

Channel Properties

此参数包含该 ASE 对象的相应属性值。

User Structure Identifier

此参数包含该 ASE 对象的相应属性值。

List of Data

此参数包含制造商特定诊断数据的列表。列表元素由下列参数组成。

Data

此参数包含该 ASE 对象的相应属性值。

8.3.4.3.4 诊断对象的行为

8.3.4.3.4.1 诊断对象的通用行为

诊断对象的登录项应保持 diagnosis、maintenance required、maintenance demanded 和 qualified 2～32 的不同状态。

8.3.4.3.4.2 诊断登录项的行为

表 161 定义诊断登录项的状态表。

表 161 诊断登录项状态表

#	当前状态	事件/条件=〉动作	下一状态
1	NONEXISTENT	ApplicationDiagnosisDetected(API, Slot, Subslot, ChannelNumber, DiagnosisType, ChannelErrorType, ChannelProperties, ExtChannelErrorType, AddInfo, QualifiedChannelQualifier, Data) /ChannelProperties. Maintenance Required=FALSE && ChannelProperties. Maintenance Demanded=FALSE && DiagnosisType=(CHANNELDIAGNOSIS || EXT_CHANNELDIAGNOSI || QUALIFIED_EXT_CHANNELDIAGNOSIS || MANUFACTURER_SPECIFICDIAGNOSIS) =〉 CreateDiagnosisEntry(API, Slot, Subslot, ChannelNumber, DiagnosisType, ChannelErrorType, ChannelPoperties, ExtChannelErrorType, AddInfo, QualifiedChannelQualifier, Data) UpdateAPDUStatus(For all related ARs) Alarm Item. Diagnosis=BuildDiagnosisAlarmAppears(API, Slot, Subslot, ChannelNumber, Alarm Item Format, ChannelErrorType, ChannelProperties, ExtChannelErrorType, AddInfo, QualifiedChannelQualifier, Data) Alarm Specifier=BuildSummarizedAlarmSpecifier(API, Slot, Subslot) Alarm Item. Maintenance Status = BuildSummarizedMaintenanceStatus (API, Slot, Subslot) Alarm Priority=GetAREPAlarmPriority(AREP) A Alarm Notification. req (AREP, API, Alarm Priority, Alarm type, Slot Number, Subslot Number, Alarm Specifier, Module Ident Number, Submodule Ident Number, Alarm Item)	DIAG
2	DIAG	ApplicationDiagnosisRemoved(API, Slot, Subslot, ChannelNumber, DiagnosisType, ChannelErrorType, ExtChannelErrorType) /ChannelProperties. Maintenance Required=FALSE && ChannelProperties. Maintenance Demanded=FALSE && DiagnosisType=(CHANNELDIAGNOSIS || EXT_CHANNELDIAGNOSI || QUALIFIED_ EXT _ CHANNELDIAGNOSIS || MANUFACTURER_ SPECIFICDIAGNOSIS) =〉 RemoveChannelDiagnosisEntry(API, Slot, Subslot, ChannelNumber, DiagnosisType, ChannelErrorType, ExtChannelErrorType) UpdateAPDUStatus(For all related ARs) Alarm Item. Diagnosis = BuildDiagnosisAlarmDisappears (API, Slot, Subslot, ChannelNumber, Alarm Item Format, ChannelErrorType, ChannelProperties, ExtChannelErrorType, AddInfo, QualifiedChannelQualifier, Data) Alarm Specifier=BuildSummarizedAlarmSpecifier(API, Slot, Subslot) Alarm Item. Maintenance Status = BuildSummarizedMaintenanceStatus (API, Slot, Subslot) Alarm Priority=GetAREPAlarmPriority(AREP) Alarm Notification. req (AREP, API, Alarm Priority, Alarm type, Slot Number, Subslot Number, Alarm Specifier, Module Ident Number, Submodule Ident Number, Alarm Item)	NONEXISTENT

表 162 定义状态表中使用的功能。

表 162 状态表中使用的功能

名 称	功 能
ApplicationDiagnosisDetected(API,Slot,Subslot,ChannelNumber,DiagnosisType,ChannelErrorType,ChannelProperties,ExtChannelErrorType,AddInfo,QualifiedChannelQualifier,Data)	此事件被 IO 设备的应用过程调用以指出某个诊断
ApplicationDiagnosisRemoved(API,Slot,Subslot,ChannelNumber, DiagnosisType, ChannelErrorType, ExtChannelErrorType)	此事件被 IO 设备的应用过程调用以指出某个诊断不再存在
CreateDiagnosisEntry(API,Slot,Subslot,ChannelNumber,DiagnosisType,ChannelErrorType,ChannelPoperties)	调用在该诊断对象内特定类型的某个诊断登录项
RemoveDiagnosisEntry(API,Slot,Subslot,ChannelNumber,DiagnosisType,ChannelErrorType,ChannelPoperties)	删除在该诊断对象内特定类型的某个诊断登录项
UpdateAPDUStatus(For all related ARs)	如果对于 API/module/submodule 至少存在一个诊断出现(diagnosis appear)登录项,则对于所有相关的 AR 设置 Problem Indicator Flag 为 TRUE,否则应设置它为 FALSE
BuildDiagnosisAlarmAppears(API,Slot,Subslot,ChannelNumber,Alarm Item Format,ChannelErrorType,ChannelProperties,ExtChannelErrorType,AddInfo,QualifiedChannelQualifier,Data)	返回用于报警通知的特定形式的诊断登录项(Channel Properties. Specifier:=APPEAR)
BuildDiagnosisAlarmDisappears(API,Slot,Subslot,ChannelNumber,Alarm Item Format,ChannelErrorType,ExtChannelErrorType)	返回用于报警通知的特定形式的诊断登录项,该诊断登录项(Channel Properties. Specifier)应包含整个 API/module/submodule/channel 的概要诊断信息,以选择 DISAPPEAR 或 DISAPPEAR_OTHER_EXIST
BuildSummarizedAlarmSpecifier(API,Slot,Subslot)	返回用于报警通知的报警指定符登录项(alarm specifier entry),该报警登录应包含整个 API/module/submodule(Submodule Diagnosis State, Submodule Channel Diagnosis,Submodule Manufacturer Specific Diagnosis)和相关 AR 的所有 API/modules/submodules(AR Diagnosis State)的概要报警信息
BuildSummarizedMaintenanceStatus(API,Slot,Subslot)	返回用于报警通知的 Maintenance Status 登录项,它应包含 API/module/submodule (required, demanded, 或 qualified 2~31)的概要维护信息 如果没有维护存在,则不必返回任何信息,并且应在报警通知中应省略可选的服务参数
GetAREPAlarmPriority(AREP)	返回特定于某个 AR 的报警类型的报警优先级

8.3.4.3.4.3 需要的维护登录项行为

表 163 定义需要的维护登录项状态表。

表 163 需要的维护登录项状态表

#	当前状态	事件/条件=〉动作	下一状态
1	NONEXISTENT	ApplicationDiagnosisDetected(API,Slot,Subslot,ChannelNumber, DiagnosisType, ChannelErrorType, ChannelProperties, ExtChannelErrorType,AddInfo,QualifiedChannelQualifier,Data) /ChannelProperties. Maintenance Required=TRUE && ChannelProperties. Maintenance Demanded=FALSE && DiagnosisType =(CHANNELDIAGNOSIS || EXT_CHANNELDIAGNOSI || QUALIFIED_EXT_CHANNELDIAGNOSIS || MANUFACTURER_SPECIFICDIAGNOSIS) =〉 CreateDiagnosisEntry(API, Slot, Subslot, ChannelNumber, DiagnosisType,ChannelErrorType,ChannelPoperties,ExtChannelErrorType,AddInfo,QualifiedChannelQualifier,Data) Alarm Item. Diagnosis=BuildDiagnosisAlarmAppears(API,Slot, Subslot,ChannelNumber,Alarm Item Format,ChannelErrorType, ChannelProperties, ExtChannelErrorType, AddInfo, QualifiedChannelQualifier,Data) Alarm Specifier=BuildSummarizedAlarmSpecifier(API,Slot,Subslot) Alarm Item. Maintenance Status=BuildSummarizedMaintenance Status(API,Slot,Subslot) Alarm Priority=GetAREPAlarmPriority(AREP) Alarm Notification. req(AREP, API, Alarm Priority, Alarm type, Slot Number, Subslot Number, Alarm Specifier, Module Ident Number,Submodule Ident Number,Alarm Item)	MAINTENANCE_REQ
2	MAINTENANCE_REQ	ApplicationDiagnosisRemoved(API,Slot,Subslot,ChannelNumber, DiagnosisType,ChannelErrorType,ExtChannelErrorType) /ChannelProperties. Maintenance Required=TRUE && ChannelProperties. Maintenance Demanded=FALSE && DiagnosisType =(CHANNELDIAGNOSIS || EXT_CHANNELDIAGNOSI || QUALIFIED_EXT_CHANNELDIAGNOSIS || MANUFACTURER_SPECIFICDIAGNOSIS) =〉 RemoveChannelDiagnosisEntry(API,Slot,Subslot,ChannelNumber, DiagnosisType,ChannelErrorType,ExtChannelErrorType) Alarm Item. Diagnosis = BuildDiagnosisAlarmDisappears(API, Slot,Subslot,ChannelNumber,Alarm Item Format,ChannelErrorType, ChannelProperties, ExtChannelErrorType, AddInfo, QualifiedChannelQualifier,Data) Alarm Specifier=BuildSummarizedAlarmSpecifier(API,Slot,Subslot) Alarm Item. Maintenance Status=BuildSummarizedMaintenance Status(API,Slot,Subslot) Alarm Priority=GetAREPAlarmPriority(AREP) Alarm Notification. req(AREP, API, Alarm Priority, Alarm type, Slot Number, Subslot Number, Alarm Specifier, Module Ident Number,Submodule Ident Number,Alarm Item)	NONEXISTENT

表 162 定义了在该状态表中使用的功能。

8.3.4.3.4.4 必须的维护登录项行为

表 164 定义必须的维护登录项状态表。

表 164 必须的维护登录项状态表

#	当前状态	事件/条件=〉动作	下一状态
1	NONEXISTENT	ApplicationDiagnosisDetected(API,Slot,Subslot,ChannelNumber,DiagnosisType,ChannelErrorType,ChannelProperties,ExtChannelErrorType,AddInfo,QualifiedChannelQualifier,Data) /ChannelProperties. Maintenance Required=FALSE && ChannelProperties. Maintenance Demanded=TRUE && Diagnosis Type=(CHANNELDIAGNOSIS || EXT_CHANNELDIAGNOSI || QUALIFIED_EXT_CHANNELDIAGNOSIS || MANUFACTURER_SPECIFICDIAGNOSIS) =〉 CreateDiagnosisEntry(API,Slot,Subslot,ChannelNumber,DiagnosisType,ChannelErrorType,ChannelPoperties,ExtChannelErrorType,AddInfo,QualifiedChannelQualifier,Data) Alarm Item. Diagnosis=BuildDiagnosisAlarmAppears(API,Slot,Subslot,ChannelNumber,Alarm Item Format,ChannelErrorType,ChannelProperties,ExtChannelErrorType,AddInfo,QualifiedChannelQualifier,Data) Alarm Specifier=BuildSummarizedAlarmSpecifier(API,Slot,Subslot) Alarm Item. Maintenance Status=BuildSummarizedMaintenance Status(API,Slot,Subslot) Alarm Priority=GetAREPAlarmPriority(AREP) A Alarm Notification. req(AREP,API,Alarm Priority,Alarm type,Slot Number,Subslot Number,Alarm Specifier,Module Ident Number,Submodule Ident Number,Alarm Item)	MAINTENANCE_DEM
2	MAINTENANCE_DEM	ApplicationDiagnosisRemoved(API,Slot,Subslot,ChannelNumber,DiagnosisType,ChannelErrorType,ExtChannelErrorType) /ChannelProperties. Maintenance Required=FALSE && ChannelProperties. Maintenance Demanded = TRUE && DiagnosisType=(CHANNELDIAGNOSIS || EXT_CHANNELDIAGNOSI || QUALIFIED_EXT_CHANNELDIAGNOSIS || MANUFACTURER_SPECIFICDIAGNOSIS) =〉 RemoveChannelDiagnosisEntry(API,Slot,Subslot,ChannelNumber,DiagnosisType,ChannelErrorType,ExtChannelErrorType) Alarm Item. Diagnosis = BuildDiagnosisAlarmDisappears(API,Slot,Subslot,ChannelNumber,Alarm Item Format,ChannelErrorType,ChannelProperties,ExtChannelErrorType,AddInfo,QualifiedChannelQualifier,Data) Alarm Specifier=BuildSummarizedAlarmSpecifier(API,Slot,Subslot) Alarm Item. Maintenance Status=BuildSummarizedMaintenance Status(API,Slot,Subslot) Alarm Priority=GetAREPAlarmPriority(AREP) Alarm Notification. req(AREP,API,Alarm Priority,Alarm type,Slot Number,Subslot Number,Alarm Specifier,Module Ident Number,Submodule Ident Number,Alarm Item)	NONEXISTENT

表 162 定义了在该状态表中使用的功能。

8.3.4.3.4.5 合格的登录项行为

表 165 定义对于每个合格的登录项(2～31)存在的状态表。

表 165 合格的登录项状态表

#	当前状态	事件/条件=〉动作	下一状态
1	NONEXISTENT	ApplicationDiagnosisDetected(API, Slot, Subslot, ChannelNumber, DiagnosisType, ChannelErrorType, ChannelProperties, ExtChannelErrorType, AddInfo, QualifiedChannelQualifier, Data=NIL) /ChannelProperties. Maintenance Required=TRUE && ChannelProperties. Maintenance Demanded=TRUE && DiagnosisType=(QUALIFIED_EXT_CHANNELDIAGNOSIS) =〉 CreateDiagnosisEntry(API, Slot, Subslot, ChannelNumber, DiagnosisType, ChannelErrorType, ChannelPoperties, ExtChannelErrorType, AddInfo, QualifiedChannelQualifier, Data) Alarm Item. Diagnosis = BuildDiagnosisAlarmAppears (API, Slot, Subslot, ChannelNumber, Alarm Item Format, ChannelErrorType, ChannelProperties, ExtChannelErrorType, AddInfo, QualifiedChannelQualifier, Data=NIL) Alarm Specifier=BuildSummarizedAlarmSpecifier(API, Slot, Subslot) Alarm Item. Maintenance Status = BuildSummarizedMaintenanceStatus (API, Slot, Subslot) Alarm Priority=GetAREPAlarmPriority(AREP) Alarm Notification. req(AREP, API, Alarm Priority, Alarm type, Slot Number, Subslot Number, Alarm Specifier, Module Ident Number, Submodule Ident Number, Alarm Item)	QUALIFIED
2	QUALIFIED	ApplicationDiagnosisRemoved(API, Slot, Subslot, ChannelNumber, DiagnosisType, ChannelErrorType, ExtChannelErrorType, QualifiedChannelQualifier) /ChannelProperties. Maintenance Required=FALSE && ChannelProperties. Maintenance Demanded = TRUE && DiagnosisType = (CHANNELDIAGNOSIS || EXT_CHANNELDIAGNOSI || QUALIFIED_EXT_CHANNELDIAGNOSIS || MANUFACTURER_SPECIFICDIAGNOSIS) =〉 RemoveChannelDiagnosisEntry(API, Slot, Subslot, ChannelNumber, DiagnosisType, ChannelErrorType, ExtChannelErrorType) Alarm Item. Diagnosis=BuildDiagnosisAlarmDisappears(API, Slot, Subslot, ChannelNumber, Alarm Item Format, ChannelErrorType, ChannelProperties, ExtChannelErrorType, AddInfo, QualifiedChannelQualifier, Data) Alarm Specifier=BuildSummarizedAlarmSpecifier(API, Slot, Subslot) Alarm Item. Maintenance Status = BuildSummarizedMaintenanceStatus (API, Slot, Subslot) Alarm Priority=GetAREPAlarmPriority(AREP) Alarm Notification. req(AREP, API, Alarm Priority, Alarm type, Slot Number, Subslot Number, Alarm Specifier, Module Ident Number, Submodule Ident Number, Alarm Item)	NONEXISTENT

表 162 定义了在该状态表中使用的功能。

8.3.4.3.5 **诊断对象的最佳化**

应使用 API、Slot Number、Subslot Number、Channel Number、Channel Error type、Ext Channel Error type 和 Channel Properties(仅使用 Maintenance required、Maintenance demanded 和 Specifier)来完全地寻址一个诊断对象。

8.3.4.3.5.1 **Subslot Number 级**

如果地址级 Subslot(一个 Subslot Number)的所有诊断对象被同时删除,则应产生没有报警项的诊断消失(Diagnosis disappears)报警。

这表示所有后续的诊断、维护(需要的和必须的)和合格的(qualified)都消失了。

8.3.4.3.5.2 **Channel Error type 级**

如果地址级 Channel Error type(一个 Channel Error type)的所有诊断对象被同时删除,则应产生具有下列内容的报警项:

——Channel Number;

——Channel Properties;

- Type;
- Direction;
- Maintenance Required 和 Maintenance Demanded 应是 0;
- Specifier 应是 0。

——Channel Error type。

这表示所有后续的 diagnosis、maintenance(required 和 demanded)和 qualified 都消失了。

注:在此情况下的后续表示,通过 Ext Channel Error Types 寻址的所有后续的诊断对象也消失了。

8.3.5 **报警 ASE**

8.3.5.1 **概述**

报警模型允许将一个报警从 IO 设备传送到所指定的 IO 控制器,或相反,并允许对报警显式确认。

对于报警的传输,必须满足下列条件:

——IO AR 已经建立;

——IO AR 已拥有源子模块;

——源子模块存在(没有空子槽,没有错误的子模块);

——所检测到的报警总被发出,如果没有安装报警类型的处理程序,宿(sink)以否定确认“not supported”作出响应。

定义了以下的报警类型,可以扩展它们专用于制造商的报警:

Diagnosis Alarm

诊断报警(diagnosis alarm)用信号指出在某子模块中的一个事件,例如,温度过高、短路,等等。该报警的内容由此类型的诊断 ASE(Diagnosis ASE)来定义。它还应包含维护状况信息和/或维护状况改变信息(如果存在)。

注 1:Diagnosis Alarm 传送一个或多个包含出现诊断和/或消失诊断和/或需要的维护和/或必须的维护的报警块。

Process Alarm

进程报警(process alarm)用信号指出所连接的进程中发生某个事件,例如,超过上限值。

Pull Alarm / Pull Module Alarm

槽用信号通知一个子模块/模块的拔出,或配置改变(减少)。

Plug Alarm

槽用信号通知一个子模块/模块的插入,需要重新参数化,或配置改变(增加)。

Status Alarm

状况报警(status alarm)用信号指出某子模块的状态发生改变,例如,run(运行)、stop(停止)或ready(准备就绪)。

Update Alarm

更新报警(update alarm)用信号指出某子模块中的参数发生改变(例如,通过本地操作或远程访问)。

Redundancy Alarm

冗余报警(redundancy alarm)向用于冗余IO AR的备份的IO控制器报告一个IO控制器的故障。它还应包含维护状况信息和/或维护状况改变信息(如果存在)。

Controlled by supervisor

槽通过IO监视器报告一个子模块的逻辑拔出。这些动作应符合Pull Alarm。

Released Alarm

槽通过IO监视器报告一个子模块的逻辑插入。这些动作应符合Plug Alarm。

Plug Wrong Submodule Alarm

槽用信号指出插入了错误的子模块/模块,或配置改变(增加)。

Return of Submodule Alarm

槽用信号指出一个子模块准备就绪将其IOCS/IOPS从“BAD”转换为“GOOD”,而无需新的参数化。

Diagnosis disappears Alarm

诊断消失报警报告一个子模块中消失的诊断事件。如果此报警被传送而没有Alarm Item,则先前的所有诊断都消失。该报警的内容由此类型的Diagnosis ASE定义。它还应包含维护状况信息和/或维护状况改变信息(如果存在)。如果此报警被传送而没有Maintenance Item,则先前的所有维护都消失。

注2:建议仅使用Diagnosis disappears Alarm以发信号通知报警源错误消除了。

Multicast Communication Mismatch

多播消费者子模块用信号指出与相关多播提供者的通信关系失败。它还应包含维护状况信息和/或维护状况改变信息(如果出现)。

Port Data Change Notification Alarm

端口子模块用信号指出端口数据已经被改变。它还应应包含维护状况信息和/或维护状况改变信息(如果存在)。

Sync Data Change Notification Alarm

接口子模块用信号指出同步化数据已经被改变。它还应包含维护状况信息和/或维护状况改变信息(如果存在)。

Isochronous Mode Problem Notification Alarm

该应用用信号指出已经发现了等时同步执行的问题。它还应含维护状况信息和/或维护状况改变信息(如果存在)。

Time Data Change Notification Alarm

接口子模块用信号指出时间数据已经被改变。它还应包含维护状况信息和/或维护状况改变信息(如果存在)。

Upload and Storage Notification Alarm

某子模块用信号指出记录数据对象已经被改变,并被上装到IO控制器。

此外,可以使用制造商特定报警,某些报警被保留用于行规特定定义。

8.3.5.2 报警类规范

8.3.5.2.1 模板

通过下列的模板来描述报警(Alarm)对象：

ASE：	Alarm ASE		
CLASS：	Alarm		
CLASS ID：	not used		
PARENT CLASS：	TOP		
ATTRIBUTES：			
1	(m)	Key Attribute：	Identifier
1.1	(m)	Attribute：	Alarm type
1.2	(m)	Attribute：	Slot Number
1.3	(m)	Attribute：	Subslot Number
2	(m)	Attribute：	Alarm Specifier
2.1	(m)	Attribute：	Sequence Number
2.2	(m)	Attribute：	Channel Diagnosis
2.3	(m)	Attribute：	Manufacturer Specific Diagnosis
2.4	(m)	Attribute：	Submodule Diagnosis State
2.5	(m)	Attribute：	AR Diagnosis State
3	(m)	Attribute：	Module Ident Number
4	(m)	Attribute：	Submodule Ident Number
5	(o)	Attribute：	Alarm Item
5.1	(m)	Attribute：	User Structure Identifier
5.2	(s)	Attribute：	List of Data
5.2.1	(m)	Attribute：	Data
5.3	(s)	Attribute：	List of Channel Diagnosis Data
5.3.1	(m)	Attribute：	Channel Number
5.3.2	(m)	Attribute：	Channel Properties
5.3.3	(m)	Attribute：	Channel Error type
5.4	(s)	Attribute：	List of Diagnosis Data
5.4.1	(s)	Attribute：	Channel Diagnosis
5.4.1.1	(m)	Attribute：	Slot Number
5.4.1.2	(m)	Attribute：	Subslot Number
5.4.1.3	(m)	Attribute：	List of Channel Diagnosis Data
5.4.1.3.1	(m)	Attribute：	Channel Number
5.4.1.3.2	(m)	Attribute：	Channel Properties
5.4.1.3.3	(m)	Attribute：	Channel Error type
5.4.2	(s)	Attribute：	Ext Channel Diagnosis
5.4.2.1	(m)	Attribute：	Slot Number
5.4.2.2	(m)	Attribute：	Subslot Number
5.4.2.3	(m)	Attribute：	List of Ext Channel Diagnosis Data
5.4.2.3.1	(m)	Attribute：	Channel Number
5.4.2.3.2	(m)	Attribute：	Channel Properties
5.4.2.3.3	(m)	Attribute：	Channel Error type

5.4.2.3.4	(m)	Attribute:	Ext Channel Error type
5.4.2.3.5	(m)	Attribute:	Ext Channel Add Value
5.4.3	(s)	Attribute:	Manufacturer Specific Diagnosis
5.4.3.1	(m)	Attribute:	Slot Number
5.4.3.2	(m)	Attribute:	Subslot Number
5.4.3.3	(m)	Attribute:	Channel Number
5.4.3.4	(m)	Attribute:	Channel Properties
5.4.3.5	(m)	Attribute:	User Structure Identifier
5.4.3.6	(m)	Attribute:	List of Data
5.4.3.6.1	(m)	Attribute:	Data
6	(m)	Attribute:	Related AREP
7	(m)	Attribute:	Alarm Priority
8	(o)	Attribute:	Maintenance Status
8.1	(m)	Attribute:	Maintenance Required
8.2	(m)	Attribute:	Maintenance Demanded
8.3	(m)	Attribute:	Maintenance Qualifier 2
8.4	(m)	Attribute:	Maintenance Qualifier 3
8.5	(m)	Attribute:	Maintenance Qualifier 4
8.6	(m)	Attribute:	Maintenance Qualifier 5
8.7	(m)	Attribute:	Maintenance Qualifier 6
8.8	(m)	Attribute:	Maintenance Qualifier 7
8.9	(m)	Attribute:	Maintenance Qualifier 8
8.10	(m)	Attribute:	Maintenance Qualifier 9
8.11	(m)	Attribute:	Maintenance Qualifier 10
8.12	(m)	Attribute:	Maintenance Qualifier 11
8.13	(m)	Attribute:	Maintenance Qualifier 12
8.14	(m)	Attribute:	Maintenance Qualifier 13
8.15	(m)	Attribute:	Maintenance Qualifier 14
...			
8.31	(m)	Attribute:	Maintenance Qualifier 31
9	(o)	Attribute:	Upload and Storage
9.1.1	(m)	Attribute:	List of Records
9.1.1.1	(m)	Attribute:	Record Number
9.1.1.2	(m)	Attribute:	Record Length
SERVICES:			
1	(m)	OpsService:	Alarm Notification
2	(m)	OpsService:	Alarm Ack

8.3.5.2.2 属性

Identifier

此关键属性由 Slot Number、Subslot Number 和 Alarm type 组成，以定义该报警对象属于哪种结构的槽(模块)、子槽和属于哪种报警类型。在 IO 设备内，对于每个应用过程而言，此标识符是唯一的，且不得被其他对象使用。

Alarm type

属性类型:Unsigned 16。

允许值:0～0x7FFF。

在表 166 中列出了 Alarm type 的允许值。

表 166 Alarm type

报警类型	用　法	
Diagnosis	值 Diagnosis 应被用来指出对一个或多个通道的出现或消失的数据项(items)	
Process	指出来自被控进程的一个报警(应用和进程特定的用法)	
Pull	如果所使用的模块/子模块被拔出,则应指出一个报警	必备
Pull module	如果所使用的模块被拔出,则应指出一个报警	可选
Plug	如果所请求的子模块被插入,则应指出一个报警	必备
Status	指出某子模块内的状况改变	
Update	指出某子模块的参数改变	
Redundancy	向备用 IO 控制器指出主 IO 控制器已经失效	对于 IO 控制器冗余是必备的。
Controlled	如果所使用的子模块已经被 IO 监视器锁住,则应指出一个报警	必备
Released	如果所请求的子模块已经被 IO 监视器、IO 控制器解锁或被 IO 设备本地方法解锁,则应指出一个报警	必备
Plug Wrong Submodule	如果对所请求的模块/子模块插入了错误的子模块,则应指出一个报警	必备
Diagnosis Disappears	值 Diagnosis Disappears 仅应用来: ——指出没有 Alarm Item 的所有消失(optimisation); ——指出详细的消失数据项	
Return Of Submodule	应指出一个子模块的 IOCS/IOPS 从 BAD 到 GOOD 的改变	必备
Profile Specific	如果 IO 设备遵守某个专用设备行规,则应依据现行的 PNO 行规指南来使用	
Multicast Communication Mismatch Notification	某个多播消费者应指出,多播 CR 已经存在某个问题	
Port Data Change Notification	指出端口数据的改变,例如,link up 或 link down	必备
Sync Data Changed Notification	指出时钟同步的改变	
Isochronous Mode Problem Notification	指出等时同步应用的问题,例如,开始迟了	
Network Component Problem Notification	指出网络部件的问题,例如,丢弃的(dropped)帧没有资源	必备
Time Data Changed Notification	指出时间同步的改变	
Upload and Storage Notification	指出请求记录数据对象的上载和存储	可选
Manufacturer Specific	对于制造商特定报警类型,可使用的值范围是 0x0020～0x007F	

注:Diagnosis Disappears 仅建议用来传送制造商特定状况数据项的消失。它也可以被用作最佳的传送所有先前数据项已消除的信息。

Slot Number

此属性定义槽号作为本地标识符。此号在设备内是唯一的。在设备内槽的编号应按升序进行,但为了允许逻辑结构,可以是不连续的。它应包含发出报警的物理槽或逻辑槽。

属性类型:Unsigned 16。

允许值:0～0x7FFF。

Subslot Number

此属性定义子槽号作为本地标识符。此号在槽内是唯一的。在槽内子槽的编号应是按升序进行,但为了允许逻辑结构,可以是不连续的。它应包含发出该报警的物理或逻辑子槽。

属性类型:Unsigned 16。

允许值:0～0x8FFF。

注 1:值 0 仅与 pull alarm 联合使用。

Alarm Specifier

此属性由下列属性组成:

Sequence Number

此属性定义该报警的序列号。对于每个 Alarm Notification 服务,使 Sequence Number 增加 1。接收方利用 Sequence Number 检查重复,并在 Alarm Ack 中反映该字段的值。

允许值:0～2047。

Channel Diagnosis

此属性应仅用于 Alarm type 值 Diagnosis、Redundancy、Port data change notification、Sync data change notification、Isochronous mode problem notification 和 Multicast communication mismatch。对于所有其他的 Alarm Type,此属性是无效的。

表 167 列出了所允许的值。

表 167 Channel Diagnosis

值	含　义
NO_CHANNEL_DIAG	该 Subslot Number 不包括 Channel Diagnosis
CHANNEL_DIAG	该 Subslot Number 至少包括一个 Channel Diagnosis

Manufacturer Specific Diagnosis

此属性应仅用于 Alarm type 值 Diagnosis、Redundancy、Port data change notification、Sync data change notification、Isochronous mode problemnotification 和 Multicast communication mismatch。对于所有其他的 Alarm Type,此属性是无效的。

表 168 列出所允许的值。

表 168 Manufacturer Specific Diagnosis

值	含　义
NO_MAN_DIAG	该 Subslot Number 不包括 Manufacturer Specific Diagnosis
MAN_DIAG	该 Subslot Number 至少包括一个 Manufacturer Specific Diagnosis

Submodule Diagnosis State

此属性应仅用于 Alarm type 值 Diagnosis、Redundancy、Port data change notification、Sync data change notification、Isochronous mode problem notification 和 Multicast communication mismatch。对于所有其他的 Alarm Type,此属性是无效的。

表 169 列出了所允许的值。

表 169　**Submodule Diagnosis State**

值	含　义
NO_DIAG	错误解除。 此外,它指出所有报告的诊断已经被清除。各别"disappears"通知可以被省略。但是,即使在这种情况下,也可能出现作为状况来本地处理的 channel diagnosis 和/或作为状况来处理的 Manufacturer Specific Diagnosis
DIAG	在该子模块上至少存在一个诊断。它可能是一个或多个 channel diagnosis 和/或一个或多个 Manufacturer Specific Diagnosis

AR Diagnosis State

此属性应仅用于 Alarm type 值 Diagnosis、Redundancy、Port data change notification、Sync data change notification、Isochronous mode problem notification 和 Multicast communication mismatch。对于所有其他的 Alarm Type,此属性是无效的。AR Diagnosis State 应对应于 IO Data ASE 属性 Problem Indicator Flag 的当前状态,它与属于该 AR 的所有模块/子模块有关。

表 170 列出了所允许的值。

表 170　**AR Diagnosis State**

值	含　义
NO_DIAG	错误解除。 此外,它指出所有报告的与该 AR 有关的诊断已经被清除。各别"disappears"通知可以被省略。但是,即使在这种情况下,也可能出现作为状况来本地处理的 channel diagnosis 和/或作为状况来处理的 Manufacturer Specific Diagnosis
DIAG	至少在与该 AR 有关的一个子模块上存在一个诊断。它可以是一个或多个 channel diagnosis 和/或一个或多个 Manufacturer Specific Diagnosis

Module Ident Number

此属性包含模块标识。

属性类型:Unsigned 32。

允许值:1~0xFFFFFFFF。

注 2:该属性值是制造商特定的。

Submodule Ident Number

此属性包含子模块标识。

属性类型:Unsigned 32。

注 3:该属性值是制造商特定的。

Alarm Item

此属性由下列属性组成。

User Structure Identifier

此属性识别 Alarm Notification 数据的选择。表 171 列出了所允许的值。

表 171　**User Structure Identifier**

值	用　法
Manufacturer Specific	联合报警类型 Diagnosis、Manufacturer Specific Diagnosis,用于 Alarm Notification 和 Diagnosis Data 中。联合其他报警类型,用法是制造商特定的
Profile Specific	该含义在行规规范中定义
Channel Diagnosis	仅应联合 Channel Diagnosis,用于 Alarm Notification 和 Diagnosis Data 中

表 171（续）

值	用　法
Extended Channel Diagnosis	仅应联合 Extended Channel Diagnosis，用于 Alarm Notification 和 Diagnosis Data 中
Qualified Extended Channel Diagnosis	仅应联合 Qualified Extended Channel Diagnosis，用于 Alarm Notification 和 Diagnosis Data 中
Multiple	仅应联合遵从 Block Structure 的报警类型来使用。它还应与 Multicast Consumer Info Data、List of Isochronous Mode Info Data、List of Port Info Data、List of Sync Info Data 一起使用
Maintenance	Maintenance 应与下列的 AlarmTypes 联合使用：Diagnosis、Redundancy、DiagnosisDisappears、multicast communication mismatch、Port data change notification、Sync data change notification、isochronous mode problem notification、Network component problem notification、Time data changed notification 此外，如果报警源包含至少一个 Maintenance Required 登录项或一个 Maintenance Demanded 登录项或一个 Qualifier_x 登录项，则 AlarmNotification 应仅传送此块
Upload and Retrival	Upload&Storage 应与 Upload and storage notification 联合使用

只在 Channel Diagnosis 或 Extended Channel Diagnosis 或 Qualified Extended Channel Diagnosis 不包含诊断信息时，才使用制造商特定结构。

List of Data

此属性包含用户特定报警数据的列表。

用户数据的长度应不超过 1408 个八位位组。

列表元素由下列属性组成：

Data

此属性包含用户特定报警数据。

属性类型：应使用下列数据类型之一：Boolean、Binary Date、Integer、Time of Day、Unsigned、Time-Difference、Floating Point、Network Time、VisibleString、Network Time Difference、OctetString。

List of Channel Diagnosis Data

此参数包含通道诊断数据的列表。列表元素由下列参数组成。

Channel Number

此属性定义通道号作为本地标识符。此号在子槽内是唯一的。在子槽内通道的编号应按升序进行，但为了允许逻辑结构，可以是不连续的。该列表应包含具有诊断功能的所有物理通道或逻辑通道。

特定值 0x8000 标识整个子模块而不是某个特定的通道。

属性类型：Unsigned 16。

允许值：0～0x7FFF 用户特定通道号，0x8000 子模块。

Channel Properties

此属性与 Diagnosis ASE 中规定的定义相同，但属性 Specifier 例外。

Specifier

此属性指出出现或消失 Channel Diagnosis、Maintenance Required 或 Maintenance Demanded。其语义取决于属性 Maintenance Required 和 Maintenance Demanded 的值。在表 172 中列出了依赖性。

允许值:APPEARS、DISAPPEARS、DISAPPEARS_BUT_OTHER_REMAIN、ALL_DISAPPERS。

表 172 Specifier 的语义

需要的维护	必须的维护	指定符	含 义
NO_MAINTENANCE_REQUIRED	NO_MAINTENANCE_DEMANDED	APPEARS	诊断出现
NO_MAINTENANCE_REQUIRED	NO_MAINTENANCE_DEMANDED	ALL_DISAPPEARS	联合 Channel diagnosis、所有后续 aDiagnosis、Maintenance(required 和 demanded)和 Qualified 消失
NO_MAINTENANCE_REQUIRED	NO_MAINTENANCE_DEMANDED	DISAPPEARS	诊断消失
NO_MAINTENANCE_REQUIRED	NO_MAINTENANCE_DEMANDED	DISAPPEARS_BUT_OTHER_REMAIN	诊断消失,但该通道仍然有其他诊断
MAINTENANCE_REQUIRED	NO_MAINTENANCE_DEMANDED	APPEARS	Maintenance Required 信息出现
MAINTENANCE_REQUIRED	NO_MAINTENANCE_DEMANDED	DISAPPEARS	Maintenance Required 信息消失
MAINTENANCE_REQUIRED	NO_MAINTENANCE_DEMANDED	DISAPPEARS_BUT_OTHER_REMAIN	Maintenance Required 信息消失,但该通道仍然有其他的 Maintenance Required
NO_MAINTENANCE_REQUIRED	MAINTENANCE_DEMANDED	APPEARS	Maintenance Demanded 信息出现
NO_MAINTENANCE_REQUIRED	MAINTENANCE_DEMANDED	DISAPPEARS	Maintenance Demanded 信息消失
NO_MAINTENANCE_REQUIRED	MAINTENANCE_DEMANDED	DISAPPEARS _ BUT _ OTHER_REMAIN	Maintenance Demanded 信息消失,但该通道仍然有其他的 Maintenance Demanded
[a] 后续(Subsequent)的含义是,对于此特殊的 ChannelErrorType,具有 diagnosis、maintenance required、maintenance demanded 和 qualified 的所有 ExtChannelErrorTypes(以及 ChannelErrorType 自身)都改变为 OK。			

Channel Error type

此属性指出 Channel Related Diagnosis 的错误类型。

属性类型:Unsigned 16。

允许值:与在 Diagnosis ASE 中规定的值相同。

List of Diagnosis Data

此参数包含诊断数据的列表。列表元素由下列参数组成。

Channel Diagnosis

此参数包含与通道有关的诊断数据,并由下列元素组成。

Slot Number

此属性定义槽号作为本地标识符。此号在设备内是唯一的。在设备内槽的编号应按升序进行，但为了允许逻辑的结构，可以是不连续的。该表应包含具有诊断的所有物理槽或逻辑槽。

属性类型：Unsigned 16。

允许值：0～0x7FFF。

Subslot Number

此属性定义子槽号作为本地标识符。此号在槽内是唯一的。在槽内子槽的编号应按升序进行，但为了允许逻辑结构，可以是不连续的。该表应包含具有诊断的所有物理子槽或逻辑子槽。

属性类型：Unsigned 16。

允许值：1～0x8FFF。

注：Subslot Number0 不包含任何诊断。

List of Channel Diagnostic Data

此参数包含与通道诊断数据的列表。列表元素由下列参数组成。

Channel Number

此属性定义通道号作为本地标识符。此号在子槽内是唯一的。在子槽内通道的编号应按升序进行，但为了允许逻辑的结构，可以是不连续的。该表应包含具有诊断的所有物理通道或逻辑通道。

特定值 0x8000 标识整个子模块而不是某个特定的通道。

属性类型：Unsigned 16。

允许值：0～0x7FFF 用户特定通道号，0x8000 子模块。

Channel Properties

此属性与在 Diagnosis ASE 中规定的定义相同。

Channel Error type

此属性指出 Channel Related Diagnosis 的错误类型。

属性类型：Unsigned 16

允许值：与在 Diagnosis ASE 中规定的值相同。

Ext Channel Diagnosis

此属性包含扩展的通道诊断。它由下列属性组成。

Slot Number

此属性定义槽号作为本地标识符。此号在设备内是唯一的。在设备内槽的编号应按升序进行，但为了允许逻辑的结构，可以是不连续的。该表应包含具有诊断的所有物理或逻辑槽。

属性类型：Unsigned 16。

允许值：0～0x7FFF

Subslot Number

此属性定义子槽号作为本地标识符。此号在槽内是唯一的。在槽内子槽的编号应按升序进行，但为了允许逻辑结构，可以是不连续的。该表应包含具有诊断的所有物理或逻辑子槽。

属性类型：Unsigned 16。

允许值：1～0x8FFF。

注：Subslot Number0 不包含任何诊断。

List of Ext Channel Diagnostic Data

此参数包含与扩展通道诊断数据的列表。列表元素由下列参数组成：

Channel Number

此属性定义通道号作为本地标识符。此号在子槽内是唯一的。在子槽内通道的编号应按升序进行，但为了允许逻辑结构，可以是不连续的。该表应包含具有诊断的所有物理或逻辑通道。

特定值 0x8000 标识整个子模块而不是某个特定的通道。

属性类型：Unsigned 16。

允许值：0～0x7FFF 用户特定通道号，0x8000 子模块。

Channel Properties

此属性与在 Diagnosis ASE 中规定的定义相同。

Channel Error type

此属性指出 Channel Related Diagnosis 的错误类型。

属性类型：Unsigned 16。

允许值：与在 Diagnosis ASE 中规定的值相同。

Ext Channel Error type

此属性取决于属性 Channel Error type，并指出扩展的错误类型。在表 273 中列出了允许的值。

属性类型：Unsigned 16。

Ext Channel Add Value

此属性包含一个附加值。

属性类型：Unsigned 32。

Manufacturer Specific Diagnosis

此属性包含制造商特定诊断，并由下列属性组成。

Slot Number

此属性定义槽号作为本地标识符。此号在设备内是唯一的。在设备内槽的编号应按升序进行，但为了允许逻辑结构，可以是不连续的。该表应包含具有诊断的所有物理或逻辑槽。

属性类型：Unsigned 16。

允许值：0～0x7FFF。

Subslot Number

此属性定义子槽号作为本地标识符。此号在槽内是唯一的。在槽内子槽的编号应按升序进行，但为了允许逻辑结构，可以是不连续的。该表应包含具有诊断的所有物理或逻辑子槽。

属性类型：Unsigned 16。

允许值：1～0x8FFF。

注 4：Subslot Number0 不包含任何诊断。

Channel Number

此属性定义通道号作为本地标识符。此号在子槽内是唯一的。在子槽内通道的编号应按升序进行，但为了允许逻辑结构，可以是不连续的。该表应包含具有诊断的所有物理或逻辑通道。

特定值 0x8000 标识整个子模块而不是某个特定的通道。

属性类型：Unsigned 16。

允许值：0～0x7FFF 用户特定通道号，0x8000 子模块。

Channel Properties

此属性与在 Diagnosis ASE 中规定的定义相同。

User Structure Identifier

此属性指出属性 Manufacturer Specific Diagnosis Data 的结构。

属性类型:Unsigned 16。

允许值:MANUFACTURER_SPECIFIC_1～MANUFACTURER_SPECIFIC_0x7FFF、CHANNEL_DIAGNOSIS、EXT_CHANNEL_DIAGNOSIS、QUALIFIED_EXT_CHANNEL_DIAGNOSIS、MULTIPLE_DIAGNOSIS。

List of Data

此属性包含制造商特定诊断数据的列表。列表元素由下列属性组成:

Data

此属性包含制造商特定诊断数据。

属性类型:应使用下列数据类型之一:Boolean、Binary Date、Integer、Time of Day、Unsigned、Time-Difference、Floating Point、Network Time、VisibleString、Network Time Difference、OctetString。

Related AREP

此属性包含用于传输的有关 AR 的 AREP。

属性类型:Unsigned 32。

Alarm Priority

此属性包含报警的优先级。

允许值:ALARM_HIGH、ALARM_LOW。

Maintenance Status

此可选属性包含维护状况,并由下列属性组成。它只应在下列属性中至少有一个具有维护信息时才被传送。否则将被忽略。

Maintenance Required

如果至少一个报警源(API、Slot、Subslot)的通道包含需要的维护信息,则此属性包含值 MAINTENANCE_REQUIRED。

允许值:MAINTENANCE_REQUIRED、NO_MAINTENANCE_REQUIRED。

Maintenance Demanded

如果至少一个报警源(API、Slot、Subslot)的通道包含必须的维护信息,则此属性包含值 MAINTENANCE_DEMANDED。

允许值:MAINTENANCE_DEMANDED、NO_MAINTENANCE_DEMANDED。

Qualifier 2

如果至少一个报警源(API、Slot、Subslot)的通道包含合格的维护信息,则此属性包含值 QUALIFIER_2_SET。该语义由行规定义。

允许值:QUALIFIER_2_SET、QUALIFIER_2_NOT_SET。

……

Qualifier 31

如果至少一个报警源(API、Slot、Subslot)的通道包含合格的维护信息,则此属性包含值 QUALIFIER_31_SET。该语义由行规定义。

允许值:QUALIFIER_31_SET、QUALIFIER_31_NOT_SET。

Upload and Storage

IO 设备用此可选属性指出应被存储在 IO 控制器上的 Record Data 对象是存在的。IO 控制器应上载和持续存储该 Record Data 对象。在每个后续的连接序列和每个后续的插入和释放序列中,IO 控制器应将此附加的 Record Data 对象传送给所存储的 Record Data 对象的源。作为 GSDML 描述的一部分、并从工程工具传送给 IO 控制器的 Record Data 对象,应不是 List of Records 的组成部分。它由下列属性组成:

List of Records

此属性包含 Record Data 对象的列表。列表元素由下列属性组成:

Record Number

此属性包含如同在 Record Data ASE 中列出的 Record Data 对象的参数 Index。

允许值:0~0xFFFF。

Record Length

此属性包含如在 Record Data ASE 中列出的 Record Data 对象的参数 Length。

允许值:$2^0 \sim 2^{32}-256$

8.3.5.2.3 报警对象的调用

在 IO 设备或 IO 控制器中可以调用若干个报警对象。

8.3.5.3 报警服务规范

8.3.5.3.1 Alarm Notification

此服务被用来从 IO 设备向 IO 控制器传送某个报警通知,也可反方向传送。此服务仅与 IO AR 联合使用。表 173 列出该服务的参数。

表 173 Alarm Notification

参数名称	Req	Ind	Cnf
Argument	M	M(=)	
AREP	M	M(=)	
API	M	M(=)	
Alarm Priority	M	M(=)	
Alarm type	M	M(=)	
Slot Number	M	M(=)	
Subslot Number	M	M(=)	
Alarm Specifier	M	M(=)	
Module Ident Number	M	M(=)	
Submodule Ident Number	M	M(=)	
Alarm Item	U	U(=)	
User Structure Identifier	M	M(=)	
List of Data	S	S(=)	
Data	M	M(=)	
List of Channel Diagnosis Data	S	S(=)	
Channel Number	M	M(=)	
Channel Properties	M	M(=)	
Channel Error type	M	M(=)	
List of Diagnosis Data	S	S(=)	
Channel Diagnosis	S	S(=)	
Slot Number	M	M(=)	
Subslot Number	M	M(=)	
List of Channel Diagnosis Data	M	M(=)	
Channel Number	M	M(=)	

表 173（续）

参数名称	Req	Ind	Cnf
Channel Properties	M	M(=)	
Channel Error type	M	M(=)	
Ext Channel Diagnosis	S	S(=)	
Slot Number	M	M(=)	
Subslot Number	M	M(=)	
List of Ext Channel Diagnosis Data	M	M(=)	
Channel Number	M	M(=)	
Channel Properties	M	M(=)	
Channel Error type	M	M(=)	
Ext Channel Error type	M	M(=)	
Ext Channel Add Value	M	M(=)	
Manufacturer Specific Diagnosis	S	S(=)	
Slot Number	M	M(=)	
Subslot Number	M	M(=)	
Channel Number	M	M(=)	
Channel Properties	M	M(=)	
User Structure Identifier	M	M(=)	
List of Data	M	M(=)	
Data	M	M(=)	
Result(+)			S
AREP			M
Result(−)			S
AREP			M
Status			M

Argument

该变元应传送该服务请求的服务特定参数。

AREP

此参数是所期望的 AR 的本地标识符。

API

此参数是所期望的应用过程的标识符。

Alarm Priority

此参数包含值 ALARM_HIGH 或 ALARM_LOW。

Alarm type

此参数包含 Alarm Data 对象的属性 Alarm type 的值。

Slot Number

此参数包含 Alarm Data 对象的属性 Slot Number 的值。

Subslot Number

此参数包含 Alarm Data 对象的属性 Subslot Number 的值。

Alarm Specifier

此参数包含 Alarm Data 对象的属性 Alarm Specifier 的值。

Module Ident Number

此参数包含 Alarm Data 对象的属性 Module Ident Number 的值。

Submodule Ident Number

此参数包含 Alarm Data 对象的属性 Submodule Ident Number 的值。

Alarm Item

此参数包含报警特定数据(如果存在)。长度应不超过 1408 个八位位组。

User Structure Identifier

此参数包含该 ASE 对象的相应属性值。

List of Data

此参数包含该 ASE 对象的相应属性值。

Data

此参数包含该 ASE 对象的相应属性值。

List of Channel Diagnosis Data

此参数包含该 ASE 对象的相应属性值。

Channel Number

此参数包含该 ASE 对象的相应属性值。

Channel Properties

此参数包含该 ASE 对象的相应属性值。

Channel Error type

此参数包含该 ASE 对象的相应属性值。

List of Diagnosis Data

此参数包含诊断数据的列表。列表元素由下列参数组成:

Channel Diagnosis

此参数由下列元素组成:

Slot Number

此参数包含该 ASE 对象的相应属性值。

Subslot Number

此参数包含该 ASE 对象的相应属性值。

List of Channel Diagnostic Data

此参数包含通道诊断数据的列表。列表元素由下列参数组成:

Channel Number

此参数包含该 ASE 对象的相应属性值。

Channel Properties

此参数包含该 ASE 对象的相应属性值。

Channel Error type

此参数包含该 ASE 对象的相应属性值。

Ext Channel Diagnosis

此参数由下列元素组成:

Slot Number

此参数包含该 ASE 对象的相应属性值。

Subslot Number

此参数包含该 ASE 对象的相应属性值。

List of Ext Channel Diagnostic Data

此参数包含扩展通道诊断数据的列表，列表元素由下列参数组成：

Channel Number

此参数包含该 ASE 对象的相应属性值。

Channel Properties

此参数包含该 ASE 对象的相应属性值。

Channel Error type

此参数包含该 ASE 对象的相应属性值。

Ext Channel Error type

此参数包含该 ASE 对象的相应属性值。

Ext Channel Add Value

此参数包含该 ASE 对象的相应属性值。

Manufacturer Specific Diagnosis

此参数由下列元素组成。

Slot Number

此参数包含该 ASE 对象的相应属性值。

Subslot Number

此参数包含该 ASE 对象的相应属性值。

Channel Number

此参数包含该 ASE 对象的相应属性值。

Channel Properties

此参数包含该 ASE 对象的相应属性值。

User Structure Identifier

此参数包含该 ASE 对象的相应属性值。

List of Data

此参数包含制造商特定诊断数据的列表。列表元素由下列参数组成。

Data

此参数包含该 ASE 对象的相应属性值。

Result(＋)

此参数指出服务请求成功。

Result(－)

此参数指出服务请求失败。

Status

此参数包含失败的原因。

允许值：AR_NOT_ESTABLISHED、ALARM_TYPE_NOT_SUPPORTED、LIMIT_EXPIRED、SEQUENCE_NR_PENDING。

8.3.5.3.2 **Alarm Ack**

此服务被用来确认先前已经接收到的报警通知的接收。此服务仅与 IO AR 或 Supervisor AR 联合使用。

表 174 列出该服务的参数。

表 174 **Alarm Ack**

参数名称	Req	Ind	Cnf
Argument	M	M(=)	
AREP	M	M(=)	
API	M	M(=)	
Alarm type	M	M(=)	
Slot Number	M	M(=)	
Subslot Number	M	M(=)	
Alarm Specifier	M	M(=)	
PNIO Status	M	M(=)	
Result(+)			S
AREP			M
Result(-)			S
AREP			M

Argument

该变元应传送该服务请求的服务特定参数。

AREP

此参数是所期望的 AR 的本地标识符。

API

此参数是所期望的应用过程的标识符。

Alarm type

此参数包含先前接收的 Alarm Data 对象的属性 Alarm type 的值。

Slot Number

此参数包含先前接收的 Alarm Data 对象的属性 Slot Number 的值。

Subslot Number

此参数包含先前接收的 Alarm Data 对象的属性 Subslot Number 的值。

Alarm Specifier

此参数包含先前接收的 Alarm Data 对象的属性 Alarm Specifier 的值。

PNIO Status

此参数包含错误状况。

属性类型:Unsigned 32。

允许值:NO_ERROR、ALARM_TYPE_NOT_SUPPORTED、WRONG_SUBMODULE_STATE。

Result(+)

此参数指出服务请求成功。

Result(-)

此参数指出服务请求失败。

8.3.5.4 报警对象的行为

8.3.5.4.1 报警宿的通用行为

应用行为基于 IO Data ASE 的报警传输、IOPS、IOCS 和 Problem Indicator 的流量控制。这些机制使应用能比较方便地处理报警。

注:应用过程不能通过中断其他进程来立即处理报警。它可以通过轮询已排队的报警在适当的时间窗内处理这些报警。

每一个应用过程应维护每个Alarm type的接收队列。如果使用这种方式，则队列大小将由流控机制决定。在处理报警的同时，应给源发送确认，以能够发送此类型的其他报警。

在AR终止和拔/插(pull/plug)报警的情况下，清除报警队列。

8.3.5.4.2 报警源的通用行为

图41列出了报警源的模型。源被分成IO设备(IOD)、应用过程和报警源。

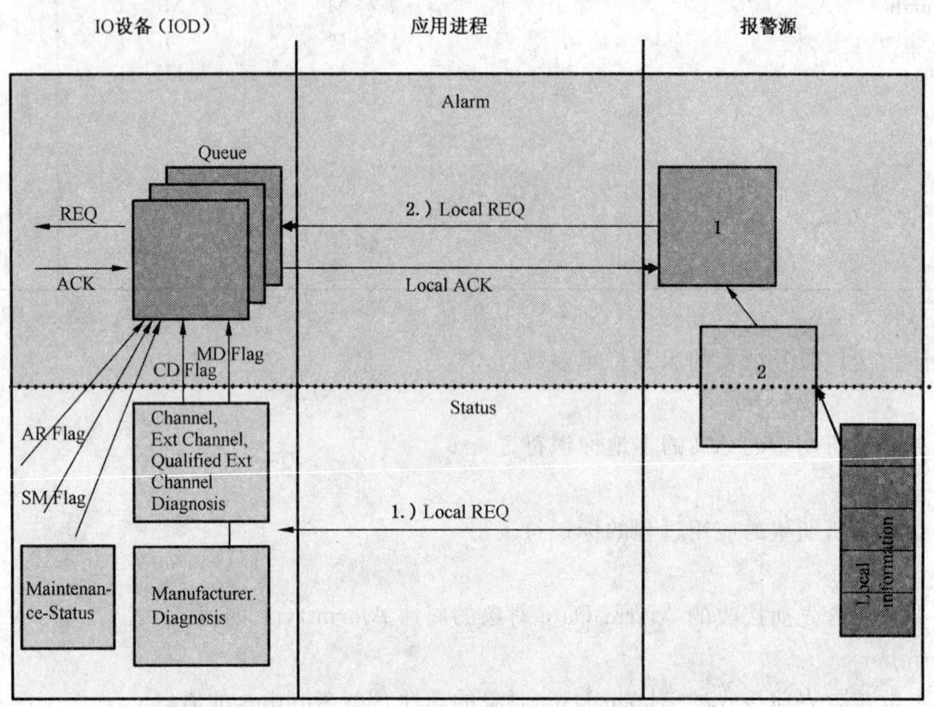

图41 报警源的资源模型示例

该模型指示怎样处理在源上的事件溢出。因为宿决定了处理报警的速度，因此事件溢出可能由流控引起。队列和缓冲器模型的混合使用解决了Alarm ASE问题。

报警源保持本地的状态信息。如果(例如)状况从GOOD改变为BAD，则它就被通报。它保持至少两个缓冲器用于报警。第一个缓冲器被用来传送状态转换。第二个缓冲器包含当前的状态。在只有两个缓冲器的情况下，只要没有接收到确认，就不报告新的状态转换。但是，在任何时侯当前的状态可以随诊断信息一起被读出。

IOD为每个优先级维护两个队列。只要确认没有完成，就阻止相同优先级的新报警。

此外，在AR终止和拔/插报警的情况下，清除报警队列。

8.3.5.4.3 诊断改变的行为

诊断报警是报告和确认诊断改变的手段。推荐使用Channel Diagnosis或Extended Channel Diagnosis，因为它们有良好定义的结构。

对于发送诊断信号所推荐的顺序是：

——第一，更新诊断ASE；

——第二，发出一个报警。

诊断报警包括报警源的信息和改变的方向。属性Alarm Specifier包含有关方向的信息，例如，出现(appears)或消失(disappears)。

通过具有参数Alarm Specifier Submodule Diagnosis State “NO_ERROR”的报警来报告所有通道诊断都消失了。它可以保存许多单个的报文。

8.3.6 上下关系 ASE

8.3.6.1 概述

上下关系 ASE(Context ASE)提供一组服务，用来建立应用关系、参数化和组态 IO 设备自己的 AP 及其包含 IO 数据的槽/子槽。

IO 设备的应用过程可能需要来自指定 IO 控制器的参数(例如，模拟量信号的范围)，以便依据该 IO 控制器 AP 的要求，提供来自 Input Data 对象的数据和/或用于 Output Data 对象的数据。这些 IO 设备在 Context ASE 中提供 IO AR Parameter 对象或(更灵活地)提供若干个 IO AR Strucured Parameter 对象。这些对象的属性值由 IO 控制器来提供并在 IO 设备的 AP 确认后被赋值。

IO 设备的应用功能隐含着必要的参数化对象(特定的 Record Data 对象)，在系统启动阶段必须将这些参数化对象通过 IO AR 从 IO 控制器传送到所指定的 IO 设备。IO 设备的应用必须检查由该 IO 控制器发送的参数化数据。

注：与 IO Data ASE 相比较，在存储具有这些属性的实际可用的所有槽和子槽的地方，在成功的连接建立后，Context ASE 仅包含已组态的或已使用的槽和子槽。

8.3.6.2 上下关系类规范

8.3.6.2.1 模板

此类规定用于与 IO 设备自身和/或该 IO 设备的槽/子槽有关的参数数据的对象。

通过下列模板来描述 IO 设备上下关系(context)对象：

ASE:	Context ASE		
CLASS:	Context		
CLASS ID:	not used		
PARENT CLASS:	TOP		
ATTRIBUTES:			
1	(m)	Key Attribute:	Implicit
2	(m)	Attribute:	List of APs
2.1	(m)	Attribute:	API
2.2	(m)	Attribute:	Real Identification
2.2.1	(m)	Attribute:	List of Slots
2.2.1.1	(m)	Attribute:	Slot Number
2.2.1.2	(m)	Attribute:	Module Ident Number
2.2.1.3	(m)	Attribute:	Module Properties
2.2.1.4	(m)	Attribute:	List of Subslots
2.2.1.4.1	(m)	Attribute:	Subslot Number
2.2.1.4.2	(m)	Attribute:	Submodule Ident Number
2.2.1.4.3	(m)	Attribute:	Submodule Properties
2.2.1.4.3.1	(m)	Attribute:	Type
2.2.1.4.3.2	(m)	Attribute:	Shared Input
2.2.1.4.4	(m)	Attribute:	List of Data Descriptions
2.2.1.4.4.1	(m)	Attribute:	Data Direction
2.2.1.4.4.2	(m)	Attribute:	Submodule Data Length
2.2.1.4.4.3	(m)	Attribute:	Length IOPS
2.2.1.4.4.4	(m)	Attribute:	Length IOCS
2.3	(m)	Attribute:	Expected Identification
2.3.1	(m)	Attribute:	List of ARs

2.3.1.1 (m) Attribute: AREP
2.3.1.2 (o) Attribute: Sync State
2.3.1.3 (m) Attribute: List of CRs
2.3.1.3.1 (m) Attribute: CREP
2.3.1.3.2 (m) Attribute: Multicast Provider State
2.3.1.4 (m) Attribute: List of APIs
2.3.1.4.1 (m) Attribute: API
2.3.1.4.2 (m) Attribute: List of Slots
2.3.1.4.2.1 (m) Attribute: Slot Number
2.3.1.4.2.2 (m) Attribute: Module Ident Number
2.3.1.4.2.3 (m) Attribute: Module Properties
2.3.1.4.2.4 (m) Attribute: Module State
2.3.1.4.2.5 (m) Attribute: List of Subslots
2.3.1.4.2.5.1 (m) Attribute: Subslot Number
2.3.1.4.2.5.2 (m) Attribute: Submodule Ident Number
2.3.1.4.2.5.3 (m) Attribute: Submodule Properties
2.3.1.4.2.5.3.1 (m) Attribute: Type
2.3.1.4.2.5.3.2 (m) Attribute: Shared Input
2.3.1.4.2.5.4 (m) Attribute: Submodule State
2.3.1.4.2.5.4.1 (m) Attribute: Format Indicator
2.3.1.4.2.5.4.2 (c) Constraint: Format Indicator=V_1_0
2.3.1.4.2.5.4.2.1 (m) Attribute: Detail
2.3.1.4.2.5.4.3 (c) Constraint: Format Indicator 〈〉 V_1_0
2.3.1.4.2.5.4.3.1 (m) Attribute: Add Info
2.3.1.4.2.5.4.3.2 (m) Attribute: Qualifier Info
2.3.1.4.2.5.4.3.3 (m) Attribute: Maintenance Required
2.3.1.4.2.5.4.3.4 (m) Attribute: Maintenance Demanded
2.3.1.4.2.5.4.3.5 (m) Attribute: Diag Info
2.3.1.4.2.5.4.3.6 (m) Attribute: AR Info
2.3.1.4.2.5.4.3.7 (m) Attribute: Ident Info

SERVICES:

1 (m) OpsService: Connect
2 (m) OpsService: Connect Device Access
3 (m) OpsService: Release
4 (m) OpsService: End of Parameter
5 (m) OpsService: Application Ready
6 (m) OpsService: Read Expected Identification Data
7 (m) OpsService: Read Real Identification Data
8 (m) OpsService: Read Identification Difference
9 (m) OpsService: Abort
10 (o) OpsService: Ready for Companion

8.3.6.2.2 属性

Implicit

属性 Implicit 指出用户参数(User Parameter)对象被服务隐式寻址。

List of APs

一个 API 由以下列表元素组成:

API

此属性定义应用过程的编号。

属性类型:Unsigned 32。

允许值:0～0xFFFFFFFF。

Real Identification

此属性由下列属性组成:

List of Slots

此属性定义应用过程的槽。一个槽由以下列元素组成:

Slot Number

此属性定义 IO Data Element 所属的模块。

属性类型:Unsigned 16。

允许值:0～7FFF

Module Ident Number

此属性定义槽的标识。

属性类型:Unsigned 32。

允许值:1～0xFFFFFFFF。

注 1:该属性值是制造商特定的。

Module Properties

此属性被保留未来使用。

Module State

此属性定义模块的状态,并被用于 connect 服务和 application ready 服务。

属性类型:Unsigned 16。

允许值:应依据表 175 来设置。

表 175 Module State

值	使用
NO_MODULE	槽存在,但模块未插入
WRONG_MODULE	模块标识号是错误的
PROPER_MODULE	槽存在,模块正确,但至少一个子模块被锁住、错误或缺失
SUBSTITUTE	槽存在,模块与所请求的不同但兼容。IO 设备能够通过其自身抉择来适应
GOOD	在 connect. rsp 服务和 application ready. req 服务中,在此模块的属性 Module Diff Block 中没有任何登录项

List of Subslots

此属性由下列属性组成。

Subslot Number

此属性定义 IO Data Element 所属的子槽。

属性类型:Unsigned 16。

允许值:1～0x8FFF。

Submodule Ident Number

此属性定义子槽的标识。

属性类型:Unsigned 32。

允许值:0～0xFFFFFFFF。

注 2:该属性值是制造商特定的。

Submodule Properties

此属性由下列属性组成:

Type

此属性定义子槽的类型。

属性类型:Unsigned 16。

允许值:NO_IO、INPUT、OUTPUT、IO。

Shared Input

此属性定义子槽的特性。如果属性 Submodule type 包含值 INPUT 或 IO,则应仅使用值 SHARED_INPUT。

属性类型:Unsigned 8。

允许值:SHARED_INPUT、NOT_SHARED_INPUT。

List of Data Descriptions

此属性表由下列属性组成:

Data Direction

此属性定义方向 input 或 output。

属性类型:Unsigned 16。

允许值:DIRECTION_INPUT、DIRECTON_OUTPUT。

Submodule Data Length

属性 Submodule Data Length 定义未计入 IOPS 的 Data Element 的八位位组个数。

属性类型:Unsigned 16。

允许值:0～1439。

Length IOPS

属性 Length IOPS 定义提供者状况的八位位组个数。

属性类型:Unsigned 8。

允许值:1,(2～255 保留)。

Length IOCS

属性 Length IOCS 定义消费者状况的八位位组个数。

属性类型:Unsigned 8。

允许值:1,(2～255 保留)。

Expected Identification

此属性由下列属性组成:

List of ARs

一个 AR 由以下列表元素组成:

AREP

此参数是所期望的 AR 的本地标识符。

SYNC State

此属性是所期望的 AR 的本地同步状况。仅应使用同步时它才出现。该行为应符合 8.3.7。

属性类型:Unsigned 16。

允许值:SYNCHRONIZED、SYNC_NOT_AVAILABLE。

List of CRs

一个 CR 由以下列表元素组成:

CREP

此参数是所期望的多播消费者 CR 的本地标识符。

Multicast Provider State

此参数是多播消费者 CR 的本地状况。该行为应符合 8.3.7。

属性类型:Unsigned 16。

允许值:UP_AND_RUNNING、MULTICAST_PROVIDER_NOT_AVAILABLE。

List of APIs

一个 API 由以下列表元素组成:

API

此属性定义应用过程的编号。

属性类型:Unsigned 32。

允许值:0～0xFFFFFFFF。

List of Slots

一个槽由以下列表元素组成:

Slot Number

此属性定义 IO Data Element 所属的模块。

属性类型:Unsigned 16。

允许值:0～0x7FFF。

Module Ident Number

此属性定义槽的标识。

属性类型:Unsigned 32。

允许值:1～0xFFFFFFFF。

注 3:该属性值是制造商特定的。

Module Properties

此属性被保留未来使用。

List of Subslots

此属性由下列属性组成。

Subslot Number

此属性定义 IO Data Element 所属的子槽。

属性类型:Unsigned 16。

允许值:0～0x7FFF,对于 Slot Number 0 允许附加 0x8000～0x8FFF。

Submodule Ident Number

此属性定义子槽的标识。

属性类型:Unsigned 32。

允许值:0～0xFFFFFFFF。

注 4:该属性值是制造商特定的。

Submodule Properties

此属性由下列属性组成。

Type

此属性定义子槽的类型。

属性类型:Unsigned 16。

允许值:NO_IO、INPUT、OUTPUT、IO。

表176列出了与所选CR的属性CR type联合应用的依赖性。

表176 有关CR类型的用法

子模块类型	CR类型的用法
NO_IO	INPUT CR、OUTPUT CR
INPUT	INPUT CR、OUTPUT CR、MULTICAST PROVIDER CR
OUTPUT	INPUT CR、OUTPUT CR、MULTICAST CONSUMER CR
IO	INPUT CR、OUTPUT CR、MULTICAST PROVIDER CR(仅Input部分)、MULTICAST CONSUMER CR(仅Output部分)

Shared Input

此属性定义子槽的特性。仅当属性Submodule type包含值INPUT或IO时,才使用值SHARED_INPUT。

属性类型:Unsigned 8。

允许值:SHARED_INPUT、NOT_SHARED_INPUT。

Submodule State

此属性由下列属性组成:

Format Indicator

此属性指出Submodule State的形式。

Detail

此属性包含与版本1.0兼容的子模块状态(submodule state)的值。

它应依据表177来设置。

表177 Detail

值	含义
NO_SUBMODULE	子槽存在,但为空
WRONG_SUBMODULE	子槽存在,但插入了不兼容的子模块
LOCKED_BY_IO_CONTROLLER	子槽存在,但被另一个IO控制器锁住了
APPLICATION_READY_PENDING	子槽存在,但发现参数有错误或该子槽的应用不运行
SUBSTITUTE	子槽存在,子模块与所请求的不同但兼容,该IO设备能够适应 在此情况下,该IO设备必须适应(例如)新的输入或输出长度
GOOD	子槽存在并且插入了所期望的子模块

注5:仅当所期望的数据与实际组态的数据之间存在差异时,才响应字段Submodule State。由于对这样的子模块在响应内没有状况报告,因此未定义Submodule State“GOOD”。

Add Info

此属性包含不允许接管情况下IO监视器的值。

允许值:NO_ADD_INFO、TAKEOVER_NOT_ALLOWED。

Qualifier Info

此属性用信号指出在发生应用准备就绪时合格诊断信息存在。

允许值:NO_QUALIFIED_INFO、QUALIFIED_INFO。

Maintenance Required

此属性包含当至少有一个子模块通道需要维护时的值 MAINTENANCE_REQUIRED。

允许值：MAINTENANCE_REQUIRED、NO_MAINTENANCE_REQUIRED。

Maintenance Demanded

此属性包含当至少有一个子模块通道必须维护时的值 MAINTENANCE_DEMANDED。

允许值：MAINTENANCE_DEMANDED、NO_MAINTENANCE_DEMANDED。

Diag Info

此属性用信号指出在发生应用准备就绪时诊断信息存在。

允许值：NO_DIAG、DIAG。

AR Info

此属性包含与所建立的 AR 有关的子模块状态。

它应依据表 178 来设置。

表 178 ARInfo

值	含义
OWN	此 AR 是子模块的所有者
APPLICATION_READY_PENDING	此 AR 是子模块的所有者，但它被锁住了，即参数检查未决(pending)
SUPERORDINATED_LOCKED	此 AR 不是子模块的所有者。它被高级的手段锁住了
LOCKED_BY_IO_CONTROLLER	此 AR 不是子模块的所有者。它被其他 IOAR 持有
LOCKED_BY_IO_SUPERVISOR	此 AR 不是子模块的所有者。它被其他 IOSAR 持有

Ident Info

此属性包含有关所期望的子模块状态和所建立的 AR 的实际标识。

它依据表 179 来设置。

表 179 Ident Info

值	含义
OK	没有差异
SUBSTITUTE	有差异但兼容
WRONG	不兼容
NO	空的

8.3.6.2.3 上下关系对象的调用

每个 IO 设备应调用一个 IO Device Context 对象。

8.3.6.3 上下关系服务规范

8.3.6.3.1 Connect

Connect 服务被用来建立 IO AR 或 Supervisor AR。应用过程用使用在其 ASE 对象(Real Identification 属性)中的本地参数来检查该请求/指示的服务参数。如果服务参数与对象属性不匹配(例如，子模块已被其他 IO AR 使用)，则应用过程应在响应中反映这些不匹配的模块。客户机可采取适当的动作。如果建立阶段是成功的,则服务参数被作为属性值存储在IO Device Context对象的Expected Identification属性组中。

表180列出了该服务的参数。

注1:服务参数IP Address和Object UUID是寻址目的设备所必需的。下面的模型假定此信息由AR information来提供,必须在代表该客户机应用之前装载此信息。在服务器方,此信息也在应用层内部被处理,而且不作为显式服务参数出现。本地实现可以给应用过程传递此服务参数。相同的模型适用于通过implicit AR的Read服务。

接收Connect indication服务原语的服务器应用应检查服务参数。特别地,参数Module Ident Number、Submodule Ident Number、Submodule Data Length、IOCS Length和IOPS Length应仅由用户应用来检查。

表180 Connect

参数名称	Req	Ind	Rsp	Cnf
Argument	M	M(=)		
AREP	M	M(=)		
AR Parameter Block	M	M(=)		
AR type	M	M(=)		
AR UUID	M	M(=)		
Session Key	M	M(=)		
CM Initiator Mac Add	M	M(=)		
CM Initiator Object UUID	M	M(=)		
AR Properties	M	M(=)		
CM Initiator Activity Timeout Factor	M	M(=)		
Initiator UDP RT Port	M	M(=)		
CM Initiator Station Name	M	M(=)		
List of IO CR Parameter Blocks	M	M(=)		
IO CR type	M	M(=)		
IO CR Reference	M	M(=)		
LT Field	M	M(=)		
IO CR Properties	M	M(=)		
C_SDU Length	M	M(=)		
Frame ID	M	M(=)		
Send Clock Factor	M	M(=)		
Reduction Ratio	M	M(=)		
Phase	M	M(=)		
Sequence	M	M(=)		
Frame Send Offset	M	M(=)		
Watchdog Factor	M	M(=)		
Data Hold Factor	M	M(=)		
IO CR Tag Header	M	M(=)		
IO CR Multicast MAC Add	M	M(=)		
List Of APIs	M	M(=)		
API	M	M(=)		
List of Related IO Data Objects	M	M(=)		
Slot Number	M	M(=)		
Subslot Number	M	M(=)		
IO Data Object Frame Offset	M	M(=)		

表 180（续）

参数名称	Req	Ind	Rsp	Cnf
List of Related IOCS	M	M(=)		
Slot Number	M	M(=)		
Subslot Number	M	M(=)		
IOCS Frame Offset	M	M(=)		
Alarm CR Parameter Block	M	M(=)		
Alarm CR type	M	M(=)		
LT Field	M	M(=)		
Alarm CR Properties	M	M(=)		
RTA Timeout Factor	M	M(=)		
RTA Retries	M	M(=)		
Local Alarm Reference	M	M(=)		
Max Alarm Data Length	M	M(=)		
Alarm CR Tag Header High	M	M(=)		
Alarm CR Tag Header Low	M	M(=)		
List of Expected Submodule Blocks	U	U(=)		
List of Related APIs	M	M(=)		
API	M	M(=)		
Slot Number	M	M(=)		
Module Ident Number	M	M(=)		
Module Properties	M	M(=)		
List of Submodules	M	M(=)		
Subslot Number	M	M(=)		
Submodule Ident Number	M	M(=)		
Submodule Properties	M	M(=)		
List of Data Descriptions	M	M(=)		
Data Description	M	M(=)		
Submodule Data Length	M	M(=)		
Length IOPS	M	M(=)		
Length IOCS	M	M(=)		
Parameter Server Block	U	U(=)		
Parameter Server Object UUID	M	M(=)		
Parameter Server Properties	M	M(=)		
CM Initiator Activity Timeout Factor	M	M(=)		
Parameter Server Station Name	M	M(=)		
List of Multicast CR Blocks	U	U(=)		
IOCR Reference	M	M(=)		
Address Resolution Properties	M	M(=)		
MCI Timeout Factor	M	M(=)		
Provider Station Name	M	M(=)		
AR RPC Block	U	U(=)		
Initiator RPC Server Port	M	M(=)		
Result(+)			S	S(=)
AREP			M	M(=)

表 180（续）

参数名称	Req	Ind	Rsp	Cnf
AR Response Block			M	M(=)
AR type			M	M(=)
AR UUID			M	M(=)
Session Key			M	M(=)
CM Responder MAC Add			M	M(=)
Responder UDP RT Port			M	M(=)
List of IO CR Response Blocks			M	M(=)
IOCR type			M	M(=)
IOCR Reference			M	M(=)
Frame ID			M	M(=)
Alarm CR Response Block			M	M(=)
Alarm CR type			M	M(=)
Local Alarm Reference			M	M(=)
Max Alarm Data Length			M	M(=)
Module Diff Block			U	U(=)
List of APIs			M	M(=)
API			M	M(=)
List of Modules			M	M(=)
Slot Number			M	M(=)
Module Ident Number			M	M(=)
Module State			M	M(=)
List of Submodules			M	M(=)
Subslot Number			M	M(=)
Submodule Ident Number			M	M(=)
Submodule State			M	M(=)
AR RPC Block			U	U(=)
Responder RPC Server Port			M	M(=)
Result(−)			S	S(=)
AREP			M	M(=)
Error Decode			M	M(=)
Error code 1			M	M(=)
Error code 2			M	M(=)

Argument

该变元应传送该服务请求的服务特定参数。

AREP

此参数是所期望的 AR 的本地标识符。

AR Parameter Block

此参数包含下列属性：

AR type

此参数包含 ARL 类规范中的相应属性的值。

AR UUID

此参数包含 ARL 类规范中的相应属性的值。

Session Key

参数 Session Key 的值由 CM Initiator 为每一个连接而增加 1。CM Responder 将此值使用于此会话内的每个后续响应。

注 2：Session Key 允许 CM Initiator 在 AR 的建立和释放阶段检测顺序错误。

属性类型：Unsigned 16。

CM Initiator MAC Add

此参数包含 ARL 类规范中的相应属性的值。

IO Initiator Object UUID

此参数包含 ARL 类规范中的相应属性的值。

AR Properties

此参数包含 ARL 类规范中的相应属性的值。

CM Initiator Activity Timeout Factor

此参数包含 ARL 类规范中的相应属性的值。

Initiator UDP RT Port

此参数包含 ARL 类规范中的相应属性的值。

CM Initiator Station Name

此参数包含 ARL 类规范中的相应属性的值。

List of IO CR Parameter Blocks

此参数表包含下列属性：

IO CR type

此参数包含 CRL 类规范中的相应属性的值。

IO CR Reference

此参数包含用来识别在此服务内的 CR 的值。

注 3：在连接服务的上下关系中使用它来将 IO Data elements 与其 CR 连接起来。在 IO 设备的本地上下关系中，它被传输进入 CREP。

LT Field

此参数包含 CRL 类规范中的相应属性的值。

IO CR Properties

此参数包含 CRL 类规范中的相应属性的值。

C_SDU Length

此参数包含 CRL 类规范中的相应属性的值。

Frame ID

此参数包含 CRL 类规范中的相应属性的值。

Send Clock Factor

此参数包含 CRL 类规范中的相应属性的值。

Reduction Ratio

此参数包含 CRL 类规范中的相应属性的值。

Phase

此参数包含 CRL 类规范中的相应属性的值。

Sequence

此参数包含 CRL 类规范中的相应属性的值。

Frame Send Offset

此参数包含 CRL 类规范中的相应属性的值。

Watchdog Factor

此参数包含 CRL 类规范中的相应属性的值。

Data Hold Factor

此参数包含 CRL 类规范中的相应属性的值。

IO CR Tag Header

此参数包含 CRL 类规范中的相应属性的值。

IO CR Multicast MAC Add

此参数包含 CRL 类规范中的相应属性的值。

List Of APIs

此参数包含 CRL 类规范中的相应属性的值。

API

此参数包含 CRL 类规范中的相应属性的值。

List of Related IO Data Objects

该参数表总应存在。在允许读和写访问的地方,它包含槽和子槽。对寻址超出此协商地址范围的对象的写服务,该服务器的应用过程以否定回答来响应。总是允许对其他对象进行读访问。

下列的参数应该用 IO Data 对象的相应属性来检查,并将肯定响应情况下的结果存储为该 Context 对象的属性值。该参数由下列子参数组成:

Slot Number

此参数包含 Context ASE 的相应属性的值。

Sublot Number

此参数包含 Context ASE 的相应属性的值。

IO Data Object Frame Offset

此参数包含 Context ASE 的相应属性的值。

List of Related IOCS

此参数包含 Context ASE 的相应属性的值。

Slot Number

此参数包含 Context ASE 的相应属性的值。

Sublot Number

此参数包含 Context ASE 的相应属性的值。

IOCS Frame Offset

此参数包含 Context ASE 的相应属性的值。

Alarm CR Parameter Block

此参数由下列属性组成:

Alarm CR type

此参数包含 CRL 类规范中的相应属性的值。

LT Field

此参数包含 CRL 类规范中的相应属性的值。

Alarm CR Properties

此参数包含 CRL 类规范中的相应属性的值。

RTA Timeout Factor

此参数包含 CRL 类规范中的相应属性的值。

RTA Retries

此参数包含 CRL 类规范中的相应属性的值。

Local Alarm Reference

此参数包含 CRL 类规范中的相应属性的值。

Max Alarm Data Length

此参数包含 CRL 类规范中的相应属性的值。

Alarm CR Tag Header High

此参数包含 CRL 类规范中的相应属性的值。

Alarm CR Tag Header Low

此参数包含 CRL 类规范中的相应属性的值。

List of Expected Submodule Blocks

此参数表由下列参数组成：

注 5：该表仅包括“实际的”子模块，但不包括“空的”槽。

List Of Related APIs

此参数包含 CRL 类规范中的相应属性的值。

API

此参数包含 CRL 类规范中的相应属性的值。

Slot Number

此参数包含 Context ASE 的相应属性的值。

Module Ident Number

此参数包含 Context ASE 的相应属性的值。

Module Properties

此参数包含 Context ASE 的相应属性的值。

List of Submodules

此表由下列参数组成：

Subslot Number

此参数包含 Context ASE 的相应属性的值。

Submodule Ident Number

此参数包含 Context ASE 的相应属性的值。

Submodule Properties

此参数包含 Context ASE 的相应属性的值。

List of Data Descriptions

此参数表由下列属性组成：

Data Description

此参数包含 Context ASE 的相应属性的值。

Submodule Data Length

此参数包含 Context ASE 的相应属性的值。

Length IOPS

此参数包含 Context ASE 的相应属性的值。

Length IOCS

此参数包含 Context ASE 的相应属性的值。

Parameter Server Block

此参数由下列属性组成：

Parameter Server Object UUID

此参数包含该 ASE 的相应属性的值。

Parameter Server Properties

此参数包含该 ASE 的相应属性的值。

CM Initiator Activity Timeout Factor

此参数包含该 ASE 的相应属性的值。

Parameter Server Station Name

此参数包含该 ASE 的相应属性的值。

List of Multicast CR Block

此参数表由下列属性组成：

IOCR Reference

此参数包含 AR ASE 的相应属性的值。

Address Resolution Properties

此参数包含 AR ASE 的相应属性的值。

MCI Timeout Factor

此参数包含 AR ASE 的相应属性的值。

Provider Station Name

此参数包含 AR ASE 的相应属性的值。

AR RPC Block

此可选参数被 IO 设备用来寻址 Initiator RPC Server Port，而不是寻址端点映射器（endpoint mapper）的端口。它由下列属性组成：

Initiator RPC Server Port

此参数包含该 ASE 的相应属性的值。

Result(＋)

此参数指出服务请求成功。它应仅包含与所请求的参数值不同的登录项的 IO Data Response Block 参数。

AR Response Block

该可选择的参数包含下列属性：

AR type

此参数包含 ARL 类规范中的相应属性的值。

AR UUID

此参数包含 ARL 类规范中的相应属性的值。

Session Key

参数 Session Key 的值由 CM Initiator 为每一个连接而增加 1。CM Responder 将此值使用于在此会话内的每个后续的响应。

注：Session Key 允许 CM Initiator 在 AR 的建立和释放阶段检测顺序错误。

属性类型：Unsigned 16

CM Responder MAC Add

此参数包含 ARL 类规范中的相应属性的值。

Responder UDP RT Port

此参数包含 ARL 类规范中的相应属性的值。

List of IO CR Response Blocks

此参数表包含下列属性：

IOCR type

此参数包含 CRL 类规范中的相应属性的值。

IOCR Reference

此参数包含实际反映该请求的值。

Frame ID

此参数包含 CRL 类规范中的相应属性的值。

Alarm CR Response Block

此参数由下列属性组成：

Alarm CR type

此参数包含 CRL 类规范中的相应属性的值。

Local Alarm Reference

此参数包含 CRL 类规范中的相应属性的值。

Max Alarm Data Length

此参数包含 CRL 类规范中的相应属性的值。

Module Diff Block

此参数由其值不同于请求值的下列子参数组成：

List of APIs

此参数包含不同于所请求组态的 APIs。

API

此参数包含该 ASE 的相应属性的值。

List of Modules

此参数包含不同于所请求组态的模块。

Slot Number

此参数包含该 ASE 的相应属性的值。

Module Ident Number

此参数包含该 ASE 的相应属性的值。

Module State

此参数包含该 ASE 的相应属性的值。

List of Submodules

此参数表由下列参数组成：

Subslot Number

此参数包含该 ASE 的相应属性的值。

Submodule Ident Number

此参数包含该 ASE 的相应属性的值。

Submodule State

此参数包含该 ASE 的相应属性的值。

AR RPC Block

此可选参数被 Initiator 用来寻址 Responder RPC Server Port，而不是寻址端点映射器的端口。它由下列属性组成：

Responder RPC Server Port

此参数包含 ASE 的相应属性的值。

注 6：必须询问端点映射器获得此端口，以避免防火墙问题。

Result(－)

此参数指出服务请求失败。

Error Decode

此参数应具有值 PNIO。

类型:Unsigned 8。

Error code 1

参数 Error code 1 采取下列值之一:

FAULTY_CONNECT_BLOCK。

类型:Unsigned 16。

Error code 2

参数 Error code 2 是用户特定的。

类型:Unsigned 8。

8.3.6.3.2 Connect Device Access

Connect 服务被用来建立用于设备访问的 Supervisor AR。应用过程用使用在其 ASE 对象(Real Identification 属性)中的本地参数来检查该请求/指示的服务参数。客户机可采取适当的动作。如果建立阶段成功完成,则服务参数被作为属性值存储在 IO Device Context 对象的 Expected Identification 属性组中。

表 181 列出了该服务的参数。

注 1:服务参数 IP Address 和 Object UUID 是寻址目的设备所必需的。下面的模型假定此信息由 AR information 来提供,必须在代表该客户机应用之前装载此信息。在服务器方,此信息也在应用层内部被处理,而且不作为显式服务参数出现。本地实现可以给应用过程传递此服务参数。相同的模型适用于通过 implicit AR 的 Read 服务。

接收 Connect indication 服务原语的服务器应用应检查此服务参数。

表 181 Connect Device Access

参数名称	Req	Ind	Rsp	Cnf
Argument	M	M(=)		
AREP	M	M(=)		
AR Parameter Block	M	M(=)		
AR type	M	M(=)		
AR UUID	M	M(=)		
Session Key	M	M(=)		
CM Initiator Mac Add	M	M(=)		
CM Initiator Object UUID	M	M(=)		
AR Properties	M	M(=)		
CM Initiator Activity Timeout Factor	M	M(=)		
Initiator UDP RT Port	M	M(=)		
CM Initiator Station Name	M	M(=)		
Result(+)			S	S(=)
AREP			M	M(=)
AR Response Block			M	M(=)
AR type			M	M(=)
AR UUID			M	M(=)
Session Key			M	M(=)
CM Responder MAC Add			M	M(=)
Responder UDP RT Port			M	M(=)

表 181（续）

参数名称	Req	Ind	Rsp	Cnf
Result(－)			S	S(＝)
AREP			M	M(＝)
Error Decode			M	M(＝)
Error code 1			M	M(＝)
Error code 2			M	M(＝)

Argument

该变元应传送该服务请求的服务特定参数。

AREP

此参数是所期望的 AR 的本地标识符。

AR Parameter Block

此参数包含下列属性：

AR type

此参数包含 ARL 类规范中的相应属性的值。

AR UUID

此参数包含 ARL 类规范中的相应属性的值。

Session Key

参数 Session Key 的值由 CM Initiator 为每一个连接而增加 1。CM Responder 将此值使用于此会话内的每个后续响应。

注 2：Session Key 允许 CM Initiator 在 AR 的建立和释放阶段检测顺序错误。

属性类型：Unsigned 16。

CM Initiator MAC Add

此参数包含 ARL 类规范中的相应属性的值。

IO Initiator Object UUID

此参数包含 ARL 类规范中的相应属性的值。

AR Properties

此参数包含 ARL 类规范中的相应属性的值。

CM Initiator Activity Timeout Factor

此参数包含 ARL 类规范中的相应属性的值。

Initiator UDP RT Port

此参数包含 ARL 类规范中的相应属性的值。

CM Initiator Station Name

此参数包含 ARL 类规范中的相应属性的值。

Result(＋)

此参数指出服务请求成功。它仅包含与所请求的参数值不同的登录项的 IO Data Response Block 参数。

AR Response Block

此可选择的参数包含下列属性：

AR type

此参数包含 ARL 类规范中的相应属性的值。

AR UUID

此参数包含 ARL 类规范中的相应属性的值。

Session Key

参数 Session Key 的值由 CM Initiator 为每一个连接而增加 1。CM Responder 将此值使用于在此会话内的每个后续的响应。

注：Session Key 允许 CM Initiator 在 AR 的建立和释放阶段检测顺序错误。

属型类型：Unsigned 16

CM Responder MAC Add

此参数包含 ARL 类规范中的相应属性的值。

Responder UDP RT Port

此参数包含 ARL 类规范中的相应属性的值。

Result(－)

此参数指出服务请求失败。

Error Decode

此参数应具有值 PNIO。

类型：Unsigned 8。

Error code 1

参数 Error code 1 采取下列值之一：FAULTY_CONNECT_BLOCK。

类型：Unsigned 16。

Error code 2

参数 Error code 2 是用户特定的。

类型：Unsigned 8。

8.3.6.3.3　**Release**

此服务应被 IO 控制器或 IO 监视器用来释放 IO AR 或 Supervisor AR。

表 182 列出了该服务的参数。

表 182　Release

参数名称	Req	Ind	Rsp	Cnf
Argument	M	M(＝)		
AREP	M	M(＝)		
Session Key	M	M(＝)		
Result(＋)			S	S(＝)
AREP			M	M(＝)
Session Key			M	M(＝)
Result(－)			S	S(＝)
AREP			M	M(＝)
Error Decode			M	M(＝)
Error code 1			M	M(＝)
Error code 2			M	M(＝)

Argument

该变元应传送该服务请求的服务特定参数。

AREP

此参数是所期望的 AR 的本地标识符。

Session Key

参数 Session Key 的值由 CM Initiator 为每一个连接而增加 1。CM Responder 将此值使用于

在此会话内的每个后续的响应。

注：Session Key 允许 CM Initiator 在 AR 的建立和释放阶段检测顺序错误。

Result(+)

此参数指出服务请求成功。

Result(−)

此参数指出服务请求失败。

Error Decode

此参数应包含值 PNIO。

类型：Unsigned 8。

Error code 1

参数 Error code 1 采取下列值之一：FAULTY_RELEASE_BLOCK。

类型：Unsigned 16。

Error code 2

参数 Error code 2 是用户特定的。

类型：Unsigned 8。

8.3.6.3.4 **Abort**

在严重错误而不再可能运行的情况下，此服务应被 IO 设备用来关闭 IO AR 或 Supervisor AR。

表 183 列出了该服务的参数。

表 183 **Abort**

参数名称	Req	Ind	Cnf
Argument	M	M(=)	
AREP	M	M(=)	
Result(+)			M

Argument

该变元应传送该服务请求的服务特定参数。

AREP

此参数是所期望的 AR 的本地标识符。

Result(+)

此参数指出服务请求成功。

8.3.6.3.5 **End Of Parameter**

此服务应被客户机(IO 控制器或 IO 参数服务器)用来通知 IO 设备，已通过 Record Data ASE 的 Write 服务写入了所有参数。

表 184 列出了该服务的参数。

表 184 **End Of Parameter**

参数名称	Req	Ind	Rsp	Cnf
Argument	M	M(=)		
AREP	M	M(=)		
Session Key	M	M(=)		
Alarm Sequence Number	U	U(=)		
Result(+)			S	S(=)
AREP			M	M(=)

表 184（续）

参数名称	Req	Ind	Rsp	Cnf
Session Key			M	M(=)
Alarm Sequence Number			U	U(=)
Result(－)			S	S(=)
AREP			M	M(=)
Error Decode			M	M(=)
Error code 1			M	M(=)
Error code 2			M	M(=)

Argument

该变元应传送该服务请求的服务特定参数。

AREP

此参数是所期望的 AR 的本地标识符。

Session Key

参数 Session Key 的值由 CM Initiator 为每一个连接而增加 1。CM Responder 将此值使用于在此会话内的每个后续的响应。

注：Session Key 允许 CM Initiator 在 AR 的建立和释放阶段检测顺序错误。

Alarm Sequence Number

此参数仅与 plug 报警或 pull 报警联合使用。应从 Alarm Notification 获得该值。

Result(＋)

此参数指出服务请求成功。

Result(－)

此参数指出服务请求失败。

Error Decode

此参数具有值 PNIO。

类型：Unsigned 8。

Error code 1

参数 Error code 1 采取下列值之一：FAULTY_END_OF_PARAMETER_BLOCK。

类型：Unsigned 16。

Error code 2

参数 Error code 2 是用户特定的。

类型：Unsigned 8。

8.3.6.3.6 Application Ready

IO 设备的用户通过此服务向 IO 控制器指出应用准备就绪。此服务仅应与 IO AR 联合使用。

表 185 列出了该服务的参数。

表 185 Application Ready

参数名称	Req	Ind	Rsp	Cnf
Argument	M	M(=)		
AREP	M	M(=)		
Session Key	M	M(=)		
Ready For Companion	U	U(=)		
Alarm Sequence Number	U	U(=)		

表 185(续)

参数名称	Req	Ind	Rsp	Cnf
Module Diff Block	U	U(=)		
List of APIs	M	M(=)		
API	M	M(=)		
List of Modules	M	M(=)		
Slot Number	M	M(=)		
Module Ident Number	M	M(=)		
Module State	M	M(=)		
List of Submodules	M	M(=)		
Subslot Number	M	M(=)		
Submodule Ident Number	M	M(=)		
Submodule State	M	M(=)		
Result(+)			S	S(=)
AREP			M	M(=)
Session Key			M	M(=)
Alarm Sequence Number			U	U(=)
Result(−)			S	S(=)
AREP			M	M(=)
Error Decode			M	M(=)
Error code 1			M	M(=)
Error code 2			M	M(=)

Argument

该变元应传送该服务请求的服务特定参数。

AREP

此参数是所期望的 AR 的本地标识符。

Session Key

参数 Session Key 的值由 CM Initiator 为每一个连接而增加 1。CM Responder 将此值使用于此会话内的每个后续响应。

注 1:Session Key 允许 CM Initiator 在 AR 的建立和释放阶段检测顺序错误。

Ready For Companion

此参数仅用于 RT class 3 的连接建立。如果所有相关端口的 RT class 3 操作的所有前提条件都满足,则参数 Ready For Companion 的值被设置为 TRUE。否则,该值被设置为 FALSE。

类型:Boolean。

注 2:服务 Ready For Companion 被用来指出在随后的时间点上满足 RT class 3 操作的前提条件。

Alarm Sequence Number

此参数仅与 Plug Alarm 或 Pull Alarm 联合使用。该值应取自 Alarm Notification。

Module Diff Block

此参数只有存在差异时才被使用。此参数由下列子参数组成,其值不同于请求的值:

List of APIs

此参数包含不同于所请求组态的模块的 API 列表。列表元素由下列参数组成。

API

此参数包含该 ASE 的相应属性的值。

List of Modules

此参数包含不同于所请求组态的模块的列表。列表元素由下列参数组成。

Slot Number

此参数包含该 ASE 的相应属性的值。

Module Ident Number

此参数包含该 ASE 的相应属性的值。

Module State

此参数包含该 ASE 的相应属性的值。

List of Submodules

此参数包含不同于所请求组态的子模块的列表。列表元素由下列参数组成。

Subslot Number

此参数包含该 ASE 的相应属性的值。

Submodule Ident Number

此参数包含该 ASE 的相应属性的值。

Submodule State

此参数包含该 ASE 的相应属性的值。

Result(+)

此参数指出该服务请求成功。

Result(-)

此参数指出该服务请求失败。

Error Decode

此参数应具有值 PNIO。

类型:Unsigned 8。

Error code 1

参数 Error code 1 采取下列值之一:FAULTY_APPLICATION_READY_BLOCK。

类型:Unsigned 16。

Error code 2

参数 Error code 2 是用户特定的。

类型:Unsigned 8。

8.3.6.3.7 Ready For Companion

此服务应被 IO 设备用来通知 IO 控制器,用于相关端口的 RT class 3 操作的所有前提条件已满足(如果它未通过 Application Ready 服务指出的话)。

表 186 列出了该服务的参数。

表 186 Ready For Companion

参数名称	Req	Ind	Rsp	Cnf
Argument	M	M(=)		
AREP	M	M(=)		
Result(+)			S	S(=)
AREP			M	M(=)
Result(-)			S	S(=)

表 186（续）

参数名称	Req	Ind	Rsp	Cnf
AREP			M	M(=)
Error Decode			M	M(=)
Error code 1			M	M(=)
Error code 2			M	M(=)

Argument

该变元应传送该服务请求的服务特定参数。

AREP

此参数是所期望的 AR 的本地标识符。

Result(+)

此参数指出服务请求成功。

Result(－)

此参数指出服务请求失败。

Error Decode

此参数应具有值 PNIO。

类型:Unsigned 8。

Error code 1

参数 Error code 1 采取下列值之一:FAULTY_CONTROL_BLOCK。

类型:Unsigned 16。

Error code 2

参数 Error code 2 是用户特定的。

类型:Unsigned 8。

8.3.6.3.8 Read Expected Identification

此证实服务可以被用来读这些属性的值,这些属性包含与该设备所有 AR 有关的已组态的模块和子模块标识。所期望的标识是通过项目计划来组态的。此服务应与 implicit AR、IO AR 和 Supervisor AR 联合使用。表 187 列出了该服务的参数。

注 1:使用此服务,数据长度可能超出所支持的数据长度的限值。在此情况下,该服务返回一个否定响应。在此情况下,槽特定服务可以被用来减少数据的数量。

通过使用服务参数 Target AR UUID、Slot 和 Subslot,所期望的标识内容可以被限定特定 AR、特定 Slot 或特定 Subslot,如同过滤器功能。在用户特定过滤器被选择的情况下,Read Expected Identification 响应仅应包含与该过滤器判据相匹配的数据项。否则,应响应所有数据项。

使用 Target AR UUID 的 Implicit AR:如果存在具有所请求 Target AR UUID 的已建立的 IO AR 或 Supervisor AR,则此服务仅包含 Expected Identification Data。否则,参数错误被响应。

表 187 Read Expected Identification

参数名称	Req	Ind	Rsp	Cnf
Argument	M	M(=)		
AREP	M	M(=)		
API	U	U(=)		
Target AR UUID	U	U(=)		
Slot Number	U	U(=)		
Subslot Number	U	U(=)		
Seq Number	M	M(=)		

表 187(续)

参数名称	Req	Ind	Rsp	Cnf
Length	M	M(=)		
Result(+)			S	S(=)
AREP			M	M(=)
Seq Number			M	M(=)
Length			M	M(=)
Block Version Low=0			S	S(=)
List of Slots			M	M(=)
Slot Number			M	M(=)
Module Ident Number			M	M(=)
List of Subslots			M	M(=)
Subslot Number			M	M(=)
Submodule Ident Number			M	M(=)
Block Version Low=1			S	S(=)
List of APIs			M	M(=)
API			M	M(=)
List of Slots			M	M(=)
Slot Number			M	M(=)
Module Ident Number			M	M(=)
List of Subslots			M	M(=)
Subslot Number			M	M(=)
Submodule Ident Number			M	M(=)
Result(−)			S	S(=)
AREP			M	M(=)
Seq Number			M	M(=)
Error Decode			M	M(=)
Error code 1			M	M(=)
Error code 2			M	M(=)
Add Data 1			M	M(=)
Add Data 2			M	M(=)

Argument

该变元应传送该服务请求的服务特定参数。

AREP

此参数是所期望的 AR 的本地标识符。

API

此条件参数应被用来寻址所期望的 API。

Target AR UUID

此参数仅应被用来读 AR 特定的期望的标识信息。

如果使用了此参数,则服务参数 Slot Number 和 Subslot Number 应不被使用。

注 2:它仅被用来读连接到所请求的 AR 的诊断信息。

Slot Number

参数 Slot Number 被用来寻址特定槽的诊断信息或联合服务参数 Subslot Number 寻址特定

子槽的诊断信息。

Subslot Number

参数 Subslot Number 被用来寻址特定槽/子槽的诊断信息。此服务参数仅应与服务参数 Slot Number 一起使用。

Seq Number

参数 Seq Number 被服务器用于通过序列号识别重复的服务。此服务参数的范围是：$0\sim2^{16}-1$。请求应用过程为每个未完成的服务请求提供一个唯一的 Seq Number。在一个会话期间，对每一个服务请求，参数 Seq Number 值都递增 1。开始一个新会话时，Seq Number 从前一个会话的最后值开始。已完成的具有 Seq Number 的证实将被忽略。已完成的具有 Seq Number 的指示将被拒绝。应分别对每个已建立的 AR 的 Seq Number 进行维护。

Length

参数 Length 指出必须被读的 Expected Identification Data 的八位位组的个数。所允许的长度范围：$2^{0}\sim2^{32}-256$。

Result(+)

此参数指出该服务请求成功。

Block Version Low=0

此参数包含下列 ASE 对象的结构标识。如果该 IO 设备仅支持 API 0，则应使用 Block Version Low=0。

List of Slots

此参数由以下列表元素组成：

Slot Number

此参数包含该 ASE 对象的相应属性的值。

Module Ident Number

此参数包含该 ASE 对象的相应属性的值。

List of Subslots

此参数由以下列表元素组成：

Subslot Number

此参数包含该 ASE 对象的相应属性的值。

Submodule Ident Number

此参数包含该 ASE 对象的相应属性的值。

Block Version Low = 1

此参数包含下列 ASE 对象的结构标识。如果该 IO 设备仅支持 API 0，则应使用 Block Version Low = 1。

List of APIs

此参数由以下列元素组成：

API

此参数包含该 ASE 对象的相应属性的值。

List of Slots

此参数由以下列表元素组成：

Slot Number

此参数包含该 ASE 对象的相应属性的值。

Module Ident Number

此参数包含该 ASE 对象的相应属性的值。

List of Subslots

此参数由以下列表元素组成：

Subslot Number

此参数包含该 ASE 对象的相应属性的值。

Submodule Ident Number

此参数包含该 ASE 对象的相应属性的值。

Result(—)

此参数指出该服务请求失败。

Error Decode

此参数从 Error code 1 和 Error code 2 中选择一种；其编码在 PROFINETIO 协议文本中规定。

类型：Unsigned 8。

允许值：PNIORW。

Error code 1

参数 Error code 1 采取下列值之一：read error、module failure、version conflict、feature not supported、user specific、invalid index、invalid slot/subslot、type conflict、invalid area、state conflict、access denied、invalid range、invalid parameter、invalid type、read constrain conflict、resource busy、resource unavailable、service cancelled。

类型：Unsigned 16

Error code 2

Error code 2 是用户特定的。

类型：Unsigned 8

Add Data 1

参数 Add Data1 是 API 特定(行规)的。如果没有定义 additional data 1，则值 0 应被传输。

类型：Unsigned 16。

注 3：Add Data 1 可以被行规规范用来传输特定的错误报文。

Add Data 2

参数 Add Data2 是用户特定的。如果没有定义 additional data 2，则值 0 应被传输。

Type：Unsigned 16。

注 4：Add Data 2 可以被设备制造商用来传输特定的错误报文。

8.3.6.3.9 **Read Real Identification**

可以使用此证实服务来读去属性值，这些属性包含从 IO 设备角度观察的模块和子模块标识。此服务仅应与 implicit AR、IO AR 和 Supervisor AR 联合使用。表 188 列出了该服务的参数。

通过使用服务参数 API、Target AR UUID、Slot 和 Subslot，所期望的标识内容可以受限于特定 AR、特定 Slot 或特定 Subslot，如同过滤器功能。在选择了用户特定过滤器的情况下，Read Real Identification 响应仅应包含匹配该过滤判据的项。否则，应响应所有项。

注 1：如果模块或子模块被拔出，则它在该实际标识内的项被撤走。

使用 Target AR UUID 的 Implicit AR：如果存在具有所请求 Target AR UUID 的已建立的 IO AR 或 Supervisor AR，则此服务仅包含 Real Identification Data。否则，参数错误被响应。

使用 API 的 Implicit AR：如果存在所请求的 API，则此服务仅包含 Real Identification Data。否则，参数错误被响应。

表 188 **Read Real Identification**

参数名称	Req	Ind	Rsp	Cnf
Argument	M	M(=)		
AREP	M	M(=)		
API	U	U(=)		
Target AR UUID	U	U(=)		
Slot Number	U	U(=)		
Subslot Number	U	U(=)		
Seq Number	M	M(=)		
Length	M	M(=)		
Result(+)			S	S(=)
AREP			M	M(=)
Seq Number			M	M(=)
Length			M	M(=)
Block Version Low=0			S	S(=)
List of Slots			M	M(=)
Slot Number			M	M(=)
Module Ident Number			M	M(=)
List of Subslots			M	M(=)
Subslot Number			M	M(=)
Submodule Ident Number			M	M(=)
Block Version Low=1			S	S(=)
List of APIs			M	M(=)
API			M	M(=)
List of Slots			M	M(=)
Slot Number			M	M(=)
Module Ident Number			M	M(=)
List of Subslots			M	M(=)
Subslot Number			M	M(=)
Submodule Ident Number			M	M(=)
Result(-)			S	S(=)
AREP			M	M(=)
Seq Number			M	M(=)
Error Decode			M	M(=)
Error code 1			M	M(=)
Error code 2			M	M(=)
Add Data 1			M	M(=)
Add Data 2			M	M(=)

Argument

该变元应传送该务请求的服务特定参数。

AREP

此参数是所期望的 AR 的本地标识符。

API

此参数应被用来寻址所期望的 API。

Target AR UUID

此参数仅应被用来读 AR 特定的期望的标识信息。

如果此参数被使用，则服务参数 Slot Number 和 Subslot Number 应不被使用。

注 2：它仅被用来读连接到所请求的 AR 的诊断信息。

Slot Number

参数 Slot Number 被用来寻址特定槽的诊断信息，或联合服务参数 Subslot Number 寻址特定子槽的诊断信息。

Subslot Number

参数 Subslot Number 被用来寻址特定槽/子槽的诊断信息。此服务参数仅应与服务参数 Slot Number 一起使用。

Seq Number

参数 Seq Number 被服务器用于通过序列号识别重复的服务。此服务参数的范围是：$0\sim2^{16}-1$。请求应用过程为每个未完成的服务请求提供一个唯一的 Seq Number。在一个会话期间，对每一个服务请求，参数 Seq Number 值都递增 1。开始一个新会话时，Seq Number 从前一个会话的最后值开始。已完成的具有 Seq Number 的证实将被忽略。已完成的具有 Seq Number 的指示将被拒绝。应分别对每个已建立的 AR 的 Seq Number 进行维护。

Length

参数 Length 指出必须被读的 Real Identification Data 的八位位组的个数。允许的长度范围：$0\sim2^{32}-256$。

Result(+)

此参数指出服务请求成功。

Block Version Low = 0

此参数包含下列 ASE 对象的结构标识。如果该 IO 设备仅支持 API 0，则应使用 Block Version Low = 0。

List of Slots

此参数由以下列表元素组成：

Slot Number

此参数包含该 ASE 对象的相应属性的值。

Module Ident Number

此参数包含该 ASE 对象的相应属性的值。

List of Subslots

此参数由以下列表元素组成：

Subslot Number

此参数包含该 ASE 对象的相应属性的值。

Submodule Ident Number

此参数包含该 ASE 对象的相应属性的值。

Block Version Low = 1

此参数包含下列 ASE 对象的结构标识。如果该 IO 设备仅支持 API 0，则应使用 Block Version Low = 1。

List of APIs

此参数由以下列表元素组成：

API

此参数包含该 ASE 对象的相应属性的值。

List of Slots

此参数由以下列表元素组成：

Slot Number

此参数包含该 ASE 对象的相应属性的值。

Module Ident Number

此参数包含该对象的相应属性的值。

List of Subslots

此参数由以下列表元素组成：

Subslot Number

此参数包含该 ASE 对象的相应属性的值。

Submodule Ident Number

此参数包含该 ASE 对象的相应属性的值。

Result(－)

此参数指出该服务请求失败。

Error Decode

此参数从 Error code 1 和 Error code 2 中选择一种；其编码在 GB/Z 25105.2 中规定。

类型：Unsigned 8。

允许值：PNIORW。

Error code 1

参数 Error code 1 采取下列值之一：read error、module failure、version conflict、feature not supported、user specific、invalid index、invalid slot/subslot、type conflict、invalid area、state conflict、access denied、invalid range、invalid parameter、invalid type、read constrain conflict、resource busy、resource unavailable、service cancelled。

类型：Unsigned 16

Error code 2

Error code 2 是用户特定的。

类型：Unsigned 8。

Add Data 1

参数 Add Data 1 是 API 特定(行规)的。如果没有定义 additional data 1，则值 0 应被传输。

类型：Unsigned 16。

注 3：Add Data 1 可以被行规规范用来传输特定的错误报文。

Add Data 2

参数 Add Data2 是用户特定的。如果没有定义 additional data 2，则值 0 应被传输。

类型：Unsigned 16

注 4：Add Data 2 可以被设备制造商用来传输特定的错误报文。

8.3.6.3.10 Read Identification Difference

此证实服务可以用来读取已组态的模块和子模块标识与期望的配置之间的差异。此服务应与 implicit AR、IO AR 和 Supervisor AR 联合使用。表 189 列出了该服务的参数。

通过服务参数 Target AR UUID，标识差异的内容受限于特定的 AR。

使用 Target AR UUID 的 Implicit AR：如果存在具有所请求 Target AR UUID 的已建立的 IO AR 或 Supervisor AR，则此服务仅包含 Identification Difference。否则，参数错误被响应。

如果不存在差异，则 Read Identification Difference 服务响应中没有数据，Length 为 0。

表 189 **Read Identification Difference**

参数名称	Req	Ind	Rsp	Cnf
Argument	M	M(=)		
AREP	M	M(=)		
Target AR UUID	U	U(=)		
Seq Number	M	M(=)		
Length	M	M(=)		
Result(+)			S	S(=)
AREP			M	M(=)
Seq Number			M	M(=)
Length			M	M(=)
List of APIs			U	U(=)
API			U	U(=)
List of Slots			U	U(=)
Slot Number			M	M(=)
Module Ident Number			M	M(=)
Module State			M	M(=)
List of Subslots			M	M(=)
Subslot Number			M	M(=)
Submodule Ident Number			M	M(=)
Submodule State			M	M(=)
Result(−)			S	S(=)
AREP			M	M(=)
Seq Number			M	M(=)
Error Decode			M	M(=)
Error code 1			M	M(=)
Error code 2			M	M(=)
Add Data 1			M	M(=)
Add Data 2			M	M(=)

Argument

该变元应传送该服务请求的服务特定参数。

AREP

此参数是所期望的 AR 的本地标识符。

Target AR UUID

此参数仅应被用来读 AR 特定的期望的标识信息。

如果此参数被使用，则服务参数 Slot Number 和 Subslot Number 应不被使用。

注 1：它仅被用来读连接到所请求的 AR 的诊断信息。

Seq Number

参数 Seq Number 被服务器用于通过序列号识别重复的服务。此服务参数的范围是：$0 \sim 2^{16}-1$。请求应用过程为每个未完成的服务请求提供一个唯一的 Seq Number。在一个会话期间，对每一个服务请求，参数 Seq Number 值都递增 1。开始一个新会话时，Seq Number 从前一个会话的最后值开始。已完成的具有 Seq Number 的证实将被忽略。已完成的具有 Seq Number 的指示将被拒绝。应分别对每个已建立的 AR 的 Seq Number 进行维护。

Length

参数 Length 指出必须被读的 Expected Identification Data 的八位位组的个数。允许的长度范围：$0 \sim 2^{32}-256$。

Result(＋)

此参数指出服务请求成功。

List of APIs

此参数由下列元素组成。

API

此参数包含 ASE 的相应属性的值。

List of Slots

此参数由以下列表元素组成：

Slot Number

此参数包含该 ASE 对象的相应属性的值。

Module Ident Number

此参数包含该 ASE 对象的相应属性的值。

Module State

此参数包含该 ASE 对象的相应属性的值。

List of Subslots

此参数由以下列表元素组成：

Subslot Number

此参数包含该 ASE 对象的相应属性的值。

Submodule Ident Number

此参数包含该 ASE 对象的相应属性的值。

Submodule State

此参数包含该 ASE 对象的相应属性的值。

Result(－)

此参数指出服务请求失败。

Error Decode

此参数从 Error code 1 和 Error code 2 中选择一种；其编码在 GB/Z 25105.2 中规定。

类型：Unsigned 8。

允许值：PNIORW。

Error code 1

参数 Error code 1 采取下列值之一：read error、module failure、version conflict、feature not supported、user specific、invalid index、invalid slot/subslot、type conflict、invalid area、state conflict、access denied、invalid range、invalid parameter、invalid type、read constrain conflict、resource busy、resource unavailable、service cancelled。

类型：Unsigned 16。

Error code 2

Error code 2 是用户特定的。

类型：Unsigned 8。

Add Data 1

参数 Add Data 1 是 API 特定(行规)的。如果没有定义 additional data 1，则值 0 应被传输。

类型：Unsigned 16。

注 2：Add Data 1 可以被行规规范用来传输特定的错误报文。

Add Data 2

参数 Add Data2 是用户特定的。如果没有定义 additional data 2，则值 0 应被传输。

类型：Unsigned 16。

注 3：Add Data 2 可以被设备制造商用来传输特定的错误报文。

8.3.6.4 上下关系对象的行为

上下关系（Context）对象包含从 IO 设备角度观察的实际标识数据。在 IO 设备可以进行通信之前，通过本地方法来检测此实际标识。在运行期间，可以通过本地方法来改变此实际标识。它可以影响槽及其子槽的增加或除去。在这样的情况下，实际标识应被更新，并且用 Alarm Notification 服务来通知经由受影响 AR 所连接的 IO 控制器或 IO 监视器。应使用报警类型（Alarm Types）“Released”、“Controlled By Supervisor”、“Pull Alarm”、“Plug Alarm”或“Plug Wrong Submodule”来指出这样的事件。

受影响的 AR 意指某个已建立的关系，在其中至少有一个已改变的槽/子槽是属性 Expected identification 的一部分。

当接收具有报警类型“Plug Alarm”的 Alarm Notification 时，IO 控制器应检查新增加的槽/子槽是否需要附加的参数并传送此参数到 IO 设备。IO 控制器也可以通知本地用户。

当接收具有报警类型“Pull Alarm”或“Plug Wrong Submodule”的 Alarm Notification 时，IO 控制器可以通知本地用户并等待其他动作。

但是，在 Connect 响应与接收 End Of Parameter 指示之间的时间间隔内，实际标识在任何情况下应保持一致。如果在此时间间隔内拔出了“实际”模块，随后应通过 Application Ready 报告。此外，如果在此时间间隔内插入了“实际”模块，随后应通过 Alarm Notifications 报告。对于 Connect 响应或 Application Ready 请求服务原语，不允许响应不一致的或似是而非的 Module Diff Blocks。

注：下列的示例解释不一致的 Module Diff Block。如果在 Connect 响应中报告了子模块状态，则它在随后的 Application Ready 请求中不能被遗漏，即使它在中间被插入。但是，子模块可能因为有故障子模块参数改变为坏状态（bad state）。

8.3.6.5 属性 Submodule State 的行为

IO 设备应用的属性行为在 8.4.6 中描述。

8.3.7 等时同步模式应用 ASE

8.3.7.1 概述

此 ASE 规定等时同步模式应用所必需的参数的结构。IsoM ASE 提供一组服务用来读和写它们的值。

此 ASE 是一个选项，它不影响非同步应用。

8.3.7.2 等时同步模式应用类规范

8.3.7.2.1 模板

通过下列模板来描述等时同步模式应用（Isochronous Mode Application）对象：

ASE：	Isochronous Mode Application ASE
CLASS：	Isochronous Mode Application
CLASS ID：	not used
PARENT CLASS：	TOP
ATTRIBUTES：	
1	(m) Key Attribute：Implicit
2	(m) Attribute：List of Modules
2.1	(m) Attribute：Slot Number
2.2	(m) Attribute：List of Submodules

2.2.1	(m)Attribute:Subslot Number
2.2.2	(m)Attribute:IsoM Data
2.2.2.1	(m)Attribute:Time Data Cycle
2.2.2.2	(m)Attribute:Time IO Input
2.2.2.3	(m)Attribute:Time IO Output
2.2.2.4	(m)Attribute:Time IO Input Valid
2.2.2.5	(m)Attribute:Time IO Output Valid
2.2.2.6	(m)Attribute:Controller Application Cycle Factor
2.2.3	(m)Attribute:Device Parameter
2.2.3.1	(m)Attribute:Time Data Cycle Base
2.2.3.2	(m)Attribute:Time IO Base
2.2.3.3	(m)Attribute:Time Data Cycle Min
2.2.3.4	(m)Attribute:Time Data Cycle Max
2.2.3.5	(m)Attribute:Time IO Input Min
2.2.3.6	(m)Attribute:Time IO Output Min
SERVICES:	
1	(m)OpsService:Write IsoM Data
2	(m)OpsService:Read IsoM Data
3	(m)OpsService:SYNCH Event

8.3.7.2.2 属性

Implicit

属性 Implicit 指出等时同步模式应用对象被服务隐式寻址。

List of Modules

此属性表包含下列属性:

Slot Number

此属性定义 Isochronous Mode Application 属性所属的模块。

属性类型:Unsigned 16。

允许值:0～0x7FFF。

List of Submodules

此属性表包含下列属性:

Subslot Number

此属性定义 Isochronous Mode Application 属性所属的子槽。

属性类型:Unsigned 16。

允许值:1～0x7FFF。

IsoM Data

此属性由下列属性组成:

Time Data Cycle (T_DC)

此属性指出应用数据周期的时间因子。此时间包括用来传送输入和输出的等时同步数据周期的所有部分。该周期长度是 T_DC_BASE 的倍数。T_DC 时间用 T_DC×T_DC_BASE×31.25 μs 来计算。

属性类型:Unsigned 16。

允许值:1～1024。

Time IO Input (T_IO_Input)

此属性指出获取 IO 设备输入的时间因子。时间基是 T_IO_Base 乘以 1 ns 的值。T_IO_Input 时间用 T_IO_Input×T_IO_Base×1 ns 计算。该时间(T_IO_Input)与 Time Data Cycle 的开始有关,并描述 Time Data Cycle 开始之前的时间。

对于 T_IO_Input,应采用下列的关系:

(T_IO_InputValid＋T_IO_InputMin) ≤ T_IO_Input ≤ T_DC。

属性类型:Unsigned 32。

允许值:0～32000000。

Time IO Output (T_IO_Output)

此属性指出获取 IO 设备输出的时间因子。时间基是 T_IO_Base 乘以 1 ns 的值。T_IO_Output 时间用 T_IO_Output×T_IO_Base×1 ns 计算。该时间与 Time Data Cycle 的开始有关,并描述 Time Data Cycle 开始之后的时间。

对于 T_IO_Output,应采用下列的关系:

(T_IO_OutputValid ＋ T_IO_OutputMin) ≤ T_IO_Output ≤ T_DC。

属性类型:Unsigned 32。

允许值:0～32000000。

Time IO Input Valid (T_IO_InputValid)

此属性指出新的输入数据可供传送的时间点。此时间点与 T_DC 的开始有关。该时间基于 T_IO_Base。

属性类型:Unsigned 32。

允许值:0～32000000。

Time IO Output Valid (T_IO_OutputValid)

此属性指出新的输出数据可供处理的时间点。此时间点与 T_DC 的开始有关。该时间基于 T_IO_Base。

属性类型:Unsigned 32。

允许值:0～32000000。

Controller Application Cycle Factor (CACF)

此属性指出,IO 控制器应用周期时间作为一个因子是 T_DC 的倍数。它决定了 IO 控制器应用完全处理一个等时同步应用任务所需的时间。从等时同步的角度,每一个 AR 正好有一个用户任务来控制应用的等时同步部分。在所选择的阶段(Phase)内通过 Send Clock 来决定同步化点。

属性类型:Unsigned 16。

允许值:1～14。

Device Parameter

此属性由下列属性组成:

Time Data Cycle Base (T_DC_Base)

此属性包含用于应用周期的数据时效性调整粒度的因子。

T_DC_Base 的时间基是 31.25 μs。T_DC_Base 时间用 T_DC_Base×31.25 μs 计算。

此字段是 GSDML 的部分。

属性类型:Unsigned 16。

允许值:1～1024。

Time IO Base (T_IO_Base)

此属性包含用于输入或输出延迟时间调整粒度的因子。

用于 T_IO_Base 的时间基是 1 ns。用于 T_IO_Base 的时间被计算为 T_IO_Base×1 ns。

此字段是 GSDML 的部分。

属性类型:Unsigned 32。

允许值:1～32000000。

Time Data Cycle Min (T_DC_Min)

此属性包含用于最小可能的数据周期的因子。

用于 T_DC_Min 的时间基是属性 T_DC_Base 的值。用于 T_DC_Min 的时间被计算为 T_DC_Min×T_DC_Base×31.25 μs。

此字段是 GSDML 的部分。

属性类型:Unsigned 16。

允许值:1～1024。

Time Data Cycle Max (T_DC_Max)

此属性包含用于最长可能的数据周期的因子。

用于 T_DC_Max 的时间基是属性 T_DC_Base 的值。用于 T_DC_Max 的时间被计算为 T_DC_Max×T_DC_Base×31.25 μs。

此字段是 GSDML 的部分。

属性类型:Unsigned 16。

允许值:1～1024。

Time IO Input Min (T_IO_InputMin)

此属性包含用于最小可能的输入更新延迟的因子。它可能是拷贝或预处理该输入数据的最小可能的时间。该时间与应用周期的开始有关。

用于 T_IO_InputMin 的时间基是属性 T_IO_Base 的值。用于 T_IO_InputMin 的时间被计算为 T_IO_InputMin×T_IO_Base×1 ns。

此字段是 GSDML 的部分。

属性类型:Unsigned 32。

允许值:1～32000000。

Time IO Output Min (T_IO_OutputMin)

此属性包含用于最小可能的输出更新延迟的因子。它可能是拷贝或预处理该输出数据的最小可能的时间。该时间与应用周期的结束有关。

用于 T_IO_OutputMin 的时间基是属性 T_IO_Base 的值。用于 T_IO_OutputMin 的时间被计算为 T_IO_OutputMin×T_IO_Base×1 ns。

此字段是 GSDML 的部分。

属性类型:Unsigned 32。

允许值:1～32000000。

图 42 示出了在等时同步应用模型内 ASE 属性的关系。

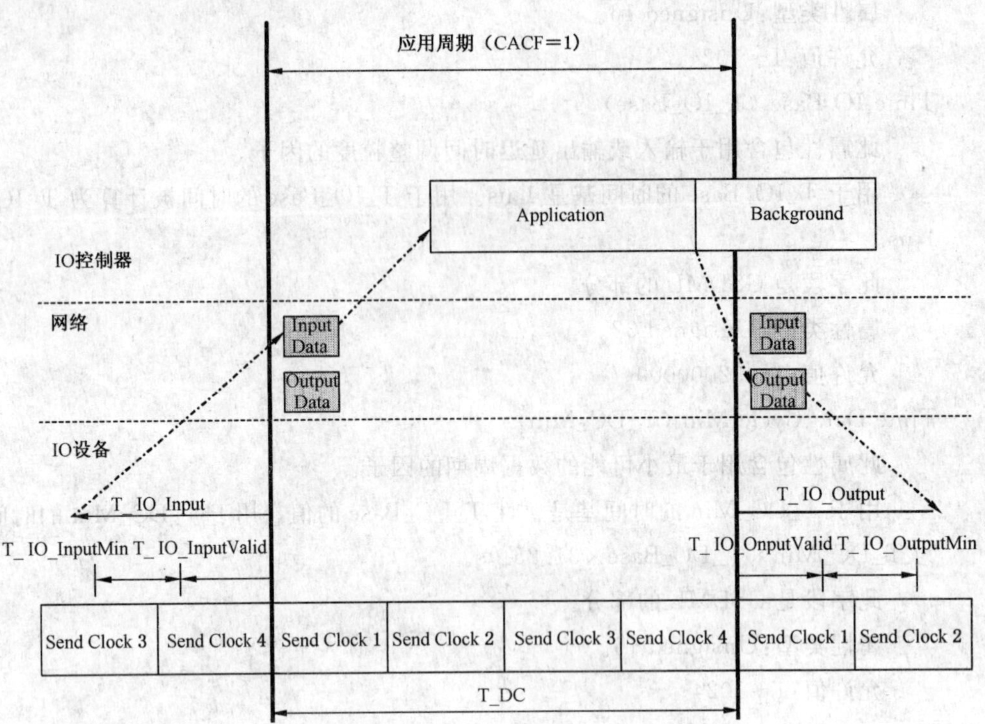

图 42 通用等时同步应用模型(例)

8.3.7.3 等时同步模式应用服务规范

8.3.7.3.1 Write IsoM Data

此证实服务可以被用来写 IsoM Data 的属性。此服务应与 IO AR 或 Supervisor AR 联合使用。表 190 列出了该服务的参数。

服务用户仅在 List of Modules 内寻址模块和子模块，它们是与该 AR 相连接的子模块列表的一部分。否则，服务提供者应对该服务发出否定响应，并应忽略所有数据。

服务参数"Multiple"可以被用来传送在一个 APDU 内的多个 IsoM Data。服务器应在响应中回送"Multiple"值。响应的数量应对于请求的数量。次序可以是任意的。

注 1：在一个 APDU 内传送来自其他 ASE(例如，物理设备管理 ASE 或记录数据 ASE)的 Record Data 对象和属性是可能的。

表 190 Write IsoM Data

参数名称	Req	Ind	Rsp	Cnf
Argument	M	M(=)		
AREP	M	M(=)		
API	M	M(=)		
Slot Number	M	M(=)		
Subslot Number	M	M(=)		
Multiple	U	U(=)		
Seq Number	M	M(=)		
Length	M	M(=)		
IsoM Data	M	M(=)		
Time Data Cycle	M	M(=)		
Time IO Input	M	M(=)		
Time IO Output	M	M(=)		
Time IO Input Valid	M	M(=)		

表 190（续）

参数名称	Req	Ind	Rsp	Cnf
Time IO Output Valid	M	M(=)		
Controller Application Cycle Factor	M	M(=)		
Prm Flag		M		
Result(+)			S	S(=)
AREP			M	M(=)
Multiple			U	U(=)
Seq Number			M	M(=)
Result(−)			S	S(=)
AREP			M	M(=)
Multiple			U	U(=)
Seq Number			M	M(=)
Error Decode			M	M(=)
Error code 1			M	M(=)
Error code 2			M	M(=)
Add Data 1			M	M(=)
Add Data 2			M	M(=)

Argument

该变元应传送该服务请求的服务特定参数。

AREP

此参数是所期望的 AR 的本地标识符。

API

此参数应被用来寻址所期望的 API。

Slot Number

参数 Slot Number 被用来寻址特定的槽。

Subslot Number

参数 Subslot Number 被用来寻址特定的子槽。

Multiple

应使用参数 Multiple 来传送在一个 APDU 内的多个 Record Data 对象。如果仅应传送单个 Record Data 对象，则它不应出现。值 MULTIPLE_START 指出一个序列的第 1 个 Record Data 对象。值 MULTIPLE_SEGMENT 指出任意的其他 Record Data 对象。值 MULTIPLE_END 指出最后一个 Record Data 对象并触发该 APDU 的传输。这同样的适用于响应服务原语。

Seq Number

参数 Seq Number 被服务器用于通过序列号识别重复的服务。此服务参数的范围是：$0 \sim 2^{16}-1$。请求应用过程为每个未完成的服务请求提供一个唯一的 Seq Number。在一个会话期间，对每一个服务请求，参数 Seq Number 值都递增 1。开始一个新会话时，Seq Number 从前一个会话的最后值开始。已完成的具有 Seq Number 的证实将被忽略。已完成的具有 Seq Number 的指示将被拒绝。应分别对每个已建立的 AR 的 Seq Number 进行维护。

Length

参数 Length 指出必须被读的端口差异数据的八位位组的个数。所允许的长度范围：2^0～2^{32}—256。

IsoM Data

此参数由下列元素组成：

Time Data Cycle

此参数包含该 ASE 对象的相应属性的值。

Time IO Input

此参数包含该 ASE 对象的相应属性的值。

Time IO Output

此参数包含该 ASE 对象的相应属性的值。

Time IO Input Valid

此参数包含该 ASE 对象的相应属性的值。

Time IO Output Valid

此参数包含该 ASE 对象的相应属性的值。

Controller Application Cycle Factor

此参数包含该 ASE 对象的相应属性的值。

Prm Flag

在连接建立阶段参数化时，该本地指示参数值应为 TRUE。否则应设置该值为 FALSE。

类型：Boolean。

注 2：此参数被用来控制数据的持久性(persistent)存储。这被利用在快速启动程序中。

Result(+)

此参数指出服务请求成功。

Result(−)

此参数指出服务请求失败。

Error Decode

此参数从 Error code 1 和 Error code 2 中选择一种；其编码在 GB/Z 25105.2 中规定。

类型：Unsigned 8。

允许值：PNIORW。

Error code 1

参数 Error code 1 采取下列值之一：read error、module failure、version conflict、feature not supported、user specific、invalid index、invalid slot/subslot、type conflict、invalid area、state conflict、access denied、invalid range、invalid parameter、invalid type、read constrain conflict、resource busy、resource unavailableservice cancelled。

类型：Unsigned 16。

Error code 2

Error code 2 是用户特定的。

类型：Unsigned 8。

Add Data 1

参数 Add Data 1 是 API 特定(行规)的。如果没有定义 additional data 1，则值 0 应被传输。

类型：Unsigned 16。

注 3：Add Data 1 可以被行规规范用来传输特定的错误报文。

Add Data 2

参数 Add Data2 是用户特定的。如果没有定义 additional data 2，则值 0 应被传输。

类型：Unsigned 16。

注 4：Add Data 2 可以被设备制造商用来传输特定的错误报文。

8.3.7.3.2 Read IsoM Data

此证实服务可以被用来读 IsoM Data 的属性值。此服务应与 implicit AR、IO AR 或 Supervisor AR 联合使用。表 191 列出了该服务的参数。

使用 Target AR UUID 的 Implicit AR：如果存在具有所请求 Target AR UUID 的已建立的 IO AR 或 Supervisor AR，则此服务仅包含 Real Port Data。否则，参数错误被响应。

表 191 **Read IsoM Data**

参数名称	Req	Ind	Rsp	Cnf
Argument	M	M(=)		
AREP	M	M(=)		
API	M	M(=)		
Target AR UUID	U	U(=)		
Slot Number	M	M(=)		
Subslot Number	M	M(=)		
Seq Number	M	M(=)		
Length	M	M(=)		
Result(+)			S	S(=)
AREP			M	M(=)
Seq Number			M	M(=)
Length			M	M(=)
IsoM Data			M	M(=)
Time Data Cycle			M	M(=)
Time IO Input			M	M(=)
Time IO Output			M	M(=)
Time IO Input Valid			M	M(=)
Time IO Output Valid			M	M(=)
Controller Application Cycle Factor			M	M(=)
Result(−)			S	S(=)
AREP			M	M(=)
Seq Number			M	M(=)
Error Decode			M	M(=)
Error code 1			M	M(=)
Error code 2			M	M(=)
Add Data 1			M	M(=)
Add Data 2			M	M(=)

Argument

该变元应传送该服务请求的服务特定参数。

AREP

此参数是所期望的 AR 的本地标识符。

API

此参数应被用来寻址所期望的 API。

Target AR UUID

仅应使用此参数来读 AR 特定的端口差异信息(port difference information)。如果此参数被使用,则应不使用服务参数 Subslot Number。

注 1:它仅被用来读连接到所请求的 AR 的端口差异信息。

Slot Number

使用参数 Slot Number 来寻址特定槽的端口信息或联合服务参数 Subslot Number 寻址特定子槽的端口信息。

Subslot Number

使用参数 Subslot Number 来寻址特定子槽的端口信息。

Seq Number

参数 Seq Number 被服务器用于通过序列号识别重复的服务。此服务参数的范围是:$0 \sim 2^{16}-1$。请求应用过程为每个未完成的服务请求提供一个唯一的 Seq Number。在一个会话期间,对每一个服务请求,参数 Seq Number 值都递增 1。开始一个新会话时,Seq Number 从前一个会话的最后值开始。已完成的具有 Seq Number 的证实将被忽略。已完成的具有 Seq Number 的指示将被拒绝。应分别对每个已建立的 AR 的 Seq Number 进行维护。

Length

参数 Length 指出必须被读的端口差异数据的八位位组的个数。所允许的长度范围:$2^{0} \sim 2^{32}-256$。

Result(+)

此参数指出服务请求成功。

IsoM Data

此参数由下列元素组成:

Time Data Cycle

此参数包含该 ASE 对象的相应属性的值。

Time IO Input

此参数包含该 ASE 对象的相应属性的值。

Time IO Output

此参数包含该 ASE 对象的相应属性的值。

Time IO Input Valid

此参数包含该 ASE 对象的相应属性的值。

Time IO Output Valid

此参数包含该 ASE 对象的相应属性的值。

Controller Application Cycle Factor

此参数包含该 ASE 对象的相应属性的值。

Result(—)

此参数指出服务请求失败。

Error Decode

此参数从 Error code 1 和 Error code 2 中选择一种;其编码在 GB/Z 25105.2 中规定。

类型:Unsigned 8。

允许值:PNIORW。

Error code 1

参数 Error code 1 采取下列值之一:read error、module failure、version conflict、feature not supported、user specific、invalid index、invalid slot/subslot、type conflict、invalid area、state conflict、access denied、invalid range、invalid parameter、invalid type、read constrain conflict、resource busy、resource unavailable、service cancelled。

类型:Unsigned 16。

Error code 2

参数 Error code 2 是用户特定的。

类型:Unsigned 8。

Add Data 1

参数 Add Data 1 是 API 特定(行规)的。如果没有定义 additional data 1,则值 0 应被传输。

类型:Unsigned 16。

注 2:Add Data 1 可以被行规规范用来传输特定的错误报文。

Add Data 2

参数 Add Data2 是用户特定的。如果没有定义 additional data 2,则值 0 应被传输。

类型:Unsigned 16。

注 3:Add Data 2 可以被设备制造商用来传输特定的错误报文。

8.3.7.3.3 **SYNCH Event**

服务 SYNCH Event 向 IO 设备的应用指出已经开始了一个新的等时同步发送时钟周期。

表 192 列出了该服务的参数。

表 192 SYNCH Event

参数名称	Ind
Argument	M
Global Cycle Counter	M
Status	M

Argument

该变元应传送该服务指示的服务特定参数。

Global Cycle Counter

此参数应包含该周期计数器的本地值。

Status

此参数应包含当前状况。允许的值是 LOCAL 和 REMOTE。值 LOCAL 应被用来指出在 PLL 窗口内没有接收到有效的同步帧。值 REMOTE 应被用来指出在 PLL 窗口内已经接收到有效的同步化帧。

8.3.7.4 **等时同步模式应用对象的行为**

8.3.7.4.1 **与其他 ASE 对象的关系概述**

为了性能的原因,在收到 Output Data 对象的值时应尽可能快的将它传输给该对象。此动作的速度和抖动是 IO 设备的性能参数。此参数决定同步精度。

注:等时同步模式应用模型是 IEC 61158-5-3 中描述的模型的扩展集(superset)。

图 43 示出不同 ASE 之间的定时(timing)关系。

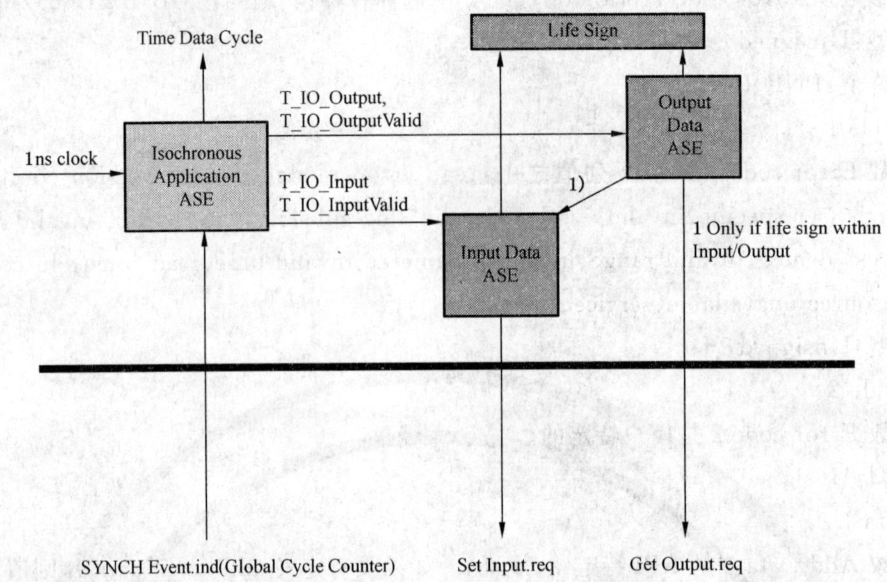

图 43　以等时同步模式运行的 IO 设备中的 ASE 关系

图 44 示出不同 ASE 之间的状态机关系。

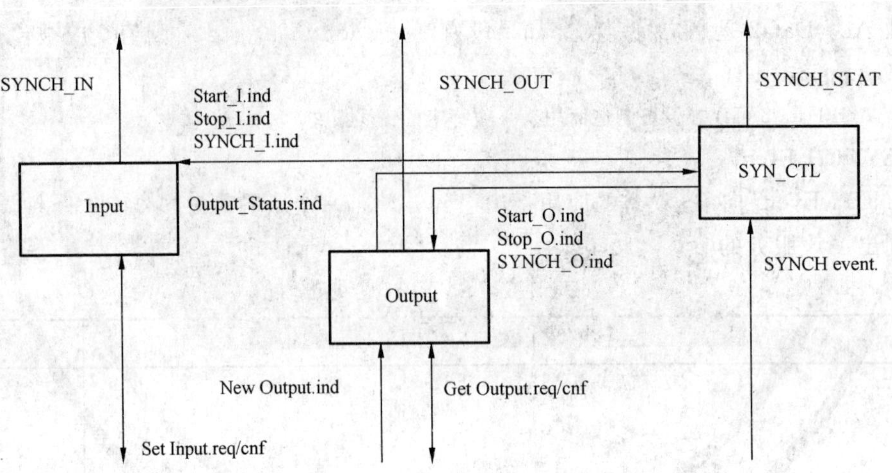

图 44　以等时同步模式运行的 IO 设备中的状态机关系

8.3.7.4.2　在等时同步模式中输入和输出数据的基本行为

以等时同步模式运行的 IO 系统提供下列特征：

——参与等时同步模式功能的所有 IO 设备，通过具有等时同步数据周期的同步报文 SYNCH Event 来同步其内部时钟系统；

——参与等时同步模式功能的所有 IO 设备，必须处于相同的 PTCP 子域，并且处于相同的等时同步实时域；

——SYNCH Event. ind 的抖动小于 1 μs(在 IO 设备的抖动假设为 0)；

——在每一个数据周期中，至少可以包括一个全长度的 Ethernet 帧。

在已启用等时同步模式功能的 IO 系统中，具有基本功能的 IO 设备可以与已同步的 IO 设备联合使用：

——如果已发出的 SYNCH-Event. ind 具有状况“REMOTE”，则该应用应与其他设备同步；

——如果已发出的 SYNCH-Event. ind 具有状况“LOCAL”，则应通知等时同步应用不与其他设备同步。

8.3.7.4.3 等时同步模式的状态机描述

8.3.7.4.3.1 概要

在等时同步模式情况下，Output Data 对象的行为通过 Output Data 状态机和 SyncCtl 状态机定义。

Output Data 状态机和 SyncCtl 状态机表示用户功能的一个部分，并被用来保证可互操作性。

Output Data 状态机和 SyncCtl 状态机为用户功能的其他部分提供事件。为了协调，SyncCtl 状态机具有与 Input Data 状态机和 Output Data 状态机的接口。

Output Data 状态机的主要功能是：

——检查正确的次序：SYNCH、New Output、读出在 Time IO Output 上的 Output Data；

——准时传送所接收的 Output Data 给该应用；

——检查 Masters Sign of Life(MLS)。

SyncCtl 状态机的主要功能是：

——产生来自 SYNCH-Event. ind 的定时信号；

——为本地应用产生脉冲。

通过本地 PLL 来传送同步原语(SYNCH Event)。

8.3.7.4.3.2 原语定义

8.3.7.4.3.2.1 **在 AL 与 SyncCtl 状态机之间交换的原语**

表 193 列出了在 AL 与 SyncCtl 状态机之间交换的原语。

表 193 由 AL 发给 SyncCtl 状态机的原语

原语名称	源	相关参数	功　能
SYNCH Event. ind	AL	AREP Global Cycle Counter Status	
Started. ind	AL	AREP	
Stopped. ind	AL	AREP	

在 Output Data 对象的服务规范中描述了该原语使用的参数。

8.3.7.4.3.2.2 **在 SyncCtl 状态机与用户之间交换的原语**

表 194 列出了在 SyncCtl 状态机与用户之间交换的原语。

表 194 由 SyncCtl 状态机发给用户的原语

原语名称	源	相关参数	功　能
SYNCH_STATUS	SyncCtl	Status	报告操作模式的改变、警告和错误

8.3.7.4.3.2.3 **在 Input 状态机与用户之间交换的原语**

表 195 列出了在 Input 状态机与用户之间交换的原语。

表 195 由 Input 状态机发给用户的原语

原语名称	源	相关参数	功　能
SYNCH_IN	Input		收集 Input User Data 的值

8.3.7.4.3.2.4 **在 Output 状态机与用户之间交换的原语**

表 196 列出了在 Output 状态机与用户之间交换的原语。

表 196 由 Output 状态机发给用户的原语

原语名称	源	相关参数	功　能
SYNCH_OUT	Output		传递 Output Buffer 到 Output User Data

8.3.7.4.3.2.5 **在 output 状态机与 SyncCtl 状态机之间交换的原语**

表 197 和表 198 列出了在 Output 状态机与 SyncCtl 状态机之间交换的原语。

表 197 由 SyncCtl 状态机发给 Output 状态机的原语

原语名称	源	相关参数	功能
Start_O. ind	SyncCtl		开始 Output Data 处理
Stop_O. ind	SyncCtl		停止 Output Data 处理
SYNCH_O. ind	SyncCtl		用于 Output Data 处理的触发信号

表 198 由 Output 状态机发给 SyncCtl 状态机的原语

原语名称	源	相关参数	功能
Output_Status. ind	Output	Status	报告 Output Data 处理的状况

原语 Output_Status. ind 使用的参数 Status 报告各种警告和错误。

8.3.7.4.3.2.6 **在 Input 状态机与 SyncCtl 状态机之间交换的原语**

表 199 示列了在 Input 状态机与 SyncCtl 状态机之间交换的原语。

表 199 由 SyncCtl 状态机发给 Input 状态机的原语

原语名称	源	相关参数	功能
Start_I. ind	SyncCtl		开始 Input Data 处理
Stop_I. ind	SyncCtl		停止 Input Data 处理
SYNCH_I. ind	SyncCtl	Status	用于 Input Data 处理的触发器信号

8.3.7.4.3.2.7 **在 AL 与 Output 状态机之间交换的原语**

表 200 列出了在 Output 状态机与 AL 之间交换的原语。

表 200 由 Output 状态机发给 AL 的原语

原语名称	源	相关参数	功能
Get_Output. req	Output	AREP	

表 201 列出了在 AL 与 Output 状态机之间交换的原语。

表 201 由 AL 发给 Output 状态机的原语

原语名称	源	相关参数	功能
Get_Output. cnf	AL	AREP IOPS Subslot_Output_Data New_Flag IOCS	证实 Get_Output 请求并传递新的 Output data 到 Output 状态机
New_Output. ind	AL	AREP CREP Slot Number Subslot Number WatchdogFlag InDataFlag	指示新的 Output data 已经被接收

8.3.7.4.3.2.8 **在 Input 状态机与 AL 之间交换的原语**

表 202 列出了在 Input 状态机与 AL 之间交换的原语。

表 202 由 Input 状态机发给 AL 的原语

原语名称	源	相关参数	功能
Set_Input. req	Input	AREP CREP Slot Subslot IOPS Input_Data	传递应用 Input data 到 AL

表 203 列出了在 AL 与 Input 状态机之间交换的原语。

表 203 由 AL 发给 Input 状态机的原语

原语名称	源	相关参数	功能
Set_Input. cnf	AL	AREP	证实 Set_Input 请求

8.3.7.4.3.3 **SyncCtl 状态图**

图 45 示出了 SyncCtl 状态机的状态图。

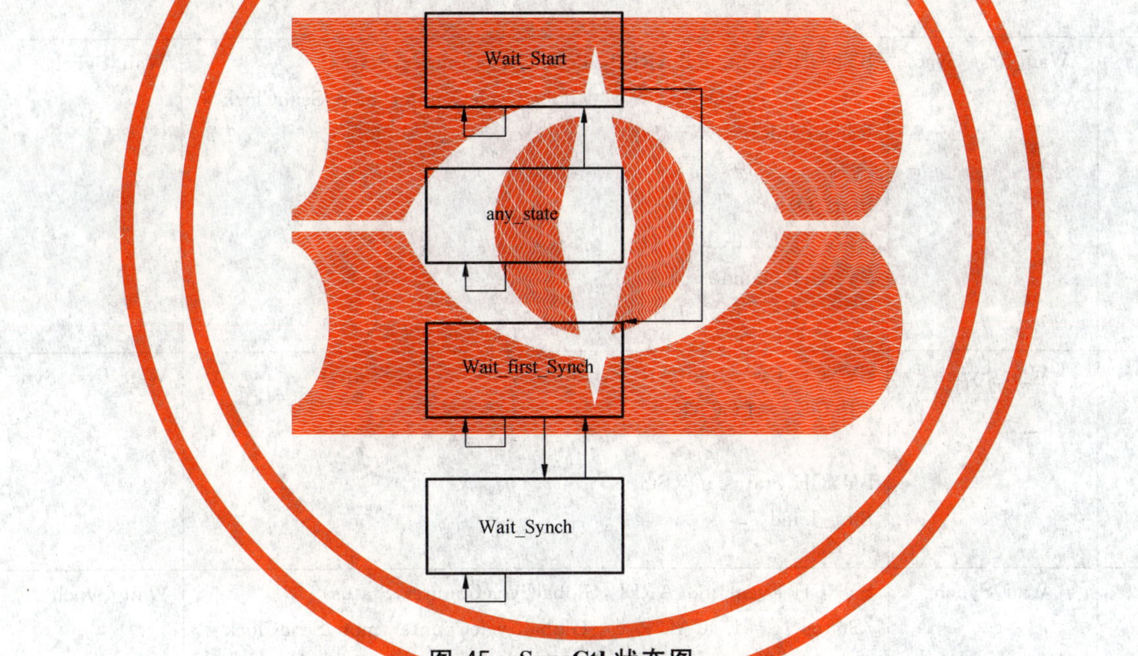

图 45 SyncCtl 状态图

8.3.7.4.3.4 **SyncCtl 状态表**

表 204 列出了 SyncCtl 状态机的状态表。

表 204 SyncCtl 状态表

#	当前状态	事件/条件＝〉动作	下一状态
1	Wait_Start	SYNCH Event. ind(AREP,GlobalCycleCounter,Status) ＝〉 ignore	Wait_Start
2	any_state	Started. ind(AREP) ＝〉 RUN:＝0	Wait_first_SYNCH

表 204（续）

#	当前状态	事件/条件=〉动作	下一状态
3	any_state	Stopped. ind(AREP) =〉 O_Status:=OUTPUT_RESETMLS SYNCH Status. ind(Status)	Wait_Start_PLL
4	any_state	Output Status. req(Status) =〉 O_Status:=Status	SAME
5	Wait_first_Sync	SYNCH Event. ind(AREP,GlobalCycleCounter,Status) /Status==LOCAL =〉	Wait_first_Sync
6	Wait_first_Sync	SYNCH Event. ind(AREP,GlobalCycleCounter,Status) /Status ! =LOCAL && (GlobalCycleCounter mod SendClock * ReductionRatio)! =0 =〉	Wait_first_Sync
7	Wait_first_Sync	SYNCH Event. ind(AREP,GlobalCycleCounter,Status) /Status ! =LOCAL && (GlobalCycleCounter mod SendClock * ReductionRatio)==0 =〉 Start_O. ind SYNCH_I. ind SYNCH_O. ind SYNCH_Status. ind(Status)	Wait_Synch
8	Wait_Synch	SYNCH Event. ind(AREP,GlobalCycleCounter,Status) /Status==LOCAL =〉 SYNCH Status. ind(Status) Stop_I. ind	Wait_first_Sync
9	Wait_Synch	SYNCH Event. ind(AREP,GlobalCycleCounter,Status) /Status ! =LOCAL && (GlobalCycleCounter mod SendClock * ReductionRatio)! =0 =〉	Wait_Synch
10	Wait_Synch	SYNCH Event. ind(AREP,GlobalCycleCounter,Status) /Status ! =LOCAL && (GlobalCycleCounter mod SendClock * ReductionRatio)==0 =〉 Start_O. ind SYNCH_I. ind SYNCH_O. ind SYNCH_Status. ind(Status)	Wait_Synch

8.3.7.4.3.5 Output 状态图

图 46 示出了 Output 状态机的状态图。

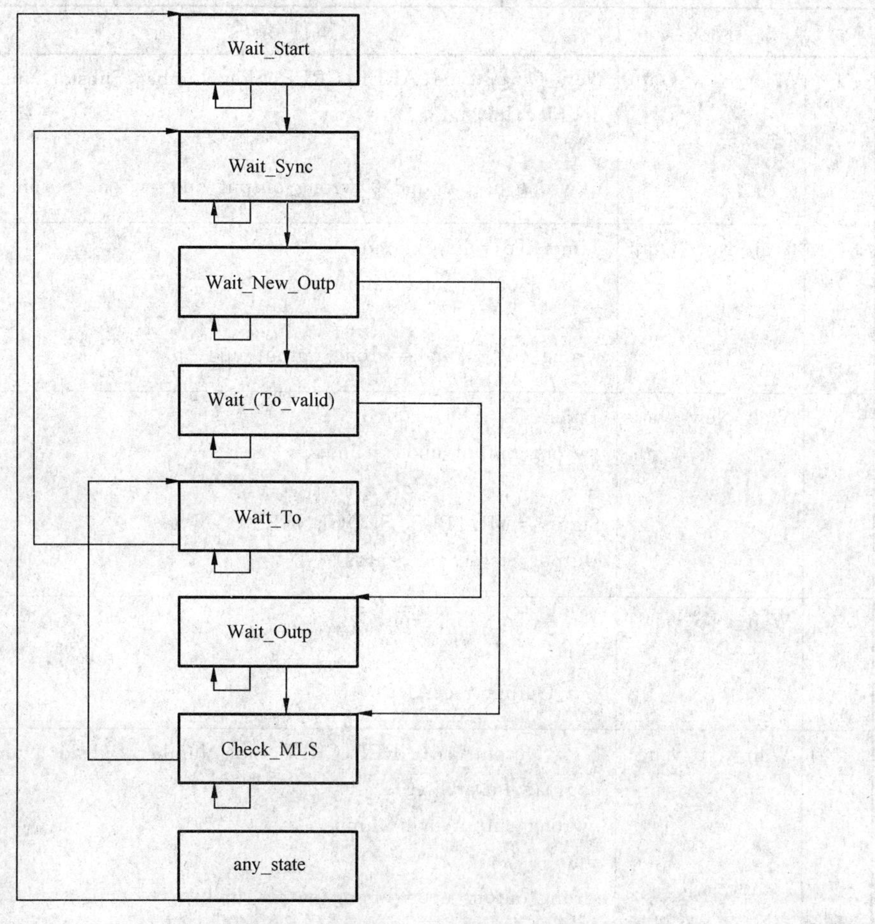

图 46 **Output** 状态图

8.3.7.4.3.6 **Output** 状态表

表 205 列出了 Output 状态机的状态表。

表 205 **Output** 状态表

#	当前状态	事件/条件=〉动作	下一状态
1	Wait-Start	SynchO. req =〉 Start Timer(To_valid) Start TimerTo	Wait_New_Outp
2	Wait-Start	New_Output. ind(AREP,CREP,Slot Number,Subslot Number,WatchdogFlag,InDataFlag) /wrong_output_upd 〈 limit =〉 wrong_output_upd=wrong_output_upd+n	Wait-Start
3	Wait-Start	New_Output. ind(AREP,CREP,Slot Number,Subslot Number,WatchdogFlag,InDataFlag) /wrong_output_upd 〉=limit =〉 Status:=OUTPUT_SEQUENCE Output_Status. ind(Status)	Wait-Start

表 205（续）

#	当前状态	事件/条件＝〉动作	下一状态
4	Wait_New_Outp	New_Output. ind(AREP, CREP, Slot Number, Subslot Number, WatchdogFlag, InDataFlag) ＝〉 if(wrong_output_upd〉0) wrong_output_upd＝wrong_output_upd-1	Wait_(To_valid)
5	Wait_New_Outp	Timer(To_valid) expired /wrong_output_upd 〈 limit ＝〉 wrong_output_upd＝wrong_output_upd＋n	Check_MLS
6	Wait_New_Outp	Timer(To_valid) expired /wrong_output_upd 〉＝limit ＝〉 Status:＝OUTPUT_SEQUENCE Output_Status. ind(Status)	Check_MLS
7	Wait_(To_valid)	Timer(To_valid) expired ＝〉 Get_Output. req(AREP)	Wait_Outp
8	Wait_(To_valid)	New_Output. ind(AREP, CREP, Slot Number, Subslot Number, WatchdogFlag, InDataFlag) /wrong_output_upd 〈 limit ＝〉 wrong_output_upd＝wrong_output_upd＋n	Wait_(To_valid)
9	Wait_(To_valid)	New_Output. ind(AREP, CREP, Slot Number, Subslot Number, WatchdogFlag, InDataFlag) /wrong_output_upd 〉＝limit ＝〉 Status:＝OUTPUT_SEQUENCE Output_Status. ind(Status)	Wait_(To_valid)
10	Wait_To	TimerTo expired ＝〉 SYNCH_Out	Wait-Start
11	Wait_To	New_Output. ind(AREP, CREP, Slot Number, Subslot Number, WatchdogFlag, InDataFlag) /wrong_output_upd 〈 limit ＝〉 wrong_output_upd＝wrong_output_upd＋n	Wait_To
12	Wait_To	New_Output. ind(AREP, CREP, Slot Number, Subslot Number, WatchdogFlag, InDataFlag) /wrong_output_upd 〉＝limit ＝〉 Status:＝OUTPUT_SEQUENCE Output_Status. ind(Status)	Wait_To

表 205（续）

#	当前状态	事件/条件=〉动作	下一状态
13	any_state	Start_O. req =〉 MLS_State:=Wait_first_MLS O_Buffer:=Nil(with O_Buffer. MLS:=0) old_MLS:=0 MLS_error_counter:=0 TMAPC_counter:=0 MLS_start_counter:=0	Wait-Start
14	Wait_Outp	Get_Output. cnf(AREP,IOPS,Subslot_Output_Data,New_Flag,IOCS) /New_Flag && IOPS==GOOD =〉 O_Buffer:=Output_Data	Check_MLS
15	Wait_Outp	Get_Output. cnf(AREP,IOPS,Subslot_Output_Data,New_Flag,IOCS) /!（New_Flag && IOPS==GOOD) =〉	Check_MLS
16	Check_MLS	 /MLS_State=Wait_first_MLS =〉 MLS_State:=Wait_next_MLS Status:=OUTPUT_RESETMLS old_MLS:=O_Buffer. MLS Output_Status. ind(Status)	Wait_To
17	Check_MLS	/MLS_State=Wait_next_MLS TMAPC_counter 〈 MLS_factor =〉 MLS_State:=Wait_next_MLS inc(TMAPC_counter)	Wait_To
18	Check_MLS	/MLS_State=Wait_next_MLS O_Buffer. MLS 〈〉 inc_LS(old_MLS) & TMAPC_counter=MLS_factor & MLS_error_counter 〈 n_TMAPC =〉 MLS_State:=Wait_next_MLS inc_LS(old_MLS) TMAPC_counter:=0 MLS_error_counter:=MLS_error_counter + n_error	Wait_To
19	Check_MLS	/MLS_State=Wait_next_MLS O_Buffer. MLS 〈〉 inc_LS(old_MLS) & TMAPC_counter=MLS_factor & MLS_error_counter 〉=n_TMAPC =〉 MLS_State:=Wait_first_MLS Status:=OUTPUT_RESETMLS TMAPC_counter:=0 MLS_error_counter:=0 old_MLS:=0 MLS_start_counter:=0 Output_Status. ind(Status)	Wait_To

表 205（续）

#	当前状态	事件/条件=〉动作	下一状态
20	Check_MLS	/MLS_State=Wait_next_MLS O_Buffer. MLS=inc_LS(old_MLS) & TMAPC_counter=MLS_factor & MLS_start_counter 〈 n_MLS =〉 MLS_State：=Wait_next_MLS TMAPC_counter：=0 if(MLS_error_counter 〉0)MLS_error_counter：=MLS_error_counter -1 old_MLS：=MLS inc(MLS_start_counter)	Wait_To
21	Check_MLS	/MLS_State=Wait_next_MLS O_Buffer. MLS=inc_LS(old_MLS) & TMAPC_counter=MLS_factor & MLS_start_counter=n_MLS =〉 MLS_State：=Wait_MLS Status：=OUTPUT_RUNMLS TMAPC_counter：=0 MLS_error_counter：=0 old_MLS：=O_Buffer. MLS MLS_start_counter：=0 Output_Status. ind(Status)	Wait_To
22	Check_MLS	/MLS_State=Wait_MLS TMAPC_counter 〈 MLS_factor =〉 MLS_State：=Wait_MLS inc(TMAPC_counter)	Wait_To
23	Check_MLS	/MLS_State=Wait_MLS O_Buffer. MLS 〈〉 inc_LS(old_MLS) & TMAPC_counter=MLS_factor & MLS_error_counter 〈 n_TMAPC =〉 MLS_State：=Wait_MLS inc_LS(old_MLS) TMAPC_counter：=0 MLS_error_counter：=MLS_error_counter + n_error	Wait_To
24	Check_MLS	/MLS_State=Wait_MLS O_Buffer. MLS 〈〉 inc_LS(old_MLS) & TMAPC_counter=MLS_factor & MLS_error_counter 〉=n_TMAPC =〉 MLS_State：=Wait_first_MLS Status：=OUTPUT_RESETMLS TMAPC_counter：=0 MLS_error_counter：=0 old_MLS：=0 Output_Status. ind(Status)	Wait_To

表 205（续）

#	当前状态	事件/条件=〉动作	下一状态
25	Check_MLS	/MLS_State=Wait_MLS O_Buffer. MLS=inc_LS(old_MLS) & TMAPC_counter=MLS_factor =〉 MLS_State:=Wait_MLS TMAPC_counter:=0 if(MLS_error_counter 〉0)MLS_error_counter:=MLS_error_counter -1 old_MLS:=O_Buffer. MLS	Wait_To

8.3.7.4.3.7 **Input 状态图**

图 47 示出了 Input 状态机的状态图。

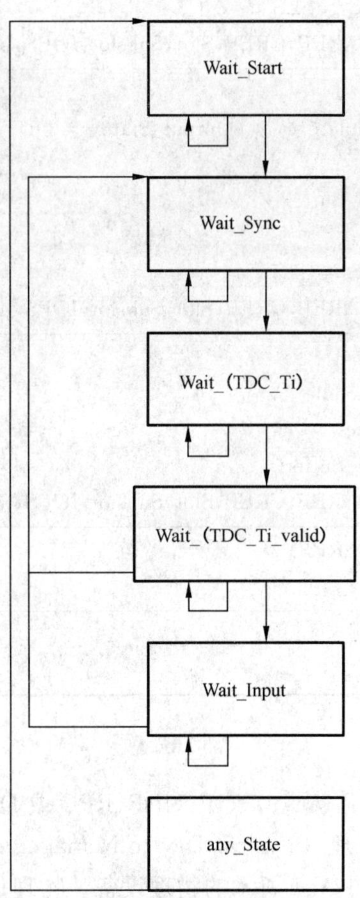

图 47 **Input 状态图**

8.3.7.4.3.8 **Input 状态表**

表 206 列出了 Input 状态机的状态表。

表 206 **Input** 状态表

#	当前状态	事件/条件=〉动作	下一状态
1	Wait-Start	Start_I. ind =〉	Wait-Sync
2	Wait-Sync	SYNCH_I. ind(Output_State) =〉 Start Timer(TDC-Ti) Start TimerTix Store Output_State	Wait_(TDC-Ti)
3	Wait_(TDC-Ti)	Timer(TDC-Ti)expired =〉 SYNCH_In	Wait_Tix
4	Wait_Tix	TimerTix expired /LS in Submodule && Output_State==OUTPUTRUNMLS =〉 Input_Data:=I_Buffer inc_LS(SLS) Input_Data. SLS:=SLS Set_Input. req(AREP,CREP,Slot,Subslot,IOPS,Input_Data)	Wait_Input
5	Wait_Tix	TimerTix expired /LS in Submodule && !(Output_State==OUTPUTRUNMLS) =〉 Input_Data:=I_Buffer SLS:=0 Input_Data. SLS:=SLS Set_Input. req(AREP,CREP,Slot,Subslot,IOPS,Input_Data)	Wait_Input
6	Wait_Tix	TimerTix expired /! LS in Submodule =〉 Input_Data:=I_Buffer Set_Input. req(AREP,CREP,Slot,Subslot,IOPS,Input_Data)	Wait_Input
7	Wait_Input	Set_Input. cnf(AREP) =〉	Wait-Sync
8	any_State	Stop_I. ind =〉	Wait-Start

8.3.8 物理设备管理 ASE

8.3.8.1 概述

此 ASE 为所用协议(例如,GB/T 15629.3、IP、UDP、RPC 或 DCP)规定必需的参数的结构,这些参数由通用的 ASE 继承。物理设备管理(Physical Device Management)ASE 在一个独立于设备实例的通用数据库中管理参数。它代表如图 A.1 所示的物理设备。物理设备管理 ASE 提供一组服务用来读和写它们的值。

在 DCP 组内的属性 Station Name 是 IO 设备和 IO 控制器功能的基本要素。它应通过 DCP 服务 DCP Set 或通过本地方法来设置。IO 设备和 IO 控制器应永久地存储此属性。没有 Station Name (Chassis ID)的 IO 设备是不允许操作的。

该属性可以是易失的或永久的。在一个加电周期后,易失属性的值无效,而永久属性的值保持。

有两种方法获得IP地址,其共同点是使用Station Name(Chassis ID)作为选择IP地址的关键字。

DCP协议是必备的并通过一种服务依据Station Name(Chassis ID)来设置IP地址。IO设备通过DCP Set服务从IO控制器或IO监视器获得IP地址。通常,IO设备应支持易失的IP地址,对于快速启动模式还支持非易失的IP地址。在此过程中DCP服务器只是被动的。

注:为了支持遗留的实现,允许有一个具有永久IP地址的附加模式。

IO控制器通过DCP Set服务、本地方法或DHCP从IO监视器获得IP地址。IO控制器应支持永久的IP地址。但是,如果它没有通过DHCP接收到IP地址,则它仅应永久的存储该IP地址。

还应支持DHCP协议。它提供:

——唯一的IP地址用于大型的系统;

——在IO控制器被关闭的情况下,用于其他应用(例如,WEB访问)对IO设备的IP访问。

DHCP客户机使用所选择的选项请求IP地址。所使用的DHCP选项通过DCP Set服务或方法来提供。

示例1:由一个IO控制器和两个IO设备组成的一个小的环境。在此情况下,安装和组态DHCP服务器是不适当的。每个设备获得一个唯一的站名称(station name)。IO控制器通过具有过滤器站名称的DCP Identify服务来识别IO设备,并用DCP Set服务分配其IP地址。

示例2:由27个IO控制器和每个IO控制器有64个IO设备组成的一个大的环境。这些设备可以与不同的子网相连接。在此情况下,安装和组态DHCP服务器是适当的。每个设备获得一个唯一的站名称,并且激活DHCP的使用。每个设备使用选项(例如,Client Identifier=station name)从DHCP服务器请求其IP地址。IO控制器通过DCP Identify或通过DNS Get Host By Name服务来决定与其相关的IO设备的IP地址。DCP Identify的使用受限于某个子网。

IO控制器应支持DCP。此外,它应支持DNS和DHCP。使用DNS来提供IP地址,以便:

——访问在IP路由器后面的IO设备;

——使用从DHCP服务器接收其地址的IO设备;

——获得IO设备(没有DHCP)的IP地址,如果该IP地址不是工程信息的部分,并且选择DCP来提供IP地址给该IO设备的话。

对于站名称存在的IO设备的启动过程,提供下列步骤:

——启动MAC接口;

——启动LLDP;

——启动DCP接收器和DHCP客户机(如果DHCP已激活);

——等待IP地址。

对于站名称存在的IO控制器的启动过程,提供下列步骤:

——启动MAC接口;

——启动LLDP;

——启动DCP接收器、DCP发送器和DHCP客户机(如果DHCP已激活);

——等待IP地址或使用本地组态的IP地址;

——在使用之前,通过ARP和DCP检查自己的用于多用途的IP地址和站名称(错误重复IP地址或重复站名称)。

对于站名称、IP地址已经存在的IO设备的快速启动过程,提供下列步骤:

——启动MAC接口(自动协商关(auto-negotiation off));

——启动LLDP;

——启动DCP接收器和发送器,发送DCP hello(如果已组态);

——等待连接建立。

IO控制器提供下列步骤以快速启动有关的IO设备:

——等待DCP hello指示(如果已组态);

——CM Connect 使用已存储的 IP 地址。

启动的详细过程在协议规范中提供。

此外，物理设备管理 ASE 定义对象属性和专用于接口和端口子模块的通用参数的访问方法。除了地址解析和邻居探测外，这些子模块包含附加的属性用于全局时钟同步和 RT_CLASS_3 路由信息。对于快速启动过程，所有这些属性应被存储为非易失的。

8.3.8.2 物理设备管理类规范

8.3.8.2.1 概要

物理设备管理 ASE 定义一个物理设备管理对象类型。

8.3.8.2.2 物理设备管理类规范

8.3.8.2.2.1 模板

通过下列模板来描述物理设备管理对象：

ASE: Physical Device Management ASE
CLASS: Physical Device Management
CLASS ID: not used
PARENT CLASS: IEEE 802.3 IEEE 802.1AB IEEE 802.1D IP suite DNS DHCP SNMP DCP Media redundancy PTCP
ATTRIBUTES:

1	(m) Key Attribute:	Implicit
2	(m) Attribute:	Real List of Interfaces
2.1	(m) Attribute:	Slot Number
2.2	(m) Attribute:	Subslot Number
2.3	(m) Attribute:	Real List of Ports
2.3.1	(m) Attribute:	Slot Number
2.3.2	(m) Attribute:	Subslot Number
2.3.3	(o) Attribute:	MRP Domain UUID
2.3.4	(o) Attribute:	MRP Domain UUID Adjusted
2.3.5	(m) Attribute:	Domain Boundary
2.3.5.1	(m) Attribute:	Ingress
2.3.5.2	(m) Attribute:	Egress
2.3.6	(m) Attribute:	Multicast Boundary
2.3.7	(m) Attribute:	Peer To Peer Boundary
2.3.8	(m) Attribute:	DCP Boundary
2.4	(m) Attribute:	Expected List of Ports
2.4.1	(m) Attribute:	Slot Number
2.4.2	(m) Attribute:	Subslot Number
2.5	(m) Attribute:	IR Data
2.5.1	(m) Attribute:	List of RT_CLASS_3 Interfaces
2.5.1.1	(m) Attribute:	Slot Number
2.5.1.2	(m) Attribute:	Subslot Number
2.6	(m) Attribute:	Real Sync Data
2.6.1	(m) Attribute:	List of Interfaces
2.6.1.1	(m) Attribute:	Slot Number
2.6.1.2	(m) Attribute:	Subslot Number

2.6.1.3	(m) Attribute:	PTCP Subdomain ID
2.6.1.4	(m) Attribute:	PTCP Subdomain Name
2.6.1.5	(m) Attribute:	IR Data ID
2.6.1.6	(m) Attribute:	Reserved Interval Begin
2.6.1.7	(m) Attribute:	Reserved Interval End
2.6.1.8	(m) Attribute:	PLL Window
2.6.1.9	(m) Attribute:	Sync Send Factor
2.6.1.10	(m) Attribute:	Send Clock Factor
2.6.1.11	(m) Attribute:	Sync Properties
2.6.1.11.1	(m) Attribute:	Role
2.6.1.11.2	(m) Attribute:	Sync Class
2.6.1.12	(m) Attribute:	Sync Frame Address
2.6.1.13	(m) Attribute:	PTCP Timeout Factor
2.7	(m) Attribute:	Expected Sync Data
2.7.1	(m) Attribute:	List of Interfaces
2.7.1.1	(m) Attribute:	Slot Number
2.7.1.2	(m) Attribute:	Subslot Number
2.7.1.3	(m) Attribute:	PTCP Subdomain ID
2.7.1.4	(m) Attribute:	PTCP Subdomain Name
2.7.1.5	(m) Attribute:	IR Data ID
2.7.1.6	(m) Attribute:	Reserved Interval Begin
2.7.1.7	(m) Attribute:	Reserved Interval End
2.7.1.8	(m) Attribute:	PLL Window
2.7.1.9	(m) Attribute:	Sync Send Factor
2.7.1.10	(m) Attribute:	Send Clock Factor
2.7.1.11	(m) Attribute:	Sync Properties
2.7.1.11.1	(m) Attribute:	Role
2.7.1.11.2	(m) Attribute:	Sync Class
2.7.1.12	(m) Attribute:	Sync Frame Address
2.7.1.13	(m) Attribute:	PTCP Timeout Factor
2.8	(o) Attribute:	Real Fiber Optic Data
2.8.1	(m) Attribute:	List of Ports
2.8.1.1	(m) Attribute:	Slot Number
2.8.1.2	(m) Attribute:	Subslot Number
2.8.1.3	(m) Attribute:	Fiber Optic type
2.8.1.4	(m) Attribute:	Fiber Optic Cable type
2.8.1.5	(o) Attribute:	Fiber Optic Manufacturer Specific
2.8.1.5.1	(m) Attribute:	Vendor ID
2.8.1.5.3	(m) Attribute:	Manufacturer Specific Fiber Optic Data
2.8.1.6	(m) Attribute:	Maintenance Demanded Power Budget
2.8.1.7	(m) Attribute:	Maintenance Required Power Budget
2.8.1.8	(m) Attribute:	Error Power Budget
2.9	(o) Attribute:	MRP Interface Data

2.9.1	(m) Attribute:	List of MRP Domains
2.9.1.1	(m) Attribute:	Real Data
2.9.1.2	(o) Attribute:	Adjust Data
2.9.1.3	(o) Attribute:	Check Enable
2.9.1.3.1	(m) Attribute:	Multiple Manager Check
2.9.1.3.2	(m) Attribute:	Domain UUID Check
2.10	(o) Attribute:	List of Expected Fast Startup Data
2.10.1	(o) Attribute:	Hello Data
2.10.1.1	(m) Attribute:	Hello Mode
2.10.1.2	(m) Attribute:	Hello Interval
2.10.1.3	(m) Attribute:	Hello Retry
2.10.1.4	(m) Attribute:	Hello Delay
2.10.2	(o) Attribute:	Parameter Data
2.10.2.1	(m) Attribute:	Parameter Mode
2.10.2.2	(m) Attribute:	Parameter UUID
2.10.3	(o) Attribute:	ARUUID
3	(m) Attribute:	Write Persitence Flag for Real List of Interfaces
SERVICES:		
1	(m) OpsService:	Write Expected Port Data
2	(m) OpsService:	Write Adjusted Port Data
3	(m) OpsService:	Read Real Port Data
4	(m) OpsService:	Read Expected Port Data
5	(m) OpsService:	Read Adjusted Port Data
6	(m) OpsService:	Write IR Data
7	(m) OpsService:	Read IR Data
8	(m) OpsService:	Write Sync Data
9	(m) OpsService:	Read Real Sync Data
10	(m) OpsService:	Read Expected Sync Data
11	(m) OpsService:	Read PDev Data
12	(m) OpsService:	Sync Event
13	(m) OpsService:	Write Adjusted Fiber Optic Data
14	(m) OpsService:	Read Real Fiber Optic Data
15	(m) OpsService:	Write Interface MRP Data
16	(m) OpsService:	Read Interface MRP Data
17	(m) OpsService:	Write Port MRP Data
18	(m) OpsService:	Read Port MRP Data
19	(m) OpsService:	Write FSU Data
20	(m) OpsService:	Read FSU Data

8.3.8.2.2.2 属性

Implicit

属性 Implicit 指出 PDMgmt 对象被服务隐式寻址。

Real List of Interfaces

此属性表包含下列属性,并继承父类 IEEE 802.1AB 的属性:

Slot Number

此属性包含具有接口子模块的模块的槽号。

属性类型：Unsigned 16。

允许值：0x0000～0x7FFF。

Subslot Number

此属性包含该接口的子槽号。

属性类型：Unsigned 16。

应依据表 207 来使用允许值。

表 207 接口子模块的子槽号

值(十六进制)	含 义
0x8000	接口子模块 1
0x8100	接口子模块 2
0x8200	接口子模块 3
0x8300	接口子模块 4
0x8400	接口子模块 5
0x8500	接口子模块 6
0x8600	接口子模块 7
0x8700	接口子模块 8
0x8900	接口子模块 9
0x8A00	接口子模块 10
0x8B00	接口子模块 11
0x8C00	接口子模块 12
0x8D00	接口子模块 13
0x8E00	接口子模块 14
0x8F00	接口子模块 15

Real List of Ports

此属性表包含下列属性，并继承父类 IEEE 802.1AB 的属性：

注 1：Real List of Ports 的下级属性可以通过 SNMP 和 LLDP MIB 来访问。

Slot Number

此属性包含具有端口子模块的模块的槽号。

属性类型：Unsigned 16。

允许值：0x0000～0x7FFF。

Subslot Number

此属性包含本地端口的子槽号。

属性类型：Unsigned 16。

依据表 208 来使用允许值。表 208 中参数“i”的值应与相关接口子模块一致。每个接口可以包含多达 255 个端口。

注 2：有关的接口模块可以放在不同的槽中。

表 208 端口子模块的子槽号

值(十六进制)	含 义
0x8i01	端口子模块 1(0≤i≤F;应对应于相关接口子模块的子槽号)
0x8i02	端口子模块 2(0≤i≤F;应对应于相关接口子模块的子槽号)
0x8i03	端口子模块 3(0≤i≤F;应对应于相关接口子模块的子槽号)
0x8i04	端口子模块 4(0≤i≤F;应对应于相关接口子模块的子槽号)
0x8i05	端口子模块 5(0≤i≤F;应对应于相关接口子模块的子槽号)
0x8i06	端口子模块 6(0≤i≤F;应对应于相关接口子模块的子槽号)
0x8i07	端口子模块 7(0≤i≤F;应对应于相关接口子模块的子槽号)
0x8i08	端口子模块 8(0≤i≤F;应对应于相关接口子模块的子槽号)
0x8i09	端口子模块 9(0≤i≤F;应对应于相关接口子模块的子槽号)
0x8i0A	端口子模块 10(0≤i≤F;应对应于相关接口子模块的子槽号)
0x8i0B	端口子模块 11(0≤i≤F;应对应于相关接口子模块的子槽号)
0x8i0C	端口子模块 12(0≤i≤F;应对应于相关接口子模块的子槽号)
0x8i0D	端口子模块 13(0≤i≤F;应对应于相关接口子模块的子槽号)
0x8i0E	端口子模块 14(0≤i≤F;应对应于相关接口子模块的子槽号)
0x8i0F	端口子模块 15(0≤i≤F;应对应于相关接口子模块的子槽号)
0x8i10	端口子模块 16(0≤i≤F;应对应于相关接口子模块的子槽号)
……	……
0x8iFF	端口子模块 255(0≤i≤F;应对应于相关接口子模块的子槽号)

MRP Domain UUID

此可选属性包含该端口的 MRP Domain UUID,如果 MRP 被支持并被激活的话。它应具有与在接收 Write MRP Port Dat indication 后的 MRP Domain UUID Adjusted 相同的值,否则应使用缺省值 FFFFFFFF-FFFF-FFFF-FFFF-FFFFFFFFFFFF。但是,只允许一个交换机的两个端口同时使用此缺省值。对其他未组态的 MRP 端口寻址的 Read MRP Port Data,应以对象不存在错误进行否定响应。

属性类型:UUID。

MRP Domain UUID Adjusted

此可选属性包含来自端口的客户机的 MRP Domain UUID adjusted,如果 MRP 被支持并被激活的话。在接收 Write MRP Port Data indication 时,属性 MRP Domain UUID 的当前值也应被立即重写。对未组态的 MRP 端口寻址的 MRP Domain UUID Adjusted,应以对象不存在错误进行否定响应。

属性类型:UUID。

Domain Boundary

此属性由下列属性组成:

Ingress

此属性包含入口(ingress)同步化域边界的值。该值应是一个对每个多播组所允许值的列表。

允许值:BLOCK_MULTICAST_ADDRESS_GROUP_0、PASS_MULTICAST_ADDRESS_GROUP_0、……、BLOCK_MULTICAST_ADRESS_GROUP_31、PASS_MU-

LICAST_ADDRESS_GROUP_31。

定义多播组用于下列的 IEEE 802 地址：

ADRESS_GROUP_0：01-0E-CF-00-04-00、01-0E-CF-00-04-20、01-0E-CF-00-04-40、01-0E-CF-00-04-80；

ADRESS_GROUP_1：01-0E-CF-00-04-01、01-0E-CF-00-04-21、01-0E-CF-00-04-41、01-0E-CF-00-04-81；

……

ADRESS_GROUP_31：01-0E-CF-00-04-1F、01-0E-CF-00-04-3F、01-0E-CF-00-04-5F、01-0E-CF-00-04-9F。

Egress

此属性包含出口(egress)同步化域边界的值。所允许的值应与 Ingress 属性相同。

Multicast Boundary

此属性包含多播边界的指示。

属性类型：Unsigned 32。

Peer to Peer Boundary

此属性包含 LLDP 和 PTCP 域边界的指示。

属性类型：Unsigned 32。

允许值：PASS、BLOCK_LLDP、BLOCK_PTCP、BLOCK_BOOTH。

DCP Boundary

此属性包含 DCP 多播边界的指示。

属性类型：Unsigned 32。

允许值：PASS、BLOCK_HELLO、BLOCK_IDENTIFY、BLOCK_BOOTH。

Expected List of Ports

此属性表包含对 Real List of Ports 规定的相同属性(包括所有后续属性)。

IR Data

此属性包含下列属性：

List of RT_CLASS_3 Interfaces

此属性包含 IR Data Elements 的 RT_CLASS_3 接口。列表元素包括下列属性，并继承父类 IEEE 802.1D 的属性：

Slot Number

此属性包含具有接口子模块的模块的槽号。

属性类型：Unsigned 16。

允许值：0x0000～0x7FFF。

Subslot Number

此属性包含该接口的子槽号。

属性类型：Unsigned 16。

应依据表 209 来使用允许值。

表 209　接口子模块的子槽号

值(十六进制)	含　义
0x8000	接口子模块 1
0x8100	接口子模块 2
0x8200	接口子模块 3

表 209（续）

值(十六进制)	含　义
0x8300	接口子模块 4
0x8400	接口子模块 5
0x8500	接口子模块 6
0x8600	接口子模块 7
0x8700	接口子模块 8
0x8900	接口子模块 9
0x8A00	接口子模块 10
0x8B00	接口子模块 11
0x8C00	接口子模块 12
0x8D00	接口子模块 13
0x8E00	接口子模块 14
0x8F00	接口子模块 15

Real Sync Data

此属性包含下列属性：

List of Interfaces

此属性包含 Data Elements。列表元素包括下列属性：

Slot Number

此属性包含具有接口子模块的模块的槽号。

属性类型：Unsigned 16。

允许值：0x0000～0x7FFF。

Subslot Number

此属性包含该接口的子槽号。

属性类型：Unsigned 16。

依据表 210 来使用允许值。

表 210　Sync 接口子模块的子槽号

值(十六进制)	含　义
0x8000	接口子模块 1
0x8100	接口子模块 2
0x8200	接口子模块 3
0x8300	接口子模块 4
0x8400	接口子模块 5
0x8500	接口子模块 6
0x8600	接口子模块 7
0x8700	接口子模块 8
0x8900	接口子模块 9
0x8A00	接口子模块 10

表 210（续）

值(十六进制)	含　义
0x8B00	接口子模块 11
0x8C00	接口子模块 12
0x8D00	接口子模块 13
0x8E00	接口子模块 14
0x8F00	接口子模块 15

PTCP Subdomain ID

此属性包含已被项目计划组态的 PTCP 子域的唯一的标识符。PTCP 子域是一定数量的同步化其发送时钟的 IO 控制器和/或 IO 设备。

属性类型:UUID。

PTCP Subdomain Name

此属性包含已被项目计划组态的 PTCP 子域的名称。PTCP 子域是一定数量的同步化其发送时钟的 IO 控制器和/或 IO 设备。

属性类型:见 Chassis ID。

IR Data ID

此属性包含已被项目计划组态的等时同步实时项目的唯一标识符。

属性类型:UUID。

Reserved Interval Begin

此属性包含相对于当前阶段的 RT_CLASS_2 预留带宽的开始,以 ns 为单位。

属性类型:Unsigned 32。

Reserved Interval End

此属性包含相对于当前阶段的 RT_CLASS_2 预留带宽的结束,以 ns 为单位。

属性类型:Unsigned 32。

PLL Window

此属性包含具有时间基 1 ns 的等时同步周期开始的最大抖动。值 0 指出在 Read Real Sync Data 服务内部没有定义 PLL Window。它不关心 Sync Master。

属性类型:Unsigned 32。

Sync Send Factor

此属性包含同步 PDU 的发送间隔。应设置 Sync Send Factor 为 31.25 μs 的倍数。

属性类型:Unsigned 16。

该值应在 1～2 764 800 000 的范围内。

Send Clock Factor

此属性在 8.3.10.4.2 中定义。

Sync Properties

此属性包含下列属性:

属性类型:Unsigned 16。

Role

此属性包含与时间同步有关的设备的角色。

依据表 211 来使用允许值。

表 211　**Sync Properties Role**

含　义
Local sync
External sync：Role Sync Slave
Sync Master

Sync Class

此属性包含 Sync Class 的值。依据表 212 来使用允许值。

表 212　**Sync Class**

含　义
测试阶层(Stratum)
主要(GPS、原子时钟)
次要(直接连接到主要时钟)
连接到外部时间信号(通过边界时钟)
不连接到外部时间信号
非时钟同步化

Sync Frame Address

此属性包含指示 PTCP 子域的多播 MAC 目的地址的最低 5 个有效位。

属性类型：Unsigned 16。

PTCP Timeout Factor

此属性包含 Timeout Factor 用于检测同步报文的丢失。

该时间基(Time Base)是 Sync Send Factor。

属性类型：Unsigned 16。

允许值：0x00～0xFF。

Expected Sync Data

此属性表包含对 Real Sync Data 规定的相同属性(包括所有后续属性)。

Real Fiber Optic Data

此属性包含下列属性：

List of Ports

此属性包含 Data Elements。列表元素包括下列属性：

Slot Number

此属性包含具有接口子模块的模块的槽号。

属性类型：Unsigned 16。

允许值：0x0000～0x7FFF。

Subslot Number

此属性包含该接口的子槽号。

属性类型：Unsigned 16。

依据表 213 来使用允许值。

表 213 光纤子模块的子槽号

值(十六进制)	含义
0x8000	接口子模块 1
0x8100	接口子模块 2
0x8200	接口子模块 3
0x8300	接口子模块 4
0x8400	接口子模块 5
0x8500	接口子模块 6
0x8600	接口子模块 7
0x8700	接口子模块 8
0x8900	接口子模块 9
0x8A00	接口子模块 10
0x8B00	接口子模块 11
0x8C00	接口子模块 12
0x8D00	接口子模块 13
0x8E00	接口子模块 14
0x8F00	接口子模块 15

Fiber Optic type

此属性包含与该端口连接的光纤媒体的类型。

属性类型:Unsigned 32。

依据表 214 来使用允许值。

表 214 **Fiber Optic Types**

值(十六进制)	含义
0x00000000	无适用的光纤类型
0x00000001	9 μm 单模光纤
0x00000002	50 μm 多模光纤
0x00000003	62.5 μm 多模光纤
0x00000004	SI-POF,NA=0.5
0x00000005	SI-PCF,NA=0.36
0x00000006	LowNA-POF,NA=0.3
0x00000007	GI-POF
0x00000008-0x0000007F	保留
0x00000080-0x000000FF	制造商特定
0x00000100-0xFFFFFFFF	保留

Fiber Optic Cable type

此属性包含与该端口连接的光纤电缆的类型。

属性类型:Unsigned 32。

依据表 215 来使用允许值。

表 215 **Fiber Optic Cable Types**

值(十六进制)	含　义
0x00000000	无规定的电缆
0x00000001	内部/外部电缆,固定安装
0x00000002	内部/外部电缆,灵活安装
0x00000003	户外电缆,固定安装
0x00000004～0xFFFFFFFF	保留

Fiber optic Manufacturer Specific

此属性包含下列属性:

Vendor ID

此属性应包含制造商 ID。

注 3: Vendor ID 由 PROFIBUS 国际(PI)来分配。

属性类型:Unsigned 16

Manufacturer Specific Fiber Optic Data

此属性应包含制造商特定光纤数据。

Maintenance Required Power Budget

此属性包含按 0.1 dB 步长计的功率预算,如果端口的当前功率预算小于此值,它被用来产生 Maintenance Required 报文。该维护报文可以不激活。

属性类型:Unsigned 32。

允许值:DISABLED、Maintenance Required Power Budget。

Maintenance Demanded Power Budget

此属性包含按 0.1 dB 步长计的功率预算,如果该端口的当前功率预算小于此值的话,它被用来产生 Maintenance Demanded 报文。该维护报文可以不激活。

属性类型:Unsigned 32。

允许值:DISABLED、Maintenance Demanded Power Budget。

Error Power Budget

此属性包含按 0.1 dB 步长计的功率预算,如果该端口的当前功率预算小于此值的话,它被用来产生 Diagnosis 报文。该维护报文可以不激活。

属性类型:Unsigned 32。

允许值:DISABLED、Error Power Budget。

MRP Interface Data

此可选属性包含下列属性:

List of MRP Domains

此属性该接口的 MRP Domains。列表元素包括下列属性:

Real Data

此属性包含用于 MRP 的当前活动的接口数据。该属性组继承来自父类媒体冗余的有关属性的所有接口。

Adjust Data

此属性包含已经被写的 MRP 的接口数据。该内容可以不同于在读数据组中相同属性的内容,如果调整(adjustment)失败的话。该属性组继承来自父类媒体冗余的有关属性的所有接口。

Check Enable

此可选属性包含下列属性以控制 MRP 属性的计算：

Multiple Manager Check

此属性包含值 TRUE 以使能继续 multiple MRP managers 的计算，用接收的具有 MRP_Type＝MRP_Test 的 MRP－PDUs。否则，它应被设置为 FALSE。

属性类型：Boolean。

Domain UUID Check

此属性包含值 TRUE 以使能继续 MRP Domain UUID 的计算，用如在 Neighbourhood Check 状态机中规定的每个 Remote System Data Change indication。否则，它应被设置为 FALSE。

属性类型：Boolean。

List of Expected Fast Startup Data

此可选属性表包含用于每个 AR 的下列属性：

Hello Data

此可选属性包含用于该 AR 的 Hello Data。列表元素包含下列属性：

Hello Mode

此属性包含当前活动的模型以传送 DCP ASE 的 Hello 服务。如果至少一个 AR 需要 Hello 服务，IO 设备应发出 Hello 服务请求。

属性类型：Unsigned 32。

允许值：OFF、ON_LINKUP、ON_LINKUP_AFTER_DELAY。

缺省值：OFF。

Hello Interval

此属性包含用于第 2 个 Hello 服务请求的初始间隔。

属性类型：Unsigned 32。

允许值：30_MILLISECONDS、50_MILLISECONDS、00_MILLISECONDS、300_MILLISECONDS、500_MILLISECONDS、1_SECOND。

缺省值：30_MILLISECONDS。

Hello Delay

此属性包含用于第 1 个 Hello 服务请求的初始延迟。

属性类型：Unsigned 32。

允许值：NO_DELAY、50_MILLISECONDS、100_MILLISECONDS、500_MILLISECONDS、1_SECOND。

缺省值：NO_DELAY。

Hello Retry

此属性包含用于 Hello 请求服务的重试次数。

属性类型：Unsigned 32。

允许值：1～15。

缺省值：3。

Parameter Data

此属性包含用于该 AR 的 Parameter Data。列表元素包含下列属性：

Parameter Mode

此属性包含该 AR 的当前活动的 Parameter Mode。

属性类型：Unsigned 32。

允许值：ON、OFF。

Parameter UUID

此属性包含使未改变的参数集有效的 UUID。

属性类型:UUID

允许值:"00000000-0000-0000-0000-000000000001"~"FFFFFFFF-FFFF-FFFF-FFFF-FFFFFFFFFFFF"。

Write Persistence Flag for Real List of Interfaces

此属性应实现与 Record Data ASE 的 Write Persistence Flag 属性相同的行为。当强迫所有物理设备管理 ASE 属性至少在参数化阶段期间是非易失时,应设置它为 TRUE。在连接建立以后,如果应用已经改变此属性为 FALSE,则该 AR 运行时,在 Application Ready 服务之后,应以错误代码 State Conflict 来拒绝 Write 服务。

属性类型:Boolean。

8.3.8.3 物理设备管理服务规范

所使用的 DCP 服务分别在 DCP 规范中描述。DHCP、DNS 和 LLDP 规范没有定义本地服务接口。所以,所涉及的服务原语的实现是本地的事情,在本规范不予定义。

定义下列服务用来读或写这些 ASE 属性。

8.3.8.3.1 Write Expected Port Data

可以使用此证实服务来写所期望的端口数据。此服务应与 IO AR 或 Supervisor AR 联合使用。表 216 列出了该服务的参数。

服务用户仅应寻址在该端口数据内的模块和子模块,它们是与该 AR 连接的子模块表的一部分。否则,服务提供者应向该服务发出一个否定响应,并应忽略所有数据。但是,服务用户可能寻址到更少的子模块。在此情况下,端口差异信息提供这些丢失端口的实际数据。

可以使用服务参数"Multiple"来传送在一个 APDU 内的多个端口数据。

服务器应在响应中回送"Multiple"的值。响应的数量应等于请求的数量。次序可以是任意的。

注 1:在一个 APDU 内传送来自其他 ASE(例如,Physical Device Management ASE 或 Record Data ASE)的 Record Data 对象和属性是可能的。

表 216 Write Expected Port Data

参数名称	Req	Ind	Rsp	Cnf
Argument	M	M(=)		
AREP	M	M(=)		
API	M	M(=)		
Slot Number	U	U(=)		
Subslot Number	U	U(=)		
Multiple	U	U(=)		
Seq Number	M	M(=)		
Length	M	M(=)		
Expected List of Ports	M	M(=)		
Slot Number	M	M(=)		
Subslot Number	M	M(=)		
List of Peers	O	O(=)		
Peer Port ID	M	M(=)		
Peer Chassis ID	M	M(=)		

表 216（续）

参数名称	Req	Ind	Rsp	Cnf
Propagation Delay Factor	O	O(=)		
MAU type	O	O(=)		
Domain Boundary	O	O(=)		
Multicast Boundary	O	O(=)		
Peer To Peer Boundary	O	O(=)		
DCP Boundary	O	O(=)		
Prm Flag		M		
Result(+)			S	S(=)
AREP			M	M(=)
Multiple			U	U(=)
Seq Number			M	M(=)
Result(−)			S	S(=)
AREP			M	M(=)
Multiple			U	U(=)
Seq Number			M	M(=)
Error Decode			M	M(=)
Error code 1			M	M(=)
Error code 2			M	M(=)
Add Data 1			M	M(=)
Add Data 2			M	M(=)

Argument

该变元应传送该服务请求的服务特定参数。

AREP

此参数是所期望的 AR 的本地标识符。

API

此参数应被用来寻址所期望的 API。

Slot Number

参数 Slot Number 被用来寻址特定槽的端口信息或联合服务参数 Subslot Number 寻址特定子槽的端口信息。

Subslot Number

参数 Subslot Number 被用来寻址特定子槽的端口信息。

Multiple

参数 Multiple 应用来传送在一个 APDU 内的多个 Record Data 对象。如果应传送单个 Record Data 对象，则该参数应不出现。值 MULTIPLE_START 指出一个序列的第 1 个 Record Data 对象。值 MULTIPLE_SEGMENT 指出一个任意其他的 Record Data 对象。值 MULTIPLE_END 指出最后一个 Record Data 对象，并触发该 APDU 的传输。同样的，这些适用于响应服务原语。

Seq Number

参数 Seq Number 被服务器用于通过序列号识别重复的服务。此服务参数的范围是：$0\sim2^{16}-1$。请求应用过程为每个未完成的服务请求提供一个唯一的 Seq Number。在一个会话期间，对每一个服务请求，参数 Seq Number 值都递增 1。开始一个新会话时，Seq Number 从前一个会话的最后值开始。已完成的具有 Seq Number 的证实将被忽略。已完成的具有 Seq Number 的指示将被拒绝。应分别对每个已建立的 AR 的 Seq Number 进行维护。

Length

参数 Length 指出必须被读的 Expected List of Ports 的八位位组个数。允许的长度范围：$2^{0}\sim2^{32}-256$。

Expected List of Ports

此参数由以下列表元素组成：

Slot Number

此参数包含该 ASE 对象的相应属性值。

Subslot Number

此参数包含该 ASE 对象的相应属性值。

List of Peers

此参数包含该 ASE 对象的相应属性值。

Peer Port ID

此参数包含该 ASE 对象的相应属性值。

Peer Chassis ID

此参数包含该 ASE 对象的相应属性值。

Propagation Delay Factor

此参数包含该 ASE 对象的相应属性值。

MAU type

此参数包含该 ASE 对象的相应属性值。

Domain Boundary

此参数包含该 ASE 对象的相应属性值。

Multicast Boundary

此参数包含该 ASE 对象的相应属性值。

Peer To Peer Boundary

此参数包含该 ASE 对象的相应属性值。

DCP Boundary

此参数包含该 ASE 对象的相应属性值。

Prm Flag

在连接建立阶段期间进行参数化时，该本地指示参数应包含值 TRUE。否则，应设置该值为 FALSE。

属性类型：Boolean。

注 2：此参数用于控制数据的永久储存。它用于快速启动过程。

Result(＋)

此参数指出该服务请求成功。

Result(－)

此参数指出该服务请求失败。

Error Decode

此参数从 Error code 1 和 Error code 2 中选择一种；其编码在 GB/Z 25105.2 中规定。

类型：Unsigned 8。

允许值：PNIORW。

Error code 1

参数 Error code 1 采取下列值之一：read error、module failure、version conflict、feature not supported、user specific、invalid index、invalid slot/subslot、type conflict、invalid area、state conflict、access denied、invalid range、invalid parameter、invalid type、read constrain conflict、resource busy、resource unavailable、service cancelled。

类型：Unsigned 16。

Error code 2

参数 Error code 2 是用户特定的。

类型：Unsigned 8。

Add Data 1

参数 Add Data1 是 API 特定的(行规)。如果没有定义 additional data 1，则应传输值 0。

类型：Unsigned 16。

注 3：Add Data 1 可以被行规规范用来传输特定错误报文。

Add Data 2

参数 Add Data2 是用户特定的。如果没有定义 additional data 2，则应传输值 0。

类型：Unsigned 16。

注 4：Add Data 2 可以被制造商用来传输特定错误报文。

8.3.8.3.2 Write Adjusted Port Data

此证实服务可以被用来调整端口数据。此服务应与 IO AR 或 Supervisor AR 联合使用。表 217 列出了该服务的参数。

服务用户仅应寻址在该端口数据内的模块和子模块，它们是与该 AR 连接的子模块表的一部分。否则，服务提供者应向该服务发出一个否定响应，并应忽略所有数据。但是，服务用户可能寻址到更少的子模块。在此情况下，端口差异信息提供这些丢失端口的实际数据。

可以使用服务参数“Multiple”来传送在一个 APDU 内的多个调整端口数据。

服务器应在响应中回送“Multiple”的值。响应的数量应等于请求的数量。次序可以是任意的。

注 1：在一个 APDU 内传送来自其他 ASE(例如，Physical Device Management ASE 或 Record Data ASE)的 Record Data 对象和属性是可能的。

表 217 Write Adjusted Port Data

参数名称	Req	Ind	Rsp	Cnf
Argument	M	M(=)		
AREP	M	M(=)		
API	M	M(=)		
Slot Number	U	U(=)		
Subslot Number	U	U(=)		
Multiple	U	U(=)		
Seq Number	M	M(=)		
Length	M	M(=)		
Adjusted List of Ports	M	M(=)		
Slot Number	M	M(=)		

表 217（续）

参数名称	Req	Ind	Rsp	Cnf
Subslot Number	M	M(=)		
Adjust MAU type	O	O(=)		
Adjust Domain Boundary	O	O(=)		
Adjust Multicast Boundary	O	O(=)		
Adjust Peer to Peer Boundary	O	O(=)		
Adjust DCP Boundary	O	O(=)		
Prm Flag		M		
Result(+)			S	S(=)
AREP			M	M(=)
Multiple			U	U(=)
Seq Number			M	M(=)
Result(−)			S	S(=)
AREP			M	M(=)
Multiple			U	U(=)
Seq Number			M	M(=)
Error Decode			M	M(=)
Error code 1			M	M(=)
Error code 2			M	M(=)
Add Data 1			M	M(=)
Add Data 2			M	M(=)

Argument

该变元应传送该服务请求的服务特定参数。

AREP

此参数是所期望的 AR 的本地标识符。

API

此参数应被用来寻址所期望的 API。

Slot Number

参数 Slot Number 被用来寻址特定槽的端口信息或联合服务参数 Subslot Number 寻址特定子槽的端口信息。

Subslot Number

参数 Subslot Number 被用来寻址特定子槽的端口信息。

Multiple

参数 Multiple 应用来传送在一个 APDU 内的多个 Record Data 对象。如果应传送单个 Record Data 对象，则该参数应不出现。值 MULTIPLE_START 指出一个序列的第 1 个 Record Data 对象。值 MULTIPLE_SEGMENT 指出一个任意其他的 Record Data 对象。值 MULTIPLE_END 指出最后一个 Record Data 对象，并触发该 APDU 的传输。同样的，这些适用于响应服务原语。

Seq Number

参数 Seq Number 被服务器用于通过序列号识别重复的服务。此服务参数的范围是：$0\sim2^{16}-1$。请求应用过程为每个未完成的服务请求提供一个唯一的 Seq Number。在一个会话期间，对每一个服务请求，参数 Seq Number 值都递增 1。开始一个新会话时，Seq Number 从前一个会话的最后值开始。已完成的具有 Seq Number 的证实将被忽略。已完成的具有 Seq Number 的指示将被拒绝。应分别对每个已建立的 AR 的 Seq Number 进行维护。

Length

参数 Length 指出必须被读的 Expected List of Ports 的八位位组个数。允许的长度范围：$2^{0}\sim2^{32}-256$。

Adjusted List of Ports

此参数由以下列表元素组成：

Slot Number

此参数包含该 ASE 对象的相应属性值。

Subslot Number

此参数包含该 ASE 对象的相应属性值。

Adjust MAU type

此参数包含该 ASE 对象的相应属性值。

Adjust Domain Boundary

此参数包含该 ASE 对象的相应属性值。

Adjust Multicast Boundary

此参数包含该 ASE 对象的相应属性值。

Adjust Peer to Peer Boundary

此参数包含该 ASE 对象的相应属性值。

Adjust DCP Boundary

此参数包含该 ASE 对象的相应属性值。

Prm Flag

在连接建立阶段期间进行参数化时，该本地指示参数应包含值 TRUE。否则，应设置该值为 FALSE。

属性类型：Boolean。

注 2：此参数被用来控制数据的永久存储。它在快速启动过程中被利用。

Result(＋)

此参数指出该服务请求成功。

Result(－)

此参数指出该服务请求失败。

Error Decode

此参数从 Error code 1 和 Error code 2 中选择一种；其编码在 GB/Z 25105.2 中规定。

类型：Unsigned 8。

允许值：PNIORW。

Error code 1

参数 Error code 1 采取下列值之一：read error、module failure、version conflict、feature not supported、user specific、invalid index、invalid slot/subslot、type conflict、invalid area、state conflict、access denied、invalid range、invalid parameter、invalid type、read constrain conflict、resource busy、resource unavailable、service cancelled。

类型:Unsigned 16。

Error code 2

参数 Error code 2 是用户特定的。

类型:Unsigned 8。

Add Data 1

参数 Add Data1 是 API 特定的(行规)。如果没有定义 additional data 1,则应传输值 0。

类型:Unsigned 16。

注 3:Add Data 1 可以被行规规范用来传输特定错误报文。

Add Data 2

参数 Add Data2 是用户特定的。如果没有定义 additional data 2,则应传输值 0。

类型:Unsigned 16。

注 4:Add Data 2 可以被制造商用来传输特定错误报文。

8.3.8.3.3 Read Real Port Data

此证实服务可以被用来读实际端口数据。此服务应与 implicit AR、IO AR 或 Supervisor AR 联合使用。表 218 列出了该服务的参数。

通过服务参数 Target AR UUID 和 Subslot,端口差异的内容可以被限制于特定的 AR 或特定的 Subslot,如同过滤器功能。在选择了用户特定过滤器的情况下,Read Real Port Data 响应仅应包含匹配该过滤器判据的数据项。否则,应响应所有数据项。

使用 Target AR UUID 的 Implicit AR:如果存在已建立的 IO AR 或 Supervisor AR 具有所请求的 Target AR UUID,则此服务仅包含实际端口数据。否则,参数错误被响应。

表 218 Read real port data

参数名称	Req	Ind	Rsp	Cnf
Argument	M	M(=)		
AREP	M	M(=)		
API	U	U(=)		
Target AR UUID	U	U(=)		
Slot Number	M	M(=)		
Subslot Number	U	U(=)		
Seq Number	M	M(=)		
Length	M	M(=)		
Result(+)			S	S(=)
AREP			M	M(=)
Seq Number			M	M(=)
Length			M	M(=)
Real List of Ports			M	M(=)
Slot Number			M	M(=)
Subslot Number			M	M(=)
Own Port ID			M	M(=)
List of Peers			O	O(=)
Peer Port ID			M	M(=)

表 218（续）

参数名称	Req	Ind	Rsp	Cnf
Peer Chassis ID			M	M(=)
Peer MAC Address			M	M(=)
Propagation Delay Factor			M	M(=)
MAU type			M	M(=)
Domain Boundary			M	M(=)
Multicast Boundary			M	M(=)
Peer to Peer Boundary			M	M(=)
DCP Boundary			M	M(=)
Result(−)			S	S(=)
AREP			M	M(=)
Seq Number			M	M(=)
Error Decode			M	M(=)
Error code 1			M	M(=)
Error code 2			M	M(=)
Add Data 1			M	M(=)
Add Data 2			M	M(=)

Argument

该变元应传送该服务请求的服务特定参数。

AREP

此参数是所期望的 AR 的本地标识符。

API

此参数应被用来寻址所期望的 API。

Target AR UUID

此参数仅应被用来读 AR 特定的端口差异信息。

如果使用了此参数，则服务参数 Subslot Number 应不被使用。

注 1：它仅被用来读连接到所请求的 AR 的端口差异信息。

Slot Number

参数 Slot Number 被用来寻址特定槽的端口信息或联合服务参数 Subslot Number 寻址特定子槽的端口信息。

Subslot Number

参数 Subslot Number 被用来寻址特定子槽的端口信息。

Seq Number

参数 Seq Number 被服务器用于通过序列号识别重复的服务。此服务参数的范围是：$0\sim2^{16}-1$。请求应用过程为每个未完成的服务请求提供一个唯一的 Seq Number。在一个会话期间，对每一个服务请求，参数 Seq Number 值都递增 1。开始一个新会话时，Seq Number 从前一个会话的最后值开始。已完成的具有 Seq Number 的证实将被忽略。已完成的具有 Seq Number 的指示将被拒绝。应分别对每个已建立的 AR 的 Seq Number 进行维护。

Length

此参数指出必须被读的端口差异数据的八位位组个数。允许的长度范围：$2^0\sim2^{32}-256$。

Result(＋)

此参数指出服务请求成功。

Real List of Ports

此参数由以下列表元素组成：

Slot Number

此参数包含该 ASE 对象的相应属性值。

Subslot Number

此参数包含该 ASE 对象的相应属性值。

Own Port ID

此参数包含该 ASE 对象的相应属性值。

List of Peers

此参数包含该 ASE 对象的相应属性值。

Peer Port ID

此参数包含该 ASE 对象的相应属性值。

Peer Chassis ID

此参数包含该 ASE 对象的相应属性值。

Peer MAC Address

此参数包含该 ASE 对象的相应属性值。

Propagation Delay Factor

此参数包含该 ASE 对象的相应属性值。

MAU type

此参数包含该 ASE 对象的相应属性值。

Domain Boundary

此参数包含该 ASE 对象的相应属性值。

Multicast Boundary

此参数包含该 ASE 对象的相应属性值。

Peer to Peer Boundary

此参数包含该 ASE 对象的相应属性值。

DCP Boundary

此参数包含该 ASE 对象的相应属性值。

Result(－)

此参数指出服务请求失败。

Error Decode

此参数从 Error code 1 和 Error code 2 中选择一种；其编码在 GB/Z 25105.2 中规定。

类型：Unsigned 8。

允许值：PNIORW。

Error code 1

参数 Error code 1 采取下列值之一：read error、module failure、version conflict、feature not supported、user specific、invalid index、invalid slot/subslot、type conflict、invalid area、state conflict、access denied、invalid range、invalid parameter、invalid type、read constrain conflict、resource busy、resource unavailable、service cancelled。

类型：Unsigned 16。

Error code 2

参数 Error code 2 是用户特定的。

类型:Unsigned 8

Add Data 1

参数 Add Data1 是 API 特定的(行规)。如果没有定义 additional data 1,则应传输值 0。

类型:Unsigned 16。

注 2: Add Data 1 可以被行规规范用来传输特定错误报文。

Add Data 2

参数 Add Data2 是用户特定的。如果没有定义 additional data 2,则应传输值 0。

类型:Unsigned 16。

注 3: Add Data 2 可以被制造商用来传输特定错误报文。

8.3.8.3.4 **Read Expected Port Data**

此证实服务可以被用来读所期望的端口数据。此服务应与 implicit AR、IO AR 或 Supervisor AR 联合使用。表 219 列出了该服务的参数。

通过服务参数 Target AR UUID 和 Subslot,端口差异的内容可以被限制于特定的 AR 或特定的 Subslot,如同过滤器功能。在选择了用户特定过滤器的情况下,Read Expected Port Data 响应仅应包含匹配该过滤器判据的数据项。否则,应响应所有数据项。

使用 Target AR UUID 的 Implicit AR:如果存在具有所请求 Target AR UUID 的已建立的 IO AR 或 Supervisor AR,则此服务仅包含所期望的端口数据。否则,参数错误被响应。

表 219 **Read Expected Port Data**

参数名称	Req	Ind	Rsp	Cnf
Argument	M	M(=)		
AREP	M	M(=)		
API	U	U(=)		
Target AR UUID	U	U(=)		
Slot Number	U	U(=)		
Subslot Number	U	U(=)		
Seq Number	M	M(=)		
Length	M	M(=)		
Result(+)			S	S(=)
AREP			M	M(=)
Seq Number			M	M(=)
Length			M	M(=)
Expected List of Ports			M	M(=)
Slot Number			M	M(=)
Subslot Number			M	M(=)
List of Peers			O	O(=)
Peer Port ID			M	M(=)
Peer Chassis ID			M	M(=)
Peer MAC Address			M	M(=)
Propagation Delay Factor			O	O(=)

表 219（续）

参数名称	Req	Ind	Rsp	Cnf
MAU type			O	O(=)
Domain Boundary			O	O(=)
Multicast Boundary			O	O(=)
Peer to Peer Boundary			O	O(=)
DCP Boundary			O	O(=)
Result(－)			S	S(=)
AREP			M	M(=)
Seq Number			M	M(=)
Error Decode			M	M(=)
Error code 1			M	M(=)
Error code 2			M	M(=)
Add Data 1			M	M(=)
Add Data 2			M	M(=)

Argument

该变元应传送该服务请求的服务特定参数。

AREP

此参数是所期望的 AR 的本地标识符。

API

此参数应被用来寻址所期望的 API。

Target AR UUID

此参数仅应被用来读 AR 特定的端口差异信息。

如果使用了此参数，则服务参数 Subslot Number 应不被使用。

注 1：它仅被用来读连接到所请求的 AR 的端口差异信息。

Slot Number

参数 Slot Number 被用来寻址特定槽的端口信息或联合服务参数 Subslot Number 寻址特定子槽的端口信息。

Subslot Number

参数 Subslot Number 被用来寻址特定子槽的端口差异信息。

Seq Number

参数 Seq Number 被服务器用于通过序列号识别重复的服务。此服务参数的范围是：$0 \sim 2^{16}-1$。请求应用过程为每个未完成的服务请求提供一个唯一的 Seq Number。在一个会话期间，对每一个服务请求，参数 Seq Number 值都递增 1。开始一个新会话时，Seq Number 从前一个会话的最后值开始。已完成的具有 Seq Number 的证实将被忽略。已完成的具有 Seq Number 的指示将被拒绝。应分别对每个已建立的 AR 的 Seq Number 进行维护。

Length

此参数指出必须被读的端口差异数据的八位位组个数。允许的长度范围：$2^0 \sim 2^{32}-256$。

此参数指出该服务请求成功。

Result(＋)

此参数指出该服务请求成功。

Expected List of Ports

此参数由以下列表元素组成：

Slot Number

此参数包含该 ASE 对象的相应属性值。

Subslot Number

此参数包含该 ASE 对象的相应属性值。

List of Peers

此参数包含该 ASE 对象的相应属性值。

Peer Port ID

此参数包含该 ASE 对象的相应属性值。

Peer Chassis ID

此参数包含该 ASE 对象的相应属性值。

Peer MAC Address

此参数包含该 ASE 对象的相应属性值。

Propagation Delay Factor

此参数包含该 ASE 对象的相应属性值。

MAU type

此参数包含该 ASE 对象的相应属性值。

Domain Boundary

此参数包含该 ASE 对象的相应属性值。

Multicast Boundary

此参数包含该 ASE 对象的相应属性值。

Peer to Peer Boundary

此参数包含该 ASE 对象的相应属性值。

DCP Boundary

此参数包含该 ASE 对象的相应属性值。

Result(—)

此参数指出该服务请求失败。

Error Decode

此参数从 Error code 1 和 Error code 2 中选择一种；其编码在 GB/Z 25105.2 中规定。

类型：Unsigned 8。

允许值：PNIORW。

Error code 1

参数 Error code 1 采取下列值之一：read error、module failure、version conflict、feature not supported、user specific、invalid index、invalid slot/subslot、type conflict、invalid area、state conflict、access denied、invalid range、invalid parameter、invalid type、read constrain conflict、resource busy、resource unavailable、service cancelled。

类型：Unsigned 16。

Error code 2

参数 Error code 2 是用户特定的。

类型：Unsigned 8。

Add Data 1

参数 Add Data1 是 API 特定的(行规)。如果没有定义 additional data 1，则应传输值 0。

类型:Unsigned 16。

注 2:Add Data 1 可以被行规规范用来传输特定错误报文。

Add Data 2

参数 Add Data2 是用户特定的。如果没有定义 additional data 2,则应传输值 0。

类型:Unsigned 16。

注 3:Add Data 2 可以被制造商用来传输特定错误报文。

8.3.8.3.5 **Read Adjusted Port Data**

此证实服务可以被用来读调整的端口数据。此服务应与 implicit AR、IO AR 或 Supervisor AR 联合使用。表 220 列出了该服务的参数。

通过服务参数 Target AR UUID 和 Subslot,端口差异的内容可以被限制于特定的 AR 或特定的 Subslot,如同过滤器功能。在选择了用户特定过滤器的情况下,Read Adjusted Port Data 响应仅应包含匹配该过滤器判据的数据项。否则,应响应所有数据项。

使用 Target AR UUID 的 Implicit AR:如果存在具有所请求 Target AR UUID 的已建立的 IO AR 或 Supervisor AR,则此服务仅包含所期望的端口数据。否则,参数错误被响应。

表 220 Read Adjusted Port Data

参数名称	Req	Ind	Rsp	Cnf
Argument	M	M(=)		
AREP	M	M(=)		
API	U	U(=)		
Target AR UUID	U	U(=)		
Slot Number	U	U(=)		
Subslot Number	U	U(=)		
Seq Number	M	M(=)		
Length	M	M(=)		
Result(+)			S	S(=)
AREP			M	M(=)
Seq Number			M	M(=)
Length			M	M(=)
Adjusted List of Ports			M	M(=)
Slot Number			M	M(=)
Subslot Number			M	M(=)
Adjust MAU type			O	O(=)
Adjust Domain Boundary			O	O(=)
Adjust Multicast Boundary			O	O(=)
Adjust Peer to Peer Boundary			O	O(=)
Adjust DCP Boundary			O	O(=)
Result(−)			S	S(=)
AREP			M	M(=)
Seq Number			M	M(=)

表 220（续）

参数名称	Req	Ind	Rsp	Cnf
Error Decode			M	M(=)
Error code 1			M	M(=)
Error code 2			M	M(=)
Add Data 1			M	M(=)
Add Data 2			M	M(=)

Argument

该变元应传送该服务请求的服务特定参数。

AREP

此参数是所期望的 AR 的本地标识符。

API

此参数应被用来寻址所期望的 API。

Target AR UUID

此参数仅应被用来读 AR 特定的端口差异信息。

如果使用了此参数，则服务参数 Subslot Number 应不被使用。

注 1：它仅被用来读连接到所请求的 AR 的端口差异信息。

Slot Number

参数 Slot Number 被用来寻址特定槽的端口信息或联合服务参数 Subslot Number 寻址特定子槽的端口信息。

Subslot Number

参数 Subslot Number 被用来寻址特定子槽的端口差异信息。

Seq Number

参数 Seq Number 被服务器用于通过序列号识别重复的服务。此服务参数的范围是：$0 \sim 2^{16}-1$。请求应用过程为每个未完成的服务请求提供一个唯一的 Seq Number。在一个会话期间，对每一个服务请求，参数 Seq Number 值都递增 1。开始一个新会话时，Seq Number 从前一个会话的最后值开始。已完成的具有 Seq Number 的证实将被忽略。已完成的具有 Seq Number 的指示将被拒绝。应分别对每个已建立的 AR 的 Seq Number 进行维护。

Length

此参数指出必须被读的端口差异数据的八位位组个数。允许的长度范围：$2^{0} \sim 2^{32}-256$。

Result(+)

此参数指出该服务请求成功。

Adjusted List of Ports

此参数由以下列表元素组成：

Slot Number

此参数包含该 ASE 对象的相应属性值。

Subslot Number

此参数包含该 ASE 对象的相应属性值。

Adjust MAU type

此参数包含该 ASE 对象的相应属性值。

Adjust Domain Boundary

此参数包含该 ASE 对象的相应属性值。

Adjust Multicast Boundary

此参数包含该 ASE 对象的相应属性值。

Adjust Peer to Peer Boundary

此参数包含该 ASE 对象的相应属性值。

Adjust DCP Boundary

此参数包含该 ASE 对象的相应属性值。

Result(—)

此参数指出该服务请求失败。

Error Decode

此参数从 Error code 1 和 Error code 2 中选择一种;其编码在 GB/Z 25105.2 中规定。

类型:Unsigned 8。

允许值:PNIORW。

Error code 1

参数 Error code 1 采取下列值之一:read error、module failure、version conflict、feature not supported、user specific、invalid index、invalid slot/subslot、type conflict、invalid area、state conflict、access denied、invalid range、invalid parameter、invalid type、read constrain conflict、resource busy、resource unavailable、service cancelled。

类型:Unsigned 16。

Error code 2

参数 Error code 2 是用户特定的。

类型:Unsigned 8

Add Data 1

参数 Add Data1 是 API 特定的(行规)。如果没有定义 additional data 1,则应传输值 0。

类型:Unsigned 16。

注 2:Add Data 1 可以被行规规范用来传输特定错误报文。

Add Data 2

参数 Add Data2 是用户特定的。如果没有定义 additional data 2,则应传输值 0。

类型:Unsigned 16

注 3:Add Data 2 可以被制造商用来传输特定错误报文。

8.3.8.3.6 Write IR Data

此证实服务可以被用来写 IR Data 的属性。此服务应与 IO AR 或 Supervisor AR 联合使用。表 221列出了该服务的参数。

如果所使用的 AR 与一个或更多个接口子模块连接,则服务用户仅应使用此服务。否则,服务提供者应向该服务发出一个否定响应,并应忽略所有数据。

可以使用服务参数“Multiple”来传送在一个 APDU 内的多个 IR 数据。

服务器应在响应中镜射“Multiple”的值。响应的数量应等于请求的数量。次序可以是任意的。

注 1:在一个 APDU 内传送来自其他 ASE(例如,Physical Device Management ASE 或 Record Data ASE)的 Record Data 对象和属性是可能的。

表 221 Write IR Data

参数名称	Req	Ind	Rsp	Cnf
Argument	M	M(=)		
AREP	M	M(=)		
API	M	M(=)		
Slot Number	U	U(=)		

表 221（续）

参数名称	Req	Ind	Rsp	Cnf
Subslot Number	U	U(=)		
Multiple	U	U(=)		
Seq Number	M	M(=)		
Length	M	M(=)		
IR Data	M	M(=)		
List of RT_CLASS_3 Interfaces	M	M(=)		
Slot Number	M	M(=)		
Subslot Number	M	M(=)		
IR Global Data	M	M(=)		
IR Data ID	M	M(=)		
Max Bridge Delay	U	M(=)		
Number of Ports	U	M(=)		
List of Port Delays	U	M(=)		
Max Port Tx Delay	M	M(=)		
Max Port Rx Delay	M	M(=)		
List of IR Frame Data Elements	M	M(=)		
Frame Send Offset	M	M(=)		
Data Length	M	M(=)		
Reduction Ratio	M	M(=)		
Phase	M	M(=)		
Frame ID	M	M(=)		
Ethertype	M	M(=)		
Rx Port	M	M(=)		
Frame Details	M	M(=)		
Tx Port Group	M	M(=)		
Number Of Tx Port Group Array Elements	M	M(=)		
Tx Port Group Array	M	M(=)		
Prm Flag		M		
Result(+)			S	S(=)
AREP			M	M(=)
Multiple			U	U(=)
Seq Number			M	M(=)
Result(−)			S	S(=)
AREP			M	M(=)
Multiple			U	U(=)
Seq Number			M	M(=)

表 221（续）

参数名称	Req	Ind	Rsp	Cnf
Error Decode			M	M(=)
Error code 1			M	M(=)
Error code 2			M	M(=)
Add Data 1			M	M(=)
Add Data 2			M	M(=)

Argument

该变元应传送该服务请求的服务特定参数。

AREP

此参数是所期望的 AR 的本地标识符。

API

此参数应被用来寻址所期望的 API。

Slot Number

参数 Slot Number 被用来寻址特定槽的端口信息或联合服务参数 Subslot Number 寻址特定子槽的端口信息。

Subslot Number

参数 Subslot Number 被用来寻址特定子槽的端口信息。

Multiple

参数 Multiple 应用来传送在一个 APDU 内的多个 Record Data 对象。如果应传送单个 Record Data 对象，则该参数应不出现。值 MULTIPLE_START 指出一个序列的第 1 个 Record Data 对象。值 MULTIPLE_SEGMENT 指出一个任意其他的 Record Data 对象。值 MULTIPLE_END 指出最后一个 Record Data 对象，并触发该 APDU 的传输。同样的，这些适用于响应服务原语。

Seq Number

参数 Seq Number 被服务器用于通过序列号识别重复的服务。此服务参数的范围是：$0 \sim 2^{16}-1$。请求应用过程为每个未完成的服务请求提供一个唯一的 Seq Number。在一个会话期间，对每一个服务请求，参数 Seq Number 值都递增 1。开始一个新会话时，Seq Number 从前一个会话的最后值开始。已完成的具有 Seq Number 的证实将被忽略。已完成的具有 Seq Number 的指示将被拒绝。应分别对每个已建立的 AR 的 Seq Number 进行维护。

Length

此参数指出必须被读的 IR Data 的八位位组个数。允许的长度范围：$2^{0} \sim 2^{32}-256$。

IR Data

此参数由下列元素组成：

List of RT_CLASS_3 Interfaces

此参数包含 RT_CLASS_3 接口的列表。列表元素由下列的参数组成：

Slot Number

此参数包含该 ASE 对象的相应属性值。

Subslot Number

此参数包含该 ASE 对象的相应属性值。

IR Global Data

此参数由以下列表元素组成：

IR Data ID

此参数包含该 ASE 对象的相应属性值。

Max Bridge Delay

此参数包含该 ASE 对象的相应属性值。

Number of Ports

此参数包含该 ASE 对象的相应属性值。

List of Port Delays

此可选参数由以下列表元素组成：

Max Port Tx Delay

此参数包含该 ASE 对象的相应属性值。

Max Port Rx Delay

此参数包含该 ASE 对象的相应属性值。

List of IR Frame Data Elements

此参数由以下列表元素组成：

Frame Send Offset

此参数包含该 ASE 对象的相应属性值。

Data Length

此参数包含该 ASE 对象的相应属性值。

Reduction Ratio

此参数包含该 ASE 对象的相应属性值。

Phase

此参数包含该 ASE 对象的相应属性值。

Frame ID

此参数包含该 ASE 对象的相应属性值。

Ethertype

此参数包含该 ASE 对象的相应属性值。

Rx Port

此参数包含该 ASE 对象的相应属性值。

Frame Details

此参数包含该 ASE 对象的相应属性值。

Tx Port Group

此参数包含该 ASE 对象的相应属性值。

Number Of Tx Port Group Array Elements

此参数包含该 ASE 对象的相应属性值。

Tx Port Group Array

此参数包含该 ASE 对象的相应属性值。

Prm Flag

在连接建立阶段期间进行参数化时，该本地指示参数应包含值 TRUE。否则，应设置该值为 FALSE。

属性类型：Boolean。

注 2：此参数被用来控制数据的永久存储。它在快速启动过程中被利用。

Result(＋)

此参数指出该服务请求成功。

Result(－)

此参数指出该服务请求失败。

Error Decode

此参数从 Error code 1 和 Error code 2 中选择一种;其编码在 GB/Z 25105.2 中规定。

类型:Unsigned 8。

允许值:PNIORW。

Error code 1

参数 Error code 1 采取下列值之一:read error、module failure、version conflict、feature not supported、user specific、invalid index、invalid slot/subslot、type conflict、invalid area、state conflict、access denied、invalid range、invalid parameter、invalid type、read constrain conflict、resource busy、resource unavailable、service cancelled。

类型:Unsigned 16。

Error code 2

参数 Error code 2 是用户特定的。

类型:Unsigned 8。

Add Data 1

参数 Add Data1 是 API 特定的(行规)。如果没有定义 additional data 1,则应传输值 0。

类型:Unsigned 16。

注 3:Add Data 1 可以被行规规范用来传输特定错误报文。

Add Data 2

参数 Add Data2 是用户特定的。如果没有定义 additional data 2,则应传输值 0。

类型:Unsigned 16。

注 4:Add Data 2 可以被制造商用来传输特定错误报文。

8.3.8.3.7 Read IR Data

此证实服务可以被用来读在 IR Data 中的属性的值。此服务应与 implicit AR、IO AR 或 Supervisor AR 联合使用。表 222 列出了该服务的参数。

通过服务参数 Target AR UUID,端口差异的内容可以被限制于特定的 AR,如同使用 Implicit AR 的过滤器功能。在选择了用户特定过滤器的情况下,Read IR Data 响应仅应包含匹配该过滤器判据的数据项。否则,应响应所有数据项。

使用 Target AR UUID 的 Implicit AR:如果存在具有所请求 Target AR UUID 的已建立的 IO AR 或 Supervisor AR,则此服务仅包含 IR Data。否则,参数错误被响应。

表 222 Read IR Data

参数名称	Req	Ind	Rsp	Cnf
Argument	M	M(=)		
AREP	M	M(=)		
API	U	U(=)		
Target AR UUID	U	U(=)		
Slot Number	U	U(=)		
Subslot Number	U	U(=)		
Seq Number	M	M(=)		
Length	M	M(=)		

表 222（续）

参数名称	Req	Ind	Rsp	Cnf
Result(+)			S	S(=)
A REP			M	M(=)
Seq Number			M	M(=)
Length			M	M(=)
IR Data			M	M(=)
List of RT_CLASS_3 Interfaces			M	M(=)
Slot Number			M	M(=)
Subslot Number			M	M(=)
IR Global Data			M	M(=)
IR Data ID			M	M(=)
Max Bridge Delay			U	M(=)
Number of Ports			U	M(=)
List of Port Delays			U	M(=)
Max Port Tx Delay			M	M(=)
Max Port Rx Delay			M	M(=)
List of IR Frame Data Elements			M	M(=)
Frame Send Offset			M	M(=)
Data Length			M	M(=)
Reduction Ratio			M	M(=)
Phase			M	M(=)
Frame ID			M	M(=)
Ethertype			M	M(=)
Rx Port			M	M(=)
Frame Details			M	M(=)
Tx Port Group			M	M(=)
Number Of Tx Port Group Array Elements			M	M(=)
Tx Port Group Array			M	M(=)
Result(−)			S	S(=)
AREP			M	M(=)
Seq Number			M	M(=)
Error Decode			M	M(=)
Error code 1			M	M(=)
Error code 2			M	M(=)
Add Data 1			M	M(=)
Add Data 2			M	M(=)

Argument

该变元应传送该服务请求的服务特定参数。

AREP

此参数是所期望的 AR 的本地标识符。

API

此参数应被用来寻址所期望的 API。

Target AR UUID

此参数仅应被用来读 AR 特定的端口差异信息。

如果使用了此参数,则服务参数 Subslot Number 应不被使用。

注 1:它仅被用来读连接到所请求的 AR 的端口差异信息。

Slot Number

参数 Slot Number 被用来寻址特定槽的信息或联合服务参数 Subslot Number 寻址特定子槽的信息。

Subslot Number

参数 Subslot Number 被用来寻址特定子槽的信息。

Seq Number

参数 Seq Number 被服务器用于通过序列号识别重复的服务。此服务参数的范围是:$0\sim2^{16}-1$。请求应用过程为每个未完成的服务请求提供一个唯一的 Seq Number。在一个会话期间,对每一个服务请求,参数 Seq Number 值都递增 1。开始一个新会话时,Seq Number 从前一个会话的最后值开始。已完成的具有 Seq Number 的证实将被忽略。已完成的具有 Seq Number 的指示将被拒绝。应分别对每个已建立的 AR 的 Seq Number 进行维护。

Length

此参数指出必须被读的 IR Data 的八位位组个数。允许的长度范围:$2^0\sim2^{32}-256$。

Result(+)

此参数指出该服务请求成功。

IR Data

此参数由下列元素组成。

List of RT_CLASS_3 Interfaces

此参数包含 RT_CLASS_3 Interfaces 的列表。列表元素由下列参数组成。

Slot Number

此参数包含该 ASE 对象的相应属性值。

Subslot Number

此参数包含该 ASE 对象的相应属性值。

IR Global Data

此参数由以下列表元素组成:

IR Data ID

此参数包含该 ASE 对象的相应属性值。

Max Bridge Delay

此参数包含该 ASE 对象的相应属性值。

Number of Ports

此参数包含该 ASE 对象的相应属性值。

List of Port Delays

此可选参数由以下列表元素组成:

Max Port Tx Delay

此参数包含该 ASE 对象的相应属性值。

Max Port Rx Delay

此参数包含该 ASE 对象的相应属性值。

List of IR Frame Data Elements

此参数由以下列表元素组成：

Frame Send Offset

此参数包含该 ASE 对象的相应属性值。

Data Length

此参数包含该 ASE 对象的相应属性值。

Reduction Ratio

此参数包含该 ASE 对象的相应属性值。

Phase

此参数包含该 ASE 对象的相应属性值。

Frame ID

此参数包含该 ASE 对象的相应属性值。

Ethertype

此参数包含该 ASE 对象的相应属性值。

Rx Port

此参数包含该 ASE 对象的相应属性值。

Frame Details

此参数包含该 ASE 对象的相应属性值。

Tx Port Group

此参数包含该 ASE 对象的相应属性值。

Number Of Tx Port Group Array Elements

此参数包含该 ASE 对象的相应属性值。

Tx Port Group Array

此参数包含该 ASE 对象的相应属性值。

Result(－)

此参数指出该服务请求失败。

Error Decode

此参数从 Error code 1 和 Error code 2 中选择一种；其编码在 GB/Z 25105.2 中规定。

类型：Unsigned 8。

允许值：PNIORW。

Error code 1

参数 Error code 1 采取下列值之一：read error、module failure、version conflict、feature not supported、user specific、invalid index、invalid slot/subslot、type conflict、invalid area、state conflict、access denied、invalid range、invalid parameter、invalid type、read constrain conflict、resource busy、resource unavailable、service cancelled。

类型：Unsigned 16。

Error code 2

参数 Error code 2 是用户特定的。

类型：Unsigned 8。

Add Data 1

参数 Add Data1 是 API 特定的(行规)。如果没有定义 additional data 1,则应传输值 0。

类型:Unsigned 16。

注 2:Add Data 1 可以被行规规范用来传输特定错误报文。

Add Data 2

参数 Add Data2 是用户特定的。如果没有定义 additional data 2,则应传输值 0。

类型:Unsigned 16。

注 3:Add Data 2 可以被制造商用来传输特定错误报文。

8.3.8.3.8 **Write Sync Data**

此证实服务可以被用来写 Sync Data 的属性。此服务应与 IO AR 或 Supervisor AR 联合使用。表 223 列出了该服务的参数。

如果所使用的 AR 与一个或更多个接口子模块连接,则服务用户仅应使用此服务。否则,服务提供者应向该服务发出一个否定响应,并应忽略所有数据。

可以使用服务参数“Multiple”来传送在一个 APDU 内的多个 Sync 数据。

服务器应在响应中镜射“Multiple”的值。响应的数量应等于请求的数量。次序可以是任意的。

注 1:在一个 APDU 内传送来自其他 ASE(例如,Physical Device Management ASE 或 Record Data ASE)的 Record Data 对象和属性是可能的。

表 223 Write Sync Data

参数名称	Req	Ind	Rsp	Cnf
Argument	M	M(=)		
AREP	M	M(=)		
API	M	M(=)		
Slot Number	U	U(=)		
Subslot Number	U	U(=)		
Multiple	U	U(=)		
Seq Number	M	M(=)		
Length	M	M(=)		
Sync Data	M	M(=)		
List of Interfaces	M	M(=)		
Slot Number	M	M(=)		
Subslot Number	M	M(=)		
PTCP Subdomain ID	M	M(=)		
PTCP Subdomain Name	M	M(=)		
IR Data ID	M	M(=)		
Reserved Interval Begin	M	M(=)		
Reserved Interval End	M	M(=)		
PLL Window	M	M(=)		
Sync Send Factor	M	M(=)		
Send Clock Factor	M	M(=)		
Sync Properties	M	M(=)		
Sync Frame Address	M	M(=)		

表 223（续）

参数名称	Req	Ind	Rsp	Cnf
PTCP Timeout Factor	M	M(=)		
Prm Flag		M		
Result(+)			S	S(=)
AREP			M	M(=)
Multiple			U	U(=)
Seq Number			M	M(=)
Result(−)			S	S(=)
AREP			M	M(=)
Multiple			U	U(=)
Seq Number			M	M(=)
Error Decode			M	M(=)
Error code 1			M	M(=)
Error code 2			M	M(=)
Add Data 1			M	M(=)
Add Data 2			M	M(=)

Argument

该变元应传送该服务请求的服务特定参数。

AREP

此参数是所期望的 AR 的本地标识符。

API

此参数应被用来寻址所期望的 API。

Slot Number

参数 Slot Number 被用来寻址特定槽的端口信息或联合服务参数 Subslot Number 寻址特定子槽的端口信息。

Subslot Number

参数 Subslot Number 被用来寻址特定子槽的端口信息。

Multiple

参数 Multiple 应用来传送在一个 APDU 内的多个 Record Data 对象。如果应传送单个 Record Data 对象，则该参数应不出现。值 MULTIPLE_START 指出一个序列的第 1 个 Record Data 对象。值 MULTIPLE_SEGMENT 指出一个任意其他的 Record Data 对象。值 MULTIPLE_END 指出最后一个 Record Data 对象，并触发该 APDU 的传输。同样的，这些适用于响应服务原语。

Seq Number

参数 Seq Number 被服务器用于通过序列号识别重复的服务。此服务参数的范围是：$0\sim2^{16}-1$。请求应用过程为每个未完成的服务请求提供一个唯一的 Seq Number。在一个会话期间，对每一个服务请求，参数 Seq Number 值都递增 1。开始一个新会话时，Seq Number 从前一个会话的最后值开始。已完成的具有 Seq Number 的证实将被忽略。已完成的具有 Seq Number 的指示将被拒绝。

应分别对每个已建立的 AR 的 Seq Number 进行维护。

Length

参数 Length 指出必须被读的端口差异数据的八位位组个数。允许的长度范围：2^0～$2^{32}-256$。

Sync Data

此参数由以下列表元素组成：

List of Interfaces

此参数包含 Sync Interfaces 的列表。列表元素由下列参数组成。

Slot Number

此参数包含该 ASE 对象的相应属性值。

Subslot Number

此参数包含该 ASE 对象的相应属性值。

PTCP Subdomain ID

此参数包含该 ASE 对象的相应属性值。

PTCP Subdomain Name

此参数包含该 ASE 对象的相应属性值。

IR Data ID

此参数包含该 ASE 对象的相应属性值。

Reserved Interval Begin

此参数包含该 ASE 对象的相应属性值。

Reserved Interval End

此参数包含该 ASE 对象的相应属性值。

PLL Window

此参数包含该 ASE 对象的相应属性值。

Sync Send Factor

此参数包含该 ASE 对象的相应属性值。

Send Clock Factor

此参数包含该 ASE 对象的相应属性值。

Sync Properties

此参数包含该 ASE 对象的相应属性值。

Sync Frame Address

此参数包含该 ASE 对象的相应属性值。

PTCP Timeout Factor

此参数包含该 ASE 对象的相应属性值。

Prm Flag

在连接建立阶段期间进行参数化时，该本地指示参数应包含值 TRUE。否则，应设置该值为 FALSE。

属性类型：Boolean。

注 2：此参数被用来控制数据的永久存储。它在快速启动过程中被利用。

Result(＋)

此参数指出该服务请求成功。

Result(－)

此参数指出该服务请求失败。

Error Decode

此参数从 Error code 1 和 Error code 2 中选择一种;其编码在 GB/Z 25105.2 中规定。

类型:Unsigned 8。

允许值:PNIORW。

Error code 1

参数 Error code 1 采取下列值之一:read error、module failure、version conflict、feature not supported、user specific、invalid index、invalid slot/subslot、type conflict、invalid area、state conflict、access denied、invalid range、invalid parameter、invalid type、read constrain conflict、resource busy、resource unavailable、service cancelled。

类型:Unsigned 16。

Error code 2

参数 Error code 2 是用户特定的。

类型:Unsigned 8。

Add Data 1

参数 Add Data1 是 API 特定的(行规)。如果没有定义 additional data 1,则应传输值 0。

类型:Unsigned 16。

注 3:Add Data 1 可以被行规规范用来传输特定错误报文。

Add Data 2

参数 Add Data2 是用户特定的。如果没有定义 additional data 2,则应传输值 0。

类型:Unsigned 16。

注 4:Add Data 2 可以被制造商用来传输特定错误报文。

8.3.8.3.9 **Read Real Sync Data**

此证实服务可以被用来读在 Sync Data 中的属性的值。此服务应与 implicit AR、IO AR 或 Supervisor AR 联合使用。表 224 列出了该服务的参数。

通过服务参数 Target AR UUID,端口差异的内容可以被限制于特定的 AR,如同使用 Implicit AR 的过滤器功能。在选择了用户特定过滤器的情况下,Read Sync Data 响应仅应包含匹配该过滤器判据的数据项。否则,应响应所有数据项。

使用 Target AR UUID 的 Implicit AR:如果存在具有所请求 Target AR UUID 的已建立的 IO AR 或 Supervisor AR,则此服务仅包含 Sync Data。否则,参数错误被响应。

表 224 **Read Real Sync Data**

参数名称	Req	Ind	Rsp	Cnf
Argument	M	M(=)		
AREP	M	M(=)		
API	U	U(=)		
Target AR UUID	U	U(=)		
Slot Number	U	U(=)		
Subslot Number	U	U(=)		
Seq Number	M	M(=)		
Length	M	M(=)		
Result(+)			S	S(=)
AREP			M	M(=)
Seq Number			M	M(=)

表 224（续）

参数名称	Req	Ind	Rsp	Cnf
Length			M	M(=)
Sync Data			U	U(=)
List of Interfaces			M	M(=)
Slot Number			M	M(=)
Subslot Number			M	M(=)
PTCP Subdomain ID			M	M(=)
PTCP Subdomain Name			M	M(=)
IR Data ID			M	M(=)
Reserved Interval Begin			M	M(=)
Reserved Interval End			M	M(=)
PLL Window			M	M(=)
Sync Send Factor			M	M(=)
Send Clock Factor			M	M(=)
Sync Properties			M	M(=)
Sync Frame Address			M	M(=)
PTCP Timeout Factor			M	M(=)
Result(－)			S	S(=)
AREP			M	M(=)
Seq Number			M	M(=)
Error Decode			M	M(=)
Error code 1			M	M(=)
Error code 2			M	M(=)
Add Data 1			M	M(=)
Add Data 2			M	M(=)

Argument

该变元应传送该服务请求的服务特定参数。

AREP

此参数是所期望的 AR 的本地标识符。

API

此参数应被用来寻址所期望的 API。

Target AR UUID

此参数仅应被用来读 AR 特定的端口差异信息。

如果使用了此参数，则服务参数 Subslot Number 应不被使用。

注 1：它仅被用来读连接到所请求的 AR 的端口差异信息。

Slot Number

参数 Slot Number 被用来寻址特定槽的信息或联合服务参数 Subslot Number 寻址特定子槽的信息。

Subslot Number

参数 Subslot Number 被用来寻址特定子槽的信息。

Seq Number

参数 Seq Number 被服务器用于通过序列号识别重复的服务。此服务参数的范围是：$0\sim2^{16}-1$。请求应用过程为每个未完成的服务请求提供一个唯一的 Seq Number。在一个会话期间，对每一个服务请求，参数 Seq Number 值都递增 1。开始一个新会话时，Seq Number 从前一个会话的最后值开始。已完成的具有 Seq Number 的证实将被忽略。已完成的具有 Seq Number 的指示将被拒绝。应分别对每个已建立的 AR 的 Seq Number 进行维护。

Length

参数 Length 指出必须被读的端口差异数据的八位位组个数。允许的长度范围：$2^0\sim2^{32}-256$。

Result(+)

此参数指出该服务请求成功。

Sync Data

此参数由以下列表元素组成：

List of Interfaces

此参数包含 Sync Interfaces 的列表。列表元素由下列参数组成。

Slot Number

此参数包含该 ASE 对象的相应属性值。

Subslot Number

此参数包含该 ASE 对象的相应属性值。

PTCP Subdomain ID

此参数包含该 ASE 对象的相应属性值。

PTCP Subdomain Name

此参数包含该 ASE 对象的相应属性值。

IR Data ID

此参数包含该 ASE 对象的相应属性值。

Reserved Interval Begin

此参数包含该 ASE 对象的相应属性值。

Reserved Interval End

此参数包含该 ASE 对象的相应属性值。

PLL Window

此参数包含该 ASE 对象的相应属性值。

Sync Send Factor

此参数包含该 ASE 对象的相应属性值。

Send Clock Factor

此参数包含该 ASE 对象的相应属性值。

Sync Properties

此参数包含该 ASE 对象的相应属性值。

Sync Frame Address

此参数包含该 ASE 对象的相应属性值。

PTCP Timeout Factor

此参数包含该 ASE 对象的相应属性值。

Result(—)

此参数指出该服务请求失败。

Error Decode

此参数从 Error code 1 和 Error code 2 中选择一种;其编码在 GB/Z 25105.2 中规定。

类型:Unsigned 8。

允许值:PNIORW。

Error code 1

参数 Error code 1 采取下列值之一:read error、module failure、version conflict、feature not supported、user specific、invalid index、invalid slot/subslot、type conflict、invalid area、state conflict、access denied、invalid range、invalid parameter、invalid type、read constrain conflict、resource busy、resource unavailable、service cancelled。

类型:Unsigned 16。

Error code 2

参数 Error code 2 是用户特定的。

类型:Unsigned 8。

Add Data 1

参数 Add Data1 是 API 特定的(行规)。如果没有定义 additional data 1,则应传输值 0。

类型:Unsigned 16。

注 2:Add Data 1 可以被行规规范用来传输特定错误报文。

Add Data 2

参数 Add Data2 是用户特定的。如果没有定义 additional data 2,则应传输值 0。

类型:Unsigned 16

注 3:Add Data 2 可以被制造商用来传输特定错误报文。

8.3.8.3.10 Read Expected Sync Data

此证实服务可以被用来读 Sync Data 中的属性的值。此服务应与 implicit AR、IO AR 或 Supervisor AR 联合使用。表 225 列出了该服务的参数。

通过服务参数 Target AR UUID,端口差异的内容可以被限制于特定的 AR,如同使用 Implicit AR 的过滤器功能。在选择了用户特定过滤器的情况下,Read Sync Data 响应仅应包含匹配该过滤器判据的数据项。否则,应响应所有数据项。

使用 Target AR UUID 的 Implicit AR:如果存在具有所请求 Target AR UUID 的已建立的 IO AR 或 Supervisor AR,则此服务仅包含 Sync Data。否则,参数错误被响应。

表 225 Read Expected Sync Data

参数名称	Req	Ind	Rsp	Cnf
Argument	M	M(=)		
AREP	M	M(=)		
API	U	U(=)		
Target AR UUID	U	U(=)		
Slot Number	U	U(=)		
Subslot Number	U	U(=)		
Seq Number	M	M(=)		
Length	M	M(=)		
Result(+)			S	S(=)
AREP			M	M(=)

表 225（续）

参数名称	Req	Ind	Rsp	Cnf
Seq Number			M	M(=)
Length			M	M(=)
Sync Data			U	U(=)
List of Interfaces			M	M(=)
Slot Number			M	M(=)
Subslot Number			M	M(=)
PTCP Subdomain ID			M	M(=)
PTCP Subdomain Name			M	M(=)
IR Data ID			M	M(=)
Reserved Interval Begin			M	M(=)
Reserved Interval End			M	M(=)
PLL Window			M	M(=)
Sync Send Factor			M	M(=)
Send Clock Factor			M	M(=)
Sync Properties			M	M(=)
Sync Frame Address			M	M(=)
PTCP Timeout Factor			M	M(=)
Result(—)			S	S(=)
AREP			M	M(=)
Seq Number			M	M(=)
Error Decode			M	M(=)
Error code 1			M	M(=)
Error code 2			M	M(=)
Add Data 1			M	M(=)
Add Data 2			M	M(=)

Argument

该变元应传送该服务请求的服务特定参数。

AREP

此参数是所期望的 AR 的本地标识符。

API

此参数应被用来寻址所期望的 API。

Target AR UUID

此参数仅应被用来读 AR 特定的端口差异信息。

如果使用了此参数，则服务参数 Subslot Number 应不被使用。

注 1：它仅被用来读连接到所请求的 AR 的端口差异信息。

Slot Number

参数 Slot Number 被用来寻址特定槽的信息或联合服务参数 Subslot Number 寻址特定子槽的信息。

Subslot Number

参数 Subslot Number 被用来寻址特定子槽的信息。

Seq Number

参数 Seq Number 被服务器用于通过序列号识别重复的服务。此服务参数的范围是：$0 \sim 2^{16}-1$。请求应用过程为每个未完成的服务请求提供一个唯一的 Seq Number。在一个会话期间，对每一个服务请求，参数 Seq Number 值都递增 1。开始一个新会话时，Seq Number 从前一个会话的最后值开始。已完成的具有 Seq Number 的证实将被忽略。已完成的具有 Seq Number 的指示将被拒绝。应分别对每个已建立的 AR 的 Seq Number 进行维护。

Length

参数 Length 指出必须被读的端口差异数据的八位位组个数。允许的长度范围：$2^0 \sim 2^{32}-256$。

Result(＋)

此参数指出该服务请求成功。

Sync Data

此参数由以下列表元素组成：

List of Interfaces

此参数包含 Sync Interfaces 的列表。列表元素由下列参数组成：

Slot Number

此参数包含该 ASE 对象的相应属性值。

Subslot Number

此参数包含该 ASE 对象的相应属性值。

PTCP Subdomain ID

此参数包含该 ASE 对象的相应属性值。

PTCP Subdomain Name

此参数包含该 ASE 对象的相应属性值。

IR Data ID

此参数包含该 ASE 对象的相应属性值。

Reserved Interval Begin

此参数包含该 ASE 对象的相应属性值。

Reserved Interval End

此参数包含该 ASE 对象的相应属性值。

PLL Window

此参数包含该 ASE 对象的相应属性值。

Sync Send Factor

此参数包含该 ASE 对象的相应属性值。

Send Clock Factor

此参数包含该 ASE 对象的相应属性值。

Sync Properties

此参数包含该 ASE 对象的相应属性值。

Sync Frame Address

此参数包含该 ASE 对象的相应属性值。

PTCP Timeout Factor

此参数包含该 ASE 对象的相应属性值。

Result(－)

此参数指出该服务请求失败。

Error Decode

此参数从 Error code 1 和 Error code 2 中选择一种;其编码在 GB/Z 25105.2 中规定。

类型:Unsigned 8。

允许值:PNIORW。

Error code 1

参数 Error code 1 采取下列值之一:read error、module failure、version conflict、feature not supported、user specific、invalid index、invalid slot/subslot、type conflict、invalid area、state conflict、access denied、invalid range、invalid parameter、invalid type、read constrain conflict、resource busy、resource unavailable、service cancelled。

类型:Unsigned 16。

Error code 2

参数 Error code 2 是用户特定的。

类型:Unsigned 8。

Add Data 1

参数 Add Data1 是 API 特定的(行规)。如果没有定义 additional data 1,则应传输值 0。

类型:Unsigned 16。

注 2:Add Data 1 可以被行规规范用来传输特定错误报文。

Add Data 2

参数 Add Data2 是用户特定的。如果没有定义 additional data 2,则应传输值 0。

类型:Unsigned 16。

注 3:Add Data 2 可以被制造商用来传输特定错误报文。

8.3.8.3.11 Read PDev Data

此证实服务可以被用来读在 Real Port Data、IR Data 和 Sync Data 中的属性的值。此服务应与 implicit AR、IO AR 或 Supervisor AR 联合使用。表 226 列出了该服务的参数。

表 226 Read PDev Data

参数名称	Req	Ind	Rsp	Cnf
Argument	M	M(=)		
AREP	M	M(=)		
Seq Number	M	M(=)		
Length	M	M(=)		
Result(+)			S	S(=)
AREP			M	M(=)
Seq Number			M	M(=)
Length			M	M(=)
Real List of Ports			U	U(=)
Slot Number			M	M(=)
Subslot Number			M	M(=)
Own Port ID			M	M(=)
List of Peers			O	O(=)

表 226（续）

参数名称	Req	Ind	Rsp	Cnf
Peer Port ID			M	M(=)
Peer Chassis ID			M	M(=)
Peer MAC Address			M	M(=)
Propagation Delay Factor			M	M(=)
MAU type			M	M(=)
Domain Boundary			M	M(=)
Multicast Boundary			M	M(=)
Peer to Peer Boundary			M	M(=)
DCP Boundary			M	M(=)
Expected List of Ports			U	U(=)
Slot Number			M	M(=)
Subslot Number			M	M(=)
List of Peers			O	O(=)
Peer Port ID			M	M(=)
Peer Chassis ID			M	M(=)
Propagation Delay Factor			O	O(=)
MAU type			O	O(=)
Domain Boundary			O	O(=)
Multicast Boundary			O	O(=)
Peer to Peer Boundary			O	O(=)
DCP Boundary			O	O(=)
Adjusted List of Ports			U	U(=)
Slot Number			M	M(=)
Subslot Number			M	M(=)
Adjust MAU type			O	O(=)
Adjust Domain Boundary			O	O(=)
Adjust Multicast Boundary			O	O(=)
Adjust Peer to Peer Boundary			O	O(=)
Adjust DCP Boundary			O	O(=)
IR Data			U	U(=)
List of RT_CLASS_3 Interfaces			M	M(=)
Slot Number			M	M(=)
Subslot Number			M	M(=)
IR Global Data			M	M(=)
IR Data ID			M	M(=)
List of IR Frame Data Elements			M	M(=)
Frame Send Offset			M	M(=)
Data Length			M	M(=)

表 226（续）

参数名称	Req	Ind	Rsp	Cnf
Reduction Ratio			M	M(=)
Phase			M	M(=)
Frame ID			M	M(=)
Ethertype			M	M(=)
Rx Port			M	M(=)
Frame Details			M	M(=)
Tx Port Group			M	M(=)
Number Of Tx Port Group Array Elements			M	M(=)
Tx Port Group Array			M	M(=)
Sync Data			U	U(=)
List of Interfaces			M	M(=)
Slot Number			M	M(=)
Subslot Number			M	M(=)
PTCP Subdomain ID			M	M(=)
PTCP Subdomain Name			M	M(=)
IR Data ID			M	M(=)
Reserved Interval Begin			M	M(=)
Reserved Interval End			M	M(=)
PLL Window			M	M(=)
Sync Send Factor			M	M(=)
Send Clock Factor			M	M(=)
Sync Properties			M	M(=)
Sync Frame Address			M	M(=)
PTCP Timeout Factor			M	M(=)
Result(−)			S	S(=)
AREP			M	M(=)
Seq Number			M	M(=)
Error Decode			M	M(=)
Error code 1			M	M(=)
Error code 2			M	M(=)
Add Data 1			M	M(=)
Add Data 2			M	M(=)

Argument

该变元应传送该服务请求的服务特定参数。

AREP

此参数是所期望的 AR 的本地标识符。

Seq Number

参数 Seq Number 被服务器用于通过序列号识别重复的服务。此服务参数的范围是:$0\sim2^{16}-1$。请求应用过程为每个未完成的服务请求提供一个唯一的 Seq Number。在一个会话期间,对每一个服务请求,参数 Seq Number 值都递增 1。开始一个新会话时,Seq Number 从前一个会话的最后值开始。已完成的具有 Seq Number 的证实将被忽略。已完成的具有 Seq Number 的指示将被拒绝。应分别对每个已建立的 AR 的 Seq Number 进行维护。

Length

参数 Length 指出必须被读的端口差异数据的八位位组个数。允许的长度范围:$2^{0}\sim2^{32}-256$。

Result(+)

此参数指出该服务请求成功。

Real List of Ports

此参数由以下列表元素组成:

Slot Number

此参数包含该 ASE 对象的相应属性值。

Subslot Number

此参数包含该 ASE 对象的相应属性值。

Own Port ID

此参数包含该 ASE 对象的相应属性值。

List of Peers

此参数包含该 ASE 对象的相应属性值。

Peer Port ID

此参数包含该 ASE 对象的相应属性值。

Peer Chassis ID

此参数包含该 ASE 对象的相应属性值。

Peer MAC Address

此参数包含该 ASE 对象的相应属性值。

Propagation Delay Factor

此参数包含该 ASE 对象的相应属性值。

MAU type

此参数包含该 ASE 对象的相应属性值。

Domain Boundary

此参数包含该 ASE 对象的相应属性值。

Multicast Boundary

此参数包含该 ASE 对象的相应属性值。

Peer to Peer Boundary

此参数包含该 ASE 对象的相应属性值。

DCP Boundary

此参数包含该 ASE 对象的相应属性值。

Expected List of Ports

此参数由以下列表元素组成:

Slot Number

此参数包含该 ASE 对象的相应属性值。

Subslot Number

此参数包含该 ASE 对象的相应属性值。

List of Peers

此参数包含该 ASE 对象的相应属性值。

Peer Port ID

此参数包含该 ASE 对象的相应属性值。

Peer Chassis ID

此参数包含该 ASE 对象的相应属性值。

Propagation Delay Factor

此参数包含该 ASE 对象的相应属性值。

MAU type

此参数包含该 ASE 对象的相应属性值。

Domain Boundary

此参数包含该 ASE 对象的相应属性值。

Multicast Boundary

此参数包含该 ASE 对象的相应属性值。

Peer to Peer Boundary

此参数包含该 ASE 对象的相应属性值。

DCP Boundary

此参数包含该 ASE 对象的相应属性值。

Adjusted List of Ports

此参数由下列表元素组成：

Slot Number

此参数包含该 ASE 对象的相应属性值。

Subslot Number

此参数包含该 ASE 对象的相应属性值。

Adjust MAU type

此参数包含该 ASE 对象的相应属性值。

Adjust Domain Boundary

此参数包含该 ASE 对象的相应属性值。

Adjust Multicast Boundary

此参数包含该 ASE 对象的相应属性值。

Adjust Peer to Peer Boundary

此参数包含该 ASE 对象的相应属性值。

Adjust DCP Boundary

此参数包含该 ASE 对象的相应属性值。

IR Data

此参数由下列元素组成：

List of RT_CLASS_3 Interfaces

此参数包含 RT_CLASS_3 Interfaces 的列表。列表元素由下列参数组成：

Slot Number

此参数包含该 ASE 对象的相应属性值。

Subslot Number

此参数包含该 ASE 对象的相应属性值。

IR Global Data

此参数由以下列表元素组成：

IR Data ID

此参数包含该 ASE 对象的相应属性值。

List of IR Frame Data Elements

此参数由以下列表元素组成：

Frame Send Offset

此参数包含该 ASE 对象的相应属性值。

Data Length

此参数包含该 ASE 对象的相应属性值。

Reduction Ratio

此参数包含该 ASE 对象的相应属性值。

Phase

此参数包含该 ASE 对象的相应属性值。

Frame ID

此参数包含该 ASE 对象的相应属性值。

Ethertype

此参数包含该 ASE 对象的相应属性值。

Rx Port

此参数包含该 ASE 对象的相应属性值。

Frame Details

此参数包含该 ASE 对象的相应属性值。

Tx Port Group

此参数包含该 ASE 对象的相应属性值：

Number Of Tx Port Group Array Elements

此参数包含该 ASE 对象的相应属性值。

Tx Port Group Array

此参数包含该 ASE 对象的相应属性值。

Sync Data

此参数由以下列表元素组成：

List of Interfaces

此参数包含 Sync Interfaces 的列表。列表元素由下列参数组成：

Slot Number

此参数包含该 ASE 对象的相应属性值。

Subslot Number

此参数包含该 ASE 对象的相应属性值。

PTCP Subdomain ID

此参数包含该 ASE 对象的相应属性值。

PTCP Subdomain Name

此参数包含该 ASE 对象的相应属性值。

IR Data ID

此参数包含该 ASE 对象的相应属性值。

Reserved Interval Begin

此参数包含该 ASE 对象的相应属性值。

Reserved Interval End

此参数包含该 ASE 对象的相应属性值。

PLL Window

此参数包含该 ASE 对象的相应属性值。

Sync Send Factor

此参数包含该 ASE 对象的相应属性值。

Send Clock Factor

此参数包含该 ASE 对象的相应属性值。

Sync Properties

此参数包含该 ASE 对象的相应属性值。

Sync Frame Address

此参数包含该 ASE 对象的相应属性值。

PTCP Timeout Factor

此参数包含该 ASE 对象的相应属性值。

Result(—)

此参数指出该服务请求失败。

Error Decode

此参数从 Error code 1 和 Error code 2 中选择一种;其编码在 GB/Z 25105.2 中规定。

类型:Unsigned 8。

允许值:PNIORW。

Error code 1

参数 Error code 1 采取下列值之一:read error、module failure、version conflict、feature not supported、user specific、invalid index、invalid slot/subslot、type conflict、invalid area、state conflict、access denied、invalid range、invalid parameter、invalid type、read constrain conflict、resource busy、resource unavailable、service cancelled。

类型:Unsigned 16。

Error code 2

参数 Error code 2 是用户特定的。

类型:Unsigned 8。

Add Data 1

参数 Add Data1 是 API 特定的(行规)。如果没有定义 additional data 1,则应传输值 0。

类型:Unsigned 16。

注 1:Add Data 1 可以被行规规范用来传输特定错误报文。

Add Data 2

参数 Add Data2 是用户特定的。如果没有定义 additional data 2,则应传输值 0。

类型:Unsigned 16。

注 2:Add Data 2 可以被制造商用来传输特定错误报文。

8.3.8.3.12 Sync State Info

此本地服务指示被用来指出某个接口同步化状态的任何改变。表 227 列出了该服务的参数。

表 227 **Sync State Info**

参数名称	Ind
Argument	M
Sync Data	S
Slot Number	M
Subslot Number	M
PTCP Subdomain ID	M
IR Data ID	M
Reserved Interval Begin	M
Reserved Interval End	M
PLL Window	M
Sync Send Factor	M
Send Clock Factor	M
Sync Properties	M
Sync Frame Address	M
PTCP Timeout Factor	M
Sync Error Status	S
Slot Number	M
Subslot Number	M

Argument

该变元应传送该服务指示的服务特定参数。

Sync Data

如果该接口已经被同步了，则此选择性参数应出现。它由以下列表元素组成：

Slot Number

此参数包含该 ASE 对象的相应属性值。

Subslot Number

此参数包含该 ASE 对象的相应属性值。

PTCP Subdomain ID

此参数包含该 ASE 对象的相应属性值。

IR Data ID

此参数包含该 ASE 对象的相应属性值。

Reserved Interval Begin

此参数包含该 ASE 对象的相应属性值。

Reserved Interval End

此参数包含该 ASE 对象的相应属性值。

PLL Window

此参数包含该 ASE 对象的相应属性值。

Sync Send Factor

此参数包含该 ASE 对象的相应属性值。

Send Clock Factor

此参数包含该 ASE 对象的相应属性值。

Sync Properties

此参数由下列元素组成：

Sync Frame Address

此参数包含该 ASE 对象的相应属性值。

PTCP Timeout Factor

此参数包含该 ASE 对象的相应属性值。

Sync Error Status

如果该接口已经失去了同步，则此选择性参数应出现。它由下列表元素组成：

Slot Number

此参数包含该 ASE 对象的相应属性值。

Subslot Number

此参数包含该 ASE 对象的相应属性值。

8.3.8.3.13 **Write Adjusted Fiber Optic Data**

此证实服务可以被用来写调整光纤端口数据。此服务应与 IO AR 或 Supervisor AR 联合使用。表 228 列出了该服务的参数。

服务用户仅应寻址在该端口数据内的模块和子模块，它们是与该 AR 连接的子模块表的部分。否则，服务提供者应向该服务发出一个否定响应，并应忽略所有数据。但是，服务用户可能寻址到较少的子模块。在此情况下，端口差异信息提供这些丢失端口的实际数据。

可以使用服务参数“Multiple”来传送在一个 APDU 内的多个调整的端口数据。

服务器应在响应中镜射“Multiple”的值。响应的数量应等于请求的数量。次序可以是任意的。

注 1：在一个 APDU 内传送来自其他 ASE（例如，Physical Device Management ASE 或 Record Data ASE）的 Record Data 对象和属性是可能的。

表 228 Write Adjusted Fiber Optic Data

参数名称	Req	Ind	Rsp	Cnf
Argument	M	M(=)		
AREP	M	M(=)		
API	M	M(=)		
Slot Number	U	U(=)		
Subslot Number	U	U(=)		
Multiple	U	U(=)		
Seq Number	M	M(=)		
Length	M	M(=)		
Adjusted List of Ports	M	M(=)		
Slot Number	M	M(=)		
Subslot Number	M	M(=)		
Adjust Fiber Optic type	O	O(=)		
Adjust Fiber Optic Cable type	O	O(=)		
Prm Flag		M		
Result(+)			S	S(=)
AREP			M	M(=)

表 228（续）

参数名称	Req	Ind	Rsp	Cnf
Multiple			U	U(=)
Seq Number			M	M(=)
Result(-)			S	S(=)
AREP			M	M(=)
Multiple			U	U(=)
Seq Number			M	M(=)
Error Decode			M	M(=)
Error code 1			M	M(=)
Error code 2			M	M(=)
Add Data 1			M	M(=)
Add Data 2			M	M(=)

Argument

该变元应传送该服务请求的服务特定参数。

AREP

此参数是所期望的 AR 的本地标识符。

API

此参数应被用来寻址所期望的 API。

Slot Number

参数 Slot Number 被用来寻址特定槽的端口信息或联合服务参数 Subslot Number 寻址特定子槽的端口信息。

Subslot Number

参数 Subslot Number 被用来寻址特定子槽的端口信息。

Multiple

参数 Multiple 应用来传送在一个 APDU 内的多个 Record Data 对象。如果应传送单个 Record Data 对象，则该参数应不出现。值 MULTIPLE_START 指出一个序列的第 1 个 Record Data 对象。值 MULTIPLE_SEGMENT 指出一个任意其他的 Record Data 对象。值 MULTIPLE_END 指出最后一个 Record Data 对象，并触发该 APDU 的传输。同样的，这些适用于响应服务原语。

Seq Number

参数 Seq Number 被服务器用于通过序列号识别重复的服务。此服务参数的范围是：$0\sim2^{16}-1$。请求应用过程为每个未完成的服务请求提供一个唯一的 Seq Number。在一个会话期间，对每一个服务请求，参数 Seq Number 值都递增 1。开始一个新会话时，Seq Number 从前一个会话的最后值开始。已完成的具有 Seq Number 的证实将被忽略。已完成的具有 Seq Number 的指示将被拒绝。应分别对每个已建立的 AR 的 Seq Number 进行维护。

Length

参数 Length 指出必须被读的 Expected List of Ports 的八位位组个数。允许的长度范围：$2^{0}\sim2^{32}-256$。

Adjusted List of Ports

此参数由以下列表元素组成：

Slot Number

此参数包含该 ASE 对象的相应属性值。

Subslot Number

此参数包含该 ASE 对象的相应属性值。

Adjust Fiber Optic type

此参数包含该 ASE 对象的相应属性值。

Adjust Fiber Optic Cable type

此参数包含该 ASE 对象的相应属性值。

Prm Flag

在连接建立阶段期间进行参数化时，该本地指示参数应包含值 TRUE。否则，应设置该值为 FALSE。

属性类型：Boolean。

注 2：此参数被用来控制数据的永久存储。它在快速启动过程中被利用。

Result(+)

此参数指出该服务请求成功。

Result(-)

此参数指出该服务请求失败。

Error Decode

此参数从 Error code 1 和 Error code 2 中选择一种；其编码在 GB/Z 25105.2 中规定。

类型：Unsigned 8。

允许值：PNIORW。

Error code 1

参数 Error code 1 采取下列值之一：read error、module failure、version conflict、feature not supported、user specific、invalid index、invalid slot/subslot、type conflict、invalid area、state conflict、access denied、invalid range、invalid parameter、invalid type、read constrain conflict、resource busy、resource unavailable、service cancelled。

类型：Unsigned 16。

Error code 2

参数 Error code 2 是用户特定的。

类型：Unsigned 8。

Add Data 1

参数 Add Data1 是 API 特定的(行规)。如果没有定义 additional data 1，则应传输值 0。

类型：Unsigned 16。

注 3：Add Data 1 可以被行规规范用来传输特定错误报文。

Add Data 2

参数 Add Data2 是用户特定的。如果没有定义 additional data 2，则应传输值 0。

类型：Unsigned 16。

注 4：Add Data 2 可以被制造商用来传输特定错误报文。

8.3.8.3.14 Read Real Fiber Optic Data

此证实服务可以被用来读实际光纤数据(real fiber optic data)。此服务应与 implicit AR、IO AR 或 Supervisor AR 联合使用。表 229 列出了该服务的参数。

通过服务参数 Target AR UUID 和 Subslot，端口差异的内容可以被限制于特定的 AR 或特定的 Subslot，如同过滤器功能。在选择了用户特定过滤器的情况下，Read Realfiber optic data 响应仅应包含匹配该过滤器判据的数据项。否则,应响应所有数据项。

使用 Target AR UUID 的 Implicit AR:如果存在具有所请求 Target AR UUID 的已建立的 IO AR 或 Supervisor AR,则此服务仅包含实际光纤数据。否则,参数错误被响应。

表 229 **Read Real Fiber Optic Data**

参数名称	Req	Ind	Rsp	Cnf
Argument	M	M(=)		
AREP	M	M(=)		
API	U	U(=)		
Target AR UUID	U	U(=)		
Slot Number	M	M(=)		
Subslot Number	U	U(=)		
Seq Number	M	M(=)		
Length	M	M(=)		
Result(+)			S	S(=)
AREP			M	M(=)
Seq Number			M	M(=)
Length			M	M(=)
Real List of Ports			M	M(=)
Slot Number			M	M(=)
Subslot Number			M	M(=)
Fiber Optic type			M	M(=)
Fiber Optic Cable type			M	M(=)
Fiber Optic Manufacturer Specific			O	O(=)
Vendor ID			M	M(=)
Manufacturer Specific Fiber Optic Data			M	M(=)
Maintenance Required Power Budget			M	M(=)
Maintenance Demanded Power Budget			M	M(=)
Error Power Budget			M	M(=)
Result(−)			S	S(=)
AREP			M	M(=)
Seq Number			M	M(=)
Error Decode			M	M(=)
Error code 1			M	M(=)
Error code 2			M	M(=)
Add Data 1			M	M(=)
Add Data 2			M	M(=)

Argument

该变元应传送该服务请求的服务特定参数。

AREP

此参数是所期望的 AR 的本地标识符。

API

此参数应被用来寻址所期望的 API。

Target AR UUID

此参数仅应被用来读 AR 特定的端口差异信息。

如果使用了此参数，则服务参数 Subslot Number 应不被使用。

注 1：它仅被用来读连接到所请求的 AR 的端口差异信息。

Slot Number

参数 Slot Number 被用来寻址特定槽的端口信息或联合服务参数 Subslot Number 寻址特定子槽的端口信息。

Subslot Number

参数 Subslot Number 被用来寻址特定子槽的端口信息。

Seq Number

参数 Seq Number 被服务器用于通过序列号识别重复的服务。此服务参数的范围是：$0 \sim 2^{16}-1$。请求应用过程为每个未完成的服务请求提供一个唯一的 Seq Number。在一个会话期间，对每一个服务请求，参数 Seq Number 值都递增 1。开始一个新会话时，Seq Number 从前一个会话的最后值开始。已完成的具有 Seq Number 的证实将被忽略。已完成的具有 Seq Number 的指示将被拒绝。应分别对每个已建立的 AR 的 Seq Number 进行维护。

Length

此参数指出必须被读的端口差异数据的八位位组个数。允许的长度范围：$2^{0} \sim 2^{32}-256$。

Result(+)

此参数指出该服务请求成功。

Real List of Ports

此参数由以下列表元素组成：

Slot Number

此参数包含该 ASE 对象的相应属性值。

Subslot Number

此参数包含该 ASE 对象的相应属性值。

Fiber Optic type

此参数包含该 ASE 对象的相应属性值。

Fiber Optic Cable type

此参数包含该 ASE 对象的相应属性值。

Fiber Optic Manufacturer Specific

此参数包含该 ASE 对象的相应属性值。

Vendor ID

此参数包含该 ASE 对象的相应属性值。

Manufacturer Specific Fiber Optic Data

此参数包含该 ASE 对象的相应属性值。

Maintenance Required Power Budget

此参数包含该 ASE 对象的相应属性值。

Maintenance Demanded Power Budget

此参数包含该 ASE 对象的相应属性值。

Error Power Budget

此参数包含该 ASE 对象的相应属性值。

Result(—)

此参数指出该服务请求失败。

Error Decode

此参数从 Error code 1 和 Error code 2 中选择一种方案;其编码在 GB/Z 25105.2 中规定。

类型:Unsigned 8。

允许值:PNIORW。

Error code 1

参数 Error code 1 采取下列值之一:read error、module failure、version conflict、feature not supported、user specific、invalid index、invalid slot/subslot、type conflict、invalid area、state conflict、access denied、invalid range、invalid parameter、invalid type、read constrain conflict、resource busy、resource unavailable、service cancelled。

类型:Unsigned 16。

Error code 2

参数 Error code 2 是用户特定的。

类型:Unsigned 8。

Add Data 1

参数 Add Data1 是 API 特定的(行规)。如果没有定义 additional data 1,则应传输值 0。

类型:Unsigned 16。

注 2:Add Data 1 可以被行规规范用来传输特定错误报文。

Add Data 2

参数 Add Data2 是用户特定的。如果没有定义 additional data 2,则应传输值 0。

类型:Unsigned 16。

注 3:Add Data 2 可以被制造商用来传输特定错误报文。

8.3.8.3.15 Write MRP Interface Data

此证实服务可以被用来写 Adjust Data 或 Check Enable 的属性。此服务应与 IO AR 联合使用。表 230 列出了该服务的参数。

如果所使用的 AR 与一个或更多个接口子模块连接,则服务用户仅应使用此服务。否则,服务提供者应向该服务发出一个否定响应,并应忽略所有数据。

可以使用服务参数“Multiple”来传送在一个 APDU 内的多个 MRP 接口数据。

服务器应在响应中镜射“Multiple”的值。响应的数量应等于请求的数量。次序可以是任意的。

注 1:在一个 APDU 内传送来自其他 ASE(例如,Physical Device Management ASE 或 Record Data ASE)的 Record Data 对象和属性是可能的。

表 230 Write MRP Interface Data

参数名称	Req	Ind	Rsp	Cnf
Argument	M	M(=)		
AREP	M	M(=)		
API	M	M(=)		
Slot Number	U	U(=)		
Subslot Number	U	U(=)		
Multiple	U	U(=)		
Seq Number	M	M(=)		

表 230（续）

参数名称	Req	Ind	Rsp	Cnf
Length	M	M(=)		
Adjust	S	S(=)		
List of MRP Domains	M	M(=)		
Adjust Data	M	M(=)		
Check	S	S(=)		
Multiple Manager Check	M	M(=)		
Domain UUID Check	M	M(=)		
Prm Flag		M		
Result(+)			S	S(=)
AREP			M	M(=)
Multiple			U	U(=)
Seq Number			M	M(=)
Result(−)			S	S(=)
AREP			M	M(=)
Multiple			U	U(=)
Seq Number			M	M(=)
Error Decode			M	M(=)
Error code 1			M	M(=)
Error code 2			M	M(=)
Add Data 1			M	M(=)
Add Data 2			M	M(=)

Argument

该变元应传送该服务请求的服务特定参数。

AREP

此参数是所期望的 AR 的本地标识符。

API

此参数应被用来寻址所期望的 API。

Slot Number

参数 Slot Number 被用来寻址特定槽的端口信息或联合服务参数 Subslot Number 寻址特定子槽的端口信息。

Subslot Number

参数 Subslot Number 被用来寻址特定子槽的端口信息。

Multiple

参数 Multiple 应用来传送在一个 APDU 内的多个 Record Data 对象。如果应传送单个 Record Data 对象，则该参数应不出现。值 MULTIPLE_START 指出一个序列的第 1 个 Record Data 对象。值 MULTIPLE_SEGMENT 指出一个任意其他的 Record Data 对象。值 MULTIPLE_END 指出最后一个 Record Data 对象，并触发该 APDU 的传输。同样的，这些适用于响应服务原语。

Seq Number

参数 Seq Number 被服务器用于通过序列号识别重复的服务。此服务参数的范围是：$0\sim2^{16}-1$。请求应用过程为每个未完成的服务请求提供一个唯一的 Seq Number。在一个会话期间，对每一个服务请求，参数 Seq Number 值都递增 1。开始一个新会话时，Seq Number 从前一个会话的最后值开始。已完成的具有 Seq Number 的证实将被忽略。已完成的具有 Seq Number 的指示将被拒绝。应分别对每个已建立的 AR 的 Seq Number 进行维护。

Length

此参数指出必须被读的 IR Data 的八位位组个数。允许的长度范围：$2^{0}\sim2^{32}-256$。

Adjust

此参数选择具有 Adjust Data 的属性 List of MRP Domains 的内容。

List of MRP Domains

此参数包含该接口 MRP Domains 的列表。列表元素由下列参数组成：

Adjust Data

此参数包含该 ASE 对象的相应属性值。

Check

此参数选择属性 Check Enable 的内容。

Multiple Manager Check

此参数包含该 ASE 对象的相应属性值。

Domain UUID Check

此参数包含该 ASE 对象的相应属性值。

Prm Flag

在连接建立阶段期间进行参数化时，该本地指示参数应包含值 TRUE。否则，应设置该值为 FALSE。

属性类型：Boolean。

注 2：此参数被用来控制数据的永久存储。它在快速启动过程中被利用。

Result(＋)

此参数指出该服务请求成功。

Result(－)

此参数指出该服务请求失败。

Error Decode

此参数从 Error code 1 和 Error code 2 中选择一种；其编码在 GB/Z 25105.2 中规定。

类型：Unsigned 8。

允许值：PNIORW。

Error code 1

参数 Error code 1 采取下列值之一：read error、module failure、version conflict、feature not supported、user specific、invalid index、invalid slot/subslot、type conflict、invalid area、state conflict、access denied、invalid range、invalid parameter、invalid type、read constrain conflict、resource busy、resource unavailable、service cancelled。

类型：Unsigned 16。

Error code 2

参数 Error code 2 是用户特定的。

类型：Unsigned 8。

Add Data 1

参数 Add Data1 是 API 特定的(行规)。如果没有定义 additional data 1,则应传输值 0。

类型:Unsigned 16。

注 3:Add Data 1 可以被行规规范用来传输特定错误报文。

Add Data 2

参数 Add Data2 是用户特定的。如果没有定义 additional data 2,则应传输值 0。

类型:Unsigned 16。

注 4:Add Data 2 可以被制造商用来传输特定错误报文。

8.3.8.3.16 Read MRP Interface Data

此证实服务可以被用来读属性 MRP Data Real、MRP Data Adjust 或 MRP Data Check 的值。此服务应与 implicit AR、IO AR 或 Supervisor AR 联合使用。表 231 列出了该服务的参数。

通过服务参数 Target AR UUID,端口差异的内容可以被限制于特定的 AR,如同使用 Implicit AR 的过滤器功能。在选择了用户特定过滤器的情况下,Read MRP Interface Data 响应仅应包含匹配该过滤器判据的数据项。否则,应响应所有数据项。

使用 Target AR UUID 的 Implicit AR:如果存在具有所请求 Target AR UUID 的已建立的 IO AR 或 Supervisor AR,则此服务仅包含 IR Data。否则,参数错误被响应。

表 231 Read MRP Interface Data

参数名称	Req	Ind	Rsp	Cnf
Argument	M	M(=)		
AREP	M	M(=)		
API	U	U(=)		
Target AR UUID	U	U(=)		
Slot Number	U	U(=)		
Subslot Number	U	U(=)		
Seq Number	M	M(=)		
Length	M	M(=)		
Real	S	S(=)		
Adjust	S	S(=)		
Check	S	S(=)		
Result(+)			S	S(=)
A REP			M	M(=)
Seq Number			M	M(=)
Length			M	M(=)
Real			S	S(=)
List of MRP Domains			M	M(=)
Real Data			M	M(=)
Adjust			S	S(=)
List of MRP Domains			M	M(=)
Adjust Data			M	M(=)
Check			S	S(=)

表 231（续）

参数名称	Req	Ind	Rsp	Cnf
Multiple Manager Check			M	M(=)
Domain UUID Check			M	M(=)
Result(－)			S	S(=)
AREP			M	M(=)
Seq Number			M	M(=)
Error Decode			M	M(=)
Error code 1			M	M(=)
Error code 2			M	M(=)
Add Data 1			M	M(=)
Add Data 2			M	M(=)

Argument

该变元应传送该服务请求的服务特定参数。

AREP

此参数是所期望的 AR 的本地标识符。

API

此参数应被用来寻址所期望的 API。

Target AR UUID

此参数仅应被用来读 AR 特定的端口差异信息。

如果使用了此参数，则服务参数 Subslot Number 应不被使用。

注 1：它仅被用来读连接到所请求的 AR 的端口差异信息。

Slot Number

参数 Slot Number 被用来寻址特定槽的信息或联合服务参数 Subslot Number 寻址特定子槽的信息。

Subslot Number

参数 Subslot Number 被用来寻址特定子槽的信息。

Seq Number

参数 Seq Number 被服务器用于通过序列号识别重复的服务。此服务参数的范围是：$0\sim2^{16}-1$。请求应用过程为每个未完成的服务请求提供一个唯一的 Seq Number。在一个会话期间，对每一个服务请求，参数 Seq Number 值都递增 1。开始一个新会话时，Seq Number 从前一个会话的最后值开始。已完成的具有 Seq Number 的证实将被忽略。已完成的具有 Seq Number 的指示将被拒绝。应分别对每个已建立的 AR 的 Seq Number 进行维护。

Length

此参数指出必须被读的 IR Data 的八位位组个数。允许的长度范围：$2^{0}\sim2^{32}-256$。

Real

此参数选择属性 MRP Domain Inteface Data Real 的内容。

Adjusted

此参数选择属性 MRP Domain Inteface Data Adjust 的内容。

Check

此参数选择属性 Check Enabled 的内容。

Result(＋)

此参数指出该服务请求成功。

Real

此参数选择具有 Real Data 的属性 List of MRP Domains 的内容。

List of MRP Domains

此参数包含该接口的 MRP Domains 的列表。列表元素由下列参数组成：

Real Data

此参数包含该 ASE 对象的相应属性值。

Adjust

此参数选择具有 Adjust Data 的属性 List of MRP Domains 的内容。

List of MRP Domains

此参数包含该接口的 MRP Domains 的列表。列表元素由下列参数组成：

Adjust Data

此参数包含该 ASE 对象的相应属性值。

Check

此参数选择属性 Check Enable 的内容。

Multiple Manager Check

此参数包含该 ASE 对象的相应属性值。

Domain UUID Check

此参数包含该 ASE 对象的相应属性值。

Result(－)

此参数指出该服务请求失败。

Error Decode

此参数从 Error code 1 和 Error code 2 中选择一种 Error 方案；其编码在 GB/Z 25105.2 中规定。

类型：Unsigned 8。

允许值：PNIORW。

Error code 1

参数 Error code 1 采取下列值之一：read error、module failure、version conflict、feature not supported、user specific、invalid index、invalid slot/subslot、type conflict、invalid area、state conflict、access denied、invalid range、invalid parameter、invalid type、read constrain conflict、resource busy、resource unavailable、service cancelled。

类型：Unsigned 16。

Error code 2

参数 Error code 2 是用户特定的。

类型：Unsigned 8

Add Data 1

参数 Add Data1 是 API 特定的(行规)。如果没有定义 additional data 1，则应传输值 0。

类型：Unsigned 16。

注 2：Add Data 1 可以被行规规范用来传输特定错误报文。

Add Data 2

参数 Add Data2 是用户特定的。如果没有定义 additional data 2，则应传输值 0。

类型：Unsigned 16。

注 3：Add Data 2 可以被制造商用来传输特定错误报文。

8.3.8.3.17 **Write MRP Port Data**

此证实服务可以被用来写该端口的属性 MRP Domain UUID Adjusted。此服务应与 IO AR 联合使用。表 232 列出了该服务的参数。

如果所使用的 AR 与一个或多个端口子模块连接,则服务用户仅应使用此服务。否则,服务提供者应向该服务发出一个否定响应,并应忽略所有数据。

可以使用服务参数"Multiple"来传送在一个 APDU 内的多个 MRP 端口数据。

服务器应在响应中镜射"Multiple"的值。响应的数量应等于请求的数量。次序可以是任意的。

注 1:在一个 APDU 内传送来自其他 ASE(例如,Physical Device Management ASE 或 Record Data ASE)的 Record Data 对象和属性是可能的。

表 232 **Write MRP Port Data**

参数名称	Req	Ind	Rsp	Cnf
Argument	M	M(=)		
AREP	M	M(=)		
API	M	M(=)		
Slot Number	U	U(=)		
Subslot Number	U	U(=)		
Multiple	U	U(=)		
Seq Number	M	M(=)		
Length	M	M(=)		
MRP Domain UUID Adjusted	M	M(=)		
Prm Flag		M		
Result(+)			S	S(=)
AREP			M	M(=)
Multiple			U	U(=)
Seq Number			M	M(=)
Result(-)			S	S(=)
AREP			M	M(=)
Multiple			U	U(=)
Seq Number			M	M(=)
Error Decode			M	M(=)
Error code 1			M	M(=)
Error code 2			M	M(=)
Add Data 1			M	M(=)
Add Data 2			M	M(=)

Argument

该变元应传送该服务请求的服务特定参数。

AREP

此参数是所期望的 AR 的本地标识符。

API

此参数应被用来寻址所期望的 API。

Slot Number

参数 Slot Number 被用来寻址特定槽的端口信息或联合服务参数 Subslot Number 寻址特定子槽的端口信息。

Subslot Number

参数 Subslot Number 被用来寻址特定子槽的端口信息。

Multiple

参数 Multiple 应用来传送在一个 APDU 内的多个 Record Data 对象。如果应传送单个 Record Data 对象,则该参数应不出现。值 MULTIPLE_START 指出一个序列的第 1 个 Record Data 对象。值 MULTIPLE_SEGMENT 指出一个任意其他的 Record Data 对象。值 MULTIPLE_END 指出最后一个 Record Data 对象,并触发该 APDU 的传输。同样的,这些适用于响应服务原语。

Seq Number

参数 Seq Number 被服务器用于通过序列号识别重复的服务。此服务参数的范围是:$0 \sim 2^{16}-1$。请求应用过程为每个未完成的服务请求提供一个唯一的 Seq Number。在一个会话期间,对每一个服务请求,参数 Seq Number 值都递增 1。开始一个新会话时,Seq Number 从前一个会话的最后值开始。已完成的具有 Seq Number 的证实将被忽略。已完成的具有 Seq Number 的指示将被拒绝。应分别对每个已建立的 AR 的 Seq Number 进行维护。

Length

此参数指出 MRP Domain UUID 的八位位组个数。允许的长度范围:$2^{0} \sim 2^{32}-256$。

MRP Domain UUID Adjusted

此参数包含该 ASE 对象的相应属性值。

Prm Flag

在连接建立阶段期间进行参数化时,该本地指示参数应包含值 TRUE。否则,应设置该值为 FALSE。

属性类型:Boolean

注 2:此参数被用来控制数据的永久存储。它在快速启动过程中被利用。

Result(+)

此参数指出该服务请求成功。

Result(-)

此参数指出该服务请求失败。

Error Decode

此参数从 Error code 1 和 Error code 2 中选择一种 Error 方案;其编码在 GB/Z 25105.2 中规定。

类型:Unsigned 8。

允许值:PNIORW。

Error code 1

参数 Error code 1 采取下列值之一:read error、module failure、version conflict、feature not supported、user specific、invalid index、invalid slot/subslot、type conflict、invalid area、state conflict、access denied、invalid range、invalid parameter、invalid type、read constrain conflict、resource busy、resource unavailable、service cancelled。

类型:Unsigned 16。

Error code 2

参数 Error code 2 是用户特定的。

类型:Unsigned 8。

Add Data 1

参数 Add Data1 是 API 特定的(行规)。如果没有定义 additional data 1,则应传输值 0。

类型:Unsigned 16。

注 3:Add Data 1 可以被行规规范用来传输特定错误报文。

Add Data 2

参数 Add Data2 是用户特定的。如果没有定义 additional data 2,则应传输值 0。

类型:Unsigned 16。

注 4:Add Data 2 可以被制造商用来传输特定错误报文。

8.3.8.3.18 Read MRP Port Data

此证实服务可以被用来读属性 MRP Domain UUID 或 MRP Domain UUID Adjusted 的值。此服务应与 implicit AR、IO AR 或 Supervisor AR 联合使用。表 233 列出了该服务的参数。

通过使用服务参数 Target AR UUID,端口差异的内容可以被限制为特定的 AR,如同使用 Implicit AR 的过滤器功能。在选择了用户特定过滤器的情况下,Read MRP Port Data 响应仅应包含匹配该过滤器判据的数据项。否则,应响应所有数据项。

使用 Target AR UUID 的 Implicit AR:如果存在已建立的具有所请求 Target AR UUID 的 IO AR 或 Supervisor AR,则此服务仅包含 MRP Port Data。否则,参数错误被响应。

表 233 Read MRP Port Data

参数名称	Req	Ind	Rsp	Cnf
Argument	M	M(=)		
AREP	M	M(=)		
API	U	U(=)		
Target AR UUID	U	U(=)		
Slot Number	U	U(=)		
Subslot Number	U	U(=)		
Seq Number	M	M(=)		
Length	M	M(=)		
Real	S	S(=)		
Adjusted	S	S(=)		
Result(+)			S	S(=)
AREP			M	M(=)
Seq Number			M	M(=)
Length			M	M(=)
MRP Domain UUID			M	M(=)
Result(-)			S	S(=)
AREP			M	M(=)
Seq Number			M	M(=)
Error Decode			M	M(=)
Error code 1			M	M(=)

表 233（续）

参数名称	Req	Ind	Rsp	Cnf
Error code 2			M	M(=)
Add Data 1			M	M(=)
Add Data 2			M	M(=)

Argument

该变元应传送该服务请求的服务特定参数。

AREP

此参数是所期望的 AR 的本地标识符。

API

此参数应被用来寻址所期望的 API。

Target AR UUID

此参数仅应被用来读 AR 特定端口差异信息。

如果使用此参数，则应不使用服务参数 Subslot Number。

注 1：它仅被用来读取连接到所请求的 AR 的端口差异信息。

Slot Number

参数 Slot Number 被用来寻址特定槽的信息或联合服务参数 Subslot Number 寻址特定子槽的信息。

Subslot Number

参数 Subslot Number 被用来寻址特定子槽的信息。

Seq Number

参数 Seq Number 被服务器用于通过序列号识别重复的服务。此服务参数的范围是：$0\sim2^{16}-1$。请求应用过程为每个未完成的服务请求提供一个唯一的 Seq Number。在一个会话期间，对每一个服务请求，参数 Seq Number 值都递增1。开始一个新会话时，Seq Number 从前一个会话的最后值开始。已完成的具有 Seq Number 的证实将被忽略。已完成的具有 Seq Number 的指示将被拒绝。应分别对每个已建立的 AR 的 Seq Number 进行维护。

Length

此参数指出必须被读的 IR Data 的八位位组个数。允许的长度范围：$2^{0}\sim2^{32}-256$。

Real

此参数选择属性 MRP Domain UUID 的内容。

Adjusted

此参数选择属性 MRP Domain UUID Adjusted 的内容。

Result(+)

此参数指出该服务请求成功。

MRP Domain UUID

此参数包含该 ASE 对象的相应属性值。

Result(-)

此参数指出该服务请求失败。

Error Decode

此参数从 Error code 1 和 Error code 2 中选择一种 Error 方案；其编码在 GB/Z 25105.2 中规定。

类型：Unsigned 8。

允许值：PNIORW。

Error code 1

参数 Error code 1 采取下列值之一：read error、module failure、version conflict、feature not supported、user specific、invalid index、invalid slot/subslot、type conflict、invalid area、state conflict、access denied、invalid range、invalid parameter、invalid type、read constrain conflict、resource busy、resource unavailable、service cancelled。

类型：Unsigned 16

Error code 2

参数 Error code 2 是用户特定的。

类型：Unsigned 8。

Add Data 1

参数 Add Data1 是 API 特定的(行规)。如果没有定义 additional data 1，则应传输值 0。

类型：Unsigned 16。

注 2：Add Data 1 可以被行规规范用来传输特定错误报文。

Add Data 2

参数 Add Data2 是用户特定的。如果没有定义 additional data 2，则应传输值 0。

类型：Unsigned 16。

注 3：Add Data 2 可以被制造商用来传输特定错误报文。

8.3.8.3.19 Write FSU Data

此证实服务可以被用来写属性组 Fast Startup Data。此服务应与 IO AR 联合使用。表 234 列出了该服务的参数。

如果所使用的 AR 与一个或多个端口子模块连接，则服务用户应仅使用此服务。否则，服务提供者应向该服务发出一个否定响应，并应忽略所有数据。

可以使用服务参数“Multiple”来传送一个 APDU 内的多个数据。

服务器应在响应中镜射“Multiple”的值。响应的个数应等于请求的个数。次序可以是任意的。

注 1：在一个 APDU 内传送来自其他 ASE(例如，Physical Device Management ASE 或 Record Data ASE)的 Record Data 对象和属性是可能的。

表 234 Write FSU Data

参数名称	Req	Ind	Rsp	Cnf
Argument	M	M(=)		
AREP	M	M(=)		
API	M	M(=)		
Slot Number	U	U(=)		
Subslot Number	U	U(=)		
Multiple	U	U(=)		
Seq Number	M	M(=)		
Length	M	M(=)		
Hello Data	U	U(=)		
Parameter Data	U	U(=)		
Prm Flag		M		
Result(+)			S	S(=)
AREP			M	M(=)

表 234（续）

参数名称	Req	Ind	Rsp	Cnf
Multiple			U	U(=)
Seq Number			M	M(=)
Result(－)			S	S(=)
AREP			M	M(=)
Multiple			U	U(=)
Seq Number			M	M(=)
Error Decode			M	M(=)
Error code 1			M	M(=)
Error code 2			M	M(=)
Add Data 1			M	M(=)
Add Data 2			M	M(=)

Argument

该变元应传送该服务请求的服务特定参数。

AREP

此参数是所期望的 AR 的本地标识符。

API

此参数应被用来寻址所期望的 API。

Slot Number

参数 Slot Number 被用来寻址特定槽的端口信息或联合服务参数 Subslot Number 寻址特定子槽的端口信息。

Subslot Number

参数 Subslot Number 被用来寻址特定子槽的端口信息。

Multiple

参数 Multiple 应用来传送在一个 APDU 内的多个 Record Data 对象。如果应传送单个 Record Data 对象，则该参数应不出现。值 MULTIPLE_START 指出一个序列的第 1 个 Record Data 对象。值 MULTIPLE_SEGMENT 指出一个任意其他的 Record Data 对象。值 MULTIPLE_END 指出最后一个 Record Data 对象，并触发该 APDU 的传输。这同样适用于响应服务原语。

Seq Number

参数 Seq Number 被服务器用于通过序列号识别重复的服务。此服务参数的范围是：$0\sim2^{16}-1$。请求应用过程为每个未完成的服务请求提供一个唯一的 Seq Number。在一个会话期间，对每一个服务请求，参数 Seq Number 值都递增 1。开始一个新会话时，Seq Number 从前一个会话的最后值开始。已完成的具有 Seq Number 的证实将被忽略。已完成的具有 Seq Number 的指示将被拒绝。应分别对每个已建立的 AR 的 Seq Number 进行维护。

Length

此参数指出 Fast Startup Data 的八位位组个数。允许的长度范围：$2^0\sim2^{32}-256$。

Hello Data

此可选参数包含该 ASE 对象的相应属性组的值。

Parameter Data

此可选参数包含该 ASE 对象的相应属性组的值。

Prm Flag

在连接建立阶段期间进行参数化时，该本地指示参数的值应为 TRUE。否则，应设置该值为 FALSE。

属性类型：Boolean。

注 2：此参数被用来控制数据的永久存储。它在快速启动过程中被使用。

Result(＋)

此参数指出该服务请求成功。

Result(－)

此参数指出该服务请求失败。

Error Decode

此参数从 Error code 1 和 Error code 2 中选择一种方案；其编码在 GB/Z 25105.2 中规定。

类型：Unsigned 8。

允许值：PNIORW。

Error code 1

参数 Error code 1 采取下列值之一：read error、module failure、version conflict、feature not supported、user specific、invalid index、invalid slot/subslot、type conflict、invalid area、state conflict、access denied、invalid range、invalid parameter、invalid type、read constrain conflict、resource busy、resource unavailable、service cancelled。

类型：Unsigned 16。

Error code 2

参数 Error code 2 是用户特定的。

类型：Unsigned 8。

Add Data 1

参数 Add Data1 是 API 特定的(行规)。如果没有定义 additional data 1，则应传输值 0。

类型：Unsigned 16。

注 3：Add Data 1 可以被行规规范用来传输特定错误报文。

Add Data 2

参数 Add Data2 是用户特定的。如果没有定义 additional data 2，则应传输值 0。

类型：Unsigned 16。

注 4：Add Data 2 可以被制造商用来传输特定错误报文。

8.3.8.3.20 Read FSU Data

此证实服务可以被用来读取 Fast Startup Data 组的属性值。此服务应与 implicit AR、IO AR 或 Supervisor AR 联合使用。表 235 列出了该服务的参数。

通过服务参数 Target AR UUID，端口差异的内容可以被限制于特定的 AR，如同使用 Implicit AR 的过滤功能。在选择了用户特定过滤器的情况下，Read FSU Data 响应仅应包含匹配该过滤器判据的数据项。否则，应响应所有数据项。

使用 Target AR UUID 的 Implicit AR：如果存在具有所请求的 Target AR UUID 已建立的 IO AR 或 Supervisor AR，则此服务仅包含 FSU Data。否则，参数错误被响应。

表 235 **Read FSU Data**

参数名称	Req	Ind	Rsp	Cnf
Argument	M	M(＝)		
AREP	M	M(＝)		
API	U	U(＝)		

表 235（续）

参数名称	Req	Ind	Rsp	Cnf
Target AR UUID	U	U(=)		
Slot Number	U	U(=)		
Subslot Number	U	U(=)		
Seq Number	M	M(=)		
Length	M	M(=)		
Result(+)			S	S(=)
AREP			M	M(=)
Seq Number			M	M(=)
Length			M	M(=)
Hello Data			U	U(=)
Parameter Data			U	U(=)
Result(−)			S	S(=)
AREP			M	M(=)
Seq Number			M	M(=)
Error Decode			M	M(=)
Error code 1			M	M(=)
Error code 2			M	M(=)
Add Data 1			M	M(=)
Add Data 2			M	M(=)

Argument

该变元应传送该服务请求的服务特定参数。

AREP

此参数是所期望的 AR 的本地标识符。

API

此参数应被用来寻址所期望的 API。

Target AR UUID

此参数仅应被用来读 AR 特定端口差异信息。

如果使用此参数，则应不使用服务参数 Subslot Number。

注 1：它仅被用来读连接到所请求的 AR 的端口差异信息。

Slot Number

参数 Slot Number 被用来寻址特定槽的信息或联合服务参数 Subslot Number 寻址特定子槽的信息。

Subslot Number

参数 Subslot Number 被用来寻址特定子槽的信息。

Seq Number

参数 Seq Number 被服务器用于通过序列号识别重复的服务。此服务参数的范围是：$0\sim2^{16}-1$。请求应用过程为每个未完成的服务请求提供一个唯一的 Seq Number。在一个会话期间，对每一个服务请求，参数 Seq Number 值都递增 1。开始一个新会话时，Seq Number 从前一个会话的最后值开始。已完成的具有 Seq Number 的证实将被忽略。已完成的具有 Seq Number 的指示将被拒绝。应分别对每个已建立的 AR 的 Seq Number 进行维护。

Length

此参数指出必须被读的 Fast Startup Data 的八位位组个数。允许的长度范围：$2^0 \sim 2^{32}-256$。

Result(+)

此参数指出该服务请求成功。

Hello Data

此可选参数包含该 ASE 对象的相应属性组的值。

Parameter Data

此可选参数包含该 ASE 对象的相应属性组的值。

Result(-)

此参数指出该服务请求失败。

Error Decode

此参数从 Error code 1 和 Error code 2 中选择一种方案；其编码在 GB/Z 25105.2 中规定。

类型：Unsigned 8。

允许值：PNIORW。

Error code 1

参数 Error code 1 采取下列值之一：read error、module failure、version conflict、feature not supported、user specific、invalid index、invalid slot/subslot、type conflict、invalid area、state conflict、access denied、invalid range、invalid parameter、invalid type、read constrain conflict、resource busy、resource unavailable、service cancelled。

类型：Unsigned 16。

Error code 2

参数 Error code 2 是用户特定的。

类型：Unsigned 8。

Add Data 1

参数 Add Data1 是 API 特定的(行规)。如果没有定义 additional data 1，则应传输值 0。

类型：Unsigned 16。

注 2：Add Data 1 可以被行规规范用来传输特定错误报文。

Add Data 2

参数 Add Data2 是用户特定的。如果没有定义 additional data 2，则应传输值 0。

类型：Unsigned 16。

注 3：Add Data 2 可以被制造商用来传输特定错误报文。

8.3.9 网络连续时间 ASE

8.3.9.1 概述

网络连续时间(Network Continuous Time)ASE 规定时间同步机制，以同步在网络设备内使用的时间。例如，此时间可以被用于对警报(alert)信息和按合理时间排序的序列报文增加时间值。

时间同步系统需要一个或多个时间主站(Time Master)和若干个时间从站(Time Slaves)。时间同步由 PTCP 来完成。

时间主站任务是：

——在定义的时间间隔内发送当前时间。

时间从站任务是：

——调整时间值；

——保持时间值的状况。

时间对象规定一个类：

——Time Class。

定义一个服务：

——Set Time。

所使用的方案是“基于向后时间修正(backwards time based correction)”，即通过一个时间值和一个自时间初始值之后的延迟来实现。

应使用 PTCP 作为时间同步协议。时间同步间隔规定时间主站传送时间值的时间段。时间同步间隔是可变的，但在一个时间系统中应是一致的。

对于每个终端站，应依据所要求时间精度，具有最小时间同步间隔。

在时间主站，Network Continuous Time 应包含时间主站的本地时间，该本地时间应通过 Set Time 服务在网络上分发。初始值的源是时间主站的本地事务。

在时间从站，Network Continuous Time 应包含时间从站的本地时间。该本地时间应通过 Set Time 服务在网络上与时间主站同步。如果 Set Time 服务是无效的，则该值包含本地时间值。属性状况应包含此信息。

8.3.9.2 网络连续时间类规范

8.3.9.2.1 模板

ASE: Network Continuous Time ASE
CLASS: Network Continuous Time
CLASS ID: not used
PARENT CLASS: TOP
ATTRIBUTES:

1	(m)Key Attribute:	Implicit
2	(m)Attribute:	Network Continuous Time Data Description
3	(m)Attribute:	Local Continuous Time
4	(m)Attribute:	Offset
5	(m)Attribute:	Drift Correction Factor
6	(m)Attribute:	Precision
7	(m)Attribute:	Send Interval
8	(m)Attribute:	Status
9	(o)Attribute:	Last Valid Network Continuous Time
10	(o)Attribute:	Updated Valid Network Continuous Time
11	(o)Attribute:	Synchronization Lost Network Continuous Time

SERVICES:

1	(m)OpsService:	Set Time

8.3.9.2.2 属性

Implicit

属性 Implicit 指出 Network Continuous Time 对象被服务隐式寻址。

Network Continuous Time Data Description

此属性包含 Network Continuous Time 的数据类型。此属性包含 Simple Data Description。仅应

使用数据类型 PTCP Time。

Local Continuous Time

此属性包含在加电后从活动状态以来的本地时间值。时间基是 ns。

属性类型:Unsigned 64。

Offset

此属性包含时间从站的 Network Continuous Time 与时间主站的 Network Continuous Time 的属性值之间的时间差(以 ns 计)。时间主站的 Network Continuous Time 通过 Set Time 服务来传送。

属性类型:Integer64。

Drift Correction Factor

此属性包含在后续接收的 Network Continuous Time 值之间的相对差,以及在相同时间点上 Local Continuous Time 值之间的差。

依据式(4)~(6)来计算 Drift Correction Factor:

$$\text{Drift Correction Factor} = \text{Time Master Difference} / \text{Local Time Difference} \quad (4)$$

$$\text{Time Master Difference} = \text{Network Continuous Time}_{n+1} - \text{Network Continuous Time}_{n} \quad (5)$$

$$\text{Local Time Difference} = \text{Local Continuous Time}_{n+1} - \text{Local Continuous Time}_{n} \quad (6)$$

式中:

Network Continuous Time_{n+1}——在 T_{n+1}时从时间主站接收到的 Network Continuous Time;

Network Continuous Time_{n}——在 T_{n}时从时间主站接收到的 Network Continuous Time;

Local Continuous Time_{n+1}——在 T_{n+1}时的 Local Continuous Time;

Local Continuous Time_{n}——在 T_{n}时的 Local Continuous Time;

T_{n+1}——接收 Set Time n+1 的时间点;

T_{n}——接收 Set Time n 的时间点。

属性类型:Float64。

Precision

此属性包含同步精度。它规定时间主站和时间从站的 Network Continuous Time 之间正/负偏差的绝对限值。时间基应为 ns。

属性类型:Unsigned 32。

允许值:1~1 000 000

Send Interval

此属性定义时间主站应发出 Set Time 服务请求的时间间隔。时间基应为 ns。

属性类型:Unsigned 64。

允许值:3 125~86 400 000 000 000

Status

此属性包含 Network Continuous Time 的同步状况。

属性类型:Unsigned 8。

允许值: NEVER:本地,自加电以来未被同步;
SYNCHRONIZED:通过 PTCP 同步了;
LOCAL:同步丢失。

Last Valid Network Continuous Time

此属性包含按不连续方式设置时间之前的 Network Continuous Time。

属性类型:PTCP Time。

Updated Valid Network Continuous Time

此属性包含按不连续方式设置时间之后的第 1 个 Network Continuous Time。

属性类型:PTCP Time。

Synchronization Lost Network Continuous Time

此属性包含同步丢失时刻的 Network Continuous Time。

属性类型:PTCP Time。

8.3.9.2.3 网络连续时间对象的调用

对于网络连续时间对象的调用,采用下列规则:

——在一个设备中仅应调用一个对象。

8.3.9.3 网络连续时间服务规范

8.3.9.3.1 Set Time

此证实服务应被用来从时间主站向时间从站传送网络连续时间(Network Continuous Time)。时间从站也接收时间修正值,以调整该时间具有高的精度。

Set Time 服务应使用 PTCP Sync 服务来传送 Network Continuous Time。

表 236 列出了 Set Time 服务的参数。

表 236 Set Time

参数名称	Req	Ind	Cnf
Argument	M	M(=)	
Network Continuous Time Value	M	M(=)	
Time Master Stack Traversal Time Value		M	
Network Transmission Delay Time Value		M	
Time Slave Stack Traversal Time Value		M	
Result(+)			S
Result(−)			S

Argument

该变元应传送该服务请求的服务特定参数。

Network Continuous Time Value

此参数包含时间主站的网络连续时间值。

Time Master Stack Traversal Time Value

此参数包含读出的网络连续时间值与时间主站内发送的值之间的时间差。时间基应为 ns。

属性类型:Unsigned 32。

Network Transmission Delay Time Value

此参数包含在时间主站上发送的网络连续时间值与在时间从站上接收的网络连续时间值之间的时间差。时间基应为 ns。

属性类型:Unsigned 64。

Time Slave Stack Traversal Time Value

此参数包含正接收的网络连续时间值与在时间从站内正进行的网络连续时间值之间的时间差。时间基应为 ns。

属性类型:Unsigned 32。

Result(+)

此参数指出该服务请求成功。

Result(—)

此参数指出该服务请求失败。

8.3.9.3.2 **Placeholder**

此条为空。

8.3.10 **AR ASE**

8.3.10.1 **概述**

8.3.10.1.1 **概要**

此 ASE 规定 AR 的结构,包括用于特定 CR 所必需的 DL 参数。每个设备中的 AR ASE 管理该 AR 的端点和所有相关的 CR,并维持它们的本地上下关系。AR 端点与一个特定应用过程列表有关,该应用过程列表在连接建立阶段被寻址,并且所有其他服务都在此上下关系内。

此外,应用层定义一个不具有特定 AR ASE 登录项的 implicit AR。该 implicit AR 被所有远程 Context Management 服务用来建立、释放特定的 IO AR 或 Supervisor AR,并被用于对其他 APO 进行读访问,而不必建立专用 AR。写访问不允许通过 implicit AR 进行。此 AR 通过一个隐式 AREP 进行本地寻址。implicit AR 要求通过 API 读服务原语参数来寻址应用过程。

一个 AR 通过其 AREP 所使用的所有下列基本角色来描述:

——AR 基数

- 一对一(one-to-one):在“一对一”的 AR 中,一个 AP 只与一个远程 AP 通信;
- 一对多(one-to-many):在“一对多”的 AR 中,一个 IO 设备的 AP 与一组 IO 控制器和 IO 设备的 AP 通信。每一个设备只有一个 AP 被寻址。

——设备类型关系

- IO 通信
  - ◆ 在 IO 控制器与 IO 设备之间;
  - ◆ 在 IO 控制器与其他 IO 控制器之间;
  - ◆ 在 IO 设备与 IO 设备之间(至少应包含一个 IO 控制器用以组态和监视 IO 设备之间的关系)。
- Supervisor 通信
  - ◆ 在 IO 监视器与 IO 设备之间。
- Implicit 通信
  - ◆ 在 IO 控制器与 IO 设备之间;
  - ◆ 在 IO 监视器与 IO 设备之间。

每个 IO 设备应提供一个 implicit AR,以便在任何时刻,它都允许处理至少一个挂起的服务。依据本地资源,它可能并行地处理更多的服务。

每个 IO 设备应为至少两个显式 AR 提供资源。它们中的一个应是 IO AR。第二个可以是 IO AR 或 Supervisor AR。依据本地资源,IO 设备可能并行地提供更多的 AR。

8.3.10.1.2 **通信关系**

8.3.10.1.2.1 **概要**

一个 AR 被映射到一个或多个通信关系(CR)。CR 基于一组规则执行信息交换。

8.3.10.1.2.2 **通信关系端点**

CR 被定义为一组共同操作的通信关系端点,即 CREP。CR 端点的本地上下关系被用来控制 CR 上 APDU 的传输。图 48 说明通信关系(CR)对应用关系(AR)的分配。

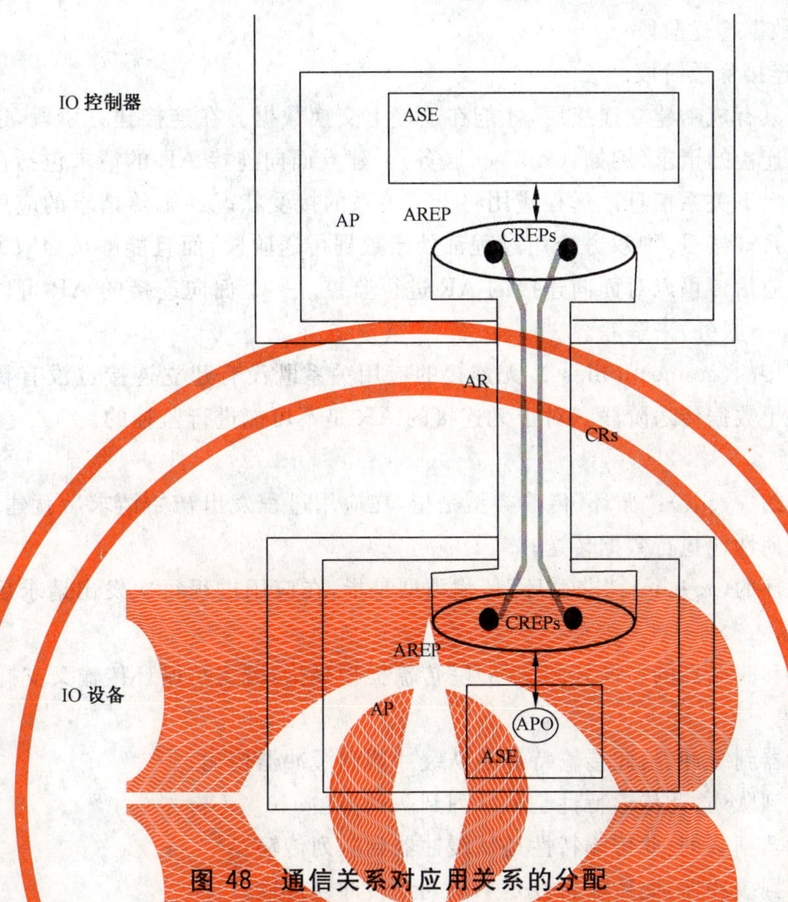

图 48 通信关系对应用关系的分配

8.3.10.1.2.3 缓冲器和队列

可将 CREP 模型化为一个队列或缓冲器。在排队的 CREP 上传送的应用数据，按其接收时的次序来传送。在缓存的 CREP 上应用数据的传送则不同。在此情况下，将应用数据放置在一个应用层缓冲器内以待传送。

当 CREP 接收到另一个传送请求时，不管缓冲器的以前内容是否已被传送，它都将其覆盖。一旦应用数据被写入用于传送的缓冲器，它就被保存在此缓冲器内，直至被下一个要传送的应用数据替代为止。在缓冲器中，应用数据可以被读取多次，而不会被从缓冲器中删除或更改其内容。

在接收端，操作是类似的。接收的应用层将接收到的应用数据放置在一个缓冲器中以便不同的 ASE 访问。当后继的应用数据被接收时，不管以前的应用数据是否已被相应的 ASE 读取，它都覆盖缓冲器中以前的应用数据。从缓冲器读取应用数据不是破坏性的，不会因读取而破坏或修改缓冲器的内容，因此，允许对缓冲器进行多次读取。

8.3.10.1.2.4 通信关系端点的角色

通信关系(CR)通过其 CREP 所使用的所有下列基本角色(role)来描述：

——CR 基数

- 一对一(one-to-one)：在“一对一”的通信关系中，一个 CREP 只与一个远程 CREP 通信；
- 一对多(one-to-many)：在“一对多”的通信关系中，一个 CREP 同时与一组设备的 CREP 通信。“一对多”通信关系不允许对请求的执行证实。

——连接模式

- 面向连接的(Connection-oriented)：在面向连接的应用关系中，要在应用过程之间建立一个逻辑连接。在面向连接的 AR 中确定了 3 个不同的连接阶段：

◆ 连接建立阶段；

◆ 数据传送阶段；

◆ 连接释放阶段。

只有成功建立连接后，才能在连接上交换数据。在连接建立阶段，远程应用过程发布建立连接的请求(例如：Connect 服务)。建立面向连接 AR 的请求包括在数据传输阶段使用的上下关系信息。远程应用将上下关系的接受状况通知给请求的应用过程。如果此上下关系被接受，则双方应用过程都处于数据传送阶段，而且能够按照双方认同的上下关系彼此通信。可以对面向连接的 AR 进行监控。一个面向连接的 AR 可以通过释放(例如：Release 服务)来解除。

● 无连接的(connectionless)：无连接的应用关系既没有建立连接也没有释放连接。它们总是处于数据传送阶段。对于无连接的 AR 是不可能进行监控的。

——传输类型

● 循环的(cyclic)："循环"传输类型是指，在应用过程发出初始请求后就建立了应用关系，此后周期性地执行数据传送；

● 非循环的(acyclic)："非循环"传输类型是指，在应用过程每次发出请求后只执行一次数据传送；

● 循环和非循环的："循环和非循环"传输类型是指，既支持循环传输又支持非循环传输。

——传输特性

● 缓冲器到缓冲器：此传输特性是从缓冲器到缓冲器传输；

● 队列到队列：此传输特性是从队列到队列传输；

● 缓冲器到队列：此传输特性是从缓冲器到队列传输；

● 队列到缓冲器：此传输特性是从队列到缓冲器传输。

——服务类型

● 证实(Confirmed)：只允许证实服务；

● 非证实(Unconfirmed)：只允许非证实服务。

——传输方向

● 双向(Bi-directional)：在两个方向传输 APDU；

● 单向(Undirectional)：只能在一个方向传输 APDU。

——服务关系

● 客户机-服务器(Client-Server)通信：按照客户机/服务器模型来使用服务；

● 生产者-消费者(Producer-Consumer)通信：按照生产者/消费者模型来使用服务。

8.3.10.1.2.5 通信关系概述

应用层使用下列类型的通信关系：

BBUU (Buffer Buffer Unconfirmed Unidirectional)

此类型通信关系通过下列角色属性来描述：

——一对一；

——面向连接的；

——循环的；

——缓冲器到缓冲器；

——非证实；

——单向；

——生产者/消费者。

BBUB (Buffer Buffer Unconfirmed Bidirectional)

此类型通信关系通过下列角色属性来描述：

——一对一；

——面向连接的；

——循环的；

——缓冲器到缓冲器；

——非证实；

——双向；

——客户机/服务器。

BBUU-OM (Buffer Buffer Unconfirmed Unidirectional-One to Many)

此类型通信关系通过下列角色属性来描述：

——一对多；

——面向连接的；

——循环的；

——缓冲器到缓冲器；

——非证实；

——单向；

——生产者/消费者。

QQCB-CO (Queue Queue Confirmed Bi-directional-Connection-Oriented)

此类型通信关系通过下列角色属性来描述：

——一对一；

——面向连接的；

——非循环的；

——队列到队列；

——证实；

——双向；

——客户机/服务器。

QQCB-CL (Queue Queue Confirmed Bi-directional-Connectionless)

此类型通信关系通过下列角色属性来描述：

——一对一；

——无连接的；

——非循环的；

——队列到队列；

——证实；

——双向；

——客户机/服务器。

8.3.10.2 应用关系

8.3.10.2.1 Implicit 应用关系

Implicit AR 反映一个 IO 控制器应用过程与一个 IO 设备应用过程之间，以及一个 IO 监视器应用过程与一个 IO 设备应用过程之间的应用关系(见图 49)。此外，Implicit AR 为下列用途提供应用关系：读取 Record Data 对象、Diagnosis 对象、Identification Input 对象或 Identification Output 对象的信息。

注：写访问只允许通过显式建立的 IO AR 或 Supervisor AR 进行。

Implicit AR 包含下面的 CR 类型：QQCB-CL。

每个 IO 设备应提供一个在任何时刻都允许处理至少一个挂起服务的 implicit AR。依据本地资源，它能够并行地处理更多的服务。

implicit AR 包含一个 implicit CR。端点 AREP 和 CREP 是唯一的，并通过本地手段被隐式寻址。implicit AR 的 AR UUID 应是 0。

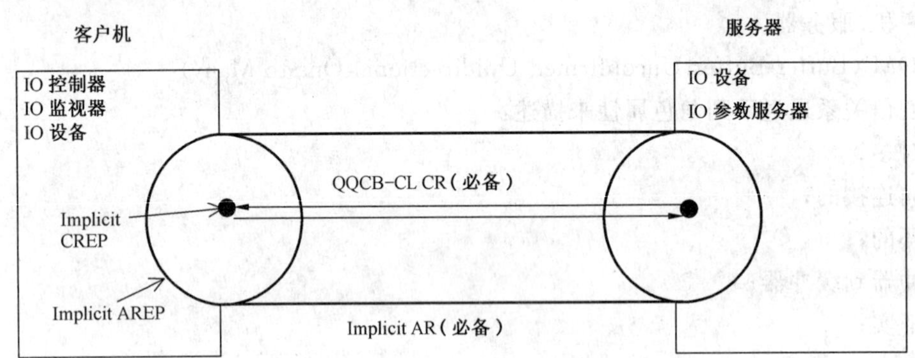

图 49 Implicit 应用关系

8.3.10.2.2 IO 应用关系

在发布输入数据情况下，IO AR 反映一个 IO 控制器的应用过程与一个或多个 IO 设备的一个 AP 之间的应用关系（见图 50）。此外，IO AR 模型通过使用主（primary）IO AR 和后备（backup）IO AR 支持冗余和在运行期间的重新组态。IO AR 为下列目的提供应用关系：

——输出数据的循环交换，可选的作为多播；

——输入数据的循环交换，可选的作为多播；

——提供者和消费者状况信息的循环交换；

——非循环数据传输，用于通用目的的数据访问，例如：标识、参数化和诊断；

——报警的报告和确认。

IO AR 包含下列 CR 类型：

——至少一个 BBUU（必备）用于从 IO 设备（提供者）将输入数据及其提供者状况传送给 IO 控制器（消费者），和/或从 IO 设备将输出数据的消费者状况信息（IOCS）传送给 IO 控制器；或者作为另一个选择，一个 BBUU-OM（可选）用于从 IO 设备（发布者）将输入数据及其提供者状况传送给若干个 IO 控制器（消费者）和若干个 IO 设备（消费者）。

——至少一个 BBUU（必备）用于从 IO 控制器（提供者）将输出数据及其提供者状况传送给 IO 设备（消费者），和/或从 IO 控制器将输入数据的消费者状况信息（IOCS）传送给 IO 设备；或者作为另一个选择，一个 BBUU-OM（可选）用于从 IO 控制器（发布者）将输出数据及其提供者状况传送给若干个 IO 设备（消费者）和若干个 IO 控制器（消费者）。

——一个 QQCB（必备）用于从 IO 设备（作为源）将报警传送给 IO 控制器（作为目的地），以及相反方向传送确认。它也可以用于从 IO 控制器（作为源）将报警传送给 IO 设备（作为目的地），以及相反方向传送确认。

——一个 QQCB-CO（必备）用于访问通用目的的数据（读或写）、诊断和标识信息。

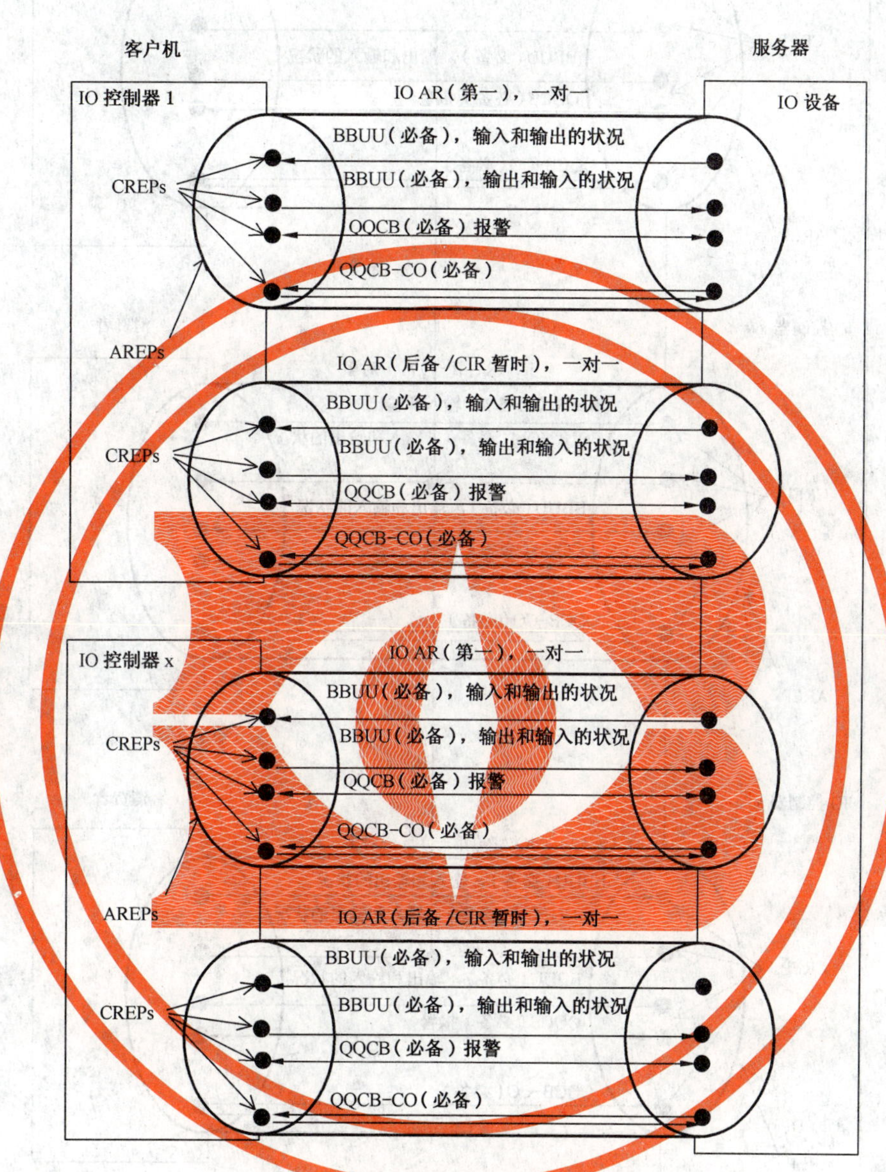

图 50　IO 应用关系的示例(一对一)

图 51 表示用于一对多的、具有一个 M CR 的 IO AR。

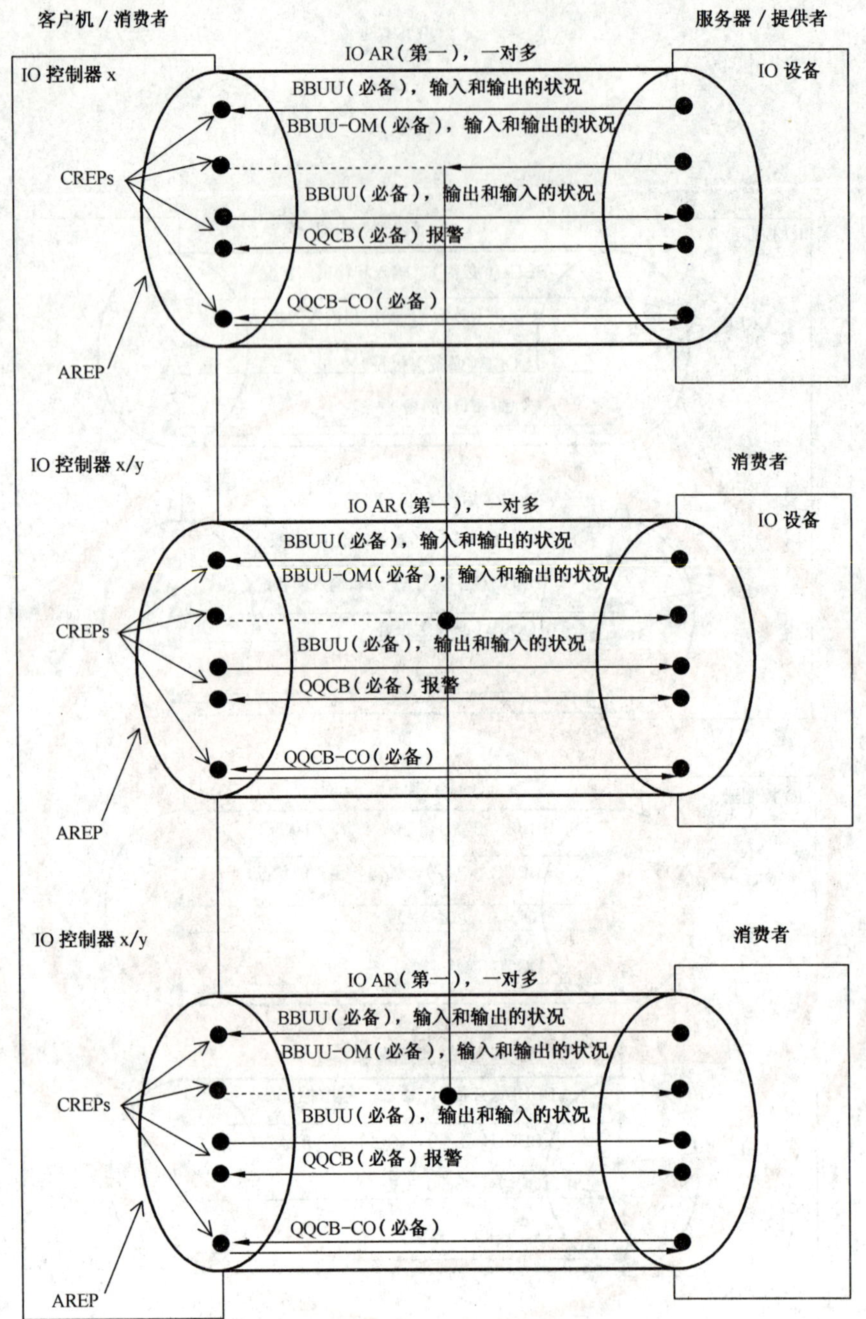

图 51 IO 应用关系的示例(一对多)

该 IO AR 具有与启动行为有关的两个方面：

——正常模式；

——快速启动模式，以缩短连接建立的时间。

8.3.10.2.3 Supervisor 应用关系

Supervisor AR 具有两个方面：

——作为特定 IO AR 的强制输出；

——设备访问用于设备参数化。

在第一种情况下，Supervisor AR 是一个特定的 IO AR，属性 AR type 被设置为 IOS AR。这类 AR 允许接管一个子模块(如果允许的话)。IO AR 可通过设置属性 Takeover Allowed 为 NOT_

ALLOWED来防止此监视器接管。

对于设备访问，Supervisor AR应仅使用QQCB-CO访问一般目的的数据（读或写），不限制访问应用的槽/子槽。

8.3.10.3 **ARL类规范**

8.3.10.3.1 **模板**

通过下列模板来描述ARL对象：

ASE: AR ASE
CLASS: ARL
CLASS ID: not used
PARENT CLASS: TOP
ATTRIBUTES:

1	(m)Key Attribute:	Implicit
2	(m)Attribute:	List of ARs
2.1	(m)Attribute:	AREP
2.2	(m)Attribute:	AR type
2.3	(m)Attribute:	AR UUID
2.4	(m)Attribute:	Session Key
2.5	(m)Attribute:	CM Initiator MAC Add
2.6	(m)Attribute:	CM Responder MAC Add
2.7	(m)Attribute:	CM Initiator Object UUID
2.8	(m)Attribute:	AR Properties
2.8.1	(m)Attribute:	State
2.8.2	(m)Attribute:	Supervisor Takeover Allowed
2.8.3	(m)Attribute:	Parametrization Server
2.8.4	(m)Attribute:	Device Access
2.8.5	(m)Attribute:	Companion AR
2.9	(m)Attribute:	CM Initiator Activity Timeout Factor
2.10	(m)Attribute:	Initiator UDP RT Port
2.11	(m)Attribute:	Responder UDP RT Port
2.12	(m)Attribute:	CM Initiator Station Name
2.13	(m)Attribute:	List of CRs
2.13.1	(m)Attribute:	CREP
2.14	(o)Attribute:	Parameter Server Block
2.14.1	(m)Attribute:	Parameter Server Object UUID
2.14.2	(m)Attribute:	Parameter Server Properties
2.14.3	(m)Attribute:	CM Initiator Activity Timeout Factor
2.14.4	(m)Attribute:	Parameter Server Station Name
2.15	(m)Attribute:	AR RPC Server Block
2.15.1	(m)Attribute:	Initiator RPC Server Port
2.15.2	(m)Attribute:	Responder RPC Server Port
2.16	(o)Attribute:	Startup Mode

SERVICES:

1	(m)OpsService:	Read AR Data

8.3.10.3.2 属性

Implicit

属性 Implicit 指出 ARL 对象被服务隐式寻址。

List of ARs

此属性表包含下列属性：

AREP

此属性是该 AR 登录项的本地标识符。

AR type

此属性定义该 AR 登录项的类型。

属性类型：Unsigned 16。

允许值：IO_AR_SINGLE、IO_AR_CIR、IO_AR_REDUNDANT_CONTROLLER、IO_AR_REDUNDANT_DEVICE、SUPERVISOR_AR。

如果设备支持在运行期间动态重新组态，则它应接受 AR type 值为 IO_AR_CIR(CIR 意即在运行中组态)。

AR UUID

此属性定义 AR 类规范的 UUID，通过项目计划或 CM Initiator 提供。在 Companion AR 的情况下，两个 AR 都应使用 AR UUID，它们仅具有明确定义的 100 ns 的时间差，以表示次序和强内聚性。第一阶段的 AR 应早 100 ns。

属性类型：UUID。

Session Key

此属性应通过 CM Initiator 对每一个连接服务而增加 1，并在整个会话期内被保存。

注 1：Session Key 允许 CM Initiator 在 AR 的建立和释放阶段检查顺序错误。

属性类型：Unsigned 16。

CM Initiator MAC Add

此属性包含发起者(IO 控制器或 IO 监视器)的 GB/T 15629.3 MAC 地址的值。

属性类型：OctetString[6]。

CM Responder MAC Add

此属性包含 IO 设备的 GB/T 15629.3 MAC 地址的值。

属性类型：OctetString[6]。

CM Initiator Object UUID

此属性定义 CM Initiator 的 UUID。

属性类型：UUID。

AR Properties

此属性包含下列属性：

State

使用此属性来区分冗余系统和常规系统。它包含该 AR 的冗余状况。如果属性 AR type 包含值 IO_AR_REDUNDANT 或 IO_AR_CIR，则该属性值应仅为“backup”。以值“primary”为正在工作的 AR，以值“backup”为后备的 AR。在 PRIMARY 失败情况下，“backup”AR 接管其工作。BACKUP IO 控制器通过改变的 APDU 数据状况来请求接管。BACKUP IO 控制器在接收到由 IO 设备发出的 Redundancy Alarm 情况下，应采取此动作。

注 2：BACKUPIO 控制器和 PRIMARY IO 控制器可以通过其他服务来进行通信，以减少交互时间。这些服务超出了本规范的范围。

允许值：“primary”、“backup”。

Supervisor Takeover Allowed

此属性用来启用或停用对该 AR 所使用的所有子模块的监视器接管功能。

允许值：ALLOWED、NOT_ALLOWED。

Parametrization Server

此属性包含参数数据的源。

允许值：EXTERNAL_PRM_SERVER、CM_INITIATOR。

Device Access

此属性包含对记录数据对象访问策略的值。

允许值应依据表 237。

表 237　Device Access

值	含　义
AR_CONTEXT	仅 ExpectedSubmoduleBlock 的子模块是可访问的
DEVICE_CONTEXT	由 IO 设备应用来控制在 IOSAR 上的子模块访问

Companion AR

此属性包含识别 Companion AR（例如用于 RT_CLASS_3 连接建立）的值。

允许值应依据表 238。

表 238　Companion AR

值	含　义
SINGLE_AR	用于 RT_CLASS_1 或 RT_CLASS_2 连接建立的单个 AR
FIRST_AR	同伴对的第 1 个 AR，companion AR 在 RT_CLASS_3 连接建立之后产生
COMPANION_AR	Companion AR（RT_CLASS_3，在运行中组态），它处于第 1 个 AR 之后

在 companion AR 的情况下，应采用 companion ARUUID 的规则。

CM Initiator Activity Timeout Factor

此属性定义连接建立阶段的 CM Initiator Activity Timeout Factor。它定义时间段的超时值，用于监视在发送 Connection response 服务原语与从 IO 控制器接收新服务请求之间的时间段。当该 IO CR 开始工作时，IO 设备应用将停止此监视。进一步监视通过 IO CR 完成，基于 CR 属性 Watchdog Factor 和 Data Hold Factor 值。

属性类型：Unsigned 16。

允许值：1～1 000。

时间基：100 ms。

Initiator UDP RT Port

此属性定义用于 RT_CLASS_1 通信的 UDP Port。推荐使用端口 0x8892 或 0xC000～0xFFFF。允许的范围是 0x0400～0xFFFF。

属性类型：Unsigned 16。

Responder UDP RT Port

此属性定义用于 RT_CLASS_1 通信的 UDP Port。推荐使用端口 0x8892 或 0xC000～0xFFFF。允许的范围是 0x0400～0xFFFF。

属性类型：Unsigned 16。

CM Initiator Station Name

此属性定义 CM Initiator 的 IP 地址或名称。

下列语法适用：

——1个或多个标签,用[.]分开;

——总长度1～240;

——标签长度1～63;

——标签由[a～z 0～9 -]组成;

——标签不得以[-]开始;

——标签不得以[-]结束;

——第1个标签不得以“port-xyz”或“port-xyz-abcde”开始,其中:a、b、c、d、e、x、y、z=0...9;

——站名称不得有形式n.n.n.n,n=0...999;

——如果RFC 3490被采用,则标签仅以“xn-”开始;

此外,应采用RFC 3490的定义。

示例1:“device-1.machine-1.plant-1.vendor”;

示例2:“device-1.bögeholz”被编码为“device-1.xn-bgeholz-90a”;

示例3:字段CM Initiator Station Name不得以0终止。

属性类型:VisibleString [256]。

List of CRs

此属性表应具有至少一个登录项。它包含下列属性:

CREP

此属性是CR登录项的本地标识符。

Parameter Server Block

此可选属性保留给未来的使用,并包含下列属性:

Parameter Server Object UUID

此属性定义Parameter Server的UUID。

属性类型:UUID。

Parameter Server Properties

此属性定义Parameter Server的特性。

属性类型:Unsigned 32。

CM Initiator Activity Timeout Factor

此属性定义CM Initiator Activity Timeout Factor,用于IO设备(作为CM Initiator)与Parameter Server之间的连接建立阶段。它定义用于监视在发送的Connection response服务原语与从IO设备接收的新服务请求之间的时间段的超时(timeout)值。当该IO CR开始其操作时,IO设备应用停止此监视。其他监视通过具有基于CR属性Watchdog Factor和Data Hold Factor值的IO CR来完成。

属性类型:Unsigned 16。

允许值:1～1 000。

时间基:100 ms。

Parameter Server Station Name

此属性定义Parameter Server的IP地址或名称。

应采用属性CM Initiator Station Name的语法。

属性类型:VisibleString [256]。

AR RPC Server Block

此属性用来允许直接访问RPC服务器,并包含下列属性:

Initiator RPC Server Port

此属性定义CM Inititor RPC服务器所使用的UDP Port。允许的范围是0x0400～

0xFFFF。依据 IANA,推荐使用范围 0xC000～0xFFFF。

属性类型:Unsigned 16。

Responder RPC Server Port

此属性定义 CM Responder RPC 服务器所使用的 UDP Port。允许的范围是 0x0400～0xFFFF。依据 IANA,推荐使用范围 0xC000～0xFFFF。

属性类型:Unsigned 16。

Startup Mode

此可选属性定义用于 IO AR 的连接模式。

属性类型:Unsigned 16。

允许值:NORMAL_MODE、FAST_STARTUP_MODE。

8.3.10.4 CRL 类规范

8.3.10.4.1 模板

通过下列模板来描述 CRL 对象:

ASE: AR ASE
CLASS: CRL
CLASS ID: not used
PARENT CLASS: TOP
ATTRIBUTES:

1	(m)Key Attribute:	Implicit
2	(m)Attribute:	List of CRL Entries
2.1	(m)Attribute:	CREP
2.2	(s)Attribute:	IO CR Block
2.2.1	(m)Constraint:	IO CR type
2.2.2	(m)Attribute:	IO CR Reference
2.2.3	(m)Attribute:	LT Field
2.2.4	(m)Attribute:	IO CR Properties
2.2.4.1	(m)Attribute:	RT Class
2.2.4.2	(m)Attribute:	Interface type
2.2.4.3	(m)Attribute:	Send Clock Synchronisation
2.2.4.4	(m)Attribute:	Address Resolution
2.2.4.5	(m)Attribute:	Media Redundancy
2.2.5	(m)Attribute:	C_SDU Length
2.2.6	(m)Attribute:	Frame ID
2.2.7	(m)Attribute:	Send Clock Factor
2.2.8	(m)Attribute:	Reduction Ratio
2.2.9	(m)Attribute:	Phase
2.2.10	(m)Attribute:	Sequence
2.2.11	(m)Attribute:	Frame Send Offset
2.2.12	(m)Attribute:	Watchdog Factor
2.2.13	(m)Attribute:	Data Hold Factor
2.2.14	(m)Attribute:	IO CR Tag Header
2.2.14.1	(m)Attribute:	Vlan ID
2.2.14.2	(m)Attribute:	IO CR User Priority

2.2.15	(m)Attribute:	IO CR Multicast MAC Add
2.2.16	(m)Attribute:	List of APIs
2.2.16.1	(m)Attribute:	API
2.2.16.2	(m)Attribute:	List of Related IO Data Objects
2.2.16.2.1	(m)Attribute:	Slot Number
2.2.16.2.2	(m)Attribute:	Subslot Number
2.2.16.2.3	(m)Attribute:	IO Data Object Frame Offset
2.2.16.3	(m)Attribute:	List of Related IOCS
2.2.16.3.1	(m)Attribute:	Slot Number
2.2.16.3.2	(m)Attribute:	Subslot Number
2.2.16.3.3	(m)Attribute:	IOCS Frame Offset
2.2.17	(o)Attribute:	Multicast Consumer Data
2.2.17.1	(m)Attribute:	Address Resolution Properties
2.2.17.2	(m)Attribute:	MCI Timeout Factor
2.2.17.3	(m)Attribute:	Provider Station Name
2.3	(s)Attribute:	Alarm CR Block
2.3.1	(m)Constraint:	Alarm CR type
2.3.2	(m)Attribute:	LT Field
2.3.3	(m)Attribute:	Alarm CR Properties
2.3.3.1	(m)Attribute:	Priority
2.3.3.2	(m)Attribute:	Transport
2.3.4	(m)Attribute:	RTA Timeout Factor
2.3.5	(m)Attribute:	RTA Retries
2.3.6	(m)Attribute:	Local Alarm Reference
2.3.7	(m)Attribute:	Remote Alarm Reference
2.3.8	(m)Attribute:	Max Alarm Data Length
2.3.9	(m)Attribute:	Alarm CR Tag Header High
2.3.9.1	(m)Attribute:	Vlan ID
2.3.9.2	(m)Attribute:	Alarm User Priority
2.3.10	(m)Attribute:	Alarm CR Tag Header Low
2.3.10.1	(m)Attribute:	Vlan ID
2.3.10.2	(m)Attribute:	Alarm User Priority

8.3.10.4.2 属性

Implicit

属性 Implicit 指出 CRL 对象被服务隐式寻址。

List of CRL Entries

此属性由以下列表元素组成：

CREP

此静态属性包含该 CR 的本地标识符。

IO CR Block

此选择性的属性由下列属性组成：

注 1：某个 CR 既可以是一个 IOCR 也可以是一个 Alarm CR。

IO CR type

此属性指出该 CR 的类型。

属性类型:Unsigned 16。

允许值:INPUT_CR、OUTPUT_CR、MULTICAST_PROVIDER_CR、MULTICAST_CONSUMER_CR。

IO CR Reference

此属性包含该 CR 的标识符。

属性类型:Unsigned 16。

LT Field

此属性包含 Physical Layer Frame 的长度类型字段。

属性类型:Unsigned 16。

允许值:0～0x8891 保留,0x8892=IEC_61158_TYPE_10,0x8893～$2^{16}-1$ 保留。

IO CR Properties

此属性由下列属性组成:

RT Class

此属性包含通信关系的服务质量。该值定义可使用的 Frame ID 范围、所使用的传输机制的选择和所选择的交换模型(见 6.3.8、6.3.9 和 6.3.10)。

RT_CLASS_1 指 IEEE 802.3、IEEE 802.1D 和 IEEE 802.1Q 是适用的,无任何扩展。

RT_CLASS_2 指 IEEE 802.3、IEEE 802.1D 是可适用的,无任何扩展。IEEE 802.1Q 的扩展见 6.3.9.2。

RT_CLASS_3 指 IEEE 802.3、IEEE 802.1D 和 IEEE 802.1Q 是适用的,具有在 6.3.8、6.3.9 和 6.3.10 中规定的扩展。

RT_CLASS_UDP 指 IEEE 802.3、IEEE 802.1D、IEEE 802.1Q 和 IP 协议族(见 6.3.11)是适用的,无任何扩展。

属性类型:Unsigned 8。

允许值:RT_CLASS_1、RT_CLASS_2、RT_CLASS_3、RT_CLASS_UDP。

Interface type

此属性包含本地接口的类型。

属性类型:Unsigned 8。

允许值:DETERMINED_BY_IODEVICE—Input 或 Output Data ASE 接口的操作是本地事务,它可以同步操作或非同步操作。

其他值是保留的,用于未来版本。

Send Clock Synchronisation

此属性是保留的。

Address Resolution

在本版本中不使用此属性。它包含在未来版本所使用的 IO 设备到 IO 设备通信的地址解析(address resolution)协议。

属性类型:Unsigned 8。

允许值:在本版本中是保留的。

Media Redundancy

此属性包含 Media Redundancy 的值。这些值应依据表 239。

表 239 **Media Redundancy**

值	含 义
NO	没有媒体冗余帧传送
MEDIA_REDUNDANCY	传送媒体冗余帧

C_SDU Length

此属性包含被发送 Data 的长度(CSDU Length)。

属性类型:Unsigned 16。

对于 RT_CLASS_1 和 RT_CLASS_2 的允许值:40～1 440。

对于 RT_CLASS_3 的允许值:0～1 440。

对于 RT_CLASS_UDP 的允许值:8～1 440。

Frame ID

此属性包含该帧内的数据标识符。属性值由 Output CR 或 Input CR 的消费者来提供。通过用于 M_CR 和 RT_CLASS_3 的项目计划工具来提供它。

属性类型:Unsigned 16。

允许值应依据表 240 来使用。

表 240 **Frame ID**

值(十六进制)	含 义	使 用
0x0100～0x7FFF	专用于 RT_CLASS_3 单播和多播	IRT,值由项目计划工具提供
0x8000～0xBBFF	专用于 RT_CLASS_2 单播	RT,值由消费者提供
0xBC00～0xBFFF	专用于 RT_CLASS_2 多播	RT,值由项目计划工具提供
0xC000～0xF7FF	专用于 RT_CLASS_UDP 单播,RT_CLASS_1 单播(继承)	在 UDP 上的 RT(推荐)和 RT;如果在不同的 AR 中同时使用,则应使用不相连的(disjunct)的 Frame ID,值由消费者提供
0xF800～0xFBFF	专用于 RT_CLASS_UDP 多播,RT_CLASS_1 多播(继承)	在 UDP 上的 RT(推荐)和 RT;如果在不同的 AR 中同时使用,则应使用不相连的 Frame ID,值由项目计划工具提供
其他	保留	不应在 IO CR 中使用

Send Clock Factor

此属性包含 Send Clock Factor。Send Clock Factor 应被设置为与信号速率有关。对于 100 Mbps,Send Clock Factor 不应小于 5。对于 1 000 Mbit/s,Send Clock Factor 不应小于 1。

属性类型:Unsigned 16。

时间基:31.25 μs。

取值范围应是:1～128(缺省值 32)。

Reduction Ratio

此属性包含设备发送时钟的缩减率。该数据集的实际发送周期是发送时钟的 Reduction Ratio 倍。为此特定 CR 定义了一个宏周期。

属性类型:Unsigned 16。

对于 RT_CLASS_x,应使用下列值:1～512。

对于 RT_CLASS_3,值 32、64、128、256 和 512 是可选的。此外,如果设置了 RT_CLASS_1、RT_CLASS_2 或 RT_CLASS_UDP,则值 256 仅应用于最大值为 64 的 Send Clock Factor。如果设置了 RT_CLASS_1、RT_CLASS_2 或 RT_CLASS_UDP,则值 512 仅应用于最大值为 32 的 Send Clock Factor。

对于 RT_CLASS_UDP,应使用下列值:1～16384。

Phase

此属性指出必须在哪个特别的发送周期内发送数据。此参数取决于参数 Reduction Ratio,允许值在 1 与所选择的 Reduction Ratio 值之间。

属性类型:Unsigned 16。

注 2:参数 phase 允许在整个宏周期上分开发送这些帧,并提供管理所用带宽的分配方法。如果 Reduction Ratio 被设置为 4,则(例如)该 phases 可以是 1～4。

Sequence

此属性包含在发送队列中数据帧的位置。值 0 应被用来指出一个未定义的序列。

属性类型:Unsigned 16。

Frame Send Offset

此属性包含从相关 Reduction ratio 和 Phase 开始的相对发送偏移量。时间基是 1 ns。该值应小于一个阶段(Phase)的持续时间。

属性类型:Unsigned 32。

允许值:BEST_EFFORT——(必备)尽快,0～0x003D08FF 用于优化调度。

Watchdog Factor

此属性包含一个用来计算 Watchdog Time 的因子。Watchdog Time 的时间间隔与被监视的消费者相关,是下列属性值的乘积:Watchdog Factor、Send Clock Factor、Reduction Ratio,以及 31.25 μs 时间基。如果 AR 的属性 RT Class 值为 RT_CLASS_1,则 Watchdog Time 应等于或小于 1.92 s,如果 AR 的属性 RT Class 值为 RT_CLASS_1_UDP,则 Watchdog Time 应等于或小于 49.152 s。

属性类型:Unsigned 16。

允许值:0x0001～0x1E00。

Data Hold Factor

此属性包含一个用来计算 Data Hold Time 的因子。如果已没有 IO 数据被接收,则此时间是保持最后输出数据的时间间隔。

对于非冗余 AR,此值应等于属性 Watchdog Time Factor 的值。Data Hold Time 的时间间隔与被监视消费者相关,是下列属性值的乘积:Data Hold Factor、Send Clock Factor、Reduction Ratio,以及 31.25 μs 时间基。如果 AR 的属性 RT Class 值为 RT_CLASS_1,则 Data Hold Time 应等于或小于 1.92 s,如果该 AR 属性 RT Class 值为 RT_CLASS_1_UDP,则 Data Hold Time 应等于或小于 49.152 s。

属性类型:Unsigned 16。

允许值:0x0001～0x1E00。

IO CR Tag Header

此属性由下列属性组成:

Vlan ID

此属性包含 IEEE 802.1Q VLAN ID。缺省值是 NO_VLANID,它指出标签首部(tag header)仅包含优先级信息。

允许值:依据 IEEE 802.1Q。

IO CR User Priority

此属性包含 IEEE 802.1Q VLAN ID 优先级。缺省值是 IOCR_PRIORITY。

允许值:IOCR_PRIORITY——比 IP 通信量更高的优先级。

IO CR Multicast MAC Add

此属性包含在多播传输情况下依据 GB/T 15629.3 的多播地址。对于单播连接,该值应设置为 0。

属性类型:OctetString[6]。

List of APIs

此属性列表应包含至少一个该 CR 所属的 API。列表元素由下列属性组成：

API

此属性定义该 IOCR 所属的应用过程。

属性类型：Unsigned 32。

允许值：0～0xFFFFFFFF。

List of Related IO Data Objects

此属性包含与该 CR 有关的 IO Data Objects。列表元素由下列属性组成：

Slot Number

此属性定义该 IO Data 所属的槽。

属性类型：Unsigned 16。

允许值：0～0x7FFF。

Subslot Number

此属性定义该 IO Data 所属的子槽。

属性类型：Unsigned 16。

允许值：1～0x8FFF。

IO Data Object Frame Offset

此属性定义 DataItem 的偏移量。它应在 0～1439 的范围内。所使用的八位位组的最大个数应不超过最大的 C_SDU。

属性类型：Unsigned 16。

List of Related IOCS

此属性包含与 CR 有关的 IOCS。列表元素由下列属性组成：

Slot Number

此属性定义该 IOCS 所属的槽。

属性类型：Unsigned 16。

允许值：0～0x7FFF。

Subslot Number

此属性定义该 IOCS 所属的子槽。

属性类型：Unsigned 16。

允许值：1～0x8FFF。

IOCS Frame Offset

此属性定义 DataItem 的 IOCS 的偏移量。它应在 0～1439 的范围内。所使用的八位位组的最大个数应不超过最大的 C_SDU。

属性类型：Unsigned 16。

Multicast Consumer Data

如果属性 IO CR type 包含值 MULTICAST_CONSUMER_CR，则应具有此属性，并由下列属性组成：

Address Resolution Properties

此属性为多播提供者的地址解析定义协议和时间间隔。它包括在两个后续地址解析周期之间的等待时间。

属性类型：Unsigned 32。

用于协议的允许值：DNS、DCP。

用于时间间隔的允许值：0x0001～0xFFFF，时间基为 100 ms。

MCI Timeout Factor

此属性定义了用于地址解析和多播提供者处于 in data state 时的监视间隔。

application ready 应被延迟,直到进入 in data state 或 Multicast Initiator Timeout 超时为止。

属性类型:Unsigned 16。

用于间隔的允许值:0x0000～0x0064,时间基为 100 ms。

Provider Station Name

此属性定义 Multicast Provider 的 IP 地址或名称。

应采用属性 CM Initiator Station Name 的语法。

属性类型:VisibleString [256]

Alarm CR Block

此选择性的属性由下列属性组成:

注 3:某个 CR 既可以是一个 IOCR 也可以是一个 Alarm CR。

Alarm CR type

此属性指出此 CR 的类型。

属性类型:Unsigned 16。

允许值:ALARM_CR。

LT Field

此属性包含 Physical Layer Frame 的长度类型字段。

属性类型:Unsigned 16。

允许值:0～0x8891 保留,0x8892 = IEC_61158_TYPE_10,0x8893～$2^{16}-1$ 保留。

Alarm CR Properties

此属性由下列属性组成:

属性类型:Unsigned 16。

Priority

此属性包含报警的优先级。

允许值:USER_PRIORITY(缺省值):使用用户给定的优先级,并且有两个报警资源是可使用的;

LOW_PRIORITY:忽略用户优先级,并且仅有一个报警资源是可使用的。

Transport

此属性包含报警的传输层。

RTA_CLASS_1 指 IEEE 802.3、IEEE 802.1D 和 IEEE 802.1Q 是适用的,无任何扩展。

RTA_CLASS_UDP 指 IEEE 802.3、IEEE 802.1D、IEEE 802.1Q 和 IP 协议族(见 6.3.11)是适用的,无任何扩展。

属性类型:Unsigned 8。

允许值:RTA_CLASS_1、RTA_CLASS_UDP。

RTA Timeout Factor

此属性指出报警源的超时值,时间基为 100 ms。缺省值是 100 ms。

属性类型:Unsigned 16。

时间基:100 ms。

允许值:1～100 是必备的,101～$2^{16}-1$ 是可选的。

RTA Retries

此属性包含重试的次数。该值的范围是 3～15。

属性类型:Unsigned 16。

Local Alarm Reference

此属性包含 CM Initiator(例如,IO 控制器)的标识符。

属性类型:Unsigned 16。

Remote Alarm Reference

此属性包含 CM Responder(例如,IO 设备)的标识符。

属性类型:Unsigned 16。

Max Alarm Data Length

此属性包含报警宿(sink)(IO 设备、IO 控制器和 IO 监视器)接受的报警数据的最大长度。

属性类型:Unsigned 16。

允许值:200~1 432。

Alarm CR Tag Header High

此属性由下列属性组成:

Vlan ID

此属性包含 IEEE 802.1Q VLAN ID。缺省值是 NO_VLAN,它指出标签首部仅包含优先级信息。

允许值:依据 IEEE 802.1Q。

Alarm User Priority

此属性包含报警的优先级。

允许值:USER_PRIORITY_HIGH。

Alarm CR Tag Header Low

此属性由下列属性组成:

Vlan ID

此属性包含 IEEE 802.1Q VLAN ID。缺省值是 NO_VLAN,它指出标签首部仅包含优先级信息。

允许值:依据 IEEE 802.1Q。

Alarm User Priority

此属性包含该报警的优先级。

允许值:USER_PRIORITY_LOW。

8.3.10.4.3 CRL 对象的调用

对于 CRL 对象的调用,必须考虑下列规则:

——在一个 IO 设备中只能调用一个 CRL 对象。

8.3.10.5 AR 服务规范

8.3.10.5.1 Read AR Data

此证实服务可以被用来读 AR Endpoint 对象的值。此服务仅应与 implicit AR、IO AR 或 Supervisor AR 联合使用。表 241 列出了该服务的参数。

如果不存在 AR Data,则 Read AR Data 服务应响应无数据(长度为 0)。

表 241 Read AR Data

参数名称	Req	Ind	Rsp	Cnf
Argument	M	M(=)		
AREP	M	M(=)		
Seq Number	M	M(=)		
Length	M	M(=)		
Result(+)			S	S(=)

表 241（续）

参数名称	Req	Ind	Rsp	Cnf
AREP			M	M(=)
Seq Number			M	M(=)
Length			M	M(=)
List of ARs			M	M(=)
AR UUID			M	M(=)
AR type			M	M(=)
AR Properties			M	M(=)
CM Initiator Object UUID			M	M(=)
CM Initiator Station Name			M	M(=)
List of IOCRs			M	M(=)
IO CR type			M	M(=)
IO CR Properties			M	M(=)
Frame ID			M	M(=)
APDU Status			M	M(=)
Initiator UDP RT Port			U	U(=)
Responder UDP RT Port			U	U(=)
Alarm CR type			M	M(=)
Local Alarm Reference			M	M(=)
Remote Alarm Reference			M	M(=)
Parameter Server Object UUID			M	M(=)
Parameter Server Station Name			M	M(=)
List of APIs			M	M(=)
API			M	M(=)
Result(−)			S	S(=)
AREP			M	M(=)
Seq Number			M	M(=)
Error Decode			M	M(=)
Error code 1			M	M(=)
Error code 2			M	M(=)
Add Data 1			M	M(=)
Add Data 2			M	M(=)

Argument

该变元应传送该服务请求的服务特定参数。

AREP

此参数是所期望 AR 的本地标识符。

Seq Number

参数 Seq Number 被服务器用于通过序列号识别重复的服务。此服务参数的范围是：$0\sim2^{16}-1$。请求应用过程为每个未完成的服务请求提供一个唯一的 Seq Number。在一个会话期间，对每一个服务请求，参数 Seq Number 值都递增 1。开始一个新会话时，Seq Number 从前一个会话的最后值开始。已完成的具有 Seq Number 的证实将被忽略。已完成的具有 Seq Number 的指示将被拒绝。应分别对每个已建立的 AR 的 Seq Number 进行维护。

Length

参数 Length 指出必须被读取的 Alarm Data 的八位位组个数。允许的长度范围：$2^{0}\sim2^{32}-256$。

Result(+)

此参数指出该服务请求成功。

List of ARs

此参数由以下列表元素组成：

AR UUID

此参数包含该 ASE 对象的相应属性值。

AR type

此参数包含该 ASE 对象的相应属性值。

AR Properties

此参数包含该 ASE 对象的相应属性值。

CM Initiator Object UUID

此参数包含该 Context ASE 对象的相应属性值。

CM Initiator Station Name

此参数包含该 ASE 对象的相应属性值。

List of IOCRs

此参数由以下列表元素组成：

IO CR type

此参数包含该 ASE 对象的相应属性值。

IO CR Properties

此参数包含该 ASE 对象的相应属性值。

Frame ID

此参数包含该 ASE 对象的相应属性值。

APDU Status

此参数包含该 ASE 对象的相应属性值。

Initiator UDP RT Port

此参数包含该 ASE 对象的相应属性值。

Responder UDP RT Port

此参数包含该 ASE 对象的相应属性值。

Alarm CR type

此参数包含该 ASE 对象的相应属性值。

Local Alarm Reference

此参数包含该 ASE 对象的相应属性值。

Remote Alarm Reference

此参数包含该 ASE 对象的相应属性值。

Parameter Server Object UUID

此参数包含该 ASE 对象的相应属性值。

Parameter Server Station Name

此参数包含该 ASE 对象的相应属性值。

List of APIs

此参数表由以下列表元素组成：

API

此参数包含该 ASE 对象的相应属性值。

Result(—)

此参数指出该服务请求失败。

Error Decode

此参数从 Error code 1 和 Error code 2 中选择一种方案；其编码在 GB/Z 25105.2 中规定。

类型：Unsigned 8。

允许值：PNIORW。

Error code 1

参数 Error code 1 采取下列值之一：read error、module failure、version conflict、feature not supported、user specific、invalid index、invalid slot/subslot、type conflict、invalid area、state conflict、access denied、invalid range、invalid parameter、invalid type、read constrain conflict、resource busy、resource unavailable、service cancelled。

类型：Unsigned 16。

Error code 2

参数 Error code 2 是用户特定的。

类型：Unsigned 8。

Add Data 1

参数 Add Data1 是 API 特定的(行规)。如果没有定义 additional data 1，则应传输值 0。

类型：Unsigned 16。

注 1：Add Data 1 可以被行规规范用来传输特定错误报文。

Add Data 2

参数 Add Data2 是用户特定的。如果没有定义 additional data 2，则应传输值 0。

类型：Unsigned 16。

注 2：Add Data 2 可以被制造商用来传输特定错误报文。

8.3.10.5.2 Placeholder

此条空白。

8.4 IO 设备的行为

8.4.1 概述

每个 IO 设备应具有下列的 ASE 状态机：

——Startup SM；

——Submodule SM；

——Alarm Queue SM。

注：实际上，Alarm Queue SM 只是一个存储报警的实例，以便将这些报警带入一个协调好的序列，而不是一个实际的状态机。

每个支持 Isochronous Mode ASE 的 IO 设备应还具有下列的 ASE 状态机：

——Input SM；

——Output SM；

——SyncCtl SM。

图 52 示出了这些 ASE 状态机的概貌。

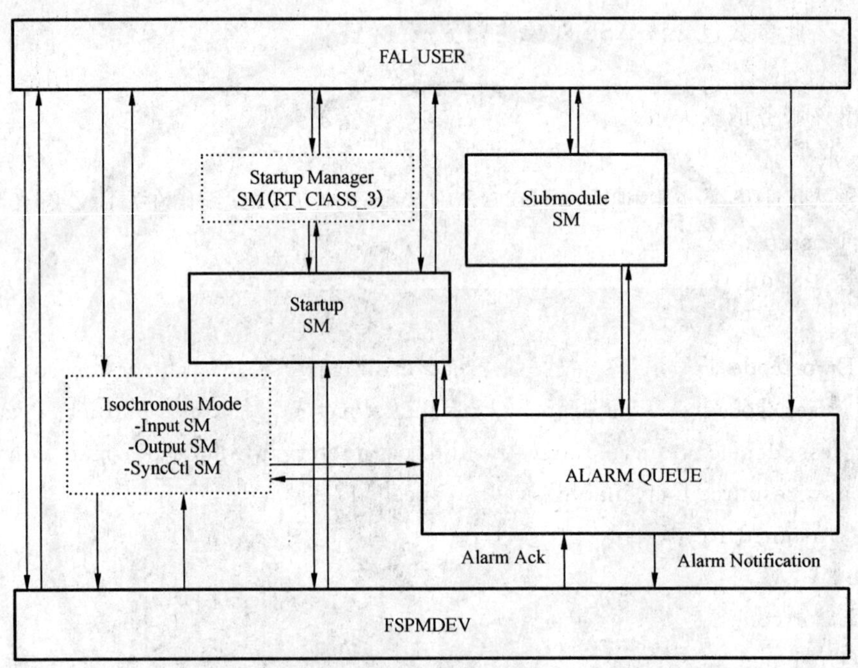

图 52 IO 设备的 ASE 状态机概貌

8.4.2 IO 设备的启动

本条描述在用户应用启动期间 IO 设备的应用行为。

它包括下列 ASE 的行为摘要：

——Context ASE；

——Record Data ASE；

——IO Data ASE。

注：本条只提供了所选择的行为，而不是以上提及的 ASE 的对象行为的全部定义。

图 53 示出了所选行为的状态图，表 242 定义了所选行为的状态表。

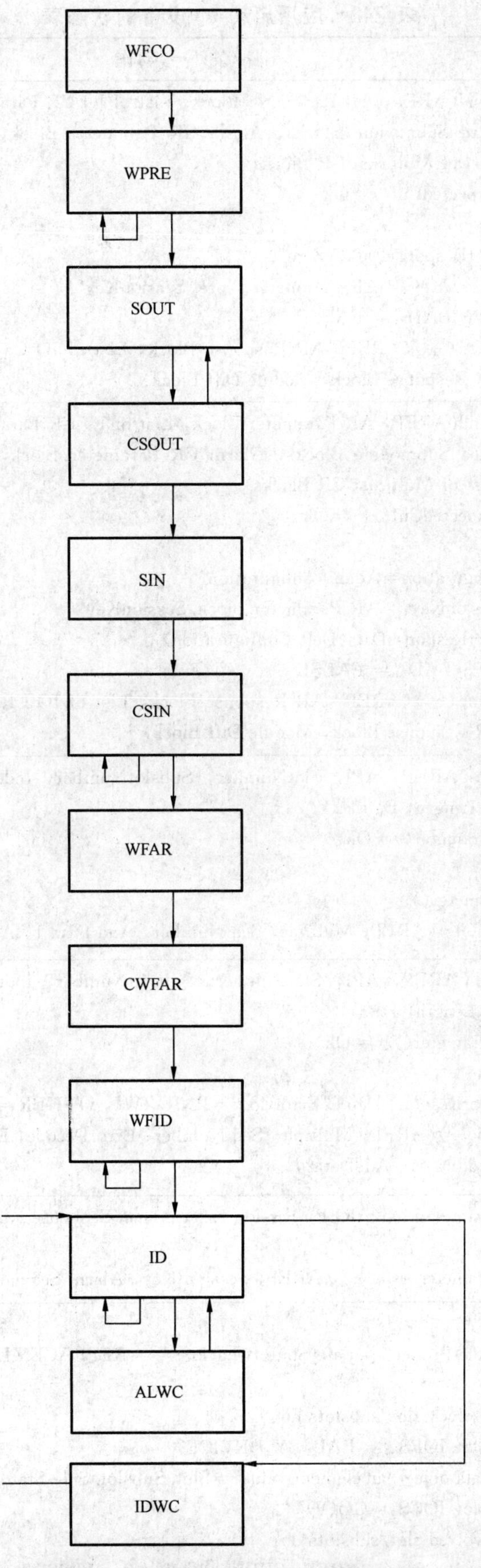

图 53　应用启动 IO 设备的状态图

表 242 应用启动 IO 设备的状态表

#	当前状态	事件/条件=〉动作	下一状态
1	WFCO	Connect. ind(AREP, AR Parameter Block, List of IO CR Parameter Blocks, List of Expected Submodule Blocks, Alarm CR Parameter Block, Parameter Server Block, List of Multicast CR Blocks) /CheckExpectedCnf()=Ok =〉 SetConnectResponseData("Zero") StoredSessionKey:=AR Parameter Block. SessionKey MCR_IOPS_BAD := FALSE Connect. rsp(+)(AREP, AR Response Block, List of IO CR Response Blocks, Alarm CR Response Block, Module Diff Block)	WPRE
2	WFCO	Connect. ind(AREP, AR Parameter Block, List of IO CR Parameter Blocks, List of Expected Submodule Blocks, Alarm CR Parameter Block, Parameter Server Block, List of Multicast CR Blocks) /CheckExpectedCnf()! =Ok =〉 DeltaConfiguration=AdaptConfiguration() StoredSessionKey:=AR Parameter Block. SessionKey SetConnectResponseData(DeltaConfiguration) MCR_IOPS_BAD := FALSE Connect. rsp(+)(AREP, AR Response Block, List of IO CR Response Blocks, Alarm CR Response Block, Module Diff Block)	WPRE
3	WPRE	Write. ind (AREP, API, SlotNumber, SubslotNumber, Index, Multiple, Seq Number, Length, Data) /CheckParameter()=Ok =〉 StoreParameter() Write. rsp(+)(AREP, Multiple, Seq Number, Add Data 1, Add Data 2)	WPRE
4	WPRE	Write. ind (AREP, API, SlotNumber, SubslotNumber, Index, Multiple, Seq Number, Length, Data) /CheckParameter()! =Ok =〉 SetWrErrorResponseData("ErrorCode=PNIORW", OTHER=UserSpecific) Write. rsp(−)(AREP, Multiple, Seq Number, ErrorDecode, ErrorCode1, ErrorCode2, AddData1, AddData2)	WPRE
5	WPRE	EndOfParameter. ind(AREP, Session Key, Alarm Sequence Number) =〉 EndOfParameter. rsp(+) (AREP, Session Key, Alarm Sequence Number)	SOUT
6	SOUT	/Submodule Properties. Safe State Behavior == REPLACEMENT_VALUE =〉 For all involved slot/subslots do: Slot. Subslot. IOPS := BAD_BY_DEVICE Output Data object subelement value:=Slot. Subslot. Safe State Value Slot. Subslot. IOCS:=GOOD For all involved slot/subslots do: Set Output IOCS. req (AREP, CREP, Slot,Subslot,IOCS)	CSOUT

表 242（续）

#	当前状态	事件/条件＝〉动作	下一状态
7	SOUT	/Submodule Properties. Safe State Behavior ＝＝ LAST_ VALUE ＝〉 For all involved slot/subslots do： Slot. Subslot. IOPS ：＝ BAD_BY_DEVICE Output Data object subelement value：＝"local initial value" Slot. Subslot. IOCS：＝GOOD For all involved slot/subslots do： Set Output IOCS. req (AREP，CREP，Slot，Subslot，IOCS)	CSOUT
8	SOUT	/Submodule Properties. Safe State Behavior ＝＝ ZERO ＝〉 For all involved slot/subslots do： Slot. Subslot. IOPS ：＝ BAD_BY_DEVICE Output Data object subelement value：＝ZERO Slot. Subslot. IOCS：＝GOOD For all involved slot/subslots do： Set Output IOCS. req (AREP，CREP，Slot，Subslot，IOCS)	CSOUT
9	CSOUT	Set Output IOCS. cnf(＋)(AREP) /not last one ＝〉	SOUT
10	CSOUT	Set Output IOCS. cnf(＋)(AREP) /last one ＝〉	SIN
11	CSOUT	Set Output IOCS. cnf(＋)(AREP) ＝〉 ignore (M-Consumer submodule)	SIN
12	SIN	＝〉 For all involved slot/subslots with submodul status GOOD do： Slot ：＝ Slot Number； Subslot ：＝ Subslot Number IOPS ：＝ GOOD Subslot Input Data：＝Input Data object subelement value local IOCS：＝GOOD For all involved slot/subslots with submodul status BAD do： Slot ：＝ Slot Number； Subslot ：＝ Subslot Number IOPS ：＝ BAD_BY_DEVICE local IOCS：＝BAD_BY_DEVICE For all involved slot/subslots do： Set Input. req (AREP，CREP，Slot Number，Subslot Number，IOPS，Subslot Input Data)	CSIN

表 242（续）

#	当前状态	事件/条件=〉动作	下一状态
13	CSIN	Set Input. cnf(＋)(AREP) /not last one =〉 ignore	CSIN
14	CSIN	Set Input. cnf(＋)(AREP) /last one =〉	WFAR
15	WFAR	/UserReady =〉 SessionKey：=StoredSessionKey MCR_IOPS_BAD ：= FALSE if ARProperties. Companion == First AR && ARProperties. AcknowledgeCompanionAR == Companion AR with acknowledge && any port：IRT port state IO device：：State == RTCLASS3_RUN then ControlBlockProperties ：= 1 else ControlBlockProperties ：= 0 Application ready. req(AREP，Session Key，Alarm Sequence Number，Module Diff Block，ControlBlockProperties) SUM_ApplReady. ind(AREP)	CWFAR
16	CWFAR	ApplicationReady. cnf(＋)(AREP，Session Key，Alarm Sequence Number) =〉	WFID
17	WFID	New Output. ind(AREP, CREP, Slot Number，Subslot Number，InData Flag) /not last one =〉 ignore	WFID
18	WFID	New Output. ind(AREP，CREP，Slot Number，Subslot Number，InData Flag) /last one (exclude CREPs with Multicast Communication) =〉 SUM_AR_In_Data. ind(AREP)	ID
19	ID	New Output. ind(AREP，CREP，Slot Number，Subslot Number) =〉 Get Output. req(AREP，CREP，Slot Number，Subslot Number)	IDWC
20	ID	New Output. ind(AREP，CREP，Slot Number，Subslot Number，Watchdog Flag) =〉 "real output values are not modified，possible actions are local matter or for future use with redundancy"	ID
21	ID	New Output APDU Data Status. ind(AREP，CREP，Data Flag，AR State Flag，Provider State Flag，Problem Indicator Flag) =〉 local actions	ID

表 242（续）

#	当前状态	事件/条件=〉动作	下一状态
22	ID	New Output. ind(AREP, CREP, Slot Number, Subslot Number, InData Flag) /(CREP with Multicast Communication) && (CHECK_IOPS(CREP) == FALSE) && (MCR_IOPS_BAD == TRUE) =〉 ignore	ID
23	ID	New Output. ind(AREP, CREP, Slot Number, Subslot Number) /(CREP with Multicast Communication) && (CHECK_IOPS(CREP) == FALSE) && (MCR_IOPS_BAD == FALSE) =〉 MCR_IOPS_BAD := TRUE Alarm Type:=Multicast Communication Mismatch Alarm User Structure Identifier := 0x8002 ChannelNumber := 0x8000 ChannelProperties. Specifier := Appears ChannelErrorType := Multicast Provider Status Mismatch ExtChannelErrorType := Provider state changed to value bad Alarm Notification. req(AREP, API, Alarm Priority, Alarm Type, Slot Number, Subslot Number, Alarm Specifier, Module Ident Number, Submodule Ident Number, Alarm Item)	ALWC
24	ID	New Output. ind(AREP, CREP, Slot Number, Subslot Number) /(CREP with Multicast Communication) && (CHECK_IOPS(CREP) == TRUE) && (MCR_IOPS_BAD == TRUE) =〉 MCR_IOPS_BAD := FALSE Alarm Type:=Multicast Communication Mismatch Alarm User Structure Identifier := 0x8000 ChannelNumber := 0x8000 ChannelProperties. Specifier := Disappears ChannelErrorType := Multicast Provider Status Mismatch Alarm Notification. req(AREP, API, Alarm Priority, Alarm Type, Slot Number, Subslot Number, Alarm Specifier, Module Ident Number, Submodule Ident Number, Alarm Item)	ALWC
25	ID	New Output. ind(AREP, CREP, Slot Number, Subslot Number) /(CREP with Multicast Communication) && (CHECK_IOPS(CREP) == TRUE) && (MCR_IOPS_BAD == FALSE) =〉 Get Output. req(AREP, CREP, Slot Number, Subslot Number)	IDWC

表 242（续）

#	当前状态	事件/条件=〉动作	下一状态
26	ID	M-Provider Communication Stopped. ind(AREP, CREP, Slot Number, Subslot Number) =〉 Alarm Type:=Multicast Communication Mismatch Alarm User Structure Identifier := 0x8002 ChannelNumber := 0x8000 ChannelProperties. Specifier := Appears ChannelErrorType := Multicast CR Mismatch ExtChannelErrorType := Multicast Consumer CR timed out Alarm Notification. req(AREP, API, Alarm Priority, Alarm Type, Slot Number, Subslot Number, Alarm Specifier, Module Ident Number, Submodule Ident Number, Alarm Item)	ALWC
27	ALWC	Alarm Notification. cnf(+)(AREP) =〉	ID
28	IDWC	Get Output. cnf(+)(AREP, IOPS, Subslot Output Data, New Flag, IOCS) /IOPS==GOOD =〉 Slot. Subslot. IOPS := GOOD Output Data object subelement value:=Subslot Output Data	ID
29	IDWC	Get Output. cnf(+)(AREP, IOPS, Subslot Output Data, New Flag, IOCS) /IOPS==BAD_BY_CONTROLLER & Submodule Properties. Safe State Behavior == REPLACEMENT_VALUE =〉 Slot. Subslot. IOPS := BAD_BY_CONTROLLER Output Data object subelement value:=Slot. Subslot. Safe State Value	ID
30	IDWC	Get Output. cnf(+)(AREP, IOPS, Subslot Output Data, New Flag, IOCS) /IOPS==BAD_BY_CONTROLLER & Submodule Properties. Safe State Behavior == LAST_ VALUE =〉 Slot. Subslot. IOPS := BAD_BY_CONTROLLER	ID
31	IDWC	Get Output. cnf(+)(AREP, IOPS, Subslot Output Data, New Flag, IOCS) /IOPS==BAD_BY_CONTROLLER & Submodule Properties. Safe State Behavior == ZERO =〉 Slot. Subslot. IOPS := BAD_BY_CONTROLLER Output Data object subelement value:=ZERO	ID

表 242（续）

#	当前状态	事件/条件=〉动作	下一状态
32	IDWC	Get Output. cnf(＋)(AREP，IOPS，Subslot Output Data，New Flag，IOCS) /IOPS==BAD_BY_PROVIDER & Submodule Properties. Safe State Behavior == REPLACEMENT_VALUE/LAST_VALUE/ZERO =〉 Slot. Subslot. IOPS := BAD_BY_PROVIDER Output Data object subelement value:=REPLACEMENT_VALUE/LAST_VALUE/ZERO MCR_IOPS_BAD := TRUE Alarm Type:=Multicast Communication Mismatch Alarm User Structure Identifier := 0x8002 ChannelNumber := 0x8000 ChannelProperties. Specifier := Appears ChannelErrorType := Multicast Provider Status Mismatch ExtChannelErrorType := Provider state changed to value bad Alarm Notification. req(AREP，API，Alarm Priority，Alarm Type，Slot Number，Subslot Number，Alarm Specifier，Module Ident Number，Submodule Ident Number，Alarm Item)	ID
33	IDWC	Get Output. cnf(＋)(AREP，IOPS，Subslot Output Data，New Flag，IOCS) /IOPS==GOOD && MCR_IOPS_BAD == TRUE =〉 Slot. Subslot. IOPS := GOOD Output Data object subelement value:=Output Data MCR_IOPS_BAD := FALSE larm Type:=Multicast Communication Mismatch Alarm User Structure Identifier := 0x8000 ChannelNumber := 0x8000 ChannelProperties. Specifier := Disappears ChannelErrorType := Multicast Provider Status Mismatch Alarm Notification. req(AREP，API，Alarm Priority，Alarm Type，Slot Number，Subslot Number，Alarm Specifier，Module Ident Number，Submodule Ident Number，Alarm Item)	ID

表 242（续）

#	当前状态	事件/条件=〉动作	下一状态
34	ID	Read Output Data. ind(AREP, API, Target ARUUID, Slot Number, Subslot Number, Seq Number, Length) /ARUUID==AREP. ARUUID&& Slot==AREP. Slot Number&& Subslot==AREP. Subslot Number&& ((Length Output Data+Length IOPS+Length IOCS) 〈=Length) =〉 AREP:=local AR reference Length:=Slot. Subslot. Length Data+ Slot. Subslot. Length IOCS+Slot. Subslot. Length IOPS Length Data:=Slot. Subslot. Length Data Length IOCS:=Slot. Subslot. Length IOCS Length IOPS:=Slot. Subslot. Length IOPS IOCS:=Slot. Subslot. IOCS IOPS:=Slot. Subslot. IOPS Subslot Output Data:=Output Data object subelement value Read Output Data. res(+) (AREP, Seq Number, Length, Length IOCS, Length IOPS, Length Output Data, IOCS, IOPS, Output Data, Substitute Mode, Substitute Active Flag, Output Substitute Data)	ID
35	ID	Read Output Data. ind(AREP, API, Target ARUUID, Slot Number, Subslot Number, Seq Number, Length) /! (ARUUID==AREP. ARUUID&& Slot==AREP. Slot Number&& Subslot==AREP. Subslot Number&& ((Length Output Data+Length IOPS+Length IOCS) 〈=Length)) =〉 AREP:=local AR reference Error Decode:=PNIORW Error Code 1:="parameter error" Error Code 2:=vendor specific or 0 Add Data 1:=profile specific or 0 Add Data 2:=vendor specific or 0 Read Output Data. res(−) (AREP, Seq Number, Error Decode, Error Code 1, Error Code 2, Add Data 1, Add Data 2)	ID
36	ID	/input value changed =〉 For all involved slot/subslots do: Slot := Slot Number; Subslot := Subslot Number IOPS := GOOD Subslot Input Data:=Input Data object subelement value For all involved slot/subslots do: Set Input. req (AREP, CREP, Slot Number, Subslot Number, IOPS, Subslot Input Data)	IDWC

表 242（续）

#	当前状态	事件/条件=〉动作	下一状态
37	ID	Read Input Data. ind(AREP, API, Target ARUUID, Slot Number, Subslot Number, Seq Number, Length) /ARUUID==AREP. ARUUID&& Slot==AREP. Slot Number&& Subslot==AREP. Subslot Number&& ((Length Input Data+Length IOPS+Length IOCS)〈=Length) =〉 AREP:=local AR reference Length:=Slot. Subslot. Length Data+ Slot. Subslot. Length IOCS+Slot. Subslot. Length IOPS Length Data:=Slot. Subslot. Length Data Length IOCS:=Slot. Subslot. Length IOCS Length IOPS:=Slot. Subslot. Length IOPS IOCS:=Slot. Subslot. IOCS IOPS:=Slot. Subslot. IOPS Subslot Input Data:=Input Data object subelement value Read Input Data. res(+) (AREP, Seq Number, Length, Length Data, Length IOCS, Length IOPS, IOCS, IOPS, Subslot Input Data)	ID
38	ID	Read Input Data. ind(AREP, API, Target ARUUID, Slot Number, Subslot Number, Seq Number, Length) /! (ARUUID==AREP. ARUUID&& Slot==AREP. Slot Number&& Subslot==AREP. Subslot Number&& ((Length Input Data+Length IOPS+Length IOCS)〈=Length)) =〉 AREP:=local AR reference Error Decode:=PNIORW Error Code 1:="parameter error" Error Code 2:=vendor specific or 0 Add Data 1:=profile specific or 0 Add Data 2:=vendor specific or 0 Read Input Data. res(−) (AREP, Seq Number, Error Decode, Error Code 1, Error Code 2, Add Data 1, Add Data 2)	ID

表 243 定义了在该状态表中所使用的功能。

表 243 启动 IO 设备的状态表功能

名　　称	功　　能
CHECK_IOPS(CREP)	CREP 的所有 IO 数据对象，设置为 IOPS==GOOD

8.4.3 物理设备参数检查

远程系统数据的检查应在启动和运行期间来完成。对等连接到一个端口的的实际远程系统数据通过 LLDP 请求来重新获得。所以，远程系统数据的检查应在每次接收到 LLDP 指示后来进行。

为了在 RT_CLASS_3 域内的设备之间运行 RT_CLASS_3 通信关系，应确保在该域内每个设备的工程与实际对等者之间的一致性。

8.4.3.1 远程系统数据

远程系统数据的背离通过传输给 IO 控制器的报警通知(alarm notifications)来通报。对于每个端口应有一个状态机用于相邻端口检查。

图 54 示出了状态图，表 244 定义了所选择行为的状态表。

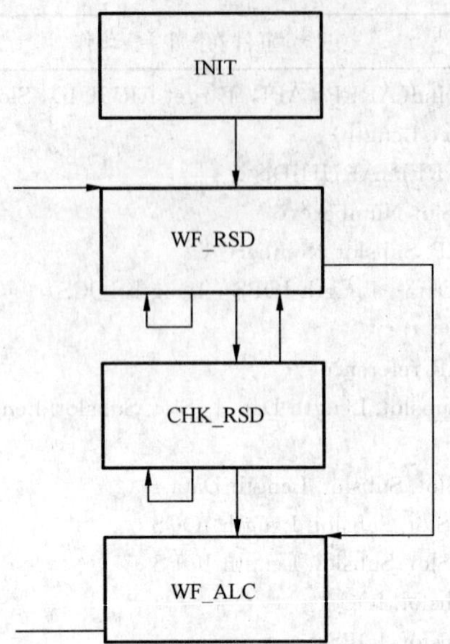

图 54 相邻端口检查状态图

表 244 相邻端口检查状态表

#	当前状态	事件/条件=〉动作	下一状态
1	INIT	=〉 REMOTE_DATA_OK := TRUE REMOTE_CABLE_DELAY_OK := TRUE REMOTE_PTCP_DATA_OK := TRUE REMOTE_MAUTYPE_OK := TRUE REMOTE_MRP_DOMAIN_OK := TRUE REMOTE_MRRT_STATUS_OK := TRUE	WF_RSD
2	WF_RSD	Remote Systems Data Change(Local Port ID, List of Neighbours) /engineered number of neighbours == NOT_ENGINEERED =〉 ignore	WF_RSD
3	WF_RSD	Remote Systems Data Change(Local Port ID, List of Neighbours) /List of Neighbours == 0 && engineered number of neighbours == 0 && REMOTE_DATA_OK == TRUE (do similar for REMOTE_CABLE_DELAY_OK, REMOTE_PTCP_DATA_OK, REMOTE_MAUTYPE_OK, REMOTE_MRP_DOMAIN_OK, REMOTE_MRRT_STATUS_OK) =〉 ignore	WF_RSD

表 244（续）

#	当前状态	事件/条件=〉动作	下一状态
4	WF_RSD	Remote Systems Data Change(Local Port ID, List of Neighbours) /List of Neighbours == 0 && engineered number of neighbours == 0 && REMOTE_DATA_OK == FALSE (do similar for REMOTE_CABLE_DELAY_OK, REMOTE_PTCP_DATA_OK, REMOTE_MAUTYPE_OK, REMOTE_MRP_DOMAIN_OK, REMOTE_MRRT_STATUS_OK) =〉 REMOTE_DATA_OK := TRUE CONVERT(Local Port ID) Alarm Type := Port Data Change Notification User Structure Identifier := 0x8000 ChannelNumber := 0x8000 ChannelProperties. Specifier := Disappears ChannelErrorType := REMOTE_MISMATCH ExtChannelErrorType := REMOTE_SYSTEM_DATA_MISMATCH Alarm Notification. req(AREP, API, Alarm Priority, Alarm Type, Slot Number, Subslot Number, Alarm Specifier, Module Ident Number, Submodule Ident Number, Alarm Item)	WF_ALC
5	WF_RSD	Remote Systems Data Change(Local Port ID, List of Neighbours) /List of Neighbours>0 && List of Neighbours == engineered number of neighbours =〉 ignore	CHK_RSD
6	WF_RSD	Remote Systems Data Change(Local Port ID, List of Neighbours) /engineered number of neighbours > 0 && List of Neighbours ! = engineered number of neighbours && REMOTE_DATA_OK == TRUE =〉 REMOTE_DATA_OK := FALSE CONVERT(Local Port ID) Alarm Priority := ALARM_HIGH or ALARM_LOW Alarm Type := Port Data Change Notification	WF_ALC

表 244（续）

#	当前状态	事件/条件=〉动作	下一状态
6	WF_RSD	User Structure Identifier := 0x8002 ChannelNumber := 0x8000 ChannelProperties := "Appears" ChannelErrorType := REMOTE_MISMATCH ExtChannelErrorType := REMOTE_SYSTEM_DATA_MISMATCH Alarm Notification. req(AREP, API, Alarm Priority, Alarm Type, Slot Number, Subslot Number, Alarm Specifier, Module Ident Number, Submodule Ident Number, Alarm Item)	WF_ALC
7	WF_RSD	OTHERS =〉 ignore	WF_RSD
8	CHK_RSD	 /CHECK_REMOTE_DATA(List of Neighbours, Remote Chassis ID, Remote Port ID) == OK && REMOTE_DATA_OK == FALSE =〉 REMOTE_DATA_OK := TRUE CONVERT(Local Port ID) Alarm Priority := ALARM_HIGH or ALARM_LOW Alarm Type := Port Data Change Notification User Structure Identifier := 0x8002 ChannelNumber := 0x8000 ChannelProperties := "Disappears" ChannelErrorType := REMOTE_MISMATCH ExtChannelErrorType := REMOTE_SYSTEM_DATA_MISMATCH Alarm Notification. req(AREP, API, Alarm Priority, Alarm Type, Slot Number, Subslot Number, Alarm Specifier, Module Ident Number, Submodule Ident Number, Alarm Item)	WF_ALC
9	CHK_RSD	 /CHECK_REMOTE_DATA(List of Neighbours, Remote Chassis ID, Remote Port ID) == OK && REMOTE_DATA_OK == TRUE =〉 ignore	WF_RSD
10	CHK_RSD	 /CHECK_REMOTE_DATA(List of Neighbours, Remote Chassis ID, Remote Port ID) ! = OK && REMOTE_DATA_OK == FALSE =〉 ignore	WF_RSD

表 244（续）

#	当前状态	事件/条件=〉动作	下一状态
11	CHK_RSD	/CHECK_REMOTE_DATA(List of Neighbours, Remote Chassis ID, Remote Port ID) ! = OK && REMOTE_DATA_OK == TRUE =〉 REMOTE_DATA_OK := FALSE CONVERT(Local Port ID) Alarm Priority := ALARM_HIGH or ALARM_LOW Alarm Type := Port Data Change Notification User Structure Identifier := 0x8002 ChannelNumber := 0x8000 ChannelProperties := "Appears" ChannelErrorType := REMOTE_MISMATCH ExtChannelErrorType := REMOTE_SYSTEM_DATA_MISMATCH Alarm Notification. req(AREP, API, Alarm Priority, Alarm Type, Slot Number, Subslot Number, Alarm Specifier, Module Ident Number, Submodule Ident Number, Alarm Item)	WF_ALC
12	CHK_RSD	/CHECK_REMOTE_DATA(List of Neighbours, Remote Cable Delay) == OK && REMOTE_CABLE_DELAY_OK == FALSE =〉 REMOTE_CABLE_DELAY_OK := TRUE CONVERT(Local Port ID) Alarm Priority := ALARM_HIGH or ALARM_LOW Alarm Type := Port Data Change Notification User Structure Identifier := 0x8002 ChannelNumber := 0x8000 ChannelProperties := "Disappears" ChannelErrorType := REMOTE_MISMATCH ExtChannelErrorType := PEER_CABLE_DELAY_MISMATCH Alarm Notification. req(AREP, API, Alarm Priority, Alarm Type, Slot Number, Subslot Number, Alarm Specifier, Module Ident Number, Submodule Ident Number, Alarm Item)	WF_ALC
13	CHK_RSD	/CHECK_REMOTE_DATA(List of Neighbours, Remote Cable Delay) == OK && REMOTE_CABLE_DELAY_OK == TRUE =〉 ignore	WF_RSD

表 244（续）

#	当前状态	事件/条件=〉动作	下一状态
14	CHK_RSD	/CHECK_REMOTE_DATA(List of Neighbours，Remote Cable Delay) ！ = OK && REMOTE_CABLE_DELAY_OK == FALSE =〉 ignore	WF_RSD
15	CHK_RSD	/CHECK_REMOTE_DATA(List of Neighbours，Remote Cable Delay) ！ = OK && REMOTE_CABLE_DELAY_OK == TRUE =〉 REMOTE_CABLE_DELAY_OK := FALSE CONVERT(Local Port ID) Alarm Priority := ALARM_HIGH or ALARM_LOW Alarm Type := Port Data Change Notification User Structure Identifier := 0x8002 ChannelNumber := 0x8000 ChannelProperties := "Appears" ChannelErrorType := REMOTE_MISMATCH ExtChannelErrorType := PEER_CABLE_DELAY_MISMATCH Alarm Notification. req(AREP，API，Alarm Priority，Alarm Type，Slot Number，Subslot Number，Alarm Specifier，Module Ident Number，Submodule Ident Number，Alarm Item)	WF_ALC
16	CHK_RSD	/CHECK_REMOTE_DATA(List of Neighbours，Remote PTCP Data) == OK && REMOTE_PTCP_DATA_OK == FALSE =〉 REMOTE_PTCP_DATA_OK := TRUE CONVERT(Local Port ID) Alarm Priority := ALARM_HIGH or ALARM_LOW Alarm Type := Port Data Change Notification User Structure Identifier := 0x8002 ChannelNumber := 0x8000 ChannelProperties := "Disappers" ChannelErrorType := REMOTE_MISMATCH ExtChannelErrorType := PEER_PTCP_MISMATCH Alarm Notification. req(AREP，API，Alarm Priority，Alarm Type，Slot Number，Subslot Number，Alarm Specifier，Module Ident Number，Submodule Ident Number，Alarm Item)	WF_ALC

表 244（续）

#	当前状态	事件/条件=〉动作	下一状态
17	CHK_RSD	/CHECK_REMOTE_DATA(List of Neighbours，Remote PTCP Data) == OK && REMOTE_PTCP_DATA_OK == TRUE =〉 ignore	WF_RSD
18	CHK_RSD	/CHECK_REMOTE_DATA(List of Neighbours，Remote PTCP Data) ! = OK && REMOTE_PTCP_DATA_OK == FALSE =〉 ignore	WF_RSD
19	CHK_RSD	/CHECK_REMOTE_DATA(List of Neighbours，Remote PTCP Data) ! = OK && REMOTE_PTCP_DATA_OK == TRUE =〉 REMOTE_PTCP_DATA_OK := FALSE CONVERT(Local Port ID) Alarm Priority := ALARM_HIGH or ALARM_LOW Alarm Type := Port Data Change Notification User Structure Identifier := 0x8002 ChannelNumber := 0x8000 ChannelProperties := "Appears" ChannelErrorType := REMOTE_MISMATCH ExtChannelErrorType := PEER_PTCP_MISMATCH Alarm Notification. req(AREP，API，Alarm Priority，Alarm Type，Slot Number，Subslot Number，Alarm Specifier，Module Ident Number，Submodule Ident Number，Alarm Item)	WF_ALC
20	CHK_RSD	/CHECK_REMOTE_DATA(List of Neighbours，Remote MAU Data) == OK && REMOTE_MAUTYPE_OK == FALSE =〉 REMOTE_MAUTYPE_OK := TRUE CONVERT(Local Port ID) Alarm Priority := ALARM_HIGH or ALARM_LOW Alarm Type := Port Data Change Notification User Structure Identifier := 0x8002 ChannelNumber := 0x8000 ChannelProperties := "Disappears" ChannelErrorType := REMOTE_MISMATCH ExtChannelErrorType := PEER_MAUType_MISMATCH Alarm Notification. req(AREP，API，Alarm Priority，Alarm Type，Slot Number，Subslot Number，Alarm Specifier，Module Ident Number，Submodule Ident Number，Alarm Item)	WF_ALC

表 244（续）

#	当前状态	事件/条件=〉动作	下一状态
21	CHK_RSD	 /CHECK_REMOTE_DATA(List of Neighbours，Remote MAU Data) == OK && REMOTE_MAUTYPE_OK == TRUE =〉 ignore	WF_RSD
22	CHK_RSD	 /CHECK_REMOTE_DATA(List of Neighbours，Remote MAU Data) ! = OK && REMOTE_MAUTYPE_OK == FALSE =〉 ignore	WF_RSD
23	CHK_RSD	 /CHECK_REMOTE_DATA(List of Neighbours，Remote MAU Data) ! = OK && REMOTE_MAUTYPE_OK == TRUE =〉 REMOTE_MAUTYPE_OK := FALSE CONVERT(Local Port ID) Alarm Priority := ALARM_HIGH or ALARM_LOW Alarm Type := Port Data Change Notification User Structure Identifier := 0x8002 ChannelNumber := 0x8000 ChannelProperties := "Appears" ChannelErrorType := REMOTE_MISMATCH ExtChannelErrorType := PEER_MAUType_MISMATCH Alarm Notification. req(AREP，API，Alarm Priority，Alarm Type，Slot Number，Subslot Number，Alarm Specifier，Module Ident Number，Submodule Ident Number，Alarm Item)	WF_ALC
24	CHK_RSD	 /CHECK_REMOTE_DATA(List of Neighbours，Remote MRP Data) == OK && REMOTE_MRP_DOMAIN_OK == FALSE =〉 REMOTE_MRP_DOMAIN_OK := TRUE CONVERT(Local Port ID) Alarm Priority := ALARM_HIGH or ALARM_LOW Alarm Type := Port Data Change Notification User Structure Identifier := 0x8002 ChannelNumber := 0x8000 ChannelProperties := "Disappears" ChannelErrorType := REMOTE_MISMATCH ExtChannelErrorType := PEER_MRP_DOMAIN_MISMATCH Alarm Notification. req(AREP，API，Alarm Priority，Alarm Type，Slot Number，Subslot Number，Alarm Specifier，Module Ident Number，Submodule Ident Number，Alarm Item)	WF_ALC

表 244(续)

#	当前状态	事件/条件=〉动作	下一状态
25	CHK_RSD	/CHECK_REMOTE_DATA(List of Neighbours, Remote MRP Data) == OK && REMOTE_MRP_DOMAIN_OK == TRUE =〉 ignore	WF_RSD
26	CHK_RSD	/CHECK_REMOTE_DATA(List of Neighbours, Remote MRP Data) != OK && REMOTE_MRP_DOMAIN_OK == FALSE =〉 ignore	WF_RSD
27	CHK_RSD	/CHECK_REMOTE_DATA(List of Neighbours, Remote MRP Data) != OK && REMOTE_MRP_DOMAIN_OK == TRUE =〉 REMOTE_MRP_DOMAIN_OK := FALSE CONVERT(Local Port ID) Alarm Priority := ALARM_HIGH or ALARM_LOW Alarm Type := Port Data Change Notification User Structure Identifier := 0x8002 ChannelNumber := 0x8000 ChannelProperties := "Appears" ChannelErrorType := REMOTE_MISMATCH ExtChannelErrorType := PEER_MRP_DOMAIN_MISMATCH Alarm Notification.req(AREP, API, Alarm Priority, Alarm Type, Slot Number, Subslot Number, Alarm Specifier, Module Ident Number, Submodule Ident Number, Alarm Item)	WF_ALC
28	CHK_RSD	/CHECK_REMOTE_DATA(List of Neighbours, Remote MRRT Data) == OK && REMOTE_MRRT_STATUS_OK == FALSE =〉 REMOTE_MRRT_STATUS_OK := TRUE CONVERT(Local Port ID) Alarm Priority := ALARM_HIGH or ALARM_LOW Alarm Type := Port Data Change Notification User Structure Identifier := 0x8002 ChannelNumber := 0x8000 ChannelProperties := "Disappears" ChannelErrorType := REMOTE_MISMATCH ExtChannelErrorType := PEER_MRRT_STATUS_MISMATCH Alarm Notification.req(AREP, API, Alarm Priority, Alarm Type, Slot Number, Subslot Number, Alarm Specifier, Module Ident Number, Submodule Ident Number, Alarm Item)	WF_ALC

表 244（续）

#	当前状态	事件/条件=〉动作	下一状态
29	CHK_RSD	/CHECK_REMOTE_DATA(List of Neighbours, Remote MRRT Data) == OK && REMOTE_MRRT_STATUS_OK == TRUE =〉 ignore	WF_RSD
30	CHK_RSD	/CHECK_REMOTE_DATA(List of Neighbours, Remote MRRT Data) != OK && REMOTE_MRRT_STATUS_OK == FALSE =〉 ignore	WF_RSD
31	CHK_RSD	/CHECK_REMOTE_DATA(List of Neighbours, Remote MRRT Data) != OK && REMOTE_MRRT_STATUS_OK == TRUE =〉 REMOTE_MRP_DOMAIN_OK := FALSE CONVERT(Local Port ID) Alarm Priority := ALARM_HIGH or ALARM_LOW Alarm Type := Port Data Change Notification User Structure Identifier := 0x8002 ChannelNumber := 0x8000 ChannelProperties := "Appears" ChannelErrorType := REMOTE_MISMATCH ExtChannelErrorType := PEER_MRRT_STATUS_MISMATCH Alarm Notification.req(AREP, API, Alarm Priority, Alarm Type, Slot Number, Subslot Number, Alarm Specifier, Module Ident Number, Submodule Ident Number, Alarm Item)	WF_ALC
32	CHK_RSD	OTHERS =〉 ignore	CHK_RSD
33	WF_ALC	Alarm Notification.cnf(AREP) =〉	WF_RSD

表 245 定义了在该状态表中所使用的功能。

表 245 用于相邻端口检查的状态表功能

名 称	功 能
CHECK_REMOTE_DATA(List of Neighbours, Remote Chassis ID, Remote Port ID)	比较实际的远程数据与工程的远程数据
CHECK_REMOTE_DATA(List of Neighbours, Remote Cable Delay)	比较实际的远程数据与工程的远程数据
CHECK_REMOTE_DATA(List of Neighbours, Remote Cable Delay)	比较实际的远程数据与工程的远程数据
CHECK_REMOTE_DATA(List of Neighbours, Remote MAU Data)	比较实际的远程数据与工程的远程数据
CHECK_REMOTE_DATA(List of Neighbours, Remote MRP Data)	比较实际的远程数据与工程的远程数据
CHECK_REMOTE_DATA(List of Neighbours, Remote MRRT Data)	比较实际的远程数据与工程的远程数据

8.4.3.2 本地系统数据

每个端口的物理设备参数 MAUType 和 Propagation Delay,应将指定端口转换到连路通(link up)状态来检查。

物理设备参数 MAUType 和 Propagation Delay 的背离应通过传输给 IO 控制器的报警通知来通报。作为本地结果,对于此端口应停止 RT_CLASS_3 帧的转发。对于每个单独端口,应存在用于物理设备参数检查的状态机。

图 55 示出了状态图,表 246 定义了所选行为的状态表。

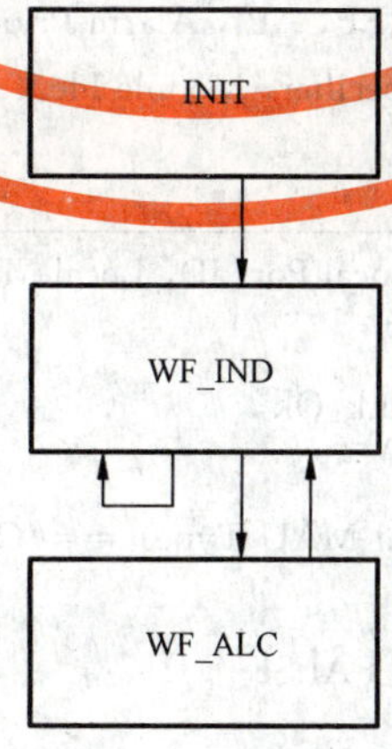

图 55 IO 设备 PD 参数检查状态图

表 246　IO 设备 PD 参数检查状态表

#	当前状态	事件/条件=〉动作	下一状态
1	INIT	=〉 MAUTYPE_LINK_OK := FALSE PORT_STATE_OK := FALSE LINE_DELAY_OK := FALSE (PORT_STATE_OK has a strong dependecy to the usage of MRP. If MRP is activated, the steering of the port state is part of the MRP protocol. In this case the state BLOCKED of a MRM may be similar handled to the state FORWARDING if it is signaled from a ring port.)	WF_IND
2	WF_IND	MAU Type Change. ind (Local Port ID, Local MAU Type, Local Autonegotiation State, Local Link Status) /Local Link Status == Link_Ok && CHECK_MAUTYPE(Local MAU Type) == OK && PORT_STATE_OK == TRUE && LINE_DELAY_OK == TRUE =〉 CONVERT(Local Port ID) MAUTYPE_LINK_OK := TRUE Alarm Type := Port Data Change Notification User Structure Identifier := 0x8000 ChannelNumber := 0x8000 ChannelProperties. Specifier := Disappears ChannelErrorType := DATA_TRANSMISSION_IMPOSSIBLE Alarm Notification. req(AREP, API, Alarm Priority, Alarm Type, Slot Number, Subslot Number, Alarm Specifier, Module Ident Number, Submodule Ident Number, Alarm Item)	WF_ALC
3	WF_IND	MAU Type Change. ind (Local Port ID, Local MAU Type, Local Autonegotiation State, Local Link Status) /Local Link Status == Link_Ok && CHECK_MAUTYPE(Local MAU Type) == OK && (PORT_STATE_OK == FALSE || LINE_DELAY_OK == FALSE) =〉 MAUTYPE_LINK_OK := TRUE	WF_IND

表 246（续）

#	当前状态	事件/条件=〉动作	下一状态
4	WF_IND	MAU Type Change. ind (Local Port ID, Local MAU Type, Local Autonegotiation State, Local Link Status) /Local Link Status == Link_Ok && (CHECK_MAUTYPE(Local MAU Type) ! = OK || PORT_STATE_OK == FALSE || LINE_DELAY_OK == FALSE) =〉 CONVERT(Local Port ID) Alarm Type := Port Data Change Notification User Structure Identifier := 0x8002 ChannelNumber := 0x8000 ChannelProperties. Specifier := Disappears ChannelErrorType := DATA_TRANSMISSION_IMPOSSIBLE ExtChannelErrorType := LINK_DOWN Alarm Notification. req(AREP, API, Alarm Priority, Alarm Type, Slot Number, Subslot Number, Alarm Specifier, Module Ident Number, Submodule Ident Number, Alarm Item)	WF_ALC
5	WF_IND	MAU Type Change. ind (Local Port ID, Local MAU Type, Local Autonegotiation State, Local Link Status) /CHECK_MAUTYPE(Local MAU Type) == OK && (Local Link Status ! = Link_Ok || PORT_STATE_OK == FALSE || LINE_DELAY_OK == FALSE) =〉 CONVERT(Local Port ID) Alarm Type := Port Data Change Notification User Structure Identifier := 0x8002 ChannelNumber := 0x8000 ChannelProperties. Specifier := Disappears ChannelErrorType := DATA_TRANSMISSION_IMPOSSIBLE ExtChannelErrorType := MAUTYPE_MISMATCH Alarm Notification. req(AREP, API, Alarm Priority, Alarm Type, Slot Number, Subslot Number, Alarm Specifier, Module Ident Number, Submodule Ident Number, Alarm Item)	WF_ALC

表 246(续)

#	当前状态	事件/条件=〉动作	下一状态
6	WF_IND	MAU Type Change. ind (Local Port ID, Local MAU Type, Local Autonegotiation State, Local Link Status) /Local Link Status == Link_Fail =〉 CONVERT(Local Port ID) MAUTYPE_LINK_OK := FALSE Alarm Type := Port Data Change Notification User Structure Identifier := 0x8002 ChannelNumber := 0x8000 ChannelProperties. Specifier := Appears ChannelErrorType := DATA_TRANSMISSION_IMPOSSIBLE ExtChannelErrorType := LINK_DOWN Alarm Notification. req(AREP, API, Alarm Priority, Alarm Type, Slot Number, Subslot Number, Alarm Specifier, Module Ident Number, Submodule Ident Number, Alarm Item)	WF_ALC
7	WF_IND	MAU Type Change. ind (Local Port ID, Local MAU Type, Local Autonegotiation State, Local Link Status) /CHECK_MAUTYPE(Local MAU Type) != OK =〉 CONVERT(Local Port ID) MAUTYPE_LINK_OK := FALSE Alarm Type := Port Data Change Notification User Structure Identifier := 0x8002 ChannelNumber := 0x8000 ChannelProperties. Specifier := Appears ChannelErrorType := DATA_TRANSMISSION_IMPOSSIBLE ExtChannelErrorType := MAUTYPE_MISMATCH Alarm Notification. req(AREP, API, Alarm Priority, Alarm Type, Slot Number, Subslot Number, Alarm Specifier, Module Ident Number, Submodule Ident Number, Alarm Item)	WF_ALC
8	WF_IND	MAU Type Change. ind (Local Port ID, Local MAU Type, Local Link Status) /Local Link Status == Link_Ready =〉 MAUTYPE_LINK_OK := FALSE	WF_IND

表 246（续）

#	当前状态	事件/条件=〉动作	下一状态
9	WF_IND	Port State Change. ind(Local Port ID，Local Port Status) /Local Port Status == Port_Forwarding && LINE_DELAY_OK == TRUE && MAUTYPE_LINK_OK == TRUE =〉 CONVERT(Local Port ID) PORT_STATE_OK := TRUE Alarm Type := Port Data Change Notification User Structure Identifier := 0x8000 ChannelNumber := 0x8000 ChannelProperties. Specifier := Disappears ChannelErrorType := DATA_TRANSMISSION_IMPOSSIBLE Alarm Notification. req(AREP，API，Alarm Priority，Alarm Type，Slot Number，Subslot Number，Alarm Specifier，Module Ident Number，Submodule Ident Number，Alarm Item)	WF_ALC
10	WF_IND	Port State Change. ind(Local Port ID，Local Port Status) /Local Port Status == Port_Disable =〉 CONVERT(Local Port ID) PORT_STATE_OK := FALSE Alarm Type := Port Data Change Notification User Structure Identifier := 0x8002 ChannelNumber := 0x8000 ChannelProperties. Specifier := Appears ChannelErrorType := DATA_TRANSMISSION_IMPOSSIBLE ExtChannelErrorType := PORTSTATE_MISMATCH Alarm Notification. req(AREP，API，Alarm Priority，Alarm Type，Slot Number，Subslot Number，Alarm Specifier，Module Ident Number，Submodule Ident Number，Alarm Item)	WF_ALC
11	WF_IND	Port State Change. ind(Local Port ID，Local Port Status) /Local Port Status == Port_Forwarding && (PORT_STATE_OK == FALSE || MAUTYPE_LINK_OK == FALSE) =〉 CONVERT(Local Port ID) PORT_STATE_OK := TRUE Alarm Type := Port Data Change Notification User Structure Identifier := 0x8002	WF_ALC

表 246（续）

#	当前状态	事件/条件=〉动作	下一状态
11	WF_IND	ChannelNumber ：= 0x8000 ChannelProperties. Specifier ：= Disappears ChannelErrorType ：= DATA_TRANSMISSION_IMPOSSIBLE ExtChannelErrorType ：= PORTSTATE_MISMATCH Alarm Notification. req(AREP，API，Alarm Priority，Alarm Type，Slot Number，Subslot Number，Alarm Specifier，Module Ident Number，Submodule Ident Number，Alarm Item)	WF_ALC
12	WF_IND	Port State Change. ind(Local Port ID，Local Port Status) /Local Port Status == Port_Discarding =〉 PORT_STATE_OK ：= FALSE	WF_IND
13	WF_IND	Port State Change. ind(Local Port ID，Local Port Status) /Local Port Status == Port_Learning =〉 PORT_STATE_OK ：= FALSE	WF_IND
14	WF_IND	Line Delay Change. ind(Local Port ID，Line Delay) /CHECK_LINE_DELAY(Line Delay) == Line Delay is equal or less than engineered Line Delay && MAUTYPE_LINK_OK == TRUE && PORT_STATE_OK == TRUE =〉 CONVERT(Local Port ID) LINE_DELAY_OK == TRUE Alarm Type ：= Port Data Change Notification User Structure Identifier ：= 0x8000 ChannelNumber ：= 0x8000 ChannelProperties. Specifier ：= Disappears ChannelErrorType ：= DATA_TRANSMISSION_IMPOSSIBLE Alarm Notification. req(AREP，API，Alarm Priority，Alarm Type，Slot Number，Subslot Number，Alarm Specifier，Module Ident Number，Submodule Ident Number，Alarm Item)	WF_ALC

表 246(续)

#	当前状态	事件/条件=〉动作	下一状态
15	WF_IND	Line Delay Change. ind(Local Port ID, Line Delay) /CHECK_LINE_DELAY(Line Delay) == Line Delay is larger than engineered Line Delay =〉 CONVERT(Local Port ID) LINE_DELAY_OK == FALSE Alarm Type := Port Data Change Notification User Structure Identifier := 0x8002 ChannelNumber := 0x8000 ChannelProperties. Specifier := Appears ChannelErrorType := DATA_TRANSMISSION_IMPOSSIBLE ExtChannelErrorType := LINE_DELAY_MISMATCH Alarm Notification. req(AREP, API, Alarm Priority, Alarm Type, Slot Number, Subslot Number, Alarm Specifier, Module Ident Number, Submodule Ident Number, Alarm Item)	WF_ALC
16	WF_IND	Line Delay Change. ind(Local Port ID, Line Delay) /CHECK_LINE_DELAY(Line Delay) == Line Delay is equal or less than engineered Line Delay && (MAUTYPE_LINK_OK == FALSE || PORT_STATE_OK == FALSE) =〉 CONVERT(Local Port ID) LINE_DELAY_OK == TRUE Alarm Type := Port Data Change Notification User Structure Identifier := 0x8002 ChannelNumber := 0x8000 ChannelProperties. Specifier := Disappears ChannelErrorType := DATA_TRANSMISSION_IMPOSSIBLE ExtChannelErrorType := LINE_DELAY_MISMATCH Alarm Notification. req(AREP, API, Alarm Priority, Alarm Type, Slot Number, Subslot Number, Alarm Specifier, Module Ident Number, Submodule Ident Number, Alarm Item)	WF_ALC
17	WF_IND	OTHERS ignore =〉 ignore	WF_IND
18	WF_ALC	Alarm Notification. cnf(AREP) =〉	WF_IND

表 247 定义状态表中所使用的功能。

表 247 IO 设备 PD 参数检查的状态表功能

名 称	功 能
CHECK_MAUTYPE(Local MAU type)	比较 Local MAU type 与工程 MAU type
CHECK_LINE_DELAY(Line Delay)	比较 Line Delay 与工程 Line Delay
CONVERT (Local Port ID)	将 Local Port ID 转换为 Slot Number 和 Subslot Number
SUBMODUL	0x8000:应用子模块
EXTENDCHANNELDIAGNOSIS	0x8002:以扩展诊断通道格式传输的数据

8.4.3.3 光纤系统数据

应在 1 s 周期内来检查每个光纤端口的物理设备参数 Power Budget。

物理设备参数 Power Budget 的背离应通过传输给 IO 控制器的报警通知来通报。

对于每个单独端口应存在光纤需要的维护状态机。在表 248 中列出了该状态表。

表 248 光纤需要的维护状态表

#	当前状态	事件/条件=〉动作	下一状态
1	CHK_MR	 =〉 Start Timer(1s)	CHK_MR
2	CHK_MR	Timer Expired /Maintenance Required Power Budget = DISABLED || Current Power Budget ＞ Maintenance Required Power Budget =〉 ignore	CHK_MR
3	CHK_MR	Timer Expired /Maintenance Required Power Budget ! = DISABLED && Current Power Budget 〈= Maintenance Required Power Budget =〉 Alarm Priority:=ALARM_HIGH or ALARM_LOW Alarm type:=Diagnosis User Structure Identifier := 0x8100 ChannelNumber := 0x8000 ChannelProperties. Maintenance Required := MAINTENANCE_REQUIRED ChannelProperties. Maintenance Required := NO_MAINTENANCE_DEMANDED Channel Properties. Specifier := APPEARS ChannelProperties. type := UNSPECIFIC ChannelProperties. Accumulative := INDIVIDUAL ChannelProperties. Direction := MANUFACTURER_SPECIFIC ChannelErrorType := FIBER_OPTIC_MISMATCH ExtChannelErrorType := POWER_BUDGET ExtChannelAddValue := Current Power Budget Alarm Notification. req(AREP, API, Alarm Priority, Alarm type, Slot Number, Subslot Number, Alarm Specifier, Module Ident Number, Submodule Ident Number, Alarm Item)	MR

表 248（续）

<table>
<tr><th>#</th><th>当前状态</th><th>事件/条件=〉动作</th><th>下一状态</th></tr>
<tr><td>4</td><td>MR</td><td>Timer Expired
Current Power Budget 〈= Maintenance Required Power Budget
=〉
ignore</td><td>MR</td></tr>
<tr><td>5</td><td>MR</td><td>Timer Expired
/Current Power Budget 〉 Maintenance Required Power Budget ||
Maintenance Required Power Budget ！= DISABLED
=〉
Alarm Priority：=ALARM_HIGH or ALARM_LOW
Alarm type：=Diagnosis
User Structure Identifier ：= 0x8100
ChannelNumber ：= 0x8000
ChannelProperties. Maintenance Required ：= MAINTENANCE_REQUIRED
ChannelProperties. Maintenance Required ：= NO_MAINTENANCE_DEMANDED
Channel Properties. Specifier ：= DISAPPEARS
ChannelProperties. type ：= UNSPECIFIC
ChannelProperties. Accumulative ：= INDIVIDUAL
ChannelProperties. Direction ：= MANUFACTURER_SPECIFIC
ChannelErrorType ：= Fiber optic Mismatch
ExtChannelErrorType ：= Power Budget
ExtChannelAddValue ：= Current Power Budget
Alarm Notification. req(AREP，API，Alarm Priority，Alarm type，Slot Number，Subslot Number，Alarm Specifier，Module Ident Number，Submodule Ident Number，Alarm Item)</td><td>CHK_MR</td></tr>
</table>

对于每个单独端口应存在用于光纤必需的维护状态机。表 249 中列出了该状态表。

表 249　光纤必需的维护状态表

<table>
<tr><th>#</th><th>当前状态</th><th>事件/条件=〉动作</th><th>下一状态</th></tr>
<tr><td>1</td><td>CHK_MR</td><td>
=〉
Start Timer(1s)</td><td>CHK_MR</td></tr>
<tr><td>2</td><td>CHK_MR</td><td>Timer Expired
/Maintenance Required Power Budget = DISABLED ||
Current Power Budget 〉 Maintenance Required Power Budget
=〉
ignore</td><td>CHK_MR</td></tr>
</table>

表 249（续）

#	当前状态	事件/条件=〉动作	下一状态
3	CHK_MR	Timer Expired /Maintenance Required Power Budget ！ = DISABLED && Current Power Budget 〈= Maintenance Required Power Budget =〉 Alarm Priority:=ALARM_HIGH or ALARM_LOW Alarm type:=Diagnosis User Structure Identifier := 0x8100 ChannelNumber := 0x8000 ChannelProperties. Maintenance Required := MAINTENANCE_REQUIRED ChannelProperties. Maintenance Required := NO_MAINTENANCE_DEMANDED Channel Properties. Specifier := APPEARS ChannelProperties. type := UNSPECIFIC ChannelProperties. Accumulative := INDIVIDUAL ChannelProperties. Direction := MANUFACTURER_SPECIFIC ChannelErrorType := FIBER_OPTIC_MISMATCH ExtChannelErrorType := POWER_BUDGET ExtChannelAddValue := Current Power Budget Alarm Notification. req(AREP, API, Alarm Priority, Alarm type, Slot Number, Subslot Number, Alarm Specifier, Module Ident Number, Submodule Ident Number, Alarm Item)	MR
4	MR	Timer Expired Current Power Budget 〈= Maintenance Required Power Budget =〉 ignore	MR
5	MR	Timer Expired /Current Power Budget 〉 Maintenance Required Power Budget || Maintenance Required Power Budget ！ = DISABLED =〉 Alarm Priority:=ALARM_HIGH or ALARM_LOW Alarm type:=Diagnosis User Structure Identifier := 0x8100 ChannelNumber := 0x8000 ChannelProperties. Maintenance Required := MAINTENANCE_REQUIRED ChannelProperties. Maintenance Required := NO_MAINTENANCE_DEMANDED Channel Properties. Specifier := DISAPPEARS ChannelProperties. type := UNSPECIFIC ChannelProperties. Accumulative := INDIVIDUAL ChannelProperties. Direction := MANUFACTURER_SPECIFIC ChannelErrorType := Fiber optic Mismatch ExtChannelErrorType := Power Budget ExtChannelAddValue := Current Power Budget Alarm Notification. req(AREP, API, Alarm Priority, Alarm type, Slot Number, Subslot Number, Alarm Specifier, Module Ident Number, Submodule Ident Number, Alarm Item)	CHK_MR

对于每个单独单端口应存在用于光纤诊断的状态机。表 250 中列出了该状态表。

表 250　光纤诊断的状态表

#	当前状态	事件/条件=〉动作	下一状态
1	CHK_DIA	=〉 Start Timer(1s)	CHK_DIA
2	CHK_DIA	Timer Expired /Error Power Budget = DISABLED || Current Power Budget 〉 Error Power Budget =〉 ignore	CHK_DIA
3	CHK_DIA	Timer Expired /Error Power Budget ! = DISABLED && Current Power Budget 〈= Error Power Budget =〉 Alarm Priority:=ALARM_HIGH or ALARM_LOW Alarm type:=Diagnosis User Structure Identifier := 0x8100 ChannelNumber := 0x8000 ChannelProperties. Maintenance Required := NO_MAINTENANCE_REQUIRED ChannelProperties. Maintenance Demanded := NO_MAINTENANCE_DEMANDED Channel Properties. Specifier := APPEARS ChannelProperties. type := UNSPECIFIC ChannelProperties. Accumulative := INDIVIDUAL ChannelProperties. Direction := MANUFACTURER_SPECIFIC ChannelErrorType := FIBER_OPTIC_MISMATCH ExtChannelErrorType := POWER_BUDGET ExtChannelAddValue := Current Power Budget Alarm Notification. req(AREP, API, Alarm Priority, Alarm type, Slot Number, Subslot Number, Alarm Specifier, Module Ident Number, Submodule Ident Number, Alarm Item)	DIA
4	DIA	Timer Expired Current Power Budget 〈= Error Power Budget =〉 ignore	MR
5	DIA	Timer Expired /Current Power Budget 〉 Error Power Budget || Error Power Budget ! = DISABLED =〉 Alarm Priority:=ALARM_HIGH or ALARM_LOW Alarm type:=Diagnosis User Structure Identifier := 0x8100 ChannelNumber := 0x8000 ChannelProperties. Maintenance Required := NO_MAINTENANCE_REQUIRED ChannelProperties. Maintenance Demanded := NO_MAINTENANCE_DEMANDED	CHK_DIA

表 250(续)

#	当前状态	事件/条件=〉动作	下一状态
5	DIA	Channel Properties. Specifier := DISAPPEARS ChannelProperties. type := UNSPECIFIC ChannelProperties. Accumulative := INDIVIDUAL ChannelProperties. Direction := MANUFACTURER_SPECIFIC ChannelErrorType := Fiber optic Mismatch ExtChannelErrorType := Power Budget ExtChannelAddValue := Current Power Budget Alarm Notification. req(AREP, API, Alarm Priority, Alarm type, Slot Number, Subslot Number, Alarm Specifier, Module Ident Number, Submodule Ident Number, Alarm Item)	CHK_DIA

8.4.4 诊断和问题指示

本条描述在一个IO设备内关于诊断信息的应用交互作用。

它包括下列ASE的行为概要:

——Diagnosis ASE;

——IO Data ASE。

有一种在IO数据传输中通知诊断信息存在的方法,即作为APDU状况组成部分的"Problem Indicator"。只要Diagnosis ASE包含至少一个影响有关AR的诊断登录项,就应设置Problem Indicator。IO数据ASE提供设置和获取此参数的服务。

8.4.5 用户报警

本条描述在一个IO设备内关于报警的应用交互作用,这些报警由诊断(diagnosis)、处理(process)、状况(status)、更新(update)或其他制造商特定事件来引起。这种报警的通报是制造商特定的。

包括下列ASE的行为概要:

——Alarm ASE;

——Diagnosis ASE(部分的)。

Diagnosis Alarm是通报诊断信息出现或消失事件的一种手段。推荐使用通道诊断。

在8.3.4.3.4中描述了报警的一般行为。

8.4.6 在组态改变情况下的行为

8.4.6.1 概述

组态变化包括以下行为:拔出或插入模块和/或子模块、在操作期间IO监视器的控制和释放,以及AR的建立和释放。

在组态改变情况下的行为定义如下列描述。

如果一个模块被拔出并被设备检测到后,则属于该槽的每个子槽的IOPS和IOCS设置为"bad"。此外,参数Subslot值为0隐式覆盖处于拔出情况下的槽所属的所有其他子槽。如果一个子模块被拔出,则对于该特定子模块应发出专用的报警通知。在任何情况下,IO控制器应确认该报警。

8.4.6.2 子模块的状态行为

本条描述在插入或拔出一个模块或子模块、改变参数化数据、IOPS或IOCS从BAD改变为GOOD或一个子模块被IO监视器释放的情况下,IO设备的应用行为。

如果与某个子模块连接的IO控制器多于一个,且(例如)此模块被IO监视器释放,则总是第一个连接的IO控制器应重新获得控制(先到先得)。

如果一个模块被拔出,则应发出拔模块报警(pull module alarm),并且参数API的值为0。

包括下列 ASE 的行为概要：

——Alarm ASE；

——Context ASE；

——Record Data ASE；

——IO Data ASE。

图 56 示出了所选行为的状态图，表 251 定义了所选行为的状态表。

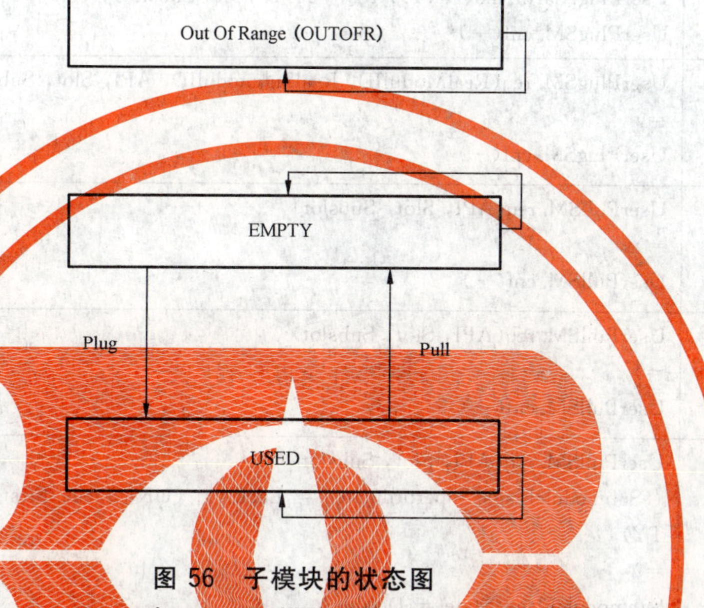

图 56　子模块的状态图

表 251　子模块的状态表

#	当前状态	事件/条件=〉动作	下一状态
1	OUTOFR	UserPlugSM. req(RealModulID, RealSubmodulID, API, Slot, Subslot) =〉 UserPlugSM. cnf(－)	OUTOFR
2	EMPTY	UserPlugSM. req(RealModulID, RealSubmodulID, API, Slot, Subslot) /(SubmoduleFlags. Superordinated ＝ Lock) =〉 UserPlugSM. cnf(＋)	USED
3	EMPTY	UserPlugSM. req(RealModulID, RealSubmodulID, API, Slot, Subslot) /(OK_Queue. FirstEntry ＝ EMPTY) =〉 UserPlugSM. cnf(＋)	USED
4	EMPTY	UserPlugSM. req(RealModulID, RealSubmodulID, API, Slot, Subslot) /(SubmoduleFlags. Superordinated ＝ Free) && (OK_Queue. FirstEntry ＝ ANY) && (WRONG ＝ UserCheckIdent (API, Slot, Subslot, RealModulID, RealSubmodulID, ANY. ExpModulID, ANY. ExpSubmodulID)) =〉 PlugWrongAlarm. req(ANY. AREP, API, Slot, Subslot); UserPlugSM. cnf(＋)	USED

表 251（续）

#	当前状态	事件/条件=〉动作	下一状态
5	EMPTY	UserPlugSM. req(RealModulID, RealSubmodulID, API, Slot, Subslot) /(SubmoduleFlags. Superordinated = Free) && (OK_Queue. FirstEntry = ANY) && ((Substitute || OK) = UserCheckIdent (API, Slot, Subslot, RealModulID, RealSubmodulID, ANY. ExpModulID, ANY. ExpSubmodulID)) =〉 UserPlugAlarm. ind(ANY. AREP, API, Slot, Subslot); UserPlugSM. cnf(+)	USED
6	USED	UserPlugSM. req(RealModulID, RealSubmodulID, API, Slot, Subslot) =〉 UserPlugSM. cnf(−)	USED
7	OUTOFR	UserPullSM. req(API, Slot, Subslot) =〉 UserPullSM. cnf(−)	OUTOFR
8	EMPTY	UserPullSM. req(API, Slot, Subslot) =〉 UserPullSM. cnf(−)	EMPTY
9	USED	UserPullSM. req(API, Slot, Subslot) /(SubmoduleFlags. Superordinated = Lock) || (OK_Queue. FirstEntry = EMPTY) =〉 SubmoduleFlags. State = Disable; SubmoduleFlags. ARInfo = OK; SubmoduleFlags. DiagInfo = Disable; UserPullSM. cnf(+)	EMPTY
10	USED	UserPullSM. req(API, Slot, Subslot) /(SubmoduleFlags. Superordinated = Free) && (OK_Queue. FirstEntry = ANY) =〉 SubmoduleFlags. State = Disable; SubmoduleFlags. ARInfo = OK; SubmoduleFlags. DiagInfo = Disable; PullAlarm. req(ANY. AREP, API, Slot, Subslot); UserPullSM. cnf(+)	EMPTY
11	OUTOFR	UserAlarmSend. req(AREP, API, Slot, Subslot) =〉 UserAlarmSend. cnf(−)	OUTOFR
12	EMPTY	UserAlarmSend. req(AREP, API, Slot, Subslot) =〉 UserAlarmSend. cnf(−)	EMPTY
13	USED	UserAlarmSend. req(AREP, API, Slot, Subslot) /(SubmoduleFlags. Superordinated = Lock) =〉 UserAlarmSend. cnf(−)	USED

表 251（续）

#	当前状态	事件/条件=〉动作	下一状态
14	OUTOFR	UserSetSMState. req(Command，API，Slot，Subslot) =〉 UserSetSMState. cnf(－)	OUTOFR
15	EMPTY	UserSetSMState. req(Command，API，Slot，Subslot) /(OK_Queue. FirstEntry = EMPTY) && (Command. Superordinated = SET) =〉 SubmoduleFlags. Superordinated = Lock UserSetSMState. cnf(＋)	EMPTY
16	EMPTY	UserSetSMState. req(Command，API，Slot，Subslot) /(OK_Queue. FirstEntry = ANY) && (Command. Superordinated = SET) =〉 UserSetSMState. cnf(－)	EMPTY
17	EMPTY	UserSetSMState. req(Command，API，Slot，Subslot) /(OK_Queue. FirstEntry = EMPTY) && (Command. Superordinated = RE-SET) =〉 SubmoduleFlags. Superordinated = Free UserSetSMState. cnf(＋)	EMPTY
18	EMPTY	UserSetSMState. req(Command，API，Slot，Subslot) /(OK_Queue. FirstEntry = ANY) && (Command. Superordinated = RESET) =〉 SubmoduleFlags. Superordinated = Free PullAlarm. req(ANY. AREP，API，Slot，Subslot)； UserSetSMState. cnf(＋)；	EMPTY
19	EMPTY	UserSetSMState. req(Command，API，Slot，Subslot) /Command 〈〉 Superordinated =〉 UserSetSMState. cnf(－)	EMPTY
20	USED	UserSetSMState. req(Command，API，Slot，Subslot) /((SubmoduleFlags. Superordinated = Lock) || (OK_ Queue. FirstEntry = EMPTY)) && ((Command. State = ARP) || (Command. State = Disable) || (Command. State = OK)) =〉 UserSetSMState. cnf(－)	USED
21	USED	UserSetSMState. req(Command，API，Slot，Subslot) /(SubmoduleFlags. Superordinated = Free) && (OK_ Queue. FirstEntry = ANY) && (Command. State = ARP) =〉 SubmoduleFlags. ARInfo = ARP； SubmoduleFlags. State = Disable； UserSetIOXSBad(ANY. AREP，API，Slot，Subslot)； UserSetSMState. cnf(＋)	USED

表 251(续)

#	当前状态	事件/条件=〉动作	下一状态
22	USED	UserSetSMState. req(Command, API, Slot, Subslot) /Command. Diag = SET =〉 SubmoduleFlags. DiagInfo = Diag UserSetSMState. cnf(+)	USED
23	USED	UserSetSMState. req(Command, API, Slot, Subslot) /(OK_Queue. FirstEntry = EMPTY) && (Command. Superordinated = SET) =〉 SubmoduleFlags. Superordinated = Lock UserSetSMState. cnf(+)	USED
24	USED	UserSetSMState. req(Command, API, Slot, Subslot) /(OK_Queue. FirstEntry = ANY) && (Command. Superordinated = SET) =〉 UserSetSMState. cnf(−)	USED
25	USED	UserSetSMState. req(Command, API, Slot, Subslot) /(SubmoduleFlags. Superordinated = Free) && (OK_Queue. FirstEntry = ANY) && (SubmoduleFlags. ARInfo = ARP) && (Command. State = OK) =〉 SubmoduleFlags. ARInfo = OK; SubmoduleFlags. State = Enable; ReleasedAlarm. req(ANY. AREP, API, Slot, Subslot, UserInfo); UserSetSMState. cnf(+)	USED
26	USED	UserSetSMState. req(Command, API, Slot, Subslot) /(SubmoduleFlags. Superordinated = Free) && (OK_Queue. FirstEntry = ANY) && (SubmoduleFlags. ARInfo = ARP) && (Command. State = Disable) =〉 SubmoduleFlags. ARInfo = OK; SubmoduleFlags. State = Disable; UserSetSMState. cnf(+)	USED
27	USED	UserSetSMState. req(Command, API, Slot, Subslot) /(SubmoduleFlags. Superordinated = Free) && (OK_Queue. FirstEntry = ANY) && (SubmoduleFlags. ARInfo = OK) && (SubmoduleFlags. State = Disable) && (Command. State = OK) =〉 SubmoduleFlags. State = Enable; ReturnOfSMAlarm. req(ANY. AREP, API, Slot, Subslot); UserSetSMState. cnf(+)	USED
28	USED	UserSetSMState. req(Command, API, Slot, Subslot) /(SubmoduleFlags. Superordinated = Free) && (OK_Queue. FirstEntry = ANY) && (SubmoduleFlags. ARInfo = OK) && (SubmoduleFlags. State = OK) && (Command. State = Disable) =〉 SubmoduleFlags. State = Disable; UserSetIOXSBad(ANY. AREP, API, Slot, Subslot); UserSetSMState. cnf(+)	USED

表 251（续）

#	当前状态	事件/条件=〉动作	下一状态
29	USED	UserSetSMState. req(Command, API, Slot, Subslot) /Command. Diag = RESET =〉 SubmoduleFlags. DiagInfo = OK UserSetSMState. cnf(+)	USED
30	USED	UserSetSMState. req(Command, API, Slot, Subslot) /(Command. Superordinated = RESET) && (OK_Queue. FirstEntry = EMPTY) =〉 SubmoduleFlags. Superordinated = Free UserSetSMState. cnf(+)	USED
31	USED	UserSetSMState. req(Command, API, Slot, Subslot) /(Command. Superordinated = RESET) && (OK_Queue. FirstEntry = ANY) && (WRONG = UserCheckIdent (API, Slot, Subslot, RealModulID, RealSubmodulID, ANY. ExpModulID, ANY. ExpSubmodulID)) =〉 SubmoduleFlags. Superordinated = Free PlugWrongAlarm. req(ANY. AREP, API, Slot, Subslot); UserSetSMState. cnf(+)	USED
32	USED	UserSetSMState. req(Command, API, Slot, Subslot) /(Command. Superordinated = RESET) && (OK_Queue. FirstEntry = ANY) && ((Substitute || OK) = UserCheckIdent (API, Slot, Subslot, RealModulID, RealSubmodulID, ANY. ExpModulID, ANY. ExpSubmodulID)) =〉 SubmoduleFlags. Superordinated = Free ReleasedAlarm. req(ANY. AREP, API, Slot, Subslot); UserSetSMState. cnf(+)	USED
33	OUTOFR	UserRecordReceived. req(AREP, type, API, Slot, Subslot, Index) =〉 UserRecordReceived. cnf(−)	OUTOFR
34	EMPTY	UserRecordReceived. req(AREP, type, API, Slot, Subslot, Index) /(Index < 0x8000) || (type = Write) =〉 UserRecordReceived. cnf(−)	EMPTY
35	EMPTY	UserRecordReceived. req(AREP, type, API, Slot, Subslot, Index) /(type = Read) && (Index =〉 0x8000) =〉 UserRecordReceived. cnf(+)	EMPTY
36	USED	UserRecordReceived. req(AREP, type, API, Slot, Subslot, Index) /((SubmoduleFlags. Superordinated = Lock) || (OK_Queue. FirstEntry = EMPTY) || (ANY. AREP 〈〉 AREP)) && (type = Write) =〉 UserRecordReceived. cnf(−)	USED

表 251（续）

#	当前状态	事件/条件=〉动作	下一状态
37	USED	UserRecordReceived. req(AREP, type, API, Slot, Subslot, Index) /(type = Read) =〉 UserRecordReceived. cnf(+)	USED
38	USED	UserRecordReceived. req(AREP, type, API, Slot, Subslot, Index) /(SubmoduleFlags. Superordinated = Free) && (OK_Queue. FirstEntry = ANY) && (ANY. AREP = AREP) && (type = Write) =〉 UserRecordReceived. cnf(+)	USED
39	OUTOFR	UserAlarmReceived. req(AREP, API, Slot, Subslot) =〉 UserAlarmReceived. cnf(-)	OUTOFR
40	EMPTY	UserAlarmReceived. req(AREP, API, Slot, Subslot) =〉 UserAlarmReceived. cnf(-)	EMPTY
41	USED	UserAlarmReceived. req(AREP, API, Slot, Subslot) /(SubmoduleFlags. Superordinated = Lock) || (OK_Queue. FirstEntry = EMPTY) || (OK_Queue. FirstEntry. AREP 〈〉 (AREP)) =〉 UserAlarmReceived. cnf(-)	USED
42	USED	UserAlarmReceived. req(AREP, API, Slot, Subslot) /(SubmoduleFlags. Superordinated = Free) && (OK_Queue. FirstEntry = ANY) && (ANY. AREP = AREP) =〉 UserAlarmReceived. cnf(+)	USED
43	OUTOFR	UserAlarmAck. req(AREP, API, Slot, Subslot) =〉 UserAlarmAck. cnf(-)	OUTOFR
44	EMPTY	UserAlarmAck. req(AREP, API, Slot, Subslot) =〉 UserAlarmAck. cnf(-)	EMPTY
45	USED	UserAlarmAck. req(AREP, API, Slot, Subslot) /SubmoduleFlags. Superordinated = Lock) =〉 UserAlarmAck. cnf(-)	USED
46	USED	UserAlarmAck. req(AREP, API, Slot, Subslot) /(OK_Queue. FirstEntry = EMPTY) =〉 UserAlarmAck. cnf(-)	USED

表 251（续）

<table>
<tr><th>#</th><th>当前状态</th><th>事件/条件=〉动作</th><th>下一状态</th></tr>
<tr><td>47</td><td>USED</td><td>UserAlarmAck. req(AREP，API，Slot，Subslot)
/(SubmoduleFlags. Superordinated = Free) && (OK _ Queue. FirstEntry = ANY) && (ANY. AREP 〈〉 AREP)
=〉
UserAlarmAck. cnf(－)</td><td>USED</td></tr>
<tr><td>48</td><td>USED</td><td>UserAlarmAck. req(AREP，API，Slot，Subslot)
/(SubmoduleFlags. Superordinated = Free) && (OK _ Queue. FirstEntry = ANY) && (ANY. AREP = AREP)
=〉
UserAlarmAck. cnf(AREP，API，Slot，Subslot)</td><td>USED</td></tr>
<tr><td>49</td><td>OUTOFR</td><td>UserApplReady. req(AREP，ARType，API，Slot，Subslot)
=〉
UserApplReady. cnf(－)</td><td>OUTOFR</td></tr>
<tr><td>50</td><td>EMPTY ||
USED</td><td>UserApplReady. req(AREP，ARType，API，Slot，Subslot)
/(OK_Queue. FirstEntry = EMPTY)
=〉
UserApplReady. cnf(－)</td><td>EMPTY ||
USED</td></tr>
<tr><td>51</td><td>EMPTY ||
USED</td><td>UserApplReady. req(AREP，ARType，API，Slot，Subslot)
/(SubmodulFlags. Superordinated = Lock) && (OK _ Queue. FirstEntry = ANY)
=〉
AddInfo = NIL；
DiagInfo = SubmodulFlags. DiagInfo；
ARInfo = SO；
UserCreateSubmoduleState (AREP，API，Slot，Subslot，RealModulID，RealSubmodulID，ExpModulID，ExpSubmodulID，ARInfo，DiagInfo，AddInfo)；
UserApplReady. cnf(＋)</td><td>EMPTY ||
USED</td></tr>
<tr><td>52</td><td>EMPTY ||
USED</td><td>UserApplReady. req(AREP，ARType，API，Slot，Subslot)
/(SubmodulFlags. Superordinated = Free) && (OK_Queue. FirstEntry = ANY) && (ANY. AREP = AREP) && (SubmodulFlags. ARP = OK)
=〉
AddInfo = NIL；
DiagInfo = SubmodulFlags. DiagInfo；
ARInfo = OWN；

UserCreateSubmoduleState (AREP，API，Slot，Subslot，RealModulID，RealSubmodulID，ExpModulID，ExpSubmodulID，ARInfo，DiagInfo，AddInfo)；
UserApplReady. cnf(＋)</td><td>EMPTY ||
USED</td></tr>
</table>

表 251（续）

#	当前状态	事件/条件=〉动作	下一状态
53	EMPTY || USED	UserApplReady. req(AREP, ARType, API, Slot, Subslot) /(SubmodulFlags. Superordinated = Free && (OK_Queue. FirstEntry = ANY) && (ANY. AREP = AREP) && (SubmodulFlags. ARP = ARP) =〉 AddInfo = NIL; DiagInfo = SubmodulFlags. DiagInfo; ARInfo = ARP; UserCreateSubmoduleState (AREP, API, Slot, Subslot, RealModulID, RealSubmodulID, ExpModulID, ExpSubmodulID, ARInfo, DiagInfo, AddInfo); UserApplReady. cnf(+)	EMPTY || USED
54	EMPTY || USED	UserApplReady. req(AREP, ARType, API, Slot, Subslot) /(SubmodulFlags. Superordinated = Free && (OK_Queue. FirstEntry = ANY) && (ANY. AREP 〈〉 AREP) && (ANY. ARTYPE = IOC) && (AREP. ARTYPE = IOS) =〉 AddInfo = SupervisorTakeOverNotAllowed; DiagInfo = SubmodulFlags. DiagInfo; ARInfo = IOC; UserCreateSubmoduleState (AREP, API, Slot, Subslot, RealModulID, RealSubmodulID, ExpModulID, ExpSubmodulID, ARInfo, DiagInfo, AddInfo); UserApplReady. cnf(+)	EMPTY || USED
55	EMPTY || USED	UserApplReady. req(AREP, ARType, API, Slot, Subslot) /(SubmodulFlags. Superordinated = Free && (OK_Queue. FirstEntry = ANY) && (ANY. AREP 〈〉 AREP) && (ANY. ARTYPE = IOC) && (AREP. ARTYPE = IOC) =〉 AddInfo = NIL; DiagInfo = SubmodulFlags. DiagInfo; ARInfo = IOC; UserCreateSubmoduleState (AREP, API, Slot, Subslot, RealModulID, RealSubmodulID, ExpModulID, ExpSubmodulID, ARInfo, DiagInfo, AddInfo); UserApplReady. cnf(+)	EMPTY || USED
56	EMPTY || USED	UserApplReady. req(AREP, ARType, API, Slot, Subslot) /(SubmodulFlags. Superordinated = Free && (OK_Queue. FirstEntry = ANY) && (ANY. AREP 〈〉 AREP) && (ANY. ARTYPE = IOS) =〉 AddInfo = NIL; DiagInfo = SubmodulFlags. DiagInfo; ARInfo = IOS; UserCreateSubmoduleState (AREP, API, Slot, Subslot, RealModulID, RealSubmodulID, ExpModulID, ExpSubmodulID, ARInfo, DiagInfo, AddInfo); UserApplReady. cnf(+)	EMPTY || USED

表 251（续）

#	当前状态	事件/条件=〉动作	下一状态
57	OUTOFR	UserConnectResponse. req(AREP，API，Slot，Subslot) =〉 UserConnectResponse. cnf(−)	OUTOFR
58	EMPTY || USED	UserConnectResponse. req(AREP，API，Slot，Subslot) /(OK_Queue. FirstEntry = EMPTY) =〉 UserConnectResponse. cnf(−)	EMPTY || USED
59	EMPTY || USED	UserConnectResponse. req(AREP，API，Slot，Subslot) /(SubmodulFlags. Superordinated = Lock) && (OK_ Queue. FirstEntry = ANY) =〉 AddInfo = NIL； DiagInfo = SubmodulFlags. DiagInfo； ARInfo = SO； UserCreateSubmoduleState (AREP，API，Slot，Subslot，RealModulID，RealSubmodulID，ExpModulID，ExpSubmodulID，ARInfo，DiagInfo，AddInfo)； UserConnectResponse. cnf(+)	EMPTY || USED
60	EMPTY || USED	UserConnectResponse. req(AREP，API，Slot，Subslot) /(SubmodulFlags. Superordinated = Free) && (OK_Queue. FirstEntry = ANY) && (ANY. AREP = AREP) && (SubmodulFlags. ARP = OK) =〉 AddInfo = NIL； DiagInfo = SubmodulFlags. DiagInfo； ARInfo = OWN； UserCreateSubmoduleState (AREP，API，Slot，Subslot，RealModulID，RealSubmodulID，ExpModulID，ExpSubmodulID，ARInfo，DiagInfo，AddInfo)； UserConnectResponse. cnf(+)	EMPTY || USED
61	EMPTY || USED	UserConnectResponse. req(AREP，API，Slot，Subslot) /(SubmodulFlags. Superordinated = Free && (OK_Queue. FirstEntry = ANY) && (ANY. AREP = AREP) && (SubmodulFlags. ARP = ARP) =〉 AddInfo = NIL； DiagInfo = SubmodulFlags. DiagInfo； ARInfo = ARP； UserCreateSubmoduleState (AREP，API，Slot，Subslot，RealModulID，RealSubmodulID，ExpModulID，ExpSubmodulID，ARInfo，DiagInfo，AddInfo)； UserConnectResponse. cnf(+)	EMPTY || USED

表 251（续）

#	当前状态	事件/条件=〉动作	下一状态
62	EMPTY || USED	UserConnectResponse. req(AREP, API, Slot, Subslot) /(SubmodulFlags. Superordinated = Free && (OK_Queue. FirstEntry = ANY) && (ANY. AREP 〈〉 AREP) && (ANY. ARTYPE = IOC) && (AREP. ARTYPE = IOS) =〉 AddInfo = SupervisorTakeOverNotAllowed; DiagInfo = SubmodulFlags. DiagInfo; ARInfo = IOC; UserCreateSubmoduleState (AREP, API, Slot, Subslot, RealModulID, RealSubmodulID, ExpModulID, ExpSubmodulID, ARInfo, DiagInfo, AddInfo); UserConnectResponse. cnf(+)	EMPTY || USED
63	EMPTY || USED	UserConnectResponse. req(AREP, API, Slot, Subslot) /(SubmodulFlags. Superordinated = Free && (OK_Queue. FirstEntry = ANY) && (ANY. AREP 〈〉 AREP) && (ANY. ARTYPE = IOC) && (AREP. ARTYPE = IOC) =〉 AddInfo = NIL; DiagInfo = SubmodulFlags. DiagInfo; ARInfo = IOC; UserCreateSubmoduleState (AREP, API, Slot, Subslot, RealModulID, RealSubmodulID, ExpModulID, ExpSubmodulID, ARInfo, DiagInfo, AddInfo); UserConnectResponse. cnf(+)	EMPTY || USED
64	EMPTY || USED	UserConnectResponse. req(AREP, API, Slot, Subslot) /(SubmodulFlags. Superordinated = Free && (OK_Queue. FirstEntry = ANY) && (ANY. AREP 〈〉 AREP) && (ANY. ARTYPE = IOS) =〉 AddInfo = NIL; DiagInfo = SubmodulFlags. DiagInfo; ARInfo = IOS; UserCreateSubmoduleState (AREP, API, Slot, Subslot, RealModulID, RealSubmodulID, ExpModulID, ExpSubmodulID, ARInfo, DiagInfo, AddInfo); UserConnectResponse. cnf(+)	EMPTY || USED
65	OUTOFR	UserConnect. req(AREP, API, Slot, Subslot, ExpModulID, ExpSubmodulID) =〉 UserConnect. cnf(−)	OUTOFR
66	EMPTY || USED	UserConnect. req(AREP, API, Slot, Subslot, ExpModulID, ExpSubmodulID) /(SubmodulFlags. Superordinated = Lock) && (OK_Queue. FirstEntry = EMPTY) =〉 EnQueue (AREP. ARTYPE); OK_Queue. FirstEntry = (AREP); UserConnect. cnf(+)	EMPTY || USED

表 251(续)

#	当前状态	事件/条件=〉动作	下一状态
67	EMPTY ‖ USED	UserConnect. req(AREP, API, Slot, Subslot, ExpModulID, ExpSubmodulID) /(SubmodulFlags. Superordinated = Lock) && (OK _ Queue. FirstEntry = ANY) && NOT (ANY. ARTYPE IsLessThan ARType) =〉 EnQueue (AREP. ARTYPE); UserConnect. cnf(+)	EMPTY ‖ USED
68	EMPTY ‖ USED	UserConnect. req(AREP, API, Slot, Subslot, ExpModulID, ExpSubmodulID) /(SubmodulFlags. Superordinated = Lock) && (OK _ Queue. FirstEntry = ANY) && (ANY. ARTYPE IsLessThan ARType) && (ANY. ARProperties. SupervisorTakeoverAllowed = True) =〉 EnQueue (AREP. ARTYPE); OK_Queue. FirstEntry = (AREP); UserConnect. cnf(+)	EMPTY ‖ USED
69	EMPTY ‖ USED	UserConnect. req(AREP, API, Slot, Subslot, ExpModulID, ExpSubmodulID) /(SubmodulFlags. Superordinated = Lock) && (OK _ Queue. FirstEntry = ANY) && (ANY. ARTYPE IsLessThan ARType) && (ANY. ARProperties. SupervisorTakeoverAllowed = False) =〉 EnQueue (AREP. ARTYPE); UserConnect. cnf(+)	EMPTY ‖ USED
70	EMPTY ‖ USED	UserConnect. req(AREP, API, Slot, Subslot, ExpModulID, ExpSubmodulID) /(SubmodulFlags. Superordinated = Free) && (OK_Queue. FirstEntry = ANY) && (ANY. ARTYPE IsLessThan ARType) && (ANY. ARProperties. SupervisorTakeoverAllowed = True) =〉 EnQueue (AREP. ARTYPE); OK_Queue. FirstEntry = (AREP); ControlledAlarm. req(ANY. AREP, API, Slot, Subslot); UserConnect. cnf(+);	EMPTY ‖ USED
71	EMPTY ‖ USED	UserConnect. req(AREP, API, Slot, Subslot, ExpModulID, ExpSubmodulID) /(SubmodulFlags. Superordinated = Free && (OK_Queue. FirstEntry = ANY) && (ANY. ARTYPE IsLessThan ARType) && (ANY. ARProperties. SupervisorTakeoverAllowed = False) =〉 EnQueue (AREP. ARTYPE); UserConnect. cnf(+);	EMPTY ‖ USED
72	EMPTY ‖ USED	UserConnect. req(AREP, API, Slot, Subslot, ExpModulID, ExpSubmodulID) /(SubmodulFlags. Superordinated=Free) && (OK_Queue. FirstEntry = ANY) && NOT (ANY. ARTYPE IsLessThan ARType) =〉 EnQueue (AREP. ARTYPE); UserConnect. cnf(+);	EMPTY ‖ USED

表 251（续）

#	当前状态	事件/条件=〉动作	下一状态
73	EMPTY || USED	UserConnect. req(AREP, API, Slot, Subslot, ExpModulID, ExpSubmodulID) /(SubmodulFlags. Superordinated=Free) && (OK_Queue. FirstEntry = EMPTY) =〉 EnQueue (AREP. ARTYPE); OK_Queue. FirstEntry = (AREP) UserConnect. cnf(+);	EMPTY || USED
74	OUTOFR	UserRelease. req(AREP, API, Slot, Subslot) =〉 UserRelease. cnf(−)	OUTOFR
75	EMPTY || USED	UserRelease. req(AREP, API, Slot, Subslot) /(OK_Queue. FirstEntry = EMPTY) =〉 UserRelease. cnf(−)	EMPTY || USED
76	EMPTY || USED	UserRelease. req(AREP, API, Slot, Subslot) /(OK_Queue. FirstEntry 〈〉 (AREP)) =〉 DeQueue. req(AREP. ARType, AREP) UserRelease. cnf(+);	EMPTY || USED
77	EMPTY || USED	UserRelease. req(AREP, API, Slot, Subslot) /(OK_Queue. FirstEntry = (AREP)) && ((IOC_Queue. FirstEntry = EMPTY) || (IOC_Queue. FirstEntry = (AREP))) && ((IOS_Queue. FirstEntry = EMPTY) || (IOS_Queue. FirstEntry = (AREP))) && (IOC_Queue. SecondEntry = EMPTY) && (IOS_Queue. SecondEntry = EMPTY) =〉 DeQueue. req(AREP. ARType, AREP); OK_Queue. FirstEntry = EMPTY UserRelease. cnf(+)	EMPTY || USED
78	USED	UserAlarmSend. req(AREP, API, Slot, Subslot) /(OK_Queue. FirstEntry = EMPTY) =〉 UserAlarmSend. cnf(−)	USED
79	USED	UserAlarmSend. req(AREP, API, Slot, Subslot) /(SubmoduleFlags. Superordinated = Free) && (OK_Queue. FirstEntry = ANY) =〉 UserAlarmSend. cnf(AREP = ANY. AREP, API, Slot, Subslot)	USED
80	EMPTY || USED	UserRelease. req(AREP, API, Slot, Subslot) /SubmoduleFlags. Superordinated = Lock && (OK_Queue. FirstEntry = (AREP)) && (IOS_Queue. FirstEntry = ANY) && (ANY. AREP 〈〉 AREP) =〉 DeQueue. req(AREP. ARType, AREP); OK_Queue. FirstEntry = IOS_Queue. FirstEntry UserRelease. cnf(+)	EMPTY || USED

表 251（续）

#	当前状态	事件/条件=〉动作	下一状态
81	EMPTY || USED	UserRelease. req(AREP, API, Slot, Subslot) /SubmoduleFlags. Superordinated = Lock && (OK _ Queue. FirstEntry = (AREP)) && (IOS _ Queue. FirstEntry = EMPTY) && (IOC _ Queue. FirstEntry = ANY) && (ANY. AREP 〈〉 AREP) =〉 DeQueue. req(AREP. ARType, AREP); OK_Queue. FirstEntry = IOC_Queue. FirstEntry UserRelease. cnf(+)	EMPTY || USED
82	EMPTY	UserRelease. req(AREP, API, Slot, Subslot) /SubmoduleFlags. Superordinated = Free && (OK _ Queue. FirstEntry = (AREP)) && (IOS_Queue. FirstEntry = ANY) && (ANY. AREP 〈〉 AREP) =〉 DeQueue. req(AREP. ARType, AREP); OK_Queue. FirstEntry = IOS_Queue. FirstEntry PullAlarm. req(ANY. AREP, API, Slot, Subslot); UserRelease. cnf(+);	EMPTY
83	USED	UserRelease. req(AREP, API, Slot, Subslot) /SubmoduleFlags. Superordinated = Free && (OK _ Queue. FirstEntry = (AREP)) && (IOS_Queue. FirstEntry = ANY) && (ANY. AREP 〈〉 AREP) && (WRONG = UserCheckIdent (API, Slot, Subslot, RealModulID, RealSubmodulID, ANY. ExpModulID, ANY. ExpSubmodulID)) =〉 SubmodulFlags. ARP = OK; DeQueue. req(AREP. ARType, AREP); OK_Queue. FirstEntry = IOS_Queue. FirstEntry PlugWrongAlarm. req(ANY. AREP, API, Slot, Subslot); UserRelease. cnf(+);	USED
84	USED	UserRelease. req(AREP, API, Slot, Subslot) /SubmoduleFlags. Superordinated = Free && (OK _ Queue. FirstEntry = (AREP)) && (IOS_Queue. FirstEntry = ANY) && (ANY. AREP 〈〉 AREP) && ((Substitue || OK) = UserCheckIdent (API, Slot, Subslot, RealModulID, RealSubmodulID, ANY. ExpModulID, ANY. ExpSubmodulID)) =〉 SubmodulFlags. ARP = OK; DeQueue. req(AREP. ARType, AREP); OK_Queue. FirstEntry = IOS_Queue. FirstEntry ReleasedAlarm. req(ANY. AREP, ANY. API, ANY. Slot, ANY. Subslot); UserRelease. cnf(+);	USED

表 251（续）

#	当前状态	事件/条件=〉动作	下一状态
85	EMPTY	UserRelease. req(AREP, API, Slot, Subslot) /SubmoduleFlags. Superordinated = Free && (OK _ Queue. FirstEntry = (AREP)) && (IOS _ Queue. FirstEntry = EMPTY) && (IOC _ Queue. FirstEntry = ANY) && (ANY. AREP 〈〉 AREP) =〉 DeQueue. req(AREP. ARType, AREP); OK_Queue. FirstEntry = IOC_Queue. FirstEntry PullAlarm. req(ANY. AREP, API, Slot, Subslot); UserRelease. cnf(+);	EMPTY
86	USED	UserRelease. req(AREP, API, Slot, Subslot) /SubmoduleFlags. Superordinated = Free && (OK _ Queue. FirstEntry = (AREP)) && (IOS _ Queue. FirstEntry = EMPTY) && (IOC _ Queue. FirstEntry = ANY) && (ANY. AREP 〈〉 AREP) && (WRONG = UserCheckIdent (API, Slot, Subslot, RealModulID, RealSubmodulID, ANY. ExpModulID, ANY. ExpSubmodulID)) =〉 DeQueue. req(AREP. ARType, AREP); OK_Queue. FirstEntry = IOC_Queue. FirstEntry PlugWrongAlarm. req(ANY. AREP, API, Slot, Subslot); UserRelease. cnf(+);	USED
87	USED	UserRelease. req(AREP, API, Slot, Subslot) /SubmoduleFlags. Superordinated = Free && (OK _ Queue. FirstEntry = (AREP)) && (IOS _ Queue. FirstEntry = EMPTY) && (IOC _ Queue. FirstEntry = ANY) && (ANY. AREP 〈〉 AREP) && ((Substitute || OK) = UserCheckIdent (API, Slot, Subslot, RealModulID, RealSubmodulID, ANY. ExpModulID, ANY. ExpSubmodulID)) =〉 DeQueue. req(AREP. ARType, AREP); OK_Queue. FirstEntry = IOC_Queue. FirstEntry ReleasedAlarm. req(ANY. AREP, ANY. API, ANY. Slot, ANY. Subslot); UserRelease. cnf(+);	USED
88	OUTOFR	UserAlarmAckReceived. req(AREP, API, Slot, Subslot) =〉 UserAlarmAckReceived. cnf(−)	OUTOFR
89	EMPTY	UserAlarmAckReceived. req(AREP, API, Slot, Subslot) =〉 UserAlarmAckReceived. cnf(−)	EMPTY
90	USED	UserAlarmAckReceived. req(AREP, API, Slot, Subslot) /(SubmoduleFlags. Superordinated = Lock) || (OK_Queue. FirstEntry = EMPTY) || (OK_Queue. FirstEntry. AREP 〈〉 (AREP)) =〉 UserAlarmAckReceived. cnf(−)	USED
91	USED	UserAlarmAckReceived. req(AREP, API, Slot, Subslot) /(SubmoduleFlags. Superordinated = Free) && (OK _ Queue. FirstEntry = ANY) && (ANY. AREP = AREP) =〉 UserAlarmAckReceived. cnf(+)	USED

表 252 定义插入行为的状态表。

表 252 插入行为的状态表

#	当前状态	事件/条件=〉动作	下一状态
1	IDLE	PlugAlarm. req(AREP，API，Slot，Subslot，UserInfo)； =〉 TYPE = Plug Alarm Notification. req(AREP，API，Slot，Subslot，AlarmType，AlarmSpecifier，UserInfo)；	WFPRMIND
2	IDLE	ReleasedAlarm. req(AREP，API，Slot，Subslot，UserInfo)； =〉 TYPE = Released Alarm Notification. req(AREP，API，Slot，Subslot，AlarmType，AlarmSpecifier，UserInfo)；	WFPRMIND
3	IDLE	PlugWrongAlarm. req(AREP，API，Slot，Subslot，UserInfo)； =〉 TYPE = Wrong Alarm Notification. req(AREP，API，Slot，Subslot，AlarmType，AlarmSpecifier，UserInfo)；	WFALCNF
4	IDLE	ReturnOfSubmodulAlarm. req(AREP，API，Slot，Subslot，UserInfo)； =〉 TYPE = Return Alarm Notification. req(AREP，API，Slot，Subslot，AlarmType，AlarmSpecifier，UserInfo)；	WFALCNF
5	WFPRMIND	Write. ind(...) =〉 UserWriteRecord. ind(...)	WFUSRRES
6	WFPRMIND	Control. ind(AREP，PrmEnd) =〉 UserControl. ind(AREP，PrmEnd)	WFUSRRES
7	WFUSRRES	UserWriteRecord. rsp(...) =〉 Write. rsp(...)	WFPRMIND
8	WFUSRRES	UserControl. rsp(AREP，PrmEnd) =〉 Control. rsp(AREP，PrmEnd)	WFDATAUPDATE
9	WFDATAUPDATE	UserUpdate(AREP，API，Slot，Subslot，Data，IOXS) =〉 Set Input (AREP，API，Slot，Subslot，Data) Set Input IOPS (AREP，API，Slot，Subslot，GOOD/BAD) Set Output(AREP，API，Slot，Subslot，Data) Set Output IOCS (AREP，API，Slot，Subslot，GOOD/BAD) Control. req(AREP，APPL_RDY)	WFAPLRDYCNF
10	WFAPLRDYCNF	Control. cnf(AREP，APPL_RDY)； =〉	WFALCNF

表 252（续）

#	当前状态	事件/条件=〉动作	下一状态
11	WFALCNF	Alarm Notification. cnf(AREP，API，Slot，Subslot，AlarmType，AlarmSpecifier)； /((TYPE = Plug) || (TYPE = Released)) && (PNIOSTATUS = OK) =〉 Reset NewData Flag	WFNEWDATA
12	WFALCNF	Alarm Notification. cnf(AREP，API，Slot，Subslot，AlarmType，AlarmSpecifier)； /(PNIOSTATUS = OK) && (type = Wrong) =〉 PlugWrongAlarm. cnf(AREP，API，Slot，Subslot，UserInfo)；	IDLE
13	WFALCNF	Alarm Notification. cnf(AREP，API，Slot，Subslot，AlarmType，AlarmSpecifier)； /(PNIOSTATUS = OK) && (type = Return) =〉 ReturnOfSubmodulAlarm. cnf(AREP，API，Slot，Subslot，UserInfo)；	IDLE
14	WFALCNF	Alarm Notification. cnf(AREP，API，Slot，Subslot，AlarmType，AlarmSpecifier)； /((TYPE = Plug) && (PNIOSTATUS 〈〉 OK) =〉 PlugAlarm. cnf(—)；	IDLE
15	WFALCNF	Alarm Notification. cnf(AREP，API，Slot，Subslot，AlarmType，AlarmSpecifier)； /((TYPE = Released) && (PNIOSTATUS 〈〉 OK) =〉 ReleasedAlarm. cnf(—)；	IDLE
16	WFALCNF	Alarm Notification. cnf(AREP，API，Slot，Subslot，AlarmType，AlarmSpecifier)； /((TYPE = Wrong) && (PNIOSTATUS 〈〉 OK) =〉 PlugWrongAlarm. cnf(—)；	IDLE
17	WFALCNF	Alarm Notification. cnf(AREP，API，Slot，Subslot，AlarmType，AlarmSpecifier)； /((TYPE = Return) && (PNIOSTATUS 〈〉 OK) =〉 ReturnOfSubmodulAlarm. cnf(—)；	IDLE
18	WFNEWDATA	New Output. ind(AREP) /TYPE = Plug =〉 PlugAlarm. cnf(AREP，API，Slot，Subslot，UserInfo)；	IDLE
19	WFNEWDATA	New Output. ind(AREP) /TYPE = Released =〉 ReleasedAlarm. cnf(AREP，API，Slot，Subslot，UserInfo)；	IDLE

表 253 定义拔出行为的状态表。

表 253 拔出行为的状态表

#	当前状态	事件/条件=〉动作	下一状态
1	IDLE	PullAlarm.req(AREP, API, Slot, Subslot, UserInfo); =〉 TYPE = Pull AlarmNotification.req(AREP, API, Slot, Subslot, AlarmType, AlarmSpecifier, UserInfo);	WFALCNF
2	IDLE	ControlledAlarm.req(AREP, API, Slot, Subslot, UserInfo); =〉 TYPE= Controlled AlarmNotification.req(AREP, API, Slot, Subslot, AlarmType, AlarmSpecifier, UserInfo);	WFALCNF
4	WFALCNF	AlarmNotification.cnf(AREP, API, Slot, Subslot, AlarmType, AlarmSpecifier); /(TYPE = Pull) && (PNIOSTATUS = OK) =〉 PullAlarm.cnf(AREP, API, Slot, Subslot, UserInfo);	IDLE
5	WFALCNF	AlarmNotification.cnf(AREP, API, Slot, Subslot, AlarmType, AlarmSpecifier); /(TYPE = Controlled) && (PNIOSTATUS = OK) =〉 ControlledAlarm.cnf(AREP, API, Slot, Subslot, UserInfo);	IDLE
6	WFALCNF	AlarmNotification.cnf(AREP, API, Slot, Subslot, AlarmType, AlarmSpecifier); /(TYPE = Pull) && (PNIOSTATUS 〈〉 OK) =〉 PullAlarm.cnf(—);	IDLE
7	WFALCNF	AlarmNotification.cnf(AREP, API, Slot, Subslot, AlarmType, AlarmSpecifier); /(TYPE = Controlled) && (PNIOSTATUS 〈〉 OK) =〉 ControlledAlarm.cnf(—);	IDLE

8.4.7 IO 设备内的 PTCP 行为

8.4.7.1 诊断和报警

PTCP 同步事件将引起诊断事件和报警通知。仅当一个 AR 已被建立,并存在适当的同步记录时,才产生这二者。如果没有同步记录或同步记录被删除,则不产生诊断和报警。

8.4.7.2 同步错误依赖性

同步错误存在某种依赖性,因此不会所有错误同时发生。

如果没有出现同步不匹配,则就已同步了。“Wrong PTCPSubDomainID”和“Wrong IRDataID”需要接收一个同步报文。“Jitter out of Boundary”需要接收一个同步报文并校正 PTCPSubDomain ID 和 IRDataID。

错误的 PTCPSubDomain ID 或错误的 IRDataID 仅用 PTCP 通过 RTC Synchronisation(SyncID 0)来通知。

这些依赖性在 PTCP“Sync State Info”服务内进行处理。

8.4.7.3 状态机描述

对 PTCP SyncID 0 和 PTCP SyncID 1 存在的状态机。

状态机以“No Sync Message Received”状态开始(STARTUP)。它保持在 IDLE State 直到出现一个有效的同步记录。每一个 PTCP_State_Indication. ind 将更新当前挂起的同步错误(ActPendingErrors)列表。如果出现一个同步记录,此变化将引起一个 Diagnosis 登录项和一个 Alarm Notification。如果没有错误,则说明同步了(OK)。如果有一个或多个错误被挂起,则说明同步不匹配(MISMATCH)。

本地变量

ActPendingErrors

挂起的同步错误列表。包含所有实际挂起的同步错误。用来决定改变。NIL 表示空表。

8.4.7.4 状态表

该表说明如果存在一个同步记录,Diagnosis Events 和 Alarm Notifications 的产生,取决于每个 PTCP SyncID 的 PTCP Sync 事件。

表 254 PTCP 行为的状态表

#	当前状态	事件/条件=〉动作	下一状态
1	STARTUP	ActPendingErrors := “No Sync Message Received”	IDLE
2	IDLE	PTCP_State_Indication. ind(SyncID, ErrorTypeList) =〉 Udate ActPendingErrors	IDLE
3	IDLE	START_CHECK. ind /ActPendingErrors == NIL =〉 SYNC_OK(SyncID)	OK
4	IDLE	START_CHECK. ind /ActPendingErrors ! = NIL =〉 SYNC_MISMATCH(SyncID,,NIL)	MISMATCH
5	MISMATCH	PTCP_State_Indication. ind(SyncID, ErrorTypeList) /! ERRORS_PENDING(ErrorTypesList) =〉 SYNC_OK(SyncID) Udate ActPendingErrors	OK
6	MISMATCH	PTCP_State_Indication. ind(SyncID, ErrorTypeList) /ERRORS_PENDING(ErrorTypesList) =〉 SYNC_MISMATCH(SyncID, ErrorTypeList) Udate ActPendingErrors	MISMATCH
7	MISMATCH	STOP_CHECK. ind =〉 SYNC_OK(SyncID)	IDLE

表 254（续）

#	当前状态	事件/条件=〉动作	下一状态
8	OK	PTCP_State_Indication. ind(SyncID, ErrorTypeList) /! ERRORS_PENDING(ErrorTypesList) =〉 ignore	OK
9	OK	PTCP_State_Indication. ind(SyncID, ErrorTypeList) /ERRORS_PENDING(ErrorTypesList) =〉 SYNC_MISMATCH(SyncID, ErrorTypeList) Udate ActPendingErrors	MISMATCH
10	OK	STOP_CHECK. ind =〉	IDLE

8.4.7.5 功能

表 255 包含 PTCP 行为的状态表所使用的功能或宏，以及它们的变元和描述。

表 255 PTCP 行为所使用的功能

名称	功能	描述
START_CHECK. ind	指出同步记录存在	应报告诊断事件和报警通知
STOP_CHECK. ind	指出还没有任何同步记录存在	不应报告诊断事件和报警通知
ERRORS_PENDING (ErrorTypeList)	返回 TRUE，如果有任何挂起的错误（来自 ActPendingErrors 的旧的或来自 ErrorTypeList 的新的）。 返回 FALSE，如果没有挂起的错误	检查任何实际挂起的同步错误 ErrorTypeList = NIL 指空表

SYNC_OK(SyncID)	Alarm Priority: = ALARM_HIGH or ALARM_LOW
	
	if (SyncID = = 0)
	Alarm type: = Sync Data Change Notification
	else
	Alarm type: = Time data changed notification
	
	Alarm Item. User Structure Identifier : = 0x8000 (ChannelDiagnosisData)
	Channel Number : = 0x8000
	Channel Properties. type : = 0
	Channel Properties. Accumulative : = 0
	Channel Properties. MaintenanceRequired : = 0 (Diagnosis)
	Channel Properties. Demanded : = 0
	Channel Properties. Specifier : = 0 (all disappear)
	Channel Properties. Direction : = 0
	
	if (SyncID = = 0)
	Channel Error type : = Sync mismatch
	else
	Channel Error type : = Time mismatch
	
	Alarm Notification. req (AREP, API : = 0, Alarm Priority, Alarm type, Slot Number, Subslot Number, Alarm Specifier, Module Ident Number, Submodule Ident Number, Alarm Item)
	
	Diagnosis Event. req(AREP, CREP, Alarm Item)
		无同步失配。同步完成

表 255(续)

名 称	功 能	描 述

SYNC_MISMATCH(SyncID,ErrorTypesList)	Alarm Priority:= ALARM_HIGH or ALARM_LOW
	
	if (SyncID == 0)
	Alarm type:= Sync Data Change Notification
	else
	Alarm type:= Time data changed notification
	
	Alarm Item. User Structure Identifier := 0x8002 (ExtChannelDiagnosisData)
	
	Build list of Ext Channel Diagnosis Data for every changed Error
	
	Channel Number := 0x8000
	Channel Properties. type := 0
	Channel Properties. Accumulative := 0
	Channel Properties. MaintenanceRequired := 1
	Channel Properties. Demanded := 0
	Channel Properties. Specifier := Appears ? 1 : 2
	Channel Properties. Direction := 0
	
	if (SyncID == 0)
	Channel Error type := Sync mismatch
	else
	Channel Error type := Time mismatch
	
	Ext Channel Error type := ErrorType
	
	Alarm Notification. req (AREP, API := 0, Alarm Priority, Alarm type, Slot Number, Subslot Number, Alarm Specifier, Module Ident Number, Submodule Ident Number, Alarm Item)
	
	Diagnosis Event. req(AREP, CREP, Alarm Item)
		同步失败。Multiple Sync Errors 可能存在。具有所有 Ext Channel Errors 的 Build up 表出现/消失并发出 Alarm Notification 和 Diagnosis Event。仅错误状态的改变才引起 Alarm Notification 和 Diagnosis Event!
		
		Multiple errors 可能出现/消失
		
		ErrorTypeList = NIL 指空表

8.5 IO控制器的行为

8.5.1 概述

每个 IO 控制器或 IO 监视器应具有用于建立 AR 的启动状态机。

8.5.2 在启动期间 IO 控制器的行为

本条描述在用户应用的启动期间 IO 控制器的客户机应用行为(作为一个例子)。

注:本条仅提供所选择的行为,而不是客户机行为的全部定义。

图 57 示出了所选行为的状态图,表 256 定义了所选行为的状态表。

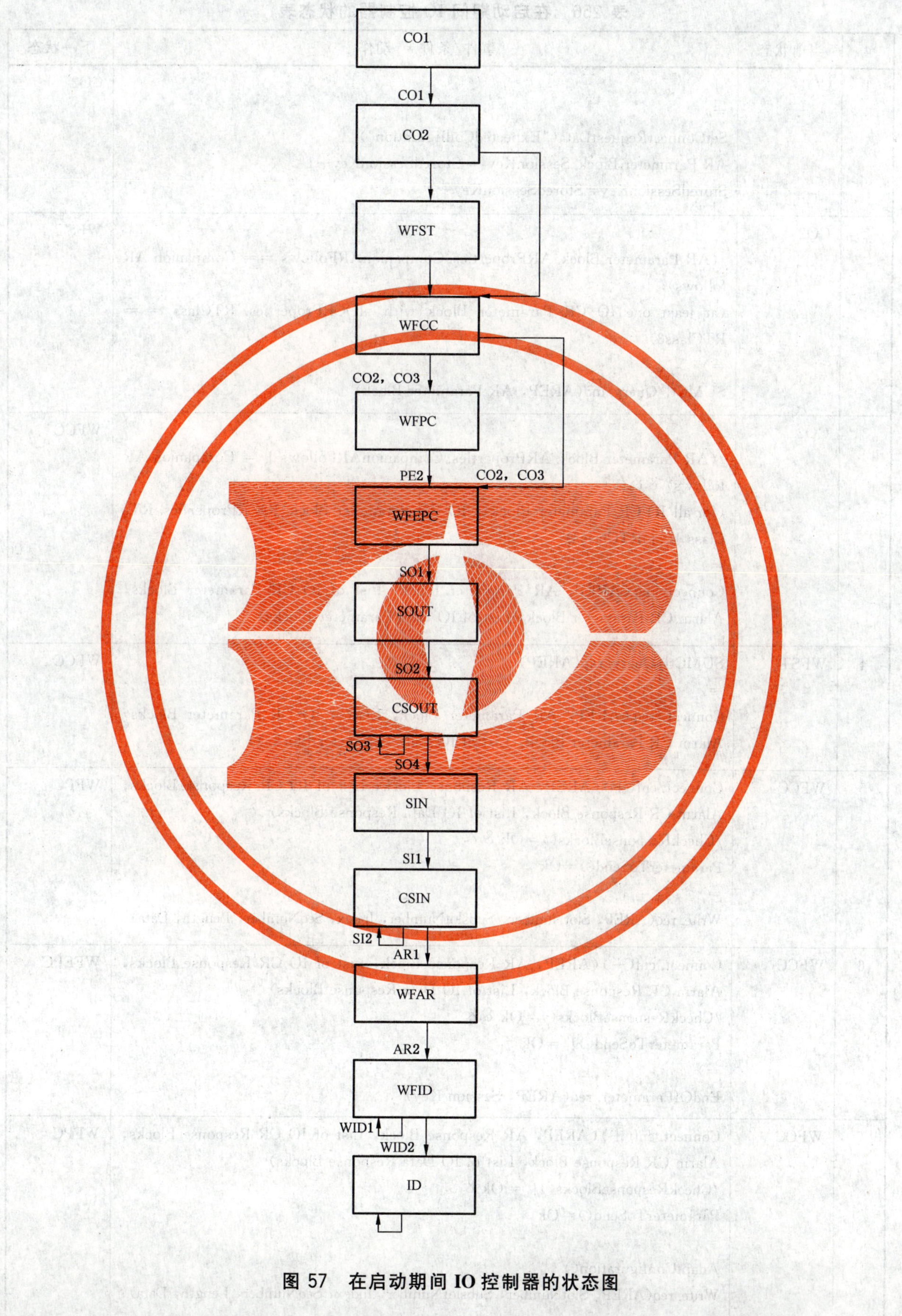

图 57 在启动期间 IO 控制器的状态图

表 256 在启动期间 IO 控制器的状态表

#	当前状态	事件/条件=〉动作	下一状态
1	CO1	=〉 SetConnectRequestData("ExpectedConfiguration") AR Parameter Block. SessionKey：=StoredSessionKey+1 StoredSessionKey=StoredSessionKey+1	CO2
2	CO2	/(AR Parameter Block. ARProperties. CompanionARFollows == Companion AR follows) || (at least one IO CR Parameter Block with. IOCRProperties. RTClass == RTClass3) =〉 SUMCtl_Query. ind(AREP，AR Parameter Block)	WFST
3	CO2	/(AR Parameter Block. ARProperties. CompanionARFollows ! = Companion AR follows) && (for all IO CR Parameter Blocks：IO CR Parameter Block. IOCRProperties. RT-Class ! = RTClass3) =〉 Connect. req(AREP，AR Parameter Block，List of IO CR Parameter Blocks，Alarm CR Parameter Block，List of IO Data Parameter Blocks)	WFCC
4	WFST	SUMCtl_Query. rsp(AREP) =〉 Connect. req(AREP，AR Parameter Block，List of IO CR Parameter Blocks，Alarm CR Parameter Block，List of IO Data Parameter Blocks)	WFCC
5	WFCC	Connect. cnf(+)(AREP，AR Response Block，List of IO CR Response Blocks，Alarm CR Response Block，List of IO Data Response Blocks) /CheckResponseBlocks()=Ok && ParameterToSend()=Ok =〉 Write. req(AREP，SlotNumber，SubslotNumber，Index，SeqNumber，Length，Data)	WFPC
6	WFCC	Connect. cnf(+)(AREP，AR Response Block，List of IO CR Response Blocks，Alarm CR Response Block，List of IO Data Response Blocks) /CheckResponseBlocks()=Ok && ParameterToSend()! =Ok =〉 EndOfParameter. req(AREP，Session Key)	WFEPC
7	WFCC	Connect. cnf(+)(AREP，AR Response Block，List of IO CR Response Blocks，Alarm CR Response Block，List of IO Data Response Blocks) /CheckResponseBlocks()! =Ok && ParameterToSend()=Ok =〉 AdaptConfiguration() Write. req(AREP，SlotNumber，SubslotNumber，Index，SeqNumber，Length，Data)	WFPC

表 256（续）

#	当前状态	事件/条件=〉动作	下一状态
8	WFCC	Connect. cnf(+)(AREP，AR Response Block，List of IO CR Response Blocks，Alarm CR Response Block，List of IO Data Response Blocks) /CheckResponseBlocks()！ =Ok && ParameterToSend()！ =Ok =〉 AdaptConfiguration() EndOfParameter. req(AREP，Session Key)	WFEPC
9	WFPC	Write. cnf(+)(AREP，SeqNumber) /ParameterToSend()！ =Ok =〉 Session Key=StoredSessionKey EndOfParameter. req(AREP，Session Key)	WFEPC
10	WFEPC	EndOfParameter. cnf(AREP，SessionKey) =〉	SOUT
11	SOUT	 =〉 For all involved slot/subslots do： Slot. Subslot. IOCS ：= GOOD Subslot Output Data：=Slot. Subslot. Initial Value For all involved slot/subslots do： Set Output. req（AREP，CREP，Slot Number，Subslot Number，IOPS，Subslot Output Data)	CSOUT
12	CSOUT	Set Output. cnf(+) /not last one =〉	CSOUT
13	CSOUT	Set Output. cnf(+) /last one =〉	SIN
14	SIN	 =〉 For all involved slot/subslots match expected configuration do： Slot ：= Slot Number； Subslot ：= Subslot Number IOCS ：= GOOD For all involved slot/subslots does not match expected configuration do： Slot ：= Slot Number； Subslot ：= Subslot Number IOCS ：= BAD_BY_CONTROLLER For all involved slot/subslots do： Set Input IOCS. req（AREP，CREP，Slot,Subslot，IOCS)	CSIN
15	CSIN	Set Input IOCS. cnf(+) /not last one =〉	CSIN

表 256（续）

#	当前状态	事件/条件=〉动作	下一状态
16	CSIN	Set Input IOCS. cnf(＋) /last one =〉	WFAR
17	WFAR	ApplicationReady. ind(AREP，SessionKey，Alarm Sequence Number，ModuleDiffBlock) /Session Key=StoredSessionKey =〉 ApplicationReady. rsp(AREP，SessionKey)	WFID
18	WFID	New Input. ind(AREP，CREP，Slot Number，Subslot Number，Watchdog Flag，InData Flag) /not last one =〉	WFID
19	WFID	New Input. ind(AREP，CREP，Slot Number，Subslot Number，Watchdog Flag，InData Flag) /last one =〉 SUM_In_Data. ind(AREP)	ID
20	ID	 =〉	ID

8.6 应用特性

8.6.1 设备标识号

对于所有 IO 设备，设备标识号(Device Ident Number)是必需的。对于每种类型的设备，必须有独有的设备标识号。此设备标识号不是系列号。如果制造商对于一个类型设备有一个设备标识号，则允许将此标识号用于所生产的所有相同类型的设备。对于相同类型但输入和输出数量不同的设备，所生产的每个 IO 设备可以使用相同的设备标识号。

每个设备类型应具有一个独有的设备标识号，它是对象 UUID 的组成部分。

Device Ident Number 由 Vendor ID(它是国际组织管理的编号)和 Device ID(它是制造商管理的编号)组成。

8.6.2 网络拓扑

IO 控制器和 IO 设备为有关网络连接作了准备。这种设备的 DTE 在全双工模式下应支持 100 Mbit/s 位速率。但是，有些拓扑包括(例如)无线网段，它并不满足这些要求。在这样的情况下，无线部分应按如下方法接入，即只有使用这些网络路径的应用关系才承受较低的性能。该应用可以通过属性 Reduction ratio 来实现。图 58 描述了一个示例。

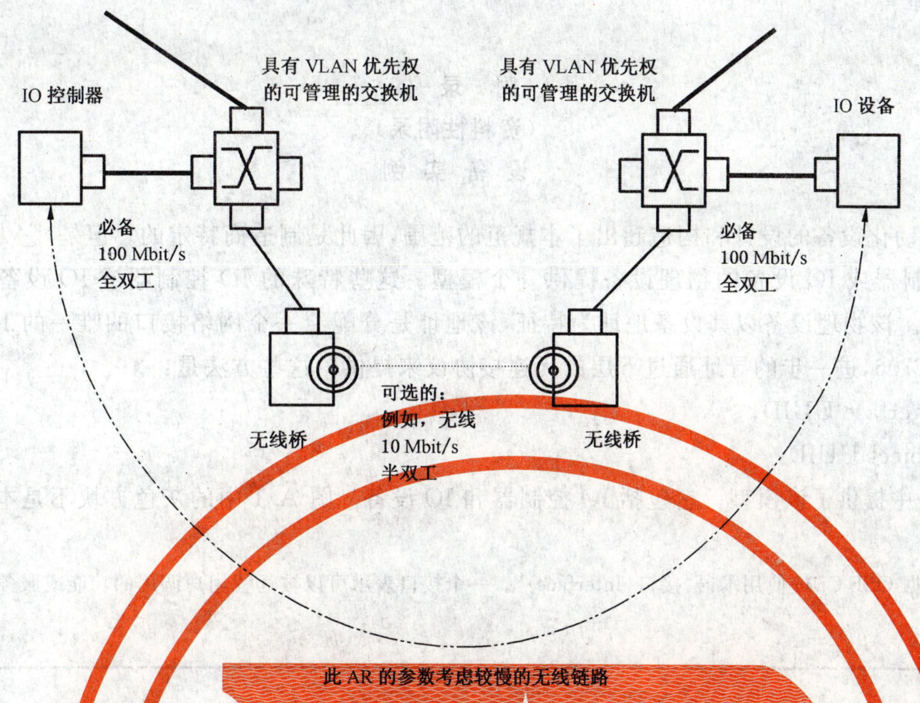

图 58　包含低速无线网段的网络拓扑示例

图 59 示出了用于媒体冗余的具有无线模块的封闭线路示例。如果应用过程所要求的定时可以满足的话，所示出的拓扑是可使用的。

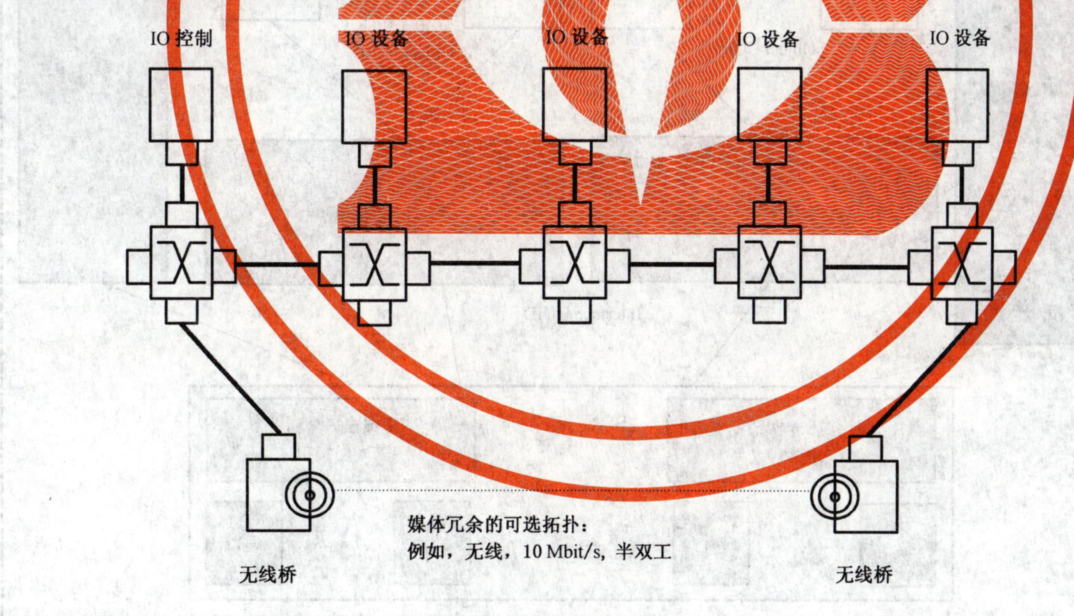

图 59　包含无线网段的媒体冗余拓扑示例

附　录　A
（资料性附录）
设　备　实　例

物理自动化设备的设计和构造超出了本规范的范围，因此是制造商特定的。但是，它为拥有一个或多个IO控制器或IO设备的物理设备提供一个模型。这些特殊的IO控制器或IO设备被称为实例(instances)。该物理设备以其设备地址为特征，该地址是分配给一个网络接口的唯一的IP规范地址。根据OSF C706，进一步的寻址通过下层的无连接协议来提供。这些方法是：

——Interface UUID；

——Object UUID。

图A.1中提供了该模型。它包括IO控制器和IO设备。图A.1中的灰色方块不是本部分定义的范围。

注1：依据OSF C706使用术语“接口(Interface)”。一个接口表示可以被远程用户调用的功能或服务的集合。

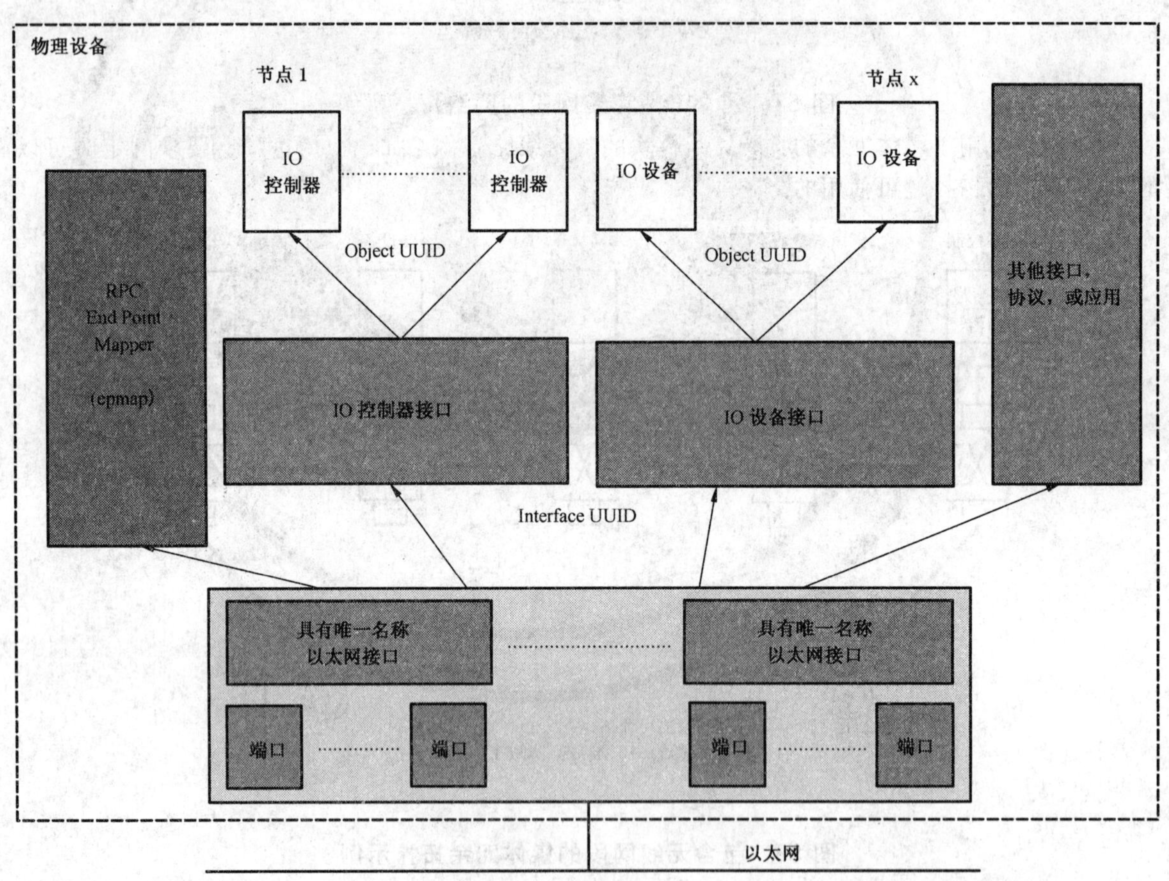

图A.1　实例模型

Interface UUID提供一种对IO监视器、IO控制器或IO设备进行寻址的手段，而不需要进一步组态。在第5章中定义了下列的Interface UUID：

——IO Device Interface UUID；

——IO Controller Interface UUID；

——IO Supervisor Interface UUID；

——IO Parameter Server Interface UUID。

此外，所有 IO 设备类应支持 End Point Mapper Interface UUID。

Object UUID 提供一种对 IO 监视器、IO 控制器、IO 参数服务器或 IO 设备的实例进行寻址的手段。

根据 OSF C706，无连接的 DCE RPC 协议定义被称为 End Point Mapper (epmap)的本地实例。End Point Mapper 在 TCP/UDP 上接收任何进来的 RPC 请求并将该请求传输给匹配的接口和对象。因此，每个服务器必须先登记它的 UUID。此信息包括：

——具有其 UUID、Major Version、Minor Version 的 Interface；

——Object UUID；

——Binding Information，如协议(UDP/TCP)、服务器 IP 地址、端口、64 个八位位组的注释。

注 2：通用站描述(Generic Station Description，GSD)包含关于设备支持的最大实例数的信息。

附 录 B
（资料性附录）
以太网接口的部件

物理设备的设计和构造超出了本规范的范围，因此是制造商特定的。但是，一个以太网接口必须是下列部件的总和：

——RJ 45 插座(female)连接器；

——磁性元件(Magnetics)；

——PHY；

——MAC；

——μController；

——RAM；

——ROM。

在图 B.1 和图 B.2 中提供了部件组成的方案。图 B.1 中的灰色方块不是本部分定义的范围。

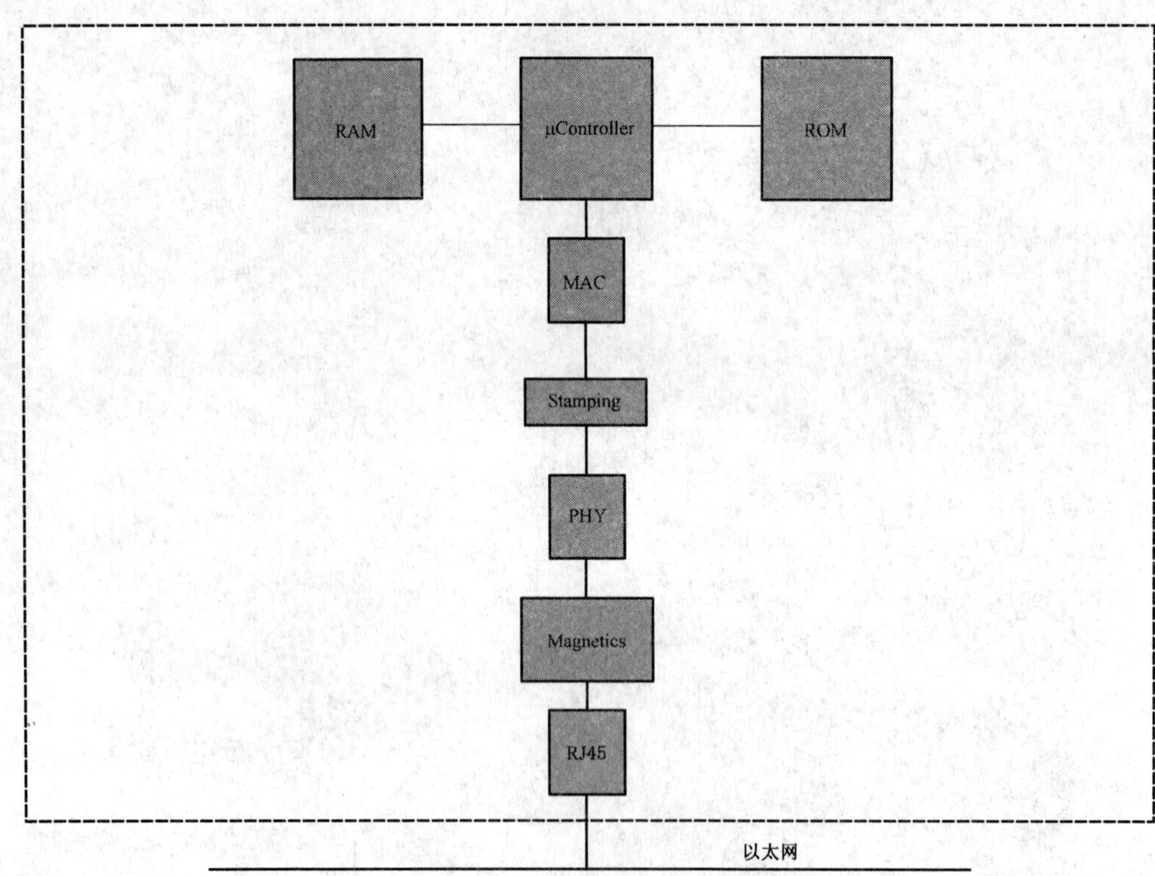

图 B.1 以太网接口的方案

当具有桥接能力时，以太网接口的结构有所不同。图 B.2 示出了新的方案。

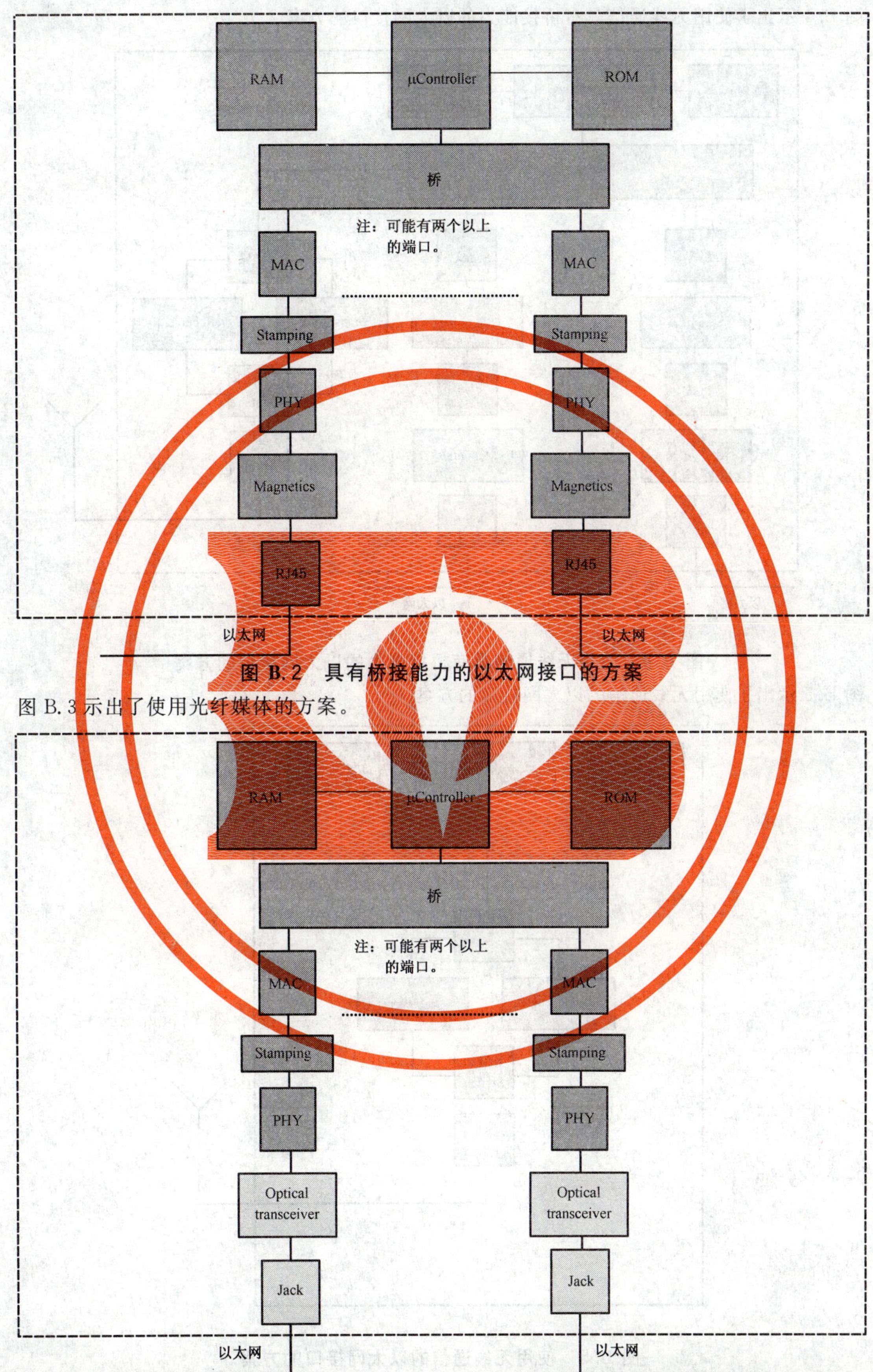

图 B.2　具有桥接能力的以太网接口的方案

图 B.3 示出了使用光纤媒体的方案。

图 B.3　具有光纤端口的以太网接口的方案

图 B.4 示出了使用无线通信具有桥接能力的以太网接口的方案。

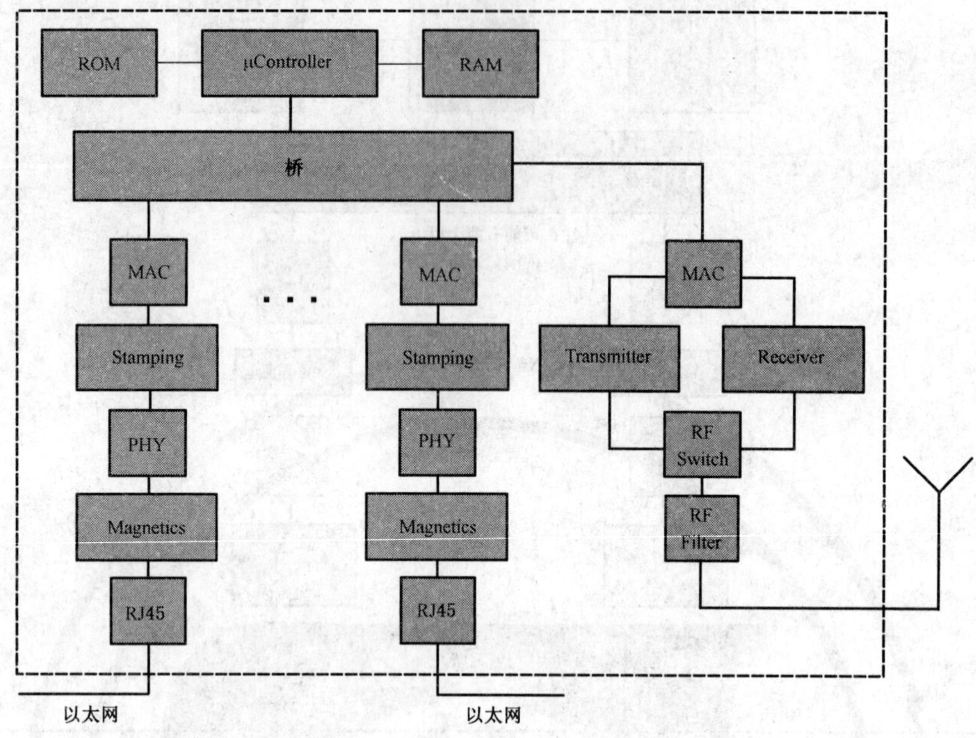

图 B.4　使用无线通信具有桥接能力的以太网接口的方案

图 B.5 示出了使用无线通信的以太网接口的方案。

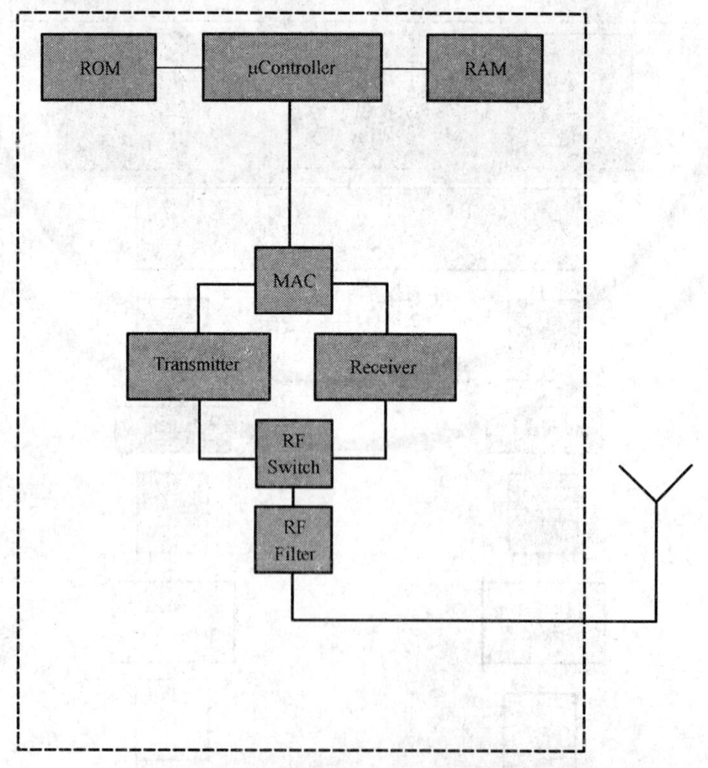

图 B.5　使用无线通信的以太网接口的方案

附　录　C
（资料性附录）
MAC 地址分配的方案

图 C.1 示出了符合 IEEE 802.1D 的 MAC 地址分配的方案。

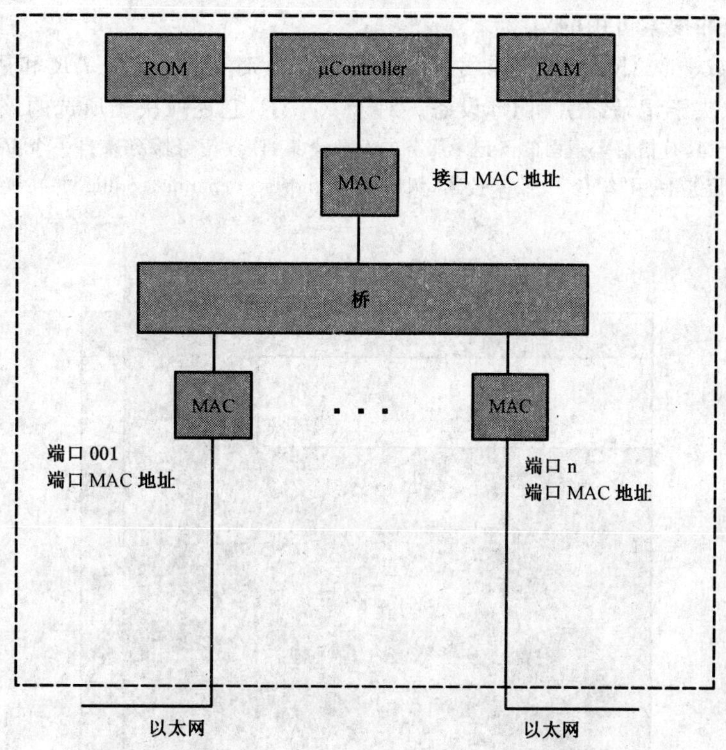

图 C.1　MAC 地址分配的方案

附　录　D
（资料性附录）
对象的收集

IO 设备对象的读取，可以使用按记录索引寻址的读记录服务和预定的过滤器来实现。IO 设备构造交集(intersection)并搜索可用的对象。

该交集的大小取决于 AR 类型、记录索引和 IO 设备。对于 Implicit AR 和用于 DeviceAccess 的 IOS AR，该交集仅取决于记录索引和 IO 设备。对于 IO AR，它还取决于所选的该 AR 的子模块。

示例：图 D.1 示出了具有槽特定索引的读记录服务的对象交集，该读记录服务来自一个 IO 控制器并使用一个 IO AR。在此情况下，IO 设备应使用“绿色”交集来搜索（例如）“Diagnosis in channel coding”并在读记录响应中发送有效的数据。

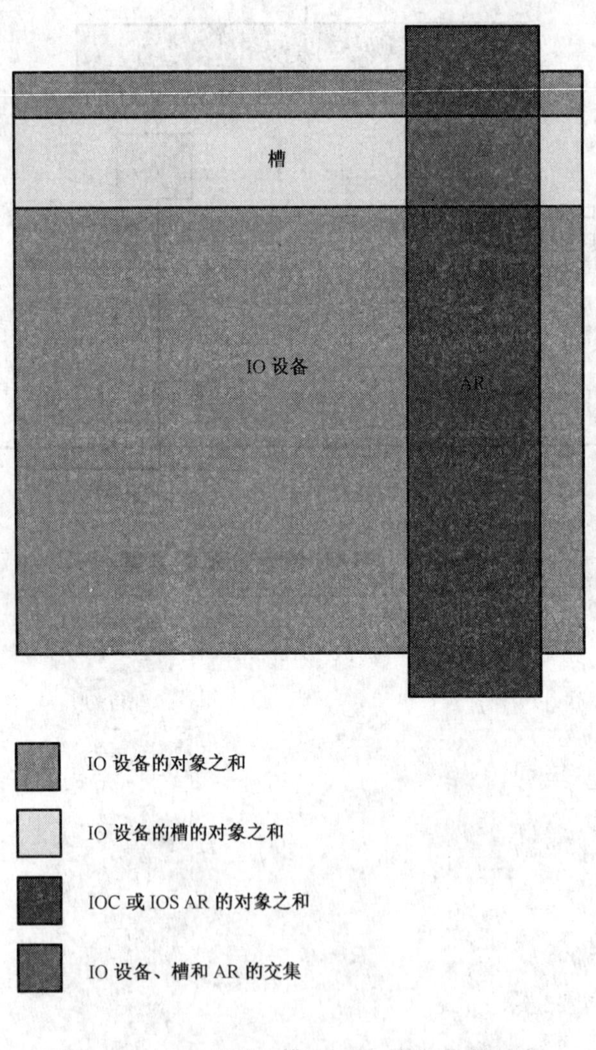

IO 设备的对象之和

IO 设备的槽的对象之和

IOC 或 IOS AR 的对象之和

IO 设备、槽和 AR 的交集

图 D.1　IO 设备、槽和 AR 的交集的示例

附　录　E
（资料性附录）
快速启动时间的测量

为了进行设备的比较，定义快速启动时间的测量是必要的。图 E.1 示出了用于此测量的参考模型。

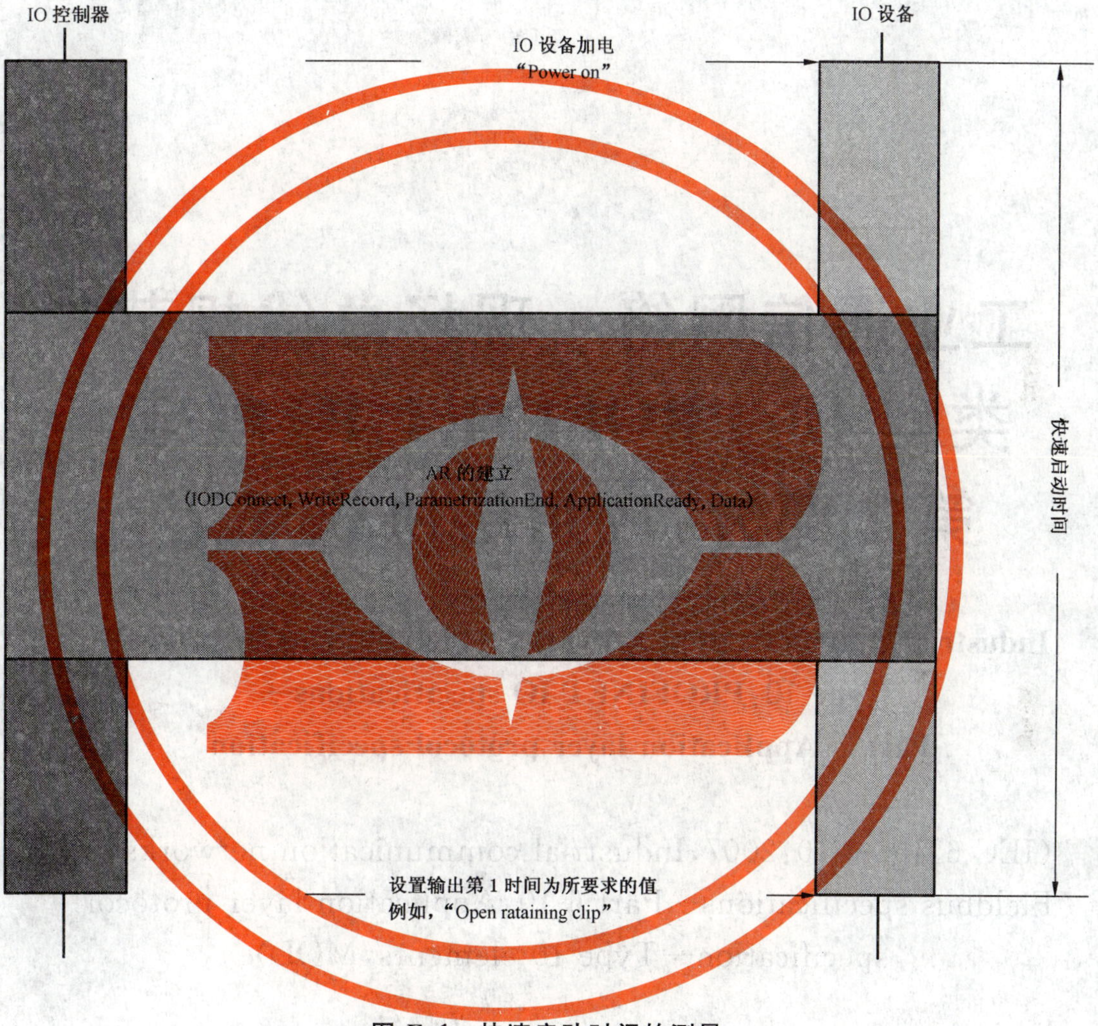

IO 控制器

IO 设备

IO 设备加电
“Power on”

AR 的建立
(IODConnect, WriteRecord, ParametrizationEnd, ApplicationReady, Data)

快速启动时间

设置输出第 1 时间为所要求的值
例如，“Open rataining clip”

图 E.1　快速启动时间的测量

ICS 25.040
N 10

中华人民共和国国家标准化指导性技术文件

GB/Z 25105.2—2010

工业通信网络　现场总线规范
类型 10:PROFINET IO 规范
第 2 部分:应用层协议规范

Industrial communication networks—Fieldbus specifications—Type 10:PROFINET IO specifications—Part 2:Application layer protocol specification

(IEC 61158-6-10:2007,Industrial communication networks—Fieldbus specifications—Part 6-10:Application layer protocol specification—Type 10 elements,MOD)

2010-09-02 发布　　　　2010-12-01 实施

中华人民共和国国家质量监督检验检疫总局
中国国家标准化管理委员会　发布

前 言

GB/Z 25105—2010《工业通信网络　现场总线规范　类型10:PROFINET IO规范》分为以下3个部分:

——第1部分:应用层服务定义;

——第2部分:应用层协议规范;

——第3部分:PROFINET IO通信行规。

本部分为GB/Z 25105—2010的第2部分。

本部分修改采用IEC 61158-6-10:2007(英文版),在技术内容上与原国际标准没有差异,为方便我国用户使用,在文本结构编排上进行了适当调整,并按GB/T 1.1—2000的要求进行编辑。

本部分的附录A～附录Q为资料性附录。

本部分由中国机械工业联合会提出。

本部分由全国工业过程测量和控制标准化技术委员会(SAC/TC 124)归口。

本部分起草单位:中国机电一体化技术应用协会、机械工业仪器仪表综合技术经济研究所、中国科学院沈阳自动化研究所、上海自动化仪表股份有限公司、西南大学、清华大学、郑州轻工业学院电气信息工程学院、北京和利时系统工程股份有限公司、北京华控技术有限责任公司、北京机械工业自动化研究所、中国仪器仪表行业协会、西门子(中国)有限公司、菲尼克斯电气(南京)研发工程技术中心有限公司。

本部分主要起草人:李百煌、王春喜、刘丹、王麟琨、刘云男、杨志家、包伟华、刘枫、王锦标、唐济扬、王永华、罗安、陈小枫、董景辰、欧阳劲松、惠敦炎、张丹丹、郭剑锋、窦连旺、张龙。

引　言

应用层协议通过使用数据链路层或其他毗邻更低层可供利用的服务来提供应用服务。本部分的主要目的是提供一组通信规则，这些通信规则是依据对等应用实体(AE)在通信时刻要执行的步骤来表达的。这些通信规则试图为下列各种目的的开发提供可靠的基础：

——作为实现者和设计者的指南；

——在设备的测试和采购中使用；

——作为系统准入开放系统环境约定的一部分；

——作为对理解 OSI 内有严格时间要求的通信的明确表达。

本部分特别考虑了传感器、执行器和其他自动化设备的通信和相互协调工作。本部分与在 OSI 或现场总线参考模型内的其他标准一道使用，但随意组合在一起共同工作的系统可能是不兼容的。

工业通信网络　现场总线规范
类型 10:PROFINET IO 规范
第 2 部分:应用层协议规范

1　范围

1.1　总论

现场总线应用层(FAL)为用户程序提供访问现场总线通信环境的手段。在这方面,可将现场总线应用层(FAL)视为"相应的应用程序间的窗口"。

GB/Z 25105 的本部分为在自动化环境中的应用程序间进行基本的有严格时间要求和无严格时间要求的报文通信提供通用元素和 PROFINET IO 现场总线的专用资料。术语"严格时间要求"用以表示存在一个时窗,在此时窗内,要求以明确的确定性等级完成所需的一个或多个规定的动作。在此时窗内没有完成所规定的动作,会导致请求这些动作的应用失败的风险,甚至伴随造成仪器、设备和可能的人身危险。

本部分从以下几方面以抽象方法定义由现场总线应用层提供的外部可视的行为:

a)　定义在通信应用实体之间传输的应用层协议数据单元的抽象语法;

b)　定义在通信应用实体之间传输的应用层协议数据单元的传送语法;

c)　定义在通信应用实体之间可视的应用服务行为的应用上下关系状态机;

d)　定义在通信应用实体之间可视的通信行为的应用关系状态机。

本部分的目的是定义用于以下用途的协议:

a)　定义在 PROFINET IO 服务文件中定义的服务原语的字节传输次序;

b)　定义与其传输有关的外部可视的行为。

本部分依据 OSI 基本参考模型(见 GB/T 9387)和 OSI 应用层结构(GB/T 17176)规定 PROFINET IO 现场总线应用层的协议。

1.2　规范

本部分的首要目标是规定应用层协议的语法和行为,该协议传送在 PROFINET IO 中定义的应用层服务。

第二个目标是提供与现有工业通信协议的升级途径。正是该目标造成了 IEC 61158 中标准化协议的多样性。

1.3　一致性

本部分不规定个别的实现或产品,也不限制工业自动化系统内的应用层实体的实现。可通过实现本应用层协议规范来实现一致性。

2　规范性引用文件

下列文件中的条款通过 GB/Z 25105 的本部分的引用而成为本部分的条款。凡是注日期的引用文件,其随后所有的修改单(不包括勘误的内容)或修订版均不适用于本部分,然而,鼓励根据本部分达成协议的各方研究是否可使用这些文件的最新版本。凡是不注日期的引用文件,其最新版本适用于本部分。

GB/T 1988　信息技术　信息交换用七位编码字符集(GB/T 1988—1998,eqv ISO/IEC 646:1991)

GB/T 7408 数据元和交换格式 信息交换 日期和时间的表示法(GB/T 7408—2005,ISO 8601:2000,IDT)

GB/T 9387.1 信息技术 开放系统互连 基本参考模型 第1部分:基本模型(GB/T 9387.1—1998,idt ISO/IEC 7498-1:1994)

GB/T 15695 信息技术 开放系统互连 表示服务定义(GB/T 15695—2008,ISO/IEC 8822:1994,IDT)

GB/T 16262.1 信息技术 抽象语法记法一(ASN.1) 第1部分:基本记法规范(GB/T 16262.1—2006,ISO/IEC 8824-1:2002,IDT)

GB/T 17176 信息技术 开放系统互连 应用层结构(GB/T 17176—1997,idt ISO/IEC 9545:1994)

GB/T 17966 微处理器系统的二进制浮点运算(GB/T 17966—2000,idt IEC 60559:1989)

GB/T 17967 信息技术 开放系统互连 基本参考模型 OSI服务定义约定(GB/T 17967—2000,idt ISO/IEC 10731:1994)

IEC 61158(所有部分) 工业通信网络 现场总线规范

IEC 61784-3-3 工业通信网络 行规 功能安全现场总线 第3部分:用于CPF3的附加规范

IEEE 802 局域网和城域网 概述和体系结构

IEEE 802.1AB—2005 局域网和城域网 站和媒体访问控制连通性发现

IEEE 802.1D—2004 信息技术 系统间通信和信息交换 局域网和城域网 通用规范 媒体访问控制(MAC)桥

IEEE 802.1Q 信息技术 系统间通信和信息交换 局域网和城域网 虚拟桥接局域网

IEEE 802.3 信息技术 系统间通信和信息交换 局域网和城域网 特殊要求 第3部分:带有冲突检测的载波侦听多路访问(CSMA/CD)方法和物理层规范

IEEE 802.11 信息技术 系统间远程通信和信息交换 局域网和城域网 特殊要求 第11部分:无线LAN媒体访问控制(MAC)和物理层(PHY)规范

IEEE 802.15.1—2005 信息技术 系统间通信和信息交换 局域网和城域网 特殊要求 第15-1部:无线个人局域网(WPAN)的无线媒体访问控制(MAC)和物理层(PHY)规范

RFC 768 用户数据报协议

RFC 791 互联网协议

RFC 792 互联网控制报文协议

RFC 826 以太网地址解析协议或将网络协议地址转换为在以太网硬件上传输的48比特以太网地址;

RFC 1034 域名 概念和工具

RFC 1112 用于IP多播的主机扩展

RFC 2131 动态主机配置协议

RFC 2132 DHCP选项和BOOTP买方扩展

RFC 2365 管理范围的IP多播

RFC 2474 在IPv4和IPv6首部中不同服务字段(DS Field)的定义

RFC 2674 具有通信量等级、多播过滤和虚拟LAN扩展的网桥管理对象的定义

RFC 2737 实体MIB(版本2)

RFC 2863 接口组MIB

RFC 3330 专用IPv4地址

RFC 3418 用于简单网络管理协议(SNMP)的管理信息库(MIB)

RFC 3490 在应用中的国际化域名(IDNA)

RFC 3621　供电以太网 MIB(Power EthernetmIB)

RFC 3636　IEEE 802.3 媒体附属单元(MAU)的管理对象的定义

OSF C706　CAE 规范 DCE1.1　远程过程调用

3　术语、定义、缩略语、符号和约定

3.1　引用的术语和定义

GB/T 9387.1、GB/T 15695、GB/T 16262.1 和 GB/T 17176 中界定的下列术语适用于本文件。

3.1.1　GB/T 9387.1 术语

a)　应用实体　application entity

b)　应用过程　application process

c)　应用协议数据单元　application protocol data unit

d)　应用服务元素　application service element

e)　应用实体调用　application entity invocation

f)　应用过程调用　application process invocation

g)　应用事务处理　application transaction

h)　实际开放系统　real open system

i)　传输语法　transfer syntax

3.1.2　GB/T 15695 术语

a)　抽象语法　abstract syntax

b)　表达上下关系　presentation context

3.1.3　GB/T 16262.1 术语

a)　对象标识符　object identifier

b)　类型　type

3.1.4　GB/T 17176 术语

a)　应用关联　application-association

b)　应用上下关系　application-context

c)　应用上下关系名称　application context name

d)　应用实体调用　application-entity-invocation

e)　应用实体类型　application-entity-type

f)　应用过程调用　application-process-invocation

g)　应用过程类型　application-process-type

h)　应用服务元素　application-service-element

i)　应用控制服务元素　application control service element

3.2　用于分布式自动化的附加术语和定义

注：设置本条为空以保持与 IEC 61158-6-10 相同的条号。

3.3　用于分散外围设备的附加术语和定义

下列术语和定义适用于本文件。

3.3.1

报警　alarm

指示临界状态事件的激活。

3.3.2

报警确认　alarm ack

对指示临界状态事件的确认。

3.3.3

报警数据对象　alarm data object

由设备/槽/子槽/报警类型来引用的表示临界状态的对象。

3.3.4

分配　allocate

从一个公用的区域取出一个资源,并指定它为某个特定实体专用。

3.3.5

应用　application

消费或生产数据的功能或数据结构。

3.3.6

应用层可互操作性　application layer interoperability

应用实体使用 FAL 的服务来执行协调和协同操作的能力。

3.3.7

应用对象　application objects

通过网络并在网络设备内管理和提供运行期(run time)多个 PDU 交换的多种对象类。

3.3.8

应用过程　application process

网络中分布式应用的一部分,它位于一台设备中,并被唯一寻址。

3.3.9

应用过程标识符　application process identifier

用来区别在一台设备内使用的多个应用过程。

注:由 PROFIBUS 国际(PI)来分配应用过程标识符。

3.3.10

应用过程对象　application process object

应用过程的组件,通过 FAL 应用关系可识别和可访问该组件。

注:应用过程对象定义由一组它们的类属性值组成(见应用过程对象类定义的定义)。可使用 FAL 对象管理 ASE 的服务远程访问应用过程对象定义。FAL 对象管理服务可用来装载或更新对象定义,读对象定义,动态地创建和删除应用对象及其相应的定义。

3.3.11

应用过程对象类　application process object class

依据一组其网络可访问的属性和服务来定义的应用过程对象的类。

3.3.12

应用关系　application relationship

两个或多个应用实体调用之间的协同关联,用于交换信息和协调它们的联合操作。这种关系通过应用协议数据单元的交换来激活,或者作为预组态活动的结果。

3.3.13

应用关系应用服务元素　application relationship application service element

为建立和终止所有应用关系提供专用手段的应用服务元素。

3.3.14

应用关系端点　application relationship endpoint

由包含在此应用关系中的应用过程之一所看到和维护的应用关系的行为和上下关系。

注:包含在该应用关系中的每个应用过程维护其自己的应用关系端点。

3.3.15

属性 attribute

一个对象的外部可视特点或特性的描述。

注：一个对象的属性包含关于对象可变部分的信息。典型地，它们提供一个对象的状况信息，或者支配一个对象的操作。属性还可能影响一个对象的行为特性。属性分为类属性和实例属性。

3.3.16

备份 backup

IO AR 的状况，指出它处于备用状态。

3.3.17

行为 behavior

指出一个对象如何响应特殊的事件。

3.3.18

通道 channel

为了支持诊断信息的寻址，用来表示服务器的输入或输出应用对象到进程的单一物理或逻辑链路。

注：典型地，通道将单个连接器或接线夹描述为一个模块或子模块的真实接口。以此引用来识别在诊断 PDU 内的失效点。

3.3.19

通道相关的诊断 channel related diagnosis

为维护目的所提供的关于一个输入或输出应用对象的特定元素的信息。

示例：开环。

3.3.20

类 class

一组对象，所有这些对象表达相同种类的系统组件。

注：类是指一种对象的概括，是定义变量和方法的模板。一个类中的所有对象在结构形式和行为特性上都是相同的，但在它们的属性中通常包含不同的数据。

3.3.21

类属性 class attributes

在同一类中所有对象所共有的属性。

3.3.22

类代码 class code

指定给每个对象类的唯一的标识符。

3.3.23

类专用服务 class specific service

由特定的对象类定义的服务，以执行通用服务不能完成的所需要的功能。

注：一个类专用服务对于定义它的对象类是唯一的。

3.3.24

清除 clear

一种 IO 控制器的状况，指出该控制算法当前不运行。

3.3.25

客户机 client

a) 使用另一个（服务器）对象的服务来执行任务的对象；

b) 服务器对其作出反应的 PDU 的发起方。

3.3.26

通用行规 common profile

在所有设备之间提供一致性的与设备无关信息和功能的集合。

3.3.27

通信数据对象　communication data object

对象，它是通信关系的参数并通过设备/槽/子槽/索引来引用。

3.3.28

组态检查　configuration check

在启动阶段，将所期望的客户机的 I/O Data 对象结构与服务器的实际的 I/O Data 对象结构进行比较。

3.3.29

组态故障　configuration fault

由服务器检测到的在所期望的 I/O Data 对象结构与实际的 I/O Data 对象结构之间的不可接受的差异。

3.3.30

组态标识符　configuration identifier

服务器的单个输入模块和/或输出模块的部分 I/O 数据的表示。

3.3.31

消费　consume

从提供者接收数据的动作。

3.3.32

消费者　consumer

从提供者接收数据的节点或宿。

3.3.33

上下关系管理　context management

支持管理现场总线系统运行(包括应用层)的网络可访问的信息(通信对象)。

注：管理包括诸如控制、监视和诊断功能。

3.3.34

传送路径　conveyance path

在一个应用关系上的单向 APDU 流。

3.3.35

循环的　cyclic

以某种有规则的方式重复。

3.3.36

数据一致性　data consistency

在客户机和服务器之间以及它们的内部，连续传输和访问输入或输出数据对象的方式。

3.3.37

设备　device

与链路连接的物理硬件。

注：一台设备可能包含多于一个的节点。

3.3.38

设备 ID　device ID

制造商指定的设备类型标识。

3.3.39

设备行规　device profile

在同一设备类型的类似设备之间提供一致性的设备相关信息和功能的集合。

3.3.40

诊断数据对象　diagnosis data object

包含通过设备/槽/子槽/索引来引用的诊断信息的对象。

3.3.41

诊断信息　diagnosis information

在服务器方用于维护目的的所有可用的数据。

3.3.42

动态重组态　dynamic reconfiguration

不中断已建立的应用关系进行IO数据对象的更改，并连续更新未改变的IO数据对象。

3.3.43

端点　endpoint

包含在一个连接中的通信实体之一。

3.3.44

工程　engineering

用来描绘客户机应用或负责通过互连数据项配置自动化系统的设备的抽象术语。

3.3.45

错误　error

计算、观察或测量的值或条件与所规定或理论上的正确值或条件之间的差异。

3.3.46

错误类　error class

有关错误的定义和相应错误代码的通用分类。

3.3.47

错误代码　error code

在一种错误类内某个特定错误类型的标识。

3.3.48

事件　event

条件变更的实例。

3.3.49

扩展的通道相关诊断　extended channel related diagnosis

为维护目的所提供的关于一个特定应用对象的特定元素的信息。

示例：链路失败。

3.3.50

帧　frame

在链路上数据传输的单元。

3.3.51

标识数据对象　identification data object

包含通过设备/槽/子槽/索引来引用的有关设备、模块和子模块制造商及类型信息的对象。

3.3.52

隐式AR端点　implicit AR endpoint

在一个设备内未使用create服务本地定义的AR端点。

3.3.53

索引　index

在应用过程内一个记录数据对象的地址。

3.3.54

实例　instance

在一个类中的一个对象的实际物理呈现，它用于识别同一对象类内许多对象中的一个。

3.3.55

实例属性　instance attributes

某个对象实例的唯一属性，它不被此对象类共享。

3.3.56

实例化　instantiated

已在设备中创建的对象。

3.3.57

调用 invocation

使用一种服务或一个应用过程的其他资源的动作。

注：每一个调用代表一条独立的可由其上下关系描述的线程。一旦完成了此服务或者释放了资源的使用，此调用就不复存在。对服务调用而言，已经启用但尚挂起的服务称为挂起的服务调用。另外，对服务调用而言，可使用 Invoke ID 无歧义地识别该服务调用，并可将它与其他挂起的服务调用相区别。

3.3.58

IO 控制器　IO controller

对若干个 IO 设备（现场设备）充当客户机的控制设备。

注：这通常是可编程控制器或分布式控制系统。

3.3.59

IO 数据对象　IO data object

为处理目的被循环传输并被设备/槽/子槽引用而指定的对象。

3.3.60

IO 设备　IO device

对 IO 操作充当服务器的现场设备。

3.3.61

IO 参数服务器　IO parameter server

用于 IO 设备（客户机）的应用参数的服务器。

注：这通常是一个备份参数数据和记录设备参数在线更改的设备。

3.3.62

IO 子系统　IO subsystem

由一个 IO 控制器和所有与其关联的 IO 设备组成的子系统。

3.3.63

IO 监视器　IO supervisor

管理 IO 系统的投运和诊断的工程设备。

3.3.64

IO 系统　IO system

由其所有 IO 子系统组成的系统。

注：例如，一个由具有多 IO 控制器（网络接口）的 PLC 所控制的 IO 系统，该 IO 系统由多个 IO 子系统组成，每个 IO 控制器控制一个子系统。

3.3.65

等时同步模式　isochronous mode

运行于严格同步（抖动小于 1 μs）的 IO 系统。

3.3.66

成员 member

一个属性的一部分，它被构造为数组的一个元素。

3.3.67

报文 message

帧的同义词。

3.3.68

方法 method

操作服务的同义词，它由服务器 ASE 提供并由客户机调用。

3.3.69

模块 module

一个物理设备的硬件组件或逻辑组件。

3.3.70

网络 network

由某种类型的通信媒体连接的一组节点，包括插入其中的任何中继器、桥、路由器以及低层网关。

3.3.71

对象 object

设备内一个特定组件的抽象表达，通常是有关数据（以变量形式）和对该数据进行操作的方法（规程）的集合，对象具有明确定义的接口和行为。

3.3.72

对象专用服务 object specific service

对于定义该服务的对象类是唯一的服务。

3.3.73

执行 operate

IO 控制器的状况，它指出当前控制算法正在运行（running）。

3.3.74

数据包 packet

帧（frame）。

3.3.75

对等 peer

AR 端点的角色，它既可充当客户机又可充当服务器。

3.3.76

物理设备 physical device

自动化设备或其他网络设备。

3.3.77

点对点连接 point-to-point connection

仅在两个应用对象之间存在的连接。

3.3.78

主 primary

IO AR 的状况，指出它正处于运行状态。

注：除了主（primary）IO AR 外，还存在备份 IO AR。例如用于冗余和 IO 数据的动态重组态。

3.3.79

提供者 provider

给一个或多个消费者发送数据的节点或源。

3.3.80

PTCP 域　PTCP domain

具有同步时钟的一组 DTE。

3.3.81

记录数据对象　record data object

为获取信息或进一步处理，已被预处理和非循环地传送的对象，该对象被设备/槽/子槽/索引来引用。

3.3.82

资源　resource

处理能力或信息容量。

3.3.83

运行　run

IO 控制器的状况，它指出控制算法当前正在执行(operating)。

3.3.84

服务器 server

a)　AREP 的角色，它给发起请求的客户机返回一个证实的服务响应 APDU；

b)　给另一个(客户机)对象提供服务的对象。

3.3.85

服务　service

一个对象和/或对象类根据另一个对象和/或对象类的请求而执行的操作或功能。

3.3.86

槽　slot

在 IO 设备内的一个结构单元的地址。

注：在模块化设备内，槽一般用来寻址物理模块；在紧凑型设备内，槽一般用来寻址逻辑功能或虚拟模块。

3.3.87

停止　stop

IO 控制器的状况，它指出控制算法当前不在运行中。

3.3.88

子模块　submodule

模块的硬件或逻辑组件。

3.3.89

子槽　subslot

在槽内的一个结构单元的地址。

注：子槽可以寻址一个物理接口，用于模块内的子模块。通常，子槽是一个设备内结构数据的第 2 层。

3.3.90

制造商 ID　vendor ID

用作制造商标识的集中管理号。

注：由 PROFIBUS 国际组织(PI)分配制造商 ID。

3.4　用于分布式自动化的附加缩略语和符号

注：设置本条为空，以保持与 IEC 61158-6-10 的条号相同。

3.5　用于分散式外围设备的附加缩略语和符号

下列缩略语和符号适用于本文件。

AE	Application Entity	应用实体
AL	Application Layer	应用层
ALME	Application Layer Management Entity	应用层管理实体
ALP	Application Layer Protocol	应用层协议
ALPMI	Alarm Protocol Machine Initiator	报警协议机发起方
ALPMR	Alarm Protocol Machine Responder	报警协议机响应方
AP	Application Process	应用过程
APDU	Application Protocol Data Unit	应用协议数据单元
API	Application Process Identifier	应用过程标识符
APO	Application Object	应用对象
AR	Application Relationship	应用关系
AREP	Application Relationship End Point	应用关系端点
ARP	Address Resolution Protocol	地址解析协议
ASCII	American Standard Code for Information Interchange	美国信息交换标准代码
ASE	Application Service Element	应用服务元素
BMC	Best Master Clock	最佳主时钟
CM	Context Management	上下关系管理
Cnf	Confirmation	证实
CR	Communication Relationship	通信关系
CREP	Communication Relationship End Point	通信关系端点
DCE	OSF Distributed Computing Environment	OSF 分布式计算环境
DCP	Discovery and basic Configuration Protocol	发现和基本配置协议
DCPMCR	DCP Multicast Receive	DCP 多播接收方
DCPMCS	DCP Multicast Sender	DCP 多播发送方
DCPUCR	DCP Unicast Receiver	DCP 单播接收方
DCPUCS	DCP Unicast Sender	DCP 单播发送方
DHCP	Dynamic Host Configuration Protocol	动态主机配置协议
DIM	Device Interface Module	设备接口模块
DL-	(as a prefix) Data Link-	(用作前缀) 数据链路-
DLC	Data Link Connection	数据链路连接
DLL	Data Link Layer	数据链路层
DLPDU	Data Link-Protocol Data Unit	数据链路协议数据单元
DLSDU	DL-Service-Data-Unit	数据链路服务数据单元
DNS	Domain Name Service	域名服务
DTE	Data Terminal Equipment	数据终端设备
FAL	Fieldbus Application Layer	现场总线应用层
FIFO	First In First Out	先进先出
GSDML	Generic Station Description Markup Language	通用站描述标记语言
I&MP	Identification and Maintenance Profile	识别和维护行规
IANA	Internet Assigned Numbers Authority	因特网地址分配权威机构
ICMP	Internet Control Message Protocol	因特网控制报文协议

ID	Identifier	标识符
IEC	International Electrotechnical Commission	国际电工委员会
IFW	RT_CLASS_3 Forwarding Protocol Machine	RT_CLASS_3 转发协议机
Ind	Indication	指示
IOCS	Input Output Object Consumer Status	输入输出对象消费者状况
IOPS	Input Output Object Provider Status	输入输出对象提供者状况
IP	Internet Protocol	因特网协议
IR	Isochronous Relay	等时同步中继器
IRT	Isochronous Real Time Protocol	等时同步实时协议
ISO	International Organization for Standardization	国际标准化组织
IsoM	Isochronous Mode	等时同步模式
LED	Light Emitting Diode	发光二极管
LLDP	Link Layer Discovery Protocol	链路层发现协议
LME	Layer Management Entity	层管理实体
lsb	least significant bit	最低有效位
LT	Length/Type	长度/类型
MAC	Medium Access Control	媒体访问控制
msb	most significant bit	最高有效位
NCA	Network Computing Architecture	网络计算体系结构
OSF	Open Software Foundation	开放式软件基金会
OSI	Open Systems Interconnect	开放系统互连
PDU	Protocol Data Unit	协议数据单元
PI	PROFIBUS International	PROFIBUS 国际组织
PL	Physical Layer	物理层
PTCP	Precision Transparent Clock Protocol	精确透明时钟协议
QoS	Quality of Service	服务质量
Req	Request	请求
RPC	Remote Procedure Call	远程过程调用
Rsp	Response	响应
RT	Real Time Protocol	实时协议
RTA	Real Time Protocol Acyclic	实时协议非循环
RTC	Real Time Protocol Cyclic	实时协议循环
RTE	Real Time Ethernet	实时以太网
SDU	Service Data Unit	服务数据单元
TLV	Type Length Value(coding rule)	类型长度值(编码规则)
UDP	User Datagram Protocol	用户数据报协议
UUID	Universal Unique Identifier	通用唯一标识符
VLAN	Virtual Local Area Network	虚拟局域网

3.6 用于媒体冗余的附加缩略语和符号

下列缩略语和符号适用于本文件。

MRC	Media Redundancy Client	媒体冗余客户机

MRM	Media Redundancy Manager	媒体冗余管理器
MRP	Media Redundancy Protocol	媒体冗余协议

3.7 约定

3.7.1 一般概念

定义 FAL 为一组面向对象的 ASE。每个 ASE 在一个单独的子条中规定。每个 ASE 规范由三个部分组成:类定义、服务和协议规范。前两项内容包含在 PROFINET IO 服务文件中。每个 ASE 的协议规范在本部分中进行定义。

类定义规定了每个 ASE 所支持的类属性。使用标准 PROFINET IO 服务文件中规定的管理 ASE (Management ASE)服务,可以从类的实例来访问这些属性。服务规范定义 ASE 所提供的服务。

本部分使用 GB/T 17967 中给出的描述性约定。

3.7.2 用于分布式自动化的约定

注:设置本条为空,以保持与 IEC 61158-6-10 的条号相同。

3.7.3 用于分散式外围设备的约定

3.7.3.1 抽象语法约定

3.7.3.1.1 PDU 被描述为八位位组或八位位组的组

a) 用逗号分隔传输中依次出现的八位位组的组,若可选的八位位组未出现,则后续的八位位组无间隙地出现。

b) 若八位位组或八位位组的组在"{ }"内分组,则次序是任意的。

c) 若八位位组或八位位组的组用"*"来标志,则它们可能出现多次;
若它在"{ }"部分内使用,则它们可能与这部分的其他八位位组或八位位组的组混合出现。

d) 八位位组可以在"()"内分组或赋值。

e) 若八位位组或八位位组的组在"[ ]"内分组,则该组可以被省略。

f) 复杂的 APDU 可以用替代(子结构)来构造。

g) 八位位组或八位位组的组的排它选择用"^"分开。

注1:形式 PDU 示例:

AP_PDU=Octet1,OctetGroup1,[Octet2],[Octet3],{[OctGroup2*],OctetGroup3 ^ Octet4}

据此,以下的变型在线缆上是有效的(此处未完全列出):

变型 1:Octet1,OctetGroup1,Octet2,Octet3,OctetGroup2,OctetGroup3

变型 2:Octet1,OctetGroup1,Octet2,Octet3,OctetGroup2,OctetGroup2,OctetGroup2,OctetGroup3

变型 3:Octet1,OctetGroup1,OctetGroup2,OctetGroup2,OctetGroup2,OctetGroup3,OctetGroup2

变型 4:Octet1,OctetGroup1,OctetGroup2,OctetGroup3,OctetGroup2,OctetGroup2,OctetGroup2,OctetGroup2

变型 5:Octet1,OctetGroup1,Octet3,Octet4

注2:任意的次序指八位位组的组特性由在编码规则中描述的特殊首部表示。

注3:用于 RTA- PDU 和 RTC-PDU 的 APDU 语法指基于最大的 DLSDU 长度,一个 APDU 的八位位组总数应不超过 1440 个。

注4:用于 CL RPC 的 APDU 语法指出 IO 控制器支持的 ASDU 八位位组总数范围为 4 096～($2^{32}-64$)个。最小 ASDU 的八位位组总数是依据增强 IO 设备的组态数据、参数数据和诊断数据的期望长度推导得来的。

3.7.3.2 对保留比特和保留八位位组编码的约定

术语"保留"可以被用来描述八位位组中的比特或整个八位位组。在发送方应将所有保留的比特或八位位组设置为零,在接收方对它们不做检查,但有明确说明的或要由状态机进行检查的保留比特或八位位组除外。

术语"保留"也可被用来指出参数范围内的某些值保留为未来扩展用。在此情况下,所保留的值在发送方不应使用，在接收方对它们不做检查，但有明确说明的或要由状态机进行检查的保留值除外。

3.7.3.3 对特殊字段八位位组的通用编码约定

APDU 可以包含以原语和浓缩方式携带信息的一些特殊字段。应按图 1 中的次序来编码这些字段。

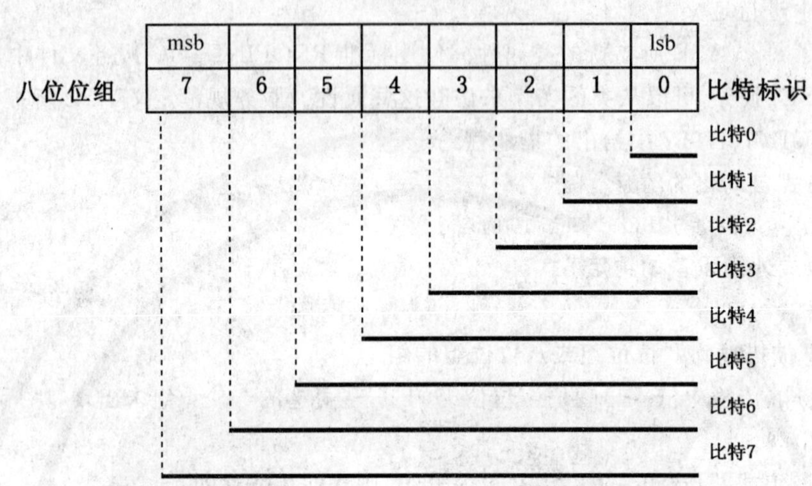

图 1 特殊字段的通用结构

可以将若干个比特分组为比特组。每个比特或比特组应使用它的比特标识(例如，比特 0，比特 1 到比特 4)进行编址。在八位位组中的位置应符合图 1 的要求。对每个比特或比特组可以使用别名或把它们标注为“保留”。各比特的编组应按升序无间隔地进行。比特组的值可以表示为二进制、十进制或十六进制值。此值仅对被编组的比特有效，且仅当 8 个比特均被编组时才能代表整个八位位组。十进制或十六进制值应以二进制值来传输，因此，组里具有最高编号的比特代表相关分组比特的 msb。

示例 1：特殊字段八位位组的描述和关系

比特 0：保留；

比特 1～3：Reason_Code，Reason_Code 的十进制值 2 表示一般错误；

比特 4～7：应总是设置为 1。

根据以上描述构成的八位位组如下：

(msb) 比特 7=1；
比特 6=1；
比特 5=1；
比特 4=1；
比特 3=0；
比特 2=1；
比特 1=0；
(lsb) 比特 0=0。

比特 1～3 的比特组合“0-1-0”等于十进制值 2。

3.7.3.4 对由两个相随八位位组组成的特殊字段的通用编码约定

APDU 可以包含以原语和浓缩方式携带信息的一些特殊字段。应按图 2 和图 3 中的次序来编码这些字段。

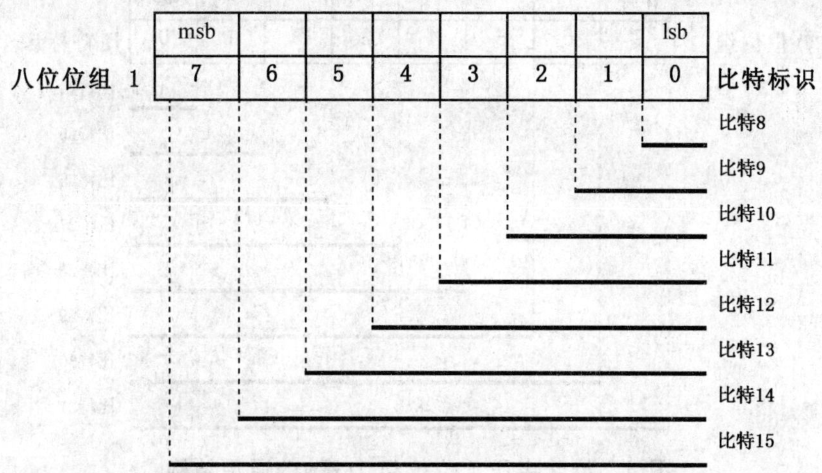

图 2　特殊字段八位位组 1(高)的通用结构

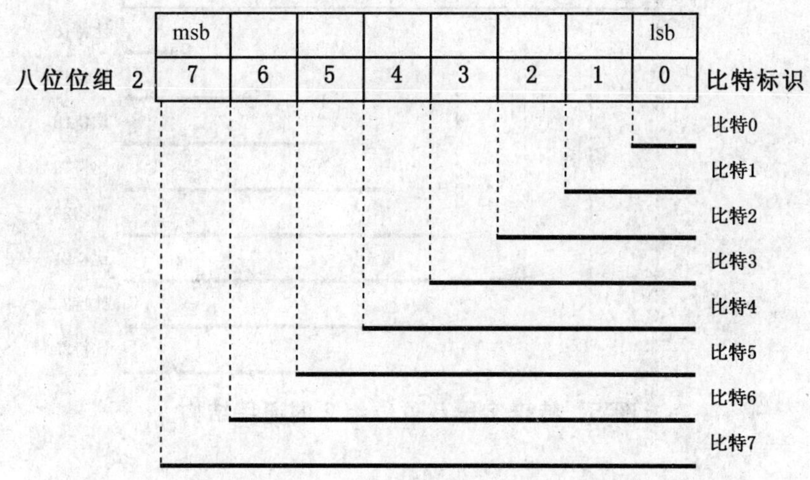

图 3　特殊字段八位位组 2(低)的通用结构

可以将若干个比特分组为比特组。每个比特或比特组应使用它的比特标识(例如,比特 0,比特 1 到比特 4)进行编址。在八位位组中的位置应符合图 2 和图 3 的要求。对每个比特或比特组可以使用别名或把它们标注为“保留”。各比特的编组应按升序无间隔地进行。比特组的值可以表示为二进制、十进制或十六进制值。此值仅对被编组的比特有效,且仅当所有 16 个比特均被编组时才能代表整个八位位组。十进制或十六进制值应以二进制值来传输,因此,组里具有最高编号的比特代表相关分组比特的 msb。

3.7.3.5　对由四个相随的八位位组组成的特殊字段的通用编码约定

APDU 可以包含以原语和浓缩方式携带信息的一些特殊字段。应按图 4～图 7 中的次序编码这些字段。

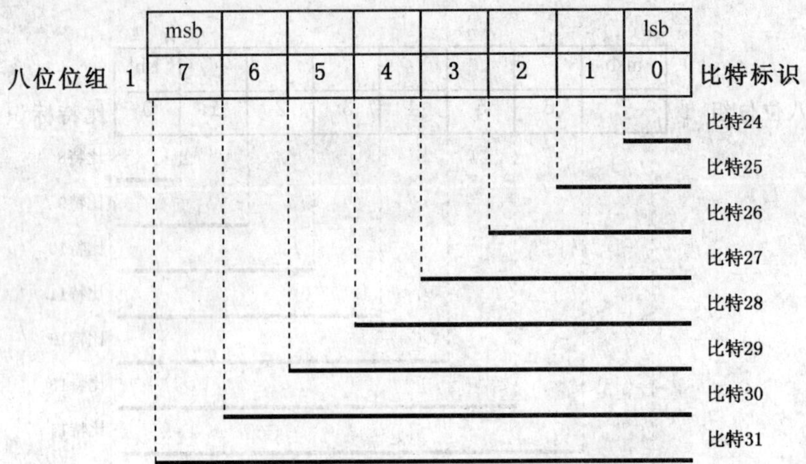

图 4　特殊字段八位位组 1(高)的通用结构

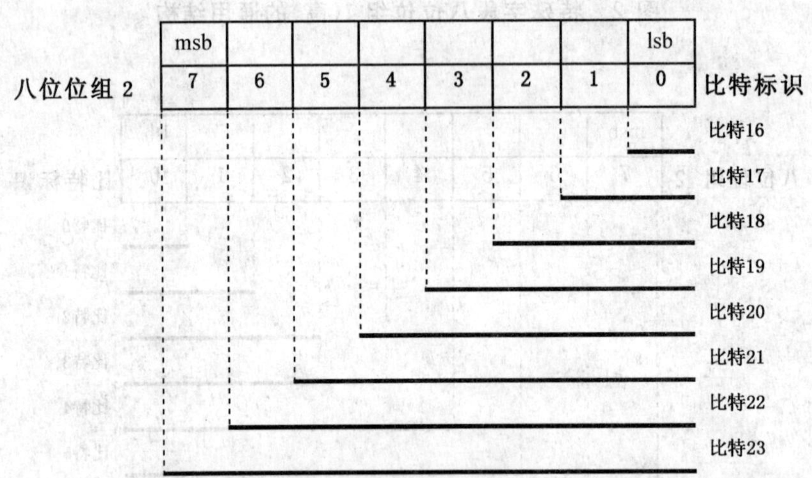

图 5　特殊字段八位位组 2 的通用结构

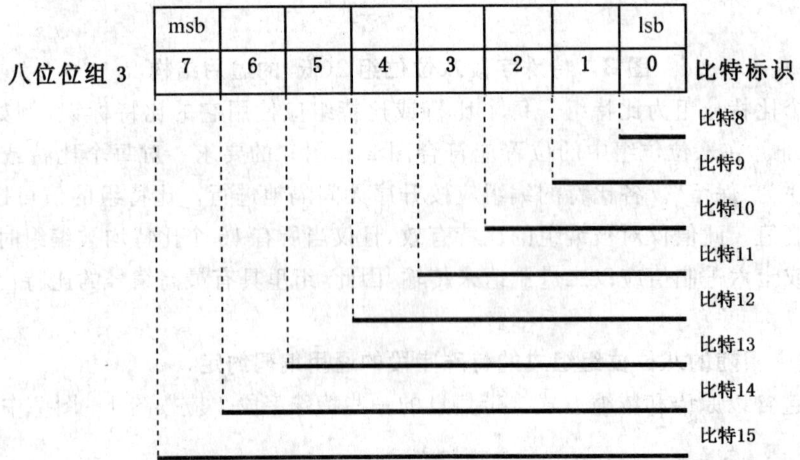

图 6　特殊字段八位位组 3 的通用结构

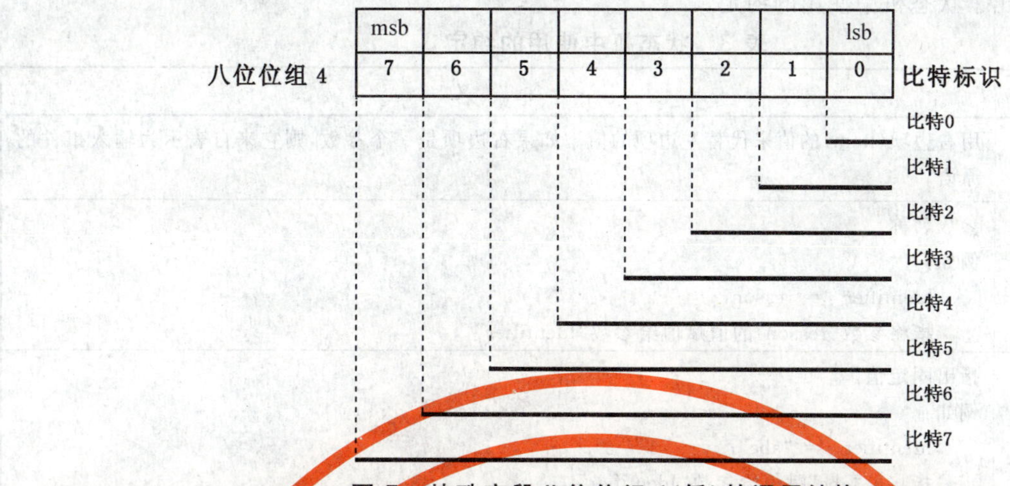

图 7 特殊字段八位位组 4(低)的通用结构

可以将若干个比特分组为比特组。每个比特或比特组应使用它的比特标识(例如:比特 0,比特 1 到比特 4)进行编址。在八位位组中的位置应符合图 4、图 5、图 6 和图 7 的要求。对每个比特或比特组可以使用别名或把它们标注为“保留”。各个比特的编组应按升序无间隔地进行。比特组的值可以表示为二进制、十进制或十六进制值。此值仅对被编组的比特有效,且仅当所有 32 个比特均被编组时才能代表整个八位位组。十进制或十六进制值应以二进制值来传输,因此,组里具有最高编号的比特代表相关分组比特的 msb。

3.8 在状态机中使用的约定

借助状态机来描述协议序列。

在状态图中,状态用方框表示,状态转换用箭头表示。状态图的状态名称和状态转换名称对应于状态转换正文列表中的名称。

状态转换正文列表的结构如下,见表 1:

——第 1 列包含状态转换名称;

——第 2 列包含当前状态;

——第 3 列包含一个可选的事件,并跟随以“/”作为行首字符开始的条件,最后是以“=〉”作为行首字符开始的动作;

——第 4 列包含下一状态。

如果事件发生且满足条件,则启动转换,例如执行一些动作并进入下一状态。

状态机描述的结构如表 1 所示。状态机描述中各要素的含义在表 2 中列出。

表 1 状态机描述要素

#	当前状态	事件或条件=〉动作	下一状态

表 2 状态机各要素的描述

描述要素	含 义
当前状态 下一状态	给定状态的名称
#	状态转换的名称或编号
事件	事件的名称或描述
/条件	布尔表达式。前面的“/”不属于条件
=〉动作	赋值、服务或功能调用的列表。前面的“=〉”不属于动作

在表 3 中列出了状态机中使用的约定。

表 3 状态机中使用的约定

<table>
<tr><th>约 定</th><th>含 义</th></tr>
<tr><td>:=</td><td>用右边项(item)的值来代替左边项的值。如果右边项是一个参数,则它来自表示为输入事件的原语。</td></tr>
<tr><td>xxx</td><td>参数名称。
例如:
Identifier := reason
指将参数“reason”的值赋值给参数“Identifier”</td></tr>
<tr><td>“xxx”</td><td>指出固定值。
例如:
Identifier := “abc”
指将值“abc”赋值给参数“Identifier”</td></tr>
<tr><td>=</td><td>指出左边项等于右边项的逻辑条件</td></tr>
<tr><td>〈</td><td>指出左边项小于右边项的逻辑条件</td></tr>
<tr><td>〉</td><td>指出左边项大于右边项的逻辑条件</td></tr>
<tr><td><></td><td>指出左边项不等于右边项的逻辑条件</td></tr>
<tr><td>≫</td><td>具有含义“newer”的语义条件</td></tr>
<tr><td>≪</td><td>具有含义“older”的语义条件</td></tr>
<tr><td>&&</td><td>逻辑“AND”</td></tr>
<tr><td>||</td><td>逻辑“OR”</td></tr>
<tr><td>for(Identifier :=
start_value to
end_value)
actions
endfor</td><td>此结构允许在一个转换内循环地执行一序列动作。对于从 start_value 到 end_value 间的所有值执行该循环</td></tr>
<tr><td>If(condition)
actions
else
actions</td><td>此结构允许在一个转换内依据某些条件(它可能是某些标识符的值或前一个动作的结果)执行二中择一的动作。
如果条件不满足且没有动作,则以“else”开始的部分可以省略</td></tr>
</table>

为了理解协议机,应参考有关 AREP 和 CREP 属性定义、本地功能和 FAL-PDU 定义的子条。

此外,使用下列的描述元素:

——在名称中的通配符

name_XXX:“XXX”被用于所有以“name”开始的名称的通配符串。

通配符的典型使用是一个事件。在这种上下关系中,有多少用于表示通配符存在的可能事件就有多少状态转换。

——条件宏

〈CONDITIONAL-MACRO-NAME〉

〈

CONDITION1:macrobody1

CONDITION2:macrobody2

...

〉

CONDITION1,CONDITION2 等定义条件宏的所有可能的情况。依据条件的结果,“CONDITIONAL-MACRO-NAME”是“macrocode”的占位符。

——置换宏

〈REPLACEMENT-MACRO-NAME〉

〈

XXX= Name1:macrobody1

XXX= Name2:macrobody2

...

〉

Name1,Name2 等定义置换宏的所有可能的情况。依据通配符 XXX 的当前使用值,“REPLACEMENT-MACRO-NAME”是“macrocode”的占位符。

示例:

〈 SERVICE_REQ_PARA〉

〈

XXX=Read:Para1,Para2

XXX=Write:Para1,Para2,Para3

〉

在 MSAB_XXX. req(〈 SERVICE_REQ_PARA〉)

中调用时其结果将是

MSAB_Read. req(Para1,Para2) 或 msAB_Write. req(Para1,Para2,Para3)。

4 通用协议的应用层协议规范

4.1 FAL 语法描述

4.1.1 DLPDU 抽象语法引用

4.1.1.1 概述

表 4～表 6 给出了符合 IEEE 802.3、IEEE 802.11 和 IEEE 802.15.1 的 DLPDU 抽象语法的概要。

4.1.1.2 IEEE 802.3

表 4 中各字段的编码和译码应符合 IEEE 802.3 的 DLPDU 语法。

表 4 符合 IEEE 802.3 的 DLPDU 语法

DLPDU 名称	DLPDU 结构
DLPDU	Preamble[a],startFrameDelimiter,DestinationAddress,sourceAddress,DLSDU[b], DLPDU_Padding[a c],FrameCheckSequence
DLSDU	[VLAN][d],LT,sAPDU ^ FIDAPDU
SAPDU	UDP-RTC-PDU ^ UDP-RTA-PDU ^ MRP-PDU[f] ^ CL-RPC-PDU ^ LLDP-PDU[e] ^ ICMP-PDU
FIDAPDU	FrameID,RTC-PDU ^ RTA-PDU ^ DCP-PDU ^ PTCP-PDU[e] ^ MRRT-PDU[f]
VLAN	LT(=0x8100),TagControlInformation

注 1:依据 IEEE 802.3,DLPDU 的最小长度为 64 个八位位组(前导码,帧起始定界符除外)。

注 2:对于 IEEE 802.3 而言,具有 VLAN tag 的帧的最小帧长度增加到 68 个八位位组,以确保通过桥去掉 VLAN tag 后的最小帧长度为 64 个八位位组。

a 该字段包含最少 7 个八位位组。

b 最小 DLSDU 的长度是 2 个八位位组。

c 依据 DLSDU 的大小,填充的八位位组个数应在 0..46 的范围内。应设置该值为 0。

d 在最优化的 RT 传输情况下,可以省略 VLAN 字段。字段 VLAN 可以通过编码器来设置,但可以通过中间桥来丢弃。译码器应接收有或无 VLAN 字段的 DLPDU。对于在 RED PERIOD 中传送的 RT_CLASS_3 PDU 应忽略 VLAN 字段。

e VLAN 字段应被忽略。

f VLAN 字段应被编码器忽略。

4.1.1.3 **IEEE** 802.11

表 5 中各字段的编码和译码应符合 IEEE 802.11 的 DLPDU 语法。

表 5 符合 IEEE 802.11 的 DLPDU 语法

DLPDU 名称	DLPDU 结构
DLPDU	DLPDU_1 ^ DLPDU_2 ^ DLPDU_3 ^ DLPDU_4
DLPDU_1	FrameControl, DestinationAddress, sourceAddress, BSSID, SequenceControl, [QoSControl][b], DLSDU, DLPDU_Padding*[a], FrameCheckSequence
DLPDU_2	FrameControl, DestinationAddress, BSSID, sourceAddress, SequenceControl, [QoSControl][b], DLSDU, DLPDU_Padding*[a], FrameCheckSequence
DLPDU_3	FrameControl, BSSID, sourceAddress, DestinationAddress, SequenceControl, [QoSControl][b], DLSDU, DLPDU_Padding*[a], FrameCheckSequence
DLPDU_4	FrameControl, ReceiverAddress, TransmitterAddress, DestinationAddress, SequenceControl, sourceAddress, [QoSControl][b], DLSDU, DLPDU_Padding*[a], FrameCheckSequence
DLSDU	LT, sAPDU ^ FIDAPDU
SAPDU	UDP-RTC-PDU ^ UDP-RTA-PDU ^ MRP-PDU ^ CL-RPC-PDU ^ LLDP-PDU ^ ICMP-PDU
FIDAPDU	FrameID, RTC-PDU ^ RTA-PDU ^ DCP-PDU ^ PTCP-PDU ^ MRRT-PDU

注 1：FrameControl 的定义见 IEEE 802.11。
注 2：BSSID 的定义见 IEEE 802.11。
注 3：SequenceControl 的定义见 IEEE 802.11。
注 4：QoSControl 的定义见 IEEE 802.11。
注 5：ReceiverAddress 的定义见 IEEE 802.11。
注 6：TransmitterAddress 的定义见 IEEE 802.11。

[a] 依据 DLSDU 的大小，填充的八位位组个数应在 0..46 的范围内。应设置该值为 0。
[b] 对于 UDP-RTC-PDU 和 UDP-RTA-PDU 以及对于 RTC-PDU 和 RTA-PDU 此字段应存在。

4.1.1.4 IEEE 802.15.1

表 6 中各字段的编码和译码应符合 IEEE 802.15.1—2005 的 DLPDU 语法。

表 6 符合 IEEE 802.15.1—2005 的 DLPDU 语法

DLPDU 名称	DLPDU 结构
DLPDUHEADER	Access Code, Packet Header, Payload Header, L2CAP Header, BNEPType(0)
DLPDU	DLPDUHEADER, DestinationAddress, sourceAddress, DLSDU[a], FrameCheckSequence
DLSDU	[VLAN][b], LT, sAPDU ^ FIDAPDU
SAPDU	UDP-RTC-PDU ^ UDP-RTA-PDU ^ MRP-PDU ^ CL-RPC-PDU ^ LLDP-PDU[c] ^ ICMP-PDU
FIDAPDU	FrameID, RTC-PDU ^ RTA-PDU ^ DCP-PDU ^ PTCP-PDU[c] ^ MRRT-PDU
VLAN	LT(=0x8100), TagControlInformation

注 1：Access Code 的定义见 IEEE 802.15.1-2005, 8.6.3。
注 2：Packet Header 的定义见 IEEE 802.15.1-2005, 8.6.4。
注 3：Payload Header 的定义见 IEEE 802.15.1-2005, 8.6.6.2。
注 4：L2CAP Header 的定义见 IEEE 802.15.1-2005, 14.3.1。
注 5：BNEPType 的定义见 IEEE 802.15.1-2005。

[a] 最小 DLSDU 的长度是 2 个八位位组。
[b] 对于 UDP-RTC-PDU 和 UDP-RTA-PDU 以及对于 RTC-PDU 和 RTA-PDU，此字段应存在。
[c] 应省略 VLAN 字段。

4.1.2 数据类型

4.1.2.1 布尔(Boolean)类型的表示法

Boolean ∷= BOOLEAN ——TRUE,如果值非零。
——FALSE,如果值为零。

4.1.2.2 整数(Integer)类型的表示法

Integer8 ∷= INTEGER (−128.. + 127) ——范围:$-2^{7} <= I <= 2^{7}-1$

Integer16 ∷= INTEGER (−32768.. + 32767) ——范围:$-2^{15} <= I <= 2^{15}-1$

Integer32 ∷= INTEGER ——范围:$-2^{31} <= I <= 2^{31}-1$

Integer64 ∷= INTEGER ——范围:$-2^{63} <= I <= 2^{63}-1$

4.1.2.3 无符号(Unsigned)类型的表示法

Unsigned8 ∷= INTEGER (0..255) ——范围:$0 <= I <= 2^{8}-1$

Unsigned16 ∷= INTEGER (0..65535) ——范围:$0 <= I <= 2^{16}-1$

Unsigned32 ∷= INTEGER ——范围:$0 <= I <= 2^{32}-1$

Unsigned64 ∷= INTEGER ——范围:$0 <= I <= 2^{64}-1$

4.1.2.4 浮点(Floating Point)类型的表示法

Floating32 ∷= BITsTRING sIZE(4) ——GB/T 17966,单精度

Floating64 ∷= BITsTRING sIZE(8) ——GB/T 17966,双精度

4.1.2.5 八位位组串(OctetString)类型的表示法

OctetString ∷= OCTETsTRING ——通用

4.1.2.6 可视串(VisibleString)类型的表示法

VisibleString ∷= VISIBLEsTRING ——GB/T 1988;没有字符"del"(编码0x7F)的国际引用版本

4.1.2.7 二进制日期(BinaryDate)类型的表示法

BinaryDate ∷= OctetString sIZE(7)

4.1.2.8 日时(TimeOfDay)类型的表示法

TimeOfDay with date indication ∷= OctetString sIZE(6)

TimeOfDay without date indication ∷= OctetString sIZE(4)

4.1.2.9 时差(TimeDifference)类型的表示法

TimeDifference with date indication ∷= OctetString sIZE(6)

TimeDifference without date indication ∷= OctetString sIZE(4)

4.1.2.10 网络时间(Network Time)类型的表示法

Network Time ∷= OctetString sIZE(8)

4.1.2.11 网络时差(Network Time Difference)类型的表示法

Network Time Difference ∷= OctetString sIZE(8)

4.2 传输语法

4.2.1 基本数据类型的编码

4.2.1.1 通用编码

如果没有明确的其他规定,这些值的编码应是大端模式(big endian)。

4.2.1.2 布尔(Boolean)值的编码

——Boolean 值的编码应采用基本格式。ContentsOctets 由单个八位位组组成。

——如果 Boolean 值是 FALSE,则 ContentsOctets 应为零(zero)。如果 Boolean 值是 TRUE,则

ContentsOctets 应为 0xFF。

4.2.1.3 整数(Integer)值的编码

——Integer8、Integer16、Integer32 和 Integer64 类型的固定长度整数值的编码应采用基本格式,且 ContentsOctets 应准确地分别由一个、两个、四个或八个八位位组组成。

——ContentsOctets 应是等于此整数值的二进制补码,其组成是:第 1 个八位位组的比特 7 到比特 0、接着是第 2 个八位位组的比特 7 到比特 0,依次直到并包括此 ContentsOctets 的最后一个八位位组的比特 7 到比特 0。

注:通过以下方法得到二进制补码:首先对 ContentsOctets 中的比特进行编号,从其最后一个八位位组的比特 0 开始编号作为 0,直到其第一个八位位组的比特 7 作为末位编号,并对每个编号位赋给一个数字值 2^N,其中 N 是此位在上述编号序列中的位号。按位加那些设置为 1 的每个位的数字值(第 1 个八位位组的位 7 除外),如果第 1 个八位位组的位 7 为 1,再从此结果中减去第 1 个八位位组的位 7 所赋的数字值,如此即得到一个整数值的二进制补码。

4.2.1.4 无符号(Unsigned)值的编码

——Unsigned8、Unsigned16、Unsigned32 和 Unsigned64 类型的固定长度无符号值的编码应采用基本格式,且 ContentsOctets 应分别由一个、两个、四个或八个八位位组组成。

——ContentsOctets 应是等于此无符号值的二进制数,并由第 1 个八位位组的比特 7 到比特 0、其后续的第 2 个八位位组的比特 7 到比特 0,依次跟随的每个八位位组的比特 7 到比特 0 直到包含此 ContentsOctets 的最后一个八位位组的比特 7 到比特 0 组成。

注:通过以下方法得到二进制数:首先对 ContentsOctets 中的比特进行编号,从其最后一个八位位组的比特 0 开始编号作为 0,直到其第一个八位位组的比特 7 作为末位编号,并对每个编号位赋给一个数字值 2^N,其中 N 是此位在上述编号序列中的位号。然后按位加那些赋值为 1 的每个位的数字值,如此即得到一个无符号值的二进制数。

4.2.1.5 浮点(floating-point)值的编码

——Floating32 和 Floating64 类型固定长度浮点值的编码应采用基本格式,且 ContentsOctets 应准确地分别由 4 个或 8 个八位位组组成。

——ContentsOctets 应包含符合 GB/T 17966 定义的浮点值。第 1 个八位位组的位 7 用作符号的编码,其后从第 1 个八位位组的位 6 开始用作指数,然后从 Floating32 或 Floating64 的第 2 个八位位组的位 6 开始用作尾数。

4.2.1.6 可视串(VisibleString)值的编码

——可变长度的 VisibleString 值的编码应采用基本格式。

——没有长度字段,其长度被隐含地编码。

——ContentsOctets 应是一个八位位组序列。最左边的串元素在第一个八位位组编码,其后续为第 2 个八位位组,并依次跟随后续八位位组,直到包含位于 ContentsOctets 最右边的最后八位位组。

4.2.1.7 八位位组串(OctetString)值的编码

——可变长度的 OctetString 值的编码应采用基本格式。

——没有长度字段,其长度被隐含地编码。

——ContentsOctets 应是一个八位位组序列。最左边的串元素在第一个八位位组编码,其后续为第 2 个八位位组,并依次跟随后续八位位组,直到包含位于 ContentsOctets 最右边的最后八位位组。

4.2.1.8 二进制日期(BinaryDate)值的编码

——BinaryDate 值的编码应采用基本格式。

——长度字段应以一个二进制数指示在 BinaryDate 值中八位位组的个数。

——ContentsOctets 的值应等于这些八位位组的数据值,见图 8。

比特 八位位组	7	6	5	4	3	2	1	0	
1	2^{15}	2^{14}	2^{13}	2^{12}	2^{11}	2^{10}	2^{9}	2^{8}	0…59 999 毫秒
2	2^{7}	2^{6}	2^{5}	2^{4}	2^{3}	2^{2}	2^{1}	2^{0}	
3	RSV	RSV	2^{5}	2^{4}	2^{3}	2^{2}	2^{1}	2^{0}	0…59 分
4	SU	RSV	RSV	2^{4}	2^{3}	2^{2}	2^{1}	2^{0}	0…23 小时
	周日				月日				1 周内的 1…7 天
5	2^{2}	2^{1}	2^{0}	2^{4}	2^{3}	2^{2}	2^{1}	2^{0}	1 月内的 1…31 天
6	RSV	RSV	2^{5}	2^{4}	2^{3}	2^{2}	2^{1}	2^{0}	1…12 月
7	RSV	2^{6}	2^{5}	2^{4}	2^{3}	2^{2}	2^{1}	2^{0}	0… 50 年从 2000 至 2050 51… 99 年从 1951 至 1999
	msb							lsb	

注:为了避免 Y2K 问题,在 0～50 范围内的值用于表示 2000～2050 年,而在 51～99 范围内的值用于表示 1951～1999 年。

图 8　数据类型 BinaryDate 的编码

4.2.1.9　有和无日期指示值的日时编码

——有和无日期指示值的 Time of Day 编码应采用基本格式。

——长度字段应以一个二进制数指示在有和无日期指示值的 Time of Day 中八位位组的个数。

——ContentsOctets 的值应等于这些八位位组的数据值,见图 9。

比特 八位位组	7	6	5	4	3	2	1	0	
1	0	0	0	0	2^{27}	2^{26}	2^{25}	2^{24}	
2	2^{23}	2^{22}	2^{21}	2^{20}	2^{19}	2^{18}	2^{17}	2^{16}	从午夜开始的毫秒数
3	2^{15}	2^{14}	2^{13}	2^{12}	2^{11}	2^{10}	2^{9}	2^{8}	
4	2^{7}	2^{6}	2^{5}	2^{4}	2^{3}	2^{2}	2^{1}	2^{0}	
5	2^{15}	2^{14}	2^{13}	2^{12}	2^{11}	2^{10}	2^{9}	2^{8}	仅用于有日期指示的从 01.01.84 开始的天数
6	2^{7}	2^{6}	2^{5}	2^{4}	2^{3}	2^{2}	2^{1}	2^{0}	
	msb							lsb	

图 9　Time of Day 值的编码

4.2.1.10　有和无日期指示值的时差(Time Difference)的编码

——有和无日期指示值的 Time Difference 的编码应采用基本格式。

——长度字段应以一个二进制数指示在有和无日期指示值的 Time Difference 中八位位组的个数。

——ContentsOctets 的值应等于这些八位位组的数据值,见图 10。

比特 八位位组	7	6	5	4	3	2	1	0	
1	2^{31}	2^{30}	2^{29}	2^{28}	2^{27}	2^{26}	2^{25}	2^{24}	毫秒
2	2^{23}	2^{22}	2^{21}	2^{20}	2^{19}	2^{18}	2^{17}	2^{16}	
3	2^{15}	2^{14}	2^{13}	2^{12}	2^{11}	2^{10}	2^{9}	2^{8}	
4	2^{7}	2^{6}	2^{5}	2^{4}	2^{3}	2^{2}	2^{1}	2^{0}	
5	2^{15}	2^{14}	2^{13}	2^{12}	2^{11}	2^{10}	2^{9}	2^{8}	仅用于有日期指示天数
6	2^{7}	2^{6}	2^{5}	2^{4}	2^{3}	2^{2}	2^{1}	2^{0}	
	msb							lsb	

图 10　**Time Difference 值的编码**

4.2.1.11　网络时间(Network Time)值的编码

——Network Time 值的编码应采用基本格式。

——长度字段应以一个二进制数指示在 Network Time 值中八位位组的个数。

——ContentsOctets 的值应等于这些八位位组的数据值，见图 11。

比特 八位位组	7	6	5	4	3	2	1	0	
1	2^{31}	2^{30}	2^{29}	2^{28}	2^{27}	2^{26}	2^{25}	2^{24}	从 1.1.1900 0.00,00 或当时间值小于 0x9dff4400.00000000 时，从 7.2.2036 6.28,16 开始的秒数
2	2^{23}	2^{22}	2^{21}	2^{20}	2^{19}	2^{18}	2^{17}	2^{16}	
3	2^{15}	2^{14}	2^{13}	2^{12}	2^{11}	2^{10}	2^{9}	2^{8}	
4	2^{7}	2^{6}	2^{5}	2^{4}	2^{3}	2^{2}	2^{1}	2^{0}	
5	2^{31}	2^{30}	2^{29}	2^{28}	2^{27}	2^{26}	2^{25}	2^{24}	秒的小数部分 一个单位等于 1/(2^{32})秒
6	2^{23}	2^{22}	2^{21}	2^{20}	2^{19}	2^{18}	2^{17}	2^{16}	
7	2^{15}	2^{14}	2^{13}	2^{12}	2^{11}	2^{10}	2^{9}	2^{8}	
8	2^{7}	2^{6}	2^{5}	2^{4}	2^{3}	2^{2}	2^{1}	2^{0}	
	msb							lsb	

图 11　**Network Time 值的编码**

4.2.1.12　网络时差(Network Time Difference)值的编码

——Network Time Difference 值的编码应采用基本格式。

——长度字段应以一个二进制数指示在 Network Time Difference 值中八位位组的个数。

——ContentsOctets 的值应等于这些八位位组的数据值，见图 12。

比特 八位位组	7	6	5	4	3	2	1	0	
1	2^{31}	2^{30}	2^{29}	2^{28}	2^{27}	2^{26}	2^{25}	2^{24}	用 Integer32 表示的秒数
2	2^{23}	2^{22}	2^{21}	2^{20}	2^{19}	2^{18}	2^{17}	2^{16}	
3	2^{15}	2^{14}	2^{13}	2^{12}	2^{11}	2^{10}	2^{9}	2^{8}	
4	2^{7}	2^{6}	2^{5}	2^{4}	2^{3}	2^{2}	2^{1}	2^{0}	
5	2^{31}	2^{30}	2^{29}	2^{28}	2^{27}	2^{26}	2^{25}	2^{24}	秒的小数部分 一个单位等于 1/(2^{32})秒
6	2^{23}	2^{22}	2^{21}	2^{20}	2^{19}	2^{18}	2^{17}	2^{16}	
7	2^{15}	2^{14}	2^{13}	2^{12}	2^{11}	2^{10}	2^{9}	2^{8}	
8	2^{7}	2^{6}	2^{5}	2^{4}	2^{3}	2^{2}	2^{1}	2^{0}	
	msb							lsb	

图 12　**Network Time Difference 值的编码**

4.2.1.13 空(Null)值的编码

——Null 值的编码应采用基本格式。

——ContentsOctets 应省略。

4.2.1.14 零(NIL)值的编码

——NIL 值的编码应采用基本格式。

——每个 ContentsOctet 应设置为 0x00。

4.2.1.15 UUID 的编码

此数据类型的编码应符合 OSF C706。

注：OSF C706 的内容的 DCE RPC V1.1。

4.2.2 有关通用基本字段的编码

4.2.2.1 概述

4.2.2 的通用字段是 RTC-PDU 和 RTA-PDU 的组成部分。

4.2.2.2 DLPDU 字段 SourceAddress 的编码

此字段应编码为数据类型 OctetString[6]。字段 SourceAddress 的值应符合 IEEE 802mAC 地址以及 IEEE 802.1D-2004 中的第 7 章和表 7 的要求。

表 7 SourceAddress

PDU	含 义
RTC-PDU, RTA-PDU, UDP-RTC-PDU, UDP-RTA-PDU, CL-RPC-PDU, ICMP-PDU, DCP-PDU	使用接口 MAC 地址
MRP-PDU, MRRT-PDU, LLDP-PDU, PTCP-PDU	使用端口 MAC 地址

注 1：当端口处于 Portstate BLOCKED 状态时，使用端口 MAC 地址以避免所连接设备的过滤数据库的错误学习。

注 2：端口 MAC 地址是 IEEE 802.1D-2004 的 7.12 中名为桥端口(Bridge Port)的单个 MAC 地址。

示例：具有 *n* 个端口的设备必须有一个接口 MAC 地址和 *n* 个端口 MAC 地址。

4.2.2.3 DLPDU 字段 DestinationAddress 的编码

此字段应编码为数据类型 OctetString[6]。字段 DestinationAddress 的值应符合 IEEE 802 MAC 地址。

对于 DCP-PDU，此字段应依据表 8 来编码。对于所有其他 DCP-PDU，不应使用多播或广播地址。

表 8 DCP_MulticastMACAdd

值 OUI(多播) (十六进制)	值 ExtensionIdentifier (十六进制)	含 义
01-0E-CF	00-00-00	FrameID＝0xFEFE 时，用于 DCP-Identify-ReqPDU
01-0E-CF	00-00-01	FrameID＝0xFEFC 时，用于 DCP-Hello-ReqPDU
01-0E-CF	00-00-02～00-00-FF	保留用于其他应用

对于 PTCP-PDU，应依据表 9～表 16 来设置该值。

表 9 PTCP_MulticastMACAdd 范围 1

值 OUI(多播)(十六进制)	值 ExtensionIdentifier(十六进制)	含　义
01-0E-CF	00-01-00～00-03-FF	保留用于其他应用

表 10 PTCP_MulticastMACAdd 范围 2

值 OUI(多播)(十六进制)	值 ExtensionIdentifier(十六进制)	含　义
01-0E-CF	00-04-00	联合 PTCP-AnnouncePDU 和 FrameID(=0xFF00),用于时钟同步
01-0E-CF	00-04-01	联合 PTCP-AnnouncePDU 和 FrameID(=0xFF01),用于时间同步
01-0E-CF	00-04-xx	联合 PTCP-AnnouncePDU 和 FrameID(=0xFFxx),用于同步
01-0E-CF	00-04-1F	联合 PTCP-AnnouncePDU 和 FrameID(=0xFF1F),用于同步

表 11 PTCP_MulticastMACAdd 范围 3

值 OUI(多播)(十六进制)	值 ExtensionIdentifier(十六进制)	含　义
01-0E-CF	00-04-20	联合带后继的 PTCP-RTSyncPDU 和 FrameID(=0x0020),用于时钟同步
01-0E-CF	00-04-21	联合带后继的 PTCP-RTSyncPDU 和 FrameID(=0x0021),用于时间同步
01-0E-CF	00-04-xx	联合带后继的 PTCP-RTSyncPDU 和 FrameID(=0x00xx),用于同步
01-0E-CF	00-04-3F	联合带后继的 PTCP-RTSyncPDU 和 FrameID(=0x003F),用于同步

表 12 PTCP_MulticastMACAdd 范围 4

值 OUI(多播)(十六进制)	值 ExtensionIdentifier(十六进制)	含　义
01-0E-CF	00-04-40	联合 PTCP-FollowUpPDU 和 FrameID(=0xFF20),用于时钟同步
01-0E-CF	00-04-41	联合 PTCP-FollowUpPDU 和 FrameID(=0xFF21),用于时间同步
01-0E-CF	00-04-xx	联合 PTCP-FollowUpPDU 和 FrameID(=0xFFxx),用于同步
01-0E-CF	00-04-5F	联合 PTCP-FollowUpPDU 和 FrameID(=0xFF3F),用于同步

表 13 PTCP_MulticastMACAdd 范围 5

值 OUI(多播)(十六进制)	值 ExtensionIdentifier(十六进制)	含　义
01-0E-CF	00-04-60～00-04-7F	保留用于其他应用

表 14 PTCP_MulticastMACAdd 范围 6

值 OUI(多播)(十六进制)	值 ExtensionIdentifier(十六进制)	含　义
01-0E-CF	00-04-80	联合 PTCP-RTSyncPDU 和 FrameID(=0x0080),用于时钟同步
01-0E-CF	00-04-81	联合 PTCP-RTSyncPDU 和 FrameID(=0x0081),用于时间同步
01-0E-CF	00-04-xx	联合 PTCP-RTSyncPDU 和 FrameID(=0x00xx),用于同步
01-0E-CF	00-04-9F	联合 PTCP-RTSyncPDU 和 FrameID(=0x009F),用于同步

表 15 PTCP_MulticastMACAdd 范围 7

值 OUI(多播)(十六进制)	值 ExtensionIdentifier(十六进制)	含　义
01-0E-A0	00-04-40～FF-FF-FF	保留用于其他应用

表 16 PTCP_MulticastMACAdd 范围 8

值 OUI(多播)(十六进制)	值 ExtensionIdentifier(十六进制)	含 义
01-80-C2	00-00-0E	联合 PTCP-DelayReqPDU 和 FrameID(=0xFF40),带后继的 PTCP-DelayResPDU 和 FrameID(=0xFF41),PTCP-DelayFuResPDU 和 FrameID(=0xFF42),无后继的 PTCP-DelayResPDU 和 FrameID(=0xFF43),用于延迟测量

注:Octet 1 包含单个/组地址比特(LSB)。

IEEE 组织分配给 MRP 的唯一标识符是 00-15-4E。应依据表 17 来设置。

表 17 MRP OUI

OUI 的值(十六进制)	含 义
00-15-4E	全局管理的单个单播
01-15-4E	全局管理的组(多播)地址
02-15-4E	本地管理的单个单播
03-15-4E	本地管理的组(多播)地址

对于 MRP-PDU,应依据表 18 来设置值,而对于无碰撞(bumpless)扩展应依据表 19 设置值。

表 18 MRPMulticastMACAdd

值 OUI(多播)(十六进制)	值 ExtensionIdentifier(十六进制)	含 义
01-15-4E	00-00-00	保留
01-15-4E	00-00-01	MC_Test,用于媒体冗余测试帧
01-15-4E	00-00-02	MC_CONTROL,用于媒体冗余链路改变和拓扑改变帧
01-15-4E	00-00-03~FF-FF-FF	保留

注:八位位组 1 包含单个/组地址比特(LSB)。

表 19 MRRTMulticastMACAdd

值 OUI(多播)(十六进制)	值 ExtensionIdentifier(十六进制)	含 义
01-0E-CF	00-05-00	MRP 扩展,用于无碰撞媒体冗余(MRRT-PDU)

注:八位位组 1 包含单个/组地址比特(LSB)。

4.2.2.4 字段 LT 的编码

此字段应被编码数据类型 Unsigned16,其值符合 IEEE 802.3。本部分使用符合表 20 的值。

表 20 LT(长度/类型)

值(十六进制)	含 义
0x0800	IP(UDP,RPC,SNMP,ICMP)
0x0806	ARP
0x8100	标签(Tag)控制信息
0x8892	RTC,RTA,DCP,PTCP,MRRT
0x88E3	MRP
0x88CC	LLDP

4.2.2.5 字段 TagControlInformation 的编码

此字段的编码应符合 3.7.3.4,各比特应具有以下的含义:

——比特 0～11:TagControlInformation. VLAN_Id。

此字段应依据 IEEE 802.1Q 来编码。

注:建议使用 VLAN_Id 0(意指不使用 VLAN)。

——比特 12:TagControlInformation. CanonicalFormatIdentificator。

此字段应依据 IEEE 802.1Q 来编码。

注:CFI 是常数 0。

——比特 13～15:TagControlInformation. Priority。

此字段应依据 IEEE 802.1Q 来编码。

此字段应用符合表 21 的值来编码。

表 21 TagControlInformation. Priority

值(十六进制)	含 义
0x00	IP,DCP
0x01	保留
0x02	保留
0x03	保留
0x04	保留
0x05	低优先级 RTA_CLASS_1 或 RTA_CLASS_UDP
0x06	RT_CLASS_UDP,RT_CLASS_1,RT_CLASS_2 高优先级 RTA_CLASS_1 或 RTA_CLASS_UDP
0x07	保留

注:如果所使用的 IP 实现不提供标签控制信息,则发送不具有标签控制信息的 RTA_CLASS_UDP 和 RT_CLASS_UDP。

4.2.2.6 字段 FrameID 的编码

此字段应被编码为数据类型 Unsigned16,其值符合表 22～表 30。此字段标识 APDU 的结构和类型。

表 22 FrameID 范围 1

值(十六进制)	含 义	用 途
0x0000～0x001F	保留	保留
0x0020	PTCP-RTSyncPDU(有后继)	有后继 Send Clock 和 Phase Synchronization 的精确透明时钟协议同步
0x0021	PTCP-RTSyncPDU(有后继)	有后继 Time Synchronization 的精确透明时钟协议同步
0x0022～0x007F	保留	保留

表 23 FrameID 范围 2

值(十六进制)	含 义	用 途
0x0080	PTCP-RTSyncPDU	无后继 Send Clock 和 Phase Synchronization 的精确透明时钟协议同步
0x0081	PTCP-RTSyncPDU	无后继 Time Synchronization 的精确透明时钟协议同步
0x0082～0x009F	保留	保留
0x00A0～0x00FF	保留	保留

表 24 FrameID 范围 3

值(十六进制)	含 义	用 途
0x0100～0x7FFF	专用于 RT_CLASS_3 单播和多播	RT_CLASS_3

表 25 FrameID 范围 4

值(十六进制)	含 义	用 途
0x8000～0xBBFF	专用于 RT_CLASS_2 单播	RT_CLASS_2
0xBC00～0xBFFF	专用于 RT_CLASS_2 多播	RT_CLASS_2

表 26 FrameID 范围 5

值(十六进制)	含 义	用 途
0xC000～0xF7FF	专用于 RT_CLASS_UDP 单播	RT_CLASS_UDP(建议)和 RT_CLASS_1(继承); 如果在不同 AR 中同时用途,应使用分离的 Frame ID
0xF800～0xFBFF	专用于 RT_CLASS_UDP 多播	RT_CLASS_UDP(建议)和 RT_CLASS_1(继承); 如果在不同 AR 中同时使用,则应使用分离的 Frame ID

表 27 FrameID 范围 6

值(十六进制)	含 义	用 途
0xFC00	保留	—
0xFC01	Alarm High	RTA_CLASS_1 和 RTA_CLASS_UDP
0xFC02～0xFDFF	保留	—
0xFE00	保留	—
0xFE01	Alarm Low	RTA_CLASS_1 和 RTA_CLASS_UDP
0xFE02～0xFEFB	保留	—
0xFEFC	DCP-Hello-ReqPDU	DCP
0xFEFD	DCP-Get-ReqPDU,DCP-Get-ResPDU, DCP-Set-ReqPDU,DCP-Set-ResPDU	DCP
0xFEFE	DCP-Identify-ReqPDU	DCP
0xFEFF	DCP-Identify-ResPDU	DCP

表 28 FrameID 范围 7

值(十六进制)	含 义	用 途
0xFF00	PTCP-AnnouncePDU(clock)	精确透明时钟通告协议 等时同步应用、Send Clock 和 Phase Synchronization
0xFF01	PTCP-AnnouncePDU(time)	精确透明时钟通告协议 Time Synchronization
0xFF02～0xFF1F	保留	—
0xFF20	PTCP-FollowUpPDU(clock)	Send Clock 和 Phase Synchronization(PTCP-FollowUpPDU)
0xFF21	PTCP-FollowUpPDU(time)	Time Synchronization(PTCP-FollowUpPDU)
0xFF22～0xFF3F	保留	—
0xFF40	PTCP-DelayReqPDU	用于延迟测量
0xFF41	PTCP-DelayResPDU	用于有后继的延迟测量

表 28(续)

值(十六进制)	含　义	用　途
0xFF42	PTCP-DelayFuResPDU	用于有后继的延迟测量
0xFF43	PTCP-DelayResPDU	用于无后继的延迟测量
0xFF44～0xFF5F	保留	—

表 29　FrameID 范围 8

值(十六进制)	含　义	用　途
0xFF60	MRRT	无碰撞媒体冗余实时激活协议
0xFF61～0xFF6F	保留	—

表 30　FrameID 范围 9

值(十六进制)	含　义	用　途
0xFF70～0xFFFF	保留	—

4.3　发现和基本配置

4.3.1　DCP 语法描述

4.3.1.1　DLPDU 抽象语法引用

采用 4.1.1 中的 DLPDU 抽象语法。

4.3.1.2　DCP APDU 抽象语法

表 31 定义 DCP PDU(即 APDU)的抽象语法。所定义的八位位组次序应用于传递 APDU。

表 31　DCP APDU 语法

APDU 名称	APDU 结构
DCP-PDU	DCP-Get-ReqPDU ^ DCP-Set-ReqPDU ^ DCP-Get-ResPDU ^ DCP-Set-ResPDU ^ DCP-Identify-ReqPDU ^ DCP-Identify-ResPDU ^ DCP-Hello-ReqPDU
DCP-Identify-ReqPDU	DCP-IdentifyFilter-ReqPDU ^ DCP-IdentifyAll-ReqPDU
DCP-IdentifyFilter-ReqPDU	DCP-MC-Header, [NameOfStationBlock] ^ [AliasNameBlock], IdentifyReqBlock* [a]
DCP-IdentifyAll-ReqPDU	DCP-MC-Header,AllSelectorBlock
DCP-Hello-ReqPDU	DCP-UC-Header,NameOfStationBlockRes,{ IPParameterBlockRes, DeviceIDBlockRes,DeviceOptionsBlockRes,DeviceRoleBlockRes, DeviceInitiativeBlockRes }
DCP-Identify-ResPDU	DCP-UC-Header,{ IdentifyResBlock* [b],NameOfStationBlockRes[c], IPParameterBlockRes[c],DeviceIDBlockRes[c],DeviceOptionsBlockRes[c], DeviceRoleBlockRes[c],[DeviceInitiativeBlockRes][d] }
DCP-Get-ReqPDU	DCP-UC-Header,GetReqBlock*
DCP-Get-ResPDU	DCP-UC-Header,(GetResBlock ^ GetNegResBlock)*
DCP-Set-ReqPDU	DCP-UC-Header,[StartTransactionBlock,BlockQualifier], [FactoryResetBlock,BlockQualifier] ^ setReqBlock*, [StopTransactionBlock,BlockQualifier]
DCP-Set-ResPDU	DCP-UC-Header,(SetResBlock ^ setNegResBlock)*

[a] 该 PDU 的 IdentifyReqBlock 的字段值内容应被解释为在接收实例上的过滤器。所有包含的 DataBlock 都应使用逻辑“与”进行运算,如果所有过滤判据都匹配,则只应用 DCP-Identify-ResPDU 来响应。

[b] 该 PDU 的 IdentifyReqBlock 的字段值内容应包含 IdentifyReqBlock 中所请求的选项和子选项。

[c] 仅当该字段已经不成为 IdentifyResBlock 的一部分时,它才出现。

[d] 仅当 DCP-Hello-ReqPDU 的使用被激活时,该字段才出现。

表 32 定义的结构用作表 31 中 APDU 结构元素的替代。

表 32 DCP 替代

替代名称	结　　构
DCP-MC-Header	ServiceID,ServiceType,Xid,ResponseDelayFactor,DCPDataLength
DCP-UC-Header	ServiceID,ServiceType,Xid,Padding* [a],DCPDataLength [a] 填充八位位组的个数应为 2。
IdentifyReqBlock	DeviceRoleBlock ^ DeviceVendorBlock ^ DeviceIDBlock ^ DeviceOptionsBlock ^ MACAddressBlock ^ IPParameterBlock ^ DHCPParameterBlock ^ ManufacturerSpecificParameterBlock
IdentifyResBlock	NameOfStationBlockRes ^ DeviceRoleBlockRes ^ DeviceVendorBlockRes ^ DeviceIDBlockRes ^ DeviceOptionsBlockRes ^ MACAddressBlockRes ^ IPParameterBlockRes ^ DHCPParameterBlockRes ^ ManufacturerSpecificParameterBlockRes ^ AliasNameBlockRes
GetReqBlock	NameOfStationType ^ DeviceRoleType ^ DeviceVendorType ^ DeviceIDType ^ DeviceOptionsType ^ MACAddressType ^ IPParameterType ^ DHCPParameterType ^ ManufacturerSpecificParameterType ^ AllSelectorType
GetResBlock	NameOfStationBlockRes ^ DeviceRoleBlockRes ^ DeviceVendorBlockRes ^ DeviceIDBlockRes ^ DeviceOptionsBlockRes ^ MACAddressBlockRes ^ IPParameterBlockRes ^ DHCPParameterBlockRes ^ ManufacturerSpecificParameterBlockRes
GetNegResBlock	ControlOption,SuboptionResponse,DCPBlocklength, NameOfStationType ^ DeviceRoleType ^ DeviceVendorType ^ DeviceIDType ^ DeviceOptionsType ^ MACAddressType ^ IPParameterType ^ DHCPParameterType ^ ManufacturerSpecificParameterType,BlockError,[AddDataValue]
SetReqBlock	SignalType ^ NameOfStationType ^ DeviceRoleType ^ DeviceVendorType ^ DeviceIDType ^ DeviceOptionsType ^ IPParameterType ^ DHCPParameterType ^ ManufacturerSpecificParameterType, DCPBlocklength,BlockQualifier, SignalValue ^ NameOfStationValue ^ DeviceRoleValue ^ DeviceVendorValue ^ DeviceIDValue ^ DeviceOptionsValue ^ IPParameterValue ^ DHCPParameterValue ^ ManufacturerSpecificParameterValue
SetResBlock	ControlOption,SuboptionResponse,DCPBlocklength, NameOfStationType ^ DeviceRoleType ^ DeviceVendorType ^ DeviceIDType ^ DeviceOptionsType ^ IPParameterType ^ DHCPParameterType ^ ManufacturerSpecificParameterType ^ SignalType ^ FactoryResetType ^ StartTransactionType ^ StopTransactionType,BlockError(=0),[AddDataValue]

表 32（续）

替代名称	结　构
SetNegResBlock	ControlOption，SuboptionResponse，DCPBlocklength，NameOfStationType ^ DeviceRoleType ^ DeviceVendorType ^ DeviceIDType ^ DeviceOptionsType ^ IPParameterType ^ DHCPParameterType ^ ManufacturerSpecificParameterType ^ SignalType ^ FactoryResetType ^ StartTransactionType ^ StopTransactionType，BlockError(〈〉0)，[AddDataValue]
DeviceInitiativeType	DeviceInitiativeOption，DeviceInitiativeSuboption
DeviceInitiativeBlock	DeviceInitiativeType，DCPBlocklength，DeviceInitiativeValue
DeviceInitiativeBlockRes	DeviceInitiativeType，DCPBlocklength，BlockInfo，DeviceInitiativeValue
StartTransactionType	ControlOption，SuboptionStart
StartTransactionBlock	StartTransactionType，DCPBlocklength
StopTransactionType	ControlOption，SuboptionStop
StopTransactionBlock	StopTransactionType，DCPBlocklength
SignalType	ControlOption，SuboptionSignal
FactoryResetType	ControlOption，SuboptionFactoryReset
FactoryResetBlock	FactoryResetType，DCPBlocklength
NameOfStationType	DevicePropertiesOption，SuboptionNameOfStation
NameOfStationBlock	NameOfStationType，DCPBlocklength，NameOfStationValue
NameOfStationBlockRes	NameOfStationType，DCPBlocklength，BlockInfo，NameOfStationValue
AliasNameType	DevicePropertiesOption，SuboptionAliasName
AliasNameBlock	AliasNameType，DCPBlocklength，AliasNameValue
AliasNameBlockRes	AliasNameType，DCPBlocklength，BlockInfo，AliasNameValue
DeviceRoleType	DevicePropertiesOption，SuboptionDeviceRole
DeviceRoleBlock	DeviceRoleType，DCPBlocklength，DeviceRoleValue
DeviceRoleBlockRes	DeviceRoleType，DCPBlocklength，BlockInfo，DeviceRoleValue
DeviceVendorType	DevicePropertiesOption，SuboptionDeviceVendor
DeviceVendorBlock	DeviceVendorType，DCPBlocklength，DeviceVendorValue
DeviceVendorBlockRes	DeviceVendorType，DCPBlocklength，BlockInfo，DeviceVendorValue
DeviceIDType	DevicePropertiesOption，SuboptionDeviceID
DeviceIDBlock	DeviceIDType，DCPBlocklength，DeviceIDValue
DeviceIDBlockRes	DeviceIDType，DCPBlocklength，BlockInfo，DeviceIDValue
DeviceIDValue	VendorIDHigh，VendorIDLow，DeviceIDHigh，DeviceIDLow
DeviceOptionsType	DevicePropertiesOption，SuboptionDeviceOptions
DeviceOptionsBlock	DeviceOptionsType，DCPBlocklength，DeviceOptionsValue
DeviceOptionsBlockRes	DeviceOptionsType，DCPBlocklength，BlockInfo，DeviceOptionsValue

表 32（续）

替代名称	结　构
DeviceOptionsValue	[NameOfStationType ^ DeviceRoleType ^ DeviceVendorType ^ DeviceIDType ^ DeviceOptionsType ^ MACAddressType ^ IPParameterType ^ DHCPParameterType ^ ManufacturerSpecificParameterType]*
MACAddressType	IPOption, SuboptionMACAddress
MACAddressBlock	MACAddressType, DCPBlocklength, MACAddressValue
MACAddressBlockRes	MACAddressType, DCPBlocklength, BlockInfo, MACAddressValue
IPParameterType	IPOption, SuboptionIPParameter
IPParameterBlock	IPParameterType, DCPBlocklength, IPParameterValue
IPParameterBlockRes	IPParameterType, DCPBlocklength, BlockInfo, IPParameterValue
DHCPParameterType	DHCPOption, SuboptionDHCP
DHCPParameterBlock	DHCPParameterType, DCPBlocklength, DHCPParameterValue
DHCPParameterBlockRes	DHCPParameterType, DCPBlocklength, BlockInfo, DHCPParameterValue
ManufacturerSpecificParameterType	ManufacturerSpecificOption, SuboptionManufacturerSpecific
ManufacturerSpecificParameterBlock	ManufacturerSpecificParameterType, DCPBlocklength, ManufacturerSpecificParameterValue
ManufacturerSpecificParameterBlockRes	ManufacturerSpecificParameterType, DCPBlocklength, BlockInfo, ManufacturerSpecificParameterValue
AllSelectorType	AllSelectorOption, SuboptionAllSelector
AllSelectorBlock	AllSelectorType, DCPBlocklength
DeviceRoleValue	DeviceRoleDetails, Padding
IPParameterValue	IPAddress, subnetmask, StandardGateway
DHCPParameterValue	SuboptionDHCP, DHCPParameterLength, DHCPParameterData
ManufacturerSpecificParameterValue	ManufacturerOUI, ManufacturerSpecificString

4.3.1.3 有关首部字段的编码

4.3.1.3.1 字段 ServiceID 的编码

此字段应编码为数据类型 Unsigned8，并应包含如表 33 中所描述的值。它们应在适当的 PDU 中进行设置。

表 33 ServiceID

值(十六进制)	含　义
0x00～0x02	保留
0x03	Get
0x04	Set
0x05	Identify
0x06	Hello
0x07～0xFF	保留

4.3.1.3.2 字段 ServiceType 的编码

此字段应编码为数据类型 Unsigned8,并应包含如表 34 和表 35 中所描述的值。它们应在适当的PDU 中进行设置。

表 34 用于请求的 ServiceType

比特	用法	值(二进制)	含义
比特 0	Selection	0	请求
比特 1～7	保留	—	应设置为 0

表 35 用于响应的 ServiceType

比特	用法	值(二进制)	含义
比特 0	Selection	1	响应
比特 1	保留	—	应设置为 0
比特 2	Response	0	成功
		1	请求不被支持
比特 3～7	保留	—	应设置为 0

4.3.1.3.3 字段 Xid 的编码

此字段应编码为数据类型 Unsigned32。它应包含由客户机选择的事务标识,以实现客户机与服务器之间请求和响应的联系。

4.3.1.3.4 字段 DCPDataLength 的编码

此字段应编码为数据类型 Unsigned16。它应包含跟在 DCP-UC-Header 或 DCP-MC-Header 之后的数据的总长度(以八位位组计)。DCP 数据的最大长度是 1432 字节。

4.3.1.3.5 字段 ResponseDelayFactor 的编码

此字段应编码为符合表 36 的数据类型 Unsigned16。它应包含延迟因子,该因子被服务器用来计算各自的响应延迟时间。最小响应延迟时间应在 10 ms～64 s 之间。

表 36 ResponseDelayFactor

值(十六进制)	含　义
0x0000	保留
0x0001	带延长(Spread)的允许值
0x0002～0x1900	不带延长(Spread)的允许值
0x1901～0xFFFF	保留

服务器应依据式(1)～式(6)计算响应延迟时间。

IEEE 802mAC 地址的最后 2 个字节应被用作随机数 K。MAC 地址的八位位组 6 代表低字节,八位位组 5 代表高字节。

Spread＝Kmod ResponseDelayFactor ……………………………………………………(1)

Spread $\neq$ 0:

Minimal Response Delay＝10ms ×Spread ……………………………………………(2)

Spread＝0:

Minimal Response Delay＝0ms ……………………………………………………(3)

客户机应依据以下公式计算响应延迟超时。

ResponseDelayFactor＝1:

Response delay timeout＝400ms ……………………………………………………(4)

ResponseDelayFactor > 1：

Intermediate value＝1s + ResponseDelayFactor × 10 ms ……………………………………(5)

Response delay timeout＝Round up to nextsecond(Intermediate value) …………………(6)

4.3.1.4 块(block)字段的编码

4.3.1.4.1 概论

块字段分为选项(option)、子选项(Suboption)、块长度(block length)、块信息(block info)和值(value)。每个块应确保为 Unsigned16 对齐方式。所加入的值为 0 的填充字节应计入 DCPDataLength 中，而不应计入 DCPBlocklength 中。表 37 列出可使用的选项列表，表 38～表 44 列出可使用的子选项列表。

表 37 选项表

值(十六进制)	含 义
0x00	保留
0x01	IPOption
0x02	DevicePropertiesOption
0x03	DHCPOption
0x04	保留
0x05	ControlOption
0x06	DeviceInitiativeOption
0x07～0x7F	保留
0x80～0xFE	ManufacturerSpecificOption
0xFF	AllSelectorOption

表 38 选项 **IPOption** 的子选项表

值(十六进制)	含 义	访问方式
0x01	SuboptionMACAddress	Read
0x02	SuboptionIPParameter	Read / Write
其他	保留	—

表 39 选项 **DevicePropertiesOption** 的子选项表

值(十六进制)	含 义	访问方式
0x01	SuboptionDeviceVendor	Read
0x02	SuboptionNameOfStation	Read / Write
0x03	SuboptionDeviceID	Read
0x04	SuboptionDeviceRole	Read
0x05	SuboptionDeviceOptions	Read
0x06	SuboptionAliasName	Read
其他	保留	

表 40 选项 **DHCPOption** 的子选项表

值(十六进制)	含 义	访问方式
见表 45	SuboptionDHCP	Read / Write

表 41 选项 ControlOption 的子选项表

值(十六进制)	含　义	访问方式
0x01	SuboptionStart	Write
0x02	SuboptionStop	Write
0x03	SuboptionSignal	Write
0x04	SuboptionResponse	—
0x05	SuboptionFactoryReset	Write
其他	保留	—

表 42 选项 DeviceInitiativeOption 的子选项表

值(十六进制)	含　义	访问方式
0x01	SuboptionDeviceInitiative	Read
其他	保留	—

表 43 选项 AllSelectorOption 的子选项列表

值(十六进制)	含　义	访问方式
0xFF	SuboptionAllSelector	—
其他	保留	—

表 44 选项 ManufacturerSpecificOption 的子选项表

值(十六进制)	含　义	访问方式
0x00～0xFF	SuboptionManufacturerSpecific	制造商特定

4.3.1.4.2 有关 **IPOption** 的编码

4.3.1.4.2.1 字段 **IPOption** 的编码

此字段应编码为符合表 37 的数据类型 Unsigned8。

4.3.1.4.2.2 字段 **SuboptionMACAddress** 的编码

此字段应编码为符合表 38 的数据类型 Unsigned8。

4.3.1.4.2.3 字段 **SuboptionIPParameter** 的编码

此字段应编码为符合表 38 的数据类型 Unsigned8。

4.3.1.4.3 有关 **DevicePropertiesOption** 的编码

4.3.1.4.3.1 字段 **DevicePropertiesOption** 的编码

此字段应编码为符合表 37 的数据类型 Unsigned8。

4.3.1.4.3.2 字段 **SuboptionDeviceVendor** 的编码

此字段应编码为符合表 39 的数据类型 Unsigned8。

4.3.1.4.3.3 字段 **SuboptionNameOfStation** 的编码

此字段应编码为符合表 39 的数据类型 Unsigned8。

4.3.1.4.3.4 字段 **SuboptionDeviceID** 的编码

此字段应编码为符合表 39 的数据类型 Unsigned8。

4.3.1.4.3.5 字段 **SuboptionDeviceRole** 的编码

此字段应编码为符合表 39 的数据类型 Unsigned8。

4.3.1.4.3.6 字段 **SuboptionDeviceOptions** 的编码

此字段应编码为符合表 39 的数据类型 Unsigned8。

4.3.1.4.3.7 字段 SuboptionAliasName 的编码

此字段应编码为符合表 39 的数据类型 Unsigned8。

4.3.1.4.4 有关 DHCPOption 的编码

4.3.1.4.4.1 字段 DHCPOption 的编码

此字段应编码为符合表 37 的数据类型 Unsigned8。

4.3.1.4.4.2 字段 SuboptionDHCP 的编码

此字段应编码为数据类型 Unsigned8。允许值应符合表 45。

表 45 SuboptionDHCP

值(十进制)	数据长度	描述	引用
0～11	—	保留[a]	—
12	1+	主机名称[d]	RFC 2132
13～42	—	保留[a]	—
43	1+	制造商专用信息	RFC 2132
44～53	—	保留[a]	—
54	4	服务器标识符	RFC 2132
55	1+	参数请求列表[c]	RFC 2132
56～59	—	保留[a]	—
60	1+	类标识符	RFC 2132
61	2+	DHCP 客户机标识符	RFC 2132
62～80	—	保留[a]	—
81	1+	FQDN,完全合格域名[d]	—
82～96	—	保留[a]	—
97	可变的	基于 UUID/GUID 的客户机(=被寻址站)标识符	—
98～254	—	保留[a]	—
255	1	控制 DHCP 对地址解析 0:不使用 DHCP 1:不使用 DHCP,并复位所有 DHCP 选项 2:对地址解析,使用 DHCP[b]	—

[a] 保留的选项在使用时,其含义与它们在相应 RFC 中对 DHCP 的定义相同。

[b] 在一组请求中,此选项应是 DHCP 选项表中的最后一项。

[c] 在此选项中,至少应要求参数 1(子网掩码)和参数 3(路由器)。

[d] 这些子选项的使用还未固定,随以后版本的变化而变化。

4.3.1.4.5 有关 ControlOption 的编码

4.3.1.4.5.1 字段 ControlOption 的编码

此字段应编码为符合表 37 的数据类型 Unsigned8。

4.3.1.4.5.2 字段 SuboptionStart 的编码

此字段应编码为符合表 41 的数据类型 Unsigned8,并带有符合表 46 的 DCPBlocklength。

表 46 与 SuboptionStart 联合的 DCPBlocklength 的编码

值(十六进制)	含　义
0x0000～0x0001	保留
0x0002	缺省
0x0003～0xFFFF	保留

此子选项无其他数据。

4.3.1.4.5.3 字段 **SuboptionStop** 的编码

此字段应编码为符合表 41 的数据类型 Unsigned8,并带有符合表 47 的 DCPBlocklength。

表 47 与 SuboptionStop 联合的 DCPBlocklength 的编码

值(十六进制)	含 义
0x0000～0x0001	保留
0x0002	缺省
0x0003～0xFFFF	保留

对于此子选项无其他数据。

4.3.1.4.5.4 字段 **SuboptionSignal** 的编码

此字段应编码为符合表 41 的数据类型 Unsigned8,并带有符合表 48 的 DCPBlocklength。

表 48 与 SuboptionSignal 联合的 DCPBlocklength 的编码

值(十六进制)	含 义
0x0000～0x0003	保留
0x0004	缺省
0x0005～0xFFFF	保留

4.3.1.4.5.5 字段 **SuboptionResponse** 的编码

此字段应编码为符合表 41 的数据类型 Unsigned8。

4.3.1.4.5.6 字段 **SuboptionFactoryReset** 的编码

此字段应编码为符合表 41 的数据类型 Unsigned8,并带有符合表 49 的 DCPBlocklength。

表 49 与 SuboptionFactoryReset 联合的 DCPBlocklength 的编码

值(十六进制)	含 义
0x0000～0x0001	保留
0x0002	缺省
0x0003～0xFFFF	保留

此子选项无其他数据。

Factory Reset 应为永久设置:

——NameOfStation 设置成" ";

——IP 地址、子网络掩码和标准网关设置成 0.0.0.0;

——所有其他参数设置成制造商缺省值。

注:每个设备应支持在无工程设备条件下执行"reset to factory"的可能性。这可用交换机或其他手段来完成。

4.3.1.4.6 有关 **DeviceInitiativeOption** 的编码

4.3.1.4.6.1 字段 **DeviceInitiativeOption** 的编码

此字段应编码为符合表 37 的数据类型 Unsigned8。

4.3.1.4.6.2 字段 **SuboptionDeviceInitiative** 的编码

此字段应编码为符合表 42 的数据类型 Unsigned8,并带有符合表 50 的 DCPBlocklength。

表 50 与 SuboptionDeviceInitiative 联合的 DCPBlocklength 的编码

值(十六进制)	含 义
0x0000～0x0003	保留
0x0004	缺省
0x0005～0xFFFF	保留

4.3.1.4.7 有关 AllSelectorOption 的编码

4.3.1.4.7.1 字段 AllSelectorOption 的编码

此字段应编码为符合表 37 的数据类型 Unsigned8。

4.3.1.4.7.2 字段 SuboptionAllSelector 的编码

此字段应编码为符合表 43 的数据类型 Unsigned8。

4.3.1.4.8 有关 ManufacturerSpecificOption 的编码

4.3.1.4.8.1 字段 ManufacturerSpecificOption 的编码

此字段应编码为符合表 37 的数据类型 Unsigned8。

4.3.1.4.8.2 字段 SuboptionManufacturerSpecific 的编码

此字段应编码为符合表 44 的数据类型 Unsigned8。

4.3.1.4.9 字段 DCPBlocklength 的编码

此字段应编码为数据类型 Unsigned16,并应包含该子选项的专用数据的长度(不包含 DCPBlocklength 本身和计算用的填充八位位组)。

4.3.1.4.10 字段 BlockQualifier 的编码

此字段应编码为数据类型 Unsigned16。

带有选项 IP 的子选项 IP 参数的允许值应符合表 51。

表 51 带有选项 IP 的 BlockQualifier

比特	值(二进制)	含 义
比特 0	0	暂时使用 IP Address、Subnetmask 和 Default Gateway,删除永久的存储值。 将永久的 IP Address、Subnetmask 和 Default Gateway 设置为 0.0.0.0
	1	永久保存 IP Address、Subnetmask 和 Default Gateway,并在重新启动后使用它
比特 1~15		保留

注:IP 子选项 MAC Address 不是通过 DCP 改变的,因此没有在此定义 BlockQualifier。

带有选项 DeviceProperties、DHCP 和 ManufacturerSpecific 的允许值应符合表 52。

表 52 带有选项 DeviceProperties、DHCP 和 ManufacturerSpecific 的 BlockQualifier

比特	值(二进制)	含 义
比特 0	0	暂时使用选项/子选项的值
	1	永久保存选项/子选项的值,并在重新启动后也使用它
比特 1~15		保留

4.3.1.4.11 字段 BlockError 的编码

此字段应编码为数据类型 Unsigned8,并应依据表 53 来进行设置。

表 53 BlockError

值(十六进制)	含 义	用 法
0x00	无错误	肯定的响应 参数被传送和被接收
0x01	选项不被支持	当可选的选项不被支持时
0x02	子选项不被支持或无 DataSet 可供使用	当可选的子选项不被支持时
0x03	子选项未设置	当子选项因本地原因不能被设置时
0x04	资源错误	当在服务器内部存在暂时的资源错误时
0x05	因本地原因 SET 不可能	当因本地原因 SET 服务不可能时
0x06	在运行中,SET 不可能	当因应用运行 SET 服务不可能时
0x07~0xFF	保留	不应使用

4.3.1.4.12 字段 BlockInfo 的编码

此字段应编码为数据类型 Unsigned16。允许值应依据表 54～表 57 来进行设置。

表 54 用于 SuboptionIPParameter 的 BlockInfo

比 特	含 义
比特 0～1	见表 55
比特 2～6	保留
比特 7	见表 56
比特 8～15	保留

表 55 用于 SuboptionIPParameter 的 BlockInfo 的比特 1 和比特 0

比特 1	比特 0	SuboptionIPParameter 的含义
0	0	无 IP 参数
0	1	设置 IP 参数
1	0	通过 DHCP 设置 IP 参数
1	1	保留

表 56 用于 SuboptionIPParameter 的 BlockInfo 的比特 7

比特 7	SuboptionIPParameter 的含义
0	未发现 IP 地址冲突
1	因为检测到 IP 地址冲突，故 IP 地址当前未激活

表 57 用于所有其他子选项的 BlockInfo

比 特	含 义
比特 0～15	保留

4.3.1.4.13 字段 DeviceInitiativeValue 的编码

此字段的编码应符合 3.7.3.4，各比特应具有以下的含义：

——比特 0：DeviceInitiativeValue. Hello

此字段应依据表 58 来设置。

表 58 DeviceInitiativeValue

值(十六进制)	含 义	用 法
0x00	OFF	通电后，设备不发出 DCP-Hello-ReqPDU
0x01	ON	通电后，设备发出 DCP-Hello-ReqPDU

——比特 1～15：DeviceInitiativeValue. reserved

此字段应依据 3.7.3.2 来设置。

4.3.1.4.14 字段 SignalValue 的编码

此字段应编码为符合表 59 的数据类型 Unsigned16。

表 59 SignalValue

值(十六进制)	含 义	用 法
0x0100	闪烁一次	闪烁 Ethernet LINK LED 或另一个持续时间 3 s，频率 2 Hz 的可选择的信号(500 ms on，500 ms off)

4.3.1.4.15 字段 NameOfStationValue 的编码

4.3.1.4.15.1 编码

此字段应编码为数据类型 OctetString(具有 1～240 个八位位组),采用下列语法:

——1 个标签或通过[.]分开的多个标签;

——总长度是 1～240;

——标签长度是 1～63;

——标签由[a～z,0～9]组成;

——标签不能以[-]开始;

——标签不能以[-]结束;

——第 1 个标签不能以具有 a,b,c,d,e,x,y,z=0...9 的"port-xyz"或"port-xyz-abcde"开始;

——站名称不能具有形式 n.n.n.n,n=0...999;

——如果采用 RFC 3490,则标签只能以"xn-"开始。

此外,应采用 RFC 3490 的定义。

示例 1:"device-1.machine-1.plant-1.vendor";

示例 2:"device-1.bögeholz"被编码为"device-1.xn-bgeholz-90a"。

注:字段 NameOfStationValue 不得以 0 作为结束。

当一个设备装配了多于一个接口模块时,每个 NameOfStation 应是唯一的。

4.3.1.4.15.2 Identify 服务的语义

应采用以下规则:

——对长度为 1～240 八位位组的站名称:

只有已经正确获得此名称的设备才回答。在比较两个名称的等同性时,应考虑 DNS 约定。

——对长度 == 0 的站名称:

只有尚未接收到站名称的设备才回答。

NameOfStation 的网络表示法应符合 4.3.1.4.15.1。

4.3.1.4.15.3 Set 服务的语义

应采用以下规则:

——对长度为 1～240 八位位组的站名称:

该站应依据 NameOfStationValue 设置其名称。

——对长度 == 0 的站名称:

该站应删除其已存储的名称。

NameOfStation 的网络表示法应符合 4.3.1.4.15.1。

4.3.1.4.16 字段 AliasNameValue 的编码

4.3.1.4.16.1 编码

该字段应编码为 OctetString。内容是字段 LLDP_PortID 和 LLDP_ChassisID 内容的拼接,见式(7)。

AliasNameValue=LLDP_PortID + "." + LLDP_ChassisID ……………………(7)

4.3.1.4.16.2 Identify 服务的语义

应采用以下规则:

——对长度!= 0 的别名:

只有已经正确获得此附加别名(Alias name)的设备才回答。在比较两个名称的等同性时,应考虑 DNS 约定。该设备不应用别名回答。而应使用当前的 NameOfStation 回答(即使 NameOfStation 未被设置)。

——对长度 == 0 的站名称:

在请求中不允许。

注:对于一个设备来说,AliasName 是唯一的可替代名称。别名来源于拓扑或相邻设备的信息。站的别名不能通过 DCP 设置或获取。

4.3.1.4.17 字段 DeviceRoleDetails 的编码

此字段应编码为数据类型 Unsigned8，其值应符合表 60。

表 60 DeviceRoleDetails

比特	含义	用法
比特 0	PNIO 设备	设备具有特定角色
比特 1	PNIO 控制器	设备具有特定角色
比特 2	PNIO 多设备(multidevice)	设备具有特定角色
比特 3	PNIO 监视器	设备具有特定角色
比特 4～7	保留	—

4.3.1.4.18 字段 MACAddressValue 的编码

此字段应编码为数据类型 OctetString[6]。该字段的编码应符合 IEEE 802mAC 地址。

4.3.1.4.19 字段 IPAddress 的编码

此字段应编码为数据类型 OctetString[4]。该字段的编码应符合 RFC 791、RFC 3330 和表 61。

为删除当前设置的 IP 地址，在所有八位位组中应使用 0 值。

表 61 IPAddress

值(CIDR[a])	含义
0.0.0.0/32	无已分配的 IPAddress
127.0.0.0/8	保留 Loopback
224.0.0.0/4	保留 Multicast
其他	已分配的 IPAddress

[a] 符合在 IETF RFC 1518 和 IETF RFC 1519 中定义的无类别域间路由(CIDR)的符号。

4.3.1.4.20 字段 Subnetmask 的编码

此字段应编码为数据类型 OctetString[4]。该字段的编码应符合 RFC 791、RFC 3330 和表 62。

表 62 Subnetmask

值	主机数量	含义
255.255.255.255	1	子网掩码已分配
255.255.255.254	2	子网掩码已分配
255.255.255.252	4	子网掩码已分配
255.255.255.248	8	子网掩码已分配
255.255.255.240	16	子网掩码已分配
255.255.255.224	32	子网掩码已分配
255.255.255.192	64	子网掩码已分配
255.255.255.128	128	子网掩码已分配
255.255.255.000	256	子网掩码已分配
255.255.254.000	512	子网掩码已分配
255.255.252.000	1024	子网掩码已分配

表 62（续）

值	主机数量	含 义
255.255.248.000	2048	子网掩码已分配
255.255.240.000	4096	子网掩码已分配
255.255.224.000	8192	子网掩码已分配
255.255.192.000	16384	子网掩码已分配
255.255.128.000	32768	子网掩码已分配
255.255.000.000	65536	子网掩码已分配
255.254.000.000	131072	子网掩码已分配
255.252.000.000	262144	子网掩码已分配
255.248.000.000	524288	子网掩码已分配
255.240.000.000	1048576	子网掩码已分配
255.224.000.000	2097152	子网掩码已分配
255.192.000.000	4194304	子网掩码已分配
255.128.000.000	8388608	子网掩码已分配
255.000.000.000	16777216	子网掩码已分配
254.000.000.000	33554432	子网掩码已分配
252.000.000.000	67108864	子网掩码已分配
248.000.000.000	134217728	子网掩码已分配
240.000.000.000	268435456	子网掩码已分配
224.000.000.000	536870912	子网掩码已分配
192.000.000.000	1073741824	子网掩码已分配
128.000.000.000	2147483648	子网掩码已分配
000.000.000.000	4294967296	子网掩码已分配
其他	保留	无效的子网掩码

4.3.1.4.21 字段 StandardGateway 的编码

此字段应编码为数据类型 OctetString[4]。该字段的编码应符合 RFC 791、RFC 3330 和表 63。如果未分配 IPAddress，则 IPAddress、Subnetmask 和 StandardGateway 的值应设置为 0。

表 63 StandardGateway

值(CIDR[a])	含 义
0.0.0.0/32	无已分配的标准网关 该应用应设立本地 IP 执行，以避免 IP 路由
127.0.0.0/8	保留 回送(Loopback)
224.0.0.0/4	保留 多播
其他	已分配的标准网关 应对照子网掩码字段检查

[a] 符合在 IETF RFC 1518 和 IETF RFC 1519 中定义的无类别域间路由的符号。

4.3.1.4.22 使用 **DHCP Option** 61 字段的 **DHCPParameterValue** 的编码

DHCP 客户机可以使用客户机标识符从 DHCP 服务器请求其 IP 参数。一个设备应能够通过以下途径来使用数据集(dataset)中的客户机标识符:

4.3.1.4.22.1 字段 **DHCPParameterLength** 的编码

此字段应编码为数据类型 Unsigned16,并应包含特定的后续数据的长度。

4.3.1.4.22.2 将 **MACAddress** 用作客户机标识符

如果该设备使用 DHCP 协议获得其 IP 参数并使用 MACAddress 用作客户机标识符,则选项 61 应具有以下值:

SuboptionDHCP = 61

DHCPParameterLength = 1

DHCPParameterData = 1

4.3.1.4.22.3 将 **NameOfStation** 用作客户机标识符

如果该设备使用 DHCP 协议获得其 IP 参数并使用 NameofStation 用作客户机标识符,则选项 61 应具有以下值(RFC 2132 除外):

SuboptionDHCP = 61

DHCPParameterLength = 1

DHCPParameterData = 0

如果该设备的站名称已经被改变,则在下一个 DHCP 请求中 DHCP 请求应自动地使用新的 NameOfStation。

4.3.1.4.22.4 使用任意的客户机标识符

如果该设备使用 DHCP 协议获得其 IP 参数并使用一个任意字符串作为客户机标识符,则选项 61 应具有以下值:

SuboptionDHCP = 61

DHCPParameterLength =〉1

DHCPParameterData[first octet] = 0

DHCPParameterData[second octet ... n] =“NameOfStation”

4.3.1.4.23 字段 **ManufacturerOUI** 的编码

此字段应编码为具有由 IEEE 802 定义的组织唯一标识符(OUI)的 OctetString[3]。

注:此集中管理号的值由 IEEE 注册管理委员会来给定。

4.3.1.4.24 字段 **ManufacturerSpecificString** 的编码

此字段应编码为数据类型 OctetString,并包含相关选项和子选项的值。如果 BlockValue 具有奇数长度,则填充的八位位组应被加在末端以保持 Unsigned16 对齐方式。填充的八位位组应具有值 0。

4.3.1.4.25 字段 **DeviceVendorValue** 的编码

此字段应编码为数据类型 VisibleString,并应包含与无空格结尾的字段 DeviceType 相同的内容。

4.3.1.4.26 字段 **DHCPParameterData** 的编码

此字段应编码为数据类型 OctetString,并包含相关选项和子选项的值。如果 BlockValue 具有奇数长度,则填充的八位位组应被加在末端以保持 Unsigned16 对齐方式。填充的八位位组应具有值 0。

4.3.1.4.27 字段 **AddDataValue** 的编码

此字段应编码为数据类型 OctetString,并包含相关选项和子选项的值。如果 BlockValue 具有奇数长度,则填充的八位位组应被加在末端以保持 Unsigned16 对齐方式。填充的八位位组应具有值 0。

4.3.2 **DCP 状态协议机**

4.3.2.1 **应用关系监视**

4.3.2.1.1 **定时器**

——UC Client Timeout

在请求方发送单播请求时重起的定时器，(超时后)将终止等待响应。其值应取自适当的 DCP ASE 属性。

——MC Client Timeout

在请求方发送多播请求时重起的定时器，(超时后)将终止等待响应。其值应取自适当的 DCP ASE 属性。

4.3.2.1.2 **接收方的间隔**

——Response Delay Time

此监视时间规定等待 DCP-IdentifyResPDUs 的时间段。

——Client Hold Time

此监视时间规定在响应与客户机的释放之间允许的最小时间段。这个时间被用于在没有其他节点中断的情况下允许单个源执行多个服务。其值应取自适当的 DCP ASE 属性。

4.3.2.2 **应用关系协议机(ARPM)**

4.3.2.2.1 **DCPUCS**

4.3.2.2.1.1 **原语定义**

——在 DCPUCS 与 DCP 用户之间交换的原语

这些服务原语及其相关参数在服务定义中以 DCP ASE 进行描述，它们由 DCP 用户发出并由 DCPUCS 接收，反之亦然。

——在 DCPUCS 与 LMPM 之间交换的原语

这些服务原语及其相关参数在服务定义中的 LMPM ASE 中进行描述，它们由 DCPUCS 发出并由 LMPM 接收，反之亦然。

4.3.2.2.1.2 **状态机描述**

状态机从 DCP ASE 属性获得其初始值。在 OPEN 状态内，由 DCP 用户发出的 DCP Get 和 Set 服务请求被转换为数据链路层(Data Link Layer)服务。在发出数据传输后，WACK 状态被用来等待对 DCP 用户产生证实原语的 Response-PDU。

DCPUCS 本地变量：

——SXID

此本地变量包含用于唯一标识服务的 Transaction ID XID。初始值应来源于随机数发生器。

注：当前时间值(以纳秒计)可以被用作随机数。

——Pending

此本地变量含有 Set 服务或 Get 服务是否被挂起的信息。

——Retry

此本地变量包含重试计数器。最大值应取自适当的 DCP ASE 属性。

4.3.2.2.1.3 **DCPUCS 状态表**

表 64 包含 DCPUCS 状态表的完整描述。

表 64 DCPUCS 状态表

#	当前状态	事件/条件 =〉动作	下一状态
1	OPEN	DCP_Get.req(CREP,DA,ListOfOptions) =〉 Pending := GET DCP-UC-Header.Xid := SXID A_SDU := DCP-GetReqPDU Store A_SDU Retry := max Retry Limit StartTimer(UC Client Timeout) LMPM_A_Data.req(CREP,DA,SA,Prio=0,A_SDU)	WACK
2	OPEN	DCP_Set.req(CREP,DA,ListOfData,ListOfControlCommands) =〉 Pending := SET DCP-UC-Header.Xid := SXID A_SDU := DCP-SetReqPDU Store A_SDU Retry := max Retry Limit StartTimer(UC Client Timeout) LMPM_A_Data.req(CREP,DA,SA,Prio=0,A_SDU)	WACK
3	OPEN	LMPM_A_Data.ind(CREP,DA,SA,Prio,A_SDU) =〉 ignore	OPEN
4	OPEN	LMPM_A_Data.cnf(CREP,LMPM_Status) =〉 ignore	OPEN
5	OPEN	Timeout =〉 ignore	OPEN
6	WACK	DCP_Get.req(CREP,DA,ListOfOptions) =〉 ERRCLS := CTXT ERRCODE := INVALID_STATE DCP_Get.cnf(−)(ERRCLS,ERRCODE)	WACK
7	WACK	DCP_Set.req(CREP,DA,ListOfData,ListOfControlCommands) =〉 ERRCLS := CTXT ERRCODE := INVALID_STATE DCP_Set.cnf(−)(ERRCLS,ERRCODE)	WACK
8	WACK	LMPM_A_Data.ind(CREP,DA,SA,Prio,A_SDU) /DCP-Get-ResPDU && Pending == GET && DCP-Header.xid == SXID =〉 SXID := (SXID + 1) & 0xFFFFFFFF DCP_Get.cnf(+)(ListOfData)	OPEN

表 64（续）

#	当前状态	事件/条件 =〉动作	下一状态
9	WACK	LMPM_A_Data. ind(CREP, DA, SA, Prio, A_SDU) /DCP-Get-ResPDU && (Pending ! = GET || DCP-Header. xid ! = SXID) =〉 ignore	WACK
10	WACK	LMPM_A_Data. ind(CREP, DA, SA, Prio, A_SDU) /DCP-Set-ResPDU && Pending == SET && DCP-Header. xid == SXID =〉 SXID := (SXID + 1) & 0xFFFFFFFF DCP_Set. cnf(+)(CREP, ListOfData, ListOfControlCommands)	OPEN
11	WACK	LMPM_A_Data. ind(CREP, DA, SA, Prio, A_SDU) /DCP-Set-ResPDU && (Pending ! = SET || DCP-Header. xid ! = SXID) =〉 ignore	WACK
12	WACK	LMPM_A_Data. cnf(CREP, LMPM_Status) /LMPM_Status == OK =〉 ignore	WACK
13	WACK	LMPM_A_Data. cnf(CREP, LMPM_Status) /LMPM_Status ! = OK && Pending == GET =〉 ERRCLS := PROTOCOL ERRCODE := LMPM StopTimer() DCP_Get. cnf(-)(ERRCLS, ERRCODE)	CLOSED
14	WACK	LMPM_A_Data. cnf(CREP, LMPM_Status) /LMPM_Status ! = OK && Pending == SET =〉 ERRCLS := PROTOCOL ERRCODE := LMPM StopTimer() DCP_Set. cnf(-)(ERRCLS, ERRCODE)	CLOSED
15	WACK	Timeout /Retry ! = 0 =〉 A_SDU := fromstored A_SDU Retry := Retry-1 LMPM_A_Data. req(DA, SA, Prio, A_SDU)	WACK
16	WACK	Timeout /Retry == 0 && Pending == GET =〉 ERRCLS := PROTOCOL ERRCODE := TIMEOUT DCP_Get. cnf(-)(ERRCLS, ERRCODE)	OPEN

表 64（续）

#	当前状态	事件/条件 =〉动作	下一状态
17	WACK	Timeout /Retry == 0 && Pending == SET =〉 ERRCLS := PROTOCOL ERRCODE := TIMEOUT DCP_Set. cnf(−)(ERRCLS,ERRCODE)	OPEN
18	WACK	LMPM_A_Data. ind(CREP,DA,SA,Prio,A_SDU) /!(DCP-Set-ResPDU || DCP-Get-ResPDU) =〉 ignore	WACK

4.3.2.2.2 **DCPUCR**

4.3.2.2.2.1 **原语定义**

——在 DCPUCR 与 DCP 用户之间交换的原语

这些服务原语及其相关的参数在服务定义中以 DCP ASE 进行描述，它们由 DCP 用户发出并由 DCPUCR 接收，反之亦然。

——在 DCPUCR 与 LMPM 之间交换的原语

这些服务原语及其相关的参数在服务定义中以 LMPM ASE 进行来描述，它们由 DCPUCR 发出并由 LMPM 接收，反之亦然。

4.3.2.2.2.2 **状态机描述**

在 OPEN 状态内，状态机等待第 1 个 LMPM_A_Data 服务指示。当该指示传递给用户后，进入 WACK 状态。响应服务将激活 LMPM_A_Data 请求并使状态机返回 OPEN 状态。

DCPUCR 的本地变量：

——SAM

此本地变量包含上一个有效的 SA，该 SA 通过带有有效数据的 LMPM_A_Data 指示进行传送。

——SXID

此本地变量包含用于唯一标识服务的 Transaction ID XID。该值应取自请求 PDU。

4.3.2.2.2.3 **DCPUCR 状态表**

表 65 包含 DCPUCR 状态的完整描述。如果类型是 DCP-Get-ResPDU 或 DCP-Set-ResPDU，则应接收 LMPM_A_Data. ind 原语。

表 65 **DCPUCR 状态表**

#	当前状态	事件/条件 =〉动作	下一状态
1	OPEN	DCP_Get. rsp(CREP,ListOfData) =〉 ignore	OPEN
2	OPEN	DCP_Set. rsp(CREP,ListOfResponse) =〉 ignore	OPEN

表 65（续）

#	当前状态	事件/条件 =〉动作	下一状态
3	OPEN	LMPM_A_Data. ind(CREP, DA, SA, Prio, A_SDU) /DCP-Get-ReqPDU && (SAM == NIL || SAM == SA) =〉 SAM := SA SXID := DCP_Header. xid StartTimer(Client Hold Time) DCP_Get. ind(SA, ListOfSelectors)	WACK
4	OPEN	LMPM_A_Data. ind(CREP, DA, SA, Prio, A_SDU) /DCP-Set-ReqPDU && (SAM == NIL ||SAM == SA) =〉 SAM := SA SXID := DCP_Header. xid StartTimer(Client Hold Time) DCP_Set. ind(SA, ListOfData)	WACK
5	OPEN	LMPM_A_Data. ind(CREP, DA, SA, Prio, A_SDU) /DCP-Get-ReqPDU && (SAM ! = NIL && SAM ! = SA) =〉 ignore	OPEN
6	OPEN	LMPM_A_Data. ind(CREP, DA, SA, Prio, A_SDU) /DCP-Set-ReqPDU && (SAM ! = NIL && SAM ! = SA) =〉 ignore	OPEN
7	OPEN	LMPM_A_Data. cnf(CREP, LMPM_Status) =〉 ignore	OPEN
8	OPEN	Timeout =〉 SAM := NIL	OPEN
9	WACK	DCP_Get. rsp(CREP, ListOfData) =〉 DCP_Header. op := GET DCP_Header. xid := SXID DA := SAM A_SDU := DCP-Get-ResPDU StopTimer() LMPM_A_Data. req(CREP, DA, SA, Prio, A_SDU)	OPEN
10	WACK	DCP_Set. rsp(CREP, ListOfResponse) =〉 DCP_Header. op := SET DCP_Header. xid := SXID DA := SAM A_SDU := DCP-Set-ResPDU StopTimer() LMPM_A_Data. req(CREP, DA, SA, Prio, A_SDU)	OPEN
11	WACK	LMPM_A_Data. ind(CREP, DA, SA, Prio, A_SDU) =〉 ignore	WACK

4.3.2.2.3 **DCPMCS**

4.3.2.2.3.1 **原语定义**

——在 DCPMCS 与 DCP 用户之间交换的原语

这些服务原语及其相关参数在服务定义中以 DCP ASE 进行描述，它们由 DCP 用户发出并由 DCPMCS 接收，反之亦然。

——在 DCPMCS 与 LMPM 之间交换的原语

这些服务原语及其相关参数在服务定义中以 LMPM ASE 进行描述，它们由 DCPMCS 发出并由 LMPM 接收，反之亦然。

4.3.2.2.3.2 **状态机描述**

状态机在 OPEN 状态下等待 Identify 服务请求。当发出数据传输后，在某个特定时间之前，WACK 状态用于等待所有响应。超时将导致向 DCP 用户发出带有全部接收响应的 Identify 证实服务原语，并设置状态机为 OPEN 状态。

DCPMCS 的本地变量：

——SXID

此本地变量包含用于唯一标识服务的 Transaction ID XID。其初始值应取自随机数发生器。

4.3.2.2.3.3 **DCPMCS 状态表**

表 66 包含 DCPMCS 状态机的完整描述。如果类型是 DCP-IdentifyResPDU，则应接收 LMPM_A_Data. ind 原语。

表 66 DCPMCS 状态表

#	当前状态	事件/条件 =〉动作	下一状态
1	OPEN	DCP_Identify. req(ListOfFilter，ResponseDelayFactor，isASU) =〉 DCP_Header. xid := SXID DA=01:0E:CF:00:00:00 A_SDU := DCP-Identify-ReqPDU StartTimer(Response delay timeout) First := TRUE LMPM_A_SDU. req(CREP，DA，SA，VLAN-Prio，A_SDU)	WACK
2	OPEN	LMPM_A_Data. ind(CREP，DA，SA，Prio，A_SDU) =〉 ignore	OPEN
3	OPEN	LMPM_A_Data. cnf(CREP，LMPM_Status) =〉 ignore	OPEN
4	OPEN	Timeout =〉 ignore	OPEN
5	WACK	DCP_Identify. req(ListOfFilter，ResponseDelayFactor) =〉 ERRCLS := CTXT ERRCODE := INVALID_STATE DCP_Identify. cnf(−)(CREP，ERRCLS，ERRCODE)	WACK

表 66（续）

#	当前状态	事件/条件 =〉动作	下一状态
6	WACK	LMPM_A_Data. ind(CREP,DA,SA,Prio,A_SDU) /(DCP-Identify-ResPDU && DCP-Header. xid == SXID) && !(isASU && First) =〉 ListOfDevices. SA +=SA ListOfDevices. ListOfData += A_SDU First := FALSE	WACK
7	WACK	LMPM_A_Data. ind(CREP,DA,SA,Prio,A_SDU) /(DCP-Identify-ResPDU && DCP-Header. xid == SXID) && (isASU && First) =〉 ListOfDevices. SA +=SA ListOfDevices. ListOfData += A_SDU First := FALSE DCP_Idendify. ind(SA,ListOfDevices)	WACK
8	WACK	LMPM_A_Data. ind(CREP,DA,SA,Prio,A_SDU) /!(DCP-Identify-ResPDU && DCP-Header. xid == SXID) =〉 ignore	WACK
9	WACK	LMPM_A_Data. cnf(CREP,LMPM_Status) /LMPM_Status == OK =〉 ignore	WACK
10	WACK	LMPM_A_Data. cnf(CREP,LMPM_Status) /!(LMPM_Status == OK) =〉 ERRCLS := PROTOCOL ERRCODE := LMPM DCP_Identify. cnf(−)(ERRCLS,ERRCODE)	OPEN
11	WACK	Timeout =〉 SXID := SXID + 1 mod 0xFFFFFFFF ListOfDevices=Stored ListOfDevices DCP_Identify. cnf(+)(ListOfDevices)	OPEN

4.3.2.2.4 **DCPMCR**

4.3.2.2.4.1 **原语定义**

——在 DCPMCR 与 DCP 用户之间交换的原语

这些服务原语及其相关参数在服务定义中以 DCP ASE 进行描述，它们由 DCP 用户发出并由 DCPMCR 接收，反之亦然。

——在 DCPMCR 与 LMPM 之间交换的原语

这些服务原语及其相关参数在服务定义中的 LMPM ASE 中进行描述，它们由 DCPMCR 发出并由 LMPM 接收，反之亦然。

4.3.2.2.4.2 **状态机描述**

状态机在 OPEN 状态下等待 DCP-IdentifyReqPDU。过滤表应被传递给 DCP 用户来检查过滤判据。在状态 WRSP 下，状态机等待通过客户机 Response Delay Factor 计算的某个时间，并在 DCP 用户认可其与本地数据匹配的情况下发送响应。否则，应不发送。

DCPMCR 的本地变量：

——SXID

此本地变量包含用于唯一标识服务的 Transaction ID XID。

4.3.2.2.4.3 **DCPMCR 状态表**

表 67 包含 DCPMCR 状态机的完整描述。如果类型是 DCP-IdentifyReqPDU，则应接收 LMPM_A_Data. ind 原语。

表 67 DCPMCR 状态表

#	当前状态	事件/条件 =〉动作	下一状态
1	OPEN	DCP_Identify. rsp(ListOfData) =〉 ignore	OPEN
2	OPEN	LMPM_A_Data. ind(CREP，DA，SA，Prio，A_SDU) /DCP-Identify-ReqPDU && Successful comparison with ListOfFilters =〉 ResponseDelay ：= ((SA[4]×256 + SA[5]) mod ResponseDelayFactor)×10ms StartTimer(ResponseDelay) DCP_Identify. ind(ListOfFilter)	WRSP
3	OPEN	LMPM_A_Data. ind(CREP，DA，SA，Prio，A_SDU) /！ DCP-Identify-ReqPDU =〉 ignore	OPEN
4	OPEN	LMPM_A_Data. cnf(CREP，LMPM_Status) =〉 ignore	OPEN
5	WRSP	Timeout /Stored A_SDU =〉 A_SDU=Stored A_SDU LMPM_A_Data. req(CREP，DA，SA，Prio，A_SDU)	OPEN
6	WRSP	Timeout /！ Stored A_SDU =〉	OPEN
7	WRSP	DCP_Identify. rsp(ListOfData) =〉 DCP_Header. . op ：= IDENT DCP_Header. xid ：= SXID A_SDU ：= List of Data Store A_SDU	WRSP

表 67（续）

#	当前状态	事件/条件 =〉动作	下一状态
8	WRSP	LMPM_A_Data. ind(CREP,DA,SA,Prio,A_SDU) =〉 ignore	WRSP
9	WRSP	LMPM_A_Data. cnf(CREP,LMPM_Status) =〉 ignore	WRSP

4.3.2.2.5 **DCPHMCS**

4.3.2.2.5.1 **原语定义**

——在 DCPHMCS 与 DCP 用户之间交换的原语

这些服务原语及其相关参数在服务定义中以 DCP ASE 进行描述，它们由 DCP 用户发出并由 DCPHMCS 接收，反之亦然。

——在 DCPHMCS 与 LMPM 之间交换的原语

这些服务原语及其相关参数在服务定义中以 LMPM ASE 进行描述，它们由 DCPHMCS 发出并由 LMPM 接收，反之亦然。

4.3.2.2.5.2 **状态机描述**

在 OPEN 状态下，状态机等待 Hello 服务请求。在发出数据的传输后，用 WACK 状态等待证实。

DCPHMCS 的本地变量：

——SXID

此本地变量包含用于唯一标识服务的 Transaction ID XID。其初始值应取自随机数发生器。

4.3.2.2.5.3 **DCPHMCS 状态表**

表 68 包含 DCPHMCS 状态机的完整描述。如果类型是 DCP-Hello-ReqPDU，则应接收 LMPM_A_Data. ind 原语。

表 68 DCPHMCS 状态表

#	当前状态	事件/条件 =〉动作	下一状态
1	OPEN	DCP_Hello. req(ListOfData) =〉 DCP_Header. xid := SXID DA=01:0E:CF:00:00:01 A_SDU := DCP-Hello-ReqPDU LMPM_A_SDU. req(CREP,DA,SA,VLAN-Prio,A_SDU)	WACK
2	OPEN	LMPM_A_Data. ind(CREP,DA,SA,Prio,A_SDU) =〉 ignore	OPEN
3	OPEN	LMPM_A_Data. cnf(CREP,LMPM_Status) /LMPM_Status == OK =〉 ignore	OPEN
4	OPEN	LMPM_A_Data. cnf(CREP,LMPM_Status) /LMPM_Status ! = OK =〉 ignore	OPEN

表 68（续）

#	当前状态	事件/条件 =〉动作	下一状态
5	WACK	LMPM_A_Data. ind(CREP,DA,SA,Prio,A_SDU) =〉 ignore	WACK
6	WACK	LMPM_A_Data. cnf(CREP,LMPM_Status) /LMPM_Status == OK =〉 DCP_Hello. cnf(+)	OPEN
7	WACK	LMPM_A_Data. cnf(CREP,LMPM_Status) /LMPM_Status ! = OK =〉 ERRCLS := PROTOCOL ERRCODE := LMPM DCP_Hello. cnf(−)(ERRCLS,ERRCODE)	OPEN

4.3.2.2.6 DCPHMCR

4.3.2.2.6.1 原语定义

——在 DCPHMCR 与 DCP 用户之间交换的原语

这些服务原语及其相关参数在服务定义中 DCP ASE 进行描述，它们由 DCP 用户发出并由 DCPHMCR 接收，反之亦然。

——在 DCPHMCR 与 LMPM 之间交换的原语

这些服务原语及其相关参数在服务定义中以 LMPM ASE 进行描述，它们由 DCPHMCR 发出并由 LMPM 接收，反之亦然。

4.3.2.2.6.2 状态机描述

在 OPEN 状态下，状态机等待 DCP-Hello-ReqPDU。

4.3.2.2.6.3 DCPHMCR 状态表

表 69 包含 DCPHMCR 状态机的完整描述。如果类型是 DCP-Hello-ReqPDU，则应接收 LMPM_A_Data. ind 原语。

表 69 DCPHMCR 状态表

#	当前状态	事件/条件 =〉动作	下一状态
1	OPEN	LMPM_A_Data. ind(CREP,DA,SA,Prio,A_SDU) / DCP-Hello-ReqPDU && successful comparison with ListOfData =〉 DCP_Hello. ind(ListOfData)	OPEN
2	OPEN	LMPM_A_Data. ind(CREP,DA,SA,Prio,A_SDU) / ! DCP-Hello-ReqPDU =〉 ignore	OPEN
3	OPEN	LMPM_A_Data. cnf(CREP,LMPM_Status) =〉 ignore	OPEN

4.4 精确时间控制

4.4.1 FAL 语法描述

4.4.1.1 DLPDU 抽象语法引用

应采用 4.1.1 的 DLPDU 抽象语法。

4.4.1.2 APDU 抽象语法

表 70 定义了 PTCP PDU(称之为 APDU)的抽象语法。所定义的八位位组次序应用于传递 APDU。

表 70 PTCP APDU 语法

APDU 名称	APDU 结构
PTCP-PDU	PTCP-SYNC-PDU ^ PTCP-FUP-PDU ^ PTCP-ANNOUNCE-PDU ^ PTCP-DELAY-REQ-PDU ^ PTCP-DELAY-RSP-PDU ^ PTCP-DELAY-FU-RSP-PDU
PTCP-FUP-PDU	PTCP-Header-FUP,PTCP-FollowUpPDU
PTCP-SYNC-PDU	PTCP-Header-Sync,PTCP-RTSyncPDU
PTCP-ANNOUNCE-PDU	PTCP-Header-Announce,PTCP-AnnouncePDU
PTCP-DELAY-REQ-PDU	PTCP-Header-Delay,PTCP-DelayReqPDU
PTCP-DELAY-RSP-PDU	PTCP-Header-Delay,PTCP-DelayResPDU
PTCP-DELAY-FU-RSP-PDU	PTCP-Header-Delay,PTCP-DelayFuResPDU
PTCP-RTSyncPDU	PTCPSubdomain, PTCPTime, PTCPTimeExtension, PTCPMaster, [PTCPOption], PTCPEnd,[APDU_Status][a]
PTCP-AnnouncePDU	PTCPSubdomain,PTCPMaster,[PTCPOption],PTCPEnd
PTCP-FollowUpPDU	PTCPSubdomain,PTCPTime,[PTCPOption],PTCPEnd
PTCP-DelayReqPDU	PTCPDelayParameter,[PTCPOption],PTCPEnd
PTCP-DelayResPDU	PTCPDelayParameter, PTCPPortParameter, PTCPPortTime, [PTCPOption], PTCPEnd
PTCP-DelayFuResPDU	PTCPDelayParameter,[PTCPOption],PTCPEnd
[a] 如果在 RED 时段的最初传输,则应存在;如果在 ORANGE 或 GREEN 时段的最初传输,则可以省略。	

表 71 定义 APDU 结构元素的替代结构。

表 71 PTCP 替代

替代名称	结　构
PTCP-Header-Sync	PTCP_reserved_1,PTCP_reserved_2,PTCP_Delay10ns[e],PTCP_SequenceID, PTCP_Delay1ns_Byte[d],Padding[a],PTCP_Delay1ns
PTCP-Header-FUP	[HWPadding*][b],PTCP_SequenceID,[Padding*][c],PTCP_Delay1ns_FUP
PTCP-Header-Announce	[HWPadding*][b],PTCP_SequenceID,[Padding*][e]
PTCP-Header-Delay	[HWPadding*][b],PTCP_SequenceID,[Padding*][c],PTCP_Delay1ns
PTCPSubdomain	PTCP_TLVHeader,PTCP_MasterSourceAddress,PTCP_SubdomainUUID
PTCPTime	PTCP_TLVHeader,PTCP_EpochNumber,PTCP_Seconds,PTCP_NanoSeconds
PTCPTimeExtension	PTCP_TLVHeader,PTCP_Flags,PTCP_CurrentUTCOffset,[Padding*][a]
PTCPMaster	PTCP_TLVHeader,PTCP_MasterPriority1,PTCP_MasterPriority2,PTCP_ClockClass,PTCP_ClockAccuracy,PTCP_ClockVariance,[Padding*][a]

表 71（续）

替代名称	结　　构
PTCPDelayParameter	PTCP_TLVHeader,PTCP_PortMACAddress
PTCPPortParameter	PTCP_TLVHeader,[Padding[c]][a],PTCP_T2PortRxDelay,PTCP_T3PortTxDelay
PTCPPortTime	PTCP_TLVHeader,[Padding[c]][a],PTCP_T2TimeStamp
PTCPOption	PTCP_TLVHeader,PTCP_OUI,PTCP_SubType,Data[*],[Padding[*]][a]
PTCPEnd	PTCP_TLVHeader(0)

[a] 应确保 32 比特对齐方式；

[b] 12 字节的填充；

[c] 2 字节的填充；

[d] 继承以满足硬件需要；

[e] 6 字节的填充。

4.4.1.3　有关通用基本字段的编码

4.4.1.3.1　字段 PTCP_reserved_1 的编码

此字段应被编码为数据类型 Unsigned32。

4.4.1.3.2　字段 PTCP_reserved_2 的编码

此字段应被编码为数据类型 Unsigned32。

4.4.1.3.3　字段 HWPadding 的编码

此字段应被编码为数据类型 Unsigned8。

4.4.1.3.4　字段 PTCP_TLVHeader 的编码

此字段的编码应符合 3.7.3.4,各比特应具有以下含义：

——比特 0～8:PTCP_TLVHeader. Length

该值包含相应块的连续八位位组的总数。

——比特 9～15:PTCP_TLVHeader. Type

此字段应依据表 72 的值来编码。

表 72　PTCP_TLVHeader. Type

值(十六进制)	含　　义	用　　途
0x00	PTCPEnd	必备
0x01	PTCPSubdomain	必备
0x02	PTCPTime	必备
0x03	PTCPTimeExtension	必备
0x04	PTCPMaster	必备
0x05	PTCPPortParameter	必备
0x06	PTCPDelayParameter	必备
0x07	PTCPPortTime	必备
0x08～0x7E	保留	—
0x7F	组织特定的	可选

4.4.1.3.5 有关 PTCP-Header 的编码

这些字段包含传播延迟时间(按 ns 计)。它被分成 10 ns 部分的字段和 1 ns 部分的字段。所有延迟字段仅与 Sync-、FollowUp-、DelayRes- without DelayFuRes-和 DelayFuRes-Messages 相关。

4.4.1.3.5.1 字段 PTCP_Delay10ns 的编码

此字段应被编码为数据类型 Unsigned32,并包含传播延迟时间的 10 ns 部分。此字段应依据表 73 的值来编码。

表 73 PTCP_Delay10ns

值(十六进制)	含 义
0x00000000～0xFFFFFFFE	有效,传播延迟时间的 10ns 部分
0xFFFFFFFF	无效,此值指出超值并标志延迟字段为无效

4.4.1.3.5.2 字段 PTCP_Delay1ns_Byte 的编码

此字段包含传播延迟时间的 1 ns 部分。

注:继承以满足硬件需要。

此字段的编码应符合 3.7.3.3,各比特应具有以下含义:

——比特 0～3:PTCP_Delay1ns_Byte. Value

此字段包含传播延迟时间的 1 ns 部分。此字段应依据表 74 的值来编码。

表 74 PTCP_Delay1ns_Byte. Value

值(十六进制)	含 义
0x00～0x09	ns 的数量
0x0A～0x0F	保留

——比特 4～7:PTCP_Delay1ns. reserved

此字段应依据 3.7.3.2 来设置。

注:仅在字段 PTCP_Delay1ns 被使用时,才替代这些字段。

4.4.1.3.5.3 字段 PTCP_Delay1ns 的编码

此字段应被编码为数据类型 Unsigned32,并包含传播延迟时间的 1 ns 部分。此字段应依据表 75 的值来编码。

表 75 PTCP_Delay1ns

值(十六进制)	含 义
0x00000000～0xFFFFFFFE	有效,传播延迟时间的 1 ns 部分
0xFFFFFFFF	无效,此值指出超值并标志延迟字段为无效

4.4.1.3.5.4 字段 PTCP_Delay1ns_FUP 的编码

此字段应被编码为数据类型 Unsigned32,并包含传播延迟时间(1 ns)的校正(correction)。此字段应依据表 76 的值来编码。

表 76 PTCP_Delay1ns_FUP

值(十六进制)	含 义
0x00000000～0xFFFFFFFF	传播延迟时间的纳秒部分

4.4.1.3.5.5 字段 PTCP_SequenceID 的编码

应依据表 77 的值将此字段编码为数据类型 Unsigned16。

表 77 PTCP_SequenceID

含义	用法
Sync frame	PTCP 主站(master)对每个同步帧增加这些字段
Follow up frame	PTCP 主站(master)或后继加入的 PTCP 转发者从同步帧映射该值
Delay request frame	PTCP 延迟测量请求者对每个测量增加这些字段
Delay response frame	响应者从延迟请求帧映射该值
Delay response follow up frame	响应者使用来自延迟响应帧的值

4.4.1.3.6 字段 PTCP_OUI 的编码

此字段应被编码为带有在 IEEE 802 中定义的组织唯一标识符(OUI)的 OctetString[3]。

注：此集中管理号的值由 IEEE 注册授权委员会来给定。

4.4.1.3.7 字段 PTCP_SubType 的编码

此字段应被编码为 Unsigned8。该值是组织规定的。对于 OUI，参数 PTCP_SubType 应按表 78 来编码。

表 78 用于 OUI 的 PTCP_SubType(＝00-0E-CF)

值(十六进制)	含义	语法
0x00～0xFF	保留	—

4.4.1.3.8 字段 PTCP_Seconds 的编码

此字段应被编码为数据 Unsigned32。该值包含时间(分辨率为 1 s)。

4.4.1.3.9 字段 PTCP_NanoSeconds 的编码

此字段应被编码为数据 Unsigned32。此字段应依据表 79 中的值来编码。

表 79 PTCP_NanoSeconds

值(十六进制)	含义
0x00000000～0x3B9AC9FF	按纳秒延迟
0x3B9ACA00～0xFFFFFFFF	保留

4.4.1.4 PTCP-PDU 专用字段的编码

4.4.1.4.1 字段 PTCP_MasterSourceAddress 的编码

此字段应被编码为数据 OctetString[6]。字段 Destination Address 的值应符合 IEEE 802mAC 地址。

4.4.1.4.2 字段 PTCP_SubdomainUUID 的编码

此字段应被编码为数据类型 UUID。

4.4.1.4.3 字段 PTCP_Flags 的编码

此字段的编码应符合 3.7.3.4，各比特应具有以下含义：

——比特 0～7：PTCP_Flags. reserved_1

此字段应依据 3.7.3.2 来设置。

——比特 8～9：PTCP_Flags. LeapSecond

此字段应依据表 80 来设置。

表 80 **PTCP_Flags. LeapSecond**

值(十六进制)	含　义
0x00	无闰秒(leapsecond)
0x01	上一分钟有 61 s
0x02	上一分钟有 59 s
0x03	保留

——比特 10～15:PTCP_Flags. reserved_2

此字段应设置为 0。

4.4.1.4.4 字段 PTCP_EpochNumber 的编码

此字段应被编码为数据类型 Unsigned16,并包含时间的 0x100000000s 部分。字段 PTCP_EpochNumber 的值应是发出此报文时钟的全局时间特性数据集的 Epoch_number 的值,见表 81 和表 82。

表 81 **MJD、UTC 和 PTCP_EpochNumber 之间相对应的时标**

MJD (Modified Julian Day)	UTC (Universal Time Coordinated)	UTC Offset (Leapseconds)	值 PTCP_Seconds	值 PTCP_Epoch Number
0:00:00 15020	1900 年 1 月 1 日—00:00:00	0	—	0
0:00:00 40587	1970 年 1 月 1 日—00:00:00	—	0	0
0:00:00 41317	1972 年 1 月 1 日—00:00:00	10	63072000 + 10	0
16:57:44 51357	1999 年 6 月 28 日—16:57:44	32	930589064 + 32	0
—	2006 年 1 月 1 日—00:00:00	33	—	0

表 82 **PTCP_EpochNumber、PTCP_Second、PTCP_Nanosecond、CycleCounter 和 SendClockFactor 之间相对应的时标**

CycleCounter 值(十六进制)	PTCP_EpochNumber 值(十进制)	PTCP_Second 值(十进制)	PTCP_Nanosecond 值(十进制)	SendClockFactor 值(十进制)
0x0000000000000000	0	0	0	32
0x0000000000010000	0	65	536000000	32
0x0000000100000000	0	4294967	296000000	32
0x0001000000000000	65	2302102470	656000000	32

PTCP_Epoch 和 PTCP_Time 的计算见式(8)和式(9)。

$$\text{PTCP\_Epoch} = \text{PTCP\_EpochNumber} \times 0x100000000 \quad \cdots\cdots(8)$$

$$\text{PTCP\_Time} = \text{PTCP\_Epoch} + \text{PTCP\_Second} + \text{PTCP\_Nanosecond} \quad \cdots\cdots(9)$$

对于如图 13 中示出的 CycleCounter 的同步,应按式(10)～式(12)来计算应接收 PTCP_Time 值和对该周期开始的偏移量。

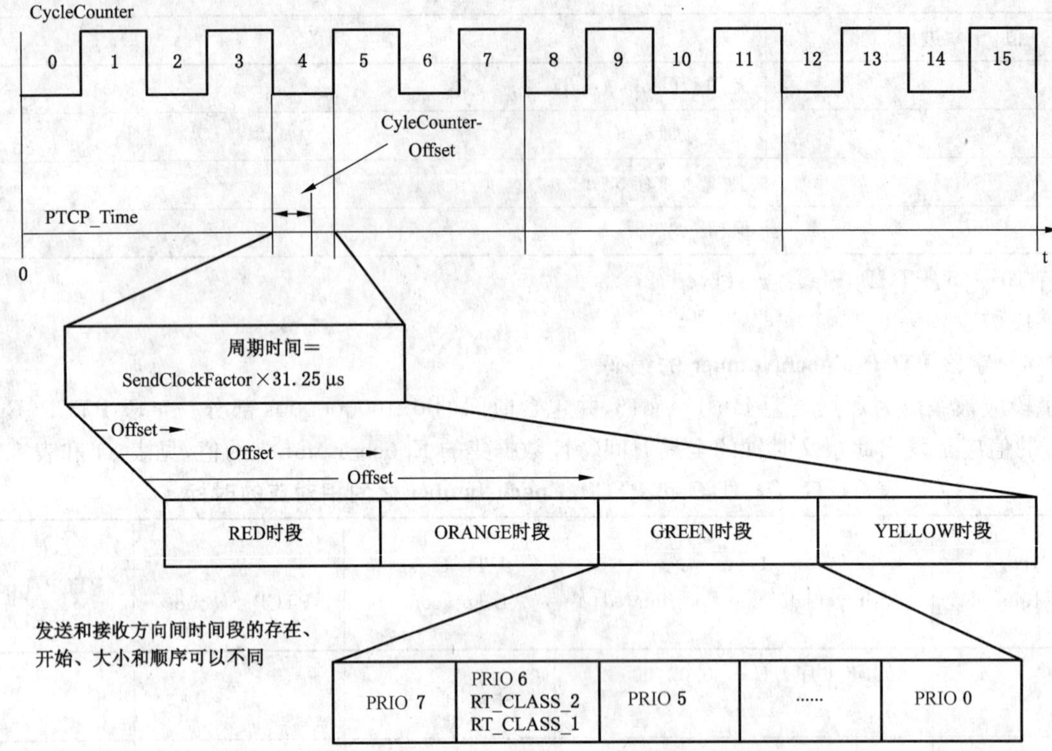

图 13　**PTCP_Time 和 CycleCounter 之间相对应的时标**

$$Cycle=PTCP\_Time\ div\ (SendClockFactor \times 31.25\ \mu s) \qquad (10)$$

$$CycleCounter=Cycle \times SendClockFactor \qquad (11)$$

$$CycleCounterOffset=PTCP\_Timemod(SendClockFactor \times 31.25\ \mu s) \qquad (12)$$

4.4.1.4.5　**字段 PTCP_CurrentUTCOffset 的编码**

此字段应被编码为数据类型 Integer16。当前 PTCP_CurrentUTCOffset 字段的值应是发出此报文的时钟的全局时间特性数据集中 current_utc_offset 的值，其值符合表 81。

4.4.1.4.6　**字段 PTCP_MasterPriority1 的编码**

在最佳主时钟算法的执行中使用 PTCP_MasterPriority1。此字段的编码依据 3.7.3.3，各比特应有以下含义：

——比特 0～6：PTCP_MasterPriority1.Priority

此字段应依据表 83～表 86 来设置。

表 83　**用于 SyncID ＝＝ 0 和 SyncProperties.Role ＝＝ 2 的 PTCP_MasterPriority1**

值(十六进制)	用　　法	含　义
0x00	保留	—
0x01	主同步主站	时钟同步
0x02	次同步主站	时钟同步
0x03～0x7F	保留	—

表 84　**用于 SyncID ＝＝ 0 和 SyncProperties.Role ＝＝ 1 的 PTCP_MasterPriority1**

值(十六进制)	用　　法	含　义
0x00	同步从站	—
0x01～0x7F	保留	—

表 85 用于 SyncID == 1 和 SyncProperties.Role == 2 的 PTCP_MasterPriority1

值(十六进制)	用法	含义
0x00	保留	—
0x01	主同步主站	时间同步
0x02	次同步主站	时间同步
0x03～0x7F	保留	—

表 86 用于 SyncID == 1 和 SyncProperties.Role == 1 的 PTCP_MasterPriority1

值(十六进制)	用法	含义
0x00	同步从站	—
0x01～0x7F	保留	—

——比特 7:PTCP_MasterPriority1.Active

对于 PDSyncData,此字段应设置为 0,对于 PTCP-SYNC-PDU,此字段应设置为 1。如果同步主站不传送 PTCP-SYNC-PDU,则对于 PTCP-ANNOUNCE-PDU 此字段应设置为 0,如果同步主站传送 PTCP-SYNC-PDU,则此字段应设置为 1。

4.4.1.4.7 字段 PTCP_MasterPriority2 的编码

此字段应被编码为数据类型 Integer8。在最佳主时钟算法的执行中使用 PTCP_MasterPriority2。较低值优先。PTCP_MasterPriority2 的值应是可组态的,其值符合表 87。

表 87 PTCP_MasterPriority2

值(十六进制)	用法	含义
0x00～0xFE	保留	—
0xFF	缺省	—

4.4.1.4.8 字段 PTCP_ClockClass 的编码

此字段应被编码为 Unsigned8。其值应符合表 88 和表 89。对于时间同步,应使用任何时间时标(ARB)。

表 88 用于 SyncID == 0(时间同步)的 PTCP_ClockClass

值(十六进制)	用法	含义
0x00～0x0C	保留	—
0x0D	应指定 PTCP 时钟作为主基准,它与一个应用专用时间源同步。所发布的时标应是 ARB。时钟类 0x0D 时钟不应是该 PTCP 域中其他时钟的从时钟	缺省
0x0E	应指定 PTCP 时钟(它先前已被指定作为时钟类 0x0D,但已失去与一个应用专用时间源同步的能力,并处于延期(holdover)模式和延期规范内)。所发布的时标应是 ARB。时钟类 0x0E 时钟不应是该 PTCP 域中其他时钟的从时钟	—
0x0F～0xBA	保留	—
0xBB	降级(Degradation)选择 B,用于不在延期规范内的时钟类 0x07 的 PTCP 时钟。时钟类 0xBB 时钟可以是该 PTCP 域中其他时钟的从时钟	—
0xBC～0xC0	保留	—
0xC1	降级选择 B,用于不在延期规范内的时钟类 0x0E 的 PTCP 时钟。时钟类 0XC1 时钟可以是该 PTCP 域中其他时钟的从时钟	—
0xC2～0xFE	保留	—
0xFF	仅应是从站时钟的时钟类	—

表 89 用于 **SyncID == 1**(时间同步)的 **PTCP_ClockClass**

值(十六进制)	用　　法	含　义
0x00～0x05	保留	—
0x06	应指定 PTCP 时钟作为主基准,它与公认标准时间源同步。所分发的时标应是 PTCP。时钟类 0x06 时钟可以是该 PTCP 域中其他时钟的从时钟	时间同步
0x07	应指定 PTCP 时钟(它先前已被指定作为时钟类 0x06,但已失去了与公认标准时间源同步的能力,并处于延期(holdover)模式和延期规范内)。所分发的时标(timescale)应是 PTCP。时钟类 7 时钟不应是该 PTCP 域中其他时钟的从时钟	时间同步
0x08～0x0C	保留	—
0x0D	应指定 PTCP 时钟作为主基准,它与一个应用专用时间源同步。所分发的时标应是 ARB。时钟类 0x0D 时钟不应是该 PTCP 域中其他时钟的从时钟	时间同步
0x0E	应指定 PTCP 时钟(它先前已被指定作为时钟类 0x0D,但已失去了与应用专用时间源同步的能力,并处于延期(holdover)模式和延期规范内)。所分发的时标应是 ARB。时钟类 0x0E 时钟不应是该 PTCP 域中其他时钟的从时钟	时间同步
0x0F～0x33	保留	—
0x34	降级(Degradation)选择 A,用于不在延期规范内的时钟类 0x07 的 PTCP 时钟。时钟类 0x34 的时钟不应是该 PTCP 域中其他时钟的从时钟	时间同步
0x35～0x39	保留	—
0x3A	降级选择 A,用于不在延期规范内的时钟类 0x0E 的 PTCP 时钟。时钟类 0x3A 的时钟不应是该 PTCP 域中其他时钟的从时钟	时间同步
0x3B～0xBA	保留	—
0xBB	降级选择 B,用于不在延期规范内的时钟类 0x07 的 PTCP 时钟。时钟类 0xBB 的时钟可以是该 PTCP 域中其他时钟的从时钟	时间同步
0xBC～0xC0	保留	—
0xC1	降级选择 B,用于不在延期规范内的时钟类 0x0E 的 PTCP 时钟。时钟类 0XC1 的时钟可以是该 PTCP 域中其他时钟的从时钟	时间同步
0xC2～0xFE	保留	—
0xFF	仅应是从站时钟的时钟类	时间同步

4.4.1.4.9 字段 PTCP_ClockAccuracy 的编码

此字段应被编码为数据类型 Integer8,其值符合表 90。PTCP_ClockAccuracy 指出所期望的时钟精度(当它是主站时)。PTCP_ClockAccuracy 的值应表现其当前状况。

表 90 **PTCP_ClockAccuracy**

值(十六进制)	用　　法	含　　义
0x00～0x1F	保留	—
0x20	时间精确到 25 ns 内	—
0x21	时间精确到 100 ns 内	缺省,用于时钟和时间同步
0x22	时间精确到 250 ns 内	—
0x23	时间精确到 1 μs 内	—
0x24	时间精确到 2.5 μs 内	—
0x25	时间精确到 10 μs 内	—

表 90（续）

值(十六进制)	用　法	含　义
0x26	时间精确到 25 μs 内	—
0x27	时间精确到 100 μs 内	—
0x28	时间精确到 250 μs 内	—
0x29	时间精确到 1 ms 内	—
0x30～0xFD	保留	—
0xFE	未知	—
0xFF	保留	—

4.4.1.4.10　**字段 PTCP_ClockVariance 的编码**

此字段应被编码为数据类型 Integer16，其值符合表 91。该值表现时钟的质量。每个主时钟应保持其固有精度的估值。当该 PTCP 同步主时钟与另一个使用 PTCP 协议的 PTCP 同步主时钟不同步时，它表示包含在同步帧中时间戳的精度。

表 91　**PTCP_ClockVariance**

值(十六进制)	用　法	含　义
0x0000～0xFFFF	保留	—

4.4.1.4.11　**字段 PTCP_T2PortRxDelay 的编码**

此字段应被编码为 Unsigned32。该值包含端口接收延迟(按 ns 计)。

4.4.1.4.12　**字段 PTCP_T3PortTxDelay 的编码**

此字段应被编码为 Unsigned32。该值包含端口发送延迟(按 ns 计)。

4.4.1.4.13　**字段 PTCP_PortMACAddress 的编码**

此字段应被编码为 OctetString[6]。字段 PTCP_PortMACAddress 的值应符合 IEEE 802mAC 地址。

4.4.1.4.14　**字段 PTCP_T2TimeStamp 的编码**

此字段应被编码为 Unsigned32，该值应符合表 92。

表 92　**PTCP_T2TimeStamp**

值(十六进制)	含　义
0x00000000～0xFFFFFFFF	时间戳，以纳秒计

4.4.2　**AP-Context 状态机**

不存在为本协议定义的 AP-Context 状态机。

4.4.3　**FAL 服务协议机(FSPM)**

不存在为本协议定义的 FAL 服务协议机。

4.4.4　**应用关系协议机(ARPM)**

4.4.4.1　**PTCP 的通用同步**

4.4.4.1.1　**时间戳**

对于每个所接收和传输的同步报文、延迟请求或延迟响应报文，时间戳单元必须产生一个时间戳。PTCP 报文时间戳点应对应于紧接 IEEE 802.3 帧的 Start Frame Delimiter 八位位组后的那个八位位组的第 1 个比特的前沿，如图 14 所示。

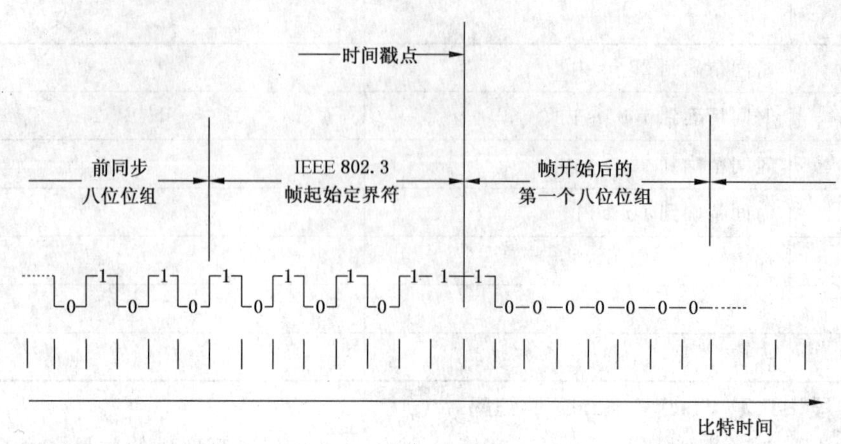

图 14 报文时间戳点

图 15 示出为同步所使用的 4 个时间戳。

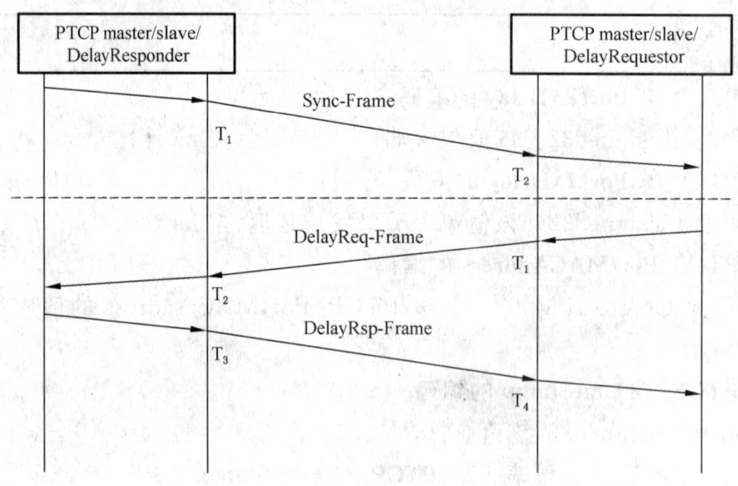

图 15 4 个报文时间戳

——SendTimeStamp T_1

通过发送 Sync- Frame 或 DelayReq-Frame 的端口的本地时钟来测量。

——ReceiptTimeStamp T_2

通过接收 Sync- Frame 或 DelayReq-Frame 的端口的本地时钟来测量。

——SendTimeStamp T_3

通过发送 DelayRes-Frame 的端口的本地时钟来测量。

——ReceiptTimeStamp T_4

通过接收 DelayRes-Frame 的端口的本地时钟来测量。

4.4.4.1.2 线延迟测量和对等速率补偿

在图 16 中描述了 DelayRequestor 与 DelayResponder 之间的线延迟测量和对等速率补偿(peer rate compensation)的计算。DelayReq、DelayRes 和 DelayFuRes-messages 应被用于延迟测量，而不应被传播。使用 DelayFuRes-Frame 将 ResDelay 的值传输给 DelayRequestor。

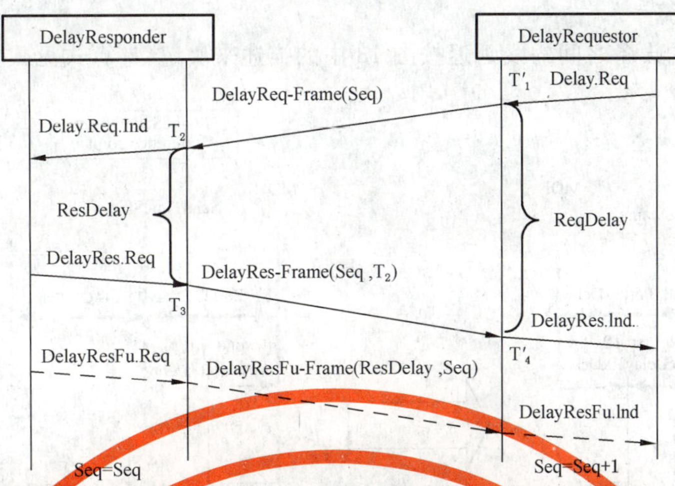

图 16 有后继的线延迟协议

如果时间戳单元能够在传送时(on the fly)计算响应延迟时间,并在延迟响应帧中插入该响应时间,则后继延迟报文是不必要的。

在图 17 中描述了 DelayRequestor 与 DelayResponder 之间没有 DelayFuRes-报文的线延迟测量。

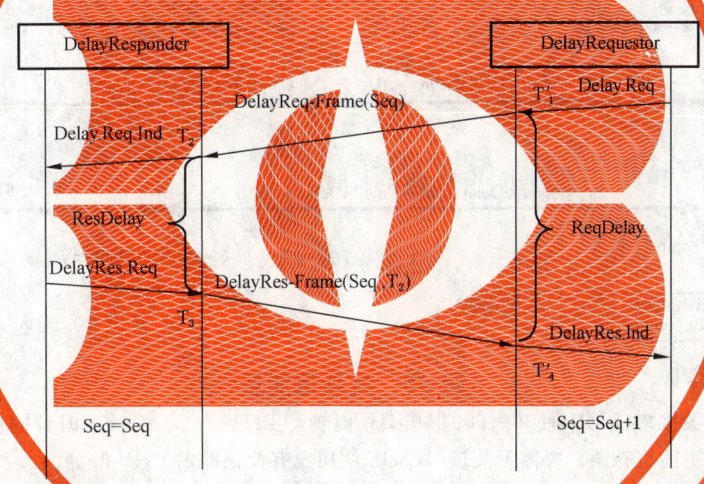

图 17 无后继的线延迟协议

式(13)～式(21)中列出了线延迟和对等速率补偿因子的计算。如果 DelayRes-PDU 包含子段 T_2,则应使用式(15),否则应使用式(16)。

$$ResDelay = T_3 - T_2 \tag{13}$$

$$ReqDelay = T'_4 - T'_1 \tag{14}$$

$$RCF_{peer} = \frac{T_2(Seq) - T_2(Seq-1)}{T'_1(Seq) - T'_1(Seq-1)} \tag{15}$$

$$RCF_{peer} = 1 \tag{16}$$

$$ResDelay_{peer} = \frac{ResDelay}{RCF_{peer}} \tag{17}$$

$$LineDelay_{peer} = \frac{ReqDelay - ResDelay_{peer}}{2} \tag{18}$$

$$RCF_{Scal} = (RCF_{peer} - 1) \times 2^{30} \tag{19}$$

$$RCF_{Trunc} = Truncate\_to\_Integer32(RCF_{Scal}) \tag{20}$$

$$ScaledFrequencyOffset = RCF_{Trunc} \tag{21}$$

延迟测量应按周期重复进行。

4.4.4.1.3 线延迟计算

两个支持 PTCP 的设备之间的线延迟按图 18 中的描述来决定，计算式见式(22)～式(27)。

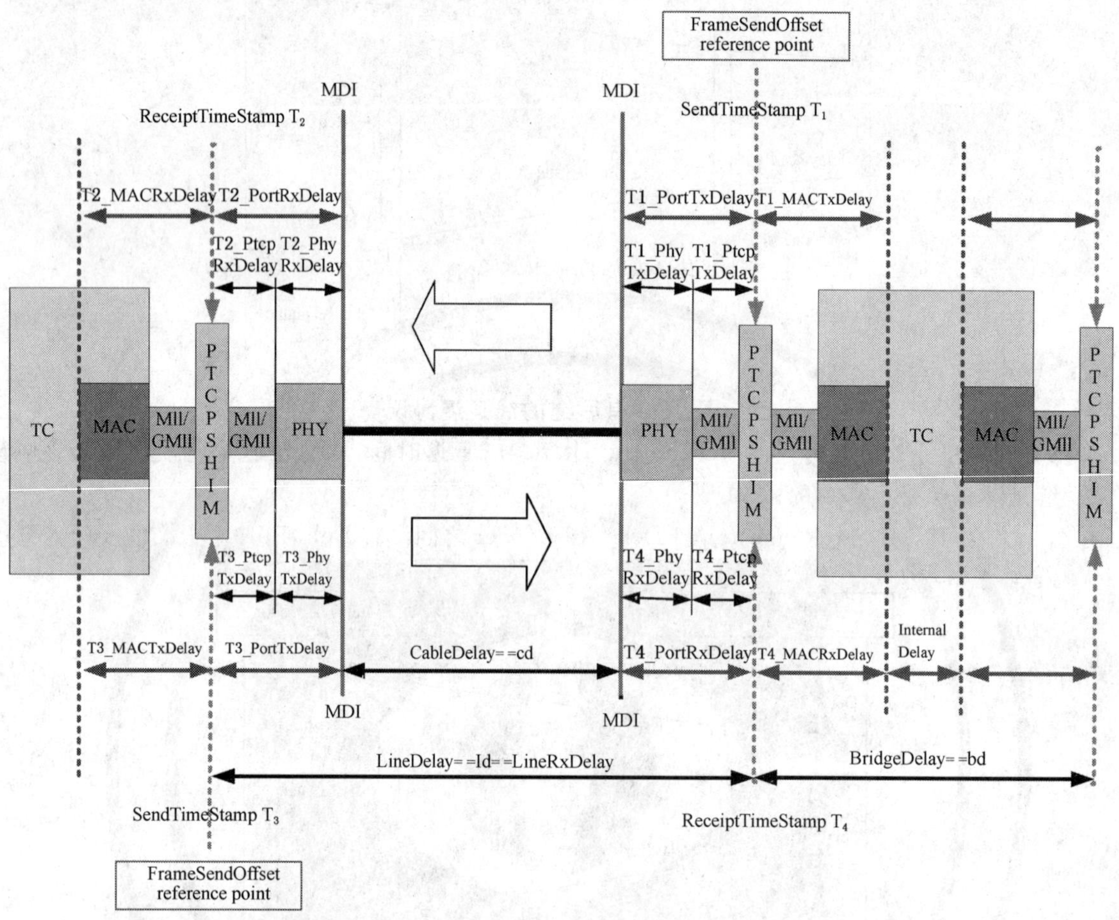

图 18 线延迟测量

注 1：简化的媒体无关接口(RMII)使其内部的 50MHz 时钟与 PHY 的 25 MHz 的时钟同步。它造成 20 ns 的量化误差。此抖动不能被补偿。媒体无关接口(MII)使用没有此误差的 PHY 时钟。

注 2：对于电缆类型 Class D，每 100 m 电缆长度最大具有 45 ns 的延迟偏差。它造成 45 ns 的量化误差。此抖动不能被补偿。选择更好的电缆来减少此误差。

端口接收/传输延迟(例如：T1_PortTxDelay)包含所用 PHY 组件的线延迟和与引用时间戳的偏差。

$$\text{T1\_PortTxDelay} = \text{T1\_PhyTxDelay} + \text{T1\_PtcpTxDelay} \quad \cdots\cdots (22)$$

$$\text{T3\_PortTxDelay} = \text{T3\_PhyTxDelay} + \text{T3\_PtcpTxDelay} \quad \cdots\cdots (23)$$

$$\text{T2\_PortRxDelay} = \text{T2\_PhyRxDelay} + \text{T2\_PtcpRxDelay} \quad \cdots\cdots (24)$$

$$\text{T4\_PortRxDelay} = \text{T4\_PhyRxDelay} + \text{T4\_PtcpRxDelay} \quad \cdots\cdots (25)$$

$$\text{CableDelay} = (\text{ReqDelay} - \text{ResDelay} - \text{T1\_PortTxDelay} - \text{T2\_PortRxDelay} - \text{T3\_PortTxDelay} - \text{T4\_PortRxDelay})/2 \quad \cdots\cdots (26)$$

$$\text{LineDelay} = \text{CableDelay} + \text{T3\_PortTxDelay} + \text{T4\_PortRxDelay} \quad \cdots\cdots (27)$$

LineSyncDelay 是 Sync-Frame 的线延迟。由于所包括的通信路径的不对称，以及由于时间戳的分辨率，要精确地确定线延迟是基本上不可能的。

PTCP 时钟通过检查节点之间的线延迟可以发现非 PTCP 邻居。当交换机(switch)延迟在若干(大于 2)ns 的范围内时，用 100 m 双绞线电缆(100 Base TX)连接的两个节点之间的延迟大约是 500 ns。

图 19 示出了 GSDML 用法的模型参数。参数 MaxBridgeDelay、MaxPortTXDelay 和 MaxPortRX-Delay 给工程工具提供用于 RT_CLASS_3 的计算基础。

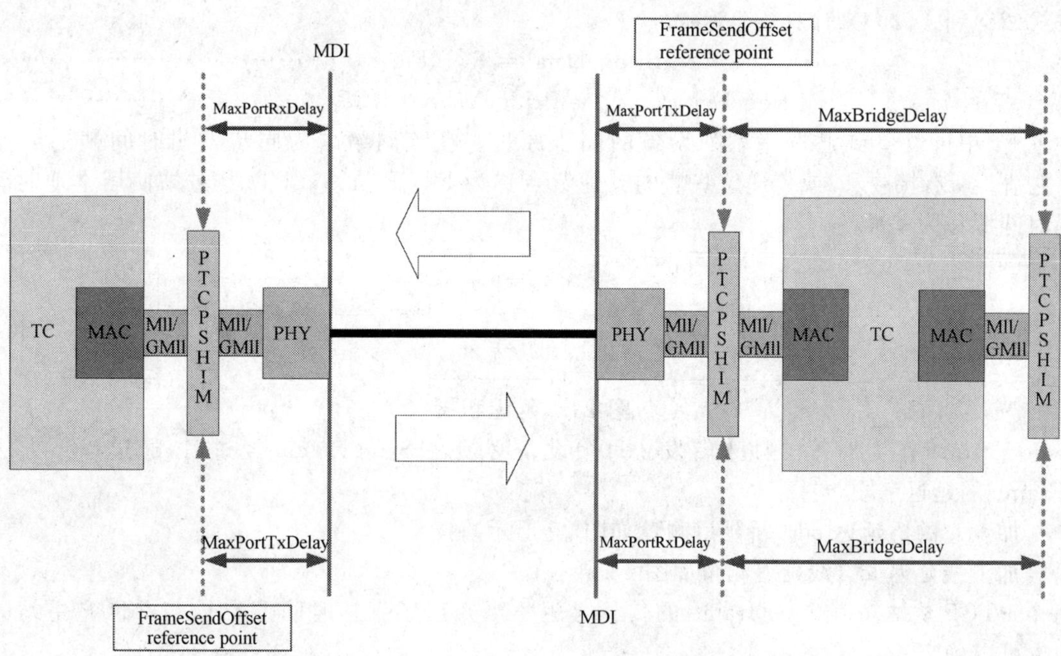

图 19 GSDML 用法的模型参数

4.4.4.1.4 sync-Frame 转发

转发 PTCP 同步报文的设备测量桥延迟(如图 20 所示),并将此时间加进同步或后继报文中的延迟字段。

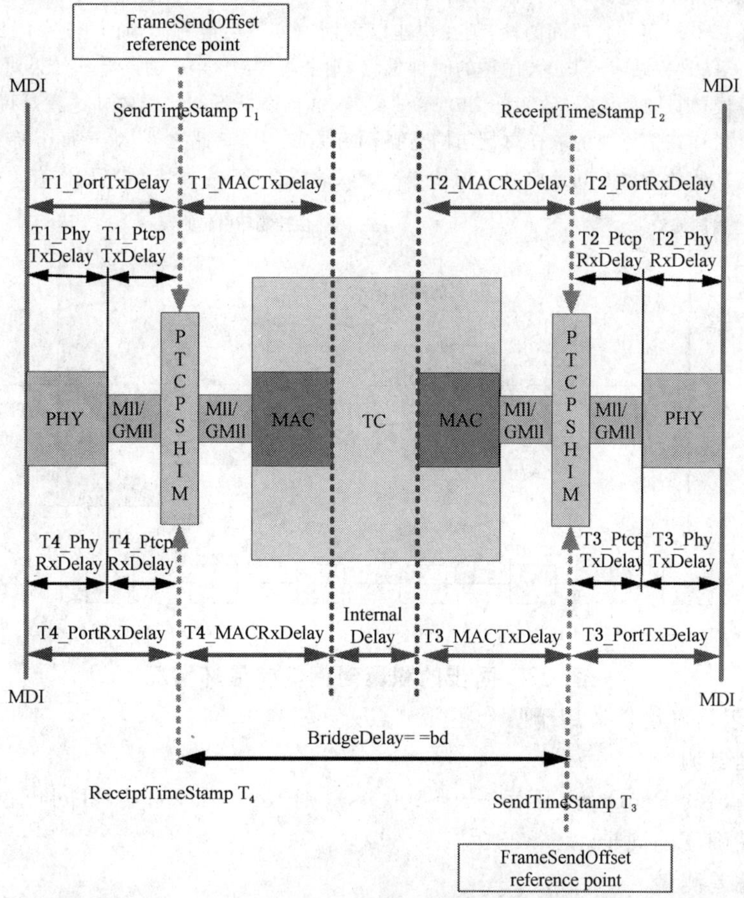

图 20 桥延迟测量

按式(28)和式(29)来计算桥延迟：

$$BridgeDelay = T_3 - T_4 \quad \cdots\cdots(28)$$

$$BridgeDelay_{SyncMaster} = BridgeDelay \times RCF_{SyncMaster} \quad \cdots\cdots(29)$$

在图21中可以看到通过一系列设备的同步原理。在该网络中为同步发出时间帧的节点称为PTCP主站。所有接收和/或传递这些帧的其他节点称为PTCP从站。PTCP主站使用本地时间系统或全局时间源作为基准。

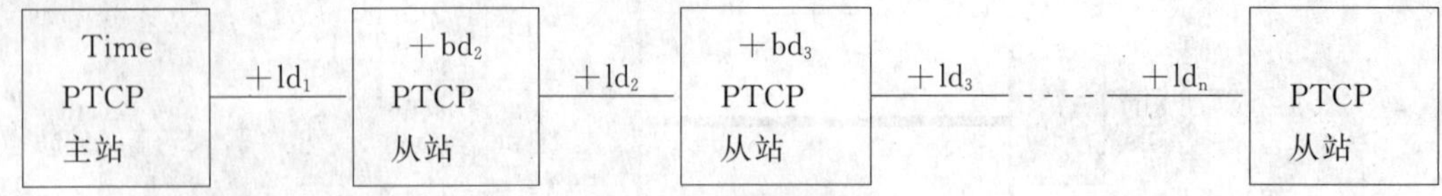

图21　延迟积聚

Sync-Frames作为对等的帧来转发。每个设备必须在Sync-Frame经过时，通过以下方法调整Sync-Frame的延迟字段。

——加上它的桥延迟 bd_x(桥延迟测量如图20所示)；

——加上线延迟 ld_x(线延迟测量如图18所示)。

每个PTCP从站知道Sync frame的传播延迟。当知道了到达时间 T_2 时，与PTCP主站的偏差(drift)也可以确定了。

4.4.4.1.5　速率补偿

4.4.4.1.5.1　桥延迟

如果桥延迟显著(几个100 μs)，则该值应通过速率补偿(rate compensation)来校正，以达到更精确的同步。同步的积聚时间偏差最坏情况见图22。

示例：如果要发出12 000倍比特时间的帧，则在快速以太网速度下后继时间帧的延迟约120 μs。如果存在 100×10^{-6} 的时钟偏移，并且PTCP主站有 -100×10^{-6} 的时钟偏移，则这将导致24 ns的误差。如果对于PTCP帧无任何优先级，且有10个帧排队等候，则这将可能导致额外240 ns的误差，这也许是不能接受的。这就是说，大的延迟值意味着较小的延迟值精度。每个时钟在节点上的取样总是与同步抖动有关联的。除此之外，对于每个桥总是存在控制误差。一个网络的任何两个节点之间的最大时间差取决于拓扑——级联的桥会导致一个与级联层次有关的误差。

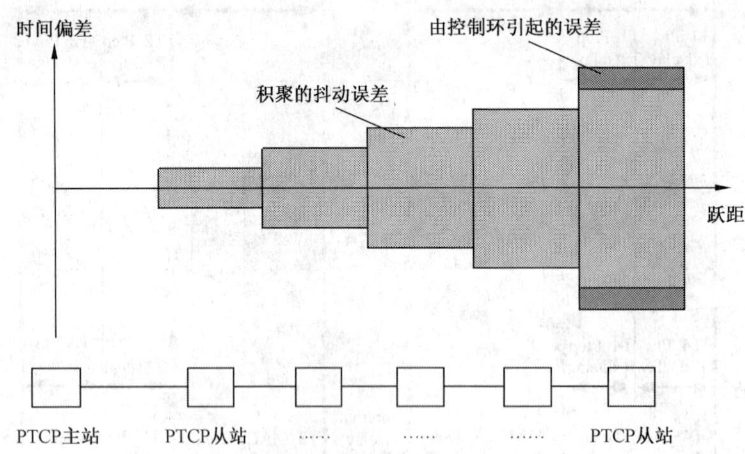

图22　同步的积聚时间偏差最坏情况

同步的最高要求精确度仅适用于两个相邻节点。

4.4.4.1.5.2　线延迟测量

如果图17中指出的ReqDelay显著(若干100 μs)，则ReqDelay和ResDelay的值应通过速率补偿来校正，以实现高精确度的同步。

4.4.4.1.6　时间偏差测量

为了实现该偏差的测量，需要硬件发信号。对于每个所支持的PTCP_SyncID，应产生一个信号。这只在测量实验室环境下才可能实现。

图 23 和图 24 示出了偏差测量的基本原理。

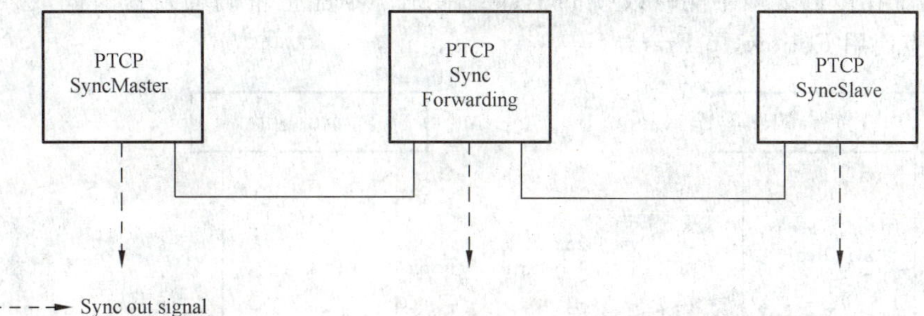

图 23 偏差测量的方案

对于时钟同步,应每个周期发送信号(如图 13 所示)。对于时间同步,应每秒发送信号。

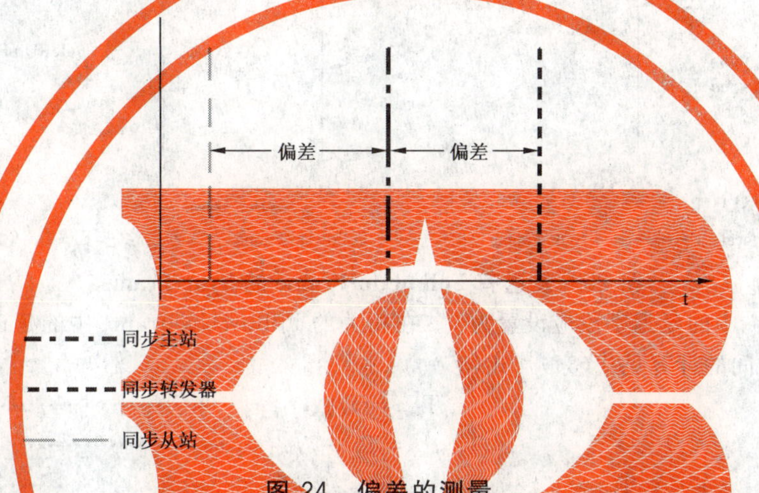

图 24 偏差的测量

4.4.4.1.7 同步协议

4.4.4.1.7.1 用 Sync-Frame 同步

PTCP 主站周期性地发送 Sync-Frames。如图 25 中描述的同步方案需要传输精确的 Sync-Frame 发送时间作为延迟的初始值。延迟时间的计算见式(30)~式(33)。

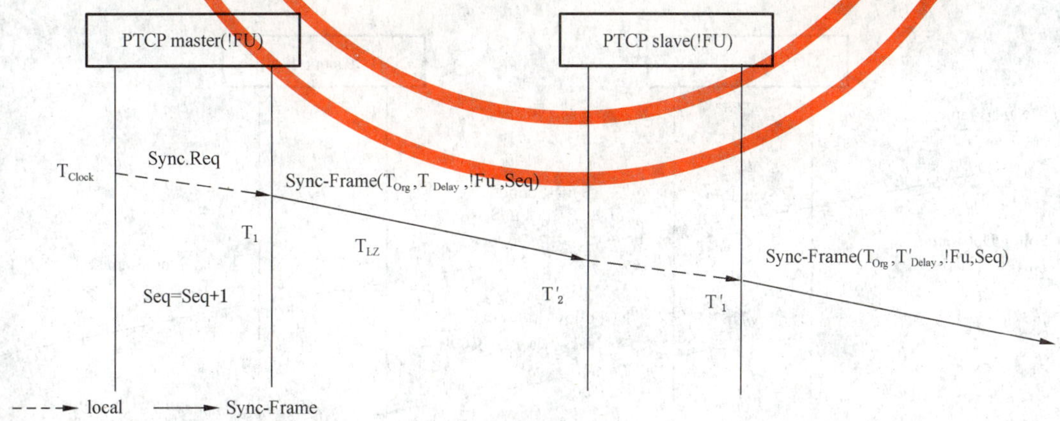

图 25 发送无 Follow Up-Frame 的 Sync-Frame

$$T_{Org}=T_{Clock} \qquad (30)$$

$$T_{Delay}=T_1-T_{Clock} \qquad (31)$$

$$T'_{err}=T'_2-(T_{Org}+T_{Delay}+T_{LZ}) \qquad (32)$$

$$T'_{Delay}=T_{Delay}+T_{LZ}+(T'_1-T'_2) \qquad (33)$$

4.4.4.1.7.2 用 Sync-Frame 和 FollowUp-Frame 同步

图 26 表示了在传输之前不能修改帧的 PTCP 主站。不能把精确的发送时间放入 Sync-Frame 中的 PTCP 主站应使用 FollowUp-Frame。

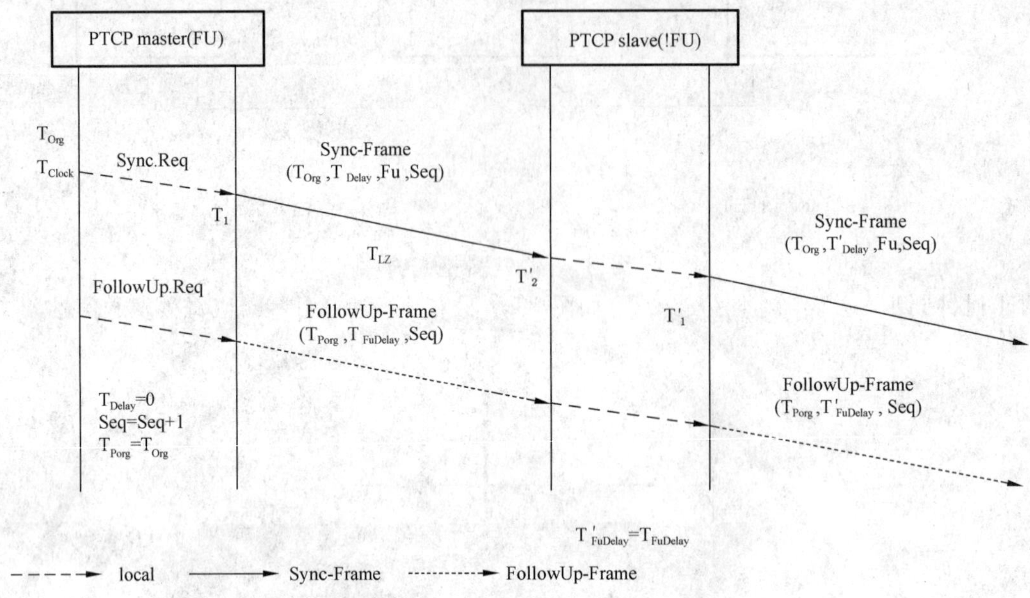

图 26 发送有 FollowUp-Frame 的 Sync-Frame

在 Sync-Frame 中的延迟字段应设置为 0。在相关的 FollowUp-Frame 中的延迟($T_{FuDelay}$)包含延迟的初始值。延迟时间的计算见式(34)～式(37)。

$$T_{Org}=T_{Clock} \qquad (34)$$

$$T_{FuDelay}=T_1-T_{Clock} \qquad (35)$$

$$T_{err}=T'_2-(T_{Porg}+T'_{Delay}+T'_{FuDelay}+T'_{LZ}) \qquad (36)$$

$$T'_{Delay}=T_{Delay}+T_{LZ}+(T'_1-T'_2) \qquad (37)$$

如图 27 所示的 PTCP 从站在传输(! FU-Node)之前可以修改帧,它在通过时,将其内部的桥延迟和线延迟加进该 Sync-Frame 的延迟值中。无修改地转发 FollwUp-Frame。延迟时间的计算见式(38)～式(41)。

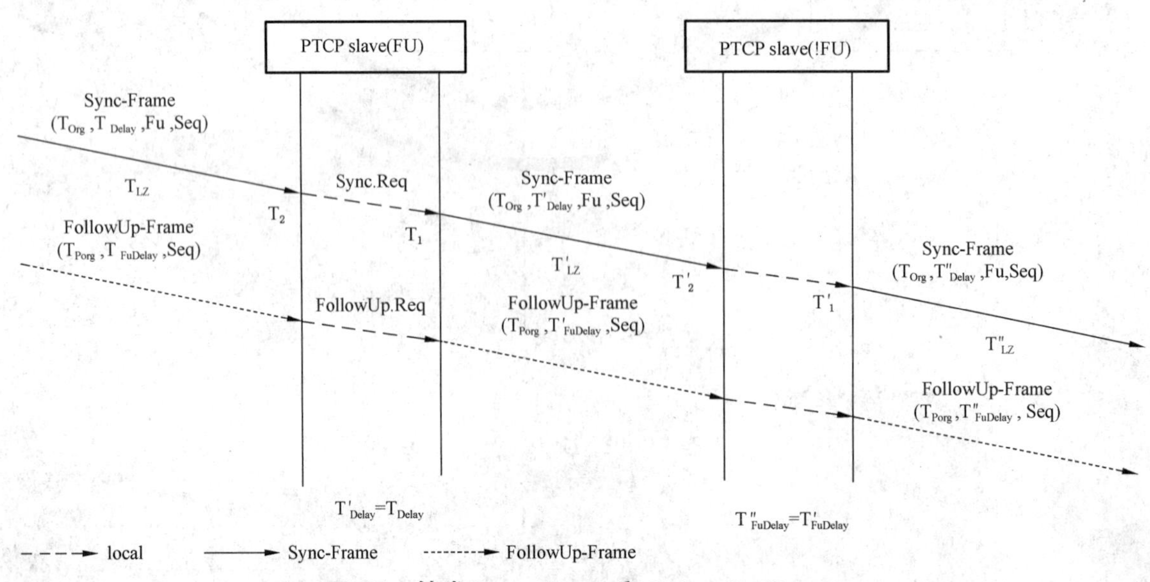

图 27 转发 Sync-Frame 和 FollowUp-Frame

$$T_{err} = T_2 - (T_{Porg} + T_{Delay} + T_{FuDelay} + T_{LZ}) \qquad (38)$$

$$T'_{FuDelay} = T_{FuDelay} + T_{LZ} + (T_1 - T_2) \qquad (39)$$

$$T'_{err} = T'_2 - (T_{Porg} + T'_{Delay} + T'_{FuDelay} + T'_{LZ}) \qquad (40)$$

$$T''_{Delay} = T'_{Delay} + T'_{LZ} + (T'_1 - T'_2) \qquad (41)$$

4.4.4.1.7.3 同步变型的协同操作

IEEE 802.3 的有些实现不允许在传输期间修改帧。在 T_{Org} 与发送 Sync-Frame 的时间之间的精确延迟将在第 2 个帧(称之为 FollowUp-Frame)中来发送。在 Sync-Frame 通过 PTCP 从站(FU-Node)时,如果 PTCP 从站不能将其内部的桥延迟和线延迟加进该 Sync-Frame 的延迟值中,则应将其内部的桥延迟和线延迟放入所产生的 FollowUp-Frame 的延迟值中。在图 28 中示出了此原理。延迟时间的计算见式(42)~式(46)。

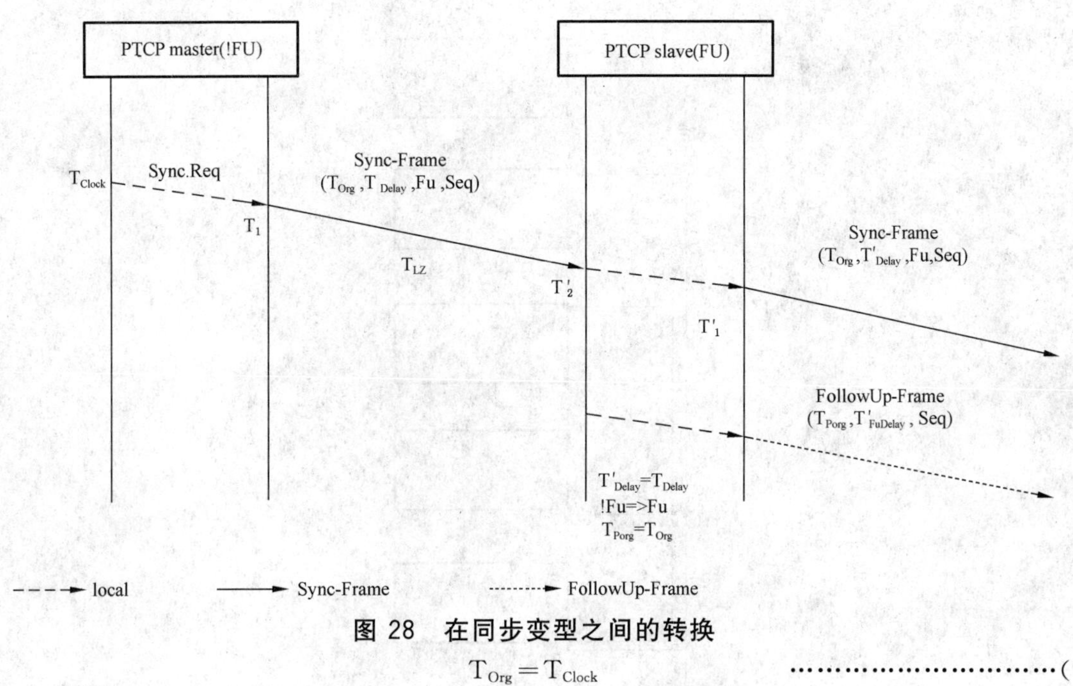

图 28 在同步变型之间的转换

$$T_{Org} = T_{Clock} \qquad (42)$$

$$T_{Offset} = T'_2 - (T_{Org} + T_{Delay} + T_{LZ}) \qquad (43)$$

$$T'_{FuDelay} = T_{LZ} + (T'_1 - T'_2) \qquad (44)$$

$$T'_{err} = T'_2 - (T_{Porg} + T'_{Delay} + T'_{FuDelay} + T'_{LZ}) \qquad (45)$$

$$T''_{Delay} = T'_{Delay} + T'_{LZ} + (T'_1 - T'_2) \qquad (46)$$

4.4.4.1.8 错误恢复

链路断(Link down)将删除线延迟。线延迟测量错误将停止转发所有的同步报文。

为了处理在冗余路径中的冗余切换,仅在该序号与先前转发报文的差是正时才应转发 Sync-Frame。这就防止了可能破坏后继顺序的重复。

只要存在有效的线延迟测量可供使用,可以使用一条可选路径。

有 2 个超时:

——延迟测量:在延迟请求与延迟响应之间所允许的时间;

——同步监视:在两个后继同步帧之间所允许的时间。

线延迟测量超时应是比时间主站的超时更高,并在每次线延迟更新时被独立地计算。

由于资源限制,主站数据库的大小可能受到限制。在任何时侯,两个主站应是可能存在的。依据 BMA 算法,可能将取消某个同步主站的活动。

对于某些技术(例如,100 Base TX 的线延迟值低于 1 μs),线延迟值可能要受到限制。应报告错误,但对其反应不属本部分的范畴。

4.4.4.2 线延迟测量

4.4.4.2.1 线延迟请求协议机(DelayRequest)

4.4.4.2.1.1 原语定义

——在 DelayRequest 与 ASE 之间交换的原语

这些服务原语及其相关参数在服务定义中以 PTCP ASE 进行描述,它们由 DelayRequest 用户发出并由 DelayRequest 接收,反之亦然。

4.4.4.2.1.2 状态机描述

线延迟测量应由每个端口发起,并应按 8 s 的间隔重复。发送延迟请求帧的状态机称之为 DelayRequestor。

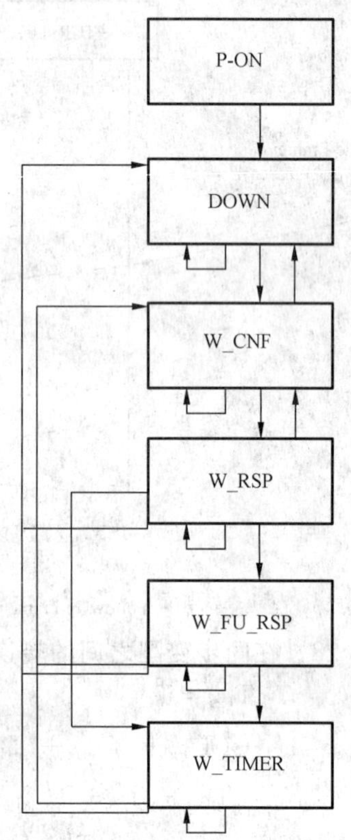

图 29 延迟请求的状态转换图

DelayRequest 的状态如下:

——P_ON

本地数据的初始化。

——DOWN

端口链路断。链路通(Link up)后,通过发送的延迟请求帧来发起线延迟测量。

——W_CNF

等待延迟请求的证实并存储该延迟请求报文的传送时间戳。

——W_RSP

等待来自 DelayResponder 的延迟响应帧。

——W_FU_RSP

等待延迟响应后继帧并计算线延迟。

——W_TIMER

等待超时以重复该线延迟测量。

DelayRquest 的本地变量如下：

——Tx_TStamp_T1

此本地变量包含该延迟请求帧的传送时间戳。

——Rx_TStamp_T4

此本地变量包含该延迟响应帧的接收时间戳。

——Rx_TStamp1_T2

此本地变量包含由延迟响应方接收延迟请求帧的时间戳。

——Rx_TStamp2_T2

此本地变量包含由延迟响应方接收延迟请求帧的时间戳。

——SequenceID

此本地变量包含该延迟请求报文的序号。该序号应因每次延迟测量而增加。

4.4.4.2.1.3 DelayRequest 状态表

表 93 包含 DelayRequest 所使用的状态表。

表 93 DelayRequest 状态表

#	当前状态	事件/条件 =〉动作	下一状态
1	P-ON	=〉 NRepeat := 0 SequenceID := 0 RESET_RCF_PEER RESET_LINE_DELAY	DOWN
2	DOWN	MAUType_Change.ind(−)(PortID,MAU_Type,LINK_Status) /! LINK_OK =〉 ignore	DOWN
3	DOWN	MAUType_Change.ind(+)(PortID,MAU_Type,LINK_Status) /LINK_OK =〉 DelayT.start(DELAY_REQ_SHORT_INTERVAL) DelayReq_Req(Port,PTCP_DELAY_REQ_PDU)	W_CNF
4	W_CNF	DelayReq_Cnf(−)(D_Port,TStamp,Status) =〉 SequenceID ++	W_TIMER
5	W_CNF	DelayReq_Cnf(+)(D_Port,TStamp,Status) /Status == OK =〉 Tx_TStamp_T1 := TStamp	W_RSP
6	W_CNF	MAUType_Change.ind(−)(PortID,MAU_Type,LINK_Status) /! LINK_OK =〉 NRepeat := 0 DelayT.stop SequenceID ++ RESET_RCF_PEER RESET_LINE_DELAY	DOWN

表 93（续）

#	当前状态	事件/条件 =〉动作	下一状态
7	W_CNF	MAUType_Change. ind(+)(PortID,MAU_Type,LINK_Status) /LINK_OK =〉 ignore	W_CNF
8	W_CNF	DelayT. expired =〉 SequenceID ++ DelayT. start(DELAY_REQ_SHORT_INTERVAL) DelayReq_Req(Port,PTCP_DELAY_REQ_PDU)	W_CNF
9	W_CNF	LineT. expired =〉 RESET_LINE_DELAY	W_CNF
10	W_RSP	DelayResp_Ind(−)(S_Port,TStamp,PTCP_DELAY_RES_PDU) =〉 ignore	W_RSP
11	W_RSP	DelayResp_Ind(+)(S_Port,TStamp,PTCP_DELAY_RES_PDU) /CHECK_DELAY_RSP_VALID && CHECK_DELAY_RSP_WITH_FU_RSP =〉 Rx_Tstamp2_T2 := Rx_Tstamp1_T2Rx_Tstamp1_T2 := PTCP_DELAY_RES_PDU. T2TimeStamp Delay := PTCP_DELAY_RES_PDU. DelayRx_TStamp_T4 := Tstampif(NRepeat 〉 0) CALC_RCF_PEER	W_FU_RSP

12	W_RSP	DelayResp_Ind(+)(S_Port,TStamp,PTCP_DELAY_RES_PDU)
		/CHECK_DELAY_RSP_VALID
		&& ! CHECK_DELAY_RSP_WITH_FU_RSP
		&& CHECK_DELAY_VALID
		=〉
		Rx_Tstamp2_T2 := Rx_Tstamp1_T2
		Rx_Tstamp1_T2 := PTCP_DELAY_RES_PDU. T2TimeStamp
		Rx_TStamp_T4 := Tstamp
		Delay := PTCP_DELAY_RES_PDU. Delay
		if(NRepeat 〉 0)
		  CALC_RCF_PEER
		  CALC_LINE_DELAY
		  LineT. start(TIMEOUT_LINE_DELAY)
		NRepeat ++
			W_TIMER

13	W_RSP	DelayResp_Ind(+)(S_Port,TStamp,PTCP_DELAY_RES_PDU) /CHECK_DELAY_RSP_VALID && ! CHECK_DELAY_RSP_WITH_FU_RSP && ! CHECK_DELAY_VALID =〉 SET_DUMMY_LINE_DELAY LineT. start(TIMEOUT_LINE_DELAY) DelayT. start(DELAY_REQ_SHORT_INTERVAL)	W_TIMER

表 93（续）

#	当前状态	事件/条件 =〉动作	下一状态
14	W_RSP	MAUType_Change.ind(－)(PortID,MAU_Type,LINK_Status) /! LINK_OK =〉 NRepeat := 0 DelayT.stop SequenceID ++ RESET_RCF_PEER RESET_LINE_DELAY	DOWN
15	W_RSP	MAUType_Change.ind(＋)(PortID,MAU_Type,LINK_Status) /LINK_OK =〉 ignore	W_RSP
16	W_RSP	DelayT.expired =〉 SequenceID ++ Nrepeat := 0 RESET_RCF_PEER DelayT.start(DELAY_REQ_LONG_INTERVAL)	W_TIMER
17	W_RSP	LineT.expired =〉 RESET_LINE_DELAY	W_RSP
18	W_FU_RSP	DelayResp_Ind(－)(S_Port,TStamp,PTCP_DELAY_RES_PDU)=〉ignore	W_FU_RSP
19	W_FU_RSP	DelayResp_Ind(＋)(S_Port,TStamp,PTCP_DELAY_RES_PDU) /CHECK_DELAY_RSP_VALID =〉 NRepeat := 0 DelayT.stop DelayT.start(DELAY_REQ_LONG_INTERVAL) RESET_LINE_DELAY	W_TIMER
20	W_FU_RSP	DelayFuResp_Ind(－)(S_Port,TStamp,PTCP_DELAY_FURES_PDU) =〉 ignore	W_FU_RSP

21	W_FU_RSP	DelayFuResp_Ind(＋)(S_Port,TStamp,PTCP_DELAY_RES_PDU)
		/CHECK_DELAY_FU_RSP_VALID
		=〉
		Delay := Delay + PTCP_DELAY_FURES_PDU.Delay
		if(NRepeat 〉 0)
		  CALC_LINE_DELAY
		  LineT.start(TIMEOUT_LINE_DELAY)
		NRepeat ++
			W_TIMER

表 93（续）

#	当前状态	事件/条件 =〉动作	下一状态
22	W_FU_RSP	MAUType_Change. ind(－)(PortID, MAU_Type, LINK_Status) /! LINK_OK =〉 NRepeat := 0 DelayT. stop SequenceID ++ RESET_LINE_DELAY	DOWN
23	W_FU_RSP	MAUType_Change. ind(＋)(PortID, MAU_Type, LINK_Status) /LINK_OK =〉 ignore	W_FU_RSP
24	W_FU_RSP	DelayT. expired =〉 SequenceID ++ DelayT. start(DELAY_REQ_SHORT_INTERVAL) DelayReq_Req(Port, PTCP_DELAY_REQ_PDU)	W_CNF
25	W_FU_RSP	LineT. expired =〉 RESET_LINE_DELAY	W_FU_RSP
26	W_TIMER	DelayResp_Ind(－)(S_Port, TStamp, PTCP_DELAY_RES_PDU) =〉 ignore	W_TIMER
27	W_TIMER	DelayResp_Ind(＋)(S_Port, TStamp, PTCP_DELAY_RES_PDU) /CHECK_DELAY_RSP_VALID =〉 NRepeat := 0 RESET_RCF_PEER RESET_LINE_DELAY DelayT. stop DelayT. start(DELAY_REQ_LONG_INTERVAL)	W_TIMER
28	W_TIMER	MAUType_Change. ind(－)(PortID, MAU_Type, LINK_Status) /! LINK_OK =〉 NRepeat := 0 SequenceID ++ DelayT. stop RESET_RCF_PEER RESET_LINE_DELAY	DOWN
29	W_TIMER	MAUType_Change. ind(＋)(PortID, MAU_Type, LINK_Status) /LINK_OK =〉 ignore	W_TIMER

表 93（续）

#	当前状态	事件/条件 =〉动作	下一状态
30	W_TIMER	DelayT. expired /NRepeat 〈 MAX_DELAY_REQ_REPEAT =〉 SequenceID ++ DelayT. start(DELAY_REQ_SHORT_INTERVAL) DelayReq_Req(Port,PTCP_DELAY_REQ_PDU)	W_CNF
31	W_TIMER	DelayT. expired /NRepeat 〉= MAX_DELAY_REQ_REPEAT =〉 NRepeat := 0 RESET_RCF_PEER DelayT. start(DELAY_REQ_LONG_INTERVAL)	W_TIMER
32	W_TIMER	LineT. expired =〉 RESET_LINE_DELAY	W_TIMER

4.4.4.2.1.4 宏

表 94 包含 DelayRequest 所使用的宏(macros)。

表 94 **DelayRequest** 所使用的宏

名　称	含　义
CHECK_DELAY_RSP_VALID	检查 PTCP_DelayResPDU 的参数 PTCP_Sequence == SequneceID PTCP_RequestSourceAddress == Local_SA PTCP_RequestPortID == Port
CHECK_DELAY_RSP_WITH_FU_RSP	检查 FrameID == 0xFF41of PTCP_DelayResPDU
CHECK_DELAY_RSP_HIGH_ACCURACY	检查 PTCP_DelayResPDU 的高精确度的参数 PTCP_SubdomainUUID := Subdomain UUID of PTCP_DelayReqPDU PTCP_MasterSourceAddress == Sync master source MAC of PTCP_DelayReqPDU PTCP_SyncID == SyncID of PTCP_DelayReqPDU
CALC_LINE_DELAY	线延迟是最后 8 个延迟测量的算术平均值
RESET_LINE_DELAY	设置线延迟为 0
SET_DUMMY_LINE_DELAY	设置线延迟为 1
CALC_RCF_PEER	计算对邻居的频繁偏差
RESET_RCF_PEER	设置 RCF_PEER 为 0

4.4.4.2.1.5 功能

表 95 包含 DelayRequest 所使用的功能(functions)。

表 95 **DelayRequest** 所使用的功能

名称	含义
DelayReq_Req(Port,PTCP_DELAY_REQ_PDU)	依据 PTCP_DELAY_REQ_PDU 创建 PTCP-PDU 分配: D_Port := Port DA := PTCP_MulticastMACadd for PTCP_DELAY_REQ_PDU SA := local port address PTCP_DELAY_REQ_PDU. SequenceID := SequenceID PTCP_DELAY_REQ_PDU. PortMACAddress := local port address A_SDU := LT,FrameID,PTCP_DELAY_REQ_PDU LMPM_P_Data. req(CREP,D_Port,TStamp,DA,SA,A_SDU)
DelayReq_Cnf(D_Port,TStamp,Status)	LMPM_P_Data. conf(CREP,D_Port,TStamp,LMPM_Status) 分配: Status := LMPM_Status
DelayResp_Ind(S_Port,TStamp,PTCP_DELAY_RSP_PDU)	依据 PTCP_DELAY_RSP_PDU 接收 PTCP-PDU LMPM_P_Data. ind(CREP,S_Port,TSamp,DA,SA,A_SDU) 分配: PTCP_DELAY_RSP_PDU := A_SDU without LT and FrameID
DelayFuResp_Ind(S_Port,TStamp,PTCP_DELAY_FU_RSP_PDU)	依据 PTCP_DELAY_FU_RSP_PDU 接收 PTCP-PDU LMPM_P_Data. ind(CREP,D_Port,TSamp, DA,SA,A_SDU) 分配: PTCP_DELAY_FU_RSP_PDU := A_SDU without LT and FrameID

——DelayReq_Req,DelayReq_Cnf,DelayResp_Ind 和 DelayFuResp_Ind

这些本地宏用于发送 PTCP_DelayReqPDU,或用于接收 PTCP_DelayResPDU 或 PTCP_DelayFuResPDU。

4.4.4.2.2 线延迟响应协议机(DelayResponse)

4.4.4.2.2.1 状态机描述

每个延迟请求报文应立即用一个延迟响应报文来响应。接收延迟请求帧的状态机称之为 DelayResponder。

图 30 示出了延迟响应状态机。

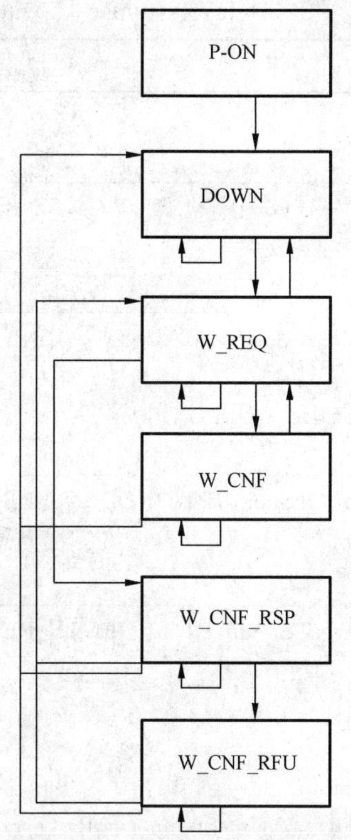

图 30 延迟响应的状态转换图

DelayResponse 的状态如下：

——P_ON

数据初始化。

——DOWN

端口链接断。等待链接通。

——W_REQ

如果接收到延迟请求报文，则接收时间戳将被存储，并且 DelayResonder 发送一个延迟响应报文。

——W_CNF

等待延迟响应请求的证实。

——W_CNF_RSP

等待延迟响应报文的证实，计算延迟响应时间并发送一个延迟响应后继报文。

——W_CNF_RFU

等待延迟响应后继报文的证实。

DelayResponse 的本地变量如下：

——Rx_TStamp_T2

此本地变量包含延迟请求报文的接收时间戳。

——Tx_TStamp_T3

此本地变量包含延迟响应报文的传送时间戳。

4.4.4.2.2.2 **DelayResponse 状态表**

表 96 包含 DelayResponse 所使用的状态表。

表 96 **DelayResponse** 状态表

#	当前状态	事件/条件 =〉动作	下一状态
1	P-ON	 =〉	DOWN
2	DOWN	MAUType_Change. ind(−)(PortID,MAU_Type,LINK_Status) =〉 ignore	DOWN
3	DOWN	MAUType_Change. ind(+)(PortID,MAU_Type,LINK_Status) /LINK_Status == Up && MAU_Type == FULL_DUPLEX =〉	W_REQ
4	W_REQ	DelayReq_Ind(−)(S_Port,TStamp,PTCP_DELAY_REQ_PDU) =〉 ignore	W_REQ
5	W_REQ	DelayReq_Ind(+)(S_Port,TStamp,PTCP_DELAY_REQ_PDU) /FU_RES =〉 store PTCP_DELAY_REQ_PDU Rx_TStamp_T2 := Tstamp PTCP_DEALY_RES_PDU. T2TimeStamp := Rx_Tstamp_T2 DelayResp_Req(Port,PTCP_DELAY_RES_PDU)	W_CNF_RSP
6	W_REQ	DelayReq_Ind(+)(S_Port,TStamp,PTCP_DELAY_REQ_PDU) /! FU_RES =〉 store PTCP_DELAY_REQ_PDU Rx_TStamp_T2 := Tstamp PTCP_DEALY_RES_PDU. T2TimeStamp := Rx_Tstamp_T2 DelayResp_Req(Port,PTCP_DELAY_RES_PDU)	W_CNF
7	W_REQ	DelayReq_Ind(+)(S_Port,TStamp,PTCP_DELAY_REQ_PDU) /! FU_TIMESTAMP =〉 store PTCP_DELAY_REQ_PDU PTCP_DEALY_RES_PDU. Delay := 0 DelayResp_Req(Port,PTCP_DELAY_RES_PDU)	W_CNF
8	W_REQ	MAUType_Change. ind(−)(PortID,MAU_Type,LINK_Status) =〉	DOWN
9	W_REQ	MAUType_Change. ind(+)(PortID,MAU_Type,LINK_Status) /LINK_Status == Up && MAU_Type == FULL_DUPLEX =〉 ignore	W_REQ
10	W_CNF	DelayResp_Cnf(−)(D_Port,TStamp,Status) =〉	W_REQ
11	W_CNF	DelayResp_Cnf(+)(D_Port,TStamp,Status) /Status == OK =〉	W_REQ

表 96（续）

#	当前状态	事件/条件 =〉动作	下一状态
12	W_CNF	MAUType_Change. ind(－)(PortID,MAU_Type,LINK_Status) =〉	DOWN
13	W_CNF	MAUType_Change. ind(＋)(PortID,MAU_Type,LINK_Status)/LINK_Status == Up && MAU_Type == FULL_DUPLEX =〉 ignore	W_CNF
14	W_CNF_RSP	DelayResp_Cnf(－)(D_Port,TStamp,Status) =〉	W_REQ
15	W_CNF_RSP	DelayResp_Cnf(＋)(D_Port,TStamp,Status) /Status == OK =〉 Tx_TStamp_T3 := TStamp PTCP_DEALY_RES_PDU. Delay := CALC_RESIDENTIAL_TIME DelayFuResp_Req(Port,PTCP_DELAY_FU_RES_PDU)	W_CNF_RFU
16	W_CNF_RSP	MAUType_Change. ind(－)(PortID,MAU_Type,LINK_Status) =〉	DOWN
17	W_CNF_RSP	MAUType_Change. ind(＋)(PortID,MAU_Type,LINK_Status) /LINK_Status == Up && MAU_Type == FULL_DUPLEX =〉 ignore	W_CNF_RSP
18	W_CNF_RFU	DelayFuResp_Cnf(－)(D_Port,TStamp,Status) =〉	W_REQ
19	W_CNF_RFU	DelayFuResp_Cnf(＋)(D_Port,TStamp,Status) /Status == OK =〉	W_REQ
20	W_CNF_RFU	MAUType_Change. ind(－)(PortID,MAU_Type,LINK_Status) =〉	DOWN
21	W_CNF_RFU	MAUType_Change. ind(PortID,MAU_Type,LINK_Status) /LINK_Status == Up && MAU_Type == FULL_DUPLEX =〉 ignore	W_CNF_RFU

4.4.4.2.2.3　宏

表 97 包含 DelayResponse 所使用的宏。

表 97　**DelayResponse 使用的宏**

名　称	含　义
CALC_RESIDENTIAL_TIME	计算驻留(residential)时间 ResTime := (Tx_Stamp_T3 — Rx_Stamp_T2)

4.4.4.2.2.4 功能

表 98 包含 DelayResponse 所使用的功能。

表 98 DelayResponse 使用的功能

名 称	含 义
DelayResp_Req(Port, PTCP_DELAY_RSP_PDU)	依据 PTCP_DELAY_RSP_PDU 创建 PTCP-PDU 分配: D_Port := Port DA := Multicast-MAC-Address for PTCP_DELAY_RSP_PDU SA := local port address PTCP_DELAY_RSP_PDU. SequenceID := PTCP_DELAY_REQ_PDU. SequenceID PTCP_DELAY_RSP_PDU. PortMACAddress := PTCP_DELAY_REQ_PDU. PortMACAddress PTCP_DELAY_REQ_PDU. T2PortRxDelay := T2_PortRxDelay PTCP_DELAY_REQ_PDU. T3PortTxDelay := T3_PortTxDelay PTCP_DELAY_REQ_PDU. T2TimeStamp := T2_TimeStamp A_SDU := LT,FrameID,PTCP_DELAY_RSP_PDU LMPM_P_Data. req(CREP,D_Port,TStamp,DA,SA,A_SDU)
DelayFuResp_Req(Port,ResTime, PTCP_DELAY_RSP_PDU)	依据 PTCP_DELAY_FU_RSP_PDU 创建 PTCP-PDU 分配: D_Port := Port DA := Multicast-MAC-Address for PTCP_DELAY_FU_RSP_PDU SA := local source address PTCP_Delay := ResTime A_SDU := LT,FrameID,PTCP_DELAY_FU_RSP_PDU LMPM_P_Data. req(CREP,D_Port,TStamp,DA,SA,A_SDU)
DelayResp_Cnf(D_Port,TStamp,Status)	LMPM_P_Data. conf(CREP,D_Port,TStamp,LMPM_Status) 分配: Status := LMPM_Status
DelayFuResp_Cnf(D_Port,TStamp,Status)	LMPM_P_Data. conf(CREP,D_Port,TStamp,LMPM_Status) 分配: Status := LMPM_Status
DelayReq_Ind(S_Port,TStamp,PTCP_DELAY_REQ_PDU)	依据 PTCP_DELAY_REQ_PDU 接收 PTCP-PDU LMPM_P_Data. ind(CREP,S_Port,TSamp, DA,SA,A_SDU) 分配: PTCP_DELAY_REQ_PDU := A_SDU without LT and FrameID

——DelayResp_Req,DelayFuResp_Req,DelayResp_Cnf,DelayFuResp 和 DelayReq_Ind

这些宏用于发送 PTCP_DelayResPDU 和 PTCP_DelayFuResPDU,或用于接收 PTCP_DelayReqPDU。

4.4.4.3 主从状态表概述

图 31 示出了 PTCP 状态表之间的交互作用的概况。

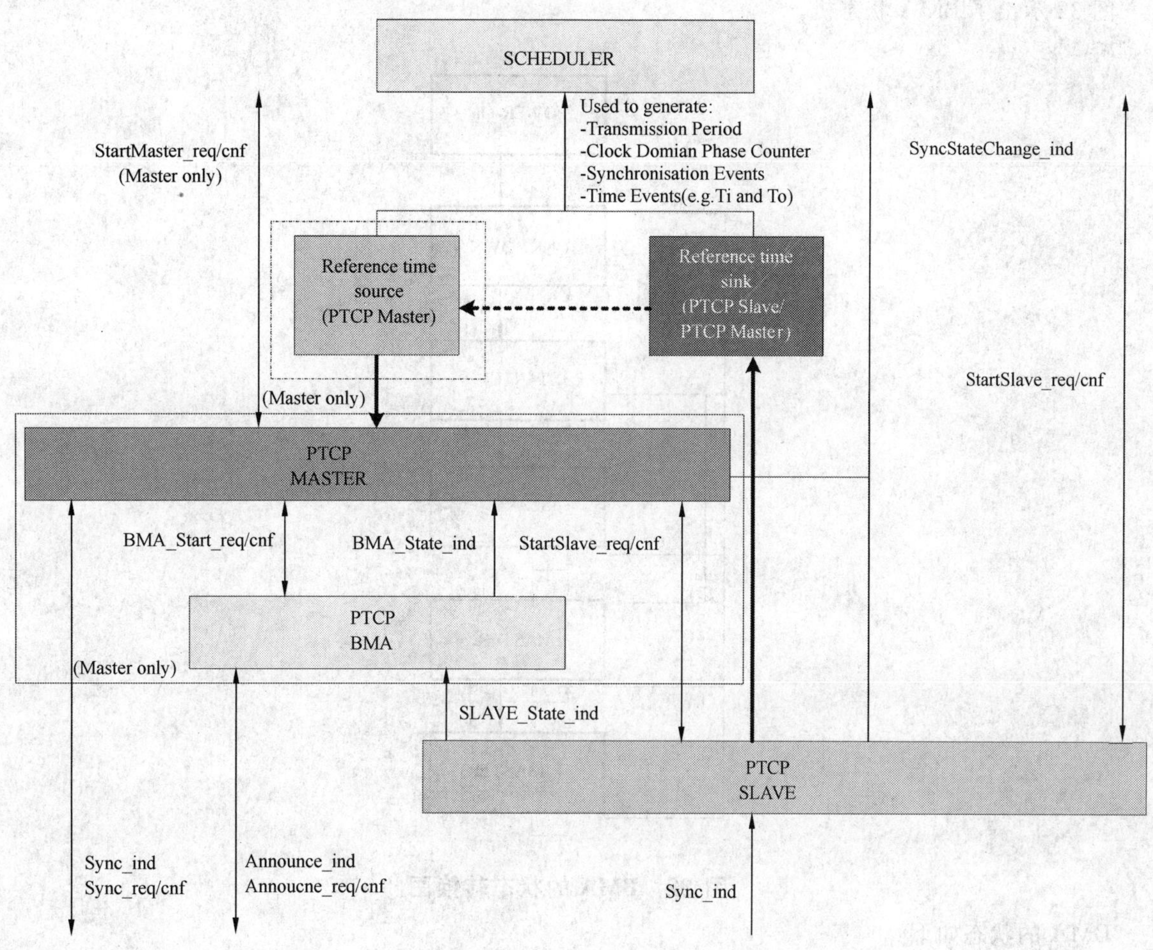

图 31 PTCP 概况

4.4.4.4 最佳主站算法(Best-Master-Algorithm)协议机(BMA)

4.4.4.4.1 原语定义

4.4.4.4.1.1 在 BMA 与 ASE 之间交换的原语

这些服务原语及其相关参数在服务定义中以 PTCP ASE 进行描述,它们由 BMA 用户发出并由 BMA 接收,反之亦然。

4.4.4.4.2 状态机描述

在启动期间,BMA 状态机应从所有通告具有主站能力的设备中选择最佳主站。这些决定通过每个主站本地来完成。对于每个 PTCPSyncID,都存在该状态机的一个实例。

实际上,不是每个设备都能成为主站或将要成为主站,状态机的行为取决它的角色。角色是通过 PTCP 服务来设置的。角色是主站、后备主站或从站。主站也需要具备从站功能。

具有主站角色的设备是否能成为主站或后备主站,应在启动期间通过最佳主站算法来确定。每个潜在的主站都必须发送通告报文,以参与主站和后备主站的选择。

主站选择分两步来完成。依据第一个接收到的通告报文,潜在的主站将被存储在主站列表中。依据下一个接收到的通告报文,如果它是最佳主站,则 BMA 选择此主站。

在主站竞争期间,所有潜在的主站将被收集在主站列表中。选择之后,它们通过改变而放弃。

如果已选择了主站，则该最佳主站开始发送同步报文。其余的潜在主站停止发送通告报文，并不得不作为从站。如果活动主站失败，则后备主站重新开始发送同步报文和通告报文。

图 32 示出了 BMA 状态机。

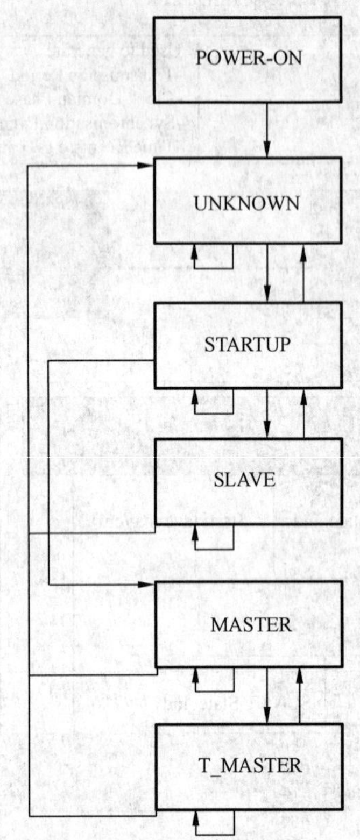

图 32 BMA 的状态转换图

BMA 的状态如下：

——POWER_ON

数据初始化。

——UNKNOWN

同步角色是未知的。应通过 PTCP 服务来设置角色。

——STARTUP

通过 PTCP 服务设置角色。潜在的主站开始发送通告(announce)报文。

——SLAVE

处于 SLAVE 状态的潜在主站应通过使用的同步化报文(来自同步域中的活动主站)来同步化。

——MASTER

在此状态，该设备(由于其同步属性)被选择为最佳主站。

——T_MASTER

这是一个转换状态，指出正在接收来自同步域中另一个潜在主站的通告报文。

4.4.4.4.3 BMA 状态表

表 99、表 100 和表 101 包含 BMA 所使用的状态表。

表 99 BMA 状态表

#	当前状态	事件/条件 =〉动作	下一状态
1	POWER-ON	=〉 ini MasterList SequenceID := 0 BestMaster := FALSE ACTIVE_MASTER_FLAG := FALSE AGING_MASTER_LIST MasterListAgingT. start(MASTER_AGING_TIME)	UNKNOWN
2	UNKNOWN	BMA_Start_req() =〉 Status := OK AnnTimer. start(AnnInterval) StartupTimer. start(3xMasterStartupTime) BMA_Start_conf(Status) Announce_req(PTCP_ANNOUNCE_PDU)	STARTUP
3	UNKNOWN	BMA_Stop_req() =〉 AnnTimer. stop() Status := OK BMA_Stop_conf(Status)	UNKNOWN
4	UNKNOWN	MasterListAgingT. expired() =〉 AGING_MASTER_LIST MasterListAgingT. start(MASTER_AGING_TIME)	UNKNOWN
5	STARTUP	BMA_Start_req() =〉 Status := WRONG_SEQUENCE BMA_Start_conf(Status)	STARTUP
6	STARTUP	BMA_Stop_req() =〉 AnnTimer. stop() StartupTimer. stop() Status := OK BMS_Stop_conf(Status)	UNKNOWN
7	STARTUP	Annouce_conf(−) =〉 Announce_req(PTCP_ANNOUNCE_PDU)	STARTUP
8	STARTUP	Annouce_conf(+) =〉 ignore	STARTUP
9	STARTUP	SLAVE_State_ind(State) =〉 ignore	STARTUP

表 99（续）

#	当前状态	事件/条件 =〉动作	下一状态
10	STARTUP	Announce_ind(PTCP_ANNOUNCE_PDU) /! VALID_SYNC_MASTER =〉 ignore	STARTUP
11	STARTUP	Announce_ind(PTCP_ANNOUNCE_PDU) /VALID_SYNC_MASTER && ! CHECK_IN_MASTER_LIST =〉 ADD_TO_MASTER_LIST	STARTUP
12	STARTUP	Announce_ind(PTCP_ANNOUNCE_PDU) /VALID_SYNC_MASTER && CHECK_IN_MASTER_LIST && ! VALID_ANNOUCE =〉	STARTUP
13	STARTUP	Announce_ind(PTCP_ANNOUNCE_PDU) /VALID_SYNC_MASTER && CHECK_IN_MASTER_LIST && VALID_ANNOUCE =〉 UPDATE_MASTER_ENTRY	STARTUP
14	STARTUP	AnnTimer. expired() /! LOCAL_IS_BEST_MASTER =〉 BestMaster := FALSE StartupTimer. stop() AnnTimer. start(AnnInterval) BMA_State_ind(SLAVE)	SLAVE
15	STARTUP	AnnTimer. expired() /LOCAL_IS_BEST_MASTER =〉 BestMaster := TRUE SequenceID ++ AnnTimer. start(AnnInterval) BMA_State_ind(MASTER) Announce_req(PTCP_ANNOUNCE_PDU)	STARTUP
16	STARTUP	StartupTimer. expired() =〉 ACTIVE_MASTER_FLAG := TRUE	MASTER
17	STARTUP	MasterListAgingT. expired() =〉 AGING_MASTER_LIST MasterListAgingT. start(MASTER_AGING_TIME)	STARTUP
18	SLAVE	BMA_Start_req() =〉 Status := WRONG_SEQUENCE BMA_Start_conf(Status)	SLAVE

表 99（续）

#	当前状态	事件/条件 =〉动作	下一状态
19	SLAVE	BMA_Stop_req() =〉 AnnTimer. stop() Status ：= OK BMS_Stop_conf(Status)	UNKNOWN
20	SLAVE	Annouce_conf() =〉	SLAVE
21	SLAVE	SLAVE_State_ind(State) /State ！ = MASTER_LOST =〉	SLAVE
22	SLAVE	SLAVE_State_ind(State) /State == MASTER_LOST && ！ BestMaster =〉	SLAVE
23	SLAVE	SLAVE_State_ind(State) /State == MASTER_LOST && BestMaster =〉 SequenceID ++ StartupTimer. start(MasterStartupTime) BMA_State_ind(MASTER) Announce_req(PTCP_ANNOUNCE_PDU)	STARTUP
24	SLAVE	Announce_ind(PTCP_ANNOUNCE_PDU) /！ VALID_SYNC_MASTER =〉 ignore	SLAVE
25	SLAVE	Announce_ind(PTCP_ANNOUNCE_PDU) /VALID_SYNC_MASTER && ！ CHECK_IN_MASTER_LIST =〉 ADD_TO_MASTER_LIST	SLAVE
26	SLAVE	Announce_ind(PTCP_ANNOUNCE_PDU) /VALID_SYNC_MASTER && CHECK_IN_MASTER_LIST && ！ VALID_ANNOUCE =〉	SLAVE
27	SLAVE	Announce_ind(PTCP_ANNOUNCE_PDU) /VALID_SYNC_MASTER && CHECK_IN_MASTER_LIST && VALID_ANNOUCE =〉 UPDATE_MASTER_ENTRY	SLAVE

表 99（续）

#	当前状态	事件/条件 =〉动作	下一状态
28	SLAVE	AnnTimer. expired() /! LOCAL_IS_BEST_MASTER =〉 BestMaster := FALSE AnnTimer. start(AnnInterval)	SLAVE
29	SLAVE	AnnTimer. expired() /LOCAL_IS_BEST_MASTER =〉 BestMaster := TRUE AnnTimer. start(AnnInterval)	SLAVE
30	SLAVE	MasterListAgingT. expired() =〉 AGING_MASTER_LIST MasterListAgingT. start(MASTER_AGING_TIME)	SLAVE
31	MASTER	BMA_Start_req() =〉 Status := WRONG_SEQUENCE BMA_Start_conf(Status)	MASTER
32	MASTER	BMA_Stop_req() =〉 AnnTimer. stop() Status := OK BMS_Stop_conf(Status)	UNKNOWN
33	MASTER	Annouce_conf() =〉	MASTER
34	MASTER	SLAVE_State_ind(State) =〉 ignore	MASTER
35	MASTER	Announce_ind(PTCP_ANNOUNCE_PDU) /! VALID_SYNC_MASTER =〉 ignore	MASTER
36	MASTER	Announce_ind(PTCP_ANNOUNCE_PDU) /VALID_SYNC_MASTER && ! CHECK_IN_MASTER_LIST =〉 ADD_TO_MASTER_LIST	MASTER
37	MASTER	Announce_ind(PTCP_ANNOUNCE_PDU) /VALID_SYNC_MASTER && CHECK_IN_MASTER_LIST && ! VALID_ANNOUCE =〉	MASTER

表 99（续）

#	当前状态	事件/条件 =〉动作	下一状态
38	MASTER	Announce_ind(PTCP_ANNOUNCE_PDU) /VALID_SYNC_MASTER && CHECK_IN_MASTER_LIST && VALID_ANNOUCE =〉 UPDATE_MASTER_ENTRY	MASTER
39	MASTER	AnnTimer. expired() /! MASTER_LIST_EMPTY =〉 SequenceID ++ AnnTimer. start(AnnInterval) StartupTimer. start(MasterStartupTime) Announce_req(PTCP_ANNOUNCE_PDU)	T_MASTER
40	MASTER	AnnTimer. expired() /MASTER_LIST_EMPTY =〉 AnnTimer. start(AnnInterval)	MASTER
41	MASTER	MasterListAgingT. expired() =〉 AGING_MASTER_LIST MasterListAgingT. start(MASTER_AGING_TIME)	MASTER
42	T_MASTER	BMA_Start_req() =〉 Status := WRONG_SEQUENCE BMA_Start_conf(Status)	T_MASTER
43	T_MASTER	BMA_Stop_req() =〉 AnnTimer. stop() Status := OK BMS_Stop_conf(Status)	UNKNOWN
44	T_MASTER	Annouce_conf(−) =〉 Announce_req(PTCP_ANNOUNCE_PDU)	T_MASTER
45	T_MASTER	Annouce_conf(+) =〉 ignore	T_MASTER
46	T_MASTER	SLAVE_State_ind(State) =〉 ignore	T_MASTER
47	T_MASTER	Announce_ind(PTCP_ANNOUNCE_PDU) /! VALID_SYNC_MASTER =〉 ignore	T_MASTER

表 99（续）

#	当前状态	事件/条件 =〉动作	下一状态
48	T_MASTER	Announce_ind(PTCP_ANNOUNCE_PDU) /VALID_SYNC_MASTER && ! CHECK_IN_MASTER_LIST =〉 ADD_TO_MASTER_LIST StartupTimer. restart(MasterStartupTime)	T_MASTER
49	T_MASTER	Announce_ind(PTCP_ANNOUNCE_PDU) /VALID_SYNC_MASTER && CHECK_IN_MASTER_LIST && ! VALID_ANNOUCE =〉	T_MASTER
50	T_MASTER	Announce_ind(PTCP_ANNOUNCE_PDU) /VALID_SYNC_MASTER && CHECK_IN_MASTER_LIST && VALID_ANNOUCE =〉 UPDATE_MASTER_ENTRY StartupTimer. restart(MasterStartupTime)	T_MASTER
51	T_MASTER	AnnTimer. expired() /! MASTER_LIST_EMPTY =〉 SequenceID ++ AnnTimer. start(AnnInterval) StartupTimer. restart(MasterStartupTime) Announce_req(PTCP_ANNOUNCE_PDU)	T_MASTER
52	T_MASTER	AnnTimer. expired() /MASTER_LIST_EMPTY =〉 SequenceID ++ AnnTimer. start(AnnInterval) Announce_req(PTCP_ANNOUNCE_PDU)	T_MASTER
53	T_MASTER	StartupTimer. expired() =〉	MASTER
54	T_MASTER	MasterListAgingT. expired() =〉 AGING_MASTER_LIST MasterListAgingT. start(MASTER_AGING_TIME)	T_MASTER

表 100 BMA 最佳远程同步主站(RSM)状态表

#	当前状态	事件/条件 =〉动作	下一状态
1	IDLE	GetBestRSM(SyncID, MasterList) /MasterList. Entry{SyncID}. Num_entry == 0 =〉 Best_RSM_SA := NIL	IDLE
2	IDLE	GetBestRSM(SyncID, MasterList) /MasterList. Entry{SyncID}. Num_entry == 1 =〉 N_BestM := 0 Best_RSM_SA := MasterList. Entry{SyncID, N_BestM}. SA Result := OK	IDLE
3	IDLE	GetBestRSM(SyncID, MasterList) /MasterList. Entry{SyncID}. Num_entry 〉 1 =〉 N_BestM := 0 N_CmpM := 1	CMP_R_P1
4	CMP_R_P1	/N_CmpM 〈 MasterList. Entry{SyncID}. Num_entry && MasterList. Entry{SyncID}[N_BestM]. Priority1 〉 MasterList. Entry{SyncID}[N_CmpM]. Priority1 =〉 N_CmpM ++	CMP_R_P1
5	CMP_R_P1	/N_CmpM 〈 MasterList. Entry{SyncID}. Num_entry && MasterList. Entry{SyncID}[N_BestM]. Priority1 〈 MasterList. Entry{SyncID}[N_CmpM]. Priority1 =〉 N_BestM := N_CmpM N_CmpM ++	CMP_R_P1
6	CMP_R_P1	/N_CmpM 〈 MasterList. Entry{SyncID}. Num_entry && MasterList. Entry{SyncID}[N_BestM]. Priority1 == MasterList. Entry {SyncID}[N_CmpM]. Priority1 =〉	CMP_R_A
7	CMP_R_P1	/N_CmpM 〉= MasterList. Entry{SyncID}. Num_entry =〉 Best_RSM_SA := MasterList. Entry{SyncID, N_BestM }. SA	IDLE
8	CMP_R_A	/MasterList. Entry{SyncID}[N_BestM]. Accuracy 〉MasterList. Entry{SyncID}[N _CmpM]. Accuracy =〉 N_CmpM ++	CMP_R_P1

表 100（续）

#	当前状态	事件/条件 =〉动作	下一状态
9	CMP_R_A	/MasterList. Entry{SyncID}[N_BestM]. Accuracy 〈 MasterList. Entry{SyncID}[N_CmpM]. Accuracy =〉 N_BestM := N_CmpM N_CmpM ++	CMP_R_P1
10	CMP_R_A	/MasterList. Entry{SyncID}[N_BestM]. Accuracy == MasterList. Entry{SyncID}[N_CmpM]. Accuracy=〉	CMP_R_V
11	CMP_R_V	/N_CmpM 〈 MasterList. Entry{SyncID}. Num_entry && MasterList. Entry{SyncID}[N_BestM]. Variance 〉MasterList. Entry{SyncID}[N_CmpM]. Variance =〉 N_CmpM ++	CMP_R_P1
12	CMP_R_V	/MasterList. Entry{SyncID}[N_BestM]. Variance 〈 MasterList. Entry{SyncID}[N_CmpM]. Variance =〉 N_BestM := N_CmpM N_CmpM ++	CMP_R_P1
13	CMP_R_V	/MasterList. Entry{SyncID}[N_BestM]. Variance == MasterList. Entry{SyncID}[N_CmpM]. Variance =〉	CMP_R_P2
14	CMP_R_P2	/N_CmpM 〈 MasterList. Entry{SyncID}. Num_entry && MasterList. Entry{SyncID}[N_BestM]. Priority2 〉 MasterList. Entry{SyncID}[N_CmpM]. Priority2 =〉 N_CmpM ++	CMP_R_P1
15	CMP_R_P2	/N_CmpM 〈 MasterList. Entry{SyncID}. Num_entry && MasterList. Entry {SyncID} [N_BestM]. Priority2 〈 MasterList. Entry {SyncID}[N_CmpM]. Priority2 =〉 N_BestM := N_CmpM N_CmpM ++	CMP_R_P1
16	CMP_R_P2	/N_CmpM 〈 MasterList. Entry{SyncID}. Num_entry && MasterList. Entry {SyncID} [N_BestM]. Priority2 == MasterList. Entry {SyncID}[N_CmpM]. Priority2 =〉	CMP_R_MA

表 100（续）

#	当前状态	事件/条件 =〉动作	下一状态
17	CMP_R_P2	/N_CmpM 〉= MasterList. Entry{SyncID}. Num_entry =〉 Best_RSM_SA := MasterList. Entry{SyncID,N_BestM }. SA	IDLE
18	CMP_R_MA	/MasterList. Entry{SyncID}[N_BestM]. SA 〈 MasterList. Entry{SyncID}[N_CmpM]. SA =〉 N_CmpM ++	CMP_R_P1
19	CMP_R_MA	/MasterList. Entry{SyncID}[N_BestM]. SA 〉 MasterList. Entry{SyncID}[N_CmpM]. SA =〉 N_BestM := N_CmpMN_CmpM ++	CMP_R_P1
20	CMP_R_MA	/MasterList. Entry{SyncID}[N_BestM]. SA == MasterList. Entry{SyncID}[N_CmpM]. SA =〉 N_CmpM ++	CMP_R_P1

表 101 BMA 获得最佳同步主站(GBSM)状态表

#	当前状态	事件/条件 =〉动作	下一状态
1	IDLE	GetBestSM(SM_1,SM_2) /SM_1 == NIL && SM_2. SA == NIL =〉 BetterSM_SA := NIL	IDLE
2	IDLE	GetBestSM(SM_1,SM_2) /SM_1 == NIL && SM_2. SA ! = NIL =〉 BetterSM_SA := SM_2. SA	IDLE
3	IDLE	GetBestSM(SM_1,SM_2) /SM_1 ! = NIL && SM_2. SA ! = NIL =〉	CMP_R_L_P1
4	CMP_R_L_P1	/SM_1. Priority1 〈 SM_2. Priority1 =〉 BetterSM_SA := SM_1. SA	IDLE
5	CMP_R_L_P1	/SM_1. Priority1 〉 SM_2. Priority1 =〉 BetterSM_SA := SM_2. SA	IDLE

表 101（续）

#	当前状态	事件/条件 =〉动作	下一状态
6	CMP_R_L_P1	/SM_1. Priority1 == SM_2. Priority1 =〉	CMP_R_L_A
7	CMP_R_L_A	/SM_1. Accuracy 〈 SM_2. Accuracy =〉 BetterSM_SA := SM_1. SA	IDLE
8	CMP_R_L_A	/SM_1. Accuracy 〉 SM_2. Accuracy =〉 BetterSM_SA := SM_2. SA	IDLE
9	CMP_R_L_A	/SM_1. Accuracy == SM_2. Accuracy =〉	CMP_R_L_V
10	CMP_R_L_V	/SM_1. Variance 〈 SM_2. Variance =〉 BetterSM_SA := SM_1. SA	IDLE
11	CMP_R_L_V	/SM_1. Variance 〉 SM_2. Variance =〉 BetterSM_SA := SM_2. SA	IDLE
12	CMP_R_L_V	/SM_1. Variance == SM_2. Variance =〉	CMP_R_L_P2
13	CMP_R_L_P2	/SM_1. Priority1 〈 SM_2. Priority1 =〉 BetterSM_SA := SM_1. SA	IDLE
14	CMP_R_L_P2	/SM_1. Priority1 〉 SM_2. Priority1 =〉 BetterSM_SA := SM_2. SA	IDLE
15	CMP_R_L_P2	/SM_1. Priority1 == SM_2. Priority1 =〉	CMP _ R _ L _MA
16	CMP_R_L_MA	/SM_1. SA 〈 SM_2. SA =〉 BetterSM_SA := SM_1. SA	IDLE
17	CMP_R_L_MA	/SM_1. SA 〉 SM_2. SA =〉 BetterSM_SA := SM_2. SA	IDLE

表 101（续）

#	当前状态	事件/条件 =〉动作	下一状态
18	CMP_R_L_MA	/SM_1. SA == SM_2. SA =〉 BetterSM_SA := SM_1. SA	IDLE

4.4.4.4.4 宏

表 102 包含 BMA 所使用的宏。

表 102 BMA 使用的宏

名 称	含 义
VALID_SYNC_MASTER	支持域 PTCP_ANNOUNCE_PDU. DomainUUID == DomainUUID
ini MasterList	初始化远程主站的数据集 MasterList. Num_entry := 0
CHECK_IN_MASTER_LIST	主站在主站表中 sm_sa := PTCP_ANNOUNCE_PDU. MasterSourceAddress sm_sa inMasterList
VALID_ANNOUNCE	检查广播帧 sm_sa := PTCP_ANNOUNCE_PDU. MasterSourceAddress MasterList. Entry{sm_sa}. SequenceID 〈= PTCP_ANNOUNCE_PDU. SequenceID
ADD_TO_MASTER_LIST	在远程同步主站表中插入同步主站 sm_sa := PTCP_ANNOUNCE_PDU. MasterSourceAddress if(MasterList. Num_entry 〈 MAX_CNT_REMOTE_MASTER) MasterList. Insert(sm_sa) MasterList. Entry{sm_sa}. Priority1 := PTCP_ANNOUNCE_PDU. Priority1 MasterList. Entry{sm_sa}. Accuracy := PTCP_ANNOUNCE_PDU. Accuracy MasterList. Entry{sm_sa}. Variance := PTCP_ANNOUNCE_PDU. Variance MasterList. Entry{sm_sa}. Priority2 := PTCP_ANNOUNCE_PDU. Priority2 MasterList. Entry{sm_sa}. SA := sm_sa MasterList. Entry{sm_sa}. Receipt := 1 MasterList. Num_entry ++
UPDATE_MASTER_ENTRY	更新远程同步主站表中的登录项 MasterList. Entry{sm_sa}. Priority1 := PTCP_ANNOUNCE_PDU. Priority1 MasterList. Entry{sm_sa}. Accuracy := PTCP_ANNOUNCE_PDU. Accuracy MasterList. Entry{sm_sa}. Variance := PTCP_ANNOUNCE_PDU. Variance MasterList. Entry{sm_sa}. Priority2 := PTCP_ANNOUNCE_PDU. Priority2 MasterList. Entry{sm_sa}. Receipt += 1
REM_ENTRY	从远程次主站表中移去主站 MasterList. Num_entry -- MasterList. Remove(sm_sa)
AGING_MASTER_LIST	退化(Aging)远程同步主站表中的登录项 form := 0 to MasterList. Num_entry if(MasterList. Entry[m]. Receipt == 0

4.4.4.4.5 功能

表 103 包含 BMA 所使用的功能。

表 103 BMA 使用的功能

名 称	含 义
BMA_Start_req()	激活最佳主站功能
BMA_Start_cnf()	证实最佳主站功能开始
BMA_Stop_req()	解除激活最佳主站功能
BMA_Stop_cnf()	证实停止最佳主站功能
BMA_State_ind(Role)	在起动时段期间,BMA 选择最佳同步主站。 角色的允许值: ——MASTER ——SLAVE
SLAVEState_ind(Status)	主站丢失指示。该事件由 SLAVE 产生。 ——MASTER_LOST
Announce_req()	依据 PTCP_ANNOUNCE_PDU 创建 PTCP-PDU 分配: D_Port := AUTO DA := PTCP_MulticastMACadd for PTCP_ANNOUNCE_PDU SA := local source address PTCP_ANNOUNCE_PDU. SequenceID := SequenceID PTCP_ANNOUNCE_PDU. DomainUUID := DomainUUID PTCP_ANNOUNCE_PDU. MasterSourceAddress := local master address PTCP_ANNOUNCE_PDU. MasterPriority1 := Priority PTCP_ANNOUNCE_PDU. ClockClass := Class PTCP_ANNOUNCE_PDU. ClockAccuracy := Accuracy PTCP_ANNOUNCE_PDU. ClockVarinace := Variance PTCP_ANNOUNCE_PDU. MasterPriority2 := 0xFF A_SDU := LT,FrameID,PTCP_ANNOUNCE_PDU LMPM_A_Data. req(CREP,D_Port,TStamp,DA,SA,A_SDU)
Announce_cnf(Status)	LMPM_A_Data. conf(CREP,D_Port,TStamp,LMPM_Status) 分配: Status := LMPM_Status
Annouce_ind(PTCP_ANNOUNCE_PDU)	依据 PTCP_SYNC_PDU 接收 PTCP-PDU LMPM_A_Data. ind(CREP,S_Port,TSamp,DA,SA,A_SDU) 分配: PTCP_SYNC_PDU := A_SDU without LT and FrameID

4.4.4.5 主站协议机(MPSM)

4.4.4.5.1 原语定义

4.4.4.5.1.1 在 MPSM 与 ASE 之间交换的原语

这些服务原语及其相关参数在服务定义中以 PTCP ASE 进行描述,它们由 MPSM 用户发出并由 MPSM 接收,反之亦然。

4.4.4.5.2 状态机描述

主站协议状态机控制主站角色与从站角色之间的转换。对于每个现有的 PTCPSyncID,这些转换由每个主站本地来完成。因此，对于每个 PTCPSyncID 存在该状态机的实例。为了实现这些转换，MPSM 必须发起同步报文和通告报文。为了通告主站能力并认可仅一个主站是活动的，应发送通告报文。同步报文只应在启动期间发送。

启动后，数据管理应被初始化(POWER-ON)，同步角色必须被设置(IDLE)。主站角色由 PTCP 服务来设置。此后，该 MPSM 从状态 IDLE 到状态 STARTUP 并开始 BMA 状态机。

应通过状态 STARTUP 来防止多个活动的主站。作为主站角色，其 MPSM 发送若干通告报文。因此，从状态 STARTUP 到状态 MASTER(主管理器)的决定需使用并存主站大量的信息来作出。

如果一个活动主站(具有较小的能力)已经存在，并且在启动周期后出现一个新的主站，则新主站必须与该活动主站同步。为了同步该 MPSM 进到状态 SLAVE。

图 33 示出了 MPSM 状态机。

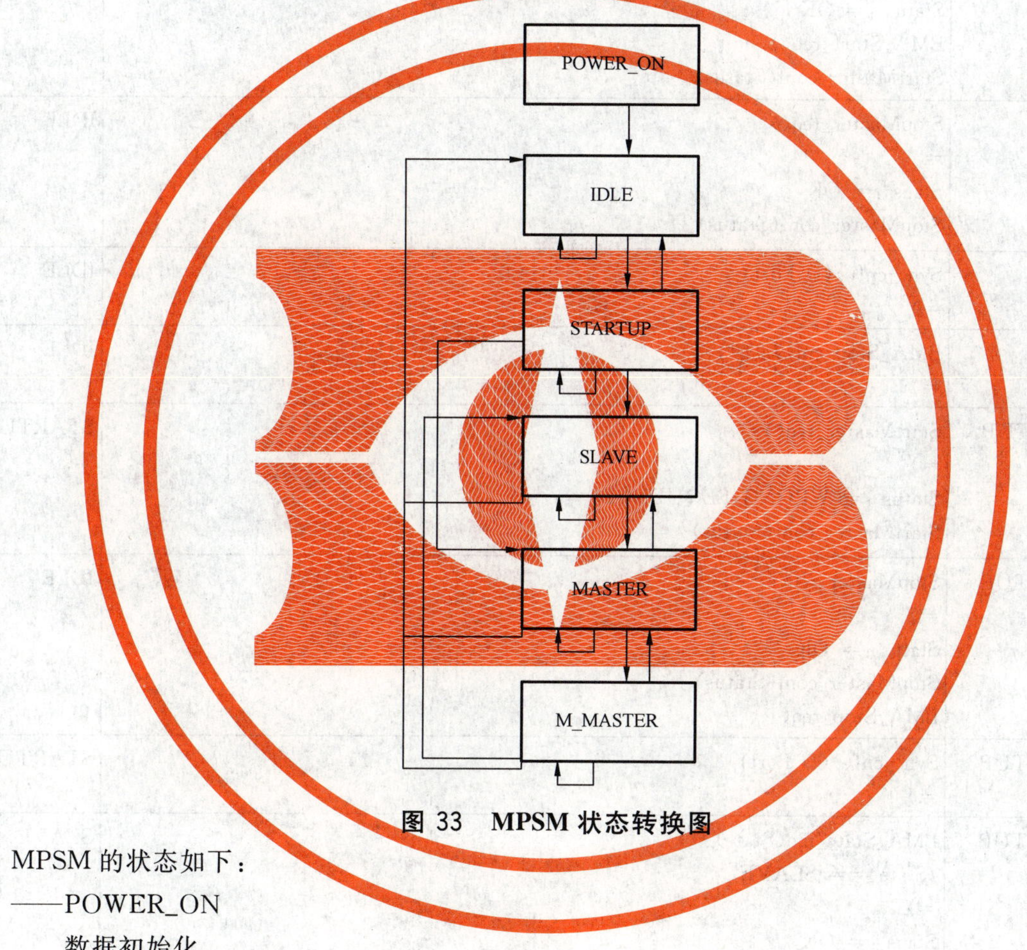

图 33　MPSM 状态转换图

MPSM 的状态如下：

——POWER_ON

数据初始化。

——IDLE

ASE 服务“StartMaster_req”将开始该设备的主站功能。

——STARTUP

在启动周期期间，MPSM 处于状态 STARTUP。

——SLAVE

该主站被来自该同步域中另一个主站的同步报文同步化。

——MASTER

这是活动的主要主站。因此它发送同步化报文。

——M_MASTER

此状态处理多主站问题。

4.4.4.5.3 mPSM 状态表

表 104 包含 MPSM 使用的状态表。

表 104 MPSM 状态表

#	当前状态	事件/条件 =〉动作	下一状态
1	POWER-ON	 =〉 SequenceID := 0 MultipleMaster := FALSE	IDLE
2	IDLE	StartMaster_req() =〉 Status := OK BMA_Start_req() StartMaster_conf(Status)	STARTUP
3	IDLE	StopMaster_req() =〉 Staus := OK StopMaster_conf(Status)	IDLE
4	IDLE	Sync_cnf()(D_Port) =〉	IDLE
5	IDLE	BMA_Stop_cnf() =〉	IDLE
6	STARTUP	StartMaster_req() =〉 Status := WRONG_SEQUENCE StartMaster_conf(Status)	STARTUP
7	STARTUP	StopMaster_req() =〉 Status := OK StopMaster_conf(Status) BMA_Stop_req()	IDLE
8	STARTUP	Sync_cnf()(D_Port) =〉	STARTUP
9	STARTUP	BMA_State_ind(State) /State == SLAVE =〉 Staus := OK StartSlave_req()	SLAVE

10	STARTUP	BMA_State_ind(State)
		/State == MASTER
		=〉
		State := SINGLE_MASTER
		SequenceID ++
		SyncTimer. start(SyncInterval)
		TimeoutT. start(SyncTimeOut)
		for i := all op. D_Ports
		do
		  if ! (EGRESS_BORDERLINE(D_Port))
		  sync_req(S_Port,PTCP_SYNC_PDU)
			MASTER

表 104（续）

#	当前状态	事件/条件 =〉动作	下一状态
11	SLAVE	StartMaster_req() =〉 Status := OK StartMaster_conf(Status) BMA_Start_req()	SLAVE
12	SLAVE	StopMaster_req() =〉 Staus := OK BMA_Stop_req() StopMaster_conf(Status)	IDLE
13	SLAVE	Sync_cnf()(D_Port)=〉	SLAVE
14	SLAVE	BMA_State_ind(State) /State == SLAVE =〉	SLAVE

15	SLAVE	BMA_State_ind(State)
		/State == MASTER
		=〉
		State := SINGLE_MASTER
		SequenceID ++
		SyncTimer. start(SyncInterval)
		TimeoutT. start(SyncTimeOut)
		StopSlave_req()
		for i := all op. D_Ports
		do
		  if ! (EGRESS_BORDERLINE(D_Port))
		   sync_req(i,PTCP_SYNC_PDU)
			MASTER

16	MASTER	StartMaster_req() =〉 Status := WRONG_SEQUENCE StartMaster_conf(Status)	MASTER
17	MASTER	StopMaster_req() =〉 Status := OK BMA_Stop_req() StopMaster_conf(Status)	IDLE
18	MASTER	BMA_State_ind(State) /State == SLAVE =〉 SyncTimer. stop() TimeoutT. stop() StartSlave_req()	SLAVE
19	MASTER	BMA_State_ind(State) /State == MASTER =〉	MASTER

表 104（续）

#	当前状态	事件/条件 =〉动作	下一状态
20	MASTER	Sync_ind(—)(S_Port,PTCP_SYNC_PDU) =〉 ignore	MASTER
21	MASTER	Sync_ind(+)(S_Port,PTCP_SYNC_PDU) /! VALID_SYNC =〉	MASTER
22	MASTER	Sync_ind(+)(S_Port,PTCP_SYNC_PDU) /VALID_SYNC && INGRESS_BORDERLINE =〉	MASTER
23	MASTER	Sync_ind(+)(S_Port,PTCP_SYNC_PDU) /VALID_SYNC && ! INGRESS_BORDERLINE =〉 MultipleMaster := TRUE	MASTER
24	MASTER	Sync_cnf(—)(D_Port) =〉 Sync_req(D_Port,PTCP_SYNC_PDU)	MASTER
25	MASTER	Sync_cnf(+)(D_Port)=〉	MASTER
26	MASTER	SyncTimer. expired() =〉 SequenceID ++ SyncTimer. start(SyncInterval) for i := all op. D_Ports do if ! (EGRESS_BORDERLINE(D_Port)) sync_req(i,PTCP_SYNC_PDU)	MASTER
27	MASTER	TimeoutT. expired() /! MultipleMaster =〉 TimeoutT. start(SyncTimeOut)	MASTER
28	MASTER	TimeoutT. expired() /MultipleMaster =〉 MultipleMaster := FALSE TimeoutT. start(SyncTimeOut) SyncStateChange_ind(MULTIPLE_MASTER)	M_MASTER
29	M_MASTER	StartMaster_req() =〉 Status := WRONG_SEQUENCE StartMaster_conf(Status)	M_MASTER

表 104（续）

#	当前状态	事件/条件 =〉动作	下一状态
30	M_MASTER	StopMaster_req() =〉 Staus := OK BMA_Stop_req() StopMaster_conf(Status)	IDLE
31	M_MASTER	BMA_State_ind(State) /State == SLAVE =〉 SyncTimer. stop() TimeoutT. stop() StartSlave_req()	SLAVE
32	M_MASTER	BMA_State_ind(State) /State == MASTER =〉	M_MASTER
33	M_MASTER	Sync_ind(—)(S_Port,PTCP_SYNC_PDU) =〉 ignore	M_MASTER
34	M_MASTER	Sync_ind(+)(S_Port,PTCP_SYNC_PDU) /! VALID_SYNC =〉	M_MASTER
35	M_MASTER	Sync_ind(+)(S_Port,PTCP_SYNC_PDU) /VALID_SYNC && INGRESS_BORDERLINE =〉	M_MASTER
36	M_MASTER	Sync_ind(+)(S_Port,PTCP_SYNC_PDU) /VALID_SYNC && ! INGRESS_BORDERLINE =〉 MultipleMaster := TRUE	M_MASTER
37	M_MASTER	Sync_cnf(—)(D_Port) =〉 Sync_req(D_Port,PTCP_SYNC_PDU)	M_MASTER
38	M_MASTER	Sync_cnf(+)(D_Port) =〉	M_MASTER

39	M_MASTER	SyncTimer. expired()
		=〉
		SequenceID ++
		SyncTimer. start(SyncInterval)
		for i := all op. D_Ports
		do
		  if ! (EGRESS_BORDERLINE(D_Port))
		   sync_req(i,PTCP_SYNC_PDU)
			M_MASTER

表 104（续）

#	当前状态	事件/条件 =〉动作	下一状态
40	M_MASTER	TimeoutT. expired() /! MultipleMaster =〉 TimeoutT. start(SyncTimeOut) SyncStateChange_ind(SINGLE_MASTER)	MASTER
41	M_MASTER	TimeoutT. expired() /MultipleMaster =〉 MultipleMaster := FALSE TimeoutT. start(SyncTimeOut)	M_MASTER

4.4.4.5.4 宏

表 105 包含 MPSM 使用的宏。

表 105 MPSM 使用的宏

名　称	含　义
VALID_SYNC	检查所接收的同步帧 PTCP_SYNC_PDU. DomainUUID == DomainUUID PTCP_SYNC_PDU. MasterSourceAddress ! = local master address PTCP_SYNC_PDU. SequenceID 〉 stored remotemasterSequenceID
EGRESS_BOUNDARY	同步帧的外出边界
INGRESS_BORDERLINE	同步帧的进入边界

4.4.4.5.5 功能

表 106 包含 MPSM 使用的功能。

表 106 MPSM 使用的功能

名　称	含　义
StartMaster_req()	激活主站功能
StartMaster_cnf()	证实主站开始
StopMaster_req()	解除激活主站功能
StopMaster_cnf()	证实主站停止
StartSlave_req()	激活从站功能
StartSlave_cnf()	证实从站开始
StopSlave_req()	解除激活从站功能
StopSlave_cnf()	证实从站停止
BMA_Start_req()	激活最佳主站功能
BMA_Start_cnf()	证实最佳主站功能开始
BMA_Stop_req()	解除激活最佳主站功能
BMA_Stop_cnf()	证实最佳主站功能停止
BMA_State_ind(Role)	在起动时段期间，BMA 选择最佳同步主站。 角色的允许值： ——MASTER ——SLAVE

表 106（续）

名 称	含 义
SyncStateChange_ind(Status)	事件指示 ——SINGLE_MASTER ——MULTIPLE_MASTER
Sync_req(D_Port,PTCP_SYNC_PDU)	依据 PTCP_SYNC_PDU 创建 PTCP-PDU 分配： D_Port :=D_Port DA :=Multicast Address for PTCP_SYNC_PDU and corresponding SyncID SA :=portsource address PTCP_SYNC_PDU. SequenceID :=SequenceID PTCP_SYNC_PDU. DomainUUID :=DomainUUID PTCP_SYNC_PDU. MasterSourceAddress :=local master address PTCP_SYNC_PDU. Time :=lacal time fromsource PTCP_SYNC_PDU. TimeExtension :=CurrentUTCOffset :=Current UTC Offset PTCP_SYNC_PDU. MasterPriority1 :=Priority PTCP_SYNC_PDU. ClockClass :=Class PTCP_SYNC_PDU. ClockAccuracy :=Accuracy PTCP_SYNC_PDU. ClockVarinace :=Variance PTCP_SYNC_PDU. MasterPriority2 :=0xFF A_SDU :=LT,FrameID,PTCP_SYNC_PDU LMPM_P_Data. req(CREP,D_Port,TStamp,DA,SA,A_SDU)
Sync_cnf(Status)(D_Port)	LMPM_P_Data. conf(CREP,D_Port,TStamp,LMPM_Status) 分配： Status :=LMPM_Status
Sync_ind(PTCP_SYNC_PDU)	依据 PTCP_SYNC_PDU 接收 PTCP-PDU LMPM_P_Data. ind(CREP,S_Port,TSamp,DA,SA,A_SDU) 分配： PTCP_SYNC_PDU :=A_SDU without LT and FrameID

4.4.4.6 从站协议机(SPSM)

4.4.4.6.1 原语定义

4.4.4.6.1.1 在 SPSM 与 ASE 之间交换的原语

这些服务原语及其相关参数在服务定义中以 PTCP ASE 进行描述，它们由 SPSM 用户发出并由 SPSM 接收，反之亦然。

4.4.4.6.2 状态机描述

从站协议机控制从站设备的转换。因此，对于每个 SyncID 存在该状态机的实例。

启动(start up)后，数据管理应被初始化(POWER-ON)，同步角色必须被设置(IDLE)。该角色由 PTCP 服务来设置。此后，SPSM 从状态 IDLE 到状态 WAIT_S。在状态 WAIT_S 下，从站等待同步报文以与活动主站同步化。在接收同步报文时，SPSM 从状态 WAIT_S 到状态 ASYNC。如果该从站被同步化了，则 SPSM 应转换(switch)到状态 SYNC。如果在状态 SYNC 中，没有接收到同步报文，则 SPSM 应转换到状态 TSYNC。

图 34 示出了 SPSM 状态机。

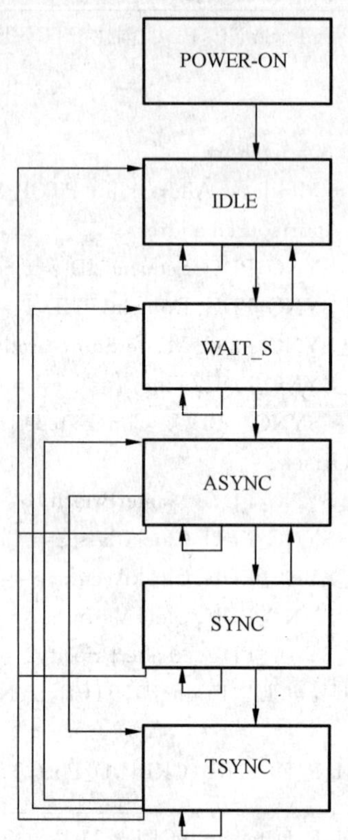

图 34　SPSM 状态转换图

SPSM 的状态如下：

——POWER_ON

数据初始化。

——IDLE

ASE 服务“StartSlave_req”将开始该设备的从站功能。

——WAIT_S

该从站在状态 WAIT_S 下等待接收同步报文。

——ASYNC

该从站未与同步域中的活动主站同步化。

——SYNC

该从站已经完成与同步域中的活动主站同步化。

——TSYNC

该从站仍然在等待新的同步报文。

4.4.4.6.3　SPSM 状态表

表 107 包含 SPSM 使用的状态表。

表 107 SPSM 状态表

#	当前状态	事件/条件 =〉动作	下一状态
1	POWER-ON	 =〉 M_SA := NIL	IDLE
2	IDLE	StartSlave_req() =〉 store Parameter Status := OK TakeoverTimeoutT. start(MasterTimeOut) StartSlave_cnf(Status)	WAIT_S
3	IDLE	StopSlave_req() =〉 Staus := OK StopSlave_cnf(Status)	IDLE
4	WAIT_S	StartSlave_req() =〉 Staus := WRONG_SEQUENCE StartSlave_cnf(Status)	WAIT_S
5	WAIT_S	StopSlave_req() =〉 TakeoverTimeoutT. stop() Staus := OK StopSlave_cnf(Status)	IDLE
6	WAIT_S	Sync_ind(—)(S_Port,LocalTime,PTCP_SYNC_DATA) =〉 ignore	WAIT_S
7	WAIT_S	Sync_ind(—)(S_Port,LocalTime,PTCP_SYNC_DATA) /! VALID_DOMAIN_ID =〉	WAIT_S
8	WAIT_S	Sync_ind(—)(S_Port,LocalTime,PTCP_SYNC_DATA) /VALID_DOMAIN_ID && INGRESS_BORDERLINE =〉	WAIT_S
9	WAIT_S	Sync_ind(+)(S_Port,LocalTime,PTCP_SYNC_DATA) /VALID_DOMAIN_ID && ! INGRESS_BORDERLINE =〉 L_Time := LocalTime M_Time := PTCP_SYNC_DATA. Time M_Seq := PTCP_SYNC_DATA. SequenceID M_SA := PTCP_SYNC_DATA. MasterSourceAddress OFFSET_CTRL_START(L_Time,m_Time) OffsetContLoopT. start(SyncInterval) TakeoverTimeoutT. restart(MasterTimeOut) SyncTimeoutT. start(SyncTimeOut) SyncStateChange_ind(JITTER_OUT_OF_BOUNDARY)	ASYNC

表 107(续)

#	当前状态	事件/条件 =〉动作	下一状态
10	WAIT_S	TakeoverTimeoutT. expired() =〉 M_SA := NIL SLAVE_State_ind(MASTER_LOST)	WAIT_S
11	ASYNC	StartSlave_req() =〉 Staus := WRONG_SEQUENCE StartSlave_cnf(Status)	ASYNC
12	ASYNC	StopSlave_req() =〉 OFFSET_CTRL_STOPOffsetContLoopT. stop() TakeoverTimeoutT. stop() SyncTimeoutT. stop() Staus := OK StopSlave_cnf(Status)	IDLE
13	ASYNC	Sync_ind(−)(S_Port,LocalTime,PTCP_SYNC_DATA) =〉 ignore	ASYNC
14	ASYNC	Sync_ind(+)(S_Port,LocalTime,PTCP_SYNC_DATA) /! VALID_DOMAIN_ID =〉 ignore	ASYNC
15	ASYNC	Sync_ind(+)(S_Port,LocalTime,PTCP_SYNC_DATA) /VALID_DOMAIN_ID && INGRESS_BORDERLINE =〉 ignore	ASYNC
16	ASYNC	Sync_ind(+)(S_Port,LocalTime,PTCP_SYNC_DATA) /VALID_DOMAIN_ID && ! INGRESS_BORDERLINE && ! VALID_SYNC_MASTER =〉 ignore	ASYNC
17	ASYNC	Sync_ind(+)(S_Port,LocalTime,PTCP_SYNC_DATA) /VALID_DOMAIN_ID && ! INGRESS_BORDERLINE && VALID_SYNC_MASTER =〉 L_Time := LocalTime M_Time := PTCP_SYNC_DATA. Time M_Seq := PTCP_SYNC_DATA. SequenceID TakeoverTimeoutT. restart(MasterTimeOut) SyncTimeoutT. restart(SyncTimeOut)	ASYNC

表 107(续)

#	当前状态	事件/条件 =〉动作	下一状态
18	ASYNC	OffsetContLoopT. expired() /! OFFSET_CTRL_IS_SYNC =〉 OFFSET_CTRL_CALC(L_Time,m_Time) OffsetContLoopT. start(SyncInterval)	ASYNC
19	ASYNC	OffsetContLoopT. expired() /OFFSET_CTRL_IS_SYNC =〉 OFFSET_CTRL_CALC(L_Time,m_Time) OffsetContLoopT. start(SyncInterval) SyncStateChange_ind(SYNC)	SYNC
20	ASYNC	TakeoverTimeoutT. expired() =〉 M_SA := NIL SLAVE_State_ind(MASTER_LOST)	TSYNC
21	SYNC	StartSlave_req() =〉 Staus := WRONG_SEQUENCE StartSlave_cnf(Status)	SYNC
22	SYNC	StopSlave_req() =〉 OFFSET_CTRL_STOP OffsetContLoopT. stop() TakeoverTimeoutT. stop() SyncTimeoutT. stop() Staus := OK StopSlave_cnf(Status)	IDLE
23	SYNC	Sync_ind(−)(S_Port,LocalTime,PTCP_SYNC_DATA) =〉 ignore	SYNC
24	SYNC	Sync_ind(+)(S_Port,LocalTime,PTCP_SYNC_DATA) /! VALID_DOMAIN_ID =〉	SYNC
25	SYNC	Sync_ind(+)(S_Port,LocalTime,PTCP_SYNC_DATA) /VALID_DOMAIN_ID && INGRESS_BORDERLINE =〉 ignore	SYNC
26	SYNC	Sync_ind(+)(S_Port,LocalTime,PTCP_SYNC_DATA) /VALID_DOMAIN_ID && ! INGRESS_BORDERLINE && ! VALID_SYNC_MASTER =〉 ignore	SYNC

表 107（续）

#	当前状态	事件/条件 =〉动作	下一状态
27	SYNC	Sync_ind(+)(S_Port,LocalTime,PTCP_SYNC_DATA) /VALID_DOMAIN_ID && ! INGRESS_BORDERLINE && VALID_SYNC_MASTER =〉 L_Time := LocalTime M_Time := PTCP_SYNC_DATA. Time M_Seq := PTCP_SYNC_DATA. SequenceID TakeoverTimeoutT. restart(MasterTimeOut) SyncTimeoutT. restart(SyncTimeOut)	SYNC
28	SYNC	OffsetContLoopT. expired() /OFFSET_CTRL_IS_SYNC =〉 OFFSET_CTRL_CALC(L_Time,m_Time) OffsetContLoopT. start(SyncInterval)	SYNC
29	SYNC	OffsetContLoopT. expired() /! OFFSET_CTRL_IS_SYNC =〉 OFFSET_CTRL_CALC(L_Time,m_Time) OffsetContLoopT. start(SyncInterval) SyncStateChange_ind(JITTER_OUT_OF_BOUNDARY)	ASYNC
30	SYNC	TakeoverTimeoutT. expired() =〉 M_SA := NIL SLAVE_State_ind(MASTER_LOST)	TSYNC
31	TSYNC	StartSlave_req() =〉 Staus := WRONG_SEQUENCE StartSlave_cnf(Status)	TSYNC
32	TSYNC	StopSlave_req() =〉 OFFSET_CTRL_STOP OffsetContLoopT. stop() TakeoverTimeoutT. stop() SyncTimeoutT. stop() Staus := OK StopSlave_cnf(Status)	IDLE
33	TSYNC	Sync_ind(−)(S_Port,LocalTime,PTCP_SYNC_DATA) =〉 ignore	TSYNC
34	TSYNC	Sync_ind(+)(S_Port,LocalTime,PTCP_SYNC_DATA) /! VALID_DOMAIN_ID =〉 ignore	TSYNC

表 107（续）

#	当前状态	事件/条件 =〉动作	下一状态
35	TSYNC	Sync_ind(+)(S_Port,LocalTime,PTCP_SYNC_DATA) /VALID_DOMAIN_ID && INGRESS_BORDERLINE =〉 ignore	TSYNC
36	TSYNC	Sync_ind(+)(S_Port,LocalTime,PTCP_SYNC_DATA) /VALID_DOMAIN_ID && ! INGRESS_BORDERLINE && ! VALID_SYNC_MASTER =〉 ignore	TSYNC
37	TSYNC	Sync_ind(+)(S_Port,LocalTime,PTCP_SYNC_DATA) /VALID_DOMAIN_ID && ! INGRESS_BORDERLINE && VALID_SYNC_MASTER =〉 L_Time := LocalTime M_Time := PTCP_SYNC_DATA. Time M_Seq := PTCP_SYNC_DATA. SequenceID TakeoverTimeoutT. restart(MasterTimeOut) SyncTimeoutT. restart(SyncTimeOut)	ASYNC
38	TSYNC	OffsetContLoopT. expired() =〉 OffsetContLoopT. start(SyncInterval)	TSYNC
39	TSYNC	SyncTimeoutT. expired() =〉 OffsetContLoopT. stop() OFFSET_CTRL_STOP SyncStateChange_ind(NO_SYNC_MESSAGE_RECEIVED)	WAIT_S

4.4.4.6.4 宏

表 108 包含 SPSM 使用的宏。

表 108 SPSM 使用的宏

名称	含义
VALID_DOMAIN_ID	从所接收的同步帧检查域 UUID PTCP_SYNC_PDU. DomainUUID == DomainUUID
VALID_SYNC_MASTER	从当前的主站接收同步帧 PTCP_SYNC_PDU. SequenceID 〉 M_Seq PTCP_SYNC_PDU. MasterSourceAddress == M_SA
OFFSET_CTRL_START(L_Time,m_Time)	初始化控制环用于偏移量补偿(compensation)
OFFSET_CTRL_CALC(L_Time,m_Time)	偏移量补偿
OFFSET_CTRL_STOP	停止偏移量补偿

表 108（续）

名　称	含　义
OFFSET_CTRL_IS_SYNC	测量 PLL Window 中的同步错误
INGRESS_BORDERLINE	同步帧的进入边界
VALID_DOMAIN_ID	从所接收的同步帧检查域 UUID PTCP_SYNC_PDU. DomainUUID == DomainUUID
VALID_SYNC_MASTER	从当前的主站接收同步帧

4.4.4.6.5 功能

表 109 包含 SPSM 使用的功能。

表 109 SPSM 使用的功能

名　称	含　义
StartSlave_req()	激活从站功能
StartSlave_cnf()	证实开始从站
StopSlave_req()	解除激活从站功能
StopSlave_cnf()	证实停止从站
SyncStateChange_ind(Status)	事件指示： ——JITTER_OUT_OF_BOUNDARY ——NO_SYNC_MESSAGE_RECEIVED ——WRONG_PTCP_DOMAIN
SLAVEState_ind(Status)	由最佳主站算法使用的事件指示 ——MASTER_LOST
Sync_ind(S_Port, TStamp, PTCP_SYNC_PDU)	依据 PTCP_SYNC_PDU 接收 PTCP-PDU LMPM_P_Data. ind(CREP, S_Port, TStamp, DA, SA, A_SDU) 分配： PTCP_SYNC_PDU := A_SDU without LT and FrameID
StartSlave_req()	激活从站功能
StartSlave_cnf()	证实开始从站
StopSlave_req()	解除激活从站功能
StopSlave_cnf()	证实停止从站
SyncStateChange_ind(Status)	事件指示： ——JITTER_OUT_OF_BOUNDARY ——NO_SYNC_MESSAGE_RECEIVED ——WRONG_PTCP_DOMAIN
SLAVEState_ind(Status)	由最佳主站算法使用的事件指示 ——MASTER_LOST
Sync_ind(S_Port, TStamp, PTCP_SYNC_PDU)	依据 PTCP_SYNC_PDU 接收 PTCP-PDU LMPM_P_Data. ind(CREP, S_Port, TStamp, DA, SA, A_SDU) 分配： PTCP_SYNC_PDU := A_SDU without LT and FrameID

4.4.4.7 同步中继协议机(SRPM)

4.4.4.7.1 原语定义

4.4.4.7.1.1 在 SRPM 与 ASE 之间交换的原语

4.4.4.7.1.2 SRPM 原语的参数

这些服务原语及其相关参数在服务定义中以 PTCP ASE 进行描述,它们由 SRPM 用户发出并由 SRPM 接收,反之亦然。

4.4.4.7.2 状态机描述

同步中继协议机描述用于桥接的同步转发规则。同步中继协议机的描述假定桥的时间戳单元可以在传送时校正同步帧的桥延迟。通过发送同步帧来完成时间校正(桥延迟和线延迟)。为了避免在网络中出现同步报文的循环,同步中继协议机是必需的。

图 35 示出了 SRPM 状态机。

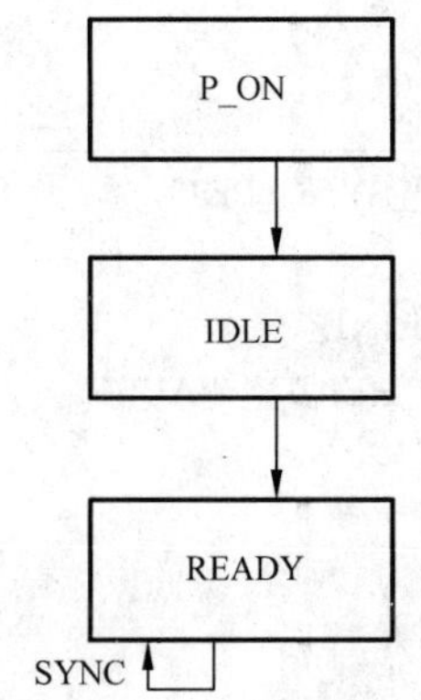

图 35 SRPM 状态转换图

SRPM 的状态如下:

——P_ON

用于同步帧的过滤数据库的初始化。

——IDLE

接收定时器开始,用于过滤数据库中登录项的时效处理(aging)。

——READY

状态 READY 描述转发同步和后继报文的规则。

4.4.4.7.3 SRPM 状态表

表 110 包含 SRPM 使用的状态表。

表 110 SRPM 状态表

#	当前状态	事件/条件 =〉动作	下一状态
1	P_ON	=〉 ini RelayTable	IDLE
2	IDLE	=〉 ReceiptTimer. start(PTCP_RELAY_TIMEOUT)	READY
3	READY	ReceiptTimer. expired() =〉 AGING_RELAY_TABLE ReceiptTimer. start(PTCP_RELAY_TIMEOUT)	READY

表 110（续）

#	当前状态	事件/条件 =〉动作	下一状态
4	READY	Sync_Ind(−)(S_Port,PTCP_SYNC_PDU) =〉	READY
5	READY	Sync_Ind(+)(S_Port,PTCP_SYNC_PDU) /! LINE_DELAY_VALID =〉 ignore	READY
6	READY	Sync_Ind(+)(S_Port,PTCP_SYNC_PDU) /LINE_DELAY_VALID && INGRESS_BORDERLINE =〉 ignore	READY
7	READY	Sync_Ind(+)(S_Port,PTCP_SYNC_PDU) /LINE_DELAY_VALID && ! INGRESS_BORDERLINE && ! MASTER_IN_PTCP_RELAY_TABLE && ! FREE_ENTRY =〉 ignore	READY
8	READY	Sync_Ind(+)(S_Port,PTCP_SYNC_PDU) /LINE_DELAY_VALID && ! INGRESS_BORDERLINE && ! MASTER_IN_PTCP_RELAY_TABLE && FREE_ENTRY =〉 INSERT_NEW_MASTER	READY
9	READY	Sync_Ind(+)(S_Port,PTCP_SYNC_PDU) /LINE_DELAY_VALID && ! INGRESS_BORDERLINE && MASTER_IN_PTCP_RELAY_TABLE && ! NEW_SYNC_FRAME =〉 ignore	READY
10	READY	Sync_Ind(+)(S_Port,PTCP_SYNC_PDU) /LINE_DELAY_VALID && ! INGRESS_BORDERLINE && MASTER_IN_PTCP_RELAY_TABLE && NEW_SYNC_FRAME && ! MASTER_RCF_VALID =〉 UPDATE_MASTER_ENTRY CALC_MASTER_RCF	READY

表 110（续）

#	当前状态	事件/条件 =>动作	下一状态

11	READY	Sync_Ind(+)(S_Port,PTCP_SYNC_PDU)
		/LINE_DELAY_VALID
		&& ! INGRESS_BORDERLINE
		&& MASTER_IN_PTCP_RELAY_TABLE
		&& NEW_SYNC_FRAME
		&& MASTER_RCF_VALID
		=>
		UPDATE_MASTER_ENTRY
		CALC_MASTER_RCF
		for i := all op. D_Ports \S_Port
		do
		  if(! EGRESS_BORDERLINE)
		   sync_Req(i,PTCP_SYNC_PDU)
			READY

12	READY	Sync_Cnf()() => ignore	READY
13	READY	Followup_Ind(−)(S_Port,PTCP_FUP_PDU) =>	READY
14	READY	Followup_Ind(+)(S_Port,PTCP_FUP_PDU) /! MASTER_IN_PTCP_RELAY_TABLE => ignore	READY
15	READY	Followup_Ind(+)(S_Port,PTCP_FUP_PDU) /! MASTER_IN_PTCP_RELAY_TABLE && INGRESS_BORDERLINE => ignore	READY
16	READY	Followup_Ind(+)(S_Port,PTCP_FUP_PDU) /MASTER_IN_PTCP_RELAY_TABLE && ! INGRESS_BORDERLINE && ! VALID_FU_FRAME => ignore	READY

17	READY	Followup_Ind(+)(S_Port,PTCP_FUP_PDU)
		/MASTER_IN_PTCP_RELAY_TABLE
		&& ! INGRESS_BORDERLINE
		&& VALID_FU_FRAME
		=>
		SET_FU_RECEIVED
		for i := all op. D_Ports \S_Port
		do
		  if(! EGRESS_BORDERLINE)
		   Followup_Req(i,PTCP_FUP_PDU)
			READY

18	READY	Followup_Cnf()() => ignore	READY

4.4.4.7.4 宏

表 111 包含 SRPM 使用的宏。

表 111 SRPM 使用的宏

名　称	含　义
LINE_DELAY_VALID	在接收端口上的线延迟是有效的 Line Delay 〈〉 0
INGRESS_BORDERLINE	sync 和 followup 帧的进入边界
EGRESS_BORDERLINE	sync 和 followup 帧的外出边界
MASTER _ IN _ PTCP _ RELAY _TABLE	检查 RelayTable 中的主站 mac 地址 MasterAddress := PTCP_SYNC_PDU. MasterSourceAddress SyncID := sYNC_ID_MASK(FrameID) {MasterAddress,SyncID} in RelayTable
FREE_ENTRY	检查 RelayTable 中的空项 RelayTable. Num_entry 〈 MAX_CNT_ENTRY
INSERT_NEW_MASTER	在 RelayTable 中插入新的同步主站 sm_sa := PTCP_SYNC_PDU. MasterSourceAddress SyncID := sYNC_ID_MASK(FrameID) RelayTable. Insert(sm_sa,SyncID) RelayTable. Entry{sm_sa,SyncID}. MasterAddress := sm_sa RelayTable. Entry{sm_sa,SyncID}. seq := PTCP_SYNC_PDU. SequenceID RelayTable. Entry{sm_sa,SyncID}. RcvPort := S_Port RelayTable. Entry{sm_sa,SyncID}. FollowUp := FALSE RelayTable. Entry{sm_sa,SyncID}. Receipt := 1 RelayTable. Num_entry ++
UPDATE_MASTER_ENTRY	更新 RelayTable 中同步主站的登录项 sm_sa := PTCP_SYNC_PDU. MasterSourceAddress SyncID := sYNC_ID_MASK(FrameID) RelayTable. Entry{sm_sa,SyncID}. seq := PTCP_SYNC_PDU. SequenceID RelayTable. Entry{sm_sa,SyncID}. RcvPort := S_Port RelayTable. Entry. {sm_sa,SyncID}. FollowUp := FALSE RelayTable. Entry. {sm_sa,SyncID}. Receipt ++

AGING_OF_FWSM_LIST	RelayTable 中登录项的时效处理(aging)
	form := 0 to RelayTable. Num_entry
	if(RelayTable. Entry(m). Receipt == 0)
	SyncID := sYNC_ID_MASK(RelayTable. Entry(m). FrameID)
	sm_sa := RelayTable. Entry(m). MasterAddress
	RelayTable. Num_entry --
	Relay. Remove(sm_sa,SyncID)
	else
	RelayTable. Entry[m]. Receipt := 0

VALID_FU_FRAME	检查接收端口和顺序号是有效的 sm_sa := PTCP_FUP_PDU. MasterSourceAddress SyncID := sYNC_ID_MASK(FrameID) RelayTable. Entry{sm_sa,SyncID}. RcvPort == S_Port RelayTable. Entry{sm_sa,SyncID}. seq == PTCP_FUP_PDU. SequenceID
SET_FU_RECEIVED	更新 RelayTable 中的登录项 sm_sa := PTCP_FUP_PDU. MasterSourceAddress SyncID := sYNC_ID_MASK(FrameID) RelayTable. Entry{sm_sa,SyncID}. FollowUp := TRUE

4.4.4.7.5 功能

表112包含SRPM使用的功能。

表112 SRPM使用的功能

名　称	含　义
Sync_Req(D_Port,PTCP_SYNC_PDU)	依据PTCP_SYNC_PDU创建PTCP-PDU 分配: D_Port := Port DA := multicast address of PTCP_SYNC_PDU SA := local port address A_SDU := LT,FrameID,PTCP_SYNC_PDU LMPM_P_Data.req(CREP,D_Port,TStamp,DA,SA,A_SDU)
Sync_Cnf(D_Port,Status)	LMPM_P_Data.conf(CREP,D_Port,TStamp,LMPM_Status) 分配: Status := LMPM_Status
Sync_Ind(S_Port,PTCP_SYNC_PDU)	依据PTCP_SYNC_PDU接收PTCP-PDU LMPM_P_Data.ind(CREP,D_Port,TStamp, DA,SA,A_SDU) 分配: PTCP_SYNC_PDU := A_SDU without LT and FrameID
Followup_Req(D_Port,PTCP_FUP_PDU)	依据PTCP_FUP_PDU创建PTCP-PDU 分配: D_Port := Port DA := multicast address of PTCP_FUP_PDU SA := local port address A_SDU := LT,FrameID,PTCP_FUP_PDU LMPM_P_Data.req(CREP,D_Port,TStamp,DA,SA,A_SDU)
Followup_Cnf(D_Port,Status)	LMPM_P_Data.conf(CREP,D_Port,TStamp,LMPM_Status) 分配: Status := LMPM_Status
Followup_Ind(S_Port,PTCP_FUP_PDU)	依据PTCP_FUP_PDU接收PTCP-PDU LMPM_P_Data.ind(CREP,D_Port,TStamp, DA,SA,A_SDU) 分配: PTCP_FUP_PDU := A_SDU without LT and FrameID

4.4.4.8 SCHEDULER 协议机

4.4.4.8.1 原语定义

4.4.4.8.1.1 在 SCHEDULER 与 ASE 之间交换的原语

4.4.4.8.1.2 SCHEDULER 原语的参数

这些服务原语及其相关参数在服务定义中以 PTCP ASE 进行描述，它们由 SCHEDULER 用户发出并由 SCHEDULER 接收，反之亦然。

4.4.4.8.2 状态机描述

SCHEDULER 产生用于时间事件本地处理的信号。

图 36 示出了 SCHEDULER 状态机。

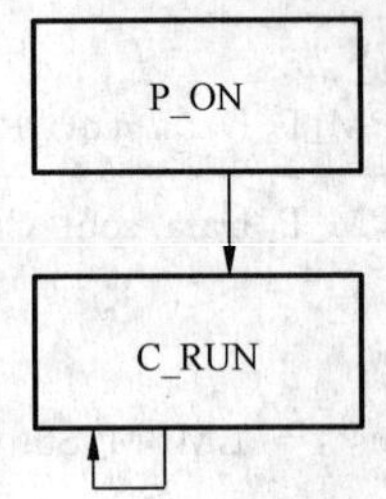

图 36 SCHEDULER 状态转换图

SCHEDULER 的状态如下：

——P_ON

数据初始化。

——C_RUN

具有活动速率控制的 PTCP-桥。

4.4.4.8.3 SCHEDULER 状态表

表 113 包含 SCHEDULER 使用的状态表。

表 113 SCHEDULER 状态表

#	当前状态	事件/条件 =〉动作	下一状态
1	P_ON	=〉 Tx_Period := GREEN Rx_Period := GREEN YELLOW_TransPeriod := CycleLength − MAX_PACK_TANSMIT_TIME MUX_Schedule_req(Tx_Period) DMUX_Schedule_req(Rx_Period)	C_RUN
2	C_RUN	TickEvent(CycleCounter,CycleOffset) /Tx_Period 〈〉 RED && CycleOffset 〈 Tx_RED_TransPeriod && Tx_RTC3_PortState == RUN =〉 Tx_Period := RED MUX_Schedule_req(CycleCounter,Tx_Period)	C_RUN

表 113（续）

#	当前状态	事件/条件 =>动作	下一状态
3	C_RUN	TickEvent(CycleCounter,CycleOffset) /Tx_Period <> RED && CycleOffset < Tx_RED_TransPeriod && Tx_RTC3_PortState <> RUN => Tx_Period := RED	C_RUN
4	C_RUN	TickEvent(CycleCounter,CycleOffset) /Tx_Period <> ORANGE && CycleOffset >= Tx_RED_TransPeriod && Tx_RTC2_PortState == RUN => Tx_Period := ORANGE MUX_Schedule_req(CycleCounter,Tx_Period)	C_RUN
5	C_RUN	TickEvent(CycleCounter,CycleOffset) /Tx_Period <> ORANGE && CycleOffset >= Tx_RED_TransPeriod && Tx_RTC2_PortState <> RUN => Tx_Period := ORANGE	C_RUN
6	C_RUN	TickEvent(CycleCounter,CycleOffset) /Tx_Period <> GREEN && CycleOffset >= Tx_ORANGE_TransPeriod => Tx_Period := GREEN MUX_Schedule_req(CycleCounter,Tx_Period)	C_RUN
7	C_RUN	TickEvent(CycleCounter,CycleOffset) /Tx_Period <> YELLOW && CycleOffset >= YELLOW_TransPeriod => Tx_Period := YELLOW MUX_Schedule_req(CycleCounter,Tx_Period)	C_RUN
8	C_RUN	MUX_Schedule_cnf() => ignore	C_RUN
9	C_RUN	TickEvent(CycleCounter,CycleOffset) /Rx_Period <> RED && CycleOffset < Rx_RED_TransPeriod && Rx_RTC3_PortState == RUN => Rx_Period := RED DMUX_Schedule_req(CycleCounter,Rx_Period)	C_RUN

表 113（续）

#	当前状态	事件/条件 =〉动作	下一状态
10	C_RUN	TickEvent(CycleCounter,CycleOffset) /Rx_Period 〈〉 RED && CycleOffset 〈 Rx_RED_TransPeriod && Rx_RTC3_PortState 〈〉 RUN =〉 Rx_Period := RED	C_RUN
11	C_RUN	TickEvent(CycleCounter,CycleOffset) /Tx_Period 〈〉 GREEN && CycleOffset 〉= Rx_RED_TransPeriod =〉 Rx_Period := GREEN DMUX_Schedule_req(CycleCounter,Rx_Period)	C_RUN
12	C_RUN	DMUX_Schedule_cnf() =〉 ignore	C_RUN

4.4.4.8.4 宏

SCHEDULER 没有定义宏。

4.4.4.8.5 功能

SCHEDULER 没有定义功能。

4.5 媒体冗余

4.5.1 MRP 的 FAL 语法描述

4.5.1.1 DLPDU 抽象语法引用

应采用 4.1.1 中的 DLPDU 抽象语法。

4.5.1.2 APDU 抽象语法

表 114 定义 MRP-PDU(称之为 APDU)的抽象语法。所定义的八位位组次序应用于传递 APDU。

表 114 MRP APDU 语法

APDU 名称	APDU 结构
MRP-PDU	MRP_Version(=0x0001),MRP_Type,MRP_Common,[MRP_Option],MRP_End,[Padding*][a]

[a] 如果该帧短于 64 个八位位组,则它将被填充扩展到 64 个八位位组。

表 115 定义的结构用作表 114 中所示 APDU 结构元素的替代。

表 115 MRP 替代

替代名称	结 构
MRP_Type	MRP_Test ^ MRP_LinkChange ^ MRP_TopologyChange ^ MRP_Option
MRP_Common	MRP_TLVHeader,MRP_SequenceID,MRP_DomainUUID
MRP_Option	MRP_TLVHeader,MRP_ManufacturerOUI,Data*,[Padding*][a]
MRP_End	MRP_TLVHeader(=0x0000)
MRP_Test	MRP_TLVHeader, MRP_Prio, MRP_SA[b], MRP_PortRole, MRP_RingState, MRP_Transition,MRP_TimeStamp,[Padding*][a]
MRP_TopologyChange	MRP_TLVHeader,MRP_Prio,MRP_SA[b],MRP_Interval,[Padding*][a]
MRP_LinkChange	MRP_LinkUp ^ MRP_LinkDown

表 115（续）

替代名称	结　构
MRP_LinkDown	MRP_TLVHeader,MRP_SA[b],MRP_PortRole,MRP_Interval,MRP_Blocked,[Padding*][a]
MRP_LinkUp	MRP_TLVHeader,MRP_SA[b],MRP_PortRole,MRP_Interval,MRP_Blocked,[Padding*][a]

[a] 应确保 32 比特对齐方式。

[b] 应是接口 MAC 地址。

4.5.1.3　字段 MRP_TLVHeader 的编码

此字段的编码应依据 3.7.3.4，且单个比特应具有以下含义：

——比特 0～7：MRP_TLVHeader. Length

该值包含相符块的后续八位位组的总和。

——比特 8～15：MRP_TLVHeader. Type

此字段应依据表 116 中的值来编码。

表 116　**MRP_TLVHeader. Type**

值(十六进制)	含　义	用　法
0x00	MRP_End(MRP_TLVHeader. Length 应被设置为 0)	必备
0x01	MRP_Common	必备
0x02	MRP_Test	必备
0x03	MRP_TopologyChange	必备
0x04	MRP_LinkDown	必备
0x05	MRP_LinkUp	必备
0x06～0x7E	Reserved	—
0x7F	MRP_Option(组织特定的)	可选

4.5.1.4　字段 MRP_Version 的编码

此字段应编码为数据类型 Unsigned16。此字段应被设置为 1。

4.5.1.5　字段 MRP_SequenceID 的编码

此字段应编码为 Unsigned16。它被用来识别环中重复的 MRP 帧。范围从 0 到 65535。该请求的应用过程应对每个挂起的服务请求提供唯一的顺序号。

4.5.1.6　字段 MRP_SA 的编码

此字段应编码为数据类型 OctetString[6]。字段 MRP_SA 的值应符合 IEEE 802 的 MAC 地址。

4.5.1.7　字段 MRP_Prio 的编码

此字段应编码为 Unsigned16，并依据表 117 来设置。

表 117　**MRP_Prio**

值(十六进制)	含　义
0x0000	最高优先级冗余管理器
0x1000～0x7000	高优先级
0x8000	冗余管理器的缺省优先级
0x9000～0xE000	低优先级
0xF000	最低优先级冗余管理器
其他	保留

4.5.1.8 字段 MRP_PortRole 的编码

此字段应编码为数据类型 Unsigned16。编码应符合表 118。

表 118 MRP_PortRole

值(十六进制)	含 义	用 法
0x0000	主要环端口	在主要环端口上发送帧
0x0001	后备环端口	在后备环端口上发送帧
0x0002～0xFFFF	保留	—

4.5.1.9 字段 MRP_RingState 的编码

此字段应编码为 Unsigned16,其值符合表 119 。

表 119 MRP_RingState

值(十六进制)	含 义	用 法
0x0000	环打开	冗余管理器处于环打开状态
0x0001	环闭合	冗余管理器处于环闭合状态
0x0002～0xFFFF	保留	—

4.5.1.10 字段 MRP_Interval 的编码

此字段应编码为 Unsigned16,其值符合表 120。

表 120 MRP_Interval

值(十六进制)	含 义	用 法
0x0000～0x07D0	下次拓扑改变事件的时间间隔(ms)	必备
0x07D1～0xFFFF	下次拓扑改变事件的时间间隔(ms)	可选

4.5.1.11 字段 MRP_Transition 的编码

此字段应编码为 Unsigned16,其值符合表 121。

表 121 MRP_Transition

值(十六进制)	含 义	用 法
0x0000～0xFFFF	从媒体冗余 ok 转变为媒体冗余 lost 的次数	通过信息包探测器站用于监视此值

4.5.1.12 字段 MRP_TimeStamp 的编码

此字段应编码为 Unsigned32,其值符合表 122。

表 122 MRP_TimeStamp

值(十六进制)	含 义	用 法
0x00000000～0xFFFFFFFF	1ms 计数器的实际计数器值	MRM 使用该值来决定在环中测试帧的最大传播时间。

4.5.1.13 字段 MRP_Blocked 的编码

此字段应编码为数据类型 Unsigned16。此字段应被设置为 1。

4.5.1.14 字段 MRP_ManufacturerOUI 的编码

此字段应编码为 OctetString[3],具有 IEEE 802 所定义的组织唯一标识符(OUI)。

注:此集中管理号的值由 IEEE 注册授权委员会来给定。

4.5.1.15 字段 MRP_DomainUUID 的编码

此字段应编码为 UUID,其值符合表 123。

表 123 MRP_DomainUUID

值(UUID)	含　义	用　法
00000000-0000-0000-0000-000000000000	—	保留
00000000-0000-0000-0000-000000000001 ～ FFFFFFFF-FFFF-FFFF-FFFF-FFFFFFFFFFFE	MRP 冗余域的唯一 UUID	可选
FFFFFFFF-FFFF-FFFF-FFFF-FFFFFFFFFFFF	MRP 冗余域的缺省 UUID	必备

4.5.1.16 字段 MRP_LengthDomainName 的编码

此字段应编码为数据类型 Unsigned8。

4.5.1.17 字段 MRP_DomainName 的编码

此字段应编码为数据类型 OctetString,其长度为 1～240 八位位组(符合 4.3.1.4.15.1)。

注:字段 MRP_DomainName 不应以 0 作为终止。

4.5.2 MRRT 的 FAL 语法描述

4.5.2.1 DLPDU 抽象语法引用

应采用 4.1.1 中的 DLPDU 抽象语法。

4.5.2.2 APDU 抽象语法

表 124 定义 MRRT-PDU(称之为 APDU)的抽象语法。所定义的八位位组次序应被于传送 APDU。

表 124 MRRT APDU 语法

APDU 名称	APDU 结构
MRRT-PDU	MRRT_Version(1),MRRT_Type,MRRT_Common,[MRRT_Option],MRRT_End,[Padding*][a]
[a] 如果该帧短于 64 个八位位组,则它将被填充扩展到 64 个八位位组。	

表 125 定义的结构用作表 124 中所示 APDU 结构元素的替代。

表 125 MRRT 替代

替代名称	结构
MRRT_Type	MRRT_Test ^ MRRT_Option
MRRT_Common	MRRT_TLVHeader,MRRT_SequenceID,MRRT_DomainUUID
MRRT_Option	MRRT_TLVHeader,MRRT_ManufacturerOUI,Data*,[Padding*][a]
MRRT_End	MRRT_TLVHeader(=0x0000)
MRRT_Test	MRRT_TLVHeader,MRRT_SA[b],[Padding*][a]
[a] 应确保 32 比特对齐方式。 [b] 应是接口 MAC 地址。	

4.5.2.3 字段 MRRT_TLVHeader 的编码

此字段的编码应依据 3.7.3.4,各比特应具有以下含义:

——比特 0～7:MRRT_TLVHeader.Length

该值包含相符块的后续八位位组的总和。

——比特 8～15:MRRT_TLVHeader.Type

此字段应依据表 126 中的值来编码。

表 126 MRRT_TLVHeader.Type

值(十六进制)	含　义	用　法
0x00	MRRT_End(MRRT_TLVHeader.Length 应被设置为 0)	必备
0x01	MRRT_Common	必备
0x02	MRRT_Test	必备

表 126（续）

值(十六进制)	含　义	用　法
0x03～0x7E	保留	—
0x7F	MRRT_Option(组织特定的)	可选

4.5.2.4　字段 MRRT_Version 的编码

此字段应编码为数据类型 Unsigned16。此字段应被设置为 1。

4.5.2.5　字段 MRRT_SequenceID 的编码

此字段应编码为 Unsigned16。使用它来识别在环路中 MRRT 帧的重复。范围从 0 到 65535。该请求的应用过程应对每个挂起的服务请求提供唯一的顺序号。

4.5.2.6　字段 MRRT_SA 的编码

此字段应编码为数据类型 OctetString[6]。字段 MRRT_SA 的值应符合 IEEE 802 的 MAC 地址。

4.5.2.7　字段 MRRT_ManufacturerOUI 的编码

此字段应编码为 OctetString[3],具有 IEEE 802 所定义的组织唯一标识符(OUI)。

注：此集中管理号的值由 IEEE 注册授权委员会来给定。

4.5.2.8　字段 MRRT_DomainUUID 的编码

此字段应编码为符合表 127 的 UUID。

表 127　MRRT_DomainUUID

值(十六进制)	含　义	用　法
0x00000000-0000-0000-0000-000000000000	保留	保留
0x00000000-0000-0000-0000-000000000001 ～ 0xFFFFFFFF-FFFF-FFFF-FFFF-FFFFFFFFFFFE	MRRT 冗余域的唯一 UUID	可选
0xFFFFFFFF-FFFF-FFFF-FFFF-FFFFFFFFFFFF	MRRT 冗余域的缺省 UUID	必备

4.5.3　AP-Context 状态机

对此协议没有定义 AP-Context 状态机。

4.5.4　FAL 服务协议机(FSPM)

4.5.4.1　用于 MRP 的 MRM 协议机

图 37 示出了用于媒体冗余管理器 MRM 的协议机的主要行为。

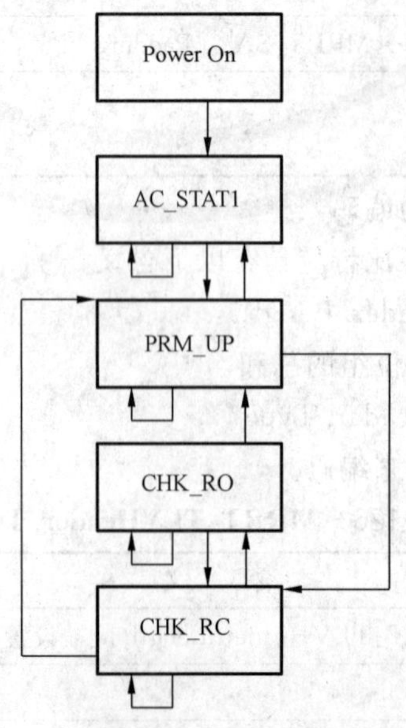

图 37　用于 MRP 的 MRM 协议机

该协议机各状态通常执行以下任务：

——Power On

初始化，MRM 应从端口状态为 BLOCKED 的两个环端口 RPort_1 和 RPort_2 开始。生成静态 FDB 登录项，该登录项用于对主机的 MRP 多播地址 MC_TEST 和 MC_CONTROL。所有 MRP-PDU 都具有最高优先级（ORG）。

——AC_STAT1

启动，等待在其环端口之一（主要环端口）上的第一个 Link Up，开始测试该环的监视并转换到 PRM_UP。

——PRM_UP(Primary Ring Port with Link Up)

如果仅主要环端口具有链路（后备环端口不具有链路），则进入此状态。MRM 将周期性地通过两个环端口发送测试帧。

——CHK_RO(Check Ring，Ring Openstate)

MRM 没有在预定时间内接收到其测试帧，MRP_RingState 进入环打开状态。

——CHK_RC(Check Ring，Ring Closedstate)

MRM 将发送其测试帧并检查其环端口的链路，MRP_RingState 进入环闭合状态。

表 128 中列出了 MRM 协议机的本地变量。

表 128　MRM 协议机的本地变量

名　称	类　型	含　义
SA_Port1	OctetString[6]	主机的环端口 RPort_1mAC 源地址
SA_Port2	OctetString[6]	主机的环端口 RPort_2mAC 源地址
SA_RPort	OctetString[6]	环端口 Port 1 或 Port 2 的 MAC 源地址
PRIORITY	Unsigned8	符合 IEEE 802.1Q 的 MRP-PDU 优先级，应设置为 ORG
MRP_TS_Prio	Unsigned16	主机的 MRP_Prio
MRP_TS_SA	OctetString[6]	主机的 MAC 源地址
RPort_1	Unsigned16	环端口 1 的端口标识
RPort_2	Unsigned16	环端口 2 的端口标识
PRM_RPort	Unsigned16	主要环端口的端口标识
SEC_RPort	Unsigned16	后备环端口的端口标识
MRP_MRM_NRmax	Unsigned16	MRP_TEST-PDU 最大重发计数
MRP_MRM_NReturn	Unsigned16	计数器，范围 MRP_MRM_NRmax ... 0
TC_NReturn	Unsigned16	计数器，范围 MRP_TOPNRmax ... 0
AddTest	Boolean	如果 TRUE，在 MRP_TSTshortT 间隔后，发送附加的 MRP_Test 类型 MRP-PDU
MRP_LNK_UP	Unsigned16	指示 Link Up 的常数值
MRP_LNK_DOWN	Unsigned16	指示 Link Down 的常数值
NoTC	Boolean	当进入线路拓扑（NoTC=TRUE），禁止拓扑改变（TopologyChange）请求

MRM 状态机应符合表 129。

表 129 MRM 状态机

#	当前状态	事件/条件 =〉动作	下一状态
1	Power On	 =〉 INIT_FDB ADD_MAC_FDB({local},{MC_TEST,MC_CONTROL},ORG) PRM_RPort := RPort_1 SEC_RPort := RPort_2 MRP_MRM_NRmax := MRP_TSTNRmax−1 MRP_MRM_NReturn := 0 AddTest := FALSE Set_Port_State. req(PRM_RPort,BLOCKED) Set_Port_State. req(SEC_RPort,BLOCKED)	AC_STAT1
2	AC_STAT1	MAUType_Change. ind(RPort,Link_Status) /RPort == PRM_RPort && Link_Status == MRP_LNK_UP =〉 Set_Port_State. req(PRM_RPort,FORWARDING) TestRingReq(MRP_TSTdefaultT)	PRM_UP
3	AC_STAT1	MAUType_Change. ind(RPort,Link_Status) /RPort == PRM_RPort && Link_Status == MRP_LNK_DOWN =〉 ignore	AC_STAT1
4	AC_STAT1	MAUType_Change. ind(RPort,Link_Status) /RPort != PRM_RPort && Link_Status == MRP_LNK_UP =〉 SEC_RPort := PRM_RPort PRM_RPort := RPort Set_Port_State. req(PRM_RPort,FORWARDING) TestRingReq(MRP_TSTdefaultT)	PRM_UP
5	AC_STAT1	MAUType_Change. ind(RPort,Link_Status) /RPort != PRM_RPort && Link_Status == MRP_LNK_DOWN =〉 ignore	AC_STAT1
6	AC_STAT1	TestTimer expired =〉 ignore	AC_STAT1
7	PRM_UP	TestTimer expired =〉 AddTest := FALSE TestRingReq(MRP_TSTdefaultT)	PRM_UP

表 129（续）

#	当前状态	事件/条件 =〉动作	下一状态
8	PRM_UP	MAUType_Change. ind(RPort,Link_Status) /RPort == PRM_RPort && Link_Status == MRP_LNK_UP =〉 ignore	PRM_UP
9	PRM_UP	MAUType_Change. ind(RPort,Link_Status) /RPort == PRM_RPort && Link_Status == MRP_LNK_DOWN =〉 TestTimer. stop SetPortState. req(PRM_RPort,BLOCKED)	AC_STAT1
10	PRM_UP	MAUType_Change. ind(RPort,Link_Status) /RPort ! = PRM_RPort && Link_Status == MRP_LNK_DOWN =〉 ignore	PRM_UP
11	PRM_UP	MAUType_Change. ind(RPort,Link_Status) /RPort ! = PRM_RPort && Link_Status == MRP_LNK_UP =〉 MRP_MRM_NRmax := MRP_TSTNRmax−1 MRP_MRM_NReturn := 0 NoTC := TRUE TestRingReq(MRP_TSTdefaultT)	CHK_RC
12	PRM_UP	TestRingInd(MRP_SA,MRP_Prio) /MRP_SA == MRP_TS_SA =〉 MRP_MRM_NRmax := MRP_TSTNRmax−1 MRP_MRM_NReturn := 0 NoTC := FALSE TestRingReq(MRP_TSTdefaultT)	CHK_RC
13	PRM_UP	TestRingInd(MRP_SA,MRP_Prio) /MRP_SA ! = MRP_TS_SA =〉 ignore	PRM_UP
14	PRM_UP	LinkChangeInd(PortMode,Link_Status) /! AddTest =〉 AddTest := TRUE TestRingReq(MRP_TSTshortT)	PRM_UP
15	PRM_UP	LinkChangeInd(PortMode,Link_Status) /AddTest =〉 ignore	PRM_UP

表 129(续)

#	当前状态	事件/条件 =〉动作	下一状态
16	PRM_UP	TopologyChangeInd(MRP_SA,t) =〉 ignore	PRM_UP
17	CHK_RO	TestTimer expired =〉 AddTest := FALSE TestRingReq(MRP_TSTdefaultT)	CHK_RO
18	CHK_RO	MAUType_Change.ind(RPort,Link_Status) /RPort == PRM_RPort && Link_Status == MRP_LNK_UP =〉 ignore	CHK_RO
19	CHK_RO	MAUType_Change.ind(RPort,Link_Status) /RPort == PRM_RPort && Link_Status == MRP_LNK_DOWN && ! NoTC =〉 PRM_RPort := SEC_RPort SEC_RPort := RPort TestRingReq(MRP_TSTdefaultT) TopologyChangeReq(MRP_ZOPchgT) SetPortState.req(SEC_RPort,BLOCKED)	PRM_UP
20	CHK_RO	MAUType_Change.ind(RPort,Link_Status) /RPort ! = PRM_RPort && Link_Status == MRP_LNK_UP =〉 ignore	CHK_RO
21	CHK_RO	MAUType_Change.ind(RPort,Link_Status) /RPort ! = PRM_RPort && Link_Status == MRP_LNK_DOWN =〉 SetPortState.req(SEC_RPort,BLOCKED)	PRM_UP
22	CHK_RO	TestRingInd(MRP_SA,MRP_Prio) /MRP_SA == MRP_TS_SA =〉 Set_Port_State.req(SEC_RPort,BLOCKED) MRP_MRM_NRmax := MRP_TSTNRmax−1 MRP_MRM_NReturn := 0 NoTC := FALSE TestRingReq(MRP_TSTdefaultT) TopologyChangeReq(MRP_TOPchgT)	CHK_RC
23	CHK_RO	TestRingInd(MRP_SA,MRP_Prio) /MRP_SA ! = MRP_TS_SA =〉 ignore	CHK_RO

表 129（续）

#	当前状态	事件/条件 =〉动作	下一状态
24	CHK_RO	LinkChangeInd(PortMode,Link_Status) /! AddTest =〉 AddTest := TRUE TestRingReq(MRP_TSTshortT)	CHK_RO
25	CHK_RO	LinkChangeInd(PortMode,Link_Status) /AddTest =〉 Ignore	CHK_RO
26	CHK_RO	TopologyChangeInd(MRP_SA,t) =〉 Ignore	CHK_RO
27	CHK_RC	TestTimer expired /MRP_MRM_NReturn 〉= MRP_MRM_NRmax && ! NoTC =〉 Set_Port_State. req(SEC_RPort,FORWARDING) MRP_MRM_NRmax := MRP_TSTNRmax−1 MRP_MRM_NReturn := 0 AddTest := FALSE TopologyChangeReq(MRP_TOPchgT) TestRingReq(MRP_TSTdefaultT)	CHK_RO
28	CHK_RC	TestTimer expired /MRP_MRM_NReturn 〈 MRP_MRM_NRmax =〉 MRP_MRM_NReturn := MRP_MRM_NReturn + 1 AddTest := FALSE TestRingReq(MRP_TSTdefaultT)	CHK_RC
29	CHK_RC	MAUType_Change. ind(RPort,Link_Status) /RPort == PRM_RPort && Link_Status == MRP_LNK_UP =〉 ignore	CHK_RC
30	CHK_RC	MAUType_Change. ind(RPort,Link_Status) /RPort == PRM_RPort && Link_Status == MRP_LNK_DOWN && ! NoTC =〉 PRM_RPort := SEC_RPort SEC_RPort := RPort Set_Port_State. req(SEC_RPort,BLOCKED) Set_Port_State. req(PRM_RPort,FORWARD) TestRingReq(MRP_TSTdefaultT) TopologyChangeReq(MRP_TOPchgT)	PRM_UP

表 129(续)

#	当前状态	事件/条件 =〉动作	下一状态
31	CHK_RC	MAUType_Change. ind(RPort,Link_Status) /RPort ! = PRM_RPort && Link_Status == MRP_LNK_UP =〉 ignore	CHK_RC
32	CHK_RC	MAUType_Change. ind(RPort,Link_Status) /RPort ! = PRM_RPort && Link_Status == MRP_LNK_DOWN =〉 ignore	PRM_UP
33	CHK_RC	TestRingInd(MRP_SA,MRP_Prio) /MRP_SA == MRP_TS_SA =〉 MRP_MRM_NRmax := MRP_TSTNRmax−1 MRP_MRM_NReturn := 0 NoTC := FALSE	CHK_RC
34	CHK_RC	TestRingInd(MRP_SA,MRP_Prio) /MRP_SA ! = MRP_TS_SA =〉 ignore	CHK_RC
35	CHK_RC	LinkChangeInd(PortMode,Link_Status) /AddTest =〉 ignore	CHK_RC
36	CHK_RC	LinkChangeInd(PortMode,Link_Status) /! AddTest =〉 AddTest := TRUE TestRingReq(MRP_TSTshortT)	CHK_RC
37	CHK_RC	TopologyChangeInd(MRP_SA,t) =〉 ignore	CHK_RC
38	AC_STAT1	LinkChangeInd(PortMode,Link_Status) =〉 ignore	AC_STAT1
39	CHK_RO	MAUType_Change. ind(RPort,Link_Status) /RPort == PRM_RPort && Link_Status == MRP_LNK_DOWN && NoTC =〉 PRM_RPort := SEC_RPort SEC_RPort := RPort TestRingReq(MRP_TSTdefaultT) SetPortState. req(SEC_RPort,BLOCKED)	PRM_UP

表 129（续）

#	当前状态	事件/条件 =〉动作	下一状态
40	CHK_RC	TestTimer expired /MRP_MRM_NReturn 〉= MRP_MRM_NRmax && NoTC =〉 Set_Port_State. req(SEC_RPort,FORWARDING) MRP_MRM_NRmax := MRP_TSTNRmax−1 MRP_MRM_NReturn := 0 AddTest := FALSE TestRingReq(MRP_TSTdefaultT)	CHK_RO
41	CHK_RC	MAUType_Change. ind(RPort,Link_Status) /RPort == PRM_RPort && Link_Status == MRP_LNK_DOWN && NoTC =〉 PRM_RPort := SEC_RPort SEC_RPort := RPort Set_Port_State. req(SEC_RPort,BLOCKED) Set_Port_State. req(PRM_RPort,FORWARD) TestRingReq(MRP_TSTdefaultT)	PRM_UP

4.5.4.2 **MRP 的 MRC 协议机**

图 38 示出了用于媒体冗余客户机 MRC 的协议机的主要行为。

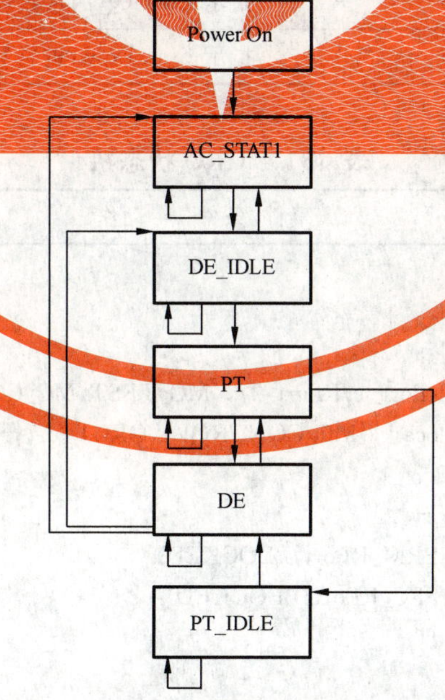

图 38 MRC 协议机

该协议机各状态通常执行下列任务：

——Power On

初始化，MRC 将以端口状态为 BLOCKED 的两个环端口 RPort_1 和 RPort_2 开始。生成静态 FDB 登录项，该登录项用于 MRP 的多播地址 MC_TEST 和 MC_CONTROL：在环端口之间转发 MRP 帧给 MC_TEST 和 MC_CONTROL，转发帧给 MC_CONTROL 和主机。所有 MRP-PDU 具有最高优先级(ORG)。

——AC_STAT1

启动,等待在该环端口之一的 Lin Up。

——DE_IDLE(Data Exchange idlestate)

如果仅一个环端口(主端口)具有链路,且被设置为 FORWARDING,则应进入此状态。

——PT(Pass Through)

发信号的链路改变时的暂时状态。

——DE(Data Exchange)

发信号的链路改变时的暂时状态。

—— PT_IDLE(Pass Through idlestate)

如果两个环端口具有链路,且被设置为 FORWARDING,则应进入此状态。

表 130 中列出了 MRC 协议机的本地变量。

表 130 MRC 协议机的本地变量

名　称	类　型	含　义
SA_RPort	OctetString[6]	环端口 Port1 或 Port2 的 MAC 源地址
PRIORITY	Unsigned8	符合 IEEE 802.1Q 的 MRP-PDU 优先级。应设置为 ORG
RPort_1	Unsigned16	环端口 1 的端口标识
RPort_2	Unsigned16	环端口 2 的端口标识
PRM_RPort	Unsigned16	主环端口的端口标识
SEC_RPort	Unsigned16	后备环端口的端口标识
MRP_LNKNReturn	Unsigned16	计数器,范围 MRP_LNKNRmax ... 0
MRP_LNK_UP	Unsigned16	指示 Link Up 的常数值
MRP_LNK_DOWN	Unsigned16	指示 Link Down 的常数值

MRC 状态机应符合表 131。

表 131 MRC 状态机

#	当前状态	事件/条件 =〉动作	下一状态
1	Power On	 =〉 INIT_FDB ADD_MAC_FDB({RPort_1,RPort_2},{MC_TEST,MC_CONTROL},ORG) ADD_MAC_FDB({local},{MC_CONTROL},ORG) PRM_RPort := RPort_1 SEC_RPort := RPort_2 Set_Port_State.req(PRM_RPort,BLOCKED) Set_Port_State.req(SEC_RPort,BLOCKED) UpTimer.ini DownTimer.ini	AC_STAT1
2	AC_STAT1	MAUType_Change.ind(RPort,Link_Status) /RPort == PRM_RPort && Link_Status == MRP_LNK_UP =〉 Set_Port_State.req(PRM_RPort,FORWARDING)	DE_IDLE

表 131（续）

#	当前状态	事件/条件 =〉动作	下一状态
3	AC_STAT1	MAUType_Change. ind(RPort, Link_Status) / Link_Status == MRP_LNK_DOWN =〉 ignore	AC_STAT1
4	AC_STAT1	MAUType_Change. ind(RPort, Link_Status) /RPort ! = PRM_RPort && Link_Status == MRP_LNK_UP =〉 SEC_RPort := PRM_RPort PRM_RPort := RPort Set_Port_State. req(PRM_RPort, FORWARDING)	DE_IDLE
5	AC_STAT1	TopologyChangeInd(MRP_SA, t) =〉 ignore	AC_STAT1
6	DE_IDLE	MAUType_Change. ind(RPort, Link_Status) /RPort ! = PRM_RPort && Link_Status == MRP_LNK_UP =〉 MRP_LNKNReturn := MRP_LNKNRmax UpTimer. start(MRP_LNKupT) LinkChangeReq(PRM_RPort, MRP_LNK_UP, MRP_LNKNReturn * MRP_LNKupT)	PT
7	DE_IDLE	MAUType_Change. ind(RPort, Link_Status) /RPort ! = PRM_RPort && Link_Status == MRP_LNK_DOWN =〉 ignore	DE_IDLE
8	DE_IDLE	MAUType_Change. ind(RPort, Link_Status) /RPort == PRM_RPort && Link_Status == MRP_LNK_DOWN =〉 Set_Port_State. req(PRM_RPort, BLOCKED)	AC_STAT1
9	DE_IDLE	MAUType_Change. ind(RPort, Link_Status) /RPort == PRM_RPort && Link_Status == MRP_LNK_UP =〉 ignore	DE_IDLE
10	DE_IDLE	TopologyChangeInd(MRP_SA, t) =〉 CLEAR_FDB(t)	DE_IDLE
11	PT	UpTimer expired /MRP_LNKNReturn == 0 =〉 MRP_LNKNReturn := MRP_LNKNRmax Set_Port_State. req(SEC_RPort, FORWARDING)	PT_IDLE

表 131（续）

#	当前状态	事件/条件 =〉动作	下一状态
12	PT	UpTimer expired /MRP_LNKNReturn 〉0 =〉 MRP_LNKNReturn := MRP_LNKNReturn−1 UpTimer. start(MRP_LNKupT) LinkChangeReq(PRM_RPort, MRP_LNK_UP, MRP_LNKNReturn * MRP_LNK-upT)	PT
13	PT	MAUType_Change. ind(RPort, Link_Status) /RPort ! = PRM_RPort && Link_Status == MRP_LNK_UP =〉 ignore	PT
14	PT	MAUType_Change. ind(RPort, Link_Status) /RPort ! = PRM_RPort && Link_Status == MRP_LNK_DOWN =〉 MRP_LNKNReturn := MRP_LNKNRmax UpTimer. stop Set_Port_State. req(SEC_RPort, BLOCKED) DownTimer. start(MRP_LNKdownT) LinkChangeReq(PRM_RPort, MRP_LNK_DOWN, MRP_LNKNReturn * MRP_LNKdownT)	DE
15	PT	MAUType_Change. ind(RPort, Link_Status) /RPort == PRM_RPort && Link_Status == MRP_LNK_DOWN =〉 MRP_LNKNReturn := MRP_LNKNRmax UpTimer. stop PRM_RPort := SEC_RPort SEC_RPort := RPort Set_Port_State. req(SEC_RPort, BLOCKED) DownTimer. start(MRP_LNKdownT) LinkChangeReq(PRM_RPort, MRP_LNK_DOWN, MRP_LNKNReturn * MRP_LNKdownT)	DE
16	PT	MAUType_Change. ind(RPort, Link_Status) /RPort == PRM_RPort && Link_Status == MRP_LNK_UP =〉 ignore	PT
17	PT	TopologyChangeInd(MRP_SA, t) =〉 MRP_LNKNReturn := MRP_LNKNRmax UpTimer. stop Set_Port_State. req(SEC_RPort, FORWARDING) CLEAR_FDB(t)	PT_IDLE

表 131（续）

#	当前状态	事件/条件 =〉动作	下一状态
18	DE	DownTimer expired /MRP_LNKNReturn == 0 =〉 MRP_LNKNReturn := MRP_LNKNRmax	DE_IDLE
19	DE	DownTimer expired /MRP_LNKNReturn 〉0 =〉 MRP_LNKNReturn := MRP_LNKNReturn−1 DownTimer. start(MRP_LNKdownT) LinkChangeReq(PRM_RPort, MRP_LNK_DOWN, MRP_LNKNReturn * MRP_LNKdownT)	DE
20	DE	MAUType_Change. ind(RPort, Link_Status) /RPort ! = PRM_Rport && Link_Status == MRP_LNK_UP =〉 MRP_LNKNReturn := MRP_LNKNRmax DownTimer. stop UpTimer. start(MRP_LNKupT) LinkChangeReq(PRM_RPort , MRP_LNK_UP, MRP_LNKNReturn * MRP_LNKupT)	PT
21	DE	MAUType_Change. ind(RPort, Link_Status) /RPort ! = PRM_RPort && Link_Status == MRP_LNK_DOWN =〉 ignore	DE
22	DE	MAUType_Change. ind(RPort, Link_Status) /RPort == PRM_RPort && Link_Status == MRP_LNK_DOWN =〉 MRP_LNKNReturn := MRP_LNKNRmax Set_Port_State. req(PRM_RPort, BLOCKED) DownTimer. stop	AC_STAT1
23	DE	MAUType_Change. ind(RPort, Link_Status) /RPort == PRM_RPort && Link_Status == MRP_LNK_UP =〉 ignore	DE
24	DE	TopologyChangeInd(MRP_SA, t) =〉 MRP_LNKNReturn := MRP_LNKNRmax DownTimer. stop CLEAR_FDB(t)	DE_IDLE

表 131(续)

#	当前状态	事件/条件 =〉动作	下一状态
25	PT_IDLE	MAUType_Change. ind(RPort,Link_Status) /RPort ! = PRM_RPort && Link_Status == MRP_LNK_UP =〉 ignore	PT_IDLE
26	PT_IDLE	MAUType_Change. ind(RPort,Link_Status) /RPort ! = PRM_RPort && Link_Status == MRP_LNK_DOWN =〉 MRP_LNKNReturn := MRP_LNKNRmax Set_Port_State. req(SEC_RPort,BLOCKED) DownTimer. start(MRP_LNKdownT) LinkChangeReq(PRM_RPort ,MRP_LNK_DOWN,MRP_LNKNReturn * MRP_LNKdownT)	DE
27	PT_IDLE	MAUType_Change. ind(RPort,Link_Status) /RPort == PRM_Rport && Link_Status == MRP_LNK_DOWN =〉 MRP_LNKNReturn := MRP_LNKNRmax PRM_RPort := SEC_RPort SEC_RPort := RPort Set_Port_State. req(SEC_RPort,BLOCKED) DownTimer. start(MRP_LNKdownT) LinkChangeReq(PRM_RPort,MRP_LNK_DOWN,MRP_LNKNReturn * MRP_LNKdownT)	DE
28	PT_IDLE	MAUType_Change. ind(RPort,Link_Status) /RPort == PRM_RPort && Link_Status == MRP_LNK_UP =〉 ignore	PT_IDLE
29	PT_IDLE	TopologyChangeInd(MRP_SA,t) =〉 CLEAR_FDB(t)	PT_IDLE

4.5.4.3 **用于 MRP 的 MRM 和 MRC 功能**

在表 132 中定义了这些功能。

表 132 功能

功能名称	操 作
TestRingReq(t)	SETUP_TEST_RING_REQ TestTimer. start(t)

表 132（续）

功能名称	操　　作
SETUP_TEST_RING_REQ	依据 MRP_Test 创建 MRP-PDU 分配： MRP_Type ：= MRP_Test MRP_Prio ：= MRP_TS_Prio MRP_SA ：= MRP_TS_SA MRP_PortRole ：= ring port role of the used port MRP_RingState ：= actual ringstate MRP_Type ：= MRP_Common MRP_SequenceID ：= next SequenceID MRP_DomainUUID ：= assigned domain UUID MRP_Type ：= MRP_END LMPM_N_Data. req(RPort_1，mC_TEST，SA_Port1，PRIORITY，LT，MRP-PDU) LMPM_N_Data. req(RPort_2，mC_TEST，SA_Port2，PRIORITY，LT，MRP-PDU)
TestRingInd(MRP_SA，MRP_Prio)	LMPM_N_Data. ind(S_Port，，DA，SA，，，N_SDU) MRP-PDU ：= N_SDU 依据 MRP_Test 接收 MRP-PDU MRP_SA ：= MRP_SA fromMRP-PDU MRP_Prio ：= MRP_Prio fromMRP-PDU
TopologyChangeReq(time)	SETUP_TOPOLOGY_CHANGE_REQ(MRP_TOPNRmax * time) if time == 0 CLEAR_LOCAL_FDB else TopTimer. start(MRP_TOPchgT)
SETUP_TOPOLOGY_CHANGE_REQ(t)	依据 MRP_TopologyChange 创建 MRP-PDU 分配： MRP_Type ：= MRP_TopologyChange MRP_Prio ：= MRP_TS_Prio MRP_SA ：= MRP_TS_SA MRP_Interval ：= t MRP_Type ：= MRP_Common MRP_SequenceID ：= next SequenceID MRP_DomainUUID ：= assigned domain UUID MRP_Type ：= MRP_END LMPM_N_Data. req (RPort_1，MC_CONTROL，SA_Port1，PRIORITY，LT，MRP-PDU) LMPM_N_Data. req (RPort_2，MC_CONTROL，SA_Port2，PRIORITY，LT，MRP-PDU)

表 132（续）

功能名称	操作
TopologyChangeInd(MRP_SA,t)	LMPM_N_Data. ind(S_Port,,DA,SA,,,N_SDU) MRP-PDU := N_SDU 依据 MRP_TopologyChange 接收 MRP-PDU MRP_SA := MRP_SA fromMRP-PDU t := MRP_Interval fromMRP-PDU
LinkChangeReq(RPort,LinkStatus,time)	依据 MRP_LinkUp orMRP_LinkDown 创建 MRP-PDU 分配： if LinkStatus == MRP_LNK_UP MRP_Type := MRP_LinkUp elseMRP_Type := MRP_LinkDown MRP_SA := MRP_TS_SA MRP_PortRole := ring port role of the used port MRP_RingState := actual ringstate MRP_Interval := time MRP_Type := MRP_Common MRP_SequenceID := next SequenceID MRP_DomainUUID := assigned domain UUID MRP_Type := MRP_END LMPM_N_Data. req(RPort,mC_TEST,SA_RPort,PRIORITY,LT,MRP-PDU)
LinkChangeInd(PortMode,LinkStatus)	LMPM_N_Data. ind(S_Port,,DA,SA,,,N_SDU) MRP-PDU := N_SDU 依据 MRP_LinkDown orMRP_LinkUp 接收 MRP-PDU PortMode := MRP_Blocked fromMRP-PDU(shall beset to 1) ifMRP_Type == MRP_LinkUp LinkStatus := MRP_LNK_UP else LinkStatus := MRP_LNK_DOWN
CLEAR_FDB(Time)	FDBClearTimer. start(t)
CLEAR_LOCAL_FDB	清除本地 FDB 的功能
INIT_FDB	初始化过滤数据库(Filtering Data Base)的功能
ADD_MAC_FDB(Destination,mAC_Address,Priority)	在过滤数据库中增加 MAC-地址的功能
SetPortState. req(RPort,state)	设置环端口的端口状态的功能

4.5.4.4 用于 MRP 的 FDB Clear Timer

表 133 中定义了该状态表。

表 133 **FDB Clear Timer**

#	当前状态	事件/条件 =〉动作	下一状态
1	Power On	=〉 FDBClearTimer. ini	IDLE
2	IDLE	FDBClearTimer . expired =〉 CLEAR_LOCAL_FDB	IDLE

4.5.4.5 用于 MRP 的 Topology Change Timer

表 134 中定义了该状态表。

表 134 Topology Change Timer

#	当前状态	事件/条件 =〉动作	下一状态
1	Power On	 =〉 TopTimer.ini TC_NReturn := MRP_TOPNRmax−1	IDLE
2	IDLE	TopTimer expired /TC_NReturn 〉0 =〉 SETUP_TOPOLOGY_CHANGE_REQ(TC_NReturn * MRP_TOPchgT) TC_NReturn− − TopTimer.start(MRP_TOPchgT)	IDLE
3	IDLE	TopTimer expired /TC_NReturn 〈= 0 =〉 TC_NReturn := MRP_TOPNRmax−1 CLEAR_LOCAL_FDB SETUP_TOPOLOGY_CHANGE_REQ(0)	IDLE

4.5.4.6 用于激活 MRRT 的 MRM 协议机

图 39 示出了用于媒体冗余实时激活的 MRM 协议机的主要行为。

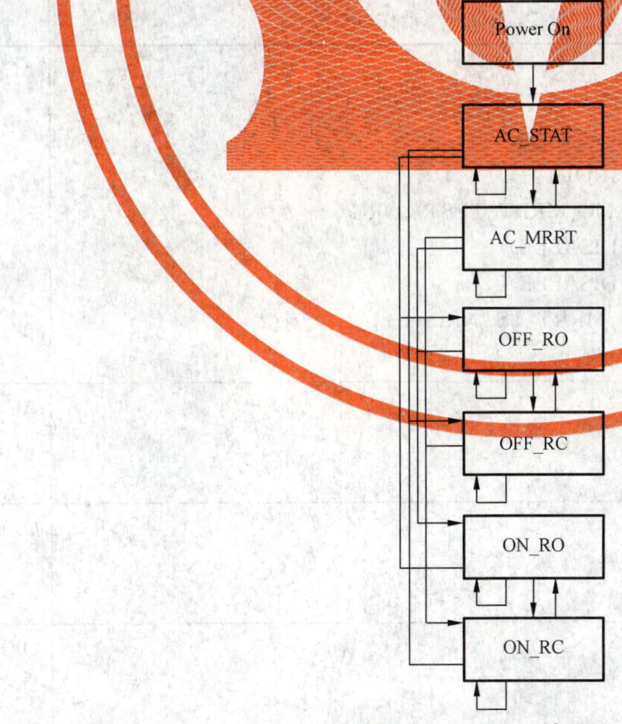

图 39 MRM 协议机

该协议机各状态通常执行下列任务：

——Power On

初始化，MRM 应以停用实时的媒体冗余开始，桥转发模式设置到直通(cut through)，并应丢弃

MC_MRRT_TEST 目的地址的寻址帧。

——AC_STAT

启动,等待 MRP 环状态改变指示或 MRRT 模式改变请求。

——AC_MRRT

在出现了 MRRT 模式改变请求后启动。

——OFF-RO

如果 MRRT 模式是 DISABLED 并且环处于开路状态,则应进入此状态。

——OFF-RC

如果 MRRT 模式是 DISABLED 并且环处于闭合状态,则应进入此状态。

——ON-RO

如果 MRRT 模式是 ENABLED 并且环处于开路状态,则应进入此状态。

——ON-RC

如果 MRRT 模式是 ENABLED 并且环处于闭合状态,则应进入此状态。

激活 MRRT 测试监视,仅在测试监视成功(在具有 MRRT 模式的环中所有 MRC 被启用)的状态下,才启用在端口上的 MRRT 模式。

表 135 中列出了用于 MRRT 激活协议的 MRM 协议机的本地变量。

表 135 用于 MRRT 激活的 MRM 协议机的本地变量

名 称	类 型	含 义
MRRT_RingClosed	Boolean	环是闭合的(TRUE)或开路的(FALSE)

用于 MRRT 激活的 MRM 状态机应符合表 136。

表 136 用于 MRRT 激活的 MRM 状态机

#	当前状态	事件/条件 =〉动作	下一状态
1	Power On	=〉 MRRT_RingClosed := False Set_Bridge_State(CUT_THROUGH) ADD_MAC_FDB({NIL},{MC_MRRT_TEST},ORG) Set_RPort_State(RPort_1,DISABLE) Set_RPort_State(RPort_2,DISABLE) MRRT_MRM_NRmax := MRRT_TSTNRmax−1 MRRT_MRM_NReturn := 0	AC_STAT
2	AC_STAT	MRRTTestTimer expired =〉 ignore	AC_STAT
3	AC_STAT	MRP_StateInd(RingState) /RingState == OPEN =〉	OFF_RO
4	AC_STAT	MRP_StateInd(RingState) /RingState == CLOSED =〉	OFF_RC
5	AC_STAT	MRRT_Set_StateInd(State) /State == ENABLE =〉	AC_MRRT

表 136（续）

#	当前状态	事件/条件 =〉动作	下一状态
6	AC_STAT	MRRT_Set_StateInd(State) /State == DISABLE =〉 ignore	AC_STAT
7	AC_STAT	MRRT_TestRingInd(MRRT_SA) =〉 ignore	AC_STAT
8	AC_MRRT	MRRTTestTimer expired =〉 ignore	AC_MRRT
9	AC_MRRT	MRP_StateInd(RingState) /RingState == OPEN =〉 ADD_MAC_FDB({local},{MC_MRRT_TEST},ORG) Set_RPort_State(RPort_1,ENABLE) Set_RPort_State(RPort_2,ENABLE)	ON_RO
10	AC_MRRT	MRP_StateInd(RingState) /RingState == CLOSED =〉 MRRT_RingClosed := False Set_Bridge_State(STORE_AND_FORWARD) ADD_MAC_FDB({local},{MC_MRRT_TEST},ORG) MRRT_TestRingReq(MRRT_TSTdefaultT)	ON_RC
11	AC_MRRT	MRRT_Set_StateInd(State) /State == DISABLE =〉	AC_STAT
12	AC_MRRT	MRRT_Set_StateInd(State) /State == ENABLE =〉 ignore	AC_MRRT
13	AC_MRRT	MRRT_TestRingInd(MRRT_SA) =〉 ignore	AC_MRRT
14	OFF_RO	MRRTTestTimer expired =〉 ignore	OFF_RO
15	OFF_RO	MRP_StateInd(RingState) /RingState == OPEN =〉 ignore	OFF_RO
16	OFF_RO	MRP_StateInd(RingState) /RingState == CLOSED =〉	OFF_RC

表 136（续）

#	当前状态	事件/条件 =〉动作	下一状态
17	OFF_RO	MRRT_Set_StateInd(State) /State == DISABLE =〉 ignore	OFF_RO
18	OFF_RO	MRRT_Set_StateInd(State) /State == ENABLE =〉 ADD_MAC_FDB({local},{MC_MRRT_TEST},ORG) Set_RPort_State(RPort_1,ENABLE) Set_RPort_State(RPort_2,ENABLE)	ON_RO
19	OFF_RO	MRRT_TestRingInd(MRRT_SA) =〉 ignore	OFF_RO
20	OFF_RC	MRRTTestTimer expired =〉 ignore	OFF_RC
21	OFF_RC	MRP_StateInd(RingState) /RingState == CLOSED =〉 ignore	OFF_RC
22	OFF_RC	MRP_StateInd(RingState) /RingState == OPEN =〉	OFF_RO
23	OFF_RC	MRRT_Set_StateInd(State) /State == DISABLE =〉 ignore	OFF_RC
24	OFF_RC	MRRT_Set_StateInd(State) /State == ENABLE =〉 MRRT_RingClosed := False Set_Bridge_State(STORE_AND_FORWARD) ADD_MAC_FDB({local},{MC_MRRT_TEST},ORG) MRRT_TestRingReq(MRRT_TSTdefaultT)	ON_RC
25	OFF_RC	MRRT_TestRingInd(MRRT_SA) =〉 ignore	OFF_RC
26	ON_RO	MRRTTestTimer expired =〉 ignore	ON_RO
27	ON_RO	MRP_StateInd(RingState) /RingState == OPEN =〉 ignore	ON_RO

表 136（续）

#	当前状态	事件/条件 =〉动作	下一状态
28	ON_RO	MRP_StateInd(RingState) /RingState == CLOSED =〉 MRRT_RingClosed := False Set_Bridge_State(STORE_AND_FORWARD) Set_RPort_State(RPort_1,DISABLE) Set_RPort_State(RPort_2,DISABLE) MRRT_TestRingReq(MRRT_TSTdefaultT)	ON_RC
29	ON_RO	MRRT_Set_StateInd(State) /State == DISABLE =〉 Set_RPort_State(RPort_1,DISABLE) Set_RPort_State(RPort_2,DISABLE) REM_MAC_FDB({local},{MC_MRRT_TEST},ORG)	OFF_RO
30	ON_RO	MRRT_Set_StateInd(State) /State == ENABLE =〉 ignore	ON_RO
31	ON_RO	MRRT_TestRingInd(MRRT_SA) =〉 ignore	ON_RO
32	ON_RC	MRRTTestTimer expired /! MRRT_RingClosed =〉 Set_RPort_State(RPort_1,DISABLE) Set_RPort_State(RPort_2,DISABLE) MRRT_TestRingReq(MRRT_TSTdefaultT)	ON_RC
33	ON_RC	MRRTTestTimer expired /MRRT_RingClosed && MRRT_MRM_NReturn 〈 MRRT_MRM_NRmax =〉 MRRT_MRM_NReturn := MRRT_MRM_NReturn + 1 MRRT_TestRingReq(MRRT_TSTdefaultT)	ON_RC
34	ON_RC	MRRTTestTimer expired /MRRT_RingClosed && MRRT_MRM_NReturn 〉= MRRT_MRM_NRmax =〉 MRRT_MRM_NReturn := 0 MRRT_RingClosed := False MRRT_TestRingReq(MRRT_TSTdefaultT)	ON_RC
35	ON_RC	MRP_StateInd(RingState) /RingState == CLOSED =〉 ignore	ON_RC

表 136（续）

#	当前状态	事件/条件 =〉动作	下一状态
36	ON_RC	MRP_StateInd(RingState) /RingState == OPEN =〉 Set_Bridge_State(CUT_THROUGH) Set_RPort_State(RPort_1,ENABLE) Set_RPort_State(RPort_2,ENABLE)	ON_RO
37	ON_RC	MRRT_Set_StateInd(State) /State == DISABLE =〉 Set_Bridge_State(CUT_THROUGH) Set_RPort_State(RPort_1,DISABLE) Set_RPort_State(RPort_2,DISABLE) REM_MAC_FDB({local},{MC_MRRT_TEST},ORG)	OFF_RC
38	ON_RC	MRRT_Set_StateInd(State) /State == ENABLE =〉 ignore	ON_RC
39	ON_RC	MRRT_TestRingInd(MRRT_SA) /! MRRT_RingClosed && MRRT_SA == MRRT_TS_SA =〉 MRRT_RingClosed := True MRRT_MRM_NReturn := 0 Set_RPort_State(RPort_1,ENABLE) Set_RPort_State(RPort_2,ENABLE)	ON_RC
40	ON_RC	MRRT_TestRingInd(MRRT_SA) /MRRT_RingClosed && MRRT_SA == MRRT_TS_SA =〉 ignore	ON_RC
41	ON_RC	MRRT_TestRingInd(MRRT_SA) /MRRT_SA != MRRT_TS_SA =〉 ignore	ON_RC

4.5.4.7 用于激活 MRRT 的 MRC 协议机

图 40 示出了用于媒体冗余实时激活的 MRC 协议机主要行为。

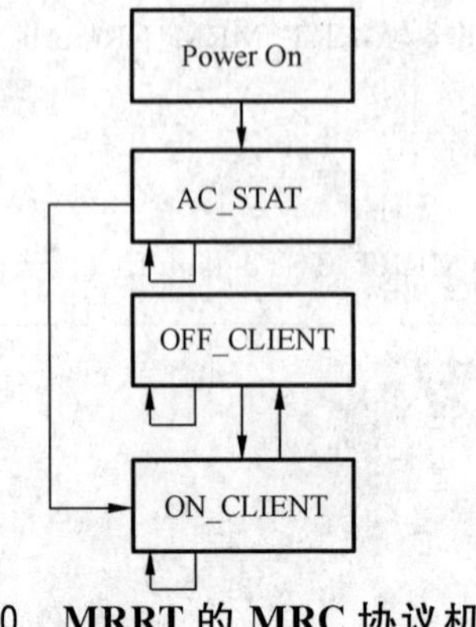

图 40 MRRT 的 MRC 协议机

该协议机状态通常执行下列任务：

——Power On

初始化，MRC 应以停用实时的媒体冗余开始，桥转发模式设置到直通，并应丢弃 MC_MRRT_TEST 目的地址的寻址帧。

——AC_STAT

启动，等待 MRRT 模式 ENABLE 请求。

——ON-CLIENT

如果 MRRT 模式是 ENABLED，应进入此状态。MC_MRRT_TEST 目的地址的寻址帧应在环端口之间转发。

——OFF-CLIENT

如果 MRRT 模式是 ENABLED，应进入此状态。应丢弃 MC_MRRT_TEST 目的地址的寻址帧。

表 137 中列出了 MRRT 激活的 MRC 状态机。

表 137 MRRT 激活的 MRC 状态机

#	当前状态	事件/条件 =〉动作	下一状态
1	Power On	=〉 Set_Bridge_State(CUT_THROUGH) ADD_MAC_FDB({NIL},{MC_MRRT_TEST},ORG) Set_RPort_State(RPort_1,DISABLE) Set_RPort_State(RPort_2,DISABLE)	AC_STAT
2	AC_STAT	MRRT_Set_StateInd(State) /State == ENABLE =〉 Set_RPort_State(RPort_1,ENABLE) Set_RPort_State(RPort_2,ENABLE) ADD_MAC_FDB({RPort_1,RPort_2},{MC_MRRT_TEST},ORG)	ON_CLIENT
3	AC_STAT	MRRT_Set_StateInd(State) /State == DISABLE =〉 ignore	AC_STAT
4	OFF _ CLIENT	MRRT_Set_StateInd(State) /State == DISABLE =〉 ignore	OFF _ CLIENT
5	OFF _ CLIENT	MRRT_Set_StateInd(State) /State == ENABLE =〉 Set_RPort_State(RPort_1,ENABLE) Set_RPort_State(RPort_2,ENABLE) ADD_MAC_FDB({RPort_1,RPort_2},{MC_MRRT_TEST},ORG)	ON_CLIENT

表 137（续）

#	当前状态	事件/条件 =〉动作	下一状态
6	ON_CLIENT	MRRT_Set_StateInd(State) /State == DISABLE =〉 REM_MAC_FDB({RPort_1,RPort_2},{MC_MRRT_TEST},ORG) Set_RPort_State(RPort_1,DISABLE) Set_RPort_State(RPort_2,DISABLE)	OFF _ CLIENT
7	ON_CLIENT	MRRT_Set_StateInd(State) /State == ENABLE =〉 ignore	ON_CLIENT

4.5.4.8 **用于激活 MRRT 的 MRM 和 MRC 功能**

表 138 中定义了这些功能。

表 138 **MRM 和 MRC 功能**

功能名称	操　　作
MRRT_TestRingReq(t)	MRRT_SETUP_TEST_RING_REQ MRRTTestTimer. start(t)
MRRT_SETUP_TEST_RING_REQ	依据 MRRT_Test 创建 MRRT-PDU 分配： MRRT_Type := MRRT_Test MRRT_SA := MRRT_TS_SA(same as MRP_TS_SA) MRRT_Type := MRRT_Common MRRT_SequenceID := next SequenceID MRRT_DomainUUID := MRP_DomainUUID of ring ports MRRT_Type := MRRT_END LMPM_A_Data. req(RPort_1,MC_MRRT_TEST,SA_Port1,PRIORITY,LT,MRRT-PDU) LMPM_A_Data. req(RPort_2,MC_MRRT_TEST,SA_Port2,PRIORITY,LT,MRRT-PDU)

MRRT_TestRingInd(MRRT_SA)	LMPM_A_Data. ind(S_Port,,DA,SA,,,N_SDU)
	MRRT-PDU := N_SDU
	
	接收 MRRT-PDU 依据 MRRT_Test
	if S_Port is ring port
	{
	MRRT_SA := MRRT_SA fromMRRT-PDU
	}
	else discard MRRT-PDU

ADD_MAC_FDB(Destination,mAC-Address,Priority)	在转发数据库(Forwarding Data Base)中增加 MAC-地址的功能

表 138（续）

功能名称	操 作
REM_MAC_FDB(Destination, mAC-Address, Priority)	从转发数据库中移去 MAC-地址的功能
STORE_AND_FORWARD	设置桥转发模式为 store & forward 的功能
CUT_THROUGH	设置桥转发模式为 cut through 的功能
Set_RPort_State(Port, MRRT_Mode)	在端口上启用或停用 MRRT 模式的功能
RPort_1, RPort_2	环端口(等于 MRP 环端口)
MRRT_Set_StateInd(State)	MRRT 模式改变请求(ENABLE 或 DISABLE)
MRP_StateInd(RingState)	MRP 环状态改变指示(MRP_RingState 从环打开改变到环闭合)

4.5.4.9 **RRT 中继协议机(RRT_RELAY)**

4.5.4.9.1 **原语定义**

4.5.4.9.1.1 **在 RRT_RELAY 和 ASE 之间交换的原语**

4.5.4.9.1.2 **RRT_RELAY 原语的参数**

在服务定义中以 MRP ASE 描述了这些服务原语及其相关参数，它们由 RRT_RELAY 用户发出并由 RRT_RELAY 接收，反之亦然。

4.5.4.9.2 **状态机描述**

RRT 中继协议机描述在桥中的 RRT 帧处理。

图 41 示出 RRT_RELAY 状态机。

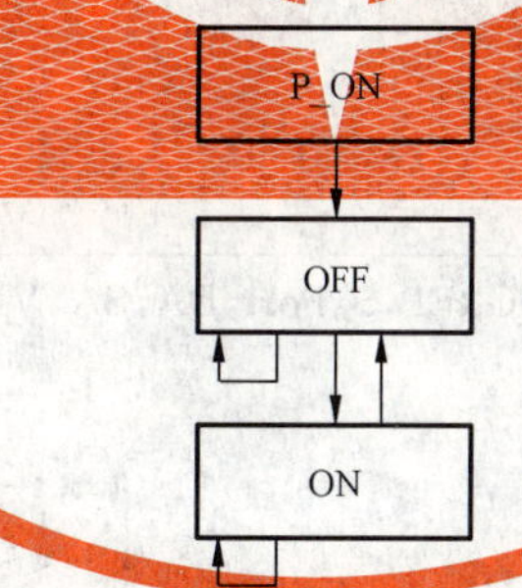

图 41 **RRT_RELAY 状态转换图**

RRT_RELAY 的状态如下：

——P_ON

初始化。

——OFF

解除激活。

——ON

激活。

4.5.4.9.3 **RRT_RELAY 状态表**

表 139 包含 RRT_RELAY 使用的状态表。

表 139 RRT_RELAY 状态表

#	当前状态	事件/条件 =〉动作	下一状态
1	P_ON	=〉 R_Port1 := NIL R_Port2 := NIL	OFF
2	OFF	RRT_Start. req(RingPort_1,RingPort_2) =〉 R_Port1 := RingPort_1 R_Port2 := RingPort_2 RRT_Start. cnf(OK)	ON
3	OFF	RRT_Stop. req() =〉 R_Port1 := NIL R_Port2 := NIL RRT_Stop. cnf(OK)	OFF
4	OFF	DEMUX_RRT_RELAY. ind(CREP,S_Port,DA,SA,VLANPrio,VLNAID,C_SDU,APDU_Status) =〉 MAC_RelayData. req(CREP,DA,SA,VLANPrio,VLNAID,C_SDU,APDU_Status)	OFF
5	ON	RRT_Start. req(RingPort_1,RingPort_2) =〉 RRT_Start. cnf(WRONG_SEQUENCE)	ON
6	ON	RRT_Stop. req() =〉 R_Port1 := NIL R_Port2 := NIL RRT_Stop. cnf(OK)	OFF
7	ON	DEMUX_RRT_RELAY. ind(CREP,S_Port,DA,SA,VLANPrio,VLNAID,C_SDU,APDU_Status) /S_Port == LOCAL =〉 for i := R_Port1 to R_Port_2 PUT_IN_LIST_RT_Lo(i)	ON
8	ON	DEMUX_RRT_RELAY. ind(CREP,S_Port,DA,SA,VLANPrio,VLNAID,C_SDU,APDU_Status) /S_Port 〈〉 LOCAL &&(S_Port 〈〉 R_Port1 && S_Port 〈〉 R_Port2) =〉 MAC_RelayData. req(CREP,DA,SA,VLANPrio,VLNAID,C_SDU,APDU_Status)	ON
9	ON	DEMUX_RRT_RELAY. ind(CREP,S_Port,DA,SA,VLANPrio,VLNAID,C_SDU,APDU_Status) /S_Port 〈〉 LOCAL && ! (S_Port 〈〉 R_Port1 && S_Port 〈〉 R_Port2) && LOCAL_IS_SOURCE =〉	ON

表 139（续）

#	当前状态	事件/条件 =〉动作	下一状态
10	ON	DEMUX_RRT_RELAY. ind(CREP, S_Port, DA, SA, VLANPrio, VLNAID, C_SDU, APDU_Status) /S_Port 〈〉 LOCAL && ! LOCAL_IS_SOURCE && LOCAL_IS_UNIQUE_DESTINATION =〉 RRT_RelayData. ind(CREP, DA, SA, LT, VLANPrio, VLANID, C_SDU, APDU_Status)	ON
11	ON	DEMUX_RRT_RELAY. ind(CREP, S_Port, DA, SA, VLANPrio, VLNAID, C_SDU, APDU_Status) /S_Port 〈〉 LOCAL && ! (S_Port <> R_Port1 && S_Port <> R_Port2) && ! LOCAL_IS_SOURCE && ! LOCAL_IS_UNIQUE_DESTINATION =〉 RRT_RelayData. ind(CREP, DA, SA, LT, VLANPrio, VLANID, C_SDU, APDU_Status)	ON
12	ON	DEMUX_RRT_RELAY. ind(CREP, S_Port, DA, SA, VLANPrio, VLNAID, C_SDU, APDU_Status) /S_Port 〈〉 LOCAL && ! (S_Port 〈〉 R_Port1 && S_Port 〈〉 R_Port2) && ! LOCAL_IS_SOURCE && ! LOCAL_IS_UNIQUE_DESTINATION && LOCAL_IS_DESTINATION && S_Port == R_Port1 =〉 PUT_IN_LIST_RT_Lo(R_Port2) RRT_RelayData. ind(CREP, DA, SA, LT, VLANPrio, VLANID, C_SDU, APDU_Status)	ON
13	ON	DEMUX_RRT_RELAY. ind(CREP, S_Port, DA, SA, VLANPrio, VLNAID, C_SDU, APDU_Status) /S_Port 〈〉 LOCAL && ! (S_Port 〈〉 R_Port1 && S_Port 〈〉 R_Port2) && ! LOCAL_IS_SOURCE && ! LOCAL_IS_UNIQUE_DESTINATION && LOCAL_IS_DESTINATION && S_Port == R_Port2 =〉 PUT_IN_LIST_RT_Lo(R_Port1) RRT_RelayData. ind(CREP, DA, SA, LT, VLANPrio, VLANID, C_SDU, APDU_Status)	ON
14	ON	DEMUX_RRT_RELAY. ind(CREP, S_Port, DA, SA, VLANPrio, VLNAID, C_SDU, APDU_Status) /S_Port 〈〉 LOCAL && ! (S_Port 〈〉 R_Port1 && S_Port 〈〉 R_Port2) && ! LOCAL_IS_SOURCE && ! LOCAL_IS_UNIQUE_DESTINATION && ! LOCAL_IS_DESTINATION && S_Port == R_Port1 =〉 PUT_IN_LIST_RT_Lo(R_Port2)	ON

表 139（续）

#	当前状态	事件/条件 =〉动作	下一状态
15	ON	DEMUX_RRT_RELAY. ind(CREP,S_Port,DA,SA,VLANPrio,VLNAID,C_SDU,APDU_Status) /S_Port 〈〉 LOCAL && ！(S_Port 〈〉 R_Port1 && S_Port 〈〉 R_Port2) && ！LOCAL_IS_SOURCE && ！LOCAL_IS_UNIQUE_DESTINATION && ！LOCAL_IS_DESTINATION && S_Port == R_Port2 =〉 PUT_IN_LIST_RT_Lo(R_Port1)	ON

4.5.4.9.4 宏

表 140 包含 RRT_RELAY 使用的宏。

表 140 RRT_RELAY 使用的宏

名 称	功 能
LOCAL	来自本地接口的请求(Reques)(LMPM)
LOCAL_IS_SOURCE	来自自有设备的帧 SA == local address
LOCAL_IS_UNIQUE_DESTINATION	目的地址是本地地址 DA == local address
LOCAL_IS_DESTINATION	目的多播帧被设计用于设备
FrameInIngressFilter	该入口过滤器条件适合此帧。该帧被放弃
PUT_IN_LIST_RT_Lo(Port)	TX_RT_Lo_List. Insert() TX_RT_Lo_List. Last_Entry. Function := RT_Lo TX_RT_Lo_List. First_Entry. CREP := NIL TX_RT_Lo_List. Last_Entry. S_Port := Port TX_RT_Lo_List. Last_Entry. D_Port := NIL 此功能排队该帧在 QueueHandler 的相应队列中

4.5.4.9.5 功能

RRT_RELAY 没有定义功能。

4.6 实时循环

4.6.1 FAL 语法描述

4.6.1.1 DLPDU 抽象语法引用

应采用 4.1.1 中的 DLPDU 抽象语法。

4.6.1.2 RTC APDU 抽象语法

表 141 定义应用层 PDU(称之为 APDU)的抽象语法。所定义的八位位组次序应用于传递 APDU。表 141 的 APDU 应表示表 4 中 DLSDU 的内容。

表 141 RTC APDU 语法

APDU 名称	APDU 结构
RTC-PDU	C_SDU ^ CBA_SDU,APDU_Status
UDP-RTC-PDU	IPHeader,UDPHeader,FrameID,RTC-PDU

表 142 定义结构用作表 141 中所示 APDU 结构元素的替代。

表 142 RTC 替代

替代名称	结　构
C_SDU	{[DataItem],[GAP*]}*,[RTCPadding*][a,b] 最大 C_SDU 长度不应大于 1440 个八位位组
DataItem	{[IOCS*],[DataObjectElement*]}*
SubstituteDataItem	{[IOCS*][c],[SubstituteDataObjectElement*]}*
DataObjectElement	[Data*],IOPS
SubstituteDataObjectElement	[Data*],substituteDataValid
CBA_SDU	CBAHeader,CBADataSet*,[RTCPadding*][a,b]
CBAHeader	CBAVersion,CBAFlags,CBACount
CBADataSet	CBALength,CBAQualityCode,CBAValue
APDU_Status	CycleCounter,DataStatus,TransferStatus

[a] 在 RTC-PDU 情况下,填充的八位位组数应根据 DataItem 的大小在 0...40 范围内。在 UDP-RTC-PDU 情况下,填充的八位位组数应根据 DataItem 的大小在 0...12 范围内。

[b] 在 RT_CLASS_3 传输情况下,填充的八位位组数由工程系统给出。

[c] 该值应包含与字段 DataItem.IOCS 相同的值。

4.6.2 FAL 传输语法

4.6.2.1 Data-RTC-PDU 专用字段的编码

4.6.2.1.1 概述

字段 Data 和 IOxS 也应用来编码所有其他 PDU 类型的用户数据。

4.6.2.1.2 字段 CycleCounter 的编码

此字段应编码为数据类型 Unsigned16。一个增量表示时间值:对于 RTC-PDU 是 31.25 μs,对于 UDP-RTC-PDU 是 1 ms。每个 RTC-PDU 包含其本地 CycleCounter。RTC-PDU 的接收方应使用此字段来检查帧的重复、丢失以及数据的时效性。

表 143 依据上次接收的 RTC-PDU 或 UDP-RTC-PDU 的 CycleCounter 与当前接收的 PDU 的值之间的差异来规定消费者的动作。

表 143 CycleCounter Difference

值(十六进制)	含　义	用　途
0x0000～0x0FFF	消费者投票所接收到的帧比已存储的帧更老	帧被丢弃
0x1000～0xFFFF	消费者投票所接收到的帧比已存储的帧更新	帧被处理

CycleCounter 定义新、旧帧之间的时窗:对于表决作为新的 RTC-PDU 是 1.92 s,对于表决作为新的 UDP-RTC-PDU 是 61.44 s。

注:如有必要,本地 CycleCounter 可以在该网络中紧紧地全局同步。

设备应维持具有增量 31.25 μs 的本地 64 比特的计数器。比特 0～比特 15 应用于 RTC-PDUs 中的 CycleCounter。比特 5～比特 20 应用于 UDP-RTC-PDU 中的 CycleCounter,如图 42 所示。

该差应用 16 比特算法来计算,见式(47)。

IF(CycleCounter(NEW) 〉= CycleCounter(STORED)) ……………(47)

Difference=CycleCounter(NEW) — CycleCounter(STORED)

ELSE

Difference=0xFFFF − CycleCounter(STORED) + CycleCounter(NEW)

如果该差值 == 0,则该 CycleCounter(NEW)是旧的。

如果该差值 > 0xF000,则该 CycleCounter(NEW)是旧的。

如果该差值 <= 0xF000,则该 CycleCounter(NEW)是新的。

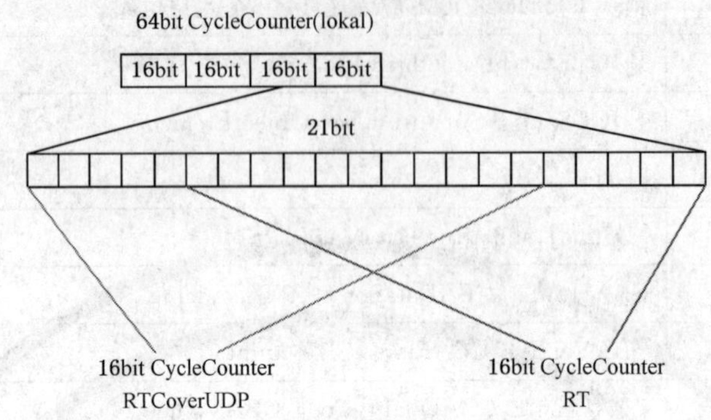

图 42　**CycleCounter 的结构**

4.6.2.1.3　字段 DataStatus 的编码

此字段的编码应依据 3.7.3.3,各比特应具有以下含义:

——比特 0:DataStatus.State

此字段应依据表 144 中的值来编码。

表 144　**DataStatus.State**

值(十六进制)	含　义
0x00	IOCR 状态是 backup
0x01	IOCR 状态是 primary

——比特 1:DataStatus.reserved_1

此字段应依据 3.7.3.2 来设置。

——比特 2:DataStatus.DataValid

——此字段应依据表 145 中的值来编码。

表 145　**DataStatus.DataValid**

值(十六进制)	含　义
0x00	无效的 DataItem
0x01	有效的 DataItem

——比特 3:DataStatus.reserved_2

此字段应设置为 0,但不被接收方检查。

——比特 4:DataStatus.ProviderState

此字段应依据表 146 中的值来编码。

表 146　**DataStatus.ProviderState**

值(十六进制)	含　义
0x00	Stop
0x01	Run

——比特 5:DataStatus.StationProblemIndicator

此字段应依据表 147 中的值来编码。

表 147 DataStatus. StationProblemIndicator

值(十六进制)	含　义
0x00	检查出问题
0x01	正常运行

——比特 6:DataStatus. reserved_3

此字段应设置为 0,但不被接收方检查。

——比特 7:DataStatus. reserved_4

此字段应设置为 0,但不被接收方检查。

4.6.2.1.4 字段 TransferStatus 的编码

此字段应编码为数据类型 Unsigned8。对于 RT_CLASS_UDP、RT_CLASS_1 和 RT_CLASS_2 帧,此字段应设置为 0。对于 RT_CLASS_3,此值应依据表 148 来设置。

表 148 RT_CLASS_3 的 TransferStatus

比特位置	名　称	值	含　义
0	AlignmentOrFrameChecksumError	0	没有帧校验和错误或对齐方式错误
		1	帧校验和错误或对齐方式错误,没有 MAC 接收缓冲器溢出
1	WrongLengthError	0	没有长度错误
		1	长度错误
2	MACReceiveBufferOverflow	0	没有 MAC 接收缓冲器溢出
		1	MAC 接收缓冲器溢出
3	RT_CLASS_3 Error	0	没有 RT_CLASS_3 错误
		1	RT_CLASS_3 错误,例如,该帧没有被及时接收,或不是所期望的帧类型,或不是所期望的帧 ID,或不是所期望的源 MAC 地址(这是可选的检查),或出现残缺帧(underrun)(如,桥接收到首部,但数据没有及时达到)
其他	None	保留	保留

4.6.2.1.5 有关分散式外围设备的编码

4.6.2.1.5.1 字段 Data 的编码

对于每个 Data 字段,应使用下列数据类型之一:

——Boolean;

——Integer;

——Unsigned;

——Floating Point;

——Visiblestring;

——OctetString;

——Binary Date;

——Time of Day;

——Time-Difference;

——Network Time;

——Network Time Difference。

4.6.2.1.5.2 有关 IOxS(IOPS,IOCS,substituteDataValid)的编码

——字段 IOPS 的编码

这些字段的编码应依据 3.7.3.3,各比特应具有以下含义:

- 比特 0:IOxS. Extension

此字段应依据表 149 中的值来编码。

表 149 IOxS. Extension

值(十六进制)	含义
0x00	无 IOxS 八位位组流(octet follows)
0x01	多于一个的 IOxS 八位位组流

- 比特 1~4:IOxS. reserved

  此字段应依据 3.7.3.2 来设置。

- 比特 6~5:IOxS. Instance

  如果 IOxS. DataState 比特被设置为 bad,此字段应依据表 150 中的值来编码。如果 IOxS. DataState 比特被设置为好 good,则不关心 IOxS instance 比特,并应设置为 0。

表 150 IOCS. Instance

值(十六进制)	含义
0x00	通过子槽检查
0x01	通过槽检查
0x02	通过 IO 设备检查
0x03	通过 IO 控制器检查

- 比特 7:IOxS. DataState

  此字段应依据表 151 中的值来编码。

表 151 IOxS. DataState

值(十六进制)	含义
0x00	Bad 数据字段可能不包含有效的用户数据 - 接收方应使用其预设定的值(0,上次有效的值或缺省值)代替所传输的数据字段的值 SubstituteDataValid=FALSE
0x01	Good 数据字段应包含有效的用户数据 SubstituteDataValid=TRUE

——字段 IOCS 的编码

这些字段的编码应符合字段 IOPS 的编码。

——字段 SubstituteDataValid 的编码

这些字段的编码应符合字段 IOPS 的编码。

4.6.2.1.6 有关分布式自动化的编码

注:设置本条为空,以保持与 IEC 61158-6-10 的条号相同。

4.6.3 应用关系协议机(ARPM)

4.6.3.1 提供者协议机(PPM)

4.6.3.1.1 原语定义

4.6.3.1.1.1 在 PPM 与 PPM 用户之间交换的原语

这些服务原语及其相关参数在服务定义中以 RTC ASE 进行描述,它们由 PPM 用户发出并由

PPM 接收,反之亦然。

4.6.3.1.1.2 在 PPM 与 LMPM 之间交换的原语

这些服务原语及其相关参数在服务定义中以 LMPM ASE 进行描述,它们由 PPM 发出并由 LMPM 接收,反之亦然。

4.6.3.1.1.3 PPM 原语的参数

在 PPM 用户与 PPM 之间交换的原语使用的参数在 FAL 服务定义中被描述。

4.6.3.1.2 状态机描述

W-START 状态指出需要进行初始化。Activate 服务设置该协议机在 RUN 状态以等待提供者数据(Provider Data)服务请求和时间(Time)事件。在发出数据传输后,使用 CRUN 状态以等待证实。接收的证实将使该协议机回到 RUN 状态。一个错误或 Close 服务请求将导致重新进入 W-START 状态。在进入 W-START 之前,处在 CRUN 中的 Close 必须等待处在 WCON 状态中的挂起的(outstanding)证实。

PPM 的本地变量如下:

——Buffer_Data(OctetString)

此本地变量包含存储的数据(被编码为 DataItem*),该数据专用于通过 NDRDataCyclic 传输下一次 Data-RTC-PDU 或 CL-RPC-PDU。

注:DataItem* 包含该专用 PDU 的所有 DataItems。

——Buffer_Status(Unsigned16)

此本地变量包含存储的状况(被编码 APDU_STatus),该状况专用于通过 NDRDataCyclic 传输下一次 Data-RTC-PDU 或 CL-RPC-PDU。

——New_Stat(Boolean)

此本地变量将被用来指出在 Open 之后的第一个成功的数据传输。

4.6.3.1.3 PPM 状态表

表 152 包含 PPM 状态表的完整描述。

表 152 PPM 状态表

#	当前状态	事件/条件 =〉动作	下一状态
1	W-START	PPM_Activate.req(CREP,DA,SA,FrameID,Prio,VLAN,TxOption,ReductionRatio,Phase,Sequence,Default_Values,Default_Status) =〉 New_Stat := FALSE; Buffer_Data := Default_Values Buffer_Status := Default_Status LMPM_Schedule_add.req(CREP,ReductionRatio,Phase,Sequence) PPM_Activate.cnf(+)(CREP)	RUN
2	W-START	PPM_Close.req(CREP) =〉 PPM_Close.cnf(+)(CREP)	W-START
3	W-START	PPM_Set_Prov_Data.req(CREP,Data) =〉 ERRCLS := CTXT ERRCODE := INVALID_STATE PPM_Set_Prov_Data.cnf(—)(CREP,ERRCLS,ERRCODE)	W-START

表 152（续）

#	当前状态	事件/条件 =〉动作	下一状态
4	W-START	PPM_Set_Prov_Status. req(CREP,D_Status) =〉 ERRCLS := CTXT ERRCODE := INVALID_STATE PPM_Set_Prov_Status. cnf(－)(CREP,ERRCLS,ERRCODE)	W-START
5	W-START	C_Data_cnf =〉 ignore	W-START
6	RUN	PPM_Activate. req(CREP,DA,SA,FrameID,Prio,VLAN,TxOption,ReductionRatio,Phase,Sequence,Default_Values,Default_Status) =〉 ERRCLS := CTXT ERRCODE := INVALID_STATE PPM_Activate. cnf(－)(CREP,ERRCLS,ERRCODE)	RUN
7	RUN	PPM_Close. req(CREP) =〉 LMPM_Schedule_remove. req(CREP) PPM_Close. cnf(＋)(CREP)	W-START
8	RUN	PPM_Set_Prov_Data. req(CREP,Data) =〉 Buffer_Data := Data PPM_Set_Prov_Data. cnf(＋)(CREP)	RUN
9	RUN	PPM_Set_Prov_Status. req(CREP,D_Status) =〉 Buffer_Status := D_Status PPM_Set_Prov_Status. cnf(＋)(CREP)	RUN
10	RUN	C_Data_cnf =〉 ignore	RUN
11	RUN	LMPM_Time_Event. ind(CREP,PortList) /PortList == NIL =〉 C_SDU := Buffer_Data, APDU_Status := (Cycle_Count,Buffer_Status) C_Data_req(PortList)	CRUN
12	RUN	LMPM_Time_Event. ind(CREP,PortList) /PortList ! = NIL =〉 C_SDU := Buffer_Data, APDU_Status := (Cycle_Count,Buffer_Status) C_Data_req(PortList)	CRUN

表 152（续）

#	当前状态	事件/条件 =〉动作	下一状态
13	CRUN	PPM_Activate. req(CREP,DA,SA,FrameID,Prio,VLAN,TxOption,ReductionRatio,Phase,Sequence,Default_Values,Default_Status) =〉 ERRCLS := CTXT ERRCODE := INVALID_STATE PPM_Activate. cnf(－)(CREP,ERRCLS,ERRCODE)	CRUN
14	CRUN	PPM_Close. req(CREP) =〉 LMPM_Schedule_remove. req(CREP) PPM_Close. cnf(＋)(CREP)	WCON
15	CRUN	C_Data_cnf /LMPM_Status ! = LS/IV && ! New_Stat =〉 New_Stat := TRUE PPM_Start. ind(CREP)	RUN
16	CRUN	C_Data_cnf /LMPM_Status ! = LS/IV && New_Stat =〉	RUN
17	CRUN	C_Data_cnf /LMPM_Status == LS/IV =〉 PPM_Error. ind(CREP,No_Data_Send)	RUN
18	CRUN	LMPM_Time_Event. ind(CREP,PortList) =〉 PPM_Error. ind(CREP,No_Data_Send)	CRUN
19	CRUN	PPM_Set_Prov_Data. req(CREP,Data) =〉 Buffer_Data := Data PPM_Set_Prov_Data. cnf(＋)(CREP)	CRUN
20	CRUN	PPM_Set_Prov_Status. req(CREP,D_Status) =〉 Buffer_Status := D_Status PPM_Set_Prov_Status. cnf(＋)(CREP)	CRUN
21	WCON	PPM_Activate. req(CREP,DA,SA,FrameID,Prio,VLAN,TxOption,ReductionRatio,Phase,Sequence,Default_Values,Default_Status) =〉 New_Stat := FALSE; Buffer_Data := Default_Values Buffer_Status := Default_Status LMPM_Schedule_add. req(CREP,ReductionRatio,Phase,Sequence) PPM_Activate. cnf(＋)(CREP)	CRUN

表 152（续）

#	当前状态	事件/条件 =〉动作	下一状态
22	WCON	PPM_Close. req(CREP) =〉 ERRCLS := CTXT ERRCODE := INVALID_STATE PPM_Close. cnf(—)(CREP,ERRCLS,ERRCODE)	WCON
23	WCON	C_Data_cnf /LMPM_Status ! = LS/IV =〉	W-START
24	WCON	C_Data_cnf /LMPM_Status == LS/IV =〉 PPM_Error. ind(CREP,No_Data_Send)	W-START
25	WCON	LMPM_Time_Event. ind(CREP,PortList) =〉 PPM_Error. ind(CREP,No_Data_Send)	WCON
26	WCON	PPM_Set_Prov_Data. req(CREP,Data) =〉 ERRCLS := CTXT ERRCODE := INVALID_STATE PPM_Set_Prov_Data. cnf(—)(CREP,ERRCLS,ERRCODE)	WCON
27	WCON	PPM_Set_Prov_Status. req(CREP,D_Status) =〉 ERRCLS := CTXT ERRCODE := INVALID_STATE PPM_Set_Prov_Status. cnf(—)(CREP,ERRCLS,ERRCODE)	WCON

4.6.3.1.4 功能

表 153 包含 PPM 使用的功能或宏，它们的变元和它们的描述。

表 153 PPM 使用的功能

功能名称	描　述
C_Data_cnf	如果(txOption == RTC) LMPM_C_Data. cnf(CREP,LMPM_Status,Cycle) 如果(txOption == UDP) UDP_C_Data. cnf(IPPort,CREP,LMPM_Status,Cycle)
C_Data_req(PortList)	如果(txOption == RTC) LMPM_C_Data. req(CREP,PortList,DA,SA,Prio,C_SDU,APDU_Status) 如果(txOption == UDP) UDP_C_Data. req(IPPort,CREP,DA,SA,Prio,C_SDU,APDU_Status)

4.6.3.2 消费者协议机(CPM)

4.6.3.2.1 原语定义

4.6.3.2.1.1 在 CPM 与 CPM 用户之间交换的原语

这些服务原语及其相关参数在服务定义中以 RTC ASE 进行描述，它们由 CPM 用户发出并由 CPM 接收，反之亦然。

4.6.3.2.1.2 在 CPM 与 LMPM 之间交换的原语

这些服务原语及其相关参数在服务定义中以 LMPM ASE 进行描述，它们由 CPM 发出并由

LMPM 接收,反之亦然。

4.6.3.2.1.3 **CPM 原语的参数**

在 CPM 用户与 CPM 之间交换的原语使用的参数在 FAL 服务定义中被描述。

4.6.3.2.2 **状态机描述**

W-START 状态指出必需进行初始化。Activate 服务设置该状态机在 RUN 状态或 FRUN 状态。该状态机等待在这些状态中的第 1 个 LMPM_C_Data 服务指示。传递 Start 指示给用户后,进入 RUN 状态。超时(timeout)将迫使状态转换回到 FRUN(与 Stop 指示结合)。使用 Close 服务请求重新进入 W-START 状态。

每次接收到有效的 C_Data. ind 后,读取时间并将它与标记(Flag)一起存储在本地变量中。

CPM 的本地变量如下:

——Cycle(Unsigned16)

此本地变量包含上次有效的 Cycle Counter,它是通过带有有效数据的 LMPM_C_Data 指示传送的。

——RecvCnt(Unsigned16)

此本地变量包含自上次 ConsStatus 请求以来所接收到的循环 PDU 的计数器值。

——Buffer_Data(Octedstring)

此本地变量包含上次有效的服务数据单元(unit),它是通过 LMPM_C_Data 指示传送的。

——Buffer_Status(Unsigned16)

此本地变量包含上次有效的 APDU_Status,它是通过 LMPM_C_Data 指示传送的。

——New_Data(Boolean)

此本地变量发出信号告知接收到有效的 LMPM_C_Data 指示(由 Get_Cons_Data 请求设置为 FALSE)。

——WDt(Unsigned16)

此本地变量包含自上次 LMPM_C_Data 指示以来时间事件的计数器值。

——DHt(Unsigned16)

此本地变量包含自上次带有有效数据的 LMPM_C_Data 指示以来时间事件的计数器值。

4.6.3.2.3 **CPM 状态表**

表 154 包含 CPM 状态表的完整描述。

表 154 CPM 状态表

#	当前状态	事件/条件 =〉动作	下一状态
1	W-START	CPM_Activate. req(CREP, DA, SA, FrameID, Prio, VLAN, Exp_Length, startTon, Timeout_Base, WatchdogFactor, DataHoldFactor, Default_Value, Default_Status) /StartTon=TRUE =〉 InitCy := TRUE Store DA, SA, FrameID, Prio, VLAN, Timeout_Base, WatchDogFactor, DataHoldFactor, Default_Value, Default_Status New_Data := FALSE, Intime := FALSE, for all ports of interface do: RxA(Port), RxP(Port) := FALSE WDt := 0, DHt := 0 Cycle := 0, RecvCnt := 0, Buffer_Data, AuxBuffer_Data := Default_Value, Buffer_Status, AuxBuffer_Status := Default_Status Primary := TRUE LMPM_Schedule_add. req(CREP, ReductionRatio := Timeout_Base, Phase := 0, Sequence := 0) CPM_Activate. cnf(+)(CREP)	RUN

表 154（续）

#	当前状态	事件/条件 =〉动作	下一状态
2	W-START	CPM_Activate.req(CREP,DA,SA,FrameID,Prio,VLAN,Exp_Length,startTon, Timeout_Base,WatchdogFactor,DataHoldFactor,Default_Value,Default_Status) /StartTon=FALSE =〉 Store DA,SA,FrameID,Prio,VLAN,Timeout_Base,WatchDogFactor,DataHold-Factor,Default_Value,Default_Status New_Data := FALSE, Intime := FALSE, for all ports of interface do: RxA(Port) ,RxP(Port)=FALSE WDt := 0,DHt := 0 Cycle := 0, RecvCnt := 0, Buffer_Data,AuxBuffer_Data := Default_Value, Buffer_Status,AuxBuffer_Status := Default_Status Primary := TRUE LMPM_Schedule_add.req(CREP,ReductionRatio := Timeout_Base, Phase := 0,Sequence := 0) CPM_Activate.cnf(+)(CREP)	FRUN
3	W-START	CPM_Close.req(CREP) =〉 CPM_Close.cnf(+)(CREP)	W-START
4	W-START	CPM_Get_Cons_Status.req(CREP) =〉 ERRCLS := CTXT ERRCODE := INVALID_STATE CPM_Get_Cons_Status.cnf(−)(CREP,ERRCLS,ERRCODE)	W-START
5	W-START	CPM_Set_RedRole.req(CREP,RedRole) =〉 Primary := RedRole CPM_Set_RedRole.cnf(CREP)	W-START
6	W-START	CPM_Get_Cons_Data.req(CREP) =〉 ERRCLS := CTXT ERRCODE := INVALID_STATE CPM_Get_Cons_Data.cnf(−)(CREP,ERRCLS,ERRCODE)	W-START
7	W-START	C_Data_ind=〉ignore	W-START
8	FRUN	CPM_Activate.req(CREP,DA,SA,FrameID,Prio,VLAN,Exp_Length,startTon, Timeout_Base,WatchdogFactor,DataHoldFactor,Default_Value,Default_Status) =〉 ERRCLS := CTXT ERRCODE := INVALID_STATE CPM_Activate.cnf(−)(CREP,ERRCLS,ERRCODE)	FRUN

表 154（续）

#	当前状态	事件/条件 =〉动作	下一状态
9	FRUN	CPM_Close. req(CREP) =〉 LMPM_Schedule_remove. req(CREP) CPM_Close. cnf(+)(CREP)	W-START
10	FRUN	CPM_Get_Cons_Status. req(CREP) =〉 Status := Cycle,Buffer_Status, RecvCounter := RecvCnt, RecvCnt := 0 CPM_Get_Cons_Status. cnf(+)(CREP,Status,RecvCounter)	FRUN
11	FRUN	CPM_Set_RedRole. req(CREP,RedRole) =〉 Primary := RedRole CPM_Set_RedRole. cnf(CREP)	FRUN
12	FRUN	CPM_Get_Cons_Data. req(CREP) =〉 Data := Buffer_Data, New_Flag := New_Data, New_Data := FALSE CPM_Get_Cons_Data. cnf(+)(CREP,Data,New_Flag)	FRUN
13	FRUN	C_Data_ind /APDU_Status. DataStatus. DataValid && CHECK_PAR_C =〉 InitCy := FALSE, New_Data := TRUE, RxA(Port) := TRUE, DHt := 0,WDt := 0, Cycle := APDU_Status. Cycle_Counter, Buffer_Data := Filter(Data) Buffer_Status := APDU_Status RecvCnt := RecvCnt + 1 CPM_Start. ind(CREP) CPM_New_Cons_Data. ind(CREP,APDU_Status)	RUN
14	FRUN	C_Data_ind / ! APDU_Status. DataStatus. DataValid && ! Primary && CHECK_PAR_C =〉 InitCy := FALSE, RxA(Port) := TRUE, DHt := 0,WDt := 0, Buffer_Status := APDU_Status RecvCnt := RecvCnt + 1 CPM_Start. ind(CREP)	RUN

表 154（续）

#	当前状态	事件/条件 =〉动作	下一状态
15	FRUN	C_Data_ind /! APDU_Status. DataStatus. DataValid && Primary && CHECK_PAR_C =〉 RxA(Port) := TRUE, WDt := 0, Buffer_Status := APDU_Status RecvCnt := RecvCnt + 1	FRUN
16	FRUN	C_Data_ind /! CHECK_PAR_C =〉 ignore	FRUN
17	FRUN	LMPM_Path_Check_Event. ind(CREP) /for all Port RxA(Port) == RxP(Port) =〉 ignore	FRUN
18	FRUN	LMPM_Path_Check_Event. ind(CREP) /! (for all Port RxA(Port) == RxP(Port)) =〉 for all Port RxC(Port) := RxP(Port) XOR RxA(Port) RxP(Port) := RxA(Port) CPM_Path_Change(list of RxC, list of RxA)	FRUN
19	RUN	CPM_Activate. req(CREP, DA, SA, FrameID, Prio, VLAN, Exp_Length, startTon, Timeout_Base, WatchdogFactor, DataHoldFactor, Default_Value, Default_Status) =〉 ERRCLS := CTXT ERRCODE := INVALID_STATE CPM_Activate. cnf(−)(CREP, ERRCLS, ERRCODE)	RUN
20	RUN	CPM_Close. req(CREP) =〉 LMPM_Schedule_remove. req(CREP) CPM_Close. cnf(+)(CREP)	W-START
21	RUN	CPM_Get_Cons_Status. req(CREP) =〉 Status := Cycle, Buffer_Status, RecvCounter := RecvCnt, RecvCnt := 0 CPM_Get_Cons_Status. cnf(+)(CREP, Status, RecvCounter)	RUN
22	RUN	CPM_Set_RedRole. req(CREP, RedRole) =〉 Primary := RedRole CPM_Set_RedRole. cnf(CREP)	RUN

表 154（续）

<table>
<tr><th>#</th><th>当前状态</th><th>事件/条件 =〉动作</th><th>下一状态</th></tr>
<tr><td>23</td><td>RUN</td><td>CPM_Get_Cons_Data. req(CREP)
=〉
Data := Buffer_Data,
New_Flag := New_Data,
New_Data := FALSE
CPM_Get_Cons_Data. cnf(+)(CREP,Data,New_Flag)</td><td>RUN</td></tr>
<tr><td>24</td><td>RUN</td><td>C_Data_ind
/((APDU_Status. CycleCounter-Cycle)>> || InitCy) &&(APDU_Status. DataStatus. DataValid) && CHECK_PAR_C && INTIME
=〉
Intime := TRUE,
Intm := TRUE,
InitCy := FALSE,
New_Data := TRUE,
RxA(Port) := TRUE,
DHt := 0,WDt := 0,
Cycle := APDU_Status. Cycle_Counter,
Buffer_Data := Filter(Data)
Buffer_Status := APDU_Status
RecvCnt := RecvCnt + 1
CPM_New_Cons_Data. ind(CREP,APDU_Status,Intm)</td><td>RUN</td></tr>
<tr><td>25</td><td>RUN</td><td>C_Data_ind
/((APDU_Status. CycleCounter-Cycle)>> || InitCy) &&(APDU_Status. DataStatus. DataValid) && CHECK_PAR_C && ! INTIME && ! Intime
=〉
InitCy := FALSE,
New_Data := TRUE,
RxA(Port) := TRUE,
DHt := 0,WDt := 0,
Cycle := APDU_Status. Cycle_Counter,
AuxBuffer_Data := Filter(Data)
AuxBuffer_Status := APDU_Status
RecvCnt := RecvCnt + 1
CPM_New_Cons_Data. ind(CREP,APDU_Status,Intm)</td><td>RUN</td></tr>
<tr><td>26</td><td>RUN</td><td>C_Data_ind
/((APDU_Status. CycleCounter-Cycle)>> || InitCy) &&(APDU_Status. DataStatus. DataValid) && CHECK_PAR_C && ! INTIME && Intime
=〉
ignore</td><td>RUN</td></tr>
<tr><td>27</td><td>RUN</td><td>C_Data_ind
/((APDU_Status. CycleCounter-Cycle)>> || InitCy) && ! APDU_Status. DataStatus. DataValid && ! Primary && CHECK_PAR_C
=〉
InitCy := FALSE,
RxA(Port) := TRUE,
DHt := 0,WDt := 0,
Buffer_Status := APDU_Status
RecvCnt := RecvCnt + 1</td><td>RUN</td></tr>
</table>

表 154(续)

#	当前状态	事件/条件 =〉动作	下一状态
28	RUN	C_Data_ind /((APDU_Status. CycleCounter—Cycle) >> || InitCy) &&(! APDU_Status. DataStatus. DataValid && Primary)) && CHECK_PAR_C =〉 InitCy := FALSE, RxA(Port) := TRUE, WDt := 0, Buffer_Status := APDU_Status RecvCnt := RecvCnt + 1	RUN
29	RUN	C_Data_ind /((APDU_Status. CycleCounter—Cycle) << && ! InitCy) && CHECK_PAR_C =〉 RxA(Port) := TRUE	RUN
30	RUN	C_Data_ind /! CHECK_PAR_C =〉 ignore	RUN
31	RUN	LMPM_Time_Event. ind(CREP) /DHt 〉(DataHoldTime−1) && WDt 〉 (WatchDogTime−1) =〉 Intime := FALSE DHt := 0,WDt := 0 CPM_NoData. ind(CREP) CPM_Stop. ind(CREP)	FRUN
32	RUN	LMPM_Time_Event. ind(CREP) /DHt 〉(DataHoldTime−1) && WDt 〈 (WatchDogTime) =〉 DHt := 0,WDt := WDt + 1 CPM_Stop. ind(CREP)	FRUN
33	RUN	LMPM_Time_Event. ind(CREP) /DHt 〈(DataHoldTime) && WDt 〉 (WatchDogTime−1) =〉 Intime := FALSE DHt := DHt + 1,WDt := 0 CPM_NoData. ind(CREP)	RUN
34	RUN	LMPM_Time_Event. ind(CREP) /DHt 〈(DataHoldTime) && WDt 〈 (WatchDogTime) =〉 DHt := DHt + 1,WDt := WDt + 1	RUN
35	RUN	LMPM_Path_Check_Event. ind(CREP) /for all Port RxA(Port) == RxP(Port) =〉 ignore	RUN

表 154（续）

#	当前状态	事件/条件 =〉动作	下一状态
36	RUN	LMPM_Path_Check_Event.ind(CREP) /！(for all Port RxA(Port) == RxP(Port)) =〉 for all Port RxC(Port) := RxP(Port) XOR RxA(Port) RxP(Port) := RxA(Port) CPM_Path_Change(list of RxC,list of RxA)	RUN

4.6.3.2.4 功能

表 155 包含 CPM 使用的功能或宏，它们的变元和它们的描述。

表 155 CPM 使用的功能

功能名称	描　述
C_Data_ind	如果(txOption == RTC) LMPM_C_Data.ind(CREP,Port,DA,SA,Prio,C_SDU,APDU_Status) 如果(txOption == UDP) UDP_C_Data.ind(IPPort,CREP,DA,SA,Prio,C_SDU,APDU_Status)
＜＜	两个 16 位无符号整数相减的结果在-0xFFF 与 0 之间 应不考虑符号(Sign)溢出
＞＞	意指非＜＜(结果在 0x8000 与 0x1000 之间或在 1 与 0x7FFF 之间)
CHECK_PAR_C	C_SDU.Length == Exp_Length && SA == storedsA && APDU_Status.TransferStatus == 0 && if(txOption == UDP) IPPort == Exp_IPPort
INTIME	OperationMode ！= sync || Data received in Red interval

4.7 实时非循环

4.7.1 RTA 语法描述

4.7.1.1 DLPDU 抽象语法引用

应采用 4.1.1 中的 DLPDU 抽象语法。

4.7.1.2 RTA APDU 抽象语法

表 156 定义应用层 PDU(称之为 APDU)的抽象语法。所定义的八位位组次序应用于传递 APDU。表 156 的 APDU 应表示表 4 中 DLSDU 的内容。

表 156 RTA APDU 语法

APDU 名称	APDU 结构
RTA-PDU	DATA-RTA-PDU ^ ACK-RTA-PDU ^ NACK-RTA-PDU ^ ERR-RTA-PDU
UDP-RTA-PDU	IPHeader,UDPHeader,FrameID,RTA-PDU

表 157 定义的结构用作表 156 中所示 APDU 结构元素的替代。

表 157 RTA 替代

替代名称	结　构
Reference	AlarmDstEndpoint,AlarmSrcEndpoint
FlagsSequence	AddFlags,sendSeqNum,AckSeqNum
DATA-RTA-PDU	Reference,PDUType(=1),FlagsSequence,VarPartLen(1～1432)[a],RTA-SDU,RTAPadding[a b]

表 157(续)

替代名称	结 构
ACK-RTA-PDU	Reference,PDUType(=3),FlagsSequence,VarPartLen(=0),RTAPadding[a][c]
NACK-RTA-PDU	Reference,PDUType(=2),FlagsSequence,VarPartLen(=0),RTAPadding[a][d]
ERR-RTA-PDU	Reference,PDUType(=4),FlagsSequence,VarPartLen(=4),PNIOStatus,RTAPadding[a][e]

[a] 计算最大的 VarPartLen 以符合 RTA-PDU 和 UDP-RTA-PDU。

[b] 根据 RTA-SDU 大小,填充的八位位组数应在 0..31 范围内。

[c] 填充的八位位组数应是 32(用于 RTA_CLASS_1)和 4(用于 RTA_CLASS_UDP)。

[d] 填充的八位位组数应是 32(用于 RTA_CLASS_1)和 4(用于 RTA_CLASS_UDP)。

[e] 填充的八位位组数应是 28(用于 RTA_CLASS_1)和 0(用于 RTA_CLASS_UDP)。

4.7.2 RTA 传输语法

4.7.2.1 有关 RTA-PDU 专用字段的编码

4.7.2.1.1 字段 AlarmDstEndpoint 的编码

此字段应编码为数据类型 Unsigned16。

4.7.2.1.2 字段 AlarmSrcEndpoint 的编码

此字段应编码为数据类型 Unsigned16。

注:为目的地址引用的该字段值由接收方来提供。为源地址引用的该字段值由发送方来提供。这些字段是在上下关系管理操作期间专用于连接和交换的。

4.7.2.1.3 字段 PDUType 的编码

此字段的编码应符合 3.7.3.3,各比特应具有以下的含义:

——比特 0～3:PDUType. Type

此字段应依据表 158 中的值来编码。

表 158 PDUType. Type

值(十六进制)	含 义	用 法
0x00	保留	—
0x01	RTA_TYPE_DATA	仅应用来编码 DATA-RTA-PDU
0x02	RTA_TYPE_NACK	仅应用来编码 NACK-RTA-PDU
0x03	RTA_TYPE_ACK	仅应用来编码 ACK-RTA-PDU
0x04	RTA_TYPE_ERR	仅应用来编码 ERR-RT A-PDU
0x05～0x0F	保留	—

——比特 4～7:PDUType. Version

此字段应依据表 159 中的值来编码。

表 159 PDUType. Version

值(十六进制)	含 义
0x00	保留
0x01	该协议的版本 1
0x02～0x0F	保留

4.7.2.1.4 字段 AddFlags 的编码

此字段的编码应符合 3.7.3.3,各比特应具有以下的含义:

——比特 0～3:AddFlags. WindowSize

此字段应设置为 1。

——比特 4:AddFlags. TACK

此字段应由发送方设置在 RTA-PDU 内以控制接收方的确认行为。

对于在 DATA-RTA-PDU 中立即确认,应设置值 1。

对于 ERR-RTA-PDUACK-RTA-PDU 和 NACK-RTA-PDU,应设置值 0,但接收方应不检查它。

——比特 5~7:AddFlags. reserved

此字段应依据 3.7.3.2 来设置。

4.7.2.1.5 字段 SendSeqNum 的编码

此字段应编码为数据类型 Unsigned16,并具有下列值:

——Hexadecimal(0x0000~0x7FFF)

包含 DATA-RTA-PDU 的有效的 SendSeqNum。

此字段包含 DATA-RTA-PDU 的编号。第 1 个发出的 DATA-RTA-PDU 应包含 SendSeqNum 0。使用模 2^{15} 操作来完成此编号的增量和比较。

——Hexadecimal(0xFFFE,0xFFFF)

在应用关系建立后,这些值被用来使发送方和接收方同步。值 0xFFFF 指出第 1 个 DATA-RTA-PDU。值 0xFFFE 指出之前没有 DATA-RTA-PDU 的接收。

注:第 1 个 DATA-RTA-PDU 设置 SendSeqNum = 0xFFFF 和 AckSeqNum = 0xFFFE。它用 SendSeqNum = 0xFFFE 和 AckSeqNum = 0xFFFF 来确认。第 2 个 DATA-RTA-PDU 设置 SendSeqNum = 0 和 AckSeqNum = 0xFFFE。由于非循环协议未定义任何连接监视,因此同步化是必需的。

4.7.2.1.6 字段 AckSeqNum 的编码

此字段应编码为数据类型 Unsigned16,并具有下列值:

——Hexadecimal(0x0000~0x7FFF)

包含有效的 AckSeqNum

此字段包含期望被确认的或被确认的 DATA-RTA-PDU 的编号。

——Hexadecimal(0xFFFF,0xFFFE)

包含初始的 AckSeqNum

值 0xFFFE 指出之前没有 DATA-RTA-PDU 被接收。值 0xFFFF 指出确认第 1 个 DATA-RTA-PDU 的接收。

4.7.2.1.7 字段 VarPartLen 的编码

此字段应编码为数据类型 Unsigned16,并具有下列值:

——Decimal(0~1432)

包含以下用户数据的八位位组个数

在 DATA-RTA-PDU 内不应使用值 0。

如果 DATA-RTA-PDU 包含 Alarm-Ack-PDU,则该值应是 18。

如果 DATA-RTA-PDU 包含没有附加数据的 Alarm-Notification-PDU,则该值应是 22。

如果 DATA-RTA-PDU 包含具有数据的 Alarm-Notification-PDU,则该值应在 25~1432 范围内。

值 4 应被使用在 ERR-RTA-PDU 中。

值 0 应被使用在 ACK-RTA-PDU 和 NACK-RTA-PDU 中。

注:填充的八位位组不影响字段 VarPartLen。

4.7.3 应用关系协议机(ARPM)

4.7.3.1 APMS

4.7.3.1.1 原语定义

4.7.3.1.1.1 在 APMS 与 APMS 用户之间交换的原语

这些服务原语及其相关参数在服务定义中以 RTA ASE 进行描述,它们由 APMS 用户发出并由

APMS 接收,反之亦然。

4.7.3.1.1.2 **在 APMS 与 LMPM 之间交换的原语**

这些服务原语及其相关参数在服务定义中以 Common DLmapping ASE 进行描述,它们由 APMS 发出并由 LMPM 接收,反之亦然。

4.7.3.1.1.3 **APMS 原语的参数**

在 APMS 用户与 APMS 之间交换的原语的参数在 FAL 服务定义中被描述。

4.7.3.1.2 **状态机描述**

CLOSED 状态指出必需初始化。Activate 服务设置该协议机在 OPEN 状态等待 A-Data 服务请求。发出数据传输后,使用 WACK 状态以等待确认。接收的确认将设置协议机回到 OPEN 状态。Close 服务请求重新设置该协议机到 CLOSED 状态。

APMS 的本地变量如下:

——PDU

此本地变量,根据不同传送方式表示 UDP-RTA-PDU 还是 RTA-PDU。该变量表示出协议专用的 RTA 字段的设置(setup)和证实(validation),不表示另外的 PDU-参数(例如,IP-header)的设置和证实。

PDUType:1=DATA,2=NACK,3=ACK,4=ERR

——Seq_Count(Unsigned16)

此本地变量包含在下次 DATA-RTA-PDU 的传输时应使用的计数器值。

——Seq_CountO(Unsigned16)

此本地变量包含先前的 Seq_Count 变量的计数器值。

——Retry(Unsigned8)

此本地变量用 MRetry 来装载,并在每次重传帧时减 1。值 0 指出那次事务处理失败。必需用新的 Activate 服务来重新建立对等提供者之间的通信。

——TimeAct(Boolean)

此本地变量将被用来发现在发送或接收一个 PDU 之后的第一个完整定时器周期。

4.7.3.1.3 **APMS 状态表**

表 160 包含 APMS 状态机的完整描述。如果 PDUType. Type 字段的值是 DATARTA-PDU、ACK-RTA-PDU 或 NACK-RTA-PDU,且 PDUType. Version 是 RTA_VERS=1,则将接受 LMPM_A_Data. ind 原语。

APMS 状态机规定异常中止顺序,并示出相应的 ERRRTA-PDU。只从 APMS 发送这些 PDU,用于来自连接两侧的低优先级报警。

表 160 APMS 状态表

#	当前状态	事件/条件 =〉动作	下一状态
1	CLOSED	APMS_Activate. req(CREP,DA,SA,FrameID,VLANPrio,VLANID,RTATimeoutFactor,mretry,Transport,DstIP,SrcIP) =〉 Seq_Count := 0xFFFF Seq_CountO := 0xFFFE Store DA,SA,FrameID,VLANPrio,VLAN,mretry,Transport,DstIP,SrcIP A_Timer_add. req(CREP,RTATimeoutFactor) APMS_Activate. cnf(+)(CREP)	OPEN
2	CLOSED	APMS_Close. req(CREP) =〉 APMS_Close. cnf(+)(CREP)	CLOSED

表 160（续）

#	当前状态	事件/条件 =〉动作	下一状态
3	CLOSED	APMS_A_Data. req(CREP,Data) =〉 ERRCLS := APMS ERRCODE := INVALID_STATE APMS_A_Data. cnf(－)(CREP,ERRCLS,ERRCODE)	CLOSED
4	CLOSED	A_Data_ind =〉 ignore	CLOSED
5	CLOSED	A_Data_cnf =〉 ignore	CLOSED
6	OPEN	APMS_Activate. req(CREP,DA,SA,FrameID,VLANPrio,VLANID,RTATimeout-Factor,MRetry,Transport,DstIP,SrcIP) =〉 ERRCLS := APMS ERRCODE := INVALID_STATE APMS_Activate. cnf(－)(CREP,ERRCLS,ERRCODE)	OPEN
7	OPEN	APMS_Close. req(CREP,ErrCode) /VLANPrio == Low =〉 PDU. Version := 1 PDU. PDUType := ERR PDU. AddFlags. TACK := 0 PDU. AddFlags. WindowSize := 1 PDU. SendSeqNum := Seq_Count PDU. AckSeqNum := Seq_CountO of APMR PDU. PNIOStatus. ErrorCode=0xCF PDU. PNIOStatus. ErrorDecode=0x81 PDU. PNIOStatus. ErrorCode1=0xFD PDU. PNIOStatus. ErrorCode2=ErrCode A_Data_req A_Timer_remove. req(CREP) APMS_Close. cnf(＋)(CREP)	CLOSED
8	OPEN	APMS_Close. req(CREP) /VLANPrio == High =〉 A_Timer_remove. req(CREP) APMS_Close. cnf(＋)(CREP)	CLOSED
9	OPEN	APMS_A_Data. req(CREP,Data) =〉PDU. Version := 1 PDU. PDUType := DATA PDU. AddFlags. TACK := Tack PDU. AddFlags. WindowSize := 1 PDU. SendSeqNum := Seq_Count PDU. AckSeqNum := Seq_CountO of APMR PDU. RTA-SDU := Data Store PDU. Flags PDU. RTA-SDU Retry := M_Retry + 1 A_Data_req	WACK

表 160（续）

#	当前状态	事件/条件 =〉动作	下一状态
10	OPEN	A_Data_ind /PDU. PDUType == DATA || PDU. PDUType == NAK || PDU. PDUType == ACK =〉 ignore.	OPEN
11	OPEN	A_Data_ind /PDU. Type == ERR =〉 ERRCLS := PDU. PNIOStatus. ErrorCode1 ERRCODE := PDU. PNIOStatus. ErrorCode2 APMS_Error. ind(CREP, ERRCLS, ERRCODE)	OPEN
12	OPEN	A_Data_cnf =〉 ignore	OPEN
13	OPEN	A_Timer_event. ind(CREP) =〉 ignore	OPEN
14	WACK	APMS_Activate. req(CREP, DA, SA, FrameID, VLANPrio, VLANID, RTATimeout-Factor, MRetry, Transport, DstIP, SrcIP) =〉 ERRCLS := APMS ERRCODE := INVALID_STATE APMS_Activate. cnf(−)(CREP, ERRCLS, ERRCODE)	WACK
15	WACK	APMS_Close. req(CREP, ErrCode) /VLANPrio == Low =〉 PDU. Version := 1 PDU. PDUType := ERR PDU. AddFlags := 0 PDU. Window := 1 PDU. SendSeqNum := Seq_Count PDU. AckSeqNum := Seq_CountO of APMR PDU. PNIOStatus. ErrorCode=0xCF PDU. PNIOStatus. ErrorDecode=0x81 PDU. PNIOStatus. ErrorCode1=0xFD PDU. PNIOStatus. ErrorCode2=ErrCode A_Data_req A_Timer_remove. req(CREP) APMS_Close. cnf(+)(CREP)	CLOSED
16	WACK	APMS_Close. req(CREP) /VLANPrio == High =〉 A_Timer_remove. req(CREP) APMS_Close. cnf(+)(CREP)	CLOSED

表 160（续）

<table>
<tr><th>#</th><th>当前状态</th><th>事件/条件 =〉动作</th><th>下一状态</th></tr>
<tr><td>17</td><td>WACK</td><td>APMS_A_Data. req(CREP,Data)
=〉
ERRCLS ：= APMS
ERRCODE ：= INVALID_STATE
APMS_A_Data. cnf(－)(CREP,ERRCLS,ERRCODE)</td><td>WACK</td></tr>
<tr><td>18</td><td>WACK</td><td>A_Data_ind
/(PDU. PDUType == DATA || PDU. PDUType == ACK) &&
PDU. AckSeqNum == Seq_Count
=〉
Seq_CountO=Seq_Count
Seq_Count ：= (Seq_Count + 1) & 0x7fff
APMS_A_Data. cnf(＋)(CREP)</td><td>OPEN</td></tr>
<tr><td>19</td><td>WACK</td><td>A_Data_ind
/(PDU. PDUType == DATA || PDU. PDUType == ACK) &&
PDU. AckSeqNum == Seq_CountO
=〉
ignore</td><td>WACK</td></tr>
<tr><td>20</td><td>WACK</td><td>A_Data_ind
/(PDU. PDUType == DATA || PDU. PDUType == ACK) &&
PDU. AckSeqNum ! = Seq_Count && PDU. AckSeqNum ! = Seq_CountO
=〉
ignore</td><td>WACK</td></tr>
<tr><td>B21</td><td>WACK</td><td>A_Data_ind
/PDU. Type == ERR
=〉
APMS_Error. ind(CREP,ERRCLS,ERRCODE)</td><td>WACK</td></tr>
<tr><td>22</td><td>WACK</td><td>A_Data_ind
/PDU. PDUType == NAK
=〉
ignore</td><td>WACK</td></tr>
<tr><td>23</td><td>WACK</td><td>A_Data_cnf
/LMPM_Status == OK
=〉
ignore</td><td>WACK</td></tr>
<tr><td>24</td><td>WACK</td><td>A_Data_cnf
/LMPM_Status ! = OK
=〉
ERRCLS ：= APMS
ERRCODE ：= LMPM
APMS_Error. ind(CREP,ERRCLS,ERRCODE)</td><td>WACK</td></tr>
</table>

表 160（续）

#	当前状态	事件/条件 =〉动作	下一状态
25	WACK	A_Timer_event. ind(CREP) / Retry ！ = 0 =〉 PDU. Version := 1 PDU. PDUType := DATA PDU. AddFlags. TACK := fromstored PDU. AddFlags PDU. AddFlags. WindowSize := 1 PDU. SendSeqNum := Seq_Count PDU. AckSeqNum := Seq_CountO of APMR PDU. RTA-SDU := fromstored PDU. RTA-SDU Retry := Retry－1 A_Data_req	WACK
26	WACK	A_Timer_event. ind(CREP) /Retry=0 =〉 ERRCLS := APMS ERRCODE := TIMEOUT APMS_Error. ind(CREP,ERRCLS,ERRCODE)	OPEN

4.7.3.1.4 功能

表 161 包含 APMS 和 APMR 使用的功能，它们的变元和它们的描述。

表 161 APMS 和 APMR 使用的功能

名　称	功　能

A_Data_ind	if(Transport == RTC)
	LMPM_A_Data. ind(CREP,S_Port,TStamp,DA,SA,VLANPrio,VLANID,A_SDU)
	PDU := A_SDU
	
	if(Transport == UDP)
	LMPM_N_Data. ind(CREP,DA,SA,VLANPrio,VLANId,N_SDU)
	PDU := N_SDU

A_Data_cnf	if(Transport == RTC) LMPM_A_Data. cnf(CREP,D_Port,TStamp,LMPM_Status) if(Transport == UDP) LMPM_N_Data. cnf(CREP,D_Port,TStamp,LMPM_Status)

A_Data_req	if(Transport == RTC)
	A_SDU := PDU
	LMPM_A_Data. req(CREP,D_Port := AUTO,DA,SA,VLANPrio,VLANID,A_SDU)
	
	if(Transport == UDP)
	N_SDU := PDU
	LMPM_N_Data. req(CREP,D_Port := AUTO,DA,SA,VLANPrio,VLANID,N_SDU)

A_Timer_add	增加循环计时器
A_Timer_event	发信号通知循环计时器事件
A_Timer_remove	除去循环计时器

4.7.3.1.4.1 **A_Data_ind,A_Data_cnf 和 A_Data_req**

本地宏用来发送和接收 UDP-RTA-PDU 还是 RTA-PDU,取决于 RTA 或 UDP 传送。通过 A_Data_req 设置 D_Port 为 AUTO,因此 LMPM 将选择适当的输出端口。不使用 Tstamp,S_Port。

4.7.3.1.4.2 **A_Timer_add**

此本地服务应被用来添加循环定时器,以指出具有指定 TimeFactor 的循环定时器事件(A_Timer_event.ind)。该定时器事件应出现直到因"A_Timer_remove"服务去掉该定时器为止。

表 162 **A_Timer_add**

参数名称	Req
Argument	M
CREP	M
TimeFactor	M

——Argument

该变元应传送该服务请求的服务特定参数。

——CREP

此参数标识待使用的定时器。

属性类型:Unsigned32。

——TimeFactor

此参数规定定时器周期为若干倍 100 ms。

属性类型:Unsigned16。

时间基数:100 ms。

4.7.3.1.4.3 **A_Timer_event**

如果某定时器定时时间到,则调用此本地服务。

表 163 **A_Timer_event**

参数名称	Ind
Argument	M
CREP	M

——Argument

该变元应传送该服务请求的服务特定参数。

——CREP

此参数标识定时器。

属性类型:Unsigned32。

4.7.3.1.4.4 **A_Timer_remove**

此本地服务应被用来去掉某个循环定时器。在去掉某个循环定时器后,"A_Timer_event"不再出现。

表 164 **A_Timer_remove**

参数名称	Req
Argument	M
CREP	M

——Argument

该变元应传送该服务请求的服务特定参数。

——CREP

此参数标识要被去掉的定时器。

属性类型:Unsigned32。

4.7.3.2 **APMR**

4.7.3.2.1 **原语定义**

4.7.3.2.1.1 **在 APMR 与 APMR 用户之间交换的原语**

这些服务原语及其相关参数在服务定义中以 RTA ASE 进行描述,它们由 APMR 用户发出并由 APMR 接收,反之亦然。

4.7.3.2.1.2 **在 APMR 与 LMPM 之间交换的原语**

这些服务原语及其相关参数在服务定义中以 Common DLmapping ASE 进行描述,它们由 APMR 发出并由 LMPM 接收,反之亦然。

4.7.3.2.1.3 **APMR 原语的参数**

在 FAL 服务定义中描述了在 APMR 用户与 APMR 之间交换的原语所使用的参数。

4.7.3.2.2 **状态机描述**

CLOSED 状态指出需要初始化。Activate 服务将设置该状态机在 OPEN 状态,等待 LMPM_A_Data 服务指示。在给该用户传递数据指示后,WACK 状态被用来等待 APMR 用户的确认。接收确认将状态机设置为 OPEN 状态。Close 服务请求将设置该状态机到 CLOSED 状态。

APMR 的本地变量如下:

——PDU

本地变量表示 UDP-RTA-PDU 或 RTA-PDU,它取决于传送。用来示出协议专用的 RTA 字段的设立(setup)和证实(validation)。不示出其他 PDU-参数(例如,IP-header)的设立和证实。

PDUType:1=DATA,2=NACK,3=ACK,4=ERR

——Seq_Count(Unsigned16)

此本地变量包含在下次 DATA-RTA-PDU 的接收时应被使用的计数器值。

——Seq_CountO(Unsigned16)

此本地变量包含先前的 Seq_Count 变量的计数器值。

——Retry(Unsigned16)

此本地变量计算剩余的定时器节拍(ticks)直到发送重试为止。

4.7.3.2.3 **APMR 状态表**

表 165 包含 APMR 状态机的完整描述。在以下情况下,将接受 LMPM_A_Data.ind 原语:

——如果 PDUType.Type 字段是 DATA-RTA-PDU,且 PDUType.Version 字段是 1 以及 VarPartLen 大于 0 和 AddFlagsWindow 是 1;

——如果 PDUType.Type 字段是 ERR-RTA-PDU,且 PDUType.Version 字段是 1 以及 VarPartLen 是 4。

表 165 APMR 状态表

#	当前状态	事件/条件 =〉动作	下一状态
1	CLOSED	APMR_Activate.req(CREP,DA,SA,FrameID,VLANPrio,VLANID,Transport,DstIP,SrcIP) =〉 Seq_Count := 0xFFFF Seq_CountO := 0xFFFE Store DA,SA,FrameId,VLANPrio,VLAN,Mretry,Transport,DstIP,SrcIP APMR_Activate.cnf(+)(CREP)	OPEN

表 165（续）

#	当前状态	事件/条件 =〉动作	下一状态
2	CLOSED	APMR_Close.req(CREP) =〉 APMR_Close.cnf(+)(CREP)	CLOSED
3	CLOSED	APMR_ACK.req(CREP) =〉 ERRCLS := APMR ERRCODE := INVALID_STATE APMR_ACK.cnf(−)(CREP,ERRCLS,ERRCODE)	CLOSED
4	CLOSED	A_Data_ind =〉 ignore	CLOSED
5	CLOSED	A_Data_cnf =〉 ignore	CLOSED
6	OPEN	APMR_Activate.req(CREP,DA,SA,FrameID,VLANPrio,VLANID,Transport,DstIP,SrcIP) =〉 ERRCLS := APMR ERRCODE := INVALID_STATE APMR_Activate.cnf(−)(CREP,ERRCLS,ERRCODE)	OPEN
7	OPEN	APMR_Close.req(CREP) =〉 APMR_Close.cnf(+)(CREP)	CLOSED
8	OPEN	APMR_ACK.req(CREP) =〉 ERRCLS := APMR ERRCODE := INVALID_STATE APMR_ACK.cnf(−)(CREP,ERRCLS,ERRCODE)	OPEN
9	OPEN	A_Data_ind /PDU.Type == ERR =〉 ERRCLS := PDU.PNIOStatus.ErrorCode1 ERRCODE := PDU.PNIOStatus.ErrorCode2 APMR_Error.ind(CREP,ERRCLS,ERRCODE)	OPEN
10	OPEN	A_Data_ind /PDU.Type == DATA && PDU.AddFlags.Tack && PDU.SendSeqNum == Seq_Count =〉 Data := PDU.RTA-SDU APMR_A_Data.ind(CREP,Data)	WACK

表 165（续）

#	当前状态	事件/条件 =〉动作	下一状态
11	OPEN	A_Data_ind /PDU. Type == DATA && PDU. AddFlags. Tack && PDU. SendSeqNum == Seq_Count0 =〉PDU. Version := 1 PDU. Type := ACK PDU. AddFlags. TACK := 0 PDU. AddFlags. WindowSize := 1 PDU. SendSeqNum := Seq_Count0 of APMS PDU. AckSeqNum := Seq_Count0 A_Data_req	OPEN
12	OPEN	A_Data_ind /PDU. Type == DATA && PDU. AddFlags. Tack && PDU. SendSeqNum != Seq_Count && PDU. SendSeqNum != Seq_Count0 =〉 ERRCLS := RTA_ERR_CLS_PROTOCOL ERRCODE := RTA_ERR_CODE_SEQ PDU. Version := 1 PDU. Type := NAK PDU. AddFlags. TACK := 0 PDU. AddFlags. Window := 1 PDU. SendSeqNum := Seq_Count0 of APMS PDU. AckSeqNum := Seq_Count0 A_Data_req	OPEN
13	OPEN	A_Data_ind /(PDU. Type == DATA && ! PDU. AddFlags. Tack) =〉 ignore	OPEN
14	OPEN	A_Data_ind /PDU. Type == ACK || PDU. Type == NAK =〉 ignore	OPEN
15	OPEN	A_Data_cnf /LMPM_Status == OK =〉 ignore	OPEN
16	OPEN	A_Data_cnf /LMPM_Status != OK =〉 ERRCLS := APMR ERRCODE := LMPM APMR_Error. ind(CREP,ERRCLS,ERRCODE)	OPEN

表 165（续）

#	当前状态	事件/条件 =〉动作	下一状态
17	WACK	APMR_Activate. req(CREP, DA, SA, FrameID, VLANPrio, VLANID, Transport, DstIP, SrcIP) =〉 ERRCLS := APMR ERRCODE := INVALID_STATE APMR_Activate. cnf(−)(CREP, ERRCLS, ERRCODE)	WACK
18	WACK	APMR_Close. req(CREP) =〉 APMR_Close. cnf(+)(CREP)	CLOSED
19	WACK	APMR_ACK. req(CREP) =〉Seq_CountO := Seq_Count Seq_Count := (Seq_Count + 1) & 0x7fff PDU. Version := 1 PDU. Type := ACK PDU. AddFlags. TACK := 0 PDU. AddFlags. WindowSize := 1 PDU. SendSeqNum := Seq_Count0 of APMS PDU. AckSeqNum := Seq_Count0 A_Data_req APMR_ACK. cnf(+)(CREP)	OPEN
20	WACK	A_Data_ind /PDU. Type ! = ERR =〉 ignore	WACK
21	WACK	A_Data_ind /PDU. Type == ERR =〉 APMR_Error. ind(CREP, ERRCLS, ERRCODE)	WACK
22	WACK	A_Data_cnf /LMPM_Status == OK =〉 ignore	WACK
23	WACK	A_Data_cnf /LMPM_Status ! = OK =〉 ERRCLS := APMR ERRCODE := LMPM APMR_Error. ind(CREP, ERRCLS, ERRCODE)	WACK

4.7.3.2.4 功能

表 161 包含 APMS 和 APMR 使用的功能或宏，它们的变元和它们的描述。

4.8 远程过程调用

4.8.1 RPC 语法描述

4.8.1.1 DLPDU 抽象语法引用

应采用 4.1.1 中的 DLPDU 抽象语法。

4.8.1.2 RPC APDU 抽象语法

表 166 列出 OSF C706 的使用，并定义应用层 PDU(称之为 APDU)的抽象语法。所定义的八位位组次序应用于传递 APDU。表 166 的 APDU 应表示表 4 中 DLSDU 的内容。

表 166 RPC APDU 语法

APDU 名称	APDU 结构
CL-RPC-PDU	IPHeader，UDPHeader，RPCHeader，NDRDataRequest ^ NDRDataResponse ^ NDREPMapLookupReq ^ NDREPMapLookupRes ^ NDREPMapLookupFreeReq ^ NDREPMapLookupFreeRes ^ NDRAck ^ NDRQuAck ^ NDRQuit ^ NDRFack ^ NDRFault ^ NDRNoCall ^ NDRWorking ^ NDRPing ^ NDRReject

表 167 定义的结构用作表 166 中所示 APDU 结构元素的替代。

表 167 RPC 替代

替代名称	结　构
RPCHeader	RPCVersion (4)，RPCPacketType，RPCFlags，RPCFlags2，RPCDRep，RPCSerialHigh，RPCObjectUUID[a]，RPCInterfaceUUID[b]，RPCActivityUUID，RPCServerBootTime，RPCInterfaceVersion，RPCSequenceNmb，RPCOperationNmb[c]，RPCInterfaceHint，RPCActivityHint，RPCLengthOfBody，RPCFragmentNmb，RPCAuthenticationProtocol，RPCSerialLow
NDRDataRequest	ArgsMaximum，ArgsLength，maximumCount，Offset(0)，ActualCount，PROFINETIOServiceReqPDU
NDRDataResponse	PNIOStatus，ArgsLength，maximumCount，Offset(0)，ActualCount，[PROFINETIOServiceResPDU]
NDRFault	RPCNCAFaultStatus
NDRAck	NULL
NDRQuAck	NULL ^ (RPCCancelVersion(0)，RPCCancelID，RPCServerIsAccepting)
NDRQuit	NULL ^ (RPCCancelVersion(0)，RPCCancelID)
NDRFack	NULL ^ (RPCVersionFack(0)，RPCPad1，RPCWindowSize，RPCMaxTsdu，RPCMaxFragSize，RPCSerialNumber，RPCSelAckLen，RPCArrayOfSelAck*)
NDRNoCall	NULL ^ NDRFack
NDRWorking	NULL
NDRPing	NULL
NDRReject	RPCNCARejectStatus
NDREPMapLookupReq	RPCInquiryType，RPCObjectReference(1)，RPCObjectUUID，RPCInterfaceReference(2)，RPCInterfaceUUID，RPCInterfaceVersionMajor，RPCInterfaceVersionMinor，RPCVersionOption(1)，RPCEntryHandleAttribute(0)，RPCEntryHandleUUID，RPCMaxEntries
NDREPMapLookupRes	RPCEntryHandleAttribute(0)，RPCEntryHandleUUID，RPCNumberOfEntries，RPCMaxEntries，RPCEntriesOffset，RPCEntriesCount，[(RPCObjectUUID，RPCTowerReference，RPCAnnotationOffset，RPCAnnotationLength，RPCAnnotation，[RPCGap*]，RPCTowerLength，RPCTowerOctetStringLength，[RPCTowerOctetString*]，[RPCGap*])*]，RPCEPMapStatus
RPCTowerOctetString	RPCFloorCount，[RPCFloor*]

表 167（续）

替代名称	结　构
RPCFloor	RPCLHSByteCount，[RPCProtocolIdentifierString[a]]，RPCRHSByteCount，[RPCRelatedData[a]]
RPCProtocolIdentifierString	(RPCID，RPCInterfaceUUID，RPCInterfaceVersionMajor) ^ (RPCID，RPCDataRepresentationUUID，RPCInterfaceVersionMajor) ^ RPCProtocolIdentifier ^ RPCServerUDPPort ^ RPCHostAddress
RPCRelatedData	RPCInterfaceVersionMinor ^ RPCPortNumber ^ RPCIPAddress
NDREPMapLookupFreeReq	RPCEntryHandleAttribute，RPCEntryHandleUUID
NDREPMapLookupFreeRes	RPCEntryHandleAttribute，RPCEntryHandleUUID，RPCEPMapStatus
RPCAnnotation	DeviceType，Blank，OrderID，Blank，HWRevision，Blank，sWRevisionPrefix，sWRevision，EndTerm

[a] 识别 IO 设备、IO 控制器、IO 监视器。

[b] 识别 PNIO 接口类型。

[c] 识别服务类型，例如：Connect、Release、Read、Write 和 Control。

4.8.2 RPC 传输语法

4.8.2.1 有关 CL-RPC-PDU 的编码

4.8.2.1.1 字段 RPCVersion 的编码

此字段应编码为数据类型 Unsigned8。值应是 4。

4.8.2.1.2 字段 RPCPacketType 的编码

此字段应编码为数据类型 Unsigned8。

这些值应依据表 168 来编码。

表 168　RPCPacketType

值(十六进制)	含　义
0x00	请求
0x01	Ping
0x02	响应
0x03	故障
0x04	工作
0x05	无调用，对 Ping 响应
0x06	拒绝
0x07	确认
0x08	无连接取消
0x09	片段确认(FACK-PDU)
0x0A	取消确认
0x0B～0xFF	保留

解码器仅检查 5 个最低有效比特。

4.8.2.1.3 字段 RPCFlags 的编码

此字段应编码为符合 3.7.3.3 的数据类型。

这些值应依据表 169 来编码。

表 169 **RPCFlags**

比 特	含义(如果设置为1)
比特 0	实现专用的,应设置为 0
比特 1	上一个片段
比特 2	片段
比特 3	无片段确认请求
比特 4	也许(Maybe)
比特 5	幂等(Idempotent)
比特 6	广播
比特 7	实现专用的,应设置为 0

4.8.2.1.4 字段 RPCFlags2 的编码

此字段应编码为符合 3.7.3.3 的数据类型。

这些值应依据表 170 来编码。

表 170 **RPCFlags2**

比 特	含义(如果设置为1)
比特 0	实现专用的,应设置为 0
比特 1	在调用结束时有挂起的取消(Cancel)
比特 2	保留
比特 3	保留
比特 4	保留
比特 5	保留
比特 6	保留
比特 7	保留

4.8.2.1.5 字段 RPCDRep 的编码

此字段应编码为数据类型 OctetString[3]。

——RPCDRep 的八位位组 1

第 1 个八位位组的编码应符合 3.7.3.3 的数据类型,各比特应具有表 171 中定义的含义。

表 171 **RPCDRep. Character-和 IntegerEncoding**

比特	字段名称	值	含 义
0～3	RPCDRep. CharacterEncoding[a]	0	ASCII
		1	EBCDIC
4～7	RPCDRep. IntegerEncoding[b]	0	大端模式
		1	小端模式

[a] 在类型 10 内使用。

[b] 作为 3.7.3.5 的例外,RPC 编码规则适用于类型 10 范围内的 RPCHeader、NDR 替代和 NDREPMap 替代。在那里它仅使用 Unsigned8、Unsigned16 或 Unsigned32。因为所有那些都是不透明的八位位组串(OctetString),所以类型 10 服务定义的用户数据不受影响。

——RPCDRep 八位位组 2

第 2 个八位位组的值应依据表 172 来编码。

表 172 RPCDRep Octet 2-浮点表示法

值(十六进制)	含 义
0x00	IEEE
0x01	VAX
0x02	CRAY
0x03	IBM
0x04～0xFF	保留

——RPCDRep 八位位组 3

第 3 个八位位组的值应是 0。

4.8.2.1.6 字段 RPCSerialHigh 的编码

此字段应编码为数据类型 Unsigned8。该值包含该调用的片段号的高字节。

4.8.2.1.7 字段 RPCSerialLow 的编码

此字段应编码为数据类型 Unsigned8。该值包含该调用的片段号的低字节。

注：不同于字段 FragmentNmb，对于每次传送(即使重复传送)，这些字段的值也被加 1。

4.8.2.1.8 字段 RPCObjectUUID 的编码

此字段应编码为包含下列元素的数据类型结构：

——Data1，Unsigned32；

——Data2，Unsigned16；

——Data3，Unsigned16；

——Data4，8 个 Unsigned8(Octet 1 到 Octet 8)的数组。

字节传输次序应符合字段 RPCDRep(小端模式或大端模式)的值。

表 173 中列出了 Data4 的八位位组的次序。

表 173 RPCObjectUUID. Data4

八位位组	含 义
1	值见表 174
2	值见表 174
3	实例高字节(Instance High)
4	实例低字节(Instance Low)
5	设备 ID 高宗教(DeviceID High)
6	设备 ID 低字节(DeviceID Low)
7	供应商 ID 高字节(VendorID High)
8	供应商 ID 低字节(VendorID Low)

表 174 中列出了 PNIO 项的规定值。这些值应与表 175 中的值联合使用。

表 174 PNIO 的 RPCObjectUUID

值	描 述	
UUID_IO_ObjectInstance_XYZ DEA00000-6C97-11D1-8271-{xxxxyyyyzzzz}	标识物理设备内的某个专用对象实例(在多于一个对象实例的情况下)	
	Xxxx	表示该实例号或节点号
	Yyyy	标识该 Device ID 为该设备类的供应商专用号
	Zzzz	表示该 Vendor ID 为由负责的用户组织分配的集中管理号

4.8.2.1.9 字段 RPCInterfaceUUID 的编码

此字段应编码为包含下列元素的数据类型结构：

——Data1,Unsigned32；

——Data2,Unsigned16；

——Data3,Unsigned16；

——Data4,8 个 Unsigned8 的数组。

字节传输次序应符合字段 RPCDRep(小端模式或大端模式)的值。

表 175 中列出了 PNIO 数据项的规定值。

表 175 PNIO 的 RPCInterfaceUUID

值	描 述
UUID_IO_DeviceInterface DEA00001-6C97-11D1-8271-00A02442DF7D	唯一地标识 IO 设备的接口
UUID_IO_ControllerInterface DEA00002-6C97-11D1-8271-00A02442DF7D	唯一地标识 IO 控制器的接口
UUID_IO_SupervisorInterface DEA00003-6C97-11D1-8271-00A02442DF7D	唯一地标识 IO 监视器的接口
UUID_IO_ParameterServerInterface DEA00004-6C97-11D1-8271-00A02442DF7D	唯一地标识 IO 参数服务器的接口

表 176 中列出了 RPC 端点映射器(mapper)的规定值。

表 176 RPC 端点映射器的 RPCInterfaceUUID

值	描 述
UUID_EPMap_Interface E1AF8308-5D1F-11C9-91A4-08002B14A0FA	标识端点映射器的接口。RPCInterfaceVersion 应是 0x00030000

4.8.2.1.10 字段 RPCActivityUUID 的编码

此字段应编码为包含下列元素的数据类型结构：

——Data1,Unsigned32；

——Data2,Unsigned16；

——Data3,Unsigned16；

——Data4,8 个 Unsigned8 的数组。

注：该响应是该请求的字段内容的镜像。

字节传输次序应符合字段 RPCDRep(小端模式或大端模式)的值。

4.8.2.1.11 字段 RPCServerBootTime 的编码

此字段应编码为数据类型 Unsigned32。字节传输次序应符合字段 RPCDRep(小端模式或大端模式)的值。

注：不需要 Idempotent 功能来维持此值。仅允许端点映射器(endpointmapper)用 0 来回答。

4.8.2.1.12 字段 RPCInterfaceVersion 的编码

此字段应编码为数据类型 Unsigned32。该值应设置为 0x00010000。字节传输次序应符合字段"RPCDRep. IntegerEncoding"中的值。

对于此版本,主版本应设置为 1(高位字)。

对于此版本,次版本应设置为 0(低位字)。

注：其他值可以用于兼容的扩展。

4.8.2.1.13 字段 RPCSequenceNmb 的编码

此字段应编码为数据类型 Unsigned32。字节传输次序应符合字段 RPCDRep(小端模式或大端模式)的值。

4.8.2.1.14 字段 RPCOperationNmb 的编码

此字段应编码为数据类型 Unsigned16。RPCOperationNmb 标识 PNIO 接口所支持的 PNIO 服务：

——IO 设备；

——IO 控制器；

——IO 监视器。

字节传输次序应符合字段 RPCDRep(小端模式或大端模式)的值。

在表 177 中定义了 PNIO 服务的值。

表 177 RPCOperationNmb(IO 设备、IO 控制器和 IO 监视器)

值(十进制)	服务	用法
0	Connect	—
1	Release	—
2	Read	仅对 ARUUID<>0 有效
3	Write	仅对 ARUUID<>0 有效
4	Control	—
5	Read Implicit	仅对 ARUUID=0 有效
6～65535	保留	—

端点映射器服务的值应依据表 178 来使用。

表 178 端点映射器的 RPCOperationNmb

值(十进制)	语法	服务
0	可选	Insert
1	可选	Delete
2	必备	Lookup
3	可选	Map
4	必备	LookupHandleFree
5	可选	InqObject
6	可选	MgmtDelete
7～65535	—	保留

4.8.2.1.15 字段 RPCInterfaceHint 的编码

此字段应编码为数据类型 Unsigned16。对于本版本该值应设置为 0xFFFF。字节传输次序应符合字段 RPCDRep(小端模式或大端模式)的值。

4.8.2.1.16 字段 RPCActivityHint 的编码

此字段应编码为数据类型 Unsigned16。对于本版本该值应设置为 0xFFFF。字节传输次序应符合字段 RPCDRep(小端模式或大端模式)的值。

4.8.2.1.17 字段 RPCLengthOfBody 的编码

此字段应编码为数据类型 Unsigned16。该值应设置为当前帧的 NDRData 的八位位组数。字节传输次序应符合字段 RPCDRep(小端模式或大端模式)的值。

注：NDRData 的传输可能需要多于一个帧。在此情况下，RPCLengthOfBody 仅包含当前帧的八位位组数。

4.8.2.1.18 字段 RPCFragmentNmb 的编码

此字段应编码为数据类型 Unsigned16。该值应设置为当前分段的个数。字节传输次序应符合字段 RPCDRep(小端模式或大端模式)的值。

4.8.2.1.19 字段 RPCAuthenticationProtocol 的编码

此字段应编码为数据类型 Unsigned8。不需要鉴定时，该值应设置为 0。

4.8.2.1.20　字段 **RPCCancelVersion** 的编码

此字段应编码为数据类型 Unsigned32。该值应设置为 0。字节传输次序应符合字段 RPCDRep(小端模式或大端模式)的值。

4.8.2.1.21　字段 **RPCCancelID** 的编码

此字段应编码为数据类型 Unsigned32。字节传输次序应符合字段 RPCDRep(小端模式或大端模式)的值。

4.8.2.1.22　字段 **RPCServerIsAccepting** 的编码

此字段应编码为数据类型 Unsigned8。

4.8.2.1.23　字段 **RPCVersionFack** 的编码

此字段应编码为数据类型 Unsigned8。该值应设置为 0。

4.8.2.1.24　字段 **RPCPad1** 的编码

此字段应编码为数据类型 Unsigned8。

4.8.2.1.25　字段 **RPCWindowSize** 的编码

此字段应编码为数据类型 Unsigned16。字节传输次序应符合字段 RPCDRep(小端模式或大端模式)的值。

4.8.2.1.26　字段 **RPCMaxTsdu** 的编码

此字段应编码为数据类型 Unsigned32。字节传输次序应符合字段 RPCDRep(小端模式或大端模式)的值。

4.8.2.1.27　字段 **RPCMaxFragSize** 的编码

此字段应编码为数据类型 Unsigned32。字节传输次序应符合字段 RPCDRep(小端模式或大端模式)的值。

4.8.2.1.28　字段 **RPCSerialNumber** 的编码

此字段应编码为数据类型 Unsigned16。字节传输次序应符合字段 RPCDRep(小端模式或大端模式)的值。

4.8.2.1.29　字段 **RPCSelAckLen** 的编码

此字段应编码为数据类型 Unsigned16。字节传输次序应符合字段 RPCDRep(小端模式或大端模式)的值。

4.8.2.1.30　字段 **RPCArrayOfSelAck** 的编码

此字段应编码为数据类型 Unsigned32。字节传输次序应符合字段 RPCDRep(小端模式或大端模式)的值。

4.8.2.1.31　字段 **RPCDataRepresentationUUID** 的编码

此字段应编码为包含下列元素的数据类型结构：

——Data1 为 Unsigned32；

——Data2 为 Unsigned16；

——Data3 为 Unsigned16；

—— Data4 为 8 个 Unsigned8 的数组。

字节传输次序应符合字段 RPCDRep(小端模式或大端模式)的值。

表 179 中列出了所定义的值。

表 179　RPCDataRepresentationUUID 定义的值

值[UUID]	值	描　　述
8A885D04-1CEB-11C9-9FE8-08002B104860	Data representation	唯一地标识 RPC 数据表示

4.8.2.2　有关 **NDREPMapPDU** 的编码

4.8.2.2.1　字段 **DeviceType** 的编码

此字段应编码为数据类型 VisibleString[25]。该值应设置为制造商特定的，如果不满 25 个八位位组,用空格填充。

注:与字段 DeviceVendorValue 存在交叉引用。

4.8.2.2.2 字段 OrderID 的编码

此字段应编码为数据类型 VisibleString[20]。该值应设置为制造商特定的,如果不满 20 个八位位组,用空格填充。

4.8.2.2.3 字段 HWRevision 的编码

此字段应编码为数据类型 VisibleString[5]。该值应使用字符“0”～“9”和“〈Blank〉”设置为制造商特定的。该范围从“〈Blank〉〈Blank〉〈Blank〉〈Blank〉0”到“99999”。

注:作为示例,HWRevision 可能是“〈Blank〉〈Blank〉〈Blank〉〈Blank〉2”、“〈Blank〉5714”或“61214”。

4.8.2.2.4 字段 SWRevisionPrefix 的编码

此字段应编码为数据类型 VisibleString[1]。该值应使用下列字符设置为制造商特定的:

——“V”,用于正式发布的版本;

——“R”,用于版本(Revision);

——“P”,用于原型(Prototype);

——“U”,用于在测试(现场测试);

——“T”,用于测试设备。

4.8.2.2.5 字段 SWRevision 的编码

此字段应编码为数据类型 VisibleString[9]。该值应使用字符“0”～“9”和“〈Blank〉”设置为制造商特定的。该范围从“〈Blank〉〈Blank〉0〈Blank〉〈Blank〉0〈Blank〉〈Blank〉0”到“999999999”。

注:作为示例,SWRevision 可能是“〈Blank〉〈Blank〉1〈Blank〉〈Blank〉0〈Blank〉〈Blank〉0”。在每 3 个八位位组之后,应插入一个“.”,以使其可视。

4.8.2.2.6 字段 Blank 的编码

此字段应编码为具有 1 个八位位组的数据类型 OctetString。该值应设置为 0x20。

4.8.2.2.7 字段 RPCInquiryType 的编码

此字段应编码为数据类型 Unsigned32。字节传输次序应符合字段 RPCDRep(小端模式或大端模式)的值。

该编码应符合表 180。

表 180 RPCInquiryType

值(十六进制)	含 义	使 用
0x00000000	读所有已注册的具有对象的接口	必备
0x00000001	读一个已注册接口的所有对象	可选
0x00000002	读包括某个专用对象的所有接口	可选
0x00000003	读具有一个专用对象的一个专用接口	可选
0x00000004～0xFFFFFFFF	保留	—

4.8.2.2.8 字段 RPCObjectReference 的编码

此字段应编码为数据类型 Unsigned32。字节传输次序应符合字段 RPCDRep(小端模式或大端模式)的值。

该值应设置为 1。

4.8.2.2.9 字段 RPCInterfaceReference 的编码

此字段应编码为数据类型 Unsigned32。字节传输次序应符合字段 RPCDRep(小端模式或大端模式)的值。

该值应设置为 2。

4.8.2.2.10 字段 RPCInterfaceVersionMajor 的编码

此字段应编码为数据类型 Unsigned16。字节传输次序应符合字段 RPCDRep(小端模式或大端模式)的值。

4.8.2.2.11 字段 RPCInterfaceVersionMinor 的编码

此字段应编码为数据类型 Unsigned16。字节传输次序应符合字段 RPCDRep(小端模式或大端模式)的值。

4.8.2.2.12 字段 RPCVersionOption 的编码

此字段应编码为数据类型 Unsigned32。字节传输次序应符合字段 RPCDRep(小端模式或大端模式)的值。

该值应设置为 1。

4.8.2.2.13 字段 RPCEntryHandleAttribute 的编码

此字段应编码为数据类型 Unsigned32。字节传输次序应符合字段 RPCDRep(小端模式或大端模式)的值。

该值应设置为 0。

4.8.2.2.14 字段 RPCEntryHandleUUID 的编码

此字段应编码为数据类型 UUID。字节传输次序应符合字段 RPCDRep(小端模式或大端模式)的值。

4.8.2.2.15 字段 RPCMaxEntries 的编码

此字段应编码为数据类型 Unsigned32。字节传输次序应符合字段 RPCDRep(小端模式或大端模式)的值。

该值应至少设置为 1。

4.8.2.2.16 字段 RPCNumberOfEntries 的编码

此字段应编码为数据类型 Unsigned32。字节传输次序应符合字段 RPCDRep(小端模式或大端模式)的值。

4.8.2.2.17 字段 RPCEntriesOffset 的编码

此字段应编码为数据类型 Unsigned32。字节传输次序应符合字段 RPCDRep(小端模式或大端模式)的值。

该值应设置为 0。

4.8.2.2.18 字段 RPCEntriesCount 的编码

此字段应编码为数据类型 Unsigned32。字节传输次序应符合字段 RPCDRep(小端模式或大端模式)的值。

4.8.2.2.19 字段 RPCTowerReference 的编码

此字段应编码为数据类型 Unsigned32。字节传输次序应符合字段 RPCDRep(小端模式或大端模式)的值。

该值应设置为 3。

4.8.2.2.20 字段 RPCAnnotationOffset 的编码

此字段应编码为数据类型 Unsigned32。字节传输次序应符合字段 RPCDRep(小端模式或大端模式)的值。

该值应设置为 0。

4.8.2.2.21 字段 RPCAnnotationLength 的编码

此字段应编码为数据类型 Unsigned32。字节传输次序应符合字段 RPCDRep(小端模式或大端模式)的值。

该值应设置为从 0 到 64。

4.8.2.2.22 字段 EndTerm 的编码

此字段应编码为数据类型 Unsigned8。

该值应设置为 0。

4.8.2.2.23 字段 RPCGap 的编码

此字段应编码为数据类型 Unsigned8。

4.8.2.2.24 字段 RPCTowerLength 的编码

此字段应编码为数据类型 Unsigned32。字节传输次序应符合字段 RPCDRep(小端模式或大端模式)的值。

4.8.2.2.25 字段 RPCTowerOctetStringLength 的编码

此字段应编码为数据类型 Unsigned32。字节传输次序应符合字段 RPCDRep(小端模式或大端模式)的值。

4.8.2.2.26 字段 RPCEPMapStatus 的编码

此字段应编码为数据类型 Unsigned32。字节传输次序应符合字段 RPCDRep(小端模式或大端模式)的值。

该编码应符合表 181。

表 181 RPCEPMapStatus

值(十六进制)	含义
0x00000000	RPC okay
0x16C9A0D6	端点未注册
其他	保留

4.8.2.2.27 字段 RPCFloorCount 的编码

此字段应编码为数据类型 Unsigned16。该值应设置为 5。该编码应与字段 RPCDRep 无关，总是为小端模式。

4.8.2.2.28 字段 RPCLHSByteCount 的编码

此字段应编码为数据类型 Unsigned16。该编码应与字段 RPCDRep 无关，总是为小端模式。

4.8.2.2.29 字段 RPCRHSByteCount 的编码

此字段应编码为数据类型 Unsigned16。该编码应与字段 RPCDRep 无关，总是为小端模式。

4.8.2.2.30 字段 RPCID 的编码

此字段应编码为数据类型 Unsigned8。该值应设置为 0x0D。

4.8.2.2.31 字段 RPCProtocolIdentifier 的编码

此字段应编码为数据类型 Unsigned8。该值应设置为 0x0A。

4.8.2.2.32 字段 RPCServerUDPPort 的编码

此字段应编码为数据类型 Unsigned8。该值应设置为 0x08。

4.8.2.2.33 字段 RPCHostAddress 的编码

此字段应编码为数据类型 Unsigned8。该值应设置为 0x09。

4.8.2.2.34 字段 RPCPortNumber 的编码

此字段应编码为数据类型 Unsigned16。该编码应与字段 RPCDRep 无关，总是为大端模式。

4.8.2.2.35 字段 RPCIPAddress 的编码

此字段应编码为数据类型 Unsigned32。该编码应与字段 RPCDRep 无关，总是为大端模式。

4.8.2.3 有关 NDRData 的编码

4.8.2.3.1 字段 ArgsMaximum 的编码

此字段应编码为数据类型 Unsigned32。字节传输次序应符合字段 RPCDRep(小端模式或大端模式)的值。

该值应设置为最大缓冲器大小,可供响应使用。

4.8.2.3.2 字段 ArgsLength 的编码

此字段应编码为数据类型 Unsigned32。字节传输次序应符合字段 RPCDRep(小端模式或大端模式)的值。

该值应设置为在 PROFINETIOServiceReqPDU 或 PROFINETIOServiceResPDU 内的八位位组数。

4.8.2.3.3 字段 MaximumCount 的编码

此字段应编码为数据类型 Unsigned32。字节传输次序应符合字段 RPCDRep(小端模式或大端模式)的值。

在请求的情况下,该值应设置为与字段 ArgsMaximum 相同的值。

在响应中,该值应从相应请求的字段 ArgsMaximum 来获得。

4.8.2.3.4 字段 Offset 的编码

此字段应编码为数据类型 Unsigned32。字节传输次序应符合字段 RPCDRep(小端模式或大端模式)的值。

该值应设置为 0。

4.8.2.3.5 字段 ActualCount 的编码

此字段应编码为数据类型 Unsigned32。字节传输次序应符合字段 RPCDRep(小端模式或大端模式)的值。

该值应设置为与字段 ArgsLength 相同的值。

4.8.2.3.6 字段 PNIOStatus 的编码

此字段应编码为数据类型 Unsigned32。字节传输次序应符合在 NDRDataResponse 的第 1 个字段中的字段 RPCDRep(小端模式或大端模式)的值。在所有其他情况下,字节传输次序应是大端模式。

在 6.2.4.68 中定义了该内容。应用式(48)来计算 PNIOStatus。

$$\text{PNIOStatus} = \text{ErrorCode} \times 16\ 777\ 216 + \text{ErrorDecode} \times 65\ 536 + \text{ErrorCode1} \times 256 + \text{ErrorCode2} \quad \cdots\cdots(48)$$

4.8.2.4 有关 RPC(NCA Codes)的编码

4.8.2.4.1 字段 RPCNCAFaultStatus 的编码

PC 专用的 NCA 错误代码应编码为 Unsigned32,其值符合表 182。

表 182 NCAFaultStatus 的值

值(十六进制)	定 义
0x1C000001	NCA_s_fault_int_div_by_zero
0x1C000002	NCA_s_fault_addr_error
0x1C000003	NCA_s_fault_fp_div_zero
0x1C000004	NCA_s_fault_fp_underflow
0x1C000005	NCA_s_fault_fp_overflow
0x1C000006	NCA_s_fault_invalid_tag
0x1C000007	NCA_s_fault_invalid_bound
0x1C000008	NCA_s_rpc_version_mismatch
0x1C000009	NCA_s_unspec_reject
0x1C00000A	NCA_s_bad_actid

表 182（续）

值(十六进制)	定　义
0x1C00000B	NCA_s_who_are_you_failed
0x1C00000C	NCA_s_manager_not_entered
0x1C00000D	NCA_s_fault_chancel
0x1C00000E	NCA_s_fault_ill_inst
0x1C00000F	NCA_s_fault_fp_error
0x1C000010	NCA_s_fault_int_overflow
0x1C000012	NCA_s_fault_unspec
0x1C000013	NCA_s_fault_remote_comm_failure
0x1C000014	NCA_s_fault_pipe_empty
0x1C000015	NCA_s_fault_pipe_closed
0x1C000016	NCA_s_fault_pipe_order
0x1C000017	NCA_s_fault_pipe_discipline
0x1C000018	NCA_s_fault_pipe_comm_error
0x1C000019	NCA_s_fault_pipe_memory
0x1C00001A	NCA_s_fault_context_mismatch
0x1C00001B	NCA_s_fault_remote_no_memory
0x1C00001C	NCA_s_invalid_pres_context_id
0x1C00001D	NCA_s_unsupported_authn_level
0x1C00001F	NCA_s_invalid_checksum
0x1C000020	NCA_s_invalid_crc
0x1C000021	NCA_s_fault_user_defined
0x1C000022	NCA_s_fault_tx_open_failed
0x1C000023	NCA_s_fault_codeset_conv_error
0x1C010001	NCA_s_comm_failure
0x1C010015	NCA_s_fault_string_too_long

4.8.2.4.2 字段 RPCNCARejectStatus 的编码

RPC 专用的 NCA 错误代码应编码为 Unsigned32，其值符合表 183。

表 183　NCARejectStatus 的值

值(十六进制)	定　义
0x1C000008	NCA_rpc_version_mismatch
0x1C000009	NCA_unspec_reject
0x1C00000A	NCA_s_bad_actid
0x1C00000B	NCA_who_are_you_failed
0x1C00000C	NCA_manager_not_entered
0x1C010002	NCA_op_rng_error

表 183（续）

值(十六进制)	定　义
0x1C010003	NCA_unk_if
0x1C010006	NCA_wrong_boot_time
0x1C010009	NCA_s_you_crashed
0x1C01000B	NCA_proto_error
0x1C010013	NCA_out_args_too_big
0x1C010014	NCA_server_too_busy
0x1C010017	NCA_unsupported_type
0x1C00001D	NCA_unsopported_authn_level
0x1C00001F	NCA_invalid_checksum
0x1C000020	NCA_invalid_crc

4.8.3 应用关系协议机(ARPM)

4.8.3.1 RPCPM

4.8.3.1.1 原语定义

4.8.3.1.1.1 在 RPCPM 与 RPCPM 用户之间交换的原语

这些服务原语及其相关参数在服务定义中以 RPC ASE 进行描述，它们由 RPCPM 用户发出并由 RPCPM 接收，反之亦然。

4.8.3.1.1.2 在 RPCPM 与 LMPM 之间交换的原语

这些服务原语及其相关参数在服务定义中以 RPC ASE 进行描述，它们由 RPCPM 发出并由 LMPM 接收，反之亦然。

4.8.3.1.1.3 RPCPM 原语的参数

在 FAL 服务定义中描述了在 RPCPM 用户与 RPCPM 之间交换的原语所使用的参数。

4.8.3.1.2 状态机描述

4.8.3.1.3 RPC 状态表

4.8.3.1.4 功能

4.8.3.2 服务的监视

调用由服务请求方发起的 Ping 服务，以监视响应方的“健康”状况。Cancel 服务最多可以重复 3 次。

——Timeout Ping

该值应是 2 s。

注：如果请求已完全发送了，而响应仍然是挂起的，则使用 Ping 服务。

——Timeout FRAG

该值应是 2 s。

注：如果在 2 s 后没有确认，则某个片段的传输将被最多重复 3 次。

——Timeout Cancel

该值应是 1 s。

注：如果在 1 s 后没有反应，则 Cancel 服务将被最多重复 3 次。

——Timeout Resend，Timeout Ack，Timeout Broadcast，Timeout IDLE，Timeout WAIT

不关心这些值。

注：以上描述的参数用其在 DCE RPC 中的值来定义。

4.9 链路层发现

4.9.1 FAL 通用语法描述

4.9.1.1 DLPDU 抽象语法引用

应采用 4.1.1 中的 DLPDU 抽象语法。

4.9.1.2 LLDP APDU 抽象语法

表 184 定义 LLDP PDU(称之为 APDU)的抽象语法。所定义的八位位组次序应用于传递 APDU。表 184 的 APDU 应表示表 4 中 DLSDU 的内容。

表 184 LLDP APDU 语法

APDU 名称	APDU 结构
LLDP-PDU	LLDPChassis,LLDPPort,LLDPTTL,LLDP-PNIO-PDU,LLDPEnd
LLDP-PNIO-PDU	{ LLDP_PNIO_DELAY[a],LLDP_PNIO_PORTSTATUS,[LLDP_PNIO_ALIAS], LLDP_PNIO_MRPPORTSTATUS[b],LLDP_PNIO_CHASSIS_MAC,LLDP8023MACPHY, LLDPManagement,LLDP_PNIO_PTCPSTATUS[c],[LLDPOption*],[LLDP8021*], [LLDP8023*]}

[a] 如果支持 LineDelay 测量,则才应存在。

[b] 如果对于此端口 MRP 被激活了,则才应存在。

[c] 如果 PTCP 被激活了,则才应存在。

表 185 定义的结构用作表 184 中所示 APDU 结构元素的替代。

表 185 LLDP 替代

替代名称	结构
LLDPChassis	LLDPChassisStationName ^ LLDPChassisMacAddress[a]
LLDPChassisStationName	LLDP_TLVHeader[b],LLDP_ChassisIDSubType(7)[b],LLDP_ChassisID
LLDPChassisMacAddress	LLDP_TLVHeader[b],LLDP_ChassisIDSubType(4)[b],(CMResponderMacAdd ^ CMInitiatorMacAdd)[d]
LLDPPort	LLDP_TLVHeader[b],LLDP_PortIDSubType(7)[b],LLDP_PortID[c]
LLDPTTL	LLDP_TLVHeader[b],LLDP_TimeToLive(20)[b]
LLDP_PNIO_Header	LLDP_TLVHeader[b],LLDP_OUI(00-0E-CF)
LLDP_PNIO_DELAY	LLDP_PNIO_Header,LLDP_PNIO_SubType(0x01),PTCP_PortRxDelayLocal, PTCP_PortRxDelayRemote PTCP_PortTxDelayLocal, PTCP_PortTxDelayRemote,CableDelayLocal
LLDP_PNIO_PORTSTATUS	LLDP_PNIO_Header,LLDP_PNIO_SubType(0x02),RTClass2_PortStatus, RTClass3_PortStatus
LLDP_PNIO_ALIAS	LLDP_PNIO_Header,LLDP_PNIO_SubType(0x03),LLDP_PortID, LLDP_POINT,LLDP_ChassisID
LLDP_PNIO_MRPPORTSTATUS	LLDP_PNIO_Header,LLDP_PNIO_SubType(0x04),MRP_DomainUUID, MRRT_PortStatus
LLDP_PNIO_CHASSIS_MAC	LLDP_PNIO_Header,LLDP_PNIO_SubType(0x05),(CMResponderMacAdd ^ CMInitiatorMacAdd)[d]

表 185（续）

替代名称	结　构
LLDP_PNIO_PTCPSTATUS	LLDP_PNIO_Header,LLDP_PNIO_SubType(0x06), PTCP_MasterSourceAddress[e],PTCP_SubdomainUUID[f],IRDataUUID[g], LLDP_LengthOfPeriod[g],LLDP_RedPeriodBegin[g],LLDP_OrangePeriodBegin[g], LLDP_GreenPeriodBegin[g]
LLDPEnd	LLDP_TLVHeader[b](0)
LLDP8021	LLDP_TLVHeader[b],LLDP_OUI(00-80-C2)[h],LLDP_8021_SubType[h],Data[h]
LLDP8023	LLDP_TLVHeader[b],LLDP_OUI(00-12-0F)[i],LLDP_8023_SubType[i],Data[i]
LLDP8023MACPHY	LLDP_TLVHeader[b],LLDP_OUI(00-12-0F)[i],LLDP_8023_SubType(1)[i], LLDP_8023_AUTONEG[i],LLDP_8023_PMDCAP[i],LLDP_8023_OPMAU[i]
LLDPManagement	LLDP_TLVHeader[b],LLDP_ManagementData[j]
注：存在不同种类的 MAC 地址。用作 SourceAddress 的端口 MAC 地址和用作 CMResponderMacAdd 或 CMInitiatorMacAdd 的接口 MAC 地址。	
[a] 如果没有分配 NameOfStation，则应使用 LLDPChassisMacAddress。 [b] 此字段的编码应依据 IEEE 802.1AB—2005。 [c] 应是 8 或 14。 [d] 应是接口 MAC 地址。 [e] 如果不可知，则应设置为 0。 [f] 应是 PTCP_SubdomainUUID of PTCP_SyncID：=0，否则该值应是 0。 [g] 如果不可知，则应设置为 0。 [h] 应依据 IEEE 802.1AB-2005 Annex F 来设置。 [i] 应依据 IEEE 802.1AB-2005 Annex G 来设置。 [j] 应依据 IEEE 802.1AB-2005 的 9.5.9 来设置。建议依据 4.15.2 来设置对象标识符。	

4.9.2 LLDP 传输语法

4.9.2.1 概要

作为 IEEE 802.1AB-2005 的 10.5.3.1 的扩展，本部分定义字段 txDelayWhile 的值应为 0。在此情况下，每个节点在数据变化时发送 LLDP PDU。

4.9.2.2 字段 LLDP_ChassisID 的编码

此字段应依据 4.3.1.4.15.1 编码为具有 1～240 个八位位组的数据类型 OctetString。

注：字段 LLDP_ChassisID 不能用 0 来终止。

4.9.2.3 字段 LLDP_PortID 的编码

此字段应编码为具有 8 或 14 个八位位组的数据类型 OctetString。

此字段包含本地端口的名称，该端口应被用作符合 IEEE 802.1AB 分配的本地 Port ID 子类型。该值应是“port-xyz”或“port-xyz-rstuv”，其中：xyz 的取值范围是 001～255，x、y、z 取值“0”～“9”；rstuv 的取值范围是 00000～65535，r、s、t、u、v 取值“0”～“9”。值 xyz 应用来标识端口号。值 rstuv 应用来标识包含该端口的槽。

值“port-001-00000”应用于槽 0 内接口的第 1 个端口子模块（如果有任何其他的槽可能包含另外的端口子模块）。

值“port-001”应用于接口的第 1 个端口子模块（如果没有其他的槽可能包含另外的端口子模块）。

此外，应采用 RFC 3490 的定义。

注：字段 LLDP_PortID 不能用 0 来终止。

4.9.2.4 字段 LLDP_PNIO_SubType 的编码

此字段应编码为数据类型 Unsigned8,并应依据表 186 来设置。

表 186 LLDP_PNIO_SubType

值(十六进制)	含　义
0x00	保留
0x01	测得的延迟值
0x02	端口状况(Status)
0x03	别名
0x04	MRP 端口状况
0x05	接口 MAC 地址
0x06	PTCP 状况
0x07～0xFF	保留

4.9.2.5 字段 PTCP_PortRxDelayLocal 的编码

此字段应编码为数据类型 Unsigned32,时间基数应是 1 ns,并应依据表 187 来设置。

表 187 PTCP_PortRxDelayLocal

值(十六进制)	含　义
0x00	不可知
0x01～0x00000FFF	本地 RX 端口延迟
0x00001000～0xFFFFFFFF	保留

4.9.2.6 字段 PTCP_PortRxDelayRemote 的编码

此字段应编码为数据类型 Unsigned32,时间基数应是 1 ns,并应依据表 188 来设置。

表 188 PTCP_PortRxDelayRemote

值(十六进制)	含　义
0x00	不可知
0x01～0x00000FFF	远程 RX 端口延迟
0x00001000～0xFFFFFFFF	保留

4.9.2.7 字段 PTCP_PortTxDelayLocal 的编码

此字段应编码为数据类型 Unsigned32,时间基数应是 1 ns,并应依据表 189 来设置。

表 189 PTCP_PortTxDelayLocal

值(十六进制)	含　义
0x00	不可知
0x01～0x00000FFF	本地 TX 端口延迟
0x00001000～0xFFFFFFFF	保留

4.9.2.8 字段 PTCP_PortTxDelayRemote 的编码

此字段应编码为数据类型 Unsigned32,时间基数应是 1 ns,并应依据表 190 来设置。

表 190 **PTCP_PortTxDelayRemote**

值(十六进制)	含　义
0x00	不可知
0x01～0x00000FFF	远程 TX 端口延迟
0x00001000～0xFFFFFFFF	保留

4.9.2.9 字段 CableDelayLocal 的编码

此字段应编码为数据类型 Unsigned32,时间基数应是 1 ns,并应依据表 191 来设置。

表 191 **CableDelayLocal**

值(十六进制)	含　义
0x00	不可知
0x01～0x000FFFFF	测量的电缆延迟
0x00100000～0xFFFFFFFF	保留

4.9.2.10 字段 RTClass2_PortStatus 的编码

此字段的编码应符合 3.7.3.4,各比特应具有以下的含义:

——比特 0～1:RTClass2_PortStatus. State

此字段应依据表 192 来设置。

表 192 **RTClass2_PortStatus. State**

值(十六进制)	含　义	用　法
0x00	OFF	未使用或未组态,如果 LLDP_OrangePeriodBegin. Valid 等于 1
0x01	保留	—
0x02	RTCLASS2_RUN	ORANGE Phase 已激活,用于 RTClass2 Frames 的传输和接收
0x03	保留	—

——比特 2～15:RTClass2_PortStatus. reserved

此字段应依据 3.7.3.2 来设置。

4.9.2.11 字段 RTClass3_PortStatus 的编码

此字段的编码应符合 3.7.3.4,各比特应具有以下的含义:

——比特 0～2:RTClass3_PortStatus. State

此字段应依据表 193 来设置。

表 193 **RTClass3_PortStatus. State**

值(十六进制)	含　义	用　法
0x00	OFF	未使用或未组态,如果 LLDP_RedPeriodBegin. Valid 等于 1。 RED Phase 被解除激活
0x01	保留	—
0x02	RTCLASS3_UP	RED Phase 已激活,用于 RTClass3 Frames 的传输。 期待下一状态:RTCLASS3_RUN
0x03	保留	—
0x04	RTCLASS3_RUN	RED Phase 已激活,用于 RTClass3 Frames 的传输和接收
0x05～0x07	保留	—

——比特 3～15：RTClass3_PortStatus. reserved

此字段应依据 3.7.3.2 来设置。

4.9.2.12 字段 MRRT_PortStatus 的编码

此字段的编码应符合 3.7.3.4，各比特应具有以下的含义：

——比特 0～1：MRRT_PortStatus. State

此字段应依据表 194 来设置。

表 194 MRRT_PortStatus. State

值(十六进制)	含　义	用　法
0x00	OFF	未使用/未组态
0x01	MRRT_CONFIGURED	已组态
0x02	MRRT_UP	已激活并运行
0x03	保留	—

——比特 2～15：MRRT_PortStatus. reserved

此字段应依据 3.7.3.2 来设置。

4.9.2.13 字段 IRDataUUID 的编码

此字段应编码为数据类型 UUID。

4.9.2.14 字段 LLDP_RedPeriodBegin 的编码

按照 RT_CLASS_3 的定义，一个端口的使用被分成不同的时间段。同样，一个端口的使用也被分成发送和接收方向。此字段的编码应符合 3.7.3.5 和图 13，各比特应具有以下的含义：

——比特 0～30：LLDP_RedPeriodBegin. Offset

此字段应依据表 195 来设置。

表 195 LLDP_RedPeriodBegin. Offset

值(十六进制)	含　义	用　法
0x00000000～0x003D08FF	相对于该周期开始的偏移量，以纳秒为单位	该端口接收方向的 RT_CLASS_3 时段的开始
0x003D0900～0x7FFFFFFF	保留	—

——比特 31：LLDP_RedPeriodBegin. Valid

此可选字段应依据表 196 来设置。

表 196 LLDP_RedPeriodBegin. Valid

值(十六进制)	含　义	用　法
0x00	无效	LLDP_RedPeriodBegin. Offset 的值是无效的。它应被设置为 0
0x01	有效	LLDP_RedPeriodBegin. Offset 的值是有效的

4.9.2.15 字段 LLDP_OrangePeriodBegin 的编码

按照 RT_CLASS_2 的定义，一个端口的使用被分成不同的时间段。同样，一个端口的使用也被分成发送和接收方向。此字段的编码应符合 3.7.3.5 和图 13，各比特应具有以下的含义：

——比特 0～30：LLDP_OrangePeriodBegin. Offset

此字段应依据表 197 来设置。

表 197 **LLDP_OrangePeriodBegin. Offset**

值(十六进制)	含　义	用　法
0x00000000～0x003D08FF	相对于该周期开始的偏移量,以纳秒为单位	该端口接收方向的 RT_CLASS_2 时段的开始
0x003D0900～0x7FFFFFFF	保留	—

——比特 31:LLDP_OrangePeriodBegin. Valid

此可选字段应依据表 198 来设置。

表 198 **LLDP_OrangePeriodBegin. Valid**

值(十六进制)	含　义	用　法
0x00	无效	LLDP_OrangePeriodBegin. Offset 的值是无效的。它应被设置为 0
0x01	有效	LLDP_OrangePeriodBegin. Offset 的值是有效的

4.9.2.16 字段 LLDP_GreenPeriodBegin 的编码

按照 RT_CLASS_1、RT_CLASS_UDP 和其他协议的定义,一个端口的使用被分成不同的时间段。同样,一个端口的使用也被分成发送和接收方向。此字段的编码应符合 3.7.3.5 和图 13,各比特应具有以下的含义:

——比特 0～30:LLDP_GreenPeriodBegin. Offset

此字段应依据表 199 来设置。

表 199 **LLDP_GreenPeriodBegin. Offset**

值(十六进制)	含　义	用　法
0x00000000～0x003D08FF	相对于该周期开始的偏移量,以纳秒为单位	该端口接收方向的无限制时段的开始
0x003D0900～0x7FFFFFFF	保留	—

——比特 31:LLDP_GreenPeriodBegin. Valid

此可选字段应依据表 200 来设置。

表 200 **LLDP_GreenPeriodBegin. Valid**

值(十六进制)	含　义	用　法
0x00	无效	LLDP_GreenPeriodBegin. Offset 的值是无效的。它应被设置为 0
0x01	有效	LLDP_GreenPeriodBegin. Offset 的值是有效的

4.9.2.17 字段 LLDP_LengthOfPeriod 的编码

一个端口被分成不同的时间段。所有时间段的持续时间通过此字段来示出。此字段的编码应符合 3.7.3.5 和图 13,各比特应具有以下的含义:

——比特 0～30:LLDP_LengthOfPeriod. Length

此字段应依据表 201 来设置。

表 201 **LLDP_LengthOfPeriod. Length**

值(十六进制)	含　义	用　法
0x00007A12～0x003D0900	一个周期的持续时间,以纳秒为单位	该值应是 31 250 ns 的倍数,见 6.2.4.62
0x003D0900～0x7FFFFFFF	保留	—

——比特 31:LLDP_LengthOfPeriod. Valid

此可选字段应依据表 202 来设置。

表 202 LLDP_LengthOfPeriod.Valid

值(十六进制)	含 义	用 法
0x00	无效	LLDP_LengthOfPeriod.Length 是无效的。它应被设置为 0
0x01	有效	LLDP_LengthOfPeriod.Length 是有效的

4.9.2.18 字段 LLDP_POINT 的编码

此字段应编码为具有 1 个八位位组的数据类型 OctetString。其值应是"."。

注：字段 LLDP_POINT 不能用 0 来终止。

4.9.2.19 字段 LLDP_TimeToLive 的编码

此字段应依据 IEEE 802.1AB-2005 来编码。

4.9.2.20 字段 LLDP_TLVHeader 的编码

此字段应依据 IEEE 802.1AB-2005 来编码。

4.9.2.21 字段 LLDP_ChassisIDSubType 的编码

此字段应依据 IEEE 802.1AB-2005 来编码。

4.9.2.22 字段 LLDP_PortIDSubType 的编码

此字段应依据 IEEE 802.1AB-2005 来编码。

4.9.2.23 字段 LLDPOption 的编码

此字段应依据 IEEE 802.1AB-2005 的 9.4 来编码。

4.9.2.24 字段 LLDP_OUI 的编码

此字段应依据 IEEE 802.1AB-2005 来编码。

4.9.2.25 字段 LLDP_8021_SubType 的编码

此字段应依据 IEEE 802.1AB-2005 来编码。

4.9.2.26 有关 LLDP_Management 的编码

4.9.2.26.1 字段 LLDP_ManagementData 的编码

此字段应依据 IEEE 802.1AB-2005 来编码。

4.9.2.27 有关 LLDP_8023 的编码

4.9.2.27.1 字段 LLDP_8023_SubType 的编码

此字段应依据 IEEE 802.1AB-2005 来编码。

4.9.2.27.2 字段 LLDP_8023_AUTONEG 的编码

此字段应依据 IEEE 802.1AB-2005 来编码。

4.9.2.27.3 字段 LLDP_8023_PMDCAP 的编码

此字段应依据 IEEE 802.1AB-2005 来编码。

4.9.2.27.4 字段 LLDP_8023_OPMAU 的编码

此字段应依据 IEEE 802.1AB-2005 来编码。

4.10 MAC 桥

4.10.1 概述

采用符合 IEEE 802.1D 标准的概念。本部分定义 IEEE 802.1D 标准的使用。它包括对有关转发帧的 RT_CLASS_3 阶段的扩展。在 RT_CLASS_3 阶段内应暂时停用 IEEE 802.1D 的路由机制。在此情况下，RT_CLASS_3 帧的路由应依据由相应的 ASE 所定义的属性来完成。这些属性的值定义所使用的专用路由表。

除 IEEE 802.1D 标准行为外，本部分定义下列协议机以提供特殊的转发动作：

——RT_CLASS_3 转发协议机(RED_RELAY)；

——时间同步转发协议机(SYNC_RELAY)；

——mMRT 转发协议机(RRT_RELAY)。

4.10.2 RT_CLASS_3 端口状态机(RTC3PSM)

4.10.2.1 原语定义

4.10.2.1.1 在 LLDP 与 RTC3PSM 之间交换的原语

表 203 列出了由 LLDP 用户发给 RTC3PSM 的原语。

表 203 由 LLDP 发给 RTC3PSM 的原语

原语名称	相关参数
Remotesystems Data Change. ind	Local Port ID, List of Neighbours

4.10.2.1.2 在 IEEE 802.3 与 RTC3PSM 之间交换的原语

表 204 列出了由 IEEE 802.3 发给 RTC3PSM 的原语。

表 204 由 IEEE 802.3 发给 RTC3PSM 的原语

原语名称	相关参数
MAU Type Change. ind	Local Port ID LocalmAU Type Local LinkStatus

4.10.2.1.3 在 PTCP 与 RTC3PSM 之间交换的原语

表 205 列出由 PTCP 发给 RTC3PSM 的原语。

表 205 由 PTCP 发给 RTC3PSM 的原语

原语名称	相关参数
Syncstate Change. ind	Syncstate

4.10.2.1.4 在 IEEE 802.1D 与 RTC3PSM 之间交换的原语

表 206 列出由 IEEE 802.1D 发给 RTC3PSM 的原语。

表 206 由 IEEE 802.1D 发给 RTC3PSM 的原语

原语名称	相关参数
Portstate Change. ind	Local PortState

表 207 列出由 RTC3PSM 发给 IEEE 802.1D 的原语。

表 207 由 RTC3PSM 发给 IEEE 802.1D 的原语

原语名称	相关参数
Set Portstate. req	Local RTC3 PortState

4.10.2.2 RTC3PSM 状态表

在表 208 中列出了 RTC3PSM 状态表。

表 208 RTC3PSM 状态表

#	当前状态	事件/条件 =〉动作	下一状态
1	INIT	=〉 REMOTEPORTSTATE := OFF RT_CLASS_3_FAULT := FALSE	OFF
2	INIT	OTHERS ignore =〉 ignore	INIT

表 208（续）

#	当前状态	事件/条件 =〉动作	下一状态
3	OFF	Something changed() /CHECK_LOCAL_OK == FALSE || CHECK_NEIGHBOR_OK == FALSE || CHECK_SYNC_OK == FALSE =〉 ignore	OFF
4	OFF	Something changed() /REMOTEPORTSTATE == OFF && OPTIMIZED_MODE == OFF && CHECK_LOCAL_OK == TRUE && CHECK_NEIGHBOR_OK == TRUE && CHECK_SYNC_OK == TRUE =〉 SetPortState. req(Local RT_CLASS_3 PortState == RTCLASS3_UP)	RTCLASS3_UP
5	OFF	Something changed() /REMOTEPORTSTATE == OFF && OPTIMIZED_MODE == ON && CHECK_LOCAL_OK == TRUE && CHECK_NEIGHBOR_OK == TRUE && CHECK_SYNC_OK == TRUE =〉 SetPortState. req(Local RT_CLASS_3 PortState == RTCLASS3_RUN)	RTCLASS3_RUN
6	OFF	Something changed() /REMOTEPORTSTATE == RTCLASS3_UP && CHECK_LOCAL_OK == TRUE && CHECK_NEIGHBOR_OK == TRUE && CHECK_SYNC_OK == TRUE =〉 SetPortState. req(Local RT_CLASS_3 PortState == RTCLASS3_RUN)	RTCLASS3_RUN
7	OFF	Something changed() /REMOTEPORTSTATE == RTCLASS3_RUN && CHECK_LOCAL_OK == TRUE && CHECK_NEIGHBOR_OK == TRUE && CHECK_SYNC_OK == TRUE =〉 SetPortState. req(Local RT_CLASS_3 PortState == RTCLASS3_RUN)	RTCLASS3_RUN
8	OFF	OTHERS ignore =〉 ignore	OFF
9	RTCLASS3_UP	Something changed() /CHECK_LOCAL_OK == FALSE || CHECK_NEIGHBOR_OK == FALSE || CHECK_SYNC_OK == FALSE =〉 SetPortState. req(Local RT_CLASS_3 PortState == OFF)	OFF

表 208（续）

#	当前状态	事件/条件 =〉动作	下一状态
10	RTCLASS3_UP	Something changed() /REMOTEPORTSTATE == OFF && CHECK_LOCAL_OK == TRUE && CHECK_NEIGHBOR_OK == TRUE && CHECK_SYNC_OK == TRUE =〉 ignore	RTCLASS3_UP
11	RTCLASS3_UP	Something changed() /REMOTEPORTSTATE == RTCLASS3_UP && CHECK_LOCAL_OK == TRUE && CHECK_NEIGHBOR_OK == TRUE && CHECK_SYNC_OK == TRUE =〉 SetPortState. req(Local RT_CLASS_3 PortState == RTCLASS3_RUN)	RTCLASS3_RUN
12	RTCLASS3_UP	Something changed() /REMOTEPORTSTATE == RTCLASS3_RUN && CHECK_LOCAL_OK == TRUE && CHECK_NEIGHBOR_OK == TRUE && CHECK_SYNC_OK == TRUE =〉 SetPortState. req(Local RT_CLASS_3 PortState == RTCLASS3_RUN)	RTCLASS3_RUN
13	RTCLASS3_UP	OTHERS ignore =〉 ignore	RTCLASS3_UP
14	RTCLASS3_RUN	Something changed() /CHECK_LOCAL_OK == FALSE || CHECK_NEIGHBOR_OK == FALSE || CHECK_SYNC_OK == FALSE =〉 SetPortState. req(Local RT_CLASS_3 PortState == OFF)	OFF
15	RTCLASS3_RUN	Something changed() /REMOTEPORTSTATE == OFF && OPTIMIZED_MODE == OFF && CHECK_LOCAL_OK == TRUE && CHECK_NEIGHBOR_OK == TRUE && CHECK_SYNC_OK == TRUE =〉 SetPortState. req(Local RT_CLASS_3 PortState == RTCLASS3_UP)	RTCLASS3_UP
16	RTCLASS3_RUN	Something changed() /REMOTEPORTSTATE == OFF && OPTIMIZED_MODE == ON && CHECK_LOCAL_OK == TRUE && CHECK_NEIGHBOR_OK == TRUE && CHECK_SYNC_OK == TRUE =〉 ignore	RTCLASS3_RUN

表 208（续）

#	当前状态	事件/条件 =〉动作	下一状态
17	RTCLASS3_RUN	Something changed() /REMOTEPORTSTATE == RTCLASS3_UP && CHECK_LOCAL_OK == TRUE && CHECK_NEIGHBOR_OK == TRUE && CHECK_SYNC_OK == TRUE =〉 ignore	RTCLASS3_RUN
18	RTCLASS3_RUN	Something changed() /REMOTEPORTSTATE == RTCLASS3_RUN && CHECK_LOCAL_OK == TRUE && CHECK_NEIGHBOR_OK == TRUE && CHECK_SYNC_OK == TRUE =〉 ignore	RTCLASS3_RUN
19	RTCLASS3_RUN	OTHERS ignore =〉 ignore	RTCLASS3_RUN
20	ANY	Remotesystems Data Change(Local Port ID,List of Neighbours) /Does the remote RT_CLASS_3_Port_State exist and contain a value out of the following list {OFF,RTCLASS3_UP,RTCLASS3_RUN} =〉 REMOTEPORTSTATE :=RT_CLASS_3_Port_State Something changed()	ANY

21	ANY	Remotesystems Data Change(Local Port ID,List of Neighbours)
		/(
		// physical
		EXPECTED_REMOTE(LLDP_ChassisID) ! =REMOTE(LLDP_ChassisID)
		OR EXPECTED_REMOTE(LLDP_PortID) ! =REMOTE(LLDP_PortID)
		OR if activated (EXPECTED_REMOTE(MAUType) ! =
		REMOTE(LLDP_MAUType))
		OR if activated (EXPECTED_REMOTE(CableDelay) <
		REMOTE(LLDP_CableDelay))
		OR
		// logical
		EXPECTED_REMOTE(IRDataUUID) ! =REMOTE(LLDP_IRDataUUID)
		OR EXPECTED_REMOTE(PTCP_SuddomainUUID) ! =
		REMOTE(LLDP_PTCP_SuddomainUUID)
		)
		=〉
		CHECK_NEIGHBOR_OK :=FALSE
		Something changed()
			ANY

表 208（续）

#	当前状态	事件/条件 =〉动作	下一状态

22	ANY	Remotesystems Data Change(Local Port ID,List of Neighbours)
		/!(
		// physical
		EXPECTED_REMOTE(LLDP_ChassisID)！=REMOTE(LLDP_ChassisID)
		OR EXPECTED_REMOTE(LLDP_PortID)！=REMOTE(LLDP_PortID)
		OR if activated (EXPECTED_REMOTE(MAUType)！=
		REMOTE(LLDP_MAUType))
		OR if activated (EXPECTED_REMOTE(CableDelay) <
		REMOTE(LLDP_CableDelay))
		OR
		// logical
		EXPECTED_REMOTE(IRDataUUID)！=REMOTE(LLDP_IRDataUUID)
		)
		=〉
		CHECK_NEIGHBOR_OK：=TRUE
		Something changed()
			ANY

23	ANY	MAU Type Change. ind(Local Port ID,LocalmAU Type,Local LinkStatus)
		/(
		// physical
		LOCAL(MAUType)！=VALID
		OR LOCAL(PortState) == DISCARDING
		OR LOCAL(LinkStatus)！=UP
		OR
		// logical
		LOCAL(GET_DOMAIN_BOUNDARY_VALUE(DomainBoundary)) == TRUE
		)
		=〉
		CHECK_LOCAL_OK：=FALSE
		Something changed()
			ANY

24	ANY	MAU Type Change. ind(Local Port ID,LocalmAU Type,Local LinkStatus)
		/!(
		// physical
		LOCAL(MAUType)！=VALID
		OR LOCAL(PortState) == DISCARDING
		OR LOCAL(LinkStatus)！=UP
		OR
		// logical
		LOCAL(GET_DOMAIN_BOUNDARY_VALUE(DomainBoundary)) == TRUE
		)
		=〉
		CHECK_LOCAL_OK：=TRUE
		Something changed()
			ANY

表 208（续）

#	当前状态	事件/条件 =〉动作	下一状态

25	ANY	Syncstate Change. ind(Syncstate)
		/(
		// physical
		LOCAL(SYNC) == FALSE
		OR
		// logical
		if activated (DIFFERENCE_FAULT(LOCAL(CableDelay),
		REMOTE(CableDelay)))
		OR EXPECTED_REMOTE(PTCP_SuddomainUUID) ! =
		REMOTE(LLDP_PTCP_SuddomainUUID)
		)
		=〉
		CHECK_SYNC_OK :=FALSE
		Something changed()
			ANY

26	ANY	Syncstate Change. ind(Syncstate)
		/! (
		// physical
		LOCAL(SYNC) == FALSE
		OR
		// logical
		if activated (DIFFERENCE_FAULT(LOCAL(CableDelay),
		REMOTE(CableDelay)))
		OR EXPECTED_REMOTE(PTCP_SuddomainUUID) ! =
		REMOTE(LLDP_PTCP_SuddomainUUID)
		)
		=〉
		CHECK_SYNC_OK :=TRUE
		Something changed()
			ANY

27	ANY	Portstate Change. ind(Local PortState)
		/(
		// physical
		LOCAL(MAUType) ! =VALID
		OR LOCAL(PortState) == DISCARDING
		OR LOCAL(LinkStatus) ! =UP
		OR
		// logical
		LOCAL(GET_DOMAIN_BOUNDARY_VALUE(DomainBoundary)) == TRUE
		)
		=〉
		CHECK_LOCAL_OK :=FALSE
		Something changed()
			ANY

表 208（续）

#	当前状态	事件/条件 =〉动作	下一状态

28	ANY	Portstate Change. ind(Local PortState)
		/!(
		// physical
		LOCAL(MAUType)! =VALID
		OR LOCAL(PortState) == DISCARDING
		OR LOCAL(LinkStatus)! =UP
		OR
		// logical
		LOCAL(GET_DOMAIN_BOUNDARY_VALUE(DomainBoundary)) == TRUE
		)
		=〉
		CHECK_LOCAL_OK :=TRUE
		Something changed()
			ANY

4.10.2.3 功能

在表 209 中概述了 RTC3PSM 的所有功能。

表 209 **RTC3PSM 功能表**

功能名称	操 作
LOCAL()	此功能传送本地信息
REMOTE()	此功能传送本地存储的远程信息
EXPECTED_REMOTE()	此功能传送期望由远程发送来的本地存储的信息
Something changed()	此功能被用作一个触发器

4.10.2.4 事件的产生

RTC3PSM 示出了为建立 RT_CLASS_3 对等(peer to peer)通信所需要的状态转换。附加的图 43 示出了依据 RTC3PSM 的状态转换所产生的诊断事件。表 210 定义了相关事件的编码。

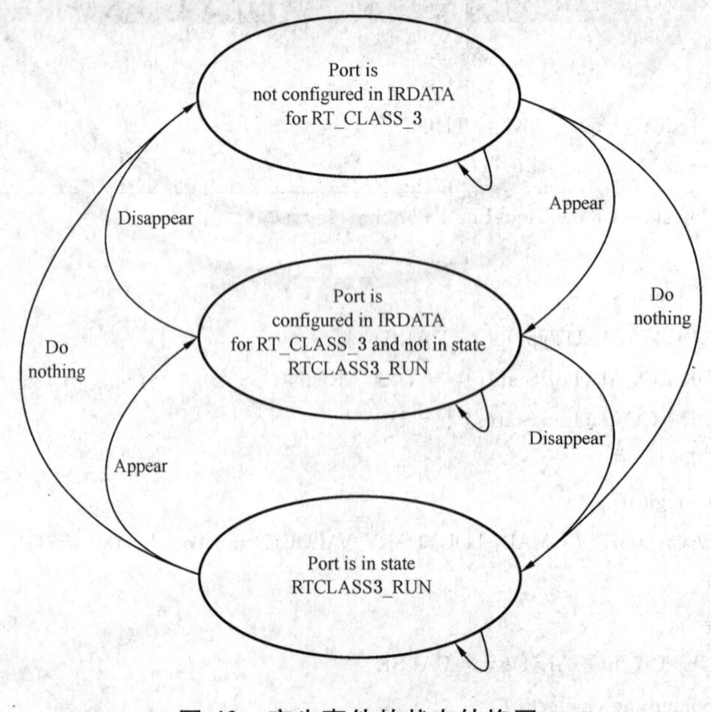

图 43 产生事件的状态转换图

表 210 事件功能表

功能名称	操 作
Appear	Alarm Priority := ALARM_HIGH or ALARM_LOW Alarm Type := Port Data Change Notification Alarm Userstructure Identifier := 0x8002 ChannelNumber := 0x8000 ChannelProperties. Specifier := Appears ChannelErrorType := "Remotemismatch" ExtChannelErrorType := "RT Class3mismatch" Alarm Notification. req(AREP, API, Alarm Priority, Alarm Type, slot Number, subslot Number, Alarmspecifier, module Ident Number, submodule Ident Number, Alarm Item)
Disappear	Alarm Priority := ALARM_HIGH or ALARM_LOW Alarm Type := Port Data Change Notification Alarm Userstructure Identifier := 0x8002 ChannelNumber := 0x8000 ChannelProperties. Specifier := Disappears ChannelErrorType := "Remotemismatch" ExtChannelErrorType := "RT Class3mismatch" Alarm Notification. req(AREP, API, Alarm Priority, Alarm Type, slot Number, subslot Number, Alarmspecifier, module Ident Number, submodule Ident Number, Alarm Item)
Do nothing	此状态改变应不指示一个事件

4.10.3 RT_CLASS_2 端口状态机(RTC2PSM)

4.10.3.1 原语定义

4.10.3.1.1 在 LLDP 与 RTC2PSM 之间交换的原语

表 211 列出了由 LLDP 用户发给 RTC2PSM 的原语。

表 211 由 LLDP 发给 RTC2PSM 的原语

原语名称	相关参数
Remotesystems Data Change. ind	Local Port ID List of Neighbours

4.10.3.1.2 在 IEEE 802.3 与 RTC2PSM 之间交换的原语

表 212 列出了由 IEEE 802.3 发给 RTC2PSM 的原语。

表 212 由 IEEE 802.3 发给 RTC2PSM 的原语

原语名称	相关参数
MAU Type Change. ind	Local Port ID LocalmAU Type Local LinkStatus

4.10.3.1.3 在 PTCP 与 RTC2PSM 之间交换的原语

表 213 列出了由 PTCP 发给 RTC2PSM 的原语。

表 213 由 PTCP 发给 RTC2PSM 的原语

原语名称	相关参数
Syncstate Change. ind	Syncstate

4.10.3.1.4 在 IEEE 802.1D 与 RTC2PSM 之间交换的原语

表 214 列出了由 IEEE 802.1D 发给 RTC2PSM 的原语。

表 214　由 IEEE 802.1D 发给 RTC2PSM 的原语

原语名称	相关参数
Portstate Change. ind	Local PortState

表 215 列出了由 RTC2PSM 发给 IEEE 802.1D 的原语。

表 215　由 RTC2PSM 发给 IEEE 802.1D 的原语

原语名称	相关参数
Set Portstate. req	Local RTC2 PortState

4.10.3.2　RTC2PSM 状态表

在表 216 中列出了 RTC2PSM 状态表。

表 216　RTC2PSM 状态表

#	当前状态	事件/条件　=〉动作	下一状态
1	IDLE	Something changed() /CHECK_LOCAL_OK == TRUE && CHECK_NEIGHBOR_OK == TRUE && CHECK_SYNC_OK == TRUE =〉 SetPortState. req(Local RT_CLASS_2 PortState == RTCLASS2_RUN)	IDLE
2	IDLE	Something changed() /CHECK_LOCAL_OK == FALSE || CHECK_NEIGHBOR_OK == FALSE || CHECK_SYNC_OK == FALSE =〉 SetPortState. req(Local RT_CLASS_2 PortState == OFF)	IDLE
3	IDLE	OTHERS ignore =〉 ignore	IDLE

4	IDLE	Remotesystems Data Change. ind(Local Port ID, List of Neighbours)
		/(
		// physical
		// logical
		EXPECTED_REMOTE(PTCP_SuddomainUUID)! = REMOTE(LLDP_PTCP_SuddomainUUID)
		OR REMOTE(LLDP_OrangePeriodBegin. Valid) == FALSE
		)
		=〉
		CHECK_NEIGHBOR_OK := FALSE
		Something changed()
			IDLE

5	IDLE	Remotesystems Data Change. ind(Local Port ID, List of Neighbours)
		/!(
		// physical
		// logical
		EXPECTED_REMOTE(PTCP_SuddomainUUID)! = REMOTE(LLDP_PTCP_SuddomainUUID)
		OR REMOTE(LLDP_OrangePeriodBegin. Valid) == FALSE
		)
		=〉
		CHECK_NEIGHBOR_OK := TRUE
		Something changed()
			IDLE

表 216（续）

#	当前状态	事件/条件 =〉动作	下一状态

6	IDLE	MAU Type Change. ind(Local Port ID,LocalmAU Type,Local LinkStatus)
		/(// physical LOCAL(MAUType)! = VALID
		OR LOCAL(PortState)== DISCARDING
		OR if MRP is not used LOCAL(PortState)== BLOCKED
		OR LOCAL(LinkStatus)! = UP
		OR
		// logical
		LOCAL(LLDP_OrangePeriodBegin. Valid)== FALSE)
		)
		=〉
		CHECK_LOCAL_OK := FALSE
		Something changed()
			IDLE

7	IDLE	MAU Type Change. ind(Local Port ID,LocalmAU Type,Local LinkStatus)
		/! (
		// physical
		LOCAL(MAUType)! = VALID
		OR LOCAL(PortState)== DISCARDING
		OR if MRP is not used LOCAL(PortState)== BLOCKED
		OR LOCAL(LinkStatus)! = UP
		OR
		// logical
		LOCAL(LLDP_OrangePeriodBegin. Valid)== FALSE
		)
		=〉
		CHECK_LOCAL_OK := TRUE
		Something changed()
			IDLE

8	IDLE	Syncstate Change. ind(Syncstate) /(// physical LOCAL(SYNC)== FALSE) =〉 CHECK_SYNC_OK := FALSE Something changed()	IDLE
9	IDLE	Syncstate Change. ind(Syncstate) /! (// physical LOCAL(SYNC)== FALSE) =〉 CHECK_SYNC_OK := TRUE Something changed()	IDLE

表 216（续）

#	当前状态	事件/条件　=〉动作	下一状态

10	IDLE	Portstate Change. ind(Local PortState)
		/
		(
		// physical
		LOCAL(MAUType)! = VALID
		OR LOCAL(PortState)== DISCARDING
		OR if MRP is not used LOCAL(PortState)== BLOCKED
		OR LOCAL(LinkStatus)! = UP
		OR
		// logical
		LOCAL(LLDP_OrangePeriodBegin. Valid)== FALSE)
		)
		=〉
		CHECK_LOCAL_OK := FALSE
		Something changed()
			IDLE

11	IDLE	Portstate Change. ind(Local PortState)
		/!(
		// physical
		LOCAL(MAUType)! = VALID
		OR LOCAL(PortState)== DISCARDING
		OR if MRP is not used LOCAL(PortState)== BLOCKED
		OR LOCAL(LinkStatus)! = UP
		OR
		// logical
		LOCAL(LLDP_OrangePeriodBegin. Valid)== FALSE
		)
		=〉
		CHECK_LOCAL_OK := TRUE
		Something changed()
			IDLE

4.10.3.3　功能

在表 217 中概述了 RTC2PSM 的所有功能。

表 217　**RTC2PSM 功能表**

功能名称	操　　作
LOCAL()	此功能传送本地信息
REMOTE()	此功能传送本地存储的远程信息
EXPECTED_REMOTE()	此功能传送期望由远程发送来的本地存储的信息
Something changed()	此功能被用作触发器

4.10.4　RT_CLASS_3 转发协议机(RED RELAY)

4.10.4.1　原语定义

这些服务原语及其相关参数在服务定义中以 MAC 桥 ASE 进行描述，它们由 RED RELAY 用户发出并由 RED RELAY 接收，反之亦然。

在图 44 中示出了 RED RELAY 的状态转换图。

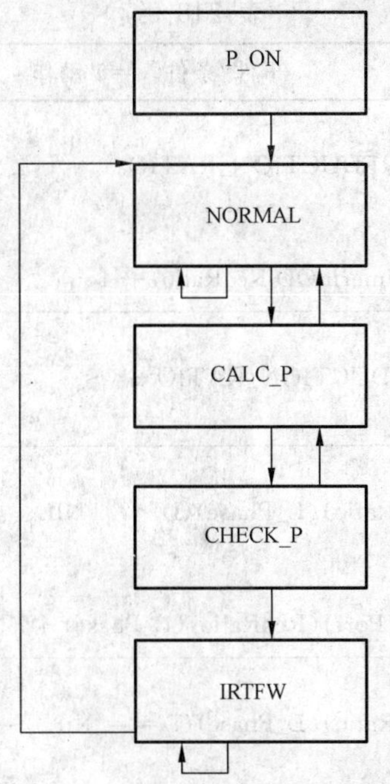

图 44 **RED RELAY 的状态转换图**

RED RELAY 的状态如下：

——P_ON

数据初始化。

——NORMAL

正常操作。

——CALC_P

计算阶段(Calculate phase)。

——CHECK_P

检查阶段。

——IRTFW

IRT 转发活动。

4.10.4.2 **RED RELAY 状态表**

在表 218 中列出了 RED RELAY 状态表。

表 218 **RED RELAY 状态表**

#	当前状态	事件/条件 =〉动作	下一状态
1	P_ON	 =〉	NORMAL
2	NORMAL	RED_RELAY_Schedule_Req(Port,ClockTime,Period,Len) /Period == Red && sched_List(Port) <> NIL =〉 RedRatio := 1 L_ClockTime := ClockTime	CALC_P
3	NORMAL	RED_RELAY_Schedule_Req(Port,ClockTime,Period,Len) /Period == Red && sched_List(Port)== NIL =〉	NORMAL

表 218（续）

#	当前状态	事件/条件　=〉动作	下一状态
4	CALC_P	 /RedRatio <= MAX_REDUCTION_RATIO =〉 i := 1 L_Phase := (L_ClockTimermOD RedRatio) + 1	CHECK_P
5	CALC_P	 /RedRatio > MAX_REDUCTION_RATIO =〉	NORMAL
6	CHECK_P	 /Sched_List(Port)(RedRatio)(L_Phase)(i) <> NIL =〉 Start IRT_Timer(Sched_List(Port)(RedRatio)(L_Phase)(i). TimeOffset)	IRTFW
7	CHECK_P	 /Sched_List(Port)(RedRatio)(L_Phase)(i) == NIL =〉 RedRatio ++	CALC_P
8	IRTFW	DMUX_RED_RELAY. ind(Port,DA,SA,FrameID,DLSDU) /Sched_List(Port)(RedRatio)(L_Phase)(i) <> NIL && FrameID == sched_List(Port)(RedRatio)(L_Phase)(i). FrameID && DLSDU. Len == sched_List(Port)(RedRatio)(L_Phase)(i). Len =〉 for n := all Ports insched_List(Port)(RedRatio)(L_Phase)(i). PortList 　PUT_TO_RED_Q(n) get next RedRatio,i Start IRT_Timer(Sched_List(Port)(RedRatio)(L_Phase)(i). TimeOffset)	IRTFW
9	IRTFW	DMUX_RED_RELAY. ind(Port,DA,SA,FrameID,DLSDU) /Sched_List(Port)(RedRatio)(L_Phase)(i) == NIL =〉 DMUX_MAC_RELAY. ind(Port,DA,SA,FrameID,DLSDU)	IRTFW
10	IRTFW	DMUX_RED_RELAY. ind(Port,DA,SA,FrameID,DLSDU) /Sched_List(Port)(RedRatio)(L_Phase)(i) <> NIL && FrameID == sched_List(Port)(RedRatio)(L_Phase)(i). FrameID && DLSDU. Len != sched_List(Port)(RedRatio)(L_Phase)(i). Len && ! Optimized =〉 DLSDU. Len := sched_List(Port)(RedRatio)(L_Phase)(i). Len DLSDU. FrameID := sched_List(Port)(RedRatio)(L_Phase)(i). FrameID ErrCode := WRONG_LENGTH APDU_Status. TransferStatus := WRONG_LENGTH for n := all Ports insched_List(Port)(RedRatio)(L_Phase)(i). PortList PUT_TO_RED_Q(n) ---------------------------C_SDU is undefined get next RedRatio,i Start IRT_Timer(Sched_List(Port)(RedRatio)(L_Phase)(i). TimeOffset) RED_RELAY_Schedule_Error_Ind(CREP,ErrCode)	IRTFW

表 218（续）

#	当前状态	事件/条件 =〉动作	下一状态
11	IRTFW	DMUX_RED_RELAY. ind(Port,DA,SA,FrameID,DLSDU) /Sched_List(Port)(RedRatio)(L_Phase)(i) <> NIL && FrameID == sched_List(Port)(RedRatio)(L_Phase)(i). FrameID && DLSDU. Len ! = sched_List(Port)(RedRatio)(L_Phase)(i). Len && Optimized =〉 RED_RELAY_Schedule_Error_Ind(CREP,ErrCode) DMUX_MAC_RELAY. ind(Port,DA,SA,FrameID,DLSDU)	IRTFW
12	IRTFW	DMUX_RED_RELAY. ind(Port,DA,SA,FrameID,DLSDU) /Sched_List(Port)(RedRatio)(L_Phase)(i) <> NIL && FrameID ! = sched_List(Port)(RedRatio)(L_Phase)(i). FrameID && ! Optimized =〉 DLSDU. Len := sched_List(Port)(RedRatio)(L_Phase)(i). Len DLSDU. FrameID := sched_List(Port)(RedRatio)(L_Phase)(i). FrameID ErrCode := WRONG_FRAMEID APDU_Status. TransferStatus := WRONG_FRAMEID for n := all Ports insched_List(Port)(RedRatio)(L_Phase)(i). PortList PUT_TO_RED_Q(n) --------------------C_SDU is undefined get next RedRatio,i Start IRT_Timer(Sched_List(Port)(RedRatio)(L_Phase)(i). TimeOffset) RED_RELAY_Schedule_Error_Ind(CREP,ErrCode)	IRTFW
13	IRTFW	DMUX_RED_RELAY. ind(Port,DA,SA,FrameID,DLSDU) /Sched_List(Port)(RedRatio)(L_Phase)(i) <> NIL && FrameID ! = sched_List(Port)(RedRatio)(L_Phase)(i). FrameID && Optimized =〉 RED_RELAY_Schedule_Error_Ind(CREP,ErrCode) DMUX_MAC_RELAY. ind(Port,DA,SA,FrameID,DLSDU)	IRTFW
14	IRTFW	DMUX_RED_RELAY. ind(Port,DA,SA,FrameID,DLSDU) /Sched_List(Port)(RedRatio)(L_Phase)(i)== NIL && ! Optimized =〉 RED_RELAY_Schedule_Error_Ind(CREP,ErrCode)	NORMAL
15	IRTFW	DMUX_RED_RELAY. ind(Port,DA,SA,FrameID,DLSDU) /Sched_List(Port)(RedRatio)(L_Phase)(i)== NIL && Optimized =〉 RED_RELAY_Schedule_Error_Ind(CREP,ErrCode) DMUX_MAC_RELAY. ind(Port,DA,SA,FrameID,DLSDU)	NORMAL

表 218（续）

#	当前状态	事件/条件 =〉动作	下一状态
16	IRTFW	IRT_Timer expired /Sched_List(Port)(RedRatio)(L_Phase)(i)== NIL =〉 ignore	NORMAL
17	IRTFW	RED_RELAY_Schedule_Req(Port,ClockTime,Period,Len) =〉 ErrCode := RUNNING_RED_PERIOD RED_RELAY_Schedule_Error_Ind(CREP,ErrCode)	IRTFW
18	IRTFW	IRT_Timer expired /Sched_List(Port)(RedRatio)(L_Phase)(i)! = NIL =〉 DLSDU. Len := sched_List(Port)(RedRatio)(L_Phase)(i). Len DLSDU. FrameID := sched_List(Port)(RedRatio)(L_Phase)(i). FrameID ErrCode := IRT_ERROR APDU_Status. TransferStatus := IRT_ERROR for n := all Ports insched_List(Port)(RedRatio)(L_Phase)(i). PortList PUT_TO_RED_Q(n) ------------------------C_SDU is undefined get next RedRatio,i Start IRT_Timer(Sched_List(Port)(RedRatio)(L_Phase)(i). TimeOffset)	NORMAL

4.10.4.3 功能

在表 219 中概述了 RED RELAY 的所有功能。

表 219 **RED RELAY 功能表**

功能名称	功能
Sched_List	寻找相应的帧
RED_RELAY_Schedule_Error_Ind	检测到一个故障并发信号
PUT_TO_RED_Q	此功能将该帧放入 QueueHandler 的 RED 队列中。MUX 将该帧从队列取出并交给 MAC

4.10.4.4 宏

在表 220 中概述了 RED RELAY 的所有宏。

表 220 **RED RELAY 宏表**

宏名称	功能
Optimized	如果为 TRUE,则可以对“out of band”帧的优化进行处理

4.11 虚拟桥

4.11.1 概述

采用符合 IEEE 802.1Q 标准的概念。本部分定义 IEEE 802.1Q 标准的使用。它包括对有关转发帧的 RT_CLASS_3 阶段的扩展。在 RT_CLASS_3 阶段内应暂时停用 IEEE 802.1Q 的路由机制。在此情况下,RT_CLASS_3 帧的路由应依据由相应的 ASE 所定义的属性来完成。这些属性的值定义所使用的专用路由表。

除 IEEE 802.1Q 标准行为外，本部分定义下列协议机以提供专用的 MAC 动作：

——队列处理器协议机；

——多路 MAC 协议机(MUX)。

4.11.2 MUX

4.11.2.1 原语定义

4.11.2.1.1 在 MUX 与 MAC 之间交换的原语

表 221 列出了由 MUX 发出、MAC 接收的服务原语及其相关的参数。

表 221 由 MUX 发给 MAC 的原语

原语名称	源	相关参数	功能
M_UNITDATA. req	MUX	frame_type, mac_action, destination_address, source_address, mac_service_data_unit, user_priority, access_priority, frame_check_Sequence, canonical_format_indicator, vlan_classification, rif_information(optional), include_tag	

表 222 列出了由 MAC 发出、MUX 接收的服务原语及其相关的参数。

表 222 由 MAC 发给 MUX 的原语

原语名称	源	相关参数	功能
M_UNITDATA. cnf	MAC	—	—

4.11.2.1.2 DMPM 原语的参数

为了产生 M_UNITDATA. request 原语来调用数据请求原语，如同在 IEEE 802.3 的内部子层服务中的定义。

按照对内部子层服务的 M_UNITDATA. req 原语的定义来定义参数 frame_type、mac_action、destination_address、source_address、mac_service_data_unit、user_priority、access_priority 和 frame_check_Sequence。

按照对 E-ISS 数据指示的定义来定义参数 canonical_format_indicator。参数 vlan_classification 携带依据入口(Ingress)规则分配给该帧的 VLAN 分类。参数 rif_information(如果存在的话)携带与该请求相关的任何 RIF 信息的值。参数 include_tag 携带一个 Boolean 值。True 向服务提供者指出，数据请求的参数 mac_service_data_unit 应包括 Tag Header；False 指出不应包括 Tag Header。参数 frame_type、mac_action、destination_address、source_address 和 frame_check_Sequence 所携带的值与所接收的数据指示中对应参数的值相等。

4.11.2.2 状态机描述

MUX 负责将 LMPM、RED_RELAY、MAC_RELAY(IEEE 802.1D)和 RRT_RELAY 服务映射到 MAC。

图 47 中所示的附加队列处理器用于管理优先级队列。

以下的图 45 示出 MUX 状态机。

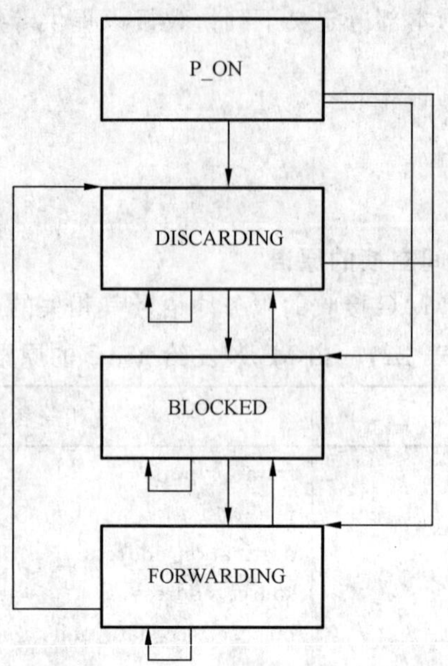

图 45　MUX 的状态转换图

4.11.2.3　MUX 状态表

在表 223 中列出了 MUX 状态表。

表 223　MUX 状态表

#	当前状态	事件/条件　=〉动作	下一状态
1	P_ON	/Link_State == UP && Port_State == FORWARDING =〉 Period := GREEN MRRT_ON := False	FORWARDING
2	P_ON	/Link_State == UP && Port_State == BLOCKED =〉 Period := GREEN MRRT_ON := False	BLOCKED
3	P_ON	/Port_State == DISCARDING || Link_State ! = UP =〉 Period := GREEN MRRT_ON := False	DISCARDING
4	DISCARDING	LinkStateChange() /Link_State == UP && Port_State == BLOCKED =〉 ignore	BLOCKED
5	DISCARDING	PortStateChange() /Link_State == UP && Port_State == FORWARDING =〉 ignore	FORWARDING

表 223（续）

#	当前状态	事件/条件　=〉动作	下一状态
6	DISCARDING	MUX_Schedule_req(CyleCounter,Tx_Period) =〉 Period := GREEN	DISCARDING
7	DISCARDING	Queues_not_empty() =〉 GET_FRAME_FROM_QUEUE(NwC_Hi,NwC_Lo,PRIO7,RED,OR-ANGE,PRIO6,…,PRIOR2-1) DISCARD_FRAME()	DISCARDING
8	BLOCKED	Queues_not_empty() /Period == YELLOW && ! MRRT_ON && FRAME_SIZE_FITS(NwC_Hi,NwC_Lo) =〉 GET_FRAME_FROM_QUEUE(NwC_Hi,NwC_Lo) M_UNITDATA.req(frame_type,mac_action,destination_address, source_address,mac_service_data_unit,user_priority, access_priority,frame_check_Sequence, canonical_format_indicator,vlan_classification,include_tag)	BLOCKED
9	BLOCKED	Queues_not_empty() /Period == YELLOW && MRRT_ON && FRAME_SIZE_FITS(NwC_Hi,NwC_Lo,RED,ORANGE) =〉 GET_FRAME_FROM_QUEUE(NwC_Hi,NwC_Lo,RED,ORANGE) M_UNITDATA.req(frame_type,mac_action,destination_address, source_address,mac_service_data_unit,user_priority, access_priority,frame_check_Sequence, canonical_format_indicator,vlan_classification,include_tag)	BLOCKED
10	BLOCKED	Queues_not_empty() /Tx_Period == YELLOW && MRRT_ON && ! FRAME_SIZE_FITS(NwC_Hi,NwC_Lo,RED,ORANGE) =〉 ignore	BLOCKED
11	BLOCKED	Queues_not_empty() /Tx_Period == YELLOW && ! MRRT_ON && ! FRAME_SIZE_FITS(NwC_Hi,NwC_Lo) =〉 ignore	BLOCKED
12	BLOCKED	Queues_not_empty() /Period == GREEN && ! MRRT_ON =〉 GET_FRAME_FROM_QUEUE(NwC_Hi,NwC_Lo) M_UNITDATA.req(frame_type,mac_action,destination_address, source_address,mac_service_data_unit,user_priority, access_priority,frame_check_Sequence, canonical_format_indicator,vlan_classification,include_tag)	BLOCKED

表 223（续）

#	当前状态	事件/条件 =〉动作	下一状态
13	BLOCKED	Queues_not_empty() /Period == GREEN && MRRT_ON =〉 GET_FRAME_FROM_QUEUE(NwC_Hi,NwC_Lo,RED,ORANGE) M_UNITDATA. req(frame_type,mac_action,destination_address, source_address,mac_service_data_unit,user_priority, access_priority,frame_check_Sequence, canonical_format_indicator,vlan_classification,include_tag)	BLOCKED
14	BLOCKED	Queues_not_empty() /Period == ORANGE && ! MRRT_ON =〉 GET_FRAME_FROM_QUEUE(NwC_Hi) M_UNITDATA. req(frame_type,mac_action,destination_address, source_address,mac_service_data_unit,user_priority, access_priority,frame_check_Sequence, canonical_format_indicator,vlan_classification,include_tag)	BLOCKED
15	BLOCKED	Queues_not_empty() /Period == ORANGE && MRRT_ON =〉 GET_FRAME_FROM_QUEUE(NwC_Hi,RED,ORANGE) M_UNITDATA. req(frame_type,mac_action,destination_address, source_address,mac_service_data_unit,user_priority, access_priority,frame_check_Sequence, canonical_format_indicator,vlan_classification,include_tag)	BLOCKED
16	BLOCKED / FORWARD- ING	Queues_not_empty() /Period == RED =〉 GET_FRAME_FROM_QUEUE(RED) M_UNITDATA. req(frame_type,mac_action,destination_address, source_address,mac_service_data_unit,user_priority, access_priority,frame_check_Sequence, canonical_format_indicator,vlan_classification,include_tag)	BLOCKED / FORWARDING
17	FORWARD- ING	Queues_not_empty() /Period == YELLOW && FRAME_SIZE_FITS(NwC_Hi,NwC_Lo, PRIO7,RED,ORANGE,PRIO6,…,PRIOR2-1) =〉 GET_FRAME_FROM_QUEUE(NwC_Hi,NwC_Lo,PRIO7,RED,OR- ANGE,PRIO6,…,PRIOR2-1) M_UNITDATA. req(frame_type,mac_action,destination_address, source_address,mac_service_data_unit,user_priority, access_priority,frame_check_Sequence, canonical_format_indicator,vlan_classification,include_tag)	FORWARDING

表 223（续）

#	当前状态	事件/条件　=〉动作	下一状态
18	FORWARD-ING	Queues_not_empty() /Period == YELLOW && ! FRAME_SIZE_FITS(NwC_Hi,NwC_Lo, PRIO7,RED,ORANGE,PRIO6,…,PRIOR2-1) =〉 ignore	FORWARDING
19	FORWARD-ING	Queues_not_empty() /Period == GREEN =〉 GET_FRAME_FROM_QUEUE(NwC_Hi,NwC_Lo,PRIO7,RED,OR-ANGE,PRIO6,…,PRIOR2-1) M_UNITDATA.req(frame_type,mac_action,destination_address, source_address,mac_service_data_unit,user_priority, access_priority,frame_check_Sequence, canonical_format_indicator,vlan_classification,include_tag)	FORWARDING
20	FORWARD-ING	Queues_not_empty() /Period == ORANGE =〉 GET_FRAME_FROM_QUEUE(NwC_Hi,RED,ORANGE) M_UNITDATA.req(frame_type,mac_action,destination_address, source_address,mac_service_data_unit,user_priority, access_priority,frame_check_Sequence, canonical_format_indicator,vlan_classification,include_tag)	FORWARDING
21	BLOCKED / FORWARD-ING	MUX_Schedule_req(CycleCounter,Tx_Period) =〉 Period := Tx_Period	BLOCKED / FORWARDING
22	BLOCKED / FORWARD-ING	/Period ! = RED && FrameEgressFilter =〉 GET_FRAME_FROM_QUEUE() DISCARD_FRAME()	BLOCKED / FORWARDING
23	ANY	LinkStateChange() /Link_State ! = UP =〉 Period := GREEN	DISCARDING
24	ANY	PortStateChange() /Port_State == Discarding =〉 Period := GREEN	DISCARDING
25	ANY	PortStateChange() /Link_State == UP && Port_State == FORWARDING =〉 ignore	FORWARDING

表 223（续）

#	当前状态	事件/条件 =〉动作	下一状态
26	ANY	PortStateChange() /Link_State == UP && Port_State == BLOCKED =〉 ignore	BLOCKED
27	ANY	PortStateChange() /MRRT_Port_State == ON =〉 MRRT_ON := True	SAME
28	ANY	PortStateChange() /MRRT_Port_State == OFF =〉 MRRT_ON := False	SAME
29	ANY	M_UNITDATA. cnf =〉 ignore	SAME

4.11.2.4 功能

在表 224 中概述了 MUX 的所有功能。

表 224 MUX 功能表

名 称	功 能
Queues_not_empty()	如果有登录项存在，则 QueueHandler 返回 TRUE
Queues_empty()	如果无登录项存在，则 QueueHandler 返回 TRUE
FRAME_SIZE_FITS(…)	检查所发现的帧是否适合进入剩余的 YELLOW 时段。它仅在(…)队列中从最高优先级到最低优先级进行搜索。第 1 个不合适的帧停止搜索并返回 FALSE
GET_FRAME_FROM_QUEUE(…)	从(…)队列中传送出一个帧。从队列中取出帧的工作总是按照队列的最高优先级到最低优先级进行

4.11.2.5 宏

MUX 没有定义宏。

4.11.3 DEMUX

4.11.3.1 原语定义

表 225 列出了由 MAC 发出、DEMUX 接收的服务原语及其相关的参数。

表 225 由 MAC 发给 DEMUX 的原语

原语名称	源	相关参数	功能
M_UNITDATA. ind	MAC	frame_type, mac_action, destination_address, source_address, mac_service_data_unit, user_priority, frame_check_Sequence, canonical_format_indicat 或, vlan_identifier, rif_information(optional)	

4.11.3.1.1 DMPM 原语的参数

为了产生 M_UNITDATA. request 原语来调用数据请求原语，如同在 IEEE 802.3 的内部子层服务中的定义。

按照对内部子层服务的 M_UNITDATA. req 原语的定义来定义参数 frame_type、mac_action、destination_address、source_address、mac_service_data_unit、user_priority、access_priority 和 frame_check_Sequence。

按照对 E-ISS 数据指示的定义来定义参数 canonical_format_indicator。参数 vlan_classification 携带依据入口规则分配给该帧的 VLAN 分类。参数 rif_information(如果存在的话)携带与该请求相关的任何 RIF 信息的值。参数 include_tag 携带一个 Boolean 值。True 向服务提供者指出，该数据请求的参数 mac_service_data_unit 应包括 Tag Header；False 指出不应包括 Tag Header。参数 frame_type、mac_action、destination_address、source_address 和 frame_check_Sequence 携带的值与所接收的数据指示中对应参数的值相等。

4.11.3.2 状态机描述

DEMUX 负责将 MAC 服务映射到 LMPM、RED_RELAY、MAC_RELAY(IEEE 802.1D)和 RRT_RELAY。

以下的图 46 示出 DEMUX 状态机。

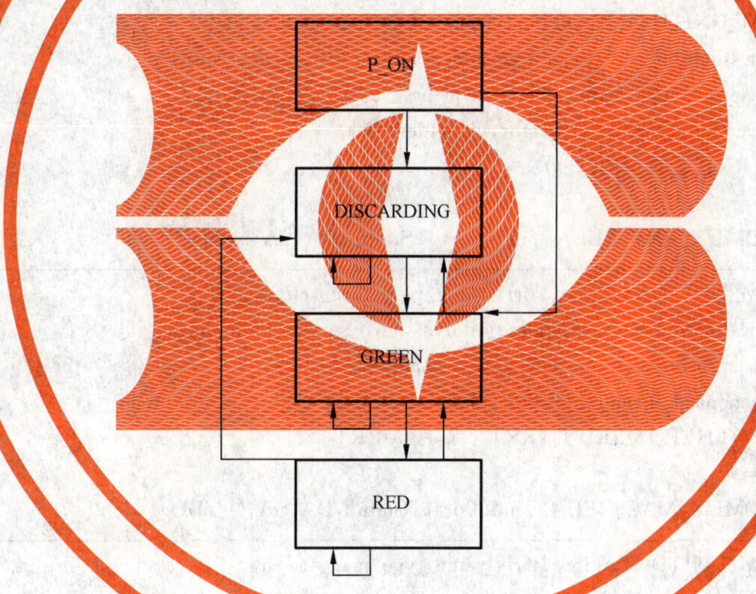

图 46 DEMUX 的状态转换图

4.11.3.3 DEMUX 状态表

在表 226 中列出 DEMUX 状态表。

表 226 DEMUX 状态表

#	当前状态	事件/条件 =〉动作	下一状态
1	P_ON	/Port_State ! = Discarding =〉 ignore	GREEN
2	P_ON	/Port_State == Discarding =〉 ignore	DISCARDING

表 226（续）

#	当前状态	事件/条件 =〉动作	下一状态
3	DISCARDING	PortStateChange() /Port_State ！= Discarding =〉 ignore	GREEN
4	DISCARDING	M_UNITDATA.ind(Port,frame_type,mac_action, destination_address,source_address,mac_service_data_unit, user_priority,frame_check_Sequence, canonical_format_indicator,vlan_identifier) =〉 ignore	DISCARDING
5	GREEN	PortStateChange() /Port_State ！= Discarding =〉 ignore	GREEN
6	GREEN	M_UNITDATA.ind(Port,frame_type,mac_action, destination_address,source_address,mac_service_data_unit, user_priority,frame_check_Sequence, canonical_format_indicator,vlan_identifier) /RRT && MRRT_ON =〉 DMUX_RRT_RELAY.ind(Port,TStamp,DA,SA,N_SDU)	GREEN
7	GREEN	M_UNITDATA.ind(Port,frame_type,mac_action, destination_address,source_address,mac_service_data_unit, user_priority,frame_check_Sequence, canonical_format_indicator,vlan_identifier) /OTHER || RED ||(RRT && ！MRRT_ON) =〉 DMUX_MAC_RELAY.ind(Port,TStamp,DA,SA,N_SDU)	GREEN
8	GREEN	M_UNITDATA.ind(Port,frame_type,mac_action, destination_address,source_address,mac_service_data_unit, user_priority,frame_check_Sequence, canonical_format_indicator,vlan_identifier) /CTRL =〉 Get_Receive_TimeStamp() DMUX_P_Data.ind(Port,TStamp,DA,SA,N_SDU)	GREEN
9	GREEN	M_UNITDATA.ind(Port,frame_type,mac_action, destination_address,source_address,mac_service_data_unit, user_priority,frame_check_Sequence, canonical_format_indicator,vlan_identifier) /FrameIngressFilter \\ Checking the ingress filter is allways the first check！ =〉 ignore	GREEN

表 226（续）

#	当前状态	事件/条件 =〉动作	下一状态
10	RED	PortStateChange() /Port_State ！ = Discarding =〉 ignore	RED
11	RED	M_UNITDATA. ind(Port,frame_type,mac_action, destination_address,source_address,mac_service_data_unit, user_priority,frame_check_Sequence, canonical_format_indicator,vlan_identifier) /RED =〉 DMUX_RED_RELAY. ind(Port,TStamp,DA,SA,N_SDU)	RED
12	RED	M_UNITDATA. ind(Port, frame_type, mac_action, destination_address, source_address, mac_service_data_unit, user_priority, frame_check_Sequence,canonical_format_indicator,vlan_identifier) /RRT && MRRT_ON =〉 DMUX_RRT_RELAY. ind(Port,TStamp,DA,SA,N_SDU)	RED
13	RED	M_UNITDATA. ind(Port,frame_type,mac_action, destination_address,source_address,mac_service_data_unit, user_priority,frame_check_Sequence, canonical_format_indicator,vlan_identifier) /OTHER ||(RRT && ！ MRRT_ON) =〉 DMUX_MAC_RELAY. ind(Port,TStamp,DA,SA,N_SDU)	RED
14	RED	M_UNITDATA. ind(Port,frame_type,mac_action, destination_address,source_address,mac_service_data_unit, user_priority,frame_check_Sequence, canonical_format_indicator,vlan_identifier) /CTRL =〉 Get_Receive_TimeStamp() DMUX_P_Data. ind(Port,TStamp,DA,SA,N_SDU)	RED
15	ANY	PortStateChange() /Port_State == Discarding =〉 ignore	DISCARDING
16	ANY	PortStateChange() /MRRT_Port_State == ON =〉 MRRT_ON := True	SAME
17	ANY	PortStateChange() /MRRT_Port_State == OFF =〉 MRRT_ON := False	SAME

表 226(续)

#	当前状态	事件/条件 =〉动作	下一状态
18	ANY	DMUX_Schedule_req(Rx_Period) /Rx_Period == GREEN =〉 ignore	GREEN
19	ANY	DMUX_Schedule_req(Rx_Period) /Rx_Period == RED =〉 ignore	RED

4.11.3.4 功能

在表 227 中列出 DEMUX 的所有功能。

表 227 DEMUX 功能表

名 称	功能
Get_Receive_TimeStamp()	获得接收时间戳,以构成该帧的 Timestamp Shim

4.11.3.5 宏

在表 228 中概述了 DEMUX 的所有宏。

表 228 DEMUX 宏表

名 称	功能
RED	RT_CLASS_3 帧和具有"RT_CLASS_3 attribute"的 PTCP 同步化帧,在 RED PERIOD 中接收
CTRL	网络控制/管理,例如:没有"RT_CLASS_3 attribute"的 PTCP 同步帧,LLDP、PTCP 线延迟测量,PTCP 通告,媒体冗余……
OTHER	任何帧
RRT	在 RED PERIOD 之外接收的 RT_CLASS_1、RT_CLASS_2 帧和 RT_CLASS_3 帧
MRRT_ON	如果 TRUE,则启用此端口的 MRRT 模式

4.12 IP 协议族

4.12.1 概述

本部分定义 RFC 768(UDP)、RFC 791(IP)、RFC 792(ICMP)、RFC 826(ARP)、RFC 1112(IPmulticasting)、RFC 2474(IP Extensions)标准的使用。它包括用于 UDP 端口和 IP 多播地址的定义以及用于 RT_CLASS_UDP 的 IP header 字段的使用。

4.12.2 IP/UDP 语法描述

4.12.2.1 DLPDU 抽象语法引用

应采用 4.1.1 中的 DLPDU 抽象语法。

4.12.2.2 IP/UDP APDU 抽象语法

表 229 定义该应用层 PDU(称之为 APDU)的抽象语法。所定义的八位位组次序应用于传递该 APDU。表 229 的 APDU 应表示表 4 中 DLSDU 的内容。

表 229 IP/UDP APDU 语法

APDU 名称	APDU 结构
ICMP-PDU	IPHeader[a],ICMPHeader,Data[a]
a IPHeader. IP_Protocol 的值应设置为 1 以指示 ICMP	

表 230 定义的结构用作表 229 中所示 APDU 结构元素的替代。

表 230　IP/UDP 替代

替代名称	结　构
IPHeader	IP_VersionIHL(0x45),IP_TypeOfService,IP_TotalLength,IP_Identification,IP_Flags_FragOffset[a],IP_TTL,IP_Protocol,IP_HeaderChecksum,IP_SrcIPAddress,IP_DstIPAddress,[IP_Options][b] The encoding of the fieldsshall be according to RFC 791
ICMPHeader	ICMP_Type,ICMP_Code,ICMP_HeaderChecksum
UDPHeader	UDP_SrcPort,UDP_DstPort,UDP_DataLength,UDP_Checksum[c]

[a] 对于 UDP-RTC-PDU 和 UDP-RTA-PDU,不应使用分段(fragmentation)。

[b] 对于 UDP-RTC-PDU 和 UDP-RTA-PDU,应省略字段 IP_Options。

[c] 对于 RT_CLASS_UDP 和 RTA_CLASS_UDP,UDP_Checksum 应被设置为 0,以改进性能。对于接收器,不必要检查 UDP-RTC-PDU 和 UDP-RTA-PDU 的 UDP_Checksum。

4.12.3　IP/UDP 传输语法

4.12.3.1　有关 IP、ICMP 和 UDP 的编码

4.12.3.1.1　有关 ICMP 的编码

4.12.3.1.1.1　字段 ICMP_Type 的编码

该字段的编码应符合 RFC 792。

4.12.3.1.1.2　字段 ICMP_Code 的编码

该字段的编码应符合 RFC 792。

4.12.3.1.1.3　字段 ICMP_HeaderChecksum 的编码

该字段的编码应符合 RFC 792。

4.12.3.1.2　有关 UDP 的编码

4.12.3.1.2.1　字段 UDP_DataLength 的编码

该字段的编码应符合 RFC 768。

4.12.3.1.2.2　字段 UDP_Checksum 的编码

该字段的编码应符合 RFC 768。

4.12.3.1.2.3　字段 UDP_SrcPort 的编码

该字段的编码应符合 RFC 768。在表 231 中列出了定义的值。

表 231　UDP_SrcPort

值(十六进制)	含　义	用　法
0x8892	IANA_PNIO_UDP_UNICAST_PORT	UDP-RTC-PDU 和 UDP-RTA-PDU
0x8893	IANA_PNIO_UDP_MULTICAST_PORT	保留
0x8894	IANA_PNIO_EPM_PORT	NDREPMapLookupReq 或 NDREPMapLookupFreeReq

4.12.3.1.2.4　字段 UDP_DstPort

该字段的编码应符合 RFC 768。在表 232 中列出了定义的值。

表 232　UDP_DstPort

值(十六进制)	含　义	用　法
0x8892	IANA_PNIO_UDP_UNICAST_PORT	UDP-RTC-PDU 和 UDP-RTA-PDU
0x8893	IANA_PNIO_UDP_MULTICAST_PORT	保留
0x8894	IANA_PNIO_EPM_PORT	NDREPMapLookupReq 或 NDREPMapLookupFreeReq,也可能用于每个 RPC 调用

4.12.3.1.3 有关 IP 的编码

4.12.3.1.3.1 字段 IP_DstIPAddress 的编码

该字段的编码应符合 RFC 791、RFC 1112 和 RFC 2365。在表 233 和表 234 中列出了定义的值。

表 233 IP_DstIPAddress

IP 地址	范围	含义
224.0.0.34	subnet	SUBNET_MULTICAST_IP_ADDRESS_FOR_DISCOVERY
tbd	site	SITE_MULTICAST_IP_ADDRESS_FOR_DISCOVERY

表 234 符合 RFC 2365 的 IPmulticast DstIPAddress

Multicast IP 地址	与 MulticastmAC 地址相关	与 FrameID 相关	用法
239.0.0.0～ 239.192.247.255	—	—	不使用
239.192.248.0	01-00-5E-40-F8-00	0xF800	与 RT_CLASS_UDP 联合使用于多播通信关系
239.192.248.1～ 239.192.251.254	01-00-5E-40-F8-01～ 01-00-5E-40-FB-FE	0xF801～ 0xFBFE	与 RT_CLASS_UDP 联合使用于多播通信关系
239.192.251.255	01-00-5E-40-FB-FF	0xFBFF	与 RT_CLASS_UDP 联合使用于多播通信关系
239.193.252.0～ 239.255.255.255	—	—	不使用

4.12.3.1.3.2 字段 IP_VersionIHL 的编码

该字段的编码应符合 RFC 791。

4.12.3.1.3.3 字段 IP_TypeOfService 的编码

该字段的编码应符合 RFC 791 和 RFC 2474。

4.12.3.1.3.4 字段 IP_TotalLength 的编码

该字段的编码应符合 RFC 791。

4.12.3.1.3.5 字段 IP_Identification 的编码

该字段的编码应符合 RFC 791。

4.12.3.1.3.6 字段 IP_Flags_FragOffset 的编码

该字段的编码应符合 RFC 791。

4.12.3.1.3.7 字段 IP_TTL 的编码

该字段的编码应符合 RFC 791。

4.12.3.1.3.8 字段 IP_Protocol 的编码

该字段的编码应符合 RFC 791。

4.12.3.1.3.9 字段 IP_HeaderChecksum 的编码

该字段的编码应符合 RFC 791。

4.12.3.1.3.10 字段 IP_SrcIPAddress 的编码

该字段的编码应符合 RFC 791。

4.12.3.1.3.11 字段 IP_Options 的编码

该字段的编码应符合 RFC 791。

4.13 域名系统

本部分定义 RFC 1034(DNS)标准的使用。它包括域名(domain name)的用法和内容语法。

4.14 动态主机配置

本部分定义 RFC 2131(DHCP)标准的使用。它包括 Client ID 的用法和内容语法。

4.15 简单网络管理

4.15.1 概述

本部分定义 RFC 2674(Bridges with traffic classes)、RFC 2737(MIB 2)、RFC 2863(IFmIB)、RFC 3418(SNMP)、RFC 3621(Power over EthernetmIB)和 RFC 3636(MAUmIB)标准的使用。它包括不同 MIBs 的用法。

此外,在 4.15.3 中规定了 PNIOmIB,在 4.15.4 中规定了 LLDP EXTmIB。

4.15.2 Enterprise number

字段 Enterprise number 的编码作为 PROFIBUS InternationalmIB 标识符。该值应符合表 235。

表 235 Enterprise number

值(十进制)	含 义
24686	用于 PROFIBUS InternationalmIB 的企业编号(Enterprise number)

4.15.3 PNIO MIB

注:PNIO MIB 由 PROFIBUS 国际组织来管理。

4.15.4 LLDP EXT MIB

```
    LLDP-EXT-PNO-MIB DEFINITIONS ::= BEGIN

IMPORTS
    SnmpAdminString                FROMsNMP-FRAMEWORK-MIB
    Unsigned32,
    mODULE-IDENTITY,
    OBJECT-TYPE                    FROMsNMPv2-SMI
    macAddress,
    DisplayString,
    TruthValue                     FROMsNMPv2-TC
    mODULE-COMPLIANCE,
    OBJECT-GROUP                   FROMsNMPv2-CONF
    lldpExtensions,
    lldpRemTimeMark,
    lldpRemLocalPortNum,
    lldpRemIndex,
    lldpPortConfigEntry,
    lldpLocPortNum                 FROM LLDP-MIB;

lldpXPnoMIB                        MODULE-IDENTITY
    LAST-UPDATED                "200730090000Z" --september 30, 2007
    ORGANIZATION                "PROFIBUS International(PNO)"
    CONTACT-INFO                "
                                URL:    http://www.profibus.com
                                email:  info@profibus.com

                                Postal:  Haid-und-Neu-Strasse 7
                                         D-76131 Karlsruhe

                                    Tel:     ++ 49 721 9658 - 590
                                "
```

```
    DESCRIPTION                    "
                                   The LLDPmanagement Information Base extensionmodule for
                                   PROFINET organizationally defined discovery information.

                                   Copyright(C) PROFIBUS Nutzerorganisation e. V. (2005).
                                       "
    REVISION                       "200612300000Z" -- December 30, 2006
    DESCRIPTION                        "initial version"
-- OUI for PNO 3791(00-0E-CF)
    ::= { lldpExtensions 3791 }

----------------------------------------------------------------------
--
-- Organizationally Defined Information Extension - PNO
--
----------------------------------------------------------------------

    lldpXPnoObjects                OBJECT IDENTIFIER ::= { lldpXPnoMIB 1 }

-- LLDP PNO extensionmIB groups
lldpXPnoConfig                     OBJECT IDENTIFIER ::= { lldpXPnoObjects 1 }
lldpXPnoLocalData                  OBJECT IDENTIFIER ::= { lldpXPnoObjects 2 }
lldpXPnoRemoteData                 OBJECT IDENTIFIER ::= { lldpXPnoObjects 3 }

----------------------------------------------------------------------
-- PNO - Configuration
----------------------------------------------------------------------

lldpXPnoConfigTable                OBJECT-TYPE
    sYNTAX                     SEQUENCE OF LldpXPnoConfigEntry
    mAX-ACCESS                     not-accessible
    sTATUS                         current
    DESCRIPTION                    "
                                   A table that controlsselection of LLDP
                                   TLVs to be transmitted on individual ports.
                                       "
    ::= { lldpXPnoConfig 1 }

lldpXPnoConfigEntry                    OBJECT-TYPE
    sYNTAX                             LldpXPnoConfigEntry
    mAX-ACCESS                         not-accessible
    sTATUS                             current
     DESCRIPTION                       "
                                   LLDP configuration information that controls the
                                   transmission of PNO organizationally defined TLVs
                                   on LLDP transmission capable ports.
```

```
                                This configuration object augments the
                                lldpPortConfigEntry of the LLDP-MIB, therefore it
                                is only present along with the port configuration
                                defined by the associated lldpPortConfigEntry entry.

                                Each active lldpXPnoConfigEntrymust be restored
                                from non-volatilestorage(along with the corresponding
                                lldpPortConfigEntry) after a re-initialization of the
                                managementsystem.
                                   "
    AUGMENTS                 {  lldpPortConfigEntry}
    ::= { lldpXPnoConfigTable 1 }

LldpXPnoConfigEntry ::=            SEQUENCE {
    lldpXPnoConfigSPDTxEnable          TruthValue,
    lldpXPnoConfigPortStatusTxEnable   TruthValue,
    lldpXPnoConfigAliasTxEnable        TruthValue,
    lldpXPnoConfigMrpTxEnable          TruthValue,
    lldpXPnoConfigPtcpTxEnable         TruthValue
}

lldpXPnoConfigSPDTxEnable          OBJECT-TYPE
   sYNTAX                            TruthValue
   mAX-ACCESS                        read-write
   sTATUS                            current
    DESCRIPTION                      "
                              The lldpXPnoConfigSPDTxEnable, which is defined as
                              a truth value and configured by the networkmanagement,
                              determines whether the PNO organizationally defined
                              signal propagation delay TLV transmission is allowed on
                              a given LLDP transmission capable port.

                              The signal propagation delay is composed of the port
                              transmission delay, the port receiving delay and the line
                              delay. These values can't be transmitted independently of
                              each other.

                              The value of this objectmust be restored from non-volatile
                              storage after a re-initialization of themanagementsystem.
                                 "
    DEFVAL                           { true }
    ::= { lldpXPnoConfigEntry 1 }

lldpXPnoConfigPortStatusTxEnable   OBJECT-TYPE
   sYNTAX                            TruthValue
   mAX-ACCESS                        read-write
   sTATUS                            current
```

```
    DESCRIPTION                              "
                                             The lldpXPnoConfigPortStatusTxEnable, which is defined as
                                             a truth value and configured by the networkmanagement,
                                             determines whether the PNO organizationally defined
                                             RT portStatus TLV transmission is allowed on a given
                                             LLDP transmission capable port.

                                             The value of this objectmust be restored from non-volatile
                                             storage after a re-initialization of themanagementsystem.
                                             "
    DEFVAL                                     { true }
    ::= { lldpXPnoConfigEntry 2 }

lldpXPnoConfigAliasTxEnable                  OBJECT-TYPE
    sYNTAX                                   TruthValue
    mAX-ACCESS                               read-write
    sTATUS                                   current
    DESCRIPTION                              "
                                             The lldpXPnoConfigAliasTxEnable, which is defined as
                                             a truth value and configured by the networkmanagement,
                                             determines whether the PNO organizationally defined
                                             alias TLV(chassisId) transmission is allowed on a given
                                             LLDP transmission capable port.

                                             The value of this objectmust be restored from non-volatile
                                             storage after a re-initialization of themanagementsystem.
                                             "
    DEFVAL                                     { true }
    ::= { lldpXPnoConfigEntry 3 }

lldpXPnoConfigMrpTxEnable                    OBJECT-TYPE
    sYNTAX                                   TruthValue
    mAX-ACCESS                               read-write
    sTATUS                                   current
    DESCRIPTION                              "
                                             The lldpXPnoConfigMrpTxEnable, which is defined as
                                             a truth value and configured by the networkmanagement,
                                             determines whether the PNO organizationally defined
                                             MRP TLV transmission is allowed on a given
                                             LLDP transmission capable port.

                                             The value of this objectmust be restored from non-volatile
                                             storage after a re-initialization of themanagementsystem.
                                             "
    DEFVAL                                     { true }
    ::= { lldpXPnoConfigEntry 4 }
```

```
lldpXPnoConfigPtcpTxEnable          OBJECT-TYPE
   sYNTAX                           TruthValue
   mAX-ACCESS                       read-write
   sTATUS                           current
    DESCRIPTION                     "
                                    The lldpXPnoConfigPtcpTxEnable, which is defined as
                                    a truth value and configured by the networkmanagement,
                                    determines whether the PNO organizationally defined
                                    PTCP TLV transmission is allowed on a given
                                    LLDP transmission capable port.

                                    The value of this objectmust be restored from non-volatile
                                    storage after a re-initialization of themanagementsystem.
                                    "
    DEFVAL                              { true }
    ::= { lldpXPnoConfigEntry 5 }

---------------------------------------------------------------------------
-- PNO - Localsystem Information
---------------------------------------------------------------------------

lldpXPnoLocTable                    OBJECT-TYPE
   sYNTAX                           SEQUENCE OF LldpXPnoLocEntry
   mAX-ACCESS                       not-accessible
   sTATUS                           current
    DESCRIPTION                     "
                                    This table contains one row per port for PNO
                                    organizationally defined LLDP extension on the
                                    localsystem known to this agent.
                                    "
    ::= { lldpXPnoLocalData 1 }

lldpXPnoLocEntry                OBJECT-TYPE
   sYNTAX                           LldpXPnoLocEntry
   mAX-ACCESS                       not-accessible
   sTATUS                           current
    DESCRIPTION                     "
                                    Additional information about a particular port
                                    component.

                                    This object is indexed by the lldpLocPortNum
                                    of the LLDP-MIB, therefore it is only present
                                    along with the port entry defined by the
                                    associated lldpLocPortEntry entry.

                                    Each active lldpXPnoLocEntrymust be restored
                                    from non-volatilestorage(along with the
```

```
                                        corresponding lldpLocPortEntry) after a
                                        re-initialization of themanagementsystem.
                                        "
    INDEX                               { lldpLocPortNum   }
    ::= { lldpXPnoLocTable 1 }

LldpXPnoLocEntry ::=                    SEQUENCE {
    lldpXPnoLocLPDValue                 Unsigned32,
    lldpXPnoLocPortTxDValue             Unsigned32,
    lldpXPnoLocPortRxDValue             Unsigned32,
    lldpXPnoLocPortStatusRT2            INTEGER,
    lldpXPnoLocPortStatusRT3            INTEGER,
    lldpXPnoLocPortNoS                  DisplayString,
    lldpXPnoLocPortMrpUuId              OCTETsTRING,
    lldpXPnoLocPortMrrtStatus           INTEGER,
    lldpXPnoLocPortPtcpMaster           MacAddress,
    lldpXPnoLocPortPtcpSubdomainUUID    OCTETsTRING,
    lldpXPnoLocPortPtcpIRDataUUID       OCTETsTRING,
    lldpXPnoLocPortModeRT3              INTEGER,
    lldpXPnoLocPortPeriodLength         Unsigned32,
    lldpXPnoLocPortPeriodValidity       TruthValue,
    lldpXPnoLocPortRedOffset            Unsigned32,
    lldpXPnoLocPortRedValidity          TruthValue,
    lldpXPnoLocPortOrangeOffset         Unsigned32,
    lldpXPnoLocPortOrangeValidity       TruthValue,
    lldpXPnoLocPortGreenOffset          Unsigned32,
    lldpXPnoLocPortGreenValidity        TruthValue
}

lldpXPnoLocLPDValue                     OBJECT-TYPE
   sYNTAX                               Unsigned32
    UNITS                               "ns"
   mAX-ACCESS                           read-only
   sTATUS                               current
    DESCRIPTION                         "
                                        This integer value represents the line propagation
                                        delay in nanoseconds which wasmeasured by the local
                                        system on the corresponding port.

                                        A value of zeroshall be used if thesystem either
                                        could not accomplish themeasurement or does notsupport
                                        such ameasurement.
                                        "
    DEFVAL                                 { 0 }
    ::= { lldpXPnoLocEntry 1 }

lldpXPnoLocPortTxDValue                 OBJECT-TYPE
```

```
    sYNTAX                          Unsigned32
     UNITS                          "ns"
    mAX-ACCESS                      read-only
    sTATUS                          current
     DESCRIPTION                    "
                                    This integer value represents the PortTxDelay
                                    in nanoseconds which wasmeasured by the local
                                    system on the corresponding port.

                                    A value of zeroshall be used if thesystem either
                                    could not accomplish themeasurement or does not
                                    supportsuch ameasurement.
                                    "
     DEFVAL                             { 0 }
     ::= { lldpXPnoLocEntry 2 }

lldpXPnoLocPortRxDValue             OBJECT-TYPE
    sYNTAX                          Unsigned32
     UNITS                          "ns"
    mAX-ACCESS                      read-only
    sTATUS                          current
     DESCRIPTION                    "
                                    This integer value represents the PortRxDelay
                                    in nanoseconds which wasmeasured by the local
                                    system on the corresponding port.

                                    A value of zeroshall be used if thesystem either
                                    could not accomplish themeasurement or does not
                                    supportsuch ameasurement.
                                    "
     DEFVAL                             { 0 }
     ::= { lldpXPnoLocEntry 3 }

lldpXPnoLocPortStatusRT2            OBJECT-TYPE
    sYNTAX                          INTEGER {
                                        off(0),
                                        configured(1),
                                        running(2)
                                    }
    mAX-ACCESS                      read-only
    sTATUS                          current
     DESCRIPTION                    "
                                    This value represents theStatus of the corresponding
                                    port of the localsystem according to RT class 2.

                                    A value of off(0)means that there isn't any RT2
                                    capability available for this port. When the port is
```

```
                                  configured for RT2mode, but themode isn't active yet
                                  the value will be configured(1). If the RT2mode is
                                  configured for this port and themode is active, the
                                  value will be running(2).
                                  "

  ::= { lldpXPnoLocEntry 4 }

lldpXPnoLocPortStatusRT3            OBJECT-TYPE
  sYNTAX                          INTEGER {
                                      off(0),
                                      configured(1),
                                      up(2),
                                      down(3),
                                      running(4)
                                  }
  mAX-ACCESS                      read-only
  sTATUS                          current
   DESCRIPTION                    "
                                  This value represents theStatus of the corresponding
                                  port of the localsystem according to RT class 3.

                                  A value of off(0)means that there isn't any RT3
                                  capability available for this port. When the port is
                                  configured for RT3mode, but themode isn't active yet
                                  the value will be configured(1).
                                  When the port is ready for transmission and reception
                                  of RT3 traffic, the portStatus will be running(4).
                                  "

  ::= { lldpXPnoLocEntry 5 }

lldpXPnoLocPortNoS                OBJECT-TYPE
  sYNTAX                          DisplayString
  mAX-ACCESS                      read-only
  sTATUS                          current
   DESCRIPTION                    "
                                  The local PROFINET NameofStation. If thestation isn't
                                  configured yet, the value of this object will be the
                                  mAC address of the device as astring.
                                  "

  ::= { lldpXPnoLocEntry 6 }

lldpXPnoLocPortMrpUuId            OBJECT-TYPE
  sYNTAX                          OCTETsTRING(SIZE(16))
  mAX-ACCESS                      read-only
  sTATUS                          current
   DESCRIPTION                    "
                                  The UUID of theMRP domain to which this port belongs
```

```
                                    to. If the port doesn't belong to aMRP domain, the value
                                    must be NIL('0000000000000000').
                                    "

    ::= { lldpXPnoLocEntry 7 }

lldpXPnoLocPortMrrtStatus           OBJECT-TYPE
    sYNTAX                          INTEGER {
                                        off(0),
                                        configured(1),
                                        up(2)
                                    }
    mAX-ACCESS                      read-only
    sTATUS                          current
    DESCRIPTION                     "
                                    This object reports theStatus of the MRRT entity of the
                                    corresponding port.

                                    A value of off(0)means that there isn't anyMRRT
                                    capability available for this port or it isswitched off.
                                    The value configured(1) indicates thatMRRT is configured
                                    for the port. WhenMRRT is active on the port, the value
                                    will be up(2).
                                    "

    ::= { lldpXPnoLocEntry 8 }

lldpXPnoLocPortPtcpMaster           OBJECT-TYPE
    sYNTAX                          macAddress
    mAX-ACCESS                      read-only
    sTATUS                          current
    DESCRIPTION                     "
                                    The interfacemAC address of the PTCPsyncmaster device
                                    of the PTCPSubdomain. If unknown itshall beset to zero.
                                    "

    ::= { lldpXPnoLocEntry 9 }

lldpXPnoLocPortPtcpSubdomainUUID   OBJECT-TYPE
    sYNTAX                          OCTETsTRING(SIZE(16))
    mAX-ACCESS                      read-only
    sTATUS                          current
    DESCRIPTION                     "
                                    The UUID of the PTCPSubdomain to which this port belongs
                                    to. If the port doesn't belong to a PTCPSubdomain or theSubdomain
                                    is invalid or unknown the value of this objectmust be
                                    NIL('0000000000000000').
                                    "

    ::= { lldpXPnoLocEntry 10 }
```

```
lldpXPnoLocPortPtcpIRDataUUID       OBJECT-TYPE
   sYNTAX                           OCTETsTRING(SIZE(16))
   mAX-ACCESS                       read-only
   sTATUS                           current
    DESCRIPTION                     "
                                    The UUID of the IR data domain to which this port belongs
                                    to. If the port doesn't belong to a IR data domain or the domain
                                    is invalid or unknown the value of this objectmust be
                                    NIL('0000000000000000').
                                    "
    ::= { lldpXPnoLocEntry 11 }

lldpXPnoLocPortModeRT3              OBJECT-TYPE
   sYNTAX                           INTEGER
                                    {
                                         standard(1),
                                         optimized(0)
                                    }
   mAX-ACCESS                       read-only
   sTATUS                           current
    DESCRIPTION                     "
                                    Themode in which the RT3Status is given. If the object is in
                                    standardmode all five values of RT3Status are valid, else only
                                    ...
                                    "
    ::= { lldpXPnoLocEntry 12 }

lldpXPnoLocPortPeriodLength         OBJECT-TYPE
   sYNTAX                           Unsigned32(31250..4000000)
    UNITS                           "ns"
   mAX-ACCESS                       read-only
   sTATUS                           current
    DESCRIPTION                     "
                                    This integer value represents the duration of a cycle
                                    in nanoseconds on the corresponding port.
                                    The valueshall be amultiply of 31250 nanoseconds.
                                    "
    ::= { lldpXPnoLocEntry 13 }

lldpXPnoLocPortPeriodValidity       OBJECT-TYPE
   sYNTAX                           TruthValue
   mAX-ACCESS                       read-only
   sTATUS                           current
    DESCRIPTION                     "
                                    The value of this object indicates whether the value of
                                    lldpXPnoLocPortPeriodLength of the according table entry is
                                    valid or not.
```

```
                                        "
    ::= { lldpXPnoLocEntry 14 }

lldpXPnoLocPortRedOffset               OBJECT-TYPE
    SYNTAX                             Unsigned32(0..3999999)
    UNITS                              "ns"
    MAX-ACCESS                         read-only
    STATUS                             current
    DESCRIPTION                        "
                                       This integer value represents the begin of the RT_CLASS_3 period
                                       of the cycle of the receive direction on the corresponding port
                                       as an offset relative to the begin of the cycle in nanoseconds.
                                       "
    ::= { lldpXPnoLocEntry 15 }

lldpXPnoLocPortRedValidity             OBJECT-TYPE
    SYNTAX                             TruthValue
    MAX-ACCESS                         read-only
    STATUS                             current
    DESCRIPTION                        "
                                       The value of this object indicates whether the value of
                                       lldpXPnoLocPortRedOffset of the according table entry is
                                       valid or not.
                                       "
    ::= { lldpXPnoLocEntry 16 }

lldpXPnoLocPortOrangeOffset            OBJECT-TYPE
    SYNTAX                             Unsigned32(0..3999999)
    UNITS                              "ns"
    MAX-ACCESS                         read-only
    STATUS                             current
    DESCRIPTION                        "
                                       This integer value represents the begin of the RT_CLASS_2 period
                                       of the cycle of the receive direction on the corresponding port
                                       as an offset relative to the begin of the cycle in nanoseconds.
                                       "
    ::= { lldpXPnoLocEntry 17 }

lldpXPnoLocPortOrangeValidity          OBJECT-TYPE
    SYNTAX                             TruthValue
    MAX-ACCESS                         read-only
    STATUS                             current
    DESCRIPTION                        "
                                       The value of this object indicates whether the value of
                                       lldpXPnoLocPortOrangeOffset of the according table entry is
                                       valid or not.
                                       "
```

```
    ::= { lldpXPnoLocEntry 18 }

lldpXPnoLocPortGreenOffset          OBJECT-TYPE
  sYNTAX                            Unsigned32(0..3999999)
   UNITS                            "ns"
  mAX-ACCESS                        read-only
  sTATUS                            current
   DESCRIPTION                      "
                                    This integer value represents the begin of the unrestricted period
                                    of the cycle of the receive direction on the corresponding port
                                    as an offset relative to the begin of the cycle in nanoseconds.
                                    "

    ::= { lldpXPnoLocEntry 19 }

lldpXPnoLocPortGreenValidity     OBJECT-TYPE
  sYNTAX                            TruthValue
  mAX-ACCESS                        read-only
  sTATUS                            current
   DESCRIPTION                      "
                                    The value of this object indicates whether the value of
                                    lldpXPnoLocPortGreenOffset of the according table entry is
                                    valid or not.
                                    "

    ::= { lldpXPnoLocEntry 20 }

------------------------------------------------------------------------
-- PNO - Remotesystem Information
------------------------------------------------------------------------

lldpXPnoRemTable                    OBJECT-TYPE
  sYNTAX                            SEQUENCE OF LldpXPnoRemEntry
  mAX-ACCESS                        not-accessible
  sTATUS                            current
   DESCRIPTION                      "
                                    This table contains one ormore rows per physical network
                                    connection known to this agent. The agentmay wish to
                                    ensure that only one lldpXPnoRemEntry is present for
                                    each local port, or itmay choose tomaintainmultiple
                                    lldpXPnoRemEntries for thesame local port.
                                    "

    ::= { lldpXPnoRemoteData 1 }

lldpXPnoRemEntry                    OBJECT-TYPE
  sYNTAX                            LldpXPnoRemEntry
  mAX-ACCESS                        not-accessible
  sTATUS                            current
   DESCRIPTION                      "
```

```
                                  Each entry represents the received information of the
                                  communication partner on this physical connection.

                                  The entries featuremultiple indices from the
                                  lldpRemEntry of the LLDP-MIB, therefore it is
                                  only present along with the description defined
                                  by the associated lldpRemEntry entry.
                                  "
    INDEX                         { lldpRemTimeMark, lldpRemLocalPortNum, lldpRemIndex }
    ::= { lldpXPnoRemTable 1 }

LldpXPnoRemEntry ::=              SEQUENCE {
    lldpXPnoRemLPDValue           Unsigned32,
    lldpXPnoRemPortTxDValue       Unsigned32,
    lldpXPnoRemPortRxDValue       Unsigned32,
    lldpXPnoRemPortStatusRT2      INTEGER,
    lldpXPnoRemPortStatusRT3      INTEGER,
    lldpXPnoRemPortNoS            DisplayString,
    lldpXPnoRemPortMrpUuId        OCTETsTRING,
    lldpXPnoRemPortMrrtStatus     INTEGER,
    lldpXPnoRemPortPtcpMaster     MacAddress,
    lldpXPnoRemPortPtcpSubdomainUUID OCTETsTRING,
    lldpXPnoRemPortPtcpIRDataUUID OCTETsTRING,
    lldpXPnoRemPortModeRT3        INTEGER,
    lldpXPnoRemPortPeriodLength   Unsigned32,
    lldpXPnoRemPortPeriodValidity TruthValue,
    lldpXPnoRemPortRedOffset      Unsigned32,
    lldpXPnoRemPortRedValidity    TruthValue,
    lldpXPnoRemPortOrangeOffset   Unsigned32,
    lldpXPnoRemPortOrangeValidity TruthValue,
    lldpXPnoRemPortGreenOffset    Unsigned32,
    lldpXPnoRemPortGreenValidity  TruthValue
}

lldpXPnoRemLPDValue               OBJECT-TYPE
   sYNTAX                         Unsigned32
    UNITS                         "ns"
   mAX-ACCESS                     read-only
   sTATUS                         current
    DESCRIPTION                   "
                                  This integer value represents the line propagation
                                  delay in nanoseconds which wasmeasured by the remote
                                  system on the corresponding port.

                                  A value of zeroshall be used if the remotesystem either
                                  could not accomplish themeasurement or does notsupport
                                  such ameasurement.
```

```
                                        "
    ::= { lldpXPnoRemEntry 1 }

lldpXPnoRemPortTxDValue                 OBJECT-TYPE
   sYNTAX                               Unsigned32
    UNITS                               "ns"
   mAX-ACCESS                           read-only
   sTATUS                               current
    DESCRIPTION                         "
                                        This integer value represents the PortTxDelay in
                                        nanoseconds which wasmeasured by the remote
                                        system on the corresponding port.

                                        A value of zeroshall be used if the remotesystem either
                                        could not accomplish themeasurement or does notsupport
                                        such ameasurement.
                                        "
    ::= { lldpXPnoRemEntry 2 }

lldpXPnoRemPortRxDValue                 OBJECT-TYPE
   sYNTAX                               Unsigned32
    UNITS                               "ns"
   mAX-ACCESS                           read-only
   sTATUS                               current
    DESCRIPTION                         "
                                        This integer value represents the PortRxDelay in
                                        nanoseconds which wasmeasured by the remote
                                        system on the corresponding port.

                                        A value of zeroshall be used if the remotesystem either
                                        could not accomplish themeasurement or does notsupport
                                        such ameasurement.
                                        "

    ::= { lldpXPnoRemEntry 3 }

lldpXPnoRemPortStatusRT2                OBJECT-TYPE
   sYNTAX                               INTEGER {
                                            off(0),
                                            configured(1),
                                            running(2)
                                        }
   mAX-ACCESS                           read-only
   sTATUS                               current
    DESCRIPTION                         "

                                        This value represents theStatus of the corresponding
                                        port of the remotesystem according to RT class 2.
```

```
                                    A value of off(0)means that there isn't any RT2
                                    capability available for this port. When the port is
                                    configured for RT2mode, but themode isn't active yet
                                    the value will be configured(1). If the RT2mode is
                                    configured for this port and themode is active, the
                                    value will be running(2).
                                    "

    ::= { lldpXPnoRemEntry 4 }

lldpXPnoRemPortStatusRT3            OBJECT-TYPE
    sYNTAX                          INTEGER {
                                        off(0),
                                        configured(1),
                                        up(2),
                                        down(3),
                                        running(4)
                                    }
    mAX-ACCESS                      read-only
    sTATUS                          current
     DESCRIPTION                    "
                                    This value represents theStatus of the corresponding
                                    port of the remotesystem according to RT class 3.

                                    A value of off(0)means that there isn't any RT3
                                    capability available for this port. When the port is
                                    configured for RT3mode, but themode isn't active yet
                                    the value will be configured(1).
                                    When the port is ready for transmission and reception
                                    of RT3 traffic, the portStatus will be running(4).
                                    "

    ::= { lldpXPnoRemEntry 5 }

lldpXPnoRemPortNoS                  OBJECT-TYPE
    sYNTAX                          DisplayString
    mAX-ACCESS                      read-only
    sTATUS                          current
     DESCRIPTION                    "
                                    The PROFINET NameofStation of the remote partner. If the
                                    station isn't configured yet, the value of this object
                                    will be themAC address of the device as astring.
                                    "

    ::= { lldpXPnoRemEntry 6 }

lldpXPnoRemPortMrpUuId              OBJECT-TYPE
    sYNTAX                          OCTETsTRING(SIZE(16))
    mAX-ACCESS                      read-only
    sTATUS                          current
```

```
    DESCRIPTION                        "
                                       The UUID of theMRP domain to which the corresponding port
                                       of the remotesystem belongs to. If the port doesn't belong
                                       to aMRP domain, the valuemust be NIL('0000000000000000').
                                       "

    ::= { lldpXPnoRemEntry 7 }

lldpXPnoRemPortMrrtStatus              OBJECT-TYPE
   sYNTAX                              INTEGER {
                                           off(0),
                                           configured(1),
                                           up(2)
                                       }
   mAX-ACCESS                          read-only
   sTATUS                              current
    DESCRIPTION                        "
                                       This object reports theStatus of theMRRT entity of the
                                       corresponding port.

                                       A value of off(0)means that there isn't anyMRRT
                                       capability available for this port or it isswitched off.
                                       The value configured(1) indicates thatMRRT is configured
                                       for the port. WhenMRRT is active on the port, the value
                                       will be up(2).
                                       "

    ::= { lldpXPnoRemEntry 8 }

lldpXPnoRemPortPtcpMaster              OBJECT-TYPE
   sYNTAX                              macAddress
   mAX-ACCESS                          read-only
   sTATUS                              current
    DESCRIPTION                        "
                                       The interfacemAC address of the PTCPsyncmaster device
                                       of the PTCPSubdomain. If unknown itshall beset to zero.
                                       "

    ::= { lldpXPnoRemEntry 9 }

lldpXPnoRemPortPtcpSubdomainUUID   OBJECT-TYPE
   sYNTAX                              OCTETsTRING(SIZE(16))
   mAX-ACCESS                          read-only
   sTATUS                              current
    DESCRIPTION                        "
                                       The UUID of the PTCPSubdomain to which this port belongs to.
                                       If the port doesn't belong to a PTCPSubdomain or theSubdomain
                                       is invalid or unknown the value of this objectmust be
                                       NIL('0000000000000000').
                                       "
```

```
  ::= { lldpXPnoRemEntry 10 }

lldpXPnoRemPortPtcpIRDataUUID        OBJECT-TYPE
  sYNTAX                             OCTETsTRING(SIZE(16))
  mAX-ACCESS                         read-only
  sTATUS                             current
   DESCRIPTION                       "
                                     The UUID of the IR data domain to which this port belongs to.
                                     If the port doesn't belong to a IR data domain or the domain
                                     is invalid or unknown the value of this objectmust be
                                     NIL('0000000000000000').
                                     "
  ::= { lldpXPnoRemEntry 11 }

lldpXPnoRemPortModeRT3               OBJECT-TYPE
  sYNTAX                             INTEGER
                                     {
                                         standard(1),
                                         optimized(0)
                                     }
  mAX-ACCESS                         read-only
  sTATUS                             current
   DESCRIPTION                       "
                                     Themode in which the RT3Status is given. If the object is in
                                     standardmode all five values of RT3Status are valid, else only
                                     ...
                                     "
  ::= { lldpXPnoRemEntry 12 }

lldpXPnoRemPortPeriodLength          OBJECT-TYPE
  sYNTAX                             Unsigned32(31250..4000000)
   UNITS                             "ns"
  mAX-ACCESS                         read-only
  sTATUS                             current
   DESCRIPTION                       "
                                     This integer value represents the duration of a cycle
                                     in nanoseconds on the corresponding port.
                                     The valueshall be amultiply of 31250 nanoseconds.
                                     "
  ::= { lldpXPnoRemEntry 13 }

lldpXPnoRemPortPeriodValidity        OBJECT-TYPE
  sYNTAX                             TruthValue
  mAX-ACCESS                         read-only
  sTATUS                             current
   DESCRIPTION                       "
```

```
                                  The value of this object indicates whether the value of
                                  lldpXPnoRemPortPeriodLength of the according table entry is
                                  valid or not.
                                  "
    ::= { lldpXPnoRemEntry 14 }

lldpXPnoRemPortRedOffset          OBJECT-TYPE
   sYNTAX                         Unsigned32(0..3999999)
     UNITS                        "ns"
   mAX-ACCESS                     read-only
   sTATUS                         current
     DESCRIPTION                  "
                                  This integer value represents the begin of the RT_CLASS_3 period
                                  of the cycle of the receive direction on the corresponding port
                                  as an offset relative to the begin of the cycle in nanoseconds.
                                  "
    ::= { lldpXPnoRemEntry 15 }

lldpXPnoRemPortRedValidity        OBJECT-TYPE
   sYNTAX                         TruthValue
   mAX-ACCESS                     read-only
   sTATUS                         current
     DESCRIPTION                  "
                                  The value of this object indicates whether the value of
                                  lldpXPnoRemPortRedOffset of the according table entry is
                                  valid or not.
                                  "
    ::= { lldpXPnoRemEntry 16 }

lldpXPnoRemPortOrangeOffset       OBJECT-TYPE
   sYNTAX                         Unsigned32(0..3999999)
     UNITS                        "ns"
   mAX-ACCESS                     read-only
   sTATUS                         current
     DESCRIPTION                  "
                                  This integer value represents the begin of the RT_CLASS_2 period
                                  of the cycle of the receive direction on the corresponding port
                                  as an offset relative to the begin of the cycle in nanoseconds.
                                  "
    ::= { lldpXPnoRemEntry 17 }

lldpXPnoRemPortOrangeValidity     OBJECT-TYPE
   sYNTAX                         TruthValue
   mAX-ACCESS                     read-only
   sTATUS                         current
     DESCRIPTION                  "
                                  The value of this object indicates whether the value of
```

```
                                        lldpXPnoRemPortOrangeOffset of the according table entry is
                                        valid or not.
                                        "
    ::= { lldpXPnoRemEntry 18 }

lldpXPnoRemPortGreenOffset              OBJECT-TYPE
    sYNTAX                              Unsigned32(0..3999999)
      UNITS                             "ns"
    mAX-ACCESS                          read-only
    sTATUS                              current
      DESCRIPTION                       "
                                        This integer value represents the begin of the unrestricted period
                                        of the cycle of the receive direction on the corresponding port
                                        as an offset relative to the begin of the cycle in nanoseconds.
                                        "
    ::= { lldpXPnoRemEntry 19 }

lldpXPnoRemPortGreenValidity            OBJECT-TYPE
    sYNTAX                              TruthValue
    mAX-ACCESS                          read-only
    sTATUS                              current
      DESCRIPTION                       "
                                        The value of this object indicates whether the value of
                                        lldpXPnoRemPortGreenOffset of the according table entry is
                                        valid or not.
                                        "
    ::= { lldpXPnoRemEntry 20 }

------------------------------------------------------------------------------
-- Conformance Information
------------------------------------------------------------------------------

lldpXPnoConformance                     OBJECT IDENTIFIER ::= { lldpXPnoMIB 2 }
lldpXPnoCompliances                     OBJECT IDENTIFIER ::= { lldpXPnoConformance 1 }
lldpXPnoGroups                          OBJECT IDENTIFIER ::= { lldpXPnoConformance 2 }

-- compliancestatements

lldpXPnoCompliance                      MODULE-COMPLIANCE
    sTATUS                              current
      DESCRIPTION                       "
                                        The compliancestatement forsNMP entities which
                                        implement the PNO organizationally defined LLDP
                                        extensionmIB.
                                        "
    mODULE                              -- compliant to thismodule
      MANDATORY-GROUPS                  { lldpXPnoConfigGroup, lldpXPnoLocGroup, lldpXPnoRemGroup }
```

```
    GROUP                                      lldpXPnoMrpGroup
    DESCRIPTION                                "Required if thesystem providesMRP. "
    GROUP                                      lldpXPnoPtcpGroup
    DESCRIPTION                                "Required if thesystem provides PTCP. "
    ::= { lldpXPnoCompliances 1 }

--mIB groupings

lldpXPnoConfigGroup                        OBJECT-GROUP
    OBJECTS                                    {
                                               lldpXPnoConfigSPDTxEnable,
                                               lldpXPnoConfigPortStatusTxEnable,
                                               lldpXPnoConfigAliasTxEnable
                                               }
    sTATUS                                 current
    DESCRIPTION                            "
                                           The collection of objects which are used to configure the PNO
                                           organizationally defined LLDP extension implementation behavior.

                                           This group ismandatory for agents which implement the PNO
                                           organizationally defined LLDP extension, because the information
                                           about thesignal propagation delay is necessary to configure
                                           PROFINET domains.
                                           "
    ::= { lldpXPnoGroups 1 }

lldpXPnoLocGroup                           OBJECT-GROUP
    OBJECTS                                    { lldpXPnoLocLPDValue,
                                             lldpXPnoLocPortTxDValue,
                                             lldpXPnoLocPortRxDValue,
                                             lldpXPnoLocPortStatusRT2,
                                             lldpXPnoLocPortStatusRT3,
                                             lldpXPnoLocPortNoS,
                                             lldpXPnoLocPortModeRT3,
                                             lldpXPnoLocPortPeriodLength,
                                             lldpXPnoLocPortPeriodValidity,
                                             lldpXPnoLocPortRedOffset,
                                             lldpXPnoLocPortRedValidity,
                                             lldpXPnoLocPortOrangeOffset,
                                             lldpXPnoLocPortOrangeValidity,
                                             lldpXPnoLocPortGreenOffset,
                                             lldpXPnoLocPortGreenValidity
                                           }
    sTATUS                                 current
    DESCRIPTION                            "
                                           The collection of objects which are used to configure the PNO
```

```
                                organizationally defined LLDP extension implementation behavior.

                                This group ismandatory for agents which implement the PNO
                                organizationally defined LLDP extension, because the information
                                about thesignal propagation delay is necessary to configure
                                PROFINET domains.
                                "

    ::= { lldpXPnoGroups 2 }

lldpXPnoRemGroup                OBJECT-GROUP
    OBJECTS                         { lldpXPnoRemLPDValue,
                                  lldpXPnoRemPortTxDValue,
                                  lldpXPnoRemPortRxDValue,
                                  lldpXPnoRemPortStatusRT2,
                                  lldpXPnoRemPortStatusRT3,
                                  lldpXPnoRemPortNoS,
                                  lldpXPnoRemPortModeRT3,
                                  lldpXPnoRemPortPeriodLength,
                                  lldpXPnoRemPortPeriodValidity,
                                  lldpXPnoRemPortRedOffset,
                                  lldpXPnoRemPortRedValidity,
                                  lldpXPnoRemPortOrangeOffset,
                                  lldpXPnoRemPortOrangeValidity,
                                  lldpXPnoRemPortGreenOffset,
                                  lldpXPnoRemPortGreenValidity
                                }
  sTATUS                        current
    DESCRIPTION                 "
                                The collection of objects which are used to configure the PNO
                                organizationally defined LLDP extension implementation behavior.

                                This group ismandatory for agents which implement the PNO
                                organizationally defined LLDP extension, because the information
                                about thesignal propagation delay is necessary to configure
                                PROFINET domains.
                                "

    ::= { lldpXPnoGroups 3 }

lldpXPnoMrpGroup                OBJECT-GROUP
    OBJECTS                         { lldpXPnoConfigMrpTxEnable,
                                  lldpXPnoLocPortMrpUuId,
                                  lldpXPnoLocPortMrrtStatus,
                                  lldpXPnoRemPortMrpUuId,
                                  lldpXPnoRemPortMrrtStatus
                                }
  sTATUS                        current
```

```
    DESCRIPTION                         "
                                        The collection of objects which are used to configure the PNO
                                        organizationally defined LLDP extension implementation behavior.

                                        This group ismandatory for agents which implement the PNO
                                        organizationally defined LLDP extension, because the information
                                        about thesignal propagation delay is necessary to configure
                                        PROFINET domains.
                                        "

    ::= { lldpXPnoGroups 4 }

lldpXPnoPtcpGroup                       OBJECT-GROUP
    OBJECTS                                 { lldpXPnoConfigPtcpTxEnable,
                                          lldpXPnoLocPortPtcpMaster,
                                          lldpXPnoLocPortPtcpSubdomainUUID,
                                          lldpXPnoLocPortPtcpIRDataUUID,
                                          lldpXPnoRemPortPtcpMaster,
                                          lldpXPnoRemPortPtcpSubdomainUUID,
                                          lldpXPnoRemPortPtcpIRDataUUID
                                        }
   sTATUS                               current
    DESCRIPTION                         "
                                        The collection of objects which are used to configure the PNO
                                        organizationally defined LLDP extension implementation behavior.

                                        This group ismandatory for agents which implement the PNO
                                        organizationally defined LLDP extension, because the information
                                        about thesignal propagation delay is necessary to configure
                                        PROFINET domains.
                                        "

    ::= { lldpXPnoGroups 5 }

END
```

4.16 通用 DLL 映射协议机

4.16.1 概述

DLL 映射协议机(DMPM)由若干协议机组成：

——由其他应用层实体调用的服务处理(LMPM)；

——用于 RT_CLASS_3(RED_Relay)和无碰撞媒体冗余(RRT_Relay)的转发；

注：标准帧的转发依据 IEEE 802.1D,因此这里就不作规定了。

——映射到媒体访问接口(MMAC)和同步报文的发送/接收功能，

注：MAC 的调用依据 IEEE 802.3,因此这里就不作规定了。

——SYNC_SHIMP 对同步增加精确的时间戳(timestamps)。

服务处理程序(LMPM)、转发机制与到媒体访问控制的映射(MMAC)之间的接口由一组队列和全局数据组成。

图 47 说明了一个设备的 DMPM 协议机的结构。

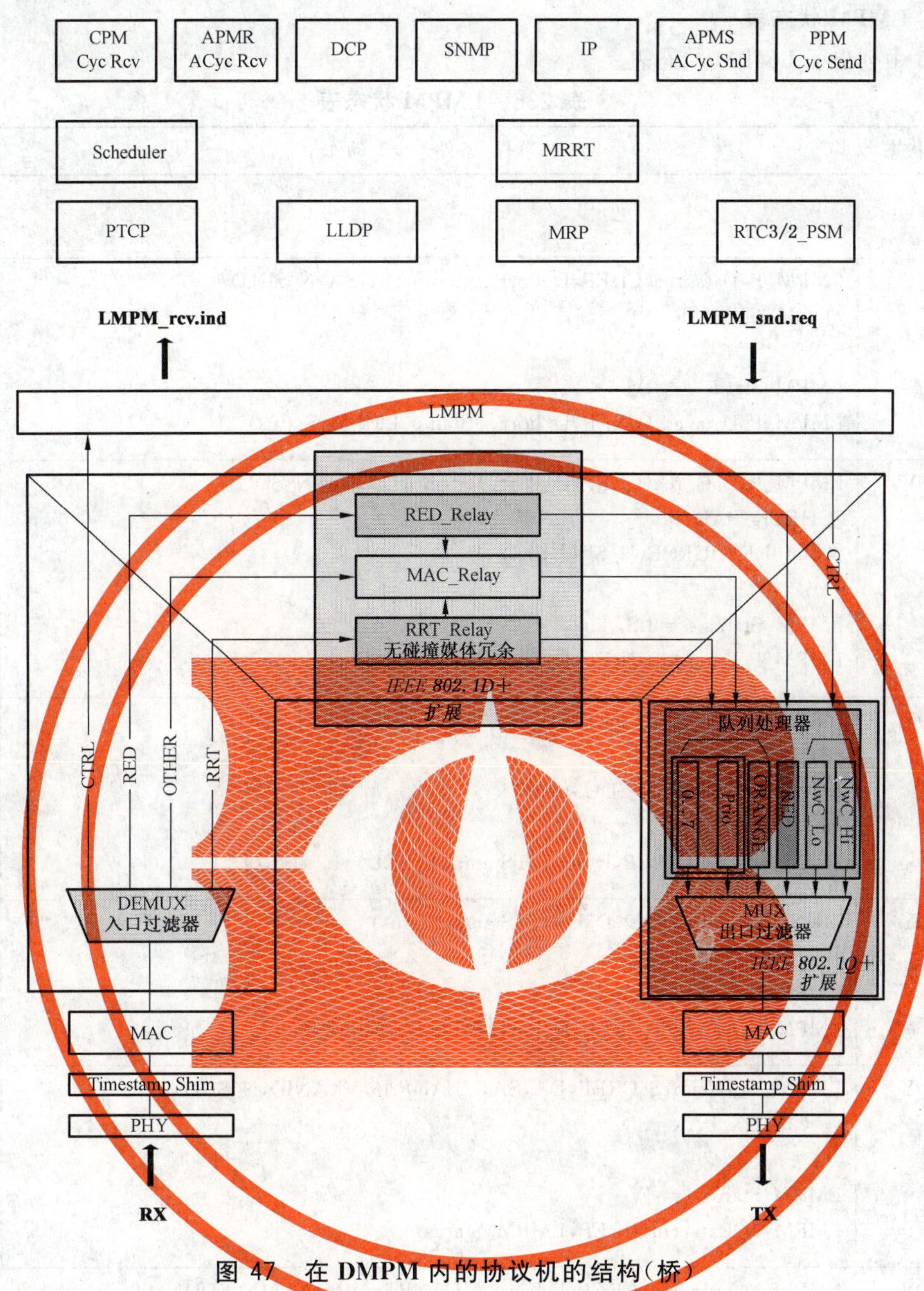

图 47 在 DMPM 内的协议机的结构(桥)

4.16.2 LMPM

4.16.2.1 原语定义

这些服务原语及其相关参数在服务定义中以 LMPM ASE 进行描述,它们由 LMPM 用户发出并由 LMPM 接收,反之亦然。

4.16.2.2 状态机描述

LMPM 形成 MMAC 与 LMPM-User 之间的接口用于各种数据和管理服务。在 READY-State 中处理所有这些服务。

首先应验证(validate)该服务请求。一个否定验证将导致一个否定证实。否则,该服务将被放入适当优先级的服务队列。由 MMAC 执行了的服务将被从请求队列移进证实队列。所有有效的进入(incoming)服务应被放入指示队列。

——本地变量

LMPM 不使用本地变量。

4.16.2.3 LMPM 状态表

表 236 中列出了 LMPM 状态表。

表 236 LMPM 状态表

#	当前状态	事件/条件 =〉动作	下一状态
1	PON	 =〉	READY
2	READY	LMPM_P_Data. req(CREP,D_Port,Tstamp,DA,SA,N_SDU) /! CHECK_PAR =〉 LMPM_Status := IV LMPM_P_Data. cnf(CREP,D_Port,TStamp,LMPM_Status)	READY
3	READY	LMPM_P_Data. req(CREP,D_Port,TStamp,DA,SA,N_SDU) /CHECK_PAR && ! RESOURCE(N_SDU. Len) =〉 LMPM_Status := LS LMPM_P_Data. cnf(CREP,D_Port,TStamp,LMPM_Status)	READY
4	READY	LMPM_P_Data. req(CREP,D_Port,TStamp,DA,SA,N_SDU) /CHECK_PAR && RESOURCE(N_SDU. Len) =〉 MUX_Data. req(CREP,D_Port,TStamp,N_SDU)	READY
5	READY	MUX_Data. cnf(CREP,D_Port,TStamp,Status) =〉 LMPM_Status := Status LMPM_P_Data. cnf(CREP,D_Port,TStamp,LMPM_Status)	READY
6	READY	LMPM_N_Data. req(CREP,DA,SA,VLANPrio,VLANID,N_SDU) /! CHECK_PAR =〉 LMPM_Status := IV LMPM_N_Data. cnf(CREP,LMPM_Status)	READY
7	READY	LMPM_N_Data. req(CREP,DA,SA,VLANPrio,VLANID,N_SDU) /CHECK_PAR && ! RESOURCE(N_SDU. Len) =〉 LMPM_Status := LS LMPM_N_Data. cnf(CREP,LMPM_Status)	READY
8	READY	LMPM_N_Data. req(CREP,DA,SA,VLANPrio,VLANID,N_SDU) /CHECK_N_PAR && RESOURCE(N_SDU. Len) =〉 LMPM_Status := OK LMPM_N_Data. cnf(CREP,LMPM_Status) MAC_RelayData. req(CREP,DA,SA,VLANPrio,VLANID,N_SDU)	READY

表 236（续）

#	当前状态	事件/条件 =〉动作	下一状态
9	READY	MAC_RelayData. cnf(CREP,Status) =〉 ignore	READY
10	READY	LMPM_A_Data. req(CREP,DA,SA,VLANPrio,VLANID,A_SDU) /! CHECK_A_PAR =〉 LMPM_Status := IV LMPM_A_Data. cnf(CREP,LMPM_Status)	READY
11	READY	LMPM_A_Data. req(CREP,DA,SA,Prio,VLAN_Tag,LT,A_SDU) /CHECK_A_PAR && ! RESOURCE(A_SDU. Len) =〉 LMPM_Status := LS LMPM_A_Data. cnf(CREP,LMPM_Status)	READY
12	READY	LMPM_A_Data. req(CREP,DA,SA,VLANPrio,VLANID,A_SDU) /CHECK_A_PAR && RESOURCE(A_SDU. Len) =〉 LMPM_Status := OK LMPM_A_Data. cnf(CREP,LMPM_Status) MAC_RelayData. req(CREP,DA,SA,VLANPrio,VLANID,A_SDU)	READY
13	READY	MAC_RelayData. cnf(CREP,Status) =〉 ignore	READY
14	READY	LMPM_C_Data. req(CREP,DA,SA,VLANPrio,VLANID,C_SDU,APDU_Status) /! CHECK_RTC2 || ! CHECK_RTC3 =〉 LMPM_Status := IV LMPM_C_Data. cnf(CREP,LMPM_Status)	READY
15	READY	LMPM_C_Data. req(CREP,DA,SA,VLANPrio,VLANID,C_SDU,APDU_Status) /CHECK_RTC2 && ! RESOURCE(C_SDU. Len) =〉 LMPM_Status := LS LMPM_C_Data. cnf(CREP,LMPM_Status)	READY
16	READY	LMPM_C_Data. req(CREP,DA,SA,VLANPrio,VLANID,C_SDU,APDU_Status) /CHECK_RTC3 && ! RESOURCE(C_SDU. Len) =〉 LMPM_Status := LS LMPM_C_Data. cnf(CREP,LMPM_Status)	READY

表 236（续）

#	当前状态	事件/条件 =〉动作	下一状态
17	READY	LMPM_C_Data. req(CREP,DA,SA,VLANPrio,VLANID,C_SDU,APDU_Status) /CHECK_RTC2 && RESOURCE(C_SDU. Len) && ! MRRT_ON =〉 LMPM_Status := OK LMPM_C_Data. cnf(CREP,LMPM_Status) MAC_RelayData. req(CREP,DA,SA,VLANPrio,VLNAID,C_SDU,APDU_Status)	READY
18	READY	LMPM_C_Data. req(CREP,DA,SA,VLANPrio,VLANID,C_SDU,APDU_Status) /CHECK_RTC2 && RESOURCE(C_SDU. Len) && MRRT_ON =〉 S_Port := LOCAL LMPM_Status := OK LMPM_C_Data. cnf(CREP,LMPM_Status) RRT_RelayData. req(CREP,S_Port,DA,SA,VLANPrio,VLNAID,C_SDU,APDU_Status)	READY
19	READY	LMPM_C_Data. req(CREP,DA,SA,VLANPrio,VLANID,C_SDU,APDU_Status) /CHECK_RTC3 && RESOURCE(C_SDU. Len) =〉 LMPM_Status := OK LMPM_C_Data. cnf(CREP,LMPM_Status) RED_RelayData. req(CREP,DA,SA,VLANPrio,VLNAID,C_SDU,APDU_Status)	READY
20	READY	MAC_RelayData. cnf(CREP,Status) =〉 ignore	READY
21	READY	RRT_RelayData. cnf(CREP,Status) =〉 ignore	READY
22	READY	RED_RelayData. cnf(CREP,Status) =〉 ignore	READY
23	READY	DMUX_P_Data. ind(CREP,S_Port,TStamp,DA,SA,N_SDU) =〉 LMPM_P_Data. ind(CREP,S_Port,TStamp,DA,SA,N_SDU)	READY
24	READY	RED_RelayData. ind(CREP,DA,SA,LT,VLANPrio,VLANID,C_SDU, APDU_Status) =〉 LMPM_C_Data. ind(CREP,DA,SA,VLANPrio,VLANID,C_SDU,APDU_Status)	READY

表 236（续）

#	当前状态	事件/条件 =〉动作	下一状态
25	READY	RRT_RelayData. ind(CREP,DA,SA,LT,VLANPrio,VLANID,C_SDU, APDU_Status) =〉 LMPM_C_Data. ind(CREP,DA,SA,VLANPrio,VLANID,C_SDU,APDU_Status)	READY
26	READY	MAC_RelayData. ind(CREP,DA,SA,LT,VLANPrio,VLANID,C_SDU, APDU_Status) /RTC =〉 LMPM_C_Data. ind(CREP,DA,SA,VLANPrio,VLANID,C_SDU,APDU_Status)	READY
27	READY	MAC_RelayData. ind(CREP,DA,SA,LT,VLANPrio,VLANID,C_SDU, APDU_Status) /RTA =〉 LMPM_A_Data. ind(CREP,DA,SA,VLANPrio,VLANID,A_SDU)	READY
28	READY	MAC_RelayData. ind(CREP,DA,SA,LT,VLANPrio,VLANID,N_SDU) /! RTA =〉 LMPM_N_Data. ind(CREP,DA,SA,VLANPrio,VLANID,N_SDU)	READY
29	READY	LMPM_RED_ScheduleAdd. req(CREP,Port,ReductionRatio,Phase) /Phase == 0 =〉 LMPM_Status := PHASE_ERROR LMPM_RED_ScheduleAdd. cnf(CREP,Port,LMPM_Status)	READY
30	READY	LMPM_RED_ScheduleAdd. req(CREP,Port,ReductionRatio,Phase) /Phase != 0 &&(Phase < ReductionRatio) &&(ReductionRatio > 0) &&(ReductionRatio <= MAX_REDACTION_RATIO) =〉 RED_RelayScheduleAdd. req(CREP,Port,ReductionRatio,Phase)	READY
31	READY	LMPM_RED_ScheduleAdd. req(CREP,Port,ReductionRatio,Phase) /Phase != 0 &&((Phase >= ReductionRatio) ||(ReductionRatio == 0) ||(ReductionRatio > MAX_REDACTION_RATIO)) =〉 LMPM_Status := RATIO_ERROR LMPM_RED_ScheduleAdd. cnf(CREP,Port,LMPM_Status)	READY
32	READY	RED_RelayScheduleAdd_Cnf(CREP,Port,Status) =〉 LMPM_Status := Status LMPM_RED_ScheduleAdd. cnf(CREP,Port,LMPM_Status)	READY

表 236（续）

#	当前状态	事件/条件 =〉动作	下一状态
33	READY	LMPM_RED_ScheduleRemove. req(CREP, Port, ReductionRatio, Phase) =〉 RED_RelayScheduleRemove. req(CREP, Port, ReductionRatio, Phase)	READY
34	READY	RED_RelayScheduleRem. cnf(CREP, Port, Status) =〉 LMPM_Status := Status LMPM_RED_ScheduleRemove. cnf(CREP, Port, LMPM_Status)	READY
35	READY	RED_RelayScheduleError. ind(CREP, ErrCode) =〉 LMPM_Status := ErrCode LMPM_IRT_Schedule_Error. ind(CREP, LMPM_Status)	READY

4.16.2.4 宏

表 237 中概括了 LMPM 的宏。

表 237 LMPM 宏表

名 称	操 作
RESOURCE	检查本地资源是可使用的，以处理所请求的数据
MRRT_Mode	MRRT 是活动的
CHECK_PAR	检查服务 LMPM_N_Data. req 或 LMPM_P_Data. req 的所有参数是有效的。 N_SDU. Len：0. . 1500 N_SDU. Data：according to DLSDU. Len
CHECK_A_PAR	检查服务 LMPM_A_Data. req 的所有参数是有效的。 A_SDU. LT == RT 在 RT 非循环范围内的 FrameID A_SDU. Len：0. . 1440 A_SDU. Data：依据 DLSDU. Len
CHECK_RTC2	检查服务 LMPM_C_Data. req 的所有参数是有效的。 C_SDU. LT == RT 在 RT Class 2 范围内的 FrameID C_SDU. Len：0. . 1440 C_SDU. Data：依据 DLSDU. Len
CHECK_RTC3	检查服务 LMPM_C_Data. req 的所有参数是有效的。 参数的数量必须是 7。 C_SDU. LT == RT 在 RT Class 3 范围内的 FrameID C_SDU. Len：0. . 1440 C_SDU. Data：依据 DLSDU. Len
RTC	循环的 RT 帧
RTA	非循环的 RT 帧

4.16.2.5 功能

表 238 中包含 LMPM 使用的功能及其描述。

表 238 LMPM 功能表

名 称	含 义
LMPM_A_Data	处理 RTA_CLASS_x 请求、证实和指示及其排队
LMPM_N_Data	处理其他的请求、证实和指示及其排队
LMPM_C_Data	处理 RT_CLASS_x 请求、证实和指示及其排队
LMPM_P_Data	处理 Network Control 请求、证实和指示及其排队
LMPM_RED_ScheduleAdd	为每个端口处理 RT_CLASS_3 请求
LMPM_RED_ScheduleRemove	为每个端口处理 RT_CLASS_3 请求
LMPM_IRT_Schedule_Error	为每个端口处理 RT_CLASS_3 错误
MUX_Data	—
RED_RelayScheduleAdd	—
RED_RelayScheduleRemove	—

5 分布式自动化的应用层协议规范

注：设置本章为空，以保持与 IEC 61158-6-10 的章条号相同。

6 分散式外围设备的应用层协议规范

6.1 FAL 语法描述

6.1.1 DLPDU 抽象语法引用

应采用 4.1.1 中的 DLPDU 抽象语法。

6.1.2 APDU 抽象语法

表 239 定义该应用层 PDU(称之为 APDU)的抽象语法。应使用所定义的八位位组次序来传递 APDU。表 239 的 APDU 应代表表 4 中 DLSDU 的内容。

表 239 IO APDU 替代

替代名称	结 构
RTA-SDU	AlarmNotification-PDU^ AlarmAck-PDU
BlockHeader	BlockType, BlockLength, BlockVersionHigh, BlockVersionLow
AlarmNotification-PDU	BlockHeader, AlarmType, API, slotNumber, subslotNumber, moduleIdentNumber, submoduleIdentNumber, AlarmSpecifier, [MaintenanceItem], [AlarmItem]^ [Upload&RetrievalItem]^ [iParameterItem] 在 BlockHeader 内的字段 BlockType，应依据表 240 设置为 AlarmNotification high 或 AlarmNotification low。
AlarmAck-PDU	BlockHeader, AlarmType, API, slotNumber, subslotNumber, AlarmSpecifier, PNIOStatus 在 BlockHeader 内的字段 BlockType，应依据表 240 设置为 AlarmAck high 或 AlarmAck low。 特殊案例："No Error"： PNIOStatus(=0x00,0x00,0x00,0x00) 特殊案例："Alarm Type Notsupported"或如果所保留的 Alarm Type 被使用： PNIOStatus(=0xDA,0x81,0x3C,0x00) 特殊案例："Wrongsubmodulestate"： PNIOStatus(=0xDA,0x81,0x3C,0x01)

表 239（续）

替代名称	结　　构
MaintenanceItem	UserStructureIdentifier，BlockHeader，Padding，Padding， maintenanceStatus
Upload&RetrievalItem	UserStructureIdentifier，BlockHeader，Padding， Padding，(URRecordIndex，URRecordLength)* 特殊案例："Retrieve allstored records"： UserStructureIdentifier，BlockHeader(＝0x0F04)，Padding，Padding， URRecordIndex(＝0)，URRecordLength(＝0)
iParameterItem	UserStructureIdentifier，BlockHeader，Padding，Padding， iPar_Req_Header，max_Segm_Size，Transfer_Index，Total_iPar_Size
AlarmItem	UserStructureIdentifier，Data* ^ ChannelDiagnosisData* ^ DiagnosisData* ExtChannelDiagnosisData* ^ QualifiedChannelDiagnosisData* 特殊案例：ChannelDiagnosisData： UserStructureIdentifier(＝0x8000)，ChannelDiagnosisData* 特殊案例：Multiple 用于 AlarmType Diagnosis： UserStructureIdentifier(＝0x8001)，DiagnosisData* 特殊案例：ExtChannelDiagnosisData： UserStructureIdentifier(＝0x8002)，ExtChannelDiagnosisData* 特殊案例：QualifiedChannelDiagnosisData： UserStructureIdentifier(＝0x8003)，QualifiedChannelDiagnosisData*
PROFINETIOServiceReqPDU	IODConnectReq^ IODWriteReq^ IODWriteMultipleReq^ IODReadReq^ IODControlReq^ IODReleaseReq^ IOXControlReq
PROFINETIOServiceResPDU	IODConnectRes^ IODWriteRes^ IODWriteMultipleRes^ IODReadRes^ IODControlRes^ IODReleaseRes^ IOXControlRes
IODConnectReq	ARBlockReq，{[IOCRBlockReq*]，[AlarmCRBlockReq]， [ExpectedSubmoduleBlockReq*][b]，[PrmServerBlock]，[MCRBlockReq*][a]， [ARRPCBlockReq]} 特殊案例："IOCAR"或"IOSAR"： ARBlockReq，{IOCRBlockReq*，AlarmCRBlockReq， ExpectedSubmoduleBlockReq*，[PrmServerBlock]，[MCRBlockReq*][a]， [ARRPCBlockReq]} 特殊案例："IOSAR 具有 ARProperties. DeviceAccess ：＝ 1"： ARBlockReq[c] 特殊案例："IOCARSingle using RT_CLASS_3"： ARBlockReq，{IOCRBlockReq* [d]，AlarmCRBlockReq， ExpectedSubmoduleBlockReq*，[PrmServerBlock]，[MCRBlockReq*][a]， [ARRPCBlockReq]} a 至少有一个 IOCRBlockReq 包含值 MULTICAST_CONSUMER_CR 作为 IO CR Type 时，才应出现字段 MCRBlockRe。 b 字段 ExpectedSubmoduleBlockReq 应仅包含至少在一个 IOCRBlockReq 中被引用的子模块。 c 字段 CMInitiatorActivityTimeoutFactor 规定 WDT(watchdog time)时间。 d 为了建立"IOCARSingle using RT_CLASS_3"与 RT_CLASS_3 输入和输出之间的通信关系，应存在一个输入与一个输出通信关系。

表 239（续）

替代名称	结构
IODConnectRes	ARBlockRes,{[IOCRBlockRes*],[AlarmCRBlockRes],[ModuleDiffBlock],[ARRPCBlockRes][a]} 特殊案例："IOCAR" or "IOSAR"： ARBlockRes,{IOCRBlockRes*,AlarmCRBlockRes,[ModuleDiffBlock],[ARRPCBlockRes][a]} 特殊案例："IOSAR with ARProperties. DeviceAccess=1"： ARBlockRes [a] 在 IODConnectReq 包含 ARRPCBlockReq 时，才应出现字段 ARRPCBlockRes。
IODWriteMultipleReq	IODWriteReqHeader[a],(IODWriteReqHeader,RecordDataWrite,[Padding*][b])* [a] 参数 index 的值应是 0xE040。 [b] 填充的八位位组数(value=0)应是 0、1、2、3，以便对下一个 IODWriteReqHeader 具有 32 比特的队列。
IODWriteReq	IODWriteReqHeader,RecordDataWrite
IODWriteReqHeader	BlockHeader,seqNumber,ARUUID,API,slotNumber,subslotNumber,Padding*[a],Index,RecordDataLength,RWPadding*[b] [a] 在该 write 请求中填充的八位位组数(value=0)应是 2。 [b] 在该 write 请求中填充的八位位组数(value=0)应是 24。
IODWriteRes	IODWriteResHeader
IODWriteMultipleRes	IODWriteResHeader[a],(IODWriteResHeader)* [a] 参数 index 的值应是 0xE040。
IODWriteResHeader	BlockHeader,seqNumber,ARUUID,API,slotNumber,subslotNumber,Padding*[a],Index,RecordDataLength,AdditionalValue1,AdditionalValue2,PNIOStatus[b],RWPadding*[c] [a] 在该 write 响应中填充的八位位组数(value=0)应是 2。 [b] 在 IODWriteRes PNIOStatus(=0,0,0,0)的情况下。 [c] 在该 write 响应中填充的八位位组数(value=0)应是 16。
IODReadReq	IODReadReqHeader,[RecordDataReadQuery]
IODReadReqHeader	BlockHeader,seqNumber,ARUUID,API,slotNumber,subslotNumber,Padding*[a],Index,RecordDataLength,[TargetARUUID][b],RWPadding*[c] [a] 在该 read 请求中填充的八位位组数(value=0)应是 2。 [b] 可选字段 TargetARUUID 应仅与 ARUUID(Implicit AR)的值 0 一起使用。 [c] 在该 read 请求中填充的八位位组数(value=0)应是 24 或 8。

表 239（续）

替代名称	结　　构
RecordDataReadQuery	BlockHeader,Data*[a] [a] 应对以下方面定义用法、结构和值： a) 制造商特定索引范围(通过制造商)； b) 行规特定索引范围(通过行规)； c) 所有其他索引范围(通过本部分)。
IODReadRes	IODReadResHeader,RecordDataRead
IODReadResHeader	BlockHeader,seqNumber,ARUUID,API,slotNumber,subslotNumber, Padding*[a],Index,RecordDataLength,AdditionalValue1, AdditionalValue2,RWPadding*[b] [a] 在该 read 请求中填充的八位位组数(value=0)应是 2。 [b] 在该 read 请求中填充的八位位组数(value=0)应是 20。
IODControlReq	ControlBlockConnect^ ControlBlockPlug
IODControlRes	ControlBlockConnect^ ControlBlockPlug^ NULL[a] [a] 在否定响应情况下,应传输 NULL。
IODReleaseReq	ReleaseBlock
IODReleaseRes	ReleaseBlock^ NULL[a] [a] 在否定响应情况下,应传输 NULL。
IOXControlReq	(ControlBlockConnect,[ModuleDiffBlock])^(ControlBlockPlug, [ModuleDiffBlock])^ ControlBlockRFC^ ControlBlockRTC 仅在 Application Ready 必须发错误信号时,才应出现字段 ModuleDiffBlock。
IOXControlRes	ControlBlockConnect^ ControlBlockPlug^ NULL[a] [a] 在否定响应情况下,应传输 NULL。
ARBlockReq	BlockHeader,ARType,ARUUID,sessionKey,CMInitiatorMacAdd, CMInitiatorObjectUUID,ARProperties, CMInitiatorActivityTimeoutFactor,InitiatorUDPRTPort, stationNameLength,CMInitiatorStationName 在 BlockHeader 内的字段 BlockType,应依据表 240 设置为 ARBlockReq。
ARBlockRes	BlockHeader,ARType,ARUUID,sessionKey,CMResponderMacAdd, ResponderUDPRTPort 在 BlockHeader 内的字段 BlockType,应依据表 240 设置为 ARBlockRes。

表 239（续）

<table>
<tr><th>替代名称</th><th>结　构</th></tr>
<tr><td>IOCRBlockReq</td><td>BlockHeader，IOCRType，IOCRReference，LT，IOCRProperties，DataLength，FrameID[a]，SendClockFactor，ReductionRatio，Phase，Sequence，FrameSendOffset，WatchdogFactor，DataHoldFactor，IOCRTagHeader，IOCRMulticastMACAdd，NumberOfAPIs，(API，NumberOfIODataObjects，(SlotNumber，subslotNumber，IODataObjectFrameOffset)*，NumberOfIOCS，(SlotNumber，subslotNumber，IOCSFrameOffset)*)*

在 BlockHeader 内的字段 BlockType，应依据表 240 设置为 IOCRBlockReq。

a 如果字段 IOCRType 包含值 Output CR，则不应关心字段 FrameID。

Special Case IOCRType= MULTICAST_CONSUMER_CR
字段 FrameID 应包含已定义的多播范围内的一个 FrameID。组态工具应确保此 FrameID 在该项目上下关系内是惟一的。

Special Case IOCRType=OUTPUT_CR and IOCRProperties=RT_CLASS_3
字段 FrameID 应包含在相应 PDIRData 中所使用的 FrameID。</td></tr>
<tr><td>MCRBlockReq</td><td>BlockHeader，IOCRReference，AddressResolutionProperties，mCITimeoutFactor，stationNameLength，ProviderStationName，[Padding*][a]
a 填充的八位位组数应适合构成块 Unsigned32 排列。</td></tr>
<tr><td>IOCRBlockRes</td><td>BlockHeader，IOCRType，IOCRReference，FrameID

在 BlockHeader 内的字段 BlockType，应依据表 240 设置为 IOCRBlockRes。</td></tr>
<tr><td>ExpectedSubmoduleBlockReq</td><td>BlockHeader，NumberOfAPIs，(API，slotNumber[a]，moduleIdentNumber，moduleProperties，NumberOfSubmodules，(SubslotNumber，submoduleIdentNumber，SubmoduleProperties[b]，(DataDescription，submoduleDataLength，LengthIOPS，LengthIOCS)*)*)*

在 BlockHeader 内的字段 BlockType，应依据表 240 设置为 ExpectedSubmodule-BlockReq。

a 对于一个 ExpectedSubmoduleBlockReq 的所有 APIs，此参数的值应是同样的。
b 字段 SubmoduleProperties. Type 决定后续数据描述块的个数。</td></tr>
<tr><td>ModuleDiffBlock</td><td>BlockHeader，NumberOfAPIs，(API，NumberOfModules，(SlotNumber，moduleIdentNumber，moduleState[a]，NumberOfSubmodules，[(SubslotNumber，submoduleIdentNumber，SubmoduleState)*])*)*

a 如果 ModuleState=NO_MODUL，则 NumberOfSubmodules 应是 0。后续部分应被省略。对于所有其他 ModuleState，仅 SubmoduleState 应被用来决定该子模块是否应参数化。

在 BlockHeader 内的字段 BlockType，应依据表 240 设置为 ModuleDiffBlock。</td></tr>
</table>

表 239（续）

替代名称	结　　构
AlarmCRBlockReq	BlockHeader,AlarmCRType,LT,AlarmCRProperties,RTATimeoutFactor,RTARetries,LocalAlarmReference,maxAlarmDataLength,AlarmCRTagHeaderHigh,AlarmCRTagHeaderLow 在 BlockHeader 内的字段 BlockType,应依据表 240 设置为 AlarmCRBlockRes。
AlarmCRBlockRes	BlockHeader,AlarmCRType,LocalAlarmReference,maxAlarmDataLength 在 BlockHeader 内的字段 BlockType,应依据表 240 设置为 AlarmCRBlockRes。
PrmServerBlock	BlockHeader,ParameterServerObjectUUID,ParameterServerProperties,CMInitiatorActivityTimeoutFactor,stationNameLength,ParameterServerStationName 在 BlockHeader 内的字段 BlockType,应依据表 240 设置为 PrmServerBlock。
ARRPCBlockReq	BlockHeader,InitiatorRPCServerPort
ARRPCBlockRes	BlockHeader,ResponderRPCServerPort
ControlBlockConnect	BlockHeader,Padding[a],ARUUID,sessionKey,Padding[a],ControlCommand,ControlBlockProperties [a] 填充的八位位组数应 2。 在 BlockHeader 内的字段 BlockType,应依据表 240 设置为 IODBlockReq、IODBlockRes、IOXBlockReq 和 IOXBlockRes。
ControlBlockPlug	BlockHeader,Padding[a],ARUUID,sessionKey,AlarmSequenceNumber,ControlCommand,ControlBlockProperties [a] 填充的八位位组数应是 2。 在 BlockHeader 内的字段 BlockType,应依据表 240 设置为 IOXBlockReq、IOXBlockRes。字段 AlarmSequenceNumber 应包含相应 AlarmNotification-PDU 的子字段 AlarmSpecifier. SequenceNumber 的值。
ControlBlockRFC	BlockHeader,Padding[a],ARUUID,sessionKey,Padding[a],ControlCommand,ControlBlockProperties [a] 填充的八位位组数应是 2。 在 BlockHeader 内的字段 BlockType,应依据表 240 设置为 ReadyForCompanionBlock。
ControlBlockRTC	BlockHeader, Padding[a], ARUUID, sessionKey, Padding[a], ControlCommand, ControlBlockProperties [a] 填充的八位位组数应是 2。 在 BlockHeader 内的字段 BlockType,应依据表 240 设置为 ReadyForRTCLASS3Block。

表 239（续）

替代名称	结　　构
ReleaseBlock	BlockHeader，Padding*[a]，ARUUID，sessionKey，Padding*[a]，ControlCommand，ControlBlockProperties [a] 填充的八位位组数应是 2。 在 BlockHeader 内的字段 BlockType，应依据表 240 设置为 ReleaseBlock。
RecordDataRead	DiagnosisData* ^ ExpectedIdentificationData* ^ RealIdentificationData* ^ substituteValue^ RecordInputDataObjectElement ^ RecordOutputDataObjectElement^ Data* ^ ARData^ IMData^ LogData^ ModuleDiffBlock^ APIData^ PDPortDataAdjust* ^ PDPortDataCheck* ^ PDPortDataReal* ^ PDIRData^ PDSyncData* ^ PDevData^ IsochronousModeData* ^ PDInterfaceMrpDataAdjust* ^ PDInterfaceMrpDataCheck* ^ PDInterfaceMrpDataReal* ^ PDPortMrpDataAdjust^ PDPortMrpDataReal^ PDPortFODataReal^ PDPortFODataAdjust^ PDPortFODataCheck^ PDRealData* ^ PDExpectedData* ^ PDNCDataCheck^ I&M0FilterData^ ARFSUDataAdjust^ PDInterfaceFSUDataAdjust^ PDInterfaceDataReal^ NULL[a] [a] 如果所请求的已知数据记录是空的(例如，Diagnosis，ModuleDiffBlock，ARData，…)，则应使用 NULL。
RecordDataWrite	SubstituteValue^ Data* ^ IMDataWrite^ PDPortDataAdjust^ PDPortDataCheck^ PDIRData^ PDSyncData^ IsochronousModeData^ PDInterfaceMrpDataAdjust^ PDInterfaceMrpDataCheck^ PDPortMrpDataAdjust^ PDPortFODataAdjust^ PDPortFODataCheck^ PDNCDataCheck^ ARFSUDataAdjust^ PDInterfaceFSUDataAdjust
DiagnosisData with BlockVersionLow=0	BlockHeader，ChannelDiagnosis^ ManufacturerSpecificDiagnosis^ ExtChannelDiagnosis IO 控制器和 IO 监视器应支持 BlockVersionLow=0。它不应由 IO 设备产生。
DiagnosisData with BlockVersionLow=1	BlockHeader，API，ChannelDiagnosis^ ManufacturerSpecificDiagnosis^ ExtChannelDiagnosis^ QualifiedChannelDiagnosis BlockVersionLow=1 应由 IO 设备产生，并被 IO 控制器和 IO 监视器支持。
ChannelDiagnosis	SlotNumber，subslotNumber，ChannelNumber(0x8000)，ChannelProperties[a]，UserStructureIdentifier(0x8000)，ChannelDiagnosisData* [a] 字段 ChannelProperties. Type、字段 ChannelProperties. Direction、字段 ChannelProperties. Maintenance 应设置为 0。如果结合 ChannelProperties. Maintenance(=diagnosis)在 ChannelDiagnosisData 中至少有一个 ChannelProperties. Specifier 被设置为出现(appear)，则字段 ChannelProperties. Specifier 应设置为出现。 否则，字段 ChannelProperties. Specifier 应设置为消失(disappear)。

表 239（续）

替代名称	结　构
ChannelDiagnosisData	ChannelNumber,ChannelProperties,ChannelErrorType
ManufacturerSpecificDiagnosis	SlotNumber,subslotNumber,ChannelNumber,ChannelProperties, UserStructureIdentifier,Data* 在 BlockHeader 内的字段 BlockType,应依据表 240 设置为 ManufacturerSpecificDiagnosis。
ExtChannelDiagnosis	SlotNumber,subslotNumber,ChannelNumber(0x8000),ChannelProperties[a], UserStructureIdentifier(0x8002),ExtChannelDiagnosisData* [a] 字段 ChannelProperties. Type、字段 ChannelProperties. Direction、字段 ChannelProperties. Maintenance 应设置为 0。如果结合 ChannelProperties. Maintenance(=diagnosis)在 ExtChannelDiagnosisData 中至少 有一个 ChannelProperties. Specifier 被设置为出现(appear),则字段 ChannelProperties. Specifier 应设置为出现。 否则,字段 ChannelProperties. Specifier 应设置为消失(disappear)。
ExtChannelDiagnosisData	ChannelNumber,ChannelProperties,ChannelErrorType, ExtChannelErrorType,ExtChannelAddValue
QualifiedChannelDiagnosis	SlotNumber,subslotNumber,ChannelNumber(0x8000),ChannelProperties[a], UserStructureIdentifier(0x8003),QualifiedChannelDiagnosisData* [a] 字段 ChannelProperties. Type、字段 ChannelProperties. Direction、字段 ChannelProperties. Maintenance 应设置为 0。如果结合 ChannelProperties. Maintenance(=diagnosis)在 QualifiedChannelDiagnosisData 中 至少有一个 ChannelProperties. Specifier 被设置为出现(appear),则字段 ChannelProperties. Specifier 应设置为出现。 否则,字段 ChannelProperties. Specifier 应设置为消失(disappear)。
QualifiedChannelDiagnosisData	ChannelNumber,ChannelProperties,ChannelErrorType, ExtChannelErrorType,ExtChannelAddValue,QualifiedChannelQualifier
ExpectedIdentificationData with BlockVersionLow=0	BlockHeader,NumberOfSlots,(SlotNumber,moduleIdentNumber, NumberOfSubslots,(SubslotNumber,submoduleIdentNumber)*)*
ExpectedIdentificationData with BlockVersionLow=1	BlockHeader,NumberOfAPIs,(API,NumberOfSlots,(SlotNumber, moduleIdentNumber,NumberOfSubslots,(SubslotNumber, submoduleIdentNumber)*)*)*
RealIdentificationData with BlockVersionLow=0	BlockHeader,NumberOfSlots,(SlotNumber,moduleIdentNumber, NumberOfSubslots,(SubslotNumber,submoduleIdentNumber)*)*
RealIdentificationData with BlockVersionLow=1	BlockHeader,NumberOfAPIs,(API,NumberOfSlots,(SlotNumber, moduleIdentNumber,NumberOfSubslots,(SubslotNumber, submoduleIdentNumber)*)*)*
PDIRData	BlockHeader,Padding,Padding,slotNumber,subslotNumber, PDIRGlobalData,PDIRFrameData

表 239（续）

替代名称	结　构
PDSyncData with BlockVersionLow＝2	BlockHeader,Padding,Padding,PTCPSubdomainID, ReservedIntervalBegin,ReservedIntervalEnd,PLLWindow, syncSendFactor,SendClockFactor,PTCPTimeoutFactor, PTCPTakeoverTimeoutFactor,PTCPMasterStartupTime,syncProperties, PTCP_MasterPriority1,PTCP_MasterPriority2,PTCPLengthSubdomainName, PTCPSubdomainName,[Padding*][a] a 填充的八位位组数应适合构成块 Unsigned32 排列。
PDevData	BlockHeader,Padding,Padding,[PDIRData],[PDSyncData*]
PDRealData	MultipleBlockHeader,{ [PDPortDataReal][b],[PDInterfaceMrpDataReal], [PDPortMrpDataReal],[PDPortFODataReal][a],[PDInterfaceDataReal] } a 应没有 FiberOpticManufacturerSpecific 信息。 b 字段 Slotnumber 和 Subslotnumber 应被忽略。
PDExpectedData	MultipleBlockHeader,{ [PDPortDataCheck][a],[PDPortDataAdjust][a], [PDInterfaceMrpDataAdjust],[PDInterfaceMrpDataCheck], [PDPortMrpDataAdjust],[PDPortFODataAdjust],[PDPortFODataCheck], [PDNCDataCheck],[PDInterfaceFSUDataAdjust] } a 字段 Slotnumber 和 Subslotnumber 应被忽略。
PDPortDataReal	BlockHeader,Padding,Padding,slotNumber,subslotNumber, LengthOwnPortID,OwnPortID,NumberOfPeers,[Padding*][a], [LengthPeerPortID,PeerPortID,LengthPeerChassisID,PeerChassisID, [Padding*][a],LineDelay,PeerMACAddress[b]]*,[Padding*][a],mAUType[c], [Padding*][a],Reserved[d],multicastBoundary,LinkState,[Padding*][a], mediaType a 填充的八位位组数应适合构成块 Unsigned32 排列。 b 此字段包含对等(peer)的接口 MAC 地址。 c 见表 378。 d 保留的八位位组数应是 4。
PDInterfaceDataReal	BlockHeader,LengthOwnChassisID,OwnChassisID,[Padding*][a], MACAddressValue[b],[Padding*][a],IPParameterValue,[Padding*][a] a 填充的八位位组数应适合构成块 Unsigned32 排列。 b 此字段包含接口 MAC 地址。
TxPortGroup	NumberOfTxPortGroups,TxPortGroupArray
SubstituteValue	BlockHeader,substitutionMode,substituteDataItem
RecordInputDataObjectElement	BlockHeader,LengthIOCS,IOCS,LengthIOPS,IOPS,LengthData,Data 特殊案例:对输出子模块的响应 PNIOStatus(＝0xDE,0x80,0xB0,0x00)

表 239（续）

替代名称	结　构
RecordOutputDataObjectElement	BlockHeader，substituteActiveFlag，LengthIOCS，LengthIOPS，LengthData，DataItem[a]，substituteValue 特殊案例：对输入子模块的响应 PNIOStatus（=0xDE，0x80，0xB0，0x00） [a] 对于此记录，DataItem 应被编码为 IOCS，Data，IOPS
ARData	BlockHeader，NumberOfARs，（ARUUID，ARType，ARProperties，CMInitiatorObjectUUID，stationNameLength，CMInitiatorStationName，NumberOfIOCRs，（IOCRType，IOCRProperties，FrameID，APDU_Status[a]，InitiatorUDPRTPort，ResponderUDPRTPort）*，AlarmCRType，LocalAlarmReference，RemoteAlarmReference，ParameterServerObjectUUID[b]，stationNameLength[c]，[ParameterServerStationName]，NumberOfAPIs，API*）* 特殊案例："IOSAR 具有 ARProperties. DeviceAccess=1"： NumberOfIOCRs ：= 0 AlarmCRType ：= 0 NumberOfAPIs ：= 0 [a] APDU_Status. CycleCounter 和 APDU_Status. TransferStatus 可以是 0； [b] ParameterServerObjectUUID 应是 NIL（如果不使用的话）； [c] stationNameLength 应是 0（如果不使用的话）。在此情况下，字段 ParameterServerStationName 应被省略。
APIData	BlockHeader，NumberOfAPIs，API*
LogData	BlockHeader，ActualLocalTimeStamp，NumberOfLogEntries，（LocalTimeStamp，ARUUID，PNIOStatus，EntryDetail）*
CMInitiatorObjectUUID	PROFINETIOConstantValue，InstanceHigh，InstanceLow，DeviceIdentNumber
ParameterServerObjectUUID	PROFINETIOConstantValue，InstanceHigh，InstanceLow，DeviceIdentNumber
DeviceIdentNumber	DeviceIDHigh，DeviceIDLow，VendorIDHigh，VendorIDLow
IMDataWrite	[I&M1]^[I&M2]^[I&M3]^[I&M4]
IMData	I&M0^[I&M1]^[I&M2]^[I&M3]^[I&M4]
I&M0	BlockHeader，VendorIDHigh，VendorIDLow，OrderID，IM_Serial_Number，IM_Hardware_Revision，IM_Software_Revision，IM_Revision_Counter，IM_Profile_ID，IM_Profile_Specific_Type，IM_Version，IM_Supported
I&M1	BlockHeader，IM_Tag_Function，IM_Tag_Location
I&M2	BlockHeader，IM_Date
I&M3	BlockHeader，IM_Descriptor
I&M4	BlockHeader，IM_Signature

表 239（续）

替代名称	结　构
I&M0FilterData	{I&M0FilterDataSubmodul[a],[I&M0FilterDataModul][b],[I&M0FilterDataDevice][c]} a 应包含具有离散 IMData 的所有子模块； b 应(如果存在)仅包含模块引用(reference)； c 应(如果存在)仅包含设备引用。
I&M0FilterDataSubmodul	BlockHeader,NumberOfAPIs,(API,NumberOfModules,(SlotNumber,moduleIdentNumber,NumberOfSubmodules,(SubslotNumber,submoduleIdentNumber)*)*)*
I&M0FilterDataModul	BlockHeader,NumberOfAPIs,(API,NumberOfModules,(SlotNumber,moduleIdentNumber,NumberOfSubmodules,(SubslotNumber,submoduleIdentNumber)*)*)*
I&M0FilterDataDevice	BlockHeader,NumberOfAPIs,(API,NumberOfModules,(SlotNumber,moduleIdentNumber,NumberOfSubmodules,(SubslotNumber,submoduleIdentNumber)*)*)*
IM_Version	IM_Version_Major,IM_Version_Minor
IM_Software_Revision	SWRevisionPrefix,IM_SWRevision_Functional_Enhancement,IM_SWRevision_Bug_Fix,IM_SWRevision_Internal_Change
MultipleBlockHeader	BlockHeader,Padding,Padding,API,slotNumber,subslotNumber
PDIRGlobalData with BlockVersionLow=1	BlockHeader,Padding,Padding,IRDataUUID,maxBridgeDelay,NumberOfPorts,(MaxPortTxDelay,maxPortRxDelay)*
PDIRFrameData	BlockHeader,Padding,Padding,(FrameSendOffset,DataLength,ReductionRatio,Phase,FrameID,EtherType,RxPort,FrameDetails,TxPortGroup,[Padding*][a])* a 填充的八位位组数应适合构成块 Unsigned32 排列。
IsochronousModeData	BlockHeader,Padding,Padding,slotNumber,subslotNumber,ControllerApplicationCycleFactor,TimeDataCycle,TimeIOInput,TimeIOOutput,TimeIOInputValid,TimeIOOutputValid
PDPortDataAdjust	BlockHeader,Padding,Padding,slotNumber,subslotNumber,{[AdjustDomainBoundary],[AdjustMulticastBoundary],[AdjustMAUType^AdjustLinkState],[AdjustPeerToPeerBoundary],[AdjustDCPBoundary]}
PDPortDataCheck	BlockHeader,Padding,Padding,slotNumber,subslotNumber,{[CheckPeers],[CheckLineDelay],[CheckMAUType],[CheckLinkState],[CheckSyncDifference],[CheckMAUTypeDifference]}
AdjustDomainBoundary with BlockVersionLow=1	BlockHeader,Padding,Padding,DomainBoundaryIngress,DomainBoundaryEgress,AdjustProperties,[Padding*][a] a 填充的八位位组数应适合构成块 Unsigned32 排列。

表 239（续）

替代名称	结　　构
AdjustMulticastBoundary	BlockHeader, Padding, Padding, multicastBoundary, AdjustProperties, [Padding*][a] a 填充的八位位组数应适合构成块 Unsigned32 排列。
AdjustMAUType	BlockHeader, Padding, Padding, mAUType, AdjustProperties
AdjustLinkState	BlockHeader, Padding, Padding, LinkState, AdjustProperties
AdjustPeerToPeer-Boundary	BlockHeader, Padding, Padding, PeerToPeerBoundary, AdjustProperties, [Padding*][a] a 填充的八位位组数应适合构成块 Unsigned32 排列。
AdjustDCPBoundary	BlockHeader, Padding, Padding, DCPBoundary, AdjustProperties, [Padding*][a] a 填充的八位位组数应适合构成块 Unsigned32 排列。
CheckPeers	BlockHeader, NumberOfPeers, (LengthPeerPortID, PeerPortID, LengthPeerChassisID, PeerChassisID)* , [Padding*][a] a 填充的八位位组数应适合构成块 Unsigned32 排列。
CheckLineDelay	BlockHeader, Padding, Padding, LineDelay
CheckMAUType	BlockHeader, mAUType
CheckLinkState	BlockHeader, LinkState
CheckSyncDifference	BlockHeader, CheckSyncMode
CheckMAUTypeDifference	BlockHeader, mAUTypeMode
PDInterfaceMrpDataAdjust	BlockHeader, Padding, Padding, MRP_DomainUUID, MRP_Role, [Padding*][a], MRP_LengthDomainName, MRP_DomainName, [Padding*][a], { [(MrpManagerParams, [MrpRTModeManagerData]) ^ (MrpClientParams, [MrpRTModeClientData])] } a 填充的八位位组数应适合构成块 Unsigned32 排列。
PDInterfaceMrpDataReal	BlockHeader, Padding, Padding, MRP_DomainUUID, MRP_Role, MRP_LengthDomainName, MRP_DomainName, [Padding*][a], MRP_Version, { [(MrpManagerParams, [MrpRTModeManagerData]) ^ (MrpClientParams, [MrpRTModeClientData])], [MrpRingStateData], [MrpRTStateData] } a 填充的八位位组数应适合构成块 Unsigned32 排列。
PDInterfaceMrpDataCheck	BlockHeader, Padding, Padding, MRP_DomainUUID, MRP_Check
PDPortMrpDataAdjust	BlockHeader, Padding, Padding, MRP_DomainUUID
PDPortMrpDataReal	BlockHeader, Padding, Padding, MRP_DomainUUID
MrpManagerParams	BlockHeader, MRP_Prio, MRP_TOPchgT, MRP_TOPNRmax, MRP_TSTshortT, MRP_TSTdefaultT, MRP_TSTNRmax, [Padding*][a] a 填充的八位位组数应适合构成块 Unsigned32 排列。

表 239（续）

替代名称	结　构
MrpClientParams	BlockHeader,MRP_LNKdownT,MRP_LNKupT,MRP_LNKNRmax
MrpRTModeManagerData	BlockHeader,MRRT_TSTNRmax,MRRT_TSTdefaultT,[Padding*][a],MRP_RTMode a 填充的八位位组数应适合构成块 Unsigned32 排列。
MrpRTModeClientData	BlockHeader,[Padding*][a],MRP_RTMode a 填充的八位位组数应适合构成块 Unsigned32 排列。
MrpRingStateData	BlockHeader,MRP_RingState
MrpRTStateData	BlockHeader,MRP_RTState
PDPortFODataReal	BlockHeader,Padding,Padding,FiberOpticType,FiberOpticCableType,[FiberOpticManufacturerSpecific*]
FiberOpticManufacturerSpecific	BlockHeader,VendorIDHigh,VendorIDLow,VendorBlockType,Data* ,[Padding*][a] a 填充的八位位组数应适合构成块 Unsigned32 排列。
PDPortFODataAdjust	BlockHeader,Padding,Padding,FiberOpticType,FiberOpticCableType
PDPortFODataCheck	BlockHeader,Padding,Padding,MaintenanceRequiredPowerBudget,MaintenanceDemandedPowerBudget,ErrorPowerBudget
MaintenanceRequiredPower-Budget	FiberOpticPowerBudgetType
MaintenanceDemandedPower-Budget	FiberOpticPowerBudgetType
ErrorPowerBudget	FiberOpticPowerBudgetType
PDNCDataCheck	BlockHeader,Padding,Padding,maintenanceRequiredDropBudget,maintenanceDemandedDropBudget,ErrorDropBudget
MaintenanceRequiredDrop-Budget	NCDropBudgetType
MaintenanceDemandedDrop-Budget	NCDropBudgetType
ErrorDropBudget	NCDropBudgetType
PDInterfaceFSUDataAdjust	BlockHeader,[Padding*][a],{ [FSHelloBlock],[FastStartUpBlock] }[b] a 填充的八位位组数应适合构成块 Unsigned32 排列。 b 至少一个可选择的块存在。
ARFSUDataAdjust	BlockHeader,[Padding*][a],{ [FSParameterBlock],[FastStartUpBlock] }[b] a 填充的八位位组数应适合构成块 Unsigned32 排列。 a 至少一个可选择的块存在。

表 239（续）

替代名称	结　构
FSHelloBlock	BlockHeader,[Padding*][a],FSHelloMode,FSHelloInterval,FSHelloRetry,FSHelloDelay,[Padding*][a] [a] 填充的八位位组数应适合构成块 Unsigned32 排列。
FSParameterBlock	BlockHeader,[Padding*][a],FSParameterMode,FSParameterUUID,[Padding*][a] [a] 填充的八位位组数应适合构成块 Unsigned32 排列。
FastStartUpBlock	BlockHeader,[Padding*][a],Data*,[Padding*][a] [a] 填充的八位位组数应适合构成块 Unsigned32 排列。

6.2 传输语法

6.2.1 有关 BlockHeader 专用字段的编码

6.2.1.1 字段 BlockType 的编码

此字段应编码为其值符合表 240 的数据 Unsigned16。此字段标识 PDU 或数据块类型。

表 240 BlockType

值(十六进制)	含　义	使　用
0x0000	保留	未使用
0x0001	AlarmNotification High	AlarmNotification-PDU
0x0002	AlarmNotification Low	AlarmNotification-PDU
0x0008	IODWriteReqHeader	RecordDataWrite
0x8008	IODWriteResHeader	RecordDataWrite
0x0009	IODReadReqHeader	RecordDataRead
0x8009	IODReadResHeader	RecordDataRead
0x0010	DiagnosisData	RecordDataRead, AlarmNotification-PDU
0x0012	ExpectedIdentificationData	RecordDataRead
0x0013	RealIdentificationData	RecordDataRead
0x0014	SubstituteValue	RecordDataRead, RecordDataWrite
0x0015	RecordInputDataObjectElement	RecordDataRead
0x0016	RecordOutputDataObjectElement	RecordDataRead
0x0017	保留	
0x0018	ARData	RecordDataRead
0x0019	LogData	RecordDataRead
0x001A	APIData	RecordDataRead
0x0020	I&M0	RecordDataRead
0x0021	I&M1	RecordDataRead RecordDataWrite

表 240（续）

值(十六进制)	含　义	使　用
0x0022	I&M2	RecordDataRead RecordDataWrite
0x0023	I&M3	RecordDataRead RecordDataWrite
0x0024	I&M4	RecordDataRead RecordDataWrite
0x0025 ～0x002F	I&M5～15[a] [a] 保留用于另外的标识和维护数据	RecordDataRead RecordDataWrite
0x0030	I&M0FilterDataSubmodul	I&M0FilterData
0x0031	I&M0FilterDataModul	I&M0FilterData
0x0032	I&M0FilterDataDevice	I&M0FilterData
0x8001	Alarm Ack High	AlarmAck-PDU
0x8002	Alarm Ack Low	AlarmAck-PDU
0x0101	ARBlockReq	IODConnectReq
0x8101	ARBlockRes	IODConnectRes
0x0102	IOCRBlockReq	IODConnectReq
0x8102	IOCRBlockRes	IODConnectRes
0x0103	AlarmCRBlockReq	IODConnectReq
0x8103	AlarmCRBlockRes	IODConnectRes
0x0104	ExpectedSubmoduleBlockReq	IODConnectReq
0x8104	ModuleDiffBlock	IODConnectRes, RecordDataRead, IOCControlReq, IOSControlReq
0x0105	PrmServerBlockReq	IODConnectReq
0x8105	PrmServerBlockRes	IODConnectRes
0x0106	MCRBlockReq	IODConnectReq
0x0110	IODBlockReq,仅应与连接建立阶段一起来使用	IODControlReq (Prm End. req)
0x8110	IODBlockRes,仅应与连接建立阶段一起来使用	IODControlRes (Prm End. rsp)
0x0111	IODBlockReq,仅应与插头(plug)报警事件一起来使用	IODControlReq (Prm End. req)
0x8111	IODBlockRes,仅应与插头(plug)报警事件一起来使用	IODControlRes (Prm End. rsp)
0x0112	IOXBlockReq,仅应与连接建立阶段一起来使用	IOXControlReq (Application Ready. req)

表 240（续）

值(十六进制)	含　义	使　用
0x8112	IOXBlockRes,仅应与连接建立阶段一起来使用	IOXControlRes (Application Ready. rsp)
0x0113	IOXBlockReq,仅应与插头(plug)报警事件一起来使用	IOCControlReq, IOSControlReq (Application Ready. req)
0x8113	IOXBlockRes,仅应与插头(plug)报警事件一起来使用	IOCControlRes IOSControlRes (Application Ready. rsp)
0x0114	ReleaseBlockReq	IODReleaseReq
0x8114	ReleaseBlockRes	IODReleaseRes
0x0115	ARRPCServerBlockReq	IODConnectReq
0x8115	ARRPCServerBlockRes	IODConnectRes
0x0116	IOXBlockReq,仅应与连接建立阶段一起来使用	IOXControlReq (Ready for Companion. req)
0x8116	IOXBlockRes,仅应与连接建立阶段一起来使用	IOXControlRes (Ready for Companion. rsp)
0x0117	IOXBlockReq,仅应与连接建立阶段一起来使用	IOXControlReq (Ready for RT_CLASS_3. req)
0x8117	IOXBlockRes,仅应与连接建立阶段一起来使用	IOXControlRes (Ready for RT_CLASS_3. rsp)
0x0200	PDPortDataCheck	RecordDataRead RecordDataWrite
0x0201	PDevData	RecordDataRead
0x0202	PDPortDataAdjust	RecordDataRead RecordDataWrite
0x0203	PDSyncData	RecordDataRead RecordDataWrite
0x0204	IsochronousModeData	RecordDataRead RecordDataWrite
0x0205	PDIRData	RecordDataRead RecordDataWrite
0x0206	PDIRGlobalData	RecordDataRead RecordDataWrite
0x0207	PDIRFrameData	RecordDataRead RecordDataWrite
0x0209	用于调整 DomainBoundary 的子块(Sub block)	PDPortDataAdjust
0x020A	用于检查对等的子块	PDPortDataCheck
0x020B	用于检查 LineDelay 的子块	PDPortDataCheck
0x020C	用于检查 MAUType 的子块	PDPortDataCheck

表 240（续）

值(十六进制)	含 义	使 用
0x020E	用于调整 MAUType 的子块	PDPortDataAdjust
0x020F	PDPortDataReal	RecordDataRead RecordDataWrite
0x0210	用于调整 MulticastBoundary 的子块	PDPortDataAdjust
0x0211	PDInterfaceMrpDataAdjust	RecordDataRead RecordDataWrite
0x0212	PDInterfaceMrpDataReal	RecordDataRead
0x0213	PDInterfaceMrpDataCheck	RecordDataRead RecordDataWrite
0x0214	PDPortMrpDataAdjust	RecordDataRead RecordDataWrite
0x0215	PDPortMrpDataReal	RecordDataRead
0x0216	用于媒体冗余管理器参数的子块	PDInterfaceMrpDataAdjust PDInterfaceMrpDataReal
0x0217	用于媒体冗余客户机参数的子块	PDInterfaceMrpDataAdjust PDInterfaceMrpDataReal
0x0218	用于管理器媒体冗余 RT 模式的子块	PDInterfaceMrpDataAdjust PDInterfaceMrpDataReal
0x0219	用于媒体冗余环状态数据的子块	PDInterfaceMrpDataReal
0x021A	用于媒体冗余 RT 环状态数据的子块	PDInterfaceMrpDataReal
0x021B	用于调整 PortState 的子块	PDPortDataAdjust
0x021C	用于检查 PortState 的子块	PDPortDataCheck
0x021D	用于客户机媒体冗余 RT 模式的子块	PDInterfaceMrpDataAdjust PDInterfaceMrpDataReal
0x021E	用于检查 LLDP 发现的本地和远程 CableDelay 的子块，以发现同步差异	PDPortDataCheck， CheckSyncDifference
0x021F	用于检查 LLDP 发现的本地和远程 MAUType 的子块	PDPortDataCheck， CheckMAUTypeDifference
0x0220	PDPortFODataReal	RecordDataRead
0x0221	用于读实际光纤制造商特性数据的子块	RecordDataRead
0x0222	PDPortFODataAdjust	RecordDataRead RecordDataWrite
0x0223	PDPortFODataCheck	RecordDataRead RecordDataWrite
0x0224	用于调整 PeerToPeerBoundary 的子块	PDPortDataAdjust
0x0225	用于调整 DCPBoundary 的子块	PDPortDataAdjust
0x0230	PDNCDataCheck	RecordDataRead RecordDataWrite

表 240(续)

值(十六进制)	含　义	使　用
0x0240	PDInterfaceDataReal	RecordDataRead
0x0400	MultipleBlockHeader	RecordDataRead
0x0500	RecordDataReadQuery	RecordDataRead
0x0600	FSHelloBlock	PDInterfaceFSUDataAdjust
0x0601	FSParameterBlock	ARFSUDataAdjust
0x0602～0x607	Reserved for FastStartUp	RecordDataRead RecordDataWrite
0x0608	PDInterfaceFSUDataAdjust	RecordDataRead RecordDataWrite
0x0609	ARFSUDataAdjust	RecordDataRead RecordDataWrite
0x060A～0x60F	Reserved for FastStartUp	RecordDataRead RecordDataWrite
0x0F00	MaintenanceItem	Alarmnotification-PDU
0x0F01	在 Upload&Retrievalltem 内装载所选择的记录	Alarmnotification-PDU
0x0F02	iParameterItem	Alarmnotification-PDU
0x0F03	在 Upload&Retrievalltem 内恢复所选择的记录	Alarmnotification-PDU
0x0F04	在 Upload&Retrievalltem 内恢复所有存储的记录	Alarmnotification-PDU
其他	保留	未使用

6.2.1.2 字段 BlockLength 的编码

此字段应编码为数据类型 Unsigned16。此字段应包含未计算字段 BlockType 和 BlockLength 在内的八位位组数。

6.2.1.3 字段 BlockVersionHigh 的编码

此字段应编码为数据类型 Unsigned8。该值应设置为 0x01。

6.2.1.4 字段 BlockVersionLow 的编码

此字段应编码为数据类型 Unsigned8。该值应设置为 0x00 以指出版本 0。如果传输多个 APIs 的数据,则对于 ExpectedIdentificationData、RealIdentificationData 和 DiagnosisData,该值应设置为 0x01。

6.2.2 有关 RTA-SDU 专用字段的编码

6.2.2.1 字段 AlarmType 的编码

此字段应编码为数据类型 Unsigned16。此字段应依据表 241 中的值来编码。

表 241 AlarmType

值(十六进制)	含　义
0x0000	保留
0x0001	诊断
0x0002	处理
0x0003	拔[a]
0x0004	插
0x0005	状况
0x0006	更新
0x0007	冗余

表 241（续）

值（十六进制）	含　义
0x0008	被监视器控制
0x0009	释放
0x000A	插入错误子模块
0x000B	子模块的返回
0x000C	诊断消失
0x000D	多播通信失配通知
0x000E	端口数据改变通知
0x000F	同步数据改变通知
0x0010	等时同步模式问题通知
0x0011	网络部件问题通知
0x0012	时间数据改变通知
0x0013～0x001D	保留
0x001E	上载和取回通知
0x001F	拔模块[b]
0x0020～0x007F	制造商特定
0x0080～0x00FF	保留用于行规
0x0100～0xFFFF	保留

[a] 由于 ARProperties. PullModuleAlarmAllowed(＝0)，子槽号 0x0001～0x8FFF 被用作“Pullsubmodule”以及子槽号 0 被用作“Pullmodule”。

[b] 由于 ARProperties. PullModuleAlarmAllowed(＝1)，AlarmType(Pull)应用信号通知拔子模块以及 AlarmType(Pullmodule)应用信号通知拔模块。

6.2.2.2 字段 AlarmSpecifier 的编码

此字段的编码应依据 3.7.3.4，各比特应具有以下含义：

——比特 0～10：AlarmSpecifier. SequenceNumber

此字段应因每个 AlarmNotification 而增加。允许值范围是：0～2047。借助 SequenceNumber，接收方检查重复并在 AlarmAck 中反映该字段的值。

——比特 11：AlarmSpecifier. ChannelDiagnosis

此字段应依据表 242 中值来编码。对于所有其他的 AlarmTypes，此字段应设置为 0。

表 242　**AlarmSpecifier. ChannelDiagnosis**

值（十六进制）	含　义	在 AlarmType 中的用法
0x00	意味着 SubslotNumber 不包含具有 Channel-Properties. Maintenance(＝diagnosis)和 Channel-Properties. Specifier(＝appear)的 ChannelDiagnosis、ExtChannelDiagnosis 或 QualifiedChannelDiagnosis	诊断、冗余、多播通信失配、端口数据改变通知、同步数据改变通知、等时同步模式问题通知、网络部件问题通知、时间数据改变通知
0x01	意味着 SubslotNumber 至少包含一个具有 Channel-Properties. Maintenance(＝diagnosis)和 Channel-Properties. Specifier(＝appear)的 ChannelDiagnosis、ExtChannelDiagnosis 或 QualifiedChannelDiagnosis	

——比特 12：AlarmSpecifier. ManufacturerSpecificDiagnosis

此字段应依据表 243 中值来编码。对于所有其他的 AlarmTypes,此字段应设置为 0。

表 243　AlarmSpecifier. ManufacturerSpecificDiagnosis

值(十六进制)	含　义	在 AlarmType 中的用法
0x00	意味着 SubslotNumber 不包含具有 Channel-Properties. Maintenance(=diagnosis)和 Channel-Properties. Specifier(=appear 或 disappear)的 ManufacturerSpecificDiagnosis	诊断、冗余、多播通信失配、端口数据改变通知、同步数据改变通知、等时同步模式问题通知、网络部件问题通知、时间数据改变通知
0x01	意味着 SubslotNumber 至少包含一个具有 ChannelProperties. Maintenance(=diagnosis)和 ChannelProperties. Specifier(=appear 或 disappear)的 ManufacturerSpecificDiagnosis	

——比特 13:AlarmSpecifier. SubmoduleDiagnosisState

此字段应依据表 244 中值来编码。对于所有其他的 AlarmTypes,此字段应设置为 0。

表 244　AlarmSpecifier. SubmoduleDiagnosisState

值(十六进制)	含　义	在 AlarmType 中的用法
0x00	无错误(Error free) 在该子模块上不存在具有 ChannelProperties. Maintenance(=diagnosis)和 ChannelProperties. Specifier(=appear)的 DiagnosisData 此外,它指出所有报告的诊断已经被清除。个别的"disappears"通知可以被省略。 但是,即使在此情况下,具有 ChannelProperties. Maintenance(=diagnosis)和 ChannelProperties. Specifier(=disappear)的 Manufacturerspecific Diagnosis 可能出现	诊断、冗余、多播通信失配、端口数据改变通知、同步数据改变通知、等时同步模式问题通知、网络部件问题通知、时间数据改变通知
0x01	在该子模块中至少存在一个具有 Channel-Properties. Maintenance(=diagnosis)和 Channel-Properties. Specifier(=appear)的 DiagnosisData	

——比特 14:AlarmSpecifier. reserved

此字段应设置为 0。

——比特 15:AlarmSpecifier. ARDiagnosisState

此字段应依据表 245 中值来编码。对于所有其他的 AlarmTypes,此字段应设置为 0。

表 245　AlarmSpecifier. ARDiagnosisState

值(十六进制)	含　义	在 AlarmType 中的用法
0x00	无错误 在该 AR 上不存在具有 ChannelProperties. Maintenance(=diagnosis)和 ChannelProperties. Specifier(=appear)的 DiagnosisData。 此外,它指出所有报告的诊断已经被清除。个别的"disappears"通知可以被省略。 但是,即使在此情况下,具有 ChannelProperties. Maintenance(=diagnosis) 和 ChannelProperties. Specifier(=disappear)的 Manufacturerspecific Diagnosis 可能出现	诊断、冗余、多播通信失配、端口数据改变通知、同步数据改变通知、等时同步模式问题通知、网络部件问题通知、时间数据改变通知
0x01	在该 AR 上至少存在一个具有 ChannelProperties. Maintenance(=diagnosis)和 ChannelProperties. Specifier(=appear)的 DiagnosisData	

6.2.3 有关通用地址字段的编码

6.2.3.1 字段 API 的编码

此字段应编码为数据类型 Unsigned32，符合表 246。

表 246 API

值(十六进制)	API 的含义
0	缺省
0x00000001～0x0000FFFF	用于适合 6.2.4.83.8 的行规定义
0x00010000～0xFFFFFFFF	用于 6.2.4.83.8 以外的行规定义

注 1：API 由 PROFIBUS 国际(PI)来分配。

注 2：API 即应用过程标识符(Application Process Identifier)。

6.2.3.2 字段 SlotNumber 的编码

此字段应编码为数据类型 Unsigned16。该编码应依据表 247。

表 247 SlotNumber

值(十六进制)	SlotNumber 的含义
0～0x7FFF	模块的第 1 个可使用的槽是 0。最后一个使用的槽是 0x7FFF。它可以包含间隔(gaps)
0x8000～0xFFFF	保留

6.2.3.3 字段 SubslotNumber 的编码

此字段应编码为数据类型 Unsigned16。该编码应依据表 248。

表 248 SubslotNumber

<table>
<tr><th>值(十六进制)</th><th colspan="2">SubslotNumber 的含义</th></tr>
<tr><td rowspan="2">0</td><td>ARProperties. PullModuleAlarmAllowed(=0)</td><td>应联合 AlarmType(Pull)用来编码“Pullmodule”</td></tr>
<tr><td>ARProperties. PullModuleAlarmAllowed(=1)</td><td>可使用的子槽</td></tr>
<tr><td>0x0001～0x7FFF</td><td colspan="2">子模块的第 1 个可使用的子槽是 1。子模块的最末 1 个可使用的子槽是 0x7FFF。可能有间隔</td></tr>
<tr><td>0x8000～0x8FFF</td><td colspan="2">用于具有多达 255 端口的 16 个接口模块。可能有间隔</td></tr>
<tr><td>0x9000～0xFFFF</td><td colspan="2">保留</td></tr>
</table>

Subslotnumber 应以 0x8IPP 来求值，具有 I(计算的接口(I ：= 00 意味着接口自已))和 P(计算的端口)。

6.2.3.4 字段 Index 的编码

6.2.3.4.1 概要

此字段应编码为数据类型 Unsigned16。从 0 到 0x7FFF 的范围应用来编址用户特定记录数据对象。从 0x8000 到 0x0xFFFF 的范围应用于协议专用功能或其他协议扩展。从 0x8000 到 0xFFFF 的范围被分成 4 个部分。对于每一部分，它规定字段 ARUUID、SlotNumber 和 SubslotNumber 应被忽略还是被使用。可选字段 TargetARUUID 仅应与所定义的索引一道出现和一道来求值。

此外，所有具有写访问的服务仅应使用 established AR 上下关系的有效地址空间。读服务可以寻址此上下关系以外的记录数据。

6.2.3.4.2 地址参数的语法

以下的表达式示出符合索引范围的地址参数的计算。

——Expression 1(子槽专用)

应采用以下规则计算地址参数：

a) RPCOperationNmb == implicit Read

1) ARUUID == NIL(implicit AR)

i) TargetARUUID == NIL

API,Slot Number,Subslot Number,Index 应被计算

ii) TargetARUUID ! = NIL

API,Slot Number,Subslot Number,Index 应被计算

2) ARUUID ! = NIL(explicit AR)

不允许

b) RPCOperationNmb == explicit Read / Write

1) ARUUID == NIL(implicit AR)

不允许

2) ARUUID ! = NIL(established AR)

API,Slot Number,Subslot Number,Index 应被计算

——Expression 2(槽专用)

应采用以下规则计算地址参数:

a) RPCOperationNmb == implicit Read

1) ARUUID == NIL(implicit AR)

i) TargetARUUID == NIL

API,Slot Number,Index 应被计算

ii) TargetARUUID ! = NIL

API,Slot Number,Index 应被计算

2) ARUUID ! = NIL(explicit AR)

不允许

b) RPCOperationNmb == explicit Read / Write

1) ARUUID == NIL(implicit AR)

不允许

2) ARUUID ! = NIL(established AR)

API,Slot Number,Index 应被计算

——Expression 3(AR 专用)

应采用以下规则计算地址参数:

a) RPCOperationNmb == implicit Read

1) ARUUID == NIL(implicit AR)

i) TargetARUUID == NIL

不允许

ii) TargetARUUID ! = NIL

Index 应被计算

2) ARUUID ! = NIL(explicit AR)

不允许

b) RPCOperationNmb == explicit Read / Write

1) ARUUID == NIL(implicit AR)

不允许

2) ARUUID ! = NIL(established AR)

Index 应被计算

——Expression 4(API 专用)

应采用以下规则计算地址参数:

a) RPCOperationNmb == implicit Read

1) ARUUID == NIL(implicit AR)

API,Index 应被计算

2) ARUUID ! = NIL(explicit AR)

不允许

b) RPCOperationNmb == explicit Read / Write

1) ARUUID == NIL(implicit AR)

不允许

2) ARUUID ! = NIL(established AR)

API,Index 应被计算

——Expression 5(设备专用)

应采用以下规则计算地址参数:

a) RPCOperationNmb == implicit Read

1) ARUUID == NIL(implicit AR)

Index 应被计算

2) ARUUID ! = NIL(explicit AR)

不允许

b) RPCOperationNmb == explicit Read / Write

1) ARUUID == NIL(implicit AR)

不允许

2) ARUUID ! = NIL(established AR)

Index 应被计算

6.2.3.4.3 诊断记录的 DiagnosisData 分组

诊断记录依据索引包含不同的数据。分组应依据表 249。在表 251~表 255 中使用标识符。

表 249 DiagnosisData 的分组

标识符	含义
Diagnosis in channel coding	ChannelDiagnosisData,ExtChannelDiagnosisData,和 QualifiedChannelDiagnosis with ChannelProperties. Maintenance(=diagnosis)和 ChannelProperties. Specifier(=appear)
Diagnosis in all codings	ChannelDiagnosisData,ExtChannelDiagnosisData,QualifiedChannelDiagnosis,和 ManufacturerSpecificDiagnosis with ChannelProperties. Maintenance(=diagnosis)和 ChannelProperties. Specifier(=appear)
Maintenance required in channel coding	ChannelDiagnosisData,ExtChannelDiagnosisData,和 QualifiedChannelDiagnosis with ChannelProperties. Maintenance(=MaintenanceRequired)和 ChannelProperties. Specifier(=appear)
Maintenance required in all codings	ChannelDiagnosisData,ExtChannelDiagnosisData,QualifiedChannelDiagnosis,和 ManufacturerSpecificDiagnosis with ChannelProperties. Maintenance(= MaintenanceRequired)和 ChannelProperties. Specifier(=appear)
Maintenance demanded in channel coding	ChannelDiagnosisData,ExtChannelDiagnosisData,和 QualifiedChannelDiagnosis with ChannelProperties. Maintenance(=MaintenanceDemanded)和 ChannelProperties. Specifier(=appear)

表 249（续）

标识符	含　义
Maintenance demanded in all codings	ChannelDiagnosisData，ExtChannelDiagnosisData，QualifiedChannelDiagnosis，和 ManufacturerSpecificDiagnosis with ChannelProperties. Maintenance(= MaintenanceDemanded)和 ChannelProperties. Specifier(=appear)
Diagnosis， maintenance，Qualified andStatus	ChannelDiagnosisData，ExtChannelDiagnosisData，QualifiedChannelDiagnosis，ManufacturerSpecificDiagnosis with ChannelProperties. Maintenance(=any)和 ChannelProperties. Specifier(=appear)，andManufacturerSpecificDiagnosis with ChannelProperties. Maintenance(=diagnosis)和 ChannelProperties. Specifier(=disappear)

6.2.3.4.4 分配编号

对于用户特定的记录数据的编码应符合表 250。

表 250 **Index(用户专用)**

值(十六进制)	Index 的含义	字段 ARUUID，API，slotNumber，SubslotNumber 和 TargetARUUID 的含义
0～0x7FFF	用户专用的 RecordData	采用 Expression 1

对于子模块专门定义的记录数据的编码应符合表 251。

表 251 **Index(子槽专用)**

值(十六进制)	Index 的含义	字段 ARUUID，API，slotNumber，SubslotNumber 和 TargetARUUID 的含义
0x8000	ExpectedIdentificationData，用于一个子槽	采用 Expression 1
0x8001	RealIdentificationData，用于一个子槽	采用 Expression 1
0x8002～0x8009	保留	保留
0x800A	以通道编码形式给出的 Diagnosis，用于一个子槽	采用 Expression 1
0x800B	以全编码形式给出的 Diagnosis 用于一个子槽	采用 Expression 1
0x800C	DiagnosisMaintenanceQualified 和 Status 用于一个子槽	采用 Expression 1
0x800D～0x800F	保留	保留
0x8010	以通道编码形式给出的 Maintenance required，用于一个子槽	采用 Expression 1
0x8011	以通道编码形式给出的 Maintenance demanded，用于一个子槽	采用 Expression 1
0x8012	以全编码形式给出的 Maintenance required，用于一个子槽	采用 Expression 1
0x8013	以全编码形式给出的 Maintenance demanded，用于一个子槽	采用 Expression 1
0x8014～0x801D	保留	保留
0x801E	SubstituteValues，用于一个子槽	采用 Expression 1
0x801F～0x8027	保留	保留
0x8028	RecordInputDataObjectElement，用于一个子槽	采用 Expression 1
0x8029	RecordOutputDataObjectElement，用于一个子槽	采用 Expression 1

表 251（续）

值(十六进制)	Index 的含义	字段 ARUUID,API,slotNumber,SubslotNumber 和 TargetARUUID 的含义
0x802A	PDPortDataReal,用于一个子槽	采用 Expression 1
0x802B	PDPortDataCheck,用于一个子槽	采用 Expression 1
0x802C	PDIRData,用于一个子槽	采用 Expression 1
0x802D	Expected PDSyncData,用于一个 SyncID 值为 0 的子槽	采用 Expression 1
0x802E	保留	采用 Expression 1
0x802F	PDPortDataAdjust,用于一个子槽	采用 Expression 1
0x8030	IsochronousModeData,用于一个子槽	采用 Expression 1
0x8031	Expected PDSyncData,用于一个 SyncID 值为 1 的子槽	采用 Expression 1
0x8032～0x804E	Expected PDSyncData,用于一个 SyncID 值为 2..30 的子槽	采用 Expression 1
0x804F	Expected PDSyncData,用于一个 SyncID 值为 31 的子槽	采用 Expression 1
0x8050	PDInterfaceMrpDataReal,用于一个子槽	采用 Expression 1
0x8051	PDInterfaceMrpDataCheck,用于一个子槽	采用 Expression 1
0x8052	PDInterfaceMrpDataAdjust,用于一个子槽	采用 Expression 1
0x8053	PDPortMrpDataAdjust,用于一个子槽	采用 Expression 1
0x8054	PDPortMrpDataReal,用于一个子槽	采用 Expression 1
0x8055～0x805F	保留	保留
0x8060	PDPortFODataReal,用于一个子槽	采用 Expression 1
0x8061	PDPortFODataCheck,用于一个子槽	采用 Expression 1
0x8062	PDPortFODataAdjust,用于一个子槽	采用 Expression 1
0x8063～0x806F	保留	保留
0x8070	PDNCDataCheck,用于一个子槽	采用 Expression 1
0x8071～0x807F	保留	保留
0x8080	PDInterfaceDataReal,用于一个子槽	采用 Expression 1
0x8081～0xAFEF	保留	保留
0xAFF0	I&M0	采用 Expression 1
0xAFF1	I&M1	采用 Expression 1
0xAFF2	I&M2	采用 Expression 1
0xAFF3	I&M3	采用 Expression 1
0xAFF4	I&M4	采用 Expression 1
0xAFF5～0xAFFF	I&M5～I&M15[a] a 保留用于其他的标识和维护数据	采用 Expression 1
0xB000～0xBFFF	保留用于行规	采用 Expression 1

对于模块专门定义的记录数据的编码应符合表252。

表252 Index(槽专用)

值(十六进制)	Index的含义	字段ARUUID,API,slotNumber,SubslotNumber和TargetARUUID的含义
0xC000	ExpectedIdentificationData,用于一个槽	采用Expression 2
0xC001	RealIdentificationData,用于一个槽	采用Expression 2
0xC002～0xC009	保留	保留
0xC00A	以通道编码形式给出的Diagnosis,用于一个槽	采用Expression 2
0xC00B	以全编码形式给出的Diagnosis,用于一个槽	采用Expression 2
0xC00C	Diagnosis、Maintenance、Qualified和Status,用于一个槽	采用Expression 2
0xC00D～0xC00F	保留	保留
0xC010	以通道编码形式给出的Maintenance required,用于一个槽	采用Expression 2
0xC011	以通道编码形式给出的Maintenance demanded,用于一个槽	采用Expression 2
0xC012	以全编码形式给出的Maintenance required,用于一个槽	采用Expression 2
0xC013	以全编码形式给出的Maintenance demanded,用于一个槽	采用Expression 2
0xC014～0xCFFF	保留	保留
0xD000～0xDFFF	保留用于行规	采用Expression 2

对于AR专门定义的记录数据的编码应符合表253。

表253 Index(AR专用)

值(十六进制)	Index的含义	字段ARUUID,API,slotNumber,SubslotNumber和TargetARUUID的含义
0xE000	ExpectedIdentificationData,用于一个AR	采用Expression 3
0xE001	RealIdentificationData,用于一个AR	采用Expression 3
0xE002	ModuleDiffBlock,用于一个AR	采用Expression 3
0xE003～0xE009	保留	保留
0xE00A	以通道编码形式给出的Diagnosis,用于一个AR	采用Expression 3
0xE00B	以全编码形式给出的Diagnosis,用于一个AR	采用Expression 3
0xE00C	Diagnosis、Maintenance、Qualified和Status,用于一个AR	采用Expression 3
0xE00D～0xE00F	保留	保留
0xE010	以通道编码形式给出的Maintenance required,用于一个AR	采用Expression 3
0xE011	以通道编码形式给出的Maintenance demanded,用于一个AR	采用Expression 3
0xE012	以全编码形式给出的Maintenance required,用于一个AR	采用Expression 3
0xE013	以全编码形式给出的Maintenance demanded,用于一个AR	采用Expression 3
0xE014～0xE02F	保留	保留
0xE030	IsochronousModeData,用于一个AR	采用Expression 3

表 253（续）

值(十六进制)	Index 的含义	字段 ARUUID,API,slotNumber,SubslotNumber 和 TargetARUUID 的含义
0xE031～0xE03F	保留	保留
0xE040	MultipleWrite	采用 Expression 3
0xE041～0xE04F	保留	保留
0xE050	ARFastStartUp data,用于一个 AR	采用 Expression 3
0xE051～0xE05F	保留用于 FastStartUp	采用 Expression 3
0xE060～0xEBFF	保留	保留
0xEC00～0xEFFF	保留用于行规	采用 Expression 3

如果没有已经建立的 AR,对于 API 专门定义的记录数据的编码应符合表 254。

表 254 **Index(API 专用)**

值(十六进制)	Index 的含义	字段 ARUUID,API,slotNumber,SubslotNumber 和 TargetARUUID 的含义
0xF000	RealIdentificationData,用于一个 API	采用 Expression 4
0xF001～0xF009	保留	保留
0xF00A	以通道编码形式给出的 Diagnosis,用于一个 API	采用 Expression 4
0xF00B	以全编码形式给出的 Diagnosis,用于一个 API	采用 Expression 4
0xF00C	Diagnosis、Maintenance、Qualified 和 Status,用于一个 API	采用 Expression 4
0xF00D～0xF00F	保留	保留
0xF010	以通道编码形式给出的 Maintenance required,用于一个 API	采用 Expression 4
0xF011	以通道编码形式给出的 Maintenance demanded,用于一个 API	采用 Expression 4
0xF012	以全编码形式给出的 Maintenance required,用于一个 API	采用 Expression 4
0xF013	以全编码形式给出的 Maintenance demanded,用于一个 API	采用 Expression 4
0xF014～0xF01F	保留	保留
0xF020	ARData 用于一个 API	采用 Expression 4
0xF021～0xF3FF	保留	保留
0xF400～0xF7FF	保留用于行规	采用 Expression 4

对于设备专门定义的记录数据的编码应符合表 255。

表 255 **Index(设备专用)**

值(十六进制)	Index 的含义	字段 ARUUID,API,slotNumber,SubslotNumber 和 TargetARUUID 的含义
0xF800～0xF80B	保留	保留
0xF80C	Diagnosis、Maintenance、Qualified 和 Status,用于一个设备	采用 Expression 5
0xF80D～0xF81F	保留	保留

表 255（续）

值(十六进制)	Index 的含义	字段 ARUUID,API,slotNumber,SubslotNumber 和 TargetARUUID 的含义
0xF820	ARData	采用 Expression 5
0xF821	APIData	采用 Expression 5
0xF822～0xF82F	保留	保留
0xF830	LogData	采用 Expression 5
0xF831	PDevData	采用 Expression 5
0xF832～0xF83F	保留	保留
0xF840	I&M0FilterData	采用 Expression 5
0xF841	PDRealData	采用 Expression 5
0xF842	PDExpectedData	采用 Expression 5
0xF843～0xFBFF	保留	保留
0xFC00～0xFFFF	保留用于行规	采用 Expression 5

6.2.4 有关 AL 服务的编码

6.2.4.1 字段 RecordDataLength 的编码

此字段应编码为数据类型 Unsigned32。字段 RecordDataLength 仅应包含用户八位位组的个数。

6.2.4.2 字段 SeqNumber 的编码

此字段应编码为数据类型 Unsigned16。

6.2.4.3 字段 ARType 的编码

此字段应编码为其值符合表 256 的数据类型 Unsigned16。

表 256 ARType

值(十六进制)	含　义	用　途
0x0000	保留	
0x0001	IOCARSingle	
0x0002	保留	
0x0003	IOCARCIR	用于未来版本
0x0004	IOCAR_IOControllerRedundant	用于未来版本
0x0005	IOCAR_IODeviceRedundant	用于未来版本
0x0006	IOSAR	监视器 AR 是 IOCARSingle 的专用形式
0x0007～0x000F	保留	
0x0010	使用 RT_CLASS_3 的 IOCARSingle	
0x0011～0xFFFF	保留	

6.2.4.4 字段 SessionKey 的编码

此字段应编码为数据类型 Unsigned16。对于每一个连接,应由 CMInitiator 将字段 SessionKey 的值增加 1。对于在此会话内的每个后续 PROFINETIOServiceReqPDU 和 PROFINETIOServiceResPDU,CMResponder 应使用此值。

注：在 AR 的建立和释放阶段期间,SessionKey 允许 CMInitiator 检查顺序错误。

对于 implicit AR,此字段应包含值 0。

6.2.4.5 字段 CMInitiatorMacAdd 的编码

此字段应编码为数据类型 OctetString[6]。字段 CMInitiatorMacAdd 的值应符合 IEEE 802 MAC 地址。

6.2.4.6 字段 IOCRMulticastMACAdd 的编码

此字段应编码为数据类型 OctetString[6]。字段 IOCRMulticastMACAdd 的值应依据 IEEE 802 MAC 地址、依据表 257 和表 258 来设置。

对于使用 RT_CLASS_UDP 的多播通信关系所用的 IPmulticast address 应依据 RFC 2365 来设置。

表 257 使用 RT_CLASS_UDP 的 IOCRMulticastMACAdd

IP 多播地址	值 OUI (多播) (十六进制)	值 ExtensionIdentifier (十六进制)	相关的 FrameID	用法
239.192.248.0	01-00-5E	40-F8-00	0xF800	与 RT_CLASS_UDP 联合用于播通信关系
239.192.248.1～239.192.251.254	01-00-5E	40-F8-01～40-FB-FE	0xF801～0xFBFE	与 RT_CLASS_UDP 联合用于多播通信关系
239.192.251.255	01-00-5E	40-FB-FF	0xFBFF	与 RT_CLASS_UDP 联合用于多播通信关系

表 258 使用 RT_CLASS_2 或 RT_CLASS_3 的 IOCRMulticastMACAdd

值 OUI (多播)(十六进制)	值 ExtensionIdentifier (十六进制)	含义
01-0E-CF	00-00-00～00-00-FF	保留用于其他应用
01-0E-CF	00-01-00	保留用于类型 10 上下关系内未来的多播地址
01-0E-CF	00-01-01	RT_CLASS_3 目的多播地址
01-0E-CF	00-01-02	RT_CLASS_3 无效帧多播地址
01-0E-CF	00-01-03～00-01-FF	保留用于类型 10 上下关系内未来的多播地址
01-0E-CF	00-02-00～00-02-FF	RT_CLASS_2 多播通信地址
01-0E-CF	00-03-00～00-03-FF	保留用于类型 10 上下关系内未来的多播地址
01-0E-CF	保留用于其他应用	保留用于其他应用

注：八位位组 1 包含单个/组地址比特(LSB)。

类型 10 的 IEEE 组织惟一标识符是 00-0E-CF。

它应依据表 259 来设置。

表 259 Type 10 OUI

值(十六进制)	含义
00-0E-CF	全局管理的单个单播
01-0E-CF	全局管理的组(多播)地址
02-0E-CF	本地管理的单个单播
03-0E-CF	本地管理的组(多播)地址

6.2.4.7 字段 CMResponderMacAdd 的编码

此字段应编码为数据类型 OctetString[6]。字段 CMResponderMacAdd 的值应符合 IEEE 802 MAC 地址。

注：八位位组 1 包含单个/组地址比特(LSB)。

6.2.4.8 字段 ARProperties 的编码

此字段的编码应符合 3.7.3.5,各比特应具有以下含义:

——比特 0~2:ARProperties. State

此字段应依据表 260 来设置。

表 260 ARProperties. State

值(十六进制)	含义
0x00	后备(Backup)
0x01	主要(Primary)
0x02~0x07	保留

——比特 3:ARProperties. SupervisorTakeoverAllowed

此字段应依据表 261 来设置。

表 261 ARProperties. SupervisorTakeoverAllowed

值(十六进制)	含义
0x00	不允许
0x01	允许

——比特 4:ARProperties. ParametrizationServer

此字段应依据表 262 来设置。

表 262 TARProperties. ParametrizationServer

值(十六进制)	含义
0x00	外部的 PrmServer
0x01	CM 发起方

——比特 5~7:ARProperties. reserved_1

此字段应依据 3.7.3.2 来设置。

——比特 8:ARProperties. DeviceAccess

此字段应依据表 263 来设置。

表 263 ARProperties. DeviceAccess

值(十六进制)	含义
0x00	仅 ExpectedSubmoduleBlock 的子模块是可访问的
0x01	子模块访问由 IO 设备应用来控制

——比特 9~10:ARProperties. CompanionAR

此字段应依据表 264 来设置。

表 264 ARProperties. CompanionAR

值(十六进制)	含义	用途
0x00	单一 AR	RT_CLASS_1,RT_CLASS_2,RT_CLASS_3 或 RT_CLASS_UDP 连接建立
0x01	同伴(companion)对的第 1 个 AR,且同伴 AR 应跟随	未来使用
0x02	同伴 AR	未来使用
0x03	保留	

——比特 11:ARProperties. AcknowledgeCompanionAR

此字段应依据表 265 来设置。

表 265 ARProperties. AcknowledgeCompanionAR

值(十六进制)	含 义	用 途
0x00	对于所要求的同伴 AR,无同伴 AR 或无确认	RT_CLASS_1,RT_CLASS_2,RT_CLASS_3 或 RT_CLASS_UDP 连接建立
0x01	有确认的同伴 AR	未来使用

——比特 12～23:ARProperties. reserved_2

此字段应依据 3.7.3.2 来设置。

——比特 24～30:ARProperties. reserved_3

此字段应设置为 0。

——比特 31:ARProperties. PullModuleAlarmAllowed

此字段应依据表 266 来设置。

表 266 ARProperties. PullModuleAlarmAllowed

值(十六进制)	含 义	用途
0x00	AlarmType(=Pull)应用信号通知拔出子模块和模块。子槽号 0 应与 AlarmType(=Pull)结合一起对模块的拔出编码	必备
0x01	AlarmType(=Pull)应用信号通知拔出子模块。AlarmType(=Pull)应用信号通知拔出模块。子槽号 0～0x8FFF 应与 AlarmType(=Pull)结合一起对子模块的拔出编码	可选

6.2.4.9 字段 IOCRProperties 的编码

此字段的编码应符合 3.7.3.5,各比特应具有以下含义:

——比特 0～3:IOCRProperties. RTClass

此字段应依据表 267 来设置。

表 267 IOCRProperties. RTClass

值(十六进制)	含 义	用 途
0x00	保留	
0x01	RT_CLASS_1	Data-RTC-PDU
0x02	RT_CLASS_2	Data-RTC-PDU
0x03	RT_CLASS_3	Data-RTC-PDU
0x04	RT_CLASS_UDP	UDP-RTC-PDU
0x05～0x07	保留	

——比特 4～10:IOCRProperties. reserved_1

此字段应设置为 0。

——比特 11:IOCRProperties. MediaRedundancy

此字段应依据表 268 来设置。

表 268 IOCRProperties. MediaRedundancy

值(十六进制)	含 义
0x00	无媒体冗余帧传送
0x01	媒体冗余帧传送

——比特 12～23:IOCRProperties.reserved_2

此字段应依据 3.7.3.2 来设置。

——比特 24～31:IOCRProperties.reserved_3

此字段应设置为 0。

6.2.4.10 **字段 NumberOfIODataObjects 的编码**

此字段应编码为数据类型 Unsigned16。

6.2.4.11 **字段 NumberOfIOCS 的编码**

此字段应编码为数据类型 Unsigned16。

6.2.4.12 **字段 IOCRReference 的编码**

此字段应编码为数据类型 Unsigned16。它是 CR 的标识标签,并在 IOCBlockReq 和 IOCBlockRes 内被用来引用 DataItem。此外,在物理设备 ASE 的 PDIRData 中使用它。

6.2.4.13 **字段 IOCRTagHeader 的编码**

此字段的编码应符合 3.7.3.4,各比特应具有以下含义:

——比特 0～11:IOCRTagHeader.IOCRVLANID

此字段应依据表 269 来设置。

表 269 IOCRTagHeader.IOCRVLANID

值(十六进制)	含　义
0x000	无 VLAN
0x001	缺省 VLAN
0x002～0xFFF	依据 IEEE 802.1Q

——比特 12:IOCRTagHeader.reserved

此字段应设置为 0。

——比特 13～15:IOCRTagHeader.IOUserPriority

此字段应依据表 270 来设置。

表 270 IOCRTagHeader.IOUserPriority

值(十六进制)	含　义
0x00～0x05	保留
0x06	IO CR Priority
0x07	保留

6.2.4.14 **字段 IOCRType 的编码**

此字段应编码为其值符合表 271 的数据类型 Unsigned16。

表 271 IOCRType

值(十六进制)	含　义
0x0000	保留
0x0001	Input CR
0x0002	Output CR
0x0003	Multicast Provider CR
0x0004	Multicast Consumer CR
0x0005～0xFFFF	保留

6.2.4.15 字段 CMInitiatorActivityTimeoutFactor 的编码

此字段应编码为其值符合表 272 和表 273 的数据类型 Unsigned16。

表 272 具有 ARProperties. DeviceAccess :=0 的 CMInitiatorActivityTimeoutFactor

值(十进制)	含 义	用 途
0	保留	—
1～1 000	具有时间基数 100 ms	IO 设备监视 IO 控制器的 Connect 响应与后续第 1 个活动之间的时间
1 001～65 535	保留	—

表 273 具有 ARProperties. DeviceAccess :=1 的 CMInitiatorActivityTimeoutFactor

值(十进制)	含 义	用 途
0～99	保留	—
100～1 000	具有时间基数 100 ms	IO 设备监视 IO 控制器的 Connect 响应与后续 Read 和 Write 记录活动之间的时间
1 001～65 535	保留	—

6.2.4.16 字段 StationNameLength 的编码

此字段应编码为数据类型 Unsigned16。

6.2.4.17 字段 CMInitiatorStationName 的编码

此字段应编码为数据类型 OctetString,依据 4.3.1.4.15.1 具有 1～240 个八位位组。

注:字段 CMInitiatorStationName 不能用 0 来终止。

6.2.4.18 字段 ParameterServerStationName 的编码

此字段应按 6.2.4.17 来编码。

6.2.4.19 字段 ProviderStationName 的编码

此字段应按 6.2.4.17 来编码。

6.2.4.20 字段 IODataObjectFrameOffset 的编码

此字段应编码为数据类型 Unsigned16。它在 IOCRBlockReq 内被用来引用 DataItem 的偏移量。它应在 0～1 439 的范围内。所使用的最大八位位组个数应不超过最大的 C_SDU 大小。

6.2.4.21 字段 IOCSFrameOffset 的编码

此字段应编码为数据类型 Unsigned16。它在 IOCRBlockReq 内被用来引用 IOCS 的偏移量。它应在 0～1 439 的范围内。所使用的最大八位位组个数应不超过最大的 C_SDU 大小。

6.2.4.22 字段 LengthIOCS 的编码

此字段应编码为数据类型 Unsigned8,并依据表 274 来设置。

表 274 LengthIOCS

值(十六进制)	含 义
0x00	保留
0x01	用于 IOCS 的 1 个八位位组
0x02～0xFF	保留

6.2.4.23 字段 LengthIOPS 的编码

此字段应编码为数据类型 Unsigned8,并应依据表 275 来设置。

表 275 LengthIOPS

值(十六进制)	含　义
0x00	保留
0x01	用于 IOPS 的 1 个八位位组
0x02～0xFF	保留

6.2.4.24　**字段 LengthData 的编码**

此字段应编码为数据类型 Unsigned16。该值应在 0～1 439 的范围内。

6.2.4.25　**字段 NumberOfAPIs 的编码**

此字段应编码为数据类型 Unsigned16。

注：值 0 仅与 ARProperties. DeviceAccess=1 结合一起使用。

6.2.4.26　**字段 AlarmCRProperties 的编码**

此字段的编码应符合 3.7.3.5，各比特应具有以下含义：

——比特 0：AlarmCRProperties. Priority

此字段应依据表 276 来设置。

表 276　AlarmCRProperties. Priority

值(十六进制)	含　义
0x00	用户优先级(缺省)，使用用户特定的优先级，并有 2 个报警资源可使用
0x01	仅使用低优先级，用户优先级被忽略，且仅有 1 个报警资源可使用

——比特 1：AlarmCRProperties. Transport

此字段应依据表 277 来设置。

表 277　AlarmCRProperties. Transport

值(十六进制)	含　义	用　法
0x00	RTA_CLASS_1	Alarm CR 使用 DATA-RTA-PDU
0x01	RTA_CLASS_UDP	Alarm CR 使用 UDP-RTA-PDU

——比特 2～23：AlarmCRProperties. reserved_1

此字段应依据 3.7.3.2 来设置。

——比特 24～31：AlarmCRProperties. reserved_2

此字段应设置为 0。

6.2.4.27　**字段 AlarmCRTagHeaderHigh 的编码**

此字段的编码应符合 3.7.3.4，各比特应具有以下含义：

——比特 0～11：AlarmCRTagHeaderHigh. AlarmCRVLANID

此字段应依据表 278 来设置。

表 278　AlarmCRTagHeaderHigh. AlarmCRVLANID

值(十六进制)	含　义
0x000	无 VLAN
0x001	缺省 VLAN
0x002～0xFFF	依据 IEEE 802.1Q

——比特 12：AlarmCRTagHeaderHigh. reserved

此字段应设置为 0。

——比特 13～15：AlarmCRTagHeaderHigh. AlarmUserPriority

此字段应依据表 279 来设置。

表 279 **AlarmCRTagHeaderHigh. AlarmUserPriority**

值(十六进制)	含 义
0x00~0x05	保留
0x06	Alarm CR Priority High
0x07	保留

6.2.4.28 字段 AlarmCRTagHeaderLow 的编码

此字段的编码应符合 3.7.3.4,各比特应具有以下含义:

——比特 0~11:AlarmCRTagHeaderLow. AlarmCRVLANID

此字段应依据表 280 来设置。

表 280 **AlarmCRTagHeaderLow. AlarmCRVLANID**

值(十六进制)	含 义
0x000	无 VLAN
0x001	缺省 VLAN
0x002~0xFFF	依据 IEEE 802.1Q

——比特 12:AlarmCRTagHeaderLow. reserved

此字段应设置为 0。

——比特 13~15:AlarmCRTagHeaderLow. AlarmUserPriority

此字段应依据表 281 来设置。

表 281 **AlarmCRTagHeaderLow. AlarmUserPriority**

值(十六进制)	含 义
0x00~0x04	保留
0x05	Alarm CR Priority Low
0x06~0x07	保留

6.2.4.29 字段 AlarmSequenceNumber 的编码

此字段应编码为其值符合表 282 的数据类型 Unsigned16。

表 282 **AlarmSequenceNumber**

值(十六进制)	含 义	用 途
0x000~0x7FF	镜像插头报警通知(plug alarm notification)的顺序号	在 Application Ready 内它提供 Plug Alarm notification 与 ControlBlockPlug 之间的关系
0x800~0xFFFF	保留	—

6.2.4.30 字段 AlarmCRType 的编码

此字段应编码为其值符合表 283 的数据类型 Unsigned16。

表 283 **AlarmCRType**

值(十六进制)	含 义
0x0000	保留
0x0001	Alarm CR
0x0002~0xFFFF	保留

6.2.4.31 字段 **RTATimeoutFactor** 的编码

此字段应编码为其值符合表 284 的数据类型 Unsigned16。时间基数是 100 ms。RTATimeout 的计算见式(49)。

$$RTATimeout = RTATimeoutFactor \times 100\ ms \quad \cdots\cdots (49)$$

表 284 **RTATimeoutFactor**

值(十六进制)	含　义	用　途
0x0000	保留	—
0x0001～0x0064	必备	DATA-RTA-PDU 或 UDP-RTA-PDU 确认监视
0x0065～0xFFFF	可选	DATA-RTA-PDU 或 UDP-RTA-PDU 确认监视

注：RTATimeoutFactor 的值取决于在两个对等体之间 DATA-RTA-PDU 或 UDP-RTAPDU 的传输时间。

6.2.4.32 字段 **RTARetries** 的编码

此字段应编码为其值符合表 285 的数据类型 Unsigned16。

表 285 **RTARetries**

值(十六进制)	含　义
0x0000～0x0002	保留
0x0003～0x000F	必备
0x0010～0xFFFF	保留

6.2.4.33 字段 **PROFINETIOConstantValue** 的编码

此字段应编码为包含下列元素的数据类型 Structure：

——Data1,数据类型 Unsigned32(0xDEA00000)；

——Data2,数据类型 Unsigned16(0x6C97)；

——Data3,数据类型 Unsigned16(0x11D1)；

——Data4,数据类型 Array,具有 2 个 Unsigned8,Octet 1(0x82)到 Octet 2(0x71)。

注：如果 Unsigned32 或 Unsigned16 值是 RPCHeader 或 NDREPMapPDU 的部分,则它的传输次序依据 RPC Flag Drep(小端模式或大端模式)。如果它是 NDRDataxxx PDUs 的部分,则仅使用大端模式。

字段 PROFINETIOConstantValue 的值应是 DEA00000-6C97-11D1-8271。

6.2.4.34 字段 **AddressResolutionProperties** 的编码

此字段的编码应符合 3.7.3.5,各比特具有以下的含义：

——比特 0～2:AddressResolutionProperties. Protocol

此字段应依据表 286 来设置。

表 286 **AddressResolutionProperties. Protocol**

值(十六进制)	含　义	用　途
0x00	保留	—
0x01	DNS	多播消费者使用 DNS 来解析多播提供者源 MAC 地址
0x02	DCP	多播消费者使用 DCP 来解析多播提供者源 MAC 地址
0x03～0x07	保留	—

——比特 3～7:AddressResolutionProperties. reserved_1

此字段应依据 3.7.3.2 来设置。

——比特 8～15:AddressResolutionProperties. reserved_2

此字段应设置为 0。

——比特 16～31:AddressResolutionProperties. Factor

此字段应依据表 287 中的值来编码。时间基数是 1 s。

AddressResolutionInterval 的计算见式(50)。

$$AddressResolutionInterval = AddressResolutionProperties.\ Factor \times 1\ s \quad \cdots\cdots(50)$$

表 287 **AddressResolutionProperties. Factor**

值(十六进制)	含 义
0x0000	保留
0x0001～0x0064	必备
0x0065～0xFFFF	可选

6.2.4.35 字段 MCITimeoutFactor 的编码

此字段应编码为具有表 288 中值的数据类型 Unsigned16。时间基数是 100 ms。

MCIMonitoringInterval 的计算见式(51)。

$$MCIMonitoringInterval = MCITimeoutFactor \times 100\ ms \quad \cdots\cdots(51)$$

表 288 **MCITimeoutFactor**

值(十六进制)	含 义
0x0000～0x0064	必备
0x0065～0xFFFF	保留

6.2.4.36 有关 Instance,DeviceID,VendorID 的编码

6.2.4.36.1 概要

数据类型为 Unsigned16 的字段 Instance、DeviceID 和 VendorID 被分成两个 Unsigned8 的字段,以定义 ObjectUUID OctetString 内部的字节的次序。

6.2.4.36.2 字段 InstanceLow 的编码

此字段应编码为数据类型 Unsigned8。

6.2.4.36.3 字段 InstanceHigh 的编码

此字段应编码为数据类型 Unsigned8。

注:对于单实例设备,建议 InstanceHigh 和 InstanceLow 二者都为值 0。

6.2.4.36.4 字段 DeviceIDLow 的编码

此字段应编码为数据类型 Unsigned8。

6.2.4.36.5 字段 DeviceIDHigh 的编码

此字段应编码为数据类型 Unsigned8。

注:InstanceHigh 和 InstanceLow 二者的值 0 被保留。

6.2.4.36.6 字段 VendorIDLow 的编码

此字段应编码为数据类型 Unsigned8。

6.2.4.36.7 字段 VendorIDHigh 的编码

此字段应编码为数据类型 Unsigned8。值 0xFF 被保留用于行规。

注:VendorIDHigh 和 VendorIDLow 二者的值 0 被保留用于 PROFIBUS 设备。

6.2.4.37 字段 ModuleIdentNumber 的编码

此字段应编码为数据类型 Unsigned32。此字段应依据表 289 中的值来编码。

表 289 **ModuleIdentNumber**

值(十六进制)	含 义
0x00000000	保留
0x00000001～0xFFFFFFFF	制造商特定

6.2.4.38 字段 **SubmoduleIdentNumber** 的编码

此字段应编码为数据类型 Unsigned32。此字段应依据表 290 中的值来编码。

表 290 **SubmoduleIdentNumber**

值(十六进制)	含 义
0x00000000	仅分配给子槽 0,子槽大于 0 的供制造商特定
0x00000001～0xFFFFFFFF	制造商特定

设备标识的编号是分层的。顶层是 DeviceIdentNumber,它包含管理惟一的指定号。第 2 层是 ModuleIdentNumber,它在 DeviceIdentNumber 的范围内是惟一的。第 3 层是 SubmoduleIdentNumber,它在 ModuleIdentNumber 的范围内是惟一的。

6.2.4.39 字段 **NumberOfARs** 的编码

此字段应编码为数据类型 Unsigned16。

6.2.4.40 字段 **NumberOfIOCRs** 的编码

此字段应编码为数据类型 Unsigned16。

6.2.4.41 字段 **SubmoduleDataLength** 的编码

此字段应编码为数据类型 Unsigned16。其值的范围是 0～1 439。

6.2.4.42 字段 **NumberOfModules** 的编码

此字段应编码为数据类型 Unsigned16。

6.2.4.43 字段 **NumberOfSlots** 的编码

此字段应编码为数据类型 Unsigned16。

6.2.4.44 字段 **NumberOfSubmodules** 的编码

此字段应编码为数据类型 Unsigned16。

6.2.4.45 字段 **NumberOfSubslots** 的编码

此字段应编码为数据类型 Unsigned16。

6.2.4.46 字段 **ARUUID** 的编码

此字段应编码为数据类型 UUID。值 NIL 指出 implicit AR 的使用。所有其他值标识所建立的 AR。

6.2.4.47 字段 **TargetARUUID** 的编码

此字段应编码为数据类型 UUID。值 NIL 指出 implicit AR 的使用。所有其他值标识所建立的 AR。

6.2.4.48 字段 **ActualLocalTimeStamp** 的编码

此字段应编码为数据类型 Unsigned64。该值包含当前的周期计数。

6.2.4.49 字段 **LocalTimeStamp** 的编码

此字段应编码为数据类型 Unsigned64。该值包含周期计数。

6.2.4.50 字段 **NumberOfLogEntries** 的编码

此字段应编码为数据类型 Unsigned16。该值包含日志登录项的个数。对于 IO 设备最小数应是 16,而对于每个 IO 控制器最小数应是 4K 字节。

6.2.4.51 字段 **EntryDetail** 的编码

此字段应编码为符合协议机行为的数据类型 Unsigned32。值 0 表示无其他信息。

6.2.4.52 字段 **AdditionalValue1** 和 **AdditionalValue2** 的编码

此字段应编码为数据类型 Unsigned16。该值应包含在否定响应内的附加用户信息。值 0 表示无其他信息。

6.2.4.53 字段 **ControlBlockProperties** 的编码

此字段的编码应符合 3.7.3.4、表 291 和表 292。

表 291 与 ControlCommand. ApplicationReady 联合的 ControlBlockProperties

比特位置	值(十六进制)	含　义
比特 0	0x00	等待显性的 ControlCommand. ReadyForCompanion
	0x01	隐性的 ControlCommand. ReadyForCompanion
比特 1	0x00	等待显性的 ControlCommand. ReadyForRT_CLASS_3
	0x01	隐性的 ControlCommand. ReadyForRT_CLASS_3
比特 2～15	—	应依据 3.7.3.2 来设置

表 292 与字段 ControlCommand 的其他值联合的 ControlBlockProperties

比特位置	值(十六进制)	含　义
比特 0～15	—	应依据 3.7.3.2 来设置

6.2.4.54 字段 ControlCommand 的编码

此字段的编码应符合 3.7.3.4。仅应设置以下比特中的 1 个。各比特应具有以下含义：

——比特 0：ControlCommand. PrmEnd

此字段应依据表 293 来设置。

表 293 ControlCommand. PrmEnd

值(十六进制)	含　义	用　途
0x00	无 PrmEnd	—
0x01	IO 控制器已经完成了所存储的起动参数的传输	IODControlReq

——比特 1：ControlCommand. ApplicationReady

此字段应依据表 294 来设置。

表 294 ControlCommand. ApplicationReady

值(十六进制)	含　义	用　途
0x00	应用未准备就绪	—
0x01	IO 设备已经完成其应用的起动，或一个新模块或子模块已被插入并准备就绪操作	IOCControlReq，IOSControlReq

——比特 2：ControlCommand. Release

此字段应依据表 295 来设置。

表 295 ControlCommand. Release

值(十六进制)	含　义	用　途
0x00	未释放	—
0x01	IO 控制器终止该 AR	IODReleaseReq

——比特 3：ControlCommand. Done

此字段应依据表 296 来设置。

表 296 ControlCommand. Done

值(十六进制)	含　义	用　途
0x00	挂起	—
0x01	确认被发送	IODReleaseRes，IOXControlRes，IODControlRes

——比特 4:ControlCommand. ReadyForCompanion

此字段应依据表 297 来设置。

表 297 ControlCommand. ReadyForCompanion

值(十六进制)	含 义	用 途
0x00	未为同伴准备就绪	—
0x01	IO 设备已经完成其应用的起动,并为同伴 AR 准备就绪。	IOCControlReq, IOSControlReq

——比特 5:ControlCommand. ReadyForRT_CLASS_3

此字段应依据表 298 来设置。

表 298 ControlCommand. ReadyForRT_CLASS_3

值(十六进制)	含 义	用 途
0x00	未为 RT_CLASS_3 准备就绪	—
0x01	IO 设备已经完成其应用的起动,并为 RT_CLASS_3 通信准备就绪	IOCControlReq, IOSControlReq

——比特 6～15:ControlCommand. reserved

此字段应设置为 0。

6.2.4.55 字段 DataDescription 的编码

此字段的编码应符合 3.7.3.4,各比特应具有以下含义:

——比特 0～1:DataDescription. Type

此字段应依据表 299 来设置。

表 299 DataDescription. Type

值(十六进制)	含 义
0x00	保留
0x01	Input
0x02	Output
0x03	保留

——比特 2-15:DataDescription. reserved

此字段应设置为 0。

6.2.4.56 字段 DataLength 的编码

此字段应编码为数据类型 Unsigned16。该值应包含 C_SDU 的长度。用于 RT_CLASS_1 和 RT_CLASS_2 的范围是 40～1 440。用于 RT_CLASS_3 的范围是 0～1440。用于 RT_CLASS_UDP 的范围是 12～1 440。

注:字段 DataLength 是最小的所有 DataItems 的和。它也可以是更大的。

6.2.4.57 字段 GAP 的编码

此字段应编码为数据类型 Unsigned8。这些值应设置为 0。

6.2.4.58 字段 Padding 的编码

此字段应编码为数据类型 Unsigned8。这些值应设置为 0。

6.2.4.59 字段 RTCPadding 的编码

此字段应编码为数据类型 Unsigned8。

6.2.4.60 字段 RTAPadding 的编码

此字段应编码为数据类型 Unsigned8。

6.2.4.61 字段 **RWPadding** 的编码

此字段应编码为数据类型 Unsigned8。这些值应设置为 0。

6.2.4.62 字段 **SendClockFactor** 的编码

这些字段应编码为数据类型 Unsigned16,符合表 300。时间基数是 31.25 μs。

表 300 **SendClockFactor** 的值

值(十进制)	含　义	周期长度	用　途
0	—	—	保留
1～7	可选	—	—
8	可选	250 μs	—
9～15	可选	—	—
16	可选	500 μs	—
17～31	可选	—	—
32	必备	1 ms	对于有效的与 ReductionRatio 联合见表 301
33～63	可选	—	—
64	可选	2 ms	—
65～127	可选	—	—
128	可选	4 ms	—
129～65 535	—	—	保留

注:LengthOfPeriod 相应的值范围是 31.25μs～4 000 μs。最大的以太网帧 1 518 或 1 522 字节。为了以 100 mbit/s 数据速率传输这类帧,LengthOfPeriod 应大于 122.24 μs,而以 1 Gbit/s 数据速率传输这类帧时,LengthOfPeriod 应大于 12.224 μs。

LengthOfPeriod 的值应依据式(52)来计算。

$$\text{LengthOfPeriod} = \text{SendClockFactor} \times 31.25\ \mu s \qquad (52)$$

在 PDSyncData 块内使用,此字段只当字段 SyncProperties.SyncID 包含值时才应是有效的。

6.2.4.63 字段 **ReductionRatio** 的编码

这些字段应编码为符合表 301 的数据类型 Unsigned16。值的范围是 1～16 384(按不连续的步长)。

表 301 **ReductionRatio** 的值

值(十进制)	含　义		用　途
1	必备	RT_CLASS_x, 可选的用于 RT_CLASS_UDP	具有所有 SendClockFactor 值
2	必备	RT_CLASS_x, optional for RT_CLASS_UDP	具有所有 SendClockFactor 值
4	必备	RT_CLASS_x, 可选的用于 RT_CLASS_UDP	具有所有 SendClockFactor 值
8	必备	RT_CLASS_x, 可选的用于 RT_CLASS_UDP	具有所有 SendClockFactor 值

表 301（续）

值(十进制)	含　义		用　途
16	必备	RT_CLASS_x，可选的用于 RT_CLASS_UDP	具有所有 SendClockFactor 值
32	必备[a]	RT_CLASS_x，可选的用于 RT_CLASS_UDP	具有所有 SendClockFactor 值
64	必备[a]	RT_CLASS_x，可选的用于 RT_CLASS_UDP	具有所有 SendClockFactor 值
128	必备[a]	RT_CLASS_x，RT_CLASS_UDP	具有所有 SendClockFactor 值
256	必备[b]	RT_CLASS_x，RT_CLASS_UDP	对于 RT_CLASS_UDP 具有所有 SendClockFactor 值
512	必备[c]	RT_CLASS_x，RT_CLASS_UDP	对于 RT_CLASS_UDP 具有所有 SendClockFactor 值
1 024	必备	RT_CLASS_UDP	具有所有 SendClockFactor 值
2 048	必备	RT_CLASS_UDP	具有所有 SendClockFactor 值
4 096	必备	RT_CLASS_UDP	具有所有 SendClockFactor 值
8 192	必备	RT_CLASS_UDP	仅具有小于或等于 64 的 SendClockFactor 值
16 384	必备	RT_CLASS_UDP	仅具有小于或等于 32 的 SendClockFactor 值
16 385～65 535	保留	—	—
其他	可选	—	—

a 对于 RT_CLASS_3 和对于具有 SendClockFactors 不等于{1,2,4,8,16,32,64,128}的 RT_CLASS_x,可选。
b 对于 RT_CLASS_3 和对于具有 SendClockFactors 不等于{1,2,4,8,16,32,64}的 RT_CLASS_x,可选。
c 对于 RT_CLASS_3 和对于具有 SendClockFactors 不等于{1,2,4,8,16,32}的 RT_CLASS_x,可选。

6.2.4.64　字段 Phase 的编码

这些字段应编码为符合表 302 的数据类型 Unsigned16。它应小于或等于有关的 ReductionRatio。

表 302　Phase 的值

值(十进制)	含　义	用　途
0	保留	—
1～16 384	必备	但应不超过 ReductionRatio 的值
16 385～65 535	保留	—

6.2.4.65　字段 Sequence 的编码

这些字段应编码为符合表 303 的数据类型 Unsigned16。

表 303　Sequence 的值

值(十六进制)	含　义	用　途
0	必备,Sequence 未定义	提供者协议机定义每个 phase 的 Sequence
0x0001～0xFFFF	可选,Sequence 已定义	提供者协议机使用指定给每个 phase 的 Sequence

6.2.4.66 字段 DataHoldFactor 和 WatchdogFactor 的编码

这些字段应编码为数据类型 Unsigned16。时间基数是 SendClockFactor 乘以监控消费者的 ReductionRatio。

WatchdogTime 和 DataHoldTime 的计算见式(53)和式(54)。

$$WatchdogTime = WatchdogFactor \times SendClockFactor \times ReductionRatio \times 31.25\ \mu s \quad \cdots(53)$$

$$DataHoldTime = DataHoldFactor \times SendClockFactor \times ReductionRatio \times 31.25\ \mu s \quad \cdots(54)$$

Data-RTC-PDU 的值范围是 0x0003～0x1E00。DataHoldTime 和 WatchdogTime 应等于或小于 1.92 s。

UDP-RTC-PDU 的值范围是 0x0003～0xF000。DataHoldTime 和 WatchdogTime 应等于或小于 61.44 s。

在表 304 中定义了 DataHoldFactor 的用法。

表 304 DataHoldFactor

值(十六进制)	含　义	描　述
0x0000	保留	—
0x0001～0x0002	可选	时间的期满导致 AR 终止
0x0003～0x00FF	必备	时间的期满导致 AR 终止
0x0100～0x1E00	可选	时间的期满导致 AR 终止
0x1E01～0xFFFF	保留	—

在表 305 中定义了 WatchdogFactor 的用法。

表 305 WatchdogFactor

值(十六进制)	含　义	描　述
0x0000	保留	—
0x0001～0x0002	可选	对于一个遗失的帧,值"1"导致 AR 终止
0x0003～0x00FF	必备	时间的期满导致检查相应的 DataHoldFactor
0x0100～0x1E00	可选	时间的期满导致检查相应的 DataHoldFactor
0x1E01～0xFFFF	保留	—

6.2.4.67 字段 FrameSendOffset 的编码

这些字段应编码为数据类型 Unsigned32,并依据表 306、图 48 和式(55)来设置。时间基数是 1 ns。

注：在两个 RT_CLASS_3 帧之间的最小间隔是 1 120 ns。

表 306 FrameSendOffset 的值

值(十进制)	含　义	用　途
0～0x00001388	对有关周期开始的相对发送偏移量	可选
0x00001389～0x003B28FF	对有关周期开始的相对发送偏移量	对于 RT_CLASS_3,必备 对于 RT_CLASS_1、RT_CLASS_2 和 RT_CLASS_UDP,可选
0x003B2900～0x003D08FF	对有关周期开始的相对发送偏移量仅当帧大小满足等式(55)时才可使用	对于 RT_CLASS_3,必备 对于 RT_CLASS_1、RT_CLASS_2 和 RT_CLASS_UDP,可选
0x003D0900～0xFFFFFFFE	保留	未使用
0xFFFFFFFF	最佳效果(effort) 只要可能,提供者协议机就发送该帧	必备

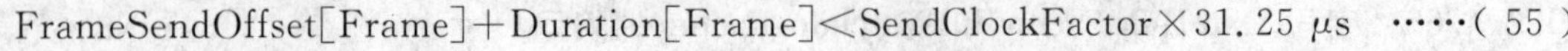

$$FrameSendOffset[Frame] + Duration[Frame] < SendClockFactor \times 31.25\ \mu s \quad \cdots\cdots(55)$$

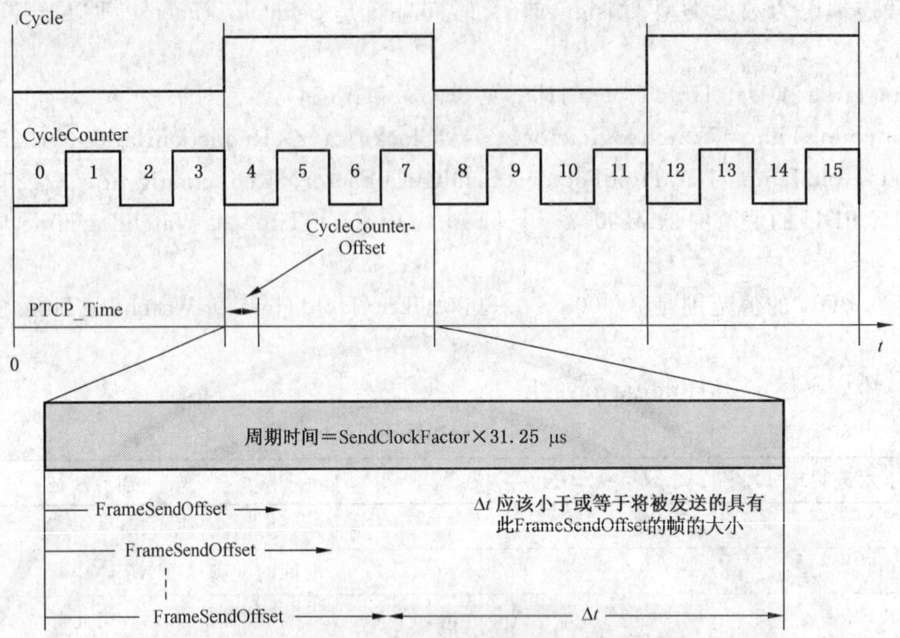

图 48 **FrameSendOffset** 与周期时间

6.2.4.68 有关 **PNIOStatus** 的编码

6.2.4.68.1 概要

通常,值 ErrorCode=0、ErrorDecode=0、ErrorCode1=0 和 ErrorCode2=0 应被用来指出"okay"。

此外,在 IODReadReq 内的地址参数有非法组合的情况下,值 ErrorCode="IODReadRes"、ErrorDecode="PNIORW"、ErrorCode1="access-invalid area"和 ErrorCode2 可以用来指出有错误的参数。

注:一个非法地址组合的示例是 TargetARUUID=NULL 和 ARUUID=NULL 在 ReadExpectedIdentification 服务中。

6.2.4.68.2 字段 **ErrorCode** 的编码

此字段应编码为数据类型 Unsigned8。在表 307 中定义了用法。

表 307 否定响应的 **ErrorCode** 值

值(十六进制)	含义	用途
0x00~0x80	保留	—
0x81	PNIO	LogData
0x82~0xCE	保留	—
0xCF	RTA error	在 ERR-RTA-PDU 和 UDP-RTA-PDU 内
0xD0~0xD9	保留	—
0xDA	AlarmAck	在 DATA-RTA-PDU 和 UDP-RTA-PDU 内
0xDB	IODConnectRes	在 CL-RPC-PDU 内
0xDC	IODReleaseRes	在 CL-RPC-PDU 内
0xDD	IODControlRes, IOCControlRes, IOSControlRes	在 CL-RPC-PDU 内
0xDE	IODReadRes	在 CL-RPC-PDU 内仅使用 ErrorDecode=PNIORW

表 307(续)

值(十六进制)	含 义	用 途
0xDF	IODWriteRes	在 CL-RPC-PDU 内仅使用 ErrorDecode=PNIORW
0xE0~0xEF	保留	—
0xF0~0xFF	保留	—

6.2.4.68.3 字段 ErrorDecode 的编码

此字段应编码为数据类型 Unsigned8。在表 308 中定义了用法。

表 308 ErrorDecode 的值

值(十六进制)	含 义	用 途
0x00~0x7F	保留	—
0x80	PNIORW[a]	在与服务 Read、Write、Read Input Data、Read Output Data、Read Device Diagnosis、Read AR Data、Read Logbook、Read Expected Identification、Read Real Identification 的用户错误代码的上下关系中使用
0x81	PNIO	在与其他服务或内部(例如,RPC)错误的上下关系中使用
0x82~0xFF	保留	—
[a] 相当于 PROFIBUS(DPV1)。		

6.2.4.68.4 字段 ErrorCode1 和 ErrorCode2 的编码

这些字段应编码为数据类型 Unsigned8。

字段 ErrorDecode 定义 ErrorCode1 和 ErrorCode2 的编码和含义。

ErrorDecode 值 PNIORW 指出应依据表 309 来设置参数 ErrorCode1。ErrorCode1 由 ErrorClass 和 ErrorDecode 组成。

表 309 用于 ErrorDecode 值为 PNIORW 的 ErrorCode1 编码

ErrorCode1		
ErrorClass(十进制) 比特 7~4	含 义	ErrorCode(十进制) 比特 3~0
0~9	未规定	保留
10	应用	0=读错误 1=写错误 2=模块失效 3=未规定 4=未规定 5=未规定 6=未规定 7=忙 8=版本冲突 9=特性不被支持 10=用户专用 1 11=用户专用 2 12=用户专用 3 13=用户专用 4 14=用户专用 5 15=用户专用 6

表 309（续）

ErrorCode1		
ErrorClass(十进制) 比特 7～4	含　义	ErrorCode(十进制) 比特 3～0
11	访问	0=无效的索引 1=写长度错误 2=无效的槽/子槽 3=类型冲突 4=无效的区域(area) 5=状态冲突 6=访问被拒绝 7=无效的范围 8=无效的参数 9=无效的类型 10=后备(backup) 11=用户专用 7 12=用户专用 8 13=用户专用 9 14=用户专用 10 15=用户专用 11
12	资源	0=读约束冲突 1=写约束冲突 2=资源忙 3=资源不可使用 4=未规定 5=未规定 6=未规定 7=未规定 8=用户专用 12 9=用户专用 13 10=用户专用 14 11=用户专用 15 12=用户专用 16 13=用户专用 17 14=用户专用 18 15=用户专用 19
13～15	用户专用	用户专用
注：未规定的值被用于继承代码，并被不改变地传递到应用。		

ErrorDecode 值 PNIORW 指出参数 ErrorCode2 应被设置为用户专用的。

ErrorDecode 值 PNIO 指出应依据表 310 来设置参数 ErrorCode1。

表 310 用于 ErrorDecode 值为 PNIO 的 ErrorCode1 和 ErrorCode2 的值

值 ErrorCode1 （十进制）	含 义	值 ErrorCode2 （十进制）	含 义/用法
0	保留	0～255	保留
1	Connect 参数错误 错误的 ARBlockReq	0	参数 BlockType 错误
		1	参数 Length 错误
		…	…
		13	参数 NameOfStation 错误
		14～255	保留
2	Connect 参数错误 错误的 IOCRBlockReq	0	参数 BlockType 错误
		1	参数 Length 错误
		…	…
		23	参数 IOCSFrameOffset production 错误
		24～255	保留
3	Connect 参数错误 错误的 ExpectedSubmoduleBlockReq	0	参数 BlockType 错误
		1	参数 Length 错误
		…	…
		7	参数 SubmoduleLength production 错误
		8～255	保留
4	Connect 参数错误 错误的 AlarmCRBlockReq	0	参数 BlockType 错误
		1	参数 Length 错误
		…	…
		15	参数 AlarmCRTagHeaderLow 错误
		16～255	保留
5	Connect 参数错误 错误的 PrmServerBlockReq	0	参数 BlockType 错误
		1	参数 Length 错误
		…	…
		8	参数 ParameterServerStationName 错误
		9～255	保留
6	Connect 参数错误 错误的 MCRBlockReq	0	参数 BlockType 错误
		1	参数 Length 错误
		…	…
		8	参数 ProviderStationName 错误
		9～255	保留
7	Connect 参数错误 错误的 ARRPCBlockReq	0	参数 BlockType 错误
		1	参数 Length 错误
		…	…
		4	参数 InitiatorRPCServerPort 错误
		5～255	保留

表 310（续）

值 ErrorCode1 （十进制）	含　义	值 ErrorCode2 （十进制）	含　义/用法
8	Read Write Record 参数错误 错误的 Record	0	参数 BlockType 错误
		1	参数 Length 错误
		…	…
		12	参数 TargetARUUID 错误
		13～255	保留
9～19	保留	0～255	保留
20	IODControl 参数错误 错误的 ControlBlockConnect	0	参数 BlockType 错误
		1	参数 Length 错误
		…	…
		9	参数 ControlBlockProperties 错误
		10～255	保留
21	IODControl 参数错误 错误的 ControlBlockPlug	0	参数 BlockType 错误
		…	…
		9	参数 ControlBlockProperties 错误
		10～255	保留
22	IOXControl 参数错误 在连接建立后，错误的 ControlBlock	0	参数 BlockType 错误
		…	…
		7	参数 ControlBlockProperties 错误
		8～255	保留
23	IOXControl 参数错误 在插入报警后，错误的 ControlBlock	0	参数 BlockType 错误
		1	参数 Length 错误
		…	…
		7	参数 ControlBlockProperties 错误
		8～255	保留
24～39	保留	0～255	保留
40	Release 参数错误 错误的 ReleaseBlock	0	参数 BlockType 错误
		1	参数 Length 错误
		…	…
		7	参数 ControlBlockProperties 错误
		8～255	保留
41～49	保留	0～255	保留
50	Response 参数错误 错误的 ARBlockRes	0	参数 BlockType 错误
		1	参数 Length 错误
		…	…
		8	参数 ResponderUDPRTPort 错误
		9～255	保留

表 310（续）

值 ErrorCode1 （十进制）	含　义	值 ErrorCode2 （十进制）	含　义/用法
51	Response 参数错误 错误的 IOCRBlockRes	0	参数 BlockType 错误
		1	参数 Length 错误
		…	…
		6	参数 FrameID 错误
		7～255	保留
52	Response 参数错误 错误的 AlarmCRBlockRes	0	参数 BlockType 错误
		1	参数 Length 错误
		…	…
		6	参数 MaxAlarmDataLengt 错误
		7～255	保留
53	Response 参数错误 错误的 ModuleDiffBlock	0	参数 BlockType 错误
		1	参数 Length 错误
		…	…
		13	参数 SubmoduleState 错误
		14～255	保留
54	Response 参数错误 错误的 ARRPCBlockRes	0	参数 BlockType 错误
		1	参数 Length 错误
		…	…
		4	参数 ResponderRPCServerPort 错误
		5～255	保留
55～59	保留	0～255	保留
60	AlarmAck 错误代码	0	不支持的报警类型
		1	错误的子模块状态
		2～255	保留
61	CMDEV	0	状态冲突
		1	资源
		2～255	用法见协议机，并存储为日志(Logbook)登录项
62	CMCTL	0	状态冲突
		1	超时(Timeout)
		2	无数据发送
		3～255	保留
63	NRPM	0	无 DCP 活动
		1	DNS Unknown_RealStationName

表 310（续）

值 ErrorCode1 （十进制）	含　　义	值 ErrorCode2 （十进制）	含　　义/用法
63	NRPM	2	DCP No_RealStationName
		3	DCPmultiple_RealStationName
		4	DCP No_StationName
		5	No_IP_Addr
		6	DCP_Set_Error
		7～255	保留
64	RMPM	0	ArgsLength 无效
		1	Unknown Blocks
		2	IOCRmissing
		3	错误的 AlarmCRBlock 计数
		4	在 AR Resources 之外
		5	AR UUID unknown
		6	状态冲突
		7	在 Provider,Consumer,或 Alarm Resources 之外
		8	在 Memory 之外
		9～255	保留
65	ALPMI	0	无效的状态
		1	错误的 ACK-PDU
		2～255	保留
66	ALPMR	0	无效的状态
		1	错误的 Notification PDU
		2～255	保留
67	LMPM	0～255	用法见协议机,并存储为日志登录项
68	MMAC	0～255	用法见协议机,并存储为日志登录项
69	RPC	0～255	见表 311
70	APMR	0	无效的状态
		1	LMPM 用信号通知一个错误
		2～255	保留
71	APMS	0	无效的状态
		1	LMPM 用信号通知一个错误
		2	超时
		3～255	保留

表 310（续）

值 ErrorCode1（十进制）	含　义	值 ErrorCode2（十进制）	含　义/用法
72	CPM	0	无效的状态
		1～255	保留
73	PPM	0	无效的状态
		1～255	保留
74	由 DCPUCS 使用	0	无效的状态
		1	LMPM 用信号通知一个错误
		2	超时
		3～255	保留
75	由 DCPUCR 使用	0	无效的状态
		1	LMPM 用信号通知一个错误
		2～255	保留
76	由 DCPMCS 使用	0	无效的状态
		1	LMPM 用信号通知一个错误
		2～255	保留
77	由 DCPMCR 使用	0	无效的状态
		1	LMPM 用信号通知一个错误
		2～255	保留
78	FSPM	0～255	用法见协议机，并存储为日志登录项
79～252	保留	0～255	保留
253	由 RTA 用于协议错误 (RTA_ERR_CLS_PROTOCOL)	0	保留
		1	在顺序号的协调内错误 (RTA_ERR_CODE_SEQ)错误
		2	实例关闭 (RTA_ERR_ABORT)
		3	AR 在存储器之外 (RTA_ERR_ABORT)
		4	AR 增加提供者或消费者失败 (RTA_ERR_ABORT)
		5	AR 消费者 DHT/WDT 期满 (RTA_ERR_ABORT)
		6	AR cmi 到时 (RTA_ERR_ABORT)
		7	AR alarm-open 失败 (RTA_ERR_ABORT)
		8	AR alarm-send. cnf(-) (RTA_ERR_ABORT)

表 310（续）

值 ErrorCode1 （十进制）	含　义	值 ErrorCode2 （十进制）	含　义/用法
253	由 RTA 用于协议错误 (RTA_ERR_CLS_PROTOCOL)	9	AR alarm-ack-send. cnf(-) (RTA_ERR_ABORT)
		10	AR alarm data 太长 (RTA_ERR_ABORT)
		11	AR alarm. ind(err) (RTA_ERR_ABORT)
		12	AR rpc-client call. cnf(-) (RTA_ERR_ABORT)
		13	AR abort. req (RTA_ERR_ABORT)
		14	存在 AR re-run aborts (RTA_ERR_ABORT)
		15	接收 AR release. ind (RTA_ERR_ABORT)
		16	使 AR 设备不活动 (RTA_ERR_ABORT)
		17	AR 移出 (RTA_ERR_ABORT)
		18	违背 AR 协议 (RTA_ERR_ABORT)
		19	AR 名称分解错误 (RTA_ERR_ABORT)
		20	AR RPC-Bind 错误 (RTA_ERR_ABORT)
		21	AR RPC-Connect 错误 (RTA_ERR_ABORT)
		22	AR RPC-Read 错误 (RTA_ERR_ABORT)
		23	AR RPC-Write 错误 (RTA_ERR_ABORT)
		24	AR RPC-Control 错误 (RTA_ERR_ABORT)
		25	在 check. rsp 之后且 in-data. ind 之前，AR 禁止插拔 (RTA_ERR_ABORT)
		26	AR AP 移出 (RTA_ERR_ABORT)
		27	AR 链路断 (RTA_ERR_ABORT)

表 310（续）

值 ErrorCode1 （十进制）	含　义	值 ErrorCode2 （十进制）	含　义/用法
253	由 RTA 用于协议错误 (RTA_ERR_CLS_PROTOCOL)	28	AR 不能登记多播 MAC 地址 (RTA_ERR_ABORT)
		29	不同步(不能启动 companion-ar) (RTA_ERR_ABORT)
		30	错误拓扑(不能启动 companion-ar) (RTA_ERR_ABORT)
		31	DCP,站名称更改 (RTA_ERR_ABORT)
		32	DCP,复位工厂设置 (RTA_ERR_ABORT)
		33	不能启动 companion-AR,因为在第 1 个 AR 中有一个 0x8ipp 子模块... (RTA_ERR_ABORT)
		34	还没有 irdata 记录 (RTA_ERR_ABORT)
		35	PDEV (RTA_ERROR_ABORT)
		36	PDEV,没有端口提供要求的速度/双重性 (RTA_ERROR_ABORT)
		37～200	保留
		201～255	制造商特定
254	保留	0～255	保留
255	用户专用	0～255	用户专用

表 311　**用于 ErrorCode1＝RPC 的 ErrorCode2 值**

值(十进制)	定　义	含　义
0	保留	—
1	CLRPC_ERR_REJECTED	端点映射器或服务器拒绝该调用。更多细节见表 182 和表 183
2	CLRPC_ERR_FAULTED	服务器在执行该调用时有故障。更多细节见表 182 和表 183
3	CLRPC_ERR_TIMEOUT	端点映射器或服务器不响应
4	CLRPC_ERR_IN_ARGS	广播或许“ndr_data”太大
5	CLRPC_ERR_OUT_ARGS	服务器发送返回的比“alloc_len”更多
6	CLRPC_ERR_DECODE	由于端点映射器“lookup”不能被解码
7	CLRPC_ERR_PNIO_OUT_ARGS	Out-args not “PN IOsignature”,太短或不一致
8	CLRPC_ERR_PNIO_APP_TIMEOUT	在 RPC 应用超时后,RPC 调用被终止
9～255	保留	—

6.2.4.69 字段 **ModuleState** 的编码

此字段应编码为数据类型 Unsigned16。此字段应依据表 312 中的值来编码。

表 312 ModuleState

值(十六进制)	含 义	用 途
0x0000	无模块	例如,模块未插入
0x0001	错误的模块	例如,ModuleIdentNumber 错误
0x0002	正确的模块	模块是正确的,但至少有一个子模块被锁住、错误或丢失
0x0003	替代	与所要求的模块不同,但兼容。该 IO 设备能够通过其自己的抉择来适用
0x0004～0xFFFF	保留	—

6.2.4.70 字段 **SubmoduleState** 的编码

此字段的编码应符合 3.7.3.4,各比特应具有以下含义:

6.2.4.70.1 **SubmoduleState. FormatIndicator ＝＝ 1 时的编码**

——比特 0～2:SubmoduleState. AddInfo

此字段应依据表 313 来设置。

表 313 SubmoduleState. AddInfo

值(十六进制)	含 义	描 述
0x00	无	—
0x01	不允许接管(Takeover)	此子模块不可以由 IOSAR 接管
0x02～0x07	保留	—

——比特 3:SubmoduleState. QualifiedInfo

此字段应依据表 314 来设置。

表 314 SubmoduleState. QualifiedInfo

值(十六进制)	含 义	描 述
0x00	没有 QualifiedInfo 可利用	没有子模块的通道包含 QualifiedChannelDiagnosis
0x01	QualifiedInfo 可利用	至少有一个子模块的通道包含 QualifiedChannelDiagnosis

——比特 4:SubmoduleState. MaintenanceRequired

此字段应依据表 315 来设置。

表 315 SubmoduleState. MaintenanceRequired

值(十六进制)	含 义	描 述
0x00	没有 MaintenanceRequired 可用	没有子模块的通道需要的维护
0x01	MaintenanceRequired 可用	至少有一个子模块的通道需要的维护

——比特 5:SubmoduleState. MaintenanceDemanded

此字段应依据表 316 来设置。

表 316 SubmoduleState. MaintenanceDemanded

值(十六进制)	含 义	描 述
0x00	没有 MaintenanceDemanded 可用	没有子模块的通道要求维护
0x01	MaintenanceDemanded 可用	至少有一个子模块的通道要求维护

——比特 6:SubmoduleState. DiagInfo

此字段应依据表 317 来设置。

表 317 **SubmoduleState. DiagInfo**

值(十六进制)	含 义	描 述
0x00	没有 DiagnosisData 可用	对于此子模块没有 DiagnosisData 可用/存储
0x01	DiagnosisData 可用	对于此子模块有 DiagnosisData 可用:它可以用相应的记录来读取

——比特 7～10:SubmoduleState. ARInfo

此字段应依据表 318 来设置。

表 318 **SubmoduleState. ARInfo**

值(十六进制)	含 义	描 述
0x00	拥有	此 AR 是该子模块的持有者
0x01	ApplicationReady 挂起(ARP)	此 AR 是该子模块的持有者,但它被锁住,例如,参数检查未完成
0x02	Superordinated 被锁(SO)	此 AR 是该子模块的持有者。它被高级的手段锁住
0x03	被 IO Controller 锁住(IOC)	此 AR 不是该子模块的持有者。它被一个另外的 IOAR 持有
0x04	被 IO Supervisor 锁住(IOS)	此 AR 不是该子模块的持有者。它被一个另外的 IOSAR 持有
0x05～0x0F	保留	保留

——比特 11～14:SubmoduleState. IdentInfo

此字段应依据表 319 来设置。

表 319 **SubmoduleState. IdentInfo**

值(十六进制)	含 义
0x00	正确
0x01	代替(SU)
0x02	错误(WR)
0x03	无子模块(NO)
0x04～0x0F	保留

——比特 15:SubmoduleState. FormatIndicator

此字段应依据表 320 来设置。

表 320 **SubmoduleState. FormatIndicator**

值(十六进制)	含 义	用 途
0x00	编码使用 SubmoduleState. Detail	应被 IO 控制器和 IO 监视器支持
0x01	编码使用 SubmoduleState. IdentInfo,. ARInfo 和. AddInfo	应被 IO 设备、IO 控制器和 IO 监视器使用

6.2.4.70.2 **SubmoduleState. FormatIndicator == 0 时的编码**

——比特 0～14:SubmoduleState. Detail

此字段应依据表 321 来设置。

表 321 SubmoduleState. Detail

值(十六进制)	含 义	用 途
0x0000	无子模块	—
0x0001	错误的子模块	—
0x0002	被 IO 控制器锁住	—
0x0003	保留	—
0x0004	应用准备未完成	仅应与 IOXControl 请求(应用准备)联合一起使用
0x0005	保留	—
0x0006	保留	—
0x0007	代替	子模块与所要求的不同,但兼容,而且该 IO 设备能够适应。 在此情况下,该 IO 设备必须适应(例如,对新的输入或输出长度)
0x0008～0x7FFF	保留	—

注:如果所期望的组态数据与实际的组态数据之间存在差别,字段 SubmoduleState 才被响应。SubmoduleState "GOOD"未被详细说明,因为在 ExpectedSubmoduleRes 中对于这样的子模块没有状况被报告。

——比特 15:SubmoduleState. FormatIndicator

此字段应依据表 320 来设置。

6.2.4.71 字段 SubmoduleProperties 的编码

此字段的编码应符合 3.7.3.4,各比特应具有以下含义:

——比特 0～1:SubmoduleProperties. Type

此字段应依据表 322 来设置。

表 322 SubmoduleProperties. Type

值(十六进制)	含 义	用 途
0x00	无输入和无输出数据	无 IO 数据的子模块,视为无数据的输入(对于 IOCS/IOPS),一个输入数据描述块跟随
0x01	输入数据	有输入数据的子模块,一个输入数据描述块跟随
0x02	输出数据	有输出数据的子模块,一个输出数据描述块跟随
0x03	输入和输出数据	有输入和输出数据的子模块,一个输入数据描述块和一个输出数据描述块跟随

——比特 2:SubmoduleProperties. SharedInput

此字段应依据表 323 来设置。

表 323 SubmoduleProperties. SharedInput

值(十六进制)	含 义	用 途
0x00	IO 控制器	IO 控制器可以与所有可能的 SubmoduleProperties. Type 值一起使用
0x01	共享的 IO 控制器	仅共享的 IO 控制器应使用此值。共享的 IO 控制器不接收报警并只限于读访问。该值应不与 SubmoduleProperties. Type ==0x02.一起使用

——比特 3:SubmoduleProperties. ReduceInputSubmoduleDataLength

此字段应依据表 324 来设置。

表 324　SubmoduleProperties. ReduceInputSubmoduleDataLength

值(十六进制)	含　义	用　途
0x00	期望的	对于 I-CR,使用期望的输入 SubmoduleDataLength
0x01	0	对于 I-CR,减少输入 SubmoduleDataLength 到 0

——比特 4:SubmoduleProperties. ReduceOutputSubmoduleDataLength

此字段应依据表 325 来设置。

表 325　SubmoduleProperties. ReduceOutputSubmoduleDataLength

值(十六进制)	含　义	使用
0x00	期望的	对于 O-CR,使用期望的输出 SubmoduleDataLength
0x01	0	对于 O-CR,减少输出 SubmoduleDataLength 到 0

——比特 5:SubmoduleProperties. DiscardIOXS

此字段应依据表 326 来设置。

表 326　SubmoduleProperties. DiscardIOXS

值(十六进制)	含　义	用　途
0x00	期望的	在相应 CRs 的帧中合并此子模块的所有期望的 IOXS
0x01	0	在相应 CRs 的帧中丢弃此子模块的所有期望的 IOXS

——比特 6～7:SubmoduleProperties. reserved_1

此字段应依据 3.7.3.2 来设置。

——比特 8～15:SubmoduleProperties. reserved_2

此字段应设置为 0。

6.2.4.72　字段 ModuleProperties 的编码

此字段应依据 3.7.3.4 来设置,各比特应具有以下含义:

——比特 0～7:moduleProperties. reserved_1

此字段应依据 3.7.3.2 来设置。

——比特 8～15:moduleProperties. reserved_2

此字段应设置为 0。

6.2.4.73　字段 SubstitutionMode 的编码

此字段应编码为数据类型 Unsigned16。此字段应依据表 327 中的值来编码。

表 327　SubstitutionMode

值(十六进制)	含　义	用　途
0x0000	0(ZERO)	该输出被设置为 0 或不活动的
0x0001	上次的值	持有上次的有效应用值
0x0002	替换值	设置该输出为已组态的替换值
0x0003～0x00FF	保留	
0x0100～0x01FF	保留用于行规	可以用于行规规范
0x0200～0xFFFF	保留	

6.2.4.74　字段 SubstituteActiveFlag 的编码

此字段应编码为数据类型 Unsigned16。此字段应依据表 328 中的值来编码。

表 328 **SubstituteActiveFlag**

值(十六进制)	含 义	用 途
0x0000	运行	该输出依据正常控制进程来设置(代替不活动)
0x0001	代替	该输出依据代替功能来设置(代替活动)
0x0002～0xFFFF	保留	—

6.2.4.75 字段 InitiatorUDPRTPort 的编码

此字段应编码为数据类型 Unsigned16。此字段应依据表 329 中的值来编码。

表 329 **InitiatorUDPRTPort**

值(十六进制)	含 义	用 途
0x0000～0x03FF	保留	—
0x0400～0xBFFF	可用	—
0x8892	缺省(熟知)	推荐
0xC000～0xFFFF	可用	推荐

6.2.4.76 字段 ResponderUDPRTPort 的编码

此字段应编码为数据类型 Unsigned16。此字段应依据表 330 中的值来编码。

表 330 **ResponderUDPRTPort**

值(十六进制)	含 义	用 途
0x0000～0x03FF	保留	—
0x0400～0xBFFF	可用	—
0x8892	缺省(熟知)	推荐
0xC000～0xFFFF	可用	推荐

6.2.4.77 字段 InitiatorRPCServerPort 的编码

此字段应编码为数据类型 Unsigned16。此字段应依据表 331 中的值来编码。

表 331 **InitiatorRPCServerPort**

值(十六进制)	含 义
0x0000～0x03FF	保留
0x0400～0xFFFF	可用
0xC000～0xFFFF	依据 IANA 推荐

6.2.4.78 字段 ResponderRPCServerPort 的编码

此字段应编码为数据类型 Unsigned16。此字段应依据表 332 中的值来编码。

表 332 **ResponderRPCServerPort**

值(十六进制)	含 义
0x0000～0x03FF	保留
0x0400～0xFFFF	可用
0xC000～0xFFFF	依据 IANA 推荐

6.2.4.79 字段 LocalAlarmReference 的编码

此字段应编码为数据类型 Unsigned16。此字段应包含在 AlarmCRBlockReq 内该 IO 控制器的引用值。此字段应包含在 AlarmCRBlockReq 和 ARData 内该 IO 设备引用的值。

6.2.4.80 字段 RemoteAlarmReference 的编码

此字段应编码为数据类型 Unsigned16。此字段应包含在 ARData 内该 IO 设备的引用值。

6.2.4.81 字段 maxAlarmDataLength 的编码

此字段应编码为数据类型 Unsigned16。此字段应包含 AlarmNotification-PDU 的最大值。所允许的值应在 200～1432 的范围内。

6.2.4.82 字段 ParameterServerProperties 的编码

此字段应编码为数据类型 Unsigned32。此字段被保留于未来使用。

6.2.4.83 I&M Records 的编码

6.2.4.83.1 概要

具有类型 VisibleString 的所有数据应左对齐。如果该文本的长度比定义的字符串长度短，则缺口应用空格来填满。

6.2.4.83.2 字段 IM_Serial_Number 的编码

此字段应编码为数据类型 VisibleString[16]。该值应设置为制造商特定，并且如果它短于 16 个八位位组就应用空格来填满。

6.2.4.83.3 字段 IM_Hardware_Revision 的编码

此字段应编码为其值符合表 333 的数据类型 Unsigned16。

表 333 IM_Hardware_Revision

值(十六进制)	含 义
0x0000～0xFFFF	硬件版本

6.2.4.83.4 字段 IM_SWRevision_Functional_Enhancement 的编码

此字段应编码为其值符合表 334 的数据类型 Unsigned8。

表 334 IM_SWRevision_Functional_Enhancement

值(十六进制)	含 义
0x00～0xFF	增强功能

6.2.4.83.5 字段 IM_SWRevision_Bug_Fix 的编码

此字段应编码为其值符合表 335 的数据类型 Unsigned8。

表 335 IM_SWRevision_Bug_Fix

值(十六进制)	含 义
0x00～0xFF	程序缺陷纠错(Bug Fix)

6.2.4.83.6 字段 IM_SWRevision_Internal_Change 的编码

此字段应编码为其值符合表 336 的数据类型 Unsigned8。

表 336 IM_SWRevision_Internal_Change

值(十六进制)	含 义
0x00～0xFF	内部改变

6.2.4.83.7 字段 IM_Revision_Counter 的编码

此字段应编码为其值符合表 337 的数据类型 Unsigned16。

表 337 IM_Revision_Counter

值(十六进制)	含 义	用 途
0x0000	版本计数器	必备
0x0001～0xFFFF	版本计数器	可选

6.2.4.83.8 **字段 IM_Profile_ID 的编码**

此字段应编码为其值符合表 338 的数据类型 Unsigned16。

表 338 IM_Profile_ID

值(十六进制)	含义
0x0000～0xFFFE	应由行规来定义使用，编号(number)应被惟一地管理
0xFFFF	应由行规来定义使用，编号(number)应被惟一地管理

注 1：由 PROFIBUS 国际(PI)分配 IM 行规 ID。

注 2：依据 6.2.3.1。

6.2.4.83.9 **字段 IM_Profile_Specific_Type 的编码**

此字段应编码为其值符合表 339 的数据类型 Unsigned16。

表 339 IM_Profile_Specific_Type

值(十六进制)	含义
0x0000～0xFFFF	应由行规来定义使用，被视为该行规的子版本

6.2.4.83.10 **字段 IM_Version_Major 的编码**

此字段应编码为其值符合表 340 的数据类型 Unsigned8。

表 340 IM_Version_Major

值(十六进制)	含义
0x00	保留
0x01	应设置在此版本中
0x02～0xFF	保留

6.2.4.83.11 **字段 IM_Version_Minor 的编码**

此字段应编码为其值符合表 341 的数据类型 Unsigned8。

表 341 IM_Version_Minor

值(十六进制)	含义
0x01	应设置在此版本中
0x00,0x02～0xFF	保留

6.2.4.83.12 **字段 IM_Supported 的编码**

此字段的编码应符合 3.7.3.4，各比特应具有以下含义：

——比特 0：IM_Supported.Profil_specific

此字段应被设置为有关行规。

——比特 1：IM_Supported.I&M1

如果 I&M1 记录包含数据，则应设置此字段。

——比特 2：IM_Supported.I&M2

如果 I&M2 记录包含数据，则应设置此字段。

——比特 3：IM_Supported.I&M3

如果 I&M3 记录包含数据，则应设置此字段。

——比特 4：IM_Supported.I&M4

如果 I&M4 记录包含数据，则应设置此字段。

——比特 5：IM_Supported.I&M5

如果 I&M5 记录包含数据，则应设置此字段。

——比特 6：IM_Supported.I&M6

如果 I&M6 记录包含数据,则应设置此字段。

——比特 7:IM_Supported. I&M7

如果 I&M7 记录包含数据,则应设置此字段。

——比特 8:IM_Supported. I&M8

如果 I&M8 记录包含数据,则应设置此字段。

——比特 9:IM_Supported. I&M9

如果 I&M9 记录包含数据,则应设置此字段。

——比特 10:IM_Supported. I&M10

如果 I&M10 记录包含数据,则应设置此字段。

——比特 11:IM_Supported. I&M11

如果 I&M11 记录包含数据,则应设置此字段。

——比特 12:IM_Supported. I&M12

如果 I&M12 记录包含数据,则应设置此字段。

——比特 13:IM_Supported. I&M13

如果 I&M13 记录包含数据,则应设置此字段。

——比特 14:IM_Supported. I&M14

如果 I&M14 记录包含数据,则应设置此字段。

——比特 15:IM_Supported. I&M15

如果 I&M15 记录包含数据,则应设置此字段。

6.2.4.83.13　字段 IM_Tag_Function 的编码

此字段应编码为数据类型 VisibleString[32]。该值应设置为制造商特定,并且如果它短于 32 个八位位组就应用空格来填满。

6.2.4.83.14　字段 IM_Tag_Location 的编码

此字段应编码为数据类型 VisibleString[22]。该值应设置为制造商特定,并且如果它短于 22 个八位位组就应用空格来填满。

6.2.4.83.15　字段 IM_Date 的编码

此字段应编码为其值符合表 342 的数据类型 VisibleString[16]。

String 格式"YYYY-MM-DD HH:MM"是与 GB/T 7408 一致的。

表 342　IM_Date

八位位组	含　义	用　法
0～3	YYYY	具有 4 个数字的年
4	"-"	字符短划线'-'作为分隔符
5～6	MM	具有 2 个数字的月
7	"-"	字符短划线'-'作为分隔符
8～9	DD	具有 2 个数字的天
10	" "	字符空格' '作为分隔符
11～12	HH	具有 2 个数字的时
13	":"	字符冒号':'作为分隔符
14～15	MM	具有 2 个数字的分

6.2.4.83.16　字段 IM_Descriptor 的编码

此字段应编码为数据类型 VisibleString[54]。该值应设置为制造商特定,并且如果它短于 54 个八位位组就应用空格来填满。

6.2.4.83.17 字段 IM_Signature 的编码

此字段应编码为数据类型 OctetString[54]。该值应设置为制造商特定,并且如果它短于 54 个八位位组就应用空格来填满。

6.2.5 有关 Alarm 和 Diagnosis PDU 的编码

6.2.5.1 字段 UserStructureIdentifier 的编码

此字段应编码为其值符合表 343 的数据类型 Unsigned16。

此字段标识 AlarmNotification 的字段 Data 的结构和 Alarm data 的字段 Data 的结构。

表 343 UserStructureIdentifier

值(十六进制)	含 义	用 法
0x0000~0x7FFF	ManufacturerSpecific	制造商特定诊断应与以下的报警类型(AlarmType)联合使用: Diagnosis,Redundancy,DiagnosisDisappears,multicast communication-mismatch,Port data change notification,sync data change notification,isochronousmode problem notification,Network component problem notification,Time data changed notification 制造商特定诊断应与以下的记录(Records)联合使用: 包含诊断数据(Diagnosis Data)的所有记录 与其他报警类型联合的用法是制造商特定的
0x8000	ChannelDiagnosis	通道诊断应与以下的报警类型联合使用: Diagnosis,Redundancy,DiagnosisDisappears,multicast communication-mismatch,Port data change notification,sync data change notification,isochronousmode problem notification,Network component problem notification,Time data changed notification 通道诊断应与以下的记录联合使用: 包含诊断数据的所有记录
0x8001	Multiple	仅应与以下各项联合使用: Diagnosis,Redundancy,DiagnosisDisappears,multicastCommunication-Mismatch,PortDataChangedNotification,syncDataChangedNotification and IsochronousModeProblemNotification with data,which comply to the "(BlockHeader,Data*)*"structure. 此外,BlockType 总是应与所使用的 AlarmType 相符合
0x8002	ExtChannelDiagnosis	ExtChannelDiagnosis 应与以下的报警类型联合使用: Diagnosis,Redundancy,DiagnosisDisappears,multicast communication-mismatch,Port data change notification,sync data change notification,isochronousmode problem notification,Network component problem notification,Time data changed notification ExtChannelDiagnosis 应与以下的记录联合使用: 包含诊断数据的所有记录
0x8003	QualifiedChannelDiagnosis	QualifiedChannelDiagnosis 应与以下的报警类型联合使用: Diagnosis,Redundancy,DiagnosisDisappears,multicast communication-mismatch,Port data change notification,sync data change notification,isochronousmode problem notification,Network component problem notification,Time data changed notification QualifiedChannelDiagnosis 应与以下的记录联合使用: All records containing Diagnosis Data

表 343（续）

值(十六进制)	含　义	用　法
0x8004～0x80FF	保留	
0x8100	Maintenance	Maintenance 应与以下的报警类型联合使用： Diagnosis,Redundancy,DiagnosisDisappears,multicast communication-mismatch,Port data change notification,sync data change notification,isochronousmode problem notification,Network component problem notification,Time data changed notification 此外,AlarmNotification 仅应传送此块,如果报警包含至少 1 个 Maintenance Required 登录项或 1 个 Maintenance Demanded 登录项或 1 个 Qualifier_x 登录项的话。否则,应忽略该块
0x8101～0x81FF	保留	—
0x8200	Upload&Retrieval	Upload&Retrieval 应与 Upload 和 Retrieval notification 联合使用
0x8201	iParameter	iParameter 与 Upload 和 Retrieval notification 联合使用
0x8202～0x8FFF	保留	—
0x9000～0x9FFF	保留用于行规	—
0xA000～0xFFFF	保留	—

6.2.5.2　字段 **ChannelErrorType** 的编码

此字段应编码为其值符合表 344 的数据类型 Unsigned16。

表 344　**ChannelErrorType**

值(十六进制)	含　义	指定的文本
0x0000	保留	未知的错误
0x0001	短路	短路
0x0002	电压过低	电压过低
0x0003	电压过高	电压过高
0x0004	超载	超载
0x0005	温度过高	温度过高
0x0006	断线	断线
0x0007	超过上限值	超过上限值
0x0008	超过下限值	超过下限值
0x0009	错误	错误
0x000A	仿真活动(Simulation active)	仿真活动
0x000B	保留	未知的错误
0x000C	保留	未知的错误
0x000D	保留	未知的错误
0x000E	保留	未知的错误
0x000F	制造商特定 推荐用于“参数丢失”	通道必需(附加的)参数。没有参数被写或较少参数被写
0x0010	制造商特定 推荐用于“参数化故障”	参数化故障。错误参数或许多参数被写

表 344（续）

值(十六进制)	含　义	指定的文本
0x0011	制造商特定 推荐用于“电源故障”	电源故障
0x0012	制造商特定 推荐用于“保险丝烧断/打开”	保险丝烧断/打开
0x0013	制造商特定 推荐用于“通信故障”	通信故障。顺序号错误/顺序错误
0x0014	制造商特定 推荐用于“接地故障”	接地故障
0x0015	制造商特定 推荐用于“参考点丢失”	参考点丢失
0x0016	制造商特定 推荐用于“过程事件丢失/取样错误”	程事件丢失/取样错误
0x0017	制造商特定 推荐用于“临界警告”	临界警告
0x0018	制造商特定 推荐用于“输出失效”	输出失效
0x0019	制造商特定 推荐用于“安全事件”	安全性事件
0x001A	制造商特定 推荐用于“外部故障”	外部故障
0x001B	制造商特定	制造商特定
0x001C	制造商特定	制造商特定
0x001D	制造商特定	制造商特定
0x001E	制造商特定	制造商特定
0x001F	制造商特定 推荐用于“暂时的故障”	暂时的故障
0x0020～0x00FF	保留用于通用行规	明确区分通用行规的集中管理号[a]
0x0100～0x7FFF	制造商特定	制造商特定
0x8000	数据传输不可能	数据传输不可能
0x8001	远程失配	远程失配
0x8002	媒体冗余失配	媒体冗余失配
0x8003	同步失配	同步失配
0x8004	等时同步失配	等时同步失配
0x8005	多播 CR 失配	多播 CR 失配
0x8006	保留	保留
0x8007	光纤失配	光纤链路的信息
0x8008	网络部件功能失配	网络功能问题出现
0x8009	时间失配	时间主站不存在或精度问题

表 344（续）

值(十六进制)	含　义	指定的文本
0x800A～0x8FFF	保留	未知的错误
0x9000～0x9FFF	保留用于行规	行规专用
0xA000～0xFFFF	保留	未知的错误
[a] 此范围的值由 PROFIBUS 国际(PI)分配。		

6.2.5.3 字段 ChannelNumber 的编码

此字段应编码为其值符合表 345 的数据类型 Unsigned16。

表 345 ChannelNumber

值(十六进制)	含　义
0x0000～0x7FFF	制造商特定
0x8000	子模块
0x8001～0xFFFF	保留

注：ChannelNumber 0x8000 引用该子模块自身。

与字段 ChannelProperties. Accumulative 相关，应采用以下含义：

——ChannelProperties. Accumulative＝1，则字段 ChannelNumber 应包含受影响的组(effected group)的最小通道号；

——ChannelProperties. Accumulative＝0，则字段 ChannelNumber 应包含受影响的通道号。

6.2.5.4 字段 ChannelProperties 的编码

此字段应依据 3.7.3.4 来设置，各比特应具有以下含义：

——比特 0～7：ChannelProperties. Type

此字段应依据表 346 来设置。

表 346 ChannelProperties. Type

值(十六进制)	含　义
0x00	如果字段 ChannelNumber 包含值 0x8000(子模块)，应被使用。 此外，如果下面定义的类型没有适当的，它应被使用
0x01	1 比特
0x02	2 比特
0x03	4 比特
0x04	8 比特
0x05	16 比特
0x06	32 比特
0x07	64 比特
0x08～0xFF	保留

——比特 8：ChannelProperties. Accumulative

如果它是一个从多于 1 个通道累积(accumulative)来的诊断，此字段应设置为 1。

否则此字段应设置为 0。

——比特 9～10：ChannelProperties. Maintenance

此字段应依据表 347 和表 348 来设置。

在表 347 中规定了与字段 ChannelProperties 有关的元素，在表 348 中规定了与字段 Alarmnotification 和 RecordDataRead(DiagnosisData)有关的元素。

表 347 在 ChannelProperties 内的有效组合

需要的维护比特 9:	必须的维护比特 10:	指定符	含 义	对以下有效
0x00	0x00	0x00	所有后续的[a] Diagnosis,maintenanceRequired,maintenanceDemanded 和 QualifiedDiagnosis 消失	ChannelDiagnosis
		0x01	Diagnosis 出现	ChannelDiagnosis,ManufacturerSpecificDiagnosis,ExtChannelDiagnosis,and QualifiedChannelDiagnosis
		0x02	Diagnosis 消失	
		0x03	Diagnosis 消失,但其他保持	
0x01	0x00	0x00	保留	ChannelDiagnosis,ManufacturerSpecificDiagnosis,ExtChannelDiagnosis,and QualifiedChannelDiagnosis
		0x01	MaintenanceRequired 出现	
		0x02	MaintenanceRequired 消失	
		0x03	MaintenanceRequired 消失,但其他保持	
0x00	0x01	0x00	保留	ChannelDiagnosis,ManufacturerSpecificDiagnosis,ExtChannelDiagnosis,and QualifiedChannelDiagnosis
		0x01	MaintenanceDemanded 出现	
		0x02	MaintenanceDemanded 消失	
		0x03	MaintenanceDemanded 消失,但其他保持	
0x01	0x01	0x00	保留	QualifiedChannelDiagnosis
		0x01	QualifiedDiagnosis 出现	
		0x02	QualifiedDiagnosis 消失	
		0x03	QualifiedDiagnosis 消失,但其他保持	

[a] 后续的意思是,所有被传送的 ChannelErrorType 的 ExtChannelErrorTypes,并且 ChannelErrorType 其自身消失。仅应在 AlarmNotification 中被使用。

表 348 对于 Alarmnotification 和 Record-DataRead(DiagnosisData)的有效组合

需要的维护比特 9:	必须的维护比特 10:	指定符	含 义	对以下有效
0x00	0x00	0x00	所有后续的[a] Diagnosis、MaintenanceRequired、MaintenanceDemanded 和 QualifiedDiagnosis 消失	Alarmnotification
		0x01	Diagnosis 出现	Alarmnotification and RecordDataRead(DiagnosisData)
		0x02	Diagnosis 消失	Alarmnotification RecordData-Read(DiagnosisData) shall only be used in conjunction withManufacturerSpecificDiagnosis
		0x03	Diagnosis 消失,但其他保持	Alarmnotification

表 348（续）

需要的维护比特 9：	必须的维护比特 10：	指定符	含　义	对以下有效
0x01	0x00	0x00	保留	—
		0x01	MaintenanceRequired 出现	Alarmnotification and Record-DataRead(DiagnosisData)
		0x02	MaintenanceRequired 消失	Alarmnotification
		0x03	MaintenanceRequired 消失，但其他保持	
0x00	0x01	0x00	保留	—
		0x01	MaintenanceDemanded 出现	Alarmnotification and Record-DataRead(DiagnosisData)
		0x02	MaintenanceDemanded 消失	Alarmnotification
		0x03	MaintenanceDemanded 消失，但其他保持	
0x01	0x01	0x00	保留	—
		0x01	QualifiedDiagnosis 出现	Alarmnotification and Record-DataRead(DiagnosisData)
		0x02	QualifiedDiagnosis 消失	Alarmnotification
		0x03	QualifiedDiagnosis 消失，但其他保持	
[a] 后续的意思是，所有被传送的 ChannelErrorType 的 ExtChannelErrorTypes，并且 ChannelErrorType 其自身消失。				

——比特 11～12：ChannelProperties. Specifier

此字段应依据表 349 中的值来编码。字段 ChannelProperties. Specifier 与所寻址的 Channel、ChannelErrorType 和 ExtChannelErrorType 有关。在表 347 中规定了与字段 ChannelProperties 有关的元素。

表 349　**ChannelProperties. Specifier**

值(十六进制)	含　义	用　法
0x00	所有后续消失	见表 347
0x01	出现	事件出现和/或存在
0x02	消失	事件消失和/或不再存在
0x03	消失，但其他保持	事件消失，但存在其他的

——比特 13～15：ChannelProperties. Direction

此字段应依据表 350 来设置。

表 350　**ChannelProperties. Direction**

值(十六进制)	含　义
0x00	制造商特定的
0x01	输入
0x02	输出
0x03	输入/输出
0x04～0x07	保留

6.2.5.5 字段 ExtChannelErrorType 的编码

此字段应编码为数据类型 Unsigned16。此字段的值取决于字段 ChannelErrorType。应依据表 351 来设置这些值。

表 351 ExtChannelErrorType

值(十六进制)	含义
0x0000～0xFFFF	定义取决于 ChannelErrorType(见下面的表)

结合所定义的 ChannelErrorTypes,应依据表 352～表 360 来设置 ExtChannelErrorType。

表 352 ChannelErrorType 0～0x7FFF 的 ExtChannelErrorType

值(十六进制)	含义	用法
0x0000	保留	
0x0001～0x7FFF	制造商特定的	Alarm/diagnosis
0x8000	累积信息	Alarm/diagnosis
0x8001～0x8FFF	保留	
0x9000～0x9FFF	保留,用于行规	Alarm/diagnosis
0xA000～0xFFFF	保留	

表 353 ChannelErrorType "Data transmission impossible"的 ExtChannelErrorType

值(十六进制)	含义	用法
0x0000	保留	
0x0001～0x7FFF	制造商特定	Alarm/diagnosis
0x8000	链路状态失配-Link down	Alarm/diagnosis
0x8001	MAU 类型失配	Alarm/diagnosis
0x8002	线延迟失配	Alarm/diagnosis
0x8003～0x8FFF	保留	
0x9000～0x9FFF	保留,用于行规	Alarm/diagnosis
0xA000～0xFFFF	保留	

表 354 ChannelErrorType "Remotemismatch"的 ExtChannelErrorType

值(十六进制)	含义	用法
0x0000	保留	
0x0001～0x7FFF	制造商特定的	Alarm/diagnosis
0x8000	对等机架 ID 失配	Alarm/diagnosis
0x8001	对等端口 ID 失配	Alarm/diagnosis
0x8002	对等 RT_CLASS_3 失配[a]	Alarm/diagnosis
0x8003	对等 MAUType 失配	Alarm/diagnosis
0x8004	对等 MRP 域失配	Alarm/diagnosis
0x8005	没有发现对等	Alarm/diagnosis
0x8006	对等 MRRT 失配	Alarm/diagnosis
0x8007	对等 Line Delay 失配	Alarm/diagnosis

表 354（续）

值(十六进制)	含　义	用　法
0x8008	对等 PTCP 失配[b]	Alarm/diagnosis
0x8009～0x8FFF	保留	
0x9000～0x9FFF	保留,用于行规	Alarm/diagnosis
0xA000～0xFFFF	保留	

[a] 如果远程 RTClass3_PortStatus.State 不是 RTCLASS3_RUN,此事件发生。如果远程 IRDATAUUID 不等于 local IRDATAUUID,此事件也可能发生。

[b] 如果远程 PTCP_SubdomainUUID 等于 local PTCP_SubdomainUUID 以及远程 PTCP_MasterSourceAddress 不等于 local PTCP_MasterSourceAddress,此事件发生。

表 355　ChannelErrorType“Media redundancymismatch”的 ExtChannelErrorType

值(十六进制)	含　义	用　法
0x0000	保留	
0x0001～0x7FFF	制造商特定的	Alarm/diagnosis
0x8000	管理器角色失败	Alarm/diagnosis
0x8001	MRP 环打开	Alarm/diagnosis
0x8002	MRRT 环打开	Alarm/diagnosis
0x8003	多管理器	Alarm/diagnosis
0x8004～0x8FFF	保留	
0x9000～0x9FFF	保留,用于行规	Alarm/diagnosis
0xA000～0xFFFF	保留	

表 356　ChannelErrorType“Syncmismatch”和 ChannelErrorType“Timemismatch”的 ExtChannelErrorType

值(十六进制)	含　义	用　法
0x0000	保留	
0x0001～0x7FFF	制造商特定的	Alarm/diagnosis
0x8000	没有接收到同步报文	Alarm/diagnosis
0x8001～0x8002	保留	
0x8003	抖动超过边界	Alarm/diagnosis
0x8004～0x8FFF	保留	
0x9000～0x9FFF	保留,用于行规	Alarm/diagnosis
0xA000～0xFFFF	保留	

表 357　ChannelErrorType“Isochronousmodemismatch”的 ExtChannelErrorType

值(十六进制)	含　义	用　法
0x0000	保留	
0x0001～0x7FFF	制造商特定的	Alarm/diagnosis
0x8000	Output Time Failure-输出更新丢失或次序颠倒	Alarm/diagnosis

表 357（续）

值(十六进制)	含　义	用　法
0x8001	Input Time Failure	Alarm/diagnosis
0x8002	Master Lifesign Failure-发现在 MLS 更新中的错误	Alarm/diagnosis
0x8003～0x8FFF	保留	
0x9000～0x9FFF	保留,用于行规	Alarm/diagnosis
0xA000～0xFFFF	保留	

表 358　ChannelErrorType“Multicast Crmismatch”的 ExtChannelErrorType

值(十六进制)	含　义	用　法
0x0000	保留	
0x0001～0x7FFF	制造商特定的	Alarm/diagnosis
0x8000	多播消费者 CR 超时	Alarm/diagnosis
0x8001	地址解析失败	Alarm/diagnosis
0x8002～0x8FFF	保留	
0x9000～0x9FFF	保留,用于行规	Alarm/diagnosis
0xA000～0xFFFF	保留	

表 359　ChannelErrorType“Fiber opticmismatch”的 ExtChannelErrorType

值(十六进制)	含　义	用　法
0x0000	保留	
0x0001～0x7FFF	制造商特定的	Alarm/diagnosis
0x8000	功率预算	Alarm/diagnosis
0x8001～0x8FFF	保留	
0x9000～0x9FFF	保留,用于行规	Alarm/diagnosis
0xA000～0xFFFF	保留	

表 360　ChannelErrorType“Network component functionmismatch”的 ExtChannelErrorType

值(十六进制)	含　义	用　法
0x0000	保留	
0x0001～0x7FFF	制造商特定的	Alarm/diagnosis
0x8000	帧被丢弃-无资源	Alarm/diagnosis
0x8001～0x8FFF	保留	
0x9000～0x9FFF	保留,用于行规	Alarm/diagnosis
0xA000～0xFFFF	保留	

6.2.5.6　字段 ExtChannelAddValue 的编码

此字段应编码为数据类型 Unsigned32。值 0 被用于无信息。

6.2.5.6.1　ChannelErrorType＝0～0x7FFF 的字段 ExtChannelAddValue 的编码

如果字段 ExtChannelErrorType 包含值 0x8000 和字段 ChannelErrorType 包含值 0～0x7FFF,则此字段应依据表 361 中的值来编码。

表 361 Accumulative Info 的值

比特位置	值(十六进制)	含 义
比特 0	0x00	ChannelNumber 不被影响
	0x01	ChannelNumber 被影响
比特 1	0x00	ChannelNumber + 1 不被影响
	0x01	ChannelNumber + 1 被影响
比特 2	0x00	ChannelNumber + 2 不被影响
	0x01	ChannelNumber + 2 被影响
…	…	…
比特 30	0x00	ChannelNumber + 30 不被影响
	0x01	ChannelNumber + 30 被影响
比特 31	0x00	ChannelNumber + 31 不被影响
	0x01	ChannelNumber + 31 被影响

6.2.5.6.2 ChannelErrorType "Fiber opticmismatch"的字段 ExtChannelAddValue 的编码

如果字段 ExtChannelErrorType 包含值 0x8000 和字段 ChannelErrorType 包含值 0x8007,则此字段应依据表 362 中的值来编码。

表 362 "Fiber opticmismatch"和"Power Budget"的值

值(十六进制)	含 义
0x00~0x3E7	PowerBudget,按 0.1dB 步长[0..99.9dB]
0x03E8~0xFFFFFFFF	保留

6.2.5.6.3 ChannelErrorType "Network component functionmismatch"的字段 ExtChannelAddValue 的编码

如果字段 ExtChannelErrorType 包含值 0x8000 和字段 ChannelErrorType 包含值 0x8008,则此字段应依据表 363 中的值来编码。

表 363 "Network component functionmismatch"和"Frame dropped"的值

值(十六进制)	含 义
0x00~0x3E7	在无资源情况下,丢弃帧的个数
0x03E8~0xFFFFFFFF	保留

6.2.5.6.4 ChannelErrorType "Remotemismatch"的字段 ExtChannelAddValue 的编码

如果字段 ExtChannelErrorType 包含值 0x8007 和字段 ChannelErrorType 包含值 0x8001,则此字段应依据表 364 中的值来编码。

表 364 "Remotemismatch"和"Peer CableDelaymismatch"的值

值(十六进制)	含 义	用 法
0x00~0x32	测量错误	没有发信号
0x33~0x3B9ACA00	对等之间的电缆延迟差	信号偏差
0x3B9ACA01~0xFFFFFFFF	保留	保留

6.2.5.7 字段 QualifiedChannelQualifier 的编码

此字段应编码为数据类型 Unsigned32。应依据表 365 来设置这些值。在一个 QualifiedChannelDiagnosis 中只有一个比特应被设置。

表 365 QualifiedChannelQualifier 的值

比特位置	值(十六进制)	含　义	用　法
比特 0	保留	保留	保留
比特 1	保留	保留	保留
比特 2	0x00	Qualifier_2 不设置	行规专用
	0x01	Qualifier_2 设置	
比特 3	0x00	Qualifier_3 不设置	
	0x01	Qualifier_3 设置	
…	—	…	
比特 30	0x00	Qualifier_30 不设置	
	0x01	Qualifier_30 设置	
比特 31	0x00	Qualifier_31 不设置	
	0x01	Qualifier_31 设置	

6.2.5.8 字段 MaintenanceStatus 的编码

此字段应编码为数据类型 Unsigned32。至少下面各比特之一应被设置为 1，以便依据表 366 传送此报警块。否则应忽略此块。

表 366 MaintenanceStatus 的值

比特位置	比特名称	值(十六进制)	含　义
比特 0	MaintenanceRequired	0x00	没有需要的维护的信息可用
		0x01	有需要的维护的信息可用
比特 1	MaintenanceDemanded	0x00	没有必须的维护的信息可用
		0x01	有必须的维护的信息可用
比特 2	Qualifier_2	0x00	没有信息可用
		0x01	有信息可用
比特 3	Qualifier_3	0x00	没有信息可用
		0x01	有信息可用
…	—	…	…
比特 30	Qualifier_30	0x00	没有信息可用
		0x01	有信息可用
比特 31	Qualifier_31	0x00	没有信息可用
		0x01	有信息可用

在图 49 中示出了诊断(diagnosis)、维护(maintenance)和合格(qualified)的分类。

图 49 诊断、维护和合格的分类

6.2.6 有关 upload 和 retrieval 的编码

6.2.6.1 字段 URRecordIndex 的编码

此字段应编码为其值符合表 367 的数据类型 Unsigned32。

表 367 URRecordIndex

值(十六进制)	含　义
0x00000000～0x0000FFFF	所使用记录的索引
0x00010000～0xFFFFFFFF	保留

6.2.6.2 字段 URRecordLength 的编码

此字段应编码为其值符合表 368 的数据类 Unsigned32。

表 368 URRecordLength

值(十六进制)	含　义
0x00000000	写所存储的记录到 IO 设备
0x00000001～0xFFFFFFFF	如果每次所选择的记录的长度小于或等于 URRecordLength,写所存储的记录到 IO 设备

6.2.7 有关 iParameter 的编码

6.2.7.1 字段 iPar_Req_Header 的编码

此字段应编码为数据类型 Unsigned32,其值符合 IEC 61784-3-3。

6.2.7.2 字段 Max_Segm_Size 的编码

此字段应编码为数据类型 Unsigned32,其值符合 IEC 61784-3-3。

6.2.7.3 字段 Transfer_Index 的编码

此字段应编码为数据类型 Unsigned32,其值符合 IEC 61784-3-3。

6.2.7.4 字段 Total_iPar_Size 的编码

此字段应编码为数据类型 Unsigned32,其值符合 IEC 61784-3-3。

6.2.8 有关 Physical Device Port Data 的编码

6.2.8.1 字段 OwnPortID 的编码

此字段应依据 4.9.2.3 编码为数据类型 OctetString[8]或 OctetString[14]。

6.2.8.2 字段 LengthOwnPortID 的编码

此字段应依据 4.9.2.3 编码为数据类型 Unsigned8,其值为 8 或 14。

6.2.8.3 字段 NumberOfPeers 的编码

此字段应编码为数据类型 Unsigned8。

6.2.8.4 字段 LengthPeerPortID 的编码

此字段应编码为数据类型 Unsigned8。

6.2.8.5 字段 PeerPortID 的编码

此字段应编码为数据类型 OctetString[255]。

6.2.8.6 字段 LengthPeerChassisID 的编码

此字段应编码为数据类型 Unsigned8。

6.2.8.7 字段 PeerChassisID 的编码

此字段应编码为数据类型 OctetString[255]。

6.2.8.8　字段 **LengthOwnChassisID** 的编码

此字段应编码为数据类型 Unsigned8。

6.2.8.9　字段 **OwnChassisID** 的编码

此字段应编码为数据类型 OctetString[255]。

6.2.8.10　字段 **LineDelay** 的编码

此字段的编码应依据 3.7.3.5,各比特应具有以下含义:

——比特 0～30:LineDelay. Value

此字段应依据表 369、表 370、图 18 和式(27)来设置。

表 369　具有 LineDelay. FormatIndicator == 0 的 LineDelay. Value

值(十六进制)	含　义
0x00000000	线延迟和电缆延迟未知
0x00000001～0x7FFFFFFF	线延迟(纳秒)

表 370　具有 LineDelay. FormatIndicator == 1 的 LineDelay. Value

值(十六进制)	含　义
0x00000000	保留
0x00000001～0x7FFFFFFF	电缆延迟(纳秒)

——比特 31:LineDelay. FormatIndicator

此字段应依据表 371 来设置。

表 371　LineDelay. FormatIndicator

值(十六进制)	含　义	用　法
0x00	LineDelay. Value 被编码为线延迟	缺省,如果线延迟或电缆延迟是未知的,应该与 PDPortDataCheck 一起使用
0x01	LineDelay. Value 被编码为电缆延迟	缺省,如果电缆延迟是已知的,应该与 PDPortDataReal 一起使用

6.2.8.11　字段 **PeerMACAddress** 的编码

此字段应编码为数据类型 OctetString[6]。字段 PeerMACAddress 的值应符合 IEEE 802 MAC 地址。

注:八位位组 1 包含单/组地址比特(LSB)。

6.2.9　有关 **Physical Device IR Data** 的编码

6.2.9.1　字段 **RxPort** 的编码

此字段应编码为数据类型 Unsigned8。此字段的值应依据表 372 来编码。

表 372　RxPort

值(十六进制)	含　义
0x00	本地接口
0x01	端口 1
0x02	端口 2
…	…
0xFF	端口 255

6.2.9.2 字段 NumberOfTxPortGroups 的编码

此字段应编码为数据类型 Unsigned8,并依据表 373 来设置。此字段应只计算成功的 TxPortGroupArray 登录项。

表 373 NumberOfTxPortGroups

值(十六进制)	含 义
0x01,0x03,0x05,0x07,0x09,0x0A,0x0C,0x0F	允许值
0x11,0x13,0x15,0x17,0x19,0x1A,0x1C,0x1F	允许值
0x21	允许值
其他	保留

6.2.9.3 字段 TxPortGroupArray 的编码

字段 TxPortGroupArray 是八位位组的数组,它应包含至少一个、最多 33 个八位位组(称为 TxPortGroup 八位位组)。TxPortGroup 八位位组应由至少一个、最多 8 个 TxPort 登录项组成(称为 TxPortGroup 登录项 0 到 TxPortGroup 登录项 7)。因此,TxPortGroup 八位位组的个数与设备内的端口数相对应,应用式(56)计算:

$$N = M_{highest}\ \mathrm{DIV}\ 8 + 1 \qquad \cdots\cdots (56)$$

其中:

N——TxPortGroup 八位位组的个数或数组元素的个数;

$M_{highest}$——设备内 TxPorts 的最高个数(最大值 255)。

最后的 TxPortGroup 八位位组(八位位组 N)可以不包含全部 8 个 TxPort 登录项。如果 $M_{highest}$ MOD 8≠7,则八位位组 N 未被填满,剩余的比特应被设置为 0(称为填充比特(Padding Bit))。

注:术语 DIV 代表无余数的除法,MOD 代表除法的余数。

设备的 TxPortGroup 中的 TxPorts 应无间隔地按升序来构成。

此字段的编码应依据 3.7.3.3,各比特应具有以下含义:

——比特 0:TxPortEntry_0

如果存在具有编号为 m(满足 m MOD 8=0)的 TxPort,则此比特应依据表 374 中的值来设置。如果没有 TxPort 存在,则应使用填充比特。

表 374 TxPortEntry

值(十六进制)	含 义
0x00	传输停止(Transmission off)
0x01	传输进行(Transmission on)

本地加入(injection)的 TxPort 总是被放在 TxPortGroup 八位位组编号 1 的 TxPortEntry_1 中。

——比特 1:TxPortEntry_1

如果存在具有编号 m(满足 m MOD 8=1)的 TxPort,则此比特应依据表 374 中的值来设置。如果没有 TxPort 存在,则应使用填充比特。

——比特 2:TxPortEntry_2

如果存在具有编号 m(满足 m MOD 8=2)的 TxPort,则此比特应依据表 374 中的值来设置。如果没有 TxPort 存在,则应使用填充比特。

——比特 3:TxPortEntry_3

如果存在具有编号 m(满足 m MOD 8=3)的 TxPort,则此比特应依据表 374 中的值来设置。如果没有 TxPort 存在,则应使用填充比特。

——比特 4:TxPortEntry_4

如果存在具有编号 m(满足 m MOD 8=4)的 TxPort,则此比特应依据表 374 中的值来设置。如果没有 TxPort 存在,则应使用填充比特。

——比特 5:TxPortEntry_5

如果存在具有编号 m(满足 m MOD 8=5)的 TxPort,则此比特应依据表 374 中的值来设置。如果没有 TxPort 存在,则应使用填充比特。

——比特 6:TxPortEntry_6

如果存在具有编号 m(满足 m MOD 8=6)的 TxPort,则此比特应依据表 374 中的值来设置。如果没有 TxPort 存在,则应使用填充比特。

——比特 7:TxPortEntry_7

如果存在具有编号 m(满足 m MOD 8=7)的 TxPort,则此比特应依据表 374 中的值来设置。如果没有 TxPort 存在,则应使用填充比特。

其中,m 是当前 TxPort 的编号,1≤m≤N。

6.2.9.4 字段 FrameDetails 的编码

此字段的编码应符合 3.7.3.3,各比特应具有以下含义:

——比特 0~1:FrameDetails. SyncFrame

此字段的值应依据表 375 来编码。

表 375 **FrameDetails. SyncFrame**

值(十六进制)	含 义	描 述
0x00	非同步帧	
0x01	主要同步帧	主(Primary)和次(secondary)同步帧使用相同的 FrameID。在同一时刻,这些帧中应只有一个是有效的。
0x02	次要同步帧	
0x03	保留	

——比特 2~3:FrameDetails. MeaningFrameSendOffset

此字段应依据表 376 中的值来编码。

表 376 **FrameDetails. MeaningFrameSendOffset**

值(十六进制)	含 义
0x00	字段 FrameSendOffset 规定接收或发送一个帧的时间点
0x01	字段 FrameSendOffset 规定在一个阶段(phase)内的 RT_CLASS_3 间隔的开始
0x02	字段 FrameSendOffset 规定在一个阶段(phase)内的 RT_CLASS_3 间隔的结束
0x03	保留

——比特 4~7:FrameDetails. reserved

此字段应设置为 0。

6.2.9.5 字段 AdjustProperties 的编码

此字段应编码为其值为 0 的数据类型 Unsigned16。

6.2.9.6 字段 MAUType 的编码

此字段应编码为数据类型 Unsigned16,其值依据表 377 和表 378。

表 377 **MAUType**

值(十六进制)	含　义	用　法
0x0000～0x0004	保留	
0x0005	10BASET	PDPortDataReal
0x0006-0x0009	保留	
0x000A	10BASETXHD	PDPortDataReal
0x000B	10BASETXFD	PDPortDataReal
0x000C	10BASEFLHD	PDPortDataReal
0x000D	10BASEFLFD	PDPortDataReal
0x000F	100BASETXHD	PDPortDataReal
0x0010	100BASETXFD(缺省)	PDPortDataReal,PDPortDataAdjust,PDPortDataCheck
0x0011	100BASEFXHD	PDPortDataReal
0x0012	100BASEFXFD	PDPortDataReal,PDPortDataAdjust,PDPortDataCheck
0x0013～0x0014	保留	
0x0015	1000BASEXHD	PDPortDataReal
0x0016	1000BASEXFD	PDPortDataReal,PDPortDataAdjust,PDPortDataCheck
0x0017	1000BASELXHD	PDPortDataReal
0x0018	1000BASELXFD	PDPortDataReal,PDPortDataAdjust,PDPortDataCheck
0x0019	1000BASESXHD	PDPortDataReal
0x001A	1000BASESXFD	PDPortDataReal,PDPortDataAdjust,PDPortDataCheck
0x001B～0x001C	保留	
0x001D	1000BASETHD	PDPortDataReal
0x001E	1000BASETFD	PDPortDataReal,PDPortDataAdjust,PDPortDataCheck
0x001F	10GigBASEFX	PDPortDataReal,PDPortDataAdjust,PDPortDataCheck
0x0020～0x002D	保留	
0x002E	100BASELX10	PDPortDataReal,PDPortDataAdjust,PDPortDataCheck
0x002F～0x0035	保留	
0x0036	100BASEPXFD	PDPortDataReal,PDPortDataAdjust,PDPortDataCheck
0x0037～0xFFFF	保留	

表 378 **MAUType 与 LinkState 的有效组合**

<table>
<tr><th>PortState</th><th>LinkState</th><th>MAUType</th><th>用　法</th></tr>
<tr><td rowspan="22">Unknown
Disabled/Discarding
Blocking
Listening
Learning
Forwarding
Broken</td><td rowspan="19">Up
（传递信息包准备就绪）</td><td>10BASET</td><td rowspan="23">PDPortDataReal</td></tr>
<tr><td>10BASETXHD</td></tr>
<tr><td>10BASETXFD</td></tr>
<tr><td>10BASEFLHD</td></tr>
<tr><td>10BASEFLFD</td></tr>
<tr><td>100BASETXHD</td></tr>
<tr><td>100BASETXFD（缺省）</td></tr>
<tr><td>100BASEFXHD</td></tr>
<tr><td>100BASEFXFD</td></tr>
<tr><td>1000BASEXHD</td></tr>
<tr><td>1000BASEXFD</td></tr>
<tr><td>1000BASELXHD</td></tr>
<tr><td>1000BASELXFD</td></tr>
<tr><td>1000BASESXHD</td></tr>
<tr><td>1000BASESXFD</td></tr>
<tr><td>1000BASETHD</td></tr>
<tr><td>1000BASETFD</td></tr>
<tr><td>10GigBASEFX</td></tr>
<tr><td>100BASELX10</td></tr>
<tr><td>100BASEPXFD</td></tr>
<tr><td>Down</td><td rowspan="4">保留</td></tr>
<tr><td>Testing
（在某测试模式中）</td></tr>
<tr><td>Unknown
（状况不能确定）</td></tr>
<tr><td>保留</td><td>保留</td></tr>
</table>

6.2.9.7 字段 **CheckSyncMode** 的编码

此字段的编码应依据 3.7.3.4，各比特应具有以下含义：

——比特 0：CheckSyncMode. CableDelay

此字段应依据表 379 来设置。

表 379 **CheckSyncMode. CableDelay**

值（十六进制）	含　义	用　法
0x00	OFF	无检查
0x01	ON	检查本地与远程测得的电缆之间相对 50 ns 的电缆延迟差异

——比特 1：CheckSyncMode. SyncMaster

此字段应依据表 380 来设置。

表 380 CheckSyncMode. SyncMaster

值(十六进制)	含　义	用　法
0x00	OFF	无检查
0x01	ON	使用 LLDP_PNIO_PTCPSTATUS 检查本地与远程之间的 PTCP_MasterSourceAddress

——比特 2～15:CheckSyncMode. reserved

此字段应依据 3.7.3.2 来设置。

6.2.9.8 字段 MAUTypeMode 的编码

此字段的编码应符合 3.7.3.4,各比特应具有以下含义:

——比特 0:MAUTypeMode. Check

此字段应依据表 381 来设置。

表 381 MAUTypeMode. Check

值(十六进制)	含　义	用　法
0x00	OFF	无检查
0x01	ON	检查本地与远程检测值之间的 MAU 类型差异

——比特 1～15:mAUTypeMode. reserved

此字段应依据 3.7.3.2 来设置。

6.2.9.9 字段 DomainBoundaryIngress 的编码

此字段的编码应符合 3.7.3.5,各比特的值应依据表 382 来编码。

表 382 DomainBoundaryIngress

比特	值	含　义
0	1	阻塞具有多播 MAC 地址的输入帧 01-0E-CF-00-04-00, 01-0E-CF-00-04-20, 01-0E-CF-00-04-40 和 01-0E-CF-00-04-80
	0	不阻塞具有多播 MAC 地址的输入帧 01-0E-CF-00-04-00, 01-0E-CF-00-04-20, 01-0E-CF-00-04-40 和 01-0E-CF-00-04-80
…	1	阻塞具有多播 MAC 地址的输入帧 01-0E-CF-00-04-xx, 01-0E-CF-00-04-xx, 01-0E-CF-00-04-xx 和 01-0E-CF-00-04-xx
	0	不阻塞具有多播 MAC 地址的输入帧 01-0E-CF-00-04-xx, 01-0E-CF-00-04-xx, 01-0E-CF-00-04-xx 和 01-0E-CF-00-04-xx

表 382（续）

比特	值	含　义
31	1	阻塞具有多播 MAC 地址的输入帧 01-0E-CF-00-04-1F, 01-0E-CF-00-04-3F, 01-0E-CF-00-04-5F 和 01-0E-CF-00-04-9F
	0	不阻塞具有多播 MAC 地址的输入帧 01-0E-CF-00-04-1F, 01-0E-CF-00-04-3F, 01-0E-CF-00-04-5F 和 01-0E-CF-00-04-9F

6.2.9.10 字段 DomainBoundaryEgress 的编码

此字段的编码应该依据 3.7.3.5,各比特的值应该依据表 383 来编码。

表 383 DomainBoundaryEgress

比特	值	含　义
0	1	阻塞具有多播 MAC 地址的输出帧 01-0E-CF-00-04-00, 01-0E-CF-00-04-20, 01-0E-CF-00-04-40 和 01-0E-CF-00-04-80
	0	不阻塞具有多播 MAC 地址的输出帧 01-0E-CF-00-04-00, 01-0E-CF-00-04-20, 01-0E-CF-00-04-40 和 01-0E-CF-00-04-80
…	1	阻塞具有多播 MAC 地址的输出帧 01-0E-CF-00-04-xx, 01-0E-CF-00-04-xx, 01-0E-CF-00-04-xx 和 01-0E-CF-00-04-xx
	0	不阻塞具有多播 MAC 地址的输出帧 01-0E-CF-00-04-xx, 01-0E-CF-00-04-xx, 01-0E-CF-00-04-xx 和 01-0E-CF-00-04-xx
31	1	阻塞具有多播 MAC 地址的输出帧 01-0E-CF-00-04-1F, 01-0E-CF-00-04-3F, 01-0E-CF-00-04-5F 和 01-0E-CF-00-04-9F
	0	不阻塞具有多播 MAC 地址的输出帧 01-0E-CF-00-04-1F, 01-0E-CF-00-04-3F, 01-0E-CF-00-04-5F 和 01-0E-CF-00-04-9F

6.2.9.11 字段 MulticastBoundary 的编码

此字段应编码为数据类型 Unsigned32。各比特的值应依据表 384 来编码。

表 384 MulticastBoundary

比特	值	含 义
0	1	阻塞多播 MAC 地址 01-0E-CF-00-02-00
	0	不阻塞多播 MAC 地址 01-0E-CF-00-02-00
…	1	阻塞多播 MAC 地址 01-0E-CF-00-02-xx
	0	不阻塞多播 MAC 地址 01-0E-CF-00-02-xx
31	1	阻塞多播 MAC 地址 01-0E-CF-00-02-1F
	0	不阻塞多播 MAC 地址 01-0E-CF-00-02-1F

这应该用于从 01-0E-CF-00-02-00 到 01-0E-CF-00-02-1F 的前 32 个 RT_CLASS_2 多播地址。

6.2.9.12 字段 PeerToPeerBoundary 的编码

此字段应编码为数据类型 Unsigned32。各比特的值应依据表 385 来编码。

表 385 PeerToPeerBoundary

比特	值	含 义
0	1	LLDP 代理(agent)不应发送 LLDP frames(出口过滤器)
	0	LLDP 代理应发送此端口的 LLDP frames
1	1	PTCP ASE 不应发送 PTCP_DELAY frames(出口过滤器)
	0	PTCP ASE 应发送此端口的 PTCP_DELAY frames
…	0	保留
31	0	保留

6.2.9.13 字段 DCPBoundary 的编码

此字段应编码为数据类型 Unsigned32。各比特应依据表 386 中的值来编码。

表 386 DCPBoundary

比特	值	含 义
0	1	阻塞具有多 MAC 地址 01-0E-CF-00-00-00 的 DCP_Identify 输出帧(出口过滤器)
	0	不阻塞多播 MAC 地址 01-0E-CF-00-00-00
1	1	阻塞具有多播 MAC 地址 01-0E-CF-00-00-01 的 DCP_Hello 输出帧(出口过滤器)
	0	不阻塞多播 MAC 地址 01-0E-CF-00-00-01
…	0	保留
31	0	保留

6.2.9.14 字段 LinkState 的编码

此字段的编码应符合 3.7.3.4,各比特应具有以下含义:

——比特 0~7:LinkState. Link

此字段应依据表 387 来设置。

表 387 LinkState. Link

值(十六进制)	含 义	用 法
0x00	保留	—
0x01	Up(传递信息包准备就绪)	PDPortDataReal,CheckLinkState
0x02	Down	PDPortDataReal,AdjustLinkState
0x03	Testing(在某测试模式中)	PDPortDataReal
0x04	Unknown(状况不能确定)	PDPortDataReal
0x05	Dormant	PDPortDataReal
0x06	NotPresent	PDPortDataReal
0x07	LowerLayerDown	PDPortDataReal
0x08～0xFF	保留	—

——比特 8～15:LinkState. Port

此字段应依据表 388 来设置。

表 388 LinkState. Port

值(十六进制)	含 义	用 法
0x00	Unknown	缺省 必备 PDPortDataReal
0x01	Disabled / Discarding	可选 PDPortDataReal
0x02	Blocking	可选 PDPortDataReal
0x03	Listening	可选 PDPortDataReal
0x04	Learning	可选 PDPortDataReal
0x05	Forwarding	可选 PDPortDataReal
0x06	Broken	可选 PDPortDataReal
0x07～0xFF	保留	—

6.2.9.15 字段 MediaType 的编码

此字段应编码为数据类型 Unsigned32,其值依据表 389。

表 389 MediaType

值(十六进制)	含 义	用 法
0x00	未知的	PDPortDataReal
0x01	铜缆	PDPortDataReal
0x02	光纤	PDPortDataReal
0x03	无线通信	PDPortDataReal
0x04～0xFFFFFFFF	保留	—

6.2.9.16 字段 **MaxBridgeDelay** 的编码

此字段应编码为符合表390的数据类型Unsigned32。图19示出了MaxBridgeDelay的含义。

表 390 **MaxBridgeDelay**

值(十六进制)	含 义
0x00000000	未知的
0x00000001～0x3B9AC9FF	从工程设计使用用于RT_CLASS_3计算的桥延迟
0x3B9ACA00～0xFFFFFFFF	保留

6.2.9.17 字段 **NumberOfPorts** 的编码

此字段应编码为数据类型Unsigned32。此字段应应依据表391中的值来编码。

表 391 **NumberOfPorts**

值(十六进制)	含 义
0x00000000	保留
0x00000001～0x000000FF	后续端口登录项的个数
0x00000100～0xFFFFFFFF	保留

6.2.9.18 字段 **MaxPortTxDelay** 的编码

此字段应编码为符合表392的数据类型Unsigned32。图19示出了MaxPortTxDelay的含义。

表 392 **MaxPortTxDelay**

值(十六进制)	含 义
0x00000000	未知的
0x00000001～0x3B9AC9FF	从工程设计使用用于RT_CLASS_3计算的端口传输延迟
0x3B9ACA00～0xFFFFFFFF	保留

6.2.9.19 字段 **MaxPortRxDelay** 的编码

此字段应编码为符合表393的数据类型Unsigned32。图19示出了MaxPortRxDelay的含义。

表 393 **MaxPortRxDelay**

值(十六进制)	含 义
0x00000000	未知的
0x00000001～0x3B9AC9FF	从工程设计使用用于RT_CLASS_3计算的端口接收延迟
0x3B9ACA00～0xFFFFFFFF	保留

6.2.9.20 字段 **EtherType** 的编码

此字段应编码为Unsigned16,如同在4.2.2.4中对字段LT的描述。本部分使用的值符合表394。

表 394 **EtherType**

值(十六进制)	含 义
0x8892	RT_CLASS_x

6.2.10 有关 **Physicalsync Data** 的编码

6.2.10.1 字段 **PTCPSubdomainID** 的编码

此字段应编码为数据类型UUID。值NULL指出在Read Realsync Data服务内无同步。

6.2.10.2 字段 **PTCPLengthSubdomainName** 的编码

此字段应编码为数据类型Unsigned8。

6.2.10.3 字段 PTCPSubdomainName 的编码

此字段应编码为数据类型 OctetString，依据 4.3.1.4.15.1 具有 1～240 个八位位组。

注：字段 PTCPSubdomainName 不能用 0 来终止。

6.2.10.4 字段 SyncProperties 的编码

此字段的编码应依据 3.7.3.4，各比特应具有以下含义：

——比特 0～1：syncProperties. Role

此字段应依据表 395 中的值来编码。

表 395 SyncProperties. Role

值(十六进制)	含 义	用 法
0x00	保留	
0x01	Externalsync	时钟或时间从站
0x02	Internalsync	时钟或时间主站
0x03	保留	

——比特 2～7：syncProperties. reserved

此字段应设置为 0。

——比特 8～12：syncProperties. SyncID

此字段应依据表 396 中的值来编码。

表 396 SyncProperties. SyncID

值(十六进制)	含 义
0x00	SyncID 0
0x01	SyncID 1
…	…
0x1F	SyncID 31

——比特 13～15：syncProperties. reserved

此字段应设置为 0。

6.2.10.5 字段 ReservedIntervalBegin 的编码

此字段应编码为数据类型 Unsigned32。时间基数是 1 ns。此字段应该依据图 50 来定义。仅字段 SyncProperties. SyncID 被设置为 0 时，此字段才有效。

6.2.10.6 字段 ReservedIntervalEnd 的编码

此字段应编码为数据类型 Unsigned32。时间基数是 1 ns。此字段应该依据图 50 来定义。仅字段 SyncProperties. SyncID 被设置为 0 时，此字段才有效。

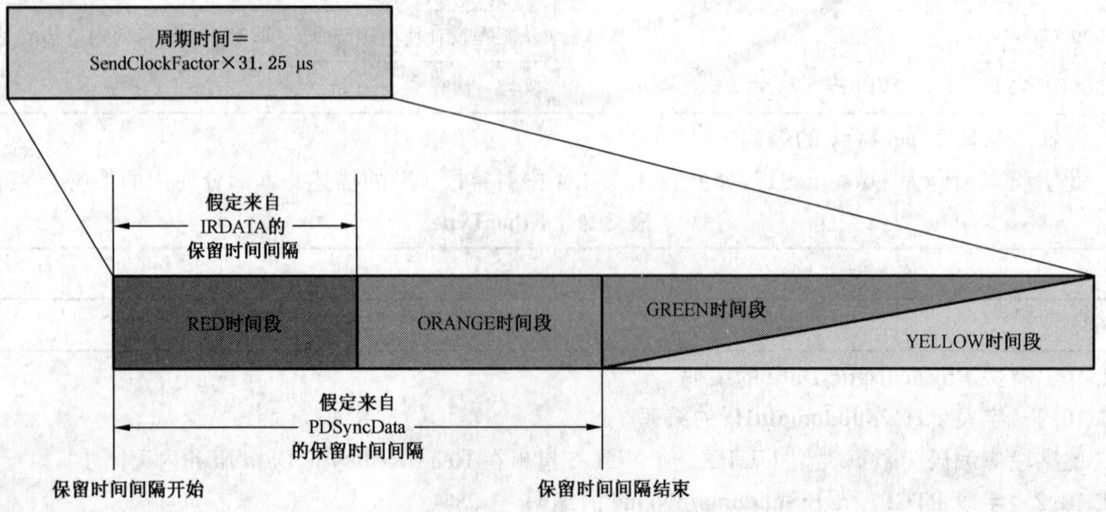

图 50 保留间隔的定义

6.2.10.7 字段 SyncSendFactor 的编码

字段应编码为数据类型 Unsigned32。时间基数是 31.25 μs。该值的范围应符合表 397。

表 397 SyncSendFactor

值(十六进制)	含　义	SyncID(时钟)	SyncID(时间)
0x0000	保留		
0x0001～0x03FF	可选		
0x03C0	缺省	必备(30 ms)	可选(30 ms)
0x03C1～0x0C7F	可选		
0x0C80	可选		可选(100 ms)
0x0C81～0x176FF	可选		
0x17700	缺省		可选(3 s)
0x17701～0x4E1FF	可选		
0x4E200	可选		可选(10 s)
0x4E200～0xEA5FF	可选		
0xEA600	缺省		必备(30 s)
0x000EA601～0xA4CB7FFF	可选		
0xA4CB8000	缺省		可选(24 h)
0xA4CB8001～0xFFFFFFFF	保留		

注：在使用之前,SyncSendFactor 可被四舍五入至整 10 ms。

每个 SyncProperties. SyncID 应需要其自己的 SyncSendFactor。

SyncSendInterval 应依据式(57)来计算。

$$SyncSendInterval = SyncSendFactor \times 31.25\ \mu s \qquad (57)$$

6.2.10.8 字段 PTCPTimeoutFactor 的编码

此字段应编码为数据类型 Unsigned16。时间基数是字段 SyncSendFactor 的值。该值的范围应符合表 398。

表 398 PTCPTimeoutFactor

值(十六进制)	含　义
0x0000	停用
0x0001～0x0002	可选
0x0003～0x0005	必备
0x0006	缺省,必备
0x0007～0x000F	必备
0x0010～0x01FF	可选
0x0200～0xFFFF	保留

每个 SyncProperties. SyncID 应需要其自己的 PTCPTimeoutFactor。Timeout 应依据式(58)来计算。

$$Timeout = PTCPTimeoutFactor \times syncSendFactor \times 31.25\ \mu s \qquad (58)$$

6.2.10.9 字段 PTCPTakeoverTimeoutFactor 的编码

此字段应编码为数据类型 Unsigned16。时间基数是字段 SyncSendFactor 的值。该值的范围应符合表 399。

表 399 PTCPTakeoverTimeoutFactor

值(十六进制)	含 义
0x0000	停用
0x0001～0x0002	可选
0x0003	缺省,必备
0x0004～0x000F	必备
0x0010～0x01FF	可选
0x0200～0xFFFF	保留

每个 SyncProperties. SyncID 应需要其自己的 PTCPTakeoverTimeoutFactor。Timeout 应依据式(59)来计算。

$$\text{Timeout}=\text{PTCPTakeoverTimeoutFactor}\times \text{syncSendFactor}\times 31.25\ \mu s \quad (59)$$

6.2.10.10 字段 PTCPMasterStartupTime 的编码

此字段应编码为数据类型 Unsigned16。时间基数是 1 s。该值的范围应符合表 400。

表 400 PTCPMasterStartupTime

值(十六进制)	含 义
0x0000	停用
0x0001～0x0004	可选
0x0005～0x0009	必备
0x000A	缺省,必备
0x000B～0x003C	必备
0x003D～0x012C	可选
0x012D～0xFFFF	保留

每个 SyncProperties. SyncID 应需要其自己的 PTCPMasterStartupTime。

6.2.10.11 字段 PLLWindow 的编码

此字段应编码为数据类型 Unsigned32。时间基数是 1 ns。该值的范围应符合表 401。

表 401 PLLWindow

值(十六进制)	含 义	SyncID (时钟)	SyncID (时间)
0x00	停用		
0x0001～0x03E7	可选		
0x03E8	缺省	必备(1 μs)	可选(1 μs)
0x03E9～0x270F	可选		
0x2710	缺省	可选(10 μs)	可选(10 μs)
0x2710～0x000F423F	可选		
0x000F4240	缺省	可选(1 ms)	可选(1 ms)
0x000F423F～0x98967F	可选		
0x989680	缺省	可选(10 ms)	可选(10 ms)
0x989681～0xFFFFFFFF	保留		

每个 SyncProperties. SyncID 应需要其自己的 PLLWindow。

在图 51 中示出了 PLLWindow 的定义。

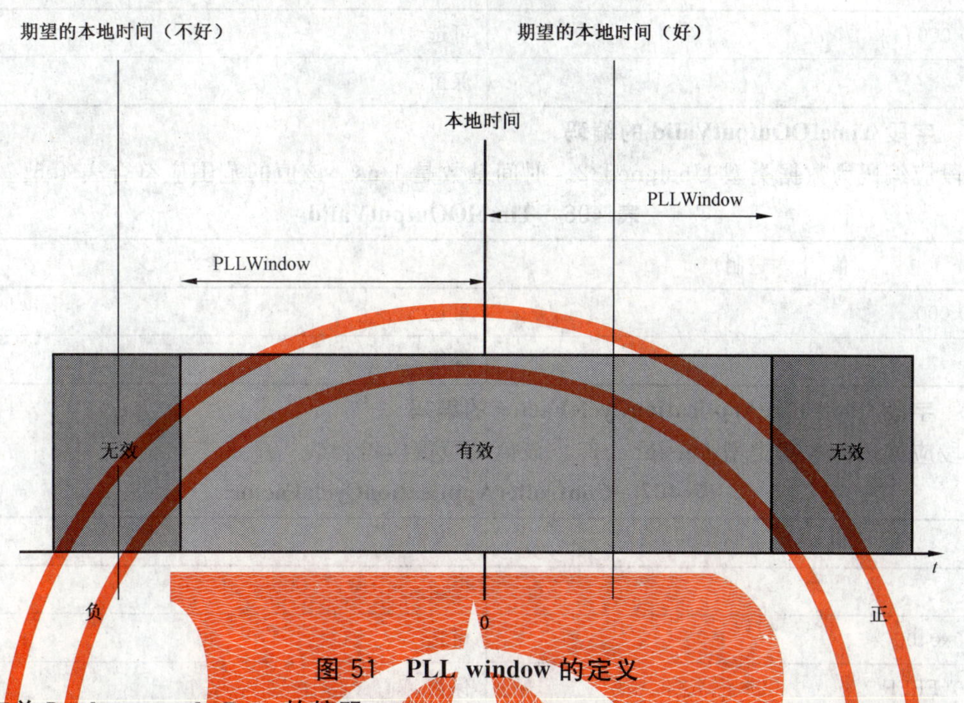

图 51 PLL window 的定义

6.2.11 有关 Isochronemode Data 的编码

6.2.11.1 字段 TimeDataCycle 的编码

此字段应编码为数据类型 Unsigned16。时间基数是 31.25 μs。该值的范围应符合表 402。

表 402 TimeDataCycle

值(十六进制)	含　义
0x00	保留
0x01～0x0400	可选
0x401～0xFFFF	保留

6.2.11.2 字段 TimeIOInput 的编码

此字段应编码为数据类型 Unsigned32。时间基数是 1 ns。该值的范围应符合表 403。

表 403 TimeIOInput

值(十六进制)	含　义
1～32 000 000	可选
其他	保留

6.2.11.3 字段 TimeIOOutput 的编码

此字段应编码为数据类型 Unsigned32。时间基数是 1 ns。该值的范围应符合表 404。

表 404 TimeIOOutput

值(十六进制)	含　义
1～32 000 000	可选
其他	保留

6.2.11.4 字段 TimeIOInputValid 的编码

此字段应编码为数据类型 Unsigned32。时间基数是 1 ns。该值的范围应符合表 405。

表 405 **TimeIOInputValid**

值(十六进制)	含 义
1～32 000 000	可选
其他	保留

6.2.11.5 字段 TimeIOOutputValid 的编码

此字段应编码为数据类型 Unsigned32。时间基数是 1 ns。该值的范围应符合表 406。

表 406 **TimeIOOutputValid**

值(十六进制)	含 义
1～32 000 000	可选
其他	保留

6.2.11.6 字段 ControllerApplicationCycleFactor 的编码

此字段应编码为数据类型 Unsigned16。该值的范围应符合表 407。

表 407 **ControllerApplicationCycleFactor**

值(十六进制)	含 义
0x0000	保留
0x0001～0x0400	可选
0x0401～0xFFFF	保留

6.2.12 有关 Media Redundancy 的编码

6.2.12.1 字段 MRP_Role 的编码

此字段应编码为数据类型 Unsigned16,并应依据表 408 来设置。

表 408 **MRP_Role**

值(十六进制)	含 义
0x0000	媒体冗余停用
0x0001	媒体冗余客户机
0x0002	媒体冗余管理器
0x0003～0xFFFF	保留

6.2.12.2 字段 MRP_RTMode 的编码

此字段的编码应依据 3.7.3.5,各比特应具有以下含义:

——比特 0:MRP_RTMode. RTClass1_2

此字段应依据表 409 来设置。

表 409 **MRP_RTMode. RTClass1_2**

值(十六进制)	含 义
0x00	OFF RT_CLASS_1 and RT_CLASS_2 冗余模式已解除激活 MRRT 已解除激活
0x01	ON RT_CLASS 1 and RT_CLASS 2 冗余模式已激活 MRRT 已激活

——比特 1～23:MRP_RTMode. reserved_1

此字段应依据 3.7.3.2 来设置。

——比特 24～31：MRP_RTMode. reserved_2

此字段应设置为 0。

6.2.12.3 字段 MRRT_TSTdefaultT 的编码

此字段应编码为数据类型 Unsigned16，时间基数是 1ms，并应依据表 410 来设置。

表 410 MRRT_TSTdefaultT

值(十进制)	含 义	用 法
0	保留	—
1～99	1 ms～99 ms	可选
100	100 ms	必备
101～4 000	101 ms～4 s	可选
4 001～65 535	保留	—

6.2.12.4 字段 MRP_TOPchgT 的编码

此字段定义应被用来调用 Flush Filtering Data Base 服务的共同时间点，并应编码为数据类型 Unsigned16。该值应依据表 411 来设置，时间基数是 10 ms。

表 411 MRP_TOPchgT

值(十进制)	含 义	用 法
0	0 ms	立即清除 FDB
1	10 ms	必备
2～100	20 ms～1 s	可选
101～65 535	保留	—

6.2.12.5 字段 MRP_TOPNRmax 的编码

此字段应编码为数据类型 Unsigned16，并依据表 412 来设置。

表 412 MRP_TOPNRmax

值(十进制)	含 义	用 法
0	保留	—
1	1 次重复(iteration)	可选
2	2 次重复	可选
3	3 次重复	必备(200 ms 重新组态时间)
4	4 次重复	可选
5	5 次重复	可选
6～65 535	保留	—

6.2.12.6 字段 MRP_TSTshortT 的编码

此字段应编码为数据类型 Unsigned16，并依据表 413 来设置。

表 413 MRP_TSTshortT

值(十进制)	含 义	用 法
0	保留	
1～9	1～9 ms	可选(短测试间隔)
10	10 ms	必备(200 ms 重新组态时间)
10～500	10～500 ms	可选(短测试间隔)
501～65 535	保留	—

6.2.12.7 字段 MRP_TSTdefaultT 的编码

此字段应编码为数据类型 Unsigned16,并依据表 414 来设置。

表 414 MRP_TSTdefaultT

值(十进制)	含 义	用 法
0	保留	
1～19	1～19 ms	可选(缺省测试间隔)
20	20 ms	必备(200 ms 重新组态时间)
21～1 000	21 ms～1 s	可选(缺省测试间隔)
1 001～65 535	保留	—

6.2.12.8 字段 MRP_TSTNRmax 的编码

此字段应编码为数据类型 Unsigned16,并依据表 415 来设置。

表 415 MRP_TSTNRmax

值(十进制)	含 义	用 法
0～1	保留	—
2	2 个未完成的测试指示引起环失效	可选
3	3 个未完成的测试指示引起环失效	必备(200 ms 重新组态时间)
4～10	4～10 个未完成的测试指示引起环失效	可选
11～65 535	保留	—

6.2.12.9 字段 MRRT_TSTNRmax 的编码

此字段应编码为数据类型 Unsigned16,并依据表 416 来设置。

表 416 MRRT_TSTNRmax

值(十进制)	含 义	用 法
0～1	保留	—
2	2 个未完成的测试指示引起无扰冗余环失效	可选
3	3 个未完成的测试指示引起无扰冗余环失效	必备
4～10	4～10 个未完成的测试指示引起无扰冗余环失效	可选
11～65 535	保留	—

6.2.12.10 字段 MRP_LNKdownT 的编码

此字段应编码为数据类型 Unsigned16。编码应符合表 417。

表 417 MRP_LNKdownT

值(十进制)	含 义	用 法
0	保留	—
1～19	Link down 间隔 1～19 ms	可选
20	Link down 间隔 20 ms	必备
21～1 000	Link down 间隔 21 ms～1 000 ms	可选
1 001～65 535	保留	—

6.2.12.11 字段 MRP_LNKupT 的编码

此字段应编码为数据类型 Unsigned16,并依据表 418 来设置。

表 418 MRP_LNKupT

值(十进制)	含　义	用　法
0	保留	—
1～19	Link up 间隔 1～19 ms	可选
20	Link up 间隔 20 ms	必备
21～1 000	Link up 间隔 21 ms～1 000 ms	可选
1 001～65 535	保留	—

6.2.12.12 字段 MRP_LNKNRmax 的编码

此字段应编码为数据类型 Unsigned16,并依据表 419 来设置。

表 419 MRP_LNKNRmax

值(十进制)	含　义	用　法
0	保留	
1	重复 1 次	可选
2	重复 2 次	可选
3	重复 3 次	可选
4	重复 4 次	必备
5	重复 5 次	可选
6～65 535	保留	

6.2.12.13 字段 MRP_RTState 的编码

此字段应编码为数据类型 Unsigned16,并依据表 420 来设置。

表 420 MRP_RTState

值(十六进制)	含　义
0x0000	RT 媒体冗余丧失
0x0001	RT 媒体冗余可用
0x0002～0xFFFF	保留

6.2.12.14 字段 MRP_Check 的编码

此字段的编码应依据 3.7.3.5,各比特应具有以下含义:

——比特 0:MRP_Check.MediaRedundancyManager

此字段应依据表 421 来设置。

表 421 MRP_Check.MediaRedundancyManager

值(十六进制)	含　义
0x00	OFF
0x01	ON

——比特 1:MRP_Check.MRP_DomainUUID

此字段应依据表 422 来设置。

表 422 MRP_Check.MRP_DomainUUID

值(十六进制)	含　义
0x00	OFF
0x01	ON 检查 MRP_DomainUUID 与 LLDP_PNIO_MRPPORTSTATUS

——比特 2～23：MRP_Check. reserved_1

此字段应依据 3.7.3.2 来设置。

——比特 24～31：MRP_Check. reserved_2

此字段应设置为 0。

6.2.13 有关光纤的编码

6.2.13.1 字段 VendorBlockType 的编码

此字段应编码为数据类型 Unsigned16，并依据表 423 来设置。

表 423 VendorBlockType

值(十六进制)	含 义
0x0000～0xFFFF	制造商特定的

6.2.13.2 字段 FiberOpticType 的编码

此字段应编码为数据类型 Unsigned32，并依据表 424 来设置。

表 424 FiberOpticType

值(十六进制)	含 义
0x00000000	无适合的光纤类型
0x00000001	9 μm 单模光纤
0x00000002	50 μm 多模光纤
0x00000003	62.5 μm 多模光纤
0x00000004	SI-POF，NA＝0.5
0x00000005	SI-PCF，NA＝0.36
0x00000006	LowNA-POF，NA＝0.3
0x00000007	GI-POF
0x00000008～0x0000007F	保留
0x00000080～0x000000FF	制造商特定的
0x00000100～0xFFFFFFFF	保留

6.2.13.3 字段 FiberOpticCableType 的编码

此字段应编码为数据类型 Unsigned32。编码应依据表 425。

表 425 FiberOpticCableType

值(十六进制)	含 义
0x0000	无光缆规定
0x0001	内部/外部光缆，固定安装
0x0002	内部/外部光缆，柔性的安装
0x0003	户外光缆，固定安装
0x0004～0xFFFFFFFF	保留

6.2.13.4 字段 FiberOpticPowerBudgetType 的编码

此字段的编码应依据 3.7.3.5，各比特应具有以下含义：

——比特 0～30：FiberOpticPowerBudgetType. Value

此字段应依据表 426 来设置。

表 426 **FiberOpticPowerBudgetType. Value**

值(十六进制)	含义	用法
0	PowerBudget,按 0.1 dB 步幅(steps)	(0 dB):对于需要的维护(maintenance demanded)是必备
0x0001～0x0013	PowerBudget,按 0.1 dB 步幅	可选
0x0014	PowerBudget,按 0.1 dB 步幅	(2 dB):对于必须的维护(maintenance required)是必备
0x0015～0x03E7	PowerBudget,按 0.1 dB 步幅	可选
0x03E8～0x7FFFFFFF	保留	保留

——比特 31:FiberOpticPowerBudgetType. CheckEnable

此字段应依据表 427 来设置。

表 427 **FiberOpticPowerBudgetType. CheckEnable**

值(十六进制)	含义
0x0	OFF
0x1	ON 比较值是 FiberOpticPowerBudgetType. Value

6.2.14 有关网络部件的编码

6.2.14.1 字段 NCDropBudgetType 的编码

此字段的编码应符合 3.7.3.5,各比特应具有以下含义:

——比特 0～30:NCDropBudgetType. Value

此字段应依据表 428 来设置。

表 428 **NCDropBudgetType. Value**

值(十六进制)	含义	用法
0	保留	保留
0x0001～0x0002	丢失(dropped)的帧个数	可选
0x0003	丢失的帧个数	对于必须的维护(maintenance required)是必备的
0x0004～0x0009	丢失的帧个数	可选
0x000A	丢失的帧个数	对于需要的维护(maintenance demanded)是必备的
0x000B～0x03E7	丢失的帧个数	可选
0x03E8～0x7FFFFFFF	保留	保留

——比特 31:NCDropBudgetType. CheckEnable

此字段应依据表 429 来设置。

表 429 **NCDropBudgetType. CheckEnable**

值(十六进制)	含义
0x0	OFF
0x1	ON 比较值是 NCDropBudgetType. Value

丢失帧的检查应依据图 52 和图 53 来完成。

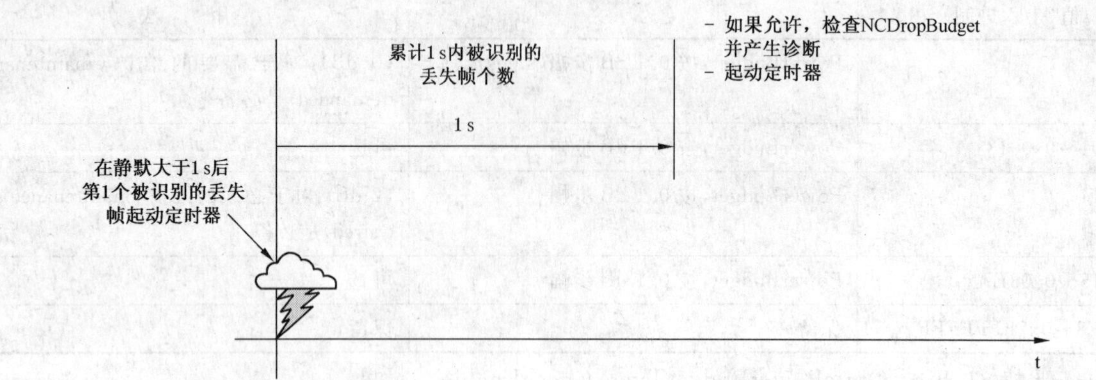

图 52 探测丢失帧——出现

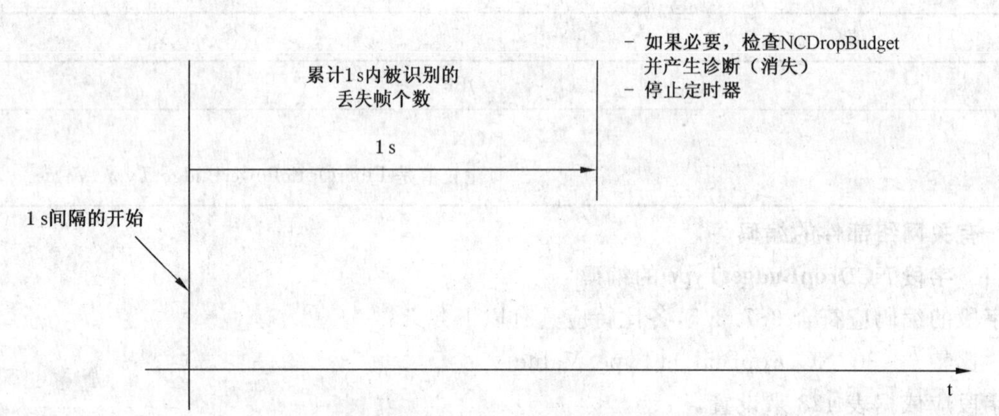

图 53 探测丢失帧——消失

6.2.15 有关快速启动的编码

6.2.15.1 字段 FSHelloMode 的编码

此字段的编码应符合 3.7.3.5，各比特应具有以下含义：

——比特 0～1：FSHelloMode. Mode

此字段应依据表 430 来设置。

表 430 **FSHelloMode. Mode**

值(十六进制)	含 义	用 法
0x00	OFF	缺省
0x01	在 LinkUp 时发送 DCP_Hello. req	
0x02	在 HelloDelay 后的 LinkUp 时发送 DCP_Hello. req	
0x03	保留	保留

——比特 2～23：FSHelloMode. reserved_1

此字段应依据 3.7.3.2 来设置。

——比特 24～31：FSHelloMode. reserved_2

此字段应设置为 0。

6.2.15.2 字段 FSHelloInterval 的编码

此字段应编码为数据类型 Unsigned32，编码应符合表 431。

表 431 FSHelloInterval

值(十六进制)	含义	用法
0x00000001E	30 ms 在第 1 个 DCP_Hello.req 之后、传输第 2 个 DCP_Hello.req 之前，等待此时间	缺省
0x000000032	50 ms 在第 1 个 DCP_Hello.req 之后、传输第 2 个 DCP_Hello.req 之前，等待此时间	—
0x000000064	100 ms 在第 1 个 DCP_Hello.req 之后、传输第 2 个 DCP_Hello.req 之前，等待此时间	—
0x00000012C	300 ms 在第 1 个 DCP_Hello.req 之后、传输第 2 个 DCP_Hello.req 之前，等待此时间	—
0x0000001F4	500 ms 在第 1 个 DCP_Hello.req 之后、传输第 2 个 DCP_Hello.req 之前，等待此时间	—
0x0000003E8	1 000 ms 在第 1 个 DCP_Hello.req 之后、传输第 2 个 DCP_Hello.req 之前，等待此时间	—
其他	保留	保留

6.2.15.3 字段 FSHelloRetry 的编码

此字段应编码为数据类型 Unsigned32，编码应符合表 432。

表 432 FSHelloRetry

值(十六进制)	含义	用法
0x00000000	保留	—
0x00000001～0x00000002	Hello.req 的重传输数	—
0x00000003	Hello.req 的重传输数	缺省
0x00000004～0x0000000F	Hello.req 的重传输数	—
0x00000010～0xFFFFFFFF	保留	保留

6.2.15.4 字段 FSHelloDelay 的编码

此字段应编码为数据类型 Unsigned32，编码应符合表 433。

表 433 FSHelloDelay

值(十六进制)	含义	用法
0x000000000	OFF	缺省
0x000000032	50 ms 在第 1 个 LinkUp.ind 之后、传输 DCP_Hello.req 之前，等待此时间	—
0x000000064	100 ms 在第 1 个 LinkUp.ind 之后、传输 DCP_Hello.req 之前，等待此时间	—
0x0000001F4	500 ms 在第 1 个 LinkUp.ind 之后、传输 DCP_Hello.req 之前，等待此时间	—
0x0000003E8	1 000 ms 在第 1 个 LinkUp.ind 之后、传输 DCP_Hello.req 之前，等待此时间	—
其他	保留	保留

6.2.15.5 字段 FSParameterMode 的编码

此字段的编码应依据 3.7.3.5，各比特应具有以下含义：

——比特 0～1：FSParameterMode. Mode

此字段应依据表 434 来设置。

表 434 FSParameterMode. Mode

值(十六进制)	含 义	用 法
0x00	OFF	缺省
0x01	ON	
0x02	保留	保留
0x03	保留	保留

——比特 2～23：FSParameterMode. reserved_1

此字段应依据 3.7.3.2 来设置。

——比特 24～31：FSParameterMode. reserved_2

此字段应设置为 0。

6.2.15.6 字段 FSParameterUUID 的编码

此字段应编码为数据类型 UUID，编码应符合表 435。

表 435 FSParameterUUID

值(UUID)	含 义
00000000-0000-0000-0000-000000000000	保留
00000000-0000-0000-0000-000000000001 ～ FFFFFFFF-FFFF-FFFF-FFFF-FFFFFFFFFFFF	在 IODConnectRes 与 IODControlReq 之间传送的记录数据(包括物理设备数据等)的 UUID

6.2.16 PDU 检查规则

6.2.16.1 概述

应采用以下规则来检查接收方的 FAL PDU。PDU 代码检查规则以浓缩方式提供冗余信息。在 PDU 代码检查规则与本规范的其他部分有冲突的情况下，其他部分应具有优先地位。

6.2.16.2 IODConnectReq

6.2.16.2.1 ArgsLength

此字段应依据表 436 来检查。

表 436 ArgsLength 检查

	参 数	检查规则	匹配的行为
RPCHeader	RPCOperationNmb	== 0(Connect)	认可，检查 IODConnectReq-PDU
	RPCOperationNmb	== 1(Release)	—
	RPCOperationNmb	== 2(Read)	—
	RPCOperationNmb	== 3(Write)	—
	RPCOperationNmb	== 4(Control)	—
	RPCOperationNmb	== 5(Read Implicit)	—
NDRDataRequest	ArgsLength	! = 所有 BlockLength 的和＋Block 个数×4	RMPM：ArgsLength 无效
IODConnectReq	ARBlockReq	不是第一个块	RSP-，0xDB，0x81，0x01，0
IODConnectReq	—	Case ARProperties. DeviceAccess == 1：除 ARBlockReq 的其他块	RMPM：未知的块

表 436（续）

	参　数	检查规则	匹配的行为
IODConnectReq	IOCRBlockReq	Case ARProperties. DeviceAccess ＝＝ 0： CRType ＝＝ "Input CR"的 IOCRBlockReq 的个数 ＝＝ 0 OR CRType ＝＝ "Output CR"的 IOCRBlockReq 的个数 ＝＝ 0	RMPM：IOCR 丢失
IODConnectReq	AlarmCRBlockReq	Case ARProperties. DeviceAccess ＝＝ 0： AlarmCRBBlockReq 的个数 ！＝ 1	RMPM：错误的 AlarmCRBlock 计数

6.2.16.2.2 **ARBlockReq**

此字段应依据表 437 来检查。

表 437 **ARBlockReq-request** 检查

参　数	检查规则	匹配的行为
BlockType	！＝ 0x0101	RSP-，0xDB，0x81，0x01，0
BlockLength	！＝ 54 ＋ StationNameLength	RSP-，0xDB，0x81，0x01，1
BlockVersionHigh	！＝ 0x01	RSP-，0xDB，0x81，0x01，2
BlockVersionLow	！＝ 0x00	RSP-，0xDB，0x81，0x01，3
ARType	＝＝ 保留 OR 不等于 GSDML 中的一个值	RSP-，0xDB，0x81，0x01，4
ARUUID	＝＝ NIL	RSP-，0xDB，0x81，0x01，5
CMInitiatorMacAdd	If(IOCRProperties. RTClass ＝＝ RT_CLASS_1_UDP) AND (CMInitiatorMacAdd ！＝ NULL)	RSP-，0xDB，0x81，0x01，7
CMInitiatorMacAdd	＝＝ 多播地址	RSP-，0xDB，0x81，0x01，7
CMInitiatorObjectUUID	<见后面五行>	—
.. time low	！＝ 0xDEA00000	RSP-，0xDB，0x81，0x01，8
.. timemid	！＝ 0x6C97	RSP-，0xDB，0x81，0x01，8
.. time high version	！＝ 0x11D1	RSP-，0xDB，0x81，0x01，8
.. Clock[2]	！＝ 0x82，0x71	RSP-，0xDB，0x81，0x01，8
.. Node[6] (contains instance，device，vendor)	不检查	n. a.
ARProperties. State	＝＝ 保留	RSP-，0xDB，0x81，0x01，9
ARProperties. State	If ARType ＝＝(IOCARSingle OR IOSAR) AND ARProperties. State ！＝ Primary	RSP-，0xDB，0x81，0x01，9
ARProperties. Supervisor- TakeoverAllowed	无关	n. a.
ARProperties. ParametrizationServer	＝＝ 外部 PrmServer	RSP-，0xDB，0x81，0x01，9
ARProperties. reserved_1	不检查	n. a.

表 437（续）

参　　数	检查规则	匹配的行为
ARProperties. DeviceAccess	== 1 AND ARType ! = IOSAR	RSP-,0xDB,0x81,0x01,9
ARProperties. CompanionAR	== 3	RSP-,0xDB,0x81,0x01,9
CMInitiatorActivityTimeoutFactor	! = 1～1 000(时基为 100 ms)	RSP-,0xDB,0x81,0x01,10
InitiatorUDPRTPort	== 0～0x03FF	RSP-,0xDB,0x81,0x01,11
StationNameLength	== 0 OR > 240	RSP-,0xDB,0x81,0x01,12
CMInitiatorStationName	NOT(VisibleString,根据 RFC 3490)	RSP-,0xDB,0x81,0x01,13

6.2.16.2.3 IOCRBlockReq

此字段应依据表 438 来检查。

表 438　IOCRBlockReq-request 检查

参　　数	检查规则	匹配的行为
BlockType	! = 0x0102	n. a.
BlockLength	! = 42+NumberOfAPI× (8+NumberOfIODataObjects×6+ NumberOfIOCS×6)	RSP-,0xDB,0x81,0x02,1
BlockVersionHigh	! = 0x01	RSP-,0xDB,0x81,0x02,2
BlockVersionLow	! = 0x00	RSP-,0xDB,0x81,0x02,3
IOCRType	! = 0x01～0x04	RSP-,0xDB,0x81,0x02,4
IOCRReference	不惟一 OR (IOCRType == 0x4 AND 无相应的 MCRBlock)	RSP-,0xDB,0x81,0x02,5
LT	Case IOCRProperties. RTClass ! = 0x04: ! = 0x8892 Case IOCRProperties. RTClass == 0x04: ! = 0x0800	RSP-,0xDB,0x81,0x02,6
IOCRProperties. RTClass	! = 0x01～0x04 OR 在 GSDML 中不支持	RSP-,0xDB,0x81,0x02,7
IOCRProperties. reserved_1	! = 0x0	RSP-,0xDB,0x81,0x02,7
IOCRProperties. mediaRedundancy	! = 0x0 OR 0x01 OR 在 GSDML 中不支持	RSP-,0xDB,0x81,0x02,7
IOCRProperties. reserved_2	! = 0x0	RSP-,0xDB,0x81,0x02,7
DataLength	If(IOCRProperties. RTClass == 0x04 AND DataLength ! = 12～1 440) OR ((IOCRProperties. RTClass == 0x01 OR IOCRProperties. RTClass == 0x02) AND DataLength ! = 40～1 440) OR (IOCRProperties. RTClass == 0x03 AND DataLength ! = 0～1 440)	RSP-,0xDB,0x81,0x02,8

表 438（续）

参　数	检查规则	匹配的行为
FrameID	If IOCRType ==(MULTICAST_CONSUMER_CR ORmULTICAST_PROVIDER_CR) AND (IOCRProperties. RTClass == 0x01 AND FrameID! = 0xF800～0xFBFF) OR (IOCRProperties. RTClass == 0x02 AND FrameID! = 0xBC00～0xBFFF) OR (IOCRProperties. RTClass == 0x03 AND FrameID! = 0x0100～0x7FFF) OR (IOCRProperties. RTClass == 0x04 AND FrameID! = 0xC000～0xF7FF)	RSP-,0xDB,0x81,0x02,9
FrameID	If IOCRType == INPUT_CR AND (IOCRProperties. RTClass == 0x01 AND FrameID! = 0xC000～0xF7FF) OR (IOCRProperties. RTClass == 0x02 AND FrameID! = 0x8000～0xBBFF) OR (IOCRProperties. RTClass == 0x03 AND FrameID! = 0x0100～0x7FFF) OR (IOCRProperties. RTClass == 0x04 AND FrameID! = 0xC000～0xF7FF)	RSP-,0xDB,0x81,0x02,9
SendClockFactor	! = 1～128 OR 在 GSDML 中不支持 OR (IOCRProperties. RTClass == 0x3 ANDSendClockFactor ! = LocalClock) OR (IOCRProperties. RTClass == 0x3 ANDSendClockFactor×ReducationRatio < LocalClock)	RSP-,0xDB,0x81,0x02,10
ReductionRatio	If IOCRProperties. RTClass == 0x01～0x03 AND (ReductionRatio ! = 1～512 OR 在 GSDML 中不支持) OR (ReductionRatio ≥ 256 AND SendClockFactor > 64) OR (ReductionRatio == 512 AND SendClockFactor > 32)	RSP-,0xDB,0x81,0x02,11

表 438（续）

参　　数	检查规则	匹配的行为
ReductionRatio	If IOCRProperties. RTClass == 0x04 AND (ReductionRatio ! = 1～16 384 OR 在 GSDML 中不支持) OR (ReductionRatio ≥ 8 192 AND SendClockFactor > 64) OR (ReductionRatio == 16 384 AND SendClockFactor > 32))	RSP-,0xDB,0x81,0x02,11
Phase	If Phase == 0x0 OR Phase > ReductionRatio	RSP-,0xDB,0x81,0x02,12
Sequence	不检查	n. a.
FrameSendOffset	If(FrameSendOffset ≥ SendClockFactor× 31 250 ns) OR ((FrameSendOffset >= 0x003D0900) AND (FrameSendOffset <= 0xFFFFFFFE))	RSP-,0xDB,0x81,0x02,14
WatchdogFactor	If WatchdogFactor ! = 0x0001～0x1E00 OR (IOCRProperties. RTClass == 0x04 AND WatchdogFactor×ReductionRatio × SendClockFactor×31. 25 > 61 440 000) OR (IOCRProperties. RTClass == 0x01～0x03 AND WatchdogFactor×ReductionRatio × SendClockFactor×31. 25 > 1 920 000)	RSP-,0xDB,0x81,0x02,15
DataHoldFactor	If DataHoldFactor ! = 0x0001～0x1E00 OR (IOCRProperties. RTClass == 0x04 AND DataHoldFactor×ReductionRatio × SendClockFactor×31. 25 > 61 440 000) OR (IOCRProperties. RTClass == 0x01～0x03 AND DataHoldFactor×ReductionRatio × SendClockFactor×31. 25 > 1 920 000)	RSP-,0xDB,0x81,0x02,16
IOCRTagHeader. IOCRVLANID	不检查	n. a.
IOCRTagHeader. IOUserPriority	! = IO CR Priority	RSP-,0xDB,0x81,0x02,17
IOCRMulticastMACAdd	Case IOCRType == 0x03 or 0x04:非多播地址	RSP-,0xDB,0x81,0x02,18
NumberOfAPI	NumberOfAPI == 0	RSP-,0xDB,0x81,0x02,19

表 438（续）

参　　数	检查规则	匹配的行为
API	API 不在相应的 ExpectedSubmoduleBlockReq 中	RSP-,0xDB,0x81,0x02,20
NumberOfIODataObjects	== 0x0 AND NumberOfIOCS=0x0	RSP-,0xDB,0x81,0x02,20
SlotNumber	不在相应的 ExpectedSubmoduleBlockReq 中	RSP-,0xDB,0x81,0x02,22
SubslotNumber	不在相应的 ExpectedSubmoduleBlockReq 中 OR ((相应的 SubmoduleProperties. Type == 0x0～0x1)AND(IOCRType == 0x2 OR 0x4)) OR ((相应的 SubmoduleProperties. Type == 0x2) AND (IOCRType == 0x1 OR 0x3))	RSP-,0xDB,0x81,0x02,23
IODataObjectFrameOffset	>= DataLength OR (IODataObjectFrameOffset +(有效 SubmoduleDataLength + 相应子模块的有效 LengthIOPS) >= DataLength) OR (IOCRType ! = "multicast consumer CR" AND(IODataObjectFrameOffset +(有效 SubmoduleDataLength + 相应子模块的有效 LengthIOPS)与其他 IODataObject 或 IOCSe 相重叠))	RSP-,0xDB,0x81,0x02,24
NumberOfIOCS	== 0x0 AND NumberOfIODataObjects == 0x0	RSP-,0xDB,0x81,0x02,25
SlotNumber	不在相应的 ExpectedSubmoduleBlockReq 中	RSP-,0xDB,0x81,0x02,26
SubslotNumber	不在相应的 ExpectedSubmoduleBlockReq 中 OR ((相应的 SubmoduleProperties. Type == 0x0～0x1)AND(IOCRType == 0x1)) OR ((相应的 SubmoduleProperties. Type == 0x2) AND (IOCRType == 0x2))	RSP-,0xDB,0x81,0x02,27
IOCSFrameOffset	>= DataLength OR not unique OR (IOCSFrameOffset +(相应子模块的有效 LengthIOCS) >= DataLength) OR (IOCSFrameOffset +(相应子模块的有效 LengthIOCS)与其他 IODataObject 或 IOCSe)	RSP-,0xDB,0x81,0x02,28

6.2.16.2.4 AlarmCRBlockReq

此字段应依据表 439 来检查。

表 439 **AlarmCRBlockReq-request 检查**

参 数	检查规则	匹配的行为
BlockType	! = 0x0103	n. a.
BlockLength	! = 22	RSP-,0xDB,0x81,0x04,1
BlockVersionHigh	! = 0x01	RSP-,0xDB,0x81,0x04,2
BlockVersionLow	! = 0x00	RSP-,0xDB,0x81,0x04,3
AlarmCRType	! = 0x0001	RSP-,0xDB,0x81,0x04,4
LT	Case AlarmCRProperties. Transport == 0x00: ! = 0x8892 Case AlarmCRProperties. Transport == 0x01: ! = 0x0800	RSP-,0xDB,0x81,0x04,5
AlarmCRProperties. Priority	不检查	n. a.
AlarmCRProperties. Transport	不检查	n. a.
AlarmCRProperties. reserved	! = 0x0	RSP-,0xDB,0x81,0x04,6
RTATimeoutFactor	! = 0x0001～0x0064 可选:AND ! = 0x0065～0xFFFF	RSP-,0xDB,0x81,0x04,7
RTARetries	! = 3～15	RSP-,0xDB,0x81,0x04,8
LocalAlarmReference	不检查	n. a.
MaxAlarmDataLength	! = 200～1432	RSP-,0xDB,0x81,0x04,10
AlarmCRTagHeaderHigh. AlarmCRVLANID	> 0xFFF OR ! = AlarmCRTagHeaderLow. AlarmCRVLANID	RSP-,0xDB,0x81,0x04,11
AlarmCRTagHeaderHigh. AlarmUserPriority	! = Alarm CR Priority High	RSP-,0xDB,0x81,0x04,11
AlarmCRTagHeaderLow. AlarmCRVLANID	> 0xFFF OR ! = AlarmCRTagHeaderHigh. AlarmCRVLANID	RSP-,0xDB,0x81,0x04,12
AlarmCRTagHeaderLow. AlarmUserPriority	! = Alarm CR Priority Low	RSP-,0xDB,0x81,0x04,12

6.2.16.2.5 ExpectedSubmoduleBlockReq

此字段应依据表 440 来检查。

表 440 **ExpectedSubmoduleBlockReq-request 检查**

参 数	检查规则	匹配的行为
BlockType	! = 0x0104	n. a.
BlockLength	! = 4 + NumberOfAPI×(14 + NumberOfSubmodules×(8 + NumberOfSubsequentDataDescriptionBlocks ×6)	RSP-,0xDB,0x81,0x03,1
BlockVersionHigh	! = 0x01	RSP-,0xDB,0x81,0x03,2
BlockVersionLow	! = 0x00	RSP-,0xDB,0x81,0x03,3
NumberOfAPI	== 0	RSP-,0xDB,0x81,0x03,4
API	> 0x0 AND 在 GSDML 中不支持	RSP-,0xDB,0x81,0x03,5

表 440（续）

参　数	检查规则	匹配的行为
SlotNumber	！＝0x0～0x7FFF OR 在 GSDML 中不支持 OR 不惟一	RSP-,0xDB,0x81,0x03,6
ModuleIdentNumber	＝＝ 0x00000000	RSP-,0xDB,0x81,0x03,6
ModuleProperties. reserved	！＝0x0	RSP-,0xDB,0x81,0x03,8
NumberOfSubmodules	＝＝ 0	RSP-,0xDB,0x81,0x03,9
SubslotNumber	Case ARProperties. PullModuleAlarm-Allowed(＝0)： ！＝0x0001～0x7FFF OR 在 GSDML 中不支持 OR 不惟一 OR 至少在一个 IOCR 中不被使用 OR ＝＝ 0x8000～0x8FFF AND API！＝0 Case ARProperties. PullModuleAlarm-Allowed(＝1)： ！＝0x0000～0x7FFF OR 在 GSDML 中不支持 OR 不惟一 OR 至少在一个 IOCR 中不被使用 OR ＝＝ 0x8000～0x8FFF AND API！＝0	RSP-,0xDB,0x81,0x03,10
SubmoduleProperties. Type	＝＝(NO_IO OR INPUT) AND 其后跟随一个输出描述块 OR ＝＝(OUTPUT OR IO) AND 其后跟随一个输入描述块	RSP-,0xDB,0x81,0x03,12
SubmoduleProperties. SharedInput	If SubmoduleProperties. Type ＝＝(OUTPUT DATA) AND SubmoduleProperties. SharedInput ＝＝ 0x1	RSP-,0xDB,0x81,0x03,12
SubmoduleProperties. ReduceInputSubmoduleDataLength	不检查	n. a.
SubmoduleProperties. ReduceOutputSubmoduleDataLength	不检查	n. a.
SubmoduleProperties. DiscardIOXS	不检查	n. a.
SubmoduleProperties. reserved	！＝0x0	RSP-,0xDB,0x81,0x03,12
DataDescription. Type	If DataDescription. Type ＝＝(0x00 OR 0x03) OR DataDescription. Type ＝＝ 0x01 AND SubmoduleProperties. Type ＝＝ 0x02 OR DataDescription. Type ＝＝ 0x02 AND SubmoduleProperties. Type！＝(0x02 OR 0x03)	RSP-,0xDB,0x81,0x03,13

表 440（续）

参　　数	检查规则	匹配的行为
DataDescription. reserved	! = 0x0	RSP-,0xDB,0x81,0x03,13
SubmoduleDataLength	! = 0～1 439	RSP-,0xDB,0x81,0x03,14
LengthIOPS	! = 0x01	RSP-,0xDB,0x81,0x03,15
LengthIOCS	! = 0x01	RSP-,0xDB,0x81,0x03,16

6.2.16.2.6 PrmServerBlock

此字段应依据表 441 来检查。

表 441　**PrmServerBlock-request 检查**

参　　数	检查规则	匹配的行为
BlockType	! = 0x0105	n. a.
BlockLength	! = 26 + StationNameLength	RSP-,0xDB,0x81,0x05,1
BlockVersionHigh	! = 0x01	RSP-,0xDB,0x81,0x05,2
BlockVersionLow	! = 0x00	RSP-,0xDB,0x81,0x05,3
ParameterServerObjectUUID	不检查	n. a.
ParameterServerProperties	不检查	n. a.
CMInitiatorActivityTimeoutFactor	! = 1～1000	RSP-,0xDB,0x81,0x05,6
StationNameLength	! = 1～240	RSP-,0xDB,0x81,0x05,7
ParameterServerStationName	根据 RFC 3490,不是可见的字符串	RSP-,0xDB,0x81,0x05,8

6.2.16.2.7 mCRBlock

此字段应依据表 442 来检查。

表 442　**MCRBlockReq-request 检查**

参　　数	检查规则	匹配的行为
BlockType	! = 0x0106	n. a.
BlockLength	! =(12 + StationNameLength + Padding) AND(BlockLength mod 4 == 0)	RSP-,0xDB,0x81,0x06,1
BlockVersionHigh	! = 0x01	RSP-,0xDB,0x81,0x06,2
BlockVersionLow	! = 0x00	RSP-,0xDB,0x81,0x06,3
IOCRReference	不惟一 OR 相应的 IOCRType ! = 0x4	RSP-,0xDB,0x81,0x06,4
AddressResolutionProperties. Protocol	! = 0x01 OR 0x02	RSP-,0xDB,0x81,0x06,5
AddressResolutionProperties. Reserved	! = 0x0	RSP-,0xDB,0x81,0x06,5
AddressResolutionProperties. Factor	! = 0x0001～0x0064 可选:AND ! = 0x0065～0xFFFF	RSP-,0xDB,0x81,0x06,5
MCITimeoutFactor	>100	RSP-,0xDB,0x81,0x06,6
StationNameLength	! = 1～240	RSP-,0xDB,0x81,0x06,7
ProviderStationName	根据 RFC 3490,不是可见字符串	RSP-,0xDB,0x81,0x06,8
Padding	不检查	n. a.

6.2.16.2.8 **ARRPCBlock**

此字段应依据表 443 来检查。

表 443 **ARRPCBlockReq-request 检查**

参　　数	检查规则	匹配的行为
BlockType	！＝0x0107	n. a.
BlockLength	！＝4	RSP-,0xDB,0x81,0x07,1
BlockVersionHigh	！＝0x01	RSP-,0xDB,0x81,0x07,2
BlockVersionLow	！＝0x01	RSP-,0xDB,0x81,0x07,3
InitiatorRPCServerPort	！＝0x0400～0xFFFF	RSP-,0xDB,0x81,0x07,4

6.2.16.3 **IODConnectRes**

6.2.16.3.1 **ArgsLength**

6.2.16.3.2 **ARRPCBlock**

此字段应依据表 444 来检查。

表 444 **ArgsLength 检查**

	参　　数	检查规则	匹配的行为
RPCHeader	RPCOperationNmb	＝＝0(Connect)	认可,检查 IODConnectRes-PDU
	RPCOperationNmb	＝＝1(Release)	—
	RPCOperationNmb	＝＝2(Read)	—
	RPCOperationNmb	＝＝3(Write)	—
	RPCOperationNmb	＝＝4(Control)	—
	RPCOperationNmb	＝＝5(Read Implicit)	—
NDRDataResponse	ArgsLength	！＝所有 BlockLength 的和＋块个数×4	CMCTL:ArgsLength 无效
	—	通常:如果响应中包含一个或多个未知块	CMCTL:未知的块
IODConnectRes	—	—	—

6.2.16.3.3 **ARBlockRes**

此字段应依据表 445 来检查。

表 445 **ARBlockRes-response 检查**

参　　数	检查规则	匹配的行为
BlockType	！＝0x8101	ERR-RTA,RTA_ERR_CLS_PROTOCOL,RTA_ERR_ABORT
BlockLength	！＝30	ERR-RTA,RTA_ERR_CLS_PROTOCOL,RTA_ERR_ABORT
BlockVersionHigh	！＝0x01	ERR-RTA,RTA_ERR_CLS_PROTOCOL,RTA_ERR_ABORT
BlockVersionLow	！＝0x00	ERR-RTA,RTA_ERR_CLS_PROTOCOL,RTA_ERR_ABORT
ARType	！＝ARBlockReq. ARType	ERR-RTA,RTA_ERR_CLS_PROTOCOL,RTA_ERR_ABORT

表 445（续）

参　　数	检查规则	匹配的行为
ARUUID	== ARBlockReq. ARUUID	ERR-RTA，RTA_ERR_CLS_PROTOCOL，RTA_ERR_ABORT
SessionKey	== ARBlockReq. SessionKey	n. a.
SessionKey	!= ARBlockReq. SessionKey	忽略
CMResponderMacAdd	不惟一	ERR-RTA，RTA_ERR_CLS_PROTOCOL，RTA_ERR_ABORT
ResponderUDPRTPort	== 0x0001～0x03FF	ERR-RTA，RTA_ERR_CLS_PROTOCOL，RTA_ERR_ABORT

6.2.16.3.4 **IOCRBlockRes**

此字段应依据表 446 来检查。

表 446 **IOCRBlockRes-response** 检查

参　　数	检查规则	匹配的行为
BlockType	!= 0x8102	n. a.
BlockLength	!= 8	ERR-RTA，RTA_ERR_CLS_PROTOCOL，RTA_ERR_ABORT
BlockVersionHigh	!= 0x01	ERR-RTA，RTA_ERR_CLS_PROTOCOL，RTA_ERR_ABORT
BlockVersionLow	!= 0x00	ERR-RTA，RTA_ERR_CLS_PROTOCOL，RTA_ERR_ABORT
IOCRType	!= IOCRBlockReq. IOCRType	ERR-RTA，RTA_ERR_CLS_PROTOCOL，RTA_ERR_ABORT
IOCRReference	!= IOCRBlockReq. IOCRReference	ERR-RTA，RTA_ERR_CLS_PROTOCOL，RTA_ERR_ABORT
FrameID	If(IOCRBlockReq. IOCRType == "Input CR" OR IOCRBlockReq. IOCRType == "Multicast Consumer CR") AND IOCRBlockReq. FrameID != FrameID	ERR-RTA，RTA_ERR_CLS_PROTOCOL，RTA_ERR_ABORT

6.2.16.3.5 **AlarmCRBlockRes**

此字段应依据表 447 来检查。

表 447 **AlarmCRBlockRes-response** 检查

参　　数	检查规则	匹配的行为
BlockType	!= 0x8103	n. a.
BlockLength	!= 8	ERR-RTA，RTA_ERR_CLS_PROTOCOL，RTA_ERR_ABORT

表 447（续）

参　数	检查规则	匹配的行为
BlockVersionHigh	！＝0x01	ERR-RTA，RTA_ERR_CLS_PROTOCOL，RTA_ERR_ABORT
BlockVersionLow	！＝0x00	ERR-RTA，RTA_ERR_CLS_PROTOCOL，RTA_ERR_ABORT
AlarmCRType	！＝0x0001	ERR-RTA，RTA_ERR_CLS_PROTOCOL，RTA_ERR_ABORT
LocalAlarmReference	不检查	n. a.
MaxAlarmDataLength	！＝200～1432	ERR-RTA，RTA_ERR_CLS_PROTOCOL，RTA_ERR_ABORT

6.2.16.3.6 ModuleDiffBlock

此字段应依据表 448 来检查。

表 448 ModuleDiffBlock-response 检查

参　数	检查规则	匹配的行为
BlockType	！＝0x8104	n. a.
BlockLength	！＝4＋NumberOfAPI×(6＋NumberOfModules×(10＋NumberOfSubmodules×8))	ERR-RTA，RTA_ERR_CLS_PROTOCOL，RTA_ERR_ABORT
BlockVersionHigh	！＝0x01	ERR-RTA，RTA_ERR_CLS_PROTOCOL，RTA_ERR_ABORT
BlockVersionLow	！＝0x00	ERR-RTA，RTA_ERR_CLS_PROTOCOL，RTA_ERR_ABORT
NumberOfAPIs	＝＝0	ERR-RTA，RTA_ERR_CLS_PROTOCOL，RTA_ERR_ABORT
API	！＝ExpectedSubmoduleBlockReq. API	ERR-RTA，RTA_ERR_CLS_PROTOCOL，RTA_ERR_ABORT
NumberOfModules	＝＝0	ERR-RTA，RTA_ERR_CLS_PROTOCOL，RTA_ERR_ABORT
SlotNumber	！＝ExpectedSubmoduleBlockReq. SlotNumber	ERR-RTA，RTA_ERR_CLS_PROTOCOL，RTA_ERR_ABORT
ModuleState	＝＝0x0～0x0003	n. a.

表 448（续）

参　数	检查规则	匹配的行为
ModuleState	！＝ 0x0～0x0003	ERR-RTA， RTA_ERR_CLS_PROTOCOL， RTA_ERR_ABORT
NumberOfSubmodules	不检查	n. a.
SubslotNumber	！＝ ExpectedSubmoduleBlockReq. SubslotNumber	ERR-RTA， RTA_ERR_CLS_PROTOCOL， RTA_ERR_ABORT
SubmoduleIdentNumber	不检查	n. a.
SubmoduleState. AddInfo	不检查	n. a.
SubmoduleState. QualifiedInfo	不检查	n. a.
SubmoduleState. MaintenanceRequired	不检查	n. a.
SubmoduleState. MaintenanceDemanded	不检查	n. a.
SubmoduleState. DiagInfo	不检查	n. a.
SubmoduleState. ARInfo	If SubmoduleState. FormatIndicator ＝＝ 1 ！＝ 0x0～0x04	ERR-RTA， RTA_ERR_CLS_PROTOCOL， RTA_ERR_ABORT
SubmoduleState. IdentInfo	If SubmoduleState. FormatIndicator ＝＝ 1 ！＝ 0x0～0x03	ERR-RTA， RTA_ERR_CLS_PROTOCOL， RTA_ERR_ABORT
SubmoduleState. FormatIndicator	不检查	n. a.
SubmoduleState. Detail	If SubmoduleState. FormatIndicator ＝＝ 0 ！＝(0x0～0x02 OR 0x04 OR 0x07)	ERR-RTA， RTA_ERR_CLS_PROTOCOL， RTA_ERR_ABORT

6.2.16.4 **IODControlReq**

6.2.16.4.1 **ArgsLength**

此字段应依据表 449 来检查。

表 449 **ArgsLength** 检查

	参　数	检查规则	匹配的行为
RPCHeader	RPCOperationNmb	＝＝ 0(Connect)	—
	RPCOperationNmb	＝＝ 1(Release)	—
	RPCOperationNmb	＝＝ 2(Read)	—
	RPCOperationNmb	＝＝ 3(Write)	—
	RPCOperationNmb	＝＝ 4(Control)	认可，检查 IODControlReq-PDU
	RPCOperationNmb	＝＝ 5(Read Implicit)	—
NDRDataRequest	ArgsLength	！＝ 所有 BlockLength 的和＋块个数×4	RMPM：ArgsLength 无效
	—	通常：如果在请求中包含一个或多个未知块	RMPM：未知的块
IODControlReq	—	—	—

6.2.16.4.2 **ControlBlockConnect request**

此字段应依据表450来检查。

表450 **ControlBlockConnect-request 检查**

参　数	检查规则	匹配的行为
BlockType	! = 0x0110	RSP-,0xDD,0x81,0x14,0
BlockLength	! = 28	RSP-,0xDD,0x81,0x14,1
BlockVersionHigh	! = 0x01	RSP-,0xDD,0x81,0x14,2
BlockVersionLow	! = 0x00	RSP-,0xDD,0x81,0x14,3
Padding	! = 0x00	RSP-,0xDD,0x81,0x14,4
ARUUID	! = ARBlockReq. ARUUID	RMPM:AR UUID 未知
SessionKey	! = ARBlockReq. SessionKey	RSP-,0xDD,0x81,0x14,6
Padding	! = 0x00	RSP-,0xDD,0x81,0x14,7
ControlCommand	! = 0x0001(PrmEnd)	RSP-,0xDD,0x81,0x14,8
ControlBlockProperties. reserved	! = 0x0000	RSP-,0xDD,0x81,0x14,9

6.2.16.4.3 **ControlBlockPlug**

此字段应依据表451来检查。

表451 **ControlBlockPlug-request 检查**

参　数	检查规则	匹配的行为
BlockType	! = 0x0111	RSP-,0xDD,0x81,0x15,0
BlockLength	! = 28	RSP-,0xDD,0x81,0x15,1
BlockVersionHigh	! = 0x01	RSP-,0xDD,0x81,0x15,2
BlockVersionLow	! = 0x00	RSP-,0xDD,0x81,0x15,3
Padding	! = 0x00	RSP-,0xDD,0x81,0x15,4
ARUUID	! = ARBlockReq. ARUUID	RMPM:AR UUID 未知
SessionKey	! = ARBlockReq. SessionKey	RSP-,0xDD,0x81,0x15,6
AlarmSequenceNumber	! = 相应 AlarmNotification-PDU 的 AlarmSpecifier. SequenceNumber	RSP-,0xDD,0x81,0x15,7
ControlCommand	! = 0x0001(PrmEnd)	RSP-,0xDD,0x81,0x15,8
ControlBlockProperties. reserved	! = 0x0000	RSP-,0xDD,0x81,0x15,9

6.2.16.5 **IODControlRes**

6.2.16.5.1 **ArgsLength**

此字段应依据表452来检查。

表452 **ArgsLength 检查**

	参　数	检查规则	匹配的行为
RPCHeader	RPCOperationNmb	== 0(Connect)	—
	RPCOperationNmb	== 1(Release)	—
	RPCOperationNmb	== 2(Read)	—
	RPCOperationNmb	== 3(Write)	—
	RPCOperationNmb	== 4(Control)	认可,检查 IODControlRes-PDU
	RPCOperationNmb	== 5(Read Implicit)	—

表 452(续)

	参　数	检查规则	匹配的行为
NDRDataResponse	ArgsLength	！＝所有 BlockLength 的和＋块个数×4	CMCTL:ArgsLength 无效
	ArgsLength	通常:如果在响应中包含一个或多个未知块	CMCTL:未知的块
IODControlRes	—	—	—

6.2.16.5.2 **ControlBlockConnect**

此字段应依据表 453 来检查。

表 453 **ControlBlockConnect-response** 检查

参　数	检查规则	匹配的行为
BlockType	！＝0x8110	ERR-RTA, RTA_ERR_CLS_PROTOCOL, RTA_ERR_ABORT
BlockLength	！＝28	ERR-RTA, RTA_ERR_CLS_PROTOCOL, RTA_ERR_ABORT
BlockVersionHigh	！＝0x01	ERR-RTA, RTA_ERR_CLS_PROTOCOL, RTA_ERR_ABORT
BlockVersionLow	！＝0x00	ERR-RTA, RTA_ERR_CLS_PROTOCOL, RTA_ERR_ABORT
Padding	！＝0x00	ERR-RTA, RTA_ERR_CLS_PROTOCOL, RTA_ERR_ABORT
ARUUID	！＝IODControlReq. ControlBlockConnect. ARUUID	ERR-RTA, RTA_ERR_CLS_PROTOCOL, RTA_ERR_ABORT
SessionKey	！＝IODControlReq. ControlBlockConnect. SessionKey	忽略
Padding	！＝0x00	ERR-RTA, RTA_ERR_CLS_PROTOCOL, RTA_ERR_ABORT
ControlCommand	！＝0x0008(Done)	ERR-RTA, RTA_ERR_CLS_PROTOCOL, RTA_ERR_ABORT
ControlBlockProperties. reserved	！＝0x0000	ERR-RTA, RTA_ERR_CLS_PROTOCOL, RTA_ERR_ABORT

6.2.16.5.3 **ControlBlockPlug**

此字段应依据表 454 来检查。

表 454 **ControlBlockPlug-response 检查**

参数	检查规则	匹配的行为
BlockType	!= 0x8111	ERR-RTA, RTA_ERR_CLS_PROTOCOL, RTA_ERR_ABORT
BlockLength	!= 28	ERR-RTA, RTA_ERR_CLS_PROTOCOL, RTA_ERR_ABORT
BlockVersionHigh	!= 0x01	ERR-RTA, RTA_ERR_CLS_PROTOCOL, RTA_ERR_ABORT
BlockVersionLow	!= 0x00	ERR-RTA, RTA_ERR_CLS_PROTOCOL, RTA_ERR_ABORT
Padding	!= 0x00	ERR-RTA, RTA_ERR_CLS_PROTOCOL, RTA_ERR_ABORT
ARUUID	!= IODControlReq. ControlBlockPlug. ARUUID	ERR-RTA, RTA_ERR_CLS_PROTOCOL, RTA_ERR_ABORT
SessionKey	!= IODControlReq. ControlBlockPlug. SessionKey	忽略
AlarmSequenceNumber	!= AlarmSpecifier. SequenceNumber of corresponding AlarmNotification-PDU	ERR-RTA, RTA_ERR_CLS_PROTOCOL, RTA_ERR_ABORT
ControlCommand	!= 0x0008(Done)	ERR-RTA, RTA_ERR_CLS_PROTOCOL, RTA_ERR_ABORT
ControlBlockProperties. reserved	!= 0x0000	ERR-RTA, RTA_ERR_CLS_PROTOCOL, RTA_ERR_ABORT

6.2.16.6 **IOXControlReq**

6.2.16.6.1 **ArgsLength**

此字段应依据表 455 来检查。

表 455 **ArgsLength 检查**

参数		检查规则	匹配的行为
RPCHeader	RPCOperationNmb	== 0(Connect)	—
	RPCOperationNmb	== 1(Release)	—
	RPCOperationNmb	== 2(Read)	—
	RPCOperationNmb	== 3(Write)	—
	RPCOperationNmb	== 4(Control)	认可,检查 IOXControlReq-PDU
	RPCOperationNmb	== 5(Read Implicit)	—

表 455（续）

	参　数	检查规则	匹配的行为
NDRDataRequest	ArgsLength	！＝ 所有 BlockLength 的和＋块个数×4	RMPM / NRPM：ArgsLength 无效
	ArgsLength	通常：如果在请求中包含一个或多个未知块	RMPM / NRPM：未知的块
IOXControlReq	—	—	—

6.2.16.6.2 **ControlBlockConnect**

此字段应依据表 456 来检查。

表 456 **ControlBlockConnect-request 检查**

参　数	检查规则	匹配的行为
BlockType	！＝ 0x0112	RSP-，0xDD，0x81，0x16，0
BlockLength	！＝ 28	RSP-，0xDD，0x81，0x16，1
BlockVersionHigh	！＝ 0x01	RSP-，0xDD，0x81，0x16，2
BlockVersionLow	！＝ 0x00	RSP-，0xDD，0x81，0x16，3
Padding	！＝ 0x00	RSP-，0xDD，0x81，0x16，4
ARUUID	！＝ ARBlockReq. ARUUID	RMPM：AR UUID 未知
SessionKey	！＝ ARBlockReq. SessionKey	RSP-，0xDD，0x81，0x16，6
Padding	！＝ 0x00	RSP-，0xDD，0x81，0x16，7
ControlCommand	！＝ 0x0002（ApplicationReady）	RSP-，0xDD，0x81，0x16，8
ControlBlockProperties. reserved	！＝ 0x0000	RSP-，0xDD，0x81，0x16，9

6.2.16.6.3 **ControlBlockPlug**

此字段应依据表 457 来检查。

表 457 **ControlBlockPlug-request 检查**

参　数	检查规则	匹配的行为
BlockType	！＝ 0x0113	RSP-，0xDD，0x81，0x17，0
BlockLength	！＝ 28	RSP-，0xDD，0x81，0x17，1
BlockVersionHigh	！＝ 0x01	RSP-，0xDD，0x81，0x17，2
BlockVersionLow	！＝ 0x00	RSP-，0xDD，0x81，0x17，3
Padding	！＝ 0x00	RSP-，0xDD，0x81，0x17，4
ARUUID	！＝ ARBlockReq. ARUUID	RMPM：AR UUID 未知
SessionKey	！＝ ARBlockReq. SessionKey	RSP-，0xDD，0x81，0x17，6
AlarmSequenceNumber	！＝ 相应 AlarmNotification-PDU 的 AlarmSpecifier. SequenceNumber	RSP-，0xDD，0x81，0x17，7
ControlCommand	！＝ 0x0002（ApplicationReady）	RSP-，0xDD，0x81，0x17，8
ControlBlockProperties. reserved	！＝ 0x0000	RSP-，0xDD，0x81，0x17，9

6.2.16.7 **IOXControlRes**

6.2.16.7.1 **ArgsLength**

此字段应依据表 458 来检查。

表 458 ArgsLength 检查

	参　数	检查规则	匹配的行为
RPCHeader	RPCOperationNmb	== 0(Connect)	—
	RPCOperationNmb	== 1(Release)	—
	RPCOperationNmb	== 2(Read)	—
	RPCOperationNmb	== 3(Write)	—
	RPCOperationNmb	== 4(Control)	认可,检查 IOXControlRes-PDU
	RPCOperationNmb	== 5(Read Implicit)	—
NDRDataResponse	ArgsLength	! = 所有 BlockLength 的和+块个数×4	RMPM:ArgsLength 无效
	ArgsLength	通常:如果在响应中包含一个或多个未知块	RMPM:未知的块
IOXControlRes	—	—	—

6.2.16.7.2 **ControlBlockConnect**

此字段应依据表 459 来检查。

表 459 ControlBlockConnect-response 检查

参　数	检查规则	匹配的行为
BlockType	! = 0x8112	ERR-RTA,RTA_ERR_CLS_PROTOCOL,RTA_ERR_ABORT
BlockLength	! = 28	ERR-RTA,RTA_ERR_CLS_PROTOCOL,RTA_ERR_ABORT
BlockVersionHigh	! = 0x01	ERR-RTA,RTA_ERR_CLS_PROTOCOL,RTA_ERR_ABORT
BlockVersionLow	! = 0x00	ERR-RTA,RTA_ERR_CLS_PROTOCOL,RTA_ERR_ABORT
Padding	! = 0x00	ERR-RTA,RTA_ERR_CLS_PROTOCOL,RTA_ERR_ABORT
ARUUID	! = IOXControlReq. ControlBlockConnect. ARUUID	ERR-RTA,RTA_ERR_CLS_PROTOCOL,RTA_ERR_ABORT
SessionKey	! = IOXControlReq. ControlBlockConnect. SessionKey	忽略
Padding	! = 0x00	ERR-RTA,RTA_ERR_CLS_PROTOCOL,RTA_ERR_ABORT
ControlCommand	! = 0x0008(Done)	ERR-RTA,RTA_ERR_CLS_PROTOCOL,RTA_ERR_ABORT
ControlBlockProperties. reserved	! = 0x0000	ERR-RTA,RTA_ERR_CLS_PROTOCOL,RTA_ERR_ABORT

6.2.16.7.3 **ControlBlockPlug**

此字段应依据表 460 来检查。

表 460　**ControlBlockPlug-response** 检查

参　数	检查规则	匹配的行为
BlockType	！＝0x8113	ERR-RTA，RTA_ERR_CLS_PROTOCOL，RTA_ERR_ABORT
BlockLength	！＝28	ERR-RTA，RTA_ERR_CLS_PROTOCOL，RTA_ERR_ABORT
BlockVersionHigh	！＝0x01	ERR-RTA，RTA_ERR_CLS_PROTOCOL，RTA_ERR_ABORT
BlockVersionLow	！＝0x00	ERR-RTA，RTA_ERR_CLS_PROTOCOL，RTA_ERR_ABORT
Padding	！＝0x00	ERR-RTA，RTA_ERR_CLS_PROTOCOL，RTA_ERR_ABORT
ARUUID	！＝IOXControlReq. ControlBlockPlug. ARUUID	ERR-RTA，RTA_ERR_CLS_PROTOCOL，RTA_ERR_ABORT
SessionKey	！＝IOXControlReq. ControlBlockPlug. SessionKey	ERR-RTA，RTA_ERR_CLS_PROTOCOL，RTA_ERR_ABORT
AlarmSequenceNumber	！＝AlarmSpecifier. SequenceNumber of corresponding AlarmNotification-PDU	ERR-RTA，RTA_ERR_CLS_PROTOCOL，RTA_ERR_ABORT
ControlCommand	！＝0x0008(Done)	ERR-RTA，RTA_ERR_CLS_PROTOCOL，RTA_ERR_ABORT
ControlBlockProperties. reserved	！＝0x0000	ERR-RTA，RTA_ERR_CLS_PROTOCOL，RTA_ERR_ABORT

6.2.16.7.4　**ModuleDiffBlock**

此字段应依据表 448 来检查。

6.2.16.8　**IODReleaseReq**

6.2.16.8.1　**ArgsLength**

此字段应依据表 461 来检查。

表 461　**ArgsLength** 检查

	参　数	检查规则	匹配的行为
RPCHeader	RPCOperationNmb	＝＝0(Connect)	—
	RPCOperationNmb	＝＝1(Release)	认可，检查 IODReleaseReq-PDU
	RPCOperationNmb	＝＝2(Read)	—
	RPCOperationNmb	＝＝3(Write)	—
	RPCOperationNmb	＝＝4(Control)	—
	RPCOperationNmb	＝＝5(Read Implicit)	—
NDRDataRequest	ArgsLength	！＝ReleaseBlock. BlockLength＋4	RMPM：ArgsLength 无效
	—	通常：在请求中包含一个或多个未知块	RMPM：未知的块
IODReleaseReq	—	—	—

6.2.16.8.2　**ReleaseBlock**

此字段应依据表 462 来检查。

表 462 **ReleaseBlock-request 检查**

参　数	检查规则	匹配的行为
BlockType	！＝0x0114	RSP-,0xDC,0x81,0x28,0
BlockLength	！＝28	RSP-,0xDC,0x81,0x28,1
BlockVersionHigh	！＝0x01	RSP-,0xDC,0x81,0x28,2
BlockVersionLow	！＝0x00	RSP-,0xDC,0x81,0x28,3
Padding	！＝0x00	RSP-,0xDC,0x81,0x28,4
ARUUID	！＝ARBlockReq. ARUUID	RMPM:AR UUID 未知
SessionKey	！＝ARBlockReq. SessionKey	RSP-,0xDC,0x81,0x28,6
Padding	！＝0x00	RSP-,0xDC,0x81,0x28,7
ControlCommand	！＝0x0004(Release)	RSP-,0xDC,0x81,0x28,8
ControlBlockProperties. reserved	！＝0x0000	RSP-,0xDC,0x81,0x28,9

6.2.16.9 **IODReleaseRes**

6.2.16.9.1 **ArgsLength**

此字段应依据表 463 来检查。

表 463 **ArgsLength 检查**

参	数	检查规则	匹配的行为
RPCHeader	RPCOperationNmb	＝＝0(Connect)	—
	RPCOperationNmb	＝＝1(Release)	认可，检查 IODReleaseRes-PDU
	RPCOperationNmb	＝＝2(Read)	—
	RPCOperationNmb	＝＝3(Write)	—
	RPCOperationNmb	＝＝4(Control)	—
	RPCOperationNmb	＝＝5(Read Implicit)	—
NDRDataResponse	ArgsLength	！＝ReleaseBlock. BlockLength＋4	RMPM:ArgsLength 无效
	—	通常:在响应中包含一个或多个未知块	RMPM:未知的块
IODReleaseRes	—	—	—

6.2.16.9.2 **ReleaseBlock**

此字段应依据表 464 来检查。

表 464 **ReleaseBlock-response 检查**

参　数	检查规则	匹配的行为
BlockType	！＝0x8114	ERR-RTA, RTA_ERR_CLS_PROTOCOL, RTA_ERR_ABORT
BlockLength	！＝28	ERR-RTA, RTA_ERR_CLS_PROTOCOL, RTA_ERR_ABORT
BlockVersionHigh	！＝0x01	ERR-RTA, RTA_ERR_CLS_PROTOCOL, RTA_ERR_ABORT

表 464（续）

参　数	检查规则	匹配的行为
BlockVersionLow	！＝0x00	ERR-RTA， RTA_ERR_CLS_PROTOCOL， RTA_ERR_ABORT
Padding	！＝0x00	ERR-RTA， RTA_ERR_CLS_PROTOCOL， RTA_ERR_ABORT
ARUUID	！＝IODReleaseReq. ReleaseBlock. ARUUID	ERR-RTA， RTA_ERR_CLS_PROTOCOL， RTA_ERR_ABORT
SessionKey	！＝IODReleaseReq. ReleaseBlock. sessionKey	忽略
Padding	！＝0x00	ERR-RTA， RTA_ERR_CLS_PROTOCOL， RTA_ERR_ABORT
ControlCommand	！＝0x0008(Done)	ERR-RTA， RTA_ERR_CLS_PROTOCOL， RTA_ERR_ABORT
ControlBlockProperties. reserved	！＝0x0000	ERR-RTA， RTA_ERR_CLS_PROTOCOL， RTA_ERR_ABORT

6.2.16.10　**IODWriteReq**

6.2.16.10.1　**ArgsLength**

此字段应依据表 465 来检查。

表 465　**ArgsLength** 检查

	参　数	检查规则	匹配的行为
RPCHeader	RPCOperationNmb	＝＝0(Connect)	—
	RPCOperationNmb	＝＝1(Release)	—
	RPCOperationNmb	＝＝2(Read)	—
	RPCOperationNmb	＝＝3(Write)	认可，检查 IODWriteReq-PDU
	RPCOperationNmb	＝＝4(Control)	—
	RPCOperationNmb	＝＝5(Read Implicit)	—
NDRDataRequest	ArgsLength	！＝(IODWriteReqHeader. BlockLength ＋ 4 ＋ IODWriteReqHeader. RecordDataLength)	RMPM：ArgsLength 无效
	—	通常：如果在请求中包含一个或多个未知块	RMPM：未知的块
IODWriteReq	—	—	—

6.2.16.10.2 **IODWriteReqHeader**

此字段应依据表 466 来检查。

表 466 **IODWriteReqHeader-request 检查**

参　数	检查规则	匹配的行为
BlockType	！＝0x0008	RSP-,0xDF,0x81,0x08,0
BlockLength	！＝60	RSP-,0xDF,0x81,0x08,1
BlockVersionHigh	！＝0x01	RSP-,0xDF,0x81,0x08,2
BlockVersionLow	！＝0x00	RSP-,0xDF,0x81,0x08,3
SeqNumber	不检查	n. a.
ARUUID	！＝ARBlockReq. ARUUID	RMPM:AR UUID 未知
API	＞0x0 AND 在 GSDML 中不支持	RSP-,0xDF,0x80,0xB4,6
SlotNumber	！＝0x0～0x7FFF OR 在 GSDML 中不支持	RSP-,0xDF,0x80,0xB2,7
SubslotNumber	！＝0x0～0x8FFF OR 在 GSDML 中不支持	RSP-,0xDF,0x80,0xB2,8
Padding	！＝0x0000	RSP-,0xDF,0x80,0xB7,9
Index	应用不支持	RSP-,0xDF,0x80,0xB0,10
RecordDataLength	！＝consistent with ArgsLength	RSP-,0xDF,0x81,0x08,11
RWPadding	不检查	n. a.

6.2.16.10.3 **RecordDataWrite**

此字段应不检查。

6.2.16.11 **IODWriteRes**

6.2.16.11.1 **ArgsLength**

此字段应依据表 467 来检查。

表 467 **ArgsLength 检查**

	参　数	检查规则	匹配的行为
NDRDataResponse	ArgsLength	！＝IODWriteResHeader. BlockLength＋4	ERR-RTA, RTA_ERR_CLS_PROTOCOL, RTA_ERR_ABORT
	—	通常:如果在响应中包含一个或多个未知块	ERR-RTA, RTA_ERR_CLS_PROTOCOL, RTA_ERR_ABORT
IODReleaseRes	—	—	—

6.2.16.11.2 **IODWriteResHeader**

此字段应依据表 468 来检查。

表 468 **IODWriteResHeader-response 检查**

参　数	检查规则	匹配的行为
BlockType	！＝0x8008	ERR-RTA, RTA_ERR_CLS_PROTOCOL, RTA_ERR_ABORT
BlockLength	！＝60	ERR-RTA, RTA_ERR_CLS_PROTOCOL, RTA_ERR_ABORT

表 468（续）

参　　数	检查规则	匹配的行为
BlockVersionHigh	！＝0x01	ERR-RTA， RTA_ERR_CLS_PROTOCOL， RTA_ERR_ABORT
BlockVersionLow	！＝0x00	ERR-RTA， RTA_ERR_CLS_PROTOCOL， RTA_ERR_ABORT
SeqNumber	不检查	n. a.
ARUUID	！＝IODWriteReq. IODWriteReqHeader. ARUUID	ERR-RTA， RTA_ERR_CLS_PROTOCOL， RTA_ERR_ABORT
API	！＝IODWriteReq. IODWriteReqHeader. API	ERR-RTA， RTA_ERR_CLS_PROTOCOL， RTA_ERR_ABORT
SlotNumber	！＝IODWriteReq. IODWriteReqHeader. SlotNumber	ERR-RTA， RTA_ERR_CLS_PROTOCOL， RTA_ERR_ABORT
SubslotNumber	！＝IODWriteReq. IODWriteReqHeader. SubslotNumber	ERR-RTA， RTA_ERR_CLS_PROTOCOL， RTA_ERR_ABORT
Index	！＝IODWriteReq. IODWriteReqHeader. Index	ERR-RTA， RTA_ERR_CLS_PROTOCOL， RTA_ERR_ABORT
RecordDataLength	不检查	n. a.
AdditionalValue1	不检查	n. a.
AdditionalValue2	不检查	n. a.
PNIOStatus	不检查	n. a.

6.2.16.12 IODWriteMultipleReq

6.2.16.12.1 ArgsLength

此字段应依据表 469 来检查。

表 469 ArgsLength 检查

	参　　数	检查规则	匹配的行为
RPCHeader	RPCOperationNmb	＝＝0(Connect)	—
	RPCOperationNmb	＝＝1(Release)	—
	RPCOperationNmb	＝＝2(Read)	—
	RPCOperationNmb	＝＝3(Write)	认可，检查 IODWriteMultipleReq-PDU
	RPCOperationNmb	＝＝4(Control)	—
	RPCOperationNmb	＝＝5(Read Implicit)	—

表 469（续）

	参　　数	检查规则	匹配的行为
NDRDataRequest	ArgsLength	！＝IODWriteReqHeader. BlockLength ＋4＋所有 IODWriteReqHeader. BlockLength 的和＋ WriteBlock 的个数 ×4	RMPM：ArgsLength 无效
	—	通常：如果在请求中包含一个或多个未知块	RMPM：未知的块
IODWriteReq	—	—	—

6.2.16.12.2　**IODWriteReqHeader（multiple）**

此字段应依据表 466 来检查。参数 index 的值应是 0xE040。

6.2.16.12.3　**IODWriteReqHeader**

此字段应依据表 466 来检查。

6.2.16.12.4　**RecordDataWrite**

此字段应不检查。

6.2.16.12.5　**Padding**

填充的八位位组个数应是 0、1、2 和 3，使其与下一个 IODWriteReqHeader 32 比特对齐。填充的八位位组的值不被检查。

6.2.16.13　**IODWriteMultipleRes**

6.2.16.13.1　**ArgsLength**

此字段应依据表 470 来检查。

表 470　**ArgsLength** 检查

	参　　数	检查规则	匹配的行为
RPCHeader	RPCOperationNmb	＝＝0（Connect）	—
	RPCOperationNmb	＝＝1（Release）	—
	RPCOperationNmb	＝＝2（Read）	—
	RPCOperationNmb	＝＝3（Write）	认可，检查 IODWriteMultipleRes-PDU
	RPCOperationNmb	＝＝4（Control）	—
	RPCOperationNmb	＝＝5（Read Implicit）	—
NDRDataResponse	ArgsLength	！＝IODWriteResHeader. BlockLength ＋4＋所有 IODWriteResHeader. BlockLength 的和＋IODWriteResHeader-Block 个数×4	RMPM：ArgsLength 无效
	—	通常：如果在响应中包含一个或多个未知块	RMPM：未知的块
IODWriteMultipleRes	—	—	—

6.2.16.13.2　**IODWriteResHeader（multiple）**

此字段应依据表 468 来检查。参数 index 的值应是 0xE040。

6.2.16.13.3　**IODWriteResHeader**

此字段应依据表 468 来检查。

6.2.16.14 IODReadReq

6.2.16.14.1 ArgsLength

此字段应依据表 471 来检查。

表 471 ArgsLength 检查

	参　数	检查规则	匹配的行为
RPCHeader	RPCOperationNmb	== 0(Connect)	—
	RPCOperationNmb	== 1(Release)	—
	RPCOperationNmb	== 2(Read)	认可,检查 IODReadReq-PDU
	RPCOperationNmb	== 3(Write)	—
	RPCOperationNmb	== 4(Control)	—
	RPCOperationNmb	== 5(Read Implicit)	认可,检查 IODReadReq-PDU
NDRDataRequest	ArgsLength	! = IODReadReqHeader. BlockLength + 4 OR ! = IODReadReqHeader. BlockLength + 4 + RecordDataReadQuery. BlockLength + 4	RMPM:ArgsLength 无效
	—	通常:如果在请求中包含一个或多个未知块	RMPM:未知的块
IOReadReq	—	—	—

6.2.16.14.2 IODReadReqHeader

此字段应依据表 472 来检查。

表 472 IODReadReqHeader-request 检查

参　数	检查规则	匹配的行为
BlockType	! = 0x0009	RSP-,0xDE,0x81,0x08,0
BlockLength	! = 60	RSP-,0xDE,0x81,0x08,1
BlockVersionHigh	! = 0x01	RSP-,0xDE,0x81,0x08,2
BlockVersionLow	! = 0x00	RSP-,0xDE,0x81,0x08,3
SeqNumber	不检查	n. a.
ARUUID	Case RPCOperationNmb == 2(Read): ! = ARBlockReq. ARUUID	RMPM:AR UUID 未知
ARUUID	Case RPCOperationNmb == 5(Read Implicit):! = NIL	RSP-,0xDE,0x81,0x08,5
API	> 0x0 AND 在 GSDML 中不支持	RSP-,0xDE,0x80,0xB4,6
SlotNumber	! = 0x0~0x7FFF OR 在 GSDML 中不支持	RSP-,0xDE,0x80,0xB2,7
SubslotNumber	! = 0x0~0x8FFF OR 在 GSDML 中不支持	RSP-,0xDE,0x80,0xB2,8
Padding	! = 0x0000	RSP-,0xDE,0x80,0xB7,9
Index	应用不支持	RSP-,0xDE,0x80,0xB0,10
RecordDataLength	与 ArgsMaximum 不一致	RSP-,0xDE,0x81,0x08,11
TargetARUUID	Case RPCOperationNmb == 2(Read): TargetARUUID ! = NIL	RSP-,0xDE,0x81,0x08,12
RWPadding	不检查	n. a.

6.2.16.14.3 RecordDataReadQuery

此字段应依据表 473 来检查。

表 473 RecordDataReadQuery-request 检查

参　　数	检查规则	匹配的行为
BlockType	! = 0x0500 OR 在 GSDML 中不支持	RMPM:未知的块
BlockLength	< 0x3 OR 与 ArgsLength 不一致	RSP-,0xDE,0x81,0x08,1
BlockVersionHigh	! = 0x01	RSP-,0xDE,0x81,0x08,2
BlockVersionLow	! = 0x00	RSP-,0xDE,0x81,0x08,3
Data	不检查	n. a.

6.2.16.15 IODReadRes

6.2.16.15.1 ArgsLength

此字段应依据表 474 来检查。

表 474 ArgsLength 检查

	参　　数	检查规则	匹配的行为
NDRDataResponse	ArgsLength	! = IODReadResHeader. BlockLength + 4 + IODReadResHeader. RecordDataLength	ERR-RTA, RTA_ERR_CLS_PROTOCOL, RTA_ERR_ABORT
	—	通常:如果在响应中包含一个或多个未知块	ERR-RTA, RTA_ERR_CLS_PROTOCOL, RTA_ERR_ABORT
IODReadRes	—		

6.2.16.15.2 IODReadResHeader

此字段应依据表 475 来检查。

表 475 IODReadResHeader-response 检查

参　　数	检查规则	匹配的行为
BlockType	! = 0x8009	ERR-RTA,RTA_ERR_CLS_PROTOCOL, RTA_ERR_ABORT
BlockLength	! = 60	ERR-RTA,RTA_ERR_CLS_PROTOCOL, RTA_ERR_ABORT
BlockVersionHigh	! = 0x01	ERR-RTA,RTA_ERR_CLS_PROTOCOL, RTA_ERR_ABORT
BlockVersionLow	! = 0x00	ERR-RTA,RTA_ERR_CLS_PROTOCOL, RTA_ERR_ABORT
SeqNumber	不检查	n. a.
ARUUID	! = IODReadReqHeader. ARUUID	ERR-RTA,RTA_ERR_CLS_PROTOCOL, RTA_ERR_ABORT
API	! = IODReadReqHeader. API	ERR-RTA,RTA_ERR_CLS_PROTOCOL, RTA_ERR_ABORT
SlotNumber	! = IODReadReqHeader. SlotNumber	ERR-RTA,RTA_ERR_CLS_PROTOCOL, RTA_ERR_ABORT
SubslotNumber	! = IODReadReqHeader. SubslotNumber	ERR-RTA,RTA_ERR_CLS_PROTOCOL, RTA_ERR_ABORT

表 475（续）

参　　数	检查规则	匹配的行为
Padding	！＝0x0000	ERR-RTA，RTA_ERR_CLS_PROTOCOL，RTA_ERR_ABORT
Index	！＝IODReadReqHeader. Index	ERR-RTA，RTA_ERR_CLS_PROTOCOL，RTA_ERR_ABORT
RecordDataLength	与 ArgsLength 不一致	ERR-RTA，RTA_ERR_CLS_PROTOCOL，RTA_ERR_ABORT
AdditionalValue1	不检查	n. a.
AdditionalValue2	不检查	n. a.
RWPadding	不检查	n. a.

6.2.16.15.3　**RecordDataRead**

此字段应不检查。

6.3　FAL 协议状态机

6.3.1　整体结构

6.3.1.1　概述

FAL 协议状态机结构如图 54 所定义。整体结构符合 IEC 61158-6 系列标准的协议机模型。

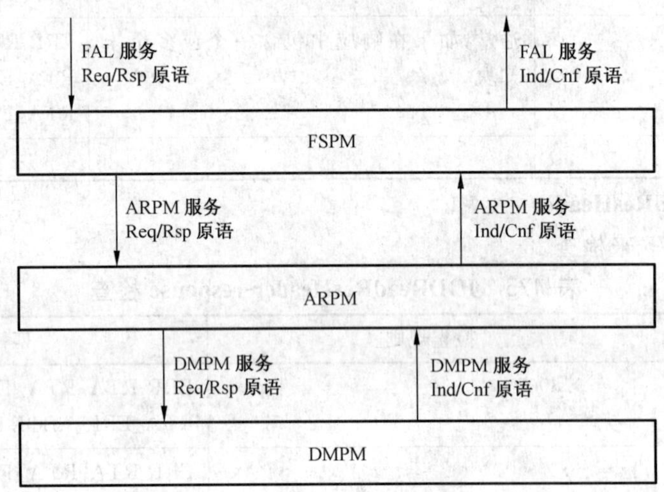

图 54　协议机之间的关系

FAL 的行为由三个集成的协议机来规定。FSPM 是 FAL 服务(它是 FAL Class 规范的一部分)与特定 AREP 之间的服务接口。

FAL 提供两种协议机体系结构，一种用于 IO 控制器，另一种用于 IO 设备。其结构分别在附录 K 和附录 L 中规定。

FSPM 负责下列的活动：

——接收来自 FAL 服务用户的服务原语，并把它们转换成 FAL 内部原语；

——选择基于隐式寻址机制的 ARPM 状态机，并把带有服务参数的 FAL 内部原语发送到 ARPM；

——接收来自 ARPM 的 FAL 内部原语，并把它们转换成 FAL 服务用户的服务原语；

——传送 FAL 服务原语到 FAL 用户。

ARPM 规定应用关系的传输类型。

DMPM 规定对数据链路层(Data Link Layer)的映射。因此，DMPM 定义两个协议机：LMPM 协议机和 MAC 协议机。

6.3.1.2　现场总线服务协议机(FSPM)

FSPM 状态机协调下级的状态机用于处理各种服务和应用关系。

FSPM基本上是一个映射协议机。主要任务是向负责该服务的协议机传送该服务,并向用户发送证实和响应。此外,还包含一种基本冗余控制方案,它允许把两个AR协调到一个具有更高可用性的单个实体。

为了此任务,FSPM应提供下列支持:

——到对等FSPM的冗余通信接口(RedCom)(仅用于冗余设备);

——协调Primary/Backup APDU_Status(信息);

——启动Switchover Procedures(在IO-设备情况下,发信号通知Primary失效);

——协调冗余AR的设置数据服务和获得数据服务。

注:在出现通信问题(由CPM通过NoData来指出)的情况下,将启动Switchover。如果在Data持有时间期满之前可以完成Switchover,则该系统将继续运行,否则消费者将使用Substitute Data用于进一步处理。

6.3.1.3 IO控制器与IO设备(IO AR)

PPM、CPM、ALPMI、ALPMR、APMR、APMS、CMDEV、CMCTL、RMPM状态机负责在IO控制器与IO设备之间传输循环、非循环和报警数据。

6.3.1.4 IO监视器与IO设备(Supervisor AR)

PPM、CPM、ALPMI、ALPMR、APMR、APMS、CMDEV、CMCTL、RMPM状态机负责在IO监视器与IO设备之间传输循环数据、非循环数据和报警数据。

注:在此应用关系内,PPM、CPM、APMR和APMS协议机直接通过RPC而不通过LMPM传送它们的APDU。

6.3.1.5 DLL映射协议机(DMPM)

DLL映射协议机(DMPM)连接其他状态机和第2层(Layer 2)。DMPM对所有状态机进行如下方面的协调,即组态和数据链路层用法(Data Link Layer Usage)的错误处理。DMPM将这些功能映射成为第2层的DLL服务。DMPM生成必要的第2层服务参数、接收来自第2层的证实和指示,并把它们传递给合适的DMPM-User。

DMPM被直接置于DLL User-DLL接口上,如数据链路层服务定义(Data Link Layerservice Definitions)所述(参阅IEEE 802.3,增强的内部子层服务(Enhanced Internalsublayerservices))。

为了将DMPM功能映射到第2层,DMPM使用下列服务:

——MA_UNITDATA.req;

——MA_UNITDATA.ind。

出于本部分的目的,对于MA_UNITDATA请求服务原语有一个指出DLPDU已经被发送的明确证实。

6.4 AP-Context状态机

本协议没有定义AP-Context状态机。

6.5 FAL服务协议机

6.5.1 概述

此类型规定一个FSPM状态机,以进行FAL用户服务原语与FAL内部服务原语间的相互转换。现定义的FSPM有两种类型,一种用于IO设备(FSPMDEV),另一种用于IO控制器(FSPMCTL)。

6.5.2 FSPMDEV

6.5.2.1 概述

FSPMDEV负责下层协议机的启动。它们应按下列次序起动:

a) LMPM;

b) LLDP;

c) DHCP/DCP;

d) RMPM(地址解析的部分,RMPM启动所有其他的协议机-IP、UDP、RPC、RM(其他部分)、CMDEV、PPM、CPM……)。

6.5.2.2 原语定义

6.5.2.2.1 在FSPMDEV与AP-Context之间交换的原语

表476列出了这些服务原语及其相关参数,它们由AP-Context(FAL用户)发出,并由能把它们映射到下层服务的FSPMDEV来接收。

表 476　由 **AP-Context**(**FAL** 用户)发给 **FSPMDEV** 的原语

原语名称	源	相关参数	原语被映射为	参数被映射为
Read. rsp(＋)	FAL User	AREP Seq Number Add Data 1 Add Data 2 Length Data	CM_Read. rsp(＋)(AREP, Seq Number, AddData1, AddData2, Length, Data)	MAP_READ_RSP＋
Read. rsp(－)	FAL User	AREP Seq Number Error Decode Error Code 1 Error Code 2 Add Data 1 Add Data 2	CM_Read. rsp(－)(AREP, ErrorDecode,ErrorCode1,ErrorCode2, AddData1,AddData2)	MAP_READ_RSP－
Read Input Data. rsp(＋)	FAL User	AREP Seq Number Length Length Data Length IOCS Length IOPS IOCS IOPS Subslot Input Data	CM_Read. rsp(＋)(AREP, Seq Number, AddData1, AddData2, Length, Data)	MAP_READ_INPD_RSP＋
Read Input Data. rsp(－)	FAL User	AREP Seq Number Error Decode Error Code 1 Error Code 2 Add Data 1 Add Data 2	CM_Read. rsp(－)(AREP, ErrorDecode,ErrorCode1, ErrorCode2,AddData1,AddData2)	MAP_READ_INPD_RSP－
Read Output Data. rsp(＋)	FAL User	AREP Seq Number Length Length IOCS Length IOPS Length Output Data IOCS IOPS Output Data Substitutemode Substitute Active Flag Outputsubstitute Data	CM_Read. rsp(＋)(AREP, Seq Number, AddData1, AddData2, Length, Data)	MAP_READ_OUTPD_RSP＋

表 476（续）

原语名称	源	相关参数	原语被映射为	参数被映射为
Read Output Data. rsp(－)	FAL User	AREP Seq Number Error Decode Error Code 1 Error Code 2 Add Data 1 Add Data 2	CM_Read. rsp(－)(AREP, ErrorDecode,ErrorCode1, ErrorCode2,AddData1,AddData2)	MAP_READ_OUTPD_RSP－
Read Logbook. rsp(＋)	FAL User	AREP Seq Number Length Current Local Timestamp Number Of Log Entries List of Entries Local Timestamp AR UUID PNIOStatus Entry Detail	CM_Read. rsp(＋)(AREP, Seq Number, AddData1, AddData2, Length, Data)	MAP_READ_LOG_RSP＋
Read Logbook. rsp(－)	FAL User	AREP Seq Number Error Decode Error Code 1 Error Code 2 Add Data 1 Add Data 2	CM_Read. rsp(－)(AREP, ErrorDecode,ErrorCode1, ErrorCode2, AddData1,AddData2)	MAP_READ_LOG_RSP－
Read Device Diagnosis. rsp(＋)	FAL User	AREP Seq Number Length List of Diagnosis Data	CM_Read. rsp(＋)(AREP, Seq Number, AddData1, AddData2, Length, Data)	MAP_READ_DIAG_RSP＋
Read Device Diagnosis. rsp(－)	FAL User	AREP Seq Number Error Decode Error Code 1 Error Code 2 Add Data 1 Add Data 2	CM_Read. rsp(－)(AREP, ErrorDecode,ErrorCode1, ErrorCode2,AddData1,AddData2)	MAP_READ_DIAG_RSP－
Read Expected Identification. rsp(＋)	FAL User	AREP Seq Number Length List ofslots	CM_Read. rsp(＋)(AREP, Seq Number, AddData1, AddData2, Length, Data)	MAP_READ_EID_RSP＋

表 476（续）

原语名称	源	相关参数	原语被映射为	参数被映射为
Read Expected Identification. rsp(－)	FAL User	AREP Seq Number Error Decode Error Code 1 Error Code 2 Add Data 1 Add Data 2	CM_Read. rsp(－)(AREP, ErrorDecode,ErrorCode1, ErrorCode2,AddData1,AddData2)	MAP_READ_EID_RSP－
Read Real Identification. rsp(＋)	FAL User	AREP Seq Number Length Number ofslots List ofslots	CM_Read. rsp(＋)(AREP, Seq Number, AddData1, AddData2, Length, Data)	MAP_READ_RID_RSP＋
Read Real Identification. rsp(－)	FAL User	AREP Seq Number Error Decode Error Code 1 Error Code 2 Add Data 1 Add Data 2	CM_Read. rsp(－)(AREP, ErrorDecode,ErrorCode1, ErrorCode2,AddData1,AddData2)	MAP_READ_RID_RSP－
Read Identification Difference. rsp(＋)	FAL User	AREP Seq Number Length Number of APIs List of APIs	CM_Read. rsp(＋)(AREP, Seq Number, AddData1, AddData2, Length, Data)	MAP_READ_IDDIFF_RSP＋
Read Identification Difference. rsp(－)	FAL User	AREP Seq Number Error Decode Error Code 1 Error Code 2 Add Data 1 Add Data 2	CM_Read. rsp(－)(AREP, ErrorDecode,ErrorCode1, ErrorCode2,AddData1,AddData2)	MAP _ READ _ IDDIFF _ RSP－
Read Real Port Data. rsp(＋)	FAL User	AREP Seq Number Length Real List of Ports	CM_Read. rsp(＋)(AREP, Seq Number, AddData1, AddData2, Length, Data)	MAP_READ_RPD_RSP＋
Read Real Port Data. rsp(－)	FAL User	AREP Seq Number Error Decode Error Code 1 Error Code 2 Add Data 1 Add Data 2	CM_Read. rsp(－)(AREP, ErrorDecode,ErrorCode1, ErrorCode2,AddData1,AddData2)	MAP_READ_RPD_RSP－

表 476（续）

原语名称	源	相关参数	原语被映射为	参数被映射为
Read Expected Port Data. rsp(＋)	FAL User	AREP Seq Number Length Expected List of Ports	CM_Read. rsp(＋)(AREP, Seq Number, AddData1, AddData2, Length, Data)	MAP_READ_EPD_RSP＋
Read Expected Port Data. rsp(－)	FAL User	AREP Seq Number Error Decode Error Code 1 Error Code 2 Add Data 1 Add Data 2	CM_Read. rsp(－)(AREP, ErrorDecode,ErrorCode1, ErrorCode2,AddData1,AddData2)	MAP_READ_EPD_RSP－
Read Adjusted Port Data. rsp(＋)	FAL User	AREP Seq Number Length Adjusted List of Ports	CM_Read. rsp(＋)(AREP, Seq Number, AddData1, AddData2, Length, Data)	MAP_READ_APD_RSP＋
Read Adjusted Port Data. rsp(－)	FAL User	AREP Seq Number Error Decode Error Code 1 Error Code 2 Add Data 1 Add Data 2	CM_Read. rsp(－)(AREP, ErrorDecode,ErrorCode1, ErrorCode2,AddData1,AddData2)	MAP_READ_APD_RSP－
Read IR Data. rsp(＋)	FAL User	AREP Seq Number Length IR Data	CM_Read. rsp(＋)(AREP, Seq Number, AddData1, AddData2, Length, Data)	MAP_READ_IRD_RSP＋
Read IR Data. rsp(－)	FAL User	AREP Seq Number Error Decode Error Code 1 Error Code 2 Add Data 1 Add Data 2	CM_Read. rsp(－)(AREP, ErrorDecode,ErrorCode1, ErrorCode2,AddData1,AddData2)	MAP_READ_IRD_RSP－
Read Realsync Data. rsp(＋)	FAL User	AREP Seq Number Length Sync Data	CM_Read. rsp(＋)(AREP, Seq Number, AddData1, AddData2, Length, Data)	MAP_READ_RSYN_RSP＋

表 476（续）

原语名称	源	相关参数	原语被映射为	参数被映射为
Read Realsync Data. rsp(－)	FAL User	AREP Seq Number Error Decode Error Code 1 Error Code 2 Add Data 1 Add Data 2	CM_Read. rsp(－)(AREP, ErrorDecode, ErrorCode1, ErrorCode2, AddData1, AddData2)	MAP_READ_RSYN_RSP－
Read Expectedsync Data. rsp(＋)	FAL User	AREP Seq Number Length Sync Data	CM_Read. rsp(＋)(AREP, Seq Number, AddData1, AddData2, Length, Data)	MAP_READ_ESYN_RSP＋
Read Expectedsync Data. rsp(－)	FAL User	AREP Seq Number Error Decode Error Code 1 Error Code 2 Add Data 1 Add Data 2	CM_Read. rsp(－)(AREP, ErrorDecode, ErrorCode1, ErrorCode2, AddData1, AddData2)	MAP_READ_ESYN_RSP－
Read PDev Data. rsp(＋)	FAL User	AREP Seq Number Real List of Ports Expected List of Ports Adjusted List of Ports IR Data Sync Data	CM_Read. rsp(＋)(AREP, Seq Number, AddData1, AddData2, Length, Data)	MAP_READ_PDEV_RSP＋
Read PDev Data. rsp(－)	FAL User	AREP Seq Number Error Decode Error Code 1 Error Code 2 Add Data 1 Add Data 2	CM_Read. rsp(－)(AREP, ErrorDecode, ErrorCode1, ErrorCode2, AddData1, AddData2)	MAP_READ_PDEV_RSP－
Read AR Data. rsp(＋)	FAL User	AREP Seq Number Length Number Of ARs List of ARs	CM_Read. rsp(＋)(AREP, Seq Number, AddData1, AddData2, Length, Data)	MAP_READ_ARD_RSP＋

表 476（续）

原语名称	源	相关参数	原语被映射为	参数被映射为
Read AR Data. rsp(－)	FAL User	AREP Seq Number Error Decode Error Code 1 Error Code 2 Add Data 1 Add Data 2	CM_Read. rsp(－)(AREP, ErrorDecode, ErrorCode1, ErrorCode2, AddData1, AddData2)	MAP_READ_ARD_RSP－
Read IsoM Data. rsp(＋)	FAL User	AREP Seq Number Length IsoM Data	CM_Read. rsp(＋)(AREP, Seq Number, AddData1, AddData2, Length, Data)	MAP_READ_ISOM_RSP＋
Read IsoM Data. rsp(－)	FAL User	AREP Seq Number Error Decode Error Code 1 Error Code 2 Add Data 1 Add Data 2	CM_Read. rsp(－)(AREP, ErrorDecode, ErrorCode1, ErrorCode2, AddData1, AddData2)	MAP_READ_ISOM_RSP－
Write. rsp(＋)	FAL User	AREP Multiple Seq Number Add Data 1 Add Data 2	CM_Write. rsp(＋)(AREP, multiple, Seq Number, AddData1, AddData2)	MAP_WRITE_RSP＋
Write. rsp(－)	FAL User	AREP Multiple Seq Number Error Decode Error Code 1 Error Code 2 Add Data 1 Add Data 2	CM_Write. rsp(－)(AREP, multiple, seqNumber, ErrorDecode, ErrorCode1, ErrorCode2, AddData1, AddData2)	MAP_WRITE_RSP－
Write Expected Port Data. rsp(＋)	FAL User	AREP Multiple Seq Number	CM_Write. rsp(＋)(AREP, multiple, Seq Number, AddData1, AddData2)	MAP_WRITE_EPD_RSP＋
Write Expected Port Data. rsp(－)	FAL User	AREP Multiple Seq Number Error Decode Error Code 1 Error Code 2 Add Data 1 Add Data 2	CM_Write. rsp(－)(AREP, multiple, seqNumber, ErrorDecode, ErrorCode1, ErrorCode2, AddData1, AddData2)	MAP_WRITE_EPD_RSP－

表 476(续)

原语名称	源	相关参数	原语被映射为	参数被映射为
Write Adjusted Port Data. rsp(+)	FAL User	AREP Multiple Seq Number	CM_Write. rsp(+)(AREP, multiple, Seq Number, AddData1, AddData2)	MAP_WRITE_APD_RSP+
Write Adjusted Port Data. rsp(-)	FAL User	AREP Multiple Seq Number Error Decode Error Code 1 Error Code 2 Add Data 1 Add Data 2	CM_Write. rsp(-)(AREP, multiple, seqNumber, ErrorDecode, ErrorCode1, ErrorCode2, AddData1, AddData2)	MAP_WRITE_APD_RSP-
Write IR Data. rsp(+)	FAL User	AREP Multiple Seq Number	CM_Write. rsp(+)(AREP, multiple, Seq Number, AddData1, AddData2)	MAP_WRITE_EPD_RSP+
Write IR Data. rsp(-)	FAL User	AREP Multiple Seq Number Error Decode Error Code 1 Error Code 2 Add Data 1 Add Data 2	CM_Write. rsp(-)(AREP, multiple, seqNumber, ErrorDecode, ErrorCode1, ErrorCode2, AddData1, AddData2)	MAP_WRITE_EPD_RSP-
Set Input. req	FAL User	AREP CREP Slot Number Subslot Number IOPS Subslot Input Data	PPM_Set_Prov_Data. req(CREP, Data)	MAP_SIN_REQ
Set Output IOCS. req	FAL User	AREP CREP Slot Number Subslot Number IOCS	PPM_Set_Prov_Data. req(CREP, Data)	MAP_OIOCS_REQ
Set Input APDU DataStatus. req	FAL User	AREP DataValid Flag ARState Flag ProviderState Flag ProblemIndicator Flag	PPM_Set_Prov_Status. req(CREP, D_Status)	MAP_SAS_REQ
Get Input IOCS. req	FAL User	AREP CREP Slot Number Subslot Number	CPM_Get_Cons_Status. req(CREP)	MAP_GINIOCS_REQ

表 476（续）

原语名称	源	相关参数	原语被映射为	参数被映射为
Get Output. req	FAL User	AREP CREP Slot Number Subslot Number	CPM_Get_Cons_Data. req(CREP), CPM_Get_Cons_Status. req(CREP)	CREP＝CREP
Alarm Notification. req	FAL User	AREP API Alarm Priority Alarm Type Slot Number Subslot Number Alarmspecifier Module Ident Number Submodule Ident Number Alarm Item	ALPMI_Alarm_Notification. req(CREP, Alarm_Type, slot_Number, subslot_Number, Alarm_Specifier, Sequence_Number, module_Ident_Number, submodule_Ident_Number, Alarm_User_Data_Structure_Identifier, Alarm_User_Data)	MAP_AN_REQ
Alarm Ack. req	FAL User	AREP API Alarm Type Slot Number Subslot Number Alarmspecifier	ALPMR_Alarm_Ack. req (CREP, Alarm_Type, slot_Number, subslot_Number, Alarm_Specifier, Sequence_Number, PNIO_Status)	MAP_AA_REQ
Connect. rsp(＋)	FAL User	AREP AR Response Block List of IO CR Response Blocks Alarm CR Response Block Module Diff Block	CM_Connect. rsp(＋)(AREP, ARBlockRes, ListOfIOCRBlockRes, AlarmCRBlockRes, ModuleDiffBlock)	MAP_CON_RSP＋
Connect. rsp(－)	FAL User	AREP Error Decode Error Code 1 Error Code 2 Add Data 1 Add Data 2	CM_Connect. rsp(－)(AREP, ErrorDecode, ErrorCode1, ErrorCode2, AddData1, AddData2)	MAP_CON_RSP－
Release. rsp(＋)	FAL User	AREP Session Key	CM_Release. rsp(＋)(AREP, ControlBlock)	MAP_REL_RSP＋
Release. rsp(－)	FAL User	AREP Error Decode Error Code 1 Error Code 2 Add Data 1 Add Data 2	CM_Release. rsp(－)(AREP, ErrorDecode, ErrorCode1, ErrorCode2, AddData1, AddData2)	MAP_REL_RSP－

表 476（续）

原语名称	源	相关参数	原语被映射为	参数被映射为
Abort. req	FAL User	AREP	CM_Abort. req(AREP)	AREP＝AREP
End Of Parameter. rsp(＋)	FAL User	AREP Session Key AlarmSequence Number	CM_DControl. rsp(＋)(AREP, ControlBlock)	MAP_EOP_RSP＋
End Of Parameter. rsp(－)	FAL User	AREP Error Decode Error Code 1 Error Code 2 Add Data 1 Add Data 2	CM_DControl. rsp(－)(AREP, ErrorDecode, ErrorCode1, ErrorCode2, AddData1, AddData2)	MAP_EOP_RSP－
Application ready. req	FAL User	AREP Session Key AlarmSequence Number Module Diff Block Control Block Properties	CM_CControl. req(AREP, ControlBlock, ModuleDiffBlock)	MAP_AREADY_REQ
local action	—	—	CM_Init. req	None
local action	—	—	IFW_Schedule_add. req(Port, sched_list)	None
local action	—	—	IFW_Schedule_remove. req(Port)	None
local action	—	—	IFW_SetFWState. req(Port, FWState)	None
local action	—	—	IFW_SetLEState. req(Port, LEState)	None
local action	—	—	TMM_Set_Schedule_Item. req(Port, sched_list)	None
local action	—	—	TMM_MasterAdd. req(SA, ProtVar, ms_list, ms_Status)	None
local action	—	—	TMM_MasterRem. req(SA, ProtVar, ms_list, ms_Status)	None
local action	—	—	RCTL_Stop. req	None
local action	—	—	SYN_Delay_Req. req(Port, DA, SA, ADQ_list, ADQ_Status)	None
local action	—	—	SYN_Delay_Req. req(Port, DA, SA, ADQ_list, ADQ_Status)	None

表 477 列出了一些服务原语及其相关参数，它们由 FSPMDEV 发出，并由 AP-Context(FAL 用户)来接收。

表 477 由 FSPMDEV 发给 AP-Context(FAL 用户)的原语

原语映射来源于	参数映射来源于	原语名称	源	相关参数
CM_Read. ind(AREP, API, TargetARUUID, slotNumber, subslotNumber, Index, seqNumber, Length)	MAP_READ_IND	Read. ind	FSPM	AREP API Target ARUUID Slot Number Subslot Number Index Seq Number Length
CM_Read. ind(AREP, API, TargetARUUID, slotNumber, subslotNumber, Index, seqNumber, Length)	MAP_READ_INPD_IND	Read Input Data. ind	FSPM	AREP API Target ARUUID Slot Number Subslot Number Seq Number Length
CM_Read. ind(AREP, API, TargetARUUID, slotNumber, subslotNumber, Index, seqNumber, Length)	MAP_READ_OUTPD_IND	Read Output Data. ind	FSPM	AREP API Target ARUUID Slot Number Subslot Number Seq Number Length
CM_Read. ind(AREP, API, TargetARUUID, slotNumber, subslotNumber, Index, seqNumber, Length)	MAP_READ_LOG_IND	Read Logbook. ind	FSPM	AREP Seq Number Length
CM_Read. ind(AREP, API, TargetARUUID, slotNumber, subslotNumber, Index, seqNumber, Length)	MAP_READ_DIAG_IND	Read Device Diagnosis. ind	FSPM	AREP API Target ARUUID Slot Number Subslot Number Diagnosis Item Seq Number Length
CM_Read. ind(AREP, API, TargetARUUID, slotNumber, subslotNumber, Index, seqNumber, Length)	MAP_READ_EID_IND	Read Expected Identification. ind	FSPM	AREP Target ARUUID Slot Number Subslot Number Seq Number Length
CM_Read. ind(AREP, API, TargetARUUID, slotNumber, subslotNumber, Index, seqNumber, Length)	MAP_READ_RID_IND	Read Real Identification. ind	FSPM	AREP API Target ARUUID Slot Number Subslot Number Seq Number Length

表 477（续）

原语映射来源于	参数映射来源于	原语名称	源	相关参数
CM_Read. ind(AREP, API, TargetARUUID, slotNumber, subslotNumber, Index, seqNumber, Length)	MAP_READ_IDDIFF_IND	Read Identification Difference. ind	FSPM	AREP Target ARUUID Seq Number Length
CM_Read. ind(AREP, API, TargetARUUID, slotNumber, subslotNumber, Index, seqNumber, Length)	MAP_READ_RPD_IND	Read Real Port Data. ind	FSPM	AREP API Target ARUUID Slot Number Subslot Number Seq Number Length
CM_Read. ind(AREP, API, TargetARUUID, slotNumber, subslotNumber, Index, seqNumber, Length)	MAP_READ_EPD_IND	Read Expected Port Data. ind	FSPM	AREP API Target ARUUID Slot Number Subslot Number Seq Number Length
CM_Read. ind(AREP, API, TargetARUUID, slotNumber, subslotNumber, Index, seqNumber, Length)	MAP_READ_APD_IND	Read Adjusted Port Data. ind	FSPM	AREP API Target ARUUID Slot Number Subslot Number Seq Number Length
CM_Read. ind(AREP, API, TargetARUUID, slotNumber, subslotNumber, Index, seqNumber, Length)	MAP_READ_IRD_IND	Read IR Data. ind	FSPM	AREP API Target ARUUID Slot Number Subslot Number Seq Number Length
CM_Read. ind(AREP, API, TargetARUUID, slotNumber, subslotNumber, Index, seqNumber, Length)	MAP_READ_RSYNC_IND	Read Realsync Data. ind	FSPM	AREP API Target ARUUID Slot Number Subslot Number Seq Number Length
CM_Read. ind(AREP, API, TargetARUUID, slotNumber, subslotNumber, Index, seqNumber, Length)	MAP_READ_ESYNC_IND	Read Expectedsync Data. ind	FSPM	AREP API Target ARUUID Slot Number Subslot Number Seq Number Length

表 477（续）

原语映射来源于	参数映射来源于	原语名称	源	相关参数
CM_Read. ind(AREP,API,TargetARUUID,slotNumber,subslotNumber,Index,seqNumber,Length)	MAP_READ_PDEV_IND	Read PDev Data. ind	FSPM	AREP Seq Number Length
CM_Read. ind(AREP,API,TargetARUUID,slotNumber,subslotNumber,Index,seqNumber,Length)	MAP_READ_ARD_IND	Read AR Data. ind	FSPM	AREP Target ARUUID Seq Number Length
CM_Read. ind(AREP,API,TargetARUUID,slotNumber,subslotNumber,Index,seqNumber,Length)	MAP_READ_ISOM_IND	Read IsoM Data. ind	FSPM	AREP API Target ARUUID Slot Number Subslot Number Seq Number Length
CM_Write. ind(AREP,slotNumber,subslotNumber,Index,multiple,PrmFlag,seqNumber,Length,Data)	MAP_WRITE_IND	Write. ind	FSPM	AREP API Slot Number Subslot Number Index Multiple Prm Flag Seq Number Length Data
CM_Write. ind(AREP,API,slotNumber,subslotNumber,Index,multiple,PrmFlag,seqNumber,Length,Data)	MAP_WRITE_OSUBD_IND	Write Outputsubstitute Data. ind	FSPM	AREP API Slot Number Subslot Number Multiple Prm Flag Seq Number Substitutemode Length Output Data Outputsubstitute Data
CM_Write. ind(AREP,API,slotNumber,subslotNumber,Index,multiple,PrmFlag,seqNumber,Length,Data)	MAP_WRITE_EPD_IND	Write Expected Port Data. ind	FSPM	AREP API Slot Number Subslot Number Multiple Prm Flag Seq Number Length Expected List of Ports

表 477(续)

原语映射来源于	参数映射来源于	原语名称	源	相关参数
CM_Write.ind(AREP,API,slotNumber,subslotNumber,Index,multiple,PrmFlag,seqNumber,Length,Data)	MAP_WRITE_APD_IND	Write Adjusted Port Data.ind	FSPM	AREP API Slot Number Subslot Number Multiple Prm Flag Seq Number Length Adjusted List of Ports
CM_Write.ind(AREP,API,slotNumber,subslotNumber,Index,multiple,PrmFlag,seqNumber,Length,Data)	MAP_WRITE_IRD_IND	Write IR Data.ind	FSPM	AREP API Slot Number Subslot Number Multiple Prm Flag Seq Number Length IR Data
CM_Write.ind(AREP,API,slotNumber,subslotNumber,Index,multiple,PrmFlag,seqNumber,Length,Data)	MAP_WRITE_ESYNC_IND	Writesync Data.ind	FSPM	AREP API Slot Number Subslot Number Multiple Prm Flag Seq Number Length Sync Data
CM_Write.ind(AREP,API,slotNumber,subslotNumber,Index,multiple,PrmFlag,seqNumber,Length,Data)	MAP_WRITE_ISOM_IND	Write IsoM Data.ind	FSPM	AREP API Slot Number Subslot Number Multiple Prm Flag Seq Number Length IsoM Data
PPM_Set_Prov_Data.cnf(+)(CREP)	MAP_SIN_CNF	Set Input.cnf(+)	FSPM	AREP
PPM_Set_Prov_Data.cnf(-)(CREP,ERRCLS,ERRCODE)	MAP_SIN_CNF	Set Input.cnf(-)	FSPM	AREP
PPM_Set_Prov_Status.cnf(+)(CREP)	MAP_SAS_CNF	Set Input APDU DataStatus.cnf(+)	FSPM	AREP
PPM_Set_Prov_Status.cnf(-)(CREP,ERRCLS,ERRCODE)	MAP_SAS_CNF	Set Input APDU DataStatus.cnf(-)	FSPM	AREP

表 477（续）

原语映射来源于	参数映射来源于	原语名称	源	相关参数
PPM_Set_Prov_Data. cnf(＋)(CREP)	MAP_OIOCS_CNF	Set Output IOCS. cnf(＋)	FSPM	AREP
PPM_Set_Prov_Data. cnf(－)(CREP, ERRCLS, ERRCODE)	MAP_OIOCS_CNF	Set Output IOCS. cnf(－)	FSPM	AREP
CPM_Get_Cons_Data. cnf(＋)(CREP, Data, New_Flag)	MAP_GOUTD_CNF＋	Get Ouput. cnf(＋)	FSPM	AREP IOPS Subslot Output Data New Flag IOCS
CPM_Get_Cons_Data. cnf(－)(CREP, ERRCLS, ERRCODE)	MAP_GOUTD_CNF-	Get Ouput. cnf(－)	FSPM	AREP
CPM_Get_Cons_Status. cnf(＋)(CREP, Status, RecvCounter)	MAP_GINIOCS_CNF＋	Get Input IOCS. cnf(＋)	FSPM	AREP IOCS
CPM_Get_Cons_Status. cnf(－)(CREP, ERRCLS, ERRCODE)	MAP_GINIOCS_CNF-	Get Input IOCS. cnf(－)	FSPM	AREP
CPM_Set_RedRole. cnf(CREP)	local action			
CM_Init. cnf	local action			
CM_Stop. ind	local action			
CM_In_Data. ind(CREP)	MAP_INDATA_IND	New Output. ind	FSPM	AREP CREP Slot Number Subslot Number InData Flag
CM_New_Data. ind(CREP, APDU_Status)	MAP_NEWDATA_IND	New Output. ind	FSPM	AREP CREP Slot Number Subslot Number
CM_New_Data. ind(CREP, APDU_Status)	MAP_NEWSTATUS_IND	New Output APDU DataStatus. ind	FSPM	AREP CREP Data Flag ARstate Flag Providerstate Flag Problem Indicator Flag
CPM_NoData. ind(CREP)	MAP_NODATA_IND	New Output. ind	FSPM	AREP CREP Slot Number Subslot Number Watchdog Flag
ALPMI_Alarm_Notification. cnf(＋)(CREP)	MAP_AN_CNF＋	Alarm notification. cnf(＋)	FSPM	AREP

表 477（续）

原语映射来源于	参数映射来源于	原语名称	源	相关参数
ALPMI_Alarm_Notification. cnf(－)(CREP)	MAP_AN_CNF－	Alarm notification. cnf(－)	FSPM	AREP Status
ALPMI_Alarm_Ack. ind(CREP, Alarm_Type, slot_Number, subslot_Number, Alarm_Specifier, Sequence_Number, PNIO_Status)	MAP_AA_IND	Alarm Ack. ind	FSPM	AREP API Alarm Type Slot Number Subslot Number Alarmspecifier
CM_Connect. ind(AREP, ARBlockReq, ListOfIOCRBlockReq, AlarmCRBlockReq, ListOfExpectedSubmoduleBlockReq, PrmServerBlock, ListOfMCRBlockReq)	MAP_CON_IND	Connect. ind	FSPM	AREP AR Parameter Block List of IO CR Parameter Blocks List of Expected-submodule Blocks Alarm CR Parameter Block Parameterserver Block List ofmulticast CR Blocks
CM_Release. ind(AREP, ControlBlock)	MAP_REL_IND	Release. ind	FSPM	AREP Session Key
CM_Abort. ind	AREP	Abort. ind	FSPM	AREP
CM_Abort. cnf(AREP)	AREP＝AREP	Abort. cnf	FSPM	AREP
CM_DControl. ind(AREP, ControlBlock)	MAP_EOP_IND	End Of Parameter. ind	FSPM	AREP Session Key AlarmSequence Number
CM_CControl. cnf(＋)(AREP, ControlBlock)	MAP_AREADY_CNF＋	Application Ready. cnf(＋)	FSPM	AREP Session Key AlarmSequence Number
CM_CControl. cnf(－)(AREP, ErrorDecode, ErrorCode1, ErrorCode2, AddData1, AddData2)	MAP_AREADY_CNF-	Application Ready. cnf(－)	FSPM	AREP Error Decode Error Code 1 Error Code 2
LMPM_Time_Event. ind(CREP, Cycle)	MAP_SYNCH_IND	SYNCH Event. ind	FSPM	slot subslot Global Cycle Counter Phase Status

表 477（续）

原语映射来源于	参数映射来源于	原语名称	源	相关参数
RCTL_Sync. ind(Port,DA,SA,CS_list,CS_Status)	MAP_SYSTI_IND	Syncstate Info. ind	FSPM	Realsync Data slot Number subslot Number PTCPSubdomain ID IR Data ID Reserved Interval Begin Reserved Interval End PLL Window syncsend Factor send Clock Factor sync Properties Role stratum sync Frame Address PTCP Timeout Factor Sync ErrorStatus slot Number subslot Number
DiagnosisEvent. ind（AREP，CREP，API,Diagnosis Data)	MAP_DIAGEVT_IND	Diagnosis Event. ind	FSPM	AREP CREP Alarm Item
ALPMI_Error. ind(CREP,ERRCLS,ERRCODE)	MAP_DIAGEVT_IND	Diagnosis Event. ind	FSPM	AREP CREP Alarm Item
DCPUCR_Error. ind(CREP,ERRCLS,ERRCODE)	MAP_DIAGEVT_IND	Diagnosis Event. ind	FSPM	AREP CREP Alarm Item
DCPMCR_Error. ind(CREP,ERRCLS,ERRCODE)	MAP_DIAGEVT_IND	Diagnosis Event. ind	FSPM	AREP CREP Alarm Item
IFW_Error. ind(CREP,ERRCLS,ERRCODE)	MAP_DIAGEVT_IND	Diagnosis Event. ind	FSPM	AREP CREP Alarm Item
IFW_Error. ind(CREP,ERRCLS,ERRCODE)	MAP_DIAGEVT_IND	Diagnosis Event. ind	FSPM	AREP CREP Alarm Item
TMM_MasterAdd. cnf(SA,PortVar,ms_list,ms_Status)	local action			

表 477（续）

原语映射来源于	参数映射来源于	原语名称	源	相关参数
TMM_MasterRem. cnf(SA, PortVar, ms_list, ms_Status)	local action			
LMPM_Schedule_add. cnf(+)(CREP)	local action			
LMPM_Schedule_add. cnf(−)(CREP)	local action			
IFW_Schedule_add. cnf(Port)	local action			
IFW_Schedule_remove. cnf(Port)	local action			

6.5.2.2.2 **FSPMDEV 原语的参数**

在 FAL 服务定义中描述了 FSPMDEV 与 AP-Context 之间交换的原语所使用的参数。

6.5.2.3 **状态机描述**

FSPMDEV 状态机只有一种可能的状态：RUN。

6.5.2.4 **FSPMDEV 状态表**

通常，FSPMDEV 未定义状态机，因为所有服务都被传送到下层的协议机。

但是，在 IO 设备之间进行附加多播通信的情况下，则定义了相关的状态机，见表 478。

表 478 用于多播通信的 FSPMDEV 协议机

#	当前状态	事件/条件 =〉动作	下一状态
1	run	Set Input. req(Slot Number, subslot Number, IOPS, Input Data) /submodule withm-Provider functionality && SubmoduleProperties. ReduceInputSubmoduleDataLength == Expected =〉 Data1 := Input Data, IOPS, CREP1 := CREP. IPPM Data2 := Input Data, IOPS CREP2 := CREP. MPPM PPM_Set_Prov_Data. req(CREP1, Data1) PPM_Set_Prov_Data. req(CREP2, Data2)	run
2	run	Set Input. req(Slot Number, subslot Number, IOPS, Input Data) /submodule withm-Provider functionality && SubmoduleProperties. ReduceInputSubmoduleDataLength == Zero =〉 Data1 := IOPS CREP1 := CREP. IPPM Data2 := Input Data, IOPS CREP2 := CREP. MPPM PPM_Set_Prov_Data. req(CREP1, Data1) PPM_Set_Prov_Data. req(CREP2, Data2)	run
3	run	Get Input IOCS. req(Slot Number, subslot Number) /submodule withm-Provider functionality && SubmoduleProperties. ReduceInputSubmoduleDataLength == Expected =〉 CREP := CREP. ICPM CPM_Get_Cons_Data. req(CREP)	run

表 478（续）

#	当前状态	事件/条件 =〉动作	下一状态
4	run	Get Input IOCS. req(Slot Number, subslot Number) /submodule withm-Provider functionality && SubmoduleProperties. ReduceInputSubmoduleDataLength == Zero =〉 Get Input IOCS. cnf(−)	run
5	run	Set Output IOCS. req(Slot Number, subslot Number, IOCS) /submodule withm-Provider functionality && output functionality =〉 CREP := CREP. OPPM PPM_Set_Prov_Data. req(CREP, IOCS)	run
6	run	Set Output IOCS. req(Slot Number, subslot Number, IOCS) /submodule withm-Provider functionality && NOT(output functionality) =〉 Set Output IOCS. cnf(−)	run
7	run	Get Output. req(Slot Number, subslot Number) /submodule withm-Provider functionality && NOT(output functionality) =〉 Get Output. req(−)	run
8	run	Get Output. req(Slot Number, subslot Number) /submodule withm-Provider functionality && output functionality =〉 CREP := CREP. OCPM CPM_Get_Cons_Data. req(CREP)	run
9	run	Set Input APDU DataStatus. req(APDU dataStatus flags) /submodule withm-Provider functionality =〉 CREP1 := CREP. IPPM CREP2 := CREP. MPPM D_Status := APDU dataStatus flags PPM_Set_Prov_Status. req(CREP1, D_Status) PPM_Set_Prov_Status. req(CREP2, D_Status)	run
10	run	PPM_Set_Prov_Data. cnf(+)(CREP) /submodule withm-Provider functionality && SubmoduleProperties. ReduceInputSubmoduleDataLength == Expected && CREP == CREP. IPPM =〉 Set Input. cnf(+)	run

表 478（续）

#	当前状态	事件/条件 =〉动作	下一状态
11	run	PPM_Set_Prov_Data. cnf(＋)(CREP) /submodule withm-Provider functionality && SubmoduleProperties. ReduceInputSubmoduleDataLength == Zero && CREP == CREP. IPPM =〉 ignore	run
12	run	PPM_Set_Prov_Data. cnf(＋)(CREP) /submodule withm-Provider functionality && CREP == CREP. MPPM =〉 Set Input. cnf(＋)	run
13	run	PPM_Set_Prov_Data. cnf(＋)(CREP) /submodule withm-Provider functionality && CREP == CREP. OPPM =〉 Set Output IOCS. cnf(＋)	run
14	run	PPM_Set_Prov_Data. cnf(－)(CREP,ERRCLS,ERRCODE) /submodule withm-Provider functionality && SubmoduleProperties. ReduceInputSubmoduleDataLength == Expected && CREP == CREP. IPPM =〉 Set Input. cnf(－)	run
15	run	PPM_Set_Prov_Data. cnf(－)(CREP,ERRCLS,ERRCODE) /submodule withm-Provider functionality && SubmoduleProperties. ReduceInputSubmoduleDataLength == Zero && CREP == CREP. IPPM =〉 ignore	run
16	run	PPM_Set_Prov_Data. cnf(－)(CREP,ERRCLS,ERRCODE) /submodule withm-Provider functionality && CREP == CREP. MPPM =〉 Set Input. cnf(－)	run
17	run	PPM_Set_Prov_Data. cnf(－)(CREP,ERRCLS,ERRCODE) /submodule withm-Provider functionality && CREP == CREP. OPPM =〉 Set Output IOCS. cnf(－)	run
18	run	PPM_Set_Prov_Status. cnf(＋)(CREP) /submodule withm-Provider functionality && SubmoduleProperties. ReduceInputSubmoduleDataLength == Expected && CREP == CREP. IPPM =〉 Set Input APDU DataStatus. cnf(＋)	run

表 478（续）

#	当前状态	事件/条件 =〉动作	下一状态
19	run	PPM_Set_Prov_Status. cnf(＋)(CREP) /submodule withm-Provider functionality && SubmoduleProperties. ReduceInputSubmoduleDataLength == Zero && CREP == CREP. IPPM =〉 ignore	run
20	run	PPM_Set_Prov_Status. cnf(＋)(CREP) /submodule withm-Provider functionality && CREP == CREP. MPPM =〉 Set Input APDU DataStatus. cnf(＋)	run
21	run	PPM_Set_Prov_Status. cnf(－)(CREP,ERRCLS,ERRCODE) /submodule withm-Provider functionality && SubmoduleProperties. ReduceInputSubmoduleDataLength == Expected && CREP == CREP. IPPM =〉 Set Input APDU DataStatus. cnf(－)	run
22	run	PPM_Set_Prov_Status. cnf(－)(CREP,ERRCLS,ERRCODE) /submodule withm-Provider functionality && SubmoduleProperties. ReduceInputSubmoduleDataLength == Zero && CREP == CREP. IPPM =〉 ignore	run
23	run	PPM_Set_Prov_Status. cnf(－)(CREP,ERRCLS,ERRCODE) /submodule withm-Provider functionality && CREP == CREP. MPPM =〉 Set Input APDU DataStatus. cnf(－)	run
24	run	CPM_Get_Cons_Data. cnf(＋)(CREP,Data,New_Flag) /submodule withm-Provider functionality && CREP == CREP. OCPM =〉 Get Output. cnf(＋)(IOPS,Output Data,New Flag,IOCS)	run
25	run	CPM_Get_Cons_Data. cnf(＋)(CREP,Data,New_Flag) /submodule withm-Provider functionality && CREP == CREP. ICPM =〉 Get Input IOCS. cnf(IOCS)	run
26	run	CPM_Get_Cons_Data. cnf(－)(CREP,ERRCLS,ERRCODE) /submodule withm-Provider functionality && CREP == CREP. OCPM =〉 Get Output. cnf(－)	run

表 478（续）

#	当前状态	事件/条件 =〉动作	下一状态
27	run	CPM_Get_Cons_Data. cnf(－)(CREP,ERRCLS,ERRCODE) /submodule withm-Provider functionality && CREP == CREP. ICPM =〉 Get Input IOCS. cnf(－)	run
28	run	CPM_New_Cons_Data. ind(CREP,APDU_Status) /submodule withm-Provider functionality && CREP == CREP. OCPM && no change in APDUStatus =〉 New Output. ind(Slot Number,subslot Number,Watchdog Flag,InData Flag)	run
29	run	CPM_New_Cons_Data. ind(CREP,APDU_Status) /submodule withm-Provider functionality && CREP == CREP. OCPM && change in APDUStatus =〉 New Output. ind(Slot Number,subslot Number,Watchdog Flag,InData Flag) New Output APDU DataStatus. ind(APDUStatus flags)	run
30	run	CPM_New_Cons_Data. ind(CREP,APDU_Status) /submodule withm-Provider functionality && CREP == CREP. ICPM && no change in APDUStatus =〉 New Output. ind(Slot Number,subslot Number,Watchdog Flag,InData Flag)	run
31	run	CPM_New_Cons_Data. ind(CREP,APDU_Status) /submodule withm-Provider functionality && CREP == CREP. ICPM && change in APDUStatus =〉 New Output. ind(Slot Number,subslot Number,Watchdog Flag,InData Flag) New Output APDU DataStatus. ind(APDUStatus flags)	run
32	run	CPM_NoData. ind(CREP) /submodule withm-Provider functionality && CREP == CREP. OCPM =〉 Watchdog Flag := WATCHDOG_EXPIRED New Output. ind(Slot Number,subslot Number,Watchdog Flag,InData Flag)	run
33	run	CPM_NoData. ind(CREP) /submodule withm-Provider functionality && CREP == CREP. ICPM =〉 Watchdog Flag := WATCHDOG_EXPIRED New Output. ind(Slot Number,subslot Number,Watchdog Flag,InData Flag)	run

表 478（续）

#	当前状态	事件/条件 =〉动作	下一状态
34	run	CPM_Start. ind(CREP) /submodule withm-Provider functionality =〉 InData Flag := INDATA New Output. ind(Slot Number, subslot Number, InData Flag) New Output APDU DataStatus. ind(AREP, CREP, APDUStatus flags)	run
35	run	Set Input. req(Slot Number, subslot Number, IOPS, Input Data) /submodule withm-Consumer functionality && input functionality =〉 Data := Input Data, IOPS CREP := CREP. IPPM PPM_Set_Prov_Data. req(CREP, Data)	run
36	run	Set Input. req(Slot Number, subslot Number, IOPS, Input Data) /submodule withm-Consumer functionality && NOT(input functionality) =〉 Set Input. cnf(—)	run
37	run	Get Input IOCS. req(Slot Number, subslot Number) /submodule withm-Consumer functionality && input functionality =〉 CREP := CREP. ICPM CPM_Get_Cons_Data. req(CREP)	run
38	run	Get Input IOCS. req(Slot Number, subslot Number) /submodule withm-Consumer functionality && NOT(input functionality) =〉 Get Input IOCS. cnf(—)	run
39	run	Set Output IOCS. req(Slot Number, subslot Number, IOCS) /submodule withm-Consumer functionality =〉 CREP := CREP. OPPM PPM_Set_Prov_Data. req(CREP, IOCS)	run
40	run	Get Output. req(Slot Number, subslot Number) /submodule withm-Consumer functionality =〉 CREP := CREP. MCPM CPM_Get_Cons_Data. req(CREP)	run
41	run	Set Input APDU DataStatus. req(AREP, CREP, APDU dataStatus flags) /submodule withm-Consumer functionality =〉 CREP := CREP. IPPM D_Status := APDU dataStatus flags PPM_Set_Prov_Status. req(CREP, D_Status)	run

表 478（续）

#	当前状态	事件/条件 =〉动作	下一状态
42	run	PPM_Set_Prov_Data. cnf(+)(CREP) /submodule withm-Consumer functionality && CREP == CREP. OPPM =〉 Set Output IOCS. cnf(+)	run
43	run	PPM_Set_Prov_Data. cnf(+)(CREP) /submodule withm-Consumer functionality && CREP == CREP. IPPM =〉 Set Input. cnf(+)	run
44	run	PPM_Set_Prov_Data. cnf(−)(CREP,ERRCLS,ERRCODE) /submodule withm-Consumer functionality && CREP == CREP. OPPM =〉 Set Output IOCS. cnf(−)	run
45	run	PPM_Set_Prov_Data. cnf(−)(CREP,ERRCLS,ERRCODE) /submodule withm-Consumer functionality && CREP == CREP. IPPM =〉 Set Input. cnf(−)	run
46	run	PPM_Set_Prov_Status. cnf(+)(CREP) /submodule withm-Consumer functionality =〉 Set Input APDU DataStatus. req(+)	run
47	run	PPM_Set_Prov_Status. cnf(−)(CREP,ERRCLS,ERRCODE) /submodule withm-Consumer functionality =〉 Set Input APDU DataStatus. req(−)	run
48	run	CPM_Get_Cons_Data. cnf(+)(CREP,Data,New_Flag) /submodule withm-Consumer functionality && CREP := mCPM =〉 Get Output. cnf(+)(IOPS,Output Data,New Flag)	run
49	run	CPM_Get_Cons_Data. cnf(+)(CREP,Data,New_Flag) /submodule withm-Consumer functionality && CREP := OCPM =〉 ignore	run
50	run	CPM_Get_Cons_Data. cnf(+)(CREP,Data,New_Flag) /submodule withm-Consumer functionality && CREP := ICPM =〉 Get Input IOCS. cnf(IOCS)	run

表 478（续）

#	当前状态	事件/条件 =〉动作	下一状态
51	run	CPM_Get_Cons_Data. cnf(—)(CREP,ERRCLS,ERRCODE) /submodule withm-Consumer functionality && CREP := mCPM =〉 Get Output. cnf(—)	run
52	run	CPM_Get_Cons_Data. cnf(—)(CREP,ERRCLS,ERRCODE) /submodule withm-Consumer functionality && CREP := OCPM =〉 ignore	run
53	run	CPM_Get_Cons_Data. cnf(—)(CREP,ERRCLS,ERRCODE) /submodule withm-Consumer functionality && CREP := ICPM =〉 Get Input IOCS. cnf(—)	run
54	run	CPM_New_Cons_Data. ind(CREP,APDU_Status) /submodule withm-Consumer functionality && CREP == CREP. OCPM =〉 ignore	run
55	run	CPM_New_Cons_Data. ind(CREP,APDU_Status) /submodule withm-Consumer functionality && CREP == CREP. ICPM =〉 New Output. ind(Slot Number,subslot Number,Watchdog Flag,InData Flag)	run
56	run	CPM_New_Cons_Data. ind(CREP,APDU_Status) /submodule withm-Consumer functionality && CREP == CREP. ICPM =〉 New Output. ind(Slot Number,subslot Number,Watchdog Flag,InData Flag) New Output APDU DataStatus. ind(APDUStatus flags)	run
57	run	CPM_New_Cons_Data. ind(CREP,APDU_Status) /submodule withm-Consumer functionality && CREP == CREP. MCPM && no change in APDUStatus =〉 New Output. ind(Slot Number,subslot Number,Watchdog Flag,InData Flag)	run
58	run	CPM_New_Cons_Data. ind(CREP,APDU_Status) /submodule withm-Consumer functionality && CREP == CREP. MCPM && change in APDUStatus =〉 New Output. ind(Slot Number,subslot Number,Watchdog Flag,InData Flag) New Output APDU DataStatus. ind(APDUStatus flags)	run

表 478（续）

#	当前状态	事件/条件 =〉动作	下一状态
59	run	CPM_No_Data. ind(CREP) /submodule withm-Consumer functionality =〉 Watchdog Flag := WATCHDOG_EXPIRED New Output. ind(Slot Number,subslot Number,Watchdog Flag,InData Flag)	run
60	run	CPM_Start. ind(CREP) /submodule withm-Consumer functionality =〉 InData Flag := INDATA New Output. ind(Slot Number,subslot Number,In Data Flag)	run
61	run	CM_Stop. ind(CREP) /submodule withm-Consumer functionality && CREP == CREP. MCPM =〉 For allsubmoduls ofm-Consumer-CR do: m-Provider Communicationstopped. ind(Slot Number,subslot Number)	run

6.5.2.5 功能

表 479 列出了为 FSPMDEV 定义的功能，它们由 FAL 用户发出的服务原语来使用。

表 479 AP-Context（FAL 用户）发至 FSPMDEV 所使用的功能

名 称	功 能
MAP_READ_RSP+	mapservice parameter 1 : 1(=)
MAP_READ_RSP−	mapservice parameter 1 : 1(=)
MAP_READ_INPD_RSP+	AREP=AREP Seq Number=Seq Number Add Data 1=0 Add Data 2=0 Length=Length Data={Length Data,Length IOCS,Length IOPS,IOCS,IOPS,subslot Input Data}
MAP_READ_INPD_RSP−	mapservice parameter 1 : 1(=)
MAP_READ_OUTPD_RSP+	AREP=AREP Seq Number=Seq Number Add Data 1=0 Add Data 2=0 Length=Length Data={Length IOCS, Length IOPS, Length Output Data, IOCS, IOPS, Output Data,substitutemode,substitute Active Flag,Outputsubstitute Data}
MAP_READ_OUTPD_RSP−	mapservice parameter 1 : 1(=)
MAP_READ_LOG_RSP+	AREP=AREP Seq Number=Seq Number Add Data 1=0 Add Data 2=0 Length=Length Data={Current Local Timestamp,Number of Log Entries,[List of Entries(Local Timestamp,AR UUID,PNIOStatus,Entry Detail)]* }

表 479（续）

名　称	功　能
MAP_READ_LOG_RSP－	mapservice parameter 1∶1(＝)
MAP_READ_DIAG_RSP＋	AREP＝AREP Seq Number＝Seq Number Add Data 1＝0 Add Data 2＝0 Length＝Length Diagnosis Item＝List of Diagnosis Data
MAP_READ_DIAG_RSP－	mapservice parameter 1∶1(＝)
MAP_READ_EID_RSP＋	AREP＝AREP Seq Number＝Seq Number Add Data 1＝0 Add Data 2＝0 Length＝Length Data＝{List ofslots}
MAP_READ_EID_RSP－	mapservice parameter 1∶1(＝)
MAP_READ_RID_RSP＋	AREP＝AREP Seq Number＝Seq Number Add Data 1＝0 Add Data 2＝0 Length＝Length Data＝{Number ofslots,List ofslots}
MAP_READ_RID_RSP－	mapservice parameter 1∶1(＝)
MAP_READ_IDDIFF_RSP＋	AREP＝AREP Seq Number＝Seq Number Add Data 1＝0 Add Data 2＝0 Length＝Length Data＝{Number of APIs,List of APIs}
MAP_READ_IDDIFF_RSP－	mapservice parameter 1∶1(＝)
MAP_READ_RPD_RSP＋	AREP＝AREP Seq Number＝Seq Number Add Data 1＝0 Add Data 2＝0 Length＝Length Data＝{Real List of Ports}
MAP_READ_RPD_RSP－	mapservice parameter 1∶1(＝)
MAP_READ_EPD_RSP＋	AREP＝AREP Seq Number＝Seq Number Add Data 1＝0 Add Data 2＝0 Length＝Length Data＝{Expected List of Ports}
MAP_READ_EPD_RSP－	mapservice parameter 1∶1(＝)

表 479（续）

名　称	功　能
MAP_READ_APD_RSP+	AREP=AREP Seq Number=Seq Number Add Data 1=0 Add Data 2=0 Length=Length Data={Adjusted List of Ports}
MAP_READ_APD_RSP−	mapservice parameter 1：1(=)
MAP_READ_IRD_RSP+	AREP=AREP Seq Number=Seq Number Add Data 1=0 Add Data 2=0 Length=Length Data={IR Data}
MAP_READ_IRD_RSP−	mapservice parameter 1：1(=)
MAP_READ_RSYNC_RSP+	AREP=AREP Seq Number=Seq Number Add Data 1=0 Add Data 2=0 Length=Length Data={Sync Data}
MAP_READ_RSYNC_RSP−	mapservice parameter 1：1(=)
MAP_READ_ESYNC_RSP+	AREP=AREP Seq Number=Seq Number Add Data 1=0 Add Data 2=0 Length=Length Data={Sync Data}
MAP_READ_ESYNC_RSP−	mapservice parameter 1：1(=)
MAP_READ_PDEV_RSP+	AREP=AREP Seq Number=Seq Number Add Data 1=0 Add Data 2=0 Length=Length Data= {Real Port Data,Expected Port Data,IR Data,Realsync Data,Expectedsync Data}
MAP_READ_PDEV_RSP−	mapservice parameter 1：1(=)
MAP_READ_ARD_RSP+	AREP=AREP Seq Number=Seq Number Add Data 1=0 Add Data 2=0 Length=Length Data={Number of ARs,List of ARs}
MAP_READ_ARD_RSP−	mapservice parameter 1：1(=)

表 479（续）

名　称	功　能
MAP_READ_ISOM_RSP+	AREP=AREP Seq Number=Seq Number Add Data 1=0 Add Data 2=0 Length=Length Data={IsoM Data}
MAP_READ_ISOM_RSP−	mapservice parameter 1∶1(=)
MAP_WRITE_RSP+	mapservice parameter 1∶1(=)
MAP_WRITE_RSP−	mapservice parameter 1∶1(=)
MAP_WRITE_EPD_RSP+	map FAL Userservice parameter 1∶1(=) Set AddData1=0 Set AddData2=0
MAP_WRITE_EPD_RSP−	mapservice parameter 1∶1(=)
MAP_WRITE_APD_RSP+	map FAL Userservice parameter 1∶1(=) Set AddData1=0 Set AddData2=0
MAP_WRITE_APD_RSP−	mapservice parameter 1∶1(=)
MAP_WRITE_ISOM_RSP+	map FAL Userservice parameter 1∶1(=) Set AddData1=0 Set AddData2=0
MAP_WRITE_ISOM_RSP−	mapservice parameter 1∶1(=)
MAP_CON_RSP+	AREP=AREP ARBlockRes=AR Response Block ListOfIOCRBlockRes=List of IO CR Response Blocks AlarmCRBlockRes=Alarm CR Response Block ModuleDiffBlock= Module Diff Block
MAP_CON_RSP−	mapservice parameter 1∶1(=)
MAP_REL_RSP+	AREP=AREP ReleaseBlock. SessionKey=SessionKey
MAP_REL_RSP−	mapservice parameter 1∶1(=)
MAP_AREADY_REQ	AREP=AREP ControlBlockConnect. SessionKey=Session Key^ (ControlBlockPlug. SessionKey=Session Key,ControlBlockPlug. AlarmSequenceNumber=AlarmSequence Number) ModuleDiffBlock= Module Diff Block
MAP_EOP_RSP+	AREP=AREP ControlBlockConnect. SessionKey=Session Key^ (ControlBlockPlug. SessionKey=Session Key,ControlBlockPlug. AlarmSequenceNumber=AlarmSequence Number)
MAP_EOP_RSP−	mapservice parameter 1∶1(=)
MAP_SIN_REQ	CREP=CREP Data={IOPS,subslot Input Data}

表 479（续）

名　称	功　能
MAP_GINIOCS_REQ	CREP=CREP
MAP_SAS_REQ	CREP=AREP. CREP D_Status={DataValid Flag, ARstate Flag, ProviderState Flag, Problemindicator Flag}
MAP_OIOCS_REQ	CREP=CREP Data=IOCS
MAP_AN_REQ	mapservice parameter 1∶1(=)

表 480 列出了为 FSPMDEV 定义的功能，它们由 FSPMDEV 发出的服务原语来使用。

表 480　FSPMDEV 发至 AP-Context(FAL 用户)所使用的功能

名　称	功　能
MAP_READ_IND	if((Index <=0x7FFF) OR(0xAFF0<=Index<=0xAFFF)) then {AREP=AREP API=API Target ARUUID=TargetARUUID Slot Number=SlotNumber Subslot Number=SubslotNumber Index=Index Seq Number=SeqNumber Length=Length} else map tospecial FAL user Readservice primitive
MAP_READ_INPD_IND	if(Index=0x8028) then {AREP=AREP API=API Target ARUUID=TargetARUUID Slot Number=SlotNumber Subslot Number=SubslotNumber Seq Number=SeqNumber Length=Length} else map to otherspecial FAL user Readservice primitive
MAP_READ_OUTPD_IND	if(Index=0x8029) then {AREP=AREP API=API Target ARUUID=TargetARUUID Slot Number=SlotNumber Subslot Number=SubslotNumber Seq Number=SeqNumber Length=Length} else map to otherspecial FAL user Readservice primitive
MAP_READ_LOG_IND	if(Index=0xF830) then {AREP=AREP Seq Number=SeqNumber Length=Length} else map to otherspecial FAL user Readservice primitive

表 480（续）

名　称	功　能

MAP_READ_DIAG_IND	if((Index=0x800A)OR(Index=0x800B)OR(Index=0x800C)OR
	(Index=0xC00A)OR(Index=0xC00B)OR(Index=0xC00C)OR
	(Index=0xE00A)OR(Index=0xE00B)OR(Index=0xE00C)OR
	(Index=0xF00A)OR(Index=0xF00B)OR(Index=0xF00C))then
	{AREP=AREP
	if(TargetARUUID<>NULL) then Target ARUUID=TargetARUUID else Target ARUUID="IGNORE"
	if(Index=0xE00A)OR(Index=0xE00B)OR(Index=0xE00C) then API="IGNORE else API=API
	if((Index=0xF00A)OR(Index=0xF00B)OR(Index=0xF00C) OR
	(Index=0xE00A)OR(Index=0xE00B)OR(Index=0xE00C)) thenslot Number="IGNORE"
	else Slot Number=SlotNumber
	if((Index=0xF00A)OR(Index=0xF00B)OR(Index=0xF00C) OR
	(Index=0xC00A)OR(Index=0xC00B)OR(Index=0xC00C)OR
	(Index=0xE00A)OR(Index=0xE00B)OR(Index=0xE00C)) thensubslot Number="IGNORE"
	else Subslot Number=SubslotNumber
	Seq Number=SeqNumber
	if((Index=0x800A)OR(Index=0xC00A) OR(Index=0xE00A)OR(Index=0xF00A) then Diagnosis Item=CHANNEL
	if((Index=0x800B)OR(Index=0xC00B) OR(Index=0xE00B)OR(Index=0xE00B)OR(Index=0xF00B) then Diagnosis Item= MANUFACTURER_ERROR_APPEARS
	if((Index=0x800C)OR(Index=0xC00C) OR(Index=0xE00C)OR(Index=0xF00C) then Diagnosis Item= MANUFACTURER_ALL
	Length=Length}
	else map to otherspecial FAL user Readservice primitive

MAP_READ_EID_IND	if((Index=0x8000)OR(Index=0xC000)OR(Index=0xE000)) then
	{AREP=AREP
	Target ARUUID=TargetARUUID
	if(Index=0xE000) thenslot Number="IGNORE"
	else Slot Number=SlotNumber
	if((Index=0xE000)OR(Index=0xC000)) thensubslot Number="IGNORE"
	else Subslot Number=SubslotNumber
	Seq Number=SeqNumber
	Length=Length}
	else map to otherspecial FAL user Readservice primitive

表 480(续)

名 称	功 能

MAP_READ_RID_IND	if((Index=0x8001)OR(Index=0xC001)OR(Index=0xE001)OR(Index=0xF000)) then
	{AREP=AREP
	API=API
	if(Index=0xF001) then Target ARUUID="IGNORE"
	else Target ARUUID=TargetARUUID
	if((Index=0xE001)OR(Index=0xF001)) thenslot Number="IGNORE"
	else Slot Number=SlotNumber
	if((Index=0xE001)OR(Index=0xC001)OR(Index=0xF000)) thensubslot Number="IGNORE"
	else Subslot Number=SubslotNumber
	Seq Number=SeqNumber
	Length=Length}
	else map to otherspecial FAL user Readservice primitive

MAP_READ_IDDIFF_IND	if(Index=0xE002) then {AREP=AREP Target ARUUID=TargetARUUID Seq Number=SeqNumber Length=Length} else map to otherspecial FAL user Readservice primitive

MAP_READ_RPD_IND	if((Index=0x802A)OR(Index=0xC02A)OR(Index=0xE02A)) then
	{AREP=AREP
	Target ARUUID=TargetARUUID
	if(Index=0xE02A) thenslot Number="IGNORE"
	else Slot Number=SlotNumber
	if((Index=0xE02A)OR(Index=0xC02A)) thensubslot Number="IGNORE"
	else Subslot Number=SubslotNumber
	Seq Number=SeqNumber
	Length=Length}
	else map to otherspecial FAL user Readservice primitive

MAP_READ_EPD_IND	if((Index=0x802B)OR(Index=0xC02B)OR(Index=0xE02B)) then
	{AREP=AREP
	Target ARUUID=TargetARUUID
	if(Index=0xE02B) thenslot Number="IGNORE"
	else Slot Number=SlotNumber
	if((Index=0xE02B)OR(Index=0xC02B)) thensubslot Number="IGNORE"
	else Subslot Number=SubslotNumber
	Seq Number=SeqNumber
	Length=Length}
	else map to otherspecial FAL user Readservice primitive

MAP_READ_APD_IND	if((Index=0x802F)OR(Index=0xC02F)OR(Index=0xE02F)) then
	{AREP=AREP
	Target ARUUID=TargetARUUID
	if(Index=0xE02F) thenslot Number="IGNORE"
	else Slot Number=SlotNumber
	if((Index=0xE02F)OR(Index=0xC02F)) thensubslot Number="IGNORE"
	else Subslot Number=SubslotNumber
	Seq Number=SeqNumber
	Length=Length}
	else map to otherspecial FAL user Readservice primitive

表 480（续）

名　称	功　能

MAP_READ_IRD_IND	if((Index=0x802C)OR(Index=0xC02C)OR(Index=0xE02C)) then
	{AREP=AREP
	Target ARUUID=TargetARUUID
	if(Index=0xE02C) thenslot Number="IGNORE"
	else Slot Number=SlotNumber
	if((Index=0xE02C)OR(Index=0xC02C)) thensubslot Number="IGNORE"
	else Subslot Number=SubslotNumber
	Seq Number=SeqNumber
	Length=Length}
	else map to otherspecial FAL user Readservice primitive

MAP_READ_RSYNC_IND	if((Index=0x802D)OR(Index=0xC02D)OR(Index=0xE02D)) then
	{AREP=AREP
	Target ARUUID=TargetARUUID
	if(Index=0xE02D) thenslot Number="IGNORE"
	else Slot Number=SlotNumber
	if((Index=0xE02D)OR(Index=0xC02D)) thensubslot Number="IGNORE"
	else Subslot Number=SubslotNumber
	Seq Number=SeqNumber
	Length=Length}
	else map to otherspecial FAL user Readservice primitive

MAP_READ_ESYNC_IND	if((Index=0x802E)OR(Index=0xC02E)OR(Index=0xE02E)) then
	{AREP=AREP
	Target ARUUID=TargetARUUID
	if(Index=0xE02E) thenslot Number="IGNORE"
	else Slot Number=SlotNumber
	if((Index=0xE02E)OR(Index=0xC02E)) thensubslot Number="IGNORE"
	else Subslot Number=SubslotNumber
	Seq Number=SeqNumber
	Length=Length}
	else map to otherspecial FAL user Readservice primitive

MAP_READ_PDEV_IND	if(Index=0xF831) then {AREP=AREP Seq Number=SeqNumber Length=Length} else map to otherspecial FAL user Readservice primitive

MAP_READ_ARD_IND	if((Index = 0x8001) OR (Index = 0xC001) OR (Index = 0xF020) OR (Index = 0xF820)) then
	{AREP=AREP
	if(Index=0xF820) then API="IGNORE"
	else API=API
	if((Index=0xF820)OR(Index=0xF020)) then Target ARUUID="IGNORE"
	else Target ARUUID=TargetARUUID
	Slot Number="IGNORE"
	Sublot Number="IGNORE"
	Seq Number=SeqNumber
	Length=Length}
	else map to otherspecial FAL user Readservice primitive

表 480（续）

名　称	功　能
MAP_READ_ISOM_IND	if(Index=0x8030) then {AREP=AREP API=API Target ARUUID=TargetARUUID Slot Number=SlotNumber Sublot Number=SubslotNumber Seq Number=SeqNumber Length=Length} else map to otherspecial FAL user Readservice primitive
MAP_WRITE_IND	if((Index <=0x7FFF) OR(0xAFF0<=Index<=0xAFFF)) then {AREP=AREP API=API Slot Number=SlotNumber Subslot Number=SubslotNumber Index=Index Multiple= Multiple Seq Number=SeqNumber Length=Length Data=Data} else map tospecial FAL user Writeservice primitive
MAP_WRITE_OSUBD_IND	if((Index=0x801E)) then {AREP=AREP API=API Slot Number=SlotNumber Subslot Number=SubslotNumber Index=Index Multiple= Multiple Seq Number=SeqNumber Length=Length {Substitutemode,Length Output Data,Outputsubstitute Data}=Data}

MAP_WRITE_EPD_IND	if((Index=0x802B)OR(Index=0xC02B)OR(Index=0xE02B)) then
	{AREP=AREP
	API=API
	if(Index=0xE02B) thenslot Number="IGNORE"
	else Slot Number=SlotNumber
	if((Index=0xE02B)OR(Index=0xC02B)) thensubslot Number="IGNORE"
	else Subslot Number=SubslotNumber
	Index=Index
	Multiple= Multiple
	Seq Number=SeqNumber
	Length=Length
	{Expected List of Ports}=Data}
	else map tospecial FAL user Writeservice primitive

表 480（续）

名称	功能

MAP_WRITE_APD_IND	if((Index=0x802F)OR(Index=0xC02F)OR(Index=0xE02F)) then
	{AREP=AREP
	API=API
	if(Index=0xE02F) thenslot Number="IGNORE"
	else Slot Number=SlotNumber
	if((Index=0xE02F)OR(Index=0xC02F)) thensubslot Number="IGNORE"
	else Subslot Number=SubslotNumber
	Index=Index
	Multiple= Multiple
	Seq Number=SeqNumber
	Length=Length
	{Adjusted List of Ports}=Data}
	else map tospecial FAL user Writeservice primitive

MAP_WRITE_IRD_IND	if((Index=0x802C)OR(Index=0xC02C)OR(Index=0xE02C)) then
	{AREP=AREP
	API=API
	if(Index=0xE02C) thenslot Number="IGNORE"
	else Slot Number=SlotNumber
	if((Index=0xE02C)OR(Index=0xC02C)) thensubslot Number="IGNORE"
	else Subslot Number=SubslotNumber
	Multiple= Multiple
	Seq Number=SeqNumber
	Length=Length
	{IR Data}=Data}
	else map tospecial FAL user Writeservice primitive

MAP_WRITE_ESYNC_IND	if((Index=0x802E)OR(Index=0xC02E)OR(Index=0xE02E)) then
	{AREP=AREP
	API=API
	if(Index=0xE02E) thenslot Number="IGNORE"
	else Slot Number=SlotNumber
	if((Index=0xE02E)OR(Index=0xC02E)) thensubslot Number="IGNORE"
	else Subslot Number=SubslotNumber
	Multiple= Multiple
	Seq Number=SeqNumber
	Length=Length
	{Sync Data}=Data}
	else map tospecial FAL user Writeservice primitive

MAP_WRITE_ISOM_IND	if(Index=0x8030) then {AREP=AREP API=API Slot Number=SlotNumber Subslot Number=SubslotNumber Multiple= Multiple Seq Number=SeqNumber Length=Length IsoM Data=Data} else map tospecial FAL user Writeservice primitive

表 480（续）

名　称	功　能
MAP_CON_IND	AREP＝AREP AR Parameter Block＝ARBlockReq List of IO CR Parameter Blocks＝ListOfIOCRBlockReq List of Expectedsubmodule Blocks＝ListOfExpectedSubmoduleBlockReq Alarm CR Parameter Block＝AlarmCRBlockReq Parameterserver Block Multicast CR Block
MAP_REL_IND	AREP＝AREP SessionKey＝ReleaseBlock. SessionKey
MAP_AREADY_CNF＋	AREP＝AREP Session Key＝ControlBlockPlug. SessionKey^ ControlConnectPlug. SessionKey
MAP_AREADY_CNF-	mapservice parameter 1∶1(＝)
MAP_EOP_IND	AREP＝AREP Session Key＝ ControlBlockConnect. SessionKey^ ControlBlockPlug. SessionKey AlarmSequence Number＝ControlBlockPlug. AlarmSequenceNumber
MAP_INDATA_IND	AREP＝CREP. AREP CREP＝CREP Slot Number＝0 Subslot Number＝0 InData Flag＝TRUE
MAP_NEWDATA_IND	if Data has been changed AREP＝CREP. AREP CREP＝CREP Slot Number Subslot Number
MAP_NEWSTATUS_IND	if APDUStasus has been changed AREP＝CREP. AREP CREP＝CREP Data Flag＝APDU_Status ARstate Flag＝APDU_Status Providerstate Flag＝APDU_Status Problem Indicator Flag＝APDU_Status
MAP_NODATA_IND	AREP＝CREP. AREP CREP＝CREP Slot Number＝0 Subslot Number＝0 Watchdog Flag＝TRUE
MAP_SIN_CNF	AREP＝CREP. AREP other ignore
MAP_SAS_CNF	AREP＝CREP. AREP other ignore
MAP_OIOCS_CNF	AREP＝CREP. AREP other ignore

表 480（续）

名　称	功　能
MAP_GOUTD_CNF＋	AREP＝CREP IOPS＝Data Subslot Output Data＝Data New Flag＝New_Flag IOCS＝Data
MAP_GOUTD_CNF-	AREP＝CREP. AREP other ignore
MAP_AN_CNF＋	AREP＝CREP. AREP
MAP_AN_CNF-	AREP＝CREP. AREP Status
MAP_AA_IND	AREP＝CREP. AREP API Alarm Type＝Alarm_Type Slot Number＝Slot_Number Subslot Number＝Subslot_Number Alarmspecifier＝Alarm_Specifier
MAP_SYNCH_IND	Global Cycle Counter＝Cycle Status
MAP_DIAGEVT_IND	AREP＝AREP CREP＝CREP Alarm Item＝Diagnosis Data

6.5.3　**FSPMCTL**

6.5.3.1　原语定义

6.5.3.1.1　在 **FSPMCTL** 与 **AP-Context**(**FAL** 用户)之间交换的原语

表 481 列出了这些服务原语及其相关参数，它们由 AP-Context(FAL 用户)发出并由 FSPMCTL 来接收。

表 481　由 **AP-Context**(**FAL** 用户)发给 **FSPMCTL** 的原语

原语名称	源	相关参数	原语被映射为	参数被映射为
Read. req	FAL USER	AREP API Target ARUUID Slot Number Subslot Number Index Seq Number Length	CM_Read. req(AREP, API, TargetARUUID, slotNumber, subslotNumber, Index, seqNumber, Length)	MAP_READ_REQ
Read Input Data. req	FAL USER	AREP API Target ARUUID Slot Number Subslot Number Seq Number Length	CM_Read. req(AREP, API, TargetARUUID, slotNumber, subslotNumber, Index, seqNumber, Length)	MAP_READ_INPD_REQ

表 481（续）

原语名称	源	相关参数	原语被映射为	参数被映射为
Read Output Data. req	FAL USER	AREP API Target ARUUID Slot Number Subslot Number Seq Number Length	CM_Read. req(AREP, API, TargetARUUID, slotNumber, subslotNumber, Index, seqNumber, Length)	MAP_READ_OUTPD_REQ
Read Logbook. req	FAL USER	AREP Seq Number Length	CM_Read. req(AREP, API, TargetARUUID, slotNumber, subslotNumber, Index, seqNumber, Length)	MAP_READ_LOG_REQ
Read Device Diagnosis. req	FAL USER	AREP API Target ARUUID Slot Number Subslot Number Diagnosis Item Seq Number Length	CM_Read. req(AREP, API, TargetARUUID, slotNumber, subslotNumber, Index, seqNumber, Length)	MAP_READ_DIAG_REQ
Read Expected Identification. req	FAL USER	AREP API Target ARUUID Slot Number Subslot Number Seq Number Length	CM_Read. req(AREP, API, TargetARUUID, slotNumber, subslotNumber, Index, seqNumber, Length)	MAP_READ_EID_REQ
Read Real Identification. req	FAL USER	AREP API Target ARUUID Slot Number Subslot Number Seq Number Length	CM_Read. req(AREP, API, TargetARUUID, slotNumber, subslotNumber, Index, seqNumber, Length)	MAP_READ_RID_REQ
Read Identification Difference. req	FAL USER	AREP Target ARUUID Seq Number Length	CM_Read. req(AREP, API, TargetARUUID, slotNumber, subslotNumber, Index, seqNumber, Length)	MAP_READ_IDDIFF_REQ
Read Real Port Data. req	FAL USER	AREP API Target ARUUID Slot Number Subslot Number Seq Number Length	CM_Read. req(AREP, API, TargetARUUID, slotNumber, subslotNumber, Index, seqNumber, Length)	MAP_READ_RPD_REQ

表 481（续）

原语名称	源	相关参数	原语被映射为	参数被映射为
Read Expected Port Data. req	FAL USER	AREP API Target ARUUID Slot Number Subslot Number Seq Number Length	CM_Read. req(AREP,API,TargetARUUID,slotNumber,subslotNumber,Index,seqNumber,Length)	MAP_READ_EPD_REQ
Read Adjusted Port Data. req	FAL USER	AREP API Target ARUUID Slot Number Subslot Number Seq Number Length	CM_Read. req(AREP,API,TargetARUUID,slotNumber,subslotNumber,Index,seqNumber,Length)	MAP_READ_APD_REQ
Read IR Data. req	FAL USER	AREP API Target ARUUID Slot Number Subslot Number Seq Number Length	CM_Read. req(AREP,API,TargetARUUID,slotNumber,subslotNumber,Index,seqNumber,Length)	MAP_READ_IRD_REQ
Read Realsync Data. req	FAL USER	AREP API Target ARUUID Slot Number Subslot Number Seq Number Length	CM_Read. req(AREP,API,TargetARUUID,slotNumber,subslotNumber,Index,seqNumber,Length)	MAP_READ_RSYNC_REQ
Read Expectedsync Data. req	FAL USER	AREP API Target ARUUID Slot Number Subslot Number Seq Number Length	CM_Read. req(AREP,API,TargetARUUID,slotNumber,subslotNumber,Index,seqNumber,Length)	MAP_READ_ESYNC_REQ
Read PDev Data. req	FAL USER	AREP Seq Number Length	CM_Read. req(AREP,API,TargetARUUID,slotNumber,subslotNumber,Index,seqNumber,Length)	MAP_READ_PDEV_REQ
Read AR Data. req	FAL USER	AREP Seq Number Length	CM_Read. req(AREP,API,TargetARUUID,slotNumber,subslotNumber,Index,seqNumber,Length)	MAP_READ_ARD_REQ

表 481（续）

原语名称	源	相关参数	原语被映射为	参数被映射为
Read IsoM Data. req	FAL USER	AREP API Target ARUUID Slot Number Subslot Number Seq Number Length	CM_Read. req(AREP,API, TargetARUUID,slotNumber, subslotNumber,Index,seqNumber, Length)	MAP_READ_ISOM_REQ
Write. req	FAL USER	AREP API Slot Number Subslot Number Index Multiple Seq Number Length Data	CM_Write. req(AREP,slotNumber, subslotNumber, Index, seqNumber, Length,Data)	MAP_WRITE_REQ
Write Expected Port Data. req	FAL USER	AREP API Slot Number Subslot Number Multiple Seq Number Length Expected List of Ports	CM_Write. req(AREP,slotNumber, subslotNumber, Index, seqNumber, Length,Data)	MAP_WRITE_EPD_REQ
Write Adjusted Port Data. req	FAL USER	AREP API Slot Number Subslot Number Multiple Seq Number Length Adjusted List of Ports	CM_Write. req(AREP,slotNumber, subslotNumber, Index, seqNumber, Length,Data)	MAP_WRITE_EPD_REQ
Write IR Data. req	FAL USER	AREP API Slot Number Subslot Number Multiple Seq Number Length IR Data	CM_Write. req(AREP,slotNumber, subslotNumber, Index, seqNumber, Length,Data)	MAP_WRITE_IRD_REQ

表 481（续）

原语名称	源	相关参数	原语被映射为	参数被映射为
Writesync Data. req	FAL USER	AREP API Slot Number Subslot Number Multiple Seq Number Length Sync Data	CM_Write. req(AREP, slotNumber, subslotNumber, Index, seqNumber, Length, Data)	MAP_WRITE_ESYNC_REQ
Write IsoM Data. req	FAL USER	AREP API Slot Number Subslot Number Multiple Seq Number Length IsoM Data	CM_Write. req(AREP, slotNumber, subslotNumber, Index, seqNumber, Length, Data)	MAP_WRITE_ESYNC_REQ
Set Input IOCS. req	FAL USER	AREP CREP Slot Number Subslot Number IOCS	PPM_Set_Prov_Data. req(CREP, Data)	MAP_SINIOCS_REQ
Get Input. req	FAL USER	AREP CREP Slot Number Subslot Number	CPM_Get_Cons_Data. req(CREP)	MAP_GIN_REQ
Set Output. req	FAL USER	AREP CREP Slot Number Subslot Number IOPS Subslot Output Data	PPM_Set_Prov_Data. req(CREP, Data)	MAP_SOUT_REQ
Set Output APDU DataStatus. req	FAL USER	AREP Data Flag ARstate Flag Providerstate Flag Problem Indicator Flag	PPM_Set_Prov_Status. req(CREP, D_Status)	MAP_SAS_REQ
Get Output IOCS. req	FAL USER	AREP CREP Slot Number Subslot Number	CPM_Get_Cons_Status. req(CREP)	MAP_GOUTIOCS_REQ

表 481（续）

原语名称	源	相关参数	原语被映射为	参数被映射为
Connect. req	FAL USER	AREP AR Parameter Block List of IO CR Parameter Blocks List of Expected-submodule Blocks Alarm CR Parameter Block Parameterserver Block Multicast CR Block	CM_Connect. req(AREP, ARBlockReq, ListOfIOCRBlockReq, AlarmCRBlockReq, ListOfExpected-SubmoduleBlockReq, PrmCount, ListOfWriteBlockReq)	MAP_CON_REQ
Release. req	FAL USER	AREP Session Key	CM_Release. req(AREP, ControlBlock)	MAP_REL_REQ
End Of Parameter. req	FAL USER	AREP Session Key AlarmSequence Number	CM_DControl. req(AREP, ControlBlock)	MAP_EOP_REQ
Application Ready. rsp(+)	FAL USER	AREP Session Key AlarmSequence Number	CM_CControl. rsp(+)(AREP, ControlBlock)	MAP_AREADY_RES+
Application Ready. rsp(−)	FAL USER	AREP Error Decode Error Code 1 Error Code 2	CM_CControl. rsp(−)(AREP, ControlBlock)	MAP_AREADY_RES-
Alarm Notification. req	FAL USER	AREP API Alarm Priority Alarm Type Slot Number Subslot Number Alarmspecifier Module Ident Number Submodule Ident Number Alarm Item	ALPMI_Alarm_Notification. req (CREP, Alarm_Type, slot_Number, subslot_Number, Alarm_Specifier, Sequence_Number, module_Ident_Number, submodule_Ident_Number, Alarm_User_Data_Structure_Identifier, Alarm_User_Data)	MAP_AN_REQ
Alarm Ack. req	FAL USER	AREP API Alarm Type Slot Number Subslot Number Alarmspecifier	ALPMR_Alarm_Ack. req(CREP, Alarm_Type, slot_Number, subslot_Number, Alarm_Specifier, Sequence_Number, PNIO_Status)	MAP_AACK_REQ

表 481(续)

原语名称	源	相关参数	原语被映射为	参数被映射为
local action			CM_CTL_Init. req(AREP)	
local action			IFW_Schedule_add. req(Port, sched_list)	
local action			IFW_Schedule_remove. req(Port)	
local action			IFW_SetFWState. req(Port,FWState)	
local action			IFW_SetLEState. req(Port,LEState)	
local action			TMM_Set_Schedule_Item. req(Port, sched_list)	
local action			TMM_MasterAdd. req(SA, ProtVar, ms_list, ms_Status)	
local action			TMM_MasterRem. req(SA, ProtVar, ms_list, ms_Status)	
local action			RCTL_Stop. req()	
local action			SYN_Delay_Req. req(Port, DA, SA, ADQ_list, ADQ_Status)	
local action			SYN_Delay_Req. req(Port, DA, SA, ADQ_list, ADQ_Status)	

表 482 列出了一些服务原语及其相关参数,它们由 FSPMCTL 发出并由 AP-Context(FAL 用户)来接收。

表 482 由 FSPMCTL 发给 AP-Context(FAL 用户)的原语

原语被映射为	参数映射来源	原语名称	源	相关参数
CM_Read. cnf(+)(AREP, Seq Number, AddData1, AddData2, Length, Data)	MAP_READ_CNF+	Read. cnf(+)	FSPM	AREP Seq Number Add Data 1 Add Data 2 Length Data
CM_Read. cnf(−)(AREP, ErrorDecode, ErrorCode1, ErrorCode2, AddData1, AddData2)	MAP_READ_CNF−	Read. cnf(−)	FSPM	AREP Seq Number Error Decode Error Code 1 Error Code 2 Add Data 1 Add Data 2
CM_Read. cnf(+)(AREP, Seq Number, AddData1, AddData2, Length, Data)	MAP_READ_INPD_CNF+	Read Input Data. cnf(+)	FSPM	AREP Seq Number Length Length Data Length IOCS Length IOPS IOCS IOPS Subslot Input Data

表 482（续）

原语被映射为	参数映射来源	原语名称	源	相关参数
CM_Read. cnf(－)(AREP, ErrorDecode, ErrorCode1, ErrorCode2, AddData1, AddData2)	MAP_READ_INPD_CNF－	Read Input Data. cnf(－)	FSPM	AREP Seq Number Error Decode Error Code 1 Error Code 2 Add Data 1 Add Data 2
CM_Read. cnf(＋)(AREP, Seq Number, AddData1, AddData2, Length, Data)	MAP_READ_OUTPD_CNF＋	Read Output Data. cnf(＋)	FSPM	AREP Seq Number Length Length Output Data Length IOCS Length IOPS IOCS IOPS Output Data Substitute Mode Substitute Active Flag Output Substitute Data
CM_Read. cnf(－)(AREP, ErrorDecode, ErrorCode1, ErrorCode2, AddData1, AddData2)	MAP_READ_OUTPD_CNF－	Read Output Data. cnf(－)	FSPM	AREP Seq Number Error Decode Error Code 1 Error Code 2 Add Data 1 Add Data 2
CM_Read. cnf(＋)(AREP, Seq Number, AddData1, AddData2, Length, Data)	MAP_READ_LOG_CNF＋	Read Logbook. cnf(＋)	FSPM	AREP Seq Number Length Current Local Time Stamp Number of Log Entries List of Entries Local Time Stamp AR UUID PNIO Status Entry Detail

表 482（续）

原语被映射为	参数映射来源	原语名称	源	相关参数
CM_Read. cnf(－)(AREP, ErrorDecode, ErrorCode1, ErrorCode2, AddData1, AddData2)	MAP_READ_LOG_CNF－	Read Logbook. cnf(－)	FSPM	AREP Seq Number Error Decode Error Code 1 Error Code 2 Add Data 1 Add Data 2
CM_Read. cnf(＋)(AREP, Seq Number, AddData1, AddData2, Length, Data)	MAP_READ_DIAG_CNF＋	Read Device Diagnosis. cnf(＋)	FSPM	AREP Seq Number Length List of Diagnosis Data
CM_Read. cnf(－)(AREP, ErrorDecode, ErrorCode1, ErrorCode2, AddData1, AddData2)	MAP_READ_DIAG_CNF－	Read Device Diagnosis. cnf(－)	FSPM	AREP Seq Number Error Decode Error Code 1 Error Code 2 Add Data 1 Add Data 2
CM_Read. cnf(＋)(AREP, Seq Number, AddData1, AddData2, Length, Data)	MAP_READ_EID_CNF＋	Read Expected Identification. cnf(＋)	FSPM	AREP Seq Number Length List of Slots
CM_Read. cnf(－)(AREP, ErrorDecode, ErrorCode1, ErrorCode2, AddData1, AddData2)	MAP_READ_EID_CNF－	Read Expected Identification. cnf(－)	FSPM	AREP Seq Number Error Decode Error Code 1 Error Code 2 Add Data 1 Add Data 2
CM_Read. cnf(＋)(AREP, Seq Number, AddData1, AddData2, Length, Data)	MAP_READ_RID_CNF＋	Read Real Identification. cnf(＋)	FSPM	AREP Seq Number Length List of Slots
CM_Read. cnf(－)(AREP, ErrorDecode, ErrorCode1, ErrorCode2, AddData1, AddData2)	MAP_READ_RID_CNF－	Read Real Identification. cnf(－)	FSPM	AREP Seq Number Error Decode Error Code 1 Error Code 2 Add Data 1 Add Data 2
CM_Read. cnf(＋)(AREP, Seq Number, AddData1, AddData2, Length, Data)	MAP_READ_IDDIFF_CNF＋	Read Identification Difference. cnf(＋)	FSPM	AREP Seq Number Length List of APIs

表 482（续）

原语被映射为	参数映射来源	原语名称	源	相关参数
CM_Read. cnf(－)(AREP, ErrorDecode, ErrorCode1, ErrorCode2, AddData1, AddData2)	MAP_READ_IDDIFF_CNF－	Read Identification Difference. cnf(－)	FSPM	AREP Seq Number Error Decode Error Code 1 Error Code 2 Add Data 1 Add Data 2
CM_Read. cnf(＋)(AREP, Seq Number, AddData1, AddData2, Length, Data)	MAP_READ_RPD_CNF＋	Read Real Port Data. cnf(＋)	FSPM	AREP Seq Number Length Real List of Ports
CM_Read. cnf(－)(AREP, ErrorDecode, ErrorCode1, ErrorCode2, AddData1, AddData2)	MAP_READ_RPD_CNF－	Read Real Port Data. cnf(－)	FSPM	AREP Seq Number Error Decode Error Code 1 Error Code 2 Add Data 1 Add Data 2
CM_Read. cnf(＋)(AREP, Seq Number, AddData1, AddData2, Length, Data)	MAP_READ_EPD_CNF＋	Read Expected Port Data. cnf(＋)	FSPM	AREP Seq Number Length Expected List of Elements
CM_Read. cnf(－)(AREP, ErrorDecode, ErrorCode1, ErrorCode2, AddData1, AddData2)	MAP_READ_EPD_CNF－	Read Expected Port Data. cnf(－)	FSPM	AREP Seq Number Error Decode Error Code 1 Error Code 2 Add Data 1 Add Data 2
CM_Read. cnf(＋)(AREP, Seq Number, AddData1, AddData2, Length, Data)	MAP_READ_APD_CNF＋	Read Adjusted Port Data. cnf(＋)	FSPM	AREP Seq Number Length Adjusted List of Elements
CM_Read. cnf(－)(AREP, ErrorDecode, ErrorCode1, ErrorCode2, AddData1, AddData2)	MAP_READ_APD_CNF－	Read Adjusted Port Data. cnf(－)	FSPM	AREP Seq Number Error Decode Error Code 1 Error Code 2 Add Data 1 Add Data 2

表 482（续）

原语被映射为	参数映射来源	原语名称	源	相关参数
CM_Read.cnf(＋)(AREP, Seq Number, AddData1, AddData2, Length, Data)	MAP_READ_IRD_CNF＋	Read IR Data.cnf(＋)	FSPM	AREP Seq Number Length IR Data
CM_Read.cnf(－)(AREP, ErrorDecode, ErrorCode1, ErrorCode2, AddData1, AddData2)	MAP_READ_IRD_CNF－	Read IR Data.cnf(－)	FSPM	AREP Seq Number Error Decode Error Code 1 Error Code 2 Add Data 1 Add Data 2
CM_Read.cnf(＋)(AREP, Seq Number, AddData1, AddData2, Length, Data)	MAP_READ_RSYNC_CNF＋	Read Real Sync Data.cnf(＋)	FSPM	AREP Seq Number Length Number of Sync Interfaces List of Sync Interfaces Slot Number Subslot Number PTCP Subdomain ID Project ID Send Clock Factor PLL Window Sync Properties Role Stratum
CM_Read.cnf(－)(AREP, ErrorDecode, ErrorCode1, ErrorCode2, AddData1, AddData2)	MAP_READ_RSYNC_CNF－	Read Real Sync Data.cnf(－)	FSPM	AREP Seq Number Error Decode Error Code 1 Error Code 2 Add Data 1 Add Data 2
CM_Read.cnf(＋)(AREP, Seq Number, AddData1, AddData2, Length, Data)	MAP_READ_ESYNC_CNF＋	Read Expected Sync Data.cnf(＋)	FSPM	AREP Seq Number Length Number of Sync Interfaces List of Sync Interfaces Slot Number Subslot Number PTCP Subdomain ID Project ID Send Clock Factor PLL Window Sync Properties Role Stratum

表 482（续）

原语被映射为	参数映射来源	原语名称	源	相关参数
CM_Read.cnf(－)(AREP, ErrorDecode,ErrorCode1, ErrorCode2,AddData1,AddData2)	MAP_READ_ESYNC_CNF－	Read Expected Sync Data.cnf(－)	FSPM	AREP Seq Number Error Decode Error Code 1 Error Code 2 Add Data 1 Add Data 2
CM_Read.cnf(＋)(AREP, Seq Number,AddData1, AddData2,Length,Data)	MAP_READ_PDEV_CNF＋	Read PDev Data.cnf(＋)	FSPM	AREP Seq Number Length Real Port Data IR Data Real Sync Data
CM_Read.cnf(－)(AREP, ErrorDecode,ErrorCode1, ErrorCode2,AddData1,AddData2)	MAP_READ_PDEV_CNF－	Read PDev Data.cnf(－)	FSPM	AREP Seq Number Error Decode Error Code 1 Error Code 2 Add Data 1 Add Data 2
CM_Read.cnf(＋)(AREP, Seq Number,AddData1, AddData2,Length,Data)	MAP_READ_ARD_CNF＋	Read AR Data.cnf(＋)	FSPM	AREP Seq Number Length Number Of ARs List of ARs
CM_Read.cnf(－)(AREP, ErrorDecode,ErrorCode1, ErrorCode2,AddData1,AddData2)	MAP_READ_ARD_CNF－	Read AR Data.cnf(－)	FSPM	AREP Seq Number Error Decode Error Code 1 Error Code 2 Add Data 1 Add Data 2
CM_Read.cnf(＋)(AREP, Seq Number,AddData1, AddData2,Length,Data)	MAP_READ_ISOM_CNF＋	Read IsoM Data.cnf(＋)	FSPM	AREP Seq Number Length IsoM Data
CM_Read.cnf(－)(AREP, ErrorDecode,ErrorCode1, ErrorCode2,AddData1,AddData2)	MAP_READ_ISOM_CNF－	Read IsoM Data.cnf(－)	FSPM	AREP Seq Number Error Decode Error Code 1 Error Code 2 Add Data 1 Add Data 2

表 482（续）

原语被映射为	参数映射来源	原语名称	源	相关参数
CM_Write.cnf(＋)(AREP，Seq Number，AddData1，AddData2)	MAP_WRITE_CNF＋	Write.cnf(＋)	FSPM	AREP Multiple Seq Number Add Data 1 Add Data 2
CM_Write.cnf(－)(AREP，ErrorDecode，ErrorCode1，ErrorCode2，AddData1，AddData2)	MAP_WRITE_CNF－	Write.cnf(－)	FSPM	AREP Multiple Seq Number Error Decode Error Code 1 Error Code 2 Add Data 1 Add Data 2
CM_Write.cnf(＋)(AREP，Seq Number，AddData1，AddData2)	MAP_WRITE_EPD_CNF＋	Write Expected Port Data.cnf(＋)	FSPM	AREP Multiple Seq Number
CM_Write.cnf(－)(AREP，ErrorDecode，ErrorCode1，ErrorCode2，AddData1，AddData2)	MAP_WRITE_EPD_CNF－	Write Expected Port Data.cnf(－)	FSPM	AREP Multiple Seq Number Error Decode Error Code 1 Error Code 2 Add Data 1 Add Data 2
CM_Write.cnf(＋)(AREP，Seq Number，AddData1，AddData2)	MAP_WRITE_APD_CNF＋	Write Adjusted Port Data.cnf(＋)	FSPM	AREP Multiple Seq Number
CM_Write.cnf(－)(AREP，ErrorDecode，ErrorCode1，ErrorCode2，AddData1，AddData2)	MAP_WRITE_EPD_CNF－	Write Adjusted Port Data.cnf(－)	FSPM	AREP Multiple Seq Number Error Decode Error Code 1 Error Code 2 Add Data 1 Add Data 2
CM_Write.cnf(＋)(AREP，Seq Number，AddData1，AddData2)	MAP_WRITE_IRD_CNF＋	Write IR Data.cnf(＋)	FSPM	AREP Multiple Seq Number
CM_Write.cnf(－)(AREP，ErrorDecode，ErrorCode1，ErrorCode2，AddData1，AddData2)	MAP_WRITE_IRD_CNF－	Write IR Data.cnf(－)	FSPM	AREP Multiple Seq Number Error Decode Error Code 1 Error Code 2 Add Data 1 Add Data 2

表 482（续）

原语被映射为	参数映射来源	原语名称	源	相关参数
CM_Write.cnf(＋)(AREP, Seq Number,AddData1,AddData2)	MAP_WRITE_ESYNC_CNF＋	Write Sync Data.cnf(＋)	FSPM	AREP Multiple Seq Number
CM_Write.cnf(－)(AREP, ErrorDecode,ErrorCode1, ErrorCode2,AddData1,AddData2)	MAP_WRITE_ESYNC_CNF－	Write Sync Data.cnf(－)	FSPM	AREP Multiple Seq Number Error Decode Error Code 1 Error Code 2 Add Data 1 Add Data 2
CM_InData.ind(AREP)	MAP_INDATA_IND	New Input.ind	FSPM	AREP CREP Slot Number Subslot Number Watchdog Flag InData Flag
CM_New_Input_Data.ind(AREP)	MAP_NEWDATA_IND	New Input.ind	FSPM	AREP CREP Slot Number Subslot Number Watchdog Flag InData Flag
CM_New_Input_Data.ind(AREP)	MAP_NEWSTATUS_IND	New Input APDU Data Status.ind	FSPM	AREP CREP DataValid Flag ARState Flag ProviderState Flag ProblemIndicator Flag
CPM_NoData.ind(CREP)	MAP_NODATA_IND	New Input.ind	FSPM	AREP CREP Slot Number Subslot Number Watchdog Flag InData Flag
CPM_Get_Cons_Data.cnf(＋) (CREP,Data,New_Flag)	MAP_GIND_CNF＋	Get Input.cnf(＋)	FSPM	AREP IOPS Subslot Input Data New Flag IOCS
CPM_Get_Cons_Data.cnf(－) (CREP,ERRCLS,ERRCODE)	MAP_GIND_CNF－	Get Input.cnf(－)	FSPM	AREP

表 482（续）

原语被映射为	参数映射来源	原语名称	源	相关参数
CPM_Get_Cons_Status. cnf(＋) (CREP,Status,RecvCounter)	MAP_GOUTIOCS_CNF＋	Get Output IOCS. cnf(＋)	FSPM	AREP IOCS
CPM_Get_Cons_Status. cnf(－) (CREP,ERRCLS,ERRCODE)	MAP_GOUTIOCS_CNF－	Get Output IOCS. cnf(－)	FSPM	AREP
PPM_Set_Prov_Data. cnf(＋) (CREP)	MAP_SIN_CNF	Set Input. cnf(＋)	FSPM	AREP
PPM_Set_Prov_Data. cnf(－) (CREP,ERRCLS,ERRCODE)	MAP_SIN_CNF	Set Input. cnf(－)	FSPM	AREP
PPM_Set_Prov_Data. cnf(＋) (CREP)	MAP_IIOCS_CNF	Set Input IOCS. cnf(＋)	FSPM	AREP
PPM_Set_Prov_Data. cnf(－) (CREP,ERRCLS,ERRCODE)	MAP_IIOCS_CNF	Set Input IOCS. cnf(－)	FSPM	AREP
PPM_Set_Prov_Status. cnf(＋) (CREP)	MAP_SAS_CNF	Set Input APDU Data Status. cnf(＋)	FSPM	AREP
PPM_Set_Prov_Status. cnf(－) (CREP,ERRCLS,ERRCODE)	MAP_SAS_CNF	Set Input APDU Data Status. cnf(－)	FSPM	AREP
ALPMR_Alarm_Notification. ind (CREP,Alarm_Type, Slot_Number,Subslot_Number, Alarm_Specifier,Sequence_Number, Module_Ident_Number, Submodule_Ident_Number, User_Structure_Identifier, User_Data)	MAP_AN_IND	Alarm Notification. ind	FSPM	AREP API Alarm Priority Alarm Type Slot Number Subslot Number Alarm Specifier Module Ident Number Submodule Ident Number Alarm Item
ALPMR_Alarm_Ack. cnf(＋)	—	Alarm Ack. cnf(＋)	FSPM	AREP
ALPMR_Alarm_Ack. cnf (－) (CREP,ERRCLS,ERRCODE)	—	Alarm Ack. cnf(－)	FSPM	AREP
CM_Connect. cnf(＋)(AREP, ARBlockRes,ListOfIOCRBlockRes, AlarmCRBlockRes,ModuleDiffBlock)	MAP_CON_CNF＋	Connect. cnf(＋)	FSPM	AREP AR Response Block List of IO CR Response Blocks Alarm CR Response Module Diff Block
CM_Connect. cnf(－)(AREP, ErrorDecode,ErrorCode1, ErrorCode2,AddData1,AddData2)	MAP_CON_CNF-	Connect. cnf(－)	FSPM	AREP Error Decode Error Code 1 Error Code 2

表 482（续）

原语被映射为	参数映射来源	原语名称	源	相关参数
CM_Release. cnf(＋)(AREP, ControlBlock)	MAP_REL_CNF＋	Release. cnf(＋)	FSPM	AREP Session Key
CM_Release. cnf(－)(AREP, ErrorDecode, ErrorCode1, ErrorCode2, AddData1, AddData2)	MAP_REL_CNF-	Release. cnf(－)	FSPM	AREP Error Decode Error Code 1 Error Code 2
		Abort. ind	FSPM	AREP
CM_DControl. cnf(＋)(AREP, ControlBlock)	AREP	End Of Parameter. cnf(＋)	FSPM	AREP Session Key Alarm Sequence Number
CM_DControl. cnf(－)(AREP, ErrorDecode, ErrorCode1, ErrorCode2, AddData1, AddData2)	AREP	End Of Parameter. cnf(－)	FSPM	AREP Error Decode Error Code 1 Error Code 2
CM_CControl. ind(AREP, ControlBlock, ModulDiffBlock)	AREP	Application ready. ind	FSPM	AREP Session Key Alarm Sequence Number Module Diff Block
ALPMI_Error. ind(CREP, ERRCLS, ERRCODE)	MAP_DIAGEVT_IND	Diagnosis Event. ind	FSPM	AREP CREP Alarm Item
DCPUCR_Error. ind (CREP, ERRCLS, ERRCODE)	MAP_DIAGEVT_IND	Diagnosis Event. ind	FSPM	AREP CREP Alarm Item
DCPMCR_Error. ind (CREP, ERRCLS, ERRCODE)	MAP_DIAGEVT_IND	Diagnosis Event. ind	FSPM	AREP CREP Alarm Item
IFW_ Error. ind (CREP, ERRCLS, ERRCODE)	MAP_DIAGEVT_IND	Diagnosis Event. ind	FSPM	AREP CREP Alarm Item
IFW_ Error. ind (CREP, ERRCLS, ERRCODE)	MAP_DIAGEVT_IND	Diagnosis Event. ind	FSPM	AREP CREP Alarm Item
TMM_MasterAdd. cnf(SA, PortVar, MS_list, MS_status)	local action	—	—	—
LMPM_Schedule_add. cnf(＋)(CREP)	local action	—	—	—
LMPM_Schedule_add. cnf(－)(CREP)	local action	—	—	—

表 482（续）

原语被映射为	参数映射来源	原语名称	源	相关参数
IFW_Schedule_add.cnf(Port)	local action	—	—	—
IFW_Schedule_remove.cnf (Port)	local action	—	—	—

6.5.3.1.2 **FSPMCTL 原语的参数**

在 FAL 服务定义中描述了 FSPMCTL 与 AP-Context 之间交换的原语所使用的参数。

6.5.3.2 **状态机描述**

6.5.3.3 **FSPMCTL 状态表**

FSPMCTL 未定义状态机，因为所有服务都被传送到下级的协议机。

6.5.3.4 **功能**

表 483 列出了为 FSPMCTL 定义的功能，它们由 FAL 用户发出的服务原语来使用。

表 483 AP-Context(FAL 用户)发至 FSPMDEV 所使用的功能

名　称	功　能
MAP_READ_REQ	mapservice parameter 1∶1(＝)
MAP_READ_INPD_REQ	AREP＝AREP API＝API TargetARUUID＝Target ARUUID SlotNumber＝Slot Number SubslotNumber＝Subslot Number Index＝0x8028 SeqNumber＝Seq Number Length＝Length
MAP_READ_OUTPD_REQ	AREP＝AREP API＝API TargetARUUID＝Target ARUUID SlotNumber＝Slot Number SubslotNumber＝Subslot Number Index＝0x8029 SeqNumber＝Seq Number Length＝Length
MAP_READ_LOG_REQ	AREP＝AREP API＝0 TargetARUUID＝0 SlotNumber＝0 SubslotNumber＝0 Index＝0xF830 SeqNumber＝Seq Number Length＝Length

表 483（续）

名　称	功　能

MAP_READ_DIAG_REQ	AAREP=AREP
	SeqNumber=Seq Number
	Length=Length
	if(Diagnosis Item=CHANNEL) then
	if(! API&& ! Slot&& ! Subslot) then
	API=0
	if(Target ARUUID<>0) then TargetARUUID=Target ARUUID else TargetARUUID=NULL
	slotNumber=0
	subslotNumber=0
	Index=0xE00A
	else if((API&& ! Slot&& ! Subslot) then
	API=API
	if(Target ARUUID<>0) then TargetARUUID=Target ARUUID else TargetARUUID=NULL
	slotNumber=0
	subslotNumber=0
	Index=0xF00A
	else if((API&& Slot&& ! Subslot) then
	API=API
	if(Target ARUUID<>0) then TargetARUUID=Target ARUUID else TargetARUUID=NULL
	slotNumber=Slot Number
	subslotNumber=0
	Index=0xC00A
	else if((API&& Slot&& Subslot) then
	API=API
	if(Target ARUUID<>0) then TargetARUUID=Target ARUUID else TargetARUUID=NULL
	slotNumber=Slot Number
	subslotNumber=Subslot Number
	Index=0x800A
	if(Diagnosis Item= MANUFACT + URER_ERROR_APPEARS) then
	if(! API&& ! Slot&& ! Subslot) then
	API=0
	if(Target ARUUID<>0) then TargetARUUID=Target ARUUID else TargetARUUID=NULL
	slotNumber=0
	subslotNumber=0
	Index=0xE00B
	else if((API&& ! Slot&& ! Subslot) then
	API=API
	if(Target ARUUID<>0) then TargetARUUID=Target ARUUID else TargetARUUID=NULL
	slotNumber=0
	subslotNumber=0

表 483（续）

名　称	功　能

	Index=0xF00B
	else if((API&& Slot&& ！Subslot) then
	API=API
	if(Target ARUUID<>0) then TargetARUUID=Target ARUUID else TargetARUUID=NULL
	slotNumber=Slot Number
	subslotNumber=0
	Index=0xC00B
	else if((API&& Slot&& Subslot) then
	API=API
	if(Target ARUUID<>0) then TargetARUUID=Target ARUUID else TargetARUUID=NULL
	slotNumber=Slot Number
	subslotNumber=Subslot Number
	Index=0x800B
	if(Diagnosis Item= MANUFACTURER_ALL) then
	if(！API&& ！Slot&& ！Subslot) then
	API=0
	if(Target ARUUID<>0) then TargetARUUID=Target ARUUID else TargetARUUID=NULL
	slotNumber=0
	subslotNumber=0
	Index=0xE00C
	else if((API&& ！Slot&& ！Subslot) then
	API=API
	if(Target ARUUID<>0) then TargetARUUID=Target ARUUID else TargetARUUID=NULL
	slotNumber=0
	subslotNumber=0
	Index=0xF00C
	else if((API&& Slot&& ！Subslot) then
	API=API
	if(Target ARUUID<>0) then TargetARUUID=Target ARUUID else TargetARUUID=NULL
	slotNumber=Slot Number
	subslotNumber=0
	Index=0xC00C
	else if((API&& Slot&& Subslot) then
	API=API
	if(Target ARUUID<>0) then TargetARUUID=Target ARUUID else TargetARUUID=NULL
	slotNumber=Slot Number
	subslotNumber=Subslot Number
	Index=0x800C

表 483（续）

<table>
<tr><th>名 称</th><th>功 能</th></tr>
<tr><td>MAP_READ_EID_REQ</td><td>AREP=AREP
SeqNumber=Seq Number
Length=Length
if(! API&& ! Slot&& ! Subslot) then
API=0
if(Target ARUUID<>0) then TargetARUUID=Target ARUUID else TargetARUUID=NULL
slotNumber=0
subslotNumber=0
Index=0xE001
else if((API&& Slot&& ! Subslot) then
API=API
if(Target ARUUID<>0) then TargetARUUID=Target ARUUID else TargetARUUID=NULL
slotNumber=Slot Number
subslotNumber=0
Index=0xC001
else if((API&& Slot&& Subslot) then
API=API
if(Target ARUUID<>0) then TargetARUUID=Target ARUUID else TargetARUUID=NULL
slotNumber=Slot Number
subslotNumber=Subslot Number
Index=0x8001</td></tr>
<tr><td>MAP_READ_RID_REQ</td><td>AREP=AREP
SeqNumber=Seq Number
Length=Length
if(API&& ! Slot&& ! Subslot) then
API=0
if(Target ARUUID<>0) then TargetARUUID=Target ARUUID else TargetARUUID=NULL
slotNumber=0
subslotNumber=0
Index=0xF000
else if((! API&& ! Slot&& ! Subslot) then
API=0
if(Target ARUUID<>0) then TargetARUUID=Target ARUUID else TargetARUUID=NULL
slotNumber=0
subslotNumber=0
Index=0xE000
else if((API&& Slot&& ! Subslot) then
API=API
if(Target ARUUID<>0) then TargetARUUID=Target ARUUID else TargetARUUID=NULL
slotNumber=Slot Number
subslotNumber=0
Index=0xC000
else if((API&& Slot&& Subslot) then
API=API
if(Target ARUUID<>0) then TargetARUUID=Target ARUUID else TargetARUUID=NULL
slotNumber=Slot Number
subslotNumber=Subslot Number
Index=0x8000</td></tr>
</table>

表 483（续）

名　称	功　能
MAP_READ_IDDIFF_REQ	AREP=AREP SeqNumber=Seq Number Length=Length API=0 if(Target ARUUID<>0) then TargetARUUID=Target ARUUID else TargetARUUID=NULL SlotNumber=0 SubslotNumber=0 Index=0xE002

MAP_READ_RPD_REQ	AREP=AREP
	SeqNumber=Seq Number
	Length=Length
	if((! API&& ! Slot&& ! Subslot) then
	API=0
	if(Target ARUUID<>0) then TargetARUUID=Target ARUUID else TargetARUUID=NULL
	slotNumber=0
	subslotNumber=0
	Index=0xE02A
	else if((API&& Slot&& ! Subslot) then
	API=API
	if(Target ARUUID<>0) then TargetARUUID=Target ARUUID else TargetARUUID=NULL
	slotNumber=Slot Number
	subslotNumber=0
	Index=0xC02A
	else if((API&& Slot&& Subslot) then
	API=API
	if(Target ARUUID<>0) then TargetARUUID=Target ARUUID else TargetARUUID=NULL
	slotNumber=Slot Number
	subslotNumber=Subslot Number
	Index=0x802A

MAP_READ_EPD_REQ	AREP=AREP
	SeqNumber=Seq Number
	Length=Length
	if((! API&& ! Slot&& ! Subslot) then
	API=0
	if(Target ARUUID<>0) then TargetARUUID=Target ARUUID else TargetARUUID=NULL
	slotNumber=0
	subslotNumber=0
	Index=0xE02B
	else if((API&& Slot&& ! Subslot) then
	API=API

表 483（续）

名　　称	功　　能
	if(Target ARUUID＜＞0) then TargetARUUID＝Target ARUUID else TargetARUUID＝NULL slotNumber＝Slot Number subslotNumber＝0 Index＝0xC02B else if((API&& Slot&& Subslot) then API＝API if(Target ARUUID＜＞0) then TargetARUUID＝Target ARUUID else TargetARUUID＝NULL slotNumber＝Slot Number subslotNumber＝Subslot Number Index＝0x802B

MAP_READ_APD_REQ	AREP＝AREP
	SeqNumber＝Seq Number
	Length＝Length
	if((！API&&！Slot&&！Subslot) then
	API＝0
	if(Target ARUUID＜＞0) then TargetARUUID＝Target ARUUID else TargetARUUID＝NULL
	slotNumber＝0
	subslotNumber＝0
	Index＝0xE02F
	else if((API&& Slot&&！Subslot) then
	API＝API
	if(Target ARUUID＜＞0) then TargetARUUID＝Target ARUUID else TargetARUUID＝NULL
	slotNumber＝Slot Number
	subslotNumber＝0
	Index＝0xC02F
	else if((API&& Slot&& Subslot) then
	API＝API
	if(Target ARUUID＜＞0) then TargetARUUID＝Target ARUUID else TargetARUUID＝NULL
	slotNumber＝Slot Number
	subslotNumber＝Subslot Number
	Index＝0x802F

表 483（续）

名　称	功　能

MAP_READ_IRD_REQ	AREP=AREP
	SeqNumber=Seq Number
	Length=Length
	if((! API&& ! Slot&& ! Subslot) then
	API=0
	if(Target ARUUID<>0) then TargetARUUID=Target ARUUID else TargetARUUID=NULL
	slotNumber=0
	subslotNumber=0
	Index=0xE02C
	else if((API&& Slot&& ! Subslot) then
	API=API
	if(Target ARUUID<>0) then TargetARUUID=Target ARUUID else TargetARUUID=NULL
	slotNumber=Slot Number
	subslotNumber=0
	Index=0xC02C
	else if((API&& Slot&& Subslot) then
	API=API
	if(Target ARUUID<>0) then TargetARUUID=Target ARUUID else TargetARUUID=NULL
	slotNumber=Slot Number
	subslotNumber=Subslot Number
	Index=0x802C

MAP_READ_RSYNC_REQ	AREP=AREP
	SeqNumber=Seq Number
	Length=Length
	if((! API&& ! Slot&& ! Subslot) then
	API=0
	if(Target ARUUID<>0) then TargetARUUID=Target ARUUID else TargetARUUID=NULL
	slotNumber=0
	subslotNumber=0
	Index=0xE02D
	else if((API&& Slot&& ! Subslot) then
	API=API
	if(Target ARUUID<>0) then TargetARUUID=Target ARUUID else TargetARUUID=NULL
	slotNumber=Slot Number
	subslotNumber=0
	Index=0xC02D
	else if((API&& Slot&& Subslot) then
	API=API
	if(Target ARUUID<>0) then TargetARUUID=Target ARUUID else TargetARUUID=NULL
	slotNumber=Slot Number
	subslotNumber=Subslot Number
	Index=0x802D

表 483（续）

名　称	功　能

MAP_READ_ESYNC_REQ	AREP＝AREP
	SeqNumber＝Seq Number
	Length＝Length
	if((！API&&！Slot&&！Subslot) then
	API＝0
	if(Target ARUUID<>0) then TargetARUUID＝Target ARUUID else TargetARUUID＝NULL
	slotNumber＝0
	subslotNumber＝0
	Index＝0xE02E
	else if((API&& Slot&&！Subslot) then
	API＝API
	if(Target ARUUID<>0) then TargetARUUID＝Target ARUUID else TargetARUUID＝NULL
	slotNumber＝Slot Number
	subslotNumber＝0
	Index＝0xC02E
	else if((API&& Slot&& Subslot) then
	API＝API
	if(Target ARUUID<>0) then TargetARUUID＝Target ARUUID else TargetARUUID＝NULL
	slotNumber＝Slot Number
	subslotNumber＝Subslot Number
	Index＝0x802E

MAP_READ_PDEV_REQ	AREP＝AREP SeqNumber＝Seq Number Length＝Length API＝0 TargetARUUID＝NULL SlotNumber＝0 SubslotNumber＝0 Index＝0xF831
MAP_READ_ARD_REQ	AREP＝AREP SeqNumber＝Seq Number Length＝Length API＝0 TargetARUUID＝NULL SlotNumber＝0 SubslotNumber＝0 Index＝0xF820
MAP_READ_ISOM_REQ	AREP＝AREP SeqNumber＝Seq Number Length＝Length API＝API TargetARUUID＝TargetARUUID SlotNumber＝Slot Number SubslotNumber＝Subslot Number Index＝0x8030

表 483（续）

名　称	功　能
MAP_WRITE_REQ	AREP＝AREP API SlotNumber＝Slot Number SubslotNumber＝Subslot Number Index＝Index Multiple＝ Multiple SeqNumber＝Seq Number Length＝Length Data＝Data
MAP_WRITE_EPD_REQ	AREP＝AREP Multiple＝ Multiple TargetARUUID＝NULL SeqNumber＝Seq Number Length＝Length Data＝{Expected List of Ports} if((！ API&&！ Slot&&！ Subslot) then API＝0 slotNumber＝0 subslotNumber＝0 Index＝0xE02A else if((API&& Slot&&！ Subslot) then API＝API slotNumber＝Slot Number subslotNumber＝0 Index＝0xC02A else if((API&& Slot&& Subslot) then API＝API slotNumber＝Slot Number subslotNumber＝Subslot Number Index＝0x802A
MAP_WRITE_APD_REQ	AREP＝AREP Multiple＝ Multiple TargetARUUID＝NULL SeqNumber＝Seq Number Length＝Length Data＝{Expected List of Ports} if((！ API&&！ Slot&&！ Subslot) then API＝0 slotNumber＝0 subslotNumber＝0 Index＝0xE02F else if((API&& Slot&&！ Subslot) then API＝API slotNumber＝Slot Number subslotNumber＝0 Index＝0xC02F else if((API&& Slot&& Subslot) then API＝API slotNumber＝Slot Number subslotNumber＝Subslot Number Index＝0x802F

表 483（续）

名　称	功　能
MAP_WRITE_IRD_REQ	AREP＝AREP Multiple TargetARUUID＝NULL SeqNumber＝Seq Number Length＝Length Data＝{IR Data} if((！API&&！Slot&&！Subslot) then API＝0 slotNumber＝0 subslotNumber＝0 Index＝0xE02C else if((API&& Slot&&！Subslot) then API＝API slotNumber＝Slot Number subslotNumber＝0 Index＝0xC02C else if((API&& Slot&& Subslot) then API＝API slotNumber＝Slot Number subslotNumber＝Subslot Number Index＝0x802C
MAP_WRITE_ESYNC_REQ	AREP＝AREP Multiple＝ Multiple TargetARUUID＝NULL SeqNumber＝Seq Number Length＝Length Data＝{Sync Data} if((！API&&！Slot&&！Subslot) then API＝0 slotNumber＝0 subslotNumber＝0 Index＝0xE02E else if((API&& Slot&&！Subslot) then API＝API slotNumber＝Slot Number subslotNumber＝0 Index＝0xC02E else if((API&& Slot&& Subslot) then API＝API slotNumber＝Slot Number subslotNumber＝Subslot Number Index＝0x802E

表 483（续）

名　称	功　能
MAP_WRITE_ISOM_REQ	AREP＝AREP Multiple＝ Multiple TargetARUUID＝Target ARUUID SeqNumber＝Seq Number Length＝Length Data＝IsoM Data API＝API SlotNumber＝Slot Number SubslotNumber＝Subslot Number Index＝0x8030
MAP_CON_REQ	AREP＝AREP ARBlockReq＝AR Parameter Block ListOfIOCRBlockReq＝List of IO CR Parameter Blocks AlarmCRBlockReq＝Alarm CR Parameter Block ListOfExpectedSubmoduleBlockReq＝List of Expectedsubmodule Blocks PrmCount ListOfWriteBlockReq Parameterserver Block Multicast CR Block
MAP_REL_REQ	AREP＝AREP ReleaseBlock. SessionKey＝SessionKey
MAP_AREADY_RES+	AREP＝AREP ControlBlockConnect. SessionKey＝Session Key^(ControlBlockPlug. SessionKey＝Session Key，ControlBlockPlug. AlarmSequenceNumber＝AlarmSequence Number)
MAP_AREADY_RES-	AREP＝AREP Error Decode Error Code 1 Error Code 2
MAP_EOP_REQ	AREP＝AREP ControlBlockConnect. SessionKey＝Session Key^(ControlBlockPlug. SessionKey＝Session Key，ControlBlockPlug. AlarmSequenceNumber＝AlarmSequence Number)
MAP_GIN_REQ	CREP＝CREP
MAP_GOUTIOCS_REQ	CREP＝CREP
MAP_SAS_REQ	CREP＝AREP. CREP D_Status＝{DataValid Flag，ARstate Flag，ProviderState Flag，Problemindicator Flag}
MAP_SINIOCS_REQ	CREP＝CREP Data＝IOCS
MAP_SOUT_REQ	CREP＝CREP Data＝{IOPS，Subslot Output Data}

表 483（续）

名　称	功　能
MAP_AN_REQ	CREP＝AREP. CREP API Alarm Priority Alarm_Type＝Alarm Type Slot_Number＝Slot Number Subslot_Number＝Subslot Number Alarm_Specifier＝Alarmspecifier Module_Ident_Number＝ Module Ident Number Submodule_Ident_Number＝Submodule Ident Number Alarm_User_Data_Structure_Identifier＝Userstructure Identifier Alarm_User_Data＝Userstructure Identifier. User Data
MAP_AACK_REQ	CREP＝AREP. CREP API Alarm_Type＝Alarm Type Slot_Number＝Slot Number Subslot_Number＝Subslot Number Alarm_Specifier＝Alarmspecifier Sequence_Number PNIO_Status

表 484 列出了为 FSPMCTL 定义的功能，它们由 FSPMCTL 发出的服务原语来使用。

表 484　FSPMDEV 发至 AP-Context(FAL 用户)所使用的功能

名　称	功　能
MAP_READ_CNF＋	if(ServiceReqWasRead(AREP, Seq Number)＝TRUE) then AREP＝AREP Seq Number＝Seq Number Add Data 1＝AddData1 Add Data 2＝AddData2 Length＝Length Data＝Data
MAP_READ_CNF－	if(ServiceReqWasRead(AREP, Seq Number)＝TRUE) then AREP＝AREP Seq Number＝Seq Number Error Decode＝ErrorDecode Error Code 1＝ ErrorCode1 Error Code 2＝ErrorCode2 Add Data 1＝AddData1 Add Data 2＝AddData2
MAP_READ_INPD_CNF＋	if(ServiceReqWasReadInput(AREP, Seq Number)＝TRUE) then AREP＝AREP Seq Number＝Seq Number Length＝Length Length　Data＝Data. LengthData Length IOCS＝Data. LengthIOCS Length IOPS＝Data. LengthIOPS IOCS＝Data. IOCS IOPS＝Data. IOPS subslot Input Data＝Data. DataObjectElement

表 484（续）

名　称	功　能
MAP_READ_INPD_CNF－	if(ServiceReqWasReadInput(AREP,Seq Number)＝TRUE) then AREP＝AREP Seq Number＝Seq Number Error Decode＝ErrorDecode Error Code 1＝ ErrorCode1 Error Code 2＝ErrorCode2 Add Data 1＝AddData1 Add Data 2＝AddData2
MAP_READ_OUTPD_CNF＋	if(ServiceReqWasReadOutput(AREP,Seq Number)＝TRUE) then AREP＝AREP Seq Number＝Seq Number Length＝Length Length Data＝Data. RecordOutputDataObjectElement. LengthData Length IOCS＝Data. RecordOutputDataObjectElement. LengthIOCS Length IOPS＝Data. RecordOutputDataObjectElement. LengthIOPS IOCS＝Data. RecordOutputDataObjectElement. IOCS IOPS＝Data. RecordOutputDataObjectElement. IOPS Output Data＝Data. RecordOutputDataObjectElement. Data substitutemode＝Data. RecordOutputDataObjectElement. SubstituteMode substitute Active Flag＝Data. RecordOutputDataObjectElement. SubstituteActiveFlag Outputsubstitute Data＝Data. RecordOutputDataObjectElement. DataItem
MAP_READ_OUTPD_CNF－	if(ServiceReqWasReadOutput(AREP,Seq Number)＝TRUE) then AREP＝AREP Seq Number＝Seq Number Error Decode＝ErrorDecode Error Code 1＝ ErrorCode1 Error Code 2＝ErrorCode2 Add Data 1＝AddData1 Add Data 2＝AddData2
MAP_READ_LOG_CNF＋	if(ServiceReqWasReadLogbook(AREP,Seq Number)＝TRUE) then AREP＝AREP Seq Number＝Seq Number Length＝Length Current Local Timestamp＝Data. ActualLocalTimeStamp Number of Log Entries＝Data. NumberOfLogEntries List of Entries Local Timestamp＝Data. LocalTimeStamp AR UUID＝Data. ARUUID PNIOStatus＝Data. PNIOStatus Entry Detail＝Data. EntryDetail
MAP_READ_LOG_CNF－	if(ServiceReqWasReadLogbook(AREP,Seq Number)＝TRUE) then AREP＝AREP Seq Number＝Seq Number Error Decode＝ErrorDecode Error Code 1＝ ErrorCode1 Error Code 2＝ErrorCode2 Add Data 1＝AddData1 Add Data 2＝AddData2

表 484（续）

名　称	功　能
MAP_READ_DIAG_CNF+	if(ServiceReqWasReadDeviceDiagnosis(AREP,Seq Number)=TRUE) then AREP=AREP Seq Number=Seq Number Length=Length List of Diagnosis Data=Data
MAP_READ_DIAG_CNF-	if(ServiceReqWasReadDeviceDiagnosis(AREP,Seq Number)=TRUE) then AREP=AREP Seq Number=Seq Number Error Decode=ErrorDecode Error Code 1= ErrorCode1 Error Code 2=ErrorCode2 Add Data 1=AddData1 Add Data 2=AddData2
MAP_READ_EID_CNF+	if(ServiceReqWasReadExpectedIdentification(AREP,Seq Number)=TRUE) then AREP=AREP Seq Number=Seq Number Length=Length List ofslots=Data
MAP_READ_EID_CNF−	if(ServiceReqWasReadExpectedIdentification(AREP,Seq Number)=TRUE) then AREP=AREP Seq Number=Seq Number Error Decode=ErrorDecode Error Code 1= ErrorCode1 Error Code 2=ErrorCode2 Add Data 1=AddData1 Add Data 2=AddData2
MAP_READ_RID_CNF+	if(ServiceReqWasReadExpectedIdentification(AREP,Seq Number)=TRUE) then AREP=AREP Seq Number=Seq Number Length=Length List ofslots=Data
MAP_READ_RID_CNF−	if(ServiceReqWasReadRealIdentification(AREP,Seq Number)=TRUE) then AREP=AREP Seq Number=Seq Number Error Decode=ErrorDecode Error Code 1= ErrorCode1 Error Code 2=ErrorCode2 Add Data 1=AddData1 Add Data 2=AddData2
MAP_READ_IDDIFF_CNF+	if(ServiceReqWasReadIdentificationDifference(AREP,Seq Number)=TRUE) then AREP=AREP Seq Number=Seq Number Length=Length List ofslots=Data

表 484(续)

名　称	功　能
MAP_READ_IDDIFF_CNF－	if(ServiceReqWasReadIdentificationDifference(AREP,Seq Number)＝TRUE) then AREP＝AREP Seq Number＝Seq Number Error Decode＝ErrorDecode Error Code 1＝ ErrorCode1 Error Code 2＝ErrorCode2 Add Data 1＝AddData1 Add Data 2＝AddData2
MAP_READ_RPD_CNF＋	if(ServiceReqWasReadRealPortData(AREP,Seq Number)＝TRUE) then AREP＝AREP Seq Number＝Seq number Length＝Length Real List of Ports＝Data
MAP_READ_RPD_CNF－	if(ServiceReqWasReadRealPortData(AREP,Seq Number)＝TRUE) then AREP＝AREP Seq Number＝Seq Number Error Decode＝ErrorDecode Error Code 1＝ ErrorCode1 Error Code 2＝ErrorCode2 Add Data 1＝AddData1 Add Data 2＝AddData2
MAP_READ_EPD_CNF＋	if(ServiceReqWasReadExpectedPortData(AREP,Seq Number)＝TRUE) then AREP＝AREP Seq Number＝Seq number Length＝Length Expected List of Ports
MAP_READ_EPD_CNF－	if(ServiceReqWasReadExpectedPortData(AREP,Seq Number)＝TRUE) then AREP＝AREP Seq Number＝Seq Number Error Decode＝ErrorDecode Error Code 1＝ ErrorCode1 Error Code 2＝ErrorCode2 Add Data 1＝AddData1 Add Data 2＝AddData2
MAP_READ_APD_CNF＋	if(ServiceReqWasReadExpectedPortData(AREP,Seq Number)＝TRUE) then AREP＝AREP Seq Number＝Seq number Length＝Length Adjusted List of Ports
MAP_READ_APD_CNF－	if(ServiceReqWasReadExpectedPortData(AREP,Seq Number)＝TRUE) then AREP＝AREP Seq Number＝Seq Number Error Decode＝ErrorDecode Error Code 1＝ ErrorCode1 Error Code 2＝ErrorCode2 Add Data 1＝AddData1 Add Data 2＝AddData2

表 484（续）

名　称	功　能
MAP_READ_IRD_CNF＋	if(ServiceReqWasReadIRData(AREP,Seq Number)＝TRUE) then AREP＝AREP Seq Number＝Seq number Length＝Length IR Data＝Data
MAP_READ_IRD_CNF－	if(ServiceReqWasReadIRData(AREP,Seq Number)＝TRUE) then AREP＝AREP Seq Number＝Seq Number Error Decode＝ErrorDecode Error Code 1＝ ErrorCode1 Error Code 2＝ErrorCode2 Add Data 1＝AddData1 Add Data 2＝AddData2
MAP_READ_RSYNC_CNF＋	if(ServiceReqWasReadRealSyncData(AREP,Seq Number)＝TRUE) then AREP＝AREP Seq Number＝Seq number Length＝Length sync Data＝Data
MAP_READ_RSYNC_CNF－	if(ServiceReqWasReadRealSyncData(AREP,Seq Number)＝TRUE) then AREP＝AREP Seq Number＝Seq Number Error Decode＝ErrorDecode Error Code 1＝ ErrorCode1 Error Code 2＝ErrorCode2 Add Data 1＝AddData1 Add Data 2＝AddData2
MAP_READ_ESYNC_CNF＋	if(ServiceReqWasReadExpectedSyncData(AREP,Seq Number)＝TRUE) then AREP＝AREP Seq Number＝Seq number Length＝Length sync Data＝Data
MAP_READ_ESYNC_CNF－	if(ServiceReqWasReadExpectedSyncData(AREP,Seq Number)＝TRUE) then AREP＝AREP Seq Number＝Seq Number Error Decode＝ErrorDecode Error Code 1＝ ErrorCode1 Error Code 2＝ErrorCode2 Add Data 1＝AddData1 Add Data 2＝AddData2
MAP_READ_PDEV_CNF＋	if(ServiceReqWasReadPDevData(AREP,Seq Number)＝TRUE) then AREP＝AREP Seq Number＝Seq Number Length＝Length Real Port Data＝Data. PDPortData IR Data＝Data. PDIRData Realsync Data＝Data. PDSyncData

表 484（续）

名　　称	功　　能
MAP_READ_PDEV_CNF－	if(ServiceReqWasReadPDevData(AREP,Seq Number)＝TRUE) then AREP＝AREP Seq Number＝Seq Number Error Decode＝ErrorDecode Error Code 1＝ ErrorCode1 Error Code 2＝ErrorCode2 Add Data 1＝AddData1 Add Data 2＝AddData2
MAP_READ_ARD_CNF＋	if(ServiceReqWasReadARData(AREP,Seq Number)＝TRUE) then AREP＝AREP Seq Number＝Seq Number Length＝Length AR Data＝Data
MAP_READ_ARD_CNF－	if(ServiceReqWasReadARData(AREP,Seq Number)＝TRUE) then AREP＝AREP Seq Number＝Seq Number Error Decode＝ErrorDecode Error Code 1＝ ErrorCode1 Error Code 2＝ErrorCode2 Add Data 1＝AddData1 Add Data 2＝AddData2
MAP_READ_ISOM_CNF＋	if(ServiceReqWasReadIsoMData(AREP,Seq Number)＝TRUE) then AREP＝AREP Seq Number＝Seq Number Length＝Length IsoM Data＝Data
MAP_READ_ISOM_CNF－	if(ServiceReqWasReadIsoMData(AREP,Seq Number)＝TRUE) then AREP＝AREP Seq Number＝Seq Number Error Decode＝ErrorDecode Error Code 1＝ ErrorCode1 Error Code 2＝ErrorCode2 Add Data 1＝AddData1 Add Data 2＝AddData2
MAP_WRITE_CNF＋	if(ServiceReqWasWrite(AREP,Seq Number)＝TRUE) then AREP＝AREP multiple Seq Number＝SeqNumber Add Data 1＝AddData1 Add Data 2＝AddData2
MAP_WRITE_CNF－	if(ServiceReqWasWrite(AREP,Seq Number)＝TRUE) then AREP＝AREP multiple Seq Number Error Decode＝ErrorDecode Error Code 1＝ErrorCode1 Error Code 2＝ErrorCode2 Add Data 1＝AddData1 Add Data 2＝AddData2

表 484（续）

名　称	功　能
MAP_WRITE_EPD_CNF+	if(ServiceReqWasWriteExpectedPortData(AREP,Seq Number)=TRUE) then AREP=AREP multiple= Multiple Seq Number=SeqNumber
MAP_WRITE_EPD_CNF−	if(ServiceReqWasWriteExpectedPortData(AREP,Seq Number)=TRUE) then AREP=AREP multiple Seq Number Error Decode=ErrorDecode Error Code 1=ErrorCode1 Error Code 2=ErrorCode2 Add Data 1=AddData1 Add Data 2=AddData2
MAP_WRITE_APD_CNF+	if(ServiceReqWasWriteExpectedPortData(AREP,Seq Number)=TRUE) then AREP=AREP multiple= Multiple Seq Number=SeqNumber
MAP_WRITE_APD_CNF−	if(ServiceReqWasWriteExpectedPortData(AREP,Seq Number)=TRUE) then AREP=AREP multiple Seq Number Error Decode=ErrorDecode Error Code 1=ErrorCode1 Error Code 2=ErrorCode2 Add Data 1=AddData1 Add Data 2=AddData2
MAP_WRITE_IRD_CNF+	if(ServiceReqWasWriteIRData(AREP,Seq Number)=TRUE) then AREP=AREP multiple Seq Number=SeqNumber
MAP_WRITE_IRD_CNF−	if(ServiceReqWasWriteIRData(AREP,Seq Number)=TRUE) then AREP=AREP multiple Seq Number Error Decode=ErrorDecode Error Code 1=ErrorCode1 Error Code 2=ErrorCode2 Add Data 1=AddData1 Add Data 2=AddData2
MAP_WRITE_ESYNC_CNF+	if(ServiceReqWasWriteSyncData(AREP,Seq Number)=TRUE) then AREP=AREP multiple Seq Number=SeqNumber

表 484（续）

名　称	功　能
MAP_WRITE_ESYNC_CNF－	if(ServiceReqWasWriteSyncData(AREP,Seq Number)＝TRUE) then AREP＝AREP multiple Seq Number Error Decode＝ErrorDecode Error Code 1＝ErrorCode1 Error Code 2＝ErrorCode2 Add Data 1＝AddData1 Add Data 2＝AddData2
MAP_CON_CNF＋	AREP＝AREP AR Response Block＝ARBlockRes List of IO CR Response Blocks＝ListOfIOCRBlockRes Alarm CR Response＝AlarmCRBlockRes Blockmodule Diff Block＝ ModuleDiffBlock
MAP_CON_CNF－	AREP＝AREP Error Decode＝ErrorDecode Error Code 1＝ErrorCode1 Error Code 2＝ErrorCode2
MAP_REL_CNF＋	AREP＝AREP Session Key＝ReleaseBlock. SessionKey
MAP_REL_CNF－	AREP＝AREP Error Decode＝ErrorDecode Error Code 1＝ErrorCode1 Error Code 2＝ErrorCode2
MAP_EOP_CNF＋	AREP＝AREP Session Key＝ ControlBlockConnect. SessionKey^ ControlBlockPlug. SessionKey AlarmSequence Number＝ControlBlockPlug. AlarmSequenceNumber
MAP_EOP_CNF－	AREP＝AREP Error Decode＝ErrorDecode Error Code 1＝ErrorCode1 Error Code 2＝ErrorCode2
MAP_AREADY_IND	AREP＝AREP Session Key＝ControlBlockPlug. SessionKey^ ControlConnectPlug. SessionKey Module Diff Block＝ ModulDiffBlock
MAP_INDATA_IND	AREP＝CREP. AREP CREP＝CREP Slot Number＝0 Subslot Number＝0 InData Flag＝TRUE
MAP_NEWDATA_IND	if Data has been changed AREP＝AREP CREP＝CREP Slot Number Subslot Number

表 484(续)

名　称	功　能
MAP_NEWSTATUS_IND	if APDUStasus has been changed AREP=CREP. AREP CREP=CREP Data Flag=APDU_Status ARstate Flag=APDU_Status Providerstate Flag=APDU_Status Problem Indicator Flag=APDU_Status
MAP_NODATA_IND	AREP=CREP. AREP CREP=CREP Slot Number=0 Subslot Number=0 Watchdog Flag=TRUE
MAP_GIND_CNF+	AREP=CREP IOPS=Data Subslot Input Data=Data New Flag=New_Flag IOCS=Data
MAP_GIND_CNF-	AREP=CREP. AREP other ignore
MAP_SIN_CNF	AREP=CREP. AREP other ignore
MAP_SAS_CNF	AREP=CREP. AREP other ignore
MAP_IIOCS_CNF	AREP=CREP. AREP other ignore
MAP_AN_IND	AREP=CREP. AREP API Alarm Priority Alarm Type=Alarm_Type Slot Number=Slot_Number Subslot Number=Subslot_Number Alarmspecifier=Alarm_Specifier Module Ident Number= Module_Ident_Number Submodule Ident Number=Submodule_Ident_Number Alarm Item={User_Structure_Identifier,User_Data}
MAP_AA_CNF	AREP=CREP. AREP other ignore

6.6 应用关系协议机

6.6.1 ALPMI

6.6.1.1 原语定义

6.6.1.1.1 在 ALPMI 与 FSPMDEV 或 FSPMCTRL 之间交换的原语

表 485 列出了这些服务原语及其相关参数，它们由 IO 控制器的 FSPM(FSPMCTL)或 IO 设备的 FSPM(FSPMDEV)发出并由 ALPMI 来接收。

表 485　由 FSPMDEV 或 FSPMCTL 发给 ALPMI 的原语

原语名称	源	相关参数	功　能
Alarm_Notification. req	FSPM	CREP Alarm_Type Slot_Number Subslot_Number Alarm_Specifier Sequence_Number Module_Ident_Number Submodule_Ident_Number Alarm_User_Data_Structure_Identifier Alarm_User_Data	该服务 Alarm_Notification 传送报警数据。

表 486 列出了一些服务原语及其相关参数，它们由 ALPMI 发出并由 IO 控制器的 FSPM(FSPMCTL)或 IO 设备的 FSPM(FSPMDEV)来接收。

表 486　由 ALPMI 发给 FSPMDEV 或 FSPMCTL 的原语

原语名称	源	相关参数	功　能
Alarm_Notification. cnf(＋)	ALPMI	CREP	此服务原语指出 Alarm_Notification 服务已成功
Alarm_Notification. cnf(－)	ALPMI	CREP ERRCLS ERRCODE	此服务原语指出 Alarm_Notification 服务失败
Alarm_Ack. ind	ALPMI	CREP Alarm_Type Slot_Number Subslot_Number Alarm_Specifier Sequence_Number PNIO_Status	此服务原语指出该报警确认

6.6.1.1.2　在 ALPMI 与 CMDEV 或 CMCTL 之间交换的原语

表 487 列出了一些服务原语及其相关参数，它们由 IO 控制器的 CM(CMCTL)或 IO 设备的 CM(CMDEV)发出并由 ALPMI 来接收。

表 487　由 CMDEV 或 CMCTL 发给 ALPMI 的原语

原语名称	源	相关参数	功　能
Activate. req	CM	CREP DA SA VLAN RTATimeoutFactor MRetry	服务 Activate 初始化 ALPMI 并请求初始化 APMS 和 APMR 协议机
Close. req	CM	CREP	服务 Close 解除初始化 ALPMI 并关闭 APMR 和 APMS 协议机

表 488 列出了一些服务原语及其相关参数，它们由 ALPMI 发出并由 IO 控制器的 CM(CMCTL)或 IO 设备的 CM(CMDEV)接收的。

表 488 由 ALPMI 发给 CMCTL 或 CMDEV 的原语

原语名称	源	相关参数	功　　能
Activate. cnf(+)	ALPMI	CREP	此服务原语指出 Activate 服务已成功
Activate. cnf(−)	ALPMI	CREP ERRCLS ERRCODE	此服务原语指出 Activate 服务失败
Close. cnf(+)	ALPMI	CREP	此服务原语指出 Close 服务已成功
Error. ind	ALPMI	CREP ERRCLS ERRCODE	此服务原语指出在报警数据传输期间有故障

6.6.1.1.3 在 ALPMI 与 APMR 之间交换的原语

表 489 列出了一些服务原语及其相关参数，它们由 APMR 发出并由 ALPMI 来接收。

表 489 由 APMR 发给 ALPMI 的原语

原语名称	源	相关参数	功　　能
APMR_A_Data. ind	APMR	CREP Data	—
APMR_Ack. cnf(−)	APMR	CREP ERRCLS ERRCODE	—
APMR_Ack. cnf(+)	APMR	CREP	—
APMR_Activate. cnf(−)	APMR	CREP ERRCLS ERRCODE	—
APMR_Activate. cnf(+)	APMR	CREP	—
APMR_Close. cnf(−)	APMR	CREP ERRCLS ERRCODE	—
APMR_Error. ind	APMR	CREP ERRCLS ERRCODE	—

表 490 列出了一些服务原语及其相关参数，它们由 ALPMI 发出并由 APMR 来接收。

表 490 由 ALPMI 发给 APMR 的原语

原语名称	源	相关参数	功　　能
APMR_ACK. req	ALPMI	CREP	—
APMR_Activate. req	ALPMI	CREP DA SA FrameId Prio VLAN	—
APMR_Close. req	ALPMI	CREP	—

6.6.1.1.4 在 ALPMI 与 APMS 之间交换的原语

表 491 列出了一些服务原语及其相关参数，它们由 APMS 发出并由 ALPMI 接收来。

表 491 由 APMS 发给 ALPMI 的原语

原语名称	源	相关参数	功 能
APMS_A_Data.cnf(－)	APMS	CREP ERRCLS ERRCODE	—
APMS_A_Data.cnf(＋)	APMS	CREP	—
APMS_Activate.cnf(－)	APMS	CREP ERRCLS ERRCODE	—
APMS_Activate.cnf(＋)	APMS	CREP	—
APMS_Close.cnf(－)	APMS	CREP ERRCLS ERRCODE	—
APMS_Close.cnf(＋)	APMS	CREP	—
APMS_Error.ind	APMS	CREP ERRCLS ERRCODE	—

表 492 列出了一些服务原语及其相关参数，它们由 ALPMI 发出并由 APMS 来接收。

表 492 由 ALPMI 发给 APMS 的原语

原语名称	源	相关参数	功 能
APMS_A_Data.req	ALPMI	CREP Data	
APMS_Activate.req	ALPMI	CREP DA SA FrameId Prio VLAN RTATimeoutFactor MRetry	
APMS_Close.req	ALPMI	CREP ERRCODE	

6.6.1.1.5 ALPMI 原语的参数

在 FAL 服务定义中描述了 ALPMI 与 CMDEV、CMCTL 和 FSPM 之间交换的原语所使用的参数。

6.6.1.2 状态机描述

W-START 状态指出需要初始化。Activate 服务将该状态机设置在 W-START-APMS 状态用于 APMS 初始化，然后将该状态机设置在 W-START-APMR 状态用于 APMR 初始化。初始化成功后，该状态机等待处于 A-Alarm 状态的 Alarm Notification 请求，然后进入 W-ACK 状态等待 Alarm Ack。为了在关闭 APMS 和 APMR 协议机后再进入 W-START 状态，需要有一个 Close 服务请求。

6.6.1.3 **ALPMI 状态表**

表 493 包含 ALPMI 状态机的完整描述。

表 493 ALPMI 状态表

#	当前状态	事件/条件 =〉动作	下一状态
1	POWER-ON	=〉 CREP. APMS := create(APMS) CREP. APMR := create(APMR)	W-START
2	W-START	ALPMI_Activate. req(CREP, DA, SA, VLAN, RTATimeoutFactor, MRetry) /CREP. Priority=Low =〉 FrameId := 0xFE01 Prio := 5 APMS_Activate. req(CREP. APMS, DA, SA, FrameId, Prio, VLAN, RTATimeoutFactor, MRetry)	W-START-APMS
3	W-START	ALPMI_Activate. req(CREP, DA, SA, VLAN, RTATimeoutFactor, MRetry) /CREP. Priority=High =〉 FrameId := 0xFC01 Prio := 6 APMS_Activate. req(CREP. APMS, DA, SA, FrameId, Prio, VLAN, RTATimeoutFactor, MRetry)	W-START-APMS
4	W-START	ALPMI_Close. req(CREP) =〉 ALPMI_Close. cnf(+)(CREP)	W-START
5	W-START	APMS_A_Data. cnf(+)(CREP) =〉 ignore	W-START
6	W-START	APMS_A_Data. cnf(−)(CREP, ERRCLS, ERRCODE) =〉 ALPMI_Error. ind(CREP, ERRCLS, ERRCODE)	W-START
7	W-START	ALPMI_Alarm_Notification. req(CREP, Alarm_Type, slot_Number, subslot_Number, Alarm_Specifier, Sequence_Number, module_Ident_Number, submodule_Ident_Number, Alarm_User_Data_Structure_Identifier, Alarm_User_Data) =〉 ALPMI_Alarm_Notification. cnf(−)(CREP)	W-START
8	W-START	APMR_A_Data. ind(CREP. APMR, Data) =〉 ignore	W-START
9	W-START	APMR_Error. ind(CREP. APMR, ERRCLS, ERRCODE) =〉 ALPMI_Error. ind(CREP, ERRCLS, ERRCODE)	W-START

表 493（续）

#	当前状态	事件/条件 =〉动作	下一状态
10	W-START	APMS_Error. ind(CREP. APMS,ERRCLS,ERRCODE) =〉 ALPMI_Error. ind(CREP,ERRCLS,ERRCODE)	W-START
11	W-START-APMS	APMS_Activate. cnf(+)(CREP. APMS) =〉 APMR_Activate. req(CREP. APMR,DA,SA,FrameId,Prio,VLAN)	W-START-APMR
12	W-START-APMS	APMS_Activate. cnf(−)(CREP. APMS,ERRCLS,ERRCODE) =〉 ALPMI_Activate. cnf(−)(CREP,ERRCLS,ERRCODE)	W-START
13	W-START-APMR	APMR_Activate. cnf(+)(CREP. APMR) =〉 ALPMI_Activate. cnf(+)(CREP)	W-Alarm
14	W-START-APMR	APMR_Activate. cnf(−)(CREP. APMR,ERRCLS,ERRCODE) =〉 ALPMI_Activate. cnf(−)(CREP,ERRCLS,ERRCODE)	W-START
15	W-Alarm	ALPMI_Activate. req(CREP, DA, SA, VLAN, RTATimeoutFactor, MRetry) =〉 ERRCLS := PROTOCOL ERRCODE := WRONG-STATE ALPMI_Activate. cnf(−)(CREP,ERRCLS,ERRCODE)	W-Alarm
16	W-Alarm	ALPMI_Alarm_Notification. req(CREP, Alarm_Type, slot_Number, subslot_Number, Alarm_Specifier, Sequence_Number, module_Ident_Number, submodule_Ident_Number, Alarm_User_Data_Structure_Identifier, Alarm_User_Data) =〉 Data := Alarm Notification PDU APMS_A_Data. req(CREP. APMS, Data)	W-ACK
17	W-Alarm	ALPMI_Close. req(CREP) =〉 APMR_Close. req(CREP. APMR)	W-CLOSE-APMR
18	W-Alarm	APMS_A_Data. cnf(+)(CREP) =〉 ignore	W-Alarm
19	W-Alarm	APMS_A_Data. cnf(−)(CREP,ERRCLS,ERRCODE) =〉 ALPMI_Error. ind(CREP,ERRCLS,ERRCODE)	W-Alarm
20	W-Alarm	APMR_A_Data. ind(CREP. APMR,Data) =〉 ignore	W-Alarm
21	W-Alarm	APMR_Error. ind(CREP. APMR,ERRCLS,ERRCODE) =〉 ALPMI_Error. ind(CREP,ERRCLS,ERRCODE)	W-Alarm

表 493（续）

#	当前状态	事件/条件 =〉动作	下一状态
22	W-Alarm	APMS_Error. ind(CREP. APMS,ERRCLS,ERRCODE) =〉 ALPMI_Error. ind(CREP,ERRCLS,ERRCODE)	W-Alarm
23	W-ACK	ALPMI_ Activate. req (CREP, DA, SA, VLAN, RTATimeoutFactor, MRetry) =〉 ERRCLS := PROTOCOL ERRCODE := WRONG-STATE ALPMI_Activate. cnf(—)(CREP,ERRCLS,ERRCODE)	W-ACK
24	W-ACK	ALPMI_Alarm_Notification. req (CREP, Alarm_ Type, slot_Number, subslot_Number, Alarm_Specifier, Sequence_Number, module_Ident_Number, submodule_Ident_Number, Alarm_User_Data_Structure_Identifier, Alarm_User_Data) =〉 ALPMI_Alarm_Notification. cnf(—)(CREP)	W-ACK
25	W-ACK	ALPMI_Close. req(CREP) =〉 APMR_Close. req(CREP. APMR)	W-CLOSE-APMR
26	W-ACK	APMS_A_Data. cnf(+)(CREP) =〉 ignore	W-ACK
27	W-ACK	APMS_A_Data. cnf(—)(CREP,ERRCLS,ERRCODE) =〉 ALPMI_Error. ind(CREP,ERRCLS,ERRCODE)	W-ACK
28	W-ACK	APMR_A_Data. ind(CREP. APMR,Data) /Data ! = Alarm-Ack-PDU =〉 ERRCLS := PROTOCOL ERRCODE := WRONG-ACK-PDU APMR_ACK. req(CREP. APMR) ALPMI_Error. ind(CREP,ERRCLS,ERRCODE)	W-AACK
29	W-ACK	APMR_A_Data. ind(CREP. APMR,Data) /Data=Alarm-Ack-PDU =〉 APMR_ACK. req(CREP. APMR) ALPMI_Alarm_Notification. cnf(+)(CREP) ALPMI_Alarm_Ack. ind(CREP,Alarm_Type,slot_Number, subslot_Number,Alarm_Specifier,Sequence_Number,PNIO_Status)	W-AACK
30	W-ACK	APMR_Error. ind(CREP. APMR,ERRCLS,ERRCODE) =〉 ALPMI_Error. ind(CREP,ERRCLS,ERRCODE)	W-Alarm
31	W-ACK	APMS_Error. ind(CREP. APMS,ERRCLS,ERRCODE) =〉 ALPMI_Error. ind(CREP,ERRCLS,ERRCODE)	W-Alarm

表 493（续）

#	当前状态	事件/条件 =〉动作	下一状态
32	W-AACK	APMR_Ack. cnf(＋)(CREP. APMR) =〉	W-Alarm
33	W-AACK	APMR_Ack. cnf(－)(CREP. APMR,ERRCLS,ERRCODE) =〉 ALPMI_Error. ind(CREP,ERRCLS,ERRCODE)	W-Alarm
34	W-CLOSE-APMR	APMR_Close. cnf(＋)(CREP. APMR) =〉 APMS_Close. req(CREP. APMS)	W-CLOSE-APMS
35	W-CLOSE-APMR	APMR_Close. cnf(－)(CREP. APMR,ERRCLS,ERRCODE) =〉 APMS_Close. req(CREP. APMS,ERRCODE) ALPMI_Error. ind(CREP,ERRCLS,ERRCODE)	W-CLOSE-APMS
36	W-CLOSE-APMS	APMS_Close. cnf(＋)(CREP. APMS) =〉 ALPMI_Close. cnf(＋)(CREP)	W-START
37	W-CLOSE-APMS	APMS_Close. cnf(－)(CREP. APMS,ERRCLS,ERRCODE) =〉 ALPMI_Close. cnf(＋)(CREP) ALPMI_Error. ind(CREP,ERRCLS,ERRCODE)	W-START

6.6.1.4 功能

对于 ALPMI 没有定义功能。

6.6.2 ALPMR

6.6.2.1 原语定义

6.6.2.1.1 在 ALPMR 与 FSPMDEV 或 FSPMCTL 之间交换的原语

表 494 列出了这些服务原语及其相关参数，它们由 IO 控制器的 FSPM(FSPMCTL)或 IO 设备的 FSPM(FSPMDEV)发出并由 ALPMR 来接收。

表 494 由 FSPMDEV 或 FSPMCTL 发给 ALPMR 的原语

原语名称	源	相关参数	功 能
Alarm_Ack. req	FSPM	CREP, Alarm_Type, slot_Number, subslot_Number, Alarm_Specifier, Sequence_Number, PNIO_Status	服务 Alarm_Ack 传送报警确认

表 495 列出了一些服务原语及其相关参数，它们由 ALPMR 发出并由 IO 控制器的 FSPM(FSPMCTL)或 IO 设备的 FSPM(FSPMDEV)来接收。

表 495 由 ALPMR 发给 FSPMDEV 或 FSPMCTL 的原语

原语名称	源	相关参数	功 能
Alarm_Ack. cnf(＋)	ALPMR	CREP	此服务原语指出 Alarm_Ack 服务已成功
Alarm_Ack. cnf(－)	ALPMR	CREP ERRCLS ERRCODE	此服务原语指出 Alarm_Ack 服务失败

表 495（续）

原语名称	源	相关参数	功　能
Alarm_Notification. ind	ALPMR	CREP Alarm_Type Slot_Number Subslot_Number Alarm_Specifier Sequence_Number Module_Ident_Number Submodule_Ident_Number User_Structure_Identifier User_Data	服务 Alarm_Notification 指出报警数据

6.6.2.1.2　**在 ALPMR 与 CMDEV 或 CMCTL 之间交换的原语**

表 496 列出了一些服务原语及其相关参数，它们由 IO 控制器的 CM(CMCTL)或 IO 设备的 CM(CMDEV)发出并由 ALPMR 来接收。

表 496　由 CMDEV 或 CMCTL 发给 ALPMR 的原语

原语名称	源	相关参数	功　能
Activate. req	CM	CREP DA SA VLAN RTATimeoutFactor MRetry	服务 Activate 初始化 ALPMR 并请求初始化 APMS 和 APMR 协议机
Close. req	CM	CREP	服务 Close 解除初始化 ALPMI 并关闭 APMR 和 APMS 协议机

表 497 列出了一些服务原语及其相关参数，它们由 ALPMR 发出并由 IO 控制器的 CM(CMCTL)或 IO 设备的 CM(CMDEV)来接收。

表 497　由 ALPMR 发给 CMCTL 或 CMDEV 的原语

原语名称	源	相关参数	功　能
Activate. cnf(＋)	ALPMR	CREP	此服务原语指出 Activate 服务已成功
Activate. cnf(－)	ALPMR	CREP ERRCLS ERRCODE	此服务原语指出 Activate 服务失败
Close. cnf(＋)	ALPMR	CREP	此服务原语指出 Close 服务已成功
Error. ind	ALPMR	CREP, ERRCLS, ERRCODE	此服务原语指出在报警数据传输期间有故障

6.6.2.1.3　**在 ALPMR 与 APMR 之间交换的原语**

表 498 列出了一些服务原语及其相关参数，它们由 APMR 发出并由 ALPMR 来接收。

表 498　由 APMR 发给 ALPMR 的原语

原语名称	源	相关参数	功　能
APMR_A_Data.ind	APMR	CREP Data	—
APMR_Ack.cnf(－)	APMR	CREP ERRCLS ERRCODE	—
APMR_Ack.cnf(＋)	APMR	CREP	—
APMR_Activate.cnf(－)	APMR	CREP ERRCLS ERRCODE	—
APMR_Activate.cnf(＋)	APMR	CREP	—
APMR_Close.cnf(－)	APMR	CREP ERRCLS ERRCODE	—
APMR_Error.ind	APMR	CREP ERRCLS ERRCODE	—

表 499 列出了一些服务原语及其相关参数，它们由 ALPMR 发出并由 APMR 来接收。

表 499　由 ALPMR 发给 APMR 的原语

原语名称	源	相关参数	功　能
APMR_ACK.req	ALPMR	CREP	—
APMR_Activate.req	ALPMR	CREP DA SA FrameId Prio VLAN	—
APMR_Close.req	ALPMR	CREP	—

6.6.2.1.4　在 ALPMR 与 APMS 之间交换的原语

表 500 列出了一些服务原语及其相关参数，它们由 APMS 发出并由 ALPMR 来接收。

表 500　由 APMS 发给 ALPMR 的原语

原语名称	源	相关参数	功　能
APMS_A_Data.cnf(－)	APMS	CREP ERRCLS ERRCODE	—
APMS_A_Data.cnf(＋)	APMS	CREP	—
APMS_Activate.cnf(－)	APMS	CREP ERRCLS ERRCODE	—
APMS_Activate.cnf(＋)	APMS	CREP	—

表 500（续）

原语名称	源	相关参数	功　能
APMS_Close. cnf(－)	APMS	CREP ERRCLS ERRCODE	—
APMS_Close. cnf(＋)	APMS	CREP	—
APMS_Error. ind	APMS	CREP ERRCLS ERRCODE	—

表 501 列出了一些服务原语及其相关参数，它们由 ALPMR 发出并由 APMS 来接收。

表 501　由 ALPMR 发给 APMS 的原语

原语名称	源	相关参数	功　能
APMS_A_Data. req	ALPMR	CREP Data	—
APMS_Activate. req	ALPMR	CREP DA SA FrameId Prio VLAN RTATimeoutFactor MRetry	—
APMS_Close. req	ALPMR	CREP ERRCODE	—

6.6.2.1.5　ALPMR 原语的参数

在 FAL 服务定义中描述了 ALPMR 与 CMDEV、CMCTL 和 FSPM 之间交换的原语所使用的参数。

6.6.2.2　状态机描述

W-START 状态指出需要初始化。Activate 服务将该状态机设置在 W-START-APMS 状态用于 APMS 初始化，然后将该状态机设置在 W-START-APMR 状态用于 APMR 初始化。初始化成功后，该状态机等待处于 W-Notify 状态的 Alarm Notification PDUs，然后进入 Alarm Ack 状态等待 W-User-Ack。为了在关闭 APMS 和 APMR 协议机后再进入 W-START 状态，需要有一个 Close 服务请求。

6.6.2.3　ALPMR 状态表

表 502 包含 ALPMR 状态机的完整描述。

表 502　ALPMR 状态表

#	当前状态	事件/条件　=〉动作	下一状态
1	POWER-ON	 =〉 CREP. APMS ：= create(APMS) CREP. APMR ：= create(APMR)	W-START

表 502（续）

#	当前状态	事件/条件 =〉动作	下一状态
2	W-START	ALPMR_Activate. req(CREP, DA, SA, VLAN, RTATimeoutFactor, MRetry) /CREP. Priority=Low =〉 FrameId := 0xFE01 Prio := 5 APMS_Activate. req(CREP. APMS, DA, SA, FrameId, Prio, VLAN, RTATimeoutFactor, MRetry)	W-START-APMS
3	W-START	ALPMR_Activate. req(CREP, DA, SA, VLAN, RTATimeoutFactor, MRetry) /CREP. Priority=High =〉 FrameId := 0xFC01 Prio := 6 APMS_Activate. req(CREP. APMS, DA, SA, FrameId, Prio, VLAN, RTATimeoutFactor, MRetry)	W-START-APMS
4	W-START	ALPMR_Close. req(CREP) =〉 ALPMR_Close. cnf(+)(CREP)	W-START
5	W-START	ALPMR_Alarm_Ack. req(CREP, Alarm_Type, slot_Number, subslot_Number, Alarm_Specifier, Sequence_Number, PNIO_Status) =〉 ERRCLS := PROTOCOL ERRCODE := WRONG-STATE ALPMR_Alarm_Ack. cnf(−)(CREP, ERRCLS, ERRCODE)	W-START
6	W-START	APMR_A_Data. ind(CREP. APMR, Data) =〉 ignore	W-START
7	W-START	APMR_Error. ind(CREP. APMR, ERRCLS, ERRCODE) =〉 ignore	W-START
8	W-START	APMS_A_Data. cnf(+)(CREP) =〉 ignore	W-START
9	W-START	APMS_A_Data. cnf(−)(CREP, ERRCLS, ERRCODE) =〉 ignore	W-START
10	W-START	APMS_Error. ind(CREP. APMS, ERRCLS, ERRCODE) =〉 ignore	W-START
11	W-START-APMS	APMS_Activate. cnf(+)(CREP. APMS) =〉 APMR_Activate. req(CREP. APMR, DA, SA, FrameId, Prio, VLAN)	W-START-APMR

表 502（续）

#	当前状态	事件/条件　=〉动作	下一状态
12	W-START-APMS	APMS_Activate. cnf(－)(CREP. APMS, ERRCLS, ERRCODE) =〉 ALPMR_Activate. cnf(－)(CREP, ERRCLS, ERRCODE)	W-START
13	W-START-APMR	APMR_Activate. cnf(＋)(CREP. APMR) =〉 ALPMR_Activate. cnf(＋)(CREP)	W-Notify
14	W-START-APMR	APMR_Activate. cnf(－)(CREP. APMR, ERRCLS, ERRCODE) =〉 ALPMR_Activate. cnf(－)(CREP, ERRCLS, ERRCODE)	W-START
15	W-Notify	ALPMR_Activate. req(CREP, DA, SA, VLAN, RTATimeoutFactor, MRetry) =〉 ERRCLS := PROTOCOL ERRCODE := WRONG-STATE ALPMR_Activate. cnf(－)(CREP, ERRCLS, ERRCODE)	W-Notify
16	W-Notify	ALPMR_Alarm_Ack. req(CREP, Alarm_Type, slot_Number, subslot_Number, Alarm_Specifier, Sequence_Number, PNIO_Status) =〉 ERRCLS := PROTOCOL ERRCODE := WRONG-STATE ALPMR_Alarm_Ack. cnf(－)(CREP, ERRCLS, ERRCODE)	W-Notify
17	W-Notify	ALPMR_Close. req(CREP) =〉 ALPMR_Close. req(CREP. APMR)	W-CLOSE-APMR
18	W-Notify	APMR_A_Data. ind(CREP. APMR, Data) /Data ! = Alarm-Notification-PDU =〉 ERRCLS := PROTOCOL ERRCODE := WRONG-NOTIFICATION-PDU APMR_ACK. req(CREP. APMR) ALPMR_Error. ind(CREP, ERRCLS, ERRCODE)	W-Notify
19	W-Notify	APMR_A_Data. ind(CREP. APMR, Data) /Data=Alarm-Notification-PDU =〉 PDU := Alarm-Notification-PDU APMR_ACK. req(CREP. APMR)	W-AACK
20	W-Notify	APMR_Error. ind(CREP. APMR, ERRCLS, ERRCODE) =〉 ALPMR_Error. ind(CREP, ERRCLS, ERRCODE)	W-Notify
21	W-Notify	APMS_A_Data. cnf(＋)(CREP) =〉 ignore	W-Notify

表 502（续）

#	当前状态	事件/条件 =〉动作	下一状态
22	W-Notify	APMS_A_Data. cnf(－)(CREP,ERRCLS,ERRCODE) =〉 ALPMR_Error. ind(CREP,ERRCLS,ERRCODE)	W-Notify
23	W-Notify	APMS_Error. ind(CREP. APMS,ERRCLS,ERRCODE) =〉 ALPMR_Error. ind(CREP,ERRCLS,ERRCODE)	W-Notify
24	W-AACK	APMR_Ack. cnf(＋)(CREP. APMR) =〉 use PDU ALPMR_Alarm_Notification. ind(CREP,Alarm_Type,slot_Number, subslot_Number,Alarm_Specifier,Sequence_Number, module_Ident_Number,submodule_Ident_Number, User_Structure_Identifier,User_Data)	W-User-Ack
25	W-AACK	APMR_Ack. cnf(－)(CREP. APMR,ERRCLS,ERRCODE) =〉 ALPMR_Error. ind(CREP,ERRCLS,ERRCODE)	W-Notify
26	W-CLOSE-APMR	APMR_Close. cnf(＋)(CREP. APMR) =〉 APMS_Close. req(CREP. APMS)	W-CLOSE-APMS
27	W-CLOSE-APMR	APMR_Close. cnf(－)(CREP. APMR,ERRCLS,ERRCODE) =〉 APMS_Close. req(CREP. APMS,ERRCODE) ALPMR_Error. ind(CREP,ERRCLS,ERRCODE)	W-CLOSE-APMS
28	W-CLOSE-APMS	APMS_Close. cnf(＋)(CREP. APMS) =〉 ALPMR_Close. cnf(＋)(CREP)	W-START
29	W-CLOSE-APMS	APMS_Close. cnf(－)(CREP. APMS,ERRCLS,ERRCODE) =〉 ALPMR_Close. cnf(＋)(CREP) ALPMR_Error. ind(CREP,ERRCLS,ERRCODE)	W-START
30	W-User-Ack	ALPMR_Activate. req(CREP,DA,SA,VLAN,RTATimeoutFactor, MRetry) =〉 ERRCLS := PROTOCOL ERRCODE := WRONG-STATE ALPMR_Activate. cnf(－)(CREP,ERRCLS,ERRCODE)	W-User-Ack
31	W-User-Ack	ALPMR_Alarm_Ack. req(CREP,Alarm_Type,slot_Number, subslot_Number,Alarm_Specifier,Sequence_Number,PNIO_Status) =〉 Data := Alarm Ack PDU APMS_A_Data. req(CREP. APMS,Data) ALPMR_Alarm_Ack. cnf(CREP)	W-Notify

表 502(续)

#	当前状态	事件/条件 =〉动作	下一状态
32	W-User-Ack	ALPMR_Close. req(CREP) =〉 APMR_Close. req(CREP. APMR)	W-CLOSE-APMR
33	W-User-Ack	APMR_A_Data. ind(CREP. APMR,Data) =〉 ERRCLS=RTA_ERR_CLS_PROTOCOL ERRCODE=AR protocol violation ALPMR_Error. ind(CREP,ERRCLS,ERRCODE) APMR_ACK. req(CREP. APMR)	W-User-Ack
34	W-User-Ack	APMR_Error. ind(CREP. APMR,ERRCLS,ERRCODE) =〉 ALPMR_Error. ind(CREP,ERRCLS,ERRCODE)	W-User-Ack
35	W-User-Ack	APMS_A_Data. cnf(+)(CREP) =〉 ignore	W-User-Ack
36	W-User-Ack	APMS_A_Data. cnf(−)(CREP,ERRCLS,ERRCODE) =〉 ALPMR_Error. ind(CREP,ERRCLS,ERRCODE)	W-User-Ack
37	W-User-Ack	APMS_Error. ind(CREP. APMS,ERRCLS,ERRCODE) =〉 ALPMR_Error. ind(CREP,ERRCLS,ERRCODE)	W-User-Ack
38	W-AACK	ALPMR_Activate. req(CREP,DA,SA,VLAN,RTATimeoutFactor,MRetry) =〉 ERRCLS := PROTOCOL ERRCODE := WRONG-STATE ALPMR_Activate. cnf(−)(CREP,ERRCLS,ERRCODE)	W-AACK
39	W-AACK	ALPMR_Close. req(CREP) =〉 APMR_Close. req(CREP. APMR)	W-CLOSE-APMR
40	W-AACK	ALPMR_Alarm_Ack. req(CREP,Alarm_Type,slot_Number,subslot_Number,Alarm_Specifier,Sequence_Number, PNIO_Status) =〉 ERRCLS := PROTOCOL ERRCODE := WRONG-STATE ALPMR_Alarm_Ack. cnf(CREP,ERRCLS,ERRCODE)	W-AACK
41	W-AACK	APMR_A_Data. ind(CREP. APMR,Data) =〉 ERRCLS := RTA_ERR_CLS_PROTOCOL ERRCODE := AR protocol violation ALPMR_Error. ind(CREP,ERRCLS,ERRCODE) APMR_ACK. req(CREP. APMR)	W-AACK

表 502(续)

#	当前状态	事件/条件 =〉动作	下一状态
42	W-AACK	APMR_Error. ind(CREP. APMR,ERRCLS,ERRCODE) =〉 ALPMR_Error. ind(CREP,ERRCLS,ERRCODE)	W-AACK
43	W-AACK	APMS_A_Data. cnf(+)(CREP) =〉 ignore	W-AACK
44	W-AACK	APMS_A_Data. cnf(−)(CREP,ERRCLS,ERRCODE) =〉 ALPMR_Error. ind(CREP,ERRCLS,ERRCODE)	W-AACK
45	W-AACK	APMS_Error. ind(CREP. APMS,ERRCLS,ERRCODE) =〉 ALPMR_Error. ind(CREP,ERRCLS,ERRCODE)	W-AACK
46	W-User-Ack	APMR_Ack. cnf(+)(CREP. APMR) =〉 ignore	W-User-Ack
47	W-User-Ack	APMR_Ack. cnf(−)(CREP. APMR,ERRCLS,ERRCODE) =〉 ALPMR_Error. ind(CREP,ERRCLS,ERRCODE)	W-User-Ack
48	W-Notify	APMR_Ack. cnf(+)(CREP. APMR) =〉 ignore	W-Notify
49	W-Notify	APMR_Ack. cnf(−)(CREP. APMR,ERRCLS,ERRCODE) =〉 ALPMR_Error. ind(CREP,ERRCLS,ERRCODE)	W-Notify

6.6.2.4 功能

对于 ALPMR 没有定义功能。

6.6.3 NRPM

6.6.3.1 原语定义

6.6.3.1.1 在 NRPM 与 CMCTL 之间交换的原语

表 503 列出了这些服务原语及其相关参数,它们由 CMCTL 发出并由 NRPM 来接收。

表 503 由 CMCTL 发给 NRPM 的原语

原语名称	源	相关参数	功 能
Init. req	CMCTL	Add_resolution StationName Dev_IP_Para DCP_Para	服务 Init 初始化 NRPM 并开始名称解析过程。
RM_Read. req	CMCTL	AREP API TargetARUUID SlotNumber SubslotNumber Index SeqNumber Length	服务 RM_Read 读数据。

表 503（续）

原语名称	源	相关参数	功　能
RM_Write. req	CMCTL	AREP SlotNumber SubslotNumber Index SeqNumber Length Data	服务 RM_Write 写数据。
RM_Connect. req	CMCTL	AREP ARBlockReq ListOfIOCRBlockReq AlarmCRBlockReq ListOfExpectedSubmodul BlockReq	服务 RM_Connect 启动一个连接。
RM_Release. req	CMCTL	AREP ControlBlock	服务 RM_Release 终止一个连接。
RM_Abort. req	CMCTL	AREP	服务 RM_Abort 终止一个连接。
RM_CControl. rsp(＋)	CMCTL	AREP ControlBlock	服务 RM_Ccontrol 对应用就绪作出响应。
RM_CControl. rsp(－)	CMCTL	AREP ErrorDecode ErrorCode1 ErrorCode2 AddData1 AddData2	服务 RM_CControl 对应用就绪作出响应。
RM_DControl. req	CMCTL	AREP ControlBlock	服务 RM_Dcontrol 发信号通知参数结束。
RM_Abort. req	CMCTL	AREP	服务 RM_Abort 终止一个连接。

表 504 列出了一些服务原语及其相关参数，它们由 NRPM 发出并由 CMCTL 来接收。

表 504　由 NRPM 发给 CMCTL 的原语

原语名称	源	相关参数	功　能
Init. cnf(＋)	NRPM	Dev_MAC_Addr	此服务原语指出 Activate 服务已成功，并传送 IO 设备的 MAC 地址
Init. cnf(－)	NRPM	Err	此服务原语指出地址和名称解析服务失败。参数 Err 包含失败的原因(例如，无设备，多个设备)
CMCTL_Init. req	NRPM	AREP	结合成功的初始化，此服务被用来初始化 CMCTL 内 IO 设备的 AREP
RM_Abort. cnf	NRPM	AREP	此服务原语指出 Abort 服务已成功
RM_CControl. ind	NRPM	AREP ControlBlockConnect	此服务原语指出应用就绪

表 504（续）

原语名称	源	相关参数	功　能
RM_Connect. cnf(－)	NRPM	AREP ErrorDecode ErrorCode1 ErrorCode2 AddData1 AddData2	此服务原语指出 RM_Connect 服务失败
RM_Connect. cnf(＋)	NRPM	AREP ARBlockRes ListOfIOCRBlockRes AlarmCRBlockRes ModuleDiffBlock	此服务原语指出 RM_Connect 服务已成功
RM_DControl. cnf(－)	NRPM	AREP ErrorDecode ErrorCode1 ErrorCode2 AddData1 AddData2	此服务原语指出 RM_Dcontrol 服务失败
RM_DControl. cnf(＋)	NRPM	AREP ControlBlock	此服务原语指出 RM_Dcontrol 服务已成功
RM_Read. cnf(－)	NRPM	AREP ErrorDecode ErrorCode1 ErrorCode2 AddData1 AddData2	此服务原语指出 RM_Read 服务失败
RM_Read. cnf(＋)	NRPM	AREP Seq Number AddData1 AddData2	此服务原语指出 RM_Read 服务已成功
RM_Realease. cnf(－)	NRPM	AREP ErrorDecode ErrorCode1 ErrorCode2 AddData1 AddData2	此服务原语指出 RM_Realease 服务失败
RM_Realease. cnf(＋)	NRPM	AREP ControlBlock	此服务原语指出 RM_Release 服务已成功
RM_Write. cnf(－)	NRPM	AREP ErrorDecode ErrorCode1 ErrorCode2 AddData1 AddData2	此服务原语指出 RM_Write 服务失败

表 504（续）

原语名称	源	相关参数	功　能
RM_Write. cnf(＋)	NRPM	AREP Seq Number AddData1 AddData2	此服务原语指出 RM_Write 服务已成功

6.6.3.1.2 在 NRPM 与其他机之间交换的原语

表 505 列出了一些服务原语及其相关参数，它们由其他机发出并由 NRPM 来接收。

表 505 由其他机发给 NRPM 的原语

原语名称	源	相关参数	功　能
ARP_getMACQ. ind	ARP	MAC_Address IP_Address	
DCP_Identify. cnf(－)	DCPMCS	CREP ERRCLS ERRCODE	
DCP_Identify. cnf(＋)	DCPMCS	CREP	
DCP_SetValue. cnf(－)	DCPMCS	CREP ERRCLS ERRCODE	
DCP_SetValue. cnf(＋)	DCPMCS	CREP DA ListOfData	
DCPMCS_Activate. cnf(＋)	DCPMCS	CREP	
DCPMCS_Close. cnf(－)	DCPMCS	CREP ERRCLS ERRCODE	
DCPMCS_Close. cnf(＋)	DCPMCS	CREP	
DNS_GetHostByName. ind	DNS	IP_Add	

表 506 列出了一些服务原语及其相关参数，它们由 NRPM 发出并由其他状态机来接收。

表 506 由 NRPM 发给其他状态机的原语

原语名称	源	相关参数	功　能
ARP_getMAC. req	NRPM	IP_Address	—
DCPMCS_Activate. req	NRPM	CREP VLAN-Prio VLAN-ID DCPMC_Timeout	—
DCP_Identify. req	NRPM	CREP，ListofFilter，ResponseDelay	—
DCP_Set. req	NRPM	CREP DA DataSet＝IP Dev_IP_Para Dataset＝NameOfStation NameOfStation	—

表 506（续）

原语名称	源	相关参数	功　能
DCPMCS_Close. req	NRPM	CREP	—
DCPUCS_Activate. req	NRPM	CREP VLAN-Prio VLAN-ID DCPUC_Timeout DCPUC_Retry	—
DCPUCS_Close. req	NRPM	CREP	—
DNS_GetHostByName. req	NRPM	StationName. RealStationName	—

6.6.3.1.3　NRPM 原语的参数

在 FAL 服务定义中描述了 FSPM 与 CPM 之间交换的原语所使用的参数。

6.6.3.2　状态机描述

对于 IO 控制器的每个设备(AR)，都存在名称解析协议机(NRPM)。它被用于 IO 设备的名称和地址解析。如果一个 IO 设备未通过 RealStationName 来响应，则应使用带有拓扑信息的 ListofAlias 来响应。应依据此信息设置 RealStationName 和 IP 地址。

6.6.3.3　NRPM 状态表

表 507 包含 NRPM 状态机的完整描述。

表 507　NRPM 状态表

#	当前状态	事件/条件　=〉动作	下一状态
1	POWER-ON	NRPM_Init. req(Add_resolution, stationName, Dev_IP_Para, DCP_Para) =〉 Store Parameters baptize := FALSE DCPMCS_Activate. req(CREP, VLAN-Prio, VLAN-ID, DCPMC_Timeout)	ACT
2	ACT	DCPMCS_Activate. cnf(＋)(CREP) =〉 DCPUCS_Activate. req(CREP, VLAN-Prio, VLAN-ID, DCPUC_Timeout, DCPUC_Retry)	ACT
3	ACT	DCPMCS_Activate. cnf(－)(CREP) =〉 NRPM_Init. cnf(－)(Err=No_DCPact)	POWER-ON
4	ACT	DCPUCS_Activate. cnf(＋)(CREP) /Add_resolution == DNS =〉 Start Timer(DCP_Short_Timer) DNS_GetHostByName. req(StationName. RealStationName)	W_DNS
5	ACT	DCPUCS_Activate. cnf(＋)(CREP) /Add_resolution == DCP =〉 ListofFilter := Filter withstationName. RealStationName ResponseDelay := 1 DCP_Identify. req(CREP, ListofFilter, ResponseDelay, DCP_Para. isASU)	W_DCP

表 507（续）

#	当前状态	事件/条件 =〉动作	下一状态
6	ACT	DCPUCS_Activate. cnf(＋)(CREP) /Add_resolution ＝＝ none ＝〉 IP_Addr ：＝ Dev_IP_Para. IP Start Timer(ARP_Timer) ARP_getMAC. req(IP_Address＝IP_Addr)	W_ARP
7	ACT	DCPUCS_Activate. cnf(－)(CREP,ERRCLS,ERRCODE) ＝〉 NRPM_Init. cnf(－)(Err＝No_DCPact) DCPMCS_Close. req(CREP)	POWER-ON
8	W_DNS	DNS_GetHostByName. ind(IP_Add) ＝〉 IP_Addr ：＝ IP_Add Start Timer(ARP_Timer) ARP_getMAC. req(IP_Address＝IP_Addr)	W_ARP
9	W_DNS	DNS_GetHostByName. ind(Time-Out) ＝〉 NRPM_Init. cnf(－)(Err＝Unknown_RealStationName) DCPMCS_Close. req(CREP) DCPUCS_Close. req(CREP)	POWER-ON
10	W_DCP	DCP_Identify. cnf(CREP,ListOfData) /Length(ListOfData) ＝＝ 1 && ListOfData. IP-Suite ＝＝ Dev_IP_Para. IP-Suite && baptize ＝＝ FALSE ＝〉 IP_Addr ：＝ ListOfData. IP MAC_Addr ：＝ ListOfData. SA Start Timer(ARP_Timer) ARP_getMAC. req(IP_Address＝IP_Addr)	W_ARP
11	W_DCP	DCP_Identify. cnf(CREP,ListOfData)/Length(ListOfData) ＝＝ 1 && ! (ListOfData. IP-Suite ＝＝ Dev_IP_Para. IP-Suite && baptize ＝＝ FALSE)＝〉IP_Addr ：＝ Dev_IP_Para. IPMAC_Addr ：＝ Li- stOfData. SA if baptize ＝＝ FALSE： setCmd＝IP-Suite else：setCmd ：＝ stationName,IP-Suite DCP_Set. req(CREP,DA＝ MAC_Addr,DataSet＝IP_Addr,Dev_IP_Para, setCmd)	W_SET_IP

表 507（续）

#	当前状态	事件/条件 =〉动作	下一状态
12	W_DCP	DCP_Identify. cnf(CREP,ListOfData) /Length(ListOfData) > 1 =〉 NRPM_Init. cnf(－)(Err= Multiple_RealStationName) DCPMCS_Close. req(CREP) DCPUCS_Close. req(CREP)	POWER-ON
13	W_DCP	DCP_Identify. cnf(CREP,ListOfData) /Length(ListOfData) == 0 && Last Alias tested == FALSE =〉 baptize := TRUE ListofFilter := Filter withstationName. Alias[n] ResponseDelay := 1 n := n + 1 DCP_Identify. req(CREP,ListofFilter,ResponseDelay,FALSE)	W_DCP
14	W_DCP	DCP_Identify. cnf(CREP,ListOfData) /Length(ListOfData) == 0 && Last Alias tested == TRUE =〉 NRPM_Init. cnf(－)(Err=No_RealStationName) DCPMCS_Close. req(CREP) DCPUCS_Close. req(CREP)	POWER-ON
15	W_DCP	DCP_Identify. cnf(－)(CREP,ERRCLS,ERRCODE) =〉 NRPM_Init. cnf(－)(Err=No_StationName) DCPMCS_Close. req(CREP) DCPUCS_Close. req(CREP)	POWER-ON
16	W_DCP	DCP_Hello. ind(CREP,ListOfData) /ListOfData. StationName == StationName. RealStationName =〉 IP_Addr := ListOfData. IP Dev_MAC_Addr := ListOfData. SA NRPM_Init. cnf(＋)(Dev_MAC_Addr) CMCTL_Init. req(AREP) RPC_Alloc. req	OPEN
17	W_DCP	DCP_Hello. ind(CREP,ListOfData) /ListOfData. StationName ! = StationName. RealStationName =〉	W_DCP

表 507（续）

#	当前状态	事件/条件 =〉动作	下一状态
18	W_DCP	DCP_Identify.ind(CREP,ListOfData) /ListOfData.StationName == StationName.RealStationName =〉 IP_Addr := ListOfData.IP Dev_MAC_Addr := ListOfData.SA NRPM_Init.cnf(+)(Dev_MAC_Addr) CMCTL_Init.req(AREP) RPC_Alloc.req	OPEN
19	W_DCP	DCP_Identify.ind(CREP,ListOfData) /ListOfData.StationName ! = StationName.RealStationName =〉	W_DCP
20	W_SET_IP	DCP_SetValue.cnf(+)(CREP,DA,ListOfData) =〉 Dev_MAC_Addr := mAC_Addr NRPM_Init.cnf(+)(Dev_MAC_Addr) CMCTL_Init.req(AREP) RPC_Alloc.req	OPEN
21	W_SET_IP	DCP_SetValue.cnf(−)(CREP,DA,ERRCLS,ERRCODE) =〉 NRPM_Init.cnf(−)(Err=DCP_Error) DCPMCS_Close.req(CREP) DCPUCS_Close.req(CREP)	POWER-ON
22	W_ARP	ARP_getMACQ.ind(MAC_Address, IP_Address) /IP_Address == Dev_IP_Para.IP =〉 Dev_MAC_Addr := mAC_Address NRPM_Init.cnf(+)(Dev_MAC_Addr) CMCTL_Init.req(AREP) RPC_Alloc.req	OPEN
23	W_ARP	ARP_getMACQ.ind(MAC_Address, IP_Address) /IP_Address ! = Dev_IP_Para.IP =〉 ignore	W_ARP
24	W_ARP	Time_out =〉 NRPM_Init.cnf(−)(Err=No_IP_Addr) DCPMCS_Close.req(CREP) DCPUCS_Close.req(CREP)	POWER-ON
25	OPEN	RM_Abort.req(AREP) =〉 RM_Abort.cnf(AREP) DCPMCS_Close.req(CREP) DCPUCS_Close.req(CREP)	POWER-ON

表 507（续）

#	当前状态	事件/条件 =〉动作	下一状态
26	OPEN	RPC_CControl. ind(Arg) /VALID_Block_Structure =〉 AREP := Arg. AREP RM_CControl. ind(AREP,ControlBlock,moduleDIffBlock)	OPEN
27	OPEN	RPC_CControl. ind(Arg) /! VALID_Block_Structure =〉 Arg. ErrorCode2 := WRONG_BLOCK RPC_CControl. rsp(−)(Arg)	OPEN
28	OPEN	RM_CControl. rsp(−)(AREP,ErrorDecode,ErrorCode1,ErrorCode2,AddData1,AddData2) =〉 encode Error(Only NDR-Header) RPC_CControl. rsp(−)(Arg)	OPEN
29	OPEN	RM_CControl. rsp(+)(AREP,ControlBlock) =〉 RPC_CControl. rsp(+)(Arg)	OPEN
30	OPEN	RM_DControl. req(AREP,ControlBlock) =〉 RPC_DControl. req(Arg)	OPEN
31	OPEN	RPC_DControl. cnf(−)(Arg) =〉 RM_DControl. cnf(−)(AREP,ErrorDecode,ErrorCode1,ErrorCode2,AddData1,AddData2)	OPEN
32	OPEN	RPC_DControl. cnf(+)(Arg) /VALID_Block_Structure =〉 AREP := Arg. AREP RM_DControl. cnf(+)(AREP,ControlBlock)	OPEN
33	OPEN	RPC_DControl. cnf(+)(Arg) /! VALID_Block_Structure =〉 ErrorCode2 := WRONG_BLOCK RM_DControl. cnf(−)(AREP,ErrorDecode,ErrorCode1,ErrorCode2,AddData1,AddData2)	OPEN
34	OPEN	RM_Write. req(AREP,slotNumber,subslotNumber,Index,seqNumber,Length,Data) =〉 RPC_Write. req(Arg)	OPEN
35	OPEN	RPC_Write. cnf(−)(Arg) =〉 RM_Write. cnf(−)(AREP,ErrorDecode,ErrorCode1,ErrorCode2,AddData1,AddData2)	OPEN

表 507（续）

#	当前状态	事件/条件 =〉动作	下一状态
36	OPEN	RPC_Write. cnf(+)(Arg) /VALID_Block_Structure =〉 AREP := Arg. AREP RM_Write. cnf(+)(AREP, Seq Number, AddData1, AddData2)	OPEN
37	OPEN	RPC_Write. cnf(+)(Arg) /! VALID_Block_Structure =〉 ErrorCode2 := WRONG_BLOCK RM_Write. cnf(−)(AREP, ErrorDecode, ErrorCode1, ErrorCode2, AddData1, AddData2)	OPEN
38	OPEN	RM_Read. req(AREP, API, TargetUUID, slotNumber, subslotNumber, Index, seqNumber, Length) =〉 RPC_Read. req(Arg)	OPEN
39	OPEN	RPC_Read. cnf(−)(Arg) =〉 RM_Read. cnf(−)(AREP, ErrorDecode, ErrorCode1, ErrorCode2, AddData1, AddData2)	OPEN
40	OPEN	RPC_Read. cnf(+)(Arg) /VALID_Block_Structure =〉 AREP := Arg. AREP RM_Read. cnf(+)(AREP, Seq Number, AddData1, AddData2)	OPEN
41	OPEN	RPC_Read. cnf(+)(Arg) /! VALID_Block_Structure =〉 ErrorCode2 := WRONG_BLOCK RM_Read. cnf(−)(AREP, ErrorDecode, ErrorCode1, ErrorCode2, AddData1, AddData2)	OPEN
42	OPEN	RM_Connect. req(AREP, ARBlockReq, ListOfIOCRBlockReq, AlarmCRBlockReq, ListOfExpectedSubmoduleBlockReq) =〉 RPC_Connect. req(Arg)	OPEN
43	OPEN	RPC_Connect. cnf(−)(Arg) =〉 RM_Connect. cnf(−)(AREP, ErrorDecode, ErrorCode1, ErrorCode2, AddData1, AddData2)	OPEN
44	OPEN	RPC_Connect. cnf(+)(Arg) /VALID_Block_Structure =〉 AREP := Arg. AREP RM_Connect. cnf(+)(AREP, ARBlockRes, ListOfIOCRBlockRes, AlarmCRBlockRes, ModuleDiffBlock)	OPEN

表 507(续)

#	当前状态	事件/条件　=〉动作	下一状态
45	OPEN	RPC_Connect. cnf(+)(Arg) /! VALID_Block_Structure =〉 ErrorCode2 := WRONG_BLOCK RM_Connect. cnf(−)(AREP, ErrorDecode, ErrorCode1, ErrorCode2, AddData1, AddData2)	OPEN
46	OPEN	RM_Release. req(AREP, ControlBlock) =〉 RPC_Release. req(Arg)	OPEN
47	OPEN	RPC_Release. cnf(−)(Arg) =〉 RM_Release. cnf(−)(AREP, ErrorDecode, ErrorCode1, ErrorCode2, AddData1, AddData2)	OPEN
48	OPEN	RPC_Release. cnf(+)(Arg) /VALID_Block_Structure =〉 AREP := Arg. AREP RM_Release. cnf(+)(AREP, ControlBlock)	OPEN
49	OPEN	RPC_Release. cnf(+)(Arg) /! VALID_Block_Structure =〉 ErrorCode2 := WRONG_BLOCK RM_Release. cnf(−)(AREP, ErrorDecode, ErrorCode1, ErrorCode2, AddData1, AddData2)	OPEN
50	OPEN	DCP_Identify. cnf(CREP, ListOfData) /! (Length(ListOfData) == 1 && ListOfData. IP-Suite == Dev_IP_Para. IP-Suite && baptize == FALSE) =〉 CM_Abort. req(ErrorCode1=DCP, ErrorCode2=No_IP_Addr)	POWER-ON
51	OPEN	DCP_SetValue. cnf(−)(CREP, DA, ERRCLS, ERRCODE) =〉 CM_Abort. req(ErrorCode1=DCP, ErrorCode2=No_IP_Addr)	POWER-ON
52	任意状态	DCPUCS_Close. cnf(−)(CREP, ERRCLS, ERRCODE) =〉	相同状态
53	任意状态	DCPUCS_Close. cnf(+)(CREP) =〉	相同状态
54	任意状态	DCPMCS_Close. cnf(−)(CREP, ERRCLS, ERRCODE) =〉	相同状态
55	任意状态	DCPMCS_Close. cnf(+)(CREP) =〉	相同状态
56	任意状态	DCP_Hello. ind(CREP, ListOfData) =〉	相同状态

表 507(续)

#	当前状态	事件/条件 =〉动作	下一状态
57	任意状态	DCP_Identify. ind(CREP,ListOfData) =〉	相同状态

6.6.3.4 功能

表 508 包含 NRPM 和 RMPM 所使用的功能或宏,它们的变元及其描述。

表 508 由 NRPM 和 RMPM 使用的功能

名 称	功 能
CHECK_AR_TYPE	检查 CM_Connect-REQ-PDU 的所有数据 检查 reduction ratio 和 phase 对照 IO Data ASE,Alarm ASE 的属性进行检查 检查 data volume
CHECK_IDENT_NUMBER	检查 Ident
VALID_SELECTORS	ListOfSelector 编码和内容符合 DCP 规范
VALID_FILTER	ListOfFilter 编码和内容符合 DCP 规范
VALID_DATA	ListOfData 编码和内容符合 DCP 规范
VALID_Block_Structure	RPC 服务的 Blockstructure 不符合编码规则
Length(ListOfData)	计算 ListOfData list 中元素的个数
NAME_IP_Change	NAME in ListOfData ! = Dev_Name || IP in ListOfData ! = Dev_IP_Para
Search_in_List_of_RM_Entries	用于特定 AREP 的 RM 登录项的扫描表(Scan list)
Store_data_in_DataSet	把 ListOfData 参数存储在该站的 DataSet 中。应使用 BlockQualifier 来决定是否永久保存 DataSet
Retrieve_data_from_DataSet	从该站的 DataSet 取回 ListOfData
[Specification] in ListOfData	在 ListOfData 中搜索由[Specification]规定的元素

6.6.4 RMPM

6.6.4.1 原语定义

6.6.4.1.1 在 RMPM 与 CMDEV 之间交换的原语

表 509 列出了这些服务原语及其相关参数,它们由 IO 设备的 CM(CMDEV)发出并由 RMPM 来接收。

表 509 由 CMDEV 发给 RMPM 的原语

原语名称	源	相关参数	功 能
RM_Abort. req	CMDEV	AREP	服务 Abort 从 list of AREPs 中去除所存储的 AREP
RM_CControl. req	CMDEV	AREP ControlBlock ModuleDiffBlock	服务 Ccontrol 传送应用就绪标记
RM_Connect. rsp(+)	CMDEV	AREP ARBlockRes ListOfIOCRBlockRes AlarmCRBlockRes ModuleDiffBlock	此服务原语是对建立应用关系的肯定响应

表 509（续）

原语名称	源	相关参数	功　能
RM_Connect. rsp(－)	CMDEV	AREP ErrorDecode ErrorCode1 ErrorCode2 AddData1 AddData2	此服务原语是否定响应，并且未建立所请求的应用关系
RM_DControl. rsp(＋)	CMDEV	AREP ControlBlock	此服务原语是对参数信号结束的响应
RM_DControl. rsp(－)	CMDEV	AREP ErrorDecode ErrorCode1 ErrorCode2 AddData1 AddData2	
RM_Read. rsp(＋)	CMDEV	AREP SeqNumber AddData1 AddData2	此服务原语是对 Read 服务的响应
RM_Read. rsp(－)	CMDEV	AREP ErrorDecode ErrorCode1 ErrorCode2 AddData1 AddData2	
RM_Write. rsp(＋)	CMDEV	AREP SeqNumber AddData1 AddData2	此服务原语是对 Write 服务的响应
RM_Write. rsp(－)	CMDEV	AREP ErrorDecode ErrorCode1 ErrorCode2 AddData1 AddData2	
RM_Release. rsp(＋)	CMDEV	AREP ControlBlock	—
RM_Release. rsp(－)	CMDEV	AREP ErrorDecode ErrorCode1 ErrorCode2 AddData1 AddData2	—

表 510 列出了一些服务原语及其相关参数，它们由 RMPM 发出并由 IO 设备的 CM(CMDEV)来接收。

表 510　由 RMPM 发给 CMDEV 的原语

原语名称	源	相关参数	功　　能
RM_Init. cnf(＋)	RMPM	—	此服务原语指出 Init 服务成功
RM_Abort. cnf	RMPM	AREP	此服务原语证实 Abort 服务
RM_CControl. cnf(＋)	RMPM	AREP ControlBlock	此服务原语证实 Ccontrol 服务
RM_CControl. cnf(－)	RMPM	AREP ErrorDecode ErrorCode1 ErrorCode2 AddData1 AddData2	
RM_Connect. ind	RMPM	AREP ARBlockReq ListOfIOCRBlockReq AlarmCRBlockReq ListOfExpectedSubmoduleBlockReq	此服务原语指出请求建立一个应用关系
RM_DControl. ind	RMPM	AREP ControlBlock	此服务原语指出参数结束
RM_Read. ind	RMPM	AREP API TargetARUUID SlotNumber SubslotNumber Index SeqNumber Length	此服务原语指出 Read 服务
RM_Write. ind	RMPM	AREP SlotNumber SubslotNumber Index SeqNumber Length Data	此服务原语指出 Write 服务
RM_Release. ind	RMPM	AREP ControlBlock	此服务原语指出该应用关系被释放

6.6.4.1.2　在 RMPM 与 RPC 之间交换的原语

表 511 列出了一些服务原语及其相关参数，它们由 RPC 发出并由 RMPM 来接收。

表 511　由 RPC 发给 RMPM 的原语

原语名称	源	相关参数	功　　能
RPC_CControl. cnf(＋)	RPC	Arg	—
RPC_CControl. cnf(－)	RPC	Arg	—

表 511（续）

原语名称	源	相关参数	功　能
RPC_Connect. ind	RPC	Arg	—
RPC_DControl. ind	RPC	Arg	—
RPC_Read. ind	RPC	Arg	—
RPC_Release. ind	RPC	Arg	—
RPC_Write. ind	RPC	Arg	—

表 512 列出了一些服务原语及其相关参数，它们由 RMPM 发出并由 RPC 来接收。

表 512　由 **RMPM** 发给 **RPC** 的原语

原语名称	源	相关参数	功　能
RPC_CControl. req	RMPM	Arg	—
RPC_Connect. rsp(－)	RMPM	Arg	—
RPC_Connect. rsp(＋)	RMPM	Arg	—
RPC_DControl. rsp(－)	RMPM	Arg	—
RPC_DControl. rsp(－)	RMPM	Arg	—
RPC_DControl. rsp(＋)	RMPM	Arg	—
RPC_Read. rsp(－)	RMPM	Arg	—
RPC_Release. rsp(－)	RMPM	Arg	—
RPC_Release. rsp(＋)	RMPM	Arg	—
RPC_Write. rsp(－)	RMPM	Arg	—
RPC_Write. rsp(＋)	RMPM	Arg	—

6.6.4.1.3　在 **RMPM** 与其他状态机之间交换的原语

表 513 列出了一些服务原语及其相关参数，它们由其他状态机发出并由 RMPM 来接收。

表 513　由其他状态机发给 **RMPM** 的原语

原语名称	源	相关参数	功　能
DHCPOFFER. ind	DHCP	IP_Para ListOfData	—
DCP_Get. ind	DCP	CREP SA Selectors	—
DCP_Identify. ind	DCP	CREP SA ListofFilters ResponseDelay	—
DCP_Set. ind	DCP	CREP SA ListOfData	—
DCPMCR_Activate. cnf(＋)	DCPMCR	CREP	—

表 513（续）

原语名称	源	相关参数	功 能
DCPMCR_Close. cnf(－)	DCPMCR	CREP ERRCLS ERRCODE	—
DCPMCR_Close. cnf(＋)	DCPMCR	CREP	—
DCPUCR_Activate. cnf(－)	DCPUCR	CREP ERRCLS ERRCODE	—
DCPUCR_Activate. cnf(＋)	DCPUCR	CREP	—
DCPUCR_Close. cnf(－)	DCPUCR	CREP ERRCLS ERRCODE	—
DCPUCR_Close. cnf(＋)	DCPUCR	CREP	—
RM_Init. req	FSPM	—	服务 Init 初始化 RMPM

表 514 列出了一些服务原语及其相关参数，它们由 RMPM 发出并由其他状态机来接收。

表 514 由 RMPM 发给其他状态机的原语

原语名称	源	相关参数	功 能
DCPMCR_Activate. req	RMPM	CREP ListOfFilters Send_MC_Response	—
DCPMCR_Close. req	RMPM	CREP	—
DCP_Identify. req	RMPM	CREP DA ListOfFilter ResponseDelay	—
DCP_Get. rsp(＋)	RMPM	CREP DA ListOfData	—
DCP_Set. rsp(－)	RMPM	CREP DA ERRCLS ERRCODE	—
DCP_Set. rsp(＋)	RMPM	CREP DA ListOfData	—
DHCPDISCOVER. req	RMPM	Options	—
RM_Init. cnf	RMPM	—	—
RM_Stopped. ind	RMPM	—	此服务原语指出，设置一个新的设备名称，因此停止 IP 实现以接收新的 IP 参数。
NRPM_Init. cnf(－)	RMPM	Err	—

6.6.4.1.4 **RMPM 原语的参数**

在 FAL 服务定义中描述了 RMPM 与 CPM 之间交换的原语所使用的参数。

6.6.4.2 **状态机描述**

对于每个 IO 设备，都有一个设备资源管理协议机(RMPM)。它被用于 IO 设备的名称/地址解析以及 CM 设备状态机(CM Devicestatemaschines)对 AR 的分配。

6.6.4.3 **RMPM 状态表**

表 515 包含 RMPM 状态机的完整描述。

表 515 RMPM 状态表

#	当前状态	事件/条件 =〉动作	下一状态
1	POWER-ON	RM_Init. req =〉 Store Parameters DCPMCR_Activate. req(CREP,ListOfFilters,send_MC_Response)	ACT1
2	ACT1	DCPMCR_Activate. cnf(－)(CREP,ERRCLS,ERRCODE) =〉 NRPM_Init. cnf(－)(Err=No_DCPact) DCPMCR_Close. req(CREP)	POWER-ON
3	ACT1	DCPMCR_Activate. cnf(＋)(CREP) =〉 DCPUCR_Activate. req(CREP,Hold_requestor)	ACT2
4	ACT2	DCPUCR_Activate. cnf(－)(CREP,ERRCLS,ERRCODE) =〉 NRPM_Init. cnf(－)(Err=No_DCPact) DCPMCR_Close. req(CREP) DCPUCR_Close. req(CREP)	POWER-ON
5	ACT2	DCPUCR_Activate. cnf(＋)(CREP) =〉	SetUp
6	SetUp	/Dev_Name == NIL && DHCP_En =〉 Start Timer(DHCP_RetryTime) DHCPDISCOVER. req(Options)	Set_Name
7	SetUp	/Dev_Name == NIL && ! DHCP_En =〉	Set_Name
8	SetUp	/Dev_Name ! = NIL && Dev_IP_Para == NIL && DHCP_En =〉 Start Timer(DHCP_RetryTime) DHCPDISCOVER. req(Options)	Set_IP
9	SetUp	/Dev_Name ! = NIL && Dev_IP_Para == NIL && HELLO_En =〉 Start Timer(HelloIntervalTime) HelloCount := NumberOfHelloRequests DCP_HELLO. req(CREP,ListOfData)	Set_IP

表 515（续）

#	当前状态	事件/条件　=〉动作	下一状态
10	SetUp	/Dev_Name ! = NIL && Dev_IP_Para ! = NIL && HELLO_En =〉 Start Timer(HelloIntervalTime) HelloCount := NumberOfHelloRequests DCP_HELLO. req(CREP,ListOfData)	W_Conect
11	SetUp	/Dev_Name ! = NIL && Dev_IP_Para == NIL && ! DHCP_En =〉	Set_IP
12	SetUp	/Dev_Name ! = NIL && Dev_IP_Para ! = NIL =〉 Init_List_RM_Entries Init_List_AR_Resc AR_Active := 0 Start IP,UDP,RPC RM_Init. cnf	W_Conect
13	Set_Name	DHCPOFFER. ind (IP _ Para, ListOfData)/VALID _ DATA && (NAME in ListOfData) && NAME-length ! = 0 =〉 Dev_IP_Para:= DataInit_List_RM_EntriesInit_List_AR_RescAR_Active := 0Stop Timer(DHCP_RetryTime)Start IP,UDP,RPCStore Data in DataSet RM_Init. cnf	W_Conect
14	Set_Name	DHCPOFFER. ind(IP_Para,ListOfData) /! ((NAME in ListOfData) && NAME-length ! = 0) =〉 Store Data in DataSet	Set_Name
15	Set_Name	DHCPOFFER. ind(IP_Para,ListOfData) /! VALID_DATA =〉 ignore	Set_Name
16	Set_Name	DCP_Set. ind(CREP,SA,ListOfData) /VALID_DATA &&((NAME in ListOfData) && NAME-length ! = 0) &&((IP in ListOfData) || Dev_IP_Para ! = NIL) =〉 Init_List_RM_Entries Init_List_AR_Resc AR_Active := 0 Stop Timer(DHCP_RetryTime) Start IP,UDP,RPC Store Data in DataSet DCP_Set. rsp(+)(CREP,DA,ListOfData) RM_Init. cnf	W_Conect

表 515（续）

#	当前状态	事件/条件　=〉动作	下一状态
17	Set_Name	DCP_Set. ind(CREP,SA,ListOfData) /VALID_DATA &&((NAME in ListOfData) && NAME-length !=0) && !(IP in ListOfData) && Dev_IP_Para == NIL && DHCP_En =〉 Start Timer(DHCP_RetryTime) Store Data in DataSet Dev_IP_Para := NIL DCP_Set. rsp(+)(CREP,DA,ListOfData) DHCPDISCOVER. req(Options)	Set_IP
18	Set_Name	DCP_Set. ind(CREP,SA,ListOfData) /VALID_DATA &&((NAME in ListOfData) && NAME-length !=0) && !(IP in ListOfData) && Dev_IP_Para == NIL && ! DHCP_En =〉 Store Data in DataSet Dev_IP_Para := NIL DCP_Set. rsp(+)(CREP,DA,ListOfData)	Set_IP
19	Set_Name	DCP_Set. ind(CREP,SA,ListOfData) /VALID_DATA &&(!(NAME in ListOfData) || NAME-length ==0) =〉 Store Data in DataSet DCP_Set. rsp(+)(CREP,DA,ListOfData)	Set_Name
20	Set_Name	DCP_Set. ind(CREP,SA,ListOfData) /! VALID_DATA =〉 ERRCLS := Invalid_Parameter ERRCODE := Invalid_DataSet DCP_Set. rsp(−)(CREP,DA,ERRCLS,ERRCODE)	Set_Name
21	Set_Name	DCP_Identify. ind(CREP,SA,ListofFilters,ResponseDelay) /VALID_FILTERS =〉 Retrieve Data from DataSet DA := SA DCP_Identify. req(CREP,DA,ListOfFilters,ResponseDelay)	Set_Name
22	Set_Name	DCP_Identify. ind(CREP,SA,ListofFilters,ResponseDelay) /! VALID_FILTERS =〉 ignore	Set_Name
23	Set_Name	DCP_Get. ind(CREP,SA,selectors) /VALID_SELECTORS =〉 Retrieve Data from DataSet DCP_Get. rsp(+)(CREP,DA,ListOfData)	Set_Name

表 515(续)

#	当前状态	事件/条件 =〉动作	下一状态
24	Set_Name	DCP_Get. ind(CREP,SA,selectors) /! VALID_SELECTORS =〉 ERRCLS := Invalid_Parameter ERRCODE := Invalid_DataSet DCP_Get. rsp(−)(CREP,DA,ERRCLS,ERRCODE)	Set_Name
25	Set_Name	DHCPTimeout =〉 ExponentialBackOff(DHCP_RetryTime) Start Timer(DHCP_RetryTime) DHCPDISCOVER. req(Options)	Set_Name
26	Set_IP	DHCPOFFER. ind(IP_Para,ListOfData) /VALID_DATA && !((NAME in ListOfData) && NAME-length == 0) =〉 Dev_IP_Para := Data Init_List_RM_Entries Init_List_AR_Resc AR_Active := 0 Stop Timer(DHCP_RetryTime) Start IP,UDP,RPC Store Data in DataSet RM_Init. cnf	W_Conect
27	Set_IP	DHCPOFFER. ind(IP_Para,ListOfData) /! VALID_DATA ||((NAME in ListOfData) && NAME-length == 0) =〉 ignore	Set_IP
28	Set_IP	DCP_Set. ind(CREP,SA,ListOfData) /VALID_DATA && !((NAME in ListOfData) && NAME-length == 0) &&(IP in ListOfData) =〉 Init_List_RM_Entries Init_List_AR_Resc AR_Active := 0 Stop Timer(DHCP_RetryTime) Start IP,UDP,RPC Store Data in DataSet DCP_Set. rsp(+)(CREP,DA,ListOfData) RM_Init. cnf	W_Conect
29	Set_IP	DCP_Set. ind(CREP,SA,ListOfData) /VALID_DATA &&((NAME in ListOfData) && NAME-length == 0) =〉 Store Data in DataSet DCP_Set. rsp(+)(CREP,DA,ListOfData)	Set_Name

表 515（续）

#	当前状态	事件/条件 =〉动作	下一状态
30	Set_IP	DCP_Set. ind(CREP,SA,ListOfData) /VALID_DATA && ！((NAME in ListOfData) && NAME-length == 0) && ！(IP in ListOfData) =〉 Store Data in DataSet DCP_Set. rsp(+)(CREP,DA,ListOfData)	Set_IP
31	Set_IP	DCP_Set. ind(CREP,SA,ListOfData) /！VALID_DATA =〉 ERRCLS := Invalid_Parameter ERRCODE := Invalid_DataSet DCP_Set. rsp(−)(CREP,DA,ERRCLS,ERRCODE)	Set_IP
32	Set_IP	DCP_Identify. ind(CREP,SA,ListofFilters,ResponseDelay) /VALID_FILTERS =〉 Retrieve Data from DataSet DA := SA DCP_Identify. req(CREP,DA,ListOfFilters,ResponseDelay)	Set_IP
33	Set_IP	DCP_Identify. ind(CREP,SA,ListofFilters,ResponseDelay) /！VALID_FILTERS =〉 ignore	Set_IP
34	Set_IP	DCP_Get. ind(CREP,SA,selectors) /VALID_SELECTORS =〉 Retrieve Data from DataSet DCP_Get. rsp(+)(CREP,DA,ListOfData)	Set_IP
35	Set_IP	DCP_Get. ind(CREP,SA,selectors) /！VALID_SELECTORS =〉 Error := Invalid_DataSet DCP_Get. rsp(−)(CREP,DA,ERRCLS,ERRCODE)	Set_IP
36	Set_IP	DHCPTimeout =〉 ExponentialBackOff(DHCP_RetryTime) Start Timer(DHCP_RetryTime) DHCPDISCOVER. req(Options)	Set_IP
37	Set_IP	HELLOTimeout /HelloCount ！= 0 =〉 Start Timer(HelloIntervalTime) HelloCount := HelloCount−1 DCP_HELLO. req(CREP,ListOfData)	Set_IP

表 515（续）

#	当前状态	事件/条件 =〉动作	下一状态
38	Set_IP	HELLOTimeout /HelloCount == 0 =〉 ignore	Set_IP
39	W_Conect	DHCPOFFER. ind(IP_Para, ListOfData) /VALID_DATA && !((NAME in ListOfData) &&(NAME-length == 0)) && AR_Active == 0 =〉 Stop RPC, UDP, IP Store Data in DataSet Start RPC, UDP, IP	W_Conect
40	W_Conect	DHCPOFFER. ind(IP_Para, ListOfData) /! VALID_DATA ||((NAME in ListOfData) && NAME-length==0)|| AR_Active ! = 0 =〉 ignore	W_Conect
41	W_Conect	DCP_Set. ind(CREP, SA, ListOfData) /VALID_DATA &&((NAME in ListOfData) && NAME-length == 0) ||(ResetToFactory in ListOfData) =〉 Stop RPC, UDP, IP Store Data in DataSet DCP_Set. rsp(+)(CREP, DA, ListOfData) RM_Stopped. ind	Set_Name
42	W_Conect	DCP_Set. ind(CREP, SA, ListOfData) /VALID_DATA && !((NAME in ListOfData) && NAME-length == 0) && ! NAME_IP_Change =〉 Store Data in DataSet DCP_Set. rsp(+)(CREP, DA, ListOfData)	W_Conect
43	W_Conect	DCP_Set. ind(CREP, SA, ListOfData) /VALID_DATA && !((NAME in ListOfData) && NAME-length == 0) && NAME_IP_Change && AR_Active == 0 =〉 Stop RPC, UDP, IP Store Data in DataSet Start RPC, UDP, IP DCP_Set. rsp(+)(CREP, DA, ListOfData)	W_Conect
44	W_Conect	DCP_Set. ind(CREP, SA, ListOfData) /VALID_DATA && !((NAME in ListOfData) && NAME-length==0) &&(NAME in ListOfData && Value of NAME ! =Dev_Name) && ! AR_Active==0 =〉 Stop RPC, UDP, IP Store Data in DataSet Start RPC, UDP, IP DCP_Set. rsp(+)(CREP, DA, ListOfData)	W_Conect

表 515（续）

#	当前状态	事件/条件 =〉动作	下一状态
45	W_Conect	DCP_Set. ind(CREP,SA,ListOfData) /VALID_DATA && ! ((NAME in ListOfData) && NAME-length == 0) &&(IP in ListOfData && Value of IP ! = Dev_IP_Para) && ! AR_Active == 0 =〉 ERRCLS := Invalid_Parameter ERRCODE := Invalid_State DCP_Set. rsp(－)(CREP,DA,ERRCLS,ERRCODE)	W_Conect
46	W_Conect	DCP_Set. ind(CREP,SA,ListOfData) /! VALID_DATA =〉 ERRCLS := Invalid_Parameter ERRCODE := Invalid_DataSet DCP_Set. rsp(－)(CREP,DA,ERRCLS,ERRCODE)	W_Conect
47	W_Conect	DCP_Identify. ind(CREP,SA,ListofFilters,ResponseDelay) /VALID_FILTERS =〉 Retrieve Data from DataSet DA := SA DCP_Identify. req(CREP,DA,ListOfFilters,ResponseDelay)	W_Conect
48	W_Conect	DCP_Identify. ind(CREP,SA,ListofFilters,ResponseDelay) /! VALID_FILTERS =〉 ignore	W_Conect
49	W_Conect	DCP_Get. ind(CREP,SA,selectors) /VALID_SELECTORS =〉 Retrieve Data from DataSet DCP_Get. rsp(＋)(CREP,DA,ListOfData)	W_Conect
50	W_Conect	DCP_Get. ind(CREP,SA,selectors) /! VALID_SELECTORS =〉 ERRCLS := Invalid_Parameter ERRCODE := Invalid_DataSet DCP_Get. rsp(－)(CREP,DA,ERRCLS,ERRCODE)	W_Conect
51	W_Conect	RM_CControl. req(AREP,ControlBlock,ModuleDiffBlock) =〉 encode IOxControlReq RPC_CControl. req(Arg)	W_Conect
52	W_Conect	RPC_CControl. cnf(－)(Arg) =〉 AREP := Arg. AREP RM_CControl. cnf(－)(AREP,ErrorDecode,ErrorCode1,ErrorCode2,AddData1,AddData2)	W_Conect

表 515（续）

#	当前状态	事件/条件 =〉动作	下一状态
53	W_Conect	RPC_CControl. cnf(+)(Arg) /VALID_Block_Structure =〉 AREP := Arg. AREP RM_CControl. cnf(+)(AREP,ControlBlock)	W_Conect
54	W_Conect	RPC_CControl. cnf(+)(Arg) /! VALID_Block_Structure =〉 ErrorCode2 := WRONG_BLOCK RM_CControl. cnf(−)(AREP,ErrorDecode,ErrorCode1,ErrorCode2,AddData1,AddData2)	W_Conect
55	W_Conect	RPC_DControl. ind(Arg) /Search_in_List_of_RM_Entries(Arg. AREP,In_Use=FALSE) ! = NIL && VALID_Block_Structure =〉 AREP := Arg. AREP RM_DControl. ind(AREP,ControlBlock)	W_Conect
56	W_Conect	RPC_DControl. ind(Arg) /Search_in_List_of_RM_Entries(Arg. AREP,In_Use=FALSE) ! = NIL && ! VALID_Block_Structure =〉 Arg. ErrorCode2 := WRONG_BLOCK RPC_DControl. rsp(−)(Arg)	W_Conect
57	W_Conect	RPC_DControl. ind(Arg) /Search_in_List_of_RM_Entries(Arg. ARep,In_Use=FALSE) = = NIL =〉 Arg. ErrorCode2 := NO_AREP_ACT RPC_DControl. rsp(−)(Arg)	W_Conect
58	W_Conect	RM_DControl. rsp(−)(AREP,ErrorDecode,ErrorCode1,ErrorCode2,AddData1,AddData2) =〉 encode Error(Only NDR-Header) RPC_DControl. rsp(−)(Arg)	W_Conect
59	W_Conect	RM_DControl. rsp(+)(AREP,ControlBlock) =〉 encode IODControlRes RPC_DControl. rsp(+)(Arg)	W_Conect
60	W_Conect	RPC_Write. ind(Arg) /Search_in_List_of_RM_Entries(Arg. AREP,In_Use=FALSE) ! = NIL && VALID_Block_Structure =〉 AREP := Arg. AREP Store API,slotNumber,subslotNumber,Index,seqNumber RM_Write. ind(AREP,API,slotNumber,subslotNumber,Index,multiple,seqNumber,Length,Data)	W_Conect

表 515（续）

#	当前状态	事件/条件 =〉动作	下一状态
61	W_Conect	RPC_Write. ind(Arg) /Search_in_List_of_RM_Entries(Arg. AREP, In_Use=FALSE) ! = NIL && ! VALID_Block_Structure =〉 Arg. ErrorCode2 := WRONG_BLOCK RPC_Write. rsp(—)(Arg)	W_Conect
62	W_Conect	RPC_Write. ind(Arg) /Search_in_List_of_RM_Entries(Arg. ARep, In_Use=FALSE) == NIL =〉 Arg. ErrorCode2 := NO_AREP_ACT(2) RPC_Write. rsp(—)(Arg)	W_Conect
63	W_Conect	RM_Write. rsp (—) (AREP, multiple, seqNumber, ErrorDecode, ErrorCode1, ErrorCode2, AddData1, AddData2) =〉 encode Error(Only NDR-Header) RPC_Write. rsp(—)(Arg)	W_Conect
64	W_Conect	RM_Write. rsp(+)(AREP, seqNumber, AddData1, AddData2) =〉 Retrieve API, slotNumber, subslotNumber, Index, seqNumber encode IODWriteRes RPC_Write. rsp(+)(Arg)	W_Conect
65	W_Conect	RPC_Read. ind(Arg) /Arg. AREP == NIL && VALID_Block_Structure =〉 AREP := NIL RM_Read. ind(AREP, API, TargetUUID, slotNumber, subslotNumber, Index, seqNumber, Length)	W_Conect
66	W_Conect	RPC_Read. ind(Arg) /Arg. AREP == NIL && ! VALID_Block_Structure =〉 Arg. ErrorCode2 := WRONG_BLOCK RPC_Read. rsp(—)(Arg)	W_Conect
67	W_Conect	RPC_Read. ind(Arg) /Arg. AREP! = NIL && search_in_List_of_RM_Entries(Arg. AREP, In_Use=FALSE) ! = NIL && VALID_Block_Structure =〉 AREP := Arg. AREP Store API, TargetUUID, slotNumber, subslotNumber, Index, seqNumber RM_Read. ind (AREP, API, TargetUUID, slotNumber, subslotNumber, Index, seqNumber, Length)	W_Conect
68	W_Conect	RPC_Read. ind(Arg) /Arg. AREP! = NIL && search_in_List_of_RM_Entries(Arg. AREP, In_Use=FALSE) ! = NIL && ! VALID_Block_Structure =〉 Arg. ErrorCode2 := WRONG_BLOCK RPC_Read. rsp(—)(Arg)	W_Conect

表 515(续)

#	当前状态	事件/条件 =〉动作	下一状态
69	W_Conect	RPC_Read. ind(Arg) /Arg. AREP! = NIL && search_in_List_of_RM_Entries(Arg. ARep, In_Use=FALSE) == NIL =〉 Arg. ErrorCode2 := NO_AREP_ACT RPC_Read. rsp(−)(Arg)	W_Conect
70	W_Conect	RM_Read. rsp(−)(AREP, multiple, seqNumber, ErrorDecode, ErrorCode1, ErrorCode2, AddData1, AddData2) =〉 encode Error(Only NDR-Header) RPC_Read. rsp(−)(Arg)	W_Conect
71	W_Conect	RM_Read. rsp(+)(AREP, seqNumber, AddData1, AddData2) =〉 Retrieve API, TargetUUID, slotNumber, subslotNumber, Index, seqNumber encode IODReadRes RPC_Read. rsp(+)(Arg)	W_Conect
72	W_Conect	RPC_Connect. ind(Arg) /List_of_AR_resc == NIL && VALID_Block_Structure && Arg. AREP! = NIL =〉 Arg. ErrorCode2 := NO_AREP_RSC(1) RPC_Connect. rsp(−)(Arg)	W_Conect
73	W_Conect	RPC_Connect. ind(Arg) /List_of_AR_resc ! = NIL&& VALID_Block_Structure && Arg. AREP! = NIL && search_in_List_of_RM_Entries(Arg. AREP, In_Use =FALSE) == NIL =〉 Put_to_List_of_RM_Entries(AREP= Arg. ARBlock. ARUUID) AR_Active := AR_Active + 1 HelloCount == 0 RM_Connect. ind(AREP, ARBlockReq, ListOfIOCRBlockReq, AlarmCRBlockReq, ListOfExpectedSubmoduleBlockReq)	W_Conect
74	W_Conect	RPC_Connect. ind(Arg) /List_of_AR_resc ! = NIL&& VALID_Block_Structure && Arg. AREP! = NIL && search_in_List_of_RM_Entries(Arg. AREP, In_Use =FALSE) ! = NIL =〉 RM_Connect. ind(AREP, ARBlockReq, ListOfIOCRBlockReq, AlarmCRBlockReq, ListOfExpectedSubmoduleBlockReq)	W_Conect
75	W_Conect	RPC_Connect. ind(Arg) /! VALID_Block_Structure || Arg. AREP == NIL =〉 Arg. ErrorCode2 := WRONG_BLOCK RPC_Connect. rsp(−)(Arg)	W_Conect

表 515（续）

#	当前状态	事件/条件 =〉动作	下一状态
76	W_Conect	RM_Connect. rsp(－)(AREP, ErrorDecode, ErrorCode1, ErrorCode2, AddData1, AddData2) =〉 encode Error(Only NDR-Header) Rem_from_List_of_RM_Entries(AREP) AR_Active := AR_Active－1 RPC_Connect. rsp(－)(Arg)	W_Conect
77	W_Conect	RM_Connect. rsp(＋)(AREP, ARBlockRes, ListOfIOCRBlockRes, AlarmCRBlockRes, ModuleDiffBlock) =〉 encode IODConnectRes RPC_Connect. rsp(＋)(Arg)	W_Conect
78	W_Conect	RPC_Release. ind(Arg) /Search_in_List_of_RM_Entries(Arg. AREP, In_Use=FALSE) ! = NIL && VALID_Block_Structure =〉 Rem_from_List_of_RM_Entries(Arg. AREP) AR_Active := AR_Active－1 AREP := Arg. AREP RM_Release. ind(AREP, ControlBlock)	W_Conect
79	W_Conect	RPC_Release. ind(Arg) /Search_in_List_of_RM_Entries(Arg. AREP, In_Use=FALSE) ! = NIL && ! VALID_Block_Structure =〉 Arg. ErrorCode2 := WRONG_BLOCK RPC_Release. rsp(－)(Arg)	W_Conect
80	W_Conect	RPC_Release. ind(Arg) /Search_in_List_of_RM_Entries(Arg. ARep, In_Use=FALSE) == NIL =〉 Arg. ErrorCode2 := NO_AREP_ACT(2) RPC_Release. rsp(－)(Arg)	W_Conect
81	W_Conect	RM_Release. rsp(－)(AREP, ErrorDecode, ErrorCode1, ErrorCode2, AddData1, AddData2) =〉 encode Error(Only NDR-Header) RPC_Release. rsp(－)(Arg)	W_Conect
82	W_Conect	RM_Release. rsp(＋)(AREP, ControlBlock) =〉 encode IODReleaseRes RPC_Release. rsp(＋)(Arg)	W_Conect
83	W_Conect	RM_Abort. req(AREP) /Search_in_List_of_RM_Entries(AREP, In_Use=FALSE) ! = NIL =〉 Rem_from_List_of_RM_Entries(AREP) AR_Active := AR_Active－1 RM_Abort. cnf(AREP)	W_Conect

表 515(续)

#	当前状态	事件/条件 =〉动作	下一状态
84	W_Conect	RM_Abort. req(AREP) /Search_in_List_of_RM_Entries(ARep,In_Use=FALSE) == NIL =〉 RM_Abort. cnf(AREP)	W_Conect
85	W_Conect	HELLOTimeout /HelloCount != 0 =〉 Start Timer(HelloIntervalTime) HelloCount := HelloCount−1 DCP_HELLO. req(CREP,ListOfData)	W_Conect
86	W_Conect	HELLOTimeout /HelloCount == 0 =〉 ignore	W_Conect
87	任意状态	DCPUCR_Close. cnf(−)(CREP,ERRCLS,ERRCODE) =〉	相同状态
88	任意状态	DCPUCR_Close. cnf(+)(CREP) =〉	相同状态
89	任意状态	DCPMCR_Close. cnf(−)(CREP,ERRCLS,ERRCODE) =〉	相同状态
90	任意状态	DCPMCR_Close. cnf(+)(CREP) =〉	相同状态

6.6.4.4 宏

表 516 列出了 RMPM 所使用的宏。

表 516 RMPM 所使用的宏

名　称	功　能
CHECK_AR_TYPE	检查 CM_Connect-REQ-PDU 的所有数据 检查 reduction ratio 和 phase 对照 IO Data ASE,Alarm ASE 的属性进行检查 检查 data volume
CHECK_IDENT_NUMBER	检查 Ident
VALID_SELECTORS	ListOfSelector 编码和内容符合 DCP 规范
VALID_FILTER	ListOfFilter 编码和内容符合 DCP 规范
VALID_DATA	ListOfData 编码和内容符合 DCP 规范
VALID_Block_Structure	RPC 服务的块结构不符合编码规则
NAME_IP_Change	(NAME in ListOfData && Value of NAME ! = Dev_Name) ||(IP in ListOfData && Value of IP ! = Dev_IP_Para)
Search_in_List_of_RM_Entries	用于特定 AREP 的 RM 登录项的扫描表
Store Data in Dataset	依据 BlockQualifier,把 ListOfData 参数存储在该站的 DataSet 中。

6.6.4.5 功能

与对于 NRPM 定义的功能相同(见 6.6.3.4)。

6.6.5 CMDEV

6.6.5.1 原语定义

6.6.5.1.1 在 FSPMDEV 与 CMDEV 之间交换的原语

表 517 列出了这些服务原语及其相关参数,它们由 IO 设备的 FSPM(FSPMDEV)发出并由 CMDEV 来接收。

表 517 由 FSPMDEV 发给 CMDEV 的原语

原语名称	源	相关参数	功能
Init. req	FSPM	—	服务 Init 初始化 RMPM
Abort. req	FSPM	AREP	服务 Abort 从 list of AREPs 中去除所存储的 AREP
CControl. req	FSPM	AREP, CCtl Parameter	服务 Ccontrol 传送应用就绪标记
Connect. rsp(+)	FSPM	AREP, AR Response Block, List of IO CR Response Blocks, Alarm CR Response Block, List of IO Data Response Blocks	此服务原语是对建立应用关系的肯定响应
Connect. rsp(-)	FSPM	AREP, ErrorDecode, ErrorCode1, ErrorCode2, AddData1, AddData2	此服务原语是否定响应,并且未建立所请求的应用关系
DControl. rsp(+)	FSPM	AREP DCtl Response	此服务原语是对参数信号结束的响应
DControl. rsp(-)	FSPM	AREP, ErrorDecode, ErrorCode1, ErrorCode2, AddData1, AddData2	此服务原语是对参数信号结束的响应
Read. rsp(+)	FSPM	AREP, Length, Data	此服务原语是对 Read 服务的响应
Read. rsp(-)	FSPM	AREP, ErrorDecode, ErrorCode1, ErrorCode2, AddData1, AddData2	此服务原语是对 Read 服务的响应
Write. rsp(+)	FSPM	AREP	此服务原语是对 Write 服务的响应

表 517（续）

原语名称	源	相关参数	功　能
Write. rsp(－)	FSPM	AREP, ErrorDecode, ErrorCode1, ErrorCode2, AddData1, AddData2	此服务原语是对 Write 服务的响应
CM_Release. rsp(＋)	FSPM	AREP	此服务原语是对 Release 服务的响应
CM_Release. rsp(－)	FSPM	AREP, ErrorDecode, ErrorCode1, ErrorCode2, AddData1, AddData2	此服务原语是对 Release 服务的响应

表 518 列出了一些服务原语及其相关参数，它们由 CMDEV 发出并由 IO 设备的 FSPM(FSPMDEV)来接收。

表 518　由 CMDEV 发给 FSPMDEV 的原语

原语名称	源	相关参数	功　能
Init. cnf(＋)	CM	—	此服务原语指出 Init 服务成功
CControl. cnf	CM	AREP, Ct_Arg	此服务原语证实 Ccontrol 服务
Connect. ind	CM	AREP, Ident_Number, AR Type, List of related CRs	此服务原语指出请求建立一个应用关系
DControl. ind	CM	AREP, Ct_Arg	此服务原语指出参数的结束
Read. ind	CM	AREP, R_Arg	此服务原语指出 Read 服务
Write. ind	CM	AREP, W_Arg	此服务原语指出 Write 服务
Release. ind	CM	AREP	此服务原语指出应释放该应用关系
Stopped. ind	CM	—	此服务原语指出，设置一个新的设备名称，因此停止 IP 实现以接收新的 IP 参数

6.6.5.1.2　CMDEV 原语的参数

在 FAL 服务定义中描述了 FSPM 与 CMDEV 之间交换的原语所使用的参数。

6.6.5.2　状态机描述

对于 IO 设备的每个 AR，都有 CM 设备协议机(CMDEV)和用于设备访问的 CM 设备协议机(CMDEV_DA)。选择其中的哪一个，是通过属性 ARProperties. DeviceAccess 来完成的。

6.6.5.3 CMDEV 状态表

表 519 包含 CMDEV 状态机的完整描述。

表 519 CMDEV 状态表

#	当前状态	事件/条件 =〉动作	下一状态
1	POWER-ON	CM_Init. req =〉 CM_Init. cnf	W_CIND
2	W_CIND	RM_Connect. ind(AREP, ARBlockReq, ListOfIOCRBlockReq, AlarmCRBlockReq, ListOfExpectedSubmoduleBlockReq, ListOfMCRBlockReq) /CHECK_AR_IO_TYPE && ListOfMCRBlock == NIL =〉 CREP. PPM := create(PPM) CREP. CPM := create(CPM) CREP. APMI := create(ALPMI) CREP. APMR := create(ALPMR) First := TRUE Multicast_Comm := FALSE CM_Connect. ind(AREP, ARBlockReq, ListOfIOCRBlockReq, AlarmCRBlockReq, ListOfExpectedSubmoduleBlockReq)	W_CRES
3	W_CIND	RM_Connect. ind(AREP, ARBlockReq, ListOfIOCRBlockReq, AlarmCRBlockReq, ListOfExpectedSubmoduleBlockReq, ListOfMCRBlockReq) /CHECK_AR_IO_TYPE && ListOfMCRBlock ! = NIL && Resources available =〉 CREP. PPM := create(PPM) CREP. CPM := create(CPM) CREP. APMI := create(ALPMI) CREP. APMR := create(ALPMR) First := TRUE Multicast_Comm := TRUE CREP. MPPM := create(mPPM) CREP. NRMC := create(NRMC) NRMC_Timeout := FALSE CM_ApplReady := FALSE RM_ApplReady := FALSE CM_Connect. ind(AREP, ARBlockReq, ListOfIOCRBlockReq, AlarmCRBlockReq, ListOfExpectedSubmoduleBlockReq)	W_CRES
4	W_CIND	RM_Connect. ind (AREP, ARBlockReq, ListOfIOCRBlockReq, AlarmCR-BlockReq, ListOfExpectedSubmoduleBlockReq, ListOfMCRBlockReq) /CHECK_AR_IO_TYPE && ListOfMCRBlock ! = NIL && Resources not available =〉 ErrorDecode := PNIO ErrorCode1 := CMDEV ErrorCode2 := resource LogEntry() RM_Connect. rsp(—)(AREP, ErrorDecode, ErrorCode1, ErrorCode2)	W_CIND

表 519（续）

#	当前状态	事件/条件 =〉动作	下一状态
5	W_CIND	RM_Connect.ind(AREP,ARBlockReq,ListOfIOCRBlockReq, AlarmCRBlockReq,ListOfExpectedSubmoduleBlockReq, ListOfMCRBlockReq) /! CHECK_AR_IO_TYPE =〉 ErrorDecode := PNIO ErrorCode1 := block of error ErrorCode2 := detail LogEntry() RM_Connect.rsp(－)(AREP,ErrorDecode,ErrorCode1,ErrorCode2)	W_CIND
6	W_CIND	RM_Read.ind(AREP, API, TargetUUID, slotNumber, subslotNumber, Index,seqNumber,Length)=〉ErrorDecode := PNIORW ErrorCode1 := state conflict RM_Read.rsp(－)(AREP,ErrorDecode,ErrorCode1,ErrorCode2, AddData1,AddData2)	W_CIND
7	W_CIND	RM_Release.ind(AREP,ControlBlock) =〉 RM_Release.rsp(＋)(AREP,ControlBlock)	W_CIND
8	W_CRES	CM_Connect.rsp(＋)(AREP,ARBlockRes,ListOfIOCRBlockRes,Alarm-CRBlockRes,ModuleDiffBlock) =〉 PPM_Activate.req(CREP.PPM,DA,SA,FrameID,Prio,VLAN, TxOption,ReductionRatio,Phase,Sequence,Default_Values,Default_Status)	W_PM_O
9	W_CRES	CM_Connect.rsp(－)(AREP,ErrorDecode,ErrorCode1,ErrorCode2,Ad-dData1,AddData2) =〉 RM_Connect.rsp(－)(AREP,ErrorDecode,ErrorCode1,ErrorCode2)	W_CIND
10	W_CRES	RM_Write.ind(AREP,API,slotNumber,subslotNumber,Index,multiple, seqNumber,Length,Data) =〉 ignore	W_CRES
11	W_CRES	RM_Read.ind(AREP,API,TargetUUID,slotNumber,subslotNumber, Index,seqNumber,Length) =〉 ErrorDecode := PNIORW ErrorCode1 := state conflict RM_Read.rsp(－)(AREP,ErrorDecode,ErrorCode1,ErrorCode2, AddData1,AddData2)	W_CRES
12	W_CRES	RM_DControl.ind(AREP,ControlBlock) =〉 ignore	W_CRES

表 519（续）

#	当前状态	事件/条件 =〉动作	下一状态
13	W_CRES	RM_Release. ind(AREP,ControlBlock) =〉 ignore	W_CRES
14	W_CRES	CM_Set_Prov_Status. req(AREP,CREP,D_Status) =〉 Rem_Sts(CREP),D_Status := D_Status & Inv_Msk PPM_Set_Prov_Status. req(CREP,D_Status)	W_CRES
15	W_PM_O	PPM_Activate. cnf(CREP. PPM) /ListOfMCRBlock == NIL =〉 ALPMI_Activate. req(CREP. ALPMI,DA,SA,VLAN,RTATimeoutFactor, MRetry)	W_PM_O
16	W_PM_O	PPM_Activate. cnf(CREP. PPM) /ListOfMCRBlock != NIL =〉 Start NRMC_Timer(MCITimeoutFactor) ProviderStationName := mCRBlockReq. ProviderStationName NRMC_Activate. req(CREP,ProviderStationName,CR_Parameter)	W_PM_O
17	W_PM_O	NRMC_Activate. cnf(+)(CREP) /last one =〉 ALPMI_Activate. req(CREP. ALPMI,DA,SA,VLAN,RTATimeoutFactor, MRetry)	W_PM_O
18	W_PM_O	NRMC_Activate. cnf(−)(CREP,Err) =〉 ErrorDecode := PNIO ErrorCode1 := CMDEV ErrorCode2 := state conflict Stop Timer RM_Connect. rsp(−)(AREP,ErrorDecode,ErrorCode1,ErrorCode2) RM_Abort. req(AREP)	ABORT
19	W_PM_O	ALPMI_Activate. cnf(CREP. ALPMI) =〉 ALPMR_Activate. req(CREP. ALPMR,DA,SA,VLAN,RTATimeoutFactor, MRetry)	W_PM_O

表 519(续)

#	当前状态	事件/条件 =〉动作	下一状态

20	W_PM_O	ALPMR_Activate. cnf(CREP. ALPMR)
		=〉
		Start Timer(CMI_Timeout)
		ApplRdyDone := FALSE
		if ARType ! = singeRTC3:
		NeedRedRecvPhase := FALSE
		Rdy4RTC3 := TRUE
		else:
		NeedRedRecvPhase := TRUE
		Rdy4RTC3 := FALSE
		
		RM_Connect. rsp(+)(AREP, ARBlockRes, ListOfIOCRBlockRes, AlarmCRBlockRes, ModuleDiffBlock)
			W_PIND

21	W_PM_O	RM_ Read. ind (AREP, API, TargetUUID, slotNumber, subslotNumber, Index, seqNumber, Length) =〉 ErrorDecode := PNIORW ErrorCode1 := state conflict RM _ Read. rsp (−) (AREP, ErrorDecode, ErrorCode1, ErrorCode2, AddData1, AddData2)	W_PIND
22	W_PIND	RM_Write. ind(AREP, API, slotNumber, subslotNumber, Index, multiple, seqNumber, Length, Data) /First =〉 First := FALSE Stop Timer CPM_Activate. req(CREP. CPM, DA, SA, FrameID, Prio, VLAN, startTon, Timeout_Base, WatchdogFactor, DataHoldFactor, Default_ Value, Default_ Status)	W_ACTC1
23	W_PIND	RM_Write. ind(AREP, API, slotNumber, subslotNumber, Index, multiple, seqNumber, Length, Data) /! First =〉 PrmFlag := TRUE CM_Write. ind(AREP, API, slotNumber, subslotNumber, Index, multiple, PrmFlag, seqNumber, Length, Data)	W_PRES
24	W_PIND	RM_DControl. ind(AREP, ControlBlock) /First =〉 First := FALSE Stop Timer CPM_Activate. req(CREP. CPM, DA, SA, FrameID, Prio, VLAN, startTon, Timeout_Base, WatchdogFactor, DataHoldFactor, Default_ Value, Default_ Status)	W_ACTC2

表 519（续）

#	当前状态	事件/条件 =〉动作	下一状态
25	W_PIND	RM_DControl. ind(AREP,ControlBlock) /! First =〉 CM_DControl. ind(AREP,ControlBlock)	W_ERES
26	W_PIND	RM_Release. ind(AREP,ControlBlock) =〉 Stop Timer CM_Release. ind(AREP,ControlBlock)	ABORT
27	W_PIND	CM_Set_Prov_Status. req(AREP,CREP,D_Status) =〉 Rem_Sts(CREP),D_Status := D_Status & Inv_Msk PPM_Set_Prov_Status. req(CREP,D_Status)	W_PIND
28	W_PIND	Timeout =〉 RM_Abort. req(AREP)	ABORT
29	W_PIND	NRMC_InData. ind(CREP) =〉 ignore	W_PIND
30	W_PIND	Timeout_NRMC_Timer =〉 NRMC_Timeout := TRUE	W_PIND
31	W_PIND	CM_Abort. req(AREP) =〉 Stop Timer RM_Abort. req(AREP)	ABORT
32	W_PIND	CPM_Stop. ind(CREP) /CREP ! = CREP. MCPM =〉 Stop Timer RM_Abort. req(AREP)	ABORT
33	W_PIND	CPM_New_Cons_Data. ind(CREP. CPM,APDU_Status,InTime) =〉 Stop Timer	W_PIND
34	W_PIND	PPM_Error. ind =〉 Stop Timer RM_Abort. req(AREP)	ABORT
35	W_PIND	ALPMI_Error. ind =〉 Stop Timer RM_Abort. req(AREP)	ABORT

表 519（续）

#	当前状态	事件/条件 =〉动作	下一状态
36	W_PIND	ALPMR_Error. ind =〉 Stop Timer RM_Abort. req(AREP)	ABORT
37	W_ACTC1	CPM_Activate. cnf(CREP. CPM) =〉 PrmFlag := TRUE CM_Write. ind(AREP, API, slotNumber, subslotNumber, Index, multiple, PrmFlag, seqNumber, Length, Data)	W_PRES
38	W_ACTC1	NRMC_InData. ind(CREP) =〉 ignore	W_ACTC1
39	W_ACTC1	Timeout_NRMC_Timer =〉 NRMC_Timeout := TRUE	W_ACTC1
40	W_ACTC2	CPM_Activate. cnf(CREP. CPM) =〉 CM_DControl. ind(AREP, ControlBlock)	W_ERES
41	W_ACTC2	NRMC_InData. ind(CREP) =〉 ignore	W_ACTC2
42	W_ACTC2	Timeout_NRMC_Timer =〉 NRMC_Timeout := TRUE	W_ACTC2
43	W_PRES	CM_Write. rsp(+)(AREP, multiple, Seq Number, AddData1, AddData2) =〉 RM_Write. rsp(+)(AREP, multiple, seqNumber, AddData1, AddData2)	W_PIND
44	W_PRES	CM_Write. rsp(−)(AREP, multiple, seqNumber, ErrorDecode, ErrorCode1, ErrorCode2, AddData1, AddData2) =〉 RM_Write. rsp(−)(AREP, multiple, seqNumber, ErrorDecode, ErrorCode1, ErrorCode2, AddData1, AddData2)	W_PIND
45	W_PRES	RM_DControl. ind(AREP, ControlBlock) =〉 ignore	W_PRES
46	W_PRES	RM_Release. ind(AREP, ControlBlock) =〉 ignore	W_PRES
47	W_PRES	CM_Set_Prov_Status. req(AREP, CREP, D_Status) =〉 Rem_Sts(CREP), D_Status := D_Status & Inv_Msk PPM_Set_Prov_Status. req(CREP, D_Status)	W_PRES

表 519(续)

#	当前状态	事件/条件 =〉动作	下一状态
48	W_PRES	CM_Abort. req(AREP) =〉 RM_Abort. req(AREP)	ABORT
49	W_PRES	CPM_Stop. ind(CREP) /CREP ! = CREP. MCPM =〉 RM_Abort. req(AREP)	ABORT
50	W_PRES	NRMC_InData. ind(CREP) =〉 ignore	W_PRES
51	W_PRES	Timeout_NRMC_Timer =〉 NRMC_Timeout := TRUE	W_PRES
52	W_PRES	CPM_New_Cons_Data. ind(CREP. CPM, APDU_Status, InTime) =〉 ignore	W_PRES
53	W_PRES	PPM_Error. ind =〉 RM_Abort. req(AREP)	ABORT
54	W_PRES	ALPMI_Error. ind =〉 RM_Abort. req(AREP)	ABORT
55	W_PRES	ALPMR_Error. ind =〉 RM_Abort. req(AREP)	ABORT
56	W_ERES	CM_DControl. rsp(+)(AREP, ControlBlock) =〉 StoreControlBlock RM_DControl. rsp(+)(AREP, ControlBlock)	W_ARDY
57	W_ERES	RM_DControl. ind(AREP, ControlBlock) =〉 RM_Abort. req(AREP)	ABORT
58	W_ERES	CM_DControl. rsp(-)(AREP, ErrorDecode, ErrorCode1, ErrorCode2, AddData1, AddData2) =〉 RM_DControl. rsp(-)(AREP, ErrorDecode, ErrorCode1, ErrorCode2) RM_Abort. req(AREP)	ABORT
59	W_ERES	RM_Release. ind(AREP, ControlBlock) =〉 CM_Release. ind(AREP, ControlBlock)	ABORT
60	W_ERES	CM_Set_Prov_Status. req(AREP, CREP, D_Status) =〉 Rem_Sts(CREP), D_Status := D_Status & Inv_Msk PPM_Set_Prov_Status. req(CREP, D_Status)	W_ERES

表 519（续）

#	当前状态	事件/条件 =〉动作	下一状态
61	W_ERES	CM_Abort. req(AREP) =〉 RM_Abort. req(AREP)	ABORT
62	W_ERES	CPM_Stop. ind(CREP) /CREP ! = CREP. MCPM =〉 RM_Abort. req(AREP)	ABORT
63	W_ERES	NRMC_InData. ind(CREP) =〉 ignore	W_ERES
64	W_ERES	Timeout_NRMC_Timer =〉 NRMC_Timeout := TRUE	W_ERES
65	W_ERES	CPM_New_Cons_Data. ind(CREP. CPM, APDU_Status, InTime) =〉 ignore	W_ERES
66	W_ERES	PPM_Error. ind =〉 RM_Abort. req(AREP)	ABORT
67	W_ERES	ALPMI_Error. ind =〉 RM_Abort. req(AREP)	ABORT
68	W_ERES	ALPMR_Error. ind =〉 RM_Abort. req(AREP)	ABORT
69	W_ARDY	RM_DControl. ind(AREP, ControlBlock) /PRMEND =〉 Retrieve ControlBlock RM_DControl. rsp(+)(AREP, ControlBlock)	W_ARDY
70	W_ARDY	RM_DControl. ind(AREP, ControlBlock) /! PRMEND =〉 CM_DControl. ind(AREP, ControlBlock)	W_ARDY
71	W_ARDY	RM_Release. ind(AREP, ControlBlock) =〉 CM_Release. ind(AREP, ControlBlock)	ABORT
72	W_ARDY	CM_Set_Prov_Status. req(AREP, CREP, D_Status) =〉 Rem_Sts(CREP), D_Status := D_Status & Inv_Msk PPM_Set_Prov_Status. req(CREP, D_Status)	W_ARDY

表 519（续）

#	当前状态	事件/条件 =〉动作	下一状态
73	W_ARDY	CM_CControl. req(AREP,ControlBlock,ModuleDiffBlock) /Multicast_Comm == FALSE =〉 ControlCommand. ApplicationReady := TRUE ControlBlockProperties. Bit1 := Rdy4RTC3 RM_CControl. req(AREP,ControlBlock;ModuleDiffBlock)	W_RDYC
74	W_ARDY	CM_CControl. req(AREP,ControlBlock,ModuleDiffBlock) /Multicast_Comm == TRUE && NRMC_Timeout == FALSE && CHECK_ALL_MC_INDATA() == TRUE =〉 Stop NRMC_Timer RM_ApplReady := TRUE ControlCommand. ApplicationReady := TRUE ControlBlockProperties. Bit1 := Rdy4RTC3 RM_CControl. req(AREP,ControlBlock;ModuleDiffBlock)	W_RDYC
75	W_ARDY	CM_CControl. req(AREP,ControlBlock,ModuleDiffBlock) /Multicast_Comm == TRUE && NRMC_Timeout == FALSE && CHECK_ALL_MC_INDATA() == FALSE =〉 Store AREP,ControlBlock,ModuleDiffBlock CM_ApplReady := TRUE	W_ARDY
76	W_ARDY	CM_CControl. req(AREP,ControlBlock,ModuleDiffBlock) /Multicast_Comm == TRUE && NRMC_Timeout == TRUE && CHECK_ALL_MC_INDATA() == TRUE =〉 RM_ApplReady := TRUE ControlCommand. ApplicationReady := TRUE ControlBlockProperties. Bit1 := Rdy4RTC3 RM_CControl. req(AREP,ControlBlock;ModuleDiffBlock)	W_RDYC

77	W_ARDY	CM_CControl. req(AREP,ControlBlock,ModuleDiffBlock)
		/Multicast_Comm == TRUE &&
		NRMC_Timeout == TRUE &&
		CHECK_ALL_MC_INDATA() == FALSE
		=〉
		RM_ApplReady := TRUE
		For allm-Consumer-CRs part of AR do:
		  if(MC_InData(CREP) == FALSE) do:
		    SubmoduleState. DiagInfo := DiagnosisData available
		      ChannelNumber := 0x8000
		      ChannelProperties. Type := 0x00
		      ChannelProperties. Specifier := 0x01
		      ChannelErrorType := multicast CRmismatch
		      ExtChannelErrorType := multicast Consumer CR timed out
		
		ControlCommand. ApplicationReady := TRUE
		ControlCommand. ReadyForRTCLASS_3 := Rdy4RTC3
		RM_CControl. req(AREP,ControlBlock;ModuleDiffBlock)
		if(MC_InData(CREP) == FALSE) do:
		  DiagnosisEvent. ind(AREP,CREP,API,Diagnosis Data)
			W_RDYC

表 519（续）

#	当前状态	事件/条件　=〉动作	下一状态
78	W_ARDY	NRMC_InData. ind(CREP) /NRMC_Timeout == TRUE || CHECK_ALL_MC_INDATA() == FALSE =〉 ignore	W_ARDY
79	W_ARDY	NRMC_InData. ind(CREP) /NRMC_Timeout == FALSE && CHECK_ALL_MC_INDATA() == TRUE && CM_ApplReady == TRUE =〉 Stop NRMC_Timer RM_ApplReady := TRUE ControlCommand. ApplicationReady := TRUE ControlBlockProperties. Bit1 := Rdy4RTC3 RM_CControl. req(AREP,ControlBlock;ModuleDiffBlock)	W_RDYC
80	W_ARDY	NRMC_InData. ind(CREP) /NRMC_Timeout == FALSE && CHECK_ALL_MC_INDATA() == TRUE && CM_ApplReady == FALSE =〉 Stop NRMC_Timer	W_ARDY
81	W_ARDY	Timeout_NRMC_Timer /CM_ApplReady == FALSE =〉 NRMC_Timeout := TRUE	W_ARDY

82	W_ARDY	Timeout_NRMC_Timer
		/CM_ApplReady == TRUE
		=〉
		RM_ApplReady := TRUE
		For allm-Consumer-CRs part of AR do:
		    if(MC_InData(CREP) == FALSE) do:
		        SubmoduleState. DiagInfo := DiagnosisData available
		            ChannelNumber := 0x8000
		            ChannelProperties. Type := 0x00
		            ChannelProperties. Specifier := 0x01
		            ChannelErrorType := multicast CRmismatch
		            ExtChannelErrorType := multicast Consumer CR timed out
		
		ControlCommand. ApplicationReady := TRUE
		ControlCommand. ReadyForRTCLASS_3 := Rdy4RTC3
		RM_CControl. req(AREP,ControlBlock;ModuleDiffBlock)
		if(MC_InData(CREP) == FALSE) do:
		    DiagnosisEvent. ind(AREP,CREP,API,Diagnosis Data)
			W_RDYC

表 519（续）

#	当前状态	事件/条件 =〉动作	下一状态
83	W_ARDY	RM_CControl. cnf(+)(AREP,ControlBlock) =〉 CM_CControl. cnf(+)(AREP,ControlBlock)	W_ARDY
84	W_ARDY	RM_CControl. cnf(-)(AREP,ErrorDecode,ErrorCode1,ErrorCode2,AddData1,AddData2) =〉 CM_CControl. cnf(-)(AREP,ErrorDecode,ErrorCode1,ErrorCode2,AddData1,AddData2) RM_Abort. req(AREP)	ABORT
85	W_ARDY	CM_Abort. req(AREP) =〉 RM_Abort. req(AREP)	ABORT
86	W_ARDY	CPM_Stop. ind(CREP) /CREP ! = CREP. MCPM =〉 RM_Abort. req(AREP)	ABORT
87	W_ARDY	CPM_New_Cons_Data. ind(CREP. CPM,APDU_Status,InTime) /! NeedRedRecvPhase =〉 ignore	W_ARDY
88	W_ARDY	CPM_New_Cons_Data. ind(CREP. CPM,APDU_Status,InTime) /NeedRedRecvPhase && InTime =〉 Rdy4RTC3 := TRUE	W_ARDY
89	W_ARDY	CPM_New_Cons_Data. ind(CREP. CPM,APDU_Status,InTime) /NeedRedRecvPhase && ! InTime =〉 Rdy4RTC3 := FALSE	W_ARDY
90	W_ARDY	PPM_Error. ind =〉 RM_Abort. req(AREP)	ABORT
91	W_ARDY	ALPMI_Error. ind =〉 RM_Abort. req(AREP)	ABORT
92	W_ARDY	ALPMR_Error. ind =〉 RM_Abort. req(AREP)	ABORT
93	W_RDYC	RM_DControl. ind(AREP,ControlBlock) /PRMEND =〉 Retrieve ControlBlock RM_DControl. rsp(+)(AREP,ControlBlock)	W_RDYC

表 519（续）

#	当前状态	事件/条件 =〉动作	下一状态
94	W_RDYC	RM_DControl. ind(AREP,ControlBlock) /! PRMEND =〉 CM_DControl. ind(AREP,ControlBlock)	W_RDYC
95	W_RDYC	RM_Release. ind(AREP,ControlBlock) =〉 CM_Release. ind(AREP,ControlBlock)	ABORT
96	W_RDYC	CM_Set_Prov_Status. req(AREP,CREP,D_Status) =〉 Rem_Sts(CREP),D_Status := D_Status & Inv_Msk PPM_Set_Prov_Status. req(CREP,D_Status)	W_RDYC
97	W_RDYC	CM_CControl. req(AREP,ControlBlock,ModuleDiffBlock) =〉 RM_CControl. req(AREP,ControlBlock;ModuleDiffBlock)	W_RDYC
98	W_RDYC	RM_CControl. cnf(−)(AREP,ErrorDecode,ErrorCode1,ErrorCode2,AddData1,AddData2) =〉 CM_CControl. cnf(−)(AREP,ErrorDecode,ErrorCode1,ErrorCode2,AddData1,AddData2) RM_Abort. req(AREP)	ABORT
99	W_RDYC	RM_CControl. cnf(+)(AREP,ControlBlock) =〉 ApplRdyDone := TRUE CM_CControl. cnf(+)(AREP,ControlBlock)	W_RDYC
100	W_RDYC	CPM_New_Cons_Data. ind(CREP. CPM,APDU_Status,InTime) /ApplRdyDone =〉 CM_In_Data. ind(CREP)	DATA
101	W_RDYC	CPM_New_Cons_Data. ind(CREP. CPM,APDU_Status,InTime) /! ApplRdyDone =〉 ignore	W_RDYC
102	W_RDYC	CM_Abort. req(AREP) =〉 RM_Abort. req(AREP)	ABORT
103	W_RDYC	CPM_Stop. ind(CREP) /CREP ! = CREP. MCPM =〉 RM_Abort. req(AREP)	ABORT
104	W_RDYC	PPM_Error. ind =〉 RM_Abort. req(AREP)	ABORT

表 519(续)

#	当前状态	事件/条件 =〉动作	下一状态
105	W_RDYC	ALPMI_Error. ind =〉 RM_Abort. req(AREP)	ABORT
106	W_RDYC	ALPMR_Error. ind =〉 RM_Abort. req(AREP)	ABORT
107	DATA	RM_Write. ind(AREP,API,slotNumber,subslotNumber,Index,multiple,seqNumber,Length,Data) =〉 PrmFlag := FALSE CM_Write. ind(AREP,API,slotNumber,subslotNumber,Index,multiple,PrmFlag,seqNumber, Length,Data)	DATA
108	DATA	CM_Write. rsp(+)(AREP,multiple,Seq Number,AddData1,AddData2) =〉 RM_Write. rsp(+)(AREP,multiple,seqNumber,AddData1,AddData2)	DATA
109	DATA	CM_Write. rsp(—)(AREP,multiple,seqNumber,ErrorDecode,ErrorCode1,ErrorCode2,AddData1,AddData2) =〉 RM_Write. rsp(—)(AREP,multiple,seqNumber,ErrorDecode,ErrorCode1,ErrorCode2,AddData1,AddData2)	DATA
110	DATA	CM_Read. rsp(+)(AREP,Seq Number,AddData1,AddData2,Length,Data) =〉 RM_Read. rsp(+)(AREP,Seq Number,AddData1,AddData2,Length,Data)	DATA
111	DATA	CM_ Read. rsp (—) (AREP, ErrorDecode, ErrorCode1, ErrorCode2,AddData1,AddData2) =〉 RM_Read. rsp(—)(AREP,ErrorDecode,ErrorCode1,ErrorCode2,AddData1,AddData2)	DATA
112	DATA	RM_DControl. ind(AREP,ControlBlock) /PRMEND =〉 Retrieve ControlBlock RM_DControl. rsp(+)(AREP,ControlBlock)	DATA
113	DATA	RM_DControl. ind(AREP,ControlBlock) /! PRMEND =〉 CM_DControl. ind(AREP,ControlBlock)	DATA
114	DATA	CM_Set_Prov_Status. req(AREP,CREP,D_Status) =〉 Rem_Sts(CREP),D_Status := D_Status & Inv_Msk PPM_Set_Prov_Status. req(CREP,D_Status)	DATA

表 519（续）

#	当前状态	事件/条件 =〉动作	下一状态
115	DATA	CPM_New_Cons_Data. ind(CREP. CPM, APDU_Status, InTime) /! NeedRedRecvPhase =〉 CM_New_Data. ind(CREP. CPM, APDU_Status)	DATA
116	DATA	CPM_New_Cons_Data. ind(CREP. CPM, APDU_Status, InTime) /NeedRedRecvPhase && Rdy4RTC3 =〉 CM_New_Data. ind(CREP. CPM, APDU_Status)	DATA
117	DATA	CPM_New_Cons_Data. ind(CREP. CPM, APDU_Status, InTime) /NeedRedRecvPhase && ! Rdy4RTC3 && ! InTime =〉 CM_New_Data. ind(CREP. CPM, APDU_Status)	DATA
118	DATA	CPM_New_Cons_Data. ind(CREP. CPM, APDU_Status, InTime) /NeedRedRecvPhase && ! Rdy4RTC3 && InTime =〉 Rdy4RTC3 := TRUE ControlCommand. ReadyForRTCLASS_3 := TRUE RM_CControl. req(AREP, ControlBlock; ModuleDiffBlock) CM_New_Data. ind(CREP. CPM, APDU_Status)	DATA
119	DATA	RM_CControl. cnf(+)(AREP, ControlBlock) =〉 CM_ReadyForRTC3. ind(AREP)	DATA
120	DATA	RM_CControl. cnf(−)(AREP, ControlBlock) =〉 ErrorDecode := PNIO ErrorCode2=Reason RPC-call RM_Abort. req(AREP)	ABORT
121	DATA	CM_CControl. req(AREP, ControlBlock, ModuleDiffBlock) =〉 RM_CControl. req(AREP, ControlBlock; ModuleDiffBlock)	DATA
122	DATA	RM_CControl. cnf(+)(AREP, ControlBlock) =〉 CM_CControl. cnf(+)(AREP, ControlBlock)	DATA
123	DATA	RM_CControl. cnf(−)(AREP, ErrorDecode, ErrorCode1, ErrorCode2, AddData1, AddData2) =〉 CM_CControl. cnf(−)(AREP, ErrorDecode, ErrorCode1, ErrorCode2, AddData1, AddData2)	DATA

表 519（续）

#	当前状态	事件/条件 =〉动作	下一状态
124	DATA	RM_Release. ind(AREP,ControlBlock) =〉 CM_Release. ind(AREP,ControlBlock)	ABORT
125	DATA	CM_Abort. req(AREP) =〉 RM_Abort. req(AREP)	ABORT
126	DATA	CPM_Stop. ind(CREP) /CREP ! = CREP. MCPM =〉 RM_Abort. req(AREP)	ABORT
127	DATA	PPM_Error. ind =〉 RM_Abort. req(AREP)	ABORT
128	DATA	ALPMI_Error. ind =〉 RM_Abort. req(AREP)	ABORT
129	DATA	ALPMR_Error. ind =〉 RM_Abort. req(AREP)	ABORT
130	ABORT	CM_Release. rsp(＋)(AREP,ControlBlock) =〉 RM_Release. rsp(－)(AREP,ErrorDecode,ErrorCode1,ErrorCode2) RM_Abort. req(AREP)	ABORT
131	ABORT	CM_Release. rsp(－)(AREP,ErrorDecode,ErrorCode1,ErrorCode2, AddData1,AddData2) =〉 RM_Release. rsp(－)(AREP,ErrorDecode,ErrorCode1,ErrorCode2) RM_Abort. req(AREP)	ABORT
132	ABORT	RM_Abort. cnf(AREP) /Multicast_Comm == FALSE =〉 CPM_Close. req(CREP. CPM)	ABORT
133	ABORT	RM_Abort. cnf(AREP) /Multicast_Comm == TRUE =〉 NRMC_Close. req(CREP)	ABORT
134	ABORT	NRMC_Close. cnf(CREP) =〉 CPM_Close. req(CREP. CPM)	ABORT
135	ABORT	CPM_Close. cnf(CREP. CPM) =〉 PPM_Close. req(CREP. PPM)	ABORT

表 519（续）

#	当前状态	事件/条件　=〉动作	下一状态
136	ABORT	PPM_Close. cnf(CREP. PPM) =〉 ALPMI_Close. req(CREP. ALPMI)	ABORT
137	ABORT	ALPMI_Close. cnf(CREP. ALPMI) =〉 ALPMR_Close. req(CREP. ALPMR)	ABORT
138	ABORT	ALPMR_Activate. cnf(CREP. ALPMR) =〉 Start Timer(CMI_Timeout) RM_Connect. rsp(＋)(AREP,ARBlockRes,ListOfIOCRBlockRes,AlarmCRBlockRes,ModuleDiffBlock)	ABORT
139	ABORT	ALPMR_Close. cnf(CREP. ALPMR) =〉 remove(CREP. PPM) remove(CREP. CPM) remove(CREP. ALPMI) remove(CREP. ALPMR) remove(CREP. NRMC) CM_Abort. ind(AREP)	W_CIND
140	ABORT	RM_ Read. ind (AREP, API, TargetUUID, slotNumber, subslotNumber, Index,seqNumber,Length) =〉 ErrorDecode :＝ PNIORW ErrorCode1 :＝ state conflict RM _ Read. rsp (－) (AREP, ErrorDecode, ErrorCode1, ErrorCode2, AddData1,AddData2)	ABORT
141	ABORT	RM_DControl. ind(AREP,ControlBlock) =〉 ErrorDecode :＝ PNIO ErrorCode1 :＝ CMDEV ErrorCode2 :＝ state conflict RM_DControl. rsp(－)(AREP,ErrorDecode,ErrorCode1,ErrorCode2)	ABORT
142	ABORT	RM_Release. ind(AREP,ControlBlock) =〉 RM_Release. rsp(－)(AREP,ErrorDecode,ErrorCode1,ErrorCode2)	ABORT
143	ABORT	CM_Set_Prov_Status. req(AREP,CREP,D_Status) =〉 ignore	ABORT
144	ABORT	CM_Abort. req(AREP) =〉 ignore	ABORT
145	ABORT	CPM_Stop. ind(CREP) =〉 ignore	ABORT

表 519（续）

#	当前状态	事件/条件 =〉动作	下一状态
146	ABORT	CPM_New_Cons_Data. ind(CREP. CPM, APDU_Status, InTime) =〉 ignore	ABORT
147	ABORT	PPM_Error. ind =〉 ignore	ABORT
148	ABORT	ALPMI_Error. ind =〉 ignore	ABORT
149	ABORT	ALPMR_Error. ind =〉 ignore	ABORT
150	任意状态	PPM_Set_Prov_Status. cnf(＋)(CREP) =〉 CM_Set_Prov_Status. cnf(＋)(AREP, CREP)	相同状态
151	任意状态	PPM_Set_Prov_Status. cnf(－)(CREP, ERRCLS, ERRCODE) =〉 CM_Set_Prov_Status. cnf(－)(AREP, CREP, ERRCLS, ERRCODE)	相同状态
152	任意状态	RM_Connect. ind(AREP, ARBlockReq, ListOfIOCRBlockReq, AlarmCRBlockReq, ListOfExpectedSubmoduleBlockReq, ListOfMCRBlockReq) =〉 ErrorDecode := PNIO ErrorCode1 := CMDEV ErrorCode2 := state conflict RM_Connect. rsp(－)(AREP, ErrorDecode, ErrorCode1, ErrorCode2) RM_Abort. req(AREP)	ABORT
153	任意状态	CM_Connect. rsp(＋)(AREP, ARBlockRes, ListOfIOCRBlockRes, AlarmCRBlockRes, ModuleDiffBlock) =〉 ignore	相同状态
154	任意状态	CM_Connect. rsp(－)(AREP, ErrorDecode, ErrorCode1, ErrorCode2, AddData1, AddData2) =〉 ignore	相同状态
155	任意状态	RM_Write. ind(AREP, API, slotNumber, subslotNumber, Index, multiple, seqNumber, Length, Data) =〉 ErrorDecode := PNIORW ErrorCode1 := state conflict RM_Write. rsp(－)(AREP, multiple, seqNumber, ErrorDecode, ErrorCode1, ErrorCode2, AddData1, AddData2)	相同状态

表 519（续）

#	当前状态	事件/条件 =〉动作	下一状态
156	任意状态	CM_Write. rsp(＋)(AREP，multiple，Seq Number，AddData1，AddData2) =〉 ignore	相同状态
157	任意状态	CM_Write. rsp(－)(AREP，multiple，seqNumber，ErrorDecode，ErrorCode1，ErrorCode2，AddData1，AddData2) =〉 ignore	相同状态
158	任意状态	RM_Read. ind(AREP，API，TargetUUID，slotNumber，subslotNumber，Index，seqNumber，Length) =〉 CM_Read. ind(AREP，API，TargetUUID，slotNumber，subslotNumber，Index，seqNumber，Length)	相同状态
159	任意状态	CM_Read. rsp(＋)(AREP，Seq Number，AddData1，AddData2，Length，Data) =〉 RM_Read. rsp(＋)(AREP，Seq Number，AddData1，AddData2，Length，Data)	相同状态
160	任意状态	CM_Read. rsp(－)(AREP，ErrorDecode，ErrorCode1，ErrorCode2，AddData1，AddData2) =〉 RM_Read. rsp(－)(AREP，ErrorDecode，ErrorCode1，ErrorCode2，AddData1，AddData2)	相同状态
161	任意状态	RM_DControl. ind(AREP，ControlBlock) =〉 ErrorDecode := PNIO ErrorCode1 := CMDEV ErrorCode2 := state conflict RM_DControl. rsp(－)(AREP，ErrorDecode，ErrorCode1，ErrorCode2)	相同状态
162	任意状态	CM_DControl. rsp(＋)(AREP，ControlBlock) =〉 ignore	相同状态
163	任意状态	CM_DControl. rsp(－)(AREP，ErrorDecode，ErrorCode1，ErrorCode2，AddData1，AddData2) =〉 ignore	相同状态
164	任意状态	CM_Release. rsp(＋)(AREP，ControlBlock) =〉 ignore	相同状态
165	任意状态	CM_Release. rsp(－)(AREP，ErrorDecode，ErrorCode1，ErrorCode2，AddData1，AddData2) =〉 ignore	相同状态

表 519（续）

#	当前状态	事件/条件　=〉动作	下一状态
166	任意状态	CM_CControl. req(AREP,ControlBlock,ModuleDiffBlock) =〉 ErrorDecode := PNIO ErrorCode1 := CMDEV ErrorCode2 := state conflict CM_CControl. cnf(－)(AREP,ErrorDecode,ErrorCode1,ErrorCode2,AddData1,AddData2)	相同状态
167	任意状态	RM_CControl. cnf(＋)(AREP,ControlBlock) =〉 ignore	相同状态
168	任意状态	RM_CControl. cnf(－)(AREP,ErrorDecode,ErrorCode1,ErrorCode2,AddData1,AddData2) =〉 ignore	相同状态
169	任意状态	CM_ReadyForRTC3. rsp =〉 ignore	相同状态

6.6.5.4 功能

对于 CMDEV 未定义功能。

6.6.5.5 宏

表 520 列出了 CMDEV 所使用的宏。

表 520 CMDEV 使用的宏

名　称	功　能
CHECK_ALL_MC_INDATA()	用于 AR 的所有 CR
Stop NRMC_Timer()	停止 MCITimeout 计时器

6.6.5.6 变量

表 521 列出了 CMDEV 所使用的变量。

表 521 CMDEV 使用的变量

名　称	功　能
RM_ApplReady	RM_CControl. req 已经由 CMDEV 发送
CM_ApplReady	接收到来自 FSPMDEV 的 CM_CControl. req
Multicast_Comm	此 CR 是多播 CR
NRMC_Timeout	MCITimeout 期满

6.6.5.7 CMDEV(DA)状态表

表 522 包含了 CMDEV(DA)状态机的完整描述。

表 522 CMDEV(DA)状态表

#	当前状态	事件/条件　=〉动作	下一状态
1	POWER-ON	CM_Init. req =〉 CM_Init. cnf	W_CIND

表 522(续)

#	当前状态	事件/条件 =〉动作	下一状态
2	W_CIND	RM_Connect. ind(AREP,ARBlockReq) =〉 Timeout := calculate(ARBlockReq. CMInitiatorActivityTimeoutFactor) CM_Connect. ind(AREP,ARBlockReq)	W_CRES
3	W_CRES	CM_Connect. rsp(+)(AREP,ARBlockRes) =〉 TimeoutStart(Timeout) RM_Connect. rsp(+)(AREP,ARBlockRes) CM_In_Data. ind(AREP)	DATA
4	W_CRES	CM_Connect. rsp(−)(AREP,ErrorDecode,ErrorCode1,ErrorCode2,AddData1,AddData2) =〉 RM_Connect. rsp(−)(AREP,ErrorDecode,ErrorCode1,ErrorCode2)	W_CIND
5	DATA	CM_Abort. req(AREP) =〉 TimeoutStop() RM_Abort. req(AREP)	ABORT
6	DATA	RM_Release. ind(AREP,IODReleaseReq) =〉 TimeoutStop() CM_Release. ind(AREP,ControlBlock)	ABORT
7	DATA	Timeout() =〉 RM_Abort. req(AREP)	ABORT
8	DATA	RM_Read. ind(AREP,API,TargetUUID,slotNumber,subslotNumber,Index,seqNumber,Length) =〉 TimeoutStop() CM_Read. ind(AREP,API,slot Number,subslot-Number,Index,Seq Number,Length)	DATA
9	DATA	CM_Read. rsp(+)(AREP,Length,Data) =〉 TimeoutStart(Timeout) RM_ Read. rsp (+) (AREP, Seq Number, AddData1, AddData2, Length,Data)	DATA
10	DATA	CM_Read. rsp(−)(AREP,ErrorDecode,ErrorCode1,ErrorCode2,AddData1,AddData2) =〉 TimeoutStart(Timeout) RM_Read. rsp(−)(AREP,ErrorDecode,ErrorCode1,ErrorCode2,AddData1,AddData2)	DATA

表 522（续）

#	当前状态	事件/条件 =〉动作	下一状态
11	DATA	RM_Write. ind(AREP,API,slotNumber,subslotNumber,Index,multiple,seqNumber,Length,Data) =〉 TimeoutStop() CM_Write. ind(AREP,API,slot Number,subslot-Number,Index,Seq Number,Length,Data)	DATA
12	DATA	CM_Write. rsp(＋)(AREP) =〉 TimeoutStart(Timeout) RM_Write. rsp(＋)(AREP,multiple,seqNumber,AddData1,AddData2)	DATA
13	DATA	CM_Write. rsp(－)(AREP,ErrorDecode,ErrorCode1,ErrorCode2,AddData1,AddData2) =〉 TimeoutStart(Timeout) RM_Write. rsp(－)(AREP,multiple,seqNumber,ErrorDecode,ErrorCode1,ErrorCode2,AddData1,AddData2)	DATA
14	ABORT	CM_Release. rsp(＋)(AREP,ControlBlock) =〉 RM_Release. rsp(＋)(AREP,IODReleaseRes) RM_Abort. req(AREP)	ABORT
15	ABORT	CM_Release. rsp(－)(AREP,ErrorDecode,ErrorCode1,ErrorCode2,AddData1,AddData2) =〉 RM_Release. rsp(－)(AREP,ErrorDecode,ErrorCode1,ErrorCode2) RM_Abort. req(AREP)	ABORT
16	ABORT	RM_Abort. cnf(AREP) =〉 CM_Abort. ind(AREP)	W_CIND
17	任意状态	RM_Connect. ind(AREP,ARBlockReq) =〉 ErrorDecode := PNIO ErrorCode1 := CMDEV ErrorCode2 := state conflict RM_Connect. rsp(－)(AREP,ErrorDecode,ErrorCode1,ErrorCode2)	相同状态
18	任意状态	RM_Read. ind(AREP,API,TargetUUID,slotNumber,subslotNumber,Index,seqNumber,Length) =〉 ErrorDecode := PNIORW ErrorCode1 := state conflict RM_Read. rsp(－)(AREP,ErrorDecode,ErrorCode1,ErrorCode2,AddData1,AddData2)	相同状态

表 522（续）

#	当前状态	事件/条件 =〉动作	下一状态
19	任意状态	RM_Write. ind(AREP,API,slotNumber,subslotNumber,Index,multiple,seqNumber,Length,Data) =〉 ErrorDecode := PNIORW ErrorCode1 := state conflict RM_Write. rsp(－)(AREP,multiple,seqNumber,ErrorDecode,ErrorCode1,ErrorCode2,AddData1,AddData2)	相同状态
20	任意状态	RM_DControl. ind(AREP,ControlBlock) =〉 ErrorDecode := PNIO ErrorCode1 := CMDEV ErrorCode2 := state conflict RM_DControl. rsp(－)(AREP,ErrorDecode,ErrorCode1,ErrorCode2)	相同状态
21	任意状态	RM_Release. ind(AREP,IODReleaseReq) =〉 ignore	相同状态
22	任意状态	CM_Connect. rsp(＋)(AREP,ARBlockRes) =〉 ignore	相同状态
23	任意状态	CM_Connect. rsp(－)(AREP,ErrorDecode,ErrorCode1,ErrorCode2,AddData1,AddData2) =〉 ignore	相同状态
24	任意状态	CM_Read. rsp(＋)(AREP,Length,Data) =〉 ignore	相同状态
25	任意状态	CM_Read. rsp(－)(AREP,ErrorDecode,ErrorCode1,ErrorCode2,AddData1,AddData2) =〉 ignore	相同状态
26	任意状态	CM_Write. rsp(＋)(AREP) =〉 ignore	相同状态
27	任意状态	CM_Write. rsp(－)(AREP,ErrorDecode,ErrorCode1,ErrorCode2,AddData1,AddData2)=〉ignore	相同状态
28	任意状态	Timeout() =〉 ignore	相同状态
29	任意状态	CM_Abort. req(AREP) =〉 ignore	相同状态

表 522（续）

#	当前状态	事件/条件 =〉动作	下一状态
30	任意状态	CM_Release. rsp(＋)(AREP,ControlBlock) =〉 ignore	相同状态
31	任意状态	CM_Release. rsp(－)(AREP,ErrorDecode,ErrorCode1,ErrorCode2,AddData1,AddData2) =〉 ignore	相同状态

6.6.5.8 功能

表 523 列出了 CMDEV(DA)所使用的功能。

表 523 CMDEV(DA)使用的功能

名 称	功 能
TimeoutStart(Timeout)	启动定时器以监视连接
TimeoutStop()	停止监视连接的定时器
Timeout()	监视连接的定时器期满

6.6.5.9 宏

表 524 列出了 CMDEV(DA)所使用的宏。

表 524 CMDEV(DA)所使用的宏

名 称	功 能
RM_Connect. ind(AREP,ARBlockReq)	减少设备访问必需的块的集合
calculate(ARBlockReq. CMInitiatorActivityTimeoutFactor)	IO 设备监视在 IO 控制器的连接响应与随后的 Read 和 Write 记录活动之间的时间

6.6.6 NRMC

6.6.6.1 原语定义

6.6.6.1.1 在 NRMC 与 CMDEV 之间交换的原语

表 525 列出了这些服务原语及其相关参数,它们由 IO 设备的 CM(CMDEV)发出并由 NRMC 来接收。

表 525 由 CMDEV 发给 NRMC 的原语

原语名称	源	相关参数	功 能
NRMC_Activate. req	CMDEV	CREP ProviderStationName CR_Parameter	服务 activate 初始化 NRMC 状态机
NRMC_Close. req	CMDEV	CREP	服务 close 解除初始化 NRMC 状态机

表 526 列出了一些服务原语及其相关参数,它们由 NRMC 发出并由 IO 设备的 CM(CMDEV)来接收。

表 526 由 NRMC 发给 CMDEV 的原语

原语名称	源	相关参数	功 能
NRMC_Activate. cnf(＋)	NRMC	CREP	此服务原语指出服务 Activate 已成功
NRMC_Activate. cnf(－)	NRMC	CREP Err	此服务原语指出服务 Activate 已失败

表 526（续）

原语名称	源	相关参数	功　能
NRMC_Close. cnf	NRMC	CREP	此服务原语指出服务 Close 已成功
NRMC_InData. ind	NRMC	CREP	此服务原语指出已经成功地建立 MCR

6.6.6.1.2 在 NRMC 与 CPM 之间交换的原语

表 527 列出了一些服务原语及其相关参数，它们由 CPM 发出并由 NRMC 来接收。

表 527 由 CPM 发给 NRMC 的原语

原语名称	源	相关参数	功　能
CPM_Activate. cnf(－)	CPM	CREP ERRCLS ERRCODE	此服务原语指出 Activate 服务已失败
CPM_Activate. cnf(＋)	CPM	CREP	此服务原语指出 Activate 服务已成功
CPM_Close. cnf	CPM	CREP	此服务原语指出 Close 服务已成功
CPM_New_Cons_Data. ind	CPM	CREP APDU_Status	此服务原语指出已经接收到新的 Multicast Consumer Data
CPM_Stop. ind	CPM	CREP	此服务原语指出 Data Hold Time 已经期满

表 528 列出了一些服务原语及其相关参数，它们由 NRMC 发出并由 CPM 来接收。

表 528 由 NRMC 发给 CPM 的原语

原语名称	源	相关参数	功　能
CPM_Activate. req	NRMC	CREP DA SA FrameId Prio VLAN Exp_Length StartTon Timeout_Base WatchDogTime DataHoldTime Default_Value Default_Status	服务 Activate 初始化 CPM，并对 DMPM 装载调度表
CPM_Close. req	NRMC	CREP	服务 close 解除对 CPM 始化，并停止数据传输。该调度表被清除

6.6.6.1.3 在 NRMC 与其他状态间交换的原语

表 529 和表 530 列出了一些服务原语及其相关参数，它们由其他状态机发出并由 NRMC 来接收。

表 529 由其他状态机发给 NRMC 的原语

原语名称	源	相关参数	功　能
DCP_Identify. cnf(－)	DCP	CREP ERRCLS ERRCODE	此服务原语指出 M-Provider 站名称的地址解析经失败
DCP_Identify. cnf(＋)	DCP	CREP	此服务原语指出 M-Provider 站名称的地址解析已经成功

表 529（续）

原语名称	源	相关参数	功 能
DCP_Identify. ind	DCP	CREP SA ListofFilters ResponseDelay	此服务原语指出 M-Provider 已经应答该标识(Identify)询问
DCPMCS_Activate. cnf(－)	DCPMS	CREP ERRCLS ERRCODE	此服务原语指出 Activate 服务已失败
DCPMCS_Activate. cnf(＋)	DCPMS	CREP	此服务原语指出 Activate 服务已成功

表 530 由 NRMC 发给其他状态机的原语

原语名称	源	相关参数	功 能
DCP_Identify. req	NRMC	CREP DA ListOfFilter ResponseDelay	服务 Identify 启动 M-Provider 的站名称地址解析
DCPMCS_Activate. req	NRMC	CREP VLAN-Prio VLAN-ID DCPMC_Timeout	服务 activate 初始化 DCPMCS 状态机
DiagnosisEvent. ind	NRMC	AREP CREP API Diagnosis Data	此服务原语指出出现诊断事件
CM_Stop. ind	NRMC	CREP	此服务原语指出 MCR 的 Data Hold Tim 已经期满的那个应用

6.6.6.1.4 **NRMC 原语的参数**

在 FAL 服务定义中描述了 NRMC 与 CMDEV 之间交换的原语所使用的参数。

6.6.6.2 **状态机描述**

对于每个多播消费者都存在 NRMC 机。

本地变量如下：

——RM_ApplReady

此本地变量指出来自 CMDEV 的 RM_CControl. req 总是被启动。

——MC_InData(CREP)

第一次接收到通过 CREP 的一个有效帧。

6.6.6.3 **NRMC 状态表**

表 531 包含 NRMC 状态机的完整描述。

表 531 NRMC 状态表

#	当前状态	事件/条件 =〉动作	下一状态
1	W-START	NRMC_Activate. req(CREP, ProviderStationName, CR_Parameter) =〉 Store CRParameter DCPMCS_Activate. req(CREP, VLAN-Prio, VLAN-ID, DCPMC_Timeout)	ACT1

表 531（续）

#	当前状态	事件/条件 =〉动作	下一状态
2	W-START	NRMC_Close. req(CREP) =〉 NRMC_Close. cnf(CREP)	W-START
3	W-START	OTHERS ignore =〉 ignore	W-START
4	ACT1	DCPMCS_Activate. cnf(−)(CREP,ERRCLS,ERRCODE) =〉 NRMC_Activate. cnf(−)(CREP,Err=No_DCPact)	W-START
5	ACT1	DCPMCS_Activate. cnf(+)(CREP) =〉 MCName := ProviderStationName DA := DCPMC_add ListofFilter := DeviceProperties,NameOfStation,mCName ResponseDelay := 1 NRMC_Activate. cnf(+)(CREP) DCP_Identify. req(CREP,DA,ListOfFilter,ResponseDelay)	W_DCP_I
6	ACT1	NRMC_Close. req(CREP) =〉 NRMC_Close. cnf(CREP) DCPMCS_Close. req(CREP)	W-START
7	ACT1	OTHERS ignore =〉 ignore	ACT1
8	W_DCP_I	DCP_Identify. cnf(CREP,SA,ListOfData) =〉 storesA	W_DCP_T
9	W_DCP_I	DCP_Identify. cnf(−)(CREP,ERRCLS,ERRCODE) =〉 DA := DCPMC_add ListofFilter := DeviceProperties,NameOfStation,mCName ResponseDelay := 1 DCP_Identify. req(CREP,DA,ListOfFilter,ResponseDelay)	W_DCP_I
10	W_DCP_I	DCP_Identify. cnf(+)(CREP) =〉 DA := DCPMC_add ListofFilter := DeviceProperties,NameOfStation,mCName ResponseDelay := 1 ChannelNumber := 0x8000 ChannelProperties. Type := 0x00 ChannelProperties. Specifier := 0x01 ChannelErrorType := multicast CRmismatch ExtChannelErrorType := AddressResolutionFailed DCP_Identify. req(CREP,DA,ListOfFilter,ResponseDelay) DiagnosisEvent. ind(AREP,CREP,API,Diagnosis Data)	W_DCP_I

表 531（续）

#	当前状态	事件/条件 =〉动作	下一状态
11	W_DCP_I	NRMC_Close. req(CREP) =〉 NRMC_Close. cnf(CREP) DCPMCS_Close. req(CREP)	W-START
12	W_DCP_I	OTHERS ignore =〉 ignore	W_DCP_I
13	W_DCP_T	DCP_Identify. cnf(CREP,SA,ListOfData) =〉 ChannelNumber := 0x8000 ChannelProperties. Type := 0x00 ChannelProperties. Specifier := 0x01 ChannelErrorType := multicast CRmismatch ExtChannelErrorType := AddressResolutionFailed DCP_Identify. req(CREP,DA,ListofFilter,ResponseDelay) DiagnosisEvent. ind(AREP,CREP,API,Diagnosis Data)	W_DCP_I
14	W_DCP_T	DCP_Identify. cnf(−)(CREP,ERRCLS,ERRCODE) =〉 DA := DCPMC_add ListofFilter := DeviceProperties,NameOfStation,mCName ResponseDelay := 1 DCP_Identify. req(CREP,DA,ListOfFilter,ResponseDelay)	W_DCP_I
15	W_DCP_T	DCP_Identify. cnf(+)(CREP) =〉 CREP := create(CPM) MC_InData(CREP) := FALSE StartTon := FALSE CPM_Activate. req(CREP,DA,SA,FrameId,Prio,VLAN,Exp_Length,startTon,Timeout_Base,WatchDogTime,DataHoldTime,Default_Value,Default_Status)	WF_ACTC
16	W_DCP_T	NRMC_Close. req(CREP) =〉 NRMC_Close. cnf(CREP) DCPMCS_Close. req(CREP)	W-START
17	W_DCP_T	OTHERS ignore =〉 ignore	W_DCP_T
18	WF_ACTC	CPM_Activate. cnf(+)(CREP) =〉	WF_NRMC_ID
19	WF_ACTC	CPM_Activate. cnf(−)(CREP,ERRCLS,ERRCODE) =〉 CPM_Close. req(CREP) DCPMCS_Close. req(CREP)	W-START

表 531（续）

#	当前状态	事件/条件 =〉动作	下一状态
20	WF_ACTC	NRMC_Close. req(CREP) =〉 NRMC_Close. cnf(CREP) CPM_Close. req(CREP) DCPMCS_Close. req(CREP)	W-START
21	WF_ACTC	OTHERS ignore =〉 ignore	WF_ACTC
22	WF_NRMC_ID	CPM_New_Cons_Data. ind(CREP, APDU_Status) /RM_ApplReady == FALSE =〉 MC_InData(CREP) := TRUE NRMC_InData. ind(CREP)	NRMC_ID
23	WF_NRMC_ID	CPM_New_Cons_Data. ind(CREP, APDU_Status) /RM_ApplReady == TRUE =〉 MC_InData(CREP) := TRUE	NRMC_ID
24	WF_NRMC_ID	CPM_Stop. ind(CREP) =〉 ChannelNumber := 0x8000 ChannelProperties. Type := 0x00 ChannelProperties. Specifier := 0x01 ChannelErrorType := multicast CRmismatch ExtChannelErrorType := multicast Consumer CR timed out DiagnosisEvent. ind(AREP, CREP, API, Diagnosis Data) CPM_Close. req(CREP) CM_Stop. ind(CREP)	WF_CLC1
25	WF_NRMC_ID	NRMC_Close. req(CREP) =〉 NRMC_Close. cnf(CREP) CPM_Close. req(CREP) DCPMCS_Close. req(CREP)	W-START
26	WF_NRMC_ID	OTHERS ignore =〉 ignore	WF_NRMC_ID
27	NRMC_ID	CPM_Stop. ind(CREP) /RM_ApplReady == FALSE =〉 MC_InData(CREP) := FALSE CPM_Close. req(CREP) CM_Stop. ind(CREP)	WF_CLC1

表 531（续）

#	当前状态	事件/条件　=〉动作	下一状态
28	NRMC_ID	CPM_Stop. ind(CREP) /RM_ApplReady == TRUE =〉 ChannelNumber := 0x8000 ChannelProperties. Type := 0x00 ChannelProperties. Specifier := 0x01 ChannelErrorType := multicast CRmismatch ExtChannelErrorType := multicast Consumer CR timed out CPM_Close. req(CREP) CM_Stop. ind(CREP) DiagnosisEvent. ind(AREP,CREP,API,Diagnosis Data)	WF_CLC2
29	NRMC_ID	NRMC_Close. req(CREP) =〉 NRMC_Close. cnf(CREP) CPM_Close. req(CREP) DCPMCS_Close. req(CREP)	W-START
30	NRMC_ID	OTHERS ignore =〉 ignore	NRMC_ID
31	WF_CLC1	CPM_Close. cnf(CREP) =〉 DCP_Identify. req(CREP,DA,ListOfFilter,ResponseDelay)	W_DCP_I
32	WF_CLC1	NRMC_Close. req(CREP) =〉 NRMC_Close. cnf(CREP) DCPMCS_Close. req(CREP)	W-START
33	WF_CLC1	OTHERS ignore =〉 ignore	WF_CLC1
34	WF_CLC2	CPM_Close. cnf(CREP) =〉 DCP_Identify. req(CREP,DA,ListOfFilter,ResponseDelay)	W_DCP_I
35	WF_CLC2	NRMC_Close. req(CREP) =〉 NRMC_Close. cnf(CREP) DCPMCS_Close. req(CREP)	W-START
36	WF_CLC2	OTHERS ignore =〉 ignore	WF_CLC2

6.6.6.4 功能

对于 NRMC 没有定义功能或宏。

6.6.7 CMCTL

6.6.7.1 原语定义

6.6.7.1.1 在 FSPMCTL 与 CMCTL 之间交换的原语

表 532 列出了这些服务原语及其相关参数，它们由 IO 控制器的 FSPM(FSPMCTL)发出并由 CMCTL 来接收。

表 532 由 FSPMCTL 发给 CMCTL 的原语

原语名称	源	相关参数	功 能
Init. req	FSPM		服务 Init 初始化 CMCTL
Release. req	FSPM	AREP ReleaseBlock	服务关闭现有的连接
Connect. req	FSPM	AREP ARBlockReq ListOfIOCRBlockReq AlarmCRBlockReq ListOfExpectedSubmoduleBlockReq PrmCount ListOfWriteBlockReq	服务 Connect 打开应用关系
Read. req	FSPM	AREP SlotNumber SubslotNumber Index SeqNumber Length	服务 Read 请求记录数据的值
Write. req	FSPM	AREP SlotNumber SubslotNumber Index SeqNumber Length Data	服务 Write 传送记录数据的值
Abort. req	FSPM	AREP	服务 Abort 终止该 AR
DControl. req	FSPM	AREP ControlBlockConnect	服务 Dcontrol 传送参数数据的结束

表 533 列出了一些服务原语及其相关参数，它们由 CMCTL 发出并由 IO 控制器的 FSPM(FSPMCTL)来接收。

表 533 由 CMCTL 发给 FSPMCTL 的原语

原语名称	源	相关参数	功 能
Release. cnf(＋)	CM	AREP	此服务原语指出应用关系的释放已成功
Release. cnf(－)	CM	AREP ErrorDecode ErrorCode1 ErrorCode2 AddData1 AddData2	此服务原语指出应用关系的释放失败

表 533（续）

原语名称	源	相关参数	功　能
Connect. cnf(＋)	CM	AREP	此服务原语是对建立应用关系的肯定证实
Connect. cnf(－)	CM	AREP ErrorDecode ErrorCode1 ErrorCode2 AddData1 AddData2	此服务原语是否定证实，并且未建立所请求的应用关系
Read. cnf(＋)	CM	AREP Length Data	此服务原语指出 Read 服务的肯定证实
Read. cnf(－)	CM	AREP ErrorDecode ErrorCode1 ErrorCode2 AddData1 AddData2	此服务原语指出 Read 服务的否定证实
Write. cnf(＋)	CM	AREP	此服务原语指出 Write 服务的肯定证实
Write. cnf(－)	CM	AREP ErrorDecode ErrorCode1 ErrorCode2 AddData1 AddData2	此服务原语指出 Write 服务的否定证实
CControl. rsp(－)	CM	AREP ErrorDecode ErrorCode1 ErrorCode2 AddData1 AddData2	此服务原语是应用就绪服务的否定响应
DControl. cnf(－)	CM	AREP ErrorDecode ErrorCode1 ErrorCode2 AddData1 AddData2	此服务原语是参数服务结束的否定证实
New_Input_Data. ind	CM	AREP	此服务原语指出接收到新数据
InData. ind	CM	AREP	此服务原语指出第 1 次接收到新数据

6.6.7.1.2　**CMCTL 原语的参数**

在 PNIO 服务定义中描述了 FSPM 与 CMCTL 之间交换的原语所使用的参数。

6.6.7.2　**状态机描述**

对于 IO 控制器的每个 AR 都存在 CM 控制器协议机。CM Connect 请求服务原语可以被用来直接寻址端点映射方端口（endpointmapper port）或响应方 RPC 服务器端口（Responderserver RPC Port）。必须通过本地手段或通过询问响应方的端点映射方来获得响应方 RPC 服务器端口的端口号。

此行为由 Connect 服务的 AR RPC Block 服务参数来控制。

注：使用直接寻址 Responderserver RPC 端口，以避免基于 PC 系统上的个人防火墙冲突。使用直接寻址 Initiatorserver RPC 端口(发起方服务器 RPC 端口)，以支持安装在一个 PC 上的多个工程工具。

6.6.7.3 CMCTL 状态表

表 534 包含 CMCTL 状态机的完整描述。

表 534 CMCTL 状态表

#	当前状态	事件/条件 =〉动作	下一状态
1	POWER-ON	CM_CTL_Init. req(AREP) =〉	CONNECT
2	CONNECT	CM_Connect. req(AREP, ARBlockReq, ListOfIOCRBlockReq, AlarmCRBlockReq, ListOfExpectedSubmoduleBlockReq, PrmCount, ListOfWriteBlockReq) =〉 Store Args CREP. PPM := create(PPM) CREP. CPM := create(CPM) CREP. ALPMR := create(ALPMR) CREP. ALPMI := create(ALPMI) ErrorDecode := PNIO RM_Connect. req(AREP, ARBlockReq, ListOfIOCRBlockReq, AlarmCRBlockReq, ListOfExpectedSubmoduleBlockReq, ARRPCBlockReq)	W_CCON
3	CONNECT	CM_Release. req(AREP, ControlBlock) =〉 CM_Release. cnf(+)(AREP, ControlBlock)	CONNECT
4	CONNECT	CM_Abort. req(AREP) =〉 CM_Abort. cnf(AREP)	CONNECT
5	W_CCON	RM_Connect. cnf(+)(AREP, ARBlockRes, ListOfIOCRBlockRes, AlarmCRBlockRes, ModuleDiffBlock, ARRPCBlockRes) =〉 Store Result StartTon := TRUE CPM_Activate. req(CREP. CPM, DA, SA, FrameID, Prio, VLAN, startTon, Timeout_Base, WatchdogFactor, DataHoldFactor, Default_Value, Default_Status)	W_PM_O
6	W_CCON	RM_Connect. cnf(−)(AREP, ErrorDecode, ErrorCode1, ErrorCode2, AddData1, AddData2) =〉 CM_Connect. cnf(−)(AREP, ErrorDecode, ErrorCode1, ErrorCode2, AddData1, AddData2)	CONNECT
7	W_CCON	CM_Release. req(AREP, ControlBlock) =〉 RM_Release. req(AREP, ControlBlock)	ABORT

表 534（续）

#	当前状态	事件/条件 =〉动作	下一状态
8	W_CCON	CM_Abort.req(AREP) =〉 RM_Abort.req(AREP)	ABORT
9	W_PM_O	CPM_Activate.cnf(CREP.CPM) =〉 PPM_Activate.req(CREP.PPM,DA,SA,FrameID,Prio,VLAN,TxOption,ReductionRatio,Phase,Sequence,Default_Values,Default_Status)	W_PM_O
10	W_PM_O	PPM_Activate.cnf(CREP.PPM) =〉 ALPMI_Activate.req(CREP.ALPMI,DA,SA,VLAN,RTATimeoutFactor,MRetry)	W_PM_O
11	W_PM_O	ALPMI_Activate.cnf(CREP.ALPMI) =〉 ALPMR_Activate.req(CREP.ALPMR,DA,SA,VLAN,RTATimeoutFactor,MRetry)	W_PM_O
12	W_PM_O	ALPMR_Activate.cnf(CREP.ALPMR) /PrmCount > 0 =〉 PrmCount := PrmCount−1 Get Write Parameter from ListOfWriteParameter RM_ Write.req(AREP, slotNumber, subslotNumber, Index, seqNumber, Length,Data)	W_PRM
13	W_PM_O	ALPMR_Activate.cnf(CREP.ALPMR)/PrmCount= 0=〉ControlBlockConnect.PrmEnd := TRUEPrmEndDone := FALSE ApplRdyDone := FALSE Rdy4RTC3Done := FALSE RM_DControl.req(AREP,ControlBlock)	W_ARDY
14	W_PM_O	RM_Connect.cnf(+)(AREP,ARBlockRes,ListOfIOCRBlockRes,AlarmCRBlockRes,ModuleDiffBlock,ARRPCBlockRes) =〉 Store Result StartTon := TRUE CPM_Activate.req(CREP.CPM,DA,SA,FrameID,Prio,VLAN,startTon,Timeout_Base, WatchdogFactor, DataHoldFactor, Default_ Value, Default_Status)	W_PM_O
15	W_PM_O	CM_Release.req(AREP,ControlBlock) =〉 RM_Release.req(AREP,ControlBlock)	ABORT

表 534（续）

#	当前状态	事件/条件 =〉动作	下一状态
16	W_PM_O	CM_Abort. req(AREP) =〉 RM_Abort. req(AREP)	ABORT
17	W_PRM	RM_Write. cnf(+)(AREP,Seq Number,AddData1,AddData2) /PrmCount=0 =〉 Store Result ControlBlockConnect. PrmEnd := TRUE PrmEndDone := FALSE ApplRdyDone := FALSE Rdy4RTC3Done := FALSE RM_DControl. req(AREP,ControlBlock)	W_ARDY
18	W_PRM	RM_Write. cnf(+)(AREP,Seq Number,AddData1,AddData2) /PrmCount > 0 =〉 Store Result PrmCount := PrmCount−1 Get Write Parameter from ListOfWriteParameter RM_ Write. req (AREP, slotNumber, subslotNumber, Index, seqNumber, Length,Data)	W_PRM
19	W_PRM	RM_Write. cnf(−)(AREP,ErrorDecode,ErrorCode1,ErrorCode2,AddData1,AddData2) /PrmCount=0 =〉 Store Result ControlBlockConnect. PrmEnd := TRUE PrmEndDone := FALSE ApplRdyDone := FALSE Rdy4RTC3Done := FALSE RM_DControl. req(AREP,ControlBlock)	W_ARDY
20	W_PRM	RM_Write. cnf(−)(AREP,ErrorDecode,ErrorCode1,ErrorCode2,AddData1,AddData2) /PrmCount > 0 =〉 Store Result PrmCount := PrmCount−1 Get Write Parameter from ListOfWriteParameter RM_ Write. req (AREP, slotNumber, subslotNumber, Index, seqNumber, Length,Data)	W_PRM
21	W_PRM	CPM_New_Cons_Data. ind(CREP. CPM,APDU_Status,InTime) =〉	W_PRM
22	W_PRM	CM_Release. req(AREP,ControlBlock) =〉 RM_Release. req(AREP,ControlBlock)	ABORT

表 534（续）

#	当前状态	事件/条件 =〉动作	下一状态
23	W_PRM	CM_Abort. req(AREP) =〉 RM_Abort. req(AREP)	ABORT
24	W_PRM	CPM_Stop. ind(CREP. CPM) =〉 ErrorCode1 := CMCTL ErrorCode2 := time out RM_Abort. req(AREP) CM_Connect. cnf(—)(AREP,ErrorDecode,ErrorCode1,ErrorCode2,AddData1,AddData2)	ABORT
25	W_PRM	PPM_Error. ind(CREP. PPM) =〉 ErrorCode1 := CMCTL ErrorCode2 := no datasend RM_Abort. req(AREP) CM_Connect. cnf(—)(AREP,ErrorDecode,ErrorCode1,ErrorCode2,AddData1,AddData2)	ABORT
26	W_ARDY	SomethingChanged() /(PrmEndDone && ApplRdyDone && Rdy4RTC3Done) =〉	W_IDATA
27	W_ARDY	SomethingChanged() /!(PrmEndDone && ApplRdyDone && Rdy4RTC3Done) =〉	W_ARDY
28	W_ARDY	RM_DControl. cnf(+)(AREP,ControlBlock) =〉 PrmEndDone := TRUE SomethingChanged()	W_ARDY
29	W_ARDY	RM_DControl. cnf(—)(AREP,ErrorDecode,ErrorCode1,ErrorCode2,AddData1,AddData2) =〉 RM_Abort. req(AREP) CM_Connect. cnf(—)(AREP,ErrorDecode,ErrorCode1,ErrorCode2,AddData1,AddData2)	ABORT

表 534（续）

#	当前状态	事件/条件 =〉动作	下一状态

30	W_ARDY	RM_CControl. ind(AREP,ControlBlock,modulDiffBlock)
		/ControlCommand. ApplicationReady
		=〉
		Store Result
		ApplRdyDone := TRUE
		if ARType ! = singeRTC3:
		NeedRedRecvPhase := FALSE
		Rdy4RTC3Done := TRUE
		else:
		NeedRedRecvPhase := TRUE
		Rdy4RTC3Done := (ControlCommand. ReadyForRT_CLASS_3 == 0x01)
		ControlCommand. Done=1
		RM_CControl. rsp(+)(AREP,ControlBlock)
		CM_Connect. cnf(+)(AREP,ARBlockRes,ListOfIOCRBlockRes,AlarmCRBlockRes,ModuleDiffBlock,Rdy4RTC3Done)
		SomethingChanged()
			W_ARDY

31	W_ARDY	RM_CControl. ind(AREP,ControlBlock,modulDiffBlock) /! ControlCommand. ApplicationReady =〉 ErrorCode1 := IOXControl ErrorCode2 := ControlCommand RM_CControl. rsp(-)(AREP,ErrorDecode,ErrorCode1,ErrorCode2,AddData1,AddData2) RM_Abort. req(AREP) CM_Connect. cnf(-)(AREP,ErrorDecode,ErrorCode1,ErrorCode2,AddData1,AddData2)	ABORT
32	W_ARDY	RM_CControl. ind(AREP,ControlBlock) /ControlCommand. ReadyForRTCLASS_3 =〉 Rdy4RTC3Done := TRUE ControlCommand. Done=1 RM_CControl. rsp(+)(AREP,ControlBlock) SomethingChanged()	W_ARDY
33	W_ARDY	RM_CControl. ind(AREP,ControlBlock) /! ControlCommand. ReadyForRTCLASS_3 =〉 ErrorCode1 := IOXControl ErrorCode2 := ControlCommand RM_CControl. rsp(-)(AREP,ErrorDecode,ErrorCode1,ErrorCode2,AddData1,AddData2) RM_Abort. req(AREP) CM_Connect. cnf(-)(AREP,ErrorDecode,ErrorCode1,ErrorCode2,AddData1,AddData2)	ABORT

表 534（续）

#	当前状态	事件/条件 =〉动作	下一状态
34	W_ARDY	CPM_New_Cons_Data. ind(CREP. CPM,APDU_Status,InTime) =〉	W_ARDY
35	W_ARDY	CM_Release. req(AREP,ControlBlock) =〉 RM_Release. req(AREP,ControlBlock)	ABORT
36	W_ARDY	CM_Abort. req(AREP) =〉 RM_Abort. req(AREP)	ABORT
37	W_ARDY	CPM_Stop. ind(CREP. CPM) =〉 ErrorCode1 := CMCTL ErrorCode2 := time out RM_Abort. req(AREP) CM_Connect. cnf(—)(AREP, ErrorDecode, ErrorCode1, ErrorCode2, AddData1, AddData2)	ABORT
38	W_ARDY	PPM_Error. ind(CREP. PPM) =〉 ErrorCode1 := CMCTL ErrorCode2 := no datasend RM_Abort. req(AREP) CM_Connect. cnf(—)(AREP, ErrorDecode, ErrorCode1, ErrorCode2, AddData1, AddData2)	ABORT
39	W_IDATA	CPM_New_Cons_Data. ind(CREP. CPM,APDU_Status,InTime) /! NeedRedRecvPhase =〉 CM_InData. ind(AREP)	DATA
40	W_IDATA	CPM_New_Cons_Data. ind(CREP. CPM,APDU_Status,InTime) /NeedRedRecvPhase && InTime =〉 CM_InData. ind(AREP)	DATA
41	W_IDATA	CPM_New_Cons_Data. ind(CREP. CPM,APDU_Status,InTime) /NeedRedRecvPhase && ! InTime =〉	W_IDATA
42	W_IDATA	CM_Write. req(AREP, slotNumber, subslotNumber, Index, seqNumber, Length,Data) =〉 RM_Write. req(AREP, slotNumber, subslotNumber, Index, seqNumber, Length,Data)	W_IDSND
43	W_IDATA	CM_Read. req(AREP, API, TargetUUID, slotNumber, subslotNumber, Index,seqNumber,Length) =〉 RM_Read. req(AREP,API,TargetUUID,slotNumber,subslotNumber,Index,seqNumber,Length)	W_IDSND

表 534（续）

#	当前状态	事件/条件 =〉动作	下一状态
44	W_IDATA	RM_CControl. ind(AREP,ControlBlock,modulDiffBlock) /(ControlCommand. ApplicationReady || ControlCommand. ReadyForRTCLASS_3) =〉 RM_CControl. rsp(－)(AREP,ErrorDecode,ErrorCode1,ErrorCode2,AddData1,AddData2) RM_Abort. req(AREP)	ABORT
45	W_IDATA	RM_CControl. ind(AREP,ControlBlock,modulDiffBlock) /! (ControlCommand. ApplicationReady || ControlCommand. ReadyForRTCLASS_3) =〉 CM_CControl. ind(AREP,ControlBlock,modulDiffBlock)	W_IDATA
46	W_IDATA	CM_CControl. rsp(＋)(AREP,ControlBlock) =〉 RM_CControl. rsp(＋)(AREP,ControlBlock)	W_IDATA
47	W_IDATA	CM_CControl. rsp(－)(AREP,ControlBlock) =〉 RM_CControl. rsp(－)(AREP,ControlBlock)	W_IDATA
48	W_IDATA	CM_Release. req(AREP,ControlBlock) =〉 RM_Release. req(AREP,ControlBlock)	ABORT
49	W_IDATA	CM_Abort. req(AREP) =〉 RM_Abort. req(AREP)	ABORT
50	W_IDATA	CPM_Stop. ind(CREP. CPM) =〉 ErrorCode1 := CMCTL ErrorCode2 := time out RM_Abort. req(AREP)	ABORT
51	W_IDATA	PPM_Error. ind(CREP. PPM) =〉 ErrorCode1 := CMCTL ErrorCode2 := no datasend RM_Abort. req(AREP)	ABORT
52	W_IDSND	CPM_New_Cons_Data. ind(CREP. CPM,APDU_Status,InTime) /! NeedRedRecvPhase =〉 CM_InData. ind(AREP)	DSND
53	W_IDSND	CPM_New_Cons_Data. ind(CREP. CPM,APDU_Status,InTime) /NeedRedRecvPhase && InTime =〉 CM_InData. ind(AREP)	DSND

表 534(续)

#	当前状态	事件/条件 =〉动作	下一状态
54	W_IDSND	CPM_New_Cons_Data. ind(CREP. CPM, APDU_Status, InTime) /NeedRedRecvPhase && ! InTime =〉	W_IDSND
55	W_IDSND	RM_Write. cnf(+)(AREP, Seq Number, AddData1, AddData2) =〉 CM_Write. cnf(+)(AREP, Seq Number, AddData1, AddData2)	W_IDATA
56	W_IDSND	RM_Write. cnf(—)(AREP, ErrorDecode, ErrorCode1, ErrorCode2, AddData1, AddData2) =〉 CM_Write. cnf(—)(AREP, ErrorDecode, ErrorCode1, ErrorCode2, AddData1, AddData2)	W_IDATA
57	W_IDSND	RM_Read. cnf(+)(AREP, Seq Number, AddData1, AddData2, Length, Data) =〉 CM_Read. cnf(+)(AREP, Seq Number, AddData1, AddData2, Length, Data)	W_IDATA
58	W_IDSND	RM_Read. cnf(—)(AREP, ErrorDecode, ErrorCode1, ErrorCode2, AddData1, AddData2) =〉 CM_Read. cnf(—)(AREP, ErrorDecode, ErrorCode1, ErrorCode2, AddData1, AddData2)	W_IDATA
59	W_IDSND	RM_DControl. cnf(—)(AREP, ErrorDecode, ErrorCode1, ErrorCode2, AddData1, AddData2) =〉 CM_DControl. cnf(—)(AREP, ErrorDecode, ErrorCode1, ErrorCode2, AddData1, AddData2)	W_IDSND
60	W_IDSND	RM_CControl. ind(AREP, ControlBlock, modulDiffBlock) /(ControlCommand. ApplicationReady || ControlCommand. ReadyForRTCLASS_3) =〉 RM_CControl. rsp(—)(AREP, ErrorDecode, ErrorCode1, ErrorCode2, AddData1, AddData2) RM_Abort. req(AREP)	ABORT
61	W_IDSND	RM_CControl. ind(AREP, ControlBlock, modulDiffBlock) /!(ControlCommand. ApplicationReady || ControlCommand. ReadyForRTCLASS_3) =〉 CM_CControl. ind(AREP, ControlBlock, modulDiffBlock)	W_IDSND
62	W_IDSND	CM_CControl. rsp(+)(AREP, ControlBlock) =〉 RM_CControl. rsp(+)(AREP, ControlBlock)	W_IDSND
63	W_IDSND	CM_CControl. rsp(—)(AREP, ControlBlock) =〉 RM_CControl. rsp(—)(AREP, ControlBlock)	W_IDSND

表 534(续)

#	当前状态	事件/条件 =〉动作	下一状态
64	W_IDSND	CM_Release. req(AREP,ControlBlock) =〉 RM_Release. req(AREP,ControlBlock)	ABORT
65	W_IDSND	CM_Abort. req(AREP) =〉 RM_Abort. req(AREP)	ABORT
66	W_IDSND	CPM_Stop. ind(CREP. CPM) =〉 ErrorCode1 := CMCTL ErrorCode2 := time out RM_Abort. req(AREP)	ABORT
67	W_IDSND	PPM_Error. ind(CREP. PPM) =〉 ErrorCode1 := CMCTL ErrorCode2 := no datasend RM_Abort. req(AREP)	ABORT
68	DATA	CPM_New_Cons_Data. ind(CREP. CPM, APDU_Status, InTime) =〉 CM_New_Input_Data. ind(AREP)	DATA
69	DATA	CM_Write. req(AREP, slotNumber, subslotNumber, Index, seqNumber, Length, Data) =〉 RM_Write. req(AREP, slotNumber, subslotNumber, Index, seqNumber, Length, Data)	DSND
70	DATA	CM_Read. req(AREP, API, TargetUUID, slotNumber, subslotNumber, Index, seqNumber, Length) =〉 RM_Read. req(AREP, API, TargetUUID, slotNumber, subslotNumber, Index, seqNumber, Length)	DSND
71	DATA	CM_DControl. req(AREP,ControlBlock) =〉 RM_DControl. req(AREP,ControlBlock)	DATA
72	DATA	RM_DControl. cnf(+)(AREP,ControlBlock) =〉 CM_DControl. cnf(+)(AREP,ControlBlock)	DATA
73	DATA	RM_DControl. cnf(−)(AREP, ErrorDecode, ErrorCode1, ErrorCode2, AddData1, AddData2) =〉 CM_DControl. cnf(−)(AREP, ErrorDecode, ErrorCode1, ErrorCode2, AddData1, AddData2)	DATA
74	DATA	CM_CControl. rsp(+)(AREP,ControlBlock) =〉 RM_CControl. rsp(+)(AREP,ControlBlock)	DATA

表 534(续)

#	当前状态	事件/条件 =〉动作	下一状态
75	DATA	CM_CControl. rsp(—)(AREP,ControlBlock) =〉 RM_CControl. rsp(—)(AREP,ControlBlock)	DATA
76	DATA	RM_CControl. ind(AREP,ControlBlock,modulDiffBlock) /(ControlCommand. ApplicationReady || ControlCommand. ReadyForRTCLASS_3) =〉 RM_CControl. rsp(—)(AREP,ErrorDecode,ErrorCode1,ErrorCode2,AddData1,AddData2) RM_Abort. req(AREP)	ABORT
77	DATA	RM_CControl. ind(AREP,ControlBlock,modulDiffBlock) /!(ControlCommand. ApplicationReady || ControlCommand. ReadyForRTCLASS_3) =〉 CM_CControl. ind(AREP,ControlBlock,modulDiffBlock)	DATA
78	DATA	CM_Release. req(AREP,ControlBlock) =〉 RM_Release. req(AREP,ControlBlock)	ABORT
79	DATA	CM_Abort. req(AREP) =〉 RM_Abort. req(AREP)	ABORT
80	DATA	CPM_Stop. ind(CREP. CPM) =〉 ErrorCode1 := CMCTL ErrorCode2 := time out RM_Abort. req(AREP)	ABORT
81	DATA	PPM_Error. ind(CREP. PPM) =〉 ErrorCode1 := CMCTL ErrorCode2 := no datasend RM_Abort. req(AREP)	ABORT
82	DSND	CPM_New_Cons_Data. ind(CREP. CPM,APDU_Status,InTime) =〉 CM_New_Input_Data. ind(AREP)	DSND
83	DSND	RM_Write. cnf(+)(AREP,Seq Number,AddData1,AddData2) =〉 CM_Write. cnf(+)(AREP,Seq Number,AddData1,AddData2)	DATA
84	DSND	RM_Write. cnf(—)(AREP,ErrorDecode,ErrorCode1,ErrorCode2,AddData1,AddData2) =〉 CM_Write. cnf(—)(AREP,ErrorDecode,ErrorCode1,ErrorCode2,AddData1,AddData2)	DATA

表 534(续)

#	当前状态	事件/条件 =〉动作	下一状态
85	DSND	RM_Read.cnf(+)(AREP,Seq Number,AddData1,AddData2,Length,Data) =〉 CM_Read.cnf(+)(AREP,Seq Number,AddData1,AddData2,Length,Data)	DATA
86	DSND	RM_Read.cnf(-)(AREP,ErrorDecode,ErrorCode1,ErrorCode2,AddData1,AddData2) =〉 CM_Read.cnf(-)(AREP,ErrorDecode,ErrorCode1,ErrorCode2,AddData1,AddData2)	DATA
87	DSND	CM_DControl.req(AREP,ControlBlock) =〉 RM_DControl.req(AREP,ControlBlock)	DSND
88	DSND	RM_DControl.cnf(+)(AREP,ControlBlock) =〉 CM_DControl.cnf(+)(AREP,ControlBlock)	DSND
89	DSND	RM_DControl.cnf(-)(AREP,ErrorDecode,ErrorCode1,ErrorCode2,AddData1,AddData2) =〉 CM_DControl.cnf(-)(AREP,ErrorDecode,ErrorCode1,ErrorCode2,AddData1,AddData2)	DSND
90	DSND	CM_CControl.rsp(+)(AREP,ControlBlock) =〉 RM_CControl.rsp(+)(AREP,ControlBlock)	DSND
91	DSND	CM_CControl.rsp(-)(AREP,ControlBlock) =〉 RM_CControl.rsp(-)(AREP,ControlBlock)	DSND
92	DSND	RM_CControl.ind(AREP,ControlBlock,modulDiffBlock) /(ControlCommand.ApplicationReady || ControlCommand.ReadyForRTCLASS_3) =〉 RM_CControl.rsp(-)(AREP,ErrorDecode,ErrorCode1,ErrorCode2,AddData1,AddData2) RM_Abort.req(AREP)	ABORT
93	DSND	RM_CControl.ind(AREP,ControlBlock,modulDiffBlock) /!(ControlCommand.ApplicationReady || ControlCommand.ReadyForRTCLASS_3) =〉 CM_CControl.ind(AREP,ControlBlock,modulDiffBlock)	DSND
94	DSND	CM_Release.req(AREP,ControlBlock) =〉 RM_Release.req(AREP,ControlBlock)	ABORT
95	DSND	CM_Abort.req(AREP) =〉 RM_Abort.req(AREP)	ABORT

表 534（续）

#	当前状态	事件/条件 =〉动作	下一状态
96	DSND	CPM_Stop. ind(CREP. CPM) =〉 ErrorCode1 := CMCTL ErrorCode2 := time out RM_Abort. req(AREP)	ABORT
97	DSND	PPM_Error. ind(CREP. PPM) =〉 ErrorCode1 := CMCTL ErrorCode2 := no datasend RM_Abort. req(AREP)	ABORT
98	ABORT	RM_Abort. cnf(AREP) =〉 CPM_Close. cnf(CREP. CPM)	W_PM_C
99	ABORT	RM_Release. cnf(+)(AREP, ControlBlock) =〉 CM_Release. cnf(+)(AREP, ControlBlock) RM_Abort. req(AREP)	ABORT
100	ABORT	RM_Release. cnf(−)(AREP, ErrorDecode, ErrorCode1, ErrorCode2, AddData1, AddData2) =〉 CM_Release. cnf(−)(AREP, ErrorDecode, ErrorCode1, ErrorCode2, AddData1, AddData2) RM_Abort. req(AREP)	ABORT
101	ABORT	RM_Connect. cnf(+)(AREP, ARBlockRes, ListOfIOCRBlockRes, AlarmCRBlockRes, ModuleDiffBlock, ARRPCBlockRes) =〉 CM_Connect. cnf(−)(AREP, ErrorDecode, ErrorCode1, ErrorCode2, AddData1, AddData2)	ABORT
102	ABORT	RM_Connect. cnf(−)(AREP, ErrorDecode, ErrorCode1, ErrorCode2, AddData1, AddData2) =〉 CM_Connect. cnf(−)(AREP, ErrorDecode, ErrorCode1, ErrorCode2, AddData1, AddData2)	ABORT
103	ABORT	RM_Write. cnf(+)(AREP, Seq Number, AddData1, AddData2) =〉 CM_Write. cnf(−)(AREP, ErrorDecode, ErrorCode1, ErrorCode2, AddData1, AddData2)	ABORT
104	ABORT	RM_Write. cnf(−)(AREP, ErrorDecode, ErrorCode1, ErrorCode2, AddData1, AddData2) =〉 CM_Write. cnf(−)(AREP, ErrorDecode, ErrorCode1, ErrorCode2, AddData1, AddData2)	ABORT

表 534（续）

#	当前状态	事件/条件 =〉动作	下一状态
105	ABORT	RM_Read.cnf(+)(AREP,Seq Number,AddData1,AddData2,Length,Data) =〉 CM_Read.cnf(—)(AREP,ErrorDecode,ErrorCode1,ErrorCode2,AddData1,AddData2)	ABORT
106	ABORT	RM_Read.cnf(—)(AREP,ErrorDecode,ErrorCode1,ErrorCode2,AddData1,AddData2) =〉 CM_Read.cnf(—)(AREP,ErrorDecode,ErrorCode1,ErrorCode2,AddData1,AddData2)	ABORT
107	ABORT	RM_DControl.cnf(+)(AREP,ControlBlock) =〉 CM_DControl.cnf(—)(AREP,ErrorDecode,ErrorCode1,ErrorCode2,AddData1,AddData2)	ABORT
108	ABORT	RM_DControl.cnf(—)(AREP,ErrorDecode,ErrorCode1,ErrorCode2,AddData1,AddData2) =〉 CM_DControl.cnf(—)(AREP,ErrorDecode,ErrorCode1,ErrorCode2,AddData1,AddData2)	ABORT
109	ABORT	RM_CControl.ind(AREP,ControlBlock,modulDiffBlock) =〉	ABORT
110	ABORT	CPM_New_Cons_Data.ind(CREP.CPM,APDU_Status,InTime) =〉	ABORT
111	ABORT	CM_Abort.req(AREP) =〉	ABORT
112	ABORT	CPM_Stop.ind(CREP.CPM) =〉	ABORT
113	ABORT	PPM_Error.ind(CREP.PPM) =〉	ABORT
114	W_PM_C	CPM_Close.cnf(CREP.CPM) =〉 PPM_Close.req(CREP.PPM)	W_PM_C
115	W_PM_C	PPM_Close.cnf(CREP.PPM) =〉 ALPMI_Close.req(CREP.ALPMI)	W_PM_C
116	W_PM_C	ALPMI_Close.cnf(CREP.ALPMI) =〉 ALPMR_Close.req(CREP.ALPMR)	W_PM_C
117	W_PM_C	ALPMR_Close.cnf(CREP.ALPMR) =〉 remove(CREP.PPM) remove(CREP.CPM) remove(CREP.ALPMR) remove(CREP.ALPMI)	CONNECT

表 534（续）

#	当前状态	事件/条件 =〉动作	下一状态
118	任意状态	CM_Connect. req(AREP, ARBlockReq, ListOfIOCRBlockReq, AlarmCRBlockReq, ListOfExpectedSubmoduleBlockReq, PrmCount, ListOfWriteBlockReq) =〉 ErrorCode1 := CMCTL ErrorCode2 := state conflict CM_Connect. cnf(-)(AREP, ErrorDecode, ErrorCode1, ErrorCode2, AddData1, AddData2)	相同状态
119	任意状态	RM_Connect. cnf(+)(AREP, ARBlockRes, ListOfIOCRBlockRes, AlarmCRBlockRes, ModuleDiffBlock, ARRPCBlockRes) =〉	相同状态
120	任意状态	RM_Connect. cnf(-)(AREP, ErrorDecode, ErrorCode1, ErrorCode2, AddData1, AddData2) =〉	相同状态
121	任意状态	CM_Write. req(AREP, slotNumber, subslotNumber, Index, seqNumber, Length, Data) =〉 ErrorCode1 := CMCTL ErrorCode2 := state conflict CM_Write. cnf(-)(AREP, ErrorDecode, ErrorCode1, ErrorCode2, AddData1, AddData2)	相同状态
122	任意状态	RM_Write. cnf(+)(AREP, Seq Number, AddData1, AddData2) =〉	相同状态
123	任意状态	RM_Write. cnf(-)(AREP, ErrorDecode, ErrorCode1, ErrorCode2, AddData1, AddData2) =〉	相同状态
124	任意状态	CM_DControl. req(AREP, ControlBlock) =〉 ErrorCode1 := CMCTL ErrorCode2 := state conflict CM_DControl. cnf(-)(AREP, ErrorDecode, ErrorCode1, ErrorCode2, AddData1, AddData2)	相同状态
125	任意状态	RM_DControl. cnf(+)(AREP, ControlBlock) =〉	相同状态
126	任意状态	RM_DControl. cnf(-)(AREP, ErrorDecode, ErrorCode1, ErrorCode2, AddData1, AddData2) =〉	相同状态
127	任意状态	CM_Read. req(AREP, API, TargetUUID, slotNumber, subslotNumber, Index, seqNumber, Length) =〉 ErrorCode1 := CMCTL ErrorCode2 := state conflict CM_Read. cnf(-)(AREP, ErrorDecode, ErrorCode1, ErrorCode2, AddData1, AddData2)	相同状态

表 534（续）

#	当前状态	事件/条件 =〉动作	下一状态
128	任意状态	RM_Read. cnf(＋)(AREP,Seq Number,AddData1,AddData2,Length,Data) =〉	相同状态
129	任意状态	RM_Read. cnf(－)(AREP,ErrorDecode,ErrorCode1,ErrorCode2,AddData1,AddData2) =〉	相同状态
130	任意状态	CM_Release. req(AREP,ControlBlock) =〉 ErrorCode1 := CMCTL ErrorCode2 := state conflict CM_Release. cnf(－)(AREP,ErrorDecode,ErrorCode1,ErrorCode2,AddData1,AddData2)	相同状态
131	任意状态	RM_Release. cnf(＋)(AREP,ControlBlock) =〉	相同状态
132	任意状态	RM_Release. cnf(－)(AREP,ErrorDecode,ErrorCode1,ErrorCode2,AddData1,AddData2) =〉	相同状态
133	任意状态	CM_CControl. rsp(－)(AREP,ControlBlock) =〉	相同状态
134	任意状态	CM_CControl. rsp(＋)(AREP,ControlBlock) =〉	相同状态
135	任意状态	RM_CControl. ind(AREP,ControlBlock,modulDiffBlock) =〉 ErrorCode1 := CMCTL ErrorCode2 := state conflict RM_CControl. rsp(－)(AREP,ErrorDecode,ErrorCode1,ErrorCode2,AddData1,AddData2)	相同状态

6.6.7.4 功能

对于 CMCTL 没有定义功能或宏。

6.7 DLL 映射协议机

DLL 映射协议机(DLLmapping Protocolmachines(DMPM))映射应依据 4.16.2。

附　录　A
（资料性附录）
过滤数据库(FDB)

依据 IEEE 802 和本部分,一个交换机包含一个过滤数据库以优化桥接。表 A.1～表 A.3 列出了推荐的登录项表。

表 A.1　单播 FDB 登录项

值 OUI(多播)（十六进制）	值扩展标识符（十六进制）	应用	桥	ORG	含　义
制造商	n	接收[a]	过滤器	No	接口 MAC 地址
制造商	n＋1～n＋m	接收[a]	过滤器	No	端口 MAC 地址
其他	其他	—	—	—	
[a] 如果可应用的话					

表 A.2　多播 FDB 登录项

值 OUI(多播)（十六进制）	值扩展标识符（十六进制）	应用	桥	ORG	含　义
01-0E-CF	00-00-00	接收[a]	转发	No	FrameID＝0xFEFE 时,用于 DCP-Identify-ReqPDU
01-0E-CF	00-00-01	接收[a]	转发	No	FrameID＝0xFEFC 时,用于 DCP-Hello-ReqPDU
01-0E-CF	00-01-01	接收[a]	过滤器[b]	Yes[f]	RT_CLASS_3 目标多播地址
01-0E-CF	00-01-02	接收[a]	过滤器	Yes	RT_CLASS_3 无效的帧多播地址
01-0E-CF	00-02-00～00-02-1F	接收[a]	转发[c]	Yes[f]	RT_CLASS_2 多播通信地址
01-0E-CF	00-02-20～00-02-FF	接收[a]	转发	Yes[f]	RT_CLASS_2 多播通信地址
01-0E-CF	00-04-00	接收[a]	过滤器	Yes	联合 PTCP-AnnouncePDU 和 FrameID（＝0xFF00),用于时钟同步
01-0E-CF	00-04-01	接收[a]	过滤器	Yes	联合 PTCP-AnnouncePDU 和 FrameID（＝0xFF01),用于时间同步
01-0E-CF	00-04-02～00-04-1F	接收[a]	过滤器	Yes	联合 PTCP-AnnouncePDU 和 FrameID（＝0xFFxx),用于同步 其中:xx 是该 MAC 地址的最低有效字节
01-0E-CF	00-04-20	接收[a]	过滤器	Yes	联合带后继的 PTCP-RTSyncPDU 和 FrameID(＝0x0020),用于时钟同步
01-0E-CF	00-04-21	接收[a]	过滤器	Yes	联合带后继的 PTCP-RTSyncPDU 和 FrameID(＝0x0021),用于时钟同步
01-0E-CF	00-04-22～00-04-3F	接收[a]	过滤器	Yes	联合带后继的 PTCP-RTSyncPDU 和 FrameID(＝0x00xx),用于同步 其中:xx 是该 MAC 地址的最低有效字节
01-0E-CF	00-04-40	接收[a]	过滤器	Yes	联合 PTCP-FollowUpPDU 和 FrameID（＝0xFF20),用于时钟同步
01-0E-CF	00-04-41	接收[a]	过滤器	Yes	联合 PTCP-FollowUpPDU 和 FrameID（＝0xFF21),用于时间同步

表 A.2（续）

值 OUI(多播)（十六进制）	值扩展标识符（十六进制）	应用	桥	ORG	含　义
01-0E-CF	00-04-42～00-04-5F	接收[a]	过滤器	Yes	联合 PTCP-FollowUpPDU 和 FrameID (＝0xFFxx),用于同步 其中:xx 是该 MAC 地址的最低有效字节
01-0E-CF	00-04-80	接收[a]	过滤器	Yes	联合 PTCP-RTSyncPDU 和 FrameID (＝0x0080),用于时钟同步
01-0E-CF	00-04-81	接收[a]	过滤器	Yes	联合 PTCP-RTSyncPDU 和 FrameID (＝0x0081),用于时间同步
01-0E-CF	00-04-82～00-04-9F	接收[a]	过滤器	Yes	联合 PTCP-RTSyncPDU 和 FrameID (＝0x00xx),用于同步 其中:xx 是该 MAC 地址的最低有效字节
01-0E-CF	00-05-00	接收[a]	过滤器[b]	Yes	用于无碰撞媒体冗余的 MRP 扩展(MRRT-PDU)
01-15-4E	00-00-01	接收[a]	转发	Yes	MC_Test,用于媒体冗余测试帧
01-15-4E	00-00-02	接收[a]	转发	Yes	MC_CONTROL,用于媒体冗余链路改变和拓扑改变帧
01-80-C2	00-00-00	接收[a]	过滤器[d]	Yes	IEEE 802.1D-2004 快速生成树协议(RSTP)
01-80-C2	00-00-01～00-00-0D	接收[a]	过滤器	Yes	IEEE 802.1D-2004
01-80-C2	00-00-0E	接收[a]	过滤器	Yes	IEEE 802.1D-2004 用于 LLDP 和 PTCP 联合 PTCP-DelayReqPDU 和 FrameID (＝0xFF40),带后继的 PTCP-DelayResPDU 和 FrameID(＝0xFF41),PTCP-DelayFuResPDU 和 FrameID(＝0xFF42),以及无后继的 PTCP-DelayResPDU 和 FrameID(＝0xFF43),用于延迟测量
01-80-C2	00-00-0F	接收[a]	过滤器	Yes	IEEE 802.1D-2004
01-80-C2	00-00-10	接收[a]	过滤器	Yes	IEEE 802.1D-2004 所有 LANs 桥管理组地址
01-00-5E	40-F8-00～40-FB-FF	接收[a]	—[e]	No	联合 RT_CLASS_UDP 用于多播通信关系
其他	其他	—	—	—	—

[a] 如果可应用的话。

[b] 采用本部分的规则。

[c] 发送取决于 MulticastBoundary 的设置。

[d] 建议在不支持 RSTP 的交换机内或在具有可选媒体冗余协议(如 MRP)的交换机内转发快速生成树协议(RSTP)帧。

[e] 建议转发这些帧,除非支持 IETF RFC 4604(IGMPv3)。

[f] 对于此协议,与 MRRT 相关时,ORG 标签只能是“Yes”。

表 A.3 广播 FDB 登录项

值 OUI(多播)(十六进制)	值扩展标识符(十六进制)	应用	桥	ORG	含义
FF-FF-FF	FF-FF-FF	接收[a]	转发	No	广播
其他[a]	其他	—	—	—	—

[a] 如果可应用的话。

附　录　B
（资料性附录）
建立伙伴 AR

图 B.1 是建立伙伴 AR 的一个示例。从第一个 AR 到第二个 AR 的改变由 IO 设备来控制。IO 设备定义该建立的速度。

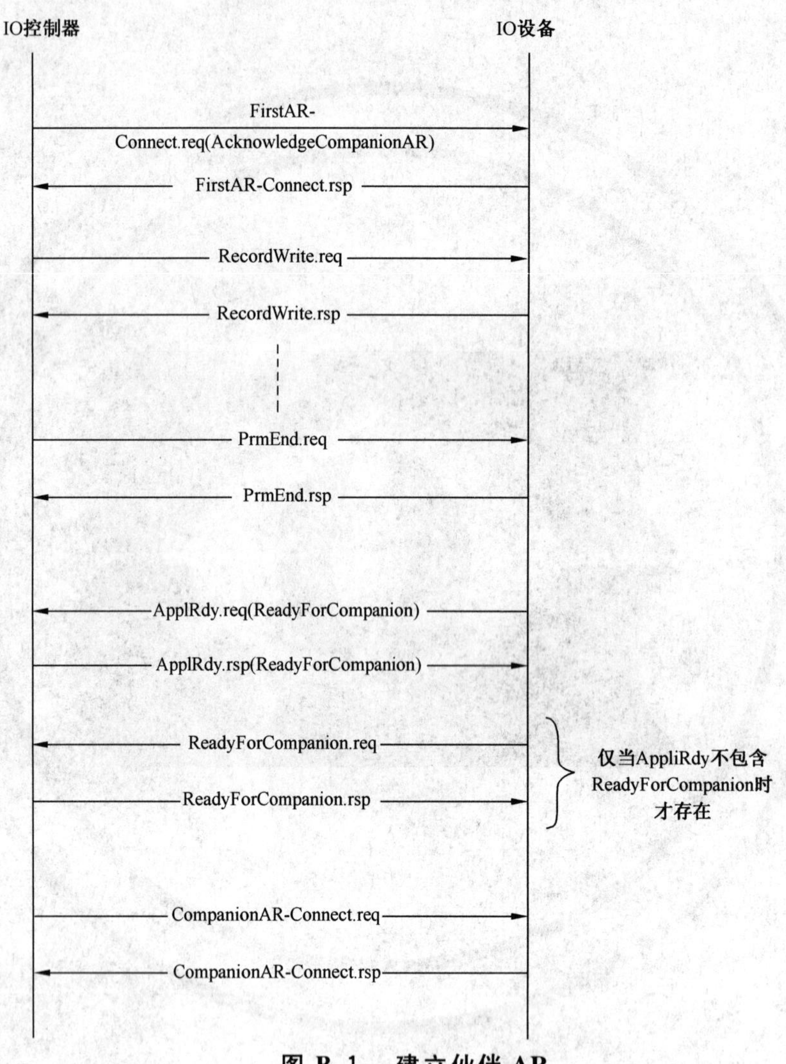

图 B.1　建立伙伴 AR

附　录　C
（资料性附录）
建立设备访问 AR

图 C.1 是建立设备访问 AR 的一个示例。仅使用无连接 RPC 来驱动此类 AR。

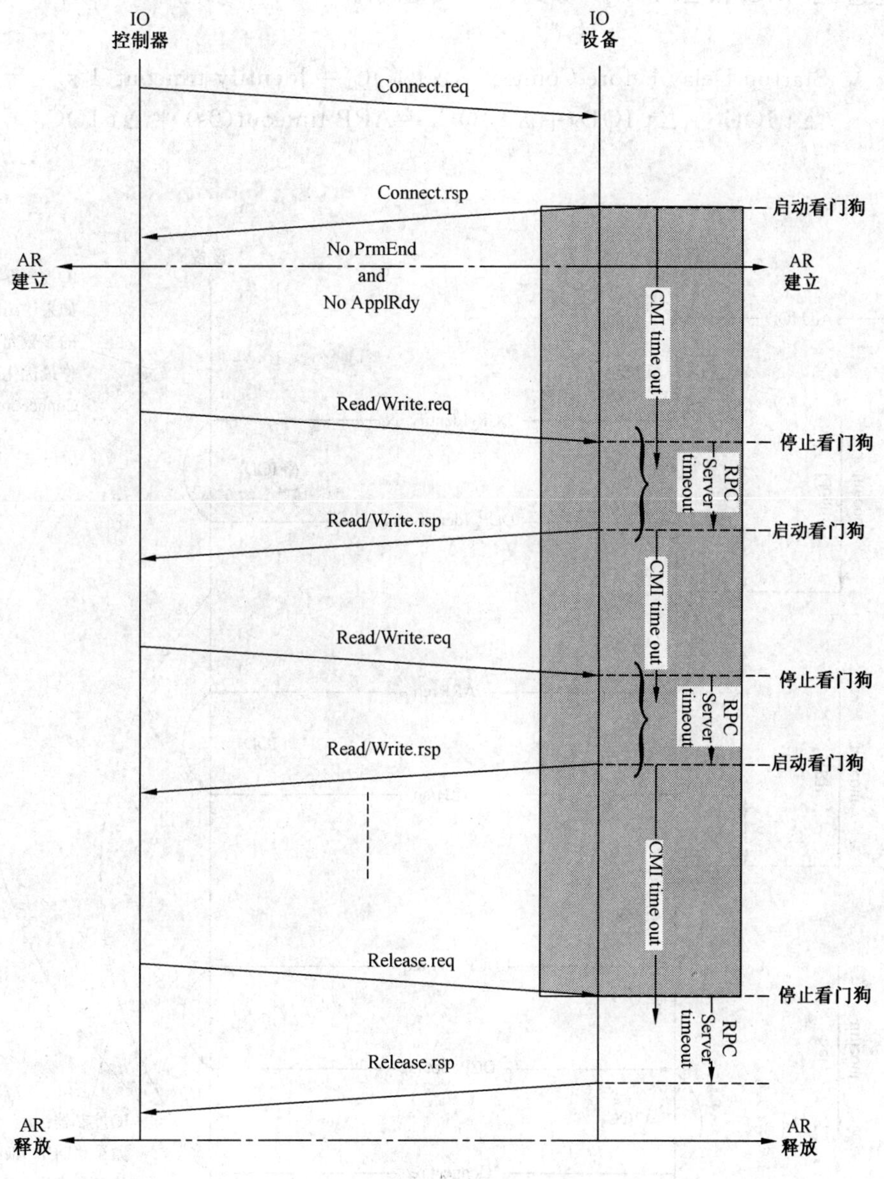

图 C.1　建立设备访问 AR

附 录 D
（资料性附录）
建立 AR（简单过程）

图 D.1 是常规启动的一个示例。此模型串接两个定时器值（Identify timeout 和 ARP timeout）和 5 个运行期延迟（$\Delta t\ IOC_x$ 和 $\Delta t\ IOD_y$），如式（D.1）中所示。

$$\text{Startup Delay before Connect} = \Delta t\ IOC_1 + \text{Identify timeout}(1\ s) + \Delta t\ IOC_2 + \Delta t\ IOD_2 + \Delta t\ IOC_3 + \text{ARP timeout}(2s) + \Delta t\ IOC_4 \quad \cdots\cdots\cdots\cdots\cdots(D.1)$$

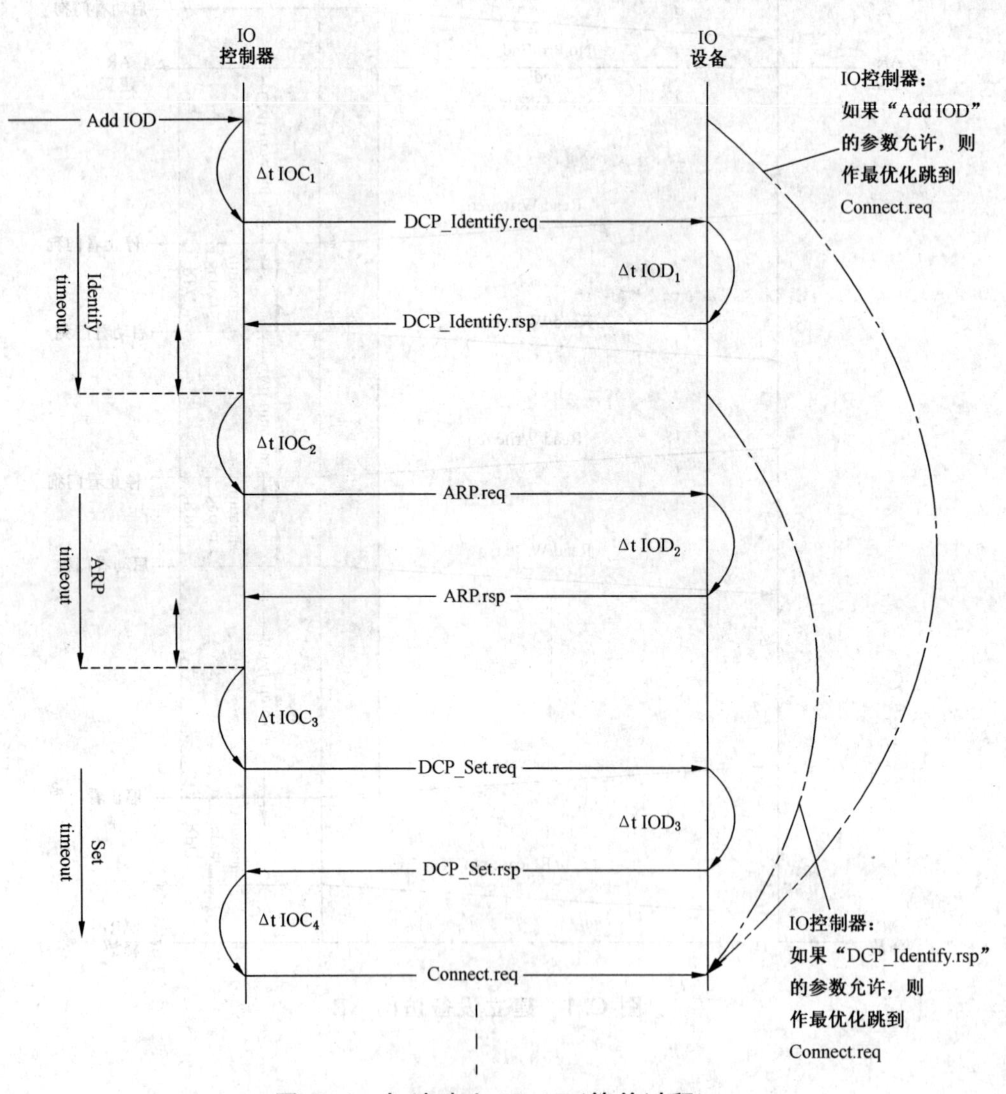

图 D.1 加速建立 IO AR（简单过程）

附 录 E
(资料性附录)
建立 AR(加速过程)

图 E.1 是加速启动的一个示例。对加速建立的超时/响应控制通过同时运行的定时器来完成。响应后,IO 控制器的状态机立即进到下一个状态。串接 3 个定时器值(Identify timeout,Set timeout 和 ARP timeout)的模型(如式(E.1)所示)由仅串接 $\Delta t\ IOD_x$ 和 $\Delta t\ IOC_y$(如式(E.2)所示)的模型来代替。

$$\text{Startup Delay before Connect} = \Delta t\ IOC_1 + \text{Identify timeout}(1\ s) + \Delta t\ IOC_2 + \Delta t\ IOC_3 + \text{ARP timeout}(2s) + \Delta t\ IOC_4 \quad \cdots\cdots(E.1)$$

$$\text{Startup Delay before Connect} = \Delta t\ IOC_1 + \Delta t\ IOD_1 + \Delta t\ IOC_2 + \Delta t\ IOD_2 + \Delta t\ IOC_3 + \Delta t\ IOD_3 + \Delta t\ IOC_4 \quad \cdots\cdots(E.2)$$

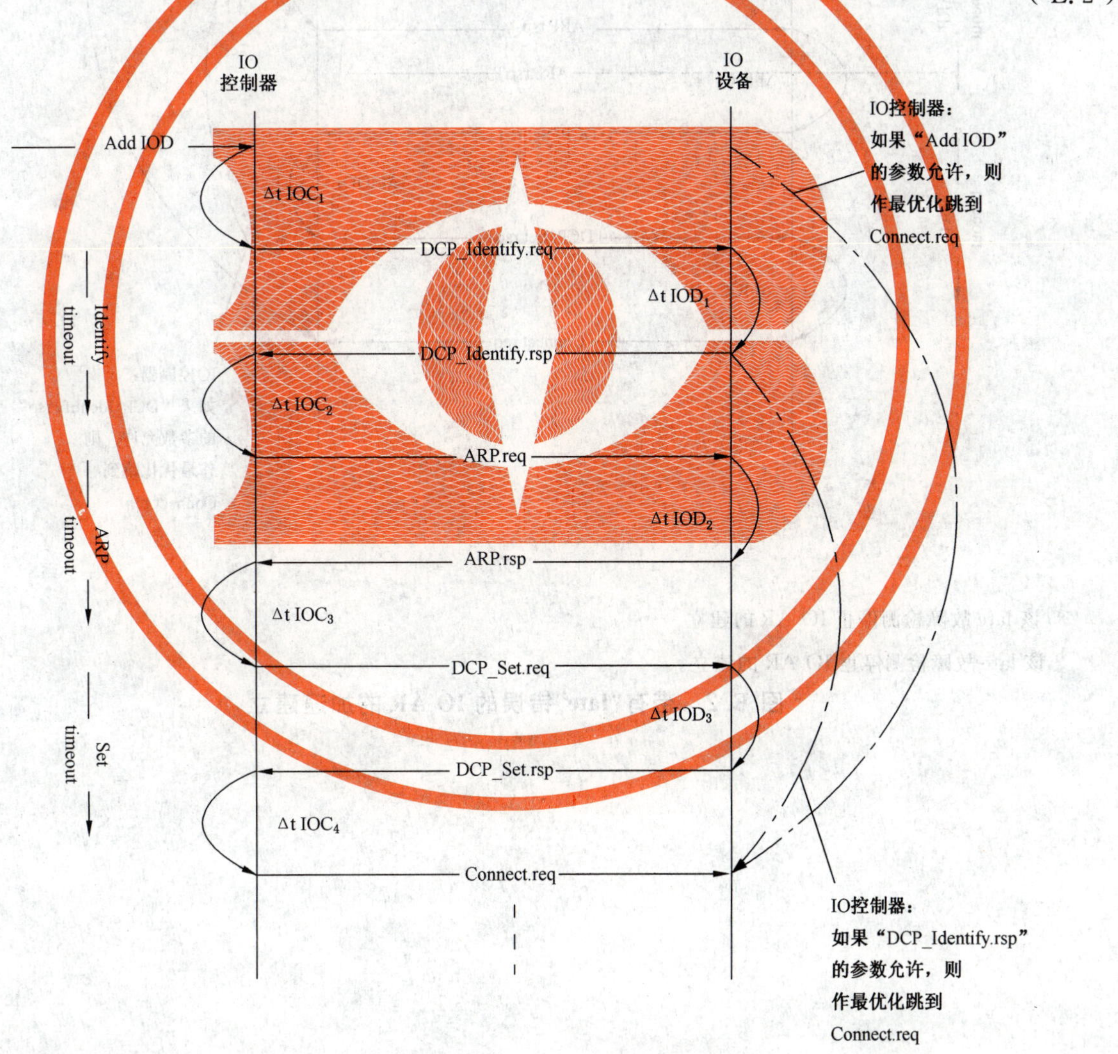

图 E.1 无错误的 IO AR 的加速建立

图 E.2 是带有"late"错误的加速启动的一个示例。在此情况下,依据 IO 控制器的状态机,应异常中止该连接过程。

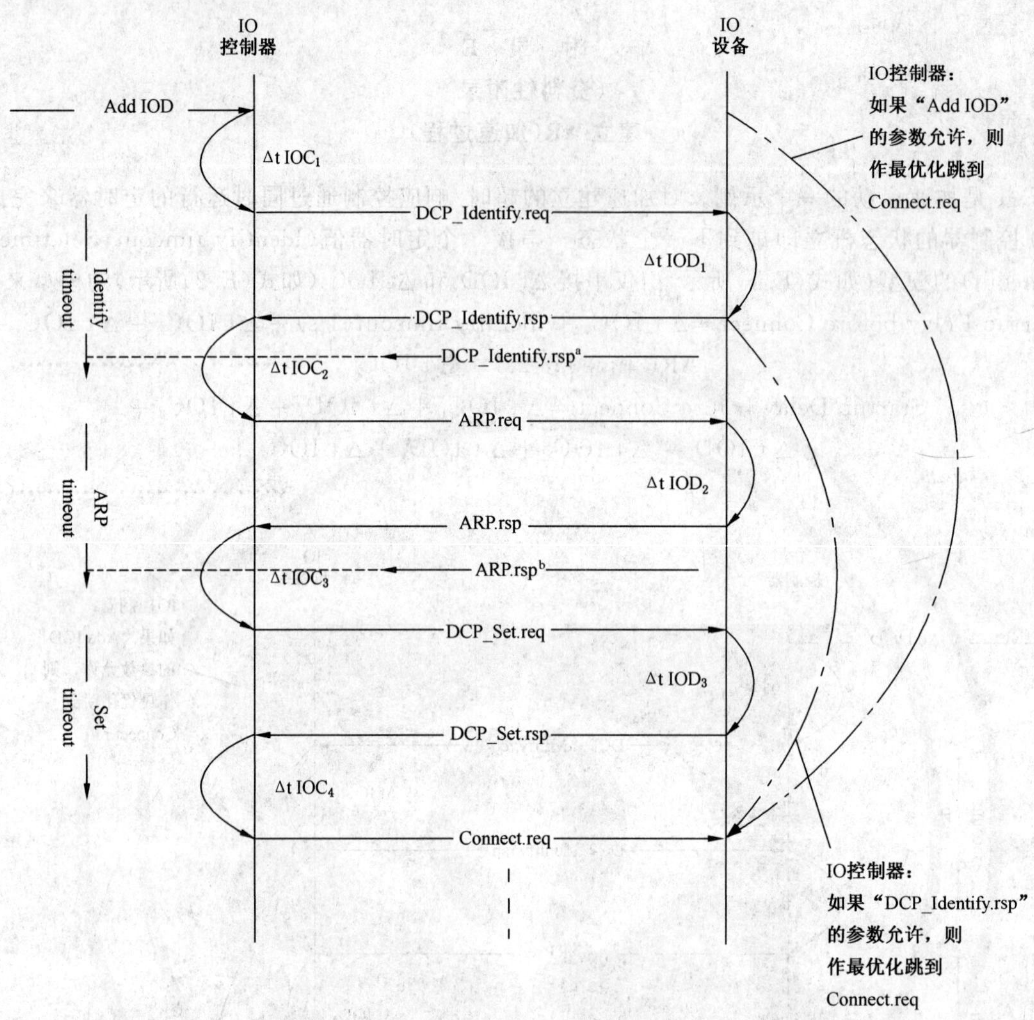

[a] 该 late 故障检测停止 IO AR 的建立。

[b] 该 late 故障检测停止 IO AR 的建立。

图 E.2 带有“late”错误的 IO AR 的加速建立

附　录　F
（资料性附录）
建立 AR（快速启动过程）

在附录 E 中示出的加速启动为较快的系统提供更好的能力。对于使用不同工具进行生产的系统，如使用带工具套件的机器人，加速启动需要附加的增强性能。这就是图 F.1 中示出的所谓快速启动。在此情况下为了直接跳转到连接服务，IO 设备用 DCP_Hello.req 向 IO 控制器提供需要的所有信息，从而减少了所需要的延迟，如式（F.1）和式（F.2）所示。

$$\text{Startup Delay before Connect} = \Delta t\ IOC_1 + \Delta t\ IOC_2 \quad \cdots\cdots\cdots\cdots\cdots\cdots\cdots\quad (F.1)$$

如果在接通 IO 设备之前 IO 控制器的启动状态机处于活动状态，则可以采用式（F.2）。

$$\text{Startup Delay before Connect} = \Delta t\ IOC_2 \quad \cdots\cdots\cdots\cdots\cdots\cdots\cdots\quad (F.2)$$

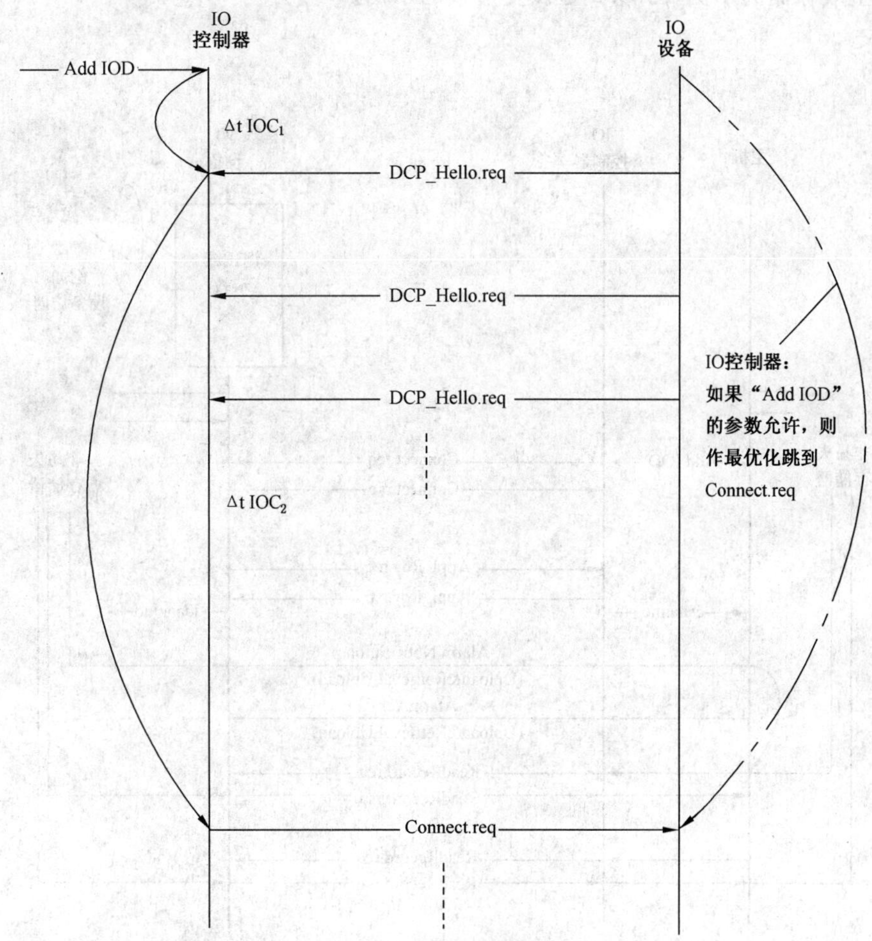

图 F.1　使用快速启动建立 IO AR

附　录　G
（资料性附录）
上装、存储和恢复过程的示例

越来越多的IO设备要求它们在执行其任务之前必须进行调试。对于传感器、机器人和光幕，必须对它们进行示教。这项工作由调试工程师来完成，由此生成的参数仅存在IO设备中。

这些投运或示教的参数常久地存储在该IO设备中，以便在通电后就可使用它们。

考虑到IO设备可能出现故障的情况，还应把这些参数存储在该IO设备的外部。此外部存储介质可以是任何一类非易失存储介质，如可移动的存储卡。它也可以是IO控制器的主机内存。

上装和恢复报警通知(alarm notification)连同读记录(read record)和写记录(write record)，提供完成上装存储和恢复这些参数的能力。

图G.1是上装存储的示例，图G.2是恢复参数的示例。

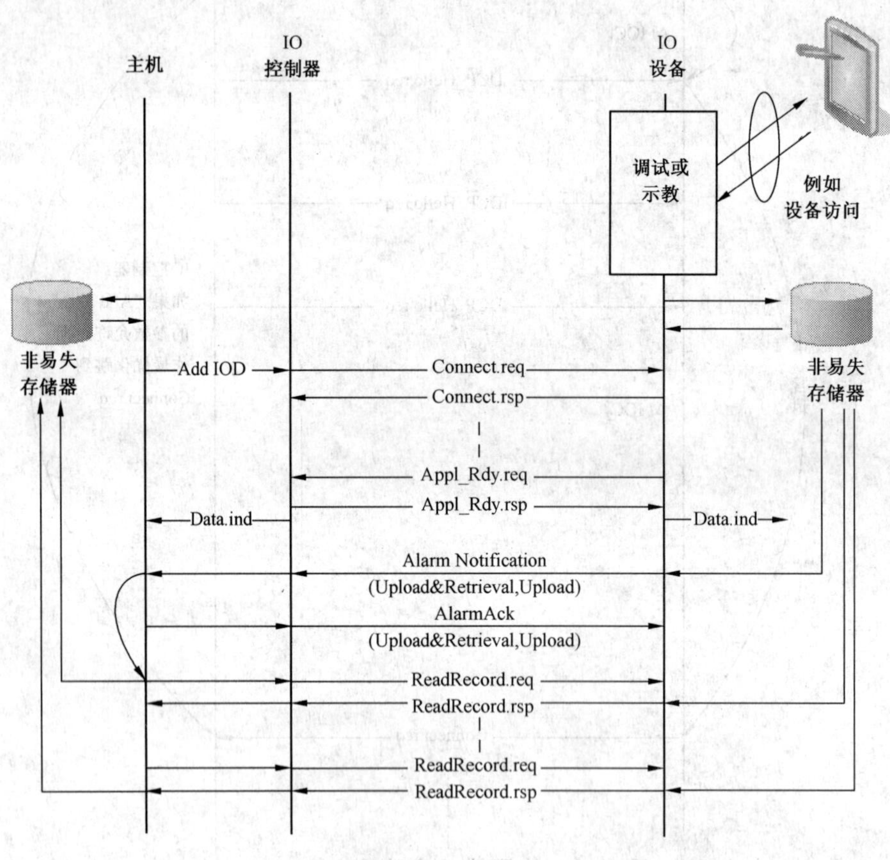

图 G.1　存储的示例

主机
IO
控制器
IO
设备
因故障
而更换
非易失
存储器
非易失
存储器
Add IOD
Connect.req
Connect.rsp
Appl_Rdy.req
Appl_Rdy.rsp
Data.ind
Data.ind
AlarmNotification
(Upload&Retrieval,Retrieval)
AlarmAck
(Upload&Retrieval,Retrieval)
WriteRecord.req
WriteRecord.rsp
WriteRecord.req
WriteRecord.rsp

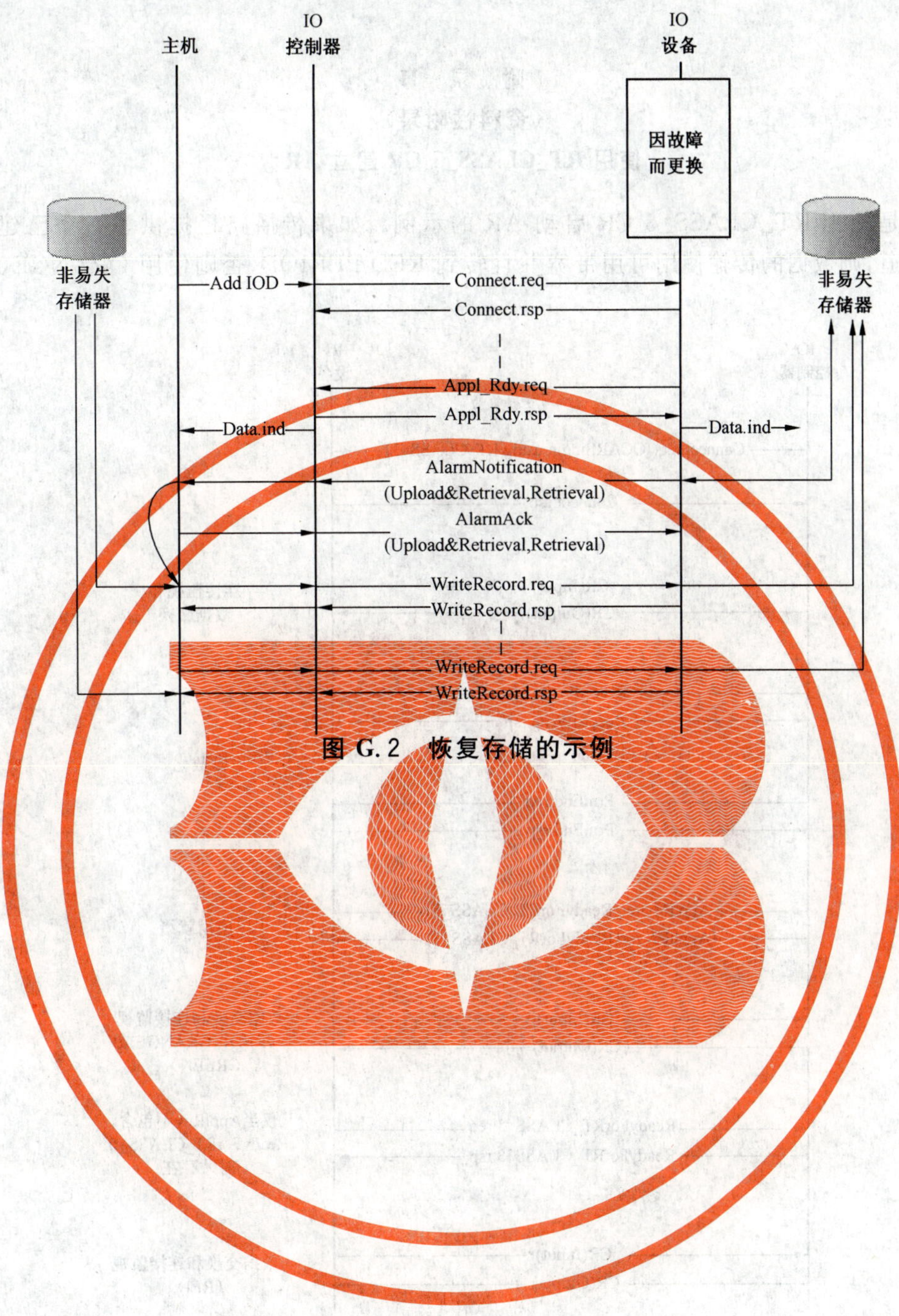

图 G.2 恢复存储的示例

附 录 H
（资料性附录）
使用 RT_CLASS_3 CR 建立 AR

图 H.1 是使用 RT_CLASS_3 CR 启动 AR 的示例。如果传播路径提供了一个已建立的 RT_CLASS_3 通道，则数据的传输使用可用带宽并且转到 RED PERIOD，否则使用 ORANGE 或 GREEN PERIOD。

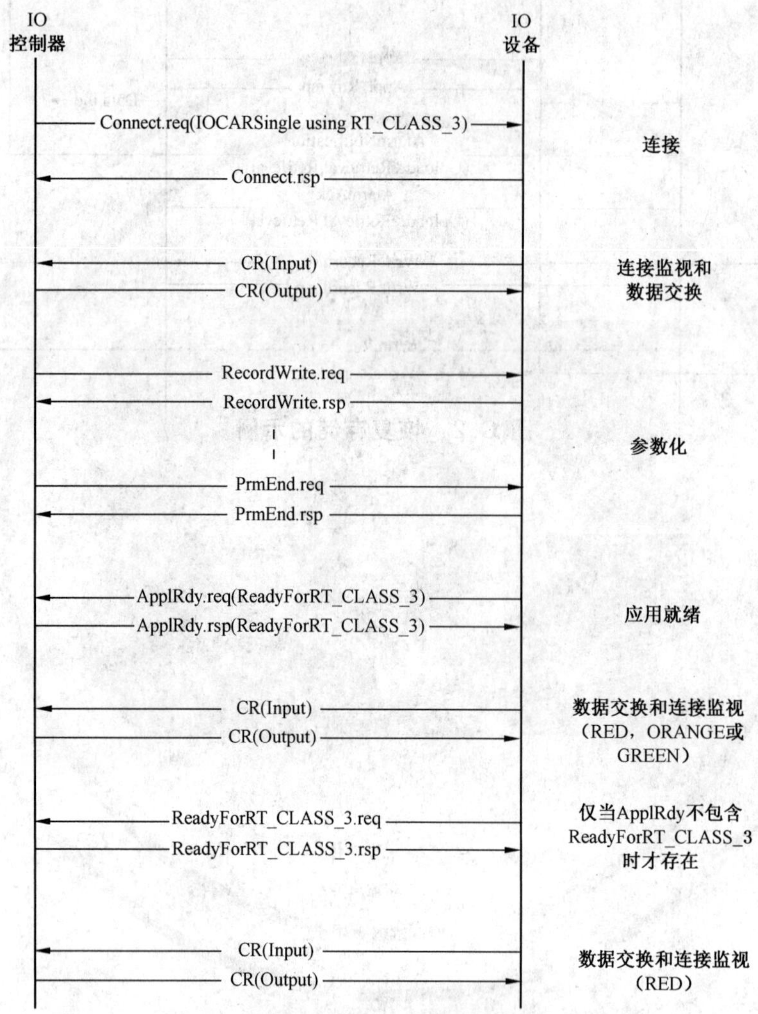

图 H.1 使用 RT_CLASS_3 CRs 建立 AR

附 录 I
（资料性附录）
AlarmCR 概貌

在 IO 控制器与 IO 设备之间定义的对称通信关系被用来传输报警。为了避免过载，建立了具有 2 个优先级（高和低）的 2 个 AlarmCR。图 I.1 示出高优先级的 AlarmCR，图 I.2 示出低优先级的 AlarmCR，二者都使用一个访问点。

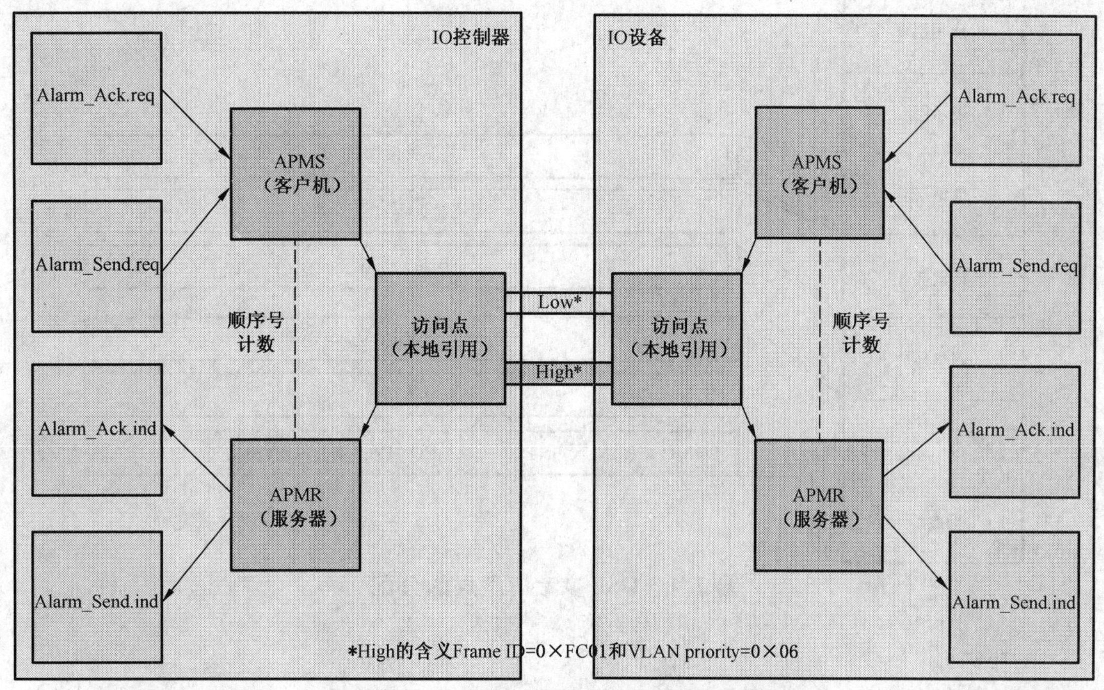

图 I.1 使用高优先级的 AlarmCR 概貌

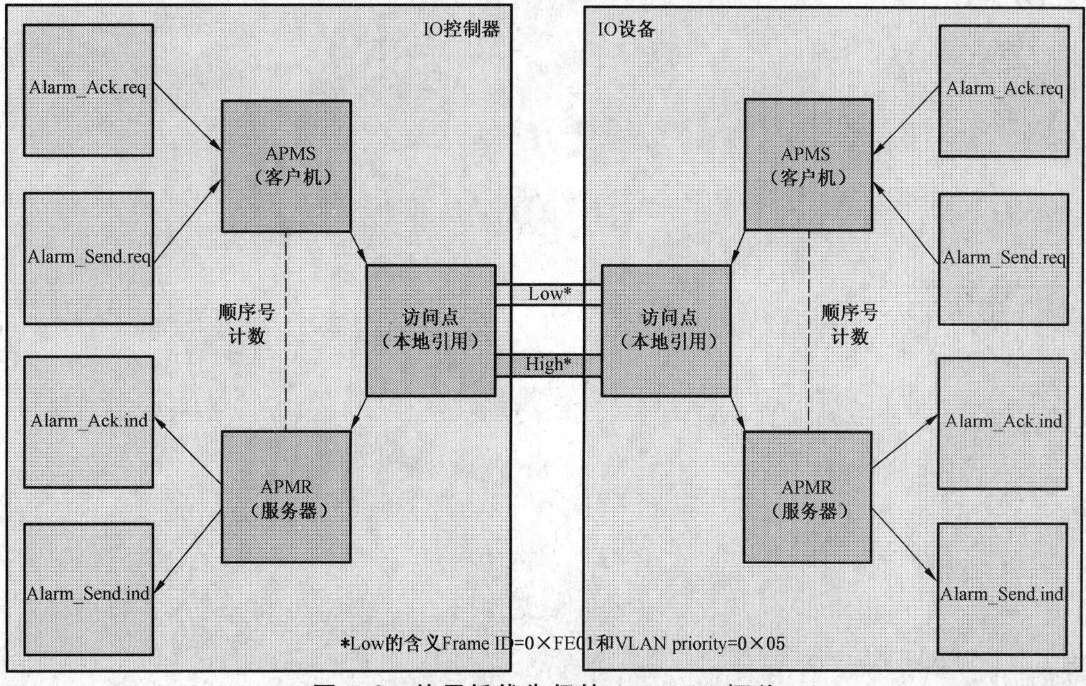

图 I.2 使用低优先级的 AlarmCR 概貌

附　录　J
（资料性附录）
OSI 参考模型的层

图 J.1 示出了所使用协议对 OSI 参考模型层的分配。

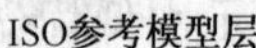

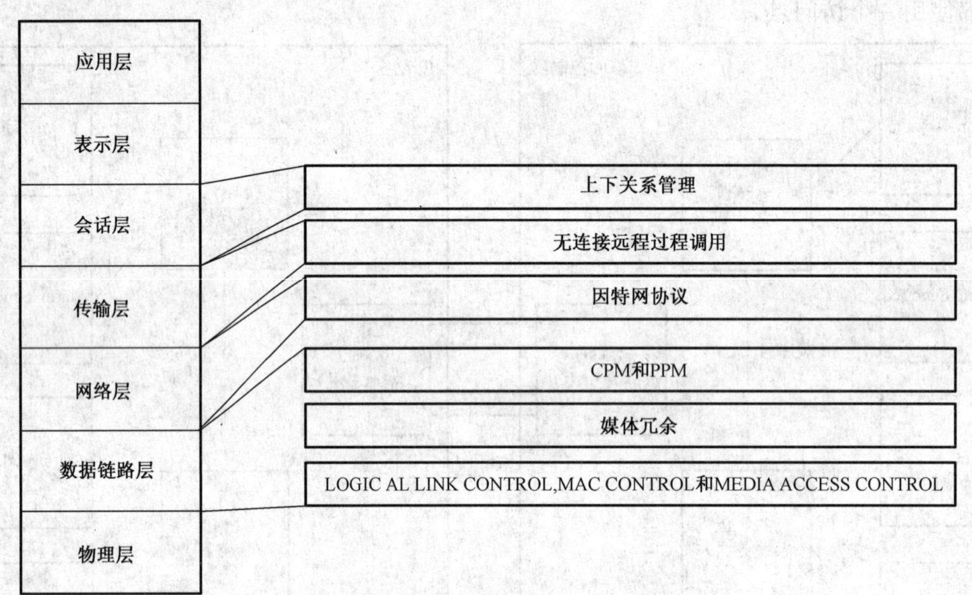

图 J.1　OSI 参考模型层的分配

附 录 K
（资料性附录）
IO 设备状态机概貌

图 K.1 通过示出 IO 设备的状态机和它们所使用的服务用图解说明其 AL 的通用结构。

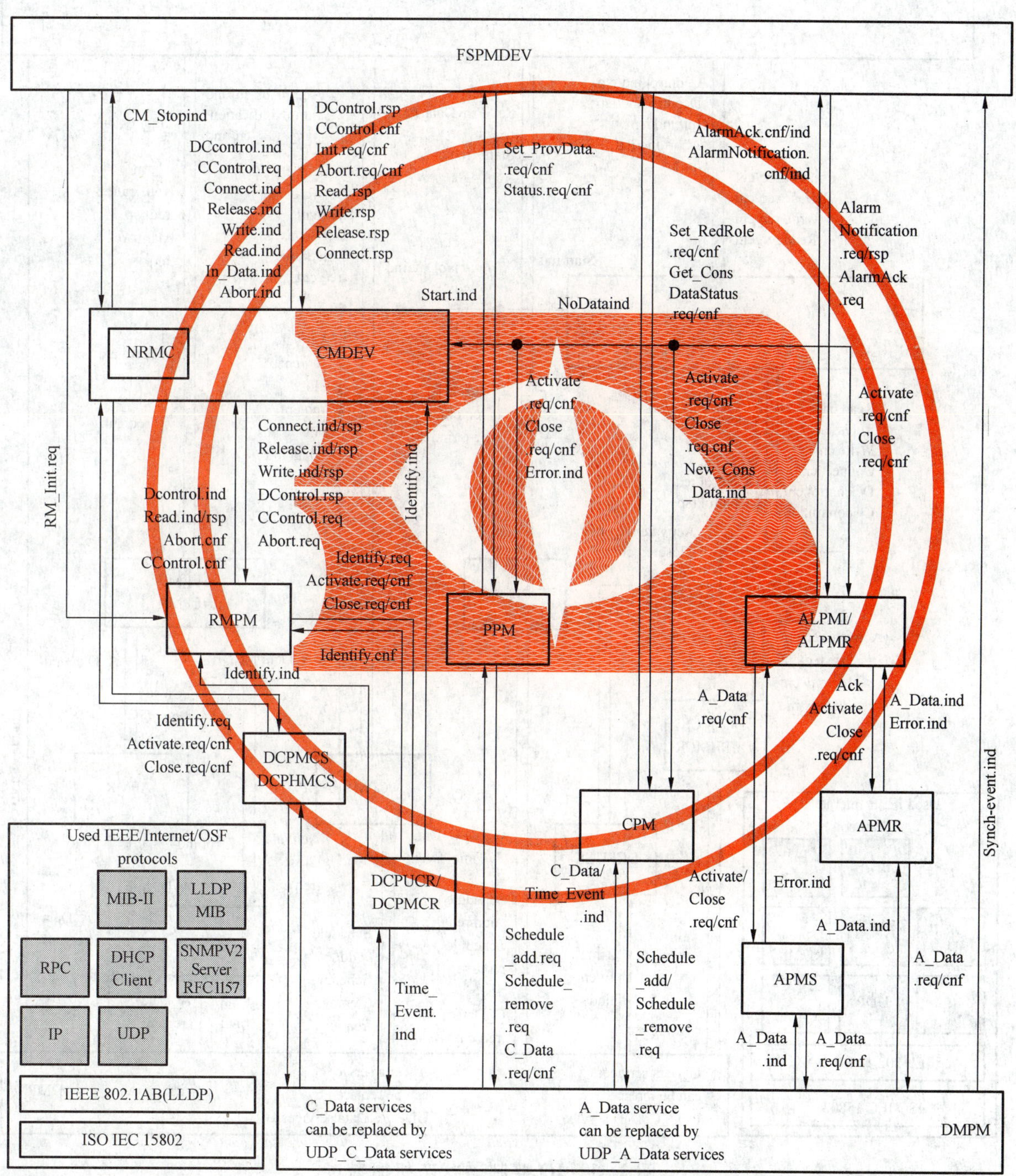

图 K.1 IO 设备状态机概貌

附 录 L
（资料性附录）
IO 控制器状态机概貌

图 L.1 通过示出 IO 控制器的状态机和它们所使用的服务用图解说明其 AL 的通用结构。

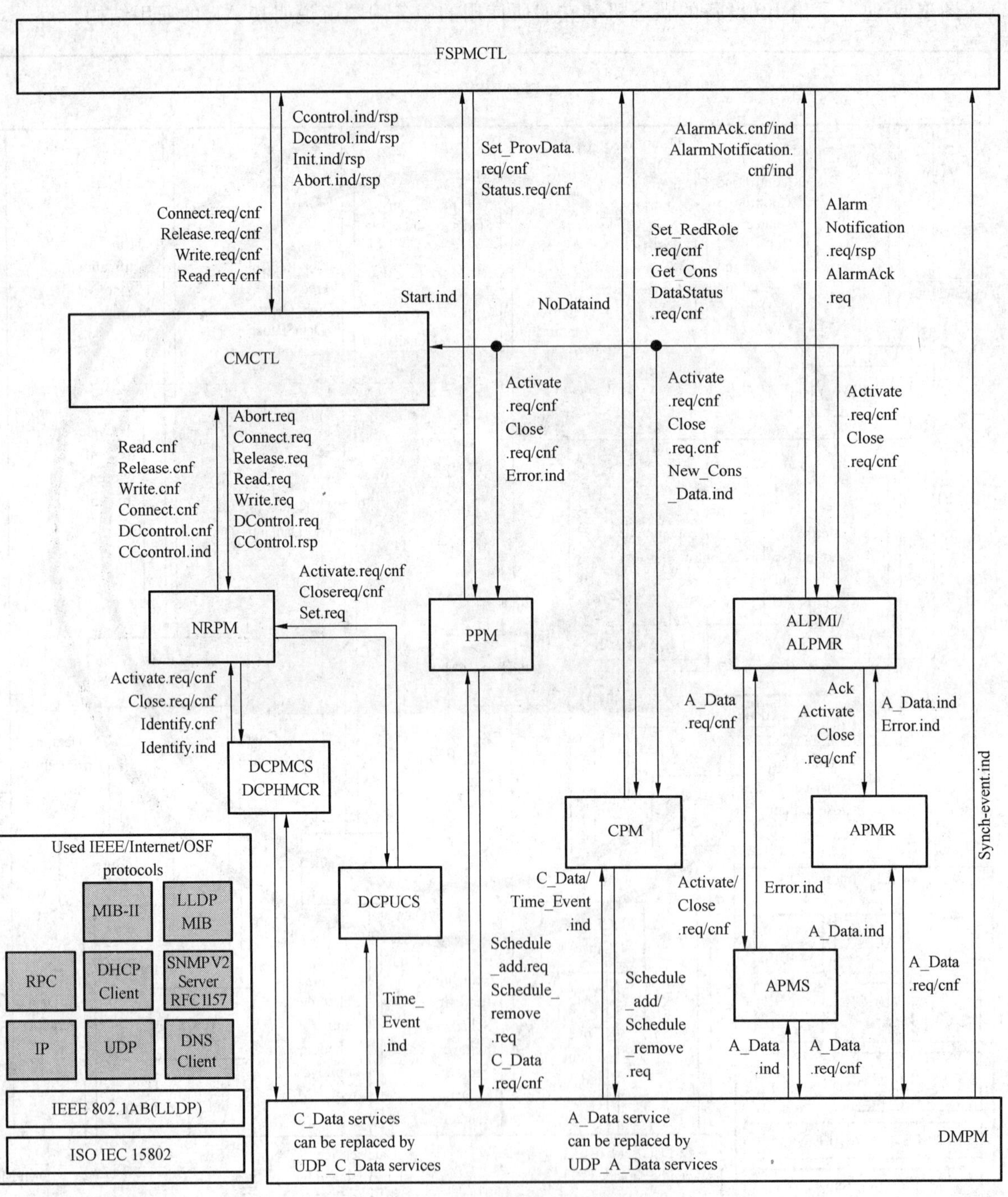

图 L.1 IO 控制器状态机概貌

附　录　M
（资料性附录）
优先级再生

依据 IEEE 802.1Q 和本部分，表 M.1 列出发送端口的优先级再生。从“网络控制高”行到“2.1”行优先级由高到低排列。

表 M.1　优先级再生和队列用法

优先级	判据(Criteria)	GREEN PERIOD	ORANGE PERIOD	RED PERIOD	含义
网络控制高 (IEEE 802.1D)	没有“RT_CLASS_3 attribute”的 PTCP 同步帧	发送	发送	存储	网络管理 PTCP 同步化
网络控制低 (IEEE 802.1D)	其他管理协议	发送	发送	存储	网络管理 LLDP，PTCP 线延迟测量，PTCP 通告，媒体冗余……
7 (IEEE 802.1Q)	VLAN 优先级	发送	存储	存储	
6.2 Red queue (IEEE 802.1Q)	在 RED PERIOD 内接收的具有“RT_CLASS_3 attribute”的 RT_CLASS_3 帧和 PTCP 同步帧	发送	发送	发送	如果 RED PERIOD 已结束，也使用 GREEN 或 ORANGE PERIOD
6.1 Orange queue (IEEE 802.1Q)	在 RED PERIOD 外接收的 RT_CLASS_2 帧和 RT_CLASS_3 帧	发送	发送	存储	在 RED PERIOD 外接收的 RT_CLASS_2 帧和 RT_CLASS_3 帧
LEGACY 6.0a (IEEE 802.1Q)	VLAN 优先级和 RT_CLASS_1	发送	存储	存储	用于继承 RT_CLASS_1 帧
6.0 (IEEE 802.1Q)	VLAN 优先级	发送	存储	存储	报警高
5 (IEEE 802.1Q)	VLAN 优先级	发送	存储	存储	报警低
4 (IEEE 802.1Q)	VLAN 优先级	发送	存储	存储	
3.0 (IEEE 802.1Q)	VLAN 优先级	发送	存储	存储	无 VLAN TAG 的其他帧
2.1 (IEEE 802.1Q)	VLAN 优先级	发送	存储	存储	

附　录　N
（资料性附录）
同步主站层次概貌

图 N.1 和 N.2 解释同步主站层次的通用结构。顶层主站可以同步其下面的所有层，但较低层的主站决不能同步其上层的主站。

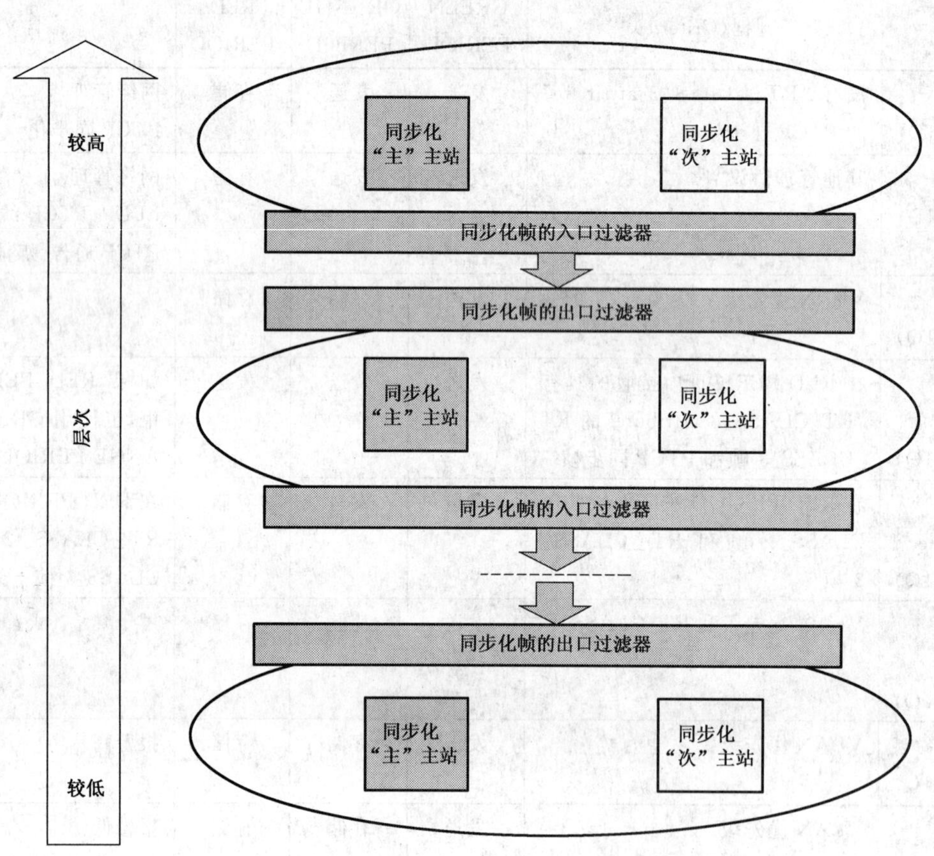

图 N.1　同步主站层次的层模型

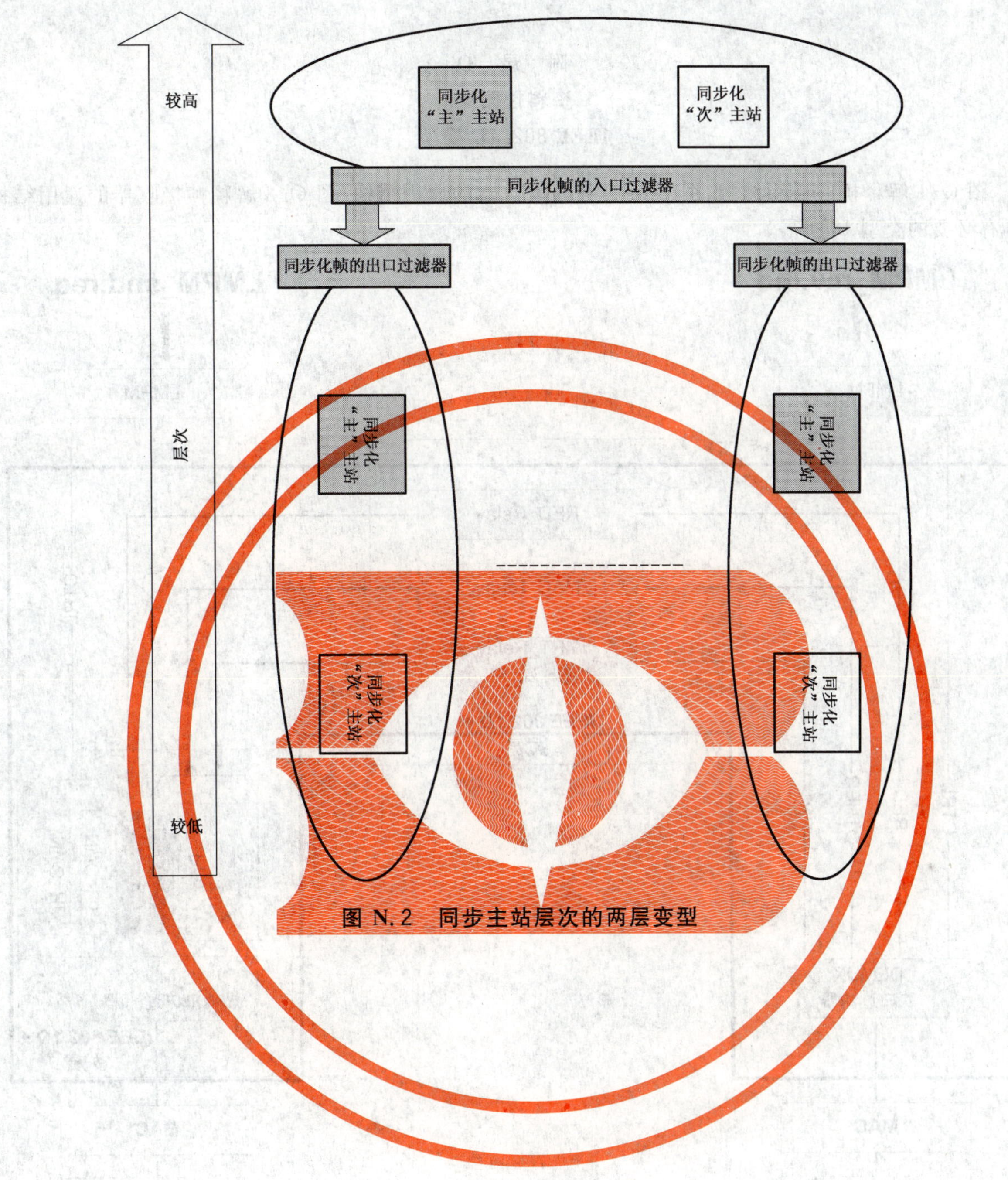

图 N.2 同步主站层次的两层变型

附 录 O
（资料性附录）
IEEE 802.1D 模型

图 O.1 解释桥的通用结构，图 O.2 解释帧发送器的通用结构，图 O.3 解释帧接收器的通用结构（具有必要的类型 10 扩展）。

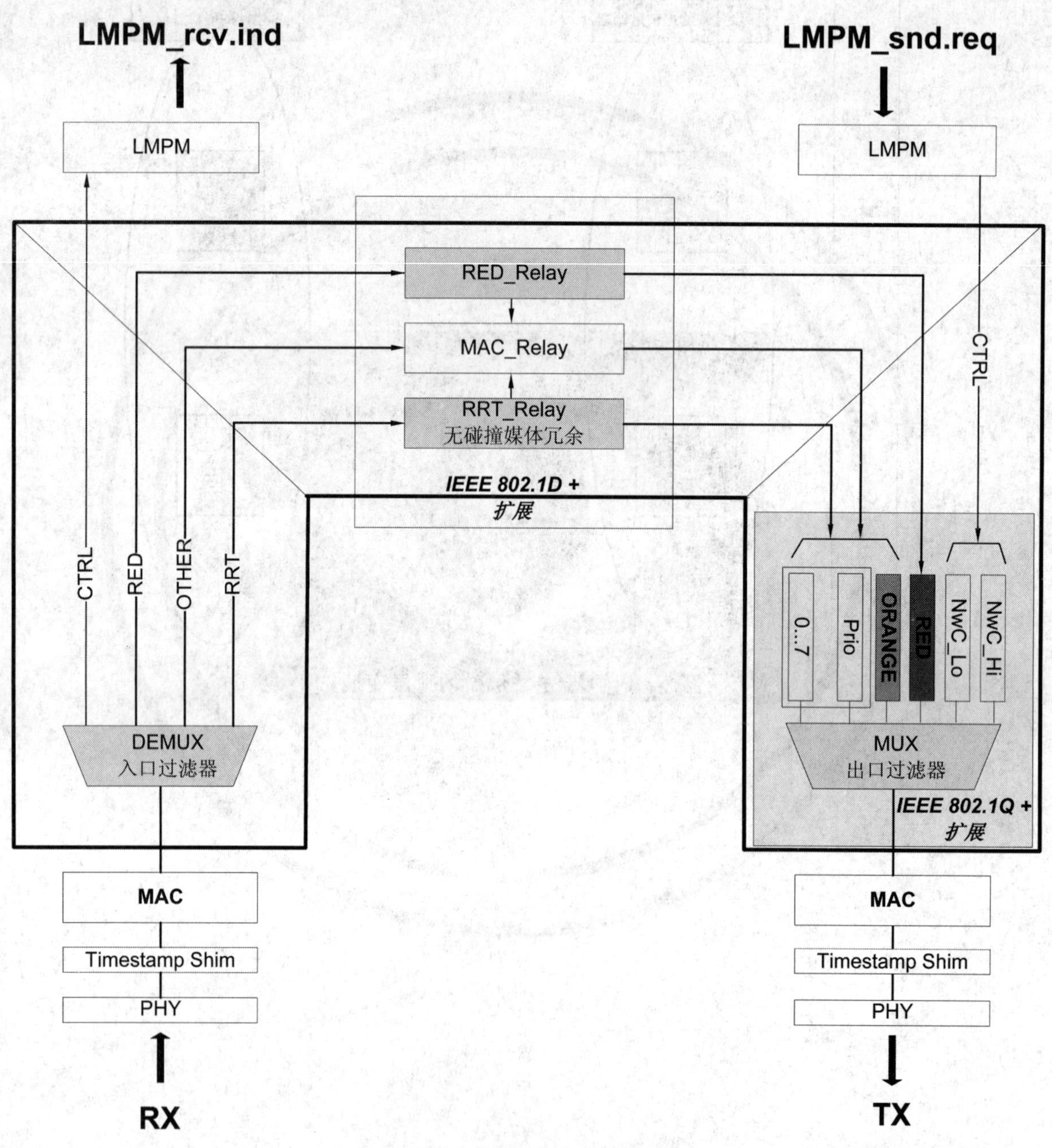

图 O.1 IEEE 802.1D 模型

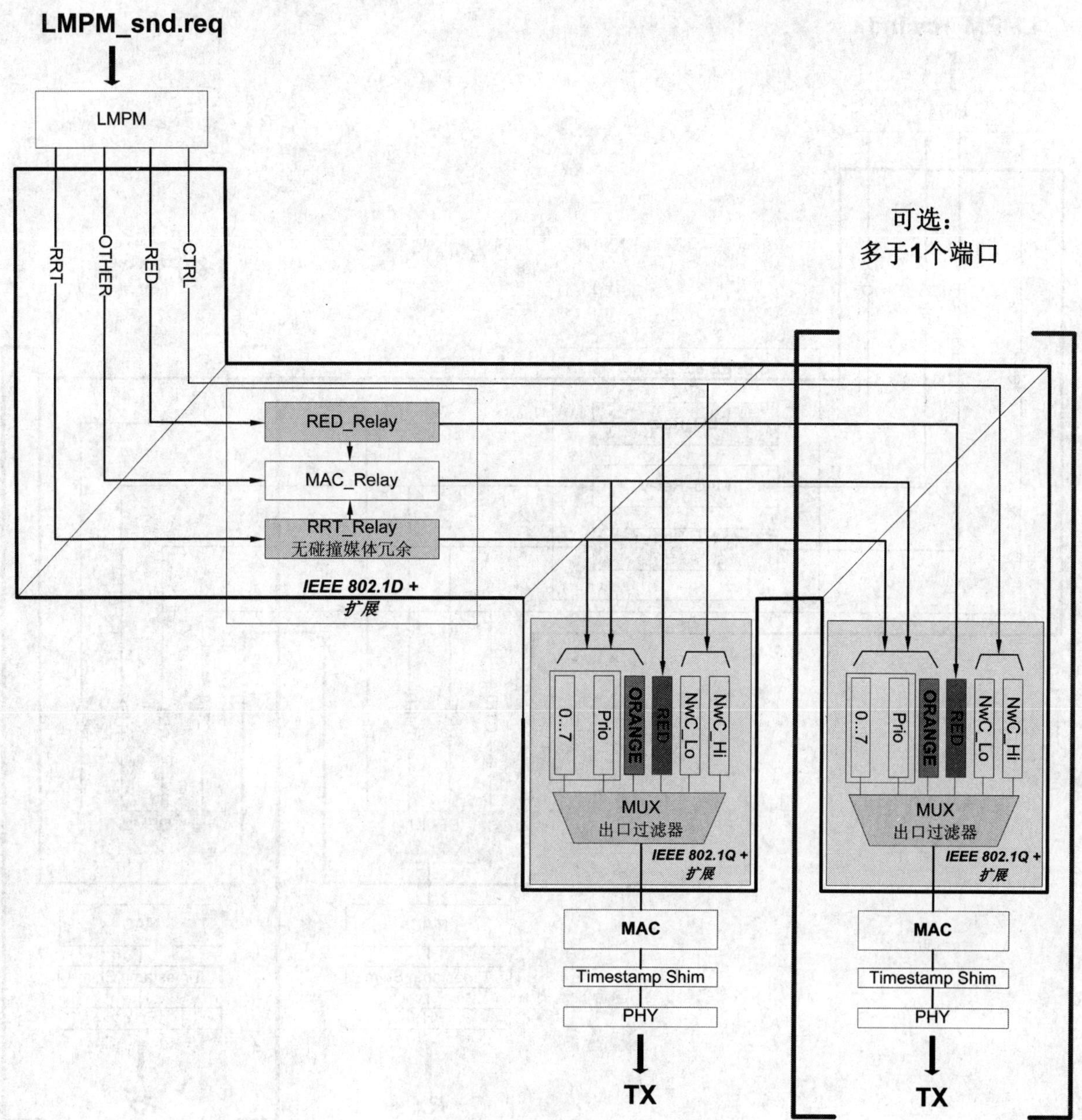

图 O.2 用于帧发送器的 IEEE 802.1D 模型

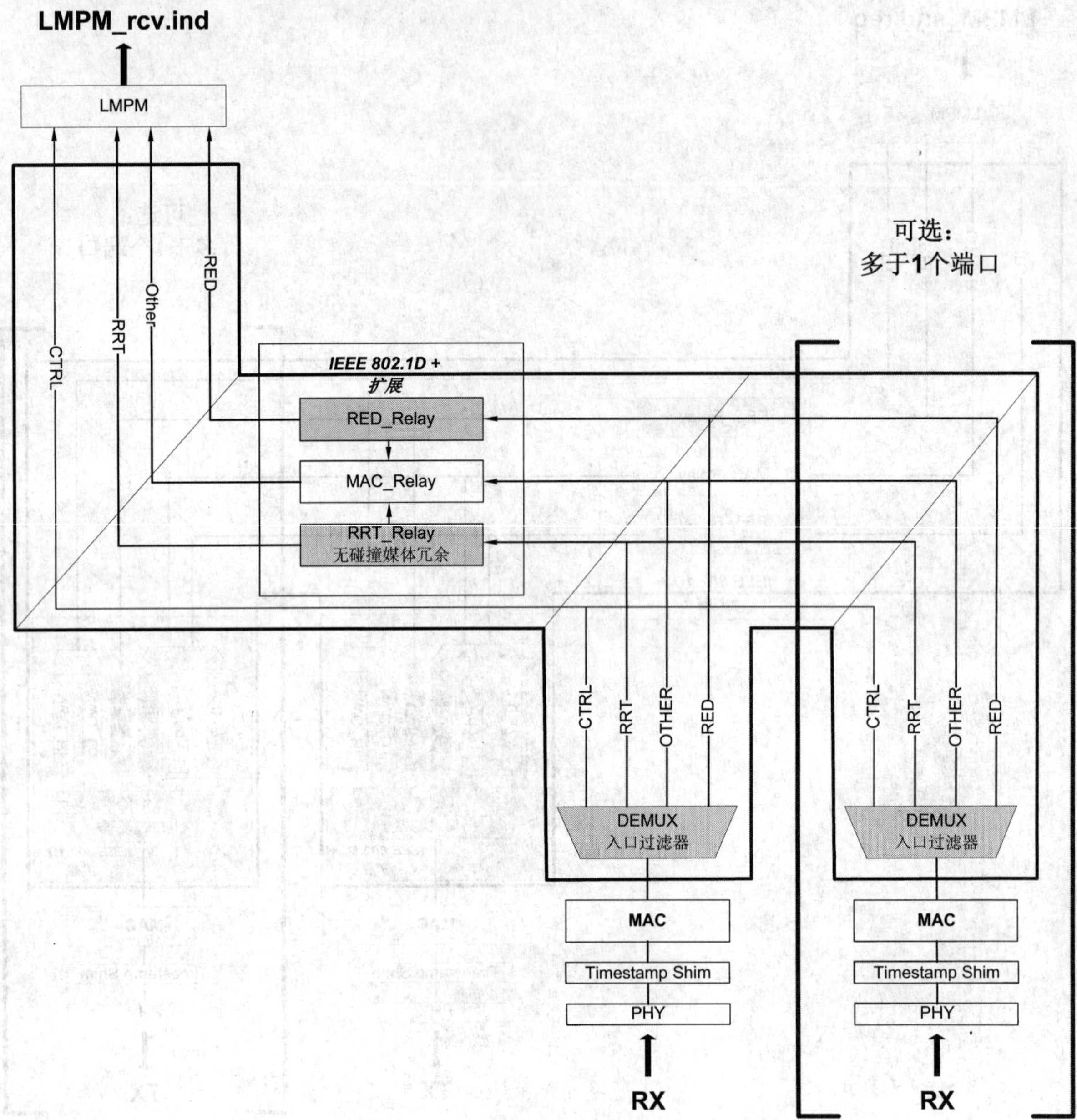

图 O.3　用于帧接收器的 IEEE 802.1D 模型

附 录 P
（资料性附录）
带宽使用的优化

图 P.1 解释线型网络的结构。当传输帧通过此网络时，线延迟和桥延迟在每个节点中对这些传输帧造成延迟。从 IOC 的角度，图 P.2 示出全双工网络中发送方向的帧传播，而图 P.3 示出接收方向的帧传播。

在每个节点将 RED 和/或 ORANGE 周期减少至所要求的时间时，可获得附加的带宽。

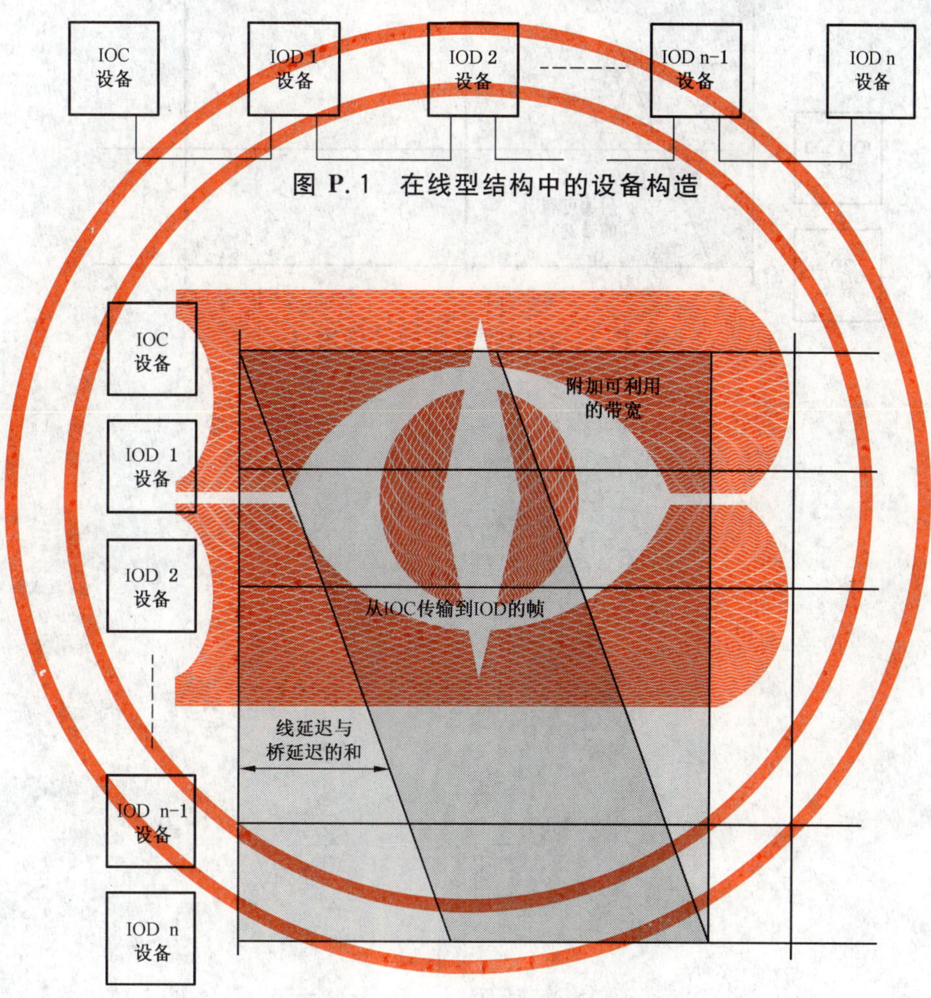

图 P.1 在线型结构中的设备构造

图 P.2 在发送方向的帧传播

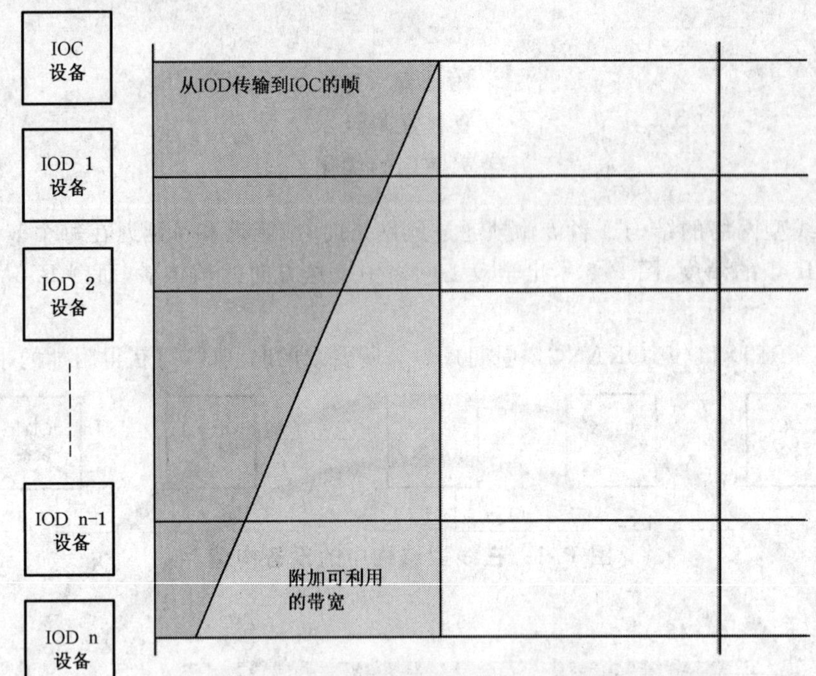

图 P.3 在接收方向的帧传播

附 录 Q
（资料性附录）
用于带宽分配的时间约束

图 Q.1 解释发送端的 RED 或 ORANGE 时段的开始与结束之间的关联和接收端的 RED 或 ORANGE 时段的开始与结束之间的关联。

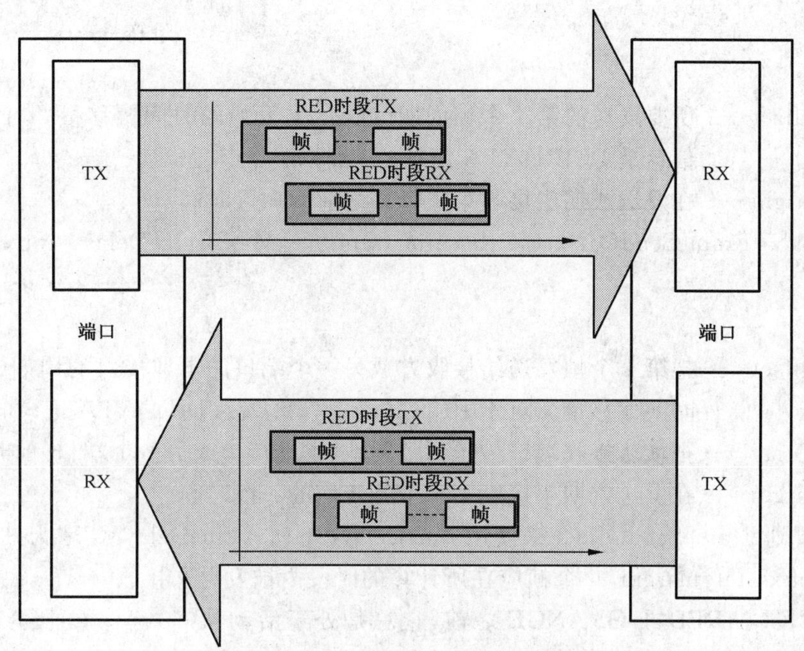

图 Q.1　带宽分配的时间约束

图 Q.2 解释一个端口的 RED 时段的计算。此计算使用所设计的有效载荷(payload)、用于时段长度的前部安全裕量(prefixsafetymargin)和尾部安全裕量(trailersafetymargin)。

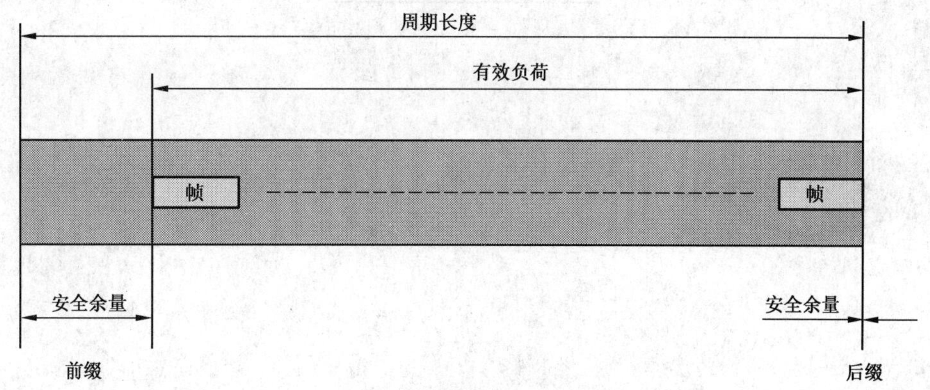

图 Q.2　时段长度的计算

根据式(Q.1)计算端口的 RED 时段。此计算使用符合表 Q.1 的参数。

$$\text{Length of period} = \text{prefixsafetymargin} + \text{payload} + \text{trailersafetymargin} \qquad \cdots\cdots\text{(Q.1)}$$

式中：

prefixsafetymargin——在发送或期望接收第 1 个帧之前的一段时间；

payload——传输此时段的所有帧必需的时间；

trailersafetymargin——在发送或期望接收最后一个帧之后的一段时间。

表 Q.1 用于等式的参数

参　　数	值	含　　义
prefixsafetymargin	5 μs	用于 100 Mbit/s
trailersafetymargin	0 μs	用于 100 Mbit/s

根据式(Q.2)和式(Q.3)计算端口的时段开始。时段的 TX 开始和时段的 RX 开始都不应是负数。

TXstart of period＝FrameSendOffset(of the first frame)－prefixsafetymargin …………………………(Q.2)

式中：

FrameSendOffset——所要发送的第 1 个帧周期(见图 13)开始的时间偏移量。对于 RED 时段，此信息是 PDIRDATA 记录的一部分。

Prefixsafetymargin——在发送或期望接收第 1 个帧之前的一段时间。

RXstart of period＝FrameSendOffset(of the first frame)－MaxBridgeDelay－prefixsafetymargin …………………………(Q.3)

式中：

FrameSendOffset——把第 1 个帧发送给接收方或另一个端口的本地接口的周期(见图 13)开始的时间偏移量。对于 RED 时段，此信息是 PDIRDATA 记录的一部分；

MaxBridgeDelay——把帧从接收端口传送到目的地(本地接口或另一个端口)的时间(见图 19)；

Prefixsafetymargin——在发送或期望接收第 1 个帧之前的一段时间。

设计应通过规划 FrameSendOffset 来使用 LineDelay(或 MaxLineDelay)。因为，LineDelay 和同步抖动总是小于 prefixsafetymargin，每个帧应在所计算的时段内被发送和接收。

YELLOW 时段(在 RED 或 ORANGE 之前，它总是处于活动状态)确保在上述定义的环境中在 RED 时段内只发送和接收 RT_CLASS_3 帧，并且确保在 ORANGE 时段内只发送和接收 RT_CLASS_3 和 RT_CLASS_2 帧。

ICS 25.040
N 10

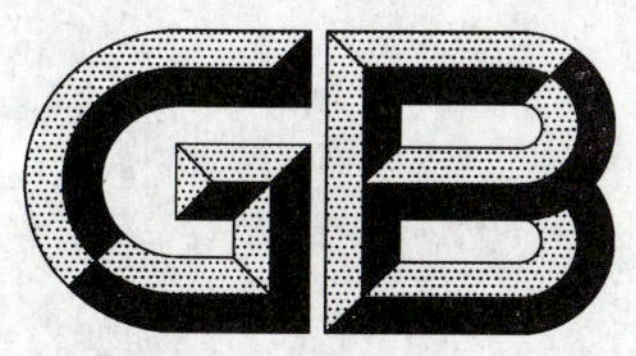

中华人民共和国国家标准化指导性技术文件

GB/Z 25105.3—2010

工业通信网络　现场总线规范
类型10:PROFINET IO规范
第3部分:PROFINET IO通信行规

**Industrial communication networks—
Fieldbus specifications—
Type 10:PROFINET IO specifications—
Part 3:PROFINET IO communication profile**

(IEC 61784-2:2007,Industrial communication networks—Profiles—Part 2:Additional Fieldbus profiles for real-time networks based on ISO/IEC 8802-3,MOD)

2010-09-02 发布　　　　2010-12-01 实施

中华人民共和国国家质量监督检验检疫总局
中国国家标准化管理委员会　发布

前　言

GB/Z 25105—2010《工业通信网络　现场总线规范　类型10:PROFINET IO规范》分为以下3个部分:

——第1部分:应用层服务定义;

——第2部分:应用层协议规范;

——第3部分:PROFINET IO通信行规。

本部分为GB/Z 25105—2010的第3部分。

本部分修改采用IEC 61784-2:2007(英文版),在技术内容上与原国际标准没有差异,为方便我国用户使用,在文本结构编排上进行了适当调整,并按GB/T 1.1—2000的要求进行编辑。

本部分的附录A是资料性附录。

本部分由中国机械工业联合会提出。

本部分由全国工业过程测量和控制标准化技术委员会(SAC/TC 124)归口。

本部分起草单位:中国机电一体化技术应用协会、机械工业仪器仪表综合技术经济研究所、中国科学院沈阳自动化研究所、上海自动化仪表股份有限公司、西南大学、清华大学、郑州轻工业学院电气信息工程学院、北京和利时系统工程股份有限公司、北京华控技术有限责任公司、北京机械工业自动化研究所、中国仪器仪表行业协会、西门子(中国)有限公司、菲尼克斯电气(南京)研发工程技术中心有限公司。

本部分主要起草人:李百煌、王春喜、刘丹、王麟琨、刘云男、杨志家、包伟华、刘枫、王锦标、唐济扬、王永华、罗安、陈小枫、董景辰、欧阳劲松、惠敦炎、张丹丹、郭剑锋、窦连旺、张龙。

引　言

本部分对现有的 PROFIBUS 和 PROFINET 通信行规族(CPF)提供用于 PROFINET IO 的通信行规(CP)。

这些行规符合工业自动化的市场目标,即实时以太网(Real-Time Ethernet,RTE)通信网络与 GB/T 15629.3(通常称作以太网)共存。这些 RTE 通信网络将 GB/T 15629.3 的规定用于通信栈的底层,另外提供更可预知、可靠的实时数据传输和支持自动化装备精确同步的方法。

特别地,这些行规有助于正确地声明 RTE 通信网络与 GB/T 15629.3 的一致性,并有助于避免歧异实现的扩散。

将以太网技术应用于控制器之间的工业通信,甚至用于控制器与现场设备之间的通信,会推动因特网技术在现场区域的使用。如果这种可用性导致现场区域的工业自动化通信网络所需要的如下特性的丧失则是无法接受的,这些特性包括:

——实时性;

——现场设备(例如,驱动器)之间的同步行为;

——很小数据记录的有效、频繁的交换。

这些 RTE 行规可以充分利用以太网网络在传输带宽和网络范围方面的改进。

另一个隐含而重要的要求是,完全地保留以太网典型的通信能力(像在办公领域所使用的),从而可继续使用所涉及的软件。

对于网络解决方案,市场需要若干种一致性类(CC),每种一致性类具有符合各种应用要求的不同性能特性和功能能力。RTE 性能指标(见第 5 章)能使用户将网络设备与 RTE 网络的应用相关性能要求相匹配,这些性能指标值由基于本部分中规定的通信行规的 RTE 设备提供。

5.1 规定了用于表达一个 CP 的 RTE 性能所必需的性能指标的基本原理。5.2 描述应用需求方面的考虑。可以使用一个与应用相关的类来找出一个适当的 CP。第 4 章说明应该如何来声明某个设备与 CPF 或 CP 的一致性。

在本部分中的 CP 引用了应用层(AL)协议和服务文本。

工业通信网络　现场总线规范　类型10:PROFINET IO规范　第3部分:PROFINET IO通信行规

1　范围

GB/Z 25105的本部分规定了：

——支持用于实时以太网(RTE)需求分类的性能指标；

——基于GB/T 15629.3、IEC 61158和IEC 61784-1的行规和相关网络部件；

——能够与基于GB/T 15629.3的应用并行运行的RTE解决方案。

这些通信行规都被称之为实时以太网(RTE)通信行规。

注：RTE通信行规使用GB/T 15629.3通信网络及其有关的网络部件，并增补这些标准以获得RTE特性。

2　规范性引用文件

下列文件中的条款通过GB/Z 25105的本部分的引用而成为本部分的条款。凡是注日期的引用文件，其随后所有的修改单(不包括勘误的内容)或修订版均不适用于本部分，然而，鼓励根据本部分达成协议的各方研究是否可使用这些文件的最新版本。凡是不注日期的引用文件，其最新版本适用于本部分。

GB/T 4793(所有部分)　测量、控制和实验室用电气设备的安全要求(IEC 61010,IDT)

GB/T 15629.2　信息技术　系统间远程通信和信息交换　局域网和城域网　特定要求　第2部分:逻辑链路控制(GB/T 15629.2—2008,ISO/IEC 8802-2:1998,IDT)

GB/T 15629.3　信息处理系统　局域网　第3部分:带碰撞检测的载波侦听多址访问(CSMA/CD)的访问方法和物理层规范(GB/T 15629.3—1995,idt ISO/IEC 8802-3:1990)

GB/T 15629.11　信息技术　系统间远程通信和信息交换　局域网和城域网　特定要求　第11部分:无线局域网媒体访问控制和物理层规范(GB/T 15629.11—2003,ISO/IEC 8802-11:1999,IDT)

GB/T 15969.2　可编程序控制器　第2部分:设备要求和测试(GB/T 15969.2—2008,IEC 61131-2:2007,IDT)

GB/Z 25105.1—2010　工业通信网络　现场总线规范　类型10:PROFINET IO规范　第1部分:应用层服务定义(IEC 61158-5-10:2007,MOD)

GB/Z 25105.2—2010　工业通信网络　现场总线规范　类型10:PROFINET IO规范　第2部分:应用层协议规范(IEC 61158-6-10:2007,MOD)

IEC 61158(所有部分)　工业通信网络　现场总线规范

IEC 61784-1　工业通信网络　行规　第1部分:现场总线行规

IEC 61784-5-3　工业通信网络　行规　第5-3部分:现场总线安装　CPF3通信的安装行规

ISO 15745-4/Amd 1　工业自动化系统和集成　开放系统应用集成框架　第4部分:对基于以太网的控制系统的引用描述　增补1:PROFINET行规

IEEE 802.1AB　信息技术　系统间通信和信息交换　局域网和城域网　站和媒体访问控制连通性发现

IEEE 802.1D　信息技术　系统间通信和信息交换　局域网和城域网　媒体访问控制(MAC)桥

IEEE 802.1Q　信息技术　系统间通信和信息交换　局域网和城域网　虚拟桥的局域网

IEEE 802.3 信息技术 系统间通信和信息交换 局域网和城域网 特殊要求 第3部分:带有冲突检测的载波侦听多路访问(CSMA/CD)方法和物理层规范

IEEE 802.11g 信息技术 系统间通信和信息交换 局域网和城域网 特殊要求 第11部分:无线LAN媒体访问控制(MAC)和物理层(PHY)规范 增补4:在2.4 GHz频宽中的其他更高数据速率扩展

IEEE 802.11h 信息技术 系统间通信和信息交换 局域网和城域网 特殊要求 第11部分:无线LAN媒体访问控制(MAC)和物理层(PHY)规范 增补5:在欧洲的5 GHz频宽中的频谱和发送功率管理扩展

IEEE 802.11e 信息技术 系统间通信和信息交换 局域网和城域网 特殊要求 第11部分:无线LAN媒体访问控制(MAC)和物理层(PHY)规范 增补8:媒体访问控制(MAC)服务质量增强

IEEE 802.11i 信息技术 系统间通信和信息交换 局域网和城域网 特殊要求 第11部分:无线LAN媒体访问控制(MAC)和物理层(PHY)规范 增补6:媒体访问控制(MAC)安全性增强

IEEE 802.15.1 信息技术 系统间通信和信息交换 局域网和城域网 特殊要求 第15部分:无线私域网(WPANs)的无线媒体访问控制(MAC)和物理层(PHY)规范

RFC 768 用户数据报协议

RFC 791 因特网协议

RFC 792 因特网控制报文协议

RFC 793 传输控制协议

RFC 826 以太网地址解析协议

RFC 1034 域名 概念和设施

RFC 1035 域名 执行和规范

RFC 1213 基于TCP/IP的因特网网络管理的管理信息库:MIB-Ⅱ

RFC 2131 动态主机配置协议

RFC 2328 OSPF(版本2)

RFC 2988 计算TCP的重发计时器

OSF C706 CAE规范 DCE1.1:远程过程调用

3 术语、定义、缩略语、符号和约定

3.1 术语和定义

本部分采用GB/T 15629.3和IEEE 802.1D界定的以及下列术语和定义。

3.1.1

主动网络 active network

一种网络。在该网络中,非直接连接的设备之间的数据传输取决于在那些形成连接路径的插入设备内的主动元件。

[IEC 61918]

3.1.2

通信周期 communication cycle

注:PROFONET IO不采用,但保留编号。

3.1.3

循环 cyclic

按规则的方式进行重复。

3.1.4

域 domain

注：PROFONET IO 不采用，但保留编号。

3.1.5

端点站 end-station

一个与网络相连的系统，它是在该网络上传输的 MAC 帧的初始源或最终目的地。

注：一个网络层路由器（从网络的角度）是一个端点站。一个交换机按其充当的角色（从一个链路向另一个链路转发 MAC 帧）不是一个端点站。

3.1.6

现场区域 field area

在制造加工或过程处理场地中安置现场设备的地方。

3.1.7

帧 frame

在 GB/T 15629.3 MAC（媒体访问控制）上的数据传输单元，它在 MAC 服务的用户之间传送协议数据单元（PDU）。

[IEEE 802.1Q]

3.1.8

标识号 identification number；IDN

注：PROFONET IO 不采用，但保留编号。

3.1.9

IP 通道 IP channel

注：PROFONET IO 不采用，但保留编号。

3.1.10

抖动 jitter

时钟信号的时间变化或在其他常规事件的时间变化。

3.1.11

线型拓扑 linear topology

以串行方式连接节点的拓扑，首末 2 个节点仅与一个其他节点连接，其余每一个节点都与两个其他节点连接（即按线型连接）。

[IEC 61918]

3.1.12

链路 link

两个相邻节点之间的传输路径。

[GB/T 18233]

3.1.13

主站 master

注：PROFONET IO 不采用，但保留编号。

3.1.14

报文 message

用于传送信息的八位位组的有序系列。

[ISO 2382-16]

注：通常用在应用层的对等体之间传送信息。

3.1.15

MDT0 数据报　MDT0 telegram

注：PROFONET IO 不采用，但保留编号。

3.1.16

节点　node

与一个或多个链路相连接的网络实体。

注：节点可以是交换机、端点站或 RTE 端点站。

3.1.17

数据包　packet

用于在任何层描述数据单元的信息逻辑分组，以向其对等层传送上层用户数据。

注：依据 OSI 参考模型，在每一层上数据包等同于 PDU。一个数据链路层数据包是一个帧。

3.1.18

实时　real-time

一个系统在限定时间内提供所需结果的能力。

3.1.19

实时通信　real-time communication

实时的数据传输。

3.1.20

实时以太网　Real-Time Ethernet；RTE

基于 GB/T 15629.3 的包含实时通信的网络。

注 1：如果不影响实时通信，也可以支持其他的通信。

注 2：此定义专用于但不限于 GB/T 15629.3。它可以适用于其他 GB/T 15629 规范，例如 GB/T 15629.11。

3.1.21

环型　ring

以串接方式把每个节点与两个其他节点连接的活动网络。

[IEC 61918]

注：环型也可以被称为环路。

3.1.22

路由器　router

注：PROFINET IO 不采用，但保留编号。

3.1.23

RTE 端点设备　RTE end device

至少有一个 RTE 端点站的设备。

3.1.24

RTE 端点站　RTE end-station

具有 RTE 能力的端点站。

3.1.25

调度　schedule

若干相关操作的时间安排。

3.1.26

星型　star

具有三个或更多个设备的网络，且所有设备都连接于一个中心点。

[IEC 61918]

3.1.27

子网络 subnetwork

注：PROFONET IO 不采用，但保留编号。

3.1.28

交换机 switch

如在 IEEE 802.1D 中所定义的 MAC 桥。

3.1.29

数据报 telegram

注：PROFONET IO 不采用，但保留编号。

3.2 缩略语

下列缩略语适用于本文件。

AL	Application Layer	应用层
APDU	Application Protocol Data Unit	应用协议数据单元
API	Application Process Identifier	应用过程标识符
AR	Application Relationship	应用关系
ARP	Address Resolution Protocol	地址解析协议
ASE	Application Service Element	应用服务元素
CP	Communication Profile	通信行规[符合 IEC 61784-1]
CPF	Communication Profile Family	通信行规族[符合 IEC 61784-1]
CRC	Cyclic Redundancy Check	循环冗余校验
CSMA-CD	Carrier Sense Multiple Access with Collision Detection	带有冲突检测的载波侦听多路访问
DA	Destination MAC Address	目的 MAC 地址
DHCP	Dynamic Host Configuration Protocol	动态主机配置协议(见 RFC 2131)
DL	Data Link layer (as a prefix)	数据链路层(用作前缀)
DLL	DL-Layer	DL-层
DNS	Domain Name Service	域名服务
DUT	Device Under Test	被测设备
ECSME	EPA Communication Scheduling Management Entity	EPA 通信调度管理实体
FA	Factory Automation	工厂自动化
FCS	Frame Check Sequence	帧校验序列
FrameID	Frame Identificator	帧标识符(见 GB/Z 25105.2—2010)
HW	Hardware	硬件
IANA	Internet Assigned Numbers Authority	因特网地址分配权威机构
ICMP	Internet Control Message Protocol	因特网控制报文协议(见 RFC 792)
ID	Identifier	标识符
IDN	IDentification Number	标识号
IETF	Internet Engineering Task Force	因特网工程任务组
IO	Input Output	输入输出
IP	Internet Protocol	因特网协议(见 RFC 791)
IPv4	Internet Protocol version 4	因特网协议版本 4(见 RFC 791)
IRT	Isochronous RT	等时同步 RT

LAN	Local Area Network	局域网
LLC	Logical Link Control	逻辑链路控制
LLDP	Link Layer Discovery Protocol	链路层发现协议(见 IEEE 802.1AB)
MAC	Media Access Control	媒体访问控制(见 GB/T 15629.3)
Mbit/s	Million bits per second	每秒百万比特
Moctets/s	Million octets per second	每秒百万八位位组
MCR	Multicast Communication Relation	多播通信关系
MIB	Management Information Base	管理信息库
MRP	Medium Redundancy Protocol	媒体冗余协议
MRRT	Media Redundancy For Real-Time	用于实时的媒体冗余
MRPD	Media Redundancy for Planned Duplication	用于计划重复的媒体冗余
ms	milli seconds	毫秒
n. a.	Not applicable	不适用
NoS	Number of Switches	交换机数量
NRT	Non-Real-Time	非实时
OSPF	Open Shortest Path First	开放式最短路径优先协议(见 RFC 2328)
PDU	Protocol Data Unit	协议数据单元
PhL	Physical layer	物理层
Phy	PHY Physical layer entity sublayer	PHY 物理层实体子层(见 GB/T 15629.3)
PI	Performance Indicator	性能指标
pps	Packets per second	每秒数据包数量
PTCP	Precision Transparent Clock Protocol	精确透明时钟协议
RPC	Remote Procedure Call	远程过程调用
RSTP	Rapid Spanning Tree algorithm and Protocol	快速生成树算法和协议(见 IEEE 802.1D)
RT	Real-Time	实时
RTA	Real-Time protocol Acyclic	实时协议非循环
RTE	Real-Time Ethernet	实时以太网
RT-Ethernet	Real-Time Ethernet	实时以太网
RTO	Retransmission Time Out	重发超时[符合 RFC 2988——计算 TCP 的重发定时器]
RTPS	Real-Time Publish-Subscribe	实时发布-预订
SERCOS	SErial Real time COmmunication System	串行实时通信系统
SNMP	Simple Network Management Protocol	简单网络管理协议(见 RFC 1213)
TCC	Time-Critical Cyclic	严格时间要求的循环
TCP	Transmission Control Protocol	传输控制协议(见 RFC 793)
TOS	Type of Service	服务类型
UDP	User Datagram Protocol	用户数据报协议(见 RFC 768)
VLAN	Virtual LAN	虚拟 LAN

3.3 符号

下列 CPF 3 符号适用于本文件。

符　号	定　义	单　位
cd	电缆延迟(Cable delay)(见 GB/Z 25105.1—2010 中的属性 cable_delay)	s
clt	电缆总长度(Total cable length)	m
cta_R	接收方的应用周期时间(Application cycle time of the Receiver)	s
cta_S	发送方的应用周期时间(Application cycle time of the Sender)	s
ctc	通信周期时间(Communication cycle time)	s
data	完整的以太网帧(Complete Ethernet frame)	octets
data_request	所请求的 RTE 吞吐量(Requested RTE throughput)	octets/s
data_RTE	实际 RTE 吞吐量(Actual RTE throughput)	octets/s
DT	传送时间(Delivery time)	s
endStations	端点站数(Number of end-stations)	—
EthernetDataRate	网络的以太网数据速率(Ethernet data rate of the network)	Mbit/s
MAC_delay	MAC 层上的延迟(Delay on MAC layer)	s
NonRTE	非 RTE 带宽的百分比(Percentage of non-RTE bandwidth)	%
NoS	交换机数量(Number of switches)	—
od	其他延迟(Other delays),例如,在环中转发信号的延迟	s
pd	传播延迟(Propagation delay)	s
Phy_R_delay	在接收方的 Phy 延迟(Phy delay on receiver side)	s
Phy_S_delay	在发送方的 Phy 延迟(Phy delay on sender side)	s
protocolRTE	协议时间的百分比(Percentage of protocol time)	%
Queue_delay	在交换机中的队列延迟(Queue delay in a switch)	s
RM	为支持冗余的管理功能所需时间(Time needed for management functions to support redundancy)	s
RR	属性,缩减率(Attribute Reduction Ratio)(见 GB/Z 25105.1—2010)	—
SCF	属性,发送时钟因子(Attribute Send Clock Factor)(见 GB/Z 25105.1—2010)	—
STTr	接收方通信栈遍历时间,包括 Phy 和 MAC(Receiver stack traversal time including Phy and MAC)	s
STTs	发送方通信栈遍历时间,包括 Phy 和 MAC(Sender stack traversal time including Phy and MAC)	s
Throughput_RTE	RTE 吞吐量(Throughput RTE)	octets/s
Time_synchron_accuracy	时间同步精度(Time synchronization accuracy)	s
tt	传输时间(Transfer time)	s

3.4　约定

3.4.1　各层通用的约定

3.4.1.1　(子)条选择表

使用表来定义所有层的(子)条选择,如表 1 和表 2。在选择表的前半部分只指出选择的基本规范。选择应尽可能地在最高(子)条级进行,以便明确地定义行规选择。

表 1　行规(子)条选择表的设计

条	标题	存在	约束

表 2　(子)条选择表的内容

列	正文	含　　义
条	〈#〉	基本规范的(子)条号
标题	〈text〉	基本规范的(子)条标题
存在	NO	在该行规中不包含此(子)条
	YES	在该行规中包含此(子)条的全部((100%))内容 在此情况下,没有给出其他详细说明
	—	在以后的子条中规定存在
	部分	在该行规中包含此(子)条的部分内容
	可选	在该行规中可以附加地包含此(子)条
约束	见〈#〉	约束/备注被定义在该行规文本的指定子条、表或图中
	—	除引用文本(子)条规定的约束外无其他约束,或不适用
	〈text〉	该正文直接定义约束,对于较长的正文可以使用表脚注或表注释

如果一些(子)条序列与该行规不匹配,则将这些条号串接起来。

示例 :串接的子条。

3.4-3.7	—	NO	—

3.4.1.2　**服务选择表**

如果使用表来定义服务选择,则使用表 3 的格式。该表标识所选择的服务,并包含如表 4 中解释的服务约束。

表 3　服务选择表的设计

服务引用	服务名称	用法	约束

表 4　服务选择表的内容

列	正文	含　　义
服务引用	〈#〉	定义服务的基本规范的(子)条号
	—	不适用
服务名称	〈text〉	服务的名称
用法	M	必备
	O	可选
	—	服务从不使用
约束	见〈#〉	约束/备注被定义在该行规文本的指定子条、表或图中
	—	除引用文本(子)条规定的约束外无其他约束,或不适用
	〈text〉	该正文直接定义约束;对于较长的正文,可以使用表脚注或表注

如果使用表来定义服务参数的选择,则使用表 5 的格式。每个表标识所选择的参数,并包含如表 6 中解释的参数约束。

表 5　参数选择表的设计

参数引用	参数名称	用法	约束

表 6　参数选择表的内容

列	正文	含　　义
参数引用	〈#〉	定义服务的基本规范的(子)条号
	—	不适用
参数名称	〈text〉	服务参数的名称
用法	M	必备
	O	可选
	—	属性从不出现
约束	见〈#〉	约束/备注被定义在该行规文本的指定子条、表或图中
	—	除引用文本(子)条规定的约束外无其他约束，或不适用
	〈text〉	该正文直接定义约束；对于较长的正文，可以使用表脚注或表注

3.4.2　物理层

未定义另外的约定。

3.4.3　数据链路层

3.4.3.1　服务行规约定

未定义另外的约定。

3.4.3.2　服务和参数选择

这些选择使用通用的约定来描述，见 3.4.1.2。

3.4.4　应用层

3.4.4.1　服务行规约定

使用(子)条选择表来描述 ASE 和类选择，见 3.4.1.1。如果对所选择的 ASE 和类的使用有进一步约束，则在该行规中进行规定(例如，在该行规中基本标准的可选项是必备的)。

如果使用表来定义类属性的选择，则使用表 7 的格式。该表标识所选择的类属性，并包含其如表 8 中解释的约束。

表 7　类属性选择表的设计

属性	属性名称	用法	约束

表 8　类属性选择表的内容

列	正文	含　　义
属性	〈#〉	基本规范类的属性号
	—	不适用
属性名称	〈text〉	属性的名称
用法	M	必备
	O	可选
	—	属性从不出现

表 8（续）

列	正文	含　义
约束	见〈#〉	约束/备注被定义在该行规文本的指定子条、表或图中
	—	除引用文本(子)条规定的约束外无其他约束，或不适用
	〈text〉	该正文直接定义约束；对于较长的正文，可以使用表脚注或表注

3.4.4.2　服务和参数选择

这些选择使用通用的约定来描述，见 3.4.1.2。

4　通信行规的一致性

与 GB/Z 25105 的本部分的 RTE 通信行规族(CPF)的一致性声明如下：

——与 GB/Z 25105.3—2010 一致。

与 GB/Z 25105 的本部分的通信行规(CP)的一致性声明如下：

——与 GB/Z 25105.3—2010 一致。

一致性声明应该用第 6 章中定义的适当文件来支持。

5　RTE 性能指标

5.1　性能指标的基本原理

包含实时通信并基于 GB/T 15629.3 标准的网络被称为实时以太网(RTE)网络。对于不同的应用，RTE 的用户有不同的要求。为了以最佳的方法满足这些要求，符合本部分中所描述的 CP 的 RTE 通信网络将表现出不同的性能。

应使用性能指标(在 5.3 中规定)来规定 RTE 端点设备和 RTE 通信网络的能力以及应用要求。在 RTE CP 的用户与符合 RTE CP 的 RTE 端点设备和网络部件的制造商之间，性能指标应被用作一组交互作用的方法。5.2 规定应用要求概要。

性能指标描述：

a)　RTE 端点设备的能力；

b)　RTE 通信网络的能力；

c)　应用要求。

性能指标的一致性集合(在 5.3 中规定)被用来描述 RTE 能力。有些性能指标是相关的；在此情况下，某些性能指标值取决于组成一致性集合的其他性能指标的值。

注：相关性是一些不能违反的物理或逻辑约束。例如，指标"Throughput RTE(它要使用总带宽的 90%)"和"Throughput non-RTE(90%)"不能同时发生，否则，将出现 180%的传输负载。

在本部分中，对指标没有规定 RTE 性能的通用边界值，但如果设备制造商声称他们的产品符合本部分，就必须规定基于 CP 的产品的边界值。

技术特定的 CPF 子条规定：

a)　从在 5.3 中定义的并与给定 CP 有关的所有可能的性能指标之中选择性能指标，它们各自的限值或范围是可选的。

b)　性能指标之间的相关性。

c)　可选的，具有一致性性能指标值的表。每一个表都具有一个或多个主导的性能指标。主导的性能指标被预置为某个固定值(典型地被优化成具有最佳综合性能)。该表中的其他性能指标用其有关的一致性限值来表示。

d)　可选的，性能指标之间关系的更浅显易懂的表示法(图 1 是一个图形表示法的示例)。

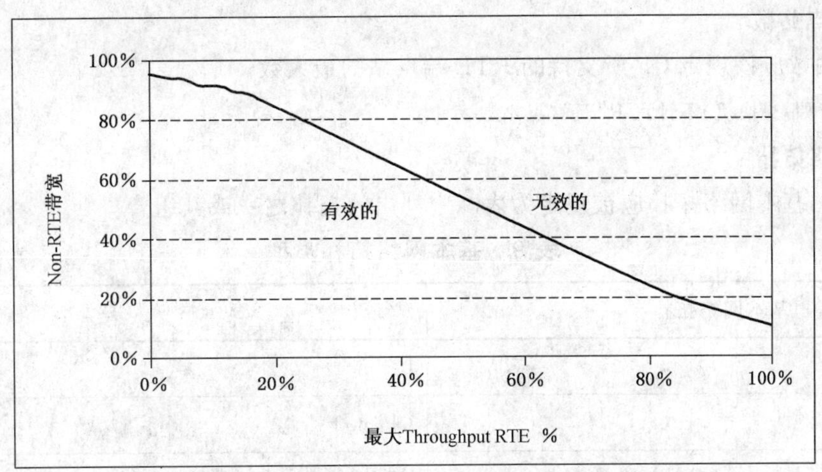

图 1 一致性指标的图形表示法示例

RTE 端点设备和 RTE 通信网络的提供者应该至少提供一个性能指标一致性集。提供者所规定的边界值应该基于第 6 章中规定的一致性测试原理。

注 1：只有当性能指标之间存在相关性时，才会给出一组一致性性能指标表。

注 2：某些应用可能有这样的要求，就是其中一个指标比其他指标更重要。这样的应用将有机会选择具有相应主要指标的一致性指标表。其他应用可能要求具有相同高重要性的几个一致性指标。对于这些应用，图形或者其他更浅显易懂的表示法更适合用来表现一致性指标间的关系。图 1 是由某个 CP 给出的一致性指标图形表示法的示例。

注 3：RTE 端点设备的设计是其制造商自行决定的。因此，不能假设在一个设备中到底应该构造多少个 RTE 端点站(网络接口)，为了从应用的角度实现可比的性能指标，性能指标隶属于 RTE 端点站而不是 RTE 设备。

5.2 应用要求

在 5.3 中将 RTE 通信网络的能力规定为性能指标。这些指标被用来使应用要求与符合 GB/Z 25105的本部分的一个或多个 CP 的部件的能力相匹配。

如果其指标值至少满足所要求的指标值，则行规是适用的。

注 1：复杂的要求可能找到较小的匹配行规号。

注 2：在 GB/T 19659.1 中描述了选择匹配 CP 的原理。

注 3：与应用相关的类应该是适合于此应用的 CP x/y 的子集。

5.3 性能指标

5.3.1 传送时间

传送时间应该指出传送一个包含数据(报文有效载荷)的 APDU 所必需的时间，必须将该 APDU 实时地从一个节点(源)传送到另一个节点(目的)。在应用过程与(现场总线)应用实体间的接口处来测量传送时间。

注 1：在 IEC 61158-5 的各自的类型特定部分给出了具有应用过程和应用实体描述的应用层概念的描述。

应该为以下两种情况规定最大传送时间：

——无传输错误；以及

——一个可恢复的丢失帧。

注 2：在 5.3.9 中描述永久性失效条件。

最大传送时间的计算应该包含传输时间以及任何等待时间。

注 3：等待时间取决于 RTE 网络原理、RTE 网络拓扑和由该 RTE 网络中的其他节点产生的应用负载，以及在此时的非 RTE 通信量。

5.3.2 RTE 端点站数

RTE 端点站数应该规定 CP 所支持的 RTE 端点站的最大数。

注：网络设备(如，交换机)不计入 RTE 端点站数。

5.3.3 基本网络拓扑

CP 所支持的基本网络拓扑应被规定为表 9 中列出的拓扑之一或其组合。

表 9 基本网络拓扑类型

基本网络拓扑	CP
分级星型	CP m/1
环型(loop)	CP m/2
线型拓扑	CP m/3
注：实际拓扑可能是这三种基本拓扑的任何组合。	

5.3.4 RTE 端点站之间的交换机数

在具有应用关系的任意两个 RTE 端点站之间的交换机数量。

5.3.5 RTE 吞吐量

RTE 吞吐量(Throughput RTE)应该指出每秒在一个链路上的 APDU 数据的总数量(按八位位组长度)。

5.3.6 非 RTE 带宽

非 RTE 带宽应该指出在一个链路上可以用于非 RTE 通信的带宽的百分比。此外，应该规定总链路带宽。

注：指标 RTE 吞吐量带宽与非 RTE 带宽是彼此相关的。

5.3.7 时间同步精度

时间同步精度应该指出任意两个节点时钟之间的最大偏差。

5.3.8 非基于时间的同步精度

非基于时间的同步精度应表明任意两节点的循环行为的最大抖动，这些节点的循环行为是通过网络上的周期性事件的触发来建立的。

注 1：此指标说明由事件触发的数据或动作的一致性，并且它是一致性扩散的一种量度。

注 2：该事件可以是单播、多播或广播，或者由一组更简单的事件组成。

5.3.9 冗余恢复时间

冗余恢复时间应该指出在一个永久性失效的情况下从失效再变成完全运行的最大时间。

注：如果发生一个永久失效，则报文的传送时间是冗余恢复时间。

6 一致性测试

6.1 概念

GB/Z 25105 的本部分规定了一致性测试的方法，用于一个或多个 CP 的 RTE 端点设备的测试。此一致性测试的概念是要对照一个 CP 的一致性指标集来验证被测设备(DUT)的能力。一致性测试确保了所有声称遵循相同 CP 的设备的可互操作性。图 2 给出了与 GB/Z 25105 的本部分相关的一致性测试的概貌。

注：在本部分中没有定义一致性测试的实施和一致性测试的执行。

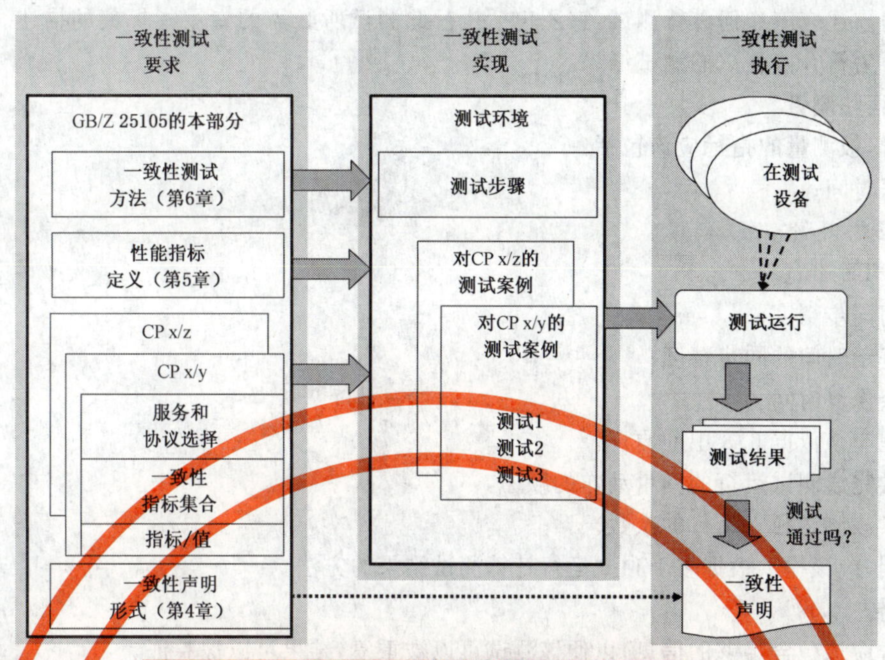

图 2　一致性测试概貌

6.2　方法

测试案例应该用这样的方法来获得，即这些测试是可重复的，并且其结果是可被验证的。应该将测试结果编制成文件，并应以此作为一致性声明的基础。

一个设备的一致性测试应该包括以下的验证：

——所指定的 CP 功能的可用性和正确性；

——与网络有关的指标值；

——与设备有关的指标值。

应该使用 CP 的性能指标值和被测试设备的性能指标值。

注 1：假定该测试案例的质量可以保证被测设备的可互操作性。如果报告有任何不合常规的情况，则因此应该相应地调整该测试案例。

注 2：在 ISO/IEC 9646 中给出了一致性测试过程的描述。

6.3　测试条件和测试案例

应该依据特定的 CP 来规定测试条件和测试案例，并编制成文件。在应用时，它应该包括以下的指标：

——节点数；

——网络拓扑；

——节点之间的交换机数；

——RTE 吞吐量；

——非 RTE 带宽。

对于每个被测量的指标(见 6.4)，应该准备好测试条件和测试案例的文件，并应该描述以下内容：

——测试目的；

——测试配置；

——测试规程；

——一致性标准。

测试配置描述了执行测试所必需的设备配置，包括测量设备、被测设备、辅助设备、接线图和测试环境条件。

测试环境部分可以被仿真或模拟。应该将仿真或模拟的结果编制成文件。

测试规程描述应该如何进行测试，它还包括执行此测试所必需的专用指标集的描述。一致性标准规定了被认可为符合该测试的测试结果。

6.4 测试规程和测量

在应用时，被测量的指标应该包括：

——传送时间；

——RTE 吞吐量；

——非 RTE 带宽；

——时间同步精度；

——非基于时间的同步精度；

——冗余恢复时间。

测试规程应该依据 6.3 中的原理。

应该提供完成测试运行的测量动作的顺序。

应该提供该测试独立运行的次数。

如果适用，应该提供根据多个独立运行计算测试结果的方法。

6.5 测试报告

测试报告应该包含足够的信息，以便该测试可以被重复，结果可以被验证。

测试报告至少应该包括：

——对一致性测试方法(见 6.2)的引用；

——对性能指标定义(见第 5 章)的引用；

——对所使用的 CP(见 GB/Z 25105 的本部分)的引用；

——一致性测试环境的描述，包括网络仿真器、测量设备和负责进行测试的人员或组织，以及测试的日期；

——被测设备、其制造商，以及硬件和软件版本；

——连接到网络的设备数量和设备类型以及网络拓扑；

——测试案例规范的参考；

——测量值；

——与 CP 的一致性陈述。

7 保留

注：为了与 IEC 61784-2 的编号一致，保留此编号。

8 通信行规族 3(PROFIBUS & PROFINET)——RTE 通信行规

8.1 概述

8.1.1 CPF 3 概述

通信行规族 3(CPF3)定义使用 IEC 61158 系列的类型 3 和类型 10 的通信行规，它们分别对应于与 PROFIBUS 和 PROFINET 通信系统的部分。在 IEC 61784-1 中规定 CP 3/1、CP 3/2 和 CP 3/3。

RTE 特定的 PROFINET 行规规定了命名为 A、B 和 C 的 3 种一致性类。符合 CPF 3 中的某个 CP 是符合一致性类的一个先决条件(见表 13)。这些一致性类需要具有条 8.1.2、8.1.3、8.1.4、8.1.5 和 8.1.7 中给出的一般分类特征。

8.1.2 节点类

节点类是：

——IO 设备，有或无集成的网络部件；

——IO 控制器，有或无集成的网络部件；

——IO 监视器；

——IO 网络部件(例如:交换机、无线访问点和无线客户机)。

注：一个节点能够同时实现若干个节点类，例如:IO 控制器和 IO 设备、IO 设备和集成的网络部件。

一个 IO 设备至少应该支持两个 AR，每个 AR 包括两个 IO CR 和一个 Multicast Provider CR、一个 Alarm CR 和一个 Record data CR，并具有以下特性：

——IO CR：最大数据长度 1 440 个八位位组，以及 FrameID 的范围：RT_CLASS_1 和 RT_CLASS_2；

——Multicast Provider CR(对于 CP 3/4 是可选的，对于 CP 3/5 和 CP 3/6 是必备的)：最大数据长度 1440 个八位位组，以及 FrameID 范围：RT_CLASS_1 和 RT_CLASS_2；

——Alarm CR：最大数据长度 1 432 个八位位组，最小数据长度 200 个八位位组；

——Record data CR：最大数据长度 2^{32}-65 个八位位组，最小数据长度 4 176 个八位位组。

一个 IO 控制器对每个有关的 IO 设备至少应该支持一个 AR，每个 AR 包括两个 IO CR 和一个 Multicast Provider CR、一个 Alarm CR 和一个 Record data CR，并具有以下特性：

——IO CR 和 Multicast Provider CR：最大数据长度 1 440 个八位位组，最小 240 个八位位组一致性，支持所有已定义的数据类型(FrameID 的范围：RT_CLASS_1 和 RT_CLASS_2)；

——Alarm CR：最大数据长度 1 432 个八位位组，最小数据长度 200 个八位位组，对每个有关的 IO 设备至少有一个高优先级报警和一个低优先级报警的排队能力；

——Record data CR：最大数据长度 2^{32}-65 个八位位组，最小数据长度 4 176 个八位位组，对每个有关的 IO 设备具有存储 16 k 八位位组启动参数的能力，对记录数据对象无并行的访问；

——Multi-API：至少支持两个(API＝0 和 API＝x)。

表 10 示出了在 GB/Z 25105.2—2010 的 4.12 中规定的用于名称解析的允许值。

表 10 用于名称解析的超时值

参　　数	值	注　　释
ARP-ResponseTimeout	2 s	见 RFC 826
DCP-IdentifyTimeout	≥ 400 ms	见 GB/Z 25105.2—2010 的 4.3.2.1.1
DCP-Set/GetTimeout	1 s	见 GB/Z 25105.2—2010 的 4.3.2.1.1
DNS-RequestTimeout	16 s	见 RFC 1034 和 RFC 1035

表 11 包含用于 IO 设备的 AL 定时参数的限值。

表 11 IO 设备的反应时间

参　　数	含　　义	值
MinDeviceInterval[a]	此性能参数是 IO 设备特性和设备描述的部分	≤128 ms，用于 CP 3/4 和 CP 3/5 ≤1 ms，用于 CP 3/6 ≤4 000 ms，用于 RT_CLASS_UDP
Remote_Application_Timeout[b]	参数 Remote_Application_Timeout 表示 RPC 调用的最终期限。每个 IO 设备实现必须确保用于响应的实际时间达到可能的最小值	≤300 s
Set_Storage_Time[c]	在 DCP_Set.res 与完成持久存储之间的最大时间	≤30 s，必备
IP_Startup_Time[c]	在 DCP_Set.res 与可用 ARP[d] 或 PROFINETIOServiceReqPDU 对 IP 层进行访问之间的时间	≤30 s，推荐 ≤300 s，必备

表 11（续）

参　　数	含　　义	值
Reset_to_Factory_Time[c]	在 DCP_Set. res 与删除站名称和 IP 参数之间的时间	≤30 s，推荐 ≤300 s，必备
MaxBridgeDelay for MRP[c]	支持 MRP 的每个桥应该在此时间内转发 MRP-PDU	≤4 ms
MaxBridgeDelay for MRRT[c]	支持 MRRT 的每个桥应该在此时间内转发 MRRT -PDU	≤4 ms
MaxBridgeDelay for PTCP[c]	支持 PTCP 的每个桥应该在此时间内转发 PTCP -PDU	≤4 ms，推荐 ≤40 ms，必备
MaxResponseDelay for line delay measurement[c]	在 PTCP-DelayReqPDU 与 PTCP-DelayResPDU 之间的时间 支持 PTCP 的每个设备应该在此时间内响应 PTCP-DelayReqPDU	≤40 ms，推荐 ≤100 ms，必备

[a] 见 ISO 15745-4/Amd 1；

[b] 见 OSF C706；

[c] 见协议文本；

[d] 见 IETF RFC 826。

一个 IO 设备应该支持满足式(1)的 ReductionRatio SendClockFactor 组合。

$$MinDeviceInteval \leqslant SCF \times RR \times 31.25\ \mu s \quad \cdots\cdots(1)$$

式中：

SCF——属性 SendClockFactor（见 GB/Z 25105.1—2010，Send Clock Factor）；

RR——属性 ReductionRatio（见 GB/Z 25105.1—2010，Reduction Ration）。

注：每个 IO 设备实现必须确保 MinDeviceInterval 和 Remote_Application_Timeout 达到可能的最小值。

8.1.3 应用类

应用类是：

——等时同步应用(例如：运动控制)；

——非等时同步应用(例如：工厂自动化、过程自动化和楼宇自动化)。

注：等时时钟同步是一种通信类特性，而不是一种应用类特性。

8.1.4 通信类

所有通信类允许 IEEE 802 系列和 IETF 与 RTE 特定附加组合通信。通信类是：

——RT Class 1(在属性 RT_CLASS_1 中规定内容，见 GB/Z 25105.1—2010 的 8.3.10.4.2)；

——RT Class 2(在属性 RT_CLASS_2 中规定内容，见 GB/Z 25105.1—2010 的 8.3.10.4.2)；

——RT Class 3(在属性 RT_CLASS_3 中规定内容，见 GB/Z 25105.1—2010 的 8.3.10.4.2)；

——RT Class UDP(在属性 RT_CLASS_UDP 中规定内容，见 GB/Z 25105.1—2010 的 8.3.10.4.2)

RT Class UDP 是一个可选通信类。它可以单独使用，也可以与 RT Class 1、2 和 3 组合使用。

8.1.5 冗余类

媒体冗余类是：

——RED_CLASS_1：环冗余，用于 IEEE 802 和 IETF 与 RTE 特定附加 RT_CLASS_1 和 RT_CLASS_UDP 组合通信(见 8.1.4)；

——类行为区分管理器和客户机，如 GB/Z 25105.1—2010 的 6.3.3 中的规定；

——RED_CLASS_2：无碰撞环冗余，用于 RT_CLASS_1 和 RT_CLASS_2；

——RED_CLASS_3:无碰撞环冗余,用于 RT_CLASS_3。

注:RED_CLASS_1 被称为媒体冗余协议(MRP)。RED_CLASS_2 称为实时媒体冗余协议(MRRT)。RED_CLASS_3 被称为计划重复的媒体冗余(MRPD)。

媒体冗余的支持要求设备至少有 2 个端口,表 12 中示出了用法。

表 12 一致性类中适用的冗余类

冗余类	一致性类		
	A	B	C
RED_CLASS_1	客户机[a]:可选	客户机[a]:必备	客户机[a]:必备
RED_CLASS_2	—	客户机[a]:可选	客户机[a]:必备
RED_CLASS_3	—	—	客户机[a]:必备
[a] 管理器角色是可选的。如果使用冗余类中之一个,则该环中应该有一个节点支持管理器角色。			

8.1.6 媒体类

媒体类是:

——线缆;

——光纤;

——无线。

8.1.7 一致性类的行为

CP 3/4、CP 3/5 和 CP 3/6 规定了在 CPF 3 子条中不同的节点类。依据一致性类来选择应用类。CP 与一致性类相关联。依据一致性类来选择冗余。表 13 规定了所要求的一致性类行为。

在本部分中,为 CPF3 规定了以下的通信行规:

——CP 3/4,见表 13 和表 14 一致性类 A;

——CP 3/5,见表 13 一致性类 B;

——CP 3/6,见表 13 一致性类 C。

表 13 一致性类的行为

一般类	一致性类			
	A 无线	A 线缆	B	C
CP	CP 3/4	CP 3/4	CP 3/5	CP 3/6
节点类[a](见 8.1.2)	IO 设备,IO 控制器	IO 设备,IO 控制器	IO 设备,IO 控制器	IO 设备,IO 控制器
媒体类(见 8.1.6)	无线	选择线缆或光纤	选择线缆或光纤	选择线缆或光纤
应用类(见 8.1.3)	非等时同步	非等时同步	非等时同步	非等时同步和/或等时同步
通信类[b](见 8.1.4)	RT_CLASS_UDP(可选),RT_CLASS_1	RT_CLASS_UDP(可选),RT_CLASS_1	RT_CLASS_UDP(可选),RT_CLASS_1	RT_CLASS_UDP(可选),RT_CLASS_1,RT_CLASS_2[c] 和 RT_CLASS_3[d]
冗余类	—	见 8.1.5	见 8.1.5	见 8.1.5
安装 IEC 61784-5-3	—	可选	YES	YES
用于多播通信关系(MCR)的提供者	可选	可选	YES	YES
IEEE 802.3	—	YES[k]	YES[k]	YES[k]

表 13（续）

一般类	一致性类			
	A 无线	A 线缆	B	C
IEEE 802.1D	—	YES[e]	YES[e]	YES[i]
IEEE 802.1Q	—	YES[f]	YES[f]	YES[i]
IEEE 802.1AB	可选	YES[h]	YES	YES
无线技术选择	1. ISO/IEC 802.11[g] 2. IEEE 802.15.1	—	—	—
SNMP	可选	可选	YES	YES
MIB-II	可选	可选	YES[j]	YES[j]
PNIO MIB	可选	可选	可选	可选

[a] IO 监视器超出一致性类的范围。

[b] 所有一致性类允许 IETF 与 RTE 特定附加组合通信。GB/Z 25105.1—2010 的 8.3.10.4.2 中规定属性 RT_CLASS_x。

[c] 等时同步实时(IRT),RT_CLASS_2。

[d] 等时同步实时(IRT),RT_CLASS_3。

[e] 1) RSTP 可选或由 MRP 代替。
2) 推荐 CutThroughMode。
3) 在使用 CutThroughMode 时,"Discard on received frame in error"是可选的。
4) 至少需要 2 个优先级(推荐 4 个)。

[f] 标记 VLAN 结构的优先级,标记首部的删除和修改是可选的。

[g] 1) IEEE 802.11e(至少 EDCA 部分具有 4 个支持的优先级)。
2) IEEE 802.11i。
3) 可选的 IEEE 802.11g 或 IEEE 802.11h。

[h] 仅 LLDP 是必备的。LLDP-MIB 和 LLDP EXT MIB 是可选的。

[i] 1) RSTP 可选或由 MRP 代替。
2) CutThroughMode 是必备的。
3) "Discard on received frame in error"可选(CutThroughMode)。
4) 至少 4 个必需的优先级。

[j] 仅以下的对象标识符是必备的:
"iso(1).org(3).dod(6).internet(1).mgmt(2).mib-2(1).system(1)"sysDescr(1),sysObjectID(2),或 sysUpTime(3),或 sysContact(4),或 sysName(5),或 sysLocation(6),或 sysServices(7)。

[k] 支持 100 Mbit/s 全双工是必备的,支持 1 Gbit/s 全双工或 10 Gbit/s 全双工是可选的。

较低一致性类是较高一致性类的子集,因此,较高一致性类的设备可使用较低一致性类能力与较低一致性类的设备进行互操作。

表 14 网络部件的一致性类行为

一般类	一致性类			
	A	A	A	—
CP	CP 3/4	CP 3/4	CP 3/4	—
节点类(见 8.1.2)	交换机	无线访问点	无线客户机	—

表 14(续)

一般类	一致性类			
	A	A	A	—
媒体类(见 8.1.6)	选择线缆或光纤	无线	无线	—
应用类(见 8.1.3)	—	—	—	—
通信类[a](见 8.1.4)	—	—	—	—
冗余类	见 8.1.5	—	—	—
安装 IEC 61784-5-3	可选	—	—	—
MCR	—	—	—	—
IEEE 802.3	YES[e]	—	—	—
IEEE 802.1D	YES[b]	—	—	—
IEEE 802.1Q	YES[c]	—	—	—
IEEE 802.1AB	可选	可选	可选	—
无线技术选择		1. ISO/IEC 802.11[d] 2. IEEE 802.15.1	1. ISO/IEC 802.11[d] 2. IEEE 802.15.1	—
IEEE 802.11e	—	YES[f]	YES[f]	—
IEEE 802.11i	—	YES[f]	YES[f]	—
SNMP	可选	可选	可选	—
MIB-II	可选	可选	可选	—

[a] 所有一致性类允许 IETF 与 RTE 特定附加组合通信。GB/Z 25105.1—2010 的 8.3.10.4.2 中规定了属性 RT_CLASS_x。

[b] 1) RSTP 可选或由 MRP 代替;

2) 推荐 CutThroughMode;

3) 在使用 CutThroughMode 时,“Discard on received frame in error”是可选的;

4) 至少要求 2 个优先级(推荐 4 个)。

[c] 标记 VLAN 结构的优先级,标记首部的删除和修改是可选的。

[d] 1) IEEE 802.11e;

2) IEEE 802.11i;

3) 可选 IEEE 802.11g 或 IEEE 802.11h。

[e] 支持 100 Mbit/s 全双工是必备的,支持 1 Gbit/s 全双工或 10 Gbit/s 全双工是可选的。

[f] 仅对无线技术 GB/T 15629 有关。至少 EDCA 部分,具有 4 个支持的优先级。

网络部件可作为 CP 3/6 网络的叶子节点用来连接 CP 3/4 或 CP 3/5 设备,而不丧失 C 一致性类能力。图 3 示出了将 CP 3/4、CP 3/5 和 CP 3/6 连接在一起的例。

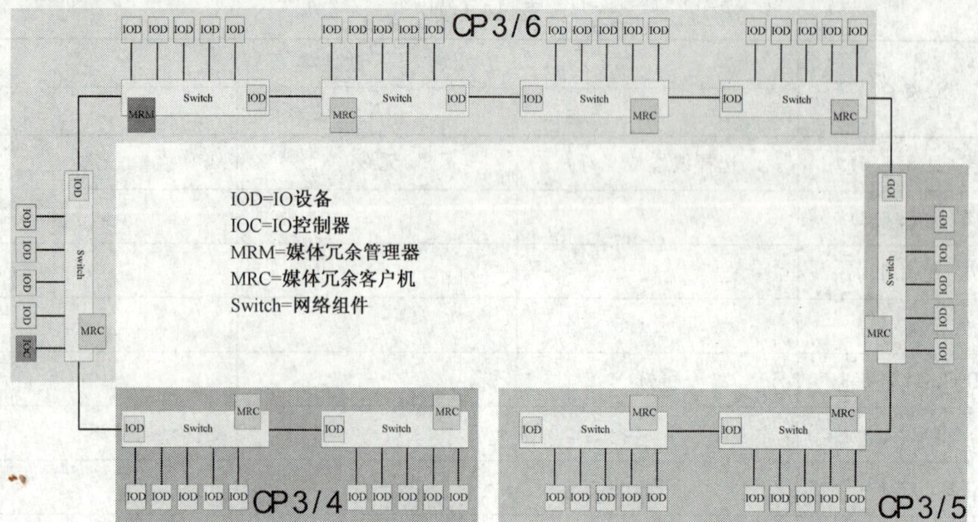

图 3 使用 CP 3/4、CP 3/5 和 CP 3/6 部件的网络拓扑示例

8.2 行规 CP 3/4

8.2.1 物理层

8.2.1.1 线缆和光纤类媒体

物理层应该符合 IEEE 802.3。

数据速率应该至少是 100 Mbit/s,并且至少有一个端口使用全双工模式。

应该使用自动协商和交叉功能(见 IEEE 802.3)。

设备应该遵守使用这些设备的所在国的法规要求(例如,用 CE 标志指示)。在工业应用中的防电击保护措施(即,电气安全性),应该根据所规定的设备类型遵从 GB 4793 系列标准或 GB/T 15969.2。

8.2.1.2 无线类媒体

物理层应该选择 GB/T 15629.11 或 IEEE 802.15.1。

如果选择 GB/T 15629.11,则数据速率应该符合 GB/T 15629.11,可选地还可以符合 IEEE 802.11g 或 IEEE 802.11h,否则数据速率应该符合 IEEE 802.15.1。

8.2.2 数据链路层

8.2.2.1 线缆和光纤类媒体

数据链路层应该符合 IEEE 802.3、IEEE 802.1AB、IEEE 802.1D 和 IEEE 802.1Q。

所有管理信息库(MIB)都是可选的。

8.2.2.2 无线类媒体

数据链路层应该选择 GB/T 15629.11 或 IEEE 802.15.1。如果选择 GB/T 15629.11,则应该使用 IEEE 802.11e 和 IEEE 802.11i。

使用 IEEE 802.15.1 物理层的媒体类无线的设备应该支持自适应跳频(AFH)。此外,这些设备应该提供一种方法,以永久地从其跳频序列中排除 GB/T 15629.11 系统所使用的频率。

所有管理信息库(MIB)都是可选的。

8.2.3 应用层

8.2.3.1 AL 服务选择

8.2.3.1.1 IO 设备

在 GB/Z 25105.1—2010 中定义了用于 IO 设备的应用层服务,表 15 列出了用于本行规的来自 GB/Z 25105.1—2010 中的应用层服务选择。

表 15 CP 3/4:用于 IO 设备的 AL 服务选择

条	标 题	存在	约 束
1	范围	YES	—
2	规范性引用文件	部分	需要时使用
3	术语和定义	—	—
3.1	引用的术语和定义	YES	—
3.2	用于分布式自动化的附加术语和定义	NO	—
3.3	用于分散式外围设备的附加术语和定义	YES	—
3.4	用于媒体冗余的附加术语和定义	YES	—
3.5	缩略语和符号	YES	—
3.6	用于分布式自动化的附加缩略语和符号	NO	—
3.7	用于分散式外围设备的附加缩略语和符号	YES	—
3.8	用于媒体冗余的附加缩略语和符号	YES	—
3.9	约定	YES	—
4	概念	YES	—
5	数据类型 ASE	YES	—
6	通用服务的通信模型	—	—
6.1	概念	YES	—
6.2	ASE 数据类型	YES	—
6.3	ASE	—	—
6.3.1	发现和基本配置 ASE	YES	—
6.3.2	精确时间控制 ASE	YES	可选
6.3.3	媒体冗余 ASE	YES	见 8.1.5,n.a.用于无线媒体
6.3.4	实时循环 ASE	YES	RT_CLASS_UDP 是可选的
6.3.5	实时非循环 ASE	YES	RTA_CLASS_UDP 是可选的,如果使用可选的 RT_CLASS_UDP,则是必备的
6.3.6	远程过程调用 ASE	YES	—
6.3.7	链路层发现 ASE	YES	至少 LLDP 传输
6.3.8	MAC 桥 ASE	YES	仅在网络部件被集成时可适用
6.3.9	虚拟桥接的 LAN ASE	YES	n.a.用于无线媒体
6.3.10	媒体访问 ASE	YES	n.a.用于无线媒体
6.3.11	IP 协议族 ASE	YES	ICMP 是可选的,如果使用可选的 RT_CLASS_UDP,则是必备的
6.3.12	域名称系统 ASE	YES	可选
6.3.13	动态主机配置 ASE	YES	可选
6.3.14	简单网络管理 ASE	YES	可选
6.3.15	通用 DL 映射 ASE	—	—

表 15(续)

条	标　　题	存在	约　　束
6.3.15.1	概述	YES	—
6.3.15.2	DL 映射类规范	YES	—
6.3.15.3	DL 映射服务规范	—	—
6.3.15.3.1	IRT Schedule Add	NO	—
6.3.15.3.2	IRT Schedule Remove	NO	—
6.3.15.3.3	Schedule	YES	—
6.3.15.3.4	N Data	YES	—
6.3.15.3.5	A Data	YES	—
6.3.15.3.6	C Data	YES	—
7	用于分布式自动化的通信模型	NO	—
8	用于分散式外围设备的通信模型	—	—
8.1	概念	YES	—
8.2	ASE 数据类型	YES	—
8.3	ASE	—	—
8.3.1	记录数据 ASE	YES	—
8.3.2	IO 数据 ASE	YES	—
8.3.3	日志数据 ASE	YES	—
8.3.4	诊断 ASE	YES	—
8.3.5	报警 ASE	YES	—
8.3.6	上下关系 ASE	YES	—
8.3.7	等时同步模式应用 ASE	NO	—
8.3.8	物理设备管理 ASE	YES	—
8.3.9	网络连续时间 ASE	YES	可选
8.3.10	AR ASE	YES	—
8.4	IO 设备的行为	—	—
8.4.1	概述	YES	—
8.4.2	IO 设备的启动	YES	—
8.4.3	物理设备参数检查	—	—
8.4.3.1	远程系统数据	YES	—
8.4.3.2	本地系统数据	YES	—
8.4.3.3	光纤系统数据	YES	仅使用光纤时使用
8.4.4	诊断和问题指示	YES	—
8.4.5	用户报警	YES	—
8.4.6	在组态改变情况下的行为	YES	—
8.4.7	IO 设备内的 PTCP 的行为	YES	可选;如果使用精确时间控制 ASE(见 6.3.2),则必备

表 15（续）

条	标　题	存在	约　束
8.5	IO 控制器的行为	NO	—
8.6	应用特性	YES	—
附录 A	设备实例	YES	—
附录 B	以太网接口的部件	部分	在可适用时使用
附录 C	MAC 地址分配的方案	YES	—
附录 D	对象的收集	YES	—
附录 E	快速启动时间的测量	YES	—

8.2.3.1.2　网络部件

8.2.3.1.2.1　概述

网络部件可以被集成在 IO 设备或 IO 控制器中。如果是那样，则可采用 IO 设备和 IO 控制器的要求。

网络部件也可以被构造为一个非集成的网络部件，作为一个独立的节点。

注：100 Mbit/s 交换机应该支持缓存至少 1 ms 的所有数据。这对于用 100％带宽在所有端口上同时发生具有最小帧大小的帧应该是可适用的。

对于端口数少于 8 个的 100 Mbit/s 交换机，每个端口提供的数据缓存应该至少是 10 k 八位位组。对于端口等于 8 个或更多的 100 Mbit/s 交换机，对所有端口提供的数据缓存总量应该至少是 80 k 八位位组。

8.2.3.1.2.2　非集成的网络部件

非集成的网络部件不需要类型 10 的应用层。表 14 规定了一般的网络部件行为。

无线桥（2 个访问点或 1 个访问点和 1 个客户机）应该支持小于 128 ms 的传播延迟。图 4 示出了一个无线拓扑示例。

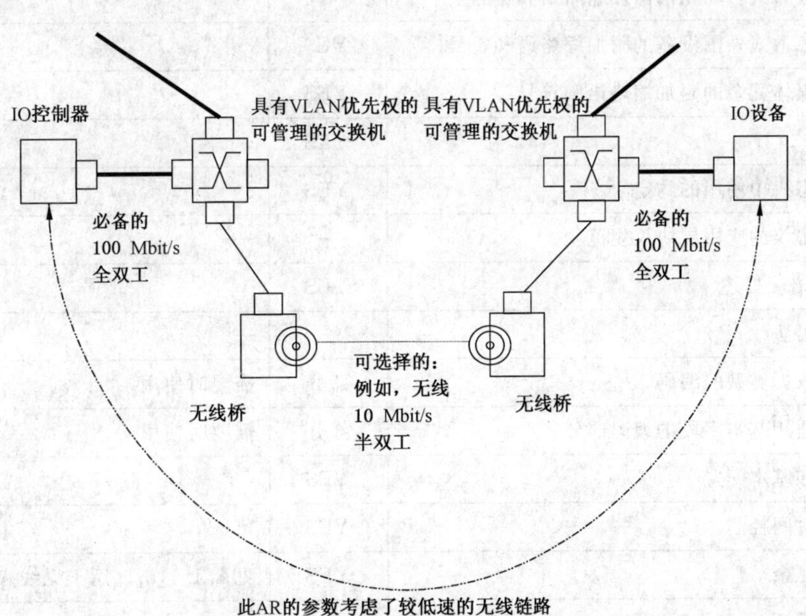

图 4　具有无线网段的网络拓扑示例

8.2.3.1.2.3　集成的网络部件

在 GB/Z 25105.1—2010 中定义了用于网络部件的应用层服务，表 15 列出了用于本行规的来自 GB/Z 25105.1—2010 中的应用层服务选择。

8.2.3.1.3　**IO 控制器**

在 GB/Z 25105.1—2010 中定义了用于 IO 控制器的应用层服务，表 15 列出了用于本行规的来自 GB/Z 25105.1—2010 中的应用层服务选择，但该表中的 8.4 应为 NO，而 8.5 应为 YES。

8.2.3.1.4　**IO 监视器**

见 8.2.3.1.3。

8.2.3.1.5　**选项**

符合 RFC 2131 的 DHCP 是一个可选的服务。

对于 IO 控制器 IO 和 IO 监视器，DNS 是一个可选的服务。

媒体冗余(见 8.1.5)。

PTCP 是一个可选的服务。

8.2.3.2　**AL 协议选择**

8.2.3.2.1　**IO 设备**

在 GB/Z 25105.2—2010 中定义了用于 IO 设备的应用层协议，表 16 列出用于本行规的来自 GB/Z 25105.2—2010 中的应用层协议选择。

表 16　CP 3/4：用于 IO 设备和网络部件的 AL 协议选择

条	标　　题	存在	约　　束
1	范围	YES	—
2	规范性引用文件	部分	需要时使用
3	术语、定义、缩略语、符号和约定	—	—
3.1	引用的术语和定义	部分	可适用时使用
3.2	用于分布式自动化的附加术语和定义	NO	—
3.3	用于分散式外围设备的附加术语和定义	YES	—
3.4	用于分布式自动化的附加缩略语和符号	NO	—
3.5	用于分散式外围设备的附加缩略语和符号	YES	—
3.6	用于媒体冗余的附加缩略语和符号	YES	—
3.7	约定	YES	—
3.8	在状态机中使用的约定	YES	—
4	通用协议的应用层协议规范	—	—
4.1	FAL 语法描述	YES	—
4.2	传输语法	—	—
4.2.1	基本数据类型的编码	部分	需要时使用
4.2.2	有关通用基本字段的编码部分	部分	需要时使用
4.3	发现和基本配置	YES	—
4.4	精确时间控制	YES	可选
4.5	媒体冗余	YES	见 8.1.5，n.a.用于无线媒体
4.6	实时循环	YES	RT_CLASS_UDP 是可选的
4.7	实时非循环	YES	RTA_CLASS_UDP 是可选的，如果使用可选的 RT_CLASS_UDP，则是必备的
4.8	远程过程调用	YES	—

表 16（续）

条	标　　题	存在	约　　束
4.9	链路层发现	YES	至少 LLDP 传输
4.10	MAC 桥	YES	只在网络部件被集成时可适用
4.11	虚拟桥	YES	N.a.用于无线媒体
4.12	IP 协议族	YES	ICMP 是可选的，如果使用可选的 RT_CLASS_UDP，则是必备的
4.13	域名称系统	YES	可选
4.14	动态主机配置	YES	可选
4.15	简单网络管理	YES	可选
4.16	通用 DLL 映射协议机	YES	—
5	分布式自动化的应用层协议规范	NO	—
6	分散式外围设备的应用层协议规范	—	—
6.1	FAL 语法描述	YES	—
6.2	传输语法	YES	可适用时使用
6.3	FAL 协议状态机	YES	可适用时
6.4	AP-Context 协议机	YES	—
6.5	FAL 服务协议机	—	—
6.5.1	概述	YES	—
6.5.2	FSPMDEV	YES	—
6.5.3	FSPMCTL	NO	—
6.6	应用关系协议机	—	—
6.6.1	ALPMI	YES	—
6.6.2	ALPMR	YES	—
6.6.3	NRPM	NO	—
6.6.4	RMPM	YES	—
6.6.5	CMDEV	YES	—
6.6.6	NRMC	YES	在支持多播消费者时使用
6.6.7	CMCTL	NO	—
6.7	DLL 映射协议机	YES	—
附录 A～附录 Q	—	YES	—

8.2.3.2.2　网络部件

8.2.3.2.2.1　概述

见 8.2.3.1.2.1。

8.2.3.2.2.2　非集成的网络部件

非集成的网络部件不需要类型 10 的应用层。表 14 规定了一般的网络部件行为。

8.2.3.2.2.3 **集成的网络部件**

在 GB/Z 25105.2—2010 中定义用于集成网络部件的应用层协议。表 16 规定了在本行规中包含的条。

8.2.3.2.2.3 **IO 控制器**

在 GB/Z 25105.2—2010 中定义了用于 IO 控制器的应用层协议。表 17 规定了在本行规中包含的条。

表 17 CP 3/4:用于 IO 控制器的 AL 协议选择

条	标 题	存在	约 束
1	范围	YES	—
2	规范性引用文件	部分	需要时使用
3	术语、定义、缩略语、符号和约定	—	—
3.1	引用的术语和定义	部分	可适用时使用
3.2	用于分布式自动化的附加术语和定义	NO	—
3.3	用于分散式外围设备的附加术语和定义	YES	—
3.4	用于分布式自动化的附加缩略语和符号	NO	—
3.5	用于分散式外围设备的附加缩略语和符号	YES	—
3.6	用于媒体冗余的附加缩略语和符号	YES	—
3.7	约定	YES	—
3.8	在状态机中使用的约定	YES	—
4	通用协议的应用层协议规范	—	—
4.1	FAL 语法描述	YES	—
4.2	传输语法	—	—
4.2.1	基本数据类型的编码	部分	需要时使用
4.2.2	有关通用基本字段的编码部分	部分	需要时使用
4.3	发现和基本配置	YES	—
4.4	精确时间控制	YES	可选
4.5	媒体冗余	YES	见 8.1.5
4.6	实时循环	YES	RT_CLASS_UDP 是可选的
4.7	实时非循环	YES	RTA_CLASS_UDP 是可选的,如果使用可选的 RT_CLASS_UDP,则是必备的
4.8	远程过程调用	YES	—
4.9	链路层发现	YES	至少 LLDP 传输
4.10	MAC 桥	YES	只在网络部件被集成时可适用
4.11	虚拟桥	YES	—
4.12	IP 协议族	YES	—
4.13	域名称系统	YES	可选
4.14	动态主机配置	YES	可选
4.15	简单网络管理	YES	—

表 17（续）

条	标　题	存在	约　束
4.16	通用 DLL 映射协议机	YES	—
5	分布式自动化的应用层协议规范	NO	—
6	分散式外围设备的应用层协议规范	—	—
6.1	FAL 语法描述	YES	—
6.2	传输语法	YES	可适用时使用
6.3	FAL 协议状态机	YES	可适用时使用
6.4	AP-Context 协议机	YES	—
6.5	FAL 服务协议机	—	—
6.5.1	概述	YES	—
6.5.2	FSPMDEV	NO	—
6.5.3	FSPMCTL	YES	—
6.6	应用关系协议机	—	—
6.6.1	ALPMI	YES	—
6.6.2	ALPMR	YES	—
6.6.3	NRPM	YES	—
6.6.4	RMPM	YES	—
6.6.5	CMDEV	NO	—
6.6.6	NRMC	NO	—
6.6.7	CMCTL	YES	—
6.7	DLL 映射协议机	YES	—
附录 A～附录 Q	—	YES	—

8.2.3.2.4　**IO 监视器**

见 8.2.3.1.4。

8.2.3.2.5　**选项**

符合 RFC 2131 的 DHCP 是可选的协议。

对于 IO 控制器和 IO 监视器，DNS 是一个可选的协议。

媒体冗余(见 8.1.5)。

PTCP 是一个可选的服务。

RT_Class_UDP 是可选的。

8.2.4　**性能指标选择**

8.2.4.1　**性能指标概述**

表 18 规定有关的性能指标。

表 18　**CP** 3/4、**CP** 3/5 和 **CP** 3/6：性能指标概述

性能指标	可适用	约束
传送时间	YES	—
端点站数	YES	—

表 18（续）

性能指标	可适用	约束
基本网络拓扑	YES	—
端点站之间的交换机数	YES	—
RTE 吞吐量	YES	—
非 RTE 带宽	YES	—
时间同步精度	YES	—
非基于时间的同步精度	—	—
冗余恢复时间	YES	—

8.2.4.2 **性能指标依赖性**

8.2.4.2.1 **性能指标依赖性矩阵**

表 19 规定性能指标的依赖性。

表 19 **CP 3/4、CP 3/5 和 CP 3/6:性能指标依赖性矩阵**

依赖的 PI	影响的 PI							
	传送时间	端点站个数	基本网络拓扑	端点站之间的交换机数	RTE 吞吐量	非 RTE 带宽	时间同步精度	冗余恢复时间
传送时间		YES 8.2.4.2.4	NO	YES 8.2.4.2.2	YES 8.2.4.2.3	NO	NO	YES 8.2.4.2.5
端点站个数	YES 8.2.4.2.4		NO	NO	NO	NO	NO	NO
基本网络拓扑	YES 8.2.4.2.6	NO		NO	NO	NO	YES 8.2.4.2.7	YES 8.2.4.2.8
端点站之间的交换机个数	YES 8.2.4.2.6	NO	NO		NO	NO	YES 8.2.4.2.7	YES 8.2.4.2.9
RTE 吞吐量	NO	NO	NO	NO		YES 8.2.4.2.10	NO	NO
非-RTE 带宽	NO	NO	NO	NO	YES 8.2.4.2.10		NO	NO
时间同步精度	NO	NO	NO	YES 8.2.4.2.11	NO	NO		NO
冗余恢复时间	NO	NO	YES 8.2.4.2.8	YES 8.2.4.2.12	NO	NO	NO	

8.2.4.2.2 **传送时间**

性能指标传送时间可以按式(2)来计算。

$$DT = cta\_S + ctc + cta\_R + STTs + STTr + tt \times data + cd \times clt + \sum_{pd=1}^{NoS} f(pd) \times NoS + od \quad \cdots\cdots(2)$$

式中：

DT——传送时间；

cta_R——接收方的应用周期时间；

cta_S——发送方的应用周期时间；

ctc——通信周期时间(见式(3))，并应该等于或大于 MinDeviceInterval；

STTs——发送方栈遍历时间；

STTr——接收方栈遍历时间；

tt——传输时间(对于 100 Mbit/s 为 80 ns/octet;对于 1 Gbit/s 为 8 ns/octet)；

data——完整的以太网帧；

cd——电缆延迟(见 GB/Z 25105.1—2010 中的属性 CableDelayLocal)；

clt——总电缆长度；

pd——传播延迟(见式(4))；

NoS——交换机数；

od——任何其他延迟,例如在环中的转发信号。

通信周期时间可以按式(3)来计算。

$$ctc = SCF \times RR \times 31.25\ \mu s \quad \cdots\cdots(3)$$

式中：

SCF——属性 SendClockFactor(见 GB/Z 25105.1—2010,Send Clock Factor)；

RR——属性 ReductionRatio(见 GB/Z 25105.1—2010,Reduction Ration)。

传播延迟 pd 可以按式(4)来计算。

$$pd = Queue\_delay + Phy\_R\_delay + Phy\_S\_delay + MAC\_delay \quad \cdots\cdots(4)$$

式中：

Queue_delay——在交换机中的队列延迟(Queue delay)；

Phy_R_delay——在接收方的 Phy 延迟(Phy delay)；

Phy_S_delay——在发送方的 Phy 延迟(Phy delay)；

MAC_delay——在 MAC 层的延迟。

图 5 描绘了用于传送时间和 RTE 吞吐量的计算基本原理,并示出了一些参数出现的逻辑位置。

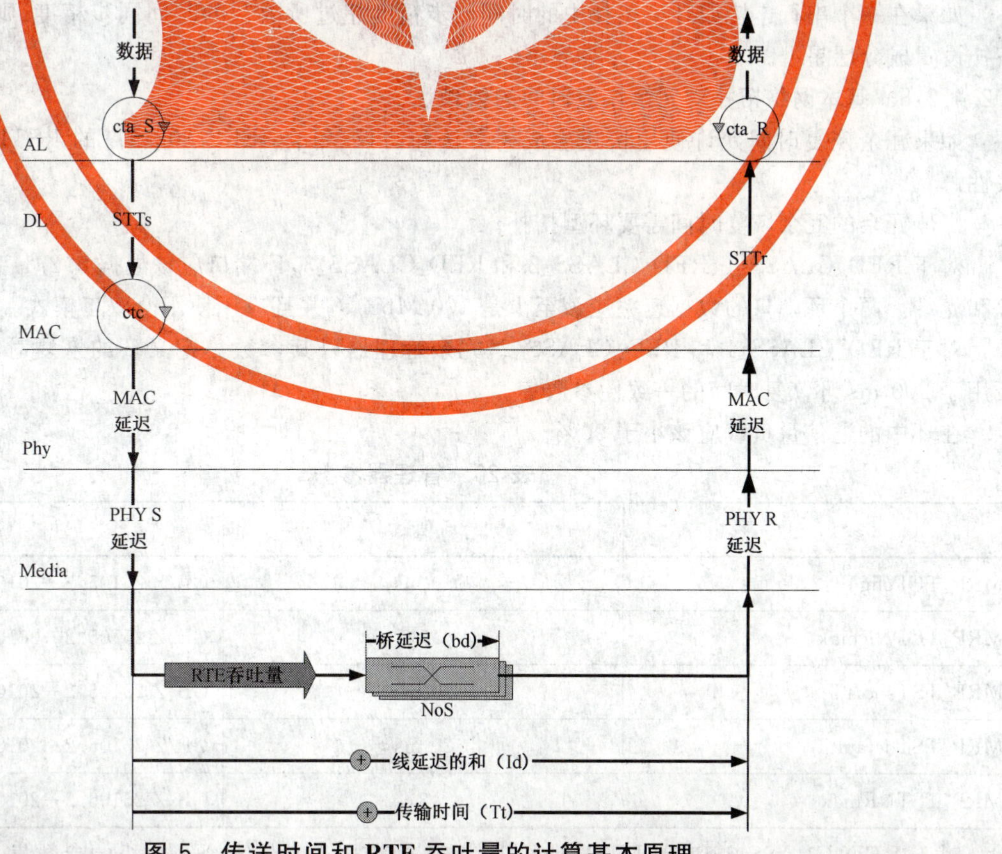

图 5　传送时间和 RTE 吞吐量的计算基本原理

8.2.4.2.3 传送时间对 RTE 吞吐量的依赖性

RTE 吞吐量定义在 1 个 ctc 内的 data 的数量。式(5)规定了对各种参数的依赖性。

如果 data_request > data_RTE,则: ……………………………………………………………… (5)

——增大 RTE 吞吐量:

- ctc 不变,只要最大 RTE 吞吐量被增大到能发送 data_request;
- 按需要另外增大 ctc,从而使最大 RTE 吞吐量被加大到能发送 data_request。

——使用多个 ctc。

式中:

data_request——所请求的 RTE 吞吐量;

data_RTE——实际的 RTE 吞吐量;

ctc——通信周期时间(见 8.2.4.2.2 中的式(3)),并应该等于或大于 MinDeviceInterval。

使用 8.2.4.2.2 中的参数 ctc 和 data 来计算传送时间。

8.2.4.2.4 传送时间对端点站数的依赖性

端点站数影响在 1 个 ctc 内的 data 的长度。

在 8.2.4.2.2 中使用参数 data 来计算传送时间。

8.2.4.2.5 传送时间对冗余恢复时间的依赖性

NoS 应该被设置为在冗余拓扑中已组态路径上的所有交换机的最坏情况值。

在 8.2.4.2.2 中使用参数 NoS 来计算传送时间。

8.2.4.2.6 基本网络拓扑对传送时间的依赖性

如果在一个串行连接或环型拓扑中的传送时间超过所限制的传送时间,则应将基本网络拓扑设置成分层星型。

8.2.4.2.7 基本网络拓扑对时间同步精度的依赖性

如果在一个串行连接或环型拓扑中的时间同步精度超过所限制的时间同步精度,则应将基本网络拓扑设置成分层星型。

8.2.4.2.8 基本网络拓扑对冗余恢复时间的依赖性

如果冗余恢复时间允许使用快速生成树算法和协议(符合 IEEE 802.1D 的 RSTP),则不存在相关性。

媒体冗余的冗余恢复时间需要环型拓扑。

对于 RED_CLASS_1、RED_CLASS_2 和 RED_CLASS_3,环端口应该根据 8.2.1.1 符合媒体类线缆和光纤。两个环端口的数据速率应该至少是 100 Mbit/s,并且应该使用全双工模式。

对于 RED_CLASS_1 和 RED_CLASS_2,冗余管理器以其参数集定义环的恢复时间。表 20 规定了用于 200 ms 环恢复时间的一致性参数集。

在环中的通信量负载应该小于 90%。

表 20 管理器参数

参 数	值	注 释
MRP_TOPchgT	10 ms	GB/Z 25105.2—2010
MRP_TOPNRmax	3	GB/Z 25105.2—2010
MRP_TSTshortT	10 ms	GB/Z 25105.2—2010
MRP_TSTdefaultT	20 ms	GB/Z 25105.2—2010
MRP_TSTNRmax	3	GB/Z 25105.2—2010

对于 RED_CLASS_1 和 RED_CLASS_2,表 21 规定用于媒体冗余客户机的参数集。

表 21 客户机参数

参数	值	注释
MRP_LNKdownT	20 ms	GB/Z 25105.2—2010
MRP_LNKupT	20 ms	GB/Z 25105.2—2010
MRP_LNKNRmax	4	GB/Z 25105.2—2010

对于 RED_CLASS_2,表 22 规定用于冗余管理器的参数集。

表 22 冗余管理器的参数集

参数	值	注释
MRRT_TSTdefaultT	100 ms	GB/Z 25105.2—2010
MRRT_TSTNRmax	3	GB/Z 25105.2—2010

8.2.4.2.9 NoS 对冗余恢复时间的依赖性

检查故障的时间取决于 NoS。

8.2.4.2.10 RTE 吞吐量对非 RTE 带宽的依赖性

RTE 吞吐量可以按式(6)来计算。

$$\text{Throughput\_RTE} = (100\% - \text{NonRTE\_protocolRTE}) * \text{EthernetDataRate}/8 \quad \cdots\cdots(6)$$

式中:

Throughput_RTE——RTE 吞吐量,按 octets/s 计;

ProtocolRTE——协议时间的百分比,见式(7);

NonRTE——非 RTE 宽的百分比;

EthernetDataRate——该网络的以太网数据速率。

协议 RTE 可以按式(7)来计算。

$$\text{protocolRTE} = f_{complex}(\text{endStations}, \text{data}, \text{Time\_synchron\_accuracy}, \text{RM}, \cdots) \quad \cdots\cdots(7)$$

式中:

endStations——端点站数;

data——完整的以太网帧,按八位位组计;

Time_synchron_accuracy——时间同步精度;

RM——支持冗余的管理功能所需要的时间。

8.2.4.2.11 时间同步精度对 NoS 的依赖性

使用多达 20 NoS 的时间同步精度。

8.2.4.2.12 冗余恢复时间对 NoS 的依赖性

检查故障的时间取决于 NoS。

8.2.4.3 性能指标的一致性集合

表 23 规定使用 100 Mbit/s 的网络带宽、线缆或光纤的性能指标的一致性集合。这些值基于表 24 中的值和在 8.2.4.2 中给出方法或算法。对于声明符合 CP 3/4 的设备(不用于无线),应该测试此性能指标一致性集合。

表 23 CP 3/4:对于 MinDeviceInterval=128 ms 的 PI 一致性集合

性能指标	值	约束
传送时间	128 ms watch dog factor × 128 ms	无故障帧丢失; (见 8.1,MinDeviceInterval = 128 ms)
端点站数	60	假设数据是从/向所有端点站接收/发送的 68 个八位位组的以太网帧

表 23（续）

<table>
<tr><th>性能指标</th><th>值</th><th>约　束</th></tr>
<tr><td>端点站之间的交换机数</td><td>10</td><td>—</td></tr>
<tr><td>RTE 吞吐量</td><td>2 324 706 octet/s</td><td>—</td></tr>
<tr><td>非 RTE 带宽</td><td>23.5 %</td><td>100 Mbit/s，并使用 1 ms 的 23.5%。支持任何 IEEE 802.3 帧</td></tr>
<tr><td rowspan="2">时间同步精度[c]</td><td><1 ms</td><td>本地时间同步化</td></tr>
<tr><td><1 μs</td><td>同步应用的同步化</td></tr>
<tr><td rowspan="2">冗余恢复时间[c]</td><td>0 ms

<200 ms</td><td>RT_CLASS_1[a]：单个故障
RTA[b] retries = 3；
RTA timeout factor = 100 ms</td></tr>
<tr><td><384 ms

<200 ms</td><td>RT_CLASS_1[a]：双故障（断线和浪涌），watch dog factor=3；delivery time=128 ms
RTA[b] retries=3；
RTA[b] timeout factor = 100 ms</td></tr>
<tr><td colspan="3">[a] 在 GB/Z 25105.1—2010 的 8.3.10.4.2 中规定了属性 RT_CLASS_x。
[b] 在 GB/Z 25105.1—2010 的 8.3.10.4.2 中规定了属性 RTA Retries 和 RTA Timeout Factor。
[c] 可选。</td></tr>
</table>

表 24　CP 3/4：用于 PI 一致性集合计算的假设值

符　号	定　义	值
cd	电缆延迟（见参数 cable_delay）	5 ns
clt	总电缆长度	100 m
cta_R	接收方的应用周期时间	1 μs
cta_S	发送方的应用周期时间	1 μs
ctc	通信周期时间（见 8.2.4.2.2 中式(3)），并应该等于或大于 MinDeviceInterval=128 ms	128 ms
data	完整的以太网帧	68 个八位位组
EthernetDataRate	该网络的以太网数据速率	Mbit/s
MAC_delay	在 MAC 层的延迟	1 μs
NonRTE	非 RTE 带宽的百分比	%
od	任何其他延迟，例如，在环中转发的信号	0 μs
pd	传播延迟（见 8.2.4.2.2 中的式(4)）	—
Phy_R_delay	在接收方的 Phy delay	300 ns
Phy_S_delay	在发送方的 Phy delay	300 ns
protocolRTE	协议时间的百分比（见 8.2.4.2.10 中的式(7)）	50%
Queue_delay	在交换机中的 Queue delay	0 s
RedundancyManagement	支持冗余的管理功能所需要的时间	0 s
STTr	接收方栈遍历时间	0 s

表 24（续）

符　号	定　义	值
STTs	发送方栈遍历时间	0 s
Time_synchron_accuracy	时间同步精度	0 s
tt	传输时间 (80 ns/octet,对于 100 Mbit/s;8 ns/octet,对于 1 Gbit/s)	80 ns
SCF	见 GB/Z 25105.1—2010 的 8.3.10.4.2	32
RR	见 GB/Z 25105.1—2010 的 8.3.10.4.2	128

8.3 行规 CP 3/5

8.3.1 物理层

物理层应该符合 IEEE 802.3。

数据速率应该至少 100 Mbit/s,并且至少有 1 个端口使用全双工模式。

应该使用自动协商和自动跨接功能(见 IEEE 802.3)。

设备应该遵守使用这些设备的所在国的法规要求(例如,用 CE 标志指示)。在工业应用中的防电击保护措施(即,电气安全性)应根据所规定的设备类型遵从 GB 4793 系列标准或 GB/T 15969.2。

8.3.2 数据链路层

数据链路层应该符合 IEEE 802.3、IEEE 802.1AB、IEEE 802.1D 和 IEEE 802.1Q。

在各种可选的管理信息库(MIB)中至少需要 LLDP MIB (见 IEEE 802.1AB)和 SNMP MIB-II(见 RFC 1213)。

8.3.3 应用层

8.3.3.1 AL 服务选择

8.3.3.1.1 IO 设备

在 GB/Z 25105.1—2010 中定义了用于 IO 设备的应用层服务,表 25 列出用于本行规的来自 GB/Z 25105.1—2010 中的应用层服务选择。

表 25　CP 3/5:用于 IO 设备的 AL 服务选择

条	标　题	存在	约　束
1	范围	YES	—
2	规范性引用文件	部分	需要时使用
3	术语和定义	—	—
3.1	引用的术语和定义	YES	—
3.2	用于分布式自动化的附加术语和定义	NO	—
3.3	用于分散式外围设备的附加术语和定义	YES	—
3.4	用于媒体冗余的附加术语和定义	YES	—
3.5	缩略语和符号	YES	—
3.6	用于分布式自动化的附加缩略语和符号	NO	—
3.7	用于分散式外围设备的附加缩略语和符号	YES	—
3.8	用于媒体冗余的附加缩略语和符号	YES	—
3.9	约定	YES	—
4	概念	YES	—

表 25（续）

条	标　题	存在	约　束
5	数据类型 ASE	YES	—
6	通用服务的通信模型	—	—
6.1	概念	YES	—
6.2	ASE 数据类型	YES	—
6.3	ASE	—	—
6.3.1	发现和基本配置 ASE	YES	—
6.3.2	精确时间控制 ASE	YES	可选
6.3.3	媒体冗余 ASE	YES	见 8.1.5
6.3.4	实时循环 ASE	YES	RT_CLASS_UDP 是可选的
6.3.5	实时非循环 ASE	YES	RTA_CLASS_UDP 是可选的，如果使用可选的 RT_CLASS_UDP，则是必备的
6.3.6	远程过程调用 ASE	YES	—
6.3.7	链路层发现 ASE	YES	—
6.3.8	MAC 桥 ASE	YES	仅在网络部件被集成时可适用
6.3.9	虚拟桥接的 LAN ASE	YES	—
6.3.10	媒体访问 ASE	YES	n. a. 用于无线媒体
6.3.11	IP 协议族 ASE	YES	ICMP 是可选的，如果使用可选的 RT_CLASS_UDP，则是必备的
6.3.12	域名称系统 ASE	YES	可选
6.3.13	动态主机配置 ASE	YES	可选
6.3.14	简单网络管理 ASE	YES	—
6.3.15	通用 DL 映射 ASE	—	—
6.3.15.1	概述	YES	—
6.3.15.2	DL 映射类规范	YES	—
6.3.15.3	DL 映射服务规范	—	—
6.3.15.3.1	IRT Schedule Add	NO	—
6.3.15.3.2	IRT Schedule Remove	NO	—
6.3.15.3.3	Schedule	YES	—
6.3.15.3.4	N Data	YES	—
6.3.15.3.5	A Data	YES	—
6.3.15.3.6	C Data	YES	—
7	用于分布式自动化的通信模型	NO	—
8	用于分散式外围设备的通信模型	—	—
8.1	概念	YES	—

表 25（续）

条	标　　题	存在	约　束
8.2	ASE 数据类型	YES	—
8.3	ASE	—	—
8.3.1	记录数据 ASE	YES	—
8.3.2	IO 数据 ASE	YES	—
8.3.3	日志数据 ASE	YES	—
8.3.4	诊断 ASE	YES	—
8.3.5	报警 ASE	YES	—
8.3.6	上下关系 ASE	YES	—
8.3.7	等时同步模式应用 ASE	NO	—
8.3.8	物理设备管理 ASE	YES	—
8.3.9	网络连续时间 ASE	YES	可选
8.3.10	AR ASE	YES	—
8.4	IO 设备的行为	—	—
8.4.1	概述	YES	—
8.4.2	IO 设备的启动	YES	—
8.4.3	物理设备参数检查	—	—
8.4.3.1	远程系统数据	YES	—
8.4.3.2	本地系统数据	YES	—
8.4.3.3	光纤系统数据	YES	仅使用光纤时使用
8.4.4	诊断和问题指示	YES	—
8.4.5	用户报警	YES	—
8.4.6	在组态改变情况下的行为	YES	—
8.4.7	IO 设备内的 PTCP 的行为	YES	可选;如果使用可选的精确时间控制 ASE (见 6.3.2),则是必备的
8.5	IO 控制器的行为	NO	—
8.6	应用特性	YES	—
附录 A	设备实例	YES	—
附录 B	以太网接口的部件	部分	可适用时使用
附录 C	MAC 地址分配的方案	YES	—
附录 D	对象的收集	YES	—
附录 E	快速启动时间的测量	YES	—

8.3.3.1.2　网络部件

在 GB/Z 25105.1—2010 中定义了用于网络部件的应用层服务,表 25 列出了用于本行规的来自 GB/Z 25105.1—2010 中的应用层服务选择。

注：100 Mbit/s 交换机应该支持缓存至少 1 ms 的所有数据。这对于用 100%带宽在所有端口上同时发生具有最小帧大小的帧应该是可适用的。

对于端口数小于 8 的 100 Mbit/s 交换机，每个端口提供的数据缓存应至少是 10 k 八位位组。对于端口数大于或等于 8 的 100 Mbit/s 交换机，对所有端口提供的数据缓存总量应至少是 80 k 八位位组。

8.3.3.1.3 IO 控制器

在 GB/Z 25105.1—2010 中定义了用于 IO 控制器的应用层服务，表 25 列出了用于本行规的来自 GB/Z 25105.1—2010 中的应用层服务选择，但该表中的 8.4 应是 NO 而 8.5 应是 YES。

8.3.3.1.4 IO 监视器

见 8.3.3.1.3。

8.3.3.1.5 选项

符合 RFC 2131 的 DHCP 是可选服务。

对于 IO 控制器和 IO 监视器，DNS 是可选服务。

MRP 是可选服务。

PTCP 是可选服务。

8.3.3.2 AL 协议选择

8.3.3.2.1 IO 设备

在 GB/Z 25105.2—2010 中定义了用于 IO 设备的应用层协议，表 26 列出了用于本行规的来自 GB/Z 25105.2—2010 中的应用层协议选择。

表 26 CP 3/5：用于 IO 设备和网络部件的 AL 协议选择

条	标　题	存在	约　束
1	范围	YES	—
2	规范性引用文件	部分	需要时使用
3	术语、定义、缩略语、符号和约定	—	—
3.1	引用的术语和定义	部分	可适用时使用
3.2	用于分布式自动化的附加术语和定义	NO	—
3.3	用于分散式外围设备的附加术语和定义	YES	—
3.4	用于分布式自动化的附加缩略语和符号	NO	—
3.5	用于分散式外围设备的附加缩略语和符号	YES	—
3.6	用于媒体冗余的附加缩略语和符号	YES	—
3.7	约定	YES	—
3.8	在状态机中使用的约定	YES	—
4	通用协议的应用层协议规范	—	—
4.1	FAL 语法描述	YES	—
4.2	传输语法	—	—
4.2.1	基本数据类型的编码	部分	需要时使用
4.2.2	有关通用基本字段的编码部分	部分	需要时使用
4.3	发现和基本配置	YES	—
4.4	精确时间控制	YES	可选
4.5	媒体冗余	YES	见 8.1.5，n.a. 用于无线媒体
4.6	实时循环	YES	RT_CLASS_UDP 是可选的

表 26（续）

条	标　题	存在	约　束
4.7	实时非循环	YES	RTA_CLASS_UDP 是可选的，如果使用可选的 RT_CLASS_UDP，则是必备的
4.8	远程过程调用	YES	—
4.9	链路层发现	YES	—
4.10	MAC 桥	YES	仅在网络部件被集成时可适用
4.11	虚拟桥	YES	—
4.12	IP 协议族	YES	—
4.13	域名称系统	YES	可选
4.14	动态主机配置	YES	可选
4.15	简单网络管理	YES	—
4.16	通用 DLL 映射协议机	YES	—
5	分布式自动化的应用层协议规范	NO	—
6	分散式外围设备的应用层协议规范	—	—
6.1	FAL 语法描述	YES	—
6.2	传输语法	YES	可适用时使用
6.3	FAL 协议状态机	YES	可适用时使用
6.4	AP-上下关系协议机	YES	—
6.5	FAL 服务协议机		
6.5.1	概述	YES	—
6.5.2	FSPMDEV	YES	—
6.5.3	FSPMCTL	NO	—
6.6	应用关系协议机(ARPMs)	—	—
6.6.1	ALPMI	YES	—
6.6.2	ALPMR	YES	—
6.6.3	NRPM	NO	—
6.6.4	RMPM	YES	—
6.6.5	CMDEV	YES	—
6.6.6	NRMC	YES	在支持多播消费者时使用
6.6.7	CMCTL	NO	—
6.7	DLL 映射协议机	YES	—
附录 A～附录 Q	—	YES	—

8.3.3.2.2　**网络部件**

在 GB/Z 25105.2—2010 中定义了用于网络部件的应用层协议，表 26 规定了在本行规中所包含的条。

注：100 Mbit/s 交换机应该支持缓存(至少 1 ms)所有数据。这对于用 100％带宽在所有端口上同时发生具有最小

帧大小的帧应该是可适用的。

对于端口数小于8的100 Mbit/s交换机，每个端口提供的数据缓存应至少是10 k八位位组。对于端口数大于或等于8的100 Mbit/s交换机，对所有端口提供的数据缓存总量应至少是80 k八位位组。

8.3.3.2.3 IO控制器

在GB/Z 25105.2—2010中定义了用于IO控制器的应用层协议，表27规定了在本行规中所包含的条。

表27 CP 3/5：用于IO控制器的AL协议选择

条	标题	存在	约束
1	范围	YES	—
2	规范性引用文件	部分	需要时用
3	术语、定义、缩略语、符号和约定	—	—
3.1	引用的术语和定义	部分	可适用时使用
3.2	用于分布式自动化的附加术语和定义	NO	—
3.3	用于分散式外围设备的附加术语和定义	YES	—
3.4	用于分布式自动化的附加缩略语和符号	NO	—
3.5	用于分散式外围设备的附加缩略语和符号	YES	—
3.6	用于媒体冗余的附加缩略语和符号	YES	—
3.7	约定	YES	—
3.8	在状态机中使用的约定	YES	—
4	通用协议的应用层协议规范	—	—
4.1	FAL语法描述	YES	—
4.2	传输语法	—	—
4.2.1	基本数据类型的编码	部分	可适用时使用
4.2.2	有关通用基本字段的编码部分	部分	可适用时使用
4.3	发现和基本配置	YES	—
4.4	精确时间控制	YES	可选
4.5	媒体冗余	YES	见8.1.5
4.6	实时循环	YES	RT_CLASS_UDP是可选的
4.7	实时非循环	YES	RTA_CLASS_UDP是可选的，如果使用可选的RT_CLASS_UDP，则是必备的
4.8	远程过程调用	YES	—
4.9	链路层发现	YES	—
4.10	MAC桥	YES	仅在网络部件被集成时可适用
4.11	虚拟桥	YES	—
4.12	IP协议族	YES	—
4.13	域名称系统	YES	可选
4.14	动态主机配置	YES	可选
4.15	简单网络管理	YES	—

表 27（续）

条	标题	存在	约束
4.16	通用 DLL 映射协议机	YES	—
5	分布式自动化的应用层协议规范	NO	—
6	分散式外围设备的应用层协议规范	—	—
6.1	FAL 语法描述	YES	—
6.2	传输语法	YES	可适用时使用
6.3	FAL 协议状态机	YES	可适用时使用
6.4	AP-上下关系协议机	YES	—
6.5	FAL 服务协议机	—	—
6.5.1	概述	YES	—
6.5.2	FSPMDEV	NO	—
6.5.3	FSPMCTL	YES	—
6.6	应用关系协议机	—	—
6.6.1	ALPMI	YES	—
6.6.2	ALPMR	YES	—
6.6.3	NRPM	YES	—
6.6.4	RMPM	YES	—
6.6.5	CMDEV	NO	—
6.6.6	NRMC	NO	—
6.6.7	CMCTL	YES	—
6.7	DLL 映射协议机(DMPMs)	YES	—
附录 A～附录 Q	—	YES	—

8.3.3.2.4 IO 监视器

见 8.2.3.1.3。

8.3.3.2.5 选项

符合 RFC 2131 的 DHCP 是可选协议。

对于 IO 控制器和 IO 监视器，DNS 是可选协议。

媒体冗余(见 8.1.5)。

PTCP 是可选服务。

8.3.4 性能指标选择

8.3.4.1 性能指标概述

8.2.4.1 适用。

8.3.4.2 性能指标相关性

8.2.4.2 适用。

8.3.4.3 性能指标的一致性集合

表 28 规定使用 100 Mbit/s 的网络带宽、线缆或光纤的性能指标的一致性集合。这些值基于表 29 中的值和在 8.2.4.2 中给出方法或算法。对于声明符合 CP 3/5 的设备(不用于无线)，应该测试此性能

指标一致性集合。

表 28　CP 3/5:对于 MinDeviceInterval＝128 ms 的 PI 一致性集合

性能指标	值	约　束
传送时间	128 ms watch dog factor × 128 ms	无故障帧丢失; (见 8.1,MinDeviceInterval＝128 ms)
端点站数	60	假设数据是从/向所有端点站接收/发送的 68 个八位位组的以太网帧
端点站之间的交换机数	10	
RTE 吞吐量	232 470 6 octet/s	
非 RTE 带宽	23.5%	100 Mbit/s,并使用 1 ms 的 23.5%。支持任何 IEEE 802.3 帧
时间同步精度[c]	<1 ms	本地时间同步化
	<1 μs	同步应用的同步化
冗余恢复时间[c]	0 ms <200 ms	RT_CLASS_1[a]:单个故障 RTAb retries＝3; RTA timeout factor＝100 ms
	<384 ms <200 ms	RT_CLASS_1[a]:双故障(断线和涌浪)watch dog factor ＝ 3;delivery time ＝ 128 ms RTA[b] retries ＝ 3; RTA[b] timeout factor ＝ 100 ms

[a] 在 GB/Z 25105.1—2010 的 8.3.10.4.2 中规定了属性 RT_CLASS_x。

[b] 在 GB/Z 25105.1—2010 的 8.3.10.4.2 中规定了属性 RTA Retries 和 RTA Timeout Factor。

[c] 可选。

表 29　CP 3/5:用于 PI 一致性集合计算的假设值

符　号	定　义	值
cd	电缆延迟(见参数 cable_delay)	5 ns
clt	总电缆长度	100 m
cta_R	接收方的应用周期时间	1 μs
cta_S	发送方的应用周期时间	1 μs
ctc	通信周期时间(见 8.2.4.2.2 中式(3)),并应该等于或大于 MinDeviceInterval ＝ 128 ms	128 ms
data	完整的以太网帧	68 octets
EthernetDataRate	该网络的以太网数据速率	Mbit/s
MAC_delay	在 MAC 层的延迟	1 μs
NonRTE	非 RTE 带宽的百分比	%
od	任何其他延迟,例如,在环中转发的信号	0 s
pd	传播延迟(见 8.2.4.2.2 中的式(4))	—
Phy_R_delay	在接收方的 Phy delay	300 ns
Phy_S_delay	在发送方的 Phy delay	300 ns

表 29（续）

符　　号	定　　义	值
protocolRTE	协议时间的百分比(见 8.2.4.2.10 中的式(7))	50%
Queue_delay	在交换机中的 Queue delay	0 s
RedundancyManagement	支持冗余的管理功能所需要的时间	0 s
STTr	接收方栈遍历时间	0 s
STTs	发送方栈遍历时间	0 s
Time_synchron_accuracy	时间同步精度	0 s
tt	传输时间 (80 ns/octet,对于 100 Mbit/s;8 ns/octet,对于 1 Gbit/s)	80 ns
SCF	见 GB/Z 25105.1—2010 的 8.3.10.4.2	32
RR	见 GB/Z 25105.1—2010 的 8.3.10.4.2	128

8.4　行规 CP 3/6

8.4.1　物理层

物理层应该符合 IEEE 802.3。

数据速率应该至少是 100 Mbit/s,并且至少有一个端口使用全双工模式。

应该使用自动协商和自动跨接功能(见 IEEE 802.3)。

设备应该遵守使用这些设备的所在国的法规要求(例如,用 CE 标志指示)。在工业应用中的防电击保护措施(即电气安全性)应根据所规定的设备类型遵从 GB 4793 系列标准或 GB/T 15969.2 标准。

8.4.2　数据链路层

数据链路层应该符合 IEEE 802.3、IEEE 802.1AB、IEEE 802.1D 和 IEEE 802.1Q。

在各种可选的管理信息库(MIB)中至少需要 LLDP MIB(见 IEEE 802.1AB)和 SNMP MIB-II(见 RFC 1213)。

8.4.3　应用层

8.4.3.1　AL 服务选择

8.4.3.1.1　IO 设备

在 GB/Z 25105.1—2010 中定义了用于 IO 设备的应用层服务,表 30 列出了用于本行规的来自 GB/Z 25105.1—2010 中的应用层服务选择。

表 30　CP 3/6:用于 IO 设备的 AL 服务选择

条	标　　题	存在	约　　束
1	范围	YES	—
2	规范性引用文件	部分	需要时使用
3	术语和定义	—	—
3.1	引用的术语和定义	YES	—
3.2	用于分布式自动化的附加术语和定义	NO	—
3.3	用于分散式外围设备的附加术语和定义	YES	—
3.4	用于媒体冗余的附加术语和定义	YES	—
3.5	缩略语和符号	YES	—

表 30（续）

条	标　题	存在	约　束
3.6	用于分布式自动化的附加缩略语和符号	NO	—
3.7	用于分散式外围设备的附加缩略语和符号	YES	—
3.8	用于媒体冗余的附加缩略语和符号	YES	—
3.9	约定	YES	—
4	概念	YES	—
5	数据类型 ASE	YES	—
6	通用服务的通信模型	—	—
6.1	概念	YES	—
6.2	ASE 数据类型	YES	—
6.3	ASE	—	—
6.3.1	发现和基本配置 ASE	YES	—
6.3.2	精确时间控制 ASE	YES	—
6.3.3	媒体冗余 ASE	YES	2 端口
6.3.4	实时循环 ASE	YES	RT_CLASS_UDP 是可选的
6.3.5	实时非循环 ASE	YES	RTA_CLASS_UDP 是可选的，如果使用可选的 RT_CLASS_UDP，则是必备的
6.3.6	远程过程调用 ASE	YES	—
6.3.7	链路层发现 ASE	YES	—
6.3.8	MAC 桥 ASE	YES	仅在网络部件被集成时可适用
6.3.9	虚拟桥接的 LAN ASE	YES	—
6.3.10	媒体访问 ASE	YES	n.a.用于无线媒体
6.3.11	IP 协议族 ASE	YES	ICMP 是可选的，如果使用可选的 RT_CLASS_UDP，则是必备的
6.3.12	域名称系统 ASE	YES	可选
6.3.13	动态主机配置 ASE	YES	可选
6.3.14	简单网络管理 ASE	YES	—
6.3.15	通用 DL 映射 ASE	YES	—
7	用于分布式自动化的通信模型	NO	—
8	用于分散式外围设备的通信模型	—	—
8.1	概念	YES	—
8.2	ASE 数据类型	YES	—
8.3	ASE	—	—
8.3.1	记录数据 ASE	YES	—
8.3.2	IO 数据 ASE	YES	—
8.3.3	日志数据 ASE	YES	—

表 30(续)

条	标　题	存在	约　束
8.3.4	诊断 ASE	YES	—
8.3.5	报警 ASE	YES	—
8.3.6	上下关系 ASE	YES	—
8.3.7	等时同步模式应用 ASE	YES	可选
8.3.8	物理设备管理 ASE	YES	—
8.3.9	网络连续时间 ASE	YES	可选
8.3.10	AR ASE	YES	—
8.4	IO 设备的行为	—	—
8.4.1	概述	YES	—
8.4.2	IO 设备的启动	YES	—
8.4.3	物理设备参数检查	—	—
8.4.3.1	远程系统数据	YES	—
8.4.3.2	本地系统数据	YES	—
8.4.3.3	光纤系统数据	YES	仅使用光纤时使用
8.4.4	诊断和问题指示	YES	—
8.4.5	用户报警	YES	—
8.4.6	在组态改变情况下的行为	YES	—
8.4.7	IO 设备内的 PTCP 的行为	YES	—
8.5	IO 控制器的行为	NO	—
8.6	应用特性	YES	—
附录 A	设备实例	YES	—
附录 B	以太网接口的部件	部分	可适用时使用
附录 C	MAC 地址分配的方案	YES	—
附录 D	对象的收集	YES	—
附录 E	快速启动时间的测量	YES	—

8.4.3.1.2 网络部件

在 GB/Z 25105.1—2010 中定义了用于网络部件的应用层服务,表 30 列出了用于本行规的来自 GB/Z 25105.1—2010 中的应用层服务选择。

100 Mbit/s 交换机应该支持符合表 31 的所有数据缓存。这对于用 100 %带宽在所有端口上同时发生具有最小帧大小的帧应该是可适用的。

表 31 缓存能力

含　义	值
缓存能力	建议:ms 必备 500 μs

8.4.3.1.3 IO 控制器

在 GB/Z 25105.1—2010 中定义了用于 IO 控制器的应用层服务,表 30 列出了用于本行规的来自

GB/Z 25105.1—2010 中的应用层服务选择，但该表中 8.4 应是 NO 而 8.5 应是 YES。

8.4.3.1.4 IO 监视器

不适用。

8.4.3.1.5 选项

符合 RFC 2131 的 DHCP 是可选服务。

对于 IO 控制器和 IO 监视器，DNS 是可选服务。

8.4.3.2 AL 协议选择

8.4.3.2.1 IO 设备

在 GB/Z 25105.2—2010 中定义了用于 IO 设备的应用层协议，表 32 列出了用于本行规的来自 GB/Z 25105.2—2010 中的应用层协议选择。

表 32 CP 3/6：用于 IO 设备和网络部件的 AL 协议选择

条	标 题	存在	约 束
1	范围	YES	—
2	规范性引用文件	部分	需要时使用
3	术语、定义、缩略语、符号和约定	—	—
3.1	引用的术语和定义	部分	可适用时使用
3.2	用于分布式自动化的附加术语和定义	NO	—
3.3	用于分散式外围设备的附加术语和定义	YES	—
3.4	用于分布式自动化的附加缩略语和符号	NO	—
3.5	用于分散式外围设备的附加缩略语和符号	YES	—
3.6	用于媒体冗余的附加缩略语和符号	YES	—
3.7	约定	YES	—
3.8	在状态机中使用的约定	YES	—
4	通用协议的应用层协议规范	—	—
4.1	FAL 语法描述	YES	—
4.2	传输语法	—	—
4.2.1	基本数据类型的编码	部分	需要时使用
4.2.2	有关通用基本字段的编码部分	部分	需要时使用
4.3	发现和基本配置	YES	—
4.4	精确时间控制	YES	—
4.5	媒体冗余	YES	见 8.1.5
4.6	实时循环	YES	RT_CLASS_UDP 是可选的
4.7	实时非循环	YES	RTA_CLASS_UDP 是可选的，如果使用可选的 RT_CLASS_UDP，则是必备的
4.8	远程过程调用	YES	—
4.9	链路层发现	YES	—
4.10	MAC 桥	YES	仅在网络部件被集成时可适用
4.11	虚拟桥	YES	—

表 32（续）

条	标　　题	存在	约　　束
4.12	IP 协议族	YES	—
4.13	域名称系统	YES	可选
4.14	动态主机配置	YES	可选
4.15	简单网络管理	YES	—
4.16	通用 DLL 映射协议机	YES	—
5	分布式自动化的应用层协议规范	NO	—
6	分散式外围设备的应用层协议规范	—	—
6.1	FAL 语法描述	YES	—
6.2	传输语法	YES	可适用时使用
6.3	FAL 协议状态机	YES	可适用时使用
6.4	AP-上下关系协议机	YES	—
6.5	FAL 服务协议机	—	—
6.5.1	概述	YES	—
6.5.2	FSPMDEV	YES	—
6.5.3	FSPMCTL	NO	—
6.6	应用关系协议机	—	—
6.6.1	ALPMI	YES	—
6.6.2	ALPMR	YES	—
6.6.3	NRPM	NO	—
6.6.4	RMPM	YES	—
6.6.5	CMDEV	YES	—
6.6.6	NRMC	YES	在支持多播消费者时使用
6.6.7	CMCTL	NO	—
6.7	DLL 映射协议机（DMPMs）	YES	—
附录 A～附录 Q	—	YES	—

8.4.3.2.2　网络部件

在 GB/Z 25105.2—2010 中定义了用于网络部件的应用层协议，表 32 规定了在本行规中包含的条。

100 Mbit/s 交换机应该支持符合表 31 的所有数据缓存。这对于用 100%带宽在所有端口上同时发生具有最小帧大小的帧应该是可适用的。

8.4.3.2.3　IO 控制器

在 GB/Z 25105.2—2010 中定义了用于 IO 控制器的应用层协议，表 33 规定了在本行规中包含的条。

表 33 CP 3/6:用于 IO 控制器的 AL 协议选择

条	标　　题	存在	约　　束
1	范围	YES	—
2	规范性引用文件	部分	需要时使用
3	术语、定义、缩略语、符号和约定	—	—
3.1	引用的术语和定义	部分	可适用时使用
3.2	用于分布式自动化的附加术语和定义	NO	—
3.3	用于分散式外围设备的附加术语和定义	YES	—
3.4	用于分布式自动化的附加缩略语和符号	NO	—
3.5	用于分散式外围设备的附加缩略语和符号	YES	—
3.6	用于媒体冗余的附加缩略语和符号	YES	—
3.7	约定	YES	—
3.8	在状态机中使用的约定	YES	—
4	通用协议的应用层协议规范	—	—
4.1	FAL 语法描述	YES	—
4.2	传输语法	—	—
4.2.1	基本数据类型的编码	部分	需要时使用
4.2.2	有关通用基本字段的编码部分	部分	需要时使用
4.3	发现和基本配置	YES	—
4.4	精确时间控制	YES	—
4.5	媒体冗余	YES	见 8.1.5
4.6	实时循环	YES	RT_CLASS_UDP 是可选的
4.7	实时非循环	YES	RTA_CLASS_UDP 是可选的,如果使用可选的 RT_CLASS_UDP,则是必备的
4.8	远程过程调用	YES	—
4.9	链路层发现	YES	—
4.10	MAC 桥	YES	仅在网络部件被集成时可适用
4.11	虚拟桥	YES	—
4.12	IP 协议族	YES	—
4.13	域名称系统	YES	可选
4.14	动态主机配置	YES	可选
4.15	简单网络管理	YES	—
4.16	通用 DLL 映射协议机	YES	—
5	分布式自动化的应用层协议规范	NO	—
6	分散式外围设备的应用层协议规范	—	—
6.1	FAL 语法描述	YES	—
6.2	传输语法	YES	可适用时使用

表 33（续）

条	标　　题	存在	约　　束
6.3	FAL 协议状态机	YES	可适用时使用
6.4	AP-上下关系协议机	YES	—
6.5	FAL 服务协议机	—	—
6.5.1	概述	YES	—
6.5.2	FSPMDEV	NO	—
6.5.3	FSPMCTL	YES	—
6.6	应用关系协议机	—	—
6.6.1	ALPMI	YES	—
6.6.2	ALPMR	YES	—
6.6.3	NRPM	YES	—
6.6.4	RMPM	YES	—
6.6.5	CMDEV	NO	—
6.6.6	NRMC	NO	—
6.6.7	CMCTL	YES	—
6.7	DLL 映射协议机(DMPMs)	YES	—
附录 A~附录 Q	—	YES	—

8.4.3.2.4　**IO 监视器**

不适用。

8.4.3.2.5　**选项**

8.4.3.1.5 适用。

8.4.4　性能指标选择

8.4.4.1　性能指标概述

8.2.4.1 适用。

8.4.4.2　性能指标相关性

8.2.4.2 适用。

8.4.4.3　性能指标的一致性集合

表 34 规定使用 100 Mbit/s 的网络带宽、线缆或光纤的性能指标的一致性集合。这些值基于表 35 中的值和在 8.2.4.2 中给出的方法或算法。对于声明符合 CP 3/6 的设备(不用于无线)，应该测试此性能指标一致性集合。

表 34　CP 3/6：对于 MinDeviceInterval＝1 ms 的 PI 一致性集合

性能指标	值	约束
传送时间	1 ms watch dog factor × 1 ms	无故障帧丢失； (见 8.1，MinDeviceInterval ＝ 128 ms)
端点站数	60	使用 4 端口的交换机和线型拓扑；一个交换机也是一个端点站
端点站之间的交换机数	20	—
RTE 吞吐量	3 324 706 octets/s	—

表 34（续）

性能指标	值	约束
非 RTE 带宽	23.5%	100 Mbit/s 并使用 1 ms 的 23.5%。支持任何 IEEE 802.3 帧
时间同步精度[c]	<1 ms	本地时间同步化
	<1 μs	同步应用的同步化
冗余恢复时间	<0 ms <200 ms	RT_CLASS_3 or RT_CLASS_2[a]：单个故障 RTA[b] retries = 3； RTA timeout factor = 100 ms
	<3 ms <200 ms	RT_CLASS_3 or RT_CLASS_2[a]：双故障(断线和浪涌) watch dog factor = 3； delivery time = 1 ms RTA[b] retry = 3； RTA time out factor = 100 ms

[a] 在 GB/Z 25105.1—2010 的 8.3.10.4.2 中规定了属性 RT_CLASS_x；

[b] 在 GB/Z 25105.1—2010 的 8.3.10.4 中规定了属性 RTA Retries 和 RTA Timeout Factor；

[c] 可选。

表 35　**CP 3/6：用于 PI 一致性集合计算的假设值**

符　号	定　义	值
cd	电缆延迟(见参数 cable_delay)	5 ns
clt	总电缆长度	100 m
cta_R	接收方的应用周期时间	1 μs
cta_S	发送方的应用周期时间	1 μs
ctc	通信周期时间(见 8.2.4.2.2 中式(3))，并应该等于或大于 MinDeviceInterval = 128 ms	1 ms
data	完整的以太网帧	68 octets
EthernetDataRate	该网络的以太网数据速率	Mbit/s
MAC_delay	在 MAC 层的延迟	1 μs
NonRTE	非 RTE 带宽的百分比	%
od	任何其他延迟，例如，在环中转发的信号	0 s
pd	传播延迟(见 8.2.4.2.2 中的式(4))	—
Phy_R_delay	在接收方的 Phy delay	300 ns
Phy_S_delay	在发送方的 Phy delay	300 ns
protocolRTE	协议时间的百分比(见 8.2.4.2.10 中的式(7))	50%
Queue_delay	在交换机中的 Queue delay	0 s
RedundancyManagement	支持冗余的管理功能所需要的时间	0 s
STTr	接收方栈遍历时间	0 s

表 35（续）

符　号	定　义	值
STTs	发送方栈遍历时间	0 s
Time_synchron_accuracy	支持冗余的管理功能所需要的时间	1 μs
tt	接收方栈遍历时间	80 ns
SCF	发送方栈遍历时间	32
RR	支持冗余的管理功能所需要的时间	1

附 录 A
（资料性附录）
性能指标计算

A.1 CPF 2-性能指标计算

不适用。

A.2 CPF 3-性能指标计算

A.2.1 应用方案

对于工厂自动化的典型配置，已经选择了性能指标一致性集合的应用方案（scenario）。通常，节点数仅受限于传送时间。

A.2.2 用于计算的结构示例

A.2.2.1 CP 3/4

A.2.2.1.1 线型结构

为了减少布缆量，选择线型结构。在图 A.1 中示出了 60 个节点的结构。

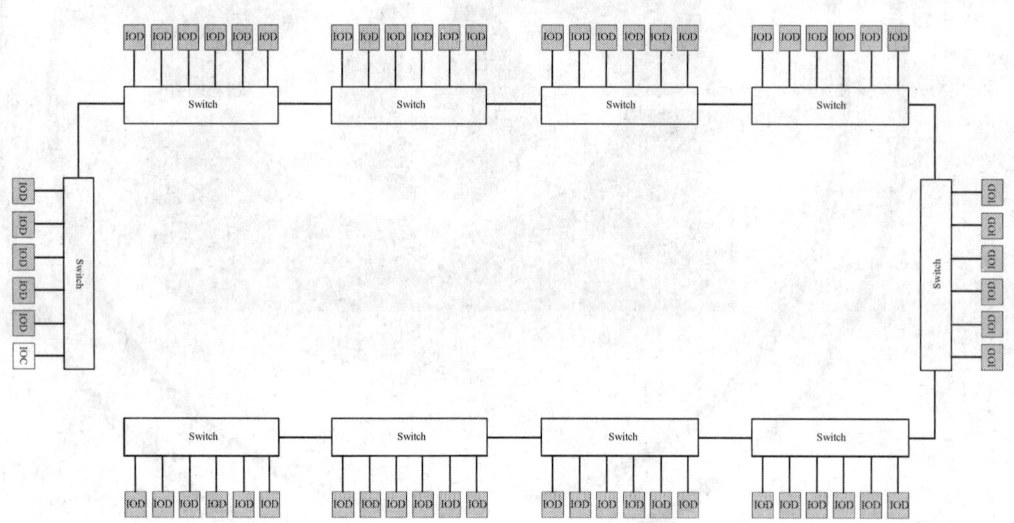

IOD——IO 设备；
IOC——IO 控制器；
MRM——媒体冗余管理器；
MRC——媒体冗余客户机；
Switch——网络组件。

图 A.1 CP 3/4：线型结构的示例

A.2.2.1.2 环型结构

为了减少布缆量，选择线型结构。为了增加可用性，在图 A.2 中示出了 60 个节点的媒体冗余环型结构。在此案例中，媒体冗余是所使用交换机的特性。

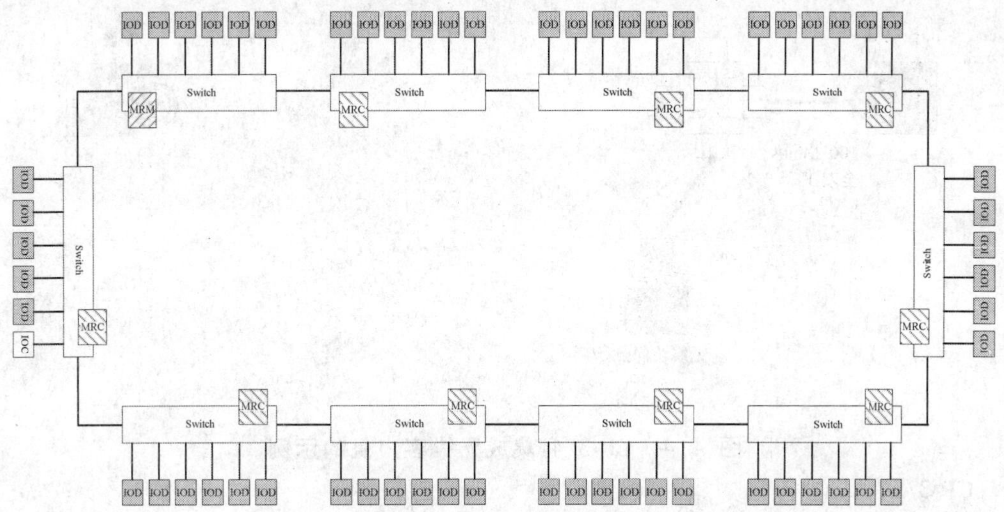

IOD——IO 设备；

IOC——IO 控制器；

MRM——媒体冗余管理器；

MRC——媒体冗余客户机；

Switch——网络组件。

图 A.2　CP 3/4:环型结构的示例

A.2.2.1.3　树型或星型结构

树型或星型结构提供了适用于更大机器部件的可能性。它们需要更多的布缆。

A.2.2.1.4　无线结构

A.2.2.1.4.1　无线桥

在图 A.3 中示出了一个无线拓扑的示例。无线桥(2 个访问点或一个访问点和一个客户机)被用来连接两个线缆网段。

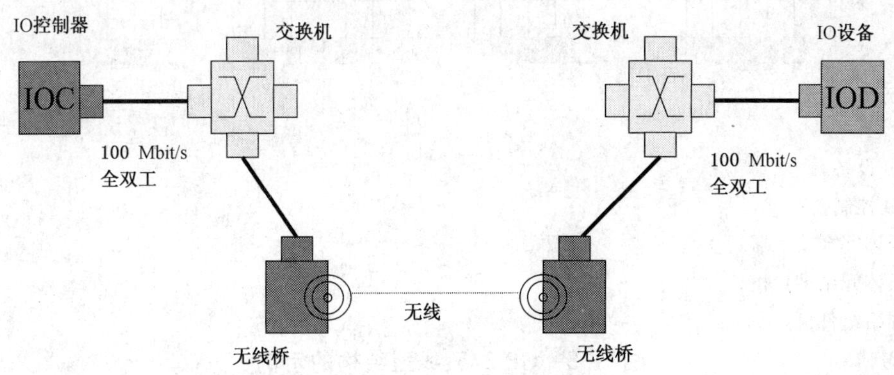

图 A.3　CP 3/4:无线网段的示例

A.2.2.1.4.2　无线客户机

在图 A.4 中示出了一个无线拓扑的示例。IO 设备使用其集成的无线客户机通过无线访问点来连接 IO 控制器。

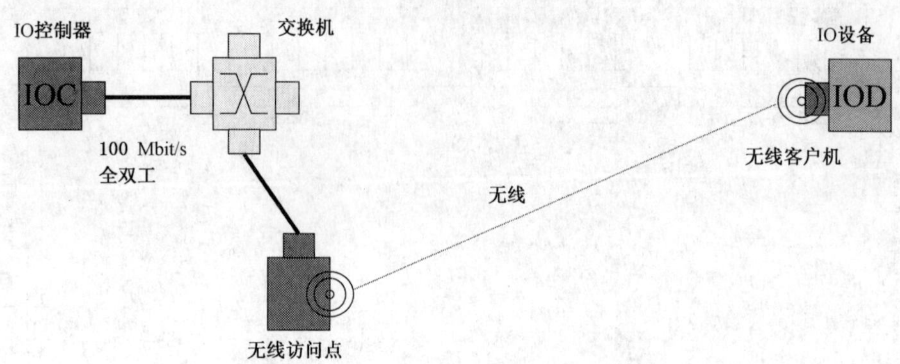

图 A.4　CP 3/4:集成无线客户机的示例

A.2.2.2　CP 3/5

A.2.2.2.1　线型结构

为了减少布缆量,选择线型结构。在图 A.5 中示出了 60 个节点的结构。

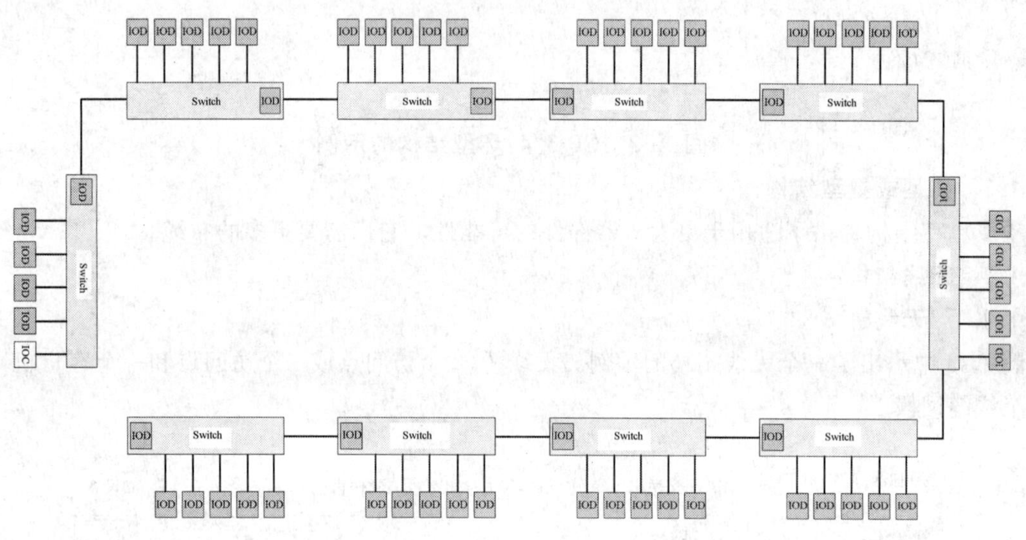

IOD——IO 设备;

IOC——IO 控制器;

MRM——媒体冗余管理器;

MRC——媒体冗余客户机;

Switch——网络组件。

图 A.5　CP 3/5:线型结构的示例

A.2.2.2.2　环型结构

为了减少布缆量,选择线型结构。为了增加可用性,在图 A.6 中示出了 60 个节点的媒体冗余环型结构。此图提供使用无碰撞媒体冗余的能力。

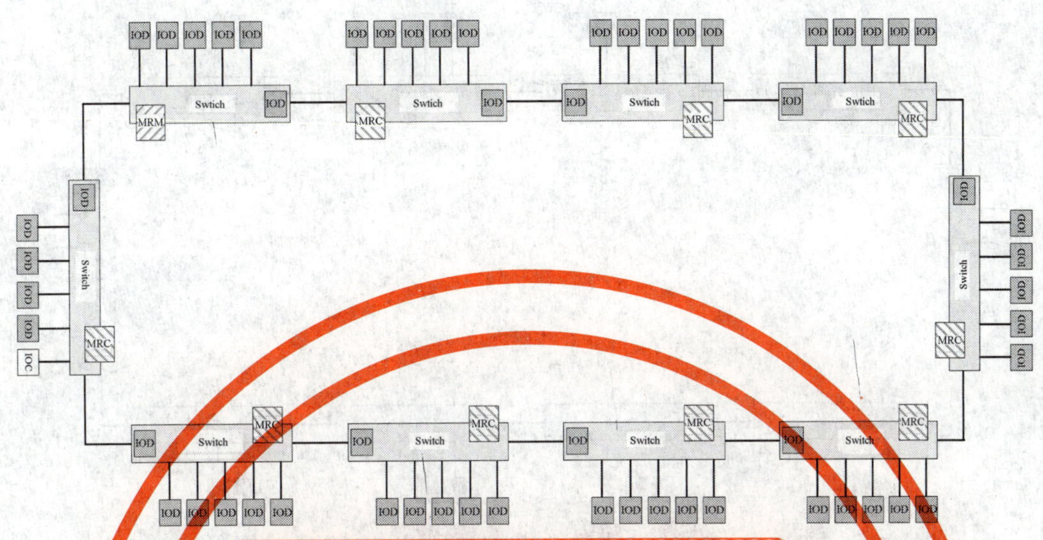

IOD——IO 设备；
IOC——IO 控制器；
MRM——媒体冗余管理器；
MRC——媒体冗余客户机；
Switch——网络组件。

图 A.6 CP 3/5：环型结构的示例

A.2.2.2.3 树型或星型结构

见 A.2.2.1.3。

A.2.2.3 CP 3/6

A.2.2.3.1 线型结构

为了减少布缆量，选择线型结构。在图 A.7 中示出了 60 个节点的结构。

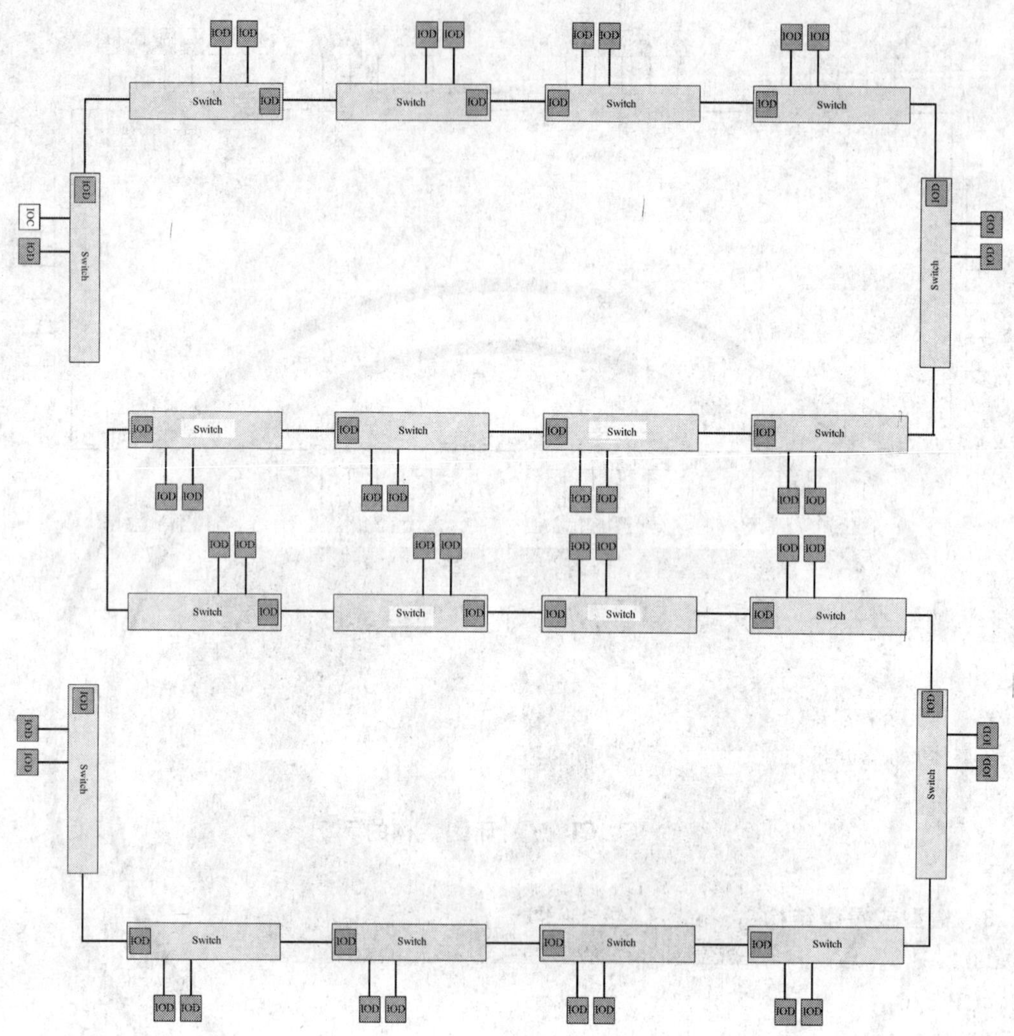

IOD——IO 设备；
IOC——IO 控制器；
MRM——媒体冗余管理器；
MRC——媒体冗余客户机；
Switch——网络组件。

图 A.7 CP 3/6:线型结构的示例

A.2.2.3.2 环型结构

为了减少布缆量,选择线型结构。为了增加可用性,在图 A.8 中示出了 60 个节点的媒体冗余环型结构。在图 A.8 中描述的结构示出了使用无碰撞媒体冗余的能力。

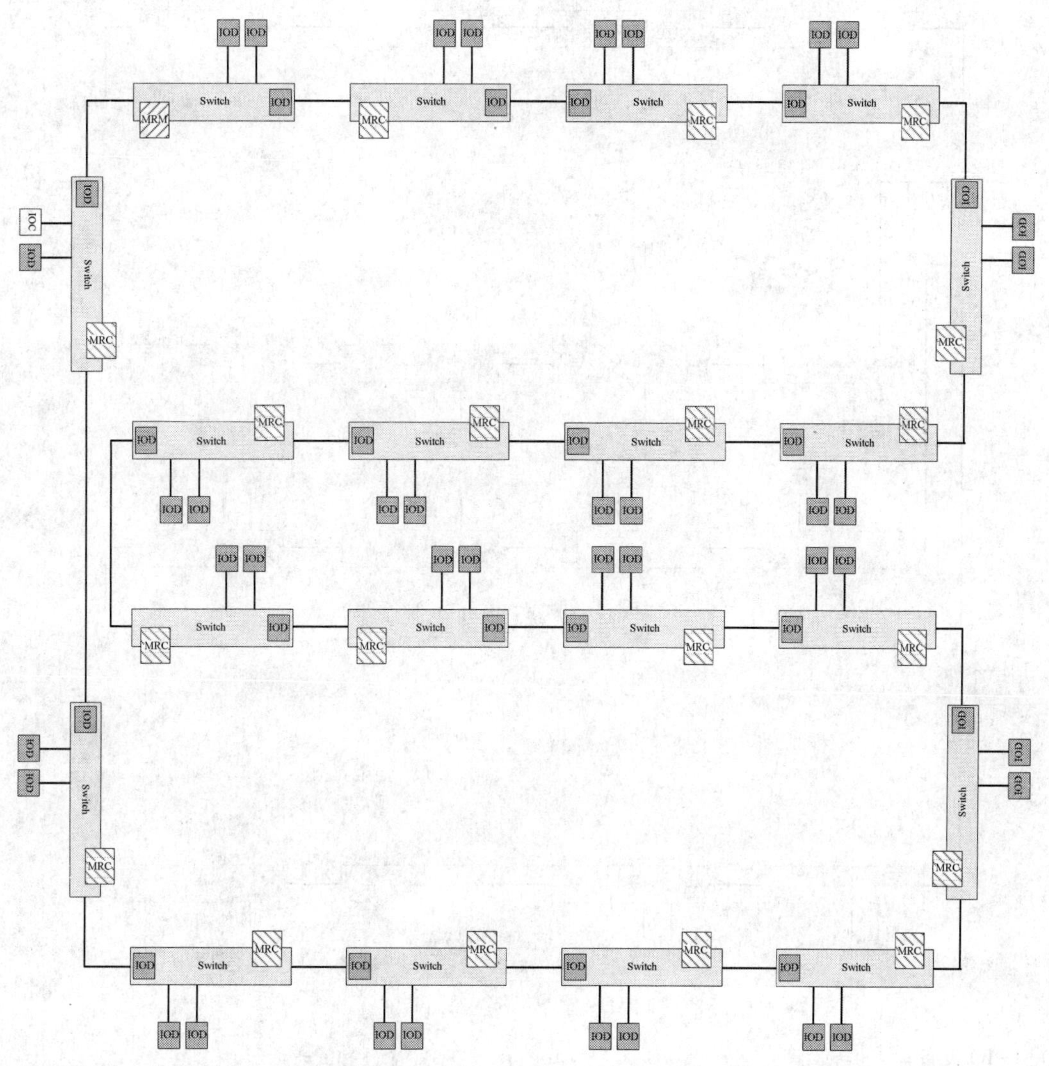

IOD——IO 设备；

IOC——IO 控制器；

MRM——媒体冗余管理器；

MRC——媒体冗余客户机；

Switch——网络组件。

图 A.8　CP 3/6：环型结构的示例

A.2.2.3.3　树型或星型结构

树型或星型结构提供了适用于更大机器部件的可能性。它们需要更多的布缆。图 A.9 示出了 60 个节点的这种具有集成网络部件的结构。此结构提供了在 IO 控制器与 IO 设备之间使用更高带宽通信的可能性。每个分支(如图 A.9 中阴影区域所示)可以使用所连接的 IO 控制器端口的全部带宽。它也可以被停用，而不会影响其他分支。

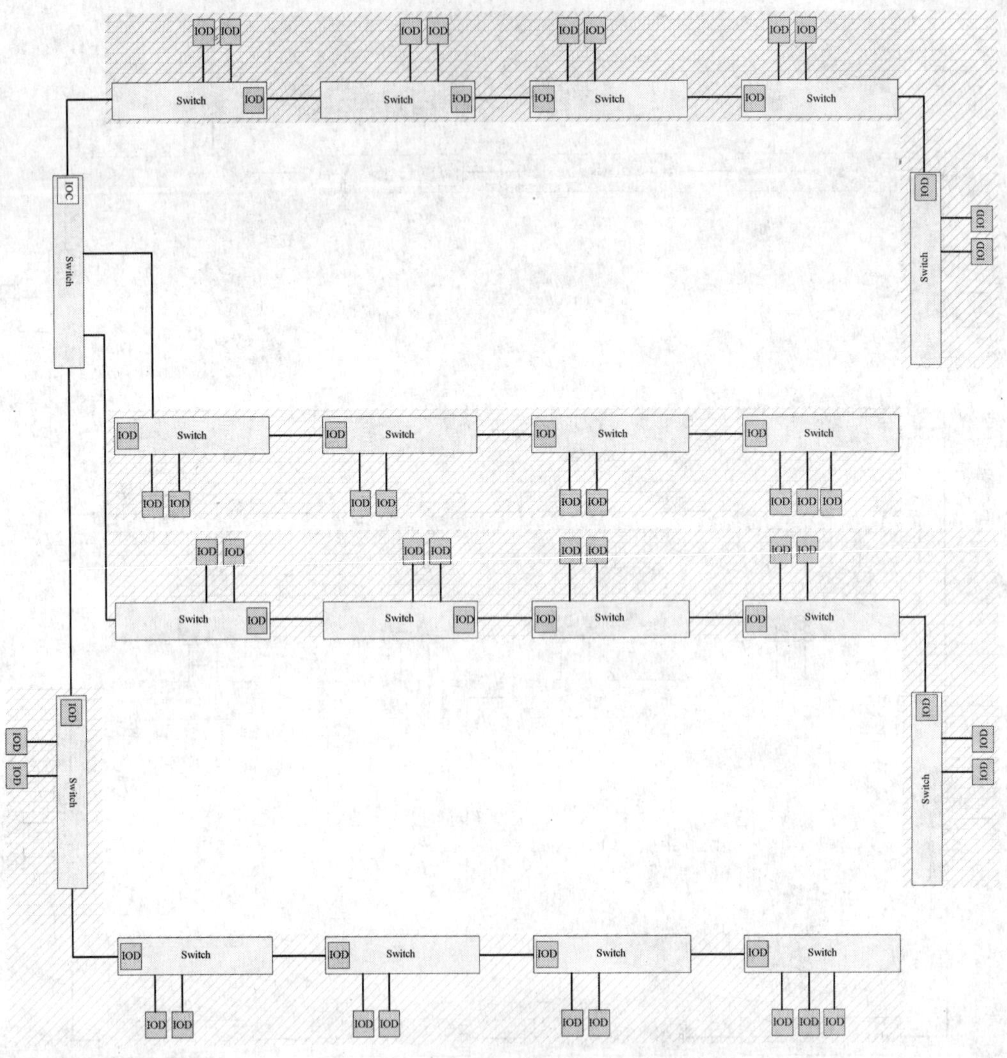

IOD——IO 设备；

IOC——IO 控制器；

MRM——媒体冗余管理器；

MRC——媒体冗余客户机；

Switch——网络组件。

图 A.9 CP 3/6:树型结构的示例

A.2.3 计算所使用的原理

A.2.3.1 概述

对于以太网,交换机是通信基础结构的主干。它的能力和栈遍历时间是计算传送时间的关键数字。

A.2.3.2 栈遍历时间

可以通过对存储器访问的硬件方法来减少栈遍历时间(STT)。

A.2.3.3 交换机结构

A.2.3.3.1 概述

可以更多的考虑交换机的能力,特别是桥接延迟(bd)和帧缓存存储器的容量。

A.2.3.3.2 桥接延迟

依据图 A.10,规定桥接延迟为将帧从一个端口发送到另一个端口的时间量。

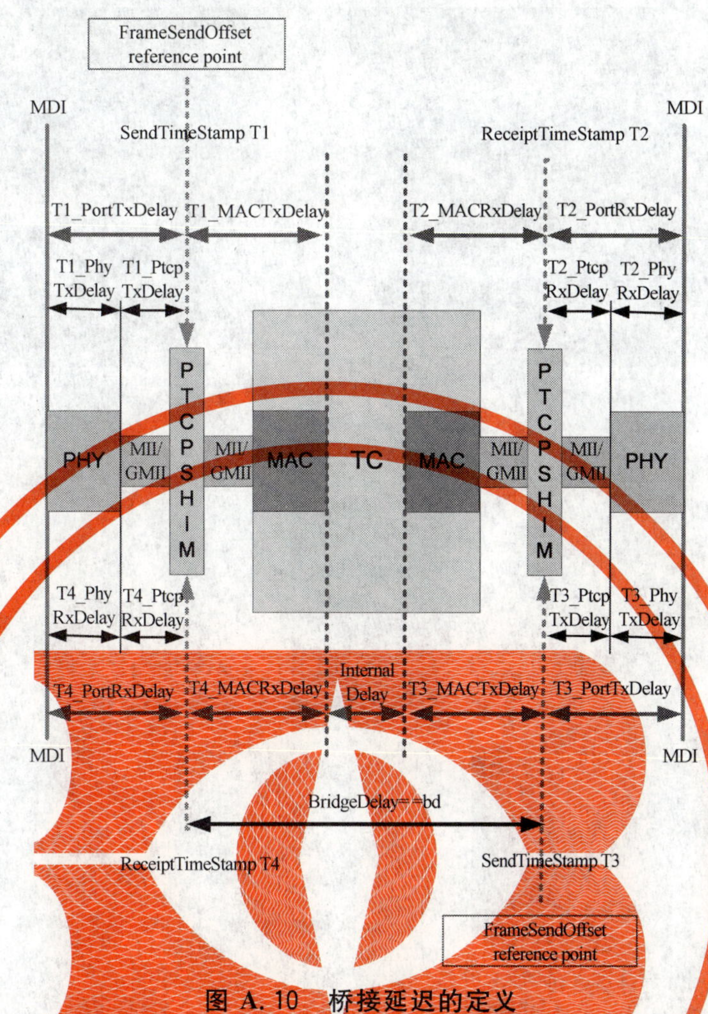

图 A.10 桥接延迟的定义

至少有两种方法用来交换帧。存储转发(S&F))提供一个限定的速度,因为整个帧在一个端口上被接收后,才可以在另一个端口上发送它。直通转发(Cut through)提供最佳有效的速度,因为仅帧的小部分在一个端口上被接收后,就可以在另一个端口上发送它。

——S&F

对于 100 Mbit/s,最大帧需要约 125 μs 用于发送它。这意味着,线路的传播延迟取决于交换机计数乘以该帧的大小。

——CT

在接收到最多 64 个八位位组后,在另一个端口上开始传输。这意味着,线路的传播延迟取决于交换机计数,但不乘以该帧的大小。

——Internal delay

在过滤数据库内的目的端口的计算和数据流的转发需要的时间。

A.2.3.3.3 PHY 延迟

PHY 接收和发送延迟被规定为依据图 A.10 发送数据的时间量。

注:这些延迟看似很小(marginal)。但是,该值要乘以“RTE 端点站之间的交换机数目”。

A.2.3.3.4 帧队列

交换机的结构(fabric)应设计成能处理数据流。这些数据流通过过滤数据库来操纵。理论上,在通信量拥挤时总是有足够的资源来缓存这些数据流。在实际网络中,通信量取决于结构和所连接的端节点。图 A.11 从原理上示出了集成在 IO 设备或 IO 控制器中的交换机的结构。

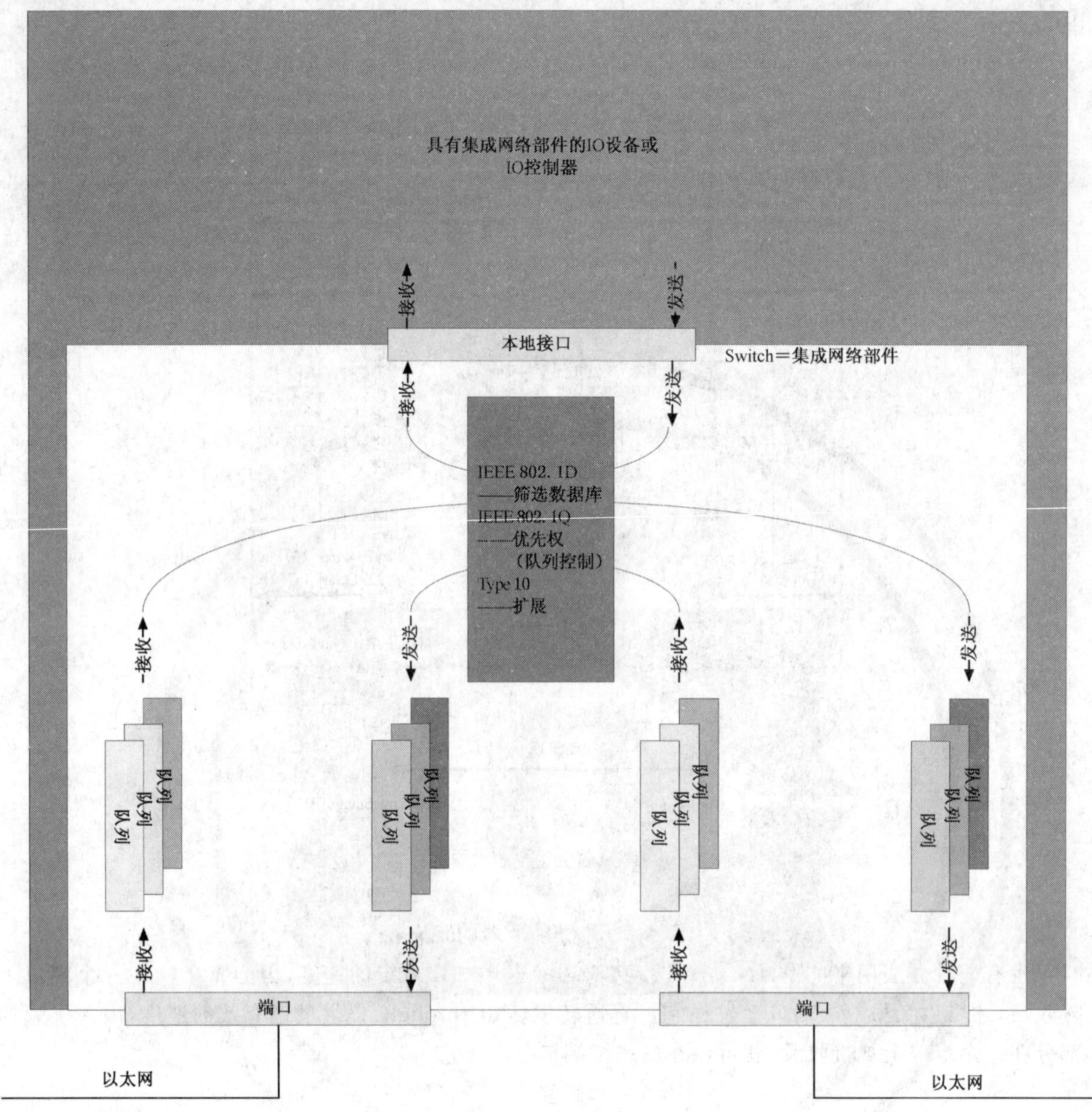

图 A.11 交换机结构的示例

所有计算都是在以下假定下完成的：

——所使用的交换机的缓存能力总是足够的；

——优先级队列控制是有效的。

A.3 CPF 4/3-性能指标计算

不适用。

参 考 文 献

[1] GB/T 5271.16—2008 信息技术 词汇 第16部分:信息论(ISO 2382-16:1996,IDT)

[2] GB/T 17178.1—1997 信息技术 开放系统互连 一致性测试方法和框架 第1部分:基本概念(idt ISO/IEC 9646:1994)

[3] GB/T 18233—2008 信息技术 用户建筑群的通用布缆(ISO/IEC 11801:2002,IDT)

[4] GB/T 19659.1—2005 工业自动化系统与集成 开放系统应用集成框架 第1部分:通用的参考描述(ISO 15745-1:2003,IDT)

[5] IEC 61918 工业通信网络 在工业建筑物(premises)中的通信网络安装

[6] ISO/IEC 9646(所有部分) 信息技术 开放系统互连 一致性测试方法和框架